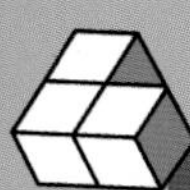

chapter03

简单计算器

8√=2.8284271247461903 + 60=62.82842712474619

CE	÷	×	C
7	8	9	+
4	5	6	-
1	2	3	√
1/X	0	.	=

第3章 计算器效果图

购物车

图片	名称	数量	单价	总价
	Mate30 华为 HUAWEI Mate30 8GB+256GB 丹霞橙 5G全网通 全面屏手机	2	4999	9998
	iPhone11 Apple iPhone11 256GB 绿色 4G全网通手机	1	6299	6299
	小米10 小米 Mi10 8GB+128GB 钛银黑 5G手机 游戏拍照手机	1	3999	3999
	OPPO Reno3 OPPO Reno3 8GB+128GB 蓝色星夜 双模5G 拍照游戏智能手机	1	2999	2999
	vivo X30 vivo X30 8GB+128GB 绯云 5G全网通 美颜拍照手机	1	2998	2998
	荣耀30S 荣耀30S 8GB+128GB 蝶羽红 5G芯片 自拍全面屏手机	1	2399	2399

清空　总金额：28692　结算

第6章 购物车效果图1

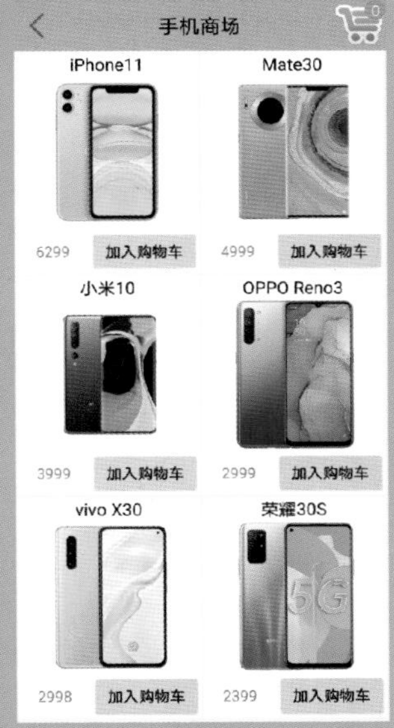

第6章 购物车效果图2

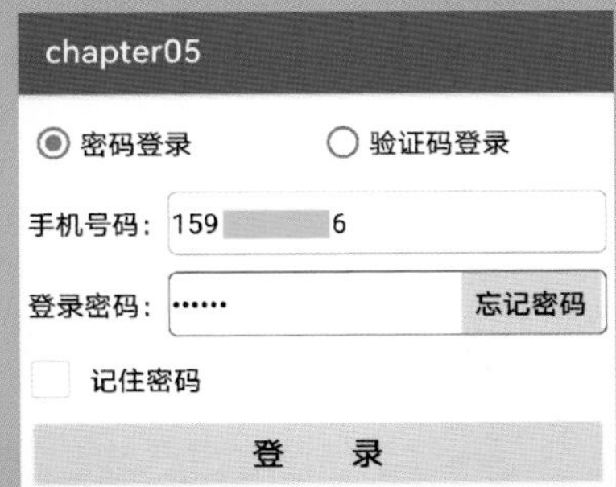

第5章 找回密码效果图1

第8章 广告轮播效果图1

chapter08

第8章 广告轮播效果图2

厨房交响曲

WMF / JBL

1.4折起

第9章 电商首页效果图1

第9章 电商首页效果图2

第11章 抠图工具效果图

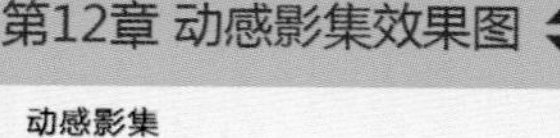

第12章 动感影集效果图

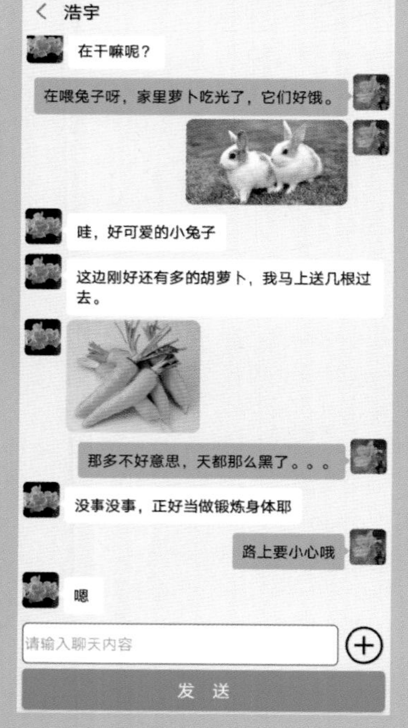

第13章 即时通信效果图1

第13章 即时通信效果图2

第14章 短视频分享效果图1

第14章 短视频分享效果图2

第15章 电子书架效果图1

第15章 电子书架效果图2

第16章 附近的人效果图1

第16章 附近的人效果图2

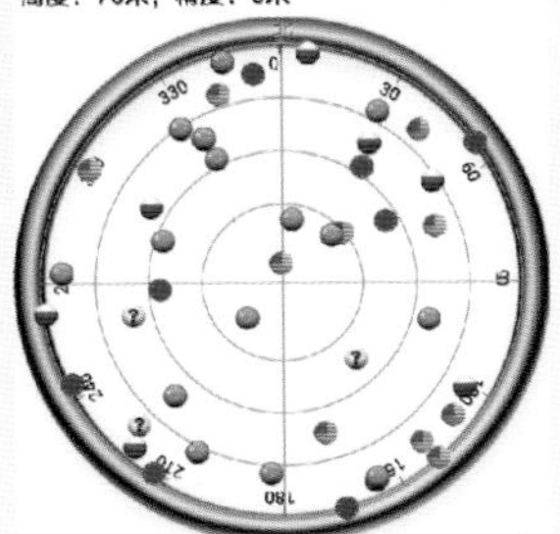

第16章 卫星浑天仪效果图

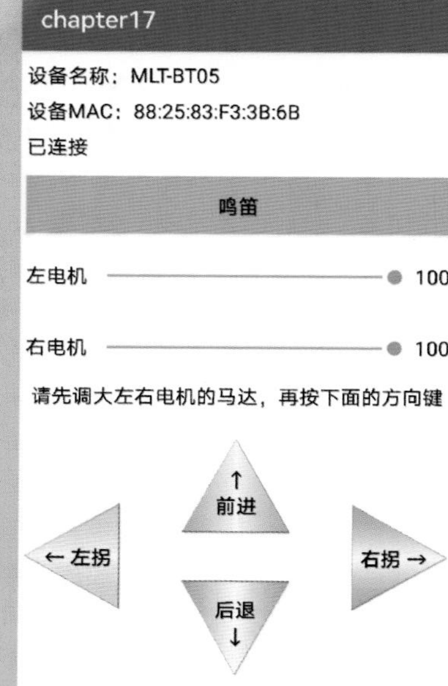

第17章 智能小车效果图

< 小小机器人

您的问题是：请背诵欧阳修的元夕。

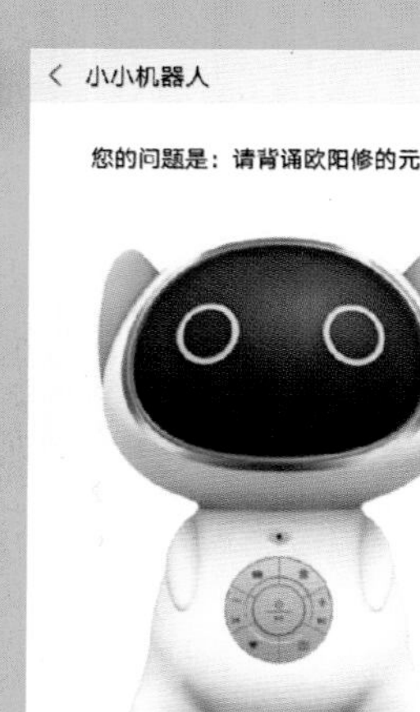

生查子·元夕
欧阳修
去年元夜时，花市灯如昼。
月上柳梢头，人约黄昏后。
今年元夜时，月与灯依旧。
不见去年人，泪湿春衫袖。

查看问答列表 | 添加新的问答

第18章 问答机器人效果图

< 人员详情

人员姓名：恩熙

人员简介：三岁左右儿童，圆脸，穿着白色上衣

样本头像：

识别标志：已识别

识别时间：2022-03-12 15:30:54

识别地点：福州市西湖公园

识别头像：

相似度：0.92

相似度：0.91

相似度：0.91

重新寻找

第19章 智慧天眼效果图

第20章 视频通话效果图1

第20章 视频通话效果图2

第20章 直播带货效果图

移动开发丛书

Android Studio开发实战

从零基础到App上线（第3版）

欧阳燊 / 著

清華大學出版社
北 京

内 容 简 介

本书是一部Android开发的实战教程，由浅入深、由基础到高级，带领读者一步一步走进App开发的神奇世界。全书共分为20章。其中，前10章是基础部分，主要讲解Android Studio的环境搭建、App开发的各种常用控件、App开发的四大组件、App的数据存储方式、如何打造App的安装包；后10章是进阶部分，主要讲解App开发的事件交互、动画特效、网络通信、多媒体、手机阅读、感知定位、物联网、智能语音、机器视觉、在线直播等。书中在讲解知识点的同时给出了大量实战范例，方便读者迅速将所学的知识运用到实际开发中。通过本书的学习，读者不仅能够掌握3类主流App的基本开发技术，包括购物App（电子商务）、聊天App（即时通信）、娱乐App（短视频分享），还能够学会开发一些趣味应用，包括计算器、记账本、抠图工具、动感影集、电子阅读、附近交友、遥控小车、语音问答、人脸识别、视频通话等。

本书适用于Android开发的广大从业者、有志于转型App开发的程序员、App开发的业余爱好者，也可作为大中专院校与培训机构的Android课程教材。

图书在版编目（CIP）数据

Android Studio开发实战：从零基础到App上线/欧阳燊著. —3版. —北京：清华大学出版社，2022.9（2023.10重印）
（移动开发丛书）
ISBN 978-7-302-61782-2

Ⅰ. ①A… Ⅱ. ①欧… Ⅲ. ①移动终端—应用程序—程序设计 Ⅳ. ①TN929.53

中国版本图书馆CIP数据核字（2022）第161868号

责任编辑： 王金柱
封面设计： 王　翔
责任校对： 闫秀华
责任印制： 沈　露

出版发行： 清华大学出版社
网　　址： http://www.tup.com.cn，http://www.wqbook.com
地　　址： 北京清华大学学研大厦A座　　**邮　　编：** 100084
社 总 机： 010-83470000　　**邮　　购：** 010-62786544
投稿与读者服务： 010-62776969，c-service@tup.tsinghua.edu.cn
质量反馈： 010-62772015，zhiliang@tup.tsinghua.edu.cn
印 装 者： 三河市铭诚印务有限公司
经　　销： 全国新华书店
开　　本： 190mm×260mm　　**彩　　插：** 2　　**印　　张：** 40.75　　**字　　数：** 1099千字
版　　次： 2017年6月第1版　2022年10月第3版　　**印　　次：** 2023年10月第4次印刷
定　　价： 148.80元

产品编号：096100-01

推 荐 序

计算机的发展是以信息智能化与小型化为进化路线，从IBM庞大的巨型机到比尔盖茨的个人电脑，信息无所不在。乔布斯的伟大之处在于“用一个手指头改变世界”。当全世界的粉丝用苹果手机的时候，移动开发领域开始全面地封闭在iOS的体系里。安卓作为移动手机和设备开放象征的另一级，更具有活力和前途。

欧阳先生是一位具有丰富程序开发经验的架构师和项目管理者，平时常常思考和总结21世纪以来我国软件开发者，特别是移动开发工程师的困惑。社会从“一支笔的科学家时代”发展到“一个键盘开发App改变世界”，对程序员来说，用自己的智慧进行移动应用开发是创业的捷径。读者遵循书中的指引，很快能够登堂入室，成为当前安卓应用开发的精英人才。

本书对所有有志于进行安卓系统开发的人员而言具有非常重要的意义。

杭州海适云承科技有限公司

董事长兼首席架构师

沈英桓

前　言

本书第2版面世已近四年，在此期间信息科技继续快速发展，5G网络大规模建成，智能化应用越发普及。万物互联、智慧城市、见屏如见面等场景已从早些年的概念变成如今的生活常态，这些都离不开移动互联网、物联网、人工智能等技术的助力。

单就App开发而言，安卓的系统版本从2018年的Android 9升级到2021年的Android 12，Android Studio的版本也从2018年的3.2更新到2021年的4.2，然后开始以字母命名，同时操作系统又多了个兼容Android的国产鸿蒙。近几年还诞生了一些新框架和新标准，诸如谷歌公司的JetPack套件、华为公司的HMS套件，以及臻于完善的WebRTC、低功耗蓝牙（简称BLE）等，这些技术都在App开发中得到越来越广泛的运用。

有鉴于此，本书急需补充这期间风起云涌的新技术新知识，以跟上时代发展的滚滚浪潮。种种因缘际会，加上众多读者的热忱建议，因此便有了重新修订之后的第3版问世。第3版的图书不是第2版的简单修补，而是脱胎换骨的全面升级。与第2版相比，第3版的图书主要有以下五处重要的增补变化。

1. 工具更新颖

第3版的App开发全部基于Android 12环境，使用的开发工具为2022年9月发布的Android Studio Dolphin（小海豚版本），JNI用到的NDK则为2021年8月发布的r23。相关的功能点都根据上述最新版本的工具展开论述，比如Android 12新增支持AVIF图像、强制使用64位应用，JetPack库内含的DataStore、Room、ViewPager2、CameraX等流行组件。

2. 技术更先进

移动互联网的后继发展方向如物联网、人工智能、实时音视频等开展得如火如荼，第3版为此投入了大量笔墨深入描述相关的技术细节，例如物联网涉及的NFC、红外、低功耗蓝牙、快速扫码等，人工智能涉及的语音识别、语音合成、人脸识别、活体检测等，实时音视频涉及的WebSocket、WebRTC、原始音频、视频通话等。

3. 案例更实用

本书的一大特色是突出实战，每章末尾都给出了技术精炼的实战项目，第3版更是将这个优良传统发扬光大。一方面给部分现有项目补充新功能，例如聊天App原来只支持私聊，新版本增加了群聊功能；阅读App除了支持现有格式外，改造后还支持Office文档（含Word、Excel、PPT）。另一方面新增了若干新潮实用的实战项目，包括无线遥控的智能小车、你问我答的智能语音机器人、自动寻人的智慧天眼、爱心助农的手机直播等。

4. 自主更可控

每个App都凝聚着开发者的心血，持续稳定运行是每个开发者的期望。然而有时由于外部原因导致App无法使用，例如国外服务遭到断供、不在服务范围之内等。为此第3版推荐使用稳定可靠的国内自主服务，包括HMS（Huawei Mobile Service，华为移动服务）、TBS（Tencent Browser Service，腾讯浏览服务）。另外，语音服务和地图服务也选用了方便快速集成的第三方SDK。

5. 讲解更精细

作为一部软件开发方面的专著，要让读者看得懂、学得会，循序渐进的重要性毋庸置疑。第3版在这方面进行了大力改善，首先增加了单独的第2章作为入门，先讲解App开发必备的基础知识，有助于读者打好基础往下学习；其次，对于App开发的四大组件（Activity、Broadcast、Service、ContentProvider），补充了更加全面的描述以及各组件在不同Android版本中需要注意的事项；最后，大幅精简示例源码，加了注释的每段源码基本不超过一百行，避免代码过长引起的疲惫感。

综上所述，经过精心修订的第3版图书，无论是广度还是深度，从数量到质量都比第2版有了质的提升。全书的写作目的，不仅是教会读者怎么快速开发一个好玩、好看、好用的App，更是让读者领略行业前沿的移动互联网技术。深度解密流行App背后的手机开发技术，展示移动信息科技的最新工程实践，这才是本书一直想要呈献给读者的知识盛宴。

第3版的主要代码基于Java 8编写，其中客户端的App代码基于Android Studio Dolphin（小海豚版本）开发，并使用API31的SDK（Android 12）编译与调试通过，同时兼容鸿蒙2.0设备。配套的服务端源码采用Java Web框架，结合MySQL数据库，并基于IDEA开发。

读者可以扫描下述二维码获取本书的源码、思维导图和PPT课件：

如果下载有问题，请发送邮件到booksaga@126.com，邮件主题为“Android Studio开发实战：从零基础到App上线（第3版）”。

最后，感谢王金柱编辑的热情指点，感谢出版社同仁的辛勤工作，感谢我的家人一直以来的支持，感谢各位师长的谆谆教导，没有他们的鼎力相助，本书就无法顺利完成。

欧阳燊
2022 年 7 月

目　录

第 5 章 中级控件 ……………………………97

第 6 章 数据存储……………………………122

第 7 章 高级控件……………………………164

第 1 章

Android 开发环境搭建

本章主要介绍如何在个人计算机上搭建Android开发环境，包括：Android开发的发展历史是怎样的、Android Studio的开发环境是如何搭建的、如何创建并编译App工程、如何运行和调试App。

1.1 Android 开发简介

本节介绍Android开发的历史沿革，包括Android的发展历程和Android Studio的发展历程两个方面。

1.1.1 Android 的发展历程

Android是一款基于Linux的移动端开源操作系统，中文名为安卓，它不仅能用于智能手机，还可用于平板计算机、智能电视、车载大屏、智能家居等设备，已然成为人们日常生活中不可或缺的系统软件。Android的首个正式版本Android 1.0于2008年9月由谷歌公司发布，而第一部Android手机则由HTC公司制造。从此Android与苹果公司的iOS系统成为智能手机的两大操作系统，将功能机时代的霸主诺基亚拉下马来。因为Android的开源特性，各家手机厂商纷纷对其加以定制优化，所以Android阵营愈发壮大，带动Android手机的市场份额水涨船高。同时Android几乎每年都要发布一个大版本，技术的更新迭代速度非常快，表1-1展示了Android几个主要版本的发布时间。

表 1-1 Android 主要版本的发布时间

Android 版本号	对应的 API	发布时间
Android 12	31	2021 年 10 月
Android 11	30	2020 年 9 月
Android 10	29	2019 年 8 月
Android 9	28	2018 年 8 月
Android 8	26/27	2017 年 8 月
Android 7	24/25	2016 年 8 月
Android 6	23	2015 年 9 月
Android 5	21/22	2014 年 6 月
Android 4.4	19/20	2013 年 9 月

1.1.2 Android Studio 的发展历程

虽然Android是基于Linux内核，但是Android手机的应用App却主要是采用Java语言开发。为了吸引众多的Java程序员，早期的App开发工具是Eclipse，通过给Eclipse安装ADT插件，使之支持开发和调试App。然而Eclipse毕竟不是专门的App开发环境，运行速度也偏慢，因此谷歌公司在2013年5月推出了全新的Android开发环境——Android Studio。Android Studio基于IntelliJ IDEA演变而来，既保持了IDEA方便快捷的特点，又增加了Android开发的环境支持。自2015年之后，谷歌公司便停止了ADT的版本更新，转而重点打造自家的Android Studio，数年升级换代下来，Android Studio的功能愈加丰富，性能也愈高效，使得它逐步成为主流的App开发环境。表1-2展示了Android Studio几个主要版本的发布时间。

表 1-2　Android Studio 主要版本的发布时间

Android Studio 版本号	发布时间
Android Studio Dolphin	2022 年 9 月
Android Studio 4.0	2020 年 5 月
Android Studio 3.0	2017 年 10 月
Android Studio 2.0	2016 年 4 月
Android Studio 1.0	2013 年 5 月

1.2 搭建 Android Studio 开发环境

本节介绍在计算机上搭建Android Studio开发环境的过程和步骤：首先说明用作开发机的计算机应当具备哪些基本配置，然后描述Android Studio的安装和配置的详细过程，最后叙述如何下载Android开发需要的SDK组件及相关工具。

1.2.1 计算机配置要求

工欲善其事，必先利其器。要想保证Android Studio的运行速度，开发用的计算机配置就要跟上（现在一般使用笔记本计算机开发App）。下面是对计算机硬件的基本要求：

（1）内存要求至少8GB，越大越好。

（2）CPU要求1.5GHz以上，越快越好。

（3）硬盘要求系统盘剩余空间10GB以上，越大越好。

（4）要求带无线网卡与USB插槽。

下面是对操作系统的基本要求（以Windows为例）：

（1）必须是64位系统，不能是32位系统。

（2）Windows系统至少为Windows 7，推荐Windows 10，不支持Windows XP。

（3）屏幕分辨率至少为1280×800。

下面是对网络的基本要求：

（1）最好连接公众网，因为校园网可能无法访问国外的网站。

（2）下载速度至少每秒1MB，越快越好。因为Android Studio安装包大小为1GB左右，还需要另外下载几百MB的SDK，所以网络带宽一定要够大，否则下载文件都要等很久。

1.2.2　安装 Android Studio

Android Studio的官方下载页面是https://developer.android.google.cn/studio/index.html，单击网页中央的Download Android Studio按钮即可下载Android Studio的安装包。或者下拉网页找到Android Studio downloads区域，选择指定操作系统对应的Android Studio安装包。Android Studio的安装步骤如下：

01 双击下载完成的Android Studio安装程序，弹出安装向导对话框，如图1-1所示。直接单击Next按钮，进入下一页的组件选择对话框，如图1-2所示。

图 1-1　Android Studio 的安装向导对话框

图 1-2　Android Studio 的组件选择对话框

02 勾选Android Studio和Android Virtual Device两个选项，然后单击Next按钮，进入下一页的安装路径对话框，如图1-3所示。建议将Android Studio安装在除系统盘外的其他磁盘（比如E盘），然后单击Next按钮，进入下一页的开始菜单设置对话框，如图1-4所示。

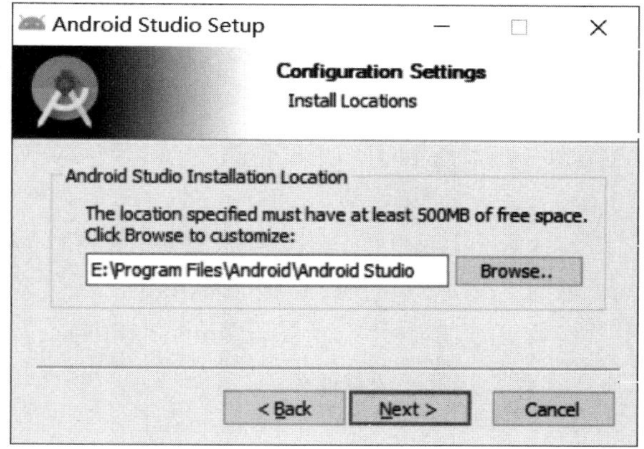

图 1-3　Android Studio 的安装路径对话框

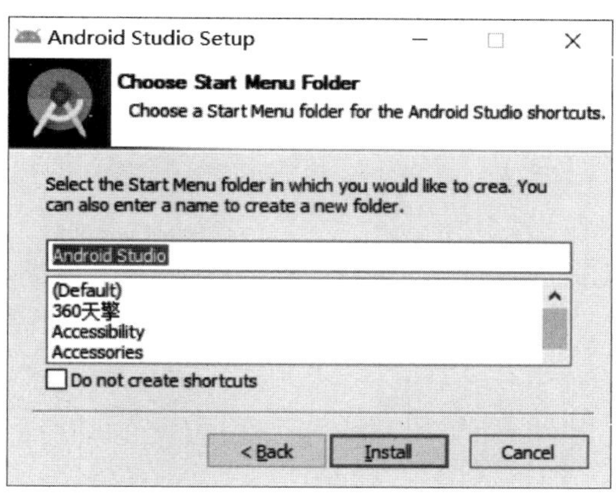

图 1-4　Android Studio 的开始菜单设置对话框

03 单击右下角的Install按钮，跳到下一页的安装过程对话框（见图1-5），耐心等待安装操作。待安装进度条填满后，单击Next按钮进入安装完成对话框，如图1-6所示。

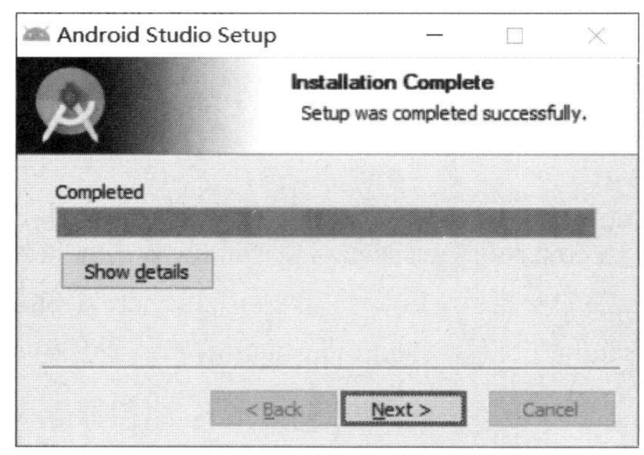

图 1-5　Android Studio 的安装过程对话框

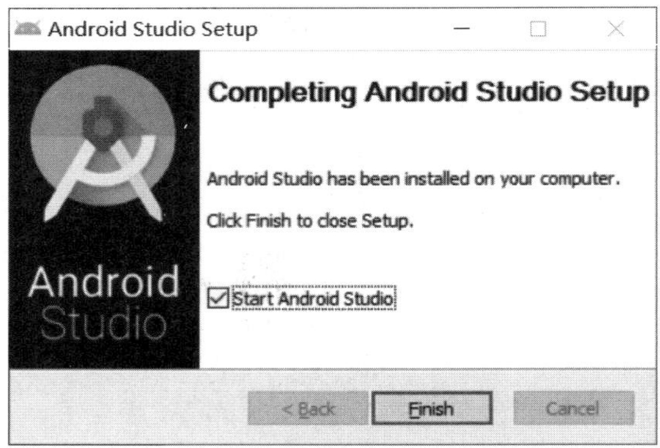

图 1-6　Android Studio 的安装完成对话框

04 勾选安装完成对话框中的Start Android Studio选项，再单击右下角的Finish按钮，在结束安装操作的同时启动Android Studio。待Android Studio启动之后会打开如图1-7所示的配置向导对话框。单击Next按钮进入下一页的安装类型对话框，如图1-8所示。

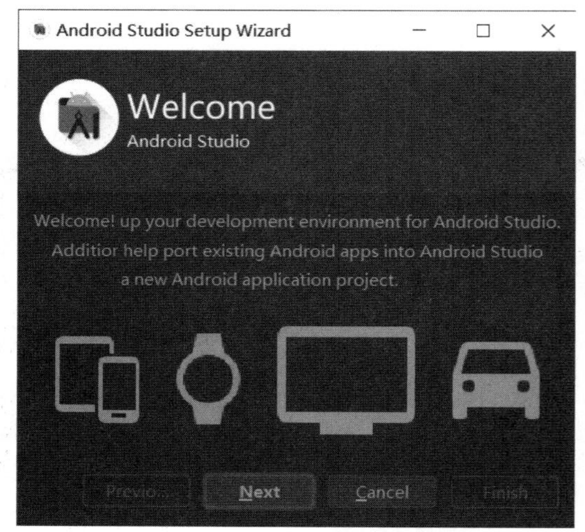

图 1-7　Android Studio 的配置向导对话框

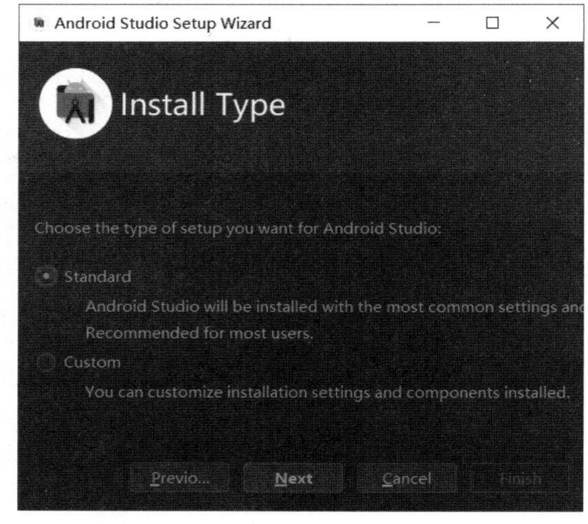

图 1-8　Android Studio 的安装类型对话框

05 这里保持Standard选项，单击Next按钮，跳到下一页的界面，如图1-9所示。选中右边的Light主题，表示开发界面采取白底黑字。然后单击Next按钮，跳到下一页的设置确认对话框，如图1-10所示。

06 设置确认对话框列出了需要下载哪些工具及其安装包大小，确认完毕后继续单击Next按钮，跳到下一页的许可授权对话框，如图1-11所示。该对话框默认选中intel-android-extra-license，单击右下角的Accept选项，表示接受以上条款；接着依次选中左上角的android-sdk-license和android-sdk-preview-license，分别在对应条款页面单击右下角的Accept选项，三种条款都接受之后的对话框如图1-12所示。

07 单击许可授权对话框右下角的Finish按钮，跳到组件下载对话框，如图1-13所示。耐心等待组件下载，全部下载完成后，调到更新完成对话框，该对话框提示更新成功，如图1-14所示。

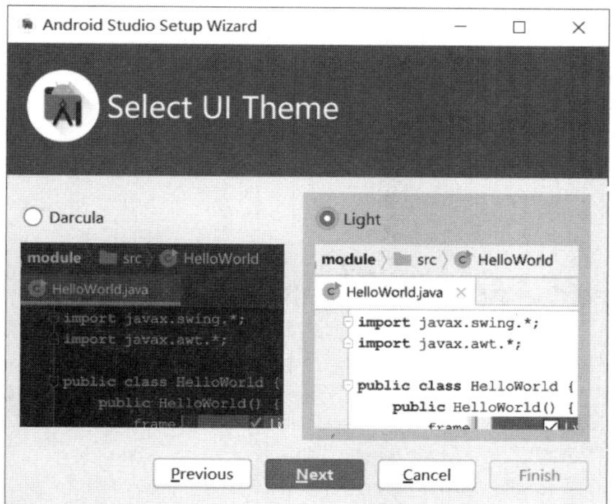

图 1-9　Android Studio 的对话框

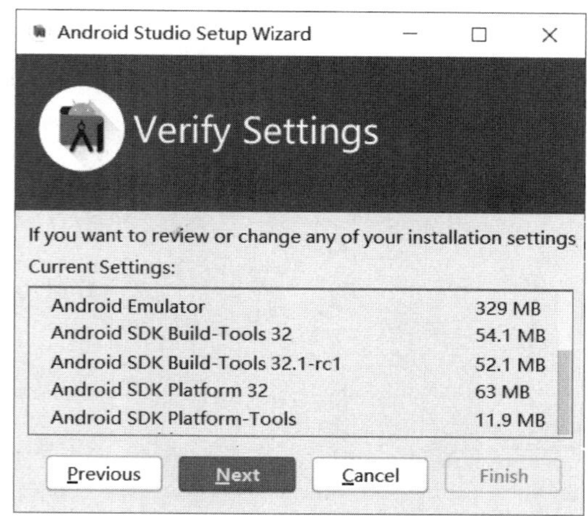

图 1-10　Android Studio 的设置确认对话框

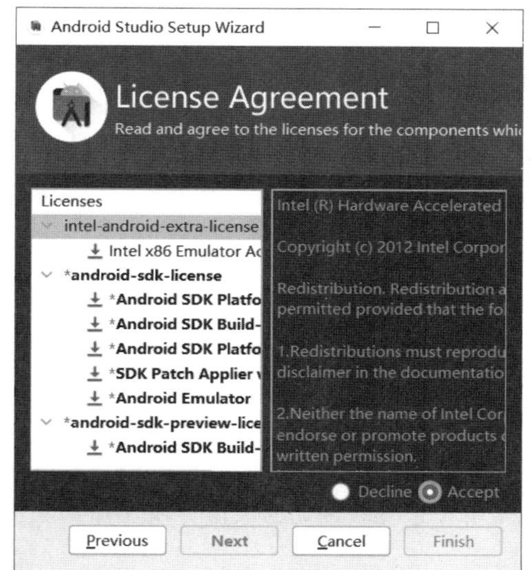

图 1-11　Android Studio 的许可授权对话框

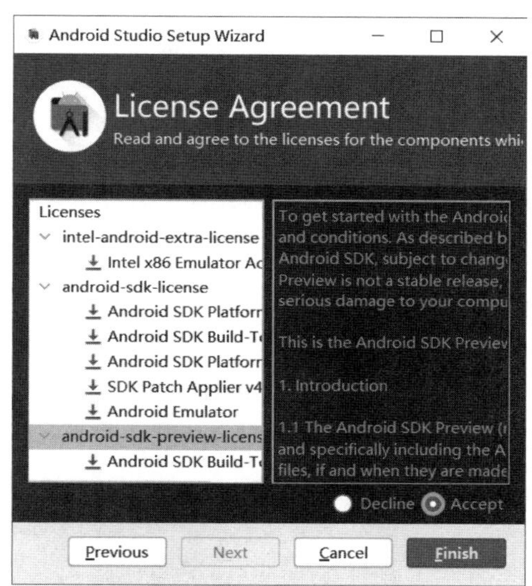

图 1-12　Android Studio 的许可授权对话框（三种条款都接受）

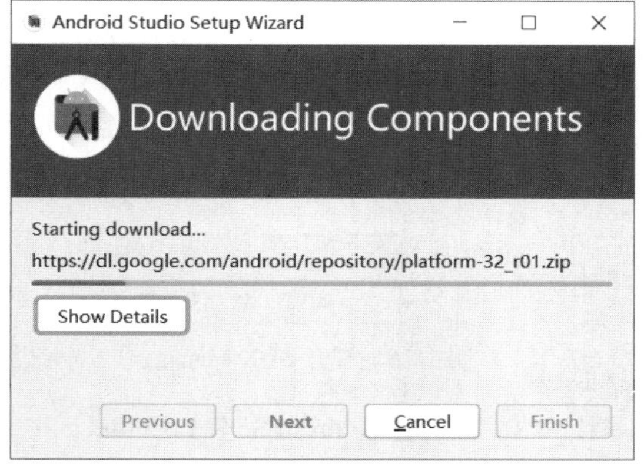

图 1-13　Android Studio 的组件下载对话框

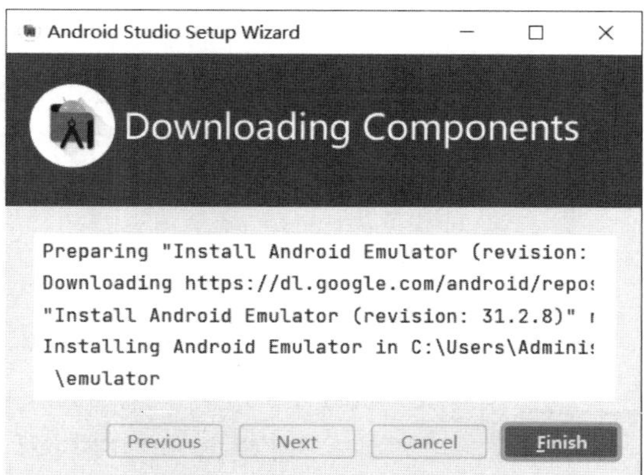

图 1-14　Android Studio 的更新完成对话框

08 单击对话框右下角的Finish按钮，完成安装配置工作，同时打开Android Studio的欢迎界面，如图1-15所示。单击中央的New Project 按钮即可开始Android开发之旅。

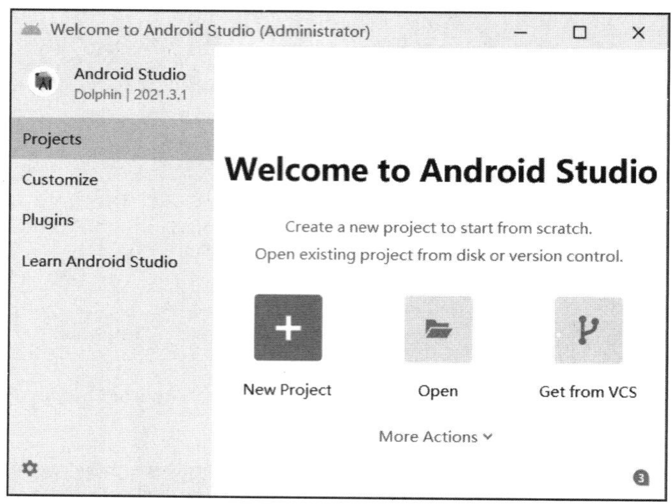

图 1-15　Android Studio 的欢迎界面

注　意

在配置过程中可能出现如下错误提示：

（1）第一次打开 Android Studio 可能会报 Unable to access Android SDK add-on list 错误信息，这个错误不用理会，单击 Cancel 按钮即可。进入 Android Studio 主界面后，依次选择 File→Project Structure→SDK Location，在弹出的对话框中设置 SDK 的路径。设置完毕后再打开 Android Studio 就不会报错了。

（2）已经按照安装步骤正确安装 Android Studio，但运行时却总是打不开。这时请检查计算机上是否开启了防火墙，建议关闭系统防火墙及所有杀毒软件的防火墙。关闭了防火墙后再重新打开 Android Studio 试试。

1.2.3　下载 Android 的 SDK

Android Studio只提供了App的开发环境界面，编译App源码还需另外下载Android官方的SDK，1.2.2节中的图1-10便展示了初始下载安装的SDK工具包。SDK全称为Software Development Kit，即软件开发工具包，它可将App源码编译为可执行的App应用。随着Android版本的更新换代，SDK也需时常在线升级，接下来介绍如何下载最新的SDK。具体步骤如下：

01 在 Android Studio 主界面，依次选择 Tools → SDK Manager，或者在Android Studio右上角中单击图标，如图1-16所示。

图 1-16　打开 SDK Manager 的图标栏

02 此时弹出SDK Manager的管理界面，界面右边是SDK安装配置区域，列出了各个SDK平台，初始画面如图1-17所示。注意Android SDK Location一栏，可单击右侧的Edit链接，进而选择SDK下载后的保存路径。其下的三个选项卡默认显示SDK Platforms，也就是各个SDK平台的版本列表，勾选每个列表项左边的复选框，表示需要下载该版本的SDK平台，然后单击OK按钮即可自动下载并安装对应版本的SDK。也可单击中间的SDK Tools选项卡，此时会切换到SDK工具的管理列表，如图1-18所示。在这个工具管理界面，能够在线升级编译工具Build Tools、平台工具Platform Tools，以及开发者需要的其他工具。

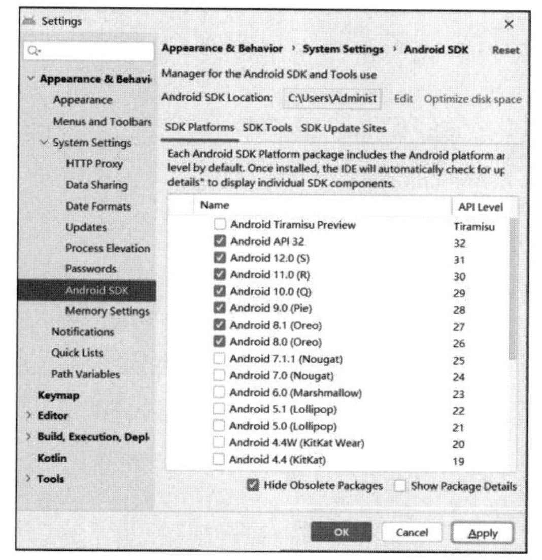

图 1-17　SDK 平台的管理列表

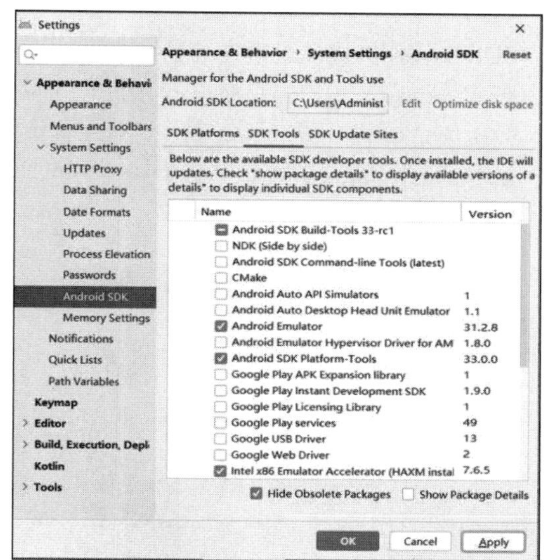

图 1-18　SDK 工具的管理列表

03 SDK下载完成后，可以到“我的计算机”中打开Android SDK Location指定的SDK保存路径，发现下面还有十几个目录，其中比较重要的几个目录说明如下：

- build-tools目录：存放各版本Android的编译工具。
- emulator目录：存放模拟器的管理工具。
- platforms目录：存放各版本Android的资源文件与内核JAR包android.jar。
- platform-tools目录：存放常用的开发辅助工具，包括客户端驱动程序adb.exe、数据库管理工具sqlite3.exe，等等。
- sources目录：存放各版本Android的SDK源码。

1.3　创建并编译 App 工程

本节介绍使用Android Studio创建并编译App工程的过程和步骤：首先叙述如何通过Android Studio创建新的App项目，然后描述如何导入已有的App工程（包括导入项目和导入模块两种方式），最后阐述如何手工编译App工程。

1.3.1　创建新项目

创建新项目的具体步骤如下：

01 在“1.2.2　安装Android Studio”节最后一步出来的图1-15中，单击第一项New Project会创建初始的新项目。如果要创建另外的新项目，也可在打开Android Studio之后，依次选择菜单File→New→New Project。以上两种创建方式都会弹出如图1-19所示的项目创建对话框，在该对话框中保持默认的“Empty Activity”，单击Next按钮跳转到下一个配置对话框指定目标设备，如图1-20所示。

02 在配置对话框的Name栏输入应用名称，在Package Name栏输入应用的包名，在Save Location栏输入或者选择项目工程的保存目录，在Language下拉框中选择编码语言为Java，在Minimun SDK下拉框中选择最低支持到API20:Android 50(Lollipop)，Minimun SDK下方的文字提示当前版本支持设备的市场份额为98.0%。下面有个User legacy android.support libraries复选框，如果勾选表示采用旧的support支持库，如果不勾选表示采用新的androidx库，因为Android官方不再更新旧的support库，所以此处无须勾选，默认采用新的androidx库就可以了。

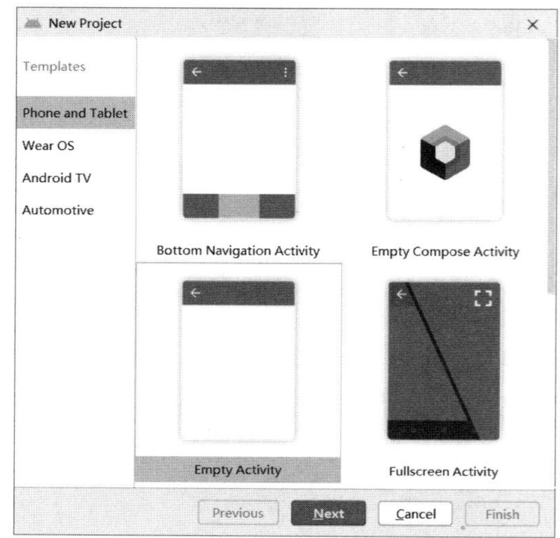

图 1-19　创建新项目

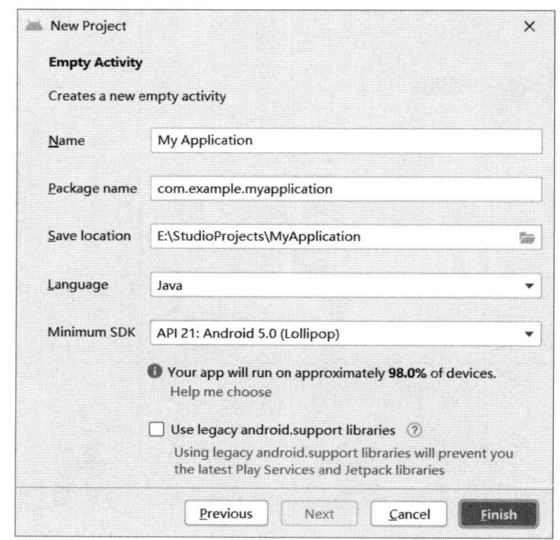

图 1-20　指定目标设备

03 单击Finish按钮完成配置操作，Android Studio便自动创建规定配置的新项目了。稍等片刻，Android Studio将呈现刚刚创建好的项目页面，如图1-21所示。

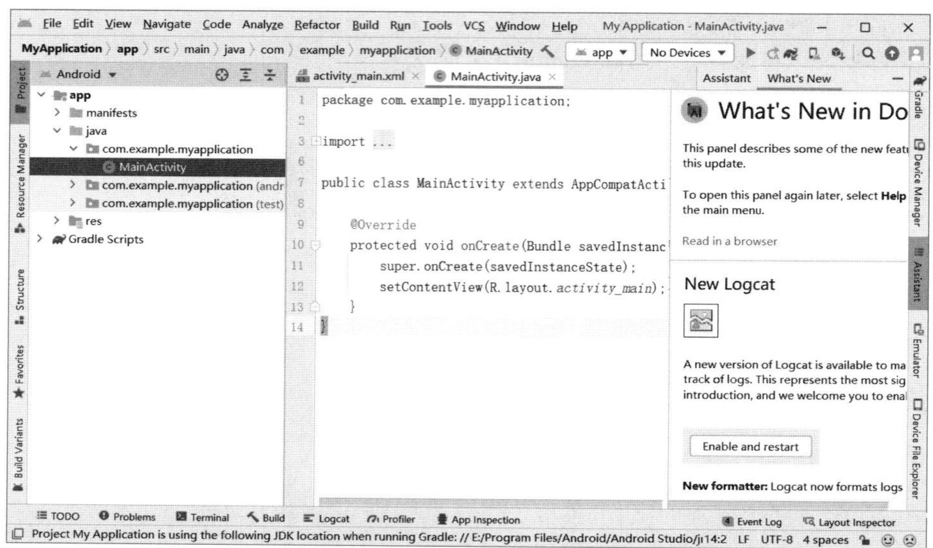

图 1-21　刚刚创建的项目页面

工程创建完毕后，Android Studio自动打开activity_main.xml与MainActivity.java，并默认展示MainActivity.java的源码。MainActivity.java上方的标签表示该文件的路径结构，注意源码左侧有一列标签，从上到下依次是Project、Resource Manager、Structure、Favorites、Build Variants。单击Project标签，左侧会展开小窗口表示该项目的工程结构，如图1-22所示。单击Structure标签，左侧会展开小窗口表示该代码的内部方法结构，如图1-23所示。

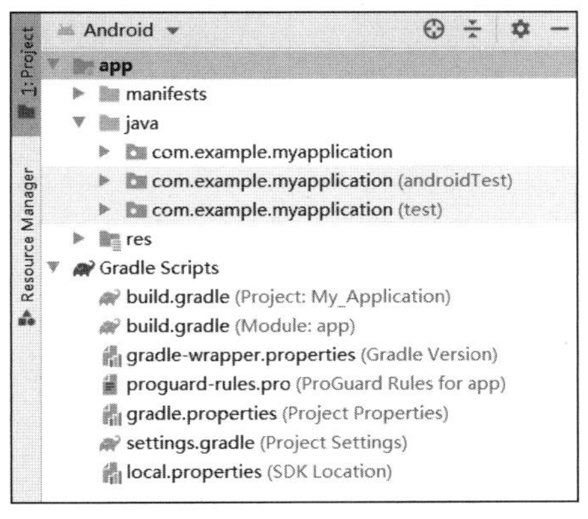

图 1-22　新项目的工程结构

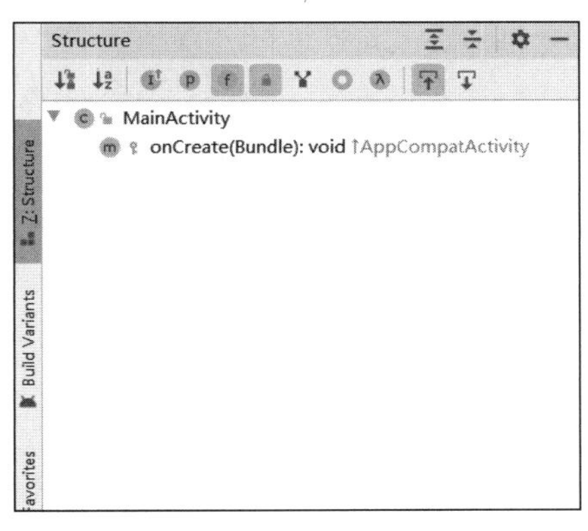

图 1-23　MainActivity 的方法结构

1.3.2　导入已有的工程

本书提供了所有章节的示例源码，为方便学习，读者可将本书源码直接导入Android Studio。根据App工程的组织形式，有两种源码导入方式，分别是导入整个项目，以及导入某个模块。这两种导入方式的简要说明如下。

1. 导入整个项目

以本书源码android3为例，依次选择菜单File→Open，或者依次选择菜单File→New→Import Project，均会弹出如图1-24所示的文件对话框。

在文件对话框中选中待导入的项目路径，再单击对话框下方的OK按钮。此时文件对话框关闭，弹出另一个如图1-25所示的确认对话框。

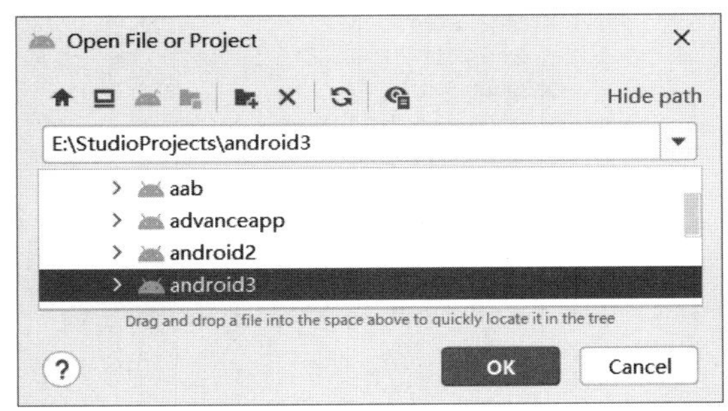

图 1-24　打开 App 项目的文件对话框

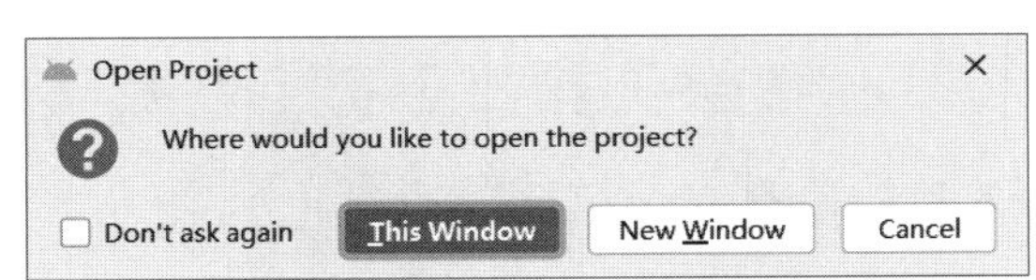

图 1-25　是否开启新窗口的确认对话框

确认对话框右下角有3个按钮，分别是This Window、New Window和Cancel，其中This Window按钮表示在当前窗口打开该项目，New Window按钮表示在新窗口打开该项目，Cancel按钮表示取消打开操作。此处建议单击New Window按钮，在新窗口打开App项目。

2. 导入某个模块

如果读者已经创建了自己的项目，想在当前项目中导入某章的源码，应当通过Module方式导入模块源码。依次选择菜单File→New→Import Module，弹出如图1-26所示的导入模块的对话框。

单击Source Directory输入框右侧的文件夹图标，弹出如图1-27所示的选择模块的文件对话框。

在文件对话框中选择待导入的模块路径，再单击对话框下方的OK按钮，回到如图1-28所示的导入对话框，导入对话框已经自动填上了待导入模块的完整路径。

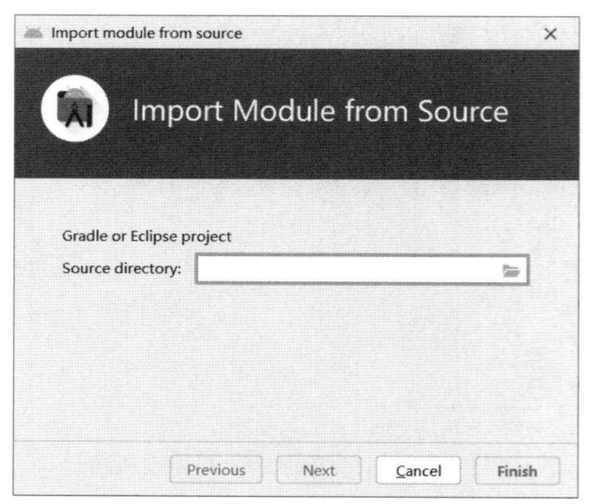

图 1-26　导入模块的对话框

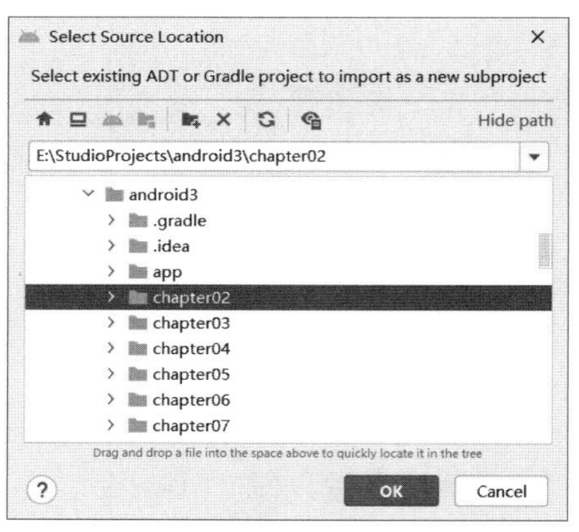

图 1-27　选择模块的文件对话框

单击对话框右下角的Finish按钮完成导入操作。然后Android Studio自动开始模块的导入和编译动作，等待导入结束即可在Android Studio左上角的项目结构图中看到导入的chapter02模块，如图1-29所示。

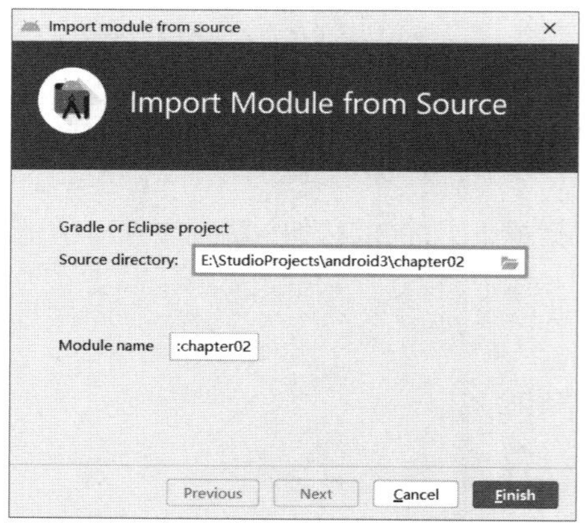

图 1-28　自动填写模块路径的导入对话框

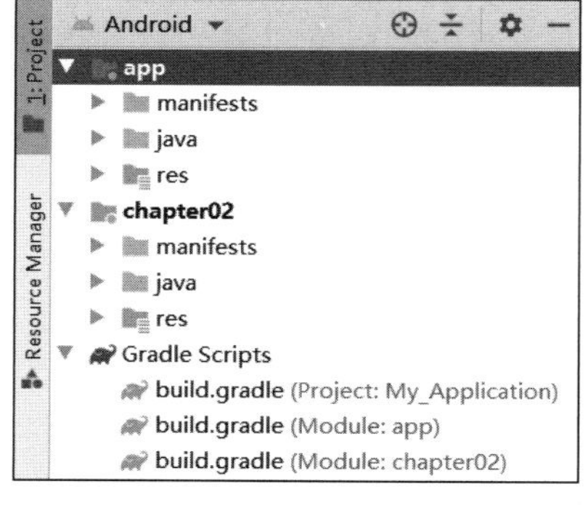

图 1-29　成功导入模块之后的项目结构图

1.3.3　编译 App 工程

Android Studio跟IDEA一样，被改动的文件会自动保存，无须开发者手工保存。它还会自动编译最新的代码，如果代码有误，编辑界面会标红提示出错了。但是有时候可能因为异常关闭的缘故，造成Android Studio的编译文件发生损坏，此时需要开发者手动重新编译。手动编译有以下3种途径：

（1）依次选择菜单Build→Make Project，该方式会编译整个项目下的所有模块。

（2）依次选择菜单Build→Make Module ***，该方式会编译指定名称的模块。

（3）先选择菜单Build→Clean Project，再选择菜单Build→Rebuild Project，表示先清理当前项目，再对整个项目进行重新编译。

不管是编译项目还是编译模块，编译结果都展示在Android Studio主界面下方的Build窗口中，如图1-30所示。

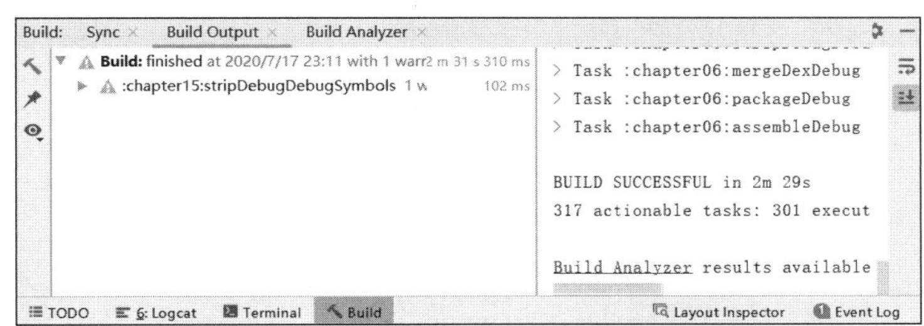

图 1-30　App 工程的编译结果窗口 Build

由编译结果可知，当前项目编译耗时2分29秒，共发现了1个警告，未发现错误。

1.4　运行和调试 App

本节介绍使用Android Studio运行和调试App的过程：首先叙述如何创建Android Studio内置的模拟器，然后描述如何在刚创建的模拟器上运行测试App，最后阐述如何在Android Studio中查看App的运行日志。

1.4.1　创建内置模拟器

所谓模拟器，指的是在计算机上构造一个演示窗口，模拟手机屏幕的App运行效果。App通过编译之后，只说明代码没有语法错误，若想验证App能否正确运行，还得让它在Android设备上跑起来。这个设备可以是真实手机，也可以是计算机里的模拟器。依次选择菜单Run→Run '***'（也可按快捷键Shift+F10），或者选择菜单Run→Run...，在弹出的小窗口中选择待运行的模块名称，Android Studio会判断当前是否存在已经连接的设备，如果已有连接上的设备就在该设备上安装测试App。

如果一开始没有任何已连上的设备，运行App就会报错“Error running ‘***’：No target device found.”，意思是未找到任何目标设备。此时要先创建一个模拟器，具体操作步骤如下：

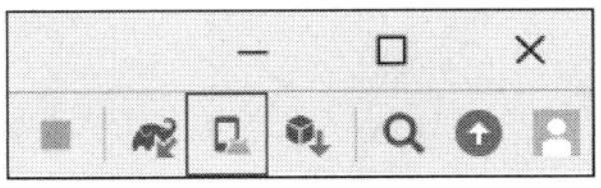

01 依次选择菜单Tools→Device Manager，或者在Android Studio右上角的按钮中单击图标，如图1-31所示。

图 1-31　打开 Device Manager 的图标栏

02 此时Android Studio打开模拟器的创建窗口，如图1-32所示。单击创建窗口中的Create device按钮，弹出如图1-33所示的硬件选择对话框。

03 在对话框的左边列表中单击Phone表示选择手机，在中间列表中选择某个手机型号如Pixel 2，然后单击对话框右下角的Next按钮，跳转到下一页的系统镜像选择对话框，如图1-34所示。从图中看到镜像列表顶端的发布名称叫作S，对应的API级别为31，它正是Android 12的系统镜像。

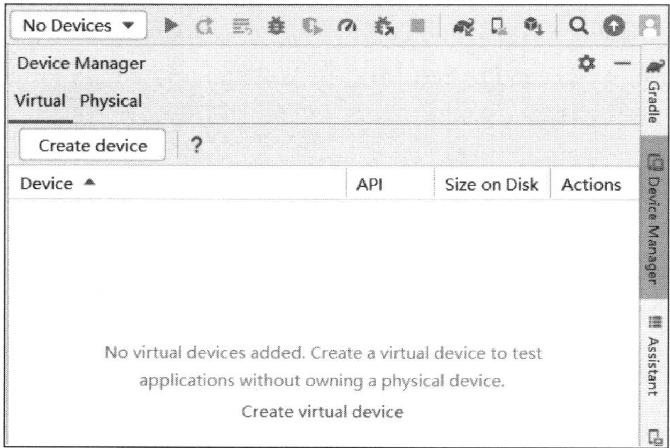

图 1-32　模拟器的创建窗口

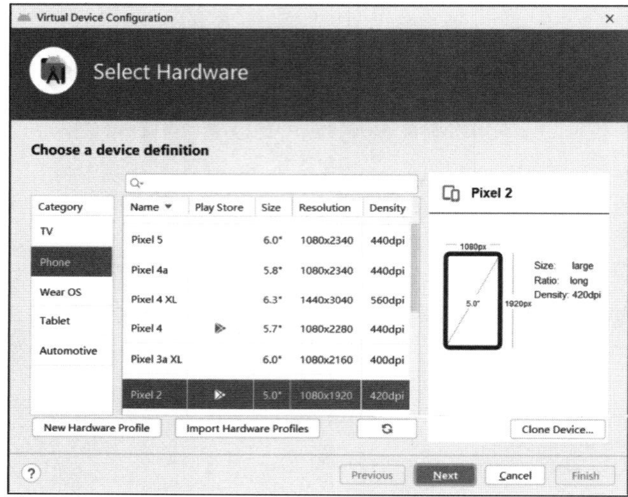

图 1-33　硬件选择对话框

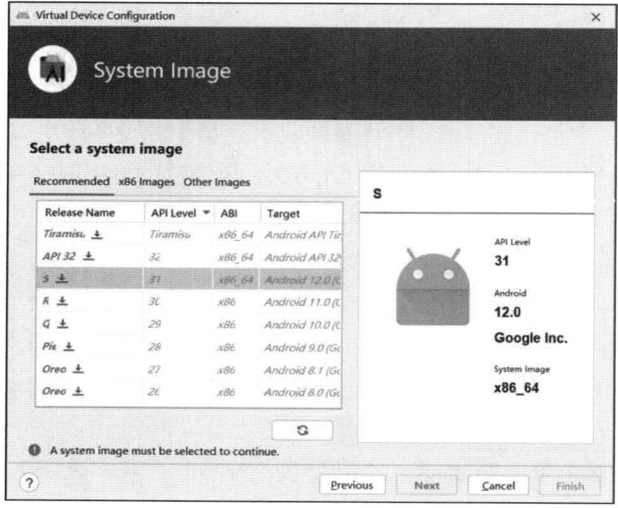

图 1-34　系统镜像选择对话框

04 单击S右边的下载图标，弹出如图1-35所示的许可授权对话框。

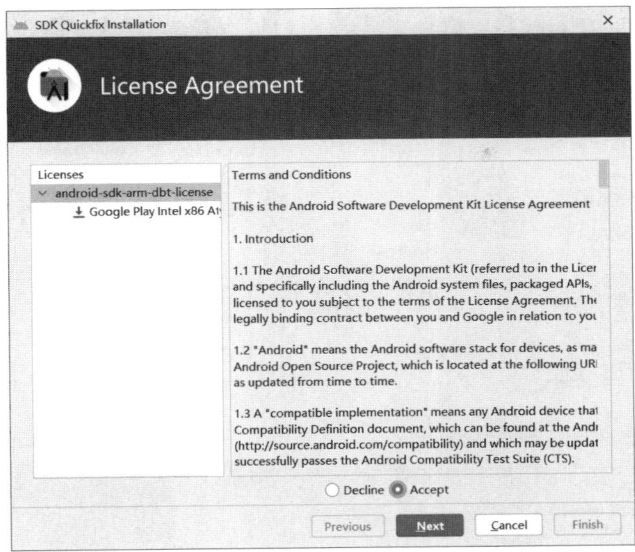

图 1-35　许可授权对话框

05 单击许可授权对话框的Accept选项，表示接受上述条款，再单击Next按钮跳转到下一页的镜像下载对话框，如图1-36所示。

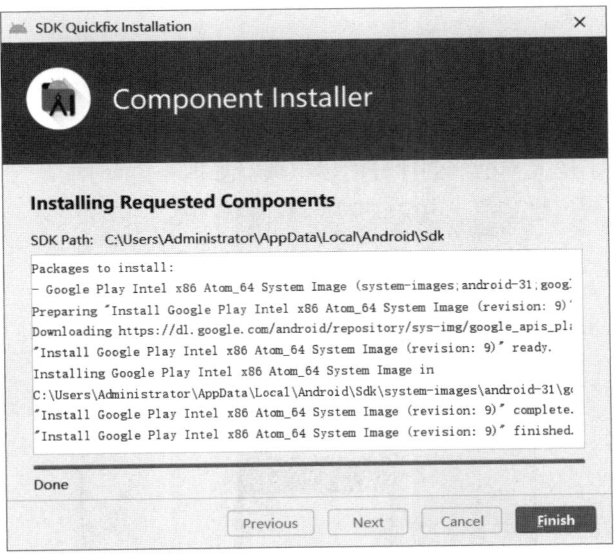

图 1-36　镜像下载对话框

06 等待镜像下载完成，单击右下角的Finish按钮，返回到如图1-37所示的系统镜像选择对话框。

07 此时S右边的下载图标消失，说明计算机中已经存在该版本的Android镜像。于是选中S这行，再单击Next按钮，跳转到模拟器的配置对话框，如图1-38所示。

08 配置对话框左上方的AVD Name用于填写模拟器的名称，这里保持默认名称不动，单击对话框右下角的Finish按钮完成创建操作。一会儿对话框关闭，回到如图1-39所示的模拟器的列表对话框，该对话框中多了个名为Pixel 2 API 31的模拟器，且该模拟器基于Android 12（API 31）。

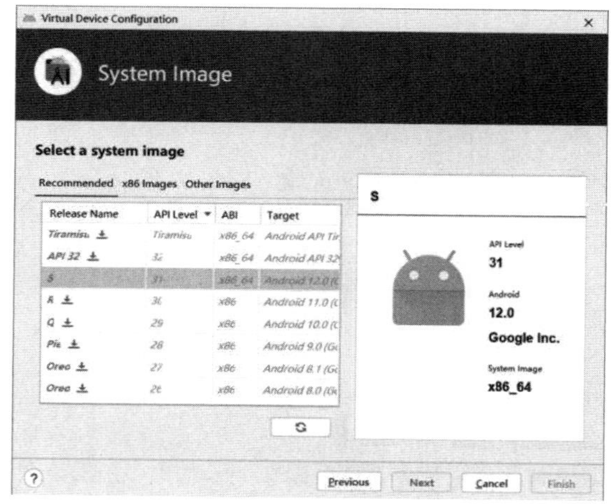

图 1-37　系统镜像选择对话框

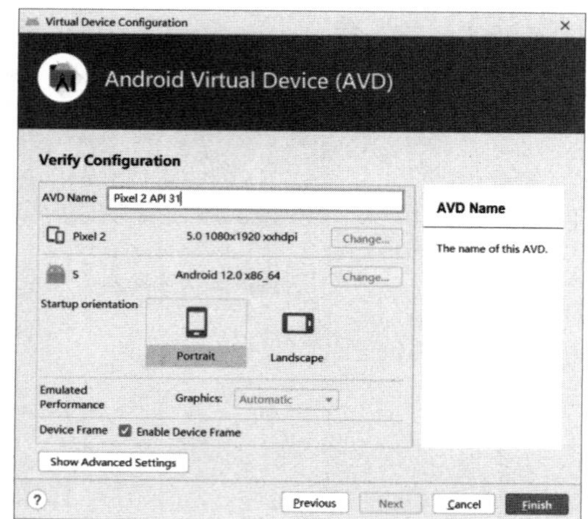

图 1-38　模拟器的配置对话框

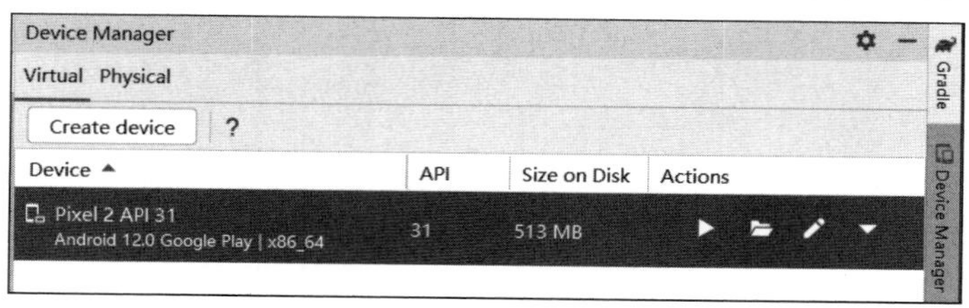

图 1-39　模拟器的列表对话框

1.4.2　在模拟器上运行 App

模拟器创建完成后，回到Android Studio的主界面，即可在顶部工具栏的下拉框中发现多了个“Pixel 2 API 31”，它正是上一小节创建好的模拟器，如图1-40所示。

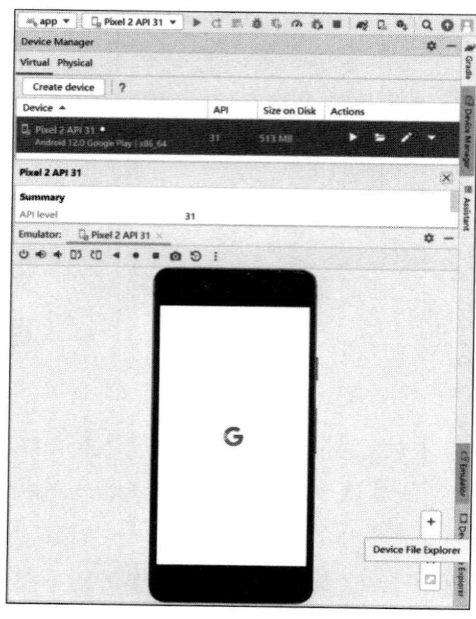

图 1-40　在顶部工具栏中出现刚创建的模拟器

重新选择菜单Run→Run 'app'，也可以直接单击Pixel 2 API 31右侧的三角运行按钮，Android Studio便开始启动名为“Pixel 2 API 31”的模拟器，如图1-41所示。等待模拟器启动完毕，出现如图1-42所示的模拟器的开机画面。再过一会儿，模拟器自动打开如图1-43所示的App界面。

在图1-43中可以看见在模拟器屏幕左上角显示应用名称为“My Application”，在屏幕中间显示页面内容为“Hello World！”。它正是刚才想要运行的测试App，说明已经在模拟器上成功运行App了。

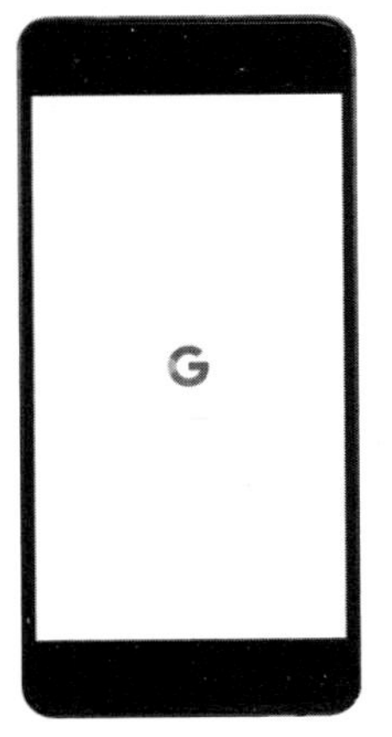

图 1-41　模拟器正在启动

图 1-42　模拟器的开机画面

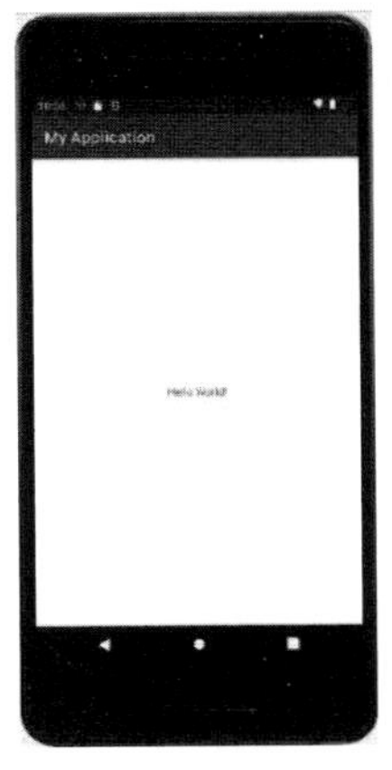

图 1-43　模拟器运行 App

1.4.3　观察 App 的运行日志

虽然在模拟器上能够看到App的运行，却无法看到App的调试信息。以前写Java代码的时候，通过System.out.println可以很方便地向IDEA的控制台输出日志，当然Android Studio也允许查看App的运行日志，只是Android不使用System.out.println，而是采用Log工具打印日志。

有别于System.out.println，Log工具将各类日志划分为5个等级，每个等级的重要性是不一样的，这些日志等级按照从高到低的顺序依次说明如下：

- Log.e：表示错误信息，比如可能导致程序崩溃的异常。
- Log.w：表示警告信息。
- Log.i：表示一般消息。
- Log.d：表示调试信息，可把程序运行时的变量值打印出来，方便跟踪调试。
- Log.v：表示冗余信息。

一般而言，日常开发使用Log.d即可。下面是给App添加日志信息的代码的例子：

```
(完整代码见app\src\main\java\com\example\app\MainActivity.java)
import android.util.Log;

public class MainActivity extends AppCompatActivity {
    @Override
    protected void onCreate(Bundle savedInstanceState) {
        super.onCreate(savedInstanceState);
        setContentView(R.layout.activity_main);
        Log.d("MainActivity", "我看到你了");  // 添加一行日志信息
    }
}
```

重新运行测试App，等模拟器刷新App界面后，单击Android Studio底部的Logcat标签，此时主界面下方弹出一排日志窗口，如图1-44所示。

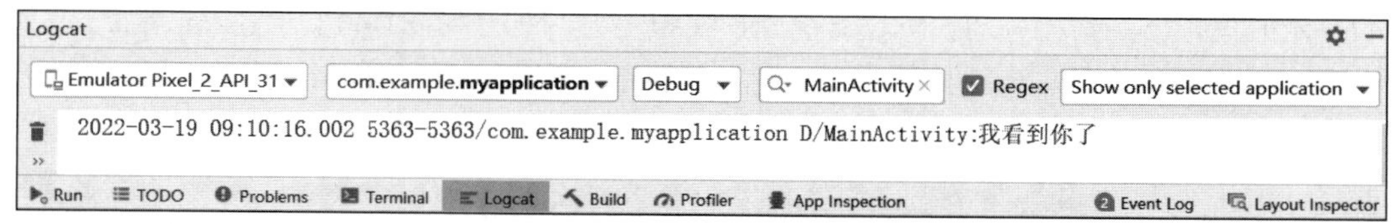

图 1-44 Android Studio 的日志查看窗口

日志窗口的顶部是一排条件筛选框，从左到右依次为：测试设备的名称（如“Pixel_2_API_31”）、测试App的包名（例如只显示com.example.myapplication的日志）、查看日志的级别（例如只显示级别不低于Debug即Log.d的日志）、日志包含的字符串（例如只显示包含MainActivity的日志），还有最后一个是筛选控制选项（其中“Show only selected application”表示只显示选中的应用日志，而“No Filters”则表示不过滤任何条件）。经过一排条件筛选之后，Logcat窗口只显示一行文字“D/MainActivity: 我看到你了”，说明成功捕获前面代码调用Log.d的日志信息。

1.5 小　结

本章主要介绍了Android开发环境的搭建过程，包括：Android开发简介（Android的发展历程、Android Studio的发展历程）、搭建Android Studio开发环境（开发机配置要求、安装Android Studio、下载Android的SDK）、创建并编译App工程（创建新项目、导入已有的工程、编译App工程）、运行和调试App（创建内置模拟器、在模拟器上运行App、观察App的运行日志）。

通过本章的学习，读者应该掌握Android Studio的基本操作技能，能够使用自己搭建的Android Studio环境创建简单的App工程，并在模拟器上成功运行测试App。

1.6 动手练习

请上机实验搭建App的开发环境，主要步骤说明如下：

1. 下载并安装Android Studio的最新版本。
2. 创建一个新的App项目“Hello World”。
3. 使用Android Studio创建一个模拟器。
4. 在模拟器上安装并运行第二步创建的App，观察能否看到“Hello World”字样。

第 2 章 Android App 开发基础

本章介绍基于Android系统的App开发常识，包括以下几个方面：App开发与其他软件开发有什么不一样，App工程是怎样的组织结构又是怎样配置的，App开发的前后端分离设计是如何运作实现的，App的活动页面是如何创建又是如何跳转的。

2.1 App 的开发特点

本节介绍App开发与其他软件开发不一样的特点，例如：App能在哪些操作系统上运行、App开发用到了哪些编程语言、App能操作哪些数据库等，搞清楚了App的开发运行环境，才能有的放矢，不走弯路。

2.1.1 App 的运行环境

App 是在手机上运行的一类应用软件，而应用软件依附于操作系统，无论计算机还是手机，在开机时都会显示桌面，这个桌面便是操作系统的工作台。个人计算机的操作系统主要有微软的Windows和苹果的MacOS，智能手机流行的操作系统也有两种，分别是安卓手机的Android和苹果手机的iOS。本书讲述的App开发为Android上的应用开发，Android系统基于Linux内核，但不等于Linux系统，故App应用无法在Linux系统上运行。

Android Studio是谷歌官方推出的App开发环境，它提供了三种操作系统的安装包，分别是Windows、Mac和Linux。这就产生了一个问题：开发者可以在计算机上安装Android Studio，并使用Android Studio开发App项目，但是编译出来的App在计算机上跑不起来。这种情况真是令人匪夷所思，通常学习C语言、Java或者Python，都能在计算机的开发环境中直接观看程序运行过程，就算是J2EE开发，也能在浏览器中通过网页观察程序的运行结果。可是安卓的App应用竟然没法在计算机上直接运行，那该怎样验证App的界面展示及其业务逻辑是否正确呢？

为了提供App开发的功能测试环境，一种办法是利用Android Studio创建内置的模拟器，然后启动内置模拟器，再在模拟器上运行App应用，详细步骤参见第1章的“1.4.2　在模拟器上运行App”。

另一种办法是使用真实手机测试App，该办法在实际开发中更为常见。由于模拟器本身运行在计算机上面，占用计算机的CPU和内存，会拖累计算机的运行速度；况且模拟器仅仅是模拟而已，无法完全验证App的所有功能，因此最终都得通过真机测试才行。

利用真机调试要求具备以下5个条件：

1. 使用数据线把手机连接到计算机上

手机的电源线拔掉插头就是数据线。数据线长方形的一端接到计算机的USB接口，即可完成手机与计算机的连接。

2. 在计算机上安装手机的驱动程序

一般计算机会把手机当作USB存储设备一样安装驱动，大多数情况会自动安装成功。如果遇到少数情况安装失败，需要先安装**手机助手，由助手软件下载并安装对应的手机驱动。

3. 打开手机的开发者选项并启用USB调试

手机出厂后默认关闭开发者选项，需要开启开发者选项才能调试App。打开手机的设置菜单，进入“系统”→“关于手机”→“版本信息”页面，这里有好几个版本项，每个版本项都使劲点击七八下，总会有某个版本在点击后出现“你将开启开发者模式”的提示。继续点击该版本开启开发者模式，然后退出并重新进入设置页面，此时就能在“系统”菜单下找到“开发者选项”或“开发人员选项”了。进入“开发者选项”页面，启用“开发者选项”和“USB调试”两处开关，允许手机通过USB接口安装调试应用。

4. 将连接的手机设为文件传输模式，并允许计算机进行USB调试

手机通过USB数据线连接计算机后，在屏幕上弹出如图2-1所示的USB连接方式选择列表，请求选择某种USB连接方式。这里记得选中“传输文件”，因为充电模式不支持调试App。

选完之后手机桌面弹出如图2-2所示的确认对话框，提示开发者是否允许当前计算机进行USB调试。这里勾选“始终允许使用这台计算机进行调试”选项，再点击右下角的“确定”按钮，允许计算机在手机上调试App。

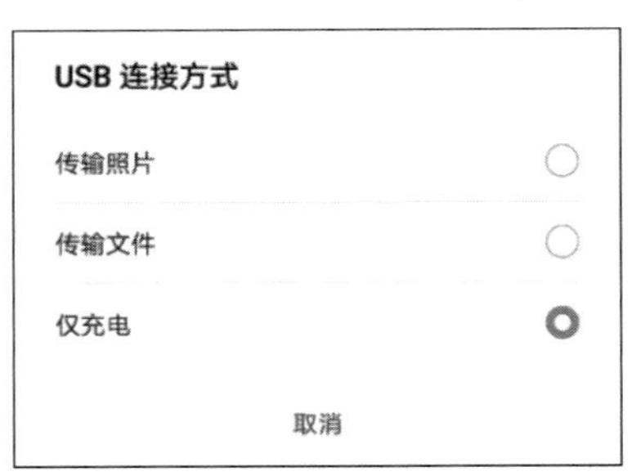

图 2-1　USB 连接方式选择列表

是否允许 USB 调试？

这台计算机的 RSA 密钥指纹如下：
13:48:97:5E:5B:51:32:2B:2D:3F:0C:
9C:C0:D0:A5:7D

始终允许使用这台计算机进行调试

取消　确定

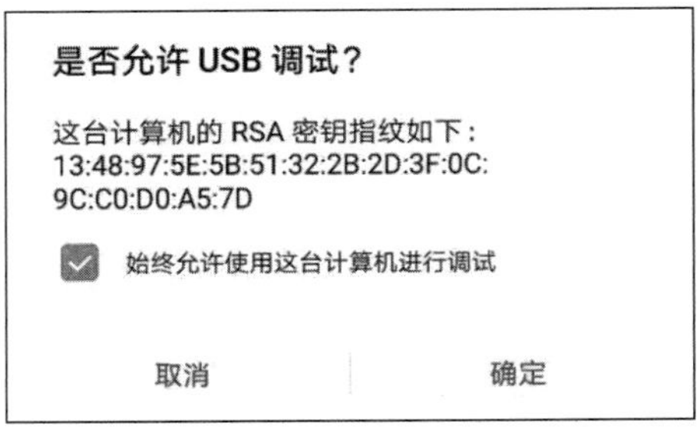

图 2-2　USB 调试的确认对话框

5. 手机要能正常使用

在锁屏状态下，Android Studio向手机安装App的行为可能会被拦截，所以要保证手机处于解锁状态，才能顺利通过计算机安装App到手机上。

有的手机还要求插入SIM卡才能调试App，还有的手机要求登录会员才能调试App，总之如果遇到无法安装的问题，各种情况都尝试一遍才好。

经过以上操作，总算具备通过计算机在手机上安装App的条件了。马上启动Android Studio，在顶部中央的执行区域找到已连接的手机信息，如图2-3所示。此时的设备信息提示这是一台华为手机，单击手机名称右边的三角运行按钮，接下来就是等待Android Studio往手机上安装App了。

图 2-3　找到已连接的真机设备

2.1.2　App 的开发语言

基于安卓系统的App开发主要有两大技术路线，分别是原生开发和混合开发。原生开发指的是在移动平台上利用官方提供的编程语言（例如Java、Kotlin等）、开发工具包（SDK）、开发环境（Android Studio）进行App开发；混合开发指的是结合原生与H5技术开发混合应用，也就是将部分App页面改成内嵌的网页，这样无须升级App、只要覆盖服务器上的网页，即可动态更新App页面。

不管是原生开发还是混合开发，都要求掌握Android Studio的开发技能，因为混合开发本质上依赖于原生开发，如果没有原生开发的皮，哪里还有混合开发的毛呢？单就原生开发而言，又涉及多种编程语言，包括Java、Kotlin、C/C++、XML等，详细说明如下。

1. Java

Java是Android开发的主要编程语言，在创建新项目时，弹出如图2-4所示的项目配置对话框，Language栏默认选择了Java，表示该项目采用Java编码。

虽然Android开发需要Java环境，但没要求计算机上必须事先安装JDK，因为Android Studio已经自带了JRE。依次选择菜单File→Project Structure，弹出如图2-5所示的项目结构对话框。

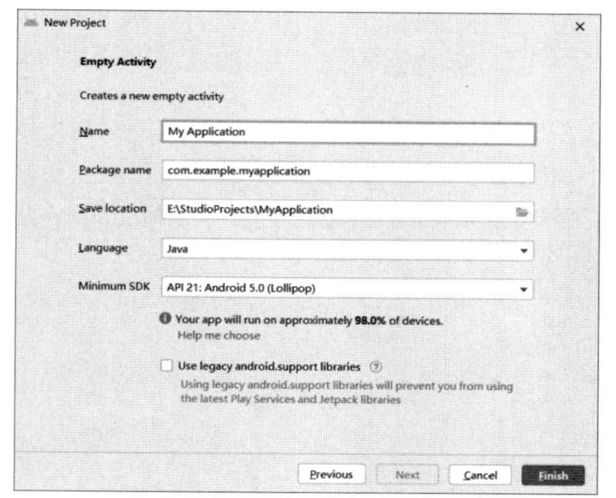

图 2-4　创建新项目时的项目配置对话框（Java）

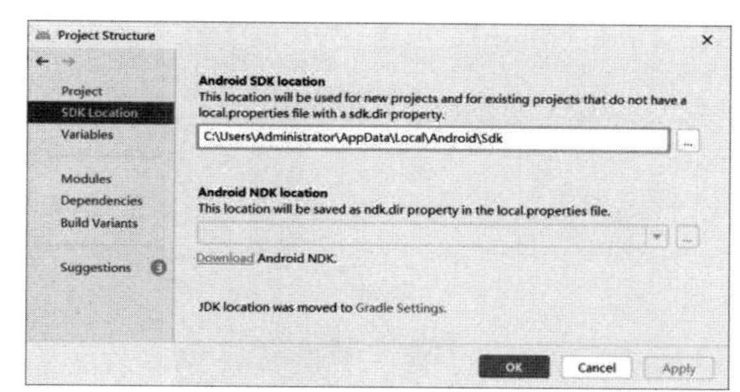

图 2-5　项目结构对话框

单击项目结构对话框左侧的SDK Location，对话框右边从上到下依次排列着Android SDK location、Android NDK location、JDK location was moved to Gradle Settings。单击JDK location was moved to Gradle Settings中的Gradle Settings，打开Gradle的设置窗口，如图2-6所示。

其中下方的Gradle JDK提示JDK路径位于Android Studio安装路径的JRE目录下，它正是Android Studio自带的Java运行环境。

可是Android Studio自带的JRE看不出来基于Java哪个版本，它支不支持最新的Java版本呢？其实Android Studio自带的JRE默认采用Java 7编译，如果在代码里直接书写Java 8语句就会报错，比如Java 8引入了Lambda表达式，下面代码通过Lambda表达式给整型数组排序：

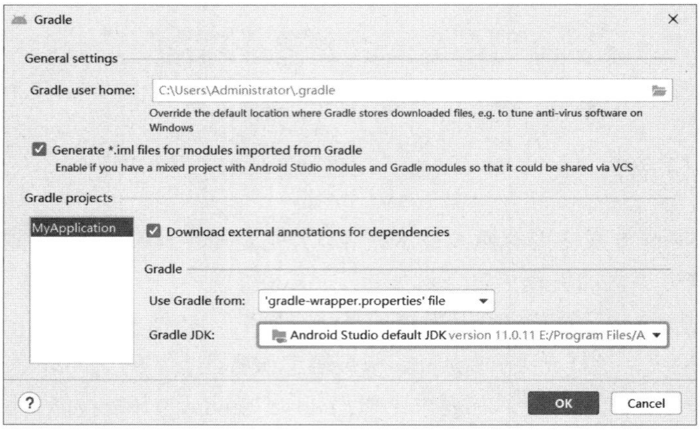

图 2-6　Gradle 的设置窗口

```
Integer[] intArray = { 89, 3, 67, 12, 45 };
Arrays.sort(intArray, (o1, o2) -> Integer.compare(o2, o1));
```

倘若由Android Studio编译上面代码，结果提示出错“Lambda expressions are not supported at language level '7'”，意思是Java 7不支持Lambda表达式，错误信息如图2-7所示。

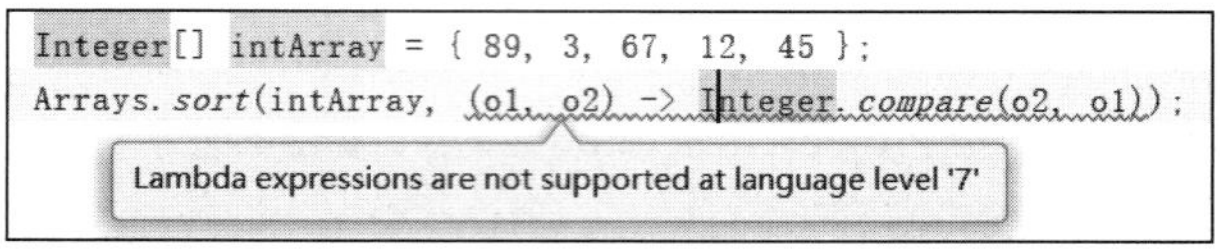

图 2-7　不支持 Lambda 表达式的出错提示

看来Android Studio果真默认支持Java 7而非Java 8，但Java 8增添了诸多新特性，其拥趸与日俱增，有的用户已经习惯了Java 8，能否想办法让Android Studio也支持Java 8呢？当然可以，只要略施小计便可，依次选择菜单File→Project Structure，在弹出的项目结构对话框左侧单击Modules，此时模块的属性设置对话框如图2-8所示。

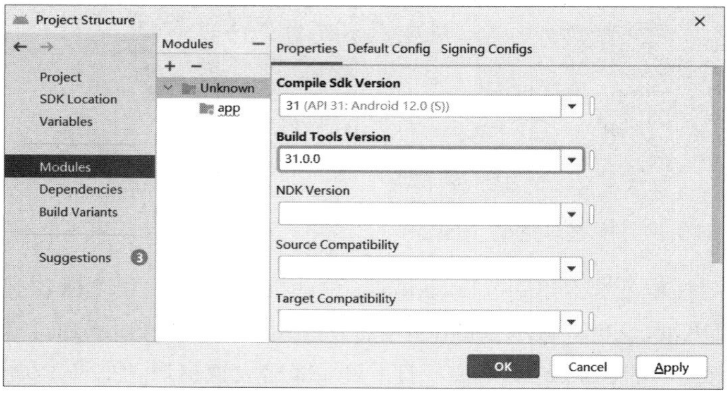

图 2-8　模块的属性设置对话框

对话框右侧的Properties选项卡，从上到下依次排列着Compile Sdk Version、Build Tools Version、NDK Version、Source Compatibility、Target Compatibility，这5项分别代表：编译的SDK版本、构建工具的版本、编译C/C++代码的NDK版本、源码兼容性、目标兼容性，其中后面两项用来设置Java代码的兼容版本。单击Source Compatibility右边的下拉箭头按钮，弹出如图2-9所示的下拉列表。

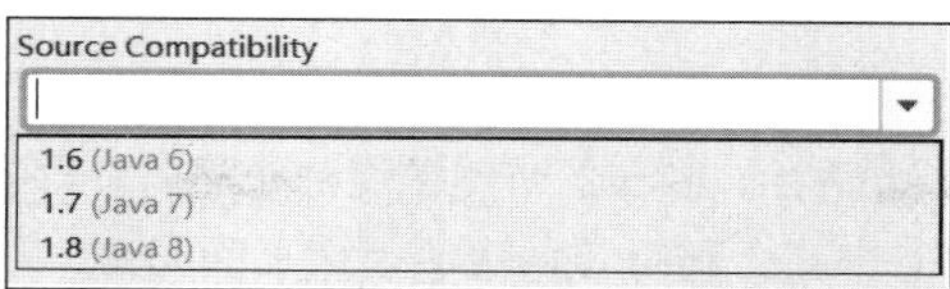

图 2-9　源码兼容性的 Java 版本选择列表

从下拉列表中看到，Android Studio自带的JRE支持Java 6、Java 7、Java 8三种版本。单击选中列表项的“1.8（Java 8）”，并在Target Compatibility栏也选择“1.8（Java 8）”，然后单击窗口下方的OK按钮，就能将编译模块的Java版本改成Java 8了。

2. Kotlin

Kotlin是谷歌官方力推的又一种编程语言，它与Java同样基于JVM（Java Virtual Machine，即Java虚拟机），且完全兼容Java语言。创建新项目时，在Language栏下拉可选择Kotlin，此时项目结构对话框如图2-10所示。

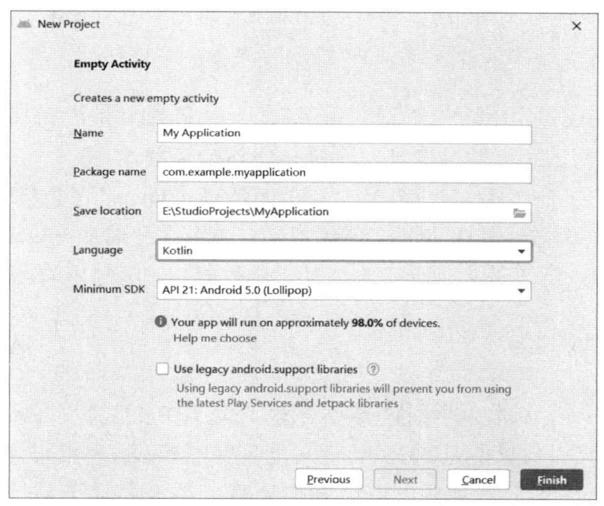

图 2-10　创建新项目时的项目配置对话框（Kotlin）

一旦在创建新项目时选定Kotlin，该项目就会自动加载Kotlin插件，并将Kotlin作为默认的编程语言。不过本书讲述的App开发采用Java编程，未涉及Kotlin编程，如果读者对Kotlin开发感兴趣，可参考笔者的另一部图书《Kotlin从零到精通Android开发》。

3. C/C++

不管是Java还是Kotlin，它们都属于解释型语言，这类语言在运行之时才将程序翻译成机器语言，故而执行效率偏低。虽然现在手机配置越来越高，大多数场景的App运行都很流畅，但是涉及图像与音视频处理等复杂运算的场合，解释型语言的性能瓶颈便暴露了出来。

编译型语言在首次编译时就将代码编译为机器语言，后续运行无须重新编译，直接使用之前的编译文件即可，因此执行效率比解释型语言高。C/C++正是编译型语言的代表，它能够有效弥补解释型语言的性能缺憾，借助于JNI（Java Native Interface，即Java原生接口）技术，Java代码允许调用C/C++编写的程序。事实上，Android的SDK开发包内部定义了许多JNI，包括图像读写在内的底层代码均由C/C++编写，再由外部通过封装好的Java方法调用。

4. XML

XML全称为Extensible Markup Language，即可扩展标记语言，严格地说，XML并非编程语言，只是一种标记语言。它类似于HTML，利用各种标签表达页面元素，以及各元素之间的层级关系及其排列组合。每个XML标签都是独立的控件对象，标签内部的属性以“android:”打头，表示这是标准的安卓属性，各属性分别代表控件的某种规格。比如下面是以XML书写的文本控件：

```
<TextView
    android:id="@+id/tv_hello"
    android:layout_width="wrap_content"
    android:layout_height="wrap_content"
    android:text="Hello World!" />
```

上面的标签名称为TextView，翻译过来叫文本视图，该标签携带4个属性，说明如下：

- id：控件的编号。
- layout_width：控件的布局宽度，wrap_content表示刚好包住该控件的内容。
- layout_height：控件的布局高度，wrap_content表示刚好包住该控件的内容。
- text：控件的文本，也就是文本视图要显示的文字。

综合起来，以上XML代码所表达的意思为：这是一个名为tv_hello的文本视图，显示的文字内容是“Hello World!”，它的宽度和高度都要刚好包住这些文字。

以上就是Android开发常见的几种编程语言，本书选择了Java路线而非Kotlin路线，并且定位是安卓初学者教程，因此读者需要具备Java和XML基础。如果你尚未掌握Java编程，建议先学习笔者的Java专著《好好学Java：从零基础到项目实战》，等打好Java基础再学Android开发也不迟。

2.1.3 App 连接的数据库

在学习Java编程的时候，基本会学到数据库操作，通过JDBC连接数据库进行记录的增删改查，这个数据库可能是MySQL，也可能是Oracle，还可能是SQL Server。然而手机应用不能直接操作上述几种数据库，因为数据库软件也得像应用软件那样安装到操作系统上，比如MySQL提供了Windows系统的安装包，也提供了Linux系统的安装包，可是它没有提供Android系统的安装包，所以MySQL无法在Android系统上安装，手机里面的App也就不能直接连接MySQL。

既然MySQL、Oracle这些企业数据库无法在手机上安装，那么App怎样管理业务方面的数据记录呢？其实Android早已内置了专门的数据库，名为SQLite，它遵循关系数据库的设计理念，SQL语法类似于MySQL。不同之处在于，SQLite无须单独安装，因为它内嵌到应用进程当中，所以App无须配置连接信息，即可直接对其增删改查。由于SQLite嵌入到应用程序中，省去了配置数据库服务器的开销，因此它又被归类为嵌入式数据库。

可是SQLite的数据库文件保存在手机上，开发者拿不到用户的手机，又该如何获取App存储的业务数据呢？比如用户的注册信息、用户的购物记录，等等。如果像Java Web那样，业务数据统一保存在后端的数据库服务器中，开发者只要登录数据库服务器，就能方便地查询并导出需要的记录信息。

手机端的App，连同程序代码及其内置的嵌入式数据库，其实是个又独立又完整的程序实体，它只负责手机上的用户交互与信息处理，该实体被称作客户端。而后端的Java Web服务，包括Web代码和数据库服务器，同样构成另一个单独运行的程序实体，它只负责后台的业务逻辑与数据库操作，该实体被称作服务端。客户端与服务端之前通过HTTP接口通信，每当客户端觉得需要把信息发给服务端，或者需要从服务端获取信息时，客户端便向服务端发起HTTP请求，服务端收到客户端的请求之后，根据规则完成数据处理，并将处理结果返回给客户端。这样客户端经由HTTP接口并借服务端之手，方能间接读写后端的数据库服务器（如MySQL），具体的信息交互过程如图2-11所示。

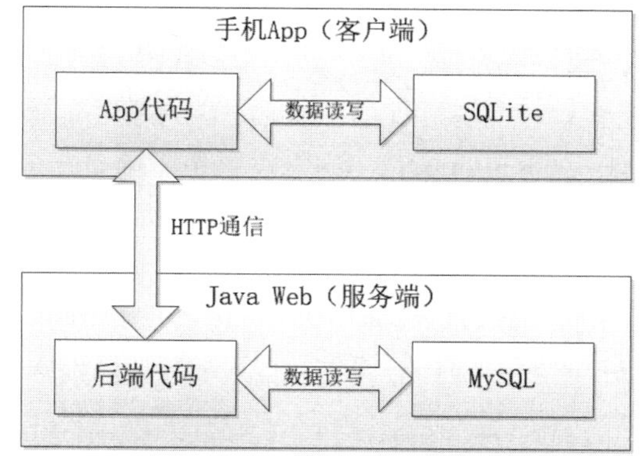

图 2-11　客户端与服务端分别操作的数据库

由此看来，一个具备用户管理功能的App系统，实际上并不单单只是手机上的一个应用，还包括与其对应的Java Web服务。手机里的客户端App，面向的是手机用户，App与用户之间通过手机屏幕交互；而后端的服务程序，面向的是手机App，客户端与服务端之间通过HTTP接口交互。客户端和服务端这种多对一的架构关系如图2-12所示。

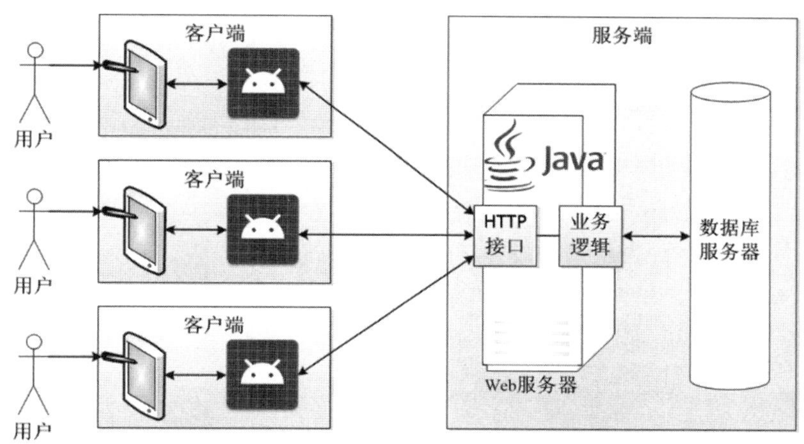

图 2-12　客户端与服务端的多对一架构关系图

总结一下，手机App能够直接操作内置的SQLite数据库，但不能直接操作MySQL这种企业数据库。必须事先搭建好服务端程序（如Java Web），然后客户端与服务端通过HTTP接口通信，再由服务端去操作MySQL这样的数据库服务器。

2.2　App 的工程结构

本节介绍App工程的基本结构及其常用配置：首先描述项目和模块的区别，以及工程内部各目录与配置文件的用途说明；其次阐述两种级别的编译配置文件build.gradle，以及它们内部的配置信息说明；最后讲述运行配置文件AndroidManifest.xml的节点信息及其属性说明。

2.2.1　App 工程目录结构

App工程分为两个层次：第一个层次是项目，依次选择菜单File→New→New Project即可创建新项目；另一个层次是模块，模块依附于项目，每个项目至少有一个模块，也能拥有多个模块，依次选择菜单File→New→New Module即可在当前项目创建新模块。一般所言的“编译运行App”，指的是运行某个模块，而非运行某个项目，因为模块才对应实际的App。单击Android Studio左上角竖排的Project标签，可见App工程的项目结构如图2-13所示。

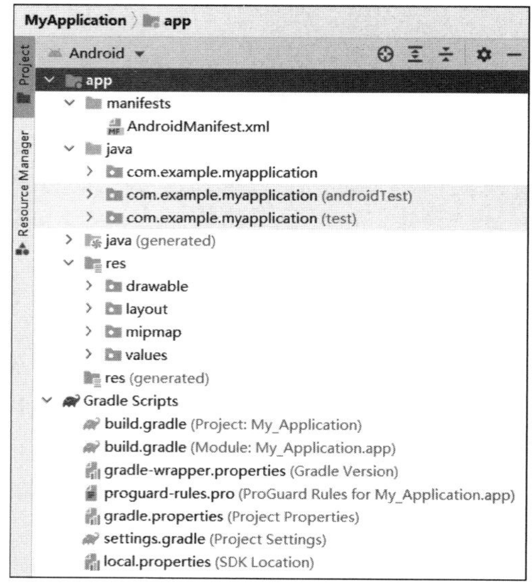

图 2-13　App 工程的项目结构图

从图2-13中可以看到，该项目下面有两个分类：一个是app（代表app模块），另一个是Gradle Scripts。其中，app下面又有3个子目录，其功能说明如下：

（1）manifests子目录，下面只有一个XML文件，即AndroidManifest.xml，它是App的运行配置文件。

（2）java子目录，下面有3个com.example.myapplication包，其中第一个包存放当前模块的Java源码，后面两个包存放测试用的Java代码。

（3）res子目录，存放当前模块的资源文件。res下面又有4个子目录：

- drawable目录：存放图形描述文件与图片文件。
- layout目录：存放App页面的布局文件。
- mipmap目录：存放App的启动图标。
- values目录：存放一些常量定义文件，例如字符串常量strings.xml、像素常量dimens.xml、颜色常量colors.xml、样式风格定义styles.xml等。

Gradle Scripts下面主要是工程的编译配置文件，主要有：

（1）build.gradle，该文件分为项目级与模块级两种，用于描述App工程的编译规则。

（2）proguard-rules.pro，该文件用于描述Java代码的混淆规则。

（3）gradle.properties，该文件用于配置编译工程的命令行参数，一般无须改动。

（4）settings.gradle，该文件配置了需要编译哪些模块。初始内容为include ':app'，表示只编译app模块。

（5）local.properties，项目的本地配置文件，它在工程编译时自动生成，用于描述开发者计算机的环境配置，包括SDK的本地路径、NDK的本地路径等。

2.2.2 编译配置文件 build.gradle

新创建的App项目默认有两个build.gradle，一个是Project（项目）级别的build.gradle；另一个是Module（模块）级别的build.gradle。

在Android Studio 4.2和之前的版本中，项目级别的build.gradle指定了当前项目的总体编译规则，打开该文件在buildscript下面找到repositories和dependencies两个节点，其中repositories节点用于设置Android Studio插件的网络仓库地址，而dependencies节点用于设置gradle插件的版本号。由于官方的谷歌仓库位于国外，下载速度相对较慢，因此可在repositories节点添加阿里云的仓库地址，方便国内开发者下载相关插件。修改之后的buildscript节点内容如下：

```
buildscript {
    repositories {
        // 以下4行添加阿里云的仓库地址，方便国内开发者下载相关插件
        maven { url 'https://maven.aliyun.com/repository/jcenter' }
        maven { url 'https://maven.aliyun.com/repository/google'}
        maven { url 'https://maven.aliyun.com/repository/gradle-plugin'}
        maven { url 'https://maven.aliyun.com/repository/public'}
        google()
        mavenCentral()
    }
    dependencies {
        // 配置gradle插件版本，下面的版本号就是Android Studio的版本号
        classpath 'com.android.tools.build:gradle:4.1.0'
    }
}
```

但从Android Studio Bumblebee开始，项目级别的build.gradle不再存放仓库地址，而是将仓库地址的repositories节点配置到了settings.gradle。因此要在settings.gradle中补充如下的阿里云仓库地址：

```
pluginManagement {
    repositories {
        gradlePluginPortal()
        google()
        mavenCentral()
        // 以下4行添加阿里云的仓库地址，方便国内开发者下载相关插件
        maven { url 'https://maven.aliyun.com/repository/jcenter' }
        maven { url 'https://maven.aliyun.com/repository/google'}
        maven { url 'https://maven.aliyun.com/repository/gradle-plugin'}
        maven { url 'https://maven.aliyun.com/repository/public'}
    }
}
dependencyResolutionManagement {
    repositoriesMode.set(RepositoriesMode.FAIL_ON_PROJECT_REPOS)
    repositories {
        google()
        mavenCentral()
        // 以下4行添加阿里云的仓库地址，方便国内开发者下载相关插件
        maven { url 'https://maven.aliyun.com/repository/jcenter' }
        maven { url 'https://maven.aliyun.com/repository/google'}
        maven { url 'https://maven.aliyun.com/repository/gradle-plugin'}
        maven { url 'https://maven.aliyun.com/repository/public'}
    }
}
```

至于模块级别的build.gradle则分别对应具体模块，每个模块都有自己的build.gradle，它指定了当前模块的详细编译规则。下面给chapter02模块的build.gradle补充文字注释，方便读者更好地理解每个参数的用途。

```
（完整代码见chapter02\build.gradle）
plugins {
    id 'com.android.application'
}

android {
    // 指定编译用的SDK版本号。比如31表示使用Android 12编译
    compileSdk 31

    defaultConfig {
        // 指定该模块的应用编号，也就是App的包名
        applicationId "com.example.chapter02"
        // 指定App适合运行的最小SDK版本号。比如21表示至少要在Android 5.0上运行
```

```
        minSdk 21
        // 指定目标设备的SDK版本号。表示App最希望在哪个版本的Android上运行
        targetSdk 31
        // 指定App的应用版本号
        versionCode 1
        // 指定App的应用版本名称
        versionName "1.0"
        testInstrumentationRunner "androidx.test.runner.AndroidJUnitRunner"
    }

    buildTypes {
        release {
            minifyEnabled false
            proguardFiles getDefaultProguardFile('proguard-android-optimize. txt'),
'proguard-rules.pro'
        }
    }
}

// 指定App编译的依赖信息
dependencies {
    // 指定引用JAR包的路径
    implementation fileTree(dir: 'libs', include: ['*.jar'])
    // 指定编译Android的高版本支持库。如AppCompatActivity必须指定编译appcompat库
    implementation 'androidx.appcompat:appcompat:1.4.1'
    // 指定单元测试编译用的junit版本号
    testImplementation 'junit:junit:4.13.2'
    androidTestImplementation 'androidx.test.ext:junit:1.1.3'
    androidTestImplementation 'androidx.test.espresso:espresso-core:3.4.0'
}
```

为什么这两种编译配置文件的扩展名都是gradle呢？这是因为它们采用了Gradle工具完成编译构建操作。Gradle工具的版本配置在gradle\wrapper\gradle-wrapper.properties，也可以依次选择菜单File→Project Structure→Project，在弹出的设置页面中修改Gradle Version。注意每个版本的Android Studio都有对应的Gradle版本，只有二者的版本正确对应，App工程才能成功编译。比如Android Studio Dolphin对应的Gradle版本为7.4，更多的版本对应关系见https://developer.android.google.cn/studio/releases/gradle-plugin#updating-plugin。

2.2.3 运行配置文件 AndroidManifest.xml

AndroidManifest.xml指定了App的运行配置信息，它是一个XML描述文件，初始内容如下：

```
(完整代码见chapter02\src\main\AndroidManifest.xml)
<manifest xmlns:android="http://schemas.android.com/apk/res/android"
    package="com.example.chapter02">
    <application
        android:allowBackup="true"
        android:icon="@mipmap/ic_launcher"
        android:label="@string/app_name"
        android:roundIcon="@mipmap/ic_launcher_round"
        android:supportsRtl="true"
        android:theme="@style/AppTheme">
        <activity
            android:name=".MainActivity"
            android:exported="true">
            <intent-filter>
                <action android:name="android.intent.action.MAIN" />
                <category android:name="android.intent.category.LAUNCHER" />
```

```
            </intent-filter>
        </activity>
    </application>
</manifest>
```

可见AndroidManifest.xml的根节点为manifest，它的package属性指定了该App的包名。manifest下面有个application节点，它的各属性说明如下：

- android:allowBackup：是否允许应用备份。为true表示允许，为false则表示不允许。
- android:icon：指定App在手机屏幕上显示的图标。
- android:label：指定App在手机屏幕上显示的名称。
- android:roundIcon：指定App的圆角图标。
- android:supportsRtl：是否支持阿拉伯语/波斯语这种从右往左的文字排列顺序。为true表示支持，为false则表示不支持。
- android:theme：指定App的显示风格。

注意application下面还有个activity节点，它是活动页面的注册声明，只有在AndroidManifest. xml中正确配置了activity节点，才能在运行时访问对应的活动页面。初始配置的MainActivity正是App的默认主页，之所以说该页面是App主页，是因为它的activity节点内部还配置了以下的过滤信息：

```
<intent-filter>
    <action android:name="android.intent.action.MAIN" />
    <category android:name="android.intent.category.LAUNCHER" />
</intent-filter>
```

其中action节点设置的android.intent.action.MAIN表示该页面是App的入口页面，启动App时会最先打开该页面。而category节点设置的android.intent.category.LAUNCHER决定了是否在手机屏幕上显示App图标，如果同时有两个activity节点内部都设置了android.intent.category.LAUNCHER，那么桌面就会显示两个App图标。以上的两种节点规则可能一开始不太好理解，读者只需记住默认主页必须同时配置这两种过滤规则即可。

注　意

从 Android12 开始，任意组件节点（包括 activity、receiver、service）一旦配置了 intent-filter，那么该组件节点就必须声明 android:exported 属性，以便设定是否支持其他应用调用当前组件。

2.3　App的设计规范

本节介绍App工程的源码设计规范：首先App将看得见的界面设计与看不见的代码逻辑区分开，然后利用XML标记描绘应用界面，同时使用Java代码书写程序逻辑，从而形成App前后端分离的设计规约，有利于提高App集成的灵活性。

2.3.1 界面设计与代码逻辑

手机的功能越来越强大，在某种意义上相当于微型计算机。比如在手机上打开一个电商App，仿佛是在计算机上浏览网站。网站分为用户看得到的网页，以及用户看不到的Web后台；App也分为用户看得到的界面，以及用户看不到的App后台。虽然Android允许使用Java代码描绘界面，但不提倡这么做，推荐的做法是将界面设计从Java代码剥离出来，通过单独的XML文件定义界面布局，就像网站使用HTML文件定义网页那样。直观地看，网站的前后端分离设计如图2-14所示，App的前后端分离设计如图2-15所示。

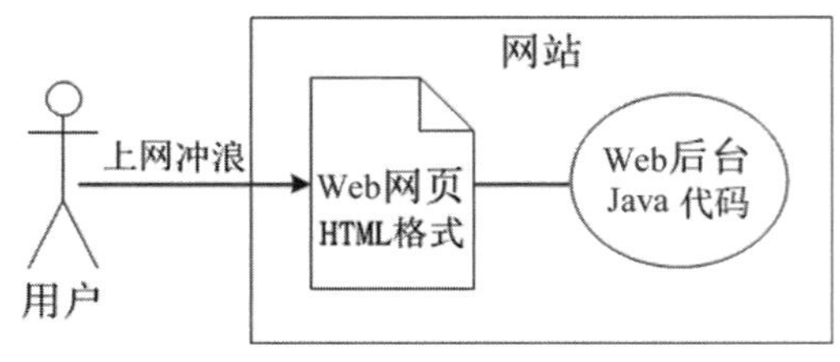

图 2-14 网站的前后端分离设计

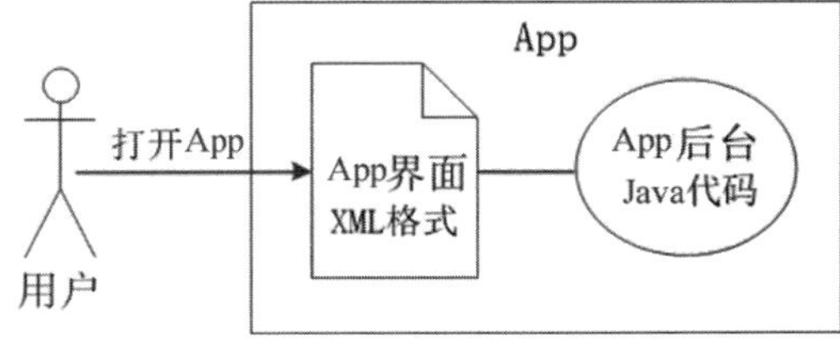

图 2-15 App 的前后端分离设计

把界面设计与代码逻辑分开，不仅能做到App的前后端分离，还有下列几点好处。

（1）使用XML文件描述App界面，可以很方便地在Android Studio上预览界面效果。比如新创建的App项目，默认首页布局为activity_main.xml，单击界面右上角的Design按钮，即可看到如图2-16所示的预览界面。

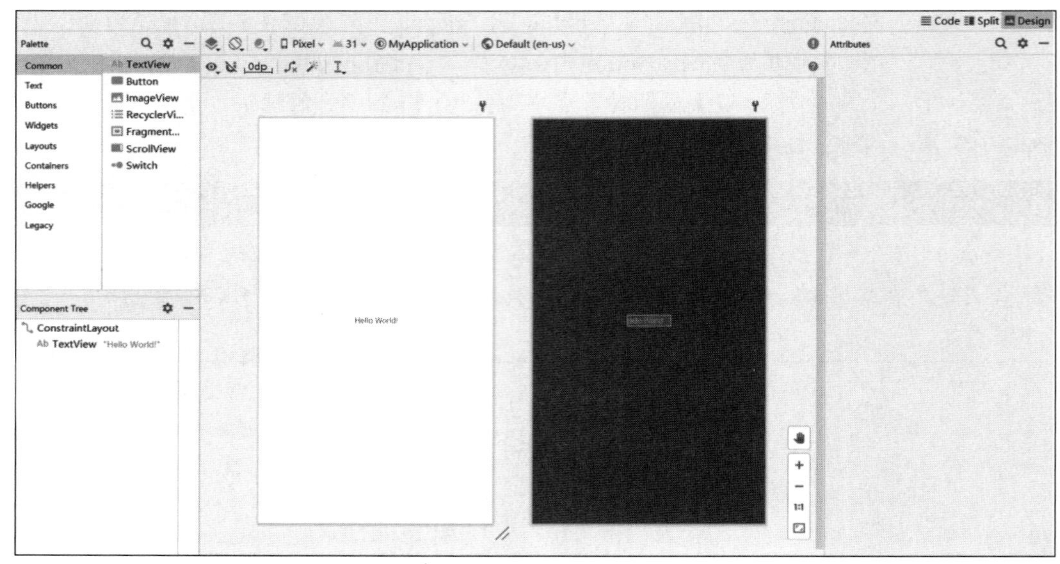

图 2-16 XML 文件的预览界面

如果XML文件修改了Hello World的文字内容，立刻就能在预览区域观看最新界面。倘若使用Java代码描绘界面，那么必须运行App才能看到App界面，无疑费时许多。

（2）一个界面布局可以被多处代码复用，比如看图界面，既能通过商城购物代码浏览商品图片，也能通过商品评价代码浏览买家晒单。

（3）反过来，一段Java代码也可能适配多个界面布局，比如手机有竖屏与横屏两种模式，默认App采用同一套布局，然而在竖屏时很紧凑的界面布局（见图2-17），切换到横屏往往变得松垮乃至变形（见图2-18）。

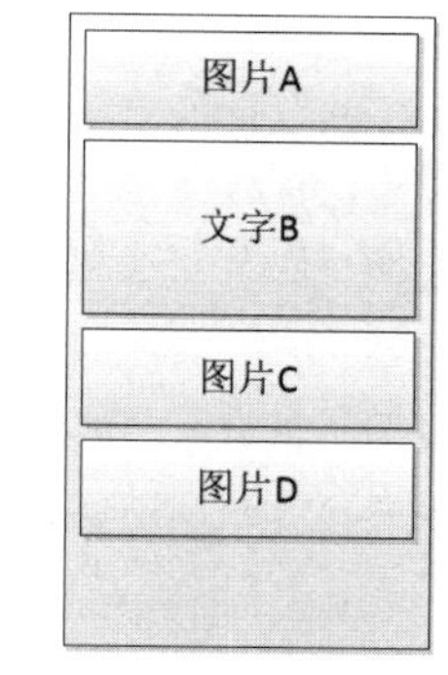

图 2-17　竖屏时候的界面布局

鉴于竖屏与横屏遵照一样的业务逻辑，仅仅是屏幕方向不同，若要调整的话，只需分别给出竖屏时候的界面布局，以及横屏时候的界面布局。因为多数用户习惯竖屏浏览，所以res/layout目录下放置的XML文件默认为竖屏规格。要设置横屏的页面布局，首先在res下面新建名为layout-land的目录，用来存放横屏规格的XML文件。land是landscape的缩写，意思是横向，Android把layout-land作为横屏XML的专用布局目录。然后在layout-land目录创建与原XML同名的XML文件，并重新编排界面控件的展示方位。调整后的横屏界面如图2-19所示，有效适配了屏幕的水平方向。

图 2-18　横屏时候的界面布局

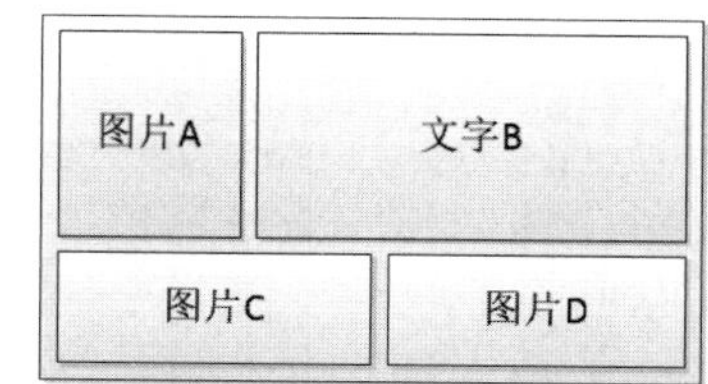

图 2-19　采用另一个 XML 文件的横屏布局

总的来说，界面设计与代码逻辑分离的好处多多，后续的例程都由XML布局与Java代码两部分组成。

2.3.2　利用 XML 标记描绘应用界面

在前面“2.1.2　App的开发语言”末尾，给出了安卓控件的XML定义例子，如下：

```
<TextView
    android:id="@+id/tv_hello"
    android:layout_width="wrap_content"
    android:layout_height="wrap_content"
    android:text="Hello World!" />
```

注意到TextView标签以“<”开头，以“/>”结尾，为何尾巴多了个斜杆呢？要是没有斜杆，以左右尖括号包裹标签名称，岂不更好？其实这是XML的标记规范，凡是XML标签都由标签头与标签尾组成，标签头以左右尖括号包裹标签名称，形如“<TextView>”；标签尾在左尖括号后面插入斜杆，以此同标签头区分开，形如“</TextView>”。标签头允许在标签名称后面添加各种属性取值，而标签尾不允许添加任何属性，因此上述TextView标签的完整XML定义是下面这样的：

```
<TextView
    android:id="@+id/tv_hello"
    android:layout_width="wrap_content"
    android:layout_height="wrap_content"
    android:text="Hello World!" >
</TextView>
```

考虑到TextView仅仅是个文本视图，其标签头和标签尾之间不会插入其他标记，所以合并它的标签头和标签尾，也就是让TextView标签以“/>”结尾，表示该标签到此为止。

然而不是所有情况都能采取简化写法，简写只适用于TextView控件这种末梢节点。好比一棵大树，大树先有树干，树干分岔出树枝，一些大树枝又分出小树枝，树枝再长出末端的树叶。一个界面也是先有根节点（相当于树干），根节点下面挂着若干布局节点（相当于树枝），布局节点下面再挂着控件节点（相当于树叶）。因为树叶已经是末梢了，不会再包含其他节点，所以末梢节点允许采用"/>"这种简写方式。

譬如下面是个XML文件的布局内容，里面包含了根节点、布局节点，以及控件节点：

```
（完整代码见chapter02\src\main\res\layout\activity_main.xml）
<LinearLayout xmlns:android="http://schemas.android.com/apk/res/android"
    android:layout_width="match_parent"
    android:layout_height="match_parent">
    <!-- 这是个线性布局， match_parent意思是与上级视图保持一致-->
    <LinearLayout
        android:layout_width="match_parent"
        android:layout_height="match_parent">
        <!-- 这是个文本视图，名称为tv_hello，显示的文字内容为"Hello World!" -->
        <TextView
            android:id="@+id/tv_hello"
            android:layout_width="wrap_content"
            android:layout_height="wrap_content"
            android:text="Hello World!" />
    </LinearLayout>
</LinearLayout>
```

上面的XML内容，最外层的LinearLayout标签为该界面的根节点，中间的LinearLayout标签为布局节点，最内层的TextView为控件节点。由于根节点和布局节点都存在下级节点，因此它们要有配对的标签头与标签尾，才能将下级节点包裹起来。根节点其实是特殊的布局节点，它的标签名称可以跟布局节点一样，区别之处在于下列两点：

（1）每个界面只有一个根节点，却可能有多个布局节点，也可能没有中间的布局节点，此时所有控件节点都挂在根节点下面。

（2）根节点必须配备"xmlns:android="http://schemas.android.com/apk/res/android""，表示指定XML内部的命名空间，有了这个命名空间，Android Studio会自动检查各节点的属性名称是否合法，如果不合法就提示报错。至于布局节点就不能再指定命名空间了。

有了根节点、布局节点、控件节点之后，XML内容即可表达丰富多彩的界面布局，因为每个界面都能划分为若干豆腐块，每个豆腐块再细分为若干控件罢了。三种节点之外，尚有"<!—说明文字 -->"这类注释标记，它的作用是包裹注释性质的说明文字，方便其他开发者理解此处的XML含义。

2.3.3 使用 Java 代码书写程序逻辑

在XML文件中定义界面布局，已经明确是可行的了，然而这只是静态界面，倘若要求在App运行时修改文字内容，该如何是好？倘若是动态变更网页内容，还能在HTML文件中嵌入JavaScript代码，由JS片段操作Web控件。但Android的XML文件仅仅是布局标记，不能再嵌入其他语言的代码了，也就是说，只靠XML文件自身无法动态刷新某个控件。

即然XML表达不了复杂的业务逻辑，那么这副重担就得交给App后台的Java代码了。Android Studio每次创建新项目，除了生成默认的首页布局activity_main.xml之外，还会生成与其对应的代码文件MainActivity.java。该Java文件中MainActivity类的内容如下：

```
public class MainActivity extends AppCompatActivity {
    @Override
    protected void onCreate(Bundle savedInstanceState) {
        super.onCreate(savedInstanceState);
        setContentView(R.layout.activity_main);
    }
}
```

可见MainActivity.java的代码内容很简单，只有一个MainActivity类，该类下面只有一个onCreate方法。注意onCreate内部的setContentView方法直接引用了布局文件的名字activity_main，该方法的意思是往当前活动界面填充activity_main.xml的布局内容。现在准备在这里改动，把文字内容改成中文：首先打开activity_main.xml，在TextView节点下方补充一行android:id="@+id/tv_hello"，表示给它起个名字编号；然后回到MainActivity.java，在setContentView方法下面补充几行代码，具体如下：

```
(完整代码见chapter02\src\main\java\com\example\chapter02\MainActivity.java)
import android.widget.TextView;

public class MainActivity extends AppCompatActivity {
    @Override
    protected void onCreate(Bundle savedInstanceState) {
        super.onCreate(savedInstanceState);
        // 当前的页面布局采用的是res/layout/activity_main.xml
        setContentView(R.layout.activity_main);
        // 获取名为tv_hello的TextView控件，注意添加导包语句import android.widget.TextView;
        TextView tv_hello = findViewById(R.id.tv_hello);
        // 设置TextView控件的文字内容
        tv_hello.setText("你好，世界");
```

新增的两行代码主要做了这些事情：先调用findViewById方法，从布局文件中取出名为tv_hello的TextView控件；再调用控件对象的setText方法，为其设置新的文字内容。

代码补充完毕，重新运行测试App，发现应用界面变成了如图2-20所示的样子。

图 2-20　修改控件文本后的界面效果

可见使用Java代码成功修改了界面控件的文字内容。

2.4　App 的活动页面

本节介绍App活动页面的基本操作：首先分三步创建新的App页面，然后通过活动创建菜单快速生成页面源码，最后说明如何在代码中跳转到新的活动页面。

2.4.1　创建新的 App 页面

每次创建新的项目，都会生成默认的activity_main.xml和MainActivity.java，它们正是App首页对应的XML文件和Java代码。若要增加新的页面，就得由开发者自行操作了，完整的页面创建过程包括：创建XML文件、创建Java代码、注册页面配置。分别介绍如下：

1. 创建XML文件

创建XML文件的具体步骤如下：

01 在Android Studio左上方找到项目结构图，右击res目录下面的layout，在右键菜单中依次选择New→XML→Layout XML File，如图2-21所示。

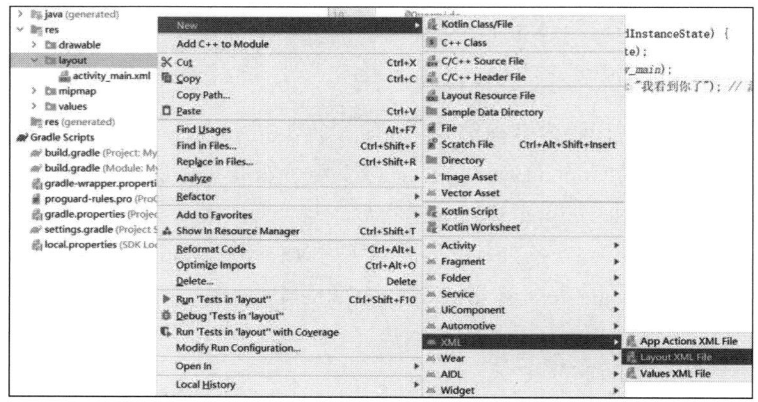

图 2-21　通过右键菜单创建 XML 文件

02 弹出如图2-22所示的XML创建对话框。在XML创建对话框的Layout File Name输入框中填写XML文件名，例如activity_main2。

03 单击窗口右下角的Finish按钮，之后便会在layout目录下面看到新创建的XML文件activity_main2.xml。双击它即可打开该XML的编辑窗口，再往其中填写详细的布局内容。

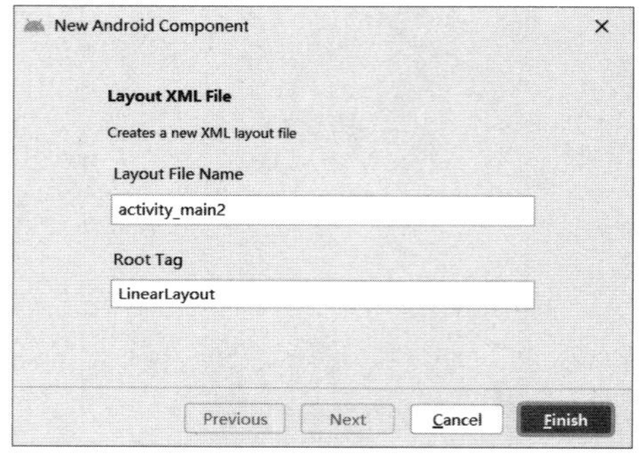

图 2-22　XML 创建对话框

2. 创建Java代码

创建Java代码的具体步骤如下：

01 同样在Android Studio左上方找到项目结构图，右击java目录下面的第一个包，在右键菜单中依次选择New→Java Class，如图2-23所示。

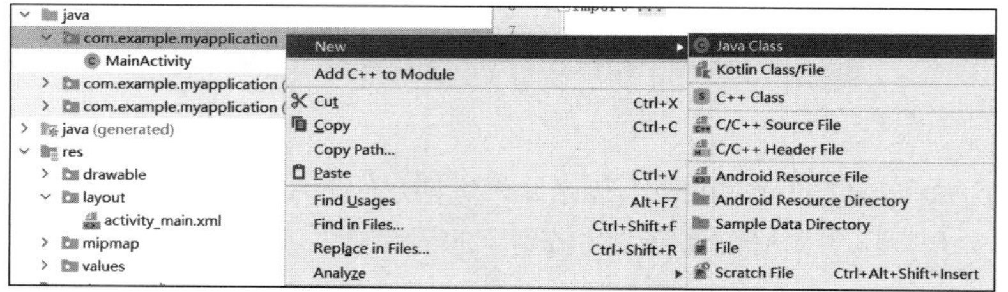

图 2-23　通过右键菜单创建 Java 代码

02 弹出如图2-24所示的Java代码创建窗口。在代码创建窗口的Name输入框中填写Java类名，例如Main2Activity。

03 单击窗口下方的OK按钮，之后便会在Java包下面看到新创建的代码文件Main2Activity.java。双击它即可打开代码编辑窗口，再往其中填写如下代码，表示加载来自activity_main2的页面布局。

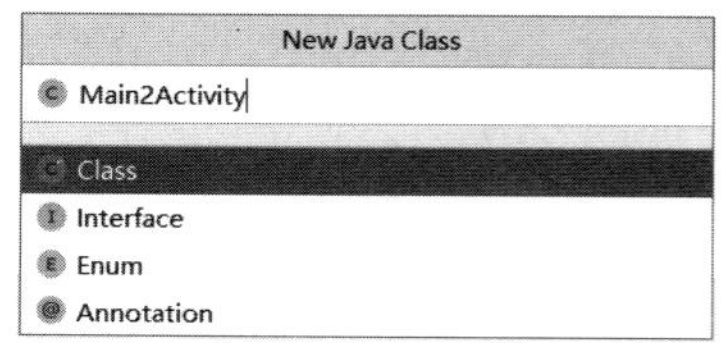

图 2-24　Java 代码的创建窗口

```
（完整代码见chapter02\src\main\java\com\example\chapter02\Main2Activity.java）
public class Main2Activity extends AppCompatActivity {
    @Override
    protected void onCreate(Bundle savedInstanceState) {
        super.onCreate(savedInstanceState);
        setContentView(R.layout.activity_main2);
    }
}
```

3. 注册页面配置

创建好了页面的XML文件及其Java代码，还得在项目中注册该页面，打开AndroidManifest.xml，在application节点内部补充如下一行配置：

```
<activity android:name=".Main2Activity"></activity>
```

添加了上面这行配置，表示给该页面注册身份，否则App运行时打开页面会提示错误“activity not found”。如果activity的标记头与标记尾中间没有其他内容，则节点配置也可省略为下面这样：

```
<activity android:name=".Main2Activity /">
```

至此，才算创建了一个合法的新页面。

2.4.2　快速生成页面源码

上一小节经过创建XML文件、创建Java代码、注册页面配置后，就算创建好了一个新页面。没想到区区一个页面也这么费事，怎样才能提高开发效率呢？其实Android Studio早已集成了快速创建页面的功能，只要一个对话框就能完成所有操作。具体步骤如下：

01 仍旧在项目结构图中，右击java目录下面的包名，在右键菜单中依次选择New→Activity→Empty Activity，如图2-25所示。

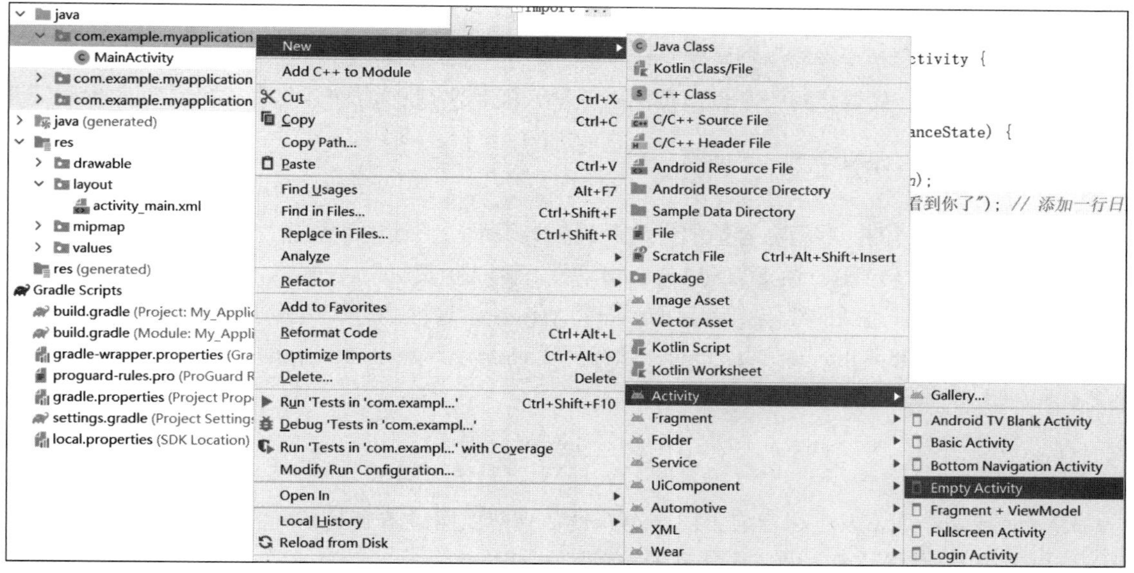

图 2-25　通过右键菜单创建活动页面

02 弹出如图2-26所示的页面创建对话框。在页面创建对话框的Activity Name输入框中填写页面的Java类名（例如Main2Activity），此时下方的Layout Name输入框会自动填写对应的XML文件名（例如activity_main2）。

03 单击对话框右下角的Finish按钮，完成新页面的创建动作。

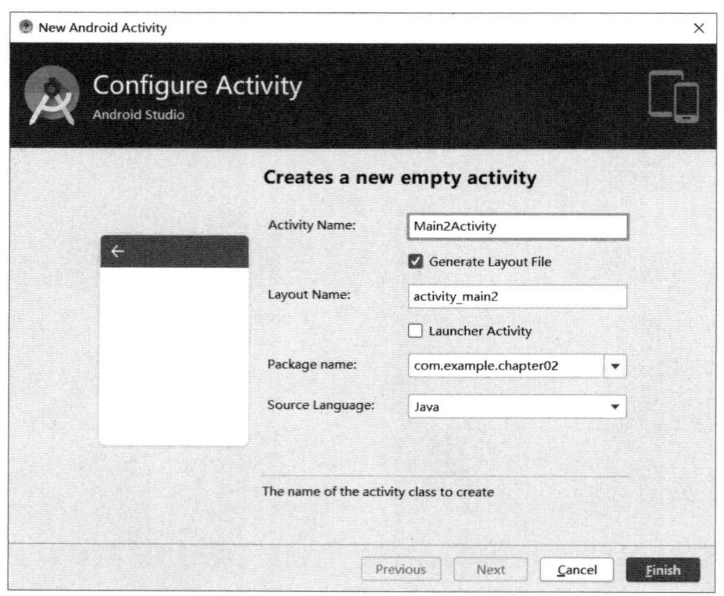

图 2-26　页面创建对话框

回到Android Studio左上方的项目结构图，发现res的layout目录下多了个activity_main2.xml，同时java目录下多了个Main2Activity，并且Main2Activity代码已经设定了加载activity_main2布局。接着打开AndroidManifest.xml，找到application节点发现多了下面这行配置：

```
<activity android:name=".Main2Activity"></activity>
```

检查结果说明，只要填写一个创建页面对话框，即可实现页面的创建。

2.4.3　跳转到另一个页面

一旦创建好新页面，就得在合适的时候跳转到该页面。假设出发页面为A，到达页面为B，那么跳转动作是从A跳转到B。由于启动App会自动打开默认主页MainActivity，因此跳跃的起点理所当然在MainActivity，跳跃的终点则为目标页面的Activity。这种跳转动作翻译为Android代码，格式形如“startActivity(new Intent(源页面.this, 目标页面.class));”。如果目标页面名为Main2Activity，跳转代码便是下面这样的：

```
// 活动页面跳转，从MainActivity跳转到Main2Activity
startActivity(new Intent(MainActivity.this, Main2Activity.class));
```

因为跳转动作通常发生在当前页面，也就是从当前页面跳转到其他页面，所以不产生歧义的话，可以使用this指代当前页面。简化后的跳转代码如下：

```
startActivity(new Intent(this, Main2Activity.class));
```

接下来做个实验，准备让App启动后在首页停留3秒，3秒之后跳转到新页面Main2Activity。此处的延迟处理功能，用到了Handler工具的postDelayed方法，该方法的第一个参数为待处理的Runnable任务对象，第二个参数为延迟间隔（单位为毫秒）。为此在MainActivity.java中补充以下的跳转处理代码：

```
（完整代码见chapter02\src\main\java\com\example\chapter02\MainActivity.java）
    @Override
    protected void onResume() {
        super.onResume();
        goNextPage(); // 跳转到下个页面
    }

    // 跳转到下个页面
    private void goNextPage() {
        TextView tv_hello = findViewById(R.id.tv_hello);
        tv_hello.setText("3秒后进入下个页面");
        // 延迟3秒（3000毫秒）后启动任务mGoNext
        new Handler().postDelayed(mGoNext, 3000);
    }

    private Runnable mGoNext = new Runnable() {
        @Override
        public void run() {
            // 活动页面跳转，从MainActivity跳转到Main2Activity
            startActivity(new Intent(MainActivity.this, Main2Activity.class));
        }
    };
```

运行测试App，刚打开的App界面如图2-27所示，过了3秒发生跳转事件，跳转后的App界面如图2-28所示，可见成功跳转到了新页面。

图 2-27　跳转之前的 App 界面

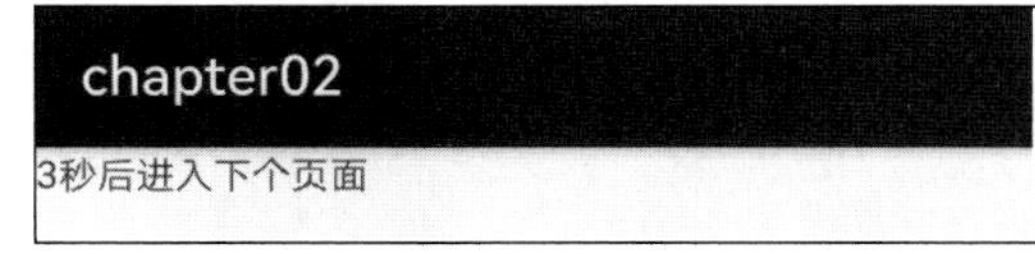

图 2-28　跳转之后的 App 界面

当然，以上的跳转代码有些复杂，比如：Intent究竟是什么？为何在onResume方法中执行跳转动作？Handler工具的处理机制是怎样的？对于这些疑问，后续章节将会逐渐展开，一层一层拨开Android开发的迷雾。

2.5　小　　结

本章主要介绍了App开发必须事先掌握的基础知识，包括App的开发特点（App的运行环境、App的开发语言、App访问的数据库）、App的工程结构（App工程的目录结构、编译配置文件build.gradle、运行配置文件AndroidManifest.xml）、App的设计规范（界面设计与代码逻辑、利用XML标记描绘应用界面、使用Java代码书写程序逻辑）、App的活动页面（创建新的App页面、快速生成页面源码、跳转到另一个页面）。

通过本章的学习，读者应该了解App开发的基本概念，并且熟悉App工程的组织形式，同时能使用Android Studio完成一些简单操作。

2.6 动手练习

请上机实验修改App工程的XML文件和Java代码，并使用真机调试App，主要步骤说明如下：

1. 创建一个新的App项目。
2. 修改项目级别的build.gradle，添加阿里云的仓库地址。
3. 创建一个名为Main2Activity的新页面（含XML文件与Java代码）。
4. 在该页面的XML文件中添加一个TextView标签，文本内容为“你好，世界！”。
5. 在MainActivity的Java代码中添加页面跳转代码，从当前页面跳转到Main2Activity。
6. 把App安装到手机上并运行，观察能否看到“你好，世界！”字样。

第 3 章

简单控件

本章介绍App开发常见的几类简单控件的用法，主要包括：显示文字的文本视图、容纳视图的常用布局、响应点击的按钮控件、显示图片的图像视图等。然后结合本章所学的知识，演示一个实战项目“简单计算器”的设计与实现。

3.1 文本显示

本节介绍如何在文本视图TextView上显示规定的文本，包括：怎样在XML文件和Java代码中设置文本内容，尺寸的大小有哪些单位、又该怎样设置文本的大小，颜色的色值是如何表达的、又该怎样设置文本的颜色。

3.1.1 设置文本的内容

在前一章的“2.3.3 使用Java代码书写程序逻辑”节，给出了设置文本内容的两种方式，一种是在XML文件中通过属性android:text设置文本，比如下面这样：

```
(完整代码见chapter03\src\main\res\layout\activity_text_view.xml)
<TextView
    android:id="@+id/tv_hello"
    android:layout_width="wrap_content"
    android:layout_height="wrap_content"
    android:text="你好，世界" />
```

另一种是在Java代码中调用文本视图对象的setText方法设置文本，比如下面这样：

```
(完整代码见chapter03\src\main\java\com\example\chapter03\TextViewActivity.java)
        // 获取名为tv_hello的文本视图
        TextView tv_hello = findViewById(R.id.tv_hello);
        tv_hello.setText("你好，世界");  // 设置tv_hello的文字内容
```

在XML文件中设置文本的话，把鼠标移到“你好，世界”上方时，Android Studio会弹出如图3-1所示的提示框。

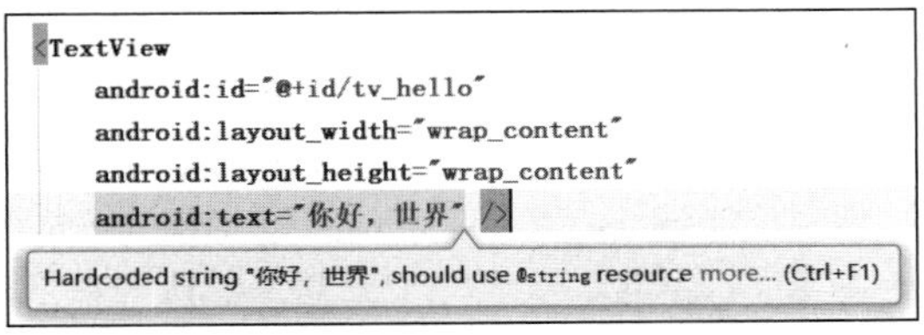

```
<TextView
    android:id="@+id/tv_hello"
    android:layout_width="wrap_content"
    android:layout_height="wrap_content"
    android:text="你好，世界" />
Hardcoded string "你好，世界", should use @string resource more... (Ctrl+F1)
```

图 3-1　XML 文件提示字符串硬编码

提示内容为“Hardcoded string "你好，世界", should use @string resouce”，意思是说这几个字是硬编码的字符串，建议使用来自@string的资源。Android Studio不推荐在XML布局文件里直接写字符串，因为可能有好几个页面都显示“你好，世界”，若想把这句话换成“你吃饭了吗？”，就得一个一个XML文件改过去，无疑费时费力。故而Android Studio推荐把字符串放到专门的地方进行管理，这个名为@string的地方位于res/values目录下的strings.xml，打开该文件发现它的初始内容如下：

```
<resources>
    <string name="app_name">chapter03</string>
</resources>
```

strings.xml定义了一个名为“app_name”的字符串常量，其值为“chapter03”。在此添加新的字符串定义，字符串名为“hello”，字符串值为“你好，世界”，添加之后的strings.xml内容如下：

```
<resources>
    <string name="app_name">chapter03</string>
    <string name="hello">你好，世界</string>
</resources>
```

添加完新的字符串定义，回到XML布局文件，将android:text属性值改为“@string/字符串名”这般，也就是“@string/hello”，修改之后的TextView标签示例如下：

```
<TextView
    android:id="@+id/tv_hello"
    android:layout_width="wrap_content"
    android:layout_height="wrap_content"
    android:text="@string/hello" />
```

然后把鼠标移到“你好，世界”上方，此时Android Studio不再弹出任何提示了。

若要在Java代码中引用字符串资源，则需要在调用setText方法时填写形如“R.string.字符串名”的参数，就本例而言填入“R.string.hello”，修改之后的Java代码示例如下：

```
// 获取名为tv_hello的文本视图
TextView tv_hello = findViewById(R.id.tv_hello);
tv_hello.setText(R.string.hello);  // 设置tv_hello的文字资源
```

至此不管是XML文件还是Java代码都从strings.xml引用字符串资源，以后想把“你好，世界”改为其他文字的话，只需改动strings.xml一个地方即可。

3.1.2 设置文本的大小

TextView允许设置文本内容，也允许设置文本大小，在Java代码中调用setTextSize方法，即可指定文本大小，就像以下代码这样：

```
(完整代码见chapter03\src\main\java\com\example\chapter03\TextSizeActivity.java)
// 从布局文件中获取名为tv_sp的文本视图
TextView tv_sp = findViewById(R.id.tv_sp);
tv_sp.setTextSize(30);  // 设置tv_sp的文本大小
```

这里的大小数值越大，则看到的文本也越大；大小数值越小，则看到的文本也越小。在XML文件中则通过属性android:textSize指定文本大小，可是如果给TextView标签添加“android:textSize="30"”，数字马上变成红色，鼠标移过去还会提示错误“Cannot resolve symbol '30'”，意思是无法解析“30”这个符号，如图3-2所示。

原来文本大小存在不同的字号单位，XML文件要求在字号数字后面写明单位类型，常见的字号单位主要有px、dp、sp 3种，分别介绍如下。

```
<TextView
    android:id="@+id/tv_hello"
    android:layout_width="wrap_content"
    android:layout_height="wrap_content"
    android:text="你好，世界"
    android:textSize="30" />
        Cannot resolve symbol '30' more... (Ctrl+F1)
```

图 3-2 textSize 属性值只填数字时报错

1. px

px是手机屏幕的最小显示单位，它与设备的显示屏有关。一般来说，同样尺寸的屏幕（比如6英寸手机），如果看起来越清晰，则表示像素密度越高，以px计量的分辨率也越大。

2. dp

dp有时也写作dip，指的是与设备无关的显示单位，它只与屏幕的尺寸有关。一般来说，同样尺寸的屏幕以dp计量的分辨率是相同的，比如同样是6英寸手机，无论它由哪个厂家生产，其分辨率换算成dp单位都是一个大小。

3. sp

sp的原理跟dp差不多，但它专门用来设置字体大小，也是Android推荐的字号单位。手机在系统设置里可以调整字体的大小（小、标准、大、超大）。设置普通字体时，同数值dp和sp的文字看起来一样大；如果设置为大字体，用dp设置的文字没有变化，用sp设置的文字就变大了。

字体大小采用不同单位的话，显示的文字大小各不相同。例如，30px、30dp、30sp这3个字号，在不同手机上的显示大小有所差异。有的手机像素密度较低，1个dp相当于2个px，此时30px等同于15dp；有的手机像素密度较高，1个dp相当于3个px，此时30px等同于10dp。假设某个App的内部文本使用字号30px，则该App安装到前一部手机的字体大小为15dp，安装到后一部手机的字体大小为10dp，显然后一部手机显示的文本会更小。

至于dp与sp之间的区别，可通过以下实验加以观察。首先创建测试活动页面，该页面的XML文件分别声明30px、30dp、30sp这3个字号的TextView控件，布局内容如下：

```
(完整代码见chapter03\src\main\res\layout\activity_text_size.xml)
<LinearLayout xmlns:android="http://schemas.android.com/apk/res/android"
    android:layout_width="match_parent"
    android:layout_height="match_parent"
    android:orientation="vertical">
    <TextView
        android:layout_width="wrap_content"
        android:layout_height="wrap_content"
        android:text="你好，世界（px大小）"
        android:textSize="30px" />
    <TextView
        android:layout_width="wrap_content"
        android:layout_height="wrap_content"
        android:text="你好，世界（dp大小）"
        android:textSize="30dp" />
    <TextView
        android:layout_width="wrap_content"
        android:layout_height="wrap_content"
        android:text="你好，世界（sp大小）"
        android:textSize="30sp" />
</LinearLayout>
```

接着打开手机的设置菜单，依次选择“显示”→“字体与显示大小”，确认当前的字体为标准大小，如图3-3所示。然后在手机上运行测试App，进入测试页面看到的文字效果如图3-4所示。

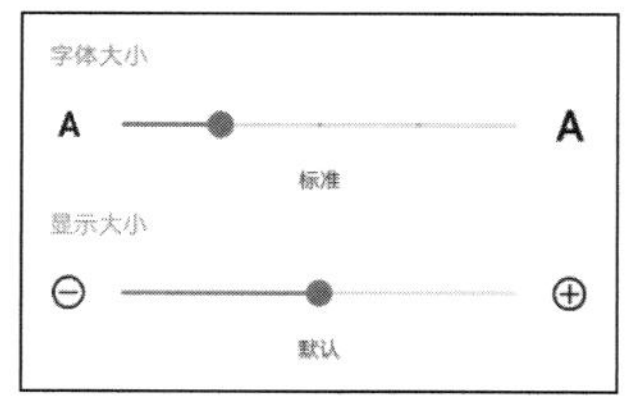

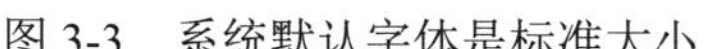

图 3-3 系统默认字体是标准大小

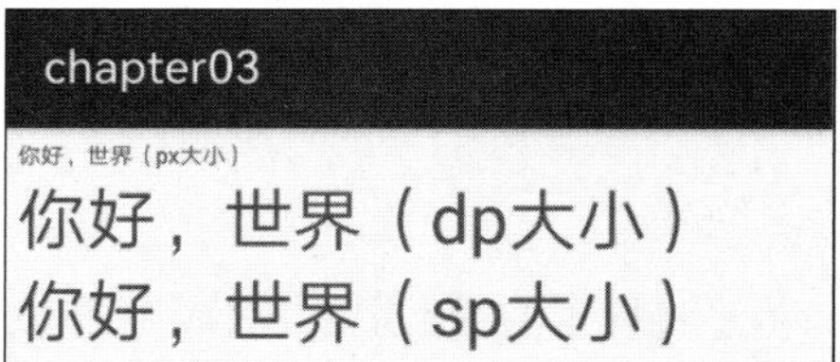

图 3-4 标准字体时的演示界面

回到设置菜单的字体页面，将系统字体大小调整为大号，如图3-5所示。再次进入测试页面看到的文字效果如图3-6所示。

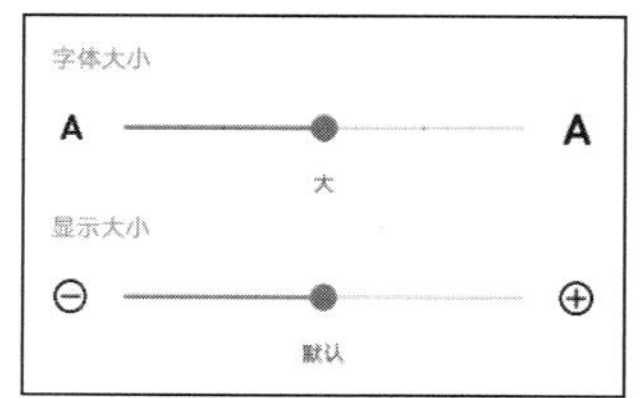

图 3-5 把系统字体改为大号

图 3-6 大号字体时的演示界面

对照图3-4和图3-6，发现字号单位30px和30dp的文字大小不变，而30sp的文字随着系统字体一起变大了。

既然XML文件要求android:textSize必须指定字号单位，为什么Java代码调用setTextSize只填数字不填单位呢？查看SDK源码，找到setTextSize方法的实现代码如下：

```
public void setTextSize(float size) {
    setTextSize(TypedValue.COMPLEX_UNIT_SP, size);
}
```

原来纯数字的setTextSize方法，内部默认字号单位为sp（COMPLEX_UNIT_SP），这也从侧面印证了之前的说法：sp是Android推荐的字号单位。

3.1.3 设置文本的颜色

除了文字大小外，文字颜色也经常需要修改，毕竟Android默认的灰色文字不够醒目。在Java代码中调用setTextColor方法即可设置文本颜色，具体在Color类中定义了12种颜色，详细的取值说明见表3-1。

表 3-1 颜色类型的取值说明

Color 类中的颜色类型	说　明	Color 类中的颜色类型	说　明
BLACK	黑色	GREEN	绿色
DKGRAY	深灰	BLUE	蓝色
GRAY	灰色	YELLOW	黄色
LTGRAY	浅灰	CYAN	青色
WHITE	白色	MAGENTA	玫红
RED	红色	TRANSPARENT	透明

比如以下代码便将文本视图的文字颜色改成了绿色：

```
(完整代码见chapter03\src\main\java\com\example\chapter03\TextColorActivity.java)
// 从布局文件中获取名为tv_code_system的文本视图
TextView tv_code_system = findViewById(R.id.tv_code_system);
// 将tv_code_system的文字颜色设置为系统自带的绿色
tv_code_system.setTextColor(Color.GREEN);
```

由于XML文件无法引用Color类的颜色常量，为此Android制定了一套规范的编码标准，将色值交由透明度alpha和RGB三原色（红色red、绿色green、蓝色blue）联合定义。该标准又有8位十六进制数与6位十六进制数两种表达方式，例如8位编码FFEEDDCC中，FF表示透明度，EE表示红色的浓度，DD表示绿色的浓度，CC表示蓝色的浓度。透明度为FF表示完全不透明，为00表示完全透明。RGB三色的数值越大，表示颜色越浓，也就越暗；数值越小，表示颜色越淡，也就越亮。RGB亮到极致就是白色，暗到极致就是黑色。

至于6位十六进制编码，则有两种情况：它在XML文件中默认不透明（等价于透明度为FF），在代码中默认透明（等价于透明度为00）。以下代码给两个文本视图分别设置6位色值与8位色值，注意添加0x前缀表示十六进制数：

```
// 从布局文件中获取名为tv_code_six的文本视图
TextView tv_code_six = findViewById(R.id.tv_code_six);
// 将tv_code_six的文字颜色设置为透明的绿色，透明就是看不到
tv_code_six.setTextColor(0x00ff00);
// 从布局文件中获取名为tv_code_eight的文本视图
TextView tv_code_eight = findViewById(R.id.tv_code_eight);
// 将tv_code_eight的文字颜色设置为不透明的绿色，即正常的绿色
tv_code_eight.setTextColor(0xff00ff00);
```

运行测试App，发现tv_code_six控件的文本不见了（其实是变透明了），而tv_code_eight控件的文本显示正常的绿色。

在XML文件中可通过属性android:textColor设置文本颜色，但要给色值添加井号前缀（#），设定文本颜色的TextView标签示例如下：

```
(完整代码见chapter03\src\main\res\layout\activity_text_color.xml)
<TextView
    android:layout_width="wrap_content"
    android:layout_height="wrap_content"
    android:text="布局文件设置6位文字颜色"
    android:textColor="#00ff00" />
```

就像字符串资源那样，Android把颜色也当作一种资源，打开res/values目录下的colors.xml，发现里面已经定义了3种颜色：

```
<resources>
    <color name="colorPrimary">#008577</color>
    <color name="colorPrimaryDark">#00574B</color>
    <color name="colorAccent">#D81B60</color>
</resources>
```

那么先在resources节点内部补充如下的绿色常量定义：

```
<color name="green">#00ff00</color>
```

然后回到XML布局文件，把android:textColor的属性值改为“@color/颜色名称”，也就是android:textColor="@color/green"，修改之后的TextView标签如下：

```
<TextView
    android:layout_width="wrap_content"
    android:layout_height="wrap_content"
    android:text="资源文件引用6位文字颜色"
    android:textColor="@color/green" />
```

不仅文本颜色，还有背景颜色也会用到上述的色值定义，在XML文件中通过属性android:background设置控件的背景颜色。Java代码则有两种方式设置背景颜色：倘若色值来自Color类或十六进制数，则调用setBackgroundColor方法设置背景颜色；倘若色值来自colors.xml中的颜色资源，则调用setBackgroundResource方法，以“R.color.颜色名称”的格式设置背景颜色。下面是两种方式的背景颜色设定代码例子：

```
// 从布局文件中获取名为tv_code_background的文本视图
TextView tv_code_background = findViewById(R.id.tv_code_background);
// 将tv_code_background的背景颜色设置为绿色
tv_code_background.setBackgroundColor(Color.GREEN);        // 在代码中定义的色值
tv_code_background.setBackgroundResource(R.color.green);       // 颜色来自资源文件
```

注意属性android:background和setBackgroundResource方法，它俩用来设置控件的背景，不单单是背景颜色，还包括背景图片。在设置背景图片之前，先将图片文件放到res/drawable***目录（以drawable开头的目录，不仅仅是drawable目录），然后把android:background的属性值改为“@drawable/不含扩展名的图片名称”，或者调用setBackgroundResource方法填入“R.drawable.不含扩展名的图片名称”。

3.2 视图基础

本节介绍视图的几个基本概念及其用法，包括：如何设置视图的宽度和高度，如何设置视图的外部间距和内部间距，如何设置视图的外部对齐方式和内部对齐方式，等等。

3.2.1 设置视图的宽和高

手机屏幕是块长方形区域，较短的那条边叫作宽，较长的那条边叫作高。App控件通常也是长方形形状，控件宽度通过属性android:layout_width表达，控件高度通过属性android:layout_height表达，宽和高的取值主要有下列3种：

（1）match_parent：表示与上级视图保持一致。上级视图的尺寸有多大，当前视图的尺寸就有多大。

（2）wrap_content：表示与内容自适应。对于文本视图来说，内部文字需要多大的显示空间，当前视图就要占据多大的尺寸。但最宽不能超过上级视图的宽度，一旦超过就要换行；最高不能超过上级视图的高度，一旦超过就会被隐藏。

（3）以dp为单位的具体尺寸，比如300dp，表示宽度或者高度就是这么大。

在XML文件中采用以上任一方式均可设置视图的宽和高，但在Java代码中设置宽和高就有点复杂了，首先确保XML中的宽、高属性值为wrap_content，这样才允许在代码中修改宽和高。接着打开该页面对应的Java代码，依序执行以下3个步骤：

01 调用控件对象的getLayoutParams方法获取布局参数，参数类型为ViewGroup.LayoutParams。

02 布局参数的width属性表示宽度，height属性表示高度，修改这两个属性值，即可调整控件的宽和高。

03 调用控件对象的setLayoutParams方法，填入修改后的布局参数使之生效。

不过布局参数的width和height两个数值默认是px单位，需要将dp单位的数值转换为px单位的数值，然后才能赋值给width属性和height属性。下面是把dp大小转为px大小的方法代码：

```
(完整代码见chapter03\src\main\java\com\example\chapter03\util\Utils.java)
// 根据手机的分辨率从 dp 的单位转成为 px(像素)
public static int dip2px(Context context, float dpValue) {
    // 获取当前手机的像素密度（1个dp对应几个px）
    float scale = context.getResources().getDisplayMetrics().density;
    return (int) (dpValue * scale + 0.5f);  // 四舍五入取整
}
```

有了上面定义的公共方法dip2px，就能将某个dp数值转换成px数值，比如准备把文本视图的宽度改为300dp，那么调整宽度的Java代码示例如下：

```
(完整代码见chapter03\src\main\java\com\example\chapter03\ViewBorderActivity.java)
    // 获取名为tv_code的文本视图
    TextView tv_code = findViewById(R.id.tv_code);
    // 获取tv_code的布局参数（含宽度和高度）
    ViewGroup.LayoutParams params = tv_code.getLayoutParams();
    // 修改布局参数中的宽度数值，注意默认是px单位，需要把dp数值转成px数值
    params.width = Utils.dip2px(this, 300);
    tv_code.setLayoutParams(params);  // 设置tv_code的布局参数
```

接下来通过演示页面并观察几种尺寸设置方式的界面效果，主要通过背景色区分当前视图的宽高范围，详细的XML文件内容如下：

```
(完整代码见chapter03\src\main\res\layout\activity_view_border.xml)
<LinearLayout xmlns:android="http://schemas.android.com/apk/res/android"
    android:layout_width="match_parent"
    android:layout_height="match_parent"
    android:orientation="vertical">
    <TextView
        android:layout_width="wrap_content"
        android:layout_height="wrap_content"
        android:layout_marginTop="5dp"
        android:background="#00ffff"
        android:text="视图宽度采用wrap_content定义" />
    <TextView
        android:layout_width="match_parent"
        android:layout_height="wrap_content"
        android:layout_marginTop="5dp"
        android:background="#00ffff"
        android:text="视图宽度采用match_parent定义" />
    <TextView
        android:layout_width="300dp"
        android:layout_height="wrap_content"
        android:layout_marginTop="5dp"
        android:background="#00ffff"
        android:text="视图宽度采用固定大小" />
    <TextView
        android:id="@+id/tv_code"
        android:layout_width="wrap_content"
        android:layout_height="wrap_content"
```

```
        android:layout_marginTop="5dp"
        android:background="#00ffff"
        android:text="通过代码指定视图宽度" />
</LinearLayout>
```

运行测试App，打开的演示界面如图3-7所示，依据背景色判断文本视图的边界，可见wrap_content方式刚好包住了文本内容，match_parent方式扩展到了与屏幕等宽，而300dp的宽度介于前两者之间（安卓手机的屏幕宽度基本为360dp）。

图 3-7　设置控件宽度的几种方式的效果

3.2.2　设置视图的间距

在上一小节末尾的XML文件中，每个TextView标签都携带新的属性android:layout_marginTop="5dp"，该属性的作用是让当前视图与上方间隔一段距离。同理，android:layout_marginLeft让当前视图与左边间隔一段距离，android:layout_marginRight让当前视图与右边间隔一段距离，android:layout_marginBottom让当前视图与下方间隔一段距离。如果上下左右都间隔同样的距离，还能使用android:layout_margin一次性设置四周的间距。

layout_margin不单单用于文本视图，还可用于所有视图，包括各类布局和各类控件。因为不管布局还是控件，它们统统由视图基类View派生而来，而layout_margin正是View的一个通用属性，所以View的子子孙孙都能使用layout_margin。在View的大家族中，视图组ViewGroup尤为特殊，它既是View的子类，又是各类布局的基类。布局下面能容纳其他视图，而控件却不行，这正源自ViewGroup的组装特性。View、ViewGroup、控件、布局四者的继承关系如图3-8所示。

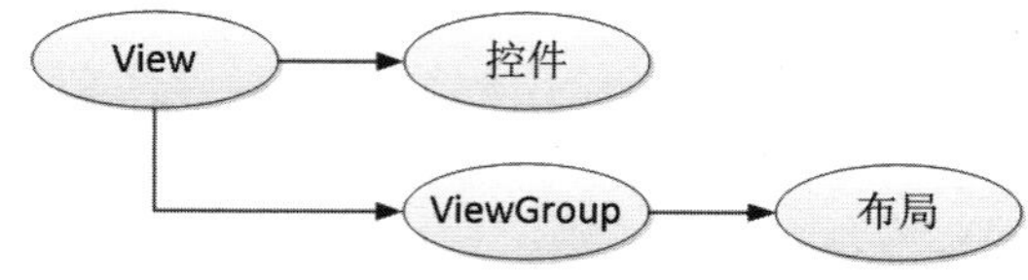

图 3-8　视图家族的依赖继承关系

除了layout_margin之外，padding也是View的一个通用属性，它用来设置视图的内部间距，并且padding也提供了paddingTop、paddingBottom、paddingLeft、paddingRight四个方向的距离属性。同样是设置间距，layout_margin指的是当前视图与外部视图（包括上级视图和平级视图）之间的距离，而padding指的是当前视图与内部视图（包括下级视图和内部文本）之间的距离。为了观察外部间距和内部间距的差异，接下来做个实验，看看layout_margin与padding究竟有什么区别。

首先创建新的活动页面，并给该页面的XML文件填入以下的布局内容：

```
(完整代码见chapter03\src\main\res\layout\activity_view_margin.xml)
<!-- 最外层的布局背景为蓝色 -->
<LinearLayout xmlns:android="http://schemas.android.com/apk/res/android"
    android:layout_width="match_parent"
    android:layout_height="300dp"
    android:background="#00aaff"
    android:orientation="vertical">
    <!-- 中间层的布局背景为黄色 -->
    <LinearLayout
        android:layout_width="match_parent"
        android:layout_height="match_parent"
        android:layout_margin="20dp"
```

```
        android:background="#ffff99"
        android:padding="60dp">
        <!-- 最内层的视图背景为红色 -->
        <View
            android:layout_width="match_parent"
            android:layout_height="match_parent"
            android:background="#ff0000" />
    </LinearLayout>
</LinearLayout>
```

上面的XML文件有两层视图嵌套，第一层是蓝色背景布局里面放黄色背景布局，第二层是黄色背景布局里面放红色背景视图。中间层的黄色背景布局，同时设置了20dp的layout_margin，以及60dp的padding，其中padding是layout_margin的三倍宽（60/20=3）。接着运行测试App，看到的演示界面如图3-9所示。

图3-9　两种间距方式的演示效果

从效果图可见，外面一圈间隔较窄，里面一圈间隔较宽，表示20dp的layout_margin位于外圈，而60dp的padding位于内圈。这种情况印证了：layout_margin指的是当前图层与外部图层的距离，而padding指的是当前图层与内部图层的距离。

3.2.3　设置视图的对齐方式

App界面上的视图排列，默认靠左朝上对齐，这也符合日常的书写格式。然而页面的排版不是一成不变的，有时出于美观或者其他原因，要将视图排列改为朝下或靠右对齐，为此需要另外指定视图的对齐方式。在XML文件中通过属性android:layout_gravity可以指定当前视图的对齐方向，当属性值为top时表示视图朝上对齐，为bottom时表示视图朝下对齐，为left时表示视图靠左对齐，为right时表示视图靠右对齐。如果希望视图既朝上又靠左，则用竖线连接top与left，此时属性标记为android:layout_gravity="top|left"；如果希望视图既朝下又靠右，则用竖线连接bottom与right，此时属性标记为android:layout_gravity="bottom|right"。

注意layout_gravity规定的对齐方式，指的是当前视图往上级视图的哪个方向对齐，并非当前视图的内部对齐。若想设置内部视图的对齐方向，则需由当前视图的属性android:gravity指定，该属性一样拥有top、bottom、left、right 4种取值及其组合。它与layout_gravity的不同之处在于：layout_gravity设定了当前视图相对于上级视图的对齐方式，而gravity设定了下级视图相对于当前视图的对齐方式；前者决定了当前视图的位置，而后者决定了下级视图的位置。

为了进一步分辨layout_gravity与gravity的区别，接下来做个实验，对某个布局视图同时设置android:layout_gravity和android:gravity属性，再观察内外视图的对齐情况。下面便是实验用的XML文件例子：

```
(完整代码见chapter03\src\main\res\layout\activity_view_gravity.xml)
<!-- 最外层的布局背景为橙色，它的下级视图在水平方向排列 -->
<LinearLayout xmlns:android="http://schemas.android.com/apk/res/android"
    android:layout_width="match_parent"
    android:layout_height="300dp"
    android:background="#ffff99"
    android:padding="5dp">
    <!-- 第一个子布局背景为红色，它在上级视图中朝下对齐，它的下级视图则靠左对齐 -->
    <LinearLayout
        android:layout_width="0dp"
```

```
        android:layout_height="200dp"
        android:layout_weight="1"
        android:layout_gravity="bottom"
        android:gravity="left"
        android:background="#ff0000"
        android:layout_margin="10dp"
        android:padding="10dp">
        <!-- 内部视图的宽度和高度都是100dp，且背景色为青色 -->
        <View
            android:layout_width="100dp"
            android:layout_height="100dp"
            android:background="#00ffff" />
    </LinearLayout>
    <!-- 第二个子布局背景为红色，它在上级视图中朝上对齐，它的下级视图则靠右对齐 -->
    <LinearLayout
        android:layout_width="0dp"
        android:layout_height="200dp"
        android:layout_weight="1"
        android:layout_gravity="top"
        android:gravity="right"
        android:background="#ff0000"
        android:layout_margin="10dp"
        android:padding="10dp">
        <!-- 内部视图的宽度和高度都是100dp，且背景色为青色 -->
        <View
            android:layout_width="100dp"
            android:layout_height="100dp"
            android:background="#00ffff" />
    </LinearLayout>
</LinearLayout>
```

运行测试App，打开演示界面如图3-10所示。

由效果图可见，第一个子布局朝下，并且它的内部视图靠左；而第二个子布局朝上，并且它的内部视图靠右。对比XML文件中的layout_gravity和gravity取值，证明了二者的对齐情况正如之前所言：layout_gravity决定当前视图位于上级视图的哪个方位，而gravity决定了下级视图位于当前视图的哪个方位。

图 3-10　两种对齐方式的演示效果

3.3 常用布局

本节介绍常见的几种布局用法，包括：在某个方向上顺序排列的线性布局，参照其他视图的位置相对排列的相对布局，像表格那样分行分列显示的网格布局，以及支持通过滑动操作拉出更多内容的滚动视图。

3.3.1 线性布局 LinearLayout

前几个小节的例程中，XML文件用到了LinearLayout布局，它的学名为线性布局。顾名思义，线性布局像是用一根线把它的内部视图串起来，故而内部视图之间的排列顺序是固定的，要么从左到右排列，要么从上到下排列。在XML文件中，LinearLayout通过属性android:orientation区分两种方向，其中从左到右排列叫作水平方向，属性值为horizontal；从上到下排列叫作垂直方向，属性值为vertical。如果LinearLayout标签不指定具体方向，则系统默认该布局为水平方向排列，也就是默认android:orientation="horizontal"。

下面做个实验，让XML文件的根节点挂着两个线性布局，第一个线性布局采取水平方向，第二个线性布局采取垂直方向。然后每个线性布局内部各有两个文本视图，通过观察这些文本视图的排列情况，从而检验线性布局的显示效果。详细的XML文件内容如下：

```
(完整代码见chapter03\src\main\res\layout\activity_linear_layout.xml)
<LinearLayout xmlns:android="http://schemas.android.com/apk/res/android"
    android:layout_width="match_parent"
    android:layout_height="match_parent"
    android:orientation="vertical">
    <LinearLayout
        android:layout_width="match_parent"
        android:layout_height="wrap_content"
        android:orientation="horizontal">
        <TextView
            android:layout_width="wrap_content"
            android:layout_height="wrap_content"
            android:text="横排第一个" />
        <TextView
            android:layout_width="wrap_content"
            android:layout_height="wrap_content"
            android:text="横排第二个" />
    </LinearLayout>
    <LinearLayout
        android:layout_width="match_parent"
        android:layout_height="wrap_content"
        android:orientation="vertical">
        <TextView
            android:layout_width="wrap_content"
            android:layout_height="wrap_content"
            android:text="竖排第一个" />
        <TextView
            android:layout_width="wrap_content"
            android:layout_height="wrap_content"
            android:text="竖排第二个" />
    </LinearLayout>
</LinearLayout>
```

运行测试App，进入如图3-11所示的演示页面，可见horizontal为横向排列，vertical为纵向排列，说明android:orientation的方向属性确实奏效了。

chapter03
横排第一个横排第二个
竖排第一个
竖排第二个

图 3-11　线性布局的方向排列

除了方向之外，线性布局还有一个权重概念。所谓权重，指的是线性布局的下级视图各自拥有多大比例的宽和高。比如一块蛋糕分给两个人吃，可能两人平均分，也可能甲分三分之一，乙分三分之二。两人平均分的话，先把蛋糕平均切成两半，然后甲分到一半，乙分到另一半，此时甲、乙的权重比为1:1。甲分三分之一、乙分三分之二的话，先把蛋糕平均切成三块，然后甲分到一块，乙分到两块，此时甲、乙的权重比为1:2。就线性布局而言，它自身的尺寸相当于一整块蛋糕，它的下级视图们一起来分这一整块蛋糕，有的视图分得多，有的视图分得少。分多分少全凭每个视图分到了多大的权重而定，这个权重在XML文件中通过属性android:layout_weight来表达。

把线性布局看作蛋糕的话，分蛋糕的甲、乙两人就相当于线性布局的下级视图。假设线性布局平均分为左、右两块，则甲视图和乙视图的权重比为1:1，意味着两个下级视图的layout_weight属性都是1。不过视图有宽、高两个方向，系统怎知layout_weight表示哪个方向的权重呢？所以这里有个规定，一旦设置了layout_weight属性值，便要求layout_width填0dp或者layout_height填0dp。如果layout_width填0dp，则layout_weight表示水平方向的权重，下级视图会从左往右分割线性布局；如果layout_height填0dp，则layout_weight表示垂直方向的权重，下级视图会从上往下分割线性布局。

按照左右均分的话，线性布局设置水平方向horizontal，且甲、乙两视图的layout_width都填0dp，layout_weight都填1，此时横排的XML片段示例如下：

```
（完整代码见chapter03\src\main\res\layout\activity_linear_layout.xml）
    <LinearLayout
        android:layout_width="match_parent"
        android:layout_height="wrap_content"
        android:background="#ff0000"
        android:orientation="horizontal">
        <TextView
            android:layout_width="0dp"
            android:layout_height="wrap_content"
            android:layout_weight="1"
            android:gravity="center"
            android:text="横排第一个" />
        <TextView
            android:layout_width="0dp"
            android:layout_height="wrap_content"
            android:layout_weight="1"
            android:gravity="center"
            android:text="横排第二个" />
    </LinearLayout>
```

按照上下均分的话，线性布局设置垂直方向vertical，且甲乙两视图的layout_height都填0dp，layout_weight都填1，此时竖排的XML片段示例如下：

```
    <LinearLayout
        android:layout_width="match_parent"
        android:layout_height="100dp"
        android:background="#00ffff"
        android:orientation="vertical">
        <TextView
            android:layout_width="match_parent"
            android:layout_height="0dp"
            android:layout_weight="1"
            android:gravity="center"
            android:text="竖排第一个" />
        <TextView
            android:layout_width="match_parent"
            android:layout_height="0dp"
            android:layout_weight="1"
            android:gravity="center"
            android:text="竖排第二个" />
    </LinearLayout>
```

把上面两个片段放到新页面的XML文件中，其中第一个是横排区域，采用红色背景（色值为ff0000），第二个是竖排区域，采用青色背景（色值为00ffff）。重新运行测试App，打开的演示界面如图3-12所示，可见横排区域平均分为左、右两块，竖排区域平均分为上、下两块。

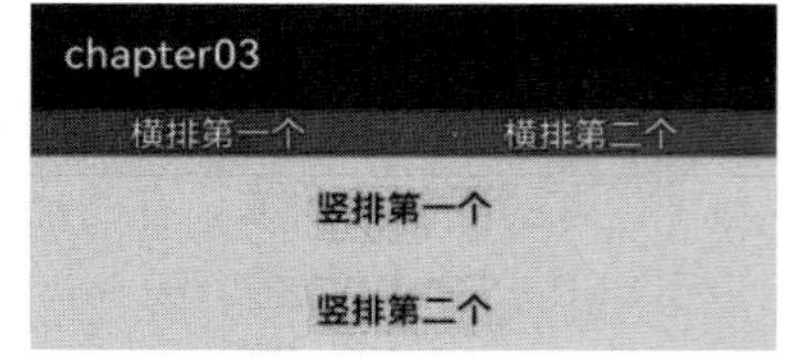

图 3-12　线性布局的权重分割

3.3.2　相对布局 RelativeLayout

线性布局的下级视图是顺序排列着的，另一种相对布局的下级视图位置则由其他视图决定。相对布局名为RelativeLayout，因为下级视图的位置是相对位置，所以得有具体的参照物才能确定最终位置。如果不设定下级视图的参照物，那么下级视图默认显示在RelativeLayout内部的左上角。

用于确定下级视图位置的参照物分两种：一种是与该视图自身平级的视图；另一种是该视图的上级视图（也就是它归属的RelativeLayout）。综合两种参照物，相对位置在XML文件中的属性取值说明见表3-2。

表 3-2　相对位置的属性取值说明

相对位置的属性取值	相对位置说明
layout_toLeftOf	当前视图在指定视图的左边
layout_toRightOf	当前视图在指定视图的右边
layout_above	当前视图在指定视图的上方
layout_below	当前视图在指定视图的下方
layout_alignLeft	当前视图与指定视图的左侧对齐
layout_alignRight	当前视图与指定视图的右侧对齐
layout_alignTop	当前视图与指定视图的顶部对齐
layout_alignBottom	当前视图与指定视图的底部对齐
layout_centerInParent	当前视图在上级视图中间
layout_centerHorizontal	当前视图在上级视图的水平方向居中
layout_centerVertical	当前视图在上级视图的垂直方向居中
layout_alignParentLeft	当前视图与上级视图的左侧对齐
layout_alignParentRight	当前视图与上级视图的右侧对齐
layout_alignParentTop	当前视图与上级视图的顶部对齐
layout_alignParentBottom	当前视图与上级视图的底部对齐

为了更好地理解上述相对属性的含义，接下来使用RelativeLayout及其下级视图进行布局来看看实际效果。下面是演示相对布局的XML文件例子：

```
(完整代码见chapter03\src\main\res\layout\activity_relative_layout.xml)
<RelativeLayout xmlns:android="http://schemas.android.com/apk/res/android"
    android:layout_width="match_parent"
    android:layout_height="150dp" >
    <TextView
        android:layout_width="wrap_content"
        android:layout_height="wrap_content"
        android:layout_centerInParent="true"
        android:background="#eeeeee"
        android:text="我在中间" />
    <TextView
        android:layout_width="wrap_content"
        android:layout_height="wrap_content"
        android:layout_centerHorizontal="true"
        android:background="#eeeeee"
        android:text="我在水平中间" />
    <TextView
        android:layout_width="wrap_content"
```

```
        android:layout_height="wrap_content"
        android:layout_centerVertical="true"
        android:background="#eeeeee"
        android:text="我在垂直中间" />
    <TextView
        android:layout_width="wrap_content"
        android:layout_height="wrap_content"
        android:layout_alignParentLeft="true"
        android:background="#eeeeee"
        android:text="我跟上级左边对齐" />
    <TextView
        android:layout_width="wrap_content"
        android:layout_height="wrap_content"
        android:layout_alignParentRight="true"
        android:background="#eeeeee"
        android:text="我跟上级右边对齐" />
    <TextView
        android:layout_width="wrap_content"
        android:layout_height="wrap_content"
        android:layout_alignParentTop="true"
        android:background="#eeeeee"
        android:text="我跟上级顶部对齐" />
    <TextView
        android:layout_width="wrap_content"
        android:layout_height="wrap_content"
        android:layout_alignParentBottom="true"
        android:background="#eeeeee"
        android:text="我跟上级底部对齐" />
    <TextView
        android:layout_width="wrap_content"
        android:layout_height="wrap_content"
        android:layout_toLeftOf="@+id/tv_center"
        android:layout_alignTop="@+id/tv_center"
        android:background="#eeeeee"
        android:text="我在中间左边" />
    <TextView
        android:layout_width="wrap_content"
        android:layout_height="wrap_content"
        android:layout_toRightOf="@+id/tv_center"
        android:layout_alignBottom="@+id/tv_center"
        android:background="#eeeeee"
        android:text="我在中间右边" />
    <TextView
        android:layout_width="wrap_content"
        android:layout_height="wrap_content"
        android:layout_above="@+id/tv_center"
        android:layout_alignLeft="@+id/tv_center"
        android:background="#eeeeee"
        android:text="我在中间上面" />
    <TextView
        android:layout_width="wrap_content"
        android:layout_height="wrap_content"
        android:layout_below="@+id/tv_center"
        android:layout_alignRight="@+id/tv_center"
        android:background="#eeeeee"
        android:text="我在中间下面" />
</RelativeLayout>
```

上述XML文件的布局效果如图3-13所示，RelativeLayout的下级视图都是文本视图，控件上的文字说明了所处的相对位置，具体的控件显示方位正如XML属性中描述的那样。

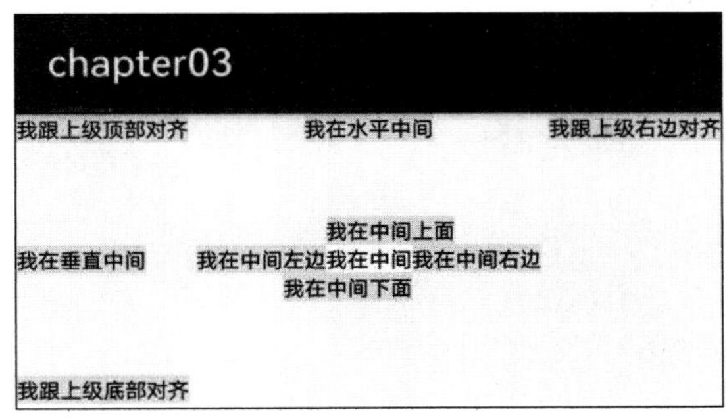

图 3-13　相对布局的相对位置效果

3.3.3　网格布局 GridLayout

虽然线性布局既能在水平方向排列，也能在垂直方向排列，但它不支持多行多列的布局方式，只支持单行（水平排列）或单列（垂直排列）的布局方式。若要实现类似表格那样的多行多列形式，可采用网格布局GridLayout。

网格布局默认从左往右、从上到下排列，它先从第一行从左往右放置下级视图，塞满之后另起一行放置其余的下级视图，如此循环往复直至所有下级视图都放置完毕。为了判断能够容纳几行几列，网格布局新增了android:columnCount与android:rowCount两个属性，其中columnCount指定了网格的列数，即每行能放多少个视图；rowCount指定了网格的行数，即每列能放多少个视图。

下面是运用网格布局的XML布局样例，它规定了一个两行两列的网格布局，且内部容纳四个文本视图。XML文件内容如下：

```
（完整代码见chapter03\src\main\res\layout\activity_grid_layout.xml）
<!-- 根布局为两行两列的网格布局，其中列数由columnCount指定，行数由rowCount指定 -->
<GridLayout xmlns:android="http://schemas.android.com/apk/res/android"
    android:layout_width="match_parent"
    android:layout_height="match_parent"
    android:columnCount="2"
    android:rowCount="2">
    <TextView
        android:layout_width="180dp"
        android:layout_height="60dp"
        android:gravity="center"
        android:background="#ffcccc"
        android:text="浅红色" />
    <TextView
        android:layout_width="180dp"
        android:layout_height="60dp"
        android:gravity="center"
        android:background="#ffaa00"
        android:text="橙色" />
    <TextView
        android:layout_width="180dp"
        android:layout_height="60dp"
        android:gravity="center"
        android:background="#00ff00"
        android:text="绿色" />
    <TextView
        android:layout_width="180dp"
        android:layout_height="60dp"
        android:gravity="center"
        android:background="#660066"
```

```
    android:text="深紫色" />
</GridLayout>
```

在一个新建的活动页面加载上述布局，运行App观察到的界面如图3-14所示。

图 3-14 网格布局的视图分布情况

由图3-14可见，App界面的第一行分布着浅红色背景与橙色背景的文本视图，第二行分布着绿色背景与深紫色背景的文本视图，说明利用网格布局实现了多行多列的效果。

3.3.4 滚动视图 ScrollView

手机屏幕的显示空间有限，常常需要上下滑动或左右滑动才能拉出其余页面内容，可惜一般的布局节点都不支持自行滚动，这时就要借助滚动视图了。与线性布局类似，滚动视图也分为垂直方向和水平方向两类，其中垂直滚动视图名为ScrollView，水平滚动视图名为HorizontalScrollView。这两个滚动视图的使用并不复杂，主要注意以下3点：

（1）在垂直方向滚动时，layout_width属性值设置为match_parent，layout_height属性值设置为wrap_content。

（2）在水平方向滚动时，layout_width属性值设置为wrap_content，layout_height属性值设置为match_parent。

（3）滚动视图节点下面必须且只能挂着一个子布局节点，否则会在运行时报错Caused by: java.lang.IllegalStateException：ScrollView can host only one direct child。

下面是ScrollView和HorizontalScrollView的XML例子：

```
(完整代码见chapter03\src\main\res\layout\activity_scroll_view.xml)
<LinearLayout xmlns:android="http://schemas.android.com/apk/res/android"
    android:layout_width="match_parent"
    android:layout_height="match_parent"
    android:orientation="vertical">
    <!-- HorizontalScrollView是水平方向的滚动视图，当前高度为200dp -->
    <HorizontalScrollView
        android:layout_width="wrap_content"
        android:layout_height="200dp">
        <!-- 水平方向的线性布局，两个子视图的颜色分别为青色和黄色 -->
        <LinearLayout
            android:layout_width="wrap_content"
            android:layout_height="match_parent"
            android:orientation="horizontal">
            <View
                android:layout_width="300dp"
                android:layout_height="match_parent"
                android:background="#aaffff" />
            <View
                android:layout_width="300dp"
                android:layout_height="match_parent"
                android:background="#ffff00" />
        </LinearLayout>
    </HorizontalScrollView>
    <!-- ScrollView是垂直方向的滚动视图，当前高度为自适应 -->
    <ScrollView
        android:layout_width="match_parent"
        android:layout_height="wrap_content">
```

```
        <!-- 垂直方向的线性布局，两个子视图的颜色分别为绿色和橙色 -->
        <LinearLayout
            android:layout_width="match_parent"
            android:layout_height="wrap_content"
            android:orientation="vertical">
            <View
                android:layout_width="match_parent"
                android:layout_height="400dp"
                android:background="#00ff00" />
            <View
                android:layout_width="match_parent"
                android:layout_height="400dp"
                android:background="#ffffaa" />
        </LinearLayout>
    </ScrollView>
</LinearLayout>
```

运行测试App，可知ScrollView在纵向滚动，而HorizontalScrollView在横向滚动。

有时ScrollView的实际内容不够，又想让它充满屏幕，怎么办呢？如果把layout_height属性赋值为match_parent，结果还是不会充满，正确的做法是再增加一行属性android:fillViewport（该属性值为true表示允许填满视图窗口），属性片段举例如下：

```
android:layout_height="match_parent"
android:fillViewport="true"
```

3.4 按钮触控

本节介绍按钮控件的常见用法，包括：如何设置大小写属性与点击属性，如何响应按钮的点击事件和长按事件，如何禁用按钮又该如何启用按钮，等等。

3.4.1 按钮控件 Button

除了文本视图之外，按钮也是一种基础控件。因为Button是由TextView派生而来，所以文本视图拥有的属性和方法，包括文本内容、文本大小、文本颜色等，按钮控件均能使用。不同的是，Button拥有默认的按钮背景，而TextView默认无背景；Button的内部文本默认居中对齐，而TextView的内部文本默认靠左对齐。此外，按钮还要额外注意textAllCaps与onClick两个属性，这两个属性分别介绍如下：

1. textAllCaps属性

对于TextView来说，text属性设置了什么文本，文本视图就显示什么文本。但对于Button来说，不管text属性设置的是大写字母还是小写字母，按钮控件都默认转成大写字母显示。比如在XML文件中加入下面的Button标签：

```
<Button
    android:layout_width="match_parent"
    android:layout_height="wrap_content"
    android:text="Hello World" />
```

编译运行后的App界面，按钮上显示全大写的“HELLO WORLD”，而非原来大小写混合的“Hello World”。显然这个效果不符合预期，为此需要给Button标签补充textAllCaps属性，该属性的值默认为true，表示全部转为大写，如果设置为false，则表示不转为大写。于是在布局文件添加新的Button标签，该标签补充了android:textAllCaps="false"，具体内容如下：

```
（完整代码见chapter03\src\main\res\layout\activity_button_style.xml）
<Button
    android:layout_width="match_parent"
    android:layout_height="wrap_content"
    android:text="Hello World"
    android:textAllCaps="false" />
```

再次运行App，此时包含新、旧按钮的界面如图3-15所示，可见textAllCaps属性果然能够控制大小写转换。

图 3-15　textAllCaps 属性的效果

2. onClick属性

按钮之所以成为按钮，是因为它会响应按下动作，就手机而言，按下动作等同于点击操作，即手指轻触屏幕然后马上松开。每当点击按钮之时，就表示用户确认了某个事项，接下来轮到App进行处理了。onClick属性便用来接管用户的点击动作，该属性的值是个方法名，也就是当前页面的Java代码存在这么一个方法：当用户点击按钮时，就自动调用该方法。

例如下面的Button标签指定了onClick属性值为doClick，表示点击该按钮会触发Java代码中的doClick方法：

```
（完整代码见chapter03\src\main\res\layout\activity_button_style.xml）
<Button
    android:id="@+id/btn_click_xml"
    android:layout_width="match_parent"
    android:layout_height="wrap_content"
    android:onClick="doClick"
    android:text="直接指定点击方法" />
<TextView
    android:id="@+id/tv_result"
    android:layout_width="match_parent"
    android:layout_height="wrap_content"
    android:text="这里查看按钮的点击结果" />
```

与之相对应，页面所在的Java代码需要增加doClick方法，方法代码示例如下：

```
（完整代码见chapter03\src\main\java\com\example\chapter03\ButtonStyleActivity.java）
// activity_button_style.xml中给btn_click_xml指定了点击方法doClick
public void doClick(View view) {
    String desc = String.format("%s 您点击了按钮：%s",
            DateUtil.getNowTime(), ((Button) view).getText());
    tv_result.setText(desc); // 设置文本视图的文本内容
}
```

然后编译运行，并在App界面上点击新加的按钮，点击前、后的界面分别如图3-16和图3-17所示。

直接指定点击方法
这里查看按钮的点击结果

图 3-16　按钮点击之前的界面

直接指定点击方法
23:03:36 您点击了按钮：直接指定点击方法

图 3-17　按钮点击之后的界面

比较图3-16和图3-17的文字差异，可见点击按钮之后确实调用了doClick方法。

3.4.2　点击事件和长按事件

虽然按钮控件能够在XML文件中通过onClick属性指定点击方法，但是方法的名称可以随便叫，既能叫doClick也能叫doTouch，甚至叫它doA或doB都没问题，这样很不利于规范化代码，倘若以后换了别人接手，就不知道doA或doB是干什么用的。因此在实际开发中，不推荐使用Button标签的onClick属性，而是在代码中给按钮对象注册点击监听器。

所谓监听器，意思是专门监听控件的动作行为，它平时无事可做，只有控件发生了指定的动作，监听器才会触发开关去执行对应的代码逻辑。点击监听器需要实现接口View.OnClickListener，并重写onClick方法补充点击事件的处理代码，再由按钮调用setOnClickListener方法设置监听器对象。比如下面的代码给按钮控件btn_click_single设置了一个点击监听器：

```
(完整代码见chapter03\src\main\java\com\example\chapter03\ButtonClickActivity.java)
// 从布局文件中获取名为btn_click_single的按钮控件
Button btn_click_single = findViewById(R.id.btn_click_single);
// 给btn_click_single设置点击监听器，一旦用户点击按钮，就触发监听器的onClick方法
btn_click_single.setOnClickListener(new MyOnClickListener());
```

上面的点击监听器名为MyOnClickListener，它的定义代码示例如下：

```
// 定义一个点击监听器，它实现了接口View.OnClickListener
class MyOnClickListener implements View.OnClickListener {
    @Override
    public void onClick(View v) {          // 点击事件的处理方法
        String desc = String.format("%s 您点击了按钮：%s",
                DateUtil.getNowTime(), ((Button) v).getText());
        tv_result.setText(desc);           // 设置文本视图的文本内容
    }
}
```

接着运行App，点击按钮之后的界面如图3-18所示，可见点击动作的确触发了监听器的onClick方法。

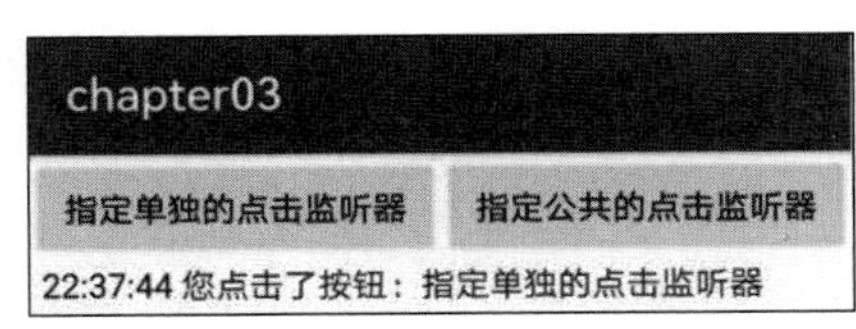

图 3-18　点击了单独的点击监听器

如果一个页面只有一个按钮，单独定义新的监听器倒也无妨，可是如果存在许多按钮，给每个按钮都定义自己的监听器，那就劳民伤财了。对于同时监听多个按钮的情况，更好的办法是注册统一的监听器，也就是让当前页面实现接口View.OnClickListener，如此一来，onClick方法便写在了页面代码之内。因为是统一的监听器，所以onClick内部需要判断是哪个按钮被点击了，也就是利用视图对象的getId方法检查控件编号，完整的onClick代码举例如下：

```
(完整代码见chapter03\src\main\java\com\example\chapter03\ButtonClickActivity.java)
@Override
public void onClick(View v) {                        // 点击事件的处理方法
    if (v.getId() == R.id.btn_click_public) {       // 来自按钮btn_click_public
        String desc = String.format("%s 您点击了按钮：%s",
                DateUtil.getNowTime(), ((Button) v).getText());
        tv_result.setText(desc);                     // 设置文本视图的文本内容
    }
}
```

当然在该页面的onCreate内部别忘了调用按钮对象的setOnClickListener方法，把按钮的点击监听器设置成当前页面，设置代码如下：

```
// 从布局文件中获取名为btn_click_public的按钮控件
Button btn_click_public = findViewById(R.id.btn_click_public);
// 设置点击监听器，一旦用户点击按钮，就触发监听器的onClick方法
btn_click_public.setOnClickListener(this);
```

重新运行App，点击第二个按钮之后的界面如图3-19所示，可见当前页面的onClick方法也正确执行了。

除了点击事件外，Android还设计了另外一种长按事件，每当控件被按住超过500毫秒之后，就会触发该控件的长按事件。若要捕捉按钮的长按事件，可调用按钮对象的setOnLongClickListener方法设置长按监听器。具体的设置代码示例如下：

```
(完整代码见chapter03\src\main\java\com\example\chapter03\ButtonLongclickActivity.java)
// 从布局文件中获取名为btn_click_public的按钮控件
Button btn_longclick_public = findViewById(R.id.btn_longclick_public);
// 设置长按监听器，一旦用户长按按钮，就触发监听器的onLongClick方法
btn_longclick_public.setOnLongClickListener(this);
```

以上代码把长按监听器设置到当前页面，意味着该页面需要实现对应的长按接口View.OnLongClickListener，并重写长按方法onLongClick，下面便是重写后的onLongClick代码例子：

```
@Override
public boolean onLongClick(View v) {                  // 长按事件的处理方法
    if (v.getId() == R.id.btn_longclick_public) {     // 来自btn_longclick_public
        String desc = String.format("%s 您长按了按钮：%s",
                DateUtil.getNowTime(), ((Button) v).getText());
        tv_result.setText(desc);                      // 设置文本视图的文本内容
    }
    return true;
}
```

再次运行App，长按按钮之后的界面如图3-20所示，说明长按事件果然触发了onLongClick方法。

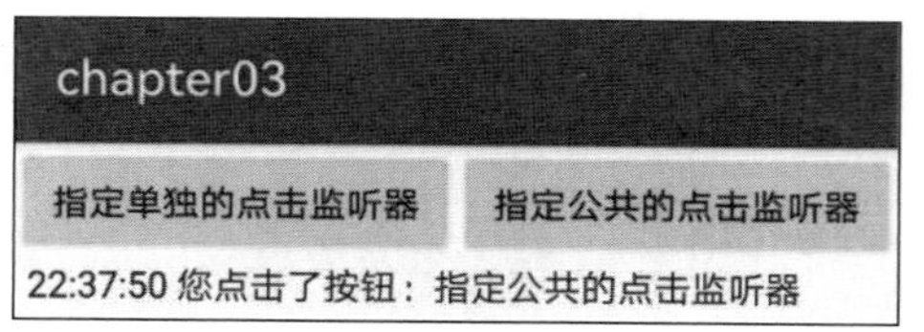

图 3-19　点击了公共的点击监听器

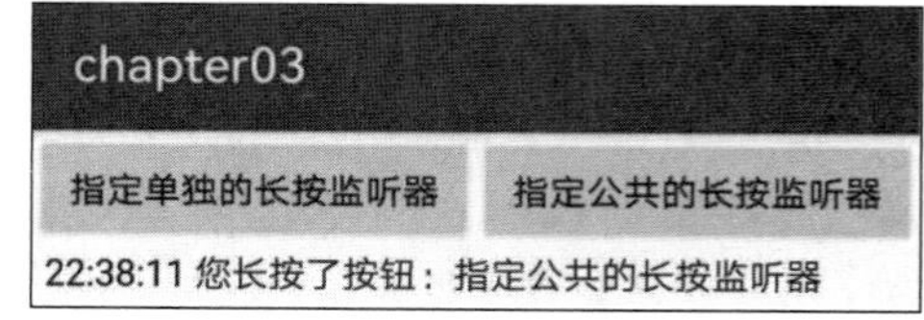

图 3-20　长按了公共的长按监听器

值得注意的是，点击监听器和长按监听器不局限于按钮控件，其实它们都来自视图基类View，凡是从View派生而来的各类控件，均可注册点击监听器和长按监听器。譬如文本视图TextView，其对象也能调用setOnClickListener方法与setOnLongClickListener方法，此时TextView控件就会响应点击动作和长按动作。因为按钮存在按下和松开两种背景，便于提示用户该控件允许点击，但文本视图默认没有按压背景，不方便判断是否被点击，所以一般不会让文本视图处理点击事件和长按事件。

3.4.3 禁用与恢复按钮

尽管按钮控件生来就是给人点击的，可是某些情况仍然希望暂时禁止点击操作，譬如用户在注册的时候，有的网站要求用户必须同意指定条款，而且至少浏览10秒之后才能点击注册按钮。那么在10秒之前，注册按钮应当置灰且不能点击，等过了10秒之后，注册按钮才恢复正常。在这样的业务场景中，按钮先后拥有两种状态，即不可用状态与可用状态，它们在外观和功能上的区别如下：

（1）不可用按钮：按钮不允许点击，即使点击也没反应，同时按钮文字为灰色。

（2）可用按钮：按钮允许点击，点击按钮会触发点击事件，同时按钮文字为正常的黑色。

从上述的区别说明可知，不可用与可用状态主要有两点差异：其一，是否允许点击；其二，按钮文字的颜色。就文字颜色而言，可在布局文件中使用textColor属性设置颜色，也可在Java代码中调用setTextColor方法设置颜色。至于是否允许点击，则需引入新属性android:enabled，该属性值为true时表示启用按钮，即允许点击按钮；该属性值为false时表示禁用按钮，即不允许点击按钮。在Java代码中，则可通过setEnabled方法设置按钮的可用状态（true表示启用，false表示禁用）。

接下来通过一个例子演示按钮的启用和禁用操作。为了改变测试按钮的可用状态，需要额外添加两个控制按钮，分别是“启用测试按钮”和“禁用测试按钮”，加起来一共3个按钮控件，注意“测试按钮”默认是灰色文本。“测试按钮”尚未启用时的界面效果如图3-21所示。

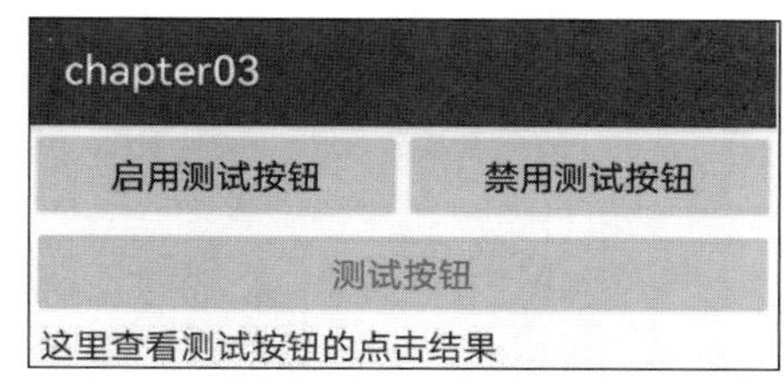

图 3-21 “测试按钮”尚未启用时的界面效果

与图3-21对应的布局文件内容如下：

```
(完整代码见chapter03\src\main\res\layout\activity_button_enable.xml)
<LinearLayout xmlns:android="http://schemas.android.com/apk/res/android"
    android:layout_width="match_parent"
    android:layout_height="match_parent"
    android:orientation="vertical">
    <LinearLayout
        android:layout_width="match_parent"
        android:layout_height="wrap_content"
        android:orientation="horizontal">
        <Button
            android:id="@+id/btn_enable"
            android:layout_width="0dp"
            android:layout_height="wrap_content"
            android:layout_weight="1"
            android:text="启用测试按钮" />
        <Button
            android:id="@+id/btn_disable"
            android:layout_width="0dp"
            android:layout_height="wrap_content"
            android:layout_weight="1"
            android:text="禁用测试按钮" />
    </LinearLayout>
    <Button
        android:id="@+id/btn_test"
        android:layout_width="match_parent"
        android:layout_height="wrap_content"
        android:enabled="false"
        android:text="测试按钮" />
    <TextView
        android:id="@+id/tv_result"
        android:layout_width="match_parent"
        android:layout_height="wrap_content"
        android:paddingLeft="5dp"
        android:text="这里查看测试按钮的点击结果" />
</LinearLayout>
```

然后在Java代码中给3个按钮分别注册点击监听器，注册代码如下：

```
（完整代码见chapter03\src\main\java\com\example\chapter03\ButtonEnableActivity.java）
    // 因为按钮控件的setOnClickListener方法来自View基类，所以也可对findViewById得到的视图直接设置点击监听器
    findViewById(R.id.btn_enable).setOnClickListener(this);
    findViewById(R.id.btn_disable).setOnClickListener(this);
    btn_test = findViewById(R.id.btn_test);  // 获取名为btn_test的按钮控件
    btn_test.setOnClickListener(this);            // 设置btn_test的点击监听器
```

同时重写页面的onClick方法，分别处理3个按钮的点击事件，修改之后的onClick代码示例如下：

```
@Override
public void onClick(View v) {                          // 点击事件的处理方法
    // 由于多个控件都把点击监听器设置到了当前页面，因此onClick方法需要区分来自哪个按钮
    if (v.getId() == R.id.btn_enable) {                // 点击了按钮"启用测试按钮"
        btn_test.setTextColor(Color.BLACK);            // 设置按钮的文字颜色
        btn_test.setEnabled(true);                     // 启用当前控件
    } else if (v.getId() == R.id.btn_disable) {        // 点击了按钮"禁用测试按钮"
        btn_test.setTextColor(Color.GRAY);             // 设置按钮的文字颜色
        btn_test.setEnabled(false);                    // 禁用当前控件
    } else if (v.getId() == R.id.btn_test) {           // 点击了按钮"测试按钮"
        String desc = String.format("%s 您点击了按钮：%s",
                DateUtil.getNowTime(), ((Button) v).getText());
        tv_result.setText(desc);                       // 设置文本视图的文本内容
    }
}
```

最后编译运行App，点击了“启用测试按钮”之后，原本置灰的测试按钮btn_test恢复正常的黑色文本，点击该按钮发现界面有了反应，具体效果如图3-22所示。

对比图3-21和图3-22，观察按钮启用前后的外观及其是否响应点击动作，即可知晓禁用按钮和启用按钮两种模式的差别。

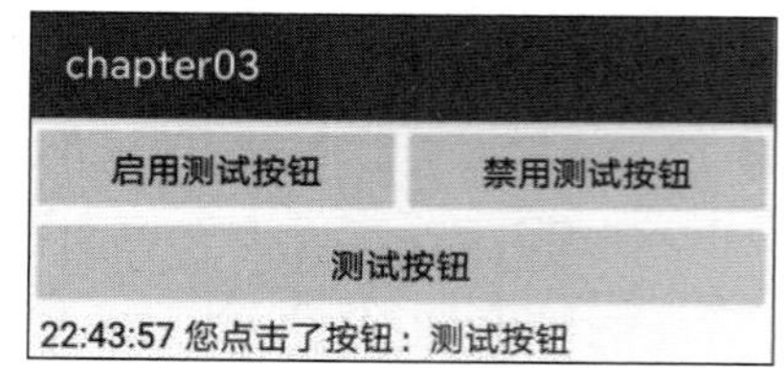

图 3-22 “测试按钮”已经启用后的界面

3.5 图像显示

本节介绍与图像显示有关的几种控件及其用法，包括：专门用于显示图片的图像视图以及若干缩放类型效果，支持显示图片的按钮控件——图像按钮，如何在按钮控件上同时显示文本和图标等。

3.5.1 图像视图 ImageView

显示文本用到了文本视图TextView，显示图像则用到图像视图ImageView。由于图像通常保存为单独的图片文件，因此需要先把图片放到res/drawable目录中，然后再去引用该图片的资源名称。比如现在有张名为apple.png的苹果图片，那么XML文件通过属性android:src设置图片资源，属性值格式形如“@drawable/不含扩展名的图片名称”。添加了src属性的ImageView标签示例如下：

```
（完整代码见chapter03\src\main\res\layout\activity_image_scale.xml）
<ImageView
    android:id="@+id/iv_scale"
    android:layout_width="match_parent"
    android:layout_height="220dp"
    android:src="@drawable/apple" />
```

若想在Java代码中设置图像视图的图片资源，可调用ImageView控件的setImageResource方法，方法参数格式形如“R.drawable.不含扩展名的图片名称”。仍以上述的苹果图片为例，给图像视图设置图片资源的代码例子如下：

```
(完整代码见chapter03\src\main\java\com\example\chapter03\ImageScaleActivity.java)
// 从布局文件中获取名为iv_scale的图像视图
ImageView iv_scale = findViewById(R.id.iv_scale);
iv_scale.setImageResource(R.drawable.apple);  // 设置图像视图的图片资源
```

运行测试App，展示图片的界面效果如图3-23所示。

图3-23　图像视图显示苹果图片

观察效果图发现苹果图片居中显示，而非像文本视图里的文字那样默认靠左显示，这是怎么回事？原来ImageView本身默认图片居中显示，不管图片有多大抑或有多小，图像视图都会自动缩放图片，使之刚好够着ImageView的边界，并且缩放后的图片保持原始的宽高比例，看起来图片很完美地占据了视图中央。这种缩放类型在XML文件中通过属性android:scaleType定义，即使图像视图未明确指定该属性，系统也会默认其值为fitCenter，表示让图像缩放后居中显示。添加了缩放属性的ImageView标签如下：

```
<ImageView
    android:id="@+id/iv_scale"
    android:layout_width="match_parent"
    android:layout_height="220dp"
    android:src="@drawable/apple"
    android:scaleType="fitCenter" />
```

在Java代码中可调用setScaleType方法设置图像视图的缩放类型，其中fitCenter对应的类型为ScaleType.FIT_CENTER，设置代码示例如下：

```
    // 将缩放类型设置为“保持宽高比例，缩放图片使其位于视图中间”
    iv_scale.setScaleType(ImageView.ScaleType.FIT_CENTER);
```

除了居中显示，图像视图还提供了其他缩放类型，详细的缩放类型取值说明见表3-3。

表3-3　缩放类型的取值说明

XML 中的缩放类型	ScaleType 类中的缩放类型	说　明
fitCenter	FIT_CENTER	保持宽高比例，缩放图片使其位于视图中间
centerCrop	CENTER_CROP	缩放图片使其充满视图（超出部分会被裁剪），并位于视图中间
centerInside	CENTER_INSIDE	保持宽高比例，缩小图片使之位于视图中间（只缩小不放大）
center	CENTER	保持图片原始尺寸，并使其位于视图中间
fitXY	FIT_XY	缩放图片使其正好填满视图（图片可能被拉伸变形）
fitStart	FIT_START	保持宽高比例，缩放图片使其位于视图上方或左侧
fitEnd	FIT_END	保持宽高比例，缩放图片使其位于视图下方或右侧

注意，fitCenter是默认的缩放类型，它的图像效果如之前的图3-23所示。其余缩放类型的图像显示效果分别如图3-24～图3-29所示，其中图3-24为centerCrop的效果图，图3-25为centerInside的效果图，图3-26为center的效果图，图3-27为fitXY的效果图，图3-28为fitStart的效果图，图3-29为fitEnd的效果图。

图 3-24 缩放类型为 centerCrop 的效果图

图 3-25 缩放类型为 centerInside 的效果图

图 3-26 缩放类型为 center 的效果图

图 3-27 缩放类型为 fitXY 的效果图

图 3-28 缩放类型为 fitStart 的效果图

图 3-29 缩放类型为 fitEnd 的效果图

注意到centerInside和center的显示效果居然一模一样，这缘于它们的缩放规则设定。表面上fitCenter、centerInside、center这三个类型都是居中显示，且均不越过图像视图的边界。它们之间的区别在于：fitCenter既允许缩小图片、也允许放大图片，centerInside只允许缩小图片、不允许放大图片，而center自始至终保持原始尺寸（既不允许缩小图片、也不允许放大图片）。因此，当图片尺寸大于视图宽高，centerInside与fitCenter都会缩小图片，此时它俩的显示效果相同；当图片尺寸小于视图宽高，centerInside与center都保持图片大小不变，此时它俩的显示效果相同。

3.5.2 图像按钮 ImageButton

常见的按钮控件Button其实是文本按钮，因为按钮上面只能显示文字，不能显示图片，ImageButton才是显示图片的图像按钮。虽然ImageButton号称图像按钮，但它并非继承自Button，而是继承了ImageView。所以凡是ImageView拥有的属性和方法，ImageButton统统拿了过来，区别在于ImageButton有个按钮背景。

尽管ImageButton源自ImageView，但它毕竟是个按钮，按钮家族常用的点击事件和长按事件，ImageButton全都没落下。不过ImageButton和Button之间除了名称不同外，还有下列差异：

- Button既可显示文本也可显示图片（通过setBackgroundResource方法设置背景图片），而ImageButton只能显示图片不能显示文本。
- ImageButton上的图像可按比例缩放，而Button通过背景设置的图像会拉伸变形，因为背景图采取fitXY方式，无法按比例缩放。
- Button只能靠背景显示一张图片，而ImageButton可分别在前景和背景显示图片，从而实现两张图片叠加的效果。

从上面可以看出，Button与ImageButton各有千秋，通常情况使用Button就够用了。但在某些场合，比如输入法打不出来的字符，以及特殊字体显示的字符串，就适合先切图再放到ImageButton。举个例子，数学常见的开方运算，由输入法打出来的运算符号为“√”，但该符号缺少右上角的一横，正确的开方符号是带横线的$\sqrt{\ }$，此时便需要通过ImageButton显示这个开方图片。

不过使用ImageButton得注意，图像按钮默认的缩放类型为center（保持原始尺寸不缩放图片），而非图像视图默认的fitCenter，倘若图片尺寸较大，那么图像按钮将无法显示整个图片。为避免显示不完整的情况，XML文件中的ImageButton标签必须指定fitCenter的缩放类型，详细的标签内容示例如下：

```
（完整代码见chapter03\src\main\res\layout\activity_image_button.xml）
<ImageButton
    android:layout_width="match_parent"
    android:layout_height="80dp"
    android:src="@drawable/sqrt"
    android:scaleType="fitCenter" />
```

运行测试App，打开的演示界面如图3-30所示，可见图像按钮正确展示了开方符号。

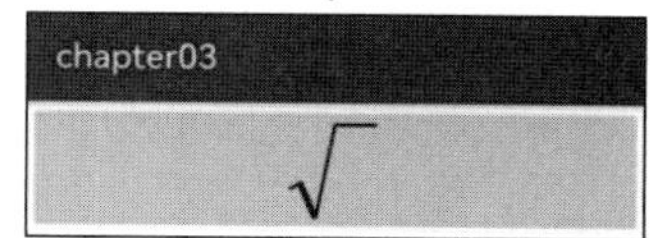

图 3-30 显示开方符号的图像按钮

3.5.3 同时展示文本与图像

现在有了Button可在按钮上显示文字，又有ImageButton可在按钮上显示图像，照理说绝大多数场合都够用了。然而现实项目中的需求往往捉摸不定，例如客户要求在按钮文字的左边加一个图标，这样按钮内部既有文字又有图片，乍看之下Button和ImageButton都没法直接使用。若用LinearLayout对ImageView和TextView组合布局，虽然可行，但XML文件却变得冗长许多。

其实有个既简单又灵活的办法，要想在文字周围放置图片，使用Button就能实现。Button提供了几个与图标有关的属性，通过这些属性即可指定文字旁边的图标。相关的图标属性说明如下：

- drawableTop：指定文字上方的图片。
- drawableBottom：指定文字下方的图片。
- drawableLeft：指定文字左边的图片。
- drawableRight：指定文字右边的图片。
- drawablePadding：指定图片与文字的间距。

譬如下面是个既有文字又有图标的Button标签例子：

```
（完整代码见chapter03\src\main\res\layout\activity_image_text.xml）
<Button
    android:layout_width="wrap_content"
    android:layout_height="wrap_content"
    android:drawableTop="@drawable/ic_about"
    android:drawablePadding="5dp"
    android:text="图标在上" />
```

以上的Button标签通过属性android:drawableTop设置了文字上边的图标，若想变更图标所处的位置，只要把drawableTop换成对应方向的属性即可。各方向的图文混排按钮效果分别如图3-31～图3-34所示，其中图3-31为指定了drawableTop的按钮界面，图3-32为指定了drawableBottom的按钮界面，图3-33为指定了drawableLeft的按钮界面，图3-34为指定了drawableRight的按钮界面。

图 3-31 指定了 drawableTop 的按钮界面

图 3-32 指定了 drawableBottom 的按钮界面

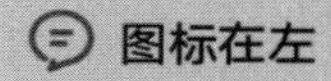

图 3-33 指定了 drawableLeft 的按钮界面

图 3-34 指定了 drawableRight 的按钮界面

3.6 实战项目：计算器

本章虽然只学了一些Android的简单控件，但是只要活学善用这些布局和控件，也能够做出实用的App。接下来让我们尝试设计并实现一个简单计算器。

3.6.1 需求描述

计算器是人们日常生活中最常用的工具之一，无论是在计算机上还是在手机上，都少不了计算器的身影。以Windows系统自带的计算器为例，它的界面简洁且十分实用，如图3-35所示。

计算器的界面分为两大部分：第一部分是上方的计算表达式，既包括用户的按键输入，也包括计算结果数字；第二部分是下方的各个按键，包括从0到9的数字按键、加减乘除与等号、正负号按键、小数点按键、求倒数按键、平方按键、开方按键，以及退格、清空、取消等控制按键。通过这些按键操作，能够实现整数和小数的四则运算，以及求倒数、求平方、求开方等简单运算。

3.6.2 界面设计

上一小节介绍的Windows计算器，它主要由上半部分的计算结果与下半部分的计算按键两块区域组成，据此可创建一个界面相似的计算器App，同样由计算结果和计算按键两部分组成，如图3-36所示。

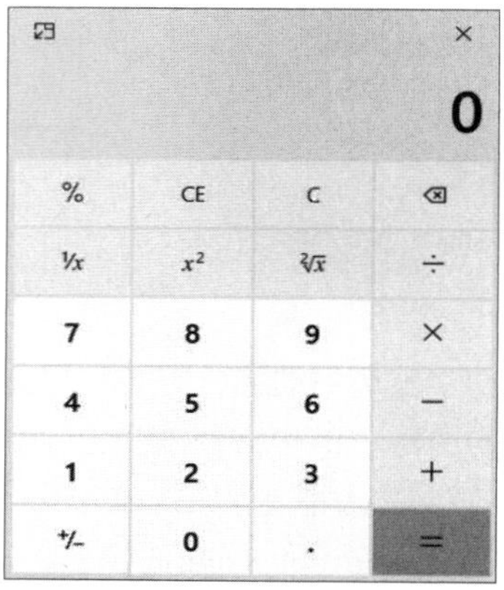

图 3-35 Windwos 系统自带的计算器

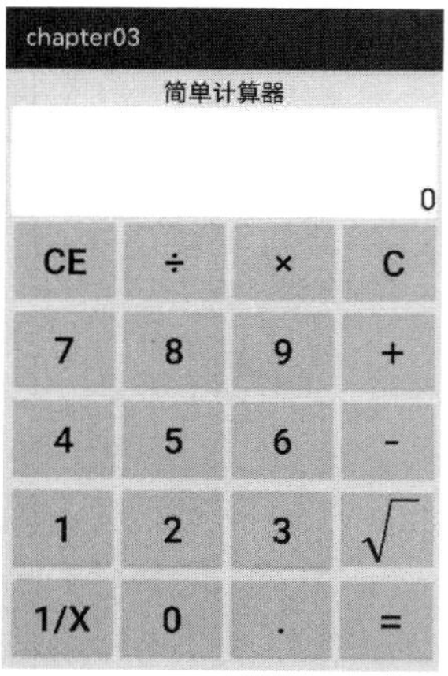

图 3-36 计算器 App 的效果图

按照计算器App的效果图，大致分布着下列Android控件：

- 线性布局LinearLayout：因为计算器界面整体从上往下布局，所以需要垂直方向的LinearLayout。
- 网格布局GridLayout：计算器下半部分的几排按键，正好成五行四列表格分布，适合采用GridLayout。
- 滚动视图ScrollView：虽然计算器界面不宽也不高，但是以防万一，最好还是加个垂直方向的ScrollView。
- 文本视图TextView：很明显顶部标题“简单计算器”就是TextView，且文字居中显示；标题下面的计算结果也需要使用TextView，且文字靠右靠下显示。
- 按钮Button：几乎所有的数字与运算符按键都采用了Button控件。
- 图像按钮ImageButton：开方的运算符“√”虽然能够打出来，但是右上角少了数学课本上的一横，所以该按钮要显示一张标准的开方符号图片，需要用到ImageButton。

3.6.3 关键代码

App在同用户交互的过程中，时常要向用户反馈一些信息，例如：点错了按钮、输入了非法字符，诸如此类。对于这些一句话的提示，Android设计了Toast控件，用于展示短暂的提示文字。Toast的用法很简单，只需以下一行代码即可弹出提示窗口：

```
Toast.makeText(MainActivity.this, "提示文字", Toast.LENGTH_SHORT).show();
```

上面代码用到了两个方法，分别是makeText和show，其中show方法用来展示提示窗口，而makeText方法用来构建提示文字的模板。makeText的第一个参数为当前页面的实例，倘若当前页面名为MainActivity的话，这里就填MainActivity.this，当然如果不引发歧义的话，直接填this也可以；第二个参数为准备显示的提示文本；第三个参数规定了提示窗的驻留时长，为Toast.LENGTH_SHORT表示停留2秒后消失，为Toast.LENGTH_LONG表示停留3.5秒后消失。

对于计算器来说，有好几种情况需要提示用户，比如“除数不能为零”“开方的数值不能小于零”“不能对零求倒数”等，这时就能通过Toast控件弹窗提醒用户。Toast弹窗的展示效果如图3-37所示，此时App发现了除数为零的情况。

除数不能为零

图 3-37　Toast 弹窗效果

对于简单计算来说，每次运算至少需要两个操作数，比如加减乘除四则运算就要求有两个操作数，求倒数、求平方、求开方只要求一个操作数；并且每次运算过程有且仅有一个运算符（等号不计在内），故而计算器App得事先声明下列几个字符串变量：

```
private String operator = "";        // 运算符
private String firstNum = "";        // 第一个操作数
private String secondNum = "";       // 第二个操作数
private String result = "";          // 当前的计算结果
```

用户在计算器界面每输入一个按键，App都要进行下列两项操作：

1. 输入按键的合法性校验

在开展计算之前，务必检查用户输入的按键是否合法，因为非法按键将导致不能正常运算。合法的按键输入包括但不限于下列情况：

（1）除数不能为零。

（2）开方的数值不能小于零。

（3）不能对零求倒数。

（4）一个数字不能有两个小数点。

（5）如果没输入运算符，就不能点击等号按钮。

（6）如果没输入操作数，也不能点击等号按钮。

比如点击等号按钮之时，App的逻辑校验代码示例如下：

```
（完整代码见chapter03\src\main\java\com\example\chapter03\CalculatorActivity.java）
if (v.getId() == R.id.btn_equal) {            // 点击了等号按钮
    if (operator.equals("")) {                // 无运算符
        Toast.makeText(this, "请输入运算符", Toast.LENGTH_SHORT).show();
        return false;
    }
    if (firstNum.equals("") || secondNum.equals("")) {  // 无操作数
        Toast.makeText(this, "请输入数字", Toast.LENGTH_SHORT).show();
        return false;
    }
    // 除数为零
    if (operator.equals("÷") && Double.parseDouble(secondNum) == 0) {
        Toast.makeText(this, "除数不能为零", Toast.LENGTH_SHORT).show();
        return false;
    }
}
```

2. 执行运算并显示计算结果

合法性校验通过，方能继续接下来的业务逻辑，倘若用户本次未输入与计算有关的按钮（例如等号、求倒数、求平方、求开方），则计算器只需拼接操作数或者运算符；倘若用户本次输入了与计算有关的按钮（例如等号、求倒数、求平方、求开方），则计算器立即执行运算操作并显示计算结果。以加减乘除四则运算为例，它们的计算代码例子如下：

```
// 加减乘除四则运算，返回计算结果
private double caculateFour() {
    double caculate_result = 0;
    if (operator.equals("＋")) {                      // 当前是相加运算
        caculate_result = Double.parseDouble(firstNum) + Double.parseDouble(secondNum);
    } else if (operator.equals("－")) {               // 当前是相减运算
        caculate_result = Double.parseDouble(firstNum) - Double.parseDouble(secondNum);
    } else if (operator.equals("×")) {               // 当前是相乘运算
        caculate_result = Double.parseDouble(firstNum) *
                Double.parseDouble(secondNum);
    } else if (operator.equals("÷")) {               // 当前是相除运算
        caculate_result = Double.parseDouble(firstNum) /
                    Double.parseDouble(secondNum);
    }
    return caculate_result;
}
```

完成合法性校验与运算处理之后，计算器App的编码基本结束了。运行计算器App，执行各种运算的界面效果如图3-38和图3-39所示。其中图3-38为执行乘法运算8×9=?的计算器界面，图3-39为先对8做开方再给开方结果加上60的计算器界面。

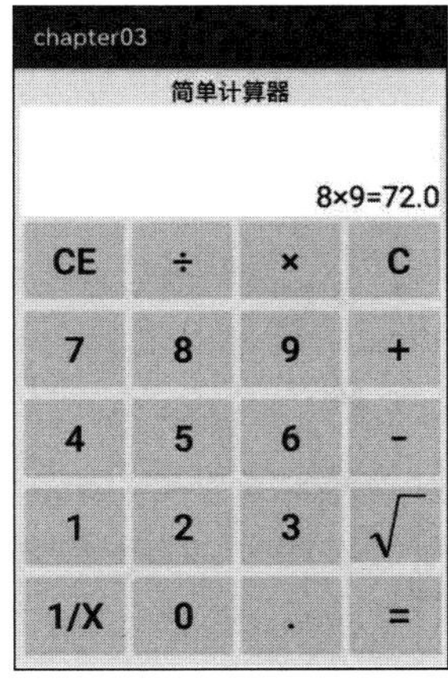

图 3-38　执行乘法运算的计算器界面

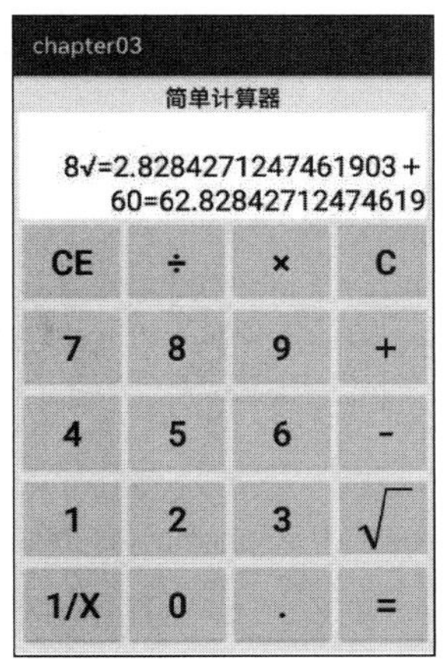

图 3-39　执行先开方再相加运算的计算器界面

3.7　小　　结

本章主要介绍了App开发中常见的简单控件的用法，包括：在文本视图上显示文本（设置文本的内容、大小和颜色）、修改视图的基本属性（设置视图的宽和高、间距和对齐方式）、运用各种布局排列控件（线性布局、相对布局、网格布局、滚动视图）、处理按钮的触控事件（按钮控件的点击、长按、禁用与恢复）、在图像控件上显示图片（图像视图、图像按钮、同时展示文本与图像）。最后设计了一个实战项目“简单计算器”，在该项目的App编码中用到了前面介绍的大部分控件和布局，从而加深了对所学知识的理解。

通过本章的学习，读者应该能掌握以下4种开发技能：

（1）学会在文本控件上正确展示文字。

（2）学会在图像控件上正确展示图片。

（3）学会正确处理按钮的点击和长按事件。

（4）学会在常见布局上排列组合多个控件。

3.8　动手练习

请上机实验本章的计算器项目，要求实现加、减、乘、除、求倒数、求开方等简单运算。

第 4 章 常用组件

本章介绍Android三个常用组件的基本概念和常见用法。主要包括活动组件——Activity、广播组件——Broadcast、服务组件——Service，以及如何在组件之间传递消息数据。

4.1 启停活动页面

本节介绍如何正确地启动和停止活动页面：首先描述活动页面的启动方法与结束方法，用户看到的页面就是开发者塑造的活动；然后详细分析活动的完整生命周期，以及每个周期方法的发生场景和流转过程；最后描述活动的几种启动模式，以及如何在代码中通过启动标志控制活动的跳转行为。

4.1.1 Activity 的启动和结束

在第2章的“2.4.3 跳转到另一个页面”一节中，提到通过startActivity方法可以从当前页面跳转到新页面，具体格式如“startActivity(new Intent(源页面.this, 目标页面.class));”。由于当时尚未介绍按钮控件，因此只好延迟3秒后才自动调用startActivity方法。现在有了按钮控件，就能利用按钮的点击事件去触发页面跳转，譬如以下代码便在重写后的点击方法onClick中执行页面跳转动作。

```
(完整代码见chapter04\src\main\java\com\example\chapter04\ActStartActivity.java)
// 页面类直接实现点击监听器的接口View.OnClickListener
public class ActStartActivity extends AppCompatActivity implements View.OnClickListener {

    @Override
    protected void onCreate(Bundle savedInstanceState) {
        super.onCreate(savedInstanceState);
        setContentView(R.layout.activity_act_start);
        // setOnClickListener来自View，故而允许直接给View对象注册点击监听器
        findViewById(R.id.btn_act_next).setOnClickListener(this);
    }

    @Override
    public void onClick(View v) {  // 点击事件的处理方法
        if (v.getId() == R.id.btn_act_next) {
            // 从当前页面跳转到指定的新页面
            startActivity(new Intent(this, ActFinishActivity.class));
        }
    }
}
```

以上代码中的startActivity方法，清楚标明了从当前页面跳转到新的ActFinishActivity页面。之所以给新页面取名ActFinishActivity，是为了在新页面中演示如何关闭页面。众所周知，若要从当前页面回到上一个页面，点击屏幕底部的返回键即可实现，但不是所有场景都使用返回键。比如页面左上角的箭头图标经常代表着返回动作，况且有时页面上会出现“完成”按钮，无论点击箭头图标还是点击完成按钮，都要求马上回到上一个页面。包含箭头图标与“完成”按钮的演示界面如图4-1所示。

图 4-1　箭头图标与完成按钮

既然点击某个图标或者点击某个按钮均可能触发返回动作，就需要App支持在某个事件发生时主动返回上一页。回到上一个页面其实相当于关闭当前页面，因为最开始是由A页面跳转到B页面，一旦关闭了B页面，App应该展示哪个页面呢？当然是展示跳转之前的A页面了。在Java代码中，调用finish方法即可关闭当前页面，前述场景要求点击箭头图标或“完成”按钮都返回上一页面，则需给箭头图标和“完成”按钮分别注册点击监听器，然后在onClick方法中调用finish方法。下面便是添加了finish方法的新页面代码例子：

```
(完整代码见chapter04\src\main\java\com\example\chapter04\ActFinishActivity.java)
// 活动类直接实现点击监听器的接口View.OnClickListener
public class ActFinishActivity extends AppCompatActivity implements
View.OnClickListener {

    @Override
    protected void onCreate(Bundle savedInstanceState) {
        super.onCreate(savedInstanceState);
        setContentView(R.layout.activity_act_finish);
        // 给箭头图标注册点击监听器，ImageView由View类派生而来
        findViewById(R.id.iv_back).setOnClickListener(this);
        // 给“完成”按钮注册点击监听器，Button也由View类派生而来
        findViewById(R.id.btn_finish).setOnClickListener(this);
    }

    @Override
    public void onClick(View v) {          // 点击事件的处理方法
        if (v.getId() == R.id.iv_back || v.getId() == R.id.btn_finish) {
            finish();                      // 结束当前的活动页面
        }
    }
}
```

另外，所谓“打开页面”或“关闭页面”沿用了浏览网页的叫法，对于App而言，页面的真实名称是“活动”——Activity。打开某个页面其实是启动某个活动，所以有startActivity方法却无openActivity方法；关闭某个页面其实是结束某个活动，所以有finish方法却无close方法。

4.1.2　Activity 的生命周期

App引入活动的概念而非传统的页面概念，这是有原因的，单从字面意思理解，页面更像是静态的，而活动更像是动态的。犹如花开花落那般，活动也有从含苞待放到盛开再到凋零的生命过程。每次创建新的活动页面，自动生成的Java代码都给出了onCreate方法，该方法用于执行活动创建的相关操作，包括加载XML布局、设置文本视图的初始文字、注册按钮控件的点击监听，等等。onCreate方法所代表的创建动作，正是一个活动最开始的行为。除了onCreate，活动还有其他几种生命周期行为，它们对应的方法说明如下：

- onCreate：创建活动。此时会把页面布局加载进内存，进入了初始状态。
- onStart：开启活动。此时会把活动页面显示在屏幕上，进入了就绪状态。
- onResume：恢复活动。此时活动页面进入活跃状态，能够与用户正常交互，例如允许响应用户的点击动作、允许用户输入文字等。
- onPause：暂停活动。此时活动页面进入暂停状态（也就是退回就绪状态），无法与用户正常交互。
- onStop：停止活动。此时活动页面将不在屏幕上显示。
- onDestroy：销毁活动。此时回收活动占用的系统资源，把页面从内存中清除掉。
- onRestart：重启活动。处于停止状态的活动，若想重新开启的话，无须经历onCreate的重复创建过程，而是走onRestart的重启过程。
- onNewIntent：重用已有的活动实例。

上述的生命周期方法，涉及复杂的App运行状态，更直观的活动状态切换过程如图4-2所示。

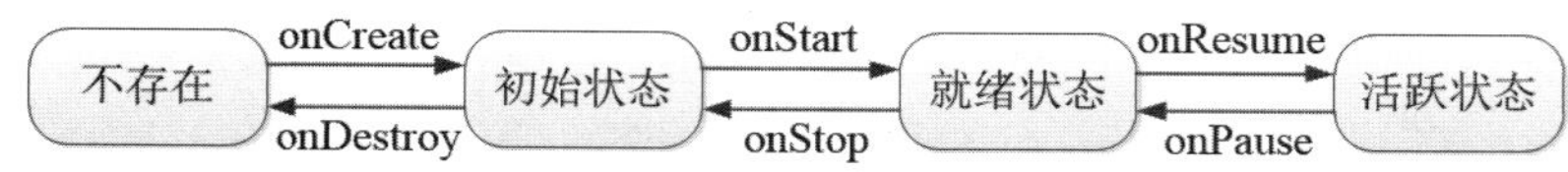

图 4-2　活动的状态变迁

由图4-2可知，打开新活动页面的方法调用顺序为onCreate→onStart→onResume，关闭旧活动页面的方法调用顺序为onPause→onStop→onDestroy。为了弄清楚这些方法的调用时机。接下来通过一个实验加以观察。

首先分别创建两个活动页面，它们的Java代码都重写了下列7个生命周期方法：onCreate、onStart、onResume、onPause、onStop、onDestroy、onRestart，每个方法内部均调用新写的refreshLife方法打印日志。其中第一个活动页面的Java代码示例如下，第二个活动页面的Java代码可如法炮制：

```
(完整代码见chapter04\src\main\java\com\example\chapter04\ActLifeActivity.java)
public class ActLifeActivity extends AppCompatActivity implements View.OnClickListener {
    private final static String TAG = "ActLifeActivity";
    private TextView tv_life;                          // 声明一个文本视图对象
    private String mStr = "";

    private void refreshLife(String desc) {            // 刷新生命周期的日志信息
        mStr = String.format("%s%s %s %s\n", mStr, DateUtil.getNowTimeDetail(), TAG,
desc);
        tv_life.setText(mStr);
    }

    @Override
    protected void onCreate(Bundle savedInstanceState) {  // 创建活动页面
        super.onCreate(savedInstanceState);
        setContentView(R.layout.activity_act_life);
        findViewById(R.id.btn_act_next).setOnClickListener(this);
        tv_life = findViewById(R.id.tv_life);  // 获取名为tv_life的文本视图
        refreshLife("onCreate");      // 刷新生命周期的日志信息
    }

    @Override
    protected void onStart() {        // 开始活动
        super.onStart();
        refreshLife("onStart");       // 刷新生命周期的日志信息
    }
```

```
    @Override
    protected void onStop() {              // 停止活动
        super.onStop();
        refreshLife("onStop");             // 刷新生命周期的日志信息
    }

    @Override
    protected void onResume() {            // 恢复活动
        super.onResume();
        refreshLife("onResume");           // 刷新生命周期的日志信息
    }

    @Override
    protected void onPause() {             // 暂停活动
        super.onPause();
        refreshLife("onPause");            // 刷新生命周期的日志信息
    }

    @Override
    protected void onRestart() {           // 重启活动
        super.onRestart();
        refreshLife("onRestart");          // 刷新生命周期的日志信息
    }

    @Override
    protected void onDestroy() {           // 销毁活动
        super.onDestroy();
        refreshLife("onDestroy");          // 刷新生命周期的日志信息
    }

    @Override
    public void onClick(View v) {
        if (v.getId() == R.id.btn_act_next) {
            // 从当前页面跳转到指定的活动页面
            startActivity(new Intent(this, ActNextActivity.class));
        }
    }
}
```

运行测试App，依次打开两个活动页面，分别如图4-3～图4-5所示，其中图4-3为刚进入第一个活动的界面，图4-4为从第一个活动跳转到第二个活动的界面，图4-5为从第二个活动返回第一个活动的界面。

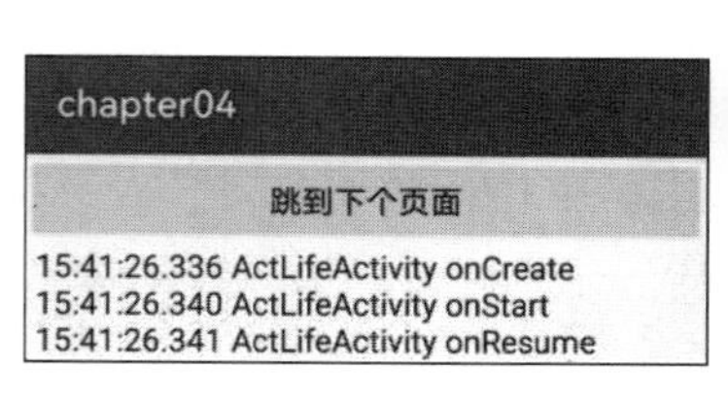

图 4-3　进入第一个活动

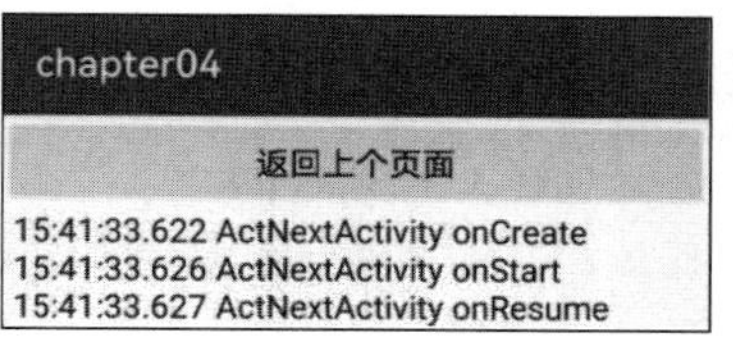

图 4-4　跳转到第二个活动

chapter04
跳到下个页面
15:41:26.336 ActLifeActivity onCreate
15:41:26.340 ActLifeActivity onStart
15:41:26.341 ActLifeActivity onResume　1
15:41:33.583 ActLifeActivity onPause
15:41:33.868 ActLifeActivity onStop　2
15:41:41.064 ActLifeActivity onRestart
15:41:41.066 ActLifeActivity onStart
15:41:41.069 ActLifeActivity onResume　3

图 4-5　从第二个活动回到第一个活动

根据以上3幅图示的日志时间，梳理出完整的生命周期时间线如图4-6所示，从而验证了之前所说的生命周期过程。

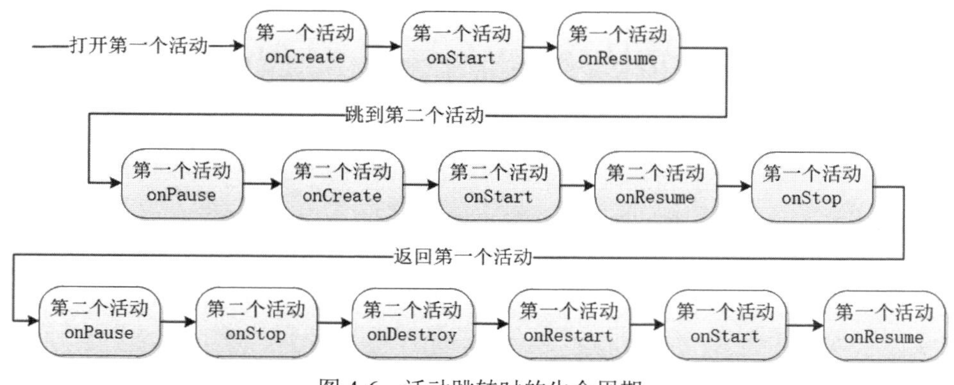

图 4-6 活动跳转时的生命周期

4.1.3 Activity 的启动模式

上一小节提到，从第一个活动跳转到第二个活动，接着结束第二个活动就能返回第一个活动，可是为什么不直接返回桌面呢？这要从Android的内核设计说起了。系统给每个正在运行的App都分配了活动栈，栈里面容纳着已经创建且尚未销毁的活动信息。鉴于栈是一种先进后出、后进先出的数据结构，故而后面入栈的活动总是先出栈，假设3个活动的入栈顺序为活动A→活动B→活动C，则它们的出栈顺序将变为活动C→活动B→活动A，可见活动C结束之后会返回活动B，而不是返回活动A或者别的地方。

假定某个App分配到的活动栈大小为3，该App先后打开两个活动，此时活动栈的变动情况如图4-7所示。

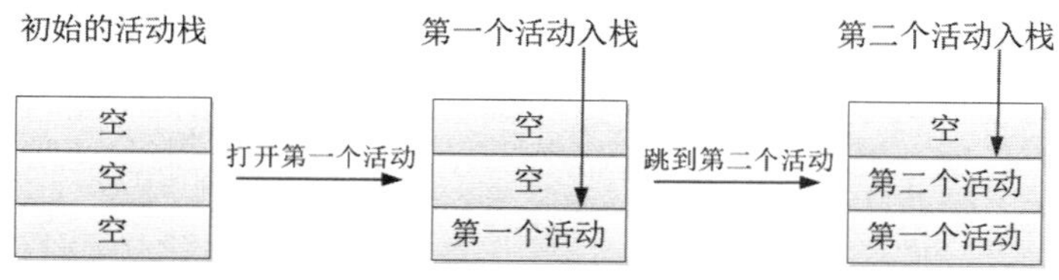

图 4-7 两个活动先后入栈

然后按下返回键，依次结束已打开的两个活动，此时活动栈的变动情况如图4-8所示。

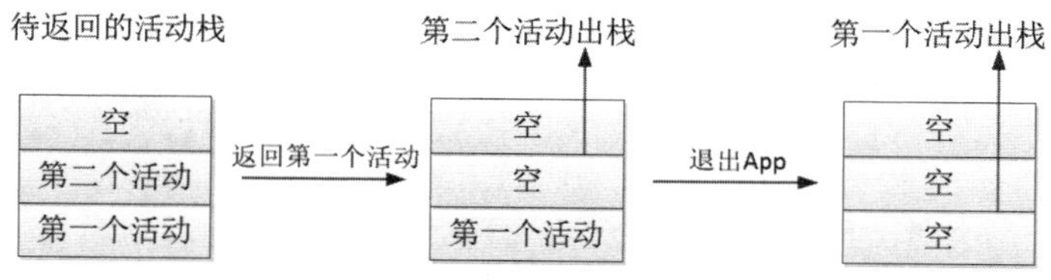

图 4-8 两个活动依次出栈

结合图4-7与图4-8的入栈与出栈流程，即可验证结束活动之时的返回逻辑了。

不过前述的出入栈情况仅是默认的标准模式，实际上Android允许在创建活动时指定该活动的启动模式，通过启动模式控制活动的出入栈行为。App提供了两种办法用于设置活动页面的启动模式：其一是修改AndroidManifest.xml，在指定的activity节点添加属性android:launchMode，表示本活动以哪个启动模式运行；其二是在代码中调用Intent对象的setFlags方法，表明后续打开的活动页面采用该启动标志。下面分别予以详细说明。

1. 在配置文件中指定启动模式

打开AndroidManifest.xml，给activity节点添加属性android:launchMode，属性值填入standard表示采取标准模式，当然不添加属性的话默认就是标准模式。具体的activity节点配置内容示例如下：

```
<activity android:name=".JumpFirstActivity" android:launchMode="standard" />
```

其中launchMode属性的几种取值说明见表4-1。

表 4-1　launchMode 属性的取值说明

launchMode 属性值	说　明
standard	标准模式，无论何时启动哪个活动，都是重新创建该页面的实例并放入栈顶。如果不指定 launchMode 属性，则默认为标准模式
singleTop	启动新活动时，判断如果栈顶正好就是该活动的实例，则重用该实例；否则创建新的实例并放入栈顶，也就是按照 standard 模式处理
singleTask	启动新活动时，判断如果栈中存在该活动的实例，则重用该实例，并清除位于该实例上面的所有实例；否则按照 standard 模式处理
singleInstance	启动新活动时，将该活动的实例放入一个新栈中，原栈的实例列表保持不变

2. 在代码里面设置启动标志

打开Java代码，先调用Intent对象的setFlags方法设置启动标志，再将该Intent对象传给startActivity方法。具体的方法调用代码示例如下：

```
// 创建一个意图对象，准备跳转到指定的活动页面
Intent intent = new Intent(this, JumpSecondActivity.class);
// 设置启动标志。Intent.FLAG_ACTIVITY_NEW_TASK表示创建新的任务栈
intent.setFlags(Intent.FLAG_ACTIVITY_NEW_TASK);
startActivity(intent);  // 跳转到意图对象指定的活动页面
```

之所以要在代码中动态指定活动页面的启动模式，是因为AndroidManifest.xml对每个活动只能指定唯一的启动模式。若想在不同时候对同一个活动运用不同的启动模式，显然固定的launchMode属性无法满足这个要求。于是Android允许在代码中手动设置启动标志，这样在不同时候调用startActivity方法就能运用不一样的启动模式。

适用于setFlags方法的几种启动标志取值说明见表4-2。

表 4-2　代码中的启动标志取值说明

Intent 类的启动标志	说　明
Intent.FLAG_ACTIVITY_NEW_TASK	开辟一个新的任务栈，该值类似于 launchMode="standard"；不同之处在于，如果原来不存在活动栈，则 FLAG_ACTIVITY_NEW_TASK 会创建一个新栈
Intent.FLAG_ACTIVITY_SINGLE_TOP	当栈顶为待跳转的活动实例之时，则重用栈顶的实例。该值等同于 launchMode="singleTop"
Intent.FLAG_ACTIVITY_CLEAR_TOP	当栈中存在待跳转的活动实例时，则重新创建一个新实例，并清除原实例上方的所有实例。该值与 launchMode="singleTask" 类似，但 singleTask 采取 onNewIntent 方法启用原任务，而 FLAG_ACTIVITY_CLEAR_TOP 采取先调用 onDestroy 再调用 onCreate 来创建新任务

（续表）

Intent 类的启动标志	说　明
Intent.FLAG_ACTIVITY_NO_HISTORY	该标志与 launchMode="standard"情况类似，但栈中不保存新启动的活动实例。这样下次无论以何种方式再启动该实例，也要走 standard 模式的完整流程
Intent.FLAG_ACTIVITY_CLEAR_TASK	该标志非常暴力，跳转到新页面时，栈中的原有实例都被清空。注意该标志需要结合 FLAG_ACTIVITY_NEW_TASK 使用，即 setFlags 方法的参数为“Intent.FLAG_ACTIVITY_CLEAR_TASK | Intent.FLAG_ACTIVITY_NEW_TASK”

接下来举两个例子阐述启动模式的实际应用：在两个活动之间交替跳转，登录成功后不再返回登录页面，分别介绍如下。

1. 在两个活动之间交替跳转

假设活动A有个按钮，点击该按钮会跳转到活动B；同时活动B也有个按钮，点击按钮会跳转到活动A；从首页打开活动A之后，就点击按钮在活动A与活动B之间轮流跳转。此时活动页面的跳转流程为：首页→活动A→活动B→活动A→活动B→活动A→活动B→……多次跳转之后想回到首页，正常的话返回流程是这样的：……→活动B→活动A→活动B→活动A→活动B→活动A→首页。注意每个箭头都代表按一次返回键，可见要按下许多次返回键才能返回首页。其实在活动A和活动B之间本不应该重复返回，因为回来回去总是这两个页面有什么意义呢？照理说每个活动返回一次足矣，同一个地方返回两次已经是多余的了，再返回应当回到首页才是。也就是说，不管过去的时候怎么跳转，回来的时候应该按照……→活动B→活动A→首页这个流程，或者按照……→活动A→活动B→首页这个流程，总之已经返回了的页面，决不再返回第二次。

对于不允许重复返回的情况，可以设置启动标志FLAG_ACTIVITY_CLEAR_TOP，即使活动栈里面存在待跳转的活动实例，也会重新创建该活动的实例，并清除原实例上方的所有实例，保证栈中最多只有该活动的唯一实例，从而避免了无谓的重复返回。于是活动A内部的跳转代码就改成了下面这般：

```
(完整代码见chapter04\src\main\java\com\example\chapter04\JumpFirstActivity.java)
// 创建一个意图对象，准备跳转到指定的活动页面
Intent intent = new Intent(this, JumpSecondActivity.class);
// 当栈中存在待跳转的活动实例时，则重新创建该活动的实例，并清除原实例上方的所有实例
intent.setFlags(Intent.FLAG_ACTIVITY_CLEAR_TOP);  // 设置启动标志
startActivity(intent);  // 跳转到意图对象指定的活动页面
```

当然活动B内部的跳转代码也要设置同样的启动标志：

```
(完整代码见chapter04\src\main\java\com\example\chapter04\JumpSecondActivity.java)
// 创建一个意图对象，准备跳转到指定的活动页面
Intent intent = new Intent(this, JumpFirstActivity.class);
// 当栈中存在待跳转的活动实例时，则重新创建该活动的实例，并清除原实例上方的所有实例
intent.setFlags(Intent.FLAG_ACTIVITY_CLEAR_TOP);  // 设置启动标志
startActivity(intent);  // 跳转到意图指定的活动页面
```

这下两个活动的跳转代码都设置了FLAG_ACTIVITY_CLEAR_TOP，运行测试App发现多次跳转之后，每个活动仅会返回一次。

2. 登录成功后不再返回登录页面

很多App第一次打开都要求用户登录，登录成功再进入App首页，如果这时按下返回键，发现并没有回到上一个登录页面，而是直接退出App了，这又是什么缘故呢？原来用户登录成功后，App便记下用户的登录信息，接下来默认该用户是登录状态，自然不必重新输入用户名和密码了。既然默认用户已经登录，哪里还需要回到登录页面？不光登录页面，登录之前的其他页面包括获取验证码、找回密码等页面都不应回去，每次登录成功之后，整个App就焕然一新，仿佛忘记了有登录页面这回事。

对于回不去的登录页面情况，可以设置启动标志FLAG_ACTIVITY_CLEAR_TASK，该标志会清空当前活动栈里的所有实例。不过全部清空之后，就意味着当前栈没法用了，必须另外找个活动栈才行，也就是同时设置启动标志FLAG_ACTIVITY_NEW_TASK，该标志用于开辟新任务的活动栈。于是离开登录页面的跳转代码变成下面这样：

```
(完整代码见chapter04\src\main\java\com\example\chapter04\LoginInputActivity.java)
// 创建一个意图对象，准备跳转到指定的活动页面
Intent intent = new Intent(this, LoginSuccessActivity.class);
// 设置启动标志：跳转到新页面时，栈中的原有实例都被清空，同时开辟新任务的活动栈
intent.setFlags(Intent.FLAG_ACTIVITY_CLEAR_TASK |
                Intent.FLAG_ACTIVITY_NEW_TASK);
startActivity(intent);  // 跳转到意图指定的活动页面
```

运行测试App，登录成功进入首页之后，点击返回键果然没回到登录页面。

4.2 在活动之间传递消息

本节介绍如何在两个活动之间传递各类消息：首先描述Intent的用途和组成部分，以及显式Intent和隐式Intent的区别；然后阐述结合Intent和Bundle向下一个活动页面发送数据，再由下一个活动页面返回应答数据给上一个页面；最后叙述如何使用新的registerForActivityResult方法简化活动交互过程。

4.2.1 显式 Intent 和隐式 Intent

上一小节的Java代码通过Intent对象设置活动的启动标志，这个Intent究竟是什么呢？Intent的中文名是意图，意思是我想让你干什么，简单地说，就是传递消息。Intent是各个组件之间信息沟通的桥梁，既能在Activity之间沟通，又能在Activity与Service之间沟通，也能在Activity与Broadcast之间沟通。总而言之，Intent用于Android各组件之间的通信，它主要完成下列3部分工作：

（1）标明本次通信请求从哪里来、到哪里去、要怎么走。

（2）发起方携带本次通信需要的数据内容，接收方从收到的意图中解析数据。

（3）发起方若想判断接收方的处理结果，意图就要负责让接收方传回应答的数据内容。

为了做好以上工作，就要给意图配上必需的装备，Intent的组成部分见表4-3。

表 4-3　Intent 组成元素的列表说明

元素名称	设置方法	说明与用途
Component	setComponent	组件，它指定意图的来源与目标
Action	setAction	动作，它指定意图的动作行为
Data	setData	即 Uri，它指定动作要操纵的数据路径
Category	addCategory	类别，它指定意图的操作类别
Type	setType	数据类型，它指定消息的数据类型
Extras	putExtras	扩展信息，它指定装载的包裹信息
Flags	setFlags	标志位，它指定活动的启动标志

指定意图对象的目标有两种表达方式，一种是显式Intent，另一种是隐式Intent。

1. 显式Intent，直接指定来源活动与目标活动，属于精确匹配

在构建一个意图对象时，需要指定两个参数，第一个参数表示跳转的来源页面，即“来源Activity.this”；第二个参数表示待跳转的页面，即“目标Activity.class”。具体的意图构建方式有如下3种：

（1）在Intent的构造函数中指定，示例代码如下：

```
// 创建一个目标确定的意图
Intent intent = new Intent(this, ActNextActivity.class);
```

（2）调用意图对象的setClass方法指定，示例代码如下：

```
Intent intent = new Intent();                        // 创建一个新意图
intent.setClass(this, ActNextActivity.class);       // 设置意图要跳转的目标活动
```

（3）调用意图对象的setComponent方法指定，示例代码如下：

```
Intent intent = new Intent();                        // 创建一个新意图
// 创建包含目标活动在内的组件名称对象
ComponentName component = new ComponentName(this, ActNextActivity.class);
intent.setComponent(component);                      // 设置意图携带的组件信息
```

2. 隐式Intent，没有明确指定要跳转的目标活动，只给出一个动作字符串让系统自动匹配，属于模糊匹配

通常App不希望向外部暴露活动名称，只给出一个事先定义好的标记串，这样大家约定俗成、按图索骥就好，隐式Intent便起到了标记过滤作用。这个动作名称标记串，可以是自己定义的动作，也可以是已有的系统动作。常见系统动作的取值说明见表4-4。

表 4-4　常见系统动作的取值说明

Intent 类的系统动作常量名	系统动作的常量值	说　明
ACTION_MAIN	android.intent.action.MAIN	App 启动时的入口
ACTION_VIEW	android.intent.action.VIEW	向用户显示数据
ACTION_SEND	android.intent.action.SEND	分享内容
ACTION_CALL	android.intent.action.CALL	直接拨号
ACITON_DIAL	android.intent.action.DIAL	准备拨号
ACTION_SENDTO	android.intent.action.SENDTO	发送短信
ACTION_ANSWER	android.intent.action.ANSWER	接听电话

动作名称既可以通过setAction方法指定，也可以通过构造函数Intent(String action)直接生成意图对象。当然，由于动作是模糊匹配，因此有时需要更详细的路径，比如仅知道某人住在天通苑小区，并不能直接找到他家，还得说明他住在天通苑的哪一期、哪栋楼、哪一层、哪一个单元。Uri和Category便是这样的路径与门类信息，Uri数据可以通过构造函数Intent(String action, Uri uri)在生成对象时一起指定，也可以通过setData方法指定（setData这个名字有歧义，实际相当于setUri）；Category可以通过addCategory方法指定，之所以用add而不用set方法，是因为一个意图允许设置多个Category，方便一起过滤。

下面是一个调用系统拨号程序的代码例子，其中就用到了Uri：

```
（完整代码见chapter04\src\main\java\com\example\chapter04\ActionUriActivity.java）
String phoneNo = "12345";
Intent intent = new Intent();                    // 创建一个新意图
intent.setAction(Intent.ACTION_DIAL);            // 设置意图动作为准备拨号
Uri uri = Uri.parse("tel:" + phoneNo);           // 声明一个拨号的Uri
intent.setData(uri);                             // 设置意图前往的路径
startActivity(intent);                           // 启动意图通往的活动页面
```

隐式Intent还用到了过滤器的概念，把不符合匹配条件的过滤掉，剩下符合条件的按照优先顺序调用。譬如创建一个App模块，AndroidManifest.xml里的intent-filter就是配置文件中的过滤器。像最常见的首页活动MainAcitivity，它的activity节点下面便设置了action和category的过滤条件。其中android.intent.action.MAIN表示App的入口动作，而android.intent.category.LAUNCHER表示在桌面上显示App图标，配置样例如下：

```
<activity
   android:name=".MainActivity"
   android:label="@string/app_name" >
   <intent-filter>
      <action android:name="android.intent.action.MAIN" />
      <category android:name="android.intent.category.LAUNCHER" />
   </intent-filter>
</activity>
```

4.2.2 普通的活动数据交互

上一小节提到，Intent对象的setData方法只指定到达目标的路径，并非本次通信所携带的参数信息，真正的参数信息存放在Extras中。Intent重载了很多种putExtra方法传递各种类型的参数，包括整型、双精度型、字符串等基本数据类型，甚至Serializable这样的序列化结构。只是调用putExtra方法显然不好管理，像送快递一样大小包裹随便扔，不但找起来不方便，丢了也难以知道。所以Android引入了Bundle概念，可以把Bundle理解为超市的寄包柜或快递收件柜，大小包裹由Bundle统一存取，方便又安全。

Bundle内部用于存放消息的数据结构是Map映射，既可添加或删除元素，还可判断元素是否存在。开发者若要把Bundle数据全部打包好，只需调用一次意图对象的putExtras方法；若要把Bundle数据全部取出来，也只需调用一次意图对象的getExtras方法。Bundle对象操作各类型数据的读写方法说明见表4-5。

表 4-5　Bundle 对各类型数据的读写方法说明

数据类型	读　方　法	写　方　法
整型数	getInt	putInt
浮点数	getFloat	putFloat
双精度数	getDouble	putDouble
布尔值	getBoolean	putBoolean
字符串	getString	putString
字符串数组	getStringArray	putStringArray
字符串列表	getStringArrayList	putStringArrayList
可序列化结构	getSerializable	putSerializable

接下来举个在活动之间传递数据的例子，首先在上一个活动使用包裹封装好数据，把包裹交给意图对象，再调用startActivity方法跳转到意图指定的目标活动。完整的活动跳转代码示例如下：

```
(完整代码见chapter04\src\main\java\com\example\chapter04\ActSendActivity.java)
// 创建一个意图对象，准备跳转到指定的活动页面
Intent intent = new Intent(this, ActReceiveActivity.class);
Bundle bundle = new Bundle();                  // 创建一个新包裹
// 往包裹存入名为request_time的字符串
bundle.putString("request_time", DateUtil.getNowTime());
// 往包裹存入名为request_content的字符串
bundle.putString("request_content", tv_send.getText().toString());
intent.putExtras(bundle);                      // 把包裹交给意图
startActivity(intent);                         // 跳转到意图指定的活动页面
```

然后在下一个活动中获取意图携带的包裹，从包裹取出各参数信息，并将传来的数据显示到文本视图。下面便是目标活动获取并展示包裹数据的代码例子：

```
(完整代码见chapter04\src\main\java\com\example\chapter04\ActReceiveActivity.java)
// 从布局文件中获取名为tv_receive的文本视图
TextView tv_receive = findViewById(R.id.tv_receive);
// 从上一个活动页面传来的意图中获取包裹
Bundle bundle = getIntent().getExtras();
// 从包裹中取出名为request_time的字符串
String request_time = bundle.getString("request_time");
// 从包裹中取出名为request_content的字符串
String request_content = bundle.getString("request_content");
String desc = String.format("收到请求消息：\n请求时间为%s\n请求内容为%s",
        request_time, request_content);
tv_receive.setText(desc);  // 把请求消息的详情显示在文本视图上
```

代码编写完毕，运行测试App，打开上一个活动页面，如图4-9所示。单击页面上的“发送以上文字”按钮跳转到下一个活动页面，如图4-10所示，根据展示文本可知正确获得了传来的数据。

图 4-9　上一个活动将要发送数据

图 4-10　下一个活动收到传来的数据

数据传递经常是相互的，上一个活动不但把请求数据发送到下一个活动，有时候还要处理下一个活动的应答数据，所谓应答发生在下一个活动返回到上一个活动之际。如果只把请求数据发送

到下一个活动，上一个活动调用startActivity方法即可；如果还要处理下一个活动的应答数据，此时就得分多步处理，详细步骤说明如下：

01 上一个活动打包好请求数据，调用startActivityForResult方法执行跳转动作，表示需要处理下一个活动的应答数据，该方法的第二个参数表示请求代码，它用于标识每个跳转的唯一性。跳转代码示例如下：

```
(完整代码见chapter04\src\main\java\com\example\chapter04\ActRequestActivity.java)
String request = "你吃饭了吗？来我家吃吧";
// 创建一个意图对象，准备跳转到指定的活动页面
Intent intent = new Intent(this, ActResponseActivity.class);
Bundle bundle = new Bundle();              // 创建一个新包裹
// 往包裹存入名为request_time的字符串
bundle.putString("request_time", DateUtil.getNowTime());
// 往包裹存入名为request_content的字符串
bundle.putString("request_content", request);
intent.putExtras(bundle);                 // 把包裹交给意图
// 期望接收下一个活动的返回数据。第二个参数为本次请求代码
startActivityForResult(intent, 0);
```

02 下一个活动接收并解析请求数据，进行相应处理。接收代码示例如下：

```
(完整代码见chapter04\src\main\java\com\example\chapter04\ActResponseActivity.java)
// 从上一个活动传来的意图中获取包裹
Bundle bundle = getIntent().getExtras();
// 从包裹中取出名为request_time的字符串
String request_time = bundle.getString("request_time");
// 从包裹中取出名为request_content的字符串
String request_content = bundle.getString("request_content");
String desc = String.format("收到请求消息：\n请求时间为%s\n请求内容为%s",
        request_time, request_content);
tv_request.setText(desc);  // 把请求消息的详情显示在文本视图上
```

03 下一个活动在返回上一个活动时，打包应答数据并调用setResult方法返回数据包裹。setResult方法的第一个参数表示应答代码（成功还是失败），第二个参数为携带包裹的意图对象。返回代码示例如下：

```
(完整代码见chapter04\src\main\java\com\example\chapter04\ActResponseActivity.java)
String response = "我吃过了，还是你来我家吃";
Intent intent = new Intent();  // 创建一个新意图
Bundle bundle = new Bundle();  // 创建一个新包裹
// 往包裹存入名为response_time的字符串
bundle.putString("response_time", DateUtil.getNowTime());
// 往包裹存入名为response_content的字符串
bundle.putString("response_content", response);
intent.putExtras(bundle);  // 把包裹交给意图
// 携带意图返回上一个活动。RESULT_OK表示处理成功
setResult(Activity.RESULT_OK, intent);
finish();  // 结束当前的活动页面
```

04 上一个活动重写方法onActivityResult，该方法的参数包含请求代码和结果代码，其中请求代码用于判断这次返回对应哪个跳转，结果代码用于判断下一个活动是否处理成功。如果下一个活动处理成功，再对返回数据进行解包操作，处理返回数据的代码示例如下：

```
(完整代码见chapter04\src\main\java\com\example\chapter04\ActRequestActivity.java)
// 从下一个活动携带参数返回当前活动时触发
@Override
```

```
    protected void onActivityResult(int requestCode, int resultCode, Intent intent) { // 接收返回数据
        super.onActivityResult(requestCode, resultCode, intent);
        // 意图非空，且请求代码为之前传的0，结果代码也为成功
        if (intent!=null && requestCode==0 && resultCode== Activity.RESULT_OK) {
            Bundle bundle = intent.getExtras(); // 从返回的意图中获取包裹
            // 从包裹中取出名为response_time的字符串
            String response_time = bundle.getString("response_time");
            // 从包裹中取出名为response_content的字符串
            String response_content = bundle.getString("response_content");
            String desc = String.format("收到返回消息：\n应答时间为%s\n应答内容为%s",
                    response_time, response_content);
            tv_response.setText(desc); // 把返回消息的详情显示在文本视图上
        }
    }
```

结合上述的活动消息交互步骤，运行测试App，打开的第一个活动页面如图4-11所示。

图 4-11　跳转之前的第一个活动页面

点击“传送请求数据”按钮跳转到第二个活动页面，如图4-12所示，可见第二个活动页面收到了请求数据。然后点击第二个活动页面的“返回应答数据”按钮，回到第一个活动页面，如图4-13所示，可见第一个活动页面成功收到了第二个活动页面的应答数据。

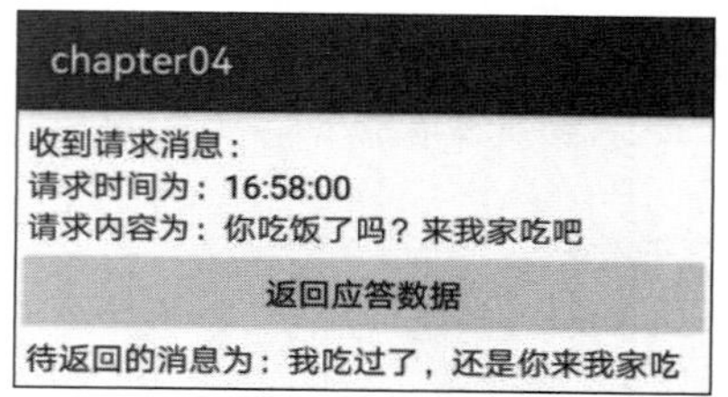

图 4-12　跳转到第二个活动页面

chapter04
待发送的消息为：你吃饭了吗？来我家吃吧
传送请求数据
收到返回消息：
应答时间为：16:58:07
应答内容为：我吃过了，还是你来我家吃

图 4-13　返回到第一个活动页面

4.2.3 改进后的活动数据交互

在两个活动之间传递消息，正常使用startActivityForResult搭配onActivityResult就好了，可是从appcompat1.3.0开始，startActivityForResult方法被标记为已废弃，官方建议改用registerForActivityResult方法。具体的使用步骤说明如下：

01 先声明一个活动结果启动器对象ActivityResultLauncher，举例如下：

```
private ActivityResultLauncher mLauncher; // 声明一个活动结果启动器对象
```

02 调用registerForActivityResult方法注册一个善后工作的活动结果启动器，并指定对活动返回数据的处理过程，也就是第一个参数传入ActivityResultContracts.StartActivityForResult对象，第二个参数填入onActivityResult要做的事情，示例如下：

```
(完整代码见chapter04\src\main\java\com\example\chapter04\RegisterResultActivity.java)
// 注册一个善后工作的活动结果启动器
mLauncher = registerForActivityResult(new ActivityResultContracts.StartActivityForResult(), result -> {
    if (result.getResultCode()==RESULT_OK && result.getData()!=null) {
        Bundle bundle = result.getData().getExtras();           // 从返回意图中获取包裹
        // 从包裹中取出名叫response_time的字符串
```

```
        String response_time = bundle.getString("response_time");
        // 从包裹中取出名叫response_content的字符串
        String response_content = bundle.getString("response_content");
        String desc = String.format("收到返回消息：\n应答时间为：%s\n应答内容为：%s",
                response_time, response_content);
        tv_response.setText(desc);          // 把返回消息的详情显示在文本视图上
    }
});
```

03 调用启动器对象的launch方法，传入封装了参数信息的意图对象，开始执行启动器的跳转与回调处理。代码如下：

```
// 创建一个意图对象，准备跳转到指定的活动页面
Intent intent = new Intent(this, ActResponseActivity.class);
Bundle bundle = new Bundle();  // 创建一个新包裹
// 往包裹存入名叫request_time的字符串
bundle.putString("request_time", DateUtil.getNowTime());
// 往包裹存入名叫request_content的字符串
bundle.putString("request_content", mRrequest);
intent.putExtras(bundle);  // 把包裹交给意图
mLauncher.launch(intent);  // 活动结果启动器开动了
```

以上的活动结果启动器使用步骤，看起来并未简化多少代码，不见得带来什么方便。不过在某些特殊场合，运用活动结果启动器倒是能收到奇效。比如到系统相册挑选某张图片，调用startActivityForResult方法的话，活动跳转代码是下面这样的：

```
findViewById(R.id.btn_choose_common).setOnClickListener(v -> {
    // 创建一个内容获取动作的意图（准备跳转到系统相册）
    Intent intent = new Intent(Intent.ACTION_PICK,
            MediaStore.Images.Media.EXTERNAL_CONTENT_URI);
    intent.setDataAndType(MediaStore.Images.Media.EXTERNAL_CONTENT_URI, "image/*");
    startActivityForResult(intent, CHOOSE_CODE);
});
```

然后重写onActivityResult方法，依次判断resultCode和requestCode，校验通过后再展示图片，回调代码示例如下：

```
@Override
protected void onActivityResult(int requestCode, int resultCode, Intent intent) {
    super.onActivityResult(requestCode, resultCode, intent);
    if (resultCode==RESULT_OK && requestCode==CHOOSE_CODE) {  // 从相册回来
        if (intent.getData() != null) {
            Uri uri = intent.getData();              // 获得已选择照片的路径对象
            // 根据指定图片的uri，获得自动缩小后的位图对象
            Bitmap bitmap = BitmapUtil.getAutoZoomImage(this, uri);
            iv_photo.setImageBitmap(bitmap);         // 设置图像视图的位图对象
        }
    }
}
```

此时利用活动结果启动器加以改造，可在调用registerForActivityResult方法时，第一个参数传入ActivityResultContracts.GetContent对象，第二个参数填入图片展示过程。之后调用启动器的launch方法传入文件类型“image/*”，即可完成从相册挑选并展示图片的功能。详细代码示例如下：

```
(完整代码见chapter04\src\main\java\com\example\chapter04\ChoosePhotoActivity.java)
// 注册一个善后工作的活动结果启动器，获取指定类型的内容
ActivityResultLauncher launcher = registerForActivityResult(new
ActivityResultContracts.GetContent(), uri -> {
    if (uri != null) {
```

```
            // 根据指定图片的uri，获得自动缩小后的位图对象
            Bitmap bitmap = BitmapUtil.getAutoZoomImage(this, uri);
            iv_photo.setImageBitmap(bitmap); // 设置图像视图的位图对象
        }
    });
    // 点击按钮时触发活动结果启动器，传入待获取内容的文件类型
    findViewById(R.id.btn_choose_register).setOnClickListener(
            v -> launcher.launch("image/*"));
```

从系统相册挑选图片的过程如图4-14和图4-15所示，其中图4-14为打开系统相册选择图片的界面，图4-15为从相册返回展示图片的界面。

图 4-14 打开系统相册选择图片的界面

图 4-15 从相册返回展示图片的界面

4.3 收发应用广播

本节介绍应用广播的几种收发形式，包括如何收发标准广播、如何收发有序广播、如何收发静态广播、如何监听定时管理器发出的系统闹钟广播等。

4.3.1 收发标准广播

App在运行的时候有各种各样的数据流转，有的数据从上一个活动流向下一个活动，此时可通过意图在活动之间传递包裹；有的数据从应用内存流向存储卡，此时可进行文件读写操作。

随着App工程的代码量日益增长，承载数据流通的管道会越发不够用，好比在装修房子的时候，给每个房间都预留了网线插口，只有插上网线才能上网。可是现在联网设备越来越多，除了计算机之外，电视也要联网，平板也要联网，乃至空调都要联网，如此一来网口就不够用了。那怎样解决众多设备的联网问题呢？原来家家户户都配了无线路由器，路由器向四周发射WiFi信号，各设备只要安装了无线网卡，就能接收WiFi信号从而连接上网。于是“发射器+接收器”的模式另辟蹊径，比起网线这种固定管道要灵活得多，无须拉线即可随时随地传输数据。

Android的广播机制正是借鉴了WiFi的通信原理，不必搭建专门的通路，就能在发送方与接收方之间建立连接。同时广播（Broadcast）也是Android的四大组件之一，它用于Android各组件之间的灵活通信，与活动的区别在于：

（1）活动只能一对一通信，而广播可以一对多，一人发送广播，多人接收处理。

（2）对于发送方来说，广播不需要考虑接收方有没有在工作，接收方在工作就接收广播，不在工作就丢弃广播。

（3）对于接收方来说，因为可能会收到各式各样的广播，所以接收方要自行过滤符合条件的广播，之后再解包处理。

与广播有关的方法主要有以下3个。

- sendBroadcast：发送广播。
- registerReceiver：注册广播的接收器，可在onStart或onResume方法中注册接收器。
- unregisterReceiver：注销广播的接收器，可在onStop或onPause方法中注销接收器。

具体到编码实现上，广播的收发过程可分为3个步骤：发送标准广播、定义广播接收器、开关广播接收器，分别说明如下。

1. 发送标准广播

广播的发送操作很简单，一共只有两步：先创建意图对象，再调用sendBroadcast方法发送广播即可。不过要注意，意图对象需要指定广播的动作名称，如同每个路由器都得给自己的WiFi起个名称一般，这样接收方才能根据动作名称来判断来的是李逵还是李鬼。下面是通过点击按钮发送广播的活动页面代码：

```
    (完整代码见chapter04\src\main\java\com\example\chapter04\BroadStandardActivity.java)
    public class BroadStandardActivity extends AppCompatActivity implements
View.OnClickListener {
        // 这是广播的动作名称，发送广播和接收广播都以它作为接头暗号
        private final static String STANDARD_ACTION =
                        "com.example.chapter04.standard";
        private TextView tv_standard;  // 声明一个文本视图对象

        @Override
        protected void onCreate(Bundle savedInstanceState) {
            super.onCreate(savedInstanceState);
            setContentView(R.layout.activity_broad_standard);
            tv_standard = findViewById(R.id.tv_standard);
            findViewById(R.id.btn_send_standard).setOnClickListener(this);
        }

        @Override
        public void onClick(View v) {
            if (v.getId() == R.id.btn_send_standard) {
                Intent intent = new Intent(STANDARD_ACTION);  // 创建指定动作的意图
                sendBroadcast(intent);  // 发送标准广播
            }
        }
    }
```

2. 定义广播接收器

广播发出来之后，还得有设备去接收广播，也就是需要广播接收器。接收器主要规定两个事

情：一个是接收什么样的广播，另一个是收到广播以后要做什么。由于接收器的处理逻辑大同小异，因此Android提供了抽象之后的接收器基类BroadcastReceiver，开发者自定义的接收器都从BroadcastReceiver派生而来。新定义的接收器需要重写onReceive方法，方法内部先判断当前广播是否符合待接收的广播名称，校验通过后再开展后续的业务逻辑。下面是广播接收器的一个定义代码例子：

```
private String mDesc = "这里查看标准广播的收听信息";
// 定义一个标准广播的接收器
private class StandardReceiver extends BroadcastReceiver {
    // 一旦接收到标准广播，马上触发接收器的onReceive方法
    @Override
    public void onReceive(Context context, Intent intent) {
        // 广播意图非空，且接头暗号正确
        if (intent != null && intent.getAction().equals(STANDARD_ACTION)) {
            mDesc = String.format("%s\n%s 收到一个标准广播", mDesc,
                                  DateUtil.getNowTime());
            tv_standard.setText(mDesc);
        }
    }
}
```

3. 开关广播接收器

为了避免资源浪费，还要求合理使用接收器。就像WiFi上网，需要上网时才打开WiFi，不需要上网时就关闭WiFi。广播接收器也是如此，活动页面启动之后才注册接收器，活动页面停止之际就注销接收器。在注册接收器的时候，允许事先指定只接收某种类型的广播，即通过意图过滤器挑选动作名称一致的广播。接收器的注册与注销代码示例如下：

```
private StandardReceiver standardReceiver;       // 声明一个标准广播的接收器实例
@Override
protected void onStart() {
    super.onStart();
    standardReceiver = new StandardReceiver();   // 创建一个标准广播的接收器
    // 创建一个意图过滤器，只处理STANDARD_ACTION的广播
    IntentFilter filter = new IntentFilter(STANDARD_ACTION);
    // 注册接收器，注册之后才能正常接收广播
    registerReceiver(standardReceiver, filter);
}

@Override
protected void onStop() {
    super.onStop();
    unregisterReceiver(standardReceiver);        // 注销接收器，注销之后就不再接收广播
}
```

完成上述3个步骤后，便构建了广播从发送到接收的完整流程。运行测试App，初始的广播界面如图4-16所示，点击“发送标准广播”按钮触发广播，界面下方立刻刷新广播日志，如图4-17所示，可见接收器正确收到广播并成功打印日志。

图 4-16　准备接收标准广播

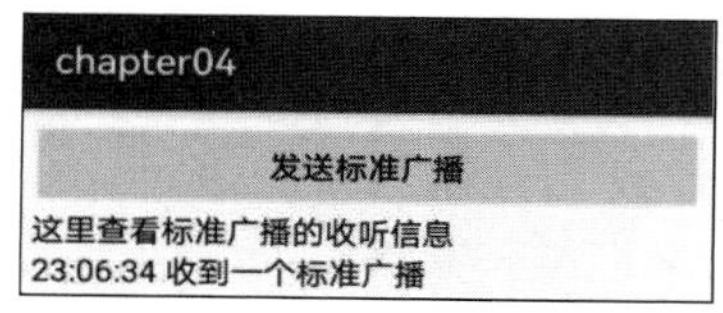

图 4-17　收听到了标准广播

4.3.2 收发有序广播

由于广播没指定唯一的接收者，因此可能存在多个接收器，每个接收器都拥有自己的处理逻辑。这种机制固然灵活，却不够严谨，因为不同接收器之间也许有矛盾。

比如只要办了借书证，大家都能借阅图书馆的藏书，不过一本书被读者甲借出去之后，读者乙就不能再借这本书了，必须等到读者甲归还了该书之后，读者乙方可继续借阅此书。这个借书场景体现了一种有序性，即图书是轮流借阅着的，且同时刻仅能借给一位读者，只有前面的读者借完归还，才轮到后面的读者借阅。另外，读者甲一定会归还此书吗？可能读者甲对该书爱不释手，从图书馆高价购买了这本书；也可能读者甲粗心大意，不小心弄丢了这本书。不管是哪种情况，读者甲都无法还书，导致正在排队的读者乙无书可借。这种借不到书的场景体现了一种依赖关系，即使读者乙迫不及待地想借到书，也得看读者甲的心情，要是读者甲因为各种理由没能还书，那么读者乙就白白排队了。上述的借书业务对应到广播的接收功能，则要求实现下列的处理逻辑：

（1）一个广播存在多个接收器，这些接收器需要排队收听广播，这意味着该广播是条有序广播。

（2）先收到广播的接收器A，既可以让其他接收器继续收听广播，也可以中断广播不让其他接收器收听。

至于如何实现有序广播的收发，则需完成以下3个编码步骤：

1. 发送广播时要注明这是个有序广播

之前发送标准广播用到了sendBroadcast方法，可是该方法发出来的广播是无序的。只有调用sendOrderedBroadcast方法才能发送有序广播，具体的发送代码示例如下：

```
(完整代码见chapter04\src\main\java\com\example\chapter04\BroadOrderActivity.java)
Intent intent = new Intent(ORDER_ACTION);    // 创建一个指定动作的意图
sendOrderedBroadcast(intent, null);          // 发送有序广播
```

2. 定义有序广播的接收器

接收器的定义代码基本不变，也要从BroadcastReceiver继承而来，唯一的区别是有序广播的接收器允许中断广播。倘若在接收器的内部调用abortBroadcast方法，就会中断有序广播，使得后面的接收器不能再接收该广播。下面是有序广播的两个接收器代码例子：

```
private OrderAReceiver orderAReceiver;  // 声明有序广播接收器A的实例
// 定义一个有序广播的接收器A
private class OrderAReceiver extends BroadcastReceiver {
    // 一旦接收到有序广播，马上触发接收器的onReceive方法
    @Override
    public void onReceive(Context context, Intent intent) {
        if (intent != null && intent.getAction().equals(ORDER_ACTION)) {
            String desc = String.format("%s%s 接收器A收到一个有序广播\n",
                    tv_order.getText().toString(), DateUtil.getNowTime());
            tv_order.setText(desc);
            if (ck_abort.isChecked()) {
                abortBroadcast();  // 中断广播，此时后面的接收器无法收到该广播
            }
        }
    }
}
```

```
private OrderBReceiver orderBReceiver;  // 声明有序广播接收器B的实例
// 定义一个有序广播的接收器B
private class OrderBReceiver extends BroadcastReceiver {
    // 一旦接收到有序广播B，马上触发接收器的onReceive方法
    @Override
    public void onReceive(Context context, Intent intent) {
        if (intent != null && intent.getAction().equals(ORDER_ACTION)) {
            String desc = String.format("%s%s 接收器B收到一个有序广播\n",
                    tv_order.getText().toString(), DateUtil.getNowTime());
            tv_order.setText(desc);
            if (ck_abort.isChecked()) {
                abortBroadcast();  // 中断广播，此时后面的接收器无法收到该广播
            }
        }
    }
}
```

3. 注册有序广播的多个接收器

接收器的注册操作同样调用registerReceiver方法，为了给接收器排队，还需调用意图过滤器的setPriority方法设置优先级，优先级越大的接收器，越先收到有序广播。如果不设置优先级，或者两个接收器的优先级相等，那么越早注册的接收器，会越先收到有序广播。譬如以下的广播注册代码，尽管接收器A更早注册，但接收器B的优先级更高，结果先收到广播的应当是接收器B。

```
orderAReceiver = new OrderAReceiver();         // 创建一个有序广播的接收器A
// 创建一个意图过滤器A，只处理ORDER_ACTION的广播
IntentFilter filterA = new IntentFilter(ORDER_ACTION);
filterA.setPriority(8);                        // 设置过滤器A的优先级，数值越大优先级越高
// 注册接收器A，注册之后才能正常接收广播
registerReceiver(orderAReceiver, filterA);
orderBReceiver = new OrderBReceiver();         // 创建一个有序广播的接收器B
// 创建一个意图过滤器B，只处理ORDER_ACTION的广播
IntentFilter filterB = new IntentFilter(ORDER_ACTION);
filterB.setPriority(10);                       // 设置过滤器B的优先级，数值越大优先级越高
// 注册接收器B，注册之后才能正常接收广播
registerReceiver(orderBReceiver, filterB);
```

接下来通过测试页面演示有序广播的收发，如果没要求中断广播，则有序广播的接收界面如图4-18所示，此时接收器B和接收器A依次收到了广播；如果要求中断广播，则有序广播的接收界面如图4-19所示，此时只有接收器B收到了广播。

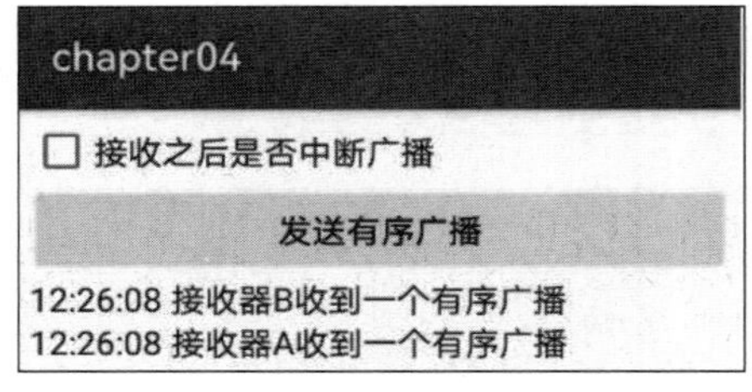

图 4-18　依次接收有序广播

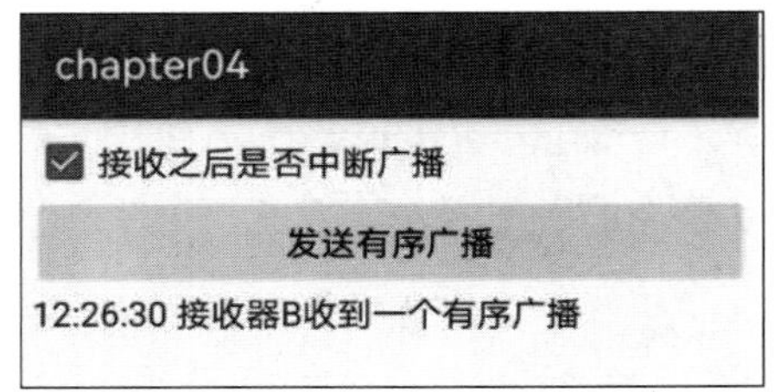

图 4-19　中途打断有序广播

4.3.3　收发静态广播

前面几节在使用广播之时，无一例外在代码中注册了接收器。可是同为四大组件，活动（activity）、服务（service）、内容提供器（provider）都能在AndroidManifest.xml注册，为什么广

播只能在代码中注册呢？其实广播接收器也能在AndroidManifest.xml中注册，并且注册时的节点名为receiver，一旦接收器在AndroidManifest.xml中注册，就无须在代码中注册了。

在AndroidManifest.xml中注册接收器，该方式被称作静态注册；在代码中注册接收器，该方式被称作动态注册。之所以罕见静态注册，是因为静态注册容易导致安全问题，故而Android 8.0之后废弃了大多数静态注册。话虽如此，Android倒也没有彻底禁止静态注册，只要满足特定的编码条件，那么依然能够通过静态方式注册接收器。具体注册步骤说明如下。

01 右击当前模块的默认包，依次选择右键菜单的New→Package，创建名为receiver的新包，用于存放静态注册的接收器代码。

02 右击刚创建的receiver包，依次选择右键菜单的New → Other → Broadcast Receiver，弹出如图4-20所示的广播组件的创建对话框。

03 在组件创建对话框的Class Name一栏填写接收器的类名，比如ShockReceiver，再单击对话框右下角的Finish按钮。之后Android Studio自动在receiver包内创建代码文件ShockReceiver.java，且接收器的默认代码如下：

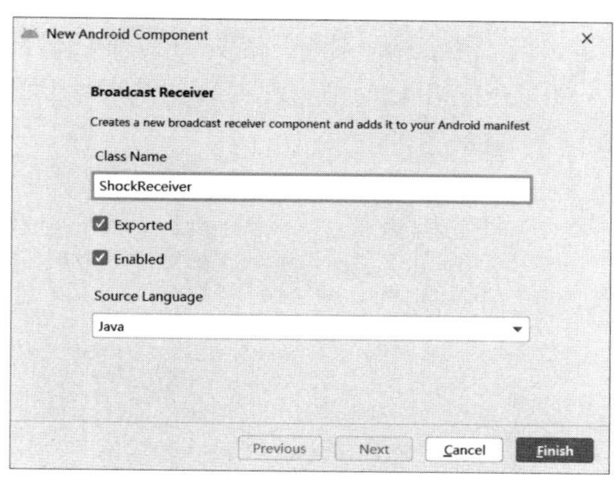

图 4-20　广播组件的创建对话框

```
public class ShockReceiver extends BroadcastReceiver {
    @Override
    public void onReceive(Context context, Intent intent) {
        throw new UnsupportedOperationException("Not yet implemented");
    }
}
```

同时AndroidManifest.xml自动添加接收器的节点配置，默认的receiver配置如下：

```
<receiver
    android:name=".receiver.ShockReceiver"
    android:enabled="true"
    android:exported="true"></receiver>
```

然而自动生成的接收器不仅什么都没干，还丢出一个异常UnsupportedOperationException。明显这个接收器没法用，为了感知到接收器正在工作，可以考虑在onReceive方法中记录日志，也可以在该方法中震动手机。因为ShockReceiver未依附于任何活动，自然无法直接操作界面控件，所以只能观察程序日志，或者干脆让手机摇晃起来。实现手机震动，要调用getSystemService方法，先从系统服务VIBRATOR_SERVICE获取震动管理器Vibrator，再调用震动管理器的vibrate方法震动手机。包含手机震动功能的接收器代码示例如下：

```
(完整代码见chapter04\src\main\java\com\example\chapter04\receiver\ShockReceiver.java)
public class ShockReceiver extends BroadcastReceiver {
    // 静态注册时的action、发送广播时的action、接收广播时的action，三者需要保持一致
    public static final String SHOCK_ACTION = "com.example.chapter04.shock";

    @Override
    public void onReceive(Context context, Intent intent) {
        if (intent.getAction().equals(ShockReceiver.SHOCK_ACTION)){
            // 从系统服务中获取震动管理器
            Vibrator vb = (Vibrator) context.getSystemService(
                                    Context.VIBRATOR_SERVICE);
```

```
            vb.vibrate(500);  // 命令震动器震动若干秒，这里的500表示500毫秒
        }
    }
}
```

由于震动手机需要申请对应的权限，因此打开AndroidManifest.xml添加以下的权限申请配置：

```
<!-- 震动 -->
<uses-permission android:name="android.permission.VIBRATE" />
```

此外，接收器代码定义了一个动作名称，其值为“com.example.chapter04.shock”，表示onReceive方法只处理过滤该动作之后的广播，从而提高接收效率。除了在代码中过滤之外，还能修改AndroidManifest.xml，在receiver节点内部增加intent-filter标签加以过滤，添加过滤配置后的receiver节点信息如下：

```
<receiver
    android:name=".receiver.ShockReceiver"
    android:enabled="true"
    android:exported="true">
    <intent-filter>
        <action android:name="com.example.chapter04.shock" />
    </intent-filter>
</receiver>
```

终于到了发送广播这步，由于Android 8.0之后删除了大部分静态注册，防止App退出后仍在收听广播，因此为了让应用能够继续接收静态广播，需要给静态广播指定包名，也就是调用意图对象的setComponent方法设置组件路径。详细的静态广播发送代码示例如下：

```
（完整代码见chapter04\src\main\java\com\example\chapter04\BroadStaticActivity.java）
String receiverPath = "com.example.chapter04.receiver.ShockReceiver";
// 创建一个指定动作的意图
Intent intent = new Intent(ShockReceiver.SHOCK_ACTION);
// 发送静态广播之时，需要通过setComponent方法指定接收器的完整路径
ComponentName componentName  = new ComponentName(this, receiverPath);
intent.setComponent(componentName);      // 设置意图的组件信息
sendBroadcast(intent);                   // 发送静态广播
```

经过上述的编码以及配置工作，总算完成了静态广播的发送与接收流程。

> **注　意**
>
> 经过整改的静态注册只适用于接收 App 自身的广播，不能接收系统广播，也不能接收其他应用的广播。

运行测试App，初始的广播发送界面如图4-21所示，点击“发送震动广播”按钮触发静态广播，接着接收器收到广播信息，手机随之震动了若干时间，说明静态注册的接收器奏效了。

图 4-21　初始的广播发送界面

4.3.4　定时管理器 AlarmManager

Android提供了专门的定时管理器AlarmManager，它利用系统闹钟定时发送广播，能够让App实现定时功能。由于闹钟与震动器同属系统服务，且闹钟的服务名称为ALARM_SERVICE，因此依然调用getSystemService方法获取闹钟管理器的实例，下面是从系统服务中获取闹钟管理器的代码：

```
// 从系统服务中获取闹钟管理器
AlarmManager alarmMgr = (AlarmManager) getSystemService(ALARM_SERVICE);
```

得到闹钟实例后，即可调用它的各种方法设置闹钟规则了，AlarmManager的常见方法说明如下：

- set：设置一次性定时器。第一个参数为定时器类型，通常填larmManager.RTC_WAKEUP；第二个参数为期望的执行时刻（单位为毫秒）；第三个参数为待执行的延迟意图（PendingIntent类型）。
- setAndAllowWhileIdle：设置一次性定时器，参数说明同set方法，不同之处在于：即使设备处于空闲状态，也会保证执行定时器。因为从Android 6.0开始，set方法在暗屏时不保证发送广播，必须调用setAndAllowWhileIdle方法才能保证发送广播。
- setRepeating：设置重复定时器。第一个参数为定时器类型；第二个参数为首次执行时间（单位为毫秒）；第三个参数为下次执行的间隔时间（单位为毫秒）；第四个参数为待执行的延迟意图（PendingIntent类型）。然而setRepeating方法不保证按时发送广播，只能通过setAndAllowWhileIdle方法间接实现重复定时功能。
- cancel：取消指定延迟意图的定时器。

以上的方法说明出现了新名词——延迟意图，它是PendingIntent类型，顾名思义，延迟意图不是马上执行的意图，而是延迟若干时间才执行的意图。像之前的活动页面跳转，调用startActivity方法跳转到下个活动页面，此时跳转动作是立刻发生的，所以要传入Intent对象。由于定时器的广播不是立刻发送的，而是时刻到达了才发送广播，因此不能传Intent对象，只能传PendingIntent对象。当然意图与延迟意图不止这一处区别，它们的差异主要有下列3点：

（1）PendingIntent代表延迟的意图，它指向的组件不会马上被激活；而Intent代表实时的意图，一旦被启动，它指向的组件就会马上被激活。

（2）PendingIntent是一类消息的组合，不但包含目标的Intent对象，还包含请求代码、请求方式等信息。

（3）PendingIntent对象在创建之时便已知晓将要用于活动还是广播，例如调用getActivity方法得到的是活动跳转的延迟意图，调用getBroadcast方法得到的是广播发送的延迟意图。

就闹钟广播的收发过程而言，需要实现3个编码步骤：定义定时器的广播接收器、开关定时器的广播接收器、设置定时器的播报规则，分别叙述如下。

1．定义定时器的广播接收器

闹钟广播的接收器采用动态注册方式，它的实现途径与标准广播类似，都要从BroadcastReceiver派生新的接收器，并重写onReceive方法。闹钟广播接收器的定义代码示例如下：

```
(完整代码见chapter04\src\main\java\com\example\chapter04\AlarmActivity.java)
// 声明一个闹钟广播事件的标识串
private String ALARM_ACTION = "com.example.chapter04.alarm";
private String mDesc = "";  // 闹钟时间到达的描述
// 定义一个闹钟广播的接收器
public class AlarmReceiver extends BroadcastReceiver {
    // 一旦接收到闹钟时间到达的广播，马上触发接收器的onReceive方法
    @Override
    public void onReceive(Context context, Intent intent) {
        if (intent != null) {
            mDesc = String.format("%s\n%s 闹钟时间到达", mDesc, DateUtil.getNowTime());
```

```
            tv_alarm.setText(mDesc);
            // 从系统服务中获取震动管理器
            Vibrator vb = (Vibrator) context.getSystemService(Context.VIBRATOR_SERVICE);
            vb.vibrate(500);  // 命令震动器震动若干秒
        }
    }
}
```

2. 开关定时器的广播接收器

定时接收器的开关流程参照标准广播，可以在活动页面的onStart方法中注册接收器，在活动页面的onStop方法中注销接收器。相应的接收器开关代码如下：

```
private AlarmReceiver alarmReceiver;                   // 声明一个闹钟的广播接收器
@Override
public void onStart() {
    super.onStart();
    alarmReceiver = new AlarmReceiver();               // 创建一个闹钟的广播接收器
    // 创建一个意图过滤器，只处理指定事件来源的广播
    IntentFilter filter = new IntentFilter(ALARM_ACTION);
    // 注册接收器，注册之后才能正常接收广播
    registerReceiver(alarmReceiver, filter);
}

@Override
public void onStop() {
    super.onStop();
    unregisterReceiver(alarmReceiver);                 // 注销接收器，注销之后就不再接收广播
}
```

3. 设置定时器的播报规则

首先从系统服务中获取闹钟管理器，然后调用管理器的set***方法，把事先创建的延迟意图填到播报规则当中。下面是发送闹钟广播的代码例子:

```
// 发送闹钟广播
private void sendAlarm() {
    Intent intent = new Intent(ALARM_ACTION);       // 创建一个广播事件的意图
    // 创建一个用于广播的延迟意图
    PendingIntent pIntent = PendingIntent.getBroadcast(this, 0,
            intent, PendingIntent.PendingIntent.FLAG_IMMUTABLE |
PendingIntent.FLAG_UPDATE_CURRENT);
    // 从系统服务中获取闹钟管理器
    AlarmManager alarmMgr = (AlarmManager) getSystemService(ALARM_SERVICE);
    // 给当前时间加上若干秒
    long delayTime = System.currentTimeMillis() + mDelay*1000;
    if (Build.VERSION.SDK_INT >= Build.VERSION_CODES.M) {
        // 允许在空闲时发送广播，Android 6.0之后新增的方法
        alarmMgr.setAndAllowWhileIdle(AlarmManager.RTC_WAKEUP,  delayTime, pIntent);
    } else {
        // 设置一次性闹钟，延迟若干秒后，携带延迟意图发送闹钟广播
        alarmMgr.set(AlarmManager.RTC_WAKEUP, delayTime, pIntent);
    }
}
```

完成上述的3个步骤之后，运行测试App，点击“设置闹钟”按钮，界面下方回显闹钟的设置信息，如图4-22所示。稍等片刻，发现回显文本多了一行日志，如图4-23所示，同时手机也嗡嗡震动了一会，对比日志时间可知，闹钟广播果然在设定的时刻触发且收听了。

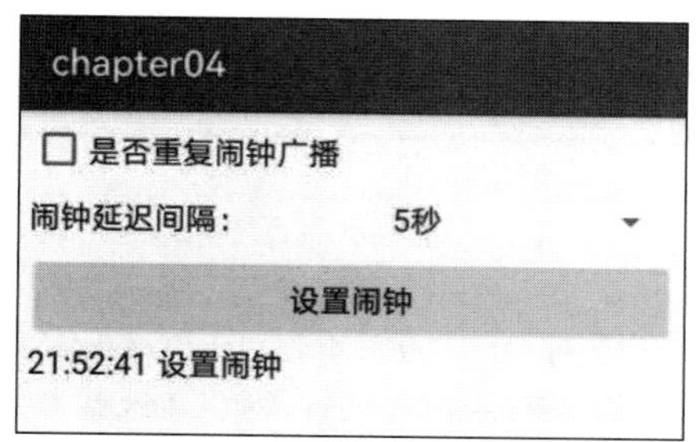

图 4-22　刚刚设置闹钟

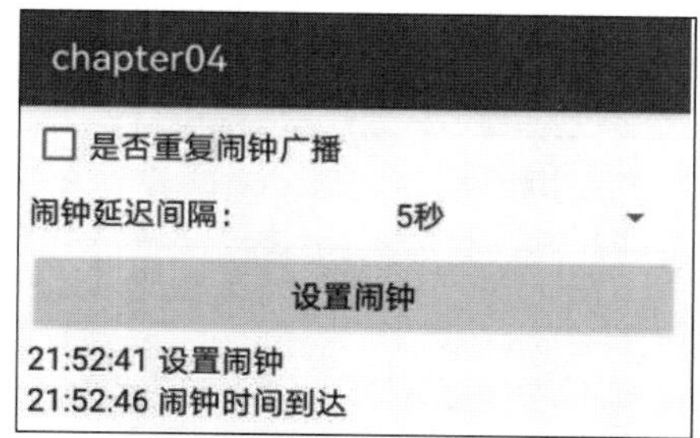

图 4-23　收到闹钟广播

至于闹钟的重复播报问题，因为setRepeating方法不再可靠，所以要修改闹钟的收听逻辑，在onReceive末尾补充调用sendAlarm方法，确保每次收到广播之后立即准备下一个广播。调整以后的onReceive方法代码示例如下：

```
public void onReceive(Context context, Intent intent) {
    if (intent != null) {
        // 这里省略现有的广播处理代码
        if (ck_repeate.isChecked()) {  // 需要重复闹钟广播
            sendAlarm();  // 发送闹钟广播
        }
    }
}
```

4.4　操作后台服务

本节介绍Android四大组件之一Service的基本概念和常见用法。包括服务的生命周期及其两种启停方式——普通方式和绑定方式（含立即绑定和延迟绑定），还介绍了如何在活动和服务之间交互数据。

4.4.1　服务的启动和停止

Service是Android的四大组件之一，它常用于看不见页面的高级场合，例如“4.3.3　收发静态广播”提到了系统的震动服务、“4.3.4　定时器AlarmManager”提到了系统的闹钟服务，等等。这些系统服务平时几乎感觉不到它们的存在，却是系统不可或缺的重要组成部分。

既然Android自带了系统服务，App也可以拥有自己的服务。Service与Activity相比，不同之处在于没有对应的页面，相同之处在于都有生命周期。要想用好服务，就要弄清楚它的生命周期。

Service与生命周期有关的方法说明如下：

- onCreate：创建服务。
- onStart：开始服务，Android 2.0以下版本使用，现已废弃。
- onStartCommand：开始服务，Android 2.0及以上版本使用。该方法的返回值说明见表4-6。

表 4-6 服务启动的返回值说明

返回值类型	返回值说明
START_STICKY	黏性的服务。如果服务进程被杀掉，就保留服务的状态为开始状态，但不保留传送的 Intent 对象。随后系统尝试重新创建服务，由于服务状态为开始状态，因此创建服务后一定会调用 onStartCommand 方法。如果在此期间没有任何启动命令传送给服务，参数 Intent 就为空值
START_NOT_STICKY	非黏性的服务。使用这个返回值时，如果服务被异常杀掉，系统就不会自动重启该服务
START_REDELIVER_INTENT	重传 Intent 的服务。使用这个返回值时，如果服务被异常杀掉，系统就会自动重启该服务，并传入 Intent 的原值
START_STICKY_COMPATIBILITY	START_STICKY 的兼容版本，但不保证服务被杀掉后一定能重启

- onDestroy：销毁服务。
- onBind：绑定服务。
- onUnbind：解除绑定。返回值为true表示允许再次绑定，之后再绑定服务时，不会调用onBind方法而是调用onRebind方法；返回值为false表示只能绑定一次，不能再次绑定。
- onRebind：重新绑定。只有上次的onUnbind方法返回true时，再次绑定服务才会调用onRebind方法。

看来服务的生命周期也存在好几个环节，除了必须的onCreate方法和onDestroy方法，还有其他几种生命周期方法。接下来以普通服务的启停为例，讲解服务的生命周期过程。

首先在Java代码包下面创建名为service的新包，右击该包并在右键菜单中依次选择New→Service→Service，弹出如图4-24所示的服务创建对话框。

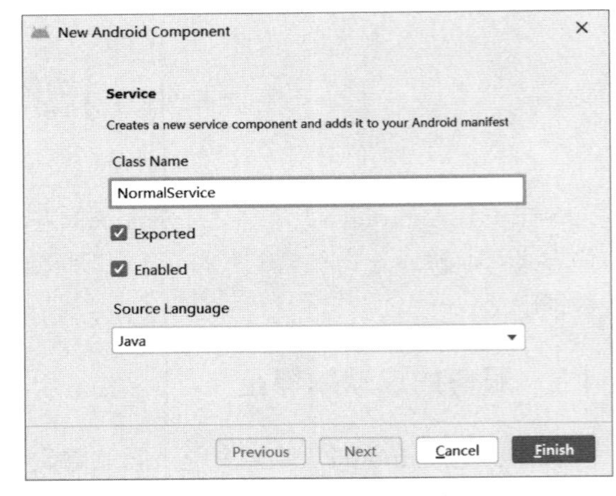

图 4-24 服务创建对话框

在服务创建对话框的Class Name一栏填写服务名称，比如NormalService，再单击对话框右下角的Finish按钮，Android Studio便自动在service包下生成NormalService.java，同时在AndroidManifest. xml的application节点内部添加如下的服务注册配置：

```
<service android:name=".service.NormalService"
    android:enabled="true" android:exported="true"></service>
```

打开NormalService.java发现里面只有几行代码，为了方便观察服务的生命周期过程，需要重写该服务的所有周期方法，给每个方法都打印相应的运行日志，修改之后的服务代码如下：

```
(完整代码见chapter04\src\main\java\com\example\chapter04\service\NormalService.java)
public class NormalService extends Service {
    private void refresh(String text) {
        ServiceNormalActivity.showText(text);
    }

    @Override
```

```
    public void onCreate() {                        // 创建服务
        super.onCreate();
        refresh("onCreate");
    }

    // 启动服务
    @Override
    public int onStartCommand(Intent intent, int flags, int startid) {
        refresh("onStartCommand. flags=" + flags);
        return START_STICKY;
    }

    @Override
    public void onDestroy() {                           // 销毁服务
        super.onDestroy();
        refresh("onDestroy");
    }

    // 绑定服务。普通服务不存在绑定和解绑流程
    @Override
    public IBinder onBind(Intent intent) {
        refresh("onBind");
        return null;
    }

    @Override
    public void onRebind(Intent intent) {               // 重新绑定服务
        super.onRebind(intent);
        refresh("onRebind");
    }

    @Override
    public boolean onUnbind(Intent intent) {            // 解绑服务
        refresh("onUnbind");
        return true;  // 返回false表示只能绑定一次，返回true表示允许多次绑定
    }
}
```

启停普通服务很简单，只要创建一个指向服务的意图，然后调用startService方法即可启动服务，若要停止服务，调用stopService方法即可停止指定意图的服务。具体的服务启停代码示例如下：

```
(完整代码见chapter04\src\main\java\com\example\chapter04\ServiceNormalActivity.java)
// 创建一个通往普通服务的意图
Intent intent = new Intent(this, NormalService.class);
startService(intent);              // 启动指定意图的服务
//stopService(mIntent);            // 停止指定意图的服务
```

运行测试App，点击“启动服务”按钮，监听器调用了startService方法，此时测试界面如图4-25所示，可见服务的启动操作依次触发了onCreate和onStartCommand方法。接着点击“停止服务”按钮，监听器调用了stopService方法，此时测试界面如图4-26所示，可见服务的停止操作触发了onDestroy方法。

图 4-25 启动服务的界面日志

图 4-26 停止服务的界面日志

4.4.2 服务的绑定与解绑

服务启停除了上一小节介绍的普通方式外，Android还提供了另一种启停方式，也就是绑定服务和解绑服务。因为服务可能由组件甲创建却被组件乙所使用，也可能服务由进程A创建却由进程B使用，好比一块土地被它的主人租给其他人使用那样，所有者与使用者并非同一个人。既然所有者与使用者不是同一个人，就需要两人之间订立租约，规定土地的租赁关系。

对于服务来说，便要求提供黏合剂Binder指定服务的绑定关系，同时黏合剂还负责在两个组件或者在两个进程之间交流通信。此时增加了黏合剂的服务代码示例如下：

（完整代码见chapter04\src\main\java\com\example\chapter04\service\BindImmediateService.java）

```
public class BindImmediateService extends Service {
    private final IBinder mBinder = new LocalBinder();  // 创建一个黏合剂对象
    // 定义一个当前服务的黏合剂，用于将该服务黏到活动页面的进程中
    public class LocalBinder extends Binder {
        public BindImmediateService getService() {
            return BindImmediateService.this;
        }
    }
    private void refresh(String text) {
        BindImmediateActivity.showText(text);
    }
    @Override
    public void onCreate() {                           // 创建服务
        super.onCreate();
        refresh("onCreate");
    }
    @Override
    public void onDestroy() {                          // 销毁服务
        super.onDestroy();
        refresh("onDestroy");
    }
    @Override
    public IBinder onBind(Intent intent) {             // 绑定服务。返回该服务的黏合剂对象
        refresh("onBind");
        return mBinder;
    }
    @Override
    public void onRebind(Intent intent) {              // 重新绑定服务
        super.onRebind(intent);
        refresh("onRebind");
    }
    @Override
    public boolean onUnbind(Intent intent) {           // 解绑服务
        refresh("onUnbind");
        return true;                    // 返回false表示只能绑定一次，返回true表示允许多次绑定
    }
}
```

对于绑定了黏合剂的服务，它的绑定和解绑操作与普通方式不同：首先要定义一个ServiceConnection的服务连接对象，然后调用bindService方法绑定服务，绑定之后再择机调用unbindService方法解绑服务，具体的活动代码示例如下：

（完整代码见chapter04\src\main\java\com\example\chapter04\BindImmediateActivity.java）

```
public class BindImmediateActivity extends AppCompatActivity implements
View.OnClickListener {
    private static TextView tv_immediate;          // 声明一个文本视图对象
    private Intent mIntent;                        // 声明一个意图对象
    private static String mDesc;                   // 日志描述
    @Override
    protected void onCreate(Bundle savedInstanceState) {
        super.onCreate(savedInstanceState);
        setContentView(R.layout.activity_bind_immediate);
        tv_immediate = findViewById(R.id.tv_immediate);
        findViewById(R.id.btn_start_bind).setOnClickListener(this);
        findViewById(R.id.btn_unbind).setOnClickListener(this);
        mDesc = "";
        // 创建一个通往立即绑定服务的意图
        mIntent = new Intent(this, BindImmediateService.class);
    }
    @Override
    public void onClick(View v) {
        if (v.getId() == R.id.btn_start_bind) {  // 点击了绑定服务按钮
            // 绑定服务。如果服务未启动，则系统先启动该服务再进行绑定
            boolean bindFlag = bindService(mIntent, mFirstConn,
                        Context.BIND_AUTO_CREATE);
        } else if (v.getId() == R.id.btn_unbind) {  // 点击了解绑服务按钮
            if (mBindService != null) {
                // 解绑服务。如果先前服务立即绑定，则此时解绑之后自动停止服务
                unbindService(mFirstConn);
                mBindService = null;
            }
        }
    }
    public static void showText(String desc) {
        if (tv_immediate != null) {
            mDesc = String.format("%s%s %s\n", mDesc,
                    DateUtil.getNowDateTime("HH:mm:ss"), desc);
            tv_immediate.setText(mDesc);
        }
    }
    private BindImmediateService mBindService;  // 声明一个服务对象
    private ServiceConnection mFirstConn = new ServiceConnection() {
        // 获取到服务对象时的操作
        public void onServiceConnected(ComponentName name, IBinder service) {
            // 如果服务运行于另外一个进程，则不能直接强制转换类型，否则会报错
            mBindService = ((BindImmediateService.LocalBinder) service).getService();
        }
        // 无法获取到服务对象时的操作
        public void onServiceDisconnected(ComponentName name) {
            mBindService = null;
        }
    };
}
```

运行测试App，点击“启动并绑定服务”按钮之后，观察到日志界面如图4-27所示，可见此时依次调用了onCreate和onBind方法。然后点击“解绑并停止服务”按钮，观察到日志界面如图4-28所示，可见此时依次调用了onUnbind和onDestroy方法。

上述的服务绑定与解绑操作，其实并不纯粹，因为调用bindService方法时先后触发了onCreate和onBind，也就是创建服务后紧接着绑定服务；调用unbindService方法时先后触发了onUnbind和

onDestroy，也就是解绑服务后紧接着销毁服务。既然服务的创建操作后面紧跟着绑定操作，它们的时空关系近似于普通启停，又何必另外设计绑定流程呢？

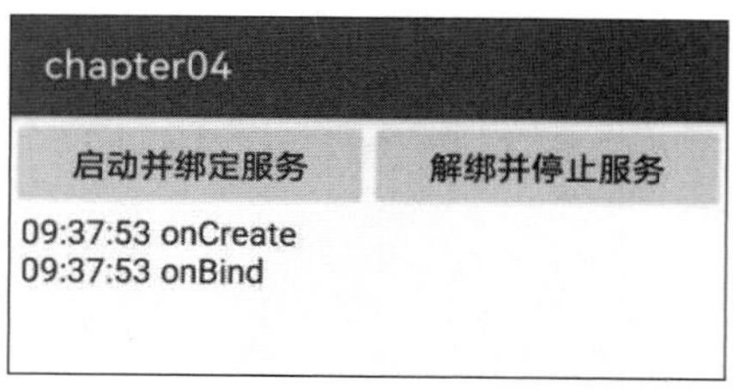

图 4-27 立即绑定的日志界面

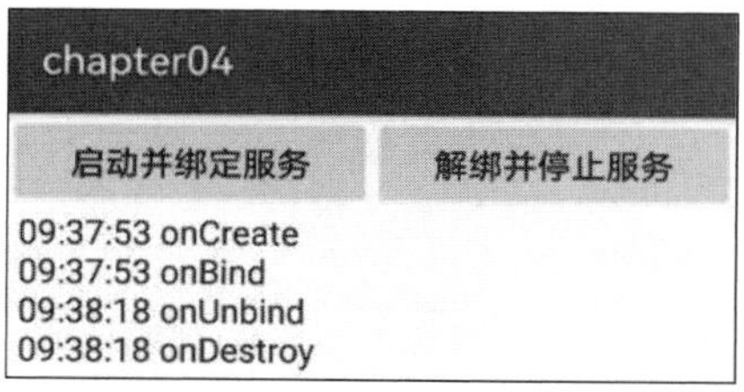

图 4-28 立即解绑的日志界面

诚然这种立即绑定体现不了差异化情况，为了更好地说明绑定方式的优势，Android还提供了另一种延迟绑定。延迟绑定与立即绑定的区别在于：延迟绑定要先通过startService方法启动服务，再通过bindService方法绑定已存在的服务；同理，延迟解绑要先通过unbindService方法解绑服务，再通过stopService方法停止服务。这样一来，因为启动操作在先、绑定操作在后，所以解绑操作只能撤销绑定操作，而不能撤销启动操作。由于解绑操作不能销毁服务，因此存在再次绑定服务的可能。

接下来做个实验，观察一下延迟绑定是否允许重新绑定操作，演示代码路径为chapter04\src\main\java\com\example\chapter04\BindDelayActivity.java，测试页面上提供了4个按钮："启动服务""绑定服务""解绑服务""停止服务"，分别对应startService、bindService、unbindService、stopService 4个方法。第一个实验依次点击"启动服务"→"绑定服务"→"解绑服务"→"停止服务"按钮，此时日志界面如图4-29所示。第二个实验依次点击"启动服务"→"绑定服务"→"解绑服务"→"绑定服务"按钮，此时日志界面如图4-30所示。

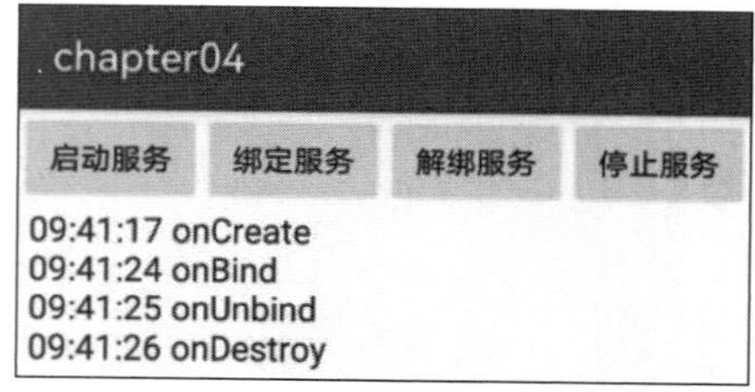

图 4-29 延迟绑定的日志界面

图 4-30 再次绑定的日志界面

从上面两个日志界面可知，延迟绑定与立即绑定这两种方式的生命周期区别在于：

（1）延迟绑定的首次绑定操作只触发onBind方法，再次绑定操作只触发onRebind方法（是否允许再次绑定要看上次onUnbind方法的返回值）。

（2）延迟绑定的解绑操作只触发onUnbind方法。

4.4.3 活动与服务之间的交互

不管是startService方法，还是bindService方法，都支持将意图对象作为参数，这意味着在启动服务或绑定服务之时能够向服务传递信息。可是服务跑起来以后就一直在运行，活动代码怎么知道服务跑得快还是跑得慢，须知服务并不提供回调机制，活动守株待兔是等不到结果的。若想及时获取服务的运行情况，活动就得主动打探消息，此时需要有个信使承担消息传输的任务，这个信使便是绑定方式用到的服务黏合剂——IBinder。

注意看服务代码的onBind方法，它的返回值类型正是IBinder，表示绑定成功后会返回服务的黏合剂对象。只要活动代码拿到了服务的黏合剂对象，就能通过黏合剂与服务进行数据交互。由于IBinder是个接口，它的实现类名叫Binder，因此每个服务的黏合剂都得从Binder派生而来。除了定义getService方法返回当前的服务对象之外，黏合剂还可以定义一般的数据交互方法，用于同活动代码往来通信。下面是与黏合剂有关的服务定义代码片段：

```
(完整代码见chapter04\src\main\java\com\example\chapter04\service\DataService.java)
private final IBinder mBinder = new LocalBinder();  // 创建一个黏合剂对象

// 定义一个当前服务的黏合剂，用于将该服务粘到活动页面的进程中
public class LocalBinder extends Binder {
    public DataService getService() {
        return DataService.this;
    }

    // 获取数字描述
    public String getNumber(int number) {
        return "我收到了数字"+number;
    }
}

@Override
public IBinder onBind(Intent intent) {  // 绑定服务。返回该服务的黏合剂对象
    return mBinder;
}
```

活动代码在调用bindService方法时，第二个参数为ServiceConnection类型，表示绑定结果的连接对象。这个连接对象来自接口ServiceConnection，它的onServiceConnected方法在连接成功时回调，onServiceDisconnected方法在连接断开时回调。重写ServiceConnection的onServiceConnected方法，即可拿到已绑定服务的黏合剂对象。有了服务的黏合剂，才能通过黏合剂获取服务的内部情况。比如以下代码演示了如何利用黏合剂与服务通信：

```
(完整代码见chapter04\src\main\java\com\example\chapter04\ServiceDataActivity.java)
private DataService.LocalBinder mBinder;  // 声明一个黏合剂对象

private ServiceConnection mServiceConn = new ServiceConnection() {
    // 获取到服务对象时的操作
    @Override
    public void onServiceConnected(ComponentName name, IBinder service) {
        mBinder = (DataService.LocalBinder) service;
        // 活动代码通过黏合剂与服务代码通信
        String response = mBinder.getNumber(new Random().nextInt(100));
        tv_result.setText(DateUtil.getNowTime()+" 绑定服务应答："+response);
    }

    // 无法获取到服务对象时的操作
    @Override
    public void onServiceDisconnected(ComponentName name) {
        mBinder = null;
    }
};
```

运行测试App，点击“启动并绑定服务”按钮，观察到通信结果如图4-31所示，可见成功实现了活动与服务之间的数据交互。

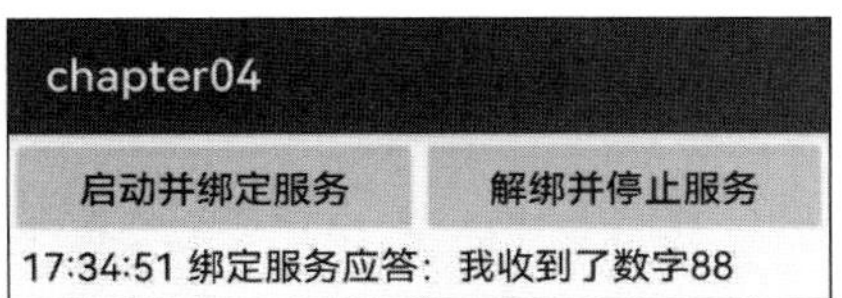

图4-31 活动与服务的数据交互结果

4.5 小 结

本章主要介绍了Android三大常用组件：活动组件Activity、广播组件Broadcast、服务组件Service的常见用法，包括：启停活动页面（Activity的启动和结束、Activity的生命周期、Activity的启动模式）、在活动之间传递消息（显式Intent和隐式Intent、普通的活动数据交互、改进后的活动数据交互）、收发应用广播（收发标准广播、收发有序广播、收发静态广播、定时管理器AlarmManager）、操作后台服务（服务的启动和停止、服务的绑定与解绑、活动与服务之间的交互）。

通过本章的学习，读者应该能掌握以下4种开发技能：

（1）理解活动的生命周期过程，并学会正确启动和结束活动。

（2）理解意图的组成结构，并学会利用意图在活动之间传递消息。

（3）了解广播的应用场景，并学会正确收发应用广播。

（4）了解服务的生命周期，并学会服务的两种启停方式（普通方式和绑定方式）。

4.6 动手练习

请上机实验下列3项练习：

1. 创建两个活动页面，分别模拟注册页面和完成页面，先从注册页面跳转到完成页面，但是在完成页面按返回键，不能回到注册页面（因为注册成功之后无须重新注册）。

2. 创建两个活动页面，从A页面携带请求数据跳转到B页面，B页面应当展示A页面传来的信息；然后B页面向A页面返回应答数据，A页面也要展示B页面返回的信息。

3. 通过设置不同的优先级，实现有序广播的正确收发。

第 5 章 中级控件

本章介绍App开发常见的几类中级控件的用法，主要包括：如何定制几种简单的图形、如何使用几种选择按钮、如何高效地输入文本、如何利用对话框获取交互信息等，然后结合本章所学的知识，演示了一个实战项目“找回密码”的设计与实现。

5.1 图形定制

本节介绍Android图形的基本概念和几种常见图形的使用办法，包括：形状图形的组成结构及其具体用法、九宫格图片（点九图片）的制作过程及其适用场景、状态列表图形的产生背景及其具体用法。

5.1.1 图形 Drawable

Android把所有能够显示的图形都抽象为Drawable类（可绘制的）。这里的图形不止是图片，还包括色块、画板、背景等。

包含图片在内的图形文件放在res目录的各个drawable目录下，其中drawable目录一般保存描述性的XML文件，而图片文件一般放在具体分辨率的drawable目录下。例如：

- drawable-ldpi里面存放低分辨率的图片（如240×320），现在基本没有这样的智能手机了。
- drawable-mdpi里面存放中等分辨率的图片（如320×480），这样的智能手机已经很少了。
- drawable-hdpi里面存放高分辨率的图片（如480×800），一般对应4英寸～4.5英寸的手机（但不绝对，同尺寸的手机有可能分辨率不同，手机分辨率就高不就低，因为分辨率低了屏幕会有模糊的感觉）。
- drawable-xhdpi里面存放加高分辨率的图片（如720×1280），一般对应5英寸～5.5英寸的手机。
- drawable-xxhdpi里面存放超高分辨率的图片（如1080×1920），一般对应6英寸～6.5英寸的手机。
- drawable-xxxhdpi里面存放超超高分辨率的图片（如1440×2560），一般对应7英寸以上的平板计算机。

基本上，分辨率每加大一级，宽度和高度就要增加二分之一或三分之一像素。如果各目录存在同名图片，Android就会根据手机的分辨率分别适配对应文件夹里的图片。在开发App时，为了兼容不同的手机屏幕，在各目录存放不同分辨率的图片，才能达到最合适的显示效果。例如，在drawable-hdpi里放了一张背景图片bg.png（分辨率为480×800），其他目录没放，使用分辨率为480×800的手机查看该App界面没有问题，但是使用分辨率为720×1280的手机查看该App会发现背景图片有点模糊，原因是Android为了让bg.png适配高分辨率的屏幕，强行把bg.png拉伸到了720×1280，拉伸的后果是图片变模糊了。

在XML布局文件中引用图形文件可使用“@drawable/不含扩展名的文件名称”这种形式，如各视图的background属性、ImageView和ImageButton的src属性、TextView和Button四个方向的drawable***系列属性都可以引用图形文件。

5.1.2　形状图形

Shape图形又称形状图形，用来描述常见的几何形状，包括矩形、圆角矩形、圆形、椭圆等。用好形状图形可以让App页面不再呆板，还可以节省美工不少工作量。

形状图形的定义文件放在drawable目录下，它是以shape标签为根节点的XML描述文件。根节点下定义了6个节点，分别是size（尺寸）、stroke（描边）、corners（圆角）、solid（填充）、padding（间隔）、gradient（渐变），各节点的属性值主要是宽和高、半径、角度以及颜色等。下面是形状图形各个节点及其属性的简要说明。

1. shape（形状）

shape是形状图形文件的根节点，它描述了当前是哪种几何图形。下面是shape节点的常用属性说明。

- shape：字符串类型，表示图形的形状。形状类型的取值说明见表5-1。

表 5-1　形状类型的取值说明

形状类型	说　明
rectangle	矩形。默认值
oval	椭圆。此时 corners 节点会失效
line	直线。此时必须设置 stroke 节点，不然会报错
ring	圆环

2. size（尺寸）

size是shape的下级节点，它描述了形状图形的宽高尺寸。若无size节点，则表示宽高与宿主视图一样大小。下面是size节点的常用属性说明。

- height：像素类型，图形高度。
- width：像素类型，图形宽度。

3. stroke（描边）

stroke是shape的下级节点，它描述了形状图形的描边规格。若无stroke节点，则表示不存在描边。下面是stroke节点的常用属性说明。

- color：颜色类型，描边的颜色。
- dashGap：像素类型，每段虚线之间的间隔。
- dashWidth：像素类型，每段虚线的宽度。若dashGap和dashWidth有一个值为0，则描边为实线。
- width：像素类型，描边的厚度。

4. corners（圆角）

corners是shape的下级节点，它描述了形状图形的圆角大小。若无corners节点，则表示没有圆角。下面是corners节点的常用属性说明。

- bottomLeftRadius：像素类型，左下圆角的半径。
- bottomRightRadius：像素类型，右下圆角的半径。
- topLeftRadius：像素类型，左上圆角的半径。
- topRightRadius：像素类型，右上圆角的半径。
- radius：像素类型，4个圆角的半径（若有上面4个圆角半径的定义，则不需要radius定义）。

5. solid（填充）

solid是shape的下级节点，它描述了形状图形的填充色彩。若无solid节点，则表示无填充颜色。下面是solid节点的常用属性说明。

- color：颜色类型，内部填充的颜色。

6. padding（间隔）

padding是shape的下级节点，它描述了形状图形与周围边界的间隔。若无padding节点，则表示四周不设间隔。下面是padding节点的常用属性说明。

- top：像素类型，与上方的间隔。
- bottom：像素类型，与下方的间隔。
- left：像素类型，与左边的间隔。
- right：像素类型，与右边的间隔。

7. gradient（渐变）

gradient是shape的下级节点，它描述了形状图形的颜色渐变。若无gradient节点，则表示没有渐变效果。下面是gradient节点的常用属性说明。

- angle：整型，渐变的起始角度。为0时表示时钟的9点位置，值增大表示往逆时针方向旋转。例如，值为90表示6点位置，值为180表示3点位置，值为270表示0点/12点位置。
- type：字符串类型，渐变类型。渐变类型的取值说明见表5-2。

表 5-2　渐变类型的取值说明

渐变类型	说　明
linear	线性渐变，默认值
radial	放射渐变，起始颜色就是圆心颜色
sweep	滚动渐变，即一个线段以某个端点为圆心做 360° 旋转

- centerX：浮点型，圆心的X坐标。当android:type="linear"时不可用。
- centerY：浮点型，圆心的Y坐标。当android:type="linear"时不可用。
- gradientRadius：整型，渐变的半径。当android:type="radial"时需要设置该属性。
- centerColor：颜色类型，渐变的中间颜色。
- startColor：颜色类型，渐变的起始颜色。
- endColor：颜色类型，渐变的终止颜色。
- useLevel：布尔类型，设置为true为无渐变色、false为有渐变色。

在实际开发中，形状图形主要使用3个节点：stroke（描边）、corners（圆角）和solid（填充）。至于shape根节点的属性一般不用设置（默认矩形即可）。

接下来演示一下形状图形的界面效果，首先右击drawable目录，并依次选择右键菜单的New→Drawable resource file，在弹窗中输入文件名称再单击OK按钮，即可自动生成一个XML描述文件。往该文件填入下面的圆角矩形内容定义：

```
(完整代码见chapter05\src\main\res\drawable\shape_rect_gold.xml)
<shape xmlns:android="http://schemas.android.com/apk/res/android" >
    <!-- 指定了形状内部的填充颜色 -->
    <solid android:color="#ffdd66" />
    <!-- 指定了形状轮廓的粗细与颜色 -->
    <stroke
        android:width="1dp"
        android:color="#aaaaaa" />
    <!-- 指定了形状4个圆角的半径 -->
    <corners android:radius="10dp" />
</shape>
```

接着创建一个测试页面，并在页面的XML文件中添加名为v_content的View标签，再给Java代码补充以下的视图背景设置代码：

```
(完整代码见chapter05\src\main\java\com\example\chapter05\DrawableShapeActivity.java)
// 从布局文件中获取名为v_content的视图
View v_content = findViewById(R.id.v_content);
// v_content的背景设置为圆角矩形
v_content.setBackgroundResource(R.drawable.shape_rect_gold);
```

然后运行测试App，观察到对应的形状图形如图5-1所示。该形状为一个圆角矩形，内部填充色为土黄色，边缘线为灰色。

再来一个椭圆的XML描述文件，示例代码如下：

```
(完整代码见chapter05\src\main\res\drawable\shape_oval_rose.xml)
<shape xmlns:android="http://schemas.android.com/apk/res/android"
    android:shape="oval" >
    <!-- 指定了形状内部的填充颜色 -->
    <solid android:color="#ff66aa" />
    <!-- 指定了形状轮廓的粗细与颜色 -->
    <stroke
        android:width="1dp"
        android:color="#aaaaaa" />
</shape>
```

把前述的视图对象v_content背景改为R.drawable.shape_oval_rose，运行App观察到对应的形状图形如图5-2所示。该形状为一个椭圆，内部填充色为玫红色，边缘线为灰色。

图 5-1　圆角矩形效果

图 5-2　椭圆图形效果

5.1.3　九宫格图片

将某张图片设置成视图背景时，如果图片尺寸太小，则系统会自动拉伸图片使之填满背景。可是一旦图片拉得过大，其画面容易变得模糊，如图5-3所示，上面按钮的背景图片被拉得很宽，此时左右两边的边缘线既变宽又变模糊了。

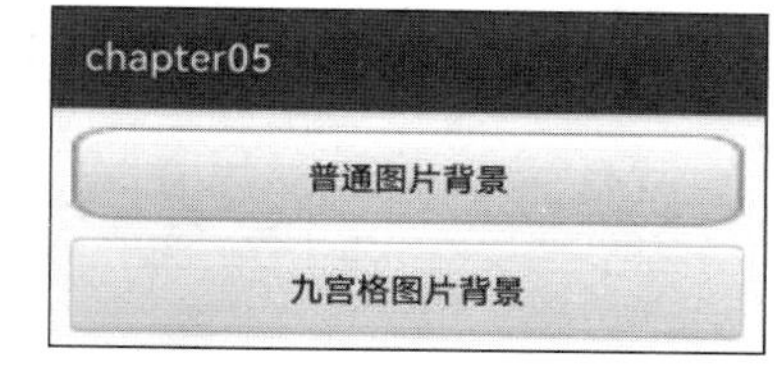

图 5-3　普通图片与九宫格图片的拉伸效果对比

为了解决这个问题，Android专门设计了点九图片。点九图片的扩展名是.png，文件名后面常带有“.9”字样。因为该图片划分了3×3的九宫格区域，所以得名点九图片，也叫作九宫格图片。如果背景是一个形状图形，其stroke节点的width属性已经设置了固定数值（如1dp），那么无论该图形被拉到多大，描边宽度始终是1dp。九宫格图片的实现原理与之类似，即拉伸图形时，只拉伸内部区域，不拉伸边缘线条。

为了演示九宫格图片的展示效果，利用Android Studio制作一张点九图片。首先在drawable目录下找到待加工的原始图片button_pressed_orig.png，右击它弹出右键菜单，如图5-4所示。

选择右键菜单下面的Create 9-Patch files...，并在随后弹出的对话框中单击OK按钮。接着drawable目录自动生成一个名为“button_pressed_orig.9.png”的图片，双击该文件，主界面右侧弹出如图5-5所示的点九图片的加工窗口。

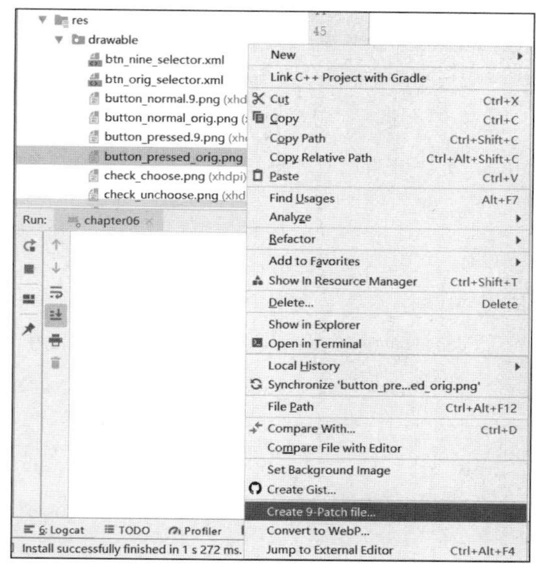

图 5-4　点九图片的制作菜单路径

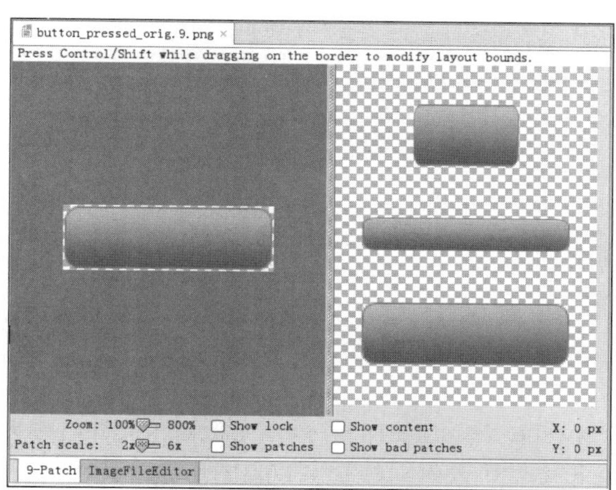

图 5-5　点九图片的加工窗口界面

注意图5-5的左侧窗口是图片加工区域，右侧窗口是图片预览区域，从上到下依次是纵向拉伸预览、横向拉伸预览、两方向同时拉伸预览。在左侧窗口图片四周的马赛克处单击会出现一个黑点，把黑点左右或上下拖动会拖出一段黑线，不同方向上的黑线表示不同的效果。

如图5-6所示，界面上边的黑线指的是水平方向的拉伸区域。在水平方向拉伸图片时，只有黑线区域内的图像会被拉伸，黑线以外的图像保持原状，从而保证左右两侧的边框厚度不变。

如图5-7所示，界面左边的黑线指的是垂直方向的拉伸区域。在垂直方向拉伸图片时，只有黑线区域内的图像会被拉伸，黑线以外的图像保持原状，从而保证上下两侧的边框厚度不变。

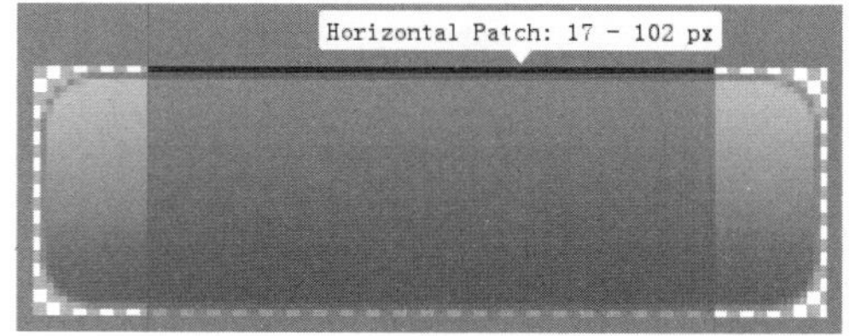

图 5-6　点九图片上边的黑线

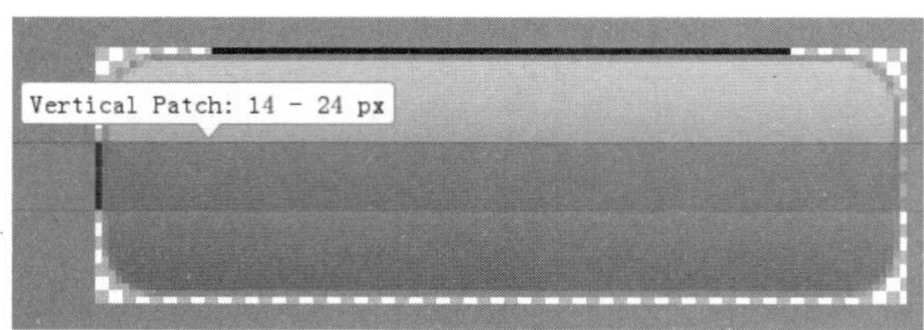

图 5-7　点九图片左边的黑线

如图5-8所示，界面下边的黑线指的是该图片作为控件背景时，控件内部的文字左右边界只能放在黑线区域内。这里Horizontal Padding的效果就相当于android:paddingLeft与android:paddingRight。

如图5-9所示，界面右边的黑线指的是该图片作为控件背景时，控件内部的文字上下边界只能放在黑线区域内。这里Vertical Padding的效果就相当于android:paddingTop与android:paddingBottom。

图 5-8　点九图片下边的黑线

图 5-9　点九图片右边的黑线

注　意

如果点九图片被设置为视图背景，且该图片指定了 Horizontal Padding 和 Vertical Padding，那么视图内部将一直与视图边缘保持固定间距，无论怎么调整 XML 文件和 Java 代码都无法缩小间隔，缘由是点九图片早已在水平和垂直方向都设置了 padding。

5.1.4　状态列表图形

常见的图形文件一般为静态图形，但有时会用到动态图形，比如按钮控件的背景在正常情况下是凸起的，在按下时是凹陷的，从按下到弹起的过程，用户便知道点击了该按钮。根据不同的触摸情况变更图形状态，这种情况用到了Drawable的一个子类StateListDrawable（状态列表图形），它在XML文件中规定了不同状态所呈现的图形列表。

接下来演示一下状态列表图形的界面效果，右击drawable目录，并依次选择右键菜单的New→Drawable resource file，在弹窗中输入文件名称再单击OK按钮，即可自动生成一个XML描述文件。往该文件填入下面的状态列表图形定义：

（完整代码见chapter05\src\main\res\drawable\btn_nine_selector.xml）

```
<selector xmlns:android="http://schemas.android.com/apk/res/android">
    <item android:state_pressed="true"
          android:drawable="@drawable/button_pressed" />
    <item android:drawable="@drawable/button_normal" />
</selector>
```

上述XML文件的关键点是state_pressed属性，该属性表示按下状态，值为true表示按下时显示button_pressed图像，其余情况显示button_normal图像。

为方便理解，接下来做个实验，首先将“定制样式的按钮”这一按钮控件的background属性设置为@drawable/btn_nine_selector，然后在屏幕上点击该按钮，观察发现按下按钮时的界面如图5-10所示，而松开按钮时的界面如图5-11所示，可见按下与松开时果然显示不同的图片。

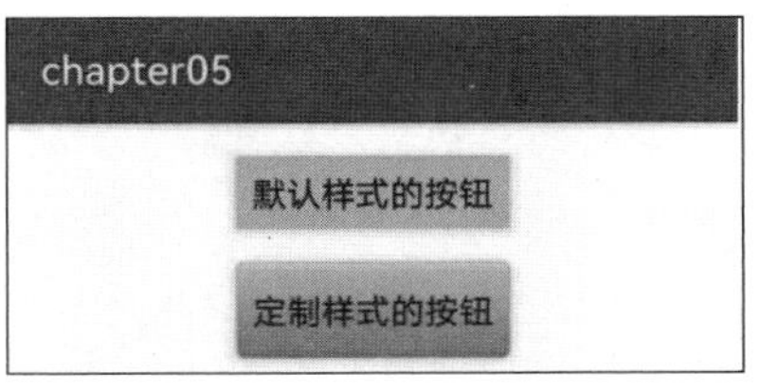

图 5-10　按下按钮时的背景样式

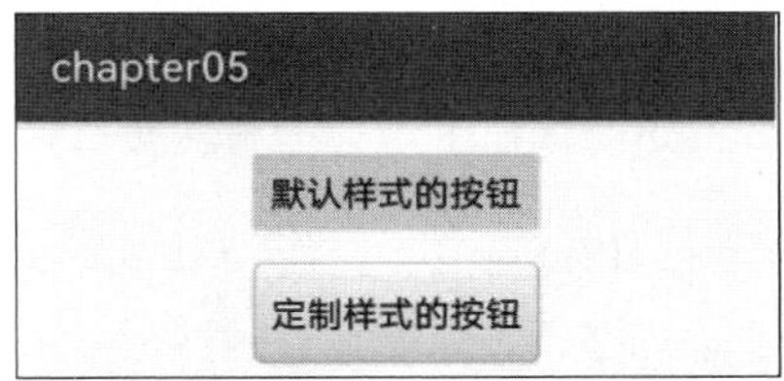

图 5-11　松开按钮时的背景样式

状态列表图形不仅用于按钮控件，还可用于其他拥有多种状态的控件，这取决于开发者在XML文件中指定了哪种状态类型。各种状态类型的取值说明详见表5-3。

表 5-3　状态类型的取值说明

状态类型的属性名称	说　　明	适用的控件
state_pressed	是否按下	按钮 Button
state_checked	是否勾选	复选框 CheckBox、单选按钮 RadioButton
state_focused	是否获取焦点	文本编辑框 EditText
state_selected	是否选中	各控件通用

5.2　选 择 按 钮

本节介绍几个常用的特殊控制按钮，包括：如何使用复选框CheckBox及其勾选监听器、如何使用开关按钮Switch、如何借助状态列表图形实现仿iOS的开关按钮、如何使用单选按钮RadioButton和单选组RadioGroup及其选中监听器。

5.2.1　复选框 CheckBox

在学习复选框之前，先了解一下CompoundButton类。在Android体系中，CompoundButton类是抽象的复合按钮，因为是抽象类，所以它不能直接使用。在实际开发中用的是CompoundButton的几个派生类，主要有复选框CheckBox、单选按钮RadioButton以及开关按钮Switch，这些派生类均可使用CompoundButton的属性和方法。加之CompoundButton本身继承了Button类，故以上几种按钮同时具备Button的属性和方法，它们之间的继承关系如图5-12所示。

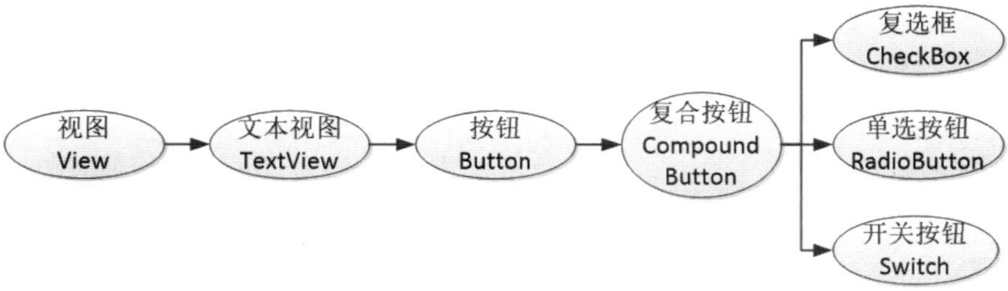

图 5-12 复合按钮的继承关系

CompoundButton在XML文件中主要使用下面两个属性。

- checked：指定按钮的勾选状态，true表示勾选，false则表示未勾选。默认为未勾选。
- button：指定左侧勾选图标的图形资源，如果不指定就使用系统的默认图标。

CompoundButton在Java代码中主要使用下列4个方法。

- setChecked：设置按钮的勾选状态。
- setButtonDrawable：设置左侧勾选图标的图形资源。
- setOnCheckedChangeListener：设置勾选状态变化的监听器。
- isChecked：判断按钮是否勾选。

复选框CheckBox是CompoundButton一个最简单的实现控件，点击复选框将它勾选，再次点击取消勾选。复选框对象调用setOnCheckedChangeListener方法设置勾选监听器，这样在勾选和取消勾选时就会触发监听器的勾选事件。

接下来演示复选框的操作过程，首先编写活动页面的XML文件，代码如下：

```
(完整代码见chapter05\src\main\res\layout\activity_check_box.xml)
<LinearLayout xmlns:android="http://schemas.android.com/apk/res/android"
    android:layout_width="match_parent"
    android:layout_height="match_parent"
    android:orientation="vertical" >
    <CheckBox
        android:id="@+id/ck_system"
        android:layout_width="match_parent"
        android:layout_height="wrap_content"
        android:checked="false"
        android:text="这是系统的CheckBox" />
</LinearLayout>
```

接着编写对应的Java代码，主要是如何处理勾选监听器，具体代码如下：

```
(完整代码见chapter05\src\main\java\com\example\chapter05\CheckBoxActivity.java)
// 该页面实现了接口OnCheckedChangeListener，要重写监听器的onCheckedChanged方法
public class CheckBoxActivity extends AppCompatActivity
        implements CompoundButton.OnCheckedChangeListener {

    @Override
    protected void onCreate(Bundle savedInstanceState) {
        super.onCreate(savedInstanceState);
        setContentView(R.layout.activity_check_box);
        // 从布局文件中获取名为ck_system的复选框
        CheckBox ck_system = findViewById(R.id.ck_system);
        // 设置勾选监听器，一旦点击复选框，就触发监听器的onCheckedChanged方法
        ck_system.setOnCheckedChangeListener(this);
```

```
    }
    @Override
    public void onCheckedChanged(CompoundButton buttonView, boolean isChecked) {
        String desc = String.format("您%s了这个CheckBox",
                            isChecked ? "勾选" : "取消勾选");
        buttonView.setText(desc);
    }
}
```

然后运行测试App，一开始的演示界面如图5-13所示，此时复选框默认未勾选。首次点击复选框，此时复选框的图标及文字均发生变化，如图5-14所示；再次点击复选框，此时复选框的图标及文字又发生变化，如图5-15所示；可见先后触发了勾选与取消勾选事件。

图 5-13　初始的复选框界面

图 5-14　首次点击后的复选框

图 5-15　再次点击后的复选框

5.2.2　开关按钮 Switch

Switch是开关按钮，它像一个高级版本的CheckBox，在选中与取消选中时可展现的界面元素比复选框丰富。Switch控件新添加的XML属性说明如下：

- textOn：设置右侧开启时的文本。
- textOff：设置左侧关闭时的文本。
- track：设置开关轨道的背景。
- thumb：设置开关标识的图标。

虽然开关按钮是升级版的复选框，但它在实际开发中用得不多。原因之一是大家觉得Switch的默认界面不够大气，如图5-16和图5-17所示，小巧的开关图标显得有些拘谨；原因之二是大家觉得iPhone的界面很漂亮，无论用户还是客户，都希望App实现iOS那样的控件风格，于是iOS的开关按钮UISwitch就成了安卓开发者仿照的对象。

图 5-16　Switch 控件的“关”状态

图 5-17　Switch 控件的“开”状态

现在要让Android实现类似iOS的开关按钮，主要思路是借助状态列表图形，首先创建一个图形专用的XML文件，给状态列表指定选中与未选中时的开关图标，代码如下：

```
(完整代码见chapter05\src\main\res\drawable\switch_selector.xml)
<selector xmlns:android="http://schemas.android.com/apk/res/android">
    <item android:state_checked="true"
          android:drawable="@drawable/switch_on" />
    <item android:drawable="@drawable/switch_off" />
</selector>
```

然后把CheckBox标签的background属性设置为@drawable/switch_selector，同时将button属性设置为@null。完整的CheckBox标签内容示例如下：

```
（完整代码见chapter05\src\main\res\layout\activity_switch_ios.xml）
<CheckBox
    android:id="@+id/ck_status"
    android:layout_width="60dp"
    android:layout_height="30dp"
    android:background="@drawable/switch_selector"
    android:button="@null" />
```

为什么这里修改background属性，而不直接修改button属性呢？因为button属性有局限，无论多大的图片，都只显示一个小小的图标，可是小小的图标一点都不大气，所以这里必须使用background属性，要它有多大就能有多大，这样才够炫够酷。

最后看看这个仿iOS开关按钮的效果，分别如图5-18和图5-19所示。这下开关按钮脱胎换骨，又圆又鲜艳，比原来的Switch好看了很多。

图 5-18　仿 iOS 按钮的“关”状态

图 5-19　仿 iOS 按钮的“开”状态

5.2.3　单选按钮 RadioButton

所谓单选按钮，指的是在一组按钮中选择其中一项，并且不能多选，这要求有个容器确定这组按钮的范围，这个容器便是单选组RadioGroup。单选组实质上是个布局，同一组RadioButton都要放在同一个RadioGroup节点下。RadioGroup提供了orientation属性指定下级控件的排列方向，该属性为horizontal时，单选按钮在水平方向排列；该属性为vertical时，单选按钮在垂直方向排列。RadioGroup下面除了RadioButton，还可以挂载其他子控件（如TextView、ImageView等）。如此看来，单选组相当于特殊的线性布局，它们主要有以下两个区别：

（1）单选组多了管理单选按钮的功能，而线性布局不具备该功能。

（2）如果不指定orientation属性，那么单选组默认垂直排列，而线性布局默认水平排列。

下面是RadioGroup在Java代码中的3个常用方法。

- check：选中指定资源编号的单选按钮。
- getCheckedRadioButtonId：获取已选中单选按钮的资源编号。
- setOnCheckedChangeListener：设置单选按钮勾选变化的监听器。

与CheckBox不同的是，RadioButton默认未选中，点击后显示选中，但是再次点击不会取消选中。只有点击同组的其他单选按钮时，原来选中的单选按钮才会取消选中。另需注意，单选按钮的选中事件不是由RadioButton处理，而是由RadioGroup处理。

接下来演示单选按钮的操作过程，首先编写活动页面的XML文件，代码如下：

```
（完整代码见chapter05\src\main\res\layout\ activity_radio_horizontal.xml）
<LinearLayout xmlns:android="http://schemas.android.com/apk/res/android"
    android:layout_width="match_parent"
    android:layout_height="match_parent"
    android:orientation="vertical" >
    <TextView
        android:layout_width="match_parent"
```

```
            android:layout_height="wrap_content"
            android:text="请选择您的性别" />
        <RadioGroup
            android:id="@+id/rg_sex"
            android:layout_width="match_parent"
            android:layout_height="wrap_content"
            android:orientation="horizontal" >
            <RadioButton
                android:id="@+id/rb_male"
                android:layout_width="0dp"
                android:layout_height="wrap_content"
                android:layout_weight="1"
                android:text="男" />
            <RadioButton
                android:id="@+id/rb_female"
                android:layout_width="0dp"
                android:layout_height="wrap_content"
                android:layout_weight="1"
                android:text="女" />
        </RadioGroup>
        <TextView
            android:id="@+id/tv_sex"
            android:layout_width="match_parent"
            android:layout_height="wrap_content" />
</LinearLayout>
```

接着编写对应的Java代码，主要是如何处理选中监听器，具体代码如下：

```
// 该页面实现了接口OnCheckedChangeListener，要重写监听器的onCheckedChanged方法
public class RadioHorizontalActivity extends AppCompatActivity
        implements RadioGroup.OnCheckedChangeListener {
    private TextView tv_sex; // 声明一个文本视图对象

    @Override
    protected void onCreate(Bundle savedInstanceState) {
        super.onCreate(savedInstanceState);
        setContentView(R.layout.activity_radio_horizontal);
        // 从布局文件中获取名为tv_sex的文本视图
        tv_sex = findViewById(R.id.tv_sex);
        // 从布局文件中获取名为rg_sex的单选组
        RadioGroup rg_sex = findViewById(R.id.rg_sex);
        // 设置单选监听器，一旦点击组内的单选按钮，就触发监听器的onCheckedChanged方法
        rg_sex.setOnCheckedChangeListener(this);
    }

    // 在用户点击组内的单选按钮时触发
    @Override
    public void onCheckedChanged(RadioGroup group, int checkedId) {
        if (checkedId == R.id.rb_male) {
            tv_sex.setText("哇哦，你是个帅气的男孩");
        } else if (checkedId == R.id.rb_female) {
            tv_sex.setText("哇哦，你是个漂亮的女孩");
        }
    }
}
```

然后运行测试App，一开始的演示界面如图5-20所示，此时两个单选按钮均未选中。先点击左边的单选按钮，此时左边按钮显示选中状态，如图5-21所示；再点击右边的单选按钮，此时右边按钮显示选中状态，同时左边按钮取消选中，如图5-22所示；可见果然实现了组内只能选中唯一按钮的单选功能。

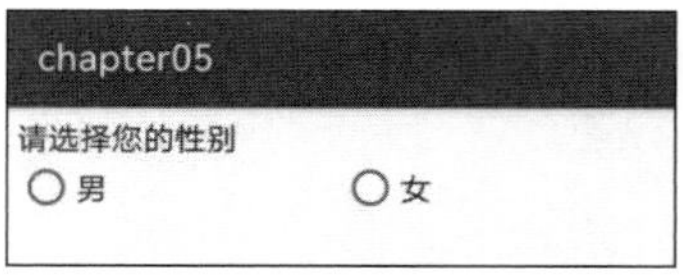

图 5-20　初始的单选按钮界面

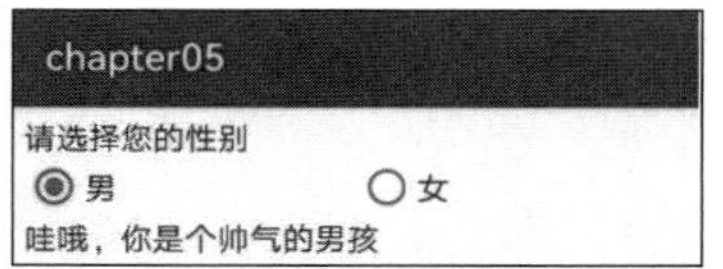

图 5-21　选中左边按钮的单选界面

图 5-22　选中右边按钮的单选界面

5.3　文本输入

本节介绍如何在编辑框EditText上高效地输入文本，包括：如何改变编辑框的控件外观，如何利用焦点变更监听器提前校验输入位数，如何利用文本变化监听器自动关闭软键盘。

5.3.1　编辑框 EditText

编辑框EditText用于接收软键盘输入的文字，例如用户名、密码、评价内容等，它由文本视图派生而来，除了TextView已有的各种属性和方法之外，EditText还支持下列XML属性。

- inputType：指定输入的文本类型。输入类型的取值说明见表5-4，若同时使用多种文本类型，则可使用竖线（|）把多种文本类型拼接起来。
- maxLength：指定文本允许输入的最大长度。
- hint：指定提示文本的内容。
- textColorHint：指定提示文本的颜色。

表 5-4　输入类型的取值说明

输入类型	说　明
text	文本
textPassword	文本密码。显示时用圆点（•）代替
number	整型数
numberSigned	带符号的数字。允许在开头带负号（—）
numberDecimal	带小数点的数字
numberPassword	数字密码。显示时用圆点（•）代替
datetime	时间日期格式。除了数字外，还允许输入横线（-）、斜杆（/）、空格（ ）、冒号（:）
date	日期格式。除了数字外，还允许输入横线（-）和斜杆（/）
time	时间格式。除了数字外，还允许输入冒号（:）

接下来通过XML布局观看编辑框界面效果，演示用的XML文件内容如下：

```
（完整代码见chapter05\src\main\res\layout\activity_edit_simple.xml）
<LinearLayout xmlns:android="http://schemas.android.com/apk/res/android"
    android:layout_width="match_parent"
    android:layout_height="match_parent"
    android:orientation="vertical" >
    <TextView
        android:layout_width="match_parent"
        android:layout_height="wrap_content"
```

```
        android:text="下面是登录信息" />
    <EditText
        android:layout_width="match_parent"
        android:layout_height="wrap_content"
        android:inputType="text"
        android:maxLength="10"
        android:hint="请输入用户名" />
    <EditText
        android:layout_width="match_parent"
        android:layout_height="wrap_content"
        android:inputType="textPassword"
        android:maxLength="8"
        android:hint="请输入密码" />
</LinearLayout>
```

运行测试App，进入初始的编辑框页面，如图5-23所示。然后往用户名编辑框输入文字，输满10个字后发现不能再输入，于是切换到密码框继续输入，直到输满8位密码，此时编辑框页面如图5-24所示。

根据以上图示可知编辑框的各属性正常工作。不过编辑框有根下划线，未输入时显示灰色，正在输入时显示红色，这种效果是怎么实现的呢？其实下划线没用到新属性，而用了已有的背景属性background；至于未输入与正在输入两种情况的颜色差异，乃是因为使用了状态列表图形，编辑框获得焦点时（正在输入）显示红色的下划线，其余时候显示灰色下划线。当然EditText默认的下划线背景不甚好看，下面将利用状态列表图形将编辑框背景改为更加美观的圆角矩形。

图 5-23　初始的编辑框样式

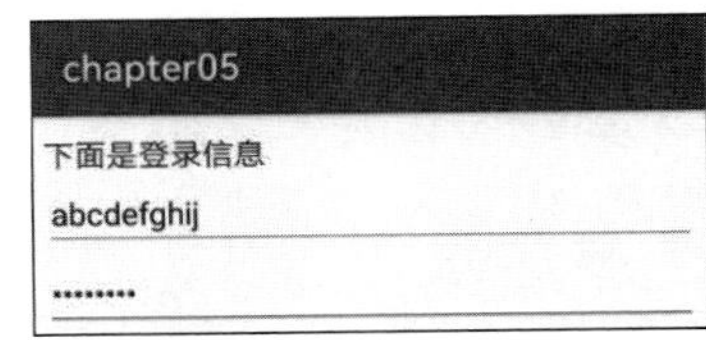

图 5-24　输入文字的编辑框样式

首先编写圆角矩形的形状图形文件，它的XML定义文件示例如下：

```
(完整代码见chapter05\src\main\res\drawable\shape_edit_normal.xml)
<shape xmlns:android="http://schemas.android.com/apk/res/android" >
    <!-- 指定了形状内部的填充颜色 -->
    <solid android:color="#ffffff" />
    <!-- 指定了形状轮廓的粗细与颜色 -->
    <stroke
        android:width="1dp"
        android:color="#aaaaaa" />
    <!-- 指定了形状4个圆角的半径 -->
    <corners android:radius="5dp" />
    <!-- 指定了形状4个方向的间距 -->
    <padding
        android:bottom="2dp"
        android:left="2dp"
        android:right="2dp"
        android:top="2dp" />
</shape>
```

上述的shape_edit_normal.xml定义了一个灰色的圆角矩形，可在未输入时展示该形状。正在输入时候的形状要改为蓝色的圆角矩形，其中轮廓线条的色值从aaaaaa（灰色）改成0000ff（蓝色），具体定义放在shape_edit_focus.xml。

接着编写编辑框背景的状态列表图形文件，主要在selector节点下添加两个item：一个item设置了获得焦点时（android:state_focused="true"）的图形为@drawable/shape_edit_focus；另一个item设置了图形@drawable/shape_edit_normal但未指定任何状态，表示其他情况都展示该图形。完整的状态列表图形定义示例如下：

```
（完整代码见chapter05\src\main\res\drawable\editext_selector.xml）
<selector xmlns:android="http://schemas.android.com/apk/res/android">
    <item android:state_focused="true"
          android:drawable="@drawable/shape_edit_focus” />
    <item android:drawable="@drawable/shape_edit_normal” />
</selector>
```

然后编写测试页面的XML布局文件，一共添加3个EditText标签：第一个EditText采用默认的编辑框背景；第二个EditText将background属性值设为@null，此时编辑框不显示任何背景；第三个EditText将background属性值设为@drawable/editext_selector，其背景由editext_selector.xml所定义的状态列表图形决定。详细的XML文件内容如下：

```
（完整代码见chapter05\src\res\layout\activity_edit_border.xml）
<LinearLayout xmlns:android="http://schemas.android.com/apk/res/android"
    android:layout_width="match_parent"
    android:layout_height="match_parent"
    android:orientation="vertical" >
    <EditText
        android:layout_width="match_parent"
        android:layout_height="wrap_content"
        android:inputType="text"
        android:hint="这是默认边框" />
    <EditText
        android:layout_width="match_parent"
        android:layout_height="wrap_content"
        android:inputType="text"
        android:hint="我的边框不见了"
        android:background="@null" />
    <EditText
        android:layout_width="match_parent"
        android:layout_height="wrap_content"
        android:inputType="text"
        android:hint="我的边框是圆角"
        android:background="@drawable/editext_selector" />
</LinearLayout>
```

最后运行测试App，更换背景之后的编辑框界面如图5-25所示，可见第三个编辑框的背景成功变为了圆角矩形边框。

图 5-25　更换背景后的编辑框样式

5.3.2 焦点变更监听器

虽然编辑框EditText提供了maxLength属性，用来设置可输入文本的最大长度，但是它没提供对应的minLength属性，也就无法设置可输入文本的最小长度。譬如手机号码为固定的11位数字，用户必须输满11位才是合法的，然而编辑框不会自动检查手机号码是否达到11位，即使用户少输入一位，编辑框依然认为这是合法的手机号。比如图5-26所示的登录页面，有手机号码编辑框，有密码编辑框，还有登录按钮。

图 5-26　简单的登录界面

既然编辑框不会自动校验手机号是否达到11位，势必要求代码另行检查。一种想法是在用户点击“登录”按钮时再判断，不过通常此时已经输完手机号与密码了。为什么不能在输入密码之前就判断手机号码的位数呢？早点检查可以帮助用户早点发现错误，特别是表单元素较多的时候，更能改善用户的使用体验。就上面的登录例子而言，手机号编辑框下方为密码框，那么能否给密码框注册点击事件，以便在用户准备输入密码时就校验手机号的位数呢？

然而实际运行App却发现，先输入手机号码再输入密码，一开始并不会触发密码框的点击事件，再次点击密码框才会触发点击事件。缘由是编辑框比较特殊，要点击两次后才会触发点击事件，因为第一次点击只触发焦点变更事件，第二次点击才触发点击事件。编辑框的焦点，直观上就看那个闪动的光标，哪个编辑框有光标，焦点就落在哪里。光标在编辑框之间切换，便产生了焦点变更事件，所以对于编辑框来说，应当注册焦点变更监听器，而非注册点击监听器。

焦点变更监听器来自接口View.OnFocusChangeListener，若想注册该监听器，就要调用编辑框对象的setOnFocusChangeListener方法，即可在光标切换之时（获得光标和失去光标）触发焦点变更事件。下面是给密码框注册焦点变更监听器的代码例子：

```
（完整代码见chapter05\src\main\java\com\example\chapter05\EditFocusActivity.java）
// 从布局文件中获取名为et_password的编辑框
EditText et_password = findViewById(R.id.et_password);
// 给编辑框注册一个焦点变化监听器，一旦焦点发生变化，就触发监听器的onFocusChange方法
 et_password.setOnFocusChangeListener(this);
```

以上代码把焦点变更监听器设置到当前页面，则还需让活动页面实现接口View.OnFocusChangeListener，并重写该接口定义的onFocusChange方法，判断如果是密码框获得焦点，就检查输入的手机号码是否达到11位。具体的焦点变更处理方法如下：

```
// 焦点变更事件的处理方法，hasFocus表示当前控件是否获得焦点
// 为什么光标进入事件不选onClick？因为要点两下才会触发onClick（第一下是切换焦点动作）
@Override
public void onFocusChange(View v, boolean hasFocus) {
    // 判断密码编辑框是否获得焦点。hasFocus为true表示获得焦点，为false表示失去焦点
    if (v.getId()==R.id.et_password && hasFocus) {
        String phone = et_phone.getText().toString();
        if (TextUtils.isEmpty(phone) || phone.length()<11) {  // 手机号不足11位
            // 手机号码编辑框请求焦点，也就是把光标移回手机号码编辑框
            et_phone.requestFocus();
            Toast.makeText(this, "请输入11位手机号码", Toast.LENGTH_SHORT).show();
        }
    }
}
```

改好代码重新运行App，当手机号不足11位时点击密码框，界面底部果然弹出了相应的提示文字，如图5-27所示，并且光标仍然留在手机号码编辑框，说明首次点击密码框的确触发了焦点变更事件。

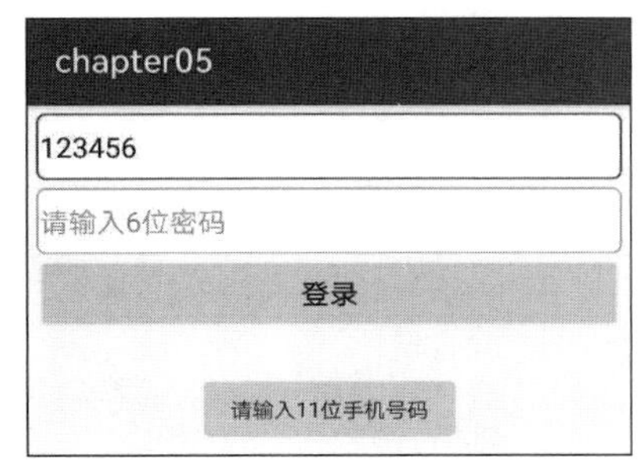

图 5-27　编辑框触发了焦点变更监听器

5.3.3　文本变化监听器

输入法的软键盘往往会遮住页面下半部分，使得“登录”“确认”“下一步”等按钮看不到了，用户若想点击这些按钮还得再点一次返回键才能关闭软键盘。为了方便用户操作，最好在满足特定条件时自动关闭软键

盘，比如手机号码输入满11位后自动关闭软键盘，又如密码输入满6位后自动关闭软键盘，等等。达到指定位数便自动关闭键盘的功能，可以再分解为两个独立的功能点：一个是如何关闭软键盘，另一个是如何判断已输入的文字是否达到指定位数。分别说明如下。

1. 如何关闭软键盘

诚然按下返回键就会关闭软键盘，但这是系统自己关闭的，而非开发者在代码中关闭的。因为输入法软键盘由系统服务INPUT_METHOD_SERVICE管理，所以关闭软键盘也要由该服务处理，下面是使用系统服务关闭软键盘的代码例子：

```
(完整代码见chapter05\src\main\java\com\example\chapter05\util\ViewUtil.java)
public static void hideOneInputMethod(Activity act, View v) {
    // 从系统服务中获取输入法管理器
    InputMethodManager imm = (InputMethodManager)
            act.getSystemService(Context.INPUT_METHOD_SERVICE);
    // 关闭屏幕上的输入法软键盘
    imm.hideSoftInputFromWindow(v.getWindowToken(), 0);
}
```

注意上述代码里面的视图对象v，虽然控件类型为View，但它必须是EditText类型才能正常关闭软键盘。

2. 如何判断已输入的文字是否达到指定位数

该功能点要求实时监控当前已输入的文本长度，这个监控操作用到文本监听器接口TextWatcher，该接口提供了3个监控方法，具体说明如下：

- beforeTextChanged：在文本改变之前触发。
- onTextChanged：在文本改变过程中触发。
- afterTextChanged：在文本改变之后触发。

具体到编码实现，需要自己写个监听器实现接口TextWatcher，再调用编辑框对象的addTextChangedListener方法注册文本监听器。监听操作建议在afterTextChanged方法中完成，如果同时监听11位的手机号码和6位的密码，一旦输入文字达到指定长度就关闭软键盘，则详细的监听器代码如下：

```
(完整代码见chapter05\src\main\java\com\example\chapter05\EditHideActivity.java)
// 定义一个编辑框监听器，在输入文本达到指定长度时自动隐藏输入法软键盘
private class HideTextWatcher implements TextWatcher {
    private EditText mView;  // 声明一个编辑框对象
    private int mMaxLength;  // 声明一个最大长度变量

    public HideTextWatcher(EditText v, int maxLength) {
        super();
        mView = v;
        mMaxLength = maxLength;
    }

    // 在编辑框的输入文本变化前触发
    public void beforeTextChanged(CharSequence s, int start, int count, int after) {}

    // 在编辑框的输入文本变化时触发
    public void onTextChanged(CharSequence s, int start, int before, int count) {}
```

```
        // 在编辑框的输入文本变化后触发
        public void afterTextChanged(Editable s) {
            String str = s.toString(); // 获得已输入的文本字符串
            // 输入文本达到11位（如手机号码），或者达到6位（如登录密码）时关闭输入法软键盘
            if ((str.length() == 11 && mMaxLength == 11)
                || (str.length() == 6 && mMaxLength == 6)) {
                // 隐藏输入法软键盘
                ViewUtil.hideOneInputMethod(EditHideActivity.this, mView);
            }
        }
    }
```

写好文本监听器代码，还要给手机号码编辑框和密码编辑框分别注册监听器，注册代码示例如下：

```
// 从布局文件中获取名为et_phone的手机号码编辑框
EditText et_phone = findViewById(R.id.et_phone);
// 从布局文件中获取名为et_password的密码编辑框
EditText et_password = findViewById(R.id.et_password);
// 给手机号码编辑框添加文本变化监听器
et_phone.addTextChangedListener(new HideTextWatcher(et_phone, 11));
// 给密码编辑框添加文本变化监听器
et_password.addTextChangedListener(new HideTextWatcher(et_password, 6));
```

然后运行测试App，先输入手机号码的前10位，因为还没达到11位，所以软键盘依然展示，如图5-28所示。接着输入最后一位手机号，总长度达到11位，于是软键盘自动关闭，如图5-29所示。

图 5-28　输入 10 位手机号码

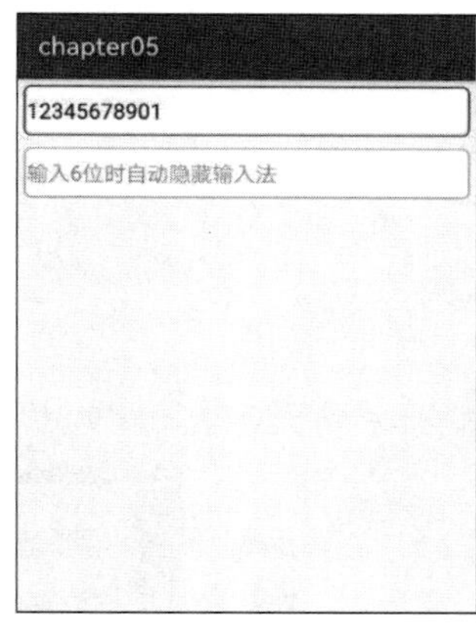

图 5-29　输入 11 位手机号码

5.4　对　话　框

本节介绍几种常用的对话框控件，包括：如何使用提醒对话框处理不同的选项，如何使用日期对话框获取用户选择的日期，如何使用时间对话框获取用户选择的时间。

5.4.1　提醒对话框 AlertDialog

AlertDialog名为提醒对话框，它是Android中最常用的对话框，可以完成常见的交互操作，例如提示、确认、选择等功能。由于AlertDialog没有公开的构造方法，因此必须借助建造器

AlertDialog.Builder才能完成参数设置，AlertDialog.Builder的常用方法说明如下。

- setIcon：设置对话框的标题图标。
- setTitle：设置对话框的标题文本。
- setMessage：设置对话框的内容文本。
- setPositiveButton：设置肯定按钮的信息，包括按钮文本和点击监听器。
- setNegativeButton：设置否定按钮的信息，包括按钮文本和点击监听器。
- setNeutralButton：设置中性按钮的信息，包括按钮文本和点击监听器，该方法比较少用。

通过AlertDialog.Builder设置完对话框参数，还需调用建造器的create方法才能生成对话框实例。最后调用对话框实例的show方法，在页面上弹出提醒对话框。

下面是构建并显示提醒对话框的Java代码例子：

```
(完整代码见chapter05\src\main\java\com\example\chapter05\AlertDialogActivity.java)
// 创建提醒对话框的建造器
AlertDialog.Builder builder = new AlertDialog.Builder(this);
builder.setTitle("尊敬的用户");                    // 设置对话框的标题文本
builder.setMessage("你真的要卸载我吗？");           // 设置对话框的内容文本
// 设置对话框的肯定按钮文本及其点击监听器
builder.setPositiveButton("残忍卸载", new DialogInterface.OnClickListener() {
    public void onClick(DialogInterface dialog, int which) {
        tv_alert.setText("虽然依依不舍，但是只能离开了");
    }
});
// 设置对话框的否定按钮文本及其点击监听器
builder.setNegativeButton("我再想想", new DialogInterface.OnClickListener() {
    public void onClick(DialogInterface dialog, int which) {
        tv_alert.setText("让我再陪你三百六十五个日夜");
    }
});
AlertDialog alert = builder.create();             // 根据建造器构建提醒对话框对象
alert.show();                                     // 显示提醒对话框
```

提醒对话框的弹窗效果如图5-30所示，可见该对话框有标题和内容，还有两个按钮。

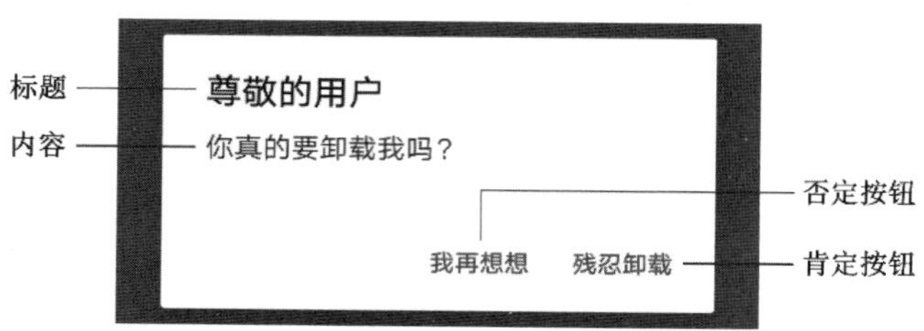

图 5-30　提醒对话框的弹窗效果

点击不同的对话框按钮会触发不同的处理逻辑。例如，图5-31为点击“我再想想”按钮后的页面，图5-32为点击“残忍卸载”按钮后的页面。

图 5-31　点击“我再想想”按钮后的页面

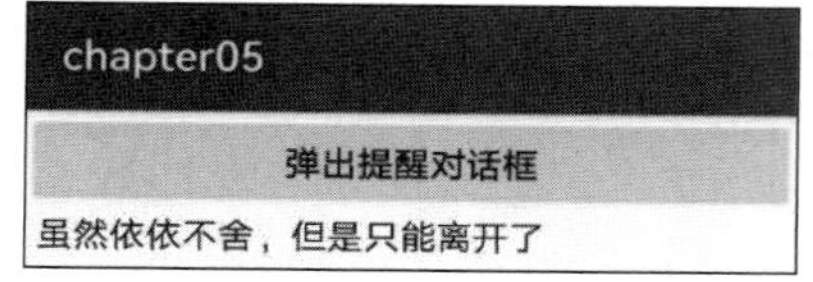

图 5-32　点击“残忍卸载”按钮后的页面

5.4.2　日期对话框 DatePickerDialog

虽然EditText提供了inputType="date"的日期输入，但是很少有人会手工输入完整日期，况且EditText还不支持"****年**月**日"这样的中文日期，所以系统提供了专门的日期选择器DatePicker，供用户选择具体的年、月、日。不过，DatePicker并非弹窗模式，而是在当前页面占据一块区域，并且不会自动关闭。按习惯来说，日期控件应该弹出对话框，选择完日期就要自动关闭对话框。因此，很少直接在界面上显示DatePicker，而是利用已经封装好的日期选择对话框DatePickerDialog。

DatePickerDialog相当于在AlertDialog上装载了DatePicker，编码时只需调用构造方法设置当前的年、月、日，然后调用show方法即可弹出日期对话框。日期选择事件则由监听器OnDateSetListener负责响应，在该监听器的onDateSet方法中，开发者获取用户选择的具体日期，再做后续处理。特别注意onDateSet的月份参数，它的起始值不是1而是0。也就是说，一月份对应的参数值为0，十二月份对应的参数值为11，中间月份的数值以此类推。

在界面上内嵌显示DatePicker的效果如图5-33所示，其中，年、月、日通过上下滑动选择。单独弹出日期对话框的效果如图5-34所示，其中年、月、日按照日历风格展示。

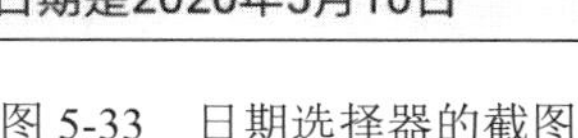

图 5-33　日期选择器的截图

图 5-34　日期对话框的截图

下面是使用日期对话框的Java代码例子，包括弹出日期对话框和处理日期监听事件：

```
(完整代码见chapter05\src\main\java\com\example\chapter05\DatePickerActivity.java)
// 该页面类实现了接口OnDateSetListener，意味着要重写日期监听器的onDateSet方法
public class DatePickerActivity extends AppCompatActivity implements
        View.OnClickListener, DatePickerDialog.OnDateSetListener {
    private TextView tv_date; // 声明一个文本视图对象

    @Override
    protected void onCreate(Bundle savedInstanceState) {
        super.onCreate(savedInstanceState);
        setContentView(R.layout.activity_date_picker);
        tv_date = findViewById(R.id.tv_date);
        findViewById(R.id.btn_date).setOnClickListener(this);
    }
```

```
    @Override
    public void onClick(View v) {
        if (v.getId() == R.id.btn_date) {
            // 获取日历的一个实例，里面包含了当前的年月日
            Calendar calendar = Calendar.getInstance();
            // 构建一个日期对话框，该对话框已经集成了日期选择器。
            // DatePickerDialog的第二个构造参数指定了日期监听器
            DatePickerDialog dialog = new DatePickerDialog(this, this,
                    calendar.get(Calendar.YEAR),              // 年份
                    calendar.get(Calendar.MONTH),             // 月份
                    calendar.get(Calendar.DAY_OF_MONTH));     // 日期
            dialog.show();                                    // 显示日期对话框
        }
    }

    // 一旦点击日期对话框上的确定按钮，就会触发监听器的onDateSet方法
    @Override
    public void onDateSet(DatePicker view, int year, int monthOfYear, int dayOfMonth)
{
        // 获取日期对话框设定的年份、月份
        String desc = String.format("您选择的日期是%d年%d月%d日",
                year, monthOfYear + 1, dayOfMonth);
        tv_date.setText(desc);
    }
}
```

5.4.3 时间对话框 TimePickerDialog

既然有了日期选择器，还得有对应的时间选择器。同样，在实际开发中也很少直接用TimePicker，而是用封装好的时间选择对话框TimePickerDialog。该对话框的用法类似DatePickerDialog，不同之处主要有两个：

（1）构造方法传入的是当前的小时与分钟，最后一个参数表示是否采取24小时制，一般为true表示小时的数值范围为0～23；若为false则表示采取12小时制。

（2）时间选择监听器为OnTimeSetListener，对应需要实现onTimeSet方法，在该方法中可获得用户选择的小时和分钟。

在界面上内嵌显示TimePicker的效果如图5-35所示，其中，小时与分钟可通过上下滑动选择。单独弹出时间对话框的效果如图5-36所示，其中小时与分钟按照钟表风格展示。

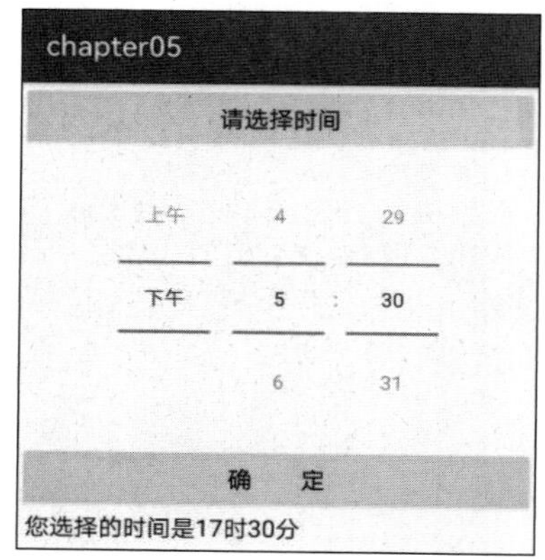

图 5-35 时间选择器的截图

图 5-36 时间对话框的截图

下面是使用时间对话框的Java代码例子，包括弹出时间对话框和处理时间监听事件：

```
(完整代码见chapter05\src\main\java\com\example\chapter05\TimePickerActivity.java)
// 该页面类实现了接口OnTimeSetListener，意味着要重写时间监听器的onTimeSet方法
public class TimePickerActivity extends AppCompatActivity implements
        View.OnClickListener, TimePickerDialog.OnTimeSetListener {
    private TextView tv_time;  // 声明一个文本视图对象

    @Override
    protected void onCreate(Bundle savedInstanceState) {
        super.onCreate(savedInstanceState);
        setContentView(R.layout.activity_time_picker);
        tv_time = findViewById(R.id.tv_time);
        findViewById(R.id.btn_time).setOnClickListener(this);
    }

    @Override
    public void onClick(View v) {
        if (v.getId() == R.id.btn_time) {
            // 获取日历的一个实例，里面包含了当前的时、分、秒
            Calendar calendar = Calendar.getInstance();
            // 构建一个时间对话框，该对话框已经集成了时间选择器
            // TimePickerDialog的第二个构造参数指定了时间监听器
            TimePickerDialog dialog = new TimePickerDialog(this, this,
                    calendar.get(Calendar.HOUR_OF_DAY),          // 小时
                    calendar.get(Calendar.MINUTE),               // 分钟
                    true);                               // true表示24小时制，false表示12小时制
            dialog.show();                               // 显示时间对话框
        }
    }

    // 一旦点击时间对话框上的确定按钮，就会触发监听器的onTimeSet方法
    @Override
    public void onTimeSet(TimePicker view, int hourOfDay, int minute) {
        // 获取时间对话框设定的小时和分钟
        String desc = String.format("您选择的时间是%d时%d分", hourOfDay, minute);
        tv_time.setText(desc);
    }
}
```

5.5　实战项目：找回密码

在移动互联网时代，用户是每家IT企业最宝贵的资源，对于App而言，吸引用户注册并登录是万分紧要之事，因为用户登录之后才有机会产生商品交易。登录校验通常是用户名+密码组合，可是每天总有部分用户忘记密码，为此要求App提供找回密码的功能。如何简化密码找回步骤，同时兼顾安全性，就是一个值得认真思考的问题。

5.5.1　需求描述

各家电商App的登录页面大同小异，要么是用户名与密码组合登录，要么是手机号码与验证码组合登录，若是做好一点的，还会提供找回密码与记住密码等功能。先来看一下登录页面是什么样，因为有两种组合登录方式，所以登录页面也分成两个效果图。如图5-37所示，这是选中密码登录时的界面；如图5-38所示，这是选中验证码登录时的界面。

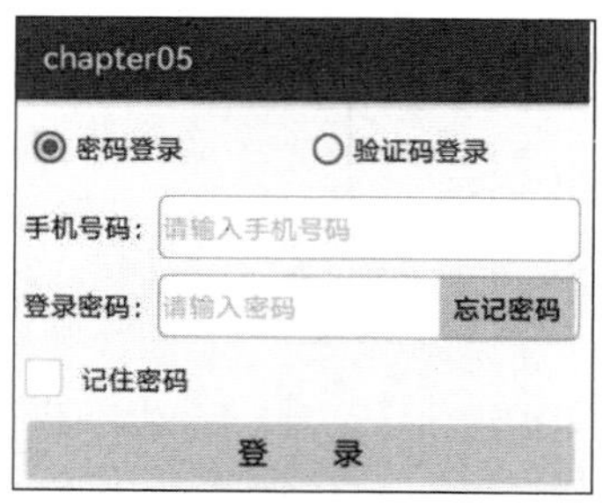

图 5-37　选中密码登录方式时的界面

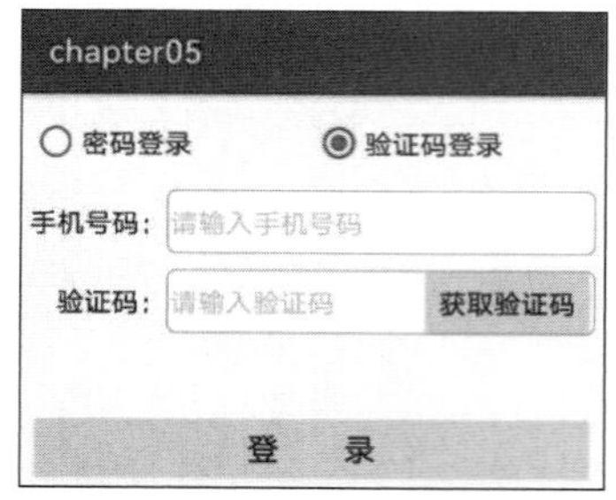

图 5-38　选中验证码登录时的界面

从以上两个登录效果图可以看到，密码登录与验证码登录的界面主要存在以下几点区别：

（1）密码输入框和验证码输入框的左侧标题以及输入框内部的提示语各不相同。

（2）如果是密码登录，则需要支持找回密码；如果是验证码登录，则需要支持向用户手机发送验证码。

（3）密码登录可以提供记住密码功能，而验证码的数值每次都不一样，无须也没法记住验证码。

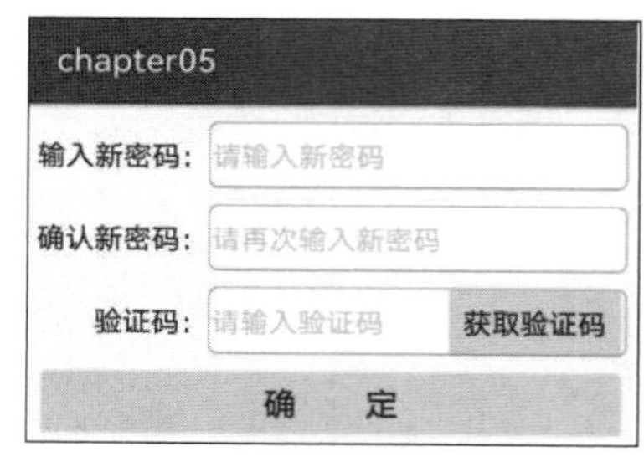

图 5-39　找回密码的界面效果

对于找回密码功能，一般直接跳转到找回密码页面，在该页面输入和确认新密码，并校验找回密码的合法性（通过短信验证码检查），据此勾勒出密码找回页面的轮廓概貌，如图5-39所示。

在找回密码的操作过程当中，为了更好地增强用户体验，有必要在几个关键节点处提醒用户。比如成功发送验证码之后，要及时提示用户注意查收短信，这里暂且做成提醒对话框的形式，如图5-40所示。又比如密码登录成功之后，也要告知用户已经修改成功登录，注意继续后面的操作，登录成功的提示弹窗如图5-41所示。

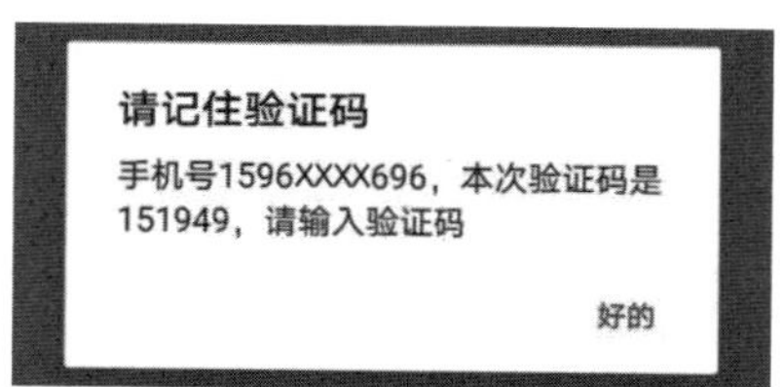

图 5-40　发送验证码的提醒对话框

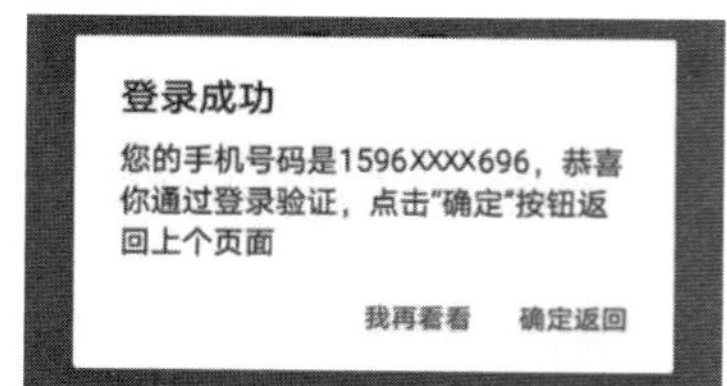

图 5-41　登录成功后的提醒对话框

真是想不到，原来简简单单的一个登录功能，就得考虑这么多的需求场景。可是仔细想想，这些需求场景都是必要的，其目的是为了让用户能够更加便捷地顺利登录。正所谓“台上十分钟，台下十年功”，每个好用的App背后，都离不开开发者十年如一日的辛勤工作。

5.5.2　界面设计

用户登录与找回密码界面看似简单，用到的控件却不少。按照之前的界面效果图，大致从上到下、从左到右分布着下列Android控件：

- 单选按钮RadioButton：用来区分是密码登录还是验证码登录。
- 文本视图TextView：输入框左侧要显示此处应该输入什么信息。

- 编辑框EditText：用来输入手机号码、密码和验证码。
- 复选框CheckBox：用于判断是否记住密码。
- 按钮Button：除了“登录”按钮，还有“忘记密码”和“获取验证码”两个按钮。
- 线性布局LinearLayout：整体界面从上往下排列，用到了垂直方向的线性布局。
- 相对布局RelativeLayout：忘记密码的按钮与密码输入框是叠加的，且“忘记密码”与上级视图右对齐。
- 单选组RadioGroup：密码登录和验证码登录这两个单选按钮，需要放在单选组之中。
- 提醒对话框AlertDialog：为了演示方便，获取验证码与登录成功都通过提醒对话框向用户反馈结果。

另外，由于整个登录模块由登录页面和找回密码页面组成，因此这两个页面之间需要进行数据交互，也就是在页面跳转之时传递参数。譬如，从登录页面跳转到找回密码页面，要携带唯一标识的手机号码作为请求参数，不然密码找回页面不知道要给哪个手机号码修改密码。同时，从找回密码页面回到登录页面，也要将修改之后的新密码作为应答参数传回去，否则登录页面不知道密码被改成什么了。

5.5.3 关键代码

为了方便读者更好更快地完成登录页面与找回密码页面，下面列举几个重要功能的代码片段。

1. 关于自动清空错误的密码

这里有个细微的用户体验问题：用户会去找回密码，肯定是发现输入的密码不对；那么修改密码后回到登录页面，如果密码框里还是刚才的错误密码，用户只能先清空错误密码，然后才能输入新密码。一个App要想让用户觉得好用，就得急用户之所急，想用户之所想，像刚才那个错误密码的情况，应当由App在返回登录页面时自动清空原来的错误密码。

自动清空密码框的操作，放在onActivityResult方法中处理是个办法，但这样有个问题，如果用户直接按返回键回到登录页面，那么onActivityResult方法发现数据为空便不做处理。因此应该这么处理：判断当前是否为返回页面动作，只要是从找回密码页面返回到当前页面，则不管是否携带应答参数，都要自动清空密码输入框。对应的Java代码则为重写登录页面的onRestart方法，在该方法中强制清空密码。这样一来，不管用户是修改密码完成回到登录页面，还是点击返回键回到登录页面，App都会自动清空密码框了。

下面是重写onRestart方法之后的代码例子：

```
（完整代码见chapter05\src\main\java\com\example\chapter05\LoginMainActivity.java）
// 从修改密码页面返回登录页面，要清空密码的输入框
@Override
protected void onRestart() {
    super.onRestart();
    et_password.setText("");
}
```

2. 关于自动隐藏输入法面板

在输入手机号码或者密码的时候，屏幕下方都会弹出输入法面板，供用户按键输入数字和字母。但是输入法面板往往占据屏幕下方大块空间，很是碍手碍脚，用户输入完11位的手机号码时，

还得再按一下返回键来关闭输入法面板，接着才能继续输入密码。理想的做法是：一旦用户输完11位手机号码，App就要自动隐藏输入法面板。同理，一旦用户输完6位密码或者6位验证码，App也要自动隐藏输入法面板。要想让App具备这种智能的判断功能，就得给文本编辑框添加监听器，只要当前编辑框输入文本长度达到11位或者和6位，App就自动隐藏输入法面板。

下面是实现自动隐藏软键盘的监听器代码例子：

```
（完整代码见chapter05\src\main\java\com\example\chapter05\LoginMainActivity.java）
// 定义一个编辑框监听器，在输入文本达到指定长度时自动隐藏输入法软键盘
private class HideTextWatcher implements TextWatcher {
    private EditText mView;  // 声明一个编辑框对象
    private int mMaxLength;  // 声明一个最大长度变量

    public HideTextWatcher(EditText v, int maxLength) {
        super();
        mView = v;
        mMaxLength = maxLength;
    }

    // 在编辑框的输入文本变化前触发
    public void beforeTextChanged(CharSequence s, int start, int count, int after) {}

    // 在编辑框的输入文本变化时触发
    public void onTextChanged(CharSequence s, int start, int before, int count) {}

    // 在编辑框的输入文本变化后触发
    public void afterTextChanged(Editable s) {
        String str = s.toString();  // 获得已输入的文本字符串
        // 输入文本达到11位（如手机号码），或者达到6位（如登录密码）时关闭输入法软键盘
        if ((str.length() == 11 && mMaxLength == 11)
                || (str.length() == 6 && mMaxLength == 6)) {
            // 隐藏输入法软键盘
            ViewUtil.hideOneInputMethod(LoginMainActivity.this, mView);
        }
    }
}
```

3. 关于密码修改的校验操作

由于密码对于用户来说是很重要的信息，因此必须认真校验新密码的合法性，务必做到万无一失。具体的密码修改校验可分作下列4个步骤：

（1）新密码和确认输入的新密码都要是6位数字。

（2）新密码和确认输入的新密码必须保持一致。

（3）用户输入的验证码必须和系统下发的验证码一致。

（4）密码修改成功，携带修改后的新密码返回登录页面。

根据以上的校验步骤，对应的代码逻辑示例如下：

```
（完整代码见chapter05\src\main\java\com\example\chapter05\LoginForgetActivity.java）
String password_first = et_password_first.getText().toString();
String password_second = et_password_second.getText().toString();
if (password_first.length() < 6 || password_second.length() < 6) {
    Toast.makeText(this, "请输入正确的新密码", Toast.LENGTH_SHORT).show();
    return;
}
if (!password_first.equals(password_second)) {
```

```
        Toast.makeText(this, "两次输入的新密码不一致", Toast.LENGTH_SHORT).show();
        return;
    }
    if (!et_verifycode.getText().toString().equals(mVerifyCode)) {
        Toast.makeText(this, "请输入正确的验证码", Toast.LENGTH_SHORT).show();
    } else {
        Toast.makeText(this, "密码修改成功", Toast.LENGTH_SHORT).show();
        // 以下把修改好的新密码返回给上一个页面
        Intent intent = new Intent(); // 创建一个新意图
        intent.putExtra("new_password", password_first); // 存入新密码
        setResult(Activity.RESULT_OK, intent); // 携带意图返回上一个页面
        finish(); // 结束当前的活动页面
    }
```

5.6 小　　结

本章主要介绍了App开发的中级控件的相关知识，包括：定制简单的图形（图形的基本概念、形状图形、九宫格图片、状态列表图形）、操纵几种选择按钮（复选框CheckBox、开关按钮Switch、单选按钮RadioButton）、高效地输入文本（编辑框EditText、焦点变更监听器、文本变化监听器）、获取对话框的选择结果（提醒对话框AlertDialog、日期对话框DatePickerDialog、时间对话框TimePickerDialog）。最后设计了一个实战项目“找回密码”，在该项目的App编码中用到了前面介绍的大部分控件，从而加深了对所学知识的理解。

通过本章的学习，读者应该能掌握以下4种开发技能：

（1）学会定制几种简单的图形。

（2）学会操纵常见的选择按钮。

（3）学会高效且合法地输入文本。

（4）学会通过对话框获取用户选项。

5.7 动 手 练 习

请上机实验本章的找回密码项目，其中登录操作支持“用户名+密码”和“手机号+验证码”两种方式，同时支持通过验证码重置密码。

第 6 章

数据存储

本章介绍Android的4种存储方式的用法，包括键值对方式（共享参数和数据仓库）、数据库SQLite、存储卡文件、App的全局内存；另外介绍Android重要组件——Application的基本概念与常见用法，以及如何利用内容组件在应用之间共享数据。最后，结合本章所学的知识演示实战项目“购物车”的设计与实现。

6.1 键 值 对

本节介绍Android的键值对存储方式的使用方法，包括：如何将数据保存到共享参数，如何从共享参数读取数据，如何使用共享参数实现登录页面的记住密码功能，如何使用Jetpack集成的数据仓库。

6.1.1 共享参数的用法

SharedPreferences是Android的一个轻量级存储工具，它采用的存储结构是Key-Value的键值对方式，类似于Java的Properties，二者都是把Key-Value的键值对保存在配置文件中。不同的是，Properties的文件内容形如Key=Value，而SharedPreferences的存储介质是XML文件，且以XML标记保存键值对。保存共享参数键值对信息的文件路径为：/data/data/应用包名/shared_prefs/文件名.xml。下面是一个共享参数的XML文件例子：

```
<?xml version='1.0' encoding='utf-8' standalone='yes' ?>
<map>
   <string name="name">Mr Lee</string>
   <int name="age" value="30" />
   <boolean name="married" value="true" />
   <float name="weight" value="100.0" />
</map>
```

基于XML格式的特点，共享参数主要用于如下场合：

（1）简单且孤立的数据。若是复杂且相互关联的数据，则要保存在关系数据库中。

（2）文本形式的数据。若是二进制数据，则要保存至文件。

（3）需要持久化存储的数据。App退出后再次启动时，之前保存的数据仍然有效。

在实际开发中，共享参数经常存储的数据包括：App的个性化配置信息、用户使用App的行为信息、临时需要保存的片段信息等。

共享参数对数据的存储和读取操作类似于Map，也有存储数据的put方法，以及读取数据的get方法。调用getSharedPreferences方法可以获得共享参数实例，获取代码示例如下：

```
// 从share.xml获取共享参数实例
SharedPreferences shared = getSharedPreferences("share", MODE_PRIVATE);
```

由以上代码可知，getSharedPreferences方法的第一个参数是文件名，填share表示共享参数的文件名是share.xml；第二个参数是操作模式，填MODE_PRIVATE表示私有模式。

往共享参数存储数据要借助于Editor类，保存数据的代码示例如下：

```
(完整代码见chapter06\src\main\java\com\example\chapter06\ShareWriteActivity.java)
SharedPreferences.Editor editor = shared.edit();      // 获得编辑器的对象
editor.putString("name", "Mr Lee");                   // 添加一个名为name的字符串参数
editor.putInt("age", 30);                             // 添加一个名为age的整型参数
editor.putBoolean("married", true);                   // 添加一个名为married的布尔型参数
editor.putFloat("weight", 100f);                      // 添加一个名为weight的浮点数参数
editor.commit();                                      // 提交编辑器中的修改
```

注意上述代码采用了commit方法提交修改，该方法会把数据直接写入磁盘。如果想要更好的性能，可将commit方法改为apply方法，该方法的提交操作会先将数据写入内存，然后异步把数据写入磁盘。

从共享参数读取数据相对简单，直接调用共享参数实例的get***方法即可读取键值，注意get***方法的第二个参数表示默认值。读取数据的代码示例如下：

```
(完整代码见chapter06\src\main\java\com\example\chapter06\ShareReadActivity.java)
String name = shared.getString("name", "");       // 从共享参数获取名为name的字符串
int age = shared.getInt("age", 0);                // 从共享参数获取名为age的整型数
// 从共享参数获取名为married的布尔值
boolean married = shared.getBoolean("married", false);
// 从共享参数获取名为weight的浮点数
float weight = shared.getFloat("weight", 0);
```

下面通过测试页面演示共享参数的存取过程：先在编辑页面录入用户注册信息，点击保存按钮把数据提交至共享参数，如图6-1所示；再到查看页面浏览用户注册信息，App从共享参数中读取各项数据，并将注册信息显示在页面上，如图6-2所示。

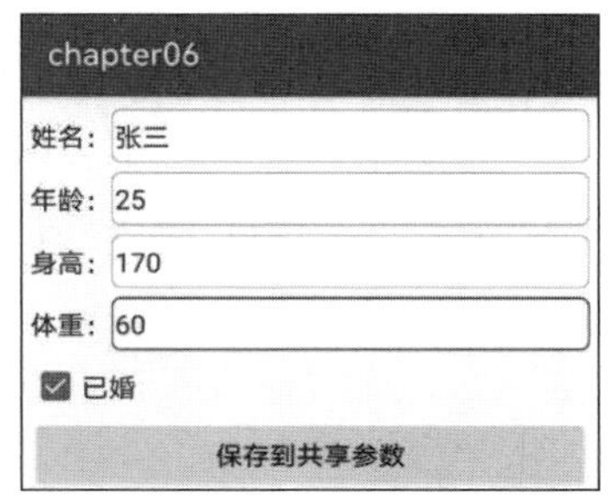

图 6-1　把注册信息写入共享参数

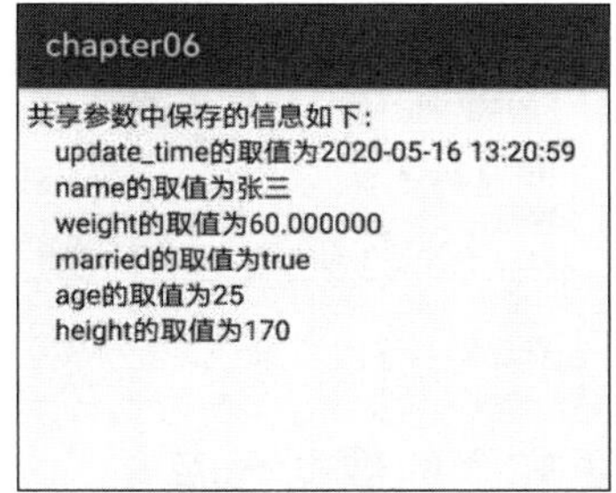

图 6-2　从共享参数读取注册信息

6.1.2　实现记住密码功能

在上一章末尾的实战项目中，登录页面下方有一个“记住密码”复选框，当时只是为了演示

控件的用法，并未真正记住密码。因为用户退出后重新进入登录页面，App没有回忆起上次的登录密码。现在利用共享参数改造该项目，使之实现记住密码的功能。

改造的内容主要有下列3处：

（1）声明一个共享参数对象，并在onCreate中调用getSharedPreferences方法获取共享参数的实例。

（2）登录成功时，如果用户勾选了“记住密码”复选框，就使用共享参数保存手机号码与密码。也就是在loginSuccess方法中增加以下代码：

```
(完整代码见chapter06\src\main\java\com\example\chapter06\LoginShareActivity.java)
// 如果勾选了“记住密码”复选框，就把手机号码和密码都保存到共享参数中
if (bRemember) {
    SharedPreferences.Editor editor = mShared.edit();  // 获得编辑器的对象
    // 添加名为phone的手机号码
    editor.putString("phone", et_phone.getText().toString());
    // 添加名为password的密码
    editor.putString("password", et_password.getText().toString());
    editor.commit();  // 提交编辑器中的修改
}
```

（3）再次打开登录页面时，App从共享参数中读取手机号码与密码，并自动填入编辑框。也就是在onCreate方法中增加以下代码：

```
// 从share_login.xml获取共享参数实例
mShared = getSharedPreferences("share_login", MODE_PRIVATE);
String phone = mShared.getString("phone", "");              // 获取共享参数保存的手机号码
String password = mShared.getString("password", "");        // 获取共享参数保存的密码
et_phone.setText(phone);              // 在手机号码编辑框中填写上次保存的手机号
et_password.setText(password);        // 在密码编辑框中填写上次保存的密码
```

代码修改完毕，只要用户上次登录成功时勾选了“记住密码”复选框，下次进入登录页面后App就会自动填写上次登录的手机号码与密码。具体的效果如图6-3和图6-4所示。其中，图6-3为用户首次登录成功的界面，此时勾选了“记住密码”复选框；图6-4为用户再次进入登录的界面，因为上次登录成功时已经记住密码，所以这次页面会自动填充保存的登录信息。

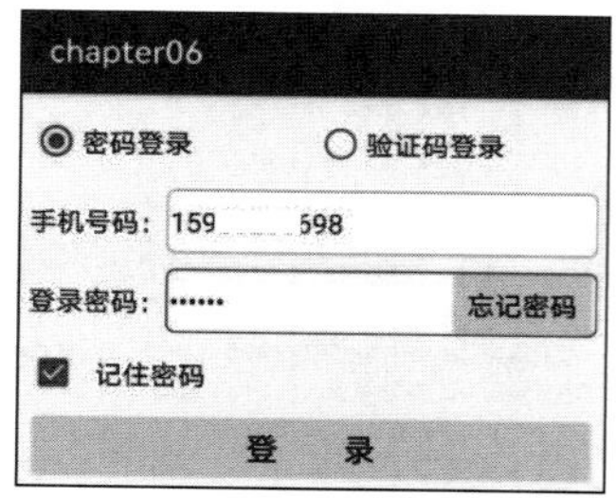

图 6-3　首次登录成功的界面

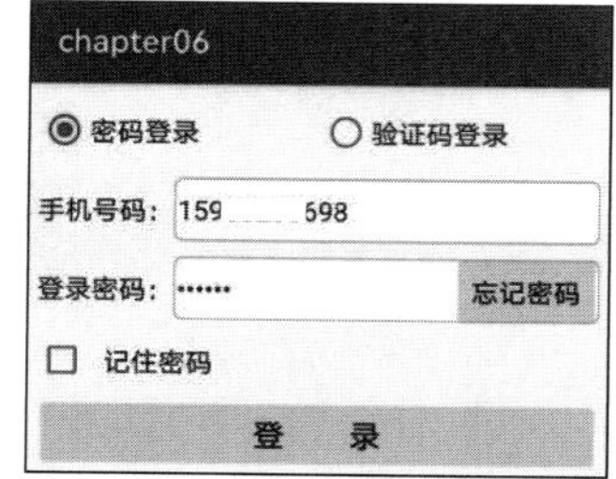

图 6-4　再次进入登录的界面

6.1.3　更安全的数据仓库

虽然SharedPreferences用起来比较方便，但是在一些特殊场景会产生问题。比如共享参数保存的数据较多时，初始化共享参数会把整个文件加载进内存，加载耗时可能导致主线程堵塞。又如在调用apply方法保存数据时，频繁apply容易导致线程等待超时。为此Android官方推出了数据仓库DataStore，并将其作为Jetpack库的基础组件。DataStore提供了两种实现方式，分别是Preferences

DataStore和Proto DataStore，前者采用键值对存储数据，后者采用自定义类型存储数据。其中Preferences DataStore可以直接替代SharedPreferences。

由于DataStore并未集成到SDK中，而是作为第三方框架提供，因此首先要修改模块的build.gradle文件，往dependencies节点添加下面两行配置，表示导入指定版本的DataStore库：

```
implementation "androidx.datastore:datastore-preferences:1.0.0"
implementation "androidx.datastore:datastore-preferences-rxjava2:1.0.0"
```

数据仓库的用法类似于共享参数，首先要指定仓库名称，并创建仓库实例，示例代码如下：

```
(完整代码见chapter06\src\main\java\com\example\chapter06\util\DatastoreUtil.java)
private RxDataStore<Preferences> mDataStore;  // 声明一个数据仓库实例

private DatastoreUtil(Context context) {
    mDataStore = new RxPreferenceDataStoreBuilder(
         context.getApplicationContext(), "datastore").build();
}

// 获取数据仓库工具的实例
public static DatastoreUtil getInstance(Context context) {
    if (instance == null) {
        instance = new DatastoreUtil(context);
    }
    return instance;
}
```

其次从仓库实例中获取指定键名的数据，下面的代码模板演示了如何从数据仓库中读取字符串值：

```
// 获取指定名称的字符串值
public String getStringValue(String key) {
    Preferences.Key<String> keyId = PreferencesKeys.stringKey(key);
    Flowable<String> flow = mDataStore.data().map(prefs -> prefs.get(keyId));
    try {
        return flow.blockingFirst();
    } catch (Exception e) {
        return "";
    }
}
```

最后往仓库实例写入指定键值，下面的代码模板演示了如何将字符串值写入数据仓库：

```
// 设置指定名称的字符串值
public void setStringValue(String key, String value) {
    Preferences.Key<String> keyId = PreferencesKeys.stringKey(key);
    Single<Preferences> result = mDataStore.updateDataAsync(prefs -> {
        MutablePreferences mutablePrefs = prefs.toMutablePreferences();
        mutablePrefs.set(keyId, value);
        return Single.just(mutablePrefs);
    });
}
```

前面把数据仓库的初始化以及读写操作封装在DatastoreUtil中，接下来通过该工具类即可方便地访问数据仓库了。往数据仓库保存数据的代码示例如下：

```
(完整代码见chapter06\src\main\java\com\example\chapter06\DatastoreWriteActivity.java)
// 获取数据仓库工具的实例
DatastoreUtil datastore = DatastoreUtil.getInstance(this);
datastore.setStringValue("name", name);  // 添加一个名叫name的字符串
// 添加一个名叫age的整数
```

```
datastore.setIntValue("age", Integer.parseInt(age));
// 添加一个名叫height的整数
datastore.setIntValue("height", Integer.parseInt(height));
// 添加一个名叫weight的双精度数
datastore.setDoubleValue("weight", Double.parseDouble(weight));
// 添加一个名叫married的布尔值
datastore.setBooleanValue("married", isMarried);
datastore.setStringValue("update_time",
            DateUtil.getNowDateTime("yyyy-MM-dd HH:mm:ss"));
```

从数据仓库获取数据的代码示例如下：

```
(完整代码见chapter06\src\main\java\com\example\chapter06\DatastoreReadActivity.java)
// 从数据仓库中读取信息
private void readDatastore() {
    // 获取数据仓库工具的实例
    DatastoreUtil datastore = DatastoreUtil.getInstance(this);
    String desc = "数据仓库中保存的信息如下：";
    desc = String.format("%s\n  %s为%s", desc, "姓名",
            datastore.getStringValue("name"));
    desc = String.format("%s\n  %s为%d", desc, "年龄",
            datastore.getIntValue("age"));
    desc = String.format("%s\n  %s为%d", desc, "身高",
            datastore.getIntValue("height"));
    desc = String.format("%s\n  %s为%.2f", desc, "体重",
            datastore.getDoubleValue("weight"));
    desc = String.format("%s\n  %s为%b", desc, "婚否",
            datastore.getBooleanValue("married"));
    desc = String.format("%s\n  %s为%s", desc, "更新时间",
            datastore.getStringValue("update_time"));
    tv_data.setText(desc);
}
```

运行测试App，先打开记录保存页面，填写数据后点击“保存到数据仓库”按钮，此时保存界面如图6-5所示。然后打开记录获取界面，看到记录获取结果如图6-6所示，说明成功实现了数据仓库的读写功能。

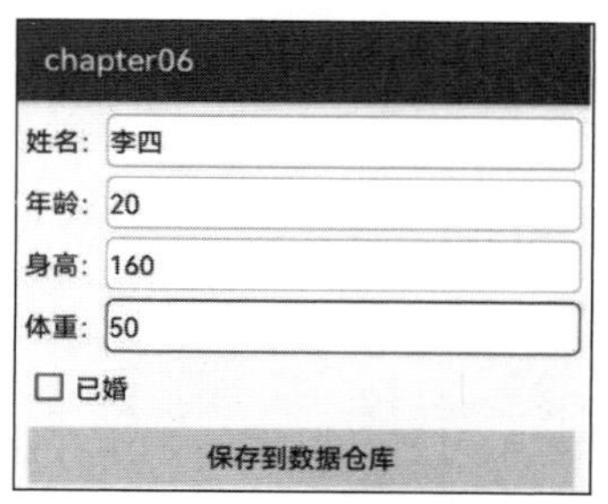

图 6-5　将登录信息保存到数据仓库

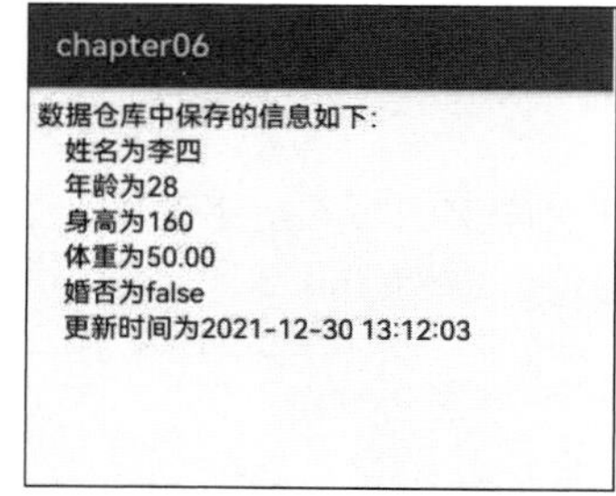

图 6-6　从数据仓库读取登录信息

6.2 数　据　库

本节介绍Android的数据库存储方式——SQLite的使用方法，包括：SQLite用到了哪些SQL语法，如何使用数据库管理器操纵SQLite，如何使用数据库帮助器简化数据库操作，以及如何利用SQLite改进登录页面的记住密码功能。

6.2.1 SQL的基本语法

SQL本质上是一种编程语言，它的学名叫作“结构化查询语言”（全称为Structured Query Language，简称SQL）。不过SQL语言并非通用的编程语言，它专用于数据库的访问和处理，更像是一种操作命令，所以常说SQL语句而不说SQL代码。标准的SQL语句分为3类：数据定义、数据操纵和数据控制。但不同的数据库往往有自己的实现。

SQLite是一种小巧的嵌入式数据库，使用方便、开发简单。如同MySQL、Oracle那样，SQLite也采用SQL语句管理数据，由于它属于轻型数据库，不涉及复杂的数据控制操作，因此App开发只用到数据定义和数据操纵两类SQL语句。此外，SQLite的SQL语法与通用的SQL语法略有不同，接下来介绍的两类SQL语法全部基于SQLite。

1. 数据定义语言

数据定义语言（全称Data Definition Language，简称DDL）描述了怎样变更数据实体的框架结构。就SQLite而言，DDL语言主要包括3种操作：创建表格、删除表格、修改表结构，分别说明如下。

（1）创建表格

表格的创建动作由create命令完成，格式为“CREATE TABLE IF NOT EXISTS 表格名称 (以逗号分隔的各字段定义);”。以用户信息表为例，它的建表语句如下：

```
CREATE TABLE IF NOT EXISTS user_info (
    _id INTEGER PRIMARY KEY AUTOINCREMENT NOT NULL,
    name VARCHAR NOT NULL, age INTEGER NOT NULL,
    height LONG NOT NULL, weight FLOAT NOT NULL,
    married INTEGER NOT NULL, update_time VARCHAR NOT NULL);
```

上面的SQL语法与其他数据库的SQL语法有所出入，相关的注意点说明见下：

① SQL语句不区分大小写，无论是create与table这类关键词，还是表格名称、字段名称，都不区分大小写。唯一区分大小写的是被单引号括起来的字符串值。

② 为避免重复建表，应加上IF NOT EXISTS关键词，例如CREATE TABLE IF NOT EXISTS 表格名称 ……

③ SQLite支持整型INTEGER、长整型LONG、字符串VARCHAR、浮点数FLOAT，但不支持布尔类型。布尔类型的数据要使用整型保存，如果直接保存布尔数据，在入库时SQLite会自动将它转为0或1，其中0表示false，1表示true。

④ 建表时需要唯一标识字段，它的字段名为_id。创建新表都要加上该字段定义，例如_id INTEGER PRIMARY KEY AUTOINCREMENT NOT NULL。

（2）删除表格

表格的删除动作由drop命令完成，格式为“DROP TABLE IF EXISTS 表格名称;”。下面是删除用户信息表的SQL语句例子：

```
DROP TABLE IF EXISTS user_info;
```

（3）修改表结构

表格的修改动作由alter命令完成，格式为“ALTER TABLE 表格名称 修改操作;”。不过SQLite只支持增加字段，不支持修改字段，也不支持删除字段。对于字段增加操作，需要在alter之后补充add命令，具体格式如“ALTER TABLE 表格名称 ADD COLUMN 字段名称 字段类型;”。下面是给用户信息表增加手机号字段的SQL语句例子：

```
ALTER TABLE user_info ADD COLUMN phone VARCHAR;
```

注　意
SQLite 的 alter 命令每次只能添加一列字段，若要添加多列，就得分多次添加。

2. 数据操纵语言

数据操纵语言（全称Data Manipulation Language，简称DML）描述了怎样处理数据实体的内部记录。表格记录的操作类型包括添加、删除、修改、查询4类，分别说明如下：

（1）添加记录

记录的添加动作由insert命令完成，格式为“INSERT INTO 表格名称 (以逗号分隔的字段名列表) VALUES (以逗号分隔的字段值列表);”。下面是往用户信息表插入一条记录的SQL语句例子：

```
INSERT INTO user_info (name,age,height,weight,married,update_time)
VALUES ('张三',20,170,50,0,'20200504');
```

（2）删除记录

记录的删除动作由delete命令完成，格式为“DELETE FROM 表格名称 WHERE 查询条件;”，其中查询条件的表达式形如“字段名=字段值”，多个字段的条件交集通过“AND”连接，条件并集通过“OR”连接。下面是从用户信息表删除指定记录的SQL语句例子：

```
DELETE FROM user_info WHERE name='张三';
```

（3）修改记录

记录的修改动作由update命令完成，格式为“UPDATE 表格名称 SET 字段名=字段值 WHERE 查询条件;”。下面是对用户信息表更新指定记录的SQL语句例子：

```
UPDATE user_info SET married=1 WHERE name='张三';
```

（4）查询记录

记录的查询动作由select命令完成，格式为“SELECT 以逗号分隔的字段名列表 FROM 表格名称 WHERE 查询条件;”。如果字段名列表填星号（*），则表示查询该表的所有字段。下面是从用户信息表查询指定记录的SQL语句例子：

```
SELECT name FROM user_info WHERE name='张三';
```

查询操作除了比较字段值条件之外，常常需要对查询结果排序，此时要在查询条件后面添加排序条件，对应的表达式为“ORDER BY 字段名 ASC或者DESC”，意指对查询结果按照某个字段排序，其中ASC代表升序，DESC代表降序。下面是查询记录并对结果排序的SQL语句例子：

```
SELECT * FROM user_info ORDER BY age ASC;
```

如果读者之前不熟悉SQL语法，建议下载一个SQLite管理软件，譬如SQLiteStudio，先在计算机上多加练习SQLite的常见操作语句。

6.2.2　数据库管理器 SQLiteDatabase

SQL语句毕竟只是SQL命令，若要在Java代码中操纵SQLite，还需专门的工具类。SQLiteDatabase便是Android提供的SQLite数据库管理器，开发者可以在活动页面代码中调用openOrCreateDatabase方法获取数据库实例，参考代码如下：

```
(完整代码见chapter06\src\main\java\com\example\chapter06\DatabaseActivity.java)
// 创建名为test.db的数据库。数据库如果不存在就创建它，如果存在就打开它
SQLiteDatabase db = openOrCreateDatabase(getFilesDir() + "/test.db",
                    Context.MODE_PRIVATE, null);
String desc = String.format("数据库%s创建%s", db.getPath(),
                    (db!=null)?"成功":"失败");
tv_database.setText(desc);
// deleteDatabase(getFilesDir() + "/test.db");  // 删除名为test.db的数据库
```

首次运行测试App，调用openOrCreateDatabase方法会自动创建数据库，并返回该数据库的管理器实例，创建结果如图6-7所示。

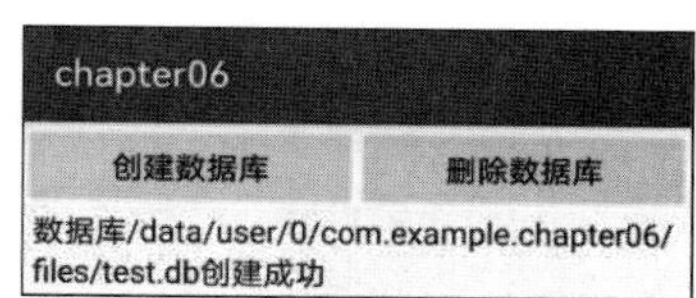

图 6-7　数据库的创建结果

获得数据库实例之后，就能对该数据库开展各项操作了。数据库管理器SQLiteDatabase提供了若干操作数据表的API，常用的方法有3类，列举如下：

1. 管理类，用于数据库层面的操作

- openDatabase：打开指定路径的数据库。
- isOpen：判断数据库是否已打开。
- close：关闭数据库。
- getVersion：获取数据库的版本号。
- setVersion：设置数据库的版本号。

2. 事务类，用于事务层面的操作

- beginTransaction：开始事务。
- setTransactionSuccessful：设置事务的成功标志。
- endTransaction：结束事务。执行本方法时，系统会判断之前是否调用了setTransactionSuccessful方法，如果之前已调用该方法就提交事务，如果没有调用该方法就回滚事务。

3. 数据处理类，用于数据表层面的操作

- execSQL：执行拼接好的SQL控制语句。一般用于建表、删表、变更表结构。
- delete：删除符合条件的记录。
- update：更新符合条件的记录信息。
- insert：插入一条记录。
- query：执行查询操作，并返回结果集的游标。
- rawQuery：执行拼接好的SQL查询语句，并返回结果集的游标。

在实际开发中，经常用到的是查询语句，建议先写好查询操作的select语句，再调用rawQuery方法执行查询语句。

6.2.3 数据库帮助器 SQLiteOpenHelper

由于SQLiteDatabase存在局限性，一不小心就会重复打开数据库，处理数据库的升级也不方便，因此Android提供了数据库帮助器SQLiteOpenHelper，帮助开发者合理使用SQLite。

SQLiteOpenHelper的具体使用步骤如下：

01 新建一个继承自SQLiteOpenHelper的数据库操作类，按提示重写onCreate和onUpgrade两个方法。其中，onCreate方法只在第一次打开数据库时执行，在此可以创建表结构；而onUpgrade方法在数据库版本升高时执行，在此可以根据新旧版本号变更表结构。

02 为保证数据库的安全使用，需要封装几个必要方法，包括获取单例对象、打开数据库连接、关闭数据库连接，说明如下：

- 获取单例对象：确保在 App 运行过程中数据库只会打开一次，避免重复打开引起错误。
- 打开数据库连接：SQLite 有锁机制，即读锁和写锁的处理，故而数据库连接也分两种，读连接可调用 getReadableDatabase 方法获得，写连接可调用 getWritableDatabase 方法获得。
- 关闭数据库连接：数据库操作完毕，调用数据库实例的 close 方法关闭连接。

03 提供对表记录增加、删除、修改、查询的操作方法。

能被SQLite直接使用的数据结构是ContentValues类，它类似于映射Map，也提供了put和get方法存取键值对。区别之处在于：ContentValues的键只能是字符串，不能是其他类型。ContentValues主要用于增加记录和更新记录，对应数据库的insert和update方法。

记录的查询操作用到了游标类Cursor，调用query和rawQuery方法返回的都是Cursor对象，若要获取全部的查询结果，则需根据游标的指示一条一条遍历结果集合。Cursor的常用方法可分为3类，说明如下：

1. 游标控制类方法，用于指定游标的状态

- close：关闭游标。
- isClosed：判断游标是否关闭。
- isFirst：判断游标是否在开头。
- isLast：判断游标是否在末尾。

2. 游标移动类方法，把游标移动到指定位置

- moveToFirst：移动游标到开头。
- moveToLast：移动游标到末尾。
- moveToNext：移动游标到下一条记录。
- moveToPrevious：移动游标到上一条记录。
- move：往后移动游标若干条记录。
- moveToPosition：移动游标到指定位置的记录。

3. 获取记录类方法，可获取记录的数量、类型以及取值

- getCount：获取结果记录的数量。

- getInt：获取指定字段的整型值。
- getLong：获取指定字段的长整型值。
- getFloat：获取指定字段的浮点数值。
- getString：获取指定字段的字符串值。
- getType：获取指定字段的字段类型。

鉴于数据库操作的特殊性，不方便单独演示某个功能，接下来从创建数据库开始介绍，完整演示一下数据库的读写操作。用户注册信息的演示页面包括两个，分别是记录保存页面和记录读取页面，其中记录保存页面通过insert方法向数据库添加用户信息，完整代码见chapter06\src\main\java\com\example\chapter06\SQLiteWriteActivity.java；而记录读取页面通过query方法从数据库读取用户信息，完整代码见chapter06\src\main\java\com\example\chapter06\ SQLiteReadActivity.java。

运行测试App，先打开记录保存页面，依次录入信息并将两个用户的注册信息保存至数据库，如图6-8和图6-9所示。再打开记录读取页面，从数据库读取用户注册信息并展示在页面上，如图6-10所示。

图 6-8 第一条注册信息保存到数据库

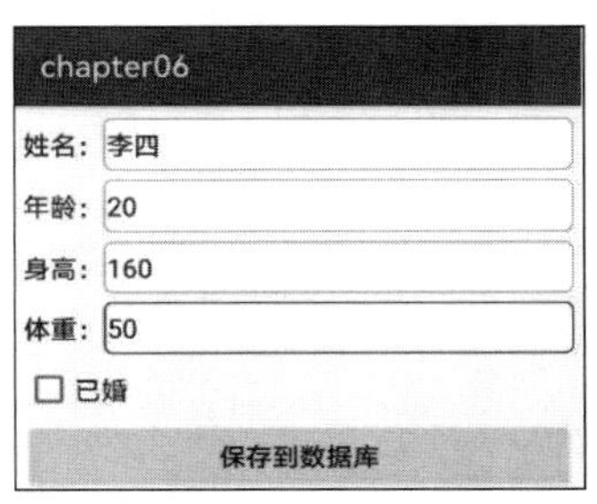

图 6-9 第二条注册信息保存到数据库

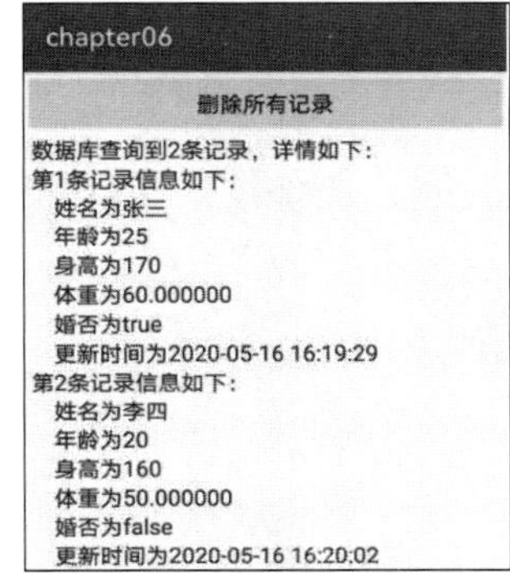

图 6-10 从数据库读取了两条注册信息

上述演示页面主要用到了数据库记录的添加、查询和删除操作，对应的数据库帮助器关键代码如下所示，尤其关注里面的insert、delete、update和query方法：

```
(完整代码见chapter06\src\main\java\com\example\chapter06\database\UserDBHelper.java)
public class UserDBHelper extends SQLiteOpenHelper {
    private static final String DB_NAME = "user.db";          // 数据库的名称
    private static UserDBHelper mHelper = null;               // 数据库帮助器的实例
    private SQLiteDatabase mDB = null;                        // 数据库的实例
    public static final String TABLE_NAME = "user_info";  // 表的名称
    private UserDBHelper(Context context, int version) {
        super(context, DB_NAME, null, version);
    }
    // 利用单例模式获取数据库帮助器的唯一实例
    public static UserDBHelper getInstance(Context context, int version) {
        if (version > 0 && mHelper == null) {
            mHelper = new UserDBHelper(context, version);
        }
        return mHelper;
    }
    // 打开数据库的读连接
    public SQLiteDatabase openReadLink() {
        if (mDB == null || !mDB.isOpen()) {
            mDB = mHelper.getReadableDatabase();
```

```
        }
        return mDB;
    }

    // 打开数据库的写连接
    public SQLiteDatabase openWriteLink() {
        if (mDB == null || !mDB.isOpen()) {
            mDB = mHelper.getWritableDatabase();
        }
        return mDB;
    }

    // 关闭数据库连接
    public void closeLink() {
        if (mDB != null && mDB.isOpen()) {
            mDB.close();
            mDB = null;
        }
    }

    // 创建数据库，执行建表语句
    public void onCreate(SQLiteDatabase db) {
        String create_sql = "CREATE TABLE IF NOT EXISTS " + TABLE_NAME + " ("
                + "_id INTEGER PRIMARY KEY  AUTOINCREMENT NOT NULL,"
                + "name VARCHAR NOT NULL," + "age INTEGER NOT NULL,"
                + "height INTEGER NOT NULL," + "weight FLOAT NOT NULL,"
                + "married INTEGER NOT NULL," + "update_time VARCHAR NOT NULL"
                + ",phone VARCHAR" + ",password VARCHAR" + ");";
        db.execSQL(create_sql);  // 执行完整的SQL语句
    }

    // 升级数据库，执行表结构变更语句
    public void onUpgrade(SQLiteDatabase db, int oldVersion, int newVersion) {}

    // 根据指定条件删除表记录
    public int delete(String condition) {
        // 执行删除记录动作，该语句返回删除记录的数目
        return mDB.delete(TABLE_NAME, condition, null);
    }

    // 往该表添加多条记录
    public long insert(List<UserInfo> infoList) {
        long result = -1;
        for (int i = 0; i < infoList.size(); i++) {
            UserInfo info = infoList.get(i);
            // 不存在唯一性重复的记录，则插入新记录
            ContentValues cv = new ContentValues();
            cv.put("name", info.name);
            cv.put("age", info.age);
            cv.put("height", info.height);
            cv.put("weight", info.weight);
            cv.put("married", info.married);
            cv.put("update_time", info.update_time);
            cv.put("phone", info.phone);
            cv.put("password", info.password);
            // 执行插入记录动作，该语句返回插入记录的行号
            result = mDB.insert(TABLE_NAME, "", cv);
            if (result == -1) {  // 添加成功则返回行号，添加失败则返回-1
                return result;
            }
        }
        return result;
    }

    // 根据条件更新指定的表记录
```

```
    public int update(UserInfo info, String condition) {
        ContentValues cv = new ContentValues();
        cv.put("name", info.name);
        cv.put("age", info.age);
        cv.put("height", info.height);
        cv.put("weight", info.weight);
        cv.put("married", info.married);
        cv.put("update_time", info.update_time);
        cv.put("phone", info.phone);
        cv.put("password", info.password);
        // 执行更新记录动作，该语句返回更新的记录数量
        return mDB.update(TABLE_NAME, cv, condition, null);
    }

    // 根据指定条件查询记录，并返回结果数据列表
    public List<UserInfo> query(String condition) {
        String sql = String.format("select rowid,_id,name,age,height," +
                    "weight,married,update_time,phone,password " +
                    "from %s where %s;", TABLE_NAME, condition);
        List<UserInfo> infoList = new ArrayList<UserInfo>();
        // 执行记录查询动作，该语句返回结果集的游标
        Cursor cursor = mDB.rawQuery(sql, null);
        // 循环取出游标指向的每条记录
        while (cursor.moveToNext()) {
            UserInfo info = new UserInfo();
            info.rowid = cursor.getLong(0);                    // 取出长整型数
            info.xuhao = cursor.getInt(1);                     // 取出整型数
            info.name = cursor.getString(2);                   // 取出字符串
            info.age = cursor.getInt(3);                       // 取出整型数
            info.height = cursor.getLong(4);                   // 取出长整型数
            info.weight = cursor.getFloat(5);                  // 取出浮点数
            //SQLite没有布尔型，用0表示false，用1表示true
            info.married = (cursor.getInt(6) == 0) ? false : true;
            info.update_time = cursor.getString(7);            // 取出字符串
            info.phone = cursor.getString(8);                  // 取出字符串
            info.password = cursor.getString(9);               // 取出字符串
            infoList.add(info);
        }
        cursor.close();                                        // 查询完毕，关闭数据库游标
        return infoList;
    }
}
```

6.2.4 优化记住密码功能

在“6.1.2 实现记住密码功能”中，虽然使用共享参数实现了记住密码功能，但是该方案只能记住一个用户的登录信息，并且手机号码跟密码没有对应关系，如果换个手机号码登录，前一个用户的登录信息就被覆盖了。真正的记住密码功能应当是这样的：先输入手机号码，然后根据手机号码匹配保存的密码，一个手机号码对应一个密码，从而实现具体手机号码的密码记忆功能。

现在运用数据库技术分条存储各用户的登录信息，并支持根据手机号查找登录信息，从而同时记住多个手机号的密码。具体的改造主要有下列3点：

（1）声明一个数据库的帮助器对象，然后在活动页面的onResume方法中打开数据库连接，在onPasue方法中关闭数据库连接，示例代码如下：

```
(完整代码见chapter06\src\main\java\com\example\chapter06\LoginSQLiteActivity.java)
    private UserDBHelper mHelper;                        // 声明一个用户数据库的帮助器对象
```

```
@Override
protected void onResume() {
    super.onResume();
    mHelper = UserDBHelper.getInstance(this, 1);  // 获得用户数据帮助器的实例
    mHelper.openWriteLink();                      // 恢复页面，则打开数据库连接
}

@Override
protected void onPause() {
    super.onPause();
    mHelper.closeLink();                          // 暂停页面，则关闭数据库连接
}
```

（2）登录成功时，如果用户勾选了“记住密码”复选框，就将手机号码及其密码保存至数据库。也就是在loginSuccess方法中增加如下代码：

```
// 如果勾选了“记住密码”复选框，则把手机号码和密码保存为数据库的用户表记录
if (bRemember) {
    UserInfo info = new UserInfo();               // 创建一个用户信息对象
    info.phone = et_phone.getText().toString();
    info.password = et_password.getText().toString();
    info.update_time = DateUtil.getNowDateTime("yyyy-MM-dd HH:mm:ss");
    mHelper.insert(info);                         // 往用户数据库中添加登录成功的用户信息
}
```

（3）再次打开登录页面，用户输入手机号后点击密码框时，App根据手机号到数据库查找登录信息，并将记录结果中的密码填入密码框。其中根据手机号码查找登录信息，要求在帮助器代码中添加以下方法，用于找到指定手机的登录密码：

```
// 根据手机号码查询指定记录
public UserInfo queryByPhone(String phone) {
    UserInfo info = null;
    List<UserInfo> infoList = query(String.format("phone='%s'", phone));
    if (infoList.size() > 0) {                    // 存在该号码的登录信息
        info = infoList.get(0);
    }
    return info;
}
```

此外，上面第3点的点击密码框触发查询操作，用到了编辑框的焦点变更事件，有关焦点变更监听器的详细用法参见第5章的“5.3.2　焦点变更监听器”。就本案例而言，光标切到密码框触发焦点变更事件，具体处理逻辑要求重写监听器的onFocusChange方法，重写后的方法代码如下：

```
@Override
public void onFocusChange(View v, boolean hasFocus) {
    String phone = et_phone.getText().toString();
    // 判断是否是密码编辑框发生焦点变化
    if (v.getId() == R.id.et_password) {
        // 用户已输入手机号码，且密码框获得焦点
        if (phone.length() > 0 && hasFocus) {
            // 根据手机号码到数据库中查询用户记录
            UserInfo info = mHelper.queryByPhone(phone);
            if (info != null) {
                // 找到用户记录，则自动在密码框中填写该用户的密码
                et_password.setText(info.password);
            }
        }
    }
}
```

重新运行测试App，先打开登录页面，勾选“记住密码”复选框，并确保本次登录成功。然后再次进入登录页面，输入手机号码后光标还停留在手机框，如图6-11所示。接着点击密码框，光标随之跳转到密码框，此时密码框自动填入了该号码对应的密码串，如图6-12所示。由效果图可见，这次实现了真正意义上的记住密码功能。

图 6-11　光标在手机号码框

图 6-12　光标在密码输入框

6.3　存　储　卡

本节介绍Android的文件存储方式——在存储卡上读写文件，包括：公有存储空间与私有存储空间有什么区别、如何利用存储卡读写文本文件、如何利用存储卡读写图片文件、如何在App运行的时候动态申请权限等。

6.3.1　私有存储空间与公共存储空间

为了更规范地管理手机存储空间，Android从7.0开始将存储卡划分为私有存储和公共存储两大部分，也就是分区存储方式，系统给每个App都分配了默认的私有存储空间。App在私有空间上读写文件无须任何授权，但是若想在公共空间读写文件，则要在AndroidManifest.xml里面添加下述的权限配置。

```
<!-- 存储卡读写 -->
<uses-permission android:name="android.permission.WRITE_EXTERNAL_STORAGE" />
<uses-permission android:name="android.permission.READ_EXTERNAL_STORAGE" />
```

但是即使App声明了完整的存储卡操作权限，系统仍然默认禁止该App访问公共空间。打开手机的系统设置界面，进入到具体应用的管理页面，会发现该应用的存储访问权限被禁止了，如图6-13所示。

图 6-13　系统设置页面里的存储访问权限开关

当然图示的禁止访问只是不让访问存储卡的公共空间，App自身的私有空间依旧可以正常读写。这缘于Android把存储卡分成了两块区域，一块是所有应用均可访问的公共空间，另一块是只有应用自己才可访问的专享空间。虽然Android给每个应用都分配了单独的安装目录，但是安装目录的空间很紧张，所以Android在存储卡的“Android/data”目录下给每个应用又单独建了一个文件目录，用来保存应用自己需要处理的临时文件。这个目录只有当前应用才能够读写文件，其他应用是不允许读写的。由于私有空间本身已经加了访问权限控制，因此它不受系统禁止访问的影响，应用操作自己的文件目录自然不成问题。因为私有的文件目录只有属主应用才能访问，所以一旦属主应用被卸载，那么对应的目录也会被删掉。

既然存储卡分为公共空间和私有空间两部分，它们的空间路径获取方法自然也就有所不同。若想获取公共空间的存储路径，调用的是Environment.getExternalStoragePublicDirectory方法；若想获取应用私有空间的存储路径，调用的是getExternalFilesDir方法。下面是分别获取两个空间路径的代码例子：

```
(完整代码见chapter06\src\main\java\com\example\chapter06\FilePathActivity.java)
// 获取系统的公共存储路径
String publicPath = Environment.getExternalStoragePublicDirectory(
        Environment.DIRECTORY_DOWNLOADS).toString();
// 获取当前App的私有存储路径
String privatePath = getExternalFilesDir(Environment.DIRECTORY_DOWNLOADS).toString();
TextView tv_file_path = findViewById(R.id.tv_file_path);
String desc = "系统的公共存储路径位于" + publicPath +
             "\n\n当前App的私有存储路径位于" + privatePath +
             "\n\nAndroid 7.0之后默认禁止访问公共存储目录";
tv_file_path.setText(desc);
```

该例子运行之后获得的路径信息如图6-14所示，可见应用的私有空间路径位于“存储卡根目录/Android/data/应用包名/files/Download”这个目录中。

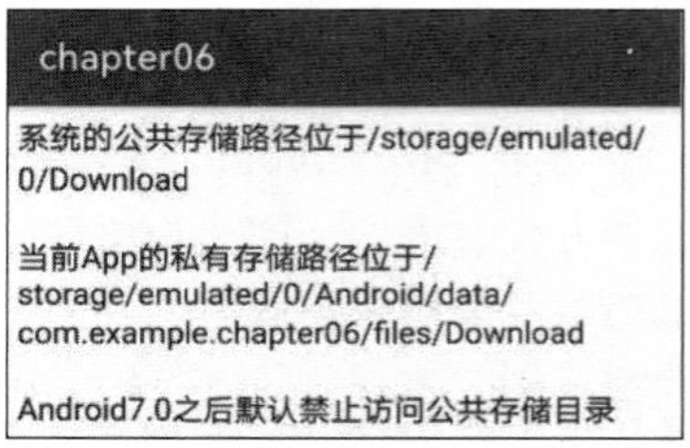

chapter06
系统的公共存储路径位于/storage/emulated/0/Download
当前App的私有存储路径位于/storage/emulated/0/Android/data/com.example.chapter06/files/Download
Android7.0之后默认禁止访问公共存储目录

图 6-14 公共存储与私有存储的目录路径

6.3.2 在存储卡上读写文件

文本文件的读写借助于文件IO流FileOutputStream和FileInputStream。其中，FileOutputStream用于写文件，FileInputStream用于读文件，它们读写文件的代码例子如下：

```
(完整代码见chapter06\src\main\java\com\example\chapter06\util\FileUtil.java)
// 把字符串保存到指定路径的文本文件
public static void saveText(String path, String txt) {
    // 根据指定的文件路径构建文件输出流对象
    try (FileOutputStream fos = new FileOutputStream(path)) {
        fos.write(txt.getBytes());  // 把字符串写入文件输出流
    } catch (Exception e) {
        e.printStackTrace();
    }
}

// 从指定路径的文本文件中读取内容字符串
public static String openText(String path) {
    String readStr = "";
    // 根据指定的文件路径构建文件输入流对象
    try (FileInputStream fis = new FileInputStream(path)) {
        byte[] b = new byte[fis.available()];
        fis.read(b);  // 从文件输入流读取字节数组
        readStr = new String(b);  // 把字节数组转换为字符串
    } catch (Exception e) {
        e.printStackTrace();
    }
    return readStr;  // 返回文本文件中的文本字符串
}
```

接着分别创建写文件页面和读文件页面，其中写文件页面调用saveText方法保存文本，完整代码见chapter06\src\main\java\com\example\chapter06\FileWriteActivity.java；而读文件页面调用readText方法从指定路径的文件中读取文本内容，完整代码见chapter06\src\main\java\com\example\chapter06\FileReadActivity.java。

然后运行测试App，先打开文本写入页面，录入注册信息后保存为私有目录里的文本文件，此时写入界面如图6-15所示。再打开文本读取页面，App自动在私有目录下找到文本文件列表，并展示其中一个文件的文本内容，此时读取界面如图6-16所示。

chapter06
姓名：李四
年龄：20
身高：160
体重：50
已婚
保存文本到存储卡
用户注册信息文件的保存路径为：
/storage/emulated/0/Android/data/
com.example.chapter06/files/Download/
20200516164109.txt

图 6-15　将注册信息保存到文本文件

图 6-16　从文本文件读取注册信息

文本文件读写可以转换为对字符串的读写，而图片文件保存的是图像数据，需要专门的位图工具Bitmap处理。位图对象依据来源不同又分成3种获取方式，分别对应位图工厂BitmapFactory的下列3个方法：

- decodeResource：从指定的资源文件中获取位图数据。例如下面代码表示从资源文件huawei.png获取位图对象：

```
Bitmap bitmap = BitmapFactory.decodeResource(getResources(), R.drawable.huawei);
```

- decodeFile：从指定路径的文件中获取位图数据。注意从Android 10开始，该方法只适用于私有目录下的图片，不适用公共空间下的图片。
- decodeStream：从指定的输入流中获取位图数据。比如使用IO流打开图片文件，此时文件输入流对象即可作为decodeStream方法的入参，相应的图片读取代码如下：

```
（完整代码见chapter06\src\main\java\com\example\chapter06\util\FileUtil.java）
// 从指定路径的图片文件中读取位图数据
public static Bitmap openImage(String path) {
    Bitmap bitmap = null;                                    // 声明一个位图对象
    // 根据指定的文件路径构建文件输入流对象
    try (FileInputStream fis = new FileInputStream(path)) {
        bitmap = BitmapFactory.decodeStream(fis);            //从文件输入流中解码位图数据
    } catch (Exception e) {
        e.printStackTrace();
    }
    return bitmap;                                           // 返回图片文件中的位图数据
}
```

得到位图对象之后，就能在图像视图上显示位图。图像视图ImageView提供了下列方法显示各种来源的图片：

- setImageResource：设置图像视图的图片资源，该方法的入参为资源图片的编号，形如“R.drawable.去掉扩展名的图片名称”。
- setImageBitmap：设置图像视图的位图对象，该方法的入参为Bitmap类型。
- setImageURI：设置图像视图的路径对象，该方法的入参为Uri类型。字符串格式的文件路径可通过代码“Uri.parse(file_path)”转换成路径对象。

读取图片文件的方法很多，把位图数据写入图片文件却只有一个，即通过位图对象的compress方法将位图数据压缩到文件输出流。具体的图片写入代码如下：

```
// 把位图数据保存到指定路径的图片文件
public static void saveImage(String path, Bitmap bitmap) {
    // 根据指定的文件路径构建文件输出流对象
    try (FileOutputStream fos = new FileOutputStream(path)) {
        // 把位图数据压缩到文件输出流中
        bitmap.compress(Bitmap.CompressFormat.JPEG, 80, fos);
    } catch (Exception e) {
        e.printStackTrace();
    }
}
```

接下来完整演示一遍图片文件的读写操作。首先创建图片写入页面，从某个资源图片读取位图数据，再把位图数据保存为私有目录的图片文件，相关代码示例如下：

```
（完整代码见chapter06\src\main\java\com\example\chapter06\ImageWriteActivity.java）
// 获取当前App的私有下载目录
String path = getExternalFilesDir(Environment.DIRECTORY_DOWNLOADS).toString() + "/";
// 从指定的资源文件中获取位图对象
Bitmap bitmap = BitmapFactory.decodeResource(getResources(), R.drawable.huawei);
String file_path = path + DateUtil.getNowDateTime("") + ".jpeg";
FileUtil.saveImage(file_path, bitmap);  // 把位图对象保存为图片文件
tv_path.setText("图片文件的保存路径为：\n" + file_path);
```

然后创建图片读取页面，从私有目录找到图片文件，并挑出一张在图像视图上显示，相关代码示例如下：

```
（完整代码见chapter06\src\main\java\com\example\chapter06\ImageReadActivity.java）
// 获取当前App的私有下载目录
String path = getExternalFilesDir(Environment.DIRECTORY_DOWNLOADS).toString() + "/";
// 获得指定目录下面的所有图片文件
List<File> fileList = FileUtil.getfileList(path, new String[]{".jpeg"});
if (fileList.size() > 0) {
    // 打开并显示选中的图片文件内容
    String file_path = fileList.get(0).getAbsolutePath();
    tv_content.setText("找到最新的图片文件，路径为"+file_path);
    // 显示存储卡图片文件的第一种方式：直接调用setImageURI方法
    //iv_content.setImageURI(Uri.parse(file_path));  // 设置图像视图的路径对象
    // 第二种方式：先调用decodeFile方法获得位图，再调用setImageBitmap方法
    //Bitmap bitmap = BitmapFactory.decodeFile(file_path);
    //iv_content.setImageBitmap(bitmap);             // 设置图像视图的位图对象
    // 第三种方式：先调用FileUtil.openImage获得位图，再调用setImageBitmap方法
    Bitmap bitmap = FileUtil.openImage(file_path);
    iv_content.setImageBitmap(bitmap);               // 设置图像视图的位图对象
}
```

运行测试App，先打开图片写入页面，点击“把资源图片保存到存储卡”按钮，此时写入界面如图6-17所示。再打开图片读取页面，App自动在私有目录下找到图片文件列表，并展示其中一张图片，此时读取界面如图6-18所示。

图 6-17 把资源图片保存到存储卡

图 6-18 从存储卡读取图片文件

6.3.3 运行时动态申请权限

前面的“6.3.1 公共存储空间与私有存储空间”提到，App若想访问存储卡的公共空间，就要在AndroidManifest.xml里面添加下述的权限配置。

```
<!-- 存储卡读写 -->
<uses-permission android:name="android.permission.WRITE_EXTERNAL_STORAGE" />
<uses-permission android:name="android.permission.READ_EXTERNAL_STORAGE" />
```

然而即使App声明了完整的存储卡操作权限，从Android 7.0开始，系统仍然默认禁止该App访问公共空间，必须到设置界面手动开启应用的存储卡权限才行。尽管此举是为用户隐私着想，可是用户怎么知道要手工开权限呢？就算用户知道，去设置界面找到权限开关也颇费周折。为此Android支持在Java代码中处理权限，处理过程分为3个步骤，详述如下：

1. 检查 App 是否开启了指定权限

权限检查需要调用ContextCompat的checkSelfPermission方法，该方法的第一个参数为活动实例，第二个参数为待检查的权限名称，例如存储卡的写权限名为Manifest.permission. WRITE_EXTERNAL_STORAGE。注意checkSelfPermission方法的返回值，当它为PackageManager. PERMISSION_GRANTED时表示已经授权，否则就是未获授权。

2. 请求系统弹窗，以便用户选择是否开启权限

一旦发现某个权限尚未开启，就得弹窗提示用户手工开启，这个弹窗不是开发者自己写的提醒对话框，而是系统专门用于权限申请的对话框。调用ActivityCompat的requestPermissions方法，即可命令系统自动弹出权限申请窗口，该方法的第一个参数为活动实例，第二个参数为待申请的权限名称数组，第三个参数为本次操作的请求代码。

3. 判断用户的权限选择结果

然而上面第二步的requestPermissions方法没有返回值，那怎么判断用户到底选了开启权限还是拒绝权限呢？其实活动页面提供了权限选择的回调方法onRequestPermissionsResult，如果当前页面请求弹出权限申请窗口，那么该页面的Java代码必须重写onRequestPermissionsResult方法，并在该方法内部处理用户的权限选择结果。

具体到编码实现上，前两步的权限校验和请求弹窗可以合并到一块，先调用checkSelfPermission

方法检查某个权限是否已经开启，如果没有开启再调用requestPermissions方法请求系统弹窗。合并之后的检查方法代码示例如下，此处代码支持一次检查一个权限，也支持一次检查多个权限：

```
(完整代码见chapter06\src\main\java\com\example\chapter06\util\PermissionUtil.java)
// 检查某个权限。返回true表示已启用该权限，返回false表示未启用该权限
public static boolean checkPermission(Activity act, String permission, int requestCode) {
    return checkPermission(act, new String[]{permission}, requestCode);
}

// 检查多个权限。返回true表示已完全启用权限，返回false表示未完全启用权限
public static boolean checkPermission(Activity act, String[] permissions, int
requestCode) {
    boolean result = true;
    if (Build.VERSION.SDK_INT >= Build.VERSION_CODES.M) {
        int check = PackageManager.PERMISSION_GRANTED;
        // 通过权限数组检查是否都开启了这些权限
        for (String permission : permissions) {
            check = ContextCompat.checkSelfPermission(act, permission);
            if (check != PackageManager.PERMISSION_GRANTED) {
                break;  // 有个权限没有开启，就跳出循环
            }
        }
        if (check != PackageManager.PERMISSION_GRANTED) {
            // 未开启该权限，则请求系统弹窗，好让用户选择是否立即开启权限
            ActivityCompat.requestPermissions(act, permissions, requestCode);
            result = false;
        }
    }
    return result;
}
```

注意到上面代码有判断安卓版本号，只有系统版本大于Android 6.0（版本代号为M），才执行后续的权限校验操作。这是因为从Android 6.0开始引入了运行时权限机制，在Android 6.0之前，只要App在AndroidManifest.xml中添加了权限配置，则系统会自动给App开启相关权限；但在Android 6.0之后，即便事先添加了权限配置，系统也不会自动开启权限，而要开发者在App运行时判断权限的开关情况，再据此动态申请未获授权的权限。

回到活动页面代码，一方面增加权限校验入口，比如点击某个按钮后触发权限检查操作，其中Manifest.permission.WRITE_EXTERNAL_STORAGE表示存储卡权限，入口代码如下：

```
(完整代码见chapter06\src\main\java\com\example\chapter06\MainActivity.java)
if (v.getId() == R.id.btn_file_write) {  // 点击了按钮btn_file_write
    if (PermissionUtil.checkPermission(this,
                        Manifest.permission.WRITE_EXTERNAL_STORAGE,
                        R.id.btn_file_write % 65536)) {
        // 已获授权，则直接跳转到下个页面
        startActivity(new Intent(this, FileWriteActivity.class));
    }
}
```

另一方面还要重写活动的onRequestPermissionsResult方法，在方法内部校验用户的选择结果，若用户同意授权，就执行后续业务；若用户拒绝授权，只能提示用户无法开展后续业务了。重写后的方法代码如下：

```
@Override
public void onRequestPermissionsResult(int requestCode, String[] permissions, int[]
grantResults) {
    // requestCode不能为负数，也不能大于2的16次方即65536
```

```
    if (requestCode == R.id.btn_file_write % 65536) {
        if (PermissionUtil.checkGrant(grantResults)) {  // 用户选择了同意授权
            startActivity(new Intent(this, FileWriteActivity.class));
        } else {
            ToastUtil.show(this, "需要允许存储卡权限才能写入公共空间噢");
        }
    }
}
```

以上代码为了简化逻辑，将结果校验操作封装为PermissionUtil的checkGrant方法，该方法遍历授权结果数组，依次检查每个权限是否都得到授权了。详细的方法代码如下：

```
// 检查权限结果数组，返回true表示都已经获得授权。返回false表示至少有一个未获得授权
public static boolean checkGrant(int[] grantResults) {
    boolean result = true;
    if (grantResults != null) {
        for (int grant : grantResults) {  // 遍历权限结果数组中的每条选择结果
            if (grant != PackageManager.PERMISSION_GRANTED) {  // 未获得授权
                result = false;
            }
        }
    } else {
        result = false;
    }
    return result;
}
```

代码都改好后，运行测试App，由于一开始App默认未开启存储卡权限，因此点击按钮btn_file_write触发了权限校验操作，弹出如图6-19所示的存储卡权限申请窗口。

图 6-19　App 运行时弹出权限申请窗口

点击弹窗上的“始终允许”按钮，表示同意赋予存储卡读写权限，然后系统自动给App开启了存储卡权限，并执行后续处理逻辑，也就是跳转到了FileWriteActivity页面，在该页面即可访问公共空间的文件了。但在Android 10系统中，即使授权通过，App仍然无法访问公共空间，这是因为Android 10默认开启沙箱模式，不允许直接使用公共空间的文件路径，此时要修改AndroidManifest.xml，给application节点添加如下的requestLegacyExternalStorage属性：

```
android:requestLegacyExternalStorage="true"
```

从Android 11开始，为了让应用在升级时也能正常访问公共空间，还得修改AndroidManifest.xml，给application节点添加如下的preserveLegacyExternalStorage属性，表示暂时关闭沙箱模式：

```
android:preserveLegacyExternalStorage="true"
```

除了存储卡的读写权限，还有部分权限也要求在运行时动态申请，这些权限名称的取值说明见表6-1。

表 6-1　权限名称的取值说明

代码中的权限名称	权限说明
Manifest.permission.READ_EXTERNAL_STORAGE	读存储卡
Manifest.permission.WRITE_EXTERNAL_STORAGE	写存储卡
Manifest.permission.READ_CONTACTS	读联系人

（续表）

代码中的权限名称	权限说明
Manifest.permission.WRITE_CONTACTS	写联系人
Manifest.permission.SEND_SMS	发送短信
Manifest.permission.RECEIVE_SMS	接收短信
Manifest.permission.READ_SMS	读短信
Manifest.permission.READ_CALL_LOG	读通话记录
Manifest.permission.WRITE_CALL_LOG	写通话记录
Manifest.permission.CAMERA	相机
Manifest.permission.RECORD_AUDIO	录音
Manifest.permission.ACCESS_FINE_LOCATION	精确定位

6.4　应用组件 Application

本节介绍Android的重要组件Application的基本概念和常见用法：首先说明Application的生命周期贯穿了App的整个运行过程，然后利用Application实现App全局变量的读写，以及如何避免方法数过多的问题，最后阐述如何借助App实例来操作Room数据库框架。

6.4.1　Application 的生命周期

Application是Android的一大组件，在App运行过程中有且仅有一个Application对象贯穿应用的整个生命周期。打开AndroidManifest.xml，发现activity节点的上级正是application节点，不过该节点并未指定name属性，此时App采用默认的Application实例。

注意到每个activity节点都指定了name属性，譬如常见的name属性值为.MainActivity，让人知晓该activity的入口代码是MainActivity.java。现在尝试给application节点加上name属性，看看其庐山真面目，具体步骤说明如下：

01 打开AndroidManifest.xml，给application节点加上name属性，表示application的入口代码是MainApplication.java。修改后的application节点示例如下：

```
(完整代码见chapter06\src\main\AndroidManifest.xml)
<application
    android:name=".MainApplication"
    android:icon="@mipmap/ic_launcher"
    android:label="@string/app_name"
    android:theme="@style/AppTheme">
```

02 在Java代码的包名目录下创建MainApplication.java，要求该类继承Application，继承之后可供重写的方法主要有以下3个。

- onCreate：在 App 启动时调用。
- onTerminate：在 App 终止时调用（按字面意思）。
- onConfigurationChanged：在配置改变时调用，例如从竖屏变为横屏。

光看字面意思的话，与生命周期有关的方法是onCreate和onTerminate，那么重写这两个方法，并在重写后的方法中打印日志，修改后的Java代码如下：

```
(完整代码见chapter06\src\main\java\com\example\chapter06\MainApplication.java)
public class MainApplication extends Application {
    private final static String TAG = "MainApplication";

    @Override
    public void onCreate() {
        super.onCreate();
        Log.d(TAG, "onCreate");
    }
    @Override
    public void onTerminate() {
        super.onTerminate();
        Log.d(TAG, "onTerminate");
    }
}
```

03 运行测试App，在Logcat窗口观察应用日志。但是只在启动一开始看到MainApplication的onCreate日志（该日志先于MainActivity的onCreate日志），却始终无法看到它的onTerminate日志，无论是自行退出App还是强行杀掉App，日志都不会打印onTerminate。

无论你怎么折腾，这个onTerminate日志都不会出来。Android明明提供了这个方法，同时提供了关于该方法的解释，说明文字如下：This method is for use in emulated process environments. It will never be called on a production Android device, where processes are removed by simply killing them; no user code (including this callback) is executed when doing so。这段话的意思是：该方法供模拟环境使用，它在真机上永远不会被调用，无论是直接杀进程还是代码退出；执行该操作时，不会执行任何用户代码。

现在很明确了，onTerminate方法就是个摆设，中看不中用。如果读者想在App退出前回收系统资源，就不能指望onTerminate方法的回调了。

6.4.2 利用 Application 操作全局变量

C/C++有全局变量的概念，因为全局变量保存在内存中，所以操作全局变量就是操作内存，显然内存的读写速度远比读写数据库或读写文件快得多。所谓全局，指的是其他代码都可以引用该变量，因此全局变量是共享数据和消息传递的好帮手。不过Java没有全局变量的概念，与之比较接近的是类里面的静态成员变量，该变量不但能被外部直接引用，而且它在不同地方引用的值是一样的（前提是在引用期间不能改动变量值），所以借助静态成员变量也能实现类似全局变量的功能。

根据上一小节的介绍可知，Application的生命周期覆盖了App运行的全过程。不像短暂的Activity生命周期，一旦退出该页面，Activity实例就被销毁。因此，利用Application的全生命特性，能够在Application实例中保存全局变量。

适合在Application中保存的全局变量主要有下面3类数据：

- 会频繁读取的信息，例如用户名、手机号码等。
- 不方便由意图传递的数据，例如位图对象、非字符串类型的集合对象等。
- 容易因频繁分配内存而导致内存泄漏的对象，例如Handler处理器实例等。

要想通过Application实现全局内存的读写，得完成以下3项工作：

（1）编写一个继承自Application的新类MainApplication。该类采用单例模式，内部先声明自身类的一个静态成员对象，在创建App时把自身赋值给这个静态对象，然后提供该对象的获取方法getInstance。具体实现代码示例如下：

```
（完整代码见chapter06\src\main\java\com\example\chapter06\MainApplication.java）
public class MainApplication extends Application {
    private static MainApplication mApp; // 声明一个当前应用的静态实例
    // 声明一个公共的信息映射，可当作全局变量使用
    public HashMap<String, String> infoMap = new HashMap<String, String>();

    // 利用单例模式获取当前应用的唯一实例
    public static MainApplication getInstance() {
        return mApp;
    }

    @Override
    public void onCreate() {
        super.onCreate();
        mApp = this; // 在打开应用时对静态的应用实例赋值
    }
}
```

（2）在活动页面代码中调用MainApplication的getInstance方法，获得它的一个静态对象，再通过该对象访问MainApplication的公共变量和公共方法。

（3）不要忘了在AndroidManifest.xml中注册新定义的Application类名，也就是给application节点增加android:name属性，其值为.MainApplication。

接下来演示如何读写内存中的全局变量。首先分别创建写内存页面和读内存页面，其中写内存页面把用户的注册信息保存到全局变量infoMap，完整代码见chapter06\src\main\java\com\example\chapter06\AppWriteActivity.java；而读内存页面从全局变量infoMap读取用户的注册信息，完整代码见chapter06\src\main\java\com\example\chapter06\AppReadActivity.java。

然后运行测试App，先打开内存写入页面，录入注册信息后保存至全局变量，此时写入界面如图6-20所示。再打开内存读取页面，App自动从全局变量获取注册信息，并展示拼接后的信息文本，此时读取界面如图6-21所示。

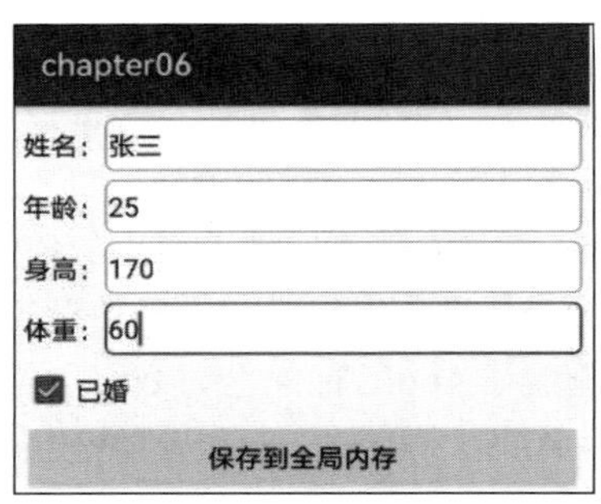

图 6-20　注册信息保存到全局内存

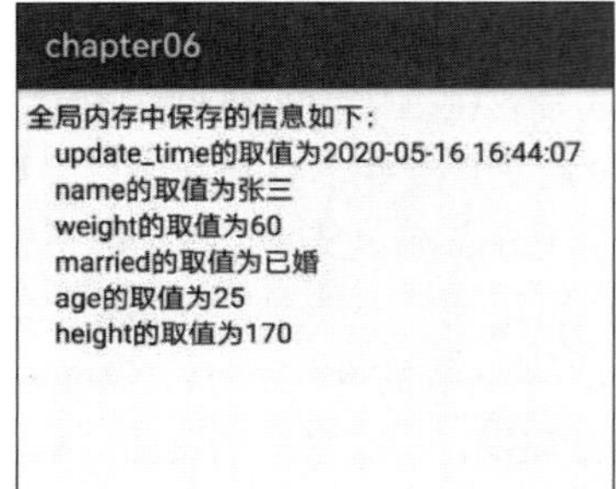

图 6-21　从全局内存读取注册信息

6.4.3 避免方法数过多的问题

一个大规模的App工程，往往引入了数量繁多的第三方开发库，其中既有官方的Jetpack库，也有第三方厂商的开源包。有时候运行这种App会报错“Cannot fit requested classes in a single dex file (# methods: 65894 > 65536)”，意思是App内部引用的方法数量超过了65536个，导致App异常退出。

原来Android的每个App代码都放在一个dex文件中，系统会把内部方法的索引保存在一个链表结构里，由于这个链表的长度变量是short类型（short类型的数字占两个字节共16位），使得链表的最大长度不能超过65536（2的16次方），因此若App方法数超过65536的话，链表索引溢出就报错了。为了解决方法数过多的问题，Android推出了名叫MultiDex的解决方案，也就是在打包时把应用分成多个dex文件，每个dex文件中的方法数量均不超过65536个，由此规避了方法数过多的限制。

若想让App工程支持MultiDex，需要对其略加改造，具体改造步骤说明如下：

01 修改模块的build.gradle文件，往dependencies节点添加下面一行配置，表示导入指定版本的MultiDex库：

```
implementation 'androidx.multidex:multidex:2.0.1'
```

02 在defaultConfig节点添加以下配置，表示开启多个dex功能：

```
    multiDexEnabled true // 避免方法数最多65536的问题
```

03 编写自定义的Application，注意该Application类必须继承MultiDexApplication，代码如下：

```
(完整代码见chapter06\src\main\java\com\example\chapter06\MainApplication.java)
public class MainApplication extends MultiDexApplication {
    // 此处省略内部的方法与属性代码
}
```

04 打开AndroidManifest.xml，给application节点的android:name属性设置自定义的Application，示例如下：

```
    android:name=".MainApplication"
```

05 重新编译App工程，之后运行的App就不会再出现方法数过多的问题了。

6.4.4　利用 Room 简化数据库操作

虽然Android提供了数据库帮助器，但是开发者在进行数据库编程时仍有诸多不便，比如每次增加一张新表，开发者都得手工实现以下代码逻辑：

（1）重写数据库帮助器的onCreate方法，添加该表的建表语句。

（2）在插入记录之时，必须将数据实例的属性值逐一赋给该表的各字段。

（3）在查询记录之时，必须遍历结果集游标，把各字段值逐一赋给数据实例。

（4）每次读写操作之前，都要先开启数据库连接；读写操作之后，又要关闭数据库连接。

上述的处理操作无疑存在不少重复劳动，数年来引得开发者叫苦连连。为此各类数据库处理框架纷纷涌现，包括GreenDao、OrmLite、Realm等，可谓百花齐放。眼见SQLite渐渐乏人问津，谷歌公司干脆整了个自己的数据库框架——Room，该框架同样基于SQLite，但它通过注解技术极大地简化了数据库操作，减少了原来相当大一部分编码工作量。

由于Room并未集成到SDK中，而是作为第三方框架提供，因此要修改模块的build.gradle文件，往dependencies节点添加下面两行配置，表示导入指定版本的Room库：

```
implementation 'androidx.room:room-runtime:2.4.2'
annotationProcessor 'androidx.room:room-compiler:2.4.2'
```

导入Room库之后，还要编写若干对应的代码文件。以录入图书信息为例，此时要对图书信息表进行增删改查，则具体的编码过程分为下列5个步骤：

1. 编写图书信息表对应的实体类

假设图书信息类名为BookInfo，且它的各属性与图书信息表的各字段一一对应，那么要给该类添加“@Entity”注解，表示该类是Room专用的数据类型，对应的表名称也叫作BookInfo。如果BookInfo表的name字段是该表的主键，则需给BookInfo类的name属性添加“@PrimaryKey”与“@NonNull”两个注解，表示该字段是个非空的主键。下面是BookInfo类的定义代码例子：

```
(完整代码见chapter06\src\main\java\com\example\chapter06\entity\BookInfo.java)
@Entity
public class BookInfo {
    @PrimaryKey                              // 该字段是主键，不能重复
    @NonNull                                 // 主键必须是非空字段
    private String name;                     // 图书名称
    private String author;                   // 作者
    private String press;                    // 出版社
    private double price;                    // 价格
    // 以下省略各属性的set***方法和get***方法
}
```

2. 编写图书信息表对应的持久化类

所谓持久化，指的是将数据保存到磁盘而非内存，其实等同于增删改等SQL语句。假设图书信息表的持久化类名叫作BookDao，那么该类必须添加“@Dao”注解，内部的记录查询方法必须添加“@Query”注解，记录插入方法必须添加“@Insert”注解，记录更新方法必须添加“@Update”注解，记录删除方法必须添加“@Delete”注解（带条件的删除方法除外）。对于记录查询方法，允许在@Query之后补充具体的查询语句以及查询条件；对于记录插入方法与记录更新方法，需明确出现重复记录时要采取哪种处理策略。下面是BookDao类的定义代码例子：

```
(完整代码见chapter06\src\main\java\com\example\chapter06\dao\BookDao.java)
@Dao
public interface BookDao {
    @Query("SELECT * FROM BookInfo")                        // 设置查询语句
    List<BookInfo> getAllBook();                            // 加载所有图书信息

    @Query("SELECT * FROM BookInfo WHERE name = :name")     // 设置带条件的查询语句
    BookInfo getBookByName(String name);                    // 根据名字加载图书

    @Insert(onConflict = OnConflictStrategy.REPLACE)        // 记录重复时替换原记录
    void insertOneBook(BookInfo book);                      // 插入一条图书信息

    @Insert
    void insertBookList(List<BookInfo> bookList);           // 插入多条图书信息

    @Update(onConflict = OnConflictStrategy.REPLACE)        // 出现重复记录时替换原记录
    int updateBook(BookInfo book);                          // 更新图书信息

    @Delete
    void deleteBook(BookInfo book);                         // 删除图书信息

    @Query("DELETE FROM BookInfo WHERE 1=1")                // 设置删除语句
    void deleteAllBook();                                   // 删除所有图书信息
}
```

3. 编写图书信息表对应的数据库类

因为先有数据库然后才有表，所以图书信息表还得放到某个数据库里，这个默认的图书数据库要从RoomDatabase派生而来，并添加“@Database”注解。下面是数据库类BookDatabase的定义代码例子：

```
(完整代码见chapter06\src\main\java\com\example\chapter06\database\BookDatabase.java)
//entities表示该数据库有哪些表，version表示数据库的版本号
//exportSchema表示是否导出数据库信息的JSON串，建议设为false，若设为true还需在build.gradle中指定JSON文件的保存路径
@Database(entities = {BookInfo.class},version = 1, exportSchema = false)
public abstract class BookDatabase extends RoomDatabase {
    // 获取该数据库中某张表的持久化对象
    public abstract BookDao bookDao();
}
```

4. 在自定义的Application类中声明图书数据库的唯一实例

为了避免重复打开数据库造成的内存泄漏问题，每个数据库在App运行过程中理应只有一个实例，此时要求开发者自定义新的Application类，在该类中声明并获取图书数据库的实例，并将自定义的Application类设为单例模式，保证App在运行之时有且仅有一个应用实例。下面是自定义Application类的代码例子：

```
(完整代码见chapter06\src\main\java\com\example\chapter06\MainApplication.java)
public class MainApplication extends Application {
    private static MainApplication mApp;          // 声明一个当前应用的静态实例
    private BookDatabase bookDatabase;            // 声明一个图书数据库对象

    // 利用单例模式获取当前应用的唯一实例
    public static MainApplication getInstance() {
        return mApp;
    }

    @Override
    public void onCreate() {
        super.onCreate();
        mApp = this;  // 在打开应用时对静态的应用实例赋值
        // 构建图书数据库的实例
        bookDatabase = Room.databaseBuilder(mApp,
                    BookDatabase.class,"BookInfo")
                .addMigrations()          // 允许迁移数据库（发生数据库变更时，Room默认删除原数据库再创建新数据库。如此一来原来的记录会丢失，故而要改为迁移方式以便保存原有记录）
                .allowMainThreadQueries() // 允许在主线程中操作数据库（Room默认不能在主线程中操作数据库）
                .build();
    }

    // 获取图书数据库的实例
    public BookDatabase getBookDB(){
        return bookDatabase;
    }
}
```

5. 在操作图书信息表的地方获取数据表的持久化对象

持久化对象的获取代码很简单，只需下面一行代码就够了：

```
// 从App实例中获取唯一的图书持久化对象
BookDao bookDao = MainApplication.getInstance().getBookDB().bookDao();
```

完成以上5个编码步骤之后，接着调用持久化对象的query***、insert***、update***、delete***等方法，就能实现图书信息的增删改查操作了。例程的图书信息演示页面有两个，分别是记录保存页面和记录读取页面。其中记录保存页面通过insertOneBook方法向数据库添加图书信息，完整代码见chapter06\src\main\java\com\example\chapter06\RoomWriteActivity.java；而记录读取页面通过

queryAllBook方法从数据库读取图书信息，完整代码见chapter06\src\main\java\com\example\chapter06\RoomReadActivity.java。

运行测试App，先打开记录保存页面，依次录入两本图书信息并保存至数据库，如图6-22和图6-23所示。再打开记录读取页面，从数据库读取图书信息并展示在页面上，如图6-24所示。

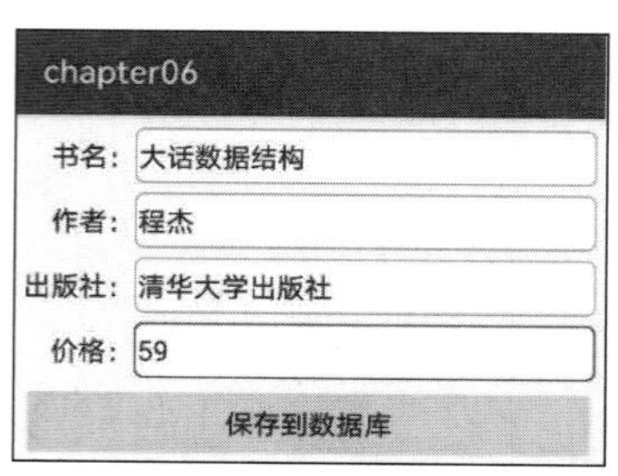

图 6-22 将第一本图书信息保存到数据库

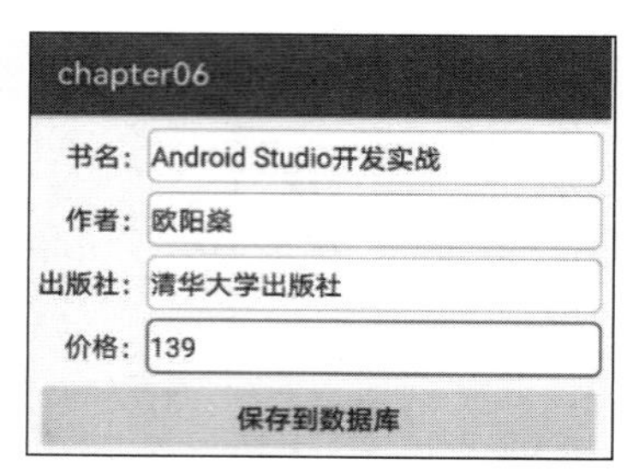

图 6-23 将第二本图书信息保存到数据库

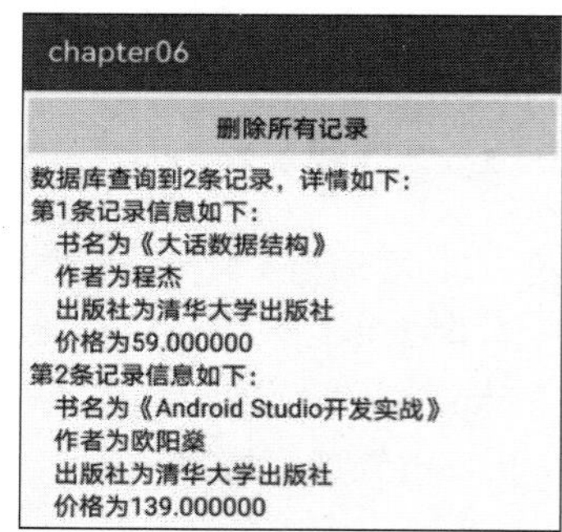

图 6-24 从数据库读取了两本图书信息

6.5 共享数据

本节介绍Android的四大组件之一ContentProvider的基本概念和常见用法：首先说明如何使用内容提供器封装内部数据的外部访问接口，然后阐述如何使用内容解析器通过外部接口操作内部数据，最后叙述如何利用内容解析器读写联系人信息，以及如何利用内容观察器监听收到的短信内容。

6.5.1 通过 ContentProvider 封装数据

Android提供了四大组件，分别是活动Activity、广播Broadcast、服务Service和内容提供器ContentProvider。其中内容提供器涵盖与内部数据存取有关的一系列组件，完整的内容组件由内容提供器ContentProvider、内容解析器ContentResolver、内容观察器ContentObserver三部分组成。

ContentProvider给App存取内部数据提供了统一的外部接口，让不同的应用之间得以互相共享数据。像上一章提到的SQLite可操作应用自身的内部数据库，上传和下载功能可操作后端服务器的文件，而ContentProvider可操作当前设备其他应用的内部数据，它是一种中间层次的数据存储形式。

在实际编码中，ContentProvider只是服务端App存取数据的抽象类，开发者需要在其基础上实现一个完整的内容提供器，并重写下列数据库管理方法。

- onCreate：创建数据库并获得数据库连接。
- insert：插入数据。
- delete：删除数据。
- update：更新数据。
- query：查询数据，并返回结果集的游标。
- getType：获取内容提供器支持的数据类型。

这些方法看起来是不是很像SQLite？没错，ContentProvider作为中间接口，本身并不直接保存数据，而是通过SQLiteOpenHelper与SQLiteDatabase间接操作底层的数据库。所以要想使用ContentProvider，首先得实现SQLite的数据库帮助器，然后由ContentProvider封装对外的接口。以封装用户信息为例，具体步骤主要分成以下3步。

1. 编写用户信息表的数据库帮助器

这个数据库帮助器就是常规的SQLite操作代码，实现过程参见本章的“6.2.3　数据库帮助器SQLiteOpenHelper”，完整代码参见chapter06\src\main\java\com\example\chapter06\database\UserDBHelper.java。

2. 编写内容提供器的基础字段类

该类需要实现接口BaseColumns，同时加入几个常量定义。详细代码示例如下：

```
(完整代码见chapter06\src\main\java\com\example\chapter06\provider\UserInfoContent.java)
public class UserInfoContent implements BaseColumns {
    // 这里的名称必须与AndroidManifest.xml里的android:authorities保持一致
    public static final String AUTHORITIES = "com.example.chapter06.provider.
                                              UserInfoProvider";
    // 内容提供器的外部表名
    public static final String TABLE_NAME = UserDBHelper.TABLE_NAME;
    // 访问内容提供器的URI
    public static final Uri CONTENT_URI = Uri.parse("content://" + AUTHORITIES + "/user");
    // 下面是该表的各个字段名称
    public static final String USER_NAME = "name";
    public static final String USER_AGE = "age";
    public static final String USER_HEIGHT = "height";
    public static final String USER_WEIGHT = "weight";
}
```

3. 通过右键菜单创建内容提供器

右击App模块的包名目录，在弹出的右键菜单中依次选择New→Other→Content Provider，打开如图6-25所示的组件创建对话框。

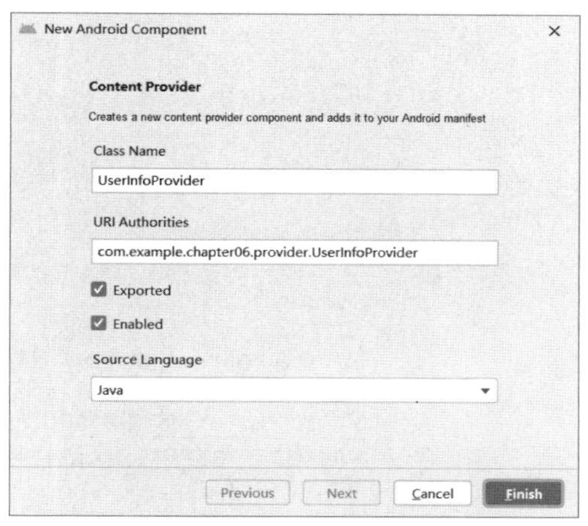

图 6-25　内容提供器的组件创建对话框

在创建对话框的Class Name一栏填写内容提供器的名称，比如UserInfoProvider；在URI Authorities一栏填写URI的授权串，比如“com.example.chapter06.provider.UserInfoProvider”；然后单击对话框右下角的Finish按钮，完成提供器的创建 操作。

上述创建过程会自动修改App模块的两处地方，一处是往AndroidManifest.xml添加内容提供器的注册配置，配置信息示例如下：

```
<!-- provider的authorities属性值需要与Java代码的AUTHORITIES保持一致 -->
<provider
    android:name=".provider.UserInfoProvider"
    android:authorities="com.example.chapter06.provider.UserInfoProvider"
    android:enabled="true"
    android:exported="true" />
```

另一处是在包名目录下生成名为UserInfoProvider.java的代码文件，打开一看发现该类继承了

ContentProvider，并且提示重写onCreate、insert、delete、query、update、getType等方法，以便对数据进行增删改查等操作。这个提供器代码显然只有一个框架，还需补充详细的实现代码，为此重写onCreate方法，在此获取用户信息表的数据库帮助器实例，其他insert、delete、query等方法也要加入对应的数据库操作代码，修改之后的内容提供器代码如下：

```
(完整代码见chapter06\src\main\java\com\example\chapter06\provider\UserInfoProvider.java)
public class UserInfoProvider extends ContentProvider {
    private UserDBHelper userDB;                       // 声明一个用户数据库的帮助器对象
    public static final int USER_INFO = 1;             // Uri匹配时的代号
    public static final UriMatcher uriMatcher = new UriMatcher(UriMatcher.NO_MATCH);
    static {                                           // 往Uri匹配器中添加指定的数据路径
        uriMatcher.addURI(UserInfoContent.AUTHORITIES, "/user", USER_INFO);
    }

    // 创建ContentProvider时调用，可在此获取具体的数据库帮助器实例
    public boolean onCreate() {
        userDB = UserDBHelper.getInstance(getContext(), 1);
        return true;
    }

    // 插入数据
    public Uri insert(Uri uri, ContentValues values) {
        if (uriMatcher.match(uri) == USER_INFO) {      // 匹配到了用户信息表
            // 获取SQLite数据库的写连接
            SQLiteDatabase db = userDB.getWritableDatabase();
            // 向指定的表插入数据，返回记录的行号
            long rowId = db.insert(UserInfoContent.TABLE_NAME, null, values);
            if (rowId > 0) {                           // 判断插入是否执行成功
                // 如果添加成功，就利用新记录的行号生成新的地址
                Uri newUri = ContentUris.withAppendedId(UserInfoContent. CONTENT_URI,
                        rowId);
                // 通知监听器，数据已经改变
                getContext().getContentResolver().notifyChange(newUri, null);
            }
            db.close();                                // 关闭SQLite数据库连接
        }
        return uri;
    }

    // 根据指定条件删除数据
    public int delete(Uri uri, String selection, String[] selectionArgs) {
        int count = 0;
        if (uriMatcher.match(uri) == USER_INFO) {      // 匹配到了用户信息表
            // 获取SQLite数据库的写连接
            SQLiteDatabase db = userDB.getWritableDatabase();
            // 执行SQLite的删除操作，并返回删除记录的数目
            count = db.delete(UserInfoContent.TABLE_NAME, selection, selectionArgs);
            db.close();                                // 关闭SQLite数据库连接
        }
        return count;
    }

    // 根据指定条件查询数据库
    public Cursor query(Uri uri, String[] projection, String selection,
                String[] selectionArgs, String sortOrder) {
        Cursor cursor = null;
        if (uriMatcher.match(uri) == USER_INFO) {      // 匹配到了用户信息表
            // 获取SQLite数据库的读连接
            SQLiteDatabase db = userDB.getReadableDatabase();
            // 执行SQLite的查询操作
            cursor = db.query(UserInfoContent.TABLE_NAME,
```

```
                projection, selection, selectionArgs, null, null, sortOrder);
            // 设置内容解析器的监听
            cursor.setNotificationUri(getContext().getContentResolver(), uri);
        }
        return cursor;                                    // 返回查询结果集的游标
    }

    // 获取Uri支持的数据类型，暂未实现
    public String getType(Uri uri) {}

    // 更新数据，暂未实现
    public int update(Uri uri, ContentValues values, String selection, String[]
selectionArgs) {}
}
```

经过以上3个步骤之后，便完成了服务端App的接口封装工作，接下来再由其他App去访问服务端App的数据。

6.5.2 通过 ContentResolver 访问数据

上一小节提到了利用ContentProvider封装服务端App的数据，如果客户端App想访问对方的内部数据，就要借助内容解析器ContentResolver。内容解析器是客户端App操作服务端数据的工具，与之对应的内容提供器则是服务端的数据接口。在活动代码中调用getContentResolver方法，即可获取内容解析器的实例。

ContentResolver提供的方法与ContentProvider一一对应，比如insert、delete、query、update、getType等，甚至连方法的参数类型都雷同。以添加操作为例，针对前面UserInfoProvider提供的数据接口，下面由内容解析器调用insert方法，使之往内容提供器中插入一条用户信息，记录添加代码如下：

```
(完整代码见chapter06\src\main\java\com\example\chapter06\ContentWriteActivity.java)
// 添加一条用户记录
private void addUser(UserInfo user) {
    ContentValues name = new ContentValues();
    name.put("name", user.name);
    name.put("age", user.age);
    name.put("height", user.height);
    name.put("weight", user.weight);
    name.put("married", 0);
    name.put("update_time", DateUtil.getNowDateTime(""));
    // 通过内容解析器往指定Uri添加用户信息
    getContentResolver().insert(UserInfoContent.CONTENT_URI, name);
```

至于删除操作就更简单了，只要下面一行代码就删除了所有记录：

```
getContentResolver().delete(UserInfoContent.CONTENT_URI, "1=1", null);
```

查询操作稍微复杂一些，调用query方法会返回游标对象，这个游标正是SQLite的游标Cursor，详细用法参见本章的“6.2.3 数据库帮助器SQLiteOpenHelper”。query方法的参数有好几个，具体说明如下（依参数顺序排列）：

- uri：Uri类型，指定本次操作的数据表路径。
- projection：字符串数组类型，指定将要查询的字段名称列表。
- selection：字符串类型，指定查询条件。
- selectionArgs：字符串数组类型，指定查询条件中的参数取值列表。

- sortOrder：字符串类型，指定排序条件。

下面是调用query方法从内容提供器查询所有用户信息的代码例子：

```
(完整代码见chapter06\src\main\java\com\example\chapter06\ContentReadActivity.java)
// 显示所有的用户记录
private void showAllUser() {
    List<UserInfo> userList = new ArrayList<UserInfo>();
    // 通过内容解析器从指定Uri中获取用户记录的游标
    Cursor cursor = getContentResolver().query(
            UserInfoContent.CONTENT_URI, null, null, null, null);
    // 循环取出游标指向的每条用户记录
    while (cursor.moveToNext()) {
        UserInfo user = new UserInfo();
        user.name = cursor.getString(
                cursor.getColumnIndex(UserInfoContent.USER_NAME));
        user.age = cursor.getInt(
                cursor.getColumnIndex(UserInfoContent.USER_AGE));
        user.height = cursor.getInt(
                cursor.getColumnIndex(UserInfoContent.USER_HEIGHT));
        user.weight = cursor.getFloat(
                cursor.getColumnIndex(UserInfoContent.USER_WEIGHT));
        userList.add(user);                             // 添加到用户信息列表
    }
    cursor.close();                                     // 关闭数据库游标
    String contactCount = String.format("当前共找到%d个用户", userList.size());
    tv_desc.setText(contactCount);
    ll_list.removeAllViews();                           // 移除线性布局下面的所有下级视图
    for (UserInfo user : userList) {                    // 遍历用户信息列表
        String contactDesc = String.format("姓名为%s，年龄为%d，身高为%d，体重为%f\n",
user.name, user.age, user.height, user.weight);
        TextView tv_contact = new TextView(this);       // 创建一个文本视图
        tv_contact.setText(contactDesc);
        ll_list.addView(tv_contact);                    // 把文本视图添加至线性布局
    }
}
```

接下来分别演示通过内容解析器添加和查询用户信息的过程，其中记录添加页面为ContentWriteActivity.java，记录查询页面为ContentReadActivity.java。运行测试App，先打开记录添加页面，输入用户信息后点击“添加用户信息”按钮，由内容解析器执行插入操作，此时添加界面如图6-26所示。接着打开记录查询页面，内容解析器自动执行查询操作，并将查到的用户信息一一显示出来，此时查询界面如图6-27所示。

图 6-26　通过内容解析器添加用户信息

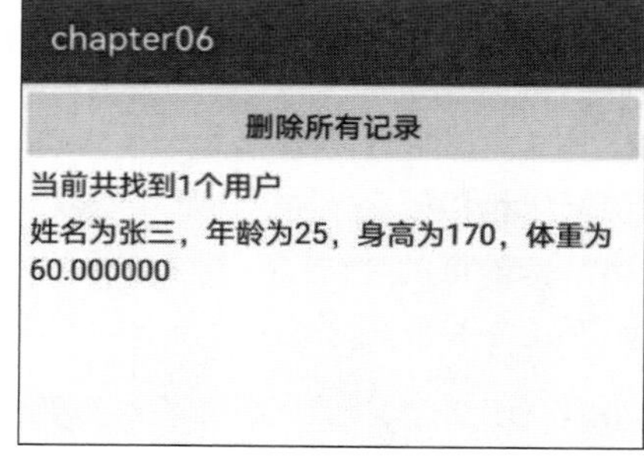

图 6-27　通过内容解析器查询用户信息

对比添加页面和查询页面的用户信息，可知成功查到了新增的用户记录。

6.5.3 利用ContentResolver读写联系人

在实际开发中，普通App很少会开放数据接口给其他应用访问，作为服务端接口的ContentProvider基本用不到。内容组件能够派上用场的情况，往往是App想要访问系统应用的通讯数据，比如查看联系人、短信、通话记录，以及对这些通讯数据进行增删改查。

在访问系统的通讯数据之前，得先在AndroidManifest.xml中添加相应的权限配置，常见的通讯权限配置主要有下面几个：

```
<!-- 联系人/通讯录。包括读联系人、写联系人 -->
<uses-permission android:name="android.permission.READ_CONTACTS" />
<uses-permission android:name="android.permission.WRITE_CONTACTS" />
<!-- 短信。包括发送短信、接收短信、读短信-->
<uses-permission android:name="android.permission.SEND_SMS" />
<uses-permission android:name="android.permission.RECEIVE_SMS" />
<uses-permission android:name="android.permission.READ_SMS" />
<!-- 通话记录。包括读通话记录、写通话记录 -->
<uses-permission android:name="android.permission.READ_CALL_LOG" />
<uses-permission android:name="android.permission.WRITE_CALL_LOG" />
```

当然，从Android 6.0开始，上述的通讯权限默认是关闭的，必须在运行App的时候动态申请相关权限，详细的权限申请过程参见本章的“6.3.3 运行时动态申请权限”。

尽管系统允许App通过内容解析器修改联系人列表，但操作过程比较烦琐，因为一个联系人可能有多个电话号码，还可能有多个邮箱。所以系统通讯录将其设计为3张表，分别是联系人基本信息表、联系号码表、联系邮箱表，于是每添加一位联系人，就要调用至少三次insert方法。下面是往手机通讯录中添加联系人信息的代码例子：

```
(完整代码见chapter06\src\main\java\com\example\chapter06\util\CommunicationUtil.java)
// 往手机通讯录中添加一个联系人信息（包括姓名、电话号码、电子邮箱）
public static void addContacts(ContentResolver resolver, Contact contact) {
    // 构建一个指向系统联系人提供器的Uri对象
    Uri raw_uri = Uri.parse("content://com.android.contacts/raw_contacts");
    ContentValues values = new ContentValues();          // 创建新的配对
    // 往 raw_contacts中添加联系人记录，并获取添加后的联系人编号
    long contactId = ContentUris.parseId(resolver.insert(raw_uri, values));
    // 构建一个指向系统联系人数据的Uri对象
    Uri uri = Uri.parse("content:                         //com.android.contacts/data");
    ContentValues name = new ContentValues();            // 创建新的配对
    name.put("raw_contact_id", contactId);               // 往配对中添加联系人编号
    // 往配对中添加“姓名”的数据类型
    name.put("mimetype", "vnd.android.cursor.item/name");
    name.put("data2", contact.name);                     // 往配对中添加联系人的姓名
    resolver.insert(uri, name);                          // 往提供器中添加联系人的姓名记录
    ContentValues phone = new ContentValues();           // 创建新的配对
    phone.put("raw_contact_id", contactId);        // 往配对中添加联系人编号
    // 往配对中添加“电话号码”的数据类型
    phone.put("mimetype", "vnd.android.cursor.item/phone_v2");
    phone.put("data1", contact.phone);                   // 往配对中添加联系人的电话号码
    phone.put("data2", "2");                             // 联系类型。1表示家庭，2表示工作
    resolver.insert(uri, phone);                         // 往提供器中添加联系人的号码记录
    ContentValues email = new ContentValues();           // 创建新的配对
    email.put("raw_contact_id", contactId);        // 往配对中添加联系人编号
    // 往配对中添加“电子邮箱”的数据类型
    email.put("mimetype", "vnd.android.cursor.item/email_v2");
    email.put("data1", contact.email);                   // 往配对中添加联系人的电子邮箱
    email.put("data2", "2");                             // 联系类型。1表示家庭，2表示工作
```

```
        resolver.insert(uri, email);                    // 往提供器中添加联系人的邮箱记录
    }
```

同理，联系人读取代码也分成3个步骤，先查出联系人的基本信息，再查询联系人号码，最后查询联系人邮箱，详细代码参见CommunicationUtil.java的readAllContacts方法。

接下来演示联系人信息的访问过程。分别创建联系人的添加页面和查询页面，其中添加页面的完整代码见chapter06\src\main\java\com\example\chapter06\ContactAddActivity.java，查询页面的完整代码见chapter06\src\main\java\com\example\chapter06\ContactReadActivity.java。首先在添加页面输入联系人信息，点击“添加联系人”按钮调用addContacts方法写入联系人数据，此时添加界面如图6-28所示。然后打开联系人查询页面，App自动调用readAllContacts方法查出所有的联系人，并显示联系人列表，如图6-29所示，可见刚才添加的联系人已经成功写入系统的联系人列表，而且也能正确读取最新的联系人信息。

图 6-28　联系人的添加界面

图 6-29　联系人的查询界面

6.5.4　利用 ContentObserver 监听短信

ContentResolver获取数据采用的是主动查询方式，有查询就有数据，没查询就没数据。然而有时不但要获取以往的数据，还要实时获取新增的数据，最常见的业务场景是短信验证码。电商App经常在用户注册或付款时发送验证码短信，为了替用户省事，App通常会监控手机刚收到的短信验证码，并自动填写验证码输入框。这时就用到了内容观察器ContentObserver，事先给目标内容注册一个观察器，目标内容的数据一旦发生变化，就马上触发观察器的监听事件，从而执行开发者预先定义的代码。

内容观察器的用法与内容提供器类似，也要从ContentObserver派生一个新的观察器，然后通过ContentResolver对象调用相应的方法注册或注销观察器。下面是内容解析器与内容观察器之间的交互方法说明。

- registerContentObserver：内容解析器要注册内容观察器。
- unregisterContentObserver：内容解析器要注销内容观察器。
- notifyChange：通知内容观察器发生了数据变化，此时会触发观察器的onChange方法。notifyChange的调用时机参见“6.5.1　通过ContentProvider封装数据”的insert代码。

为了让读者更好理解，下面举一个实际应用的例子。手机号码的每月流量限额由移动运营商指定，以中国移动为例，只要将流量校准短信发给运营商客服号码（如发送18到10086），运营商就会回复用户本月的流量数据，包括月流量额度、已使用流量、未使用流量等信息。手机App只需监控10086发来的短信内容，即可自动获取当前号码的流量详情。

下面是利用内容观察器实现流量校准的关键代码片段：

```
(完整代码见chapter06\src\main\java\com\example\chapter06\MonitorSmsActivity.java)
private Handler mHandler = new Handler();                    // 声明一个处理器对象
private SmsGetObserver mObserver;                            // 声明一个短信获取的观察器对象
private static Uri mSmsUri;                                  // 声明一个系统短信提供器的Uri对象
private static String[] mSmsColumn;                          // 声明一个短信记录的字段数组
// 初始化短信观察器
private void initSmsObserver() {
    mSmsUri = Uri.parse("content://sms");                    // 短信数据的提供器路径
    // 短信记录的字段数组
    mSmsColumn = new String[]{"address", "body", "date"};
    // 创建一个短信观察器对象
    mObserver = new SmsGetObserver(this, mHandler);
    // 给指定Uri注册内容观察器，一旦发生数据变化，就触发观察器的onChange方法
    getContentResolver().registerContentObserver(mSmsUri, true, mObserver);
}
// 在页面销毁时触发
protected void onDestroy() {
    super.onDestroy();
    getContentResolver().unregisterContentObserver(mObserver);          //注销内容观察器
}
// 定义一个短信获取的观察器
private static class SmsGetObserver extends ContentObserver {
    private Context mContext;                                          / 声明一个上下文对象
    public SmsGetObserver(Context context, Handler handler) {
        super(handler);
        mContext = context;
    }

    // 观察到短信的内容提供器发生变化时触发
    public void onChange(boolean selfChange) {
        String sender = "", content = "";
        // 构建一个查询短信的条件语句，移动号码要查找10086发来的短信
        // 查找最近一分钟的短信
        String selection = String.format("address='10086' and date>%d",
                System.currentTimeMillis() - 1000 * 60 * 1);
        // 通过内容解析器获取符合条件的结果集游标
        Cursor cursor = mContext.getContentResolver().query(
                mSmsUri, mSmsColumn, selection, null, " date desc");
        // 循环取出游标所指向的所有短信记录
        while (cursor.moveToNext()) {
            sender = cursor.getString(0);                    // 短信的发送号码
            content = cursor.getString(1);                   // 短信内容
            break;
        }
        cursor.close();                                      // 关闭数据库游标
        mCheckResult = String.format("发送号码：%s\n短信内容：%s", sender, content);
        // 依次解析流量校准短信里面的各项流量数值，并拼接流量校准的结果字符串
        String flow = String.format("流量校准结果如下：总流量为：%s；已使用：%s" +"；剩余流量：%s",
                    findFlow(content, "总流量为"),
                findFlow(content, "已使用"), findFlow(content, "剩余"));
        if (tv_check_flow != null) {                         // 离开该页面后就不再显示流量信息
            tv_check_flow.setText(flow);                     // 在文本视图中显示流量校准结果
        }
        super.onChange(selfChange);
    }
}
```

运行测试App，点击校准按钮发送流量校准短信，接着收到如图6-30所示的短信内容。同时App监听刚收到的流量短信，从中解析得到当前的流量数值，并展示在界面上，如图6-31所示。可见通过内容观察器实时获取了最新的短信记录。

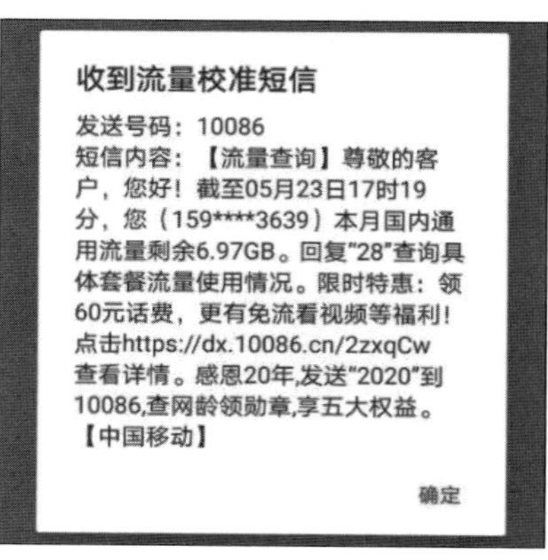

图 6-30　用户收到的短信内容

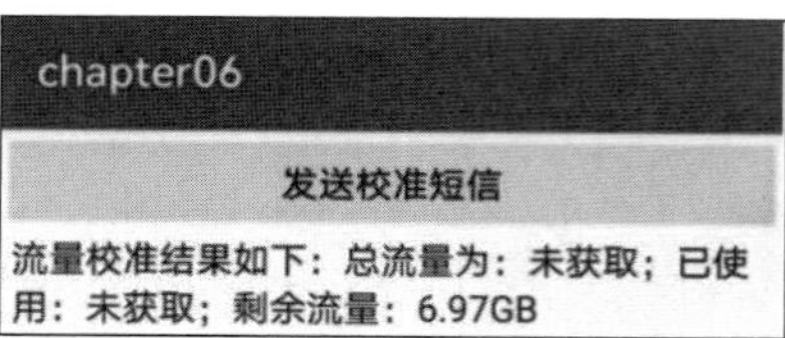

图 6-31　内容观察器监听短信并解析出流量信息

总结一下系统开放给普通应用访问的常用URI，详细的URI取值说明见表6-2。

表 6-2　常用的系统 URI 取值说明

内容名称	URI 常量名	实际路径
联系人基本信息	ContactsContract.Contacts.CONTENT_URI	content://com.android.contacts/contacts
联系人电话号码	ContactsContract.CommonDataKinds.Phone.CONTENT_URI	content://com.android.contacts/data/phones
联系人邮箱	ContactsContract.CommonDataKinds.Email.CONTENT_URI	content://com.android.contacts/data/emails
短信	Telephony.Sms.CONTENT_URI	content://sms
彩信	Telephony.Mms.CONTENT_URI	content://mms
通话记录	CallLog.Calls.CONTENT_URI	content://call_log/calls

6.6　实战项目：购物车

购物车的应用面很广，凡是电商App都可以看到它的身影，之所以选择购物车作为本章的实战项目，除了它使用广泛的特点之外，更因为它用到了多种存储方式。现在就让我们开启电商购物车的体验之旅吧。

6.6.1　需求描述

电商App的购物车可谓是司空见惯了，以京东商城的购物车为例，一开始没有添加任何商品，此时空购物车如图6-32所示，而且提示去逛秒杀商场；加入几件商品之后，购物车页面如图6-33所示。

图 6-32　京东 App 购物车的初始页面

图 6-33　在京东 App 购物车中加了几件商品

可见购物车除了底部有个结算行，其余部分主要是已加入购物车的商品列表，然后每个商品行左边是商品小图，右边是商品名称及其价格。

据此仿照出本项目的购物车功能，第一次进入购物车页面，购物车里面是空的，同时提示去逛手机商场，如图6-34所示。接着去商场页面选购手机，随便挑了几部手机加入购物车，再返回购物车页面，即可看到购物车的商品列表，如图6-35所示，有商品图片、名称、数量、单价、总价等信息。当然购物车并不仅仅只是展示待购买的商品，还要支持最终购买的结算操作、支持清空购物车等功能。

图 6-34　首次打开购物车页面

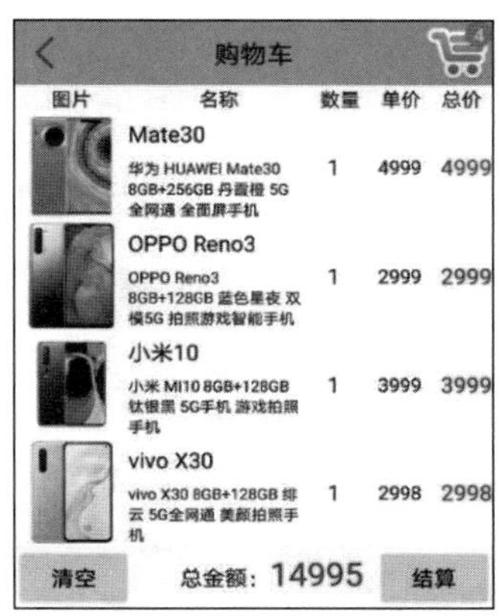

图 6-35　选购商品后的购物车

购物车的存在感很强，不仅仅在购物车页面才能看到购物车，往往在商场页面，甚至商品详情页面，都会看到某个角落冒出的购物车图标。一旦有新商品加入购物车，购物车图标上的商品数量立马加1。当然，用户也能点击购物车图标直接跳转到购物车页面。商场页面除了商品列表之外，页面右上角还有一个购物车图标，如图6-36所示，有时这个图标会在页面右下角。商品详情页面通常也有购物车图标，如图6-37所示，倘使用户在详情页面把商品加入购物车，那么图标上的数字也会加1。

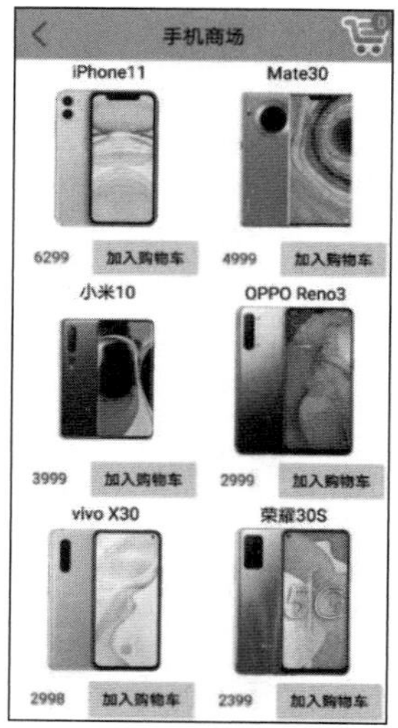

图 6-36　手机商场页面

图 6-37　手机详情页面

至此大概过了一遍购物车需要实现的基本功能，提需求总是很简单的，真正落到实处还得开发者发挥想象力，把购物车做成一个功能完备的模块。

6.6.2 界面设计

首先找找看，购物车使用了哪些Android控件：

- 线性布局LinearLayout：购物车界面从上往下排列，用到了垂直方向的线性布局。
- 网格布局GridLayout：商场页面的陈列橱柜，允许分行分列展示商品。
- 相对布局RelativeLayout：页面右上角的购物车图标，图标右上角又有数字标记，按照指定方位排列控件正是相对布局的拿手好戏。
- 其他常见控件尚有文本视图TextView、图像视图ImageView、按钮控件Button等。

然后考虑一下购物车的存储功能，到底采取了哪些存储方式：

- 数据库SQLite：最直观的肯定是数据库了，购物车里的商品列表一定是放在SQLite中，增删改查都少不了它。
- 全局内存：购物车图标右上角的数字表示购物车中的商品数量，该数值建议保存在全局内存中，这样不必每次都到数据库中执行count操作。
- 存储卡文件：通常商品图片来自电商平台的服务器，此时往往引入图片缓存机制，也就是首次访问时先将网络图片保存到存储卡中，下次访问时直接从存储卡中获取缓存图片，从而提高图片的加载速度。
- 共享参数SharedPreferences：是否首次访问网络图片，这个标志位推荐放在共享参数中，因为它需要持久化存储，并且只有一个参数信息。

真是想不到，一个小小的购物车，竟然用到了好几种存储方式。

6.6.3 关键代码

为了让读者更好更快地完成购物车项目，下面列举几个重要功能的代码片段。

1. 关于页面跳转

因为购物车页面允许直接跳转到商场页面，并且商场页面也允许跳转到购物车页面，所以如果用户在这两个页面之间来回跳转，然后再按返回键，结果发现返回的时候也是在这两个页面间往返跳转。出现问题的缘由在于：每次启动活动页面都往活动栈中加入一个新活动，那么返回出栈之时，也只好一个一个活动依次退出了。

解决该问题的办法参见第4章的“4.1.3 Activity的启动模式”，对于购物车的活动跳转需要指定启动标志FLAG_ACTIVITY_CLEAR_TOP，表示活动栈有且仅有该页面的唯一实例，如此即可避免多次返回同一页面的情况。比如从购物车页面跳转到商场页面，此时活动跳转的代码示例如下：

```
// 从购物车页面跳转到商场页面
Intent intent = new Intent(this, ShoppingChannelActivity.class);
intent.setFlags(Intent.FLAG_ACTIVITY_CLEAR_TOP);              // 设置启动标志
startActivity(intent);                                        // 跳转到手机商场页面
```

又如从商场页面跳转到购物车页面，此时活动跳转的代码示例如下：

```
// 从商场页面跳转到购物车页面
Intent intent = new Intent(this, ShoppingCartActivity.class);
intent.setFlags(Intent.FLAG_ACTIVITY_CLEAR_TOP);              // 设置启动标志
startActivity(intent);                                        // 跳转到购物车页面
```

2. 关于商品图片的缓存

通常商品图片由后端服务器提供，App打开页面时再从服务器下载所需的商品图。可是购物车模块的多个页面都会展示商品图片，如果每次都到服务器请求图片，显然既耗时间又耗流量，非常不经济。因此App都会缓存常用的图片，一旦从服务器成功下载图片，便在手机存储卡上保存图片文件。然后下次界面需要加载商品图片时，就先从存储卡中寻找该图片，如果找到就读取图片的位图信息，如果没找到就再到服务器下载图片。

以上的缓存逻辑是最简单的二级图片缓存，实际开发往往使用更高级的三级缓存机制，即“运行内存→存储卡→网络下载”。当然就初学者而言，先从掌握最简单的二级缓存开始，也就是“存储卡→网络下载”。按照二级缓存机制，可以设计以下的缓存处理逻辑：

（1）先判断是否为首次访问网络图片。

（2）如果是首次访问网络图片，就先从网络服务器下载图片。

（3）把下载完的图片数据保存到手机的存储卡中。

（4）往数据库中写入商品记录，以及商品图片的本地存储路径。

（5）更新共享参数中的首次访问标志。

按照上述的处理逻辑，编写的图片加载代码示例如下：

```
(完整代码见chapter06\src\main\java\com\example\chapter06\ShoppingCartActivity.java)
private String mFirst = "true";  // 是否首次打开
// 模拟网络数据，初始化数据库中的商品信息
private void downloadGoods() {
    // 获取共享参数保存的是否首次打开参数
```

```
    mFirst = SharedUtil.getIntance(this).readString("first", "true");
    // 获取当前App的私有下载路径
    String path = getExternalFilesDir(Environment.DIRECTORY_DOWNLOADS).toString()+"/";
    if (mFirst.equals("true")) {                    // 如果是首次打开
        // 模拟网络图片下载
        ArrayList<GoodsInfo> goodsList = GoodsInfo.getDefaultList();
        for (int i = 0; i < goodsList.size(); i++) {
            GoodsInfo info = goodsList.get(i);
            // 往商品数据库中插入一条该商品的记录
            long rowid = mGoodsHelper.insert(info);
            info.rowid = rowid;
            Bitmap pic = BitmapFactory.decodeResource(getResources(), info.pic);
            String pic_path = path + rowid + ".jpg";
            FileUtil.saveImage(pic_path, pic);      // 往存储卡中保存商品图片
            pic.recycle();                          // 回收位图对象
            info.pic_path = pic_path;
            mGoodsHelper.update(info);              // 更新商品数据库中该商品记录的图片路径
        }
    }
    // 把是否首次打开写入共享参数
    SharedUtil.getIntance(this).writeString("first", "false");
}
```

3. 关于各页面共同的标题栏

注意到购物车、手机商场、手机详情三个页面顶部都有标题栏，而且这三个标题栏风格统一，既然如此，能否把它做成公共的标题栏呢？当然App界面支持局部的公共布局，以购物车的标题栏为例，公共布局的实现过程包括以下两个步骤：

01 定义标题栏专用的布局文件，包含返回箭头、文字标题、购物车图标、商品数量表等，具体内容如下：

```
(完整代码见chapter06\src\main\res\layout\title_shopping.xml)
<RelativeLayout xmlns:android="http://schemas.android.com/apk/res/android"
    android:layout_width="match_parent"
    android:layout_height="50dp"
    android:background="#aaaaff" >
    <ImageView
        android:id="@+id/iv_back"
        android:layout_width="50dp"
        android:layout_height="match_parent"
        android:layout_alignParentLeft="true"
        android:padding="10dp"
        android:scaleType="fitCenter"
        android:src="@drawable/ic_back" />
    <TextView
        android:id="@+id/tv_title"
        android:layout_width="wrap_content"
        android:layout_height="match_parent"
        android:layout_centerInParent="true"
        android:gravity="center" />
    <ImageView
        android:id="@+id/iv_cart"
        android:layout_width="50dp"
        android:layout_height="match_parent"
        android:layout_alignParentRight="true"
        android:src="@drawable/cart" />
    <TextView
        android:id="@+id/tv_count"
        android:layout_width="20dp"
```

```
        android:layout_height="20dp"
        android:layout_alignParentTop="true"
        android:layout_toRightOf="@+id/iv_cart"
        android:layout_marginLeft="-20dp"
        android:gravity="center"
        android:background="@drawable/shape_oval_red"
        android:text="0" />
</RelativeLayout>
```

02 在购物车页面的布局文件中添加如下一行include标签，表示引入title_shopping.xml的布局内容：

```
(完整代码见chapter06\src\main\res\layout\activity_shopping_cart.xml)
<include layout="@layout/title_shopping" />
```

之后重新运行测试App，即可发现购物车页面的顶部果然出现了公共标题栏，商场页面、详情页面的公共标题栏可参考购物车页面的include标签。

4. 关于商品网格的单元布局

商场页面的商品列表，呈现三行二列的表格布局，每个表格单元的界面布局雷同，都是商品名称在上、商品图片居中、商品价格与添加按钮在下，看起来跟公共标题栏的处理有些类似。但后者为多个页面引用同一个标题栏，是多对一的关系；而前者为一个商场页面引用了多个商品网格，是一对多的关系。因此二者的实现过程不尽相同，就商场网格而言，它的单元复用分为下列3个步骤：

01 在商场页面的布局文件中添加GridLayout节点，示例代码如下：

```
(完整代码见chapter06\src\main\res\layout\activity_shopping_channel.xml)
<LinearLayout xmlns:android="http://schemas.android.com/apk/res/android"
    android:layout_width="match_parent"
    android:layout_height="match_parent"
    android:orientation="vertical" >
    <include layout="@layout/title_shopping" />
    <ScrollView
        android:layout_width="match_parent"
        android:layout_height="wrap_content" >
        <GridLayout
            android:id="@+id/gl_channel"
            android:layout_width="match_parent"
            android:layout_height="wrap_content"
            android:columnCount="2" />
    </ScrollView>
</LinearLayout>
```

02 为商场网格编写统一的商品信息布局，XML文件内容示例如下：

```
(完整代码见chapter06\src\main\res\layout\item_goods.xml)
<LinearLayout xmlns:android="http://schemas.android.com/apk/res/android"
    android:id="@+id/ll_item"
    android:layout_width="match_parent"
    android:layout_height="wrap_content"
    android:orientation="vertical">
    <TextView
        android:id="@+id/tv_name"
        android:layout_width="match_parent"
        android:layout_height="wrap_content"
        android:gravity="center" />
    <ImageView
        android:id="@+id/iv_thumb"
        android:layout_width="180dp"
```

```
        android:layout_height="150dp" />
    <LinearLayout
        android:layout_width="match_parent"
        android:layout_height="45dp"
        android:orientation="horizontal">
        <TextView
            android:id="@+id/tv_price"
            android:layout_width="0dp"
            android:layout_height="match_parent"
            android:layout_weight="2"
            android:gravity="center" />
        <Button
            android:id="@+id/btn_add"
            android:layout_width="0dp"
            android:layout_height="match_parent"
            android:layout_weight="3"
            android:gravity="center"
            android:text="加入购物车" />
    </LinearLayout>
</LinearLayout>
```

03 在商场页面的Java代码中，先利用下面代码获取布局文件item_goods.xml的根视图：

```
View view = LayoutInflater.from(this).inflate(R.layout.item_goods, null);
```

再从根视图中依据控件ID分别取出网格单元的各控件对象：

```
ImageView iv_thumb = view.findViewById(R.id.iv_thumb);
TextView tv_name = view.findViewById(R.id.tv_name);
TextView tv_price = view.findViewById(R.id.tv_price);
Button btn_add = view.findViewById(R.id.btn_add);
```

然后就能按照寻常方式操纵这些控件对象了，下面便是给网格布局加载商品的代码例子：

```
(完整代码见chapter06\src\main\java\com\example\chapter06\ShoppingChannelActivity.java)
private void showGoods() {
    gl_channel.removeAllViews();  // 移除下面的所有子视图
    // 查询商品数据库中的所有商品记录
    List<GoodsInfo> goodsArray = mGoodsHelper.query("1=1");
    for (final GoodsInfo info : goodsArray) {
        // 获取布局文件item_goods.xml的根视图
        View view = LayoutInflater.from(this).inflate(R.layout.item_goods, null);
        ImageView iv_thumb = view.findViewById(R.id.iv_thumb);
        TextView tv_name = view.findViewById(R.id.tv_name);
        TextView tv_price = view.findViewById(R.id.tv_price);
        Button btn_add = view.findViewById(R.id.btn_add);
        tv_name.setText(info.name);                          // 设置商品名称
        iv_thumb.setImageURI(Uri.parse(info.pic_path));     // 设置商品图片
        iv_thumb.setOnClickListener(new View.OnClickListener() {
            @Override
            public void onClick(View v) {
                Intent intent = new Intent(
                    ShoppingChannelActivity.this,
                    ShoppingDetailActivity.class);
                intent.putExtra("goods_id", info.rowid);
                startActivity(intent);                       // 跳转到商品详情页面
            }
        });
        tv_price.setText("" + (int)info.price);             // 设置商品价格
        btn_add.setOnClickListener(new View.OnClickListener() {
            @Override
            public void onClick(View v) {
```

```
                addToCart(info.rowid, info.name);           // 添加到购物车
            }
        });
        gl_channel.addView(view);                           // 把商品视图添加到网格布局
    }
}
```

弄好了商场页面的网格单元，购物车页面的商品行也可照此办理，不同之处在于购物车页面的商品行使用线性布局而非网格布局，其余实现过程依然分成上述3个步骤。

6.7 小　　结

本章主要介绍了Android常用的4种数据存储方式，包括键值对存取的两种使用方式（共享参数和数据仓库）、数据库SQLite的关系型数据存取、存储卡的文件读写操作（含文本文件读写和图片文件读写）、App全局内存的读写，以及组件Application的生命周期及其用法，还有内容组件ContentProvider的常见用法（通过ContentProvider封装数据、通过ContentResolver访问数据、利用ContentResolver读写联系人、利用ContentObserver监听短信）。最后设计了一个实战项目“购物车”，通过该项目的编码进一步复习并巩固4种存储方式的使用。

通过本章的学习，读者应该能够掌握以下6种开发技能：

（1）学会分别使用共享参数和数据仓库存取键值对数据。
（2）学会使用SQLite存取数据库记录。
（3）学会使用存储卡读写文本文件和图片文件。
（4）学会在App运行过程中动态申请权限。
（5）学会应用组件Application的用法。
（6）学会利用ContentProvider在应用之间共享数据。

6.8 动 手 练 习

1. 请上机实验完善找回密码项目的记住密码功能，分别采用以下两种存储方式：

（1）使用共享参数记住上次登录成功时输入的用户名和密码。
（2）使用SQLite数据库记住用户名对应的密码，也就是根据用户名自动填写密码。

2. 请上机实验本章的购物车项目，要求实现下列功能：

（1）往购物车中添加商品。
（2）自动计算购物车中所有商品的总金额。
（3）移除购物车里的某个商品。
（4）清空购物车。

第 7 章 高 级 控 件

本章介绍App开发常用的一些高级控件用法，主要包括：如何使用下拉框及其适配器、如何使用列表类视图及其适配器、如何使用翻页类视图及其适配器、如何使用碎片及其适配器等。然后结合本章所学的知识，演示了一个实战项目“记账本”的设计与实现。

7.1 下 拉 框

本节介绍下拉框的用法以及适配器的基本概念，结合对下拉框Spinner的使用说明分别阐述数组适配器ArrayAdapter、简单适配器SimpleAdapter的具体用法与展示效果。

7.1.1 下拉框控件 Spinner

Spinner是下拉框控件，它用于从一串列表中选择某项，其功能类似于单选按钮的组合。下拉列表的展示方式有两种，一种是在当前下拉框的正下方弹出列表框，此时要把spinnerMode属性设置为dropdown，下面是XML文件中采取下拉模式的Spinner标签例子：

```
<Spinner
    android:id="@+id/sp_dropdown"
    android:layout_width="match_parent"
    android:layout_height="wrap_content"
    android:spinnerMode="dropdown" />"
```

另一种是在页面中部弹出列表对话框，此时要把spinnerMode属性设置为dialog，下面是XML文件中采取对话框模式的Spinner标签例子：

```
<Spinner
    android:id="@+id/sp_dialog"
    android:layout_width="match_parent"
    android:layout_height="wrap_content"
    android:spinnerMode="dialog" />"
```

此外，在Java代码中，Spinner还可以调用下列4个方法。

- setPrompt：设置标题文字。注意对话框模式才显示标题，下拉模式不显示标题。
- setAdapter：设置列表项的数据适配器。
- setSelection：设置当前选中哪项。注意该方法要在setAdapter方法后调用。

- setOnItemSelectedListener：设置下拉列表的选择监听器，该监听器要实现接口 OnItemSelectedListener。

下面是初始化下拉框，并设置选择监听器的代码例子：

```
(完整代码见chapter07\src\main\java\com\example\chapter07\SpinnerDropdownActivity.java)
// 初始化下拉模式的列表框
private void initSpinnerForDropdown() {
    // 声明一个下拉框的数组适配器
    ArrayAdapter<String> starAdapter = new ArrayAdapter<String>(this,
            R.layout.item_select, starArray);
    // 从布局文件中获取名为sp_dropdown的下拉框
    Spinner sp_dropdown = findViewById(R.id.sp_dropdown);
    // 设置下拉框的标题。对话框模式才显示标题，下拉模式不显示标题
    sp_dropdown.setPrompt("请选择行星");
    sp_dropdown.setAdapter(starAdapter);      // 设置下拉框的数组适配器
    sp_dropdown.setSelection(0);              // 设置下拉框默认显示第一项
    // 给下拉框设置选择监听器，一旦用户选中某一项，就触发监听器的onItemSelected方法
    sp_dropdown.setOnItemSelectedListener(new MySelectedListener());
}

// 定义下拉列表需要显示的文本数组
private String[] starArray = {"水星", "金星", "地球", "火星", "木星", "土星"};
// 定义一个选择监听器，它实现了接口OnItemSelectedListener
class MySelectedListener implements OnItemSelectedListener {
    // 选择事件的处理方法，其中arg2代表选择项的序号
    public void onItemSelected(AdapterView<?> arg0, View arg1, int arg2, long arg3) {
            Toast.makeText(SpinnerDropdownActivity.this,
            "您选择的是" + starArray[arg2], Toast.LENGTH_LONG).show();
    }

    // 未选择时的处理方法，通常无须关注
    public void onNothingSelected(AdapterView<?> arg0) {}
}
```

接下来观察两种下拉列表的界面效果，运行测试App，一开始的下拉框如图7-1所示。

在下拉模式页面（SpinnerDropdownActivity.java）单击下拉框，六大行星的列表框在下拉框正下方展开，如图7-2所示。点击某项后，列表框消失，同时下拉框中的文字变为刚选中的行星名称。再打开对话框模式页面（SpinnerDialogActivity），单击下拉框会在页面中央弹出六大行星的列表对话框，如图7-3所示。点击某项后，对话框消失，同时下拉框中的文字也变为刚选中的行星名称。

图 7-1　下拉框控件的初始界面

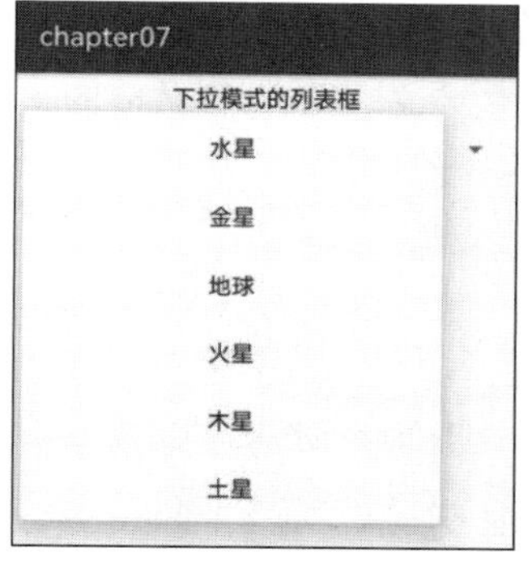

图 7-2　下拉模式的列表框

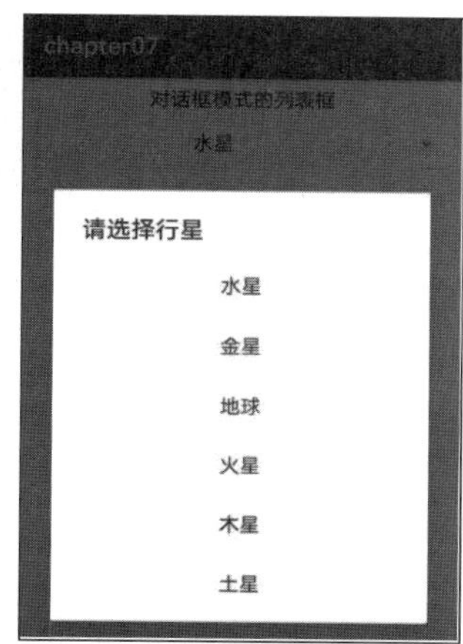

图 7-3　对话框模式的列表框

7.1.2 数组适配器 ArrayAdapter

上一小节在演示下拉框控件时，调用了setAdapter方法设置列表适配器。这个适配器好比一组数据的加工流水线，你丢给它一大把糖果（六大行星的原始数据），适配器先按顺序排列糖果（对应行星数组starArray），然后拿来制作好的包装盒（对应每个列表项的布局文件item_select.xml），把糖果往里面一塞，出来的便是一个个精美的糖果盒（界面上排布整齐的列表框）。这个流水线可以做得很复杂，也可以做得简单一些，最简单的流水线就是之前演示用到的数组适配器ArrayAdapter。

ArrayAdapter主要用于每行列表只展示文本的情况，实现过程分成下列3个步骤：

01 编写列表项的XML文件，内部布局只有一个TextView标签，示例如下：

```
（完整代码见chapter07\src\main\res\layout\item_select.xml）
<TextView xmlns:android="http://schemas.android.com/apk/res/android"
    android:layout_width="match_parent"
    android:layout_height="50dp"
    android:gravity="center" />
```

02 调用ArrayAdapter的构造方法，填入待展现的字符串数组，以及列表项的包装盒，即XML文件R.layout.item_select。构造方法的调用代码示例如下：

```
// 声明一个下拉框的数组适配器
ArrayAdapter<String> starAdapter = new ArrayAdapter<String>(this,
                                R.layout.item_select, starArray);
```

03 调用下拉框控件的setAdapter方法，传入步骤2得到的适配器实例，代码如下：

```
sp_dropdown.setAdapter(starAdapter);  // 设置下拉框的数组适配器
```

经过以上3个步骤，先由ArrayAdapter明确原料糖果的分拣过程与包装方式，再由下拉框调用setAdapter方法发出开工指令，适配器便会把一个个包装好的糖果盒输出到界面。

7.1.3 简单适配器 SimpleAdapter

ArrayAdapter只能显示文本列表，显然不够美观，有时还想给列表加上图标，比如希望显示六大行星的天文影像。这时简单适配器SimpleAdapter就派上用场了，它允许在列表项中同时展示文本与图片。

SimpleAdapter的实现过程略微复杂，因为它的原料需要更多信息。例如，原料不但有糖果，还有贺卡，这样就得把一大袋糖果和一大袋贺卡送进流水线，适配器每次拿一颗糖果和一张贺卡，把糖果与贺卡按规定塞进包装盒。对于SimpleAdapter的构造方法来说，第2个参数Map容器放的是原料糖果与贺卡，第3个参数放的是包装盒，第4个参数放的是糖果袋与贺卡袋的名称，第5个参数放的是包装盒里塞糖果的位置与塞贺卡的位置。

下面是下拉框控件使用简单适配器的示例代码：

```
（完整代码见chapter07\src\main\java\com\example\chapter07\SpinnerIconActivity.java）
// 初始化下拉框，演示简单适配器
private void initSpinnerForSimpleAdapter() {
    // 声明一个映射对象的列表，用于保存行星的图标与名称配对信息
    List<Map<String, Object>> list = new ArrayList<Map<String, Object>>();
    // iconArray是行星的图标数组，starArray是行星的名称数组
    for (int i = 0; i < iconArray.length; i++) {
        Map<String, Object> item = new HashMap<String, Object>();
```

```
            item.put("icon", iconArray[i]);
            item.put("name", starArray[i]);
            list.add(item);                          // 把行星图标与名称的配对映射添加到列表
        }
        // 声明一个下拉框的简单适配器，其中指定了图标与文本两组数据
        SimpleAdapter starAdapter = new SimpleAdapter(this, list, R.layout.item_simple,
                    new String[]{"icon", "name"},new int[]{R.id.iv_icon, R.id.tv_name});
        // 设置简单适配器的布局样式
        starAdapter.setDropDownViewResource(R.layout.item_simple);
        // 从布局文件中获取名为sp_icon的下拉框
        Spinner sp_icon = findViewById(R.id.sp_icon);
        sp_icon.setPrompt("请选择行星");              // 设置下拉框的标题
        sp_icon.setAdapter(starAdapter);             // 设置下拉框的简单适配器
        sp_icon.setSelection(0);                     // 设置下拉框默认显示第一项
        // 给下拉框设置选择监听器，一旦用户选中某一项，就触发监听器的onItemSelected方法
        sp_icon.setOnItemSelectedListener(new MySelectedListener());
    }
```

以上代码中，简单适配器使用的包装盒名为R.layout.item_simple，它的布局内容如下：

```
(完整代码见chapter07\src\main\res\layout\item_simple.xml)
<LinearLayout xmlns:android="http://schemas.android.com/apk/res/android"
    android:layout_width="match_parent"
    android:layout_height="wrap_content"
    android:orientation="horizontal">
    <!-- 这是展示行星图标的ImageView -->
    <ImageView
        android:id="@+id/iv_icon"
        android:layout_width="0dp"
        android:layout_height="50dp"
        android:layout_weight="1" />
    <!-- 这是展示行星名称的TextView -->
    <TextView
        android:id="@+id/tv_name"
        android:layout_width="0dp"
        android:layout_height="match_parent"
        android:layout_weight="3"
        android:gravity="center" />
</LinearLayout>
```

运行测试App，一开始的下拉框如图7-4所示，可见默认选项既有图标又有文字。然后单击下拉框，页面中央弹出六大行星的列表对话框，如图7-5所示，可见列表框的各项也一齐展示了行星的图标及其名称。

图 7-4　采用简单适配器的初始下拉框

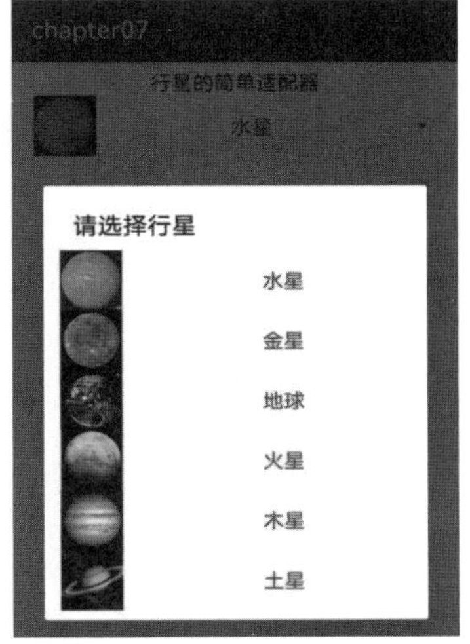

图 7-5　采用简单适配器的列表对话框

7.2 列表类视图

本节介绍列表类视图怎样结合基本适配器展示视图阵列，包括：基本适配器BaseAdapter的用法、列表视图ListView的用法及其常见问题的解决、网格视图GridView的用法及其拉伸模式说明。

7.2.1 基本适配器 BaseAdapter

由上一节的介绍可知，数组适配器适用于纯文本的列表数据，简单适配器适用于带图标的列表数据。然而在实际应用中常常有更复杂的列表，比如每个列表项存在3个以上的控件，这种情况即便是简单适配器也很吃力，而且不易扩展。为此Android提供了一种适应性更强的基本适配器BaseAdapter，该适配器允许开发者在别的代码文件中编写操作代码，大大提高了代码的可读性和可维护性。

从BaseAdapter派生的数据适配器主要实现下面5个方法。

- 构造方法：指定适配器需要处理的数据集合。
- getCount：获取列表项的个数。
- getItem：获取列表项的数据。
- getItemId：获取列表项的编号。
- getView：获取每项的展示视图，并对每项的内部控件进行业务处理。

下面以下拉框控件为载体，演示如何操作BaseAdapter，具体的编码过程分为3步：

01 编写列表项的布局文件，示例代码如下：

```
（完整代码见chapter07\src\main\res\layout\item_list.xml）
<LinearLayout xmlns:android="http://schemas.android.com/apk/res/android"
    android:layout_width="match_parent"
    android:layout_height="wrap_content"
    android:orientation="horizontal">
    <!-- 这是显示行星图片的图像视图 -->
    <ImageView
        android:id="@+id/iv_icon"
        android:layout_width="0dp"
        android:layout_height="80dp"
        android:layout_weight="1"
        android:scaleType="fitCenter" />
    <LinearLayout
        android:layout_width="0dp"
        android:layout_height="match_parent"
        android:layout_weight="3"
        android:orientation="vertical">
        <!-- 这是显示行星名称的文本视图 -->
        <TextView
            android:id="@+id/tv_name"
            android:layout_width="match_parent"
            android:layout_height="0dp"
            android:layout_weight="1" />
        <!-- 这是显示行星描述的文本视图 -->
        <TextView
            android:id="@+id/tv_desc"
```

```
        android:layout_width="match_parent"
        android:layout_height="0dp"
        android:layout_weight="2" />
    </LinearLayout>
</LinearLayout>
```

02 写个新的适配器继承BaseAdapter，实现对列表项的管理操作，示例代码如下：

```
(完整代码见chapter07\src\main\java\com\example\chapter07\adapter\PlanetBaseAdapter.java)
public class PlanetBaseAdapter extends BaseAdapter {
    private Context mContext;                          // 声明一个上下文对象
    private List<Planet> mPlanetList;                  // 声明一个行星信息列表
    // 行星适配器的构造方法，传入上下文与行星列表
    public PlanetBaseAdapter(Context context, List<Planet> planet_list) {
        mContext = context;
        mPlanetList = planet_list;
    }
    // 获取列表项的个数
    public int getCount() {
        return mPlanetList.size();
    }
    // 获取列表项的数据
    public Object getItem(int arg0) {
        return mPlanetList.get(arg0);
    }
    // 获取列表项的编号
    public long getItemId(int arg0) {
        return arg0;
    }
    // 获取指定位置的列表项视图
    public View getView(final int position, View convertView, ViewGroup parent){
        ViewHolder holder;
        if (convertView == null) {                        // 转换视图为空
            holder = new ViewHolder();                    // 创建一个新的视图持有者
            // 根据布局文件item_list.xml生成转换视图对象
            convertView = LayoutInflater.from(mContext).inflate(
                        R.layout.item_list, null);
            holder.iv_icon = convertView.findViewById(R.id.iv_icon);
            holder.tv_name = convertView.findViewById(R.id.tv_name);
            holder.tv_desc = convertView.findViewById(R.id.tv_desc);
            convertView.setTag(holder);                   // 将视图持有者保存到转换视图当中
        } else {                                          // 转换视图非空
            // 从转换视图中获取之前保存的视图持有者
            holder = (ViewHolder) convertView.getTag();
        }
        Planet planet = mPlanetList.get(position);
        holder.iv_icon.setImageResource(planet.image);       // 显示行星的图片
        holder.tv_name.setText(planet.name);                 // 显示行星的名称
        holder.tv_desc.setText(planet.desc);                 // 显示行星的描述
        holder.iv_icon.requestFocus();
        return convertView;
    }
    // 定义一个视图持有者，以便重用列表项的视图资源
    public final class ViewHolder {
        public ImageView iv_icon;                            // 声明行星图片的图像视图对象
        public TextView tv_name;                             // 声明行星名称的文本视图对象
        public TextView tv_desc;                             // 声明行星描述的文本视图对象
    }
}
```

03 在页面代码中创建该适配器实例，并交给下拉框设置，示例代码如下：

```
(完整代码见chapter07\src\main\java\com\example\chapter07\BaseAdapterActivity.java)
// 初始化行星列表的下拉框
private void initPlanetSpinner() {
    // 获取默认的行星列表，即水星、金星、地球、火星、木星、土星
    planetList = Planet.getDefaultList();
    // 构建一个行星列表的适配器
    PlanetBaseAdapter adapter = new PlanetBaseAdapter(this, planetList);
    // 从布局文件中获取名为sp_planet的下拉框
    Spinner sp_planet = findViewById(R.id.sp_planet);
    sp_planet.setPrompt("请选择行星");            // 设置下拉框的标题
    sp_planet.setAdapter(adapter);          // 设置下拉框的列表适配器
    sp_planet.setSelection(0);                  // 设置下拉框默认显示第一项
    // 给下拉框设置选择监听器，一旦用户选中某一项，就触发监听器的onItemSelected方法
    sp_planet.setOnItemSelectedListener(new MySelectedListener());
}
```

运行测试App，一开始的下拉框如图7-6所示，可见默认选项有图标有标题还有内容。然后单击下拉框，页面中央弹出六大行星的列表对话框，如图7-7所示，可见列表框的各项也一齐展示了行星的图标、名称及其详细描述。因为对列表项布局item_list.xml使用了单独的适配器代码PlanetBaseAdapter，所以即使多加几个控件也不怕麻烦了。

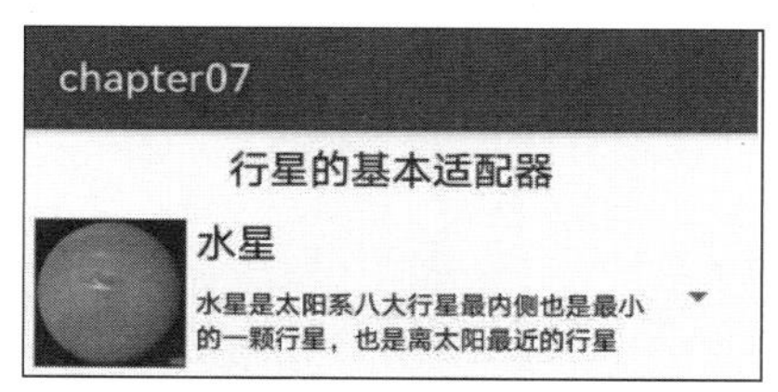

图 7-6　采用基本适配器的初始下拉框

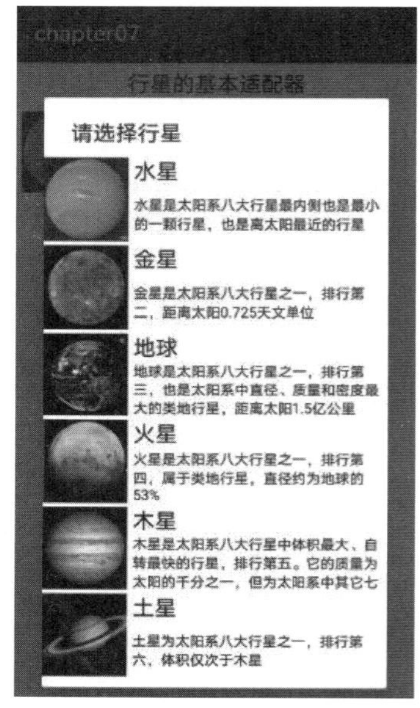

图 7-7　采用基本适配器的列表对话框

7.2.2　列表视图 ListView

上一小节给下拉框控件设置了基本适配器，然而列表效果只在弹出对话框中展示，一旦选中某项，回到页面时又只显示选中的内容。这么丰富的列表信息没展示在页面上实在是可惜，也许用户对好几项内容都感兴趣。若想在页面上直接显示全部列表信息，就要引入新的列表视图ListView。列表视图允许在页面上分行展示相似的数据列表，例如新闻列表、商品列表、图书列表等，方便用户浏览与操作。

ListView同样通过setAdapter方法设置列表项的数据适配器，但在操作列表项时，它不使用setOnItemSelectedListener方法，而是调用setOnItemClickListener方法设置列表项的点击监听器OnItemClickListener，有时也调用setOnItemLongClickListener方法设置列表项的长按监听器OnItemLongClickListener。在点击列表项或者长按列表项之时，即可触发监听器对应的事件处理方法。除此之外，列表视图还新增了几个属性与方法，详细说明见表7-1。

表 7-1 列表视图新增的属性与方法说明

XML 中的属性	ListView 类的设置方法	说明
divider	setDivider	指定分隔线的图形。如需取消分隔线，可将该属性值设为@null
dividerHeight	setDividerHeight	指定分隔线的高度
listSelector	setSelector	指定列表项的按压背景（状态图形格式）

在XML文件中添加ListView很简单，只要以下几行代码就声明了一个列表视图：

```
<ListView
    android:id="@+id/lv_planet"
    android:layout_width="match_parent"
    android:layout_height="wrap_content" />
```

往列表视图中填充数据也很容易，先利用基本适配器实现列表适配器，再调用setAdapter方法设置适配器对象。下面是使用列表视图在界面上展示行星列表的代码例子：

```
(完整代码见chapter07\src\main\java\com\example\chapter07\ListViewActivity.java)
List<Planet> planetList = Planet.getDefaultList();   // 获得默认的行星列表
// 构建一个行星列表的列表适配器
PlanetListAdapter adapter = new PlanetListAdapter(this, planetList);
// 从布局视图中获取名为lv_planet的列表视图
ListView lv_planet = findViewById(R.id.lv_planet);
lv_planet.setAdapter(adapter);                         // 设置列表视图的适配器
lv_planet.setOnItemClickListener(adapter);             // 设置列表视图的点击监听器
lv_planet.setOnItemLongClickListener(adapter);         // 设置列表视图的长按监听器
```

其中列表项的点击事件和长按事件的处理方法代码如下：

```
(完整代码见chapter07\src\main\java\com\example\chapter07\adapter\PlanetListAdapter.java)
// 处理列表项的点击事件，由接口OnItemClickListener触发
public void onItemClick(AdapterView<?> parent, View view, int position, long id) {
    String desc = String.format("您点击了第%d个行星，它的名字是%s", position+1,
            mPlanetList.get(position).name);
    Toast.makeText(mContext, desc, Toast.LENGTH_LONG).show();
}

// 处理列表项的长按事件，由接口OnItemLongClickListener触发
public boolean onItemLongClick(AdapterView<?> parent, View view, int position,
long id) {
    String desc = String.format("您长按了第%d个行星，它的名字是%s", position+1,
            mPlanetList.get(position).name);
    Toast.makeText(mContext, desc, Toast.LENGTH_LONG).show();
    return true;
}
```

运行App后打开包含列表视图的测试页面，行星列表的界面效果如图7-8所示。

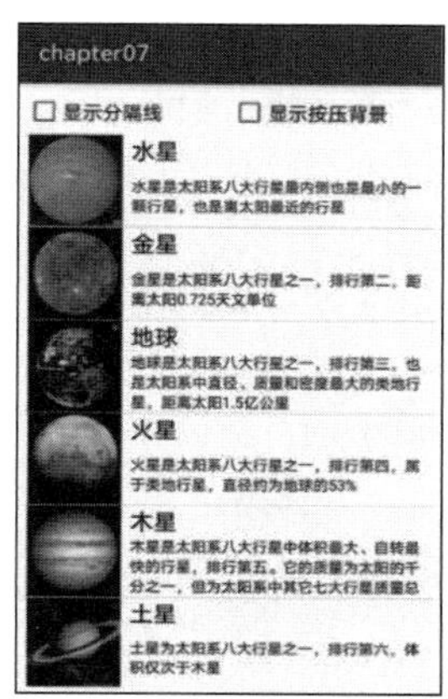

图 7-8 采用基本适配器的列表视图

从图7-8可见，列表视图在各项之间默认展示灰色的分隔线，点击或长按某项时会显示默认的灰色水波背景。若想修改分隔线样式或按压背景，则需调整ListView的对应属性，调整时候的注意点说明如下：

1. 修改列表视图的分隔线样式

修改分隔线样式要在XML文件中同时设置divider（分隔图片）与dividerHeight（分隔高度）两个属性，并且遵循下列两条规则：

（1）divider属性设置为@null时，不能再将dividerHeight属性设置为大于0的数值，因为这会导致最后一项没法完全显示，底部有一部分被掩盖了。原因是列表高度为wrap_content时，系统已按照没有分隔线的情况计算列表高度，此时dividerHeight占用了n–1块空白分隔区域，使得最后一项被挤到背影里面去了。

（2）通过代码设置的话，务必先调用setDivider方法再调用setDividerHeight方法。如果先调用setDividerHeight后调用setDivider，分隔线高度就会变成分隔图片的高度，而不是setDividerHeight设置的高度。XML布局文件则不存在divider属性和dividerHeight属性的先后顺序问题。

下面的代码示范了如何在代码中正确设置分隔线，以及如何正确去掉分隔线：

```
(完整代码见ListViewActivity.java的refreshListView方法)
if (ck_divider.isChecked()) {                              // 显示分隔线
    // 从资源文件获得图形对象
    Drawable drawable = getResources().getDrawable(R.color.red);
    lv_planet.setDivider(drawable);                             // 设置列表视图的分隔线
    lv_planet.setDividerHeight(Utils.dip2px(this, 5));     // 设置分隔线的高度
} else {  // 不显示分隔线
    lv_planet.setDivider(null);                                 // 设置列表视图的分隔线
    lv_planet.setDividerHeight(0);                         // 设置列表视图的分隔线高度
}
```

2. 修改列表项的按压背景

若想取消按压列表项之时默认的水波背景，可在布局文件中设置，也可在代码中设置，两种设置方式的注意点说明如下：

（1）在布局文件中取消按压背景的话，直接将listSelector属性设置为@null并不合适，因为尽管设为@null，在按压列表项时仍出现橙色背景。只有把listSelector属性设置为透明色才算真正取消背景，此时listSelector的属性值如下（事先在colors.xml中定义好透明色）：

```
android:listSelector="@color/transparent"
```

（2）在代码中取消按压背景的话，调用setSelector方法不能设置null值，因为null值会在运行时报空指针异常。正确的做法是先从资源文件中获得透明色的图形对象，再调用setSelector方法设置列表项的按压状态图形，设置按压背景的代码如下：

```
// 从资源文件获得图形对象
Drawable drawable = getResources().getDrawable(R.color.transparent);
lv_planet.setSelector(drawable);  // 设置列表项的按压状态图形
```

列表视图除了以上两处属性修改，在实际开发中还有两种用法要特别小心：一种是列表视图的高度问题，另一种是列表项的点击问题，分别叙述如下。

1. 列表视图的高度问题

在XML文件中，如果ListView后面还有其他平级的控件，就要将ListView的高度设置为0dp，同时权重设置为1，确保列表视图扩展到剩余的页面区域；如果ListView的高度设置为wrap_content，系统就只给列表视图预留一行高度，如此一来只有列表的第一项会显示，其他项不显示，这显然不是我们所期望的。因此建议列表视图的尺寸参数按照如下方式设置：

```
<ListView
    android:id="@+id/lv_planet"
    android:layout_width="match_parent"
```

```
    android:layout_height="0dp"
    android:layout_weight="1" />
```

2. 列表项的点击问题

通常只要调用setOnItemClickListener方法设置点击监听器，点击列表项即可触发列表项的点击事件，但是如果列表项中存在编辑框或按钮（含Button、ImageButton、Checkbox等），点击列表项就无法触发点击事件了。缘由在于编辑框和按钮这类控件会抢占焦点，因为它们要么等待用户输入、要么等待用户点击，按道理用户点击按钮确实应该触发按钮的点击事件，而非触发列表项的点击事件，可问题是用户点击列表项的其余区域，也由于焦点被强占的缘故导致触发不了列表项的点击事件。

为了规避焦点抢占的问题，列表视图允许开发者自行设置内部视图的焦点抢占方式，该方式在XML文件中由descendantFocusability属性指定，在代码中由setDescendantFocusability方法设置，详细的焦点抢占方式说明见表7-2。

表 7-2 列表视图的焦点抢占方式

焦点抢占方式说明	代码中的焦点抢占类型	XML 文件中的焦点抢占属性
在子控件之前处理	ViewGroup.FOCUS_BEFORE_DESCENDANTS	beforeDescendants
在子控件之后处理	ViewGroup.FOCUS_AFTER_DESCENDANTS	afterDescendants
不让子控件处理	ViewGroup.FOCUS_BLOCK_DESCENDANTS	blocksDescendants

注意焦点抢占方式不是由ListView设置，而是由列表项的根布局设置，也就是item_***.xml的根节点。完整的演示代码见本章源码中的ListFocusActivity.java、PlanetListWithButtonAdapter. java，以及列表项的布局文件item_list_with_button.xml。自行指定焦点抢占方式的界面效果如图7-9所示。

在图7-9所示的界面上选择焦点抢占方式“不让子控件处理(FOCUS_BLOCK_DESCENDANTS)”，之后点击列表项除按钮之外的区域，才会弹出列表项点击事件的提示。

接下来读者不妨改写第6章实战项目的购物车页面，将商品列表改为列表视图实现，从而把列表项的相关操作剥离到单独的适配器代码中，有利于界面代码的合理解耦。改造完毕的购物车效果如图7-10所示（完整代码见chapter07\src\main\java\com\example\chapter07\ShoppingCartActivity.java）。

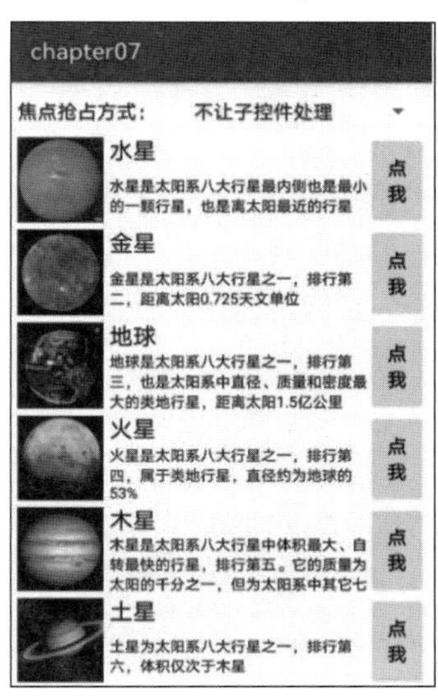

图 7-9 自行指定焦点抢占方式的界面效果

图 7-10 利用列表视图改造购物车界面

7.2.3　网格视图 GridView

除了列表视图之外，网格视图GridView也是常见的列表类视图，它用于分行分列显示表格信息，比列表视图更适合展示物品清单。除了沿用列表视图的3个方法setAdapter、setOnItemClickListener、setOnItemLongClickListener，网格视图还新增了部分属性与方法，新属性与新方法的说明见表7-3。

表 7-3　网格视图新增的属性与方法说明

XML 中的属性	代码中的设置方法	说　明
horizontalSpacing	setHorizontalSpacing	指定网格项在水平方向的间距
verticalSpacing	setVerticalSpacing	指定网格项在垂直方向的间距
numColumns	setNumColumns	指定列的数目
stretchMode	setStretchMode	指定剩余空间的拉伸模式。拉伸模式的取值说明见表 7-4
columnWidth	setColumnWidth	指定每列的宽度。拉伸模式为 spacingWidth、spacingWidthUniform 时，必须指定列宽

表 7-4　网格视图拉伸模式的取值说明

XML 中的拉伸模式	GridView 类的拉伸模式	说　明
none	NO_STRETCH	不拉伸
columnWidth	STRETCH_COLUMN_WIDTH	若有剩余空间，则拉伸列宽挤掉空隙
spacingWidth	STRETCH_SPACING	若有剩余空间，则列宽不变，把空间分配到每列间的空隙
spacingWidthUniform	STRETCH_SPACING_UNIFORM	若有剩余空间，则列宽不变，把空间分配到每列左右的空隙

在XML文件中添加GridView需要指定列的数目，以及空隙的拉伸模式，示例如下：

```
<GridView
    android:id="@+id/gv_planet"
    android:layout_width="match_parent"
    android:layout_height="wrap_content"
    android:numColumns="2"
    android:stretchMode="columnWidth" />
```

网格视图的按压背景与焦点抢占问题类似于列表视图，此外还需注意网格项的拉伸模式，因为同一行的网格项可能占不满该行空间，多出来的空间就由拉伸模式决定怎么分配。接下来做个实验，看看各种拉伸模式分别呈现什么样的界面效果。实验之前先给网格视图设置青色背景，通过观察背景的覆盖区域，即可知晓网格项之间的空隙分布。

下面是演示网格视图拉伸模式的代码片段：

```
(完整代码见chapter07\src\main\java\com\example\chapter07\GridViewActivity.java)
int dividerPad = Utils.dip2px(GridViewActivity.this, 2);    // 定义间隔宽度为2dp
gv_planet.setBackgroundColor(Color.CYAN);                    // 设置背景颜色
gv_planet.setHorizontalSpacing(dividerPad);                  // 设置列表项在水平方向的间距
gv_planet.setVerticalSpacing(dividerPad);                    // 设置列表项在垂直方向的间距
gv_planet.setStretchMode(GridView.STRETCH_COLUMN_WIDTH);     // 设置拉伸模式
// 设置每列宽度为120dp
gv_planet.setColumnWidth(Utils.dip2px(GridViewActivity.this, 120));
gv_planet.setPadding(0, 0, 0, 0);                            // 设置网格视图的四周间距
```

```
    if (arg2 == 0) {                                          // 不显示分隔线
        gv_planet.setBackgroundColor(Color.WHITE);
        gv_planet.setHorizontalSpacing(0);
        gv_planet.setVerticalSpacing(0);
    } else if (arg2 == 1) {                                   // 不拉伸(NO_STRETCH)
        gv_planet.setStretchMode(GridView.NO_STRETCH);
    } else if (arg2 == 2) {                                   // 拉伸列宽(COLUMN_WIDTH)
        gv_planet.setStretchMode(GridView.STRETCH_COLUMN_WIDTH);
    } else if (arg2 == 3) {                                   // 列间空隙(STRETCH_SPACING)
        gv_planet.setStretchMode(GridView.STRETCH_SPACING);
    } else if (arg2 == 4) {                                   // 左右空隙(SPACING_UNIFORM)
        gv_planet.setStretchMode(GridView.STRETCH_SPACING_UNIFORM);
    } else if (arg2 == 5) {                                   // 使用padding显示全部分隔线
        gv_planet.setPadding(dividerPad, dividerPad, dividerPad, dividerPad);
    }
```

运行测试App，一开始的行星网格界面如图7-11所示，此时网格视图没有分隔线。点击界面顶部的“拉伸模式”下拉框，并选择“不拉伸NO_STRETCH”，此时每行的网格项紧挨着，多出来的空隙排在当前行的右边，如图7-12所示。

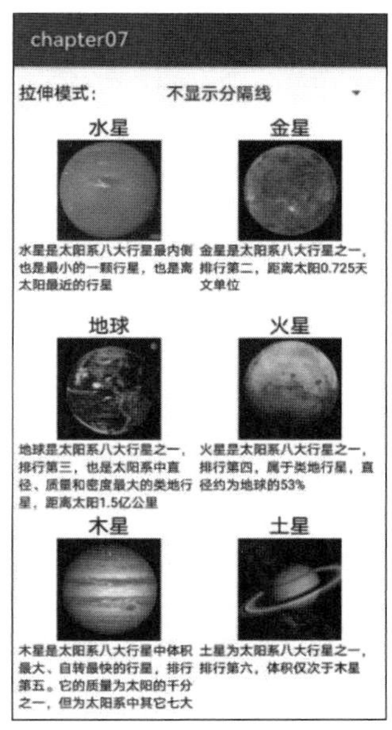

图 7-11　没有分隔线的效果

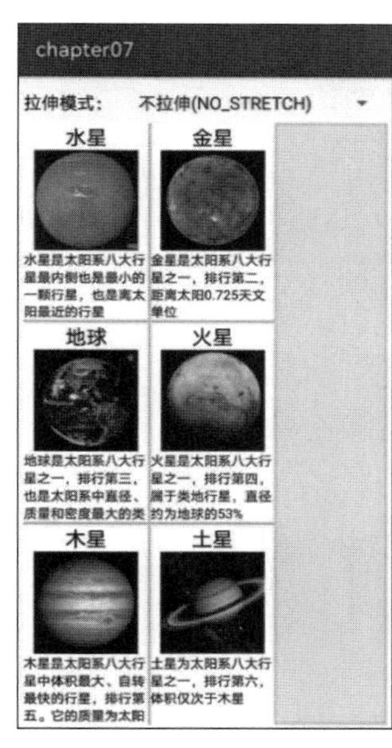

图 7-12　拉伸模式为 NO_STRETCH

拉伸模式选择“拉伸列宽（COLUMN_WIDTH）”，此时行星网格界面如图7-13所示，可见每个网格的宽度都变宽了。拉伸模式选择“列间空隙（STRETCH_SPACING）”，此时行星网格界面如图7-14所示，可见多出来的空隙位于网格项中间。

拉伸模式选择“左右空隙（SPACING_UNIFORM）”，此时行星网格界面如图7-15所示，可见空隙同时出现在网格项的左右两边。拉伸模式选择“使用padding显示全部分隔线”，此时行星网格界面如图7-16所示，可见网格视图的内外边界都显示了分隔线。

接下来继续在实战中运用网格视图，上一节的列表视图已经成功改造了购物车的商品列表，现在使用网格视图改造商品频道页面，六部手机正好做成三行两列的GridView。采用网格视图改造的商品频道页面效果如图7-17所示（完整代码见chapter07\src\main\ java\com\example\chapter07\ShoppingChannelActivity. java）。

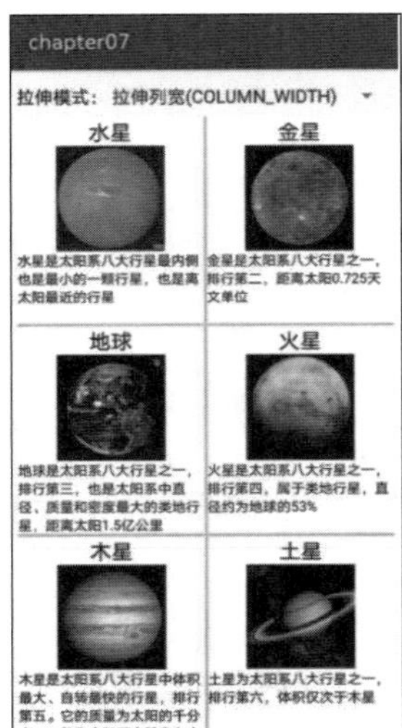

图 7-13　拉伸模式为 COLUMN_WIDTH

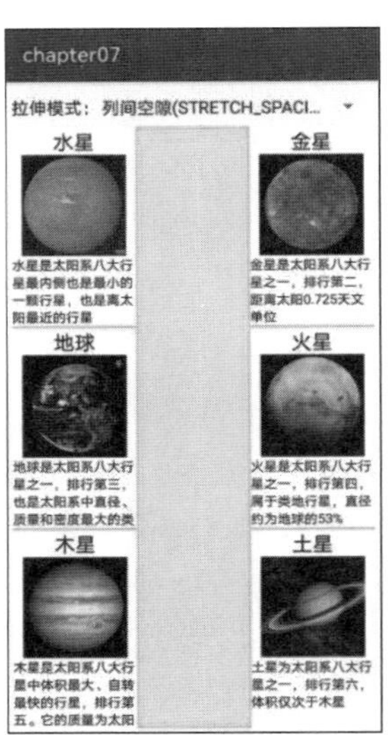

图 7-14　拉伸模式为 STRETCH_SPACING

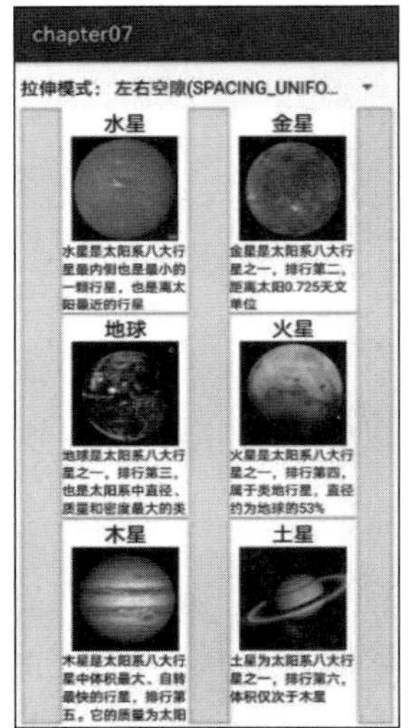

图 7-15　拉伸模式为 SPACING_UNIFORM

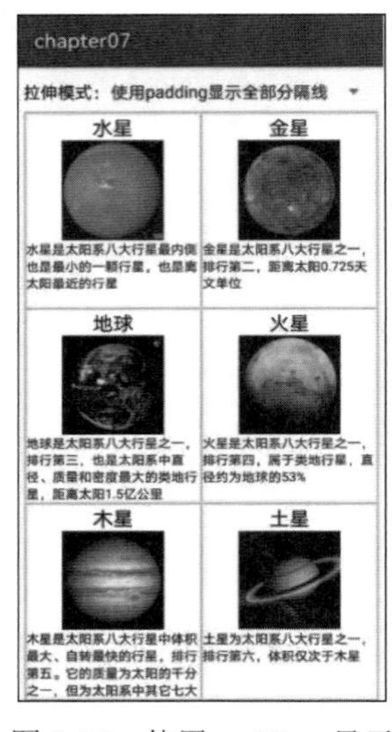

图 7-16　使用 padding 显示全部分隔线

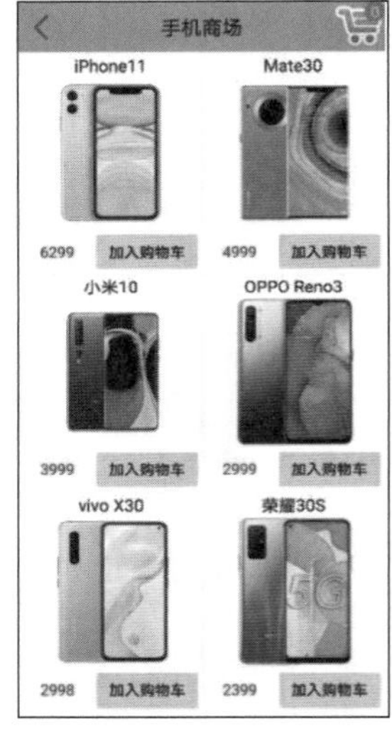

图 7-17　使用网格视图改造后的商品频道页面

7.3　翻页类视图

本节介绍翻页类视图的相关用法，包括翻页视图ViewPager如何搭配翻页适配器PagerAdapter、如何搭配翻页标签栏PagerTabStrip，最后结合实战演示如何使用翻页视图实现简单的启动引导页。

7.3.1　翻页视图 ViewPager

上一节介绍的列表视图与网格视图，一个分行展示，另一个分行又分列，其实都是在垂直方向上下滑动。有没有一种控件允许页面在水平方向左右滑动，就像翻书、翻报纸一样呢？为了实现左右滑动的翻页功能，Android提供了相应的控件——翻页视图ViewPager。对于ViewPager来说，一个页面就是一个项（相当于ListView的一个列表项），许多个页面组成了ViewPager的页面项。

既然明确了翻页视图的原理类似列表视图和网格视图，那它们的用法自然也很类似。例如，列表视图和网格视图使用基本适配器BaseAdapter，翻页视图则使用翻页适配器PagerAdapter；列表视图和网格视图使用列表项的点击监听器OnItemClickListener，翻页视图则使用页面变更监听器OnPageChangeListener监听页面切换事件。

下面是翻页视图3个常用方法的说明。

- setAdapter：设置页面项的适配器。适配器用的是PagerAdapter及其子类。
- setCurrentItem：设置当前页码，也就是要显示哪个页面。
- addOnPageChangeListener：添加翻页视图的页面变更监听器。该监听器需实现接口OnPageChangeListener下的3个方法，具体说明如下：
  - onPageScrollStateChanged：在页面滑动状态变化时触发。
  - onPageScrolled：在页面滑动过程中触发。
  - onPageSelected：在选中页面时，即滑动结束后触发。

在XML文件中添加ViewPager时注意指定完整路径的节点名称，示例如下：

```
<!-- 注意翻页视图ViewPager的节点名称要填全路径 -->
<androidx.viewpager.widget.ViewPager
    android:id="@+id/vp_content"
    android:layout_width="match_parent"
    android:layout_height="370dp" />
```

由于翻页视图包含了多个页面项，因此要借助翻页适配器展示每个页面。翻页适配器的实现原理与基本适配器类似，从PagerAdapter派生的翻页适配器主要实现下面6个方法。

- 构造方法：指定适配器需要处理的数据集合。
- getCount：获取页面项的个数。
- isViewFromObject：判断当前视图是否来自指定对象，返回view == object即可。
- instantiateItem：实例化指定位置的页面，并将其添加到容器中。
- destroyItem：从容器中销毁指定位置的页面。
- getPageTitle：获得指定页面的标题文本，有搭配翻页标签栏时才要实现该方法。

以商品信息为例，翻页适配器需要通过构造方法传入商品列表，再由instantiateItem方法实例化视图对象并添加至容器，详细的翻页适配器代码示例如下：

```
(完整代码见chapter07\src\main\java\com\example\chapter07\adapter\ImagePagerAdapater.java)
public class ImagePagerAdapater extends PagerAdapter {
    // 声明一个图像视图列表
    private List<ImageView> mViewList = new ArrayList<ImageView>();
    // 声明一个商品信息列表
    private List<GoodsInfo> mGoodsList = new ArrayList<GoodsInfo>();

    // 图像翻页适配器的构造方法，传入上下文与商品信息列表
    public ImagePagerAdapater(Context context, List<GoodsInfo> goodsList) {
        mGoodsList = goodsList;
        // 给每个商品分配一个专用的图像视图
        for (int i = 0; i < mGoodsList.size(); i++) {
            ImageView view = new ImageView(context);   // 创建一个图像视图对象
            view.setLayoutParams(new LayoutParams(
```

```
                LayoutParams.MATCH_PARENT, LayoutParams.WRAP_CONTENT));
            view.setImageResource(mGoodsList.get(i).pic);
            mViewList.add(view);                        // 把该商品的图像视图添加到图像视图列表
        }
    }

    // 获取页面项的个数
    public int getCount() {
        return mViewList.size();
    }

    // 判断当前视图是否来自指定对象
    public boolean isViewFromObject(View view, Object object) {
        return view == object;
    }

    // 从容器中销毁指定位置的页面
    public void destroyItem(ViewGroup container, int position, Object object) {
        container.removeView(mViewList.get(position));
    }

    // 实例化指定位置的页面，并将其添加到容器中
    public Object instantiateItem(ViewGroup container, int position) {
        container.addView(mViewList.get(position));
        return mViewList.get(position);
    }
}
```

接着回到活动页面代码，给翻页视图设置上述的翻页适配器，代码如下：

```
(完整代码见chapter07\src\main\java\com\example\chapter07\ViewPagerActivity.java)
public class ViewPagerActivity extends AppCompatActivity implements
OnPageChangeListener {
    private List<GoodsInfo> mGoodsList;  // 手机商品列表

    @Override
    protected void onCreate(Bundle savedInstanceState) {
        super.onCreate(savedInstanceState);
        setContentView(R.layout.activity_view_pager);
        mGoodsList = GoodsInfo.getDefaultList();
        // 构建一个商品图片的翻页适配器
        ImagePagerAdapater adapter = new ImagePagerAdapater(this, mGoodsList);
        // 从布局视图中获取名为vp_content的翻页视图
        ViewPager vp_content = findViewById(R.id.vp_content);
        vp_content.setAdapter(adapter);        // 设置翻页视图的适配器
        vp_content.setCurrentItem(0);                 // 设置翻页视图显示第一页
        vp_content.addOnPageChangeListener(this); // 给翻页视图添加页面变更监听器
    }

    // 翻页状态改变时触发。state取值说明：0表示静止，1表示正在滑动，2表示滑动完毕
    // 在翻页过程中，状态值变化依次为：正在滑动→滑动完毕→静止
    public void onPageScrollStateChanged(int state) {}

    // 在翻页过程中触发。该方法的3个参数取值说明：第一个参数表示当前页面的序号
    // 第二个参数表示页面偏移的百分比，取值为0～1；第三个参数表示页面的偏移距离
    public void onPageScrolled(int position, float ratio, int offset) {}

    // 在翻页结束后触发。position表示当前滑到了哪一个页面
    public void onPageSelected(int position) {
        Toast.makeText(this, "您翻到的手机品牌是：" +
                mGoodsList.get(position).name, Toast.LENGTH_SHORT).show();
    }
}
```

由于监听器 OnPageChangeListener 多数情况只用到 onPageSelected 方法，很少用到

onPageScrollStateChanged和onPageScrolled两个方法，因此Android又提供了简化版的页面变更监听器，名为SimpleOnPageChangeListener，新的监听器仅需实现onPageSelected方法。给翻页视图添加简化版监听器的代码示例如下：

```
// 给翻页视图添加简化版的页面变更监听器
vp_content.addOnPageChangeListener(
        new ViewPager.SimpleOnPageChangeListener() {
    @Override
    public void onPageSelected(int position) {
        Toast.makeText(ViewPagerActivity.this, "您翻到的手机品牌是："
                + mGoodsList.get(position).name, Toast.LENGTH_SHORT).show();
    }
});
```

然后运行测试App，初始的翻页视图如图7-18所示，此时整个页面只显示第一部手机。用手指从右向左活动页面，滑到一半的翻页视图如图7-19所示，可见第一部手机逐渐向左隐去，而第二部手机逐渐从右边拉出。继续向左活动一段距离再松开手指，此时滑动结束的翻页视图如图7-20所示，可见整个页面完全显示第二部手机了。

图 7-18　初始的翻页视图

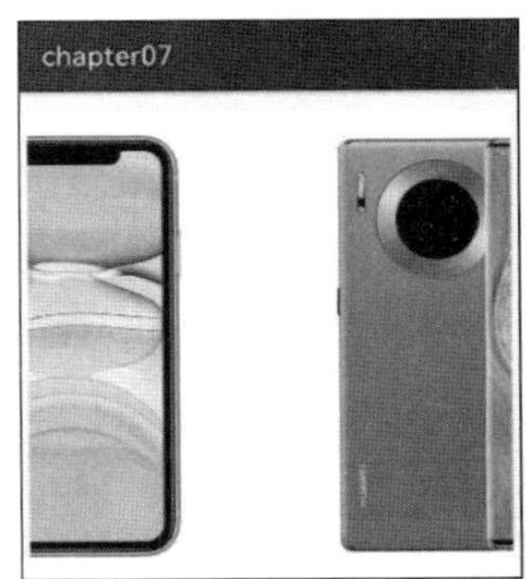

图 7-19　滑到一半的翻页视图

图 7-20　滑动结束的翻页视图

7.3.2　翻页标签栏 PagerTabStrip

尽管翻页视图实现了左右滑动，可是没滑动的时候看不出这是个翻页视图，而且也不知道当前滑到了哪个页面。为此Android提供了翻页标签栏PagerTabStrip，它能够在翻页视图上方显示页面标题，从而方便用户的浏览操作。PagerTabStrip类似选项卡效果，文本下面有横线，点击左右选项卡即可切换到对应页面。给翻页视图引入翻页标签栏只需下列两个步骤：

01 在XML文件的ViewPager节点内部添加PagerTabStrip节点，示例如下：

```
(完整代码见chapter07\src\main\res\layout\activity_pager_tab.xml)
<LinearLayout xmlns:android="http://schemas.android.com/apk/res/android"
    android:layout_width="match_parent"
    android:layout_height="match_parent"
    android:orientation="vertical">
    <!-- 注意翻页视图ViewPager的节点名称要填全路径 -->
    <androidx.viewpager.widget.ViewPager
        android:id="@+id/vp_content"
        android:layout_width="match_parent"
        android:layout_height="400dp">
        <!-- 注意翻页标签栏PagerTabStrip的节点名称要填全路径 -->
        <androidx.viewpager.widget.PagerTabStrip
            android:id="@+id/pts_tab"
```

```
            android:layout_width="wrap_content"
            android:layout_height="wrap_content" />
    </androidx.viewpager.widget.ViewPager>
</LinearLayout>
```

02 在翻页适配器的代码中重写getPageTitle方法，在不同位置返回对应的标题文本，示例代码如下：

```
(完整代码见chapter07\src\main\java\com\example\chapter07\adapter\ImagePagerAdapater.java)
    // 获得指定页面的标题文本
    public CharSequence getPageTitle(int position) {
        return mGoodsList.get(position).name;
    }
```

完成上述两步骤之后，重新运行测试App，即可观察翻页标签栏的界面效果。如图7-21和图7-22所示，这是翻到不同页面的翻页视图，可见界面正上方是当前页面的标题，左上方文字是左边页面的标题，右上方文字是右边页面的标题。

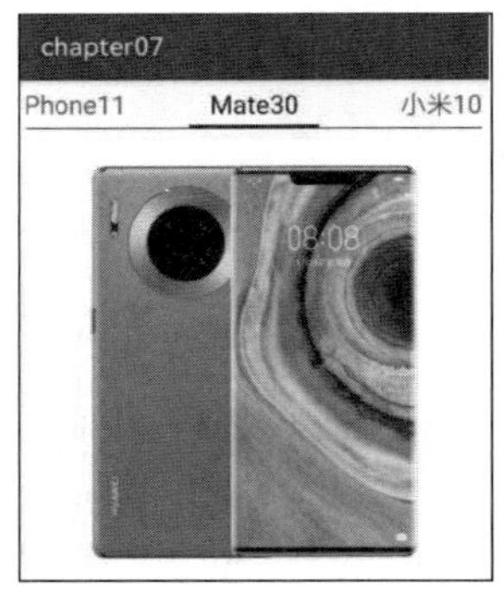

图 7-21　翻页标签栏的界面效果 1

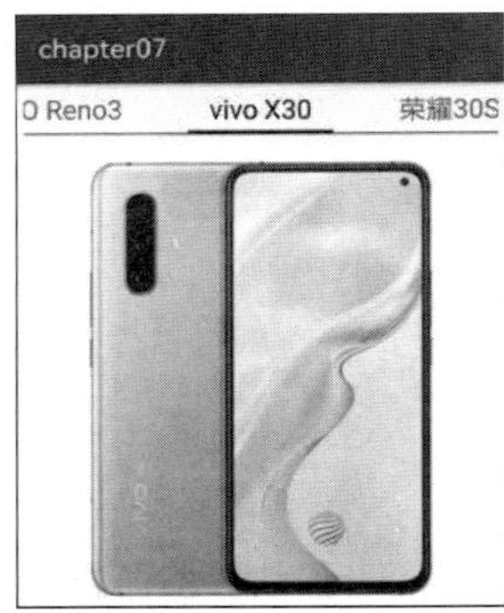

图 7-22　翻页标签栏的界面效果 2

另外，若想修改翻页标签栏的文本样式，必须在Java代码中调用setTextSize和setTextColor方法才行，因为PagerTabStrip不支持在XML文件中设置文本大小和文本颜色，只能在代码中设置文本样式，具体的设置代码如下：

```
(完整代码见chapter07\src\main\java\com\example\chapter07\PagerTabActivity.java)
// 初始化翻页标签栏
private void initPagerStrip() {
    // 从布局视图中获取名为pts_tab的翻页标签栏
    PagerTabStrip pts_tab = findViewById(R.id.pts_tab);
    // 设置翻页标签栏的文本大小
    pts_tab.setTextSize(TypedValue.COMPLEX_UNIT_SP, 20);
    pts_tab.setTextColor(Color.BLACK);  // 设置翻页标签栏的文本颜色
}
```

7.3.3　简单的启动引导页

翻页视图的使用范围很广，当用户安装一个新应用时，首次启动大多出现欢迎页面，这个引导页要往右翻好几页，才会进入应用主页。这种启动引导页就是通过翻页视图实现的。

下面就来动手打造你的第一个App启动欢迎页吧！翻页技术的核心在于页面项的XML布局及其适配器，因此首先要设计页面项的布局。一般来说，引导页由两部分组成，一部分是背景图；另一部分是页面下方的一排圆点，其中高亮的圆点表示当前位于第几页。启动引导页的界面效果如

图7-23与图7-24所示。其中，图7-23为欢迎页面的第一页，此时第一个圆点高亮显示；图7-24为右翻到了第二页，此时第二个圆点高亮显示。

图 7-23　欢迎页的第一页

图 7-24　欢迎页的第二页

除了背景图与一排圆点之外，最后一页往往有个按钮，它便是进入应用主页的入口。于是页面项的XML文件至少包含3个控件：引导页的背景图（采用ImageView）、底部的一排圆点（采用RadioGroup）、最后一页的入口按钮（采用Button），XML内容示例如下：

```
(完整代码见chapter07\src\main\res\layout\item_launch.xml)
<RelativeLayout xmlns:android="http://schemas.android.com/apk/res/android"
    android:layout_width="match_parent"
    android:layout_height="match_parent">
    <!-- 这是引导图片的图像视图 -->
    <ImageView
        android:id="@+id/iv_launch"
        android:layout_width="match_parent"
        android:layout_height="match_parent"
        android:scaleType="fitXY" />
    <!-- 这里容纳引导页底部的一排圆点 -->
    <RadioGroup
        android:id="@+id/rg_indicate"
        android:layout_width="wrap_content"
        android:layout_height="wrap_content"
        android:layout_alignParentBottom="true"
        android:layout_centerHorizontal="true"
        android:orientation="horizontal"
        android:paddingBottom="20dp" />
    <!-- 这是最后一页的入口按钮 -->
    <Button
        android:id="@+id/btn_start"
        android:layout_width="wrap_content"
        android:layout_height="wrap_content"
        android:layout_centerInParent="true"
        android:text="立即开始美好生活"
        android:visibility="gone" />"
</RelativeLayout>
```

根据上面的XML文件，引导页的最后两页如图7-25与图7-26所示。其中，图7-25是第三页，此时第三个圆点高亮显示；图7-26是最后一页，只有该页才会显示入口按钮。

图 7-25　欢迎页的第三页

图 7-26　欢迎页的最后一页

写好了页面项的XML布局，还得编写启动引导页的适配器代码，主要完成3项工作：

（1）根据页面项的XML文件构造每页的视图。

（2）让当前页码的圆点高亮显示。

（3）如果翻到了最后一页，就显示中间的入口按钮。

启动引导页对应的翻页适配器代码示例如下：

```
（完整代码见chapter07\src\main\java\com\example\chapter07\adapter\LaunchSimpleAdapter.java）
public class LaunchSimpleAdapter extends PagerAdapter {
    // 声明一个引导页的视图列表
    private List<View> mViewList = new ArrayList<View>();
    // 引导页适配器的构造方法，传入上下文与图片数组
    public LaunchSimpleAdapter(final Context context, int[] imageArray) {
        for (int i = 0; i < imageArray.length; i++) {
            // 根据布局文件item_launch.xml生成视图对象
            View view = LayoutInflater.from(context).inflate(
                            R.layout.item_launch, null);
            ImageView iv_launch = view.findViewById(R.id.iv_launch);
            RadioGroup rg_indicate = view.findViewById(R.id.rg_indicate);
            Button btn_start = view.findViewById(R.id.btn_start);
            iv_launch.setImageResource(imageArray[i]);           // 设置引导页的全屏图片
            // 每个页面都分配一个对应的单选按钮
            for (int j = 0; j < imageArray.length; j++) {
                RadioButton radio = new RadioButton(context);    //创建一个单选按钮
                radio.setLayoutParams(new LayoutParams(
                        LayoutParams.WRAP_CONTENT, LayoutParams.WRAP_CONTENT));
                // 设置单选按钮的图标
                radio.setButtonDrawable(R.drawable.launch_guide);
                radio.setPadding(10, 10, 10, 10);        // 设置单选按钮的四周间距
                rg_indicate.addView(radio);              // 把单选按钮添加到页面底部的单选组
            }
            // 当前位置的单选按钮要高亮显示，比如是第二个引导页就高亮第二个单选按钮
            ((RadioButton) rg_indicate.getChildAt(i)).setChecked(true);
            // 如果是最后一个引导页，则显示入口按钮，以便用户点击按钮进入主页
            if (i == imageArray.length - 1) {
                btn_start.setVisibility(View.VISIBLE);
                btn_start.setOnClickListener(v -> {
                    // 这里要跳转到应用主页
                });
            }
```

```
            mViewList.add(view);          // 把该图片对应的页面添加到引导页的视图列表
        }
    }
    // 获取页面项的个数
    public int getCount() {
        return mViewList.size();
    }
    // 判断当前视图是否来自指定对象
    public boolean isViewFromObject(View view, Object object) {
        return view == object;
    }
    // 从容器中销毁指定位置的页面
    public void destroyItem(ViewGroup container, int position, Object object){
        container.removeView(mViewList.get(position));
    }
    // 实例化指定位置的页面，并将其添加到容器中
    public Object instantiateItem(ViewGroup container, int position) {
        container.addView(mViewList.get(position));
        return mViewList.get(position);
    }
}
```

7.4　碎片 Fragment

本节介绍碎片的概念及其用法，包括通过静态注册方式使用碎片、通过动态注册方式使用碎片（需要配合碎片适配器FragmentPagerAdapter），并分析两种注册方式的碎片生命周期，最后结合实战演示如何使用碎片改进启动引导页。

7.4.1　碎片的静态注册

碎片Fragment是个特别的存在，它有点像报纸上的专栏，看起来只占据页面的一小块区域，但是这一区域有自己的生命周期，可以自食其力，仿佛独立王国；并且该区域只占据空间不扰乱业务，添加之后不影响宿主页面的其他区域，去除之后也不影响宿主页面的其他区域。

每个碎片都有对应的XML布局文件，依据其使用方式可分为静态注册与动态注册两类。静态注册指的是在XML文件中直接放置fragment节点，类似于一个普通控件，可被多个布局文件同时引用。静态注册一般用于某个通用的页面部件（如Logo条、广告条等），每个活动页面均可直接引用该部件。

下面是碎片页对应的XML文件内容，看起来跟列表项与网格项的布局文件差不多。

```
(完整代码见chapter07\src\main\res\layout\fragment_static.xml)
<LinearLayout xmlns:android="http://schemas.android.com/apk/res/android"
    android:layout_width="match_parent"
    android:layout_height="wrap_content"
    android:orientation="horizontal"
    android:background="#bbffbb">
    <TextView
        android:id="@+id/tv_adv"
        android:layout_width="0dp"
        android:layout_height="match_parent"
        android:layout_weight="1"
```

```
        android:gravity="center"
        android:text="广告图片" />
    <ImageView
        android:id="@+id/iv_adv"
        android:layout_width="0dp"
        android:layout_height="match_parent"
        android:layout_weight="4"
        android:src="@drawable/adv" />
</LinearLayout>
```

下面是与上述XML布局对应的碎片代码，除了继承自Fragment与入口方法onCreateView两点外，其他地方类似活动页面代码。

```
(完整代码见chapter07\src\main\java\com\example\chapter07\fragment\StaticFragment.java)
public class StaticFragment extends Fragment implements OnClickListener {
    protected View mView;                        // 声明一个视图对象
    protected Context mContext;                  // 声明一个上下文对象
    // 创建碎片视图
    @Override
    public View onCreateView(LayoutInflater inflater,ViewGroup container,Bundle
savedInstanceState) {
        mContext = getActivity();               // 获取活动页面的上下文
        // 根据布局文件fragment_static.xml生成视图对象
        mView = inflater.inflate(R.layout.fragment_static, container, false);
        TextView tv_adv = mView.findViewById(R.id.tv_adv);
        ImageView iv_adv = mView.findViewById(R.id.iv_adv);
        tv_adv.setOnClickListener(this);        // 设置点击监听器
        iv_adv.setOnClickListener(this);        // 设置点击监听器
        return mView;                           // 返回该碎片的视图对象
    }

    @Override
    public void onClick(View v) {
        if (v.getId() == R.id.tv_adv) {
            Toast.makeText(mContext, "您点击了广告文本", Toast.LENGTH_LONG).show();
        } else if (v.getId() == R.id.iv_adv) {
            Toast.makeText(mContext, "您点击了广告图片", Toast.LENGTH_LONG).show();
        }
    }
}
```

若想在活动页面的XML文件中引用上面定义的StaticFragment，可以直接添加一个fragment节点，但需注意下列两点：

（1）fragment节点必须指定id属性，否则App运行会报错。

（2）fragment节点必须通过name属性指定碎片类的完整路径。

在布局文件中引用碎片的XML例子如下：

```
(完整代码见chapter07\src\main\res\layout\activity_fragment_static.xml)
<LinearLayout xmlns:android="http://schemas.android.com/apk/res/android"
    android:layout_width="match_parent"
    android:layout_height="match_parent"
    android:orientation="vertical">
    <!-- 把碎片当作一个控件使用，其中android:name指明了碎片来源 -->
    <fragment
        android:id="@+id/fragment_static"
        android:name="com.example.chapter07.fragment.StaticFragment"
        android:layout_width="match_parent"
        android:layout_height="60dp" />
```

```
    <TextView
        android:layout_width="match_parent"
        android:layout_height="wrap_content"
        android:gravity="center"
        android:text="这里是每个页面的具体内容" />
</LinearLayout>
```

运行测试App，可见碎片所在界面如图7-27所示。此时碎片区域仿佛一个视图，其内部控件同样可以接收点击事件。

图 7-27　静态注册的碎片效果

另外，介绍一下碎片在静态注册时的生命周期，像活动的基本生命周期方法onCreate、onStart、onResume、onPause、onStop、onDestroy，碎片同样也有，而且还多出了下面5个生命周期方法。

- onAttach：与活动页面结合。
- onCreateView：创建碎片视图。
- onActivityCreated：在活动页面创建完毕后调用。
- onDestroyView：回收碎片视图。
- onDetach：与活动页面分离。

至于这些周期方法的先后调用顺序，观察日志最简单明了。下面是打开活动页面时的日志信息，此时碎片的onCreate方法先于活动的onCreate方法，而碎片的onStart与onResume均在活动的同名方法之后。

```
12:26:11.506: D/StaticFragment: onAttach
12:26:11.506: D/StaticFragment: onCreate
12:26:11.530: D/StaticFragment: onCreateView
12:26:11.530: D/FragmentStaticActivity: onCreate
12:26:11.530: D/StaticFragment: onActivityCreated
12:26:11.530: D/FragmentStaticActivity: onStart
12:26:11.530: D/StaticFragment: onStart
12:26:11.530: D/FragmentStaticActivity: onResume
12:26:11.530: D/StaticFragment: onResume
```

下面是退出活动页面时的日志信息，此时碎片的onPause、onStop、onDestroy都在活动的同名方法之前。

```
12:26:36.586: D/StaticFragment: onPause
12:26:36.586: D/FragmentStaticActivity: onPause
12:26:36.990: D/StaticFragment: onStop
12:26:36.990: D/FragmentStaticActivity: onStop
12:26:36.990: D/StaticFragment: onDestroyView
12:26:36.990: D/StaticFragment: onDestroy
12:26:36.990: D/StaticFragment: onDetach
12:26:36.990: D/FragmentStaticActivity: onDestroy
```

总结一下，在静态注册时，除了碎片的创建操作在页面创建之前，其他操作没有僭越页面范围。就像老实本分的下级，上级开口后才能说话，上级要做总结性发言前赶紧闭上嘴巴。

7.4.2　碎片的动态注册

碎片拥有两种使用方式，也就是静态注册和动态注册。相比静态注册，在实际开发中动态注册用得更多。静态注册是在XML文件中直接添加fragment节点，而动态注册迟至代码执行时才动态添加碎片。动态生成的碎片基本给翻页视图使用，要知道ViewPager和Fragment可是一对好搭档。

要想在翻页视图中使用动态碎片，关键在于适配器。在“7.3.1 翻页视图ViewPager”节演示翻页功能时，用到了翻页适配器PagerAdapter。如果结合使用碎片，翻页视图的适配器就要改用碎片适配器FragmentPagerAdapter。与翻页适配器相比，碎片适配器增加了getItem方法用于获取指定位置的碎片，同时去掉了isViewFromObject、instantiateItem、destroyItem三个方法，用起来更加容易。下面是一个碎片适配器的实现代码例子。

```
(完整代码见chapter07\src\main\java\com\example\chapter07\adapter\MobilePagerAdapter.java)
public class MobilePagerAdapter extends FragmentPagerAdapter {
    // 声明一个商品列表
    private List<GoodsInfo> mGoodsList = new ArrayList<GoodsInfo>();
    // 碎片页适配器的构造方法，传入碎片管理器与商品信息列表
    public MobilePagerAdapter(FragmentManager fm, List<GoodsInfo> goodsList) {
        super(fm, BEHAVIOR_RESUME_ONLY_CURRENT_FRAGMENT);
        mGoodsList = goodsList;
    }
    // 获取碎片Fragment的个数
    public int getCount() {
        return mGoodsList.size();
    }
    // 获取指定位置的碎片Fragment
    public Fragment getItem(int position) {
        return DynamicFragment.newInstance(position,
                mGoodsList.get(position).pic, mGoodsList.get(position).desc);
    }
    // 获得指定碎片页的标题文本
    public CharSequence getPageTitle(int position) {
        return mGoodsList.get(position).name;
    }
}
```

上面的适配器代码在getItem方法中不调用碎片的构造方法，却调用了newInstance方法，目的是给碎片对象传递参数信息。由newInstance方法内部先调用构造方法创建碎片对象，再调用setArguments方法塞进请求参数，然后在onCreateView中调用getArguments方法才能取出请求参数。下面是在动态注册时传递请求参数的碎片代码例子：

```
(完整代码见chapter07\src\main\java\com\example\chapter07\fragment\DynamicFragment.java)
public class DynamicFragment extends Fragment {
    protected View mView;                               // 声明一个视图对象
    protected Context mContext;                         // 声明一个上下文对象
    private int mPosition;                              // 位置序号
    private int mImageId;                               // 图片的资源编号
    private String mDesc;                               // 商品的文字描述
    // 获取该碎片的一个实例
    public static DynamicFragment newInstance(int position, int image_id, String desc) {
        DynamicFragment fragment = new DynamicFragment();     // 创建该碎片的一个实例
        Bundle bundle = new Bundle();                         // 创建一个新包裹
        bundle.putInt("position", position);            // 往包裹里存入位置序号
        bundle.putInt("image_id", image_id);            // 往包裹里存入图片的资源编号
        bundle.putString("desc", desc);                 // 往包裹里存入商品的文字描述
        fragment.setArguments(bundle);                  // 把包裹塞给碎片
        return fragment;  // 返回碎片实例
    }
    // 创建碎片视图
    public View onCreateView(LayoutInflater inflater,ViewGroup container,Bundle
savedInstanceState) {
```

```
        mContext = getActivity();                    // 获取活动页面的上下文
        if (getArguments() != null) {                // 如果碎片携带有包裹，就打开包裹获取参数信息
            // 从包裹里取出位置序号
            mPosition = getArguments().getInt("position", 0);
            // 从包裹里取出图片的资源编号
            mImageId = getArguments().getInt("image_id", 0);
            mDesc = getArguments().getString("desc");        // 从包裹里取出商品的文字描述
        }
        // 根据布局文件fragment_dynamic.xml生成视图对象
        mView = inflater.inflate(R.layout.fragment_dynamic, container, false);
        ImageView iv_pic = mView.findViewById(R.id.iv_pic);
        TextView tv_desc = mView.findViewById(R.id.tv_desc);
        iv_pic.setImageResource(mImageId);
        tv_desc.setText(mDesc);
        return mView;                                        // 返回该碎片的视图对象
    }
}
```

现在有了适用于动态注册的适配器与碎片对象，还需要一个活动页面展示翻页视图及其搭配的碎片适配器。下面便是动态注册用到的活动页面代码。

```
(完整代码见chapter07\src\main\java\com\example\chapter07\FragmentDynamicActivity.java)
public class FragmentDynamicActivity extends AppCompatActivity {

    @Override
    protected void onCreate(Bundle savedInstanceState) {
        super.onCreate(savedInstanceState);
        setContentView(R.layout.activity_fragment_dynamic);
        List<GoodsInfo> goodsList = GoodsInfo.getDefaultList();
        // 构建一个手机商品的碎片翻页适配器
        MobilePagerAdapter adapter = new MobilePagerAdapter(
                getSupportFragmentManager(), goodsList);
        // 从布局视图中获取名为vp_content的翻页视图
        ViewPager vp_content = findViewById(R.id.vp_content);
        vp_content.setAdapter(adapter);        // 设置翻页视图的适配器
        vp_content.setCurrentItem(0);              // 设置翻页视图显示第一页
    }
}
```

运行测试App，初始的碎片界面如图7-28所示，此时默认展示第一个碎片，包含商品图片和商品描述。接着一路滑到最后一页如图7-29所示，此时展示了最后一个碎片，可见总体界面效果类似于“7.3.2　翻页标签栏PagerTabStrip”那样。

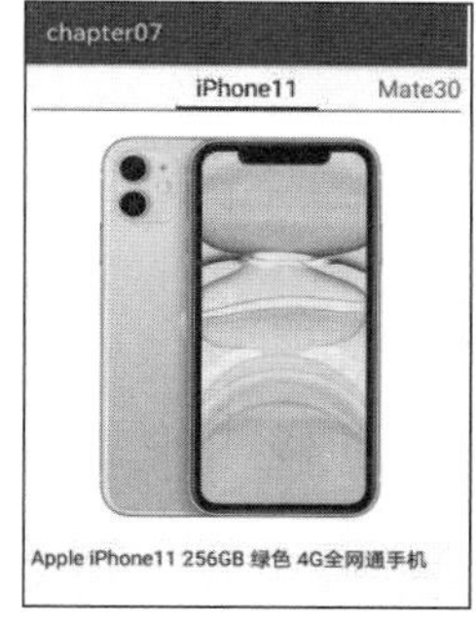

图 7-28　翻到第一个碎片界面

图 7-29　翻到最后一个碎片界面

接下来观察动态注册时的碎片生命周期。按惯例分别在活动代码与碎片代码内部补充生命周期的日志，然后观察App运行日志。下面是打开活动页面时的日志信息：

```
12:28:28.074: D/FragmentDynamicActivity: onCreate
12:28:28.074: D/FragmentDynamicActivity: onStart
12:28:28.074: D/FragmentDynamicActivity: onResume
12:28:28.086: D/DynamicFragment: onAttach position=0
12:28:28.086: D/DynamicFragment: onCreate position=0
12:28:28.114: D/DynamicFragment: onCreateView position=0
12:28:28.114: D/DynamicFragment: onActivityCreated position=0
12:28:28.114: D/DynamicFragment: onStart position=0
12:28:28.114: D/DynamicFragment: onResume position=0
12:28:28.114: D/DynamicFragment: onAttach position=0
12:28:28.114: D/DynamicFragment: onCreate position=0
12:28:28.146: D/DynamicFragment: onCreateView position=1
12:28:28.146: D/DynamicFragment: onStart position=1
12:28:28.146: D/DynamicFragment: onResume position=1
```

下面是退出活动页面时的日志信息：

```
12:28:57.994: D/DynamicFragment: onPause position=0
12:28:57.994: D/DynamicFragment: onPause position=1
12:28:57.994: D/FragmentDynamicActivity: onPause
12:28:58.402: D/DynamicFragment: onStop position=0
12:28:58.402: D/DynamicFragment: onStop position=1
12:28:58.402: D/FragmentDynamicActivity: onStop
12:28:58.402: D/DynamicFragment: onDestroyView position=0
12:28:58.402: D/DynamicFragment: onDestroy position=0
12:28:58.402: D/DynamicFragment: onDetach position=0
12:28:58.402: D/DynamicFragment: onDestroyView position=1
12:28:58.402: D/DynamicFragment: onDestroy position=1
12:28:58.402: D/DynamicFragment: onDetach position=1
12:28:58.402: D/FragmentDynamicActivity: onDestroy
```

日志搜集完毕，分析其中的奥妙，总结一下主要有以下3点：

（1）动态注册时，碎片的onCreate方法在活动的onCreate方法之后，其余方法的先后顺序与静态注册时保持一致。

（2）注意onActivityCreated方法，无论是静态注册还是动态注册，该方法都在活动的onCreate方法之后，可见该方法的确在页面创建之后才调用。

（3）最重要的一点，进入第一个碎片之际，实际只加载了第一页和第二页，并没有加载所有碎片页，这正是碎片动态注册的优点。无论当前位于哪一页，系统都只会加载当前页及相邻的左右两页，总共加载不超过3页。一旦发生页面切换，相邻页面就被加载，非相邻页面就被回收。这么做的好处是节省了宝贵的系统资源，只有用户正在浏览与将要浏览的碎片页才会加载，避免所有碎片页一起加载造成资源浪费，而这正是普通翻页视图的缺点。

7.4.3 改进的启动引导页

接下来将碎片用于实战，对“7.3.3 简单的启动引导页”加以改进。与之前相比，XML文件不变，改动的都是Java代码。用于启动引导页的碎片适配器代码如下：

```
(完整代码见chapter07\src\main\java\com\example\chapter07\adapter\LaunchImproveAdapter.java)
public class LaunchImproveAdapter extends FragmentPagerAdapter {
    private int[] mImageArray; // 声明一个图片数组
    // 碎片页适配器的构造方法，传入碎片管理器与图片数组
    public LaunchImproveAdapter(FragmentManager fm, int[] imageArray) {
        super(fm, BEHAVIOR_RESUME_ONLY_CURRENT_FRAGMENT);
        mImageArray = imageArray;
```

```
    }
    // 获取碎片Fragment的个数
    public int getCount() {
        return mImageArray.length;
    }
    // 获取指定位置的碎片Fragment
    public Fragment getItem(int position) {
        return LaunchFragment.newInstance(position, mImageArray[position]);
    }
}
```

以上的碎片适配器代码倒是简单，原来与视图控件有关的操作都挪到碎片代码当中了，下面是每个启动页的碎片代码例子：

```
(完整代码见chapter07\src\main\java\com\example\chapter07\fragment\LaunchFragment.java)
public class LaunchFragment extends Fragment {
    protected View mView;                                           // 声明一个视图对象
    protected Context mContext;                                     // 声明一个上下文对象
    private int mPosition;                                          // 位置序号
    private int mImageId;                                           // 图片的资源编号
    private int mCount = 4;                                         // 引导页的数量
    // 获取该碎片的一个实例
    public static LaunchFragment newInstance(int position, int image_id) {
        LaunchFragment fragment = new LaunchFragment();    // 创建该碎片的一个实例
        Bundle bundle = new Bundle();                               // 创建一个新包裹
        bundle.putInt("position", position);                        // 往包裹里存入位置序号
        bundle.putInt("image_id", image_id);                        // 往包裹里存入图片的资源编号
        fragment.setArguments(bundle);                              // 把包裹塞给碎片
        return fragment;                                            // 返回碎片实例
    }
    // 创建碎片视图
    public View onCreateView(LayoutInflater inflater,ViewGroup container,Bundle
savedInstanceState) {
        mContext = getActivity();                   // 获取活动页面的上下文
        if (getArguments() != null) {               // 如果碎片携带有包裹，就打开包裹获取参数信息
            // 从包裹里获取位置序号
            mPosition = getArguments().getInt("position", 0);
            // 从包裹里获取图片的资源编号
            mImageId = getArguments().getInt("image_id", 0);
        }
        // 根据布局文件item_launch.xml生成视图对象
        mView = inflater.inflate(R.layout.item_launch, container, false);
        ImageView iv_launch = mView.findViewById(R.id.iv_launch);
        RadioGroup rg_indicate = mView.findViewById(R.id.rg_indicate);
        Button btn_start = mView.findViewById(R.id.btn_start);
        iv_launch.setImageResource(mImageId);               // 设置引导页的全屏图片
        // 每个页面都分配一个对应的单选按钮
        for (int j = 0; j < mCount; j++) {
            RadioButton radio = new RadioButton(mContext);
            radio.setLayoutParams(new LayoutParams(
                    LayoutParams.WRAP_CONTENT, LayoutParams.WRAP_CONTENT));
            // 设置单选按钮的图标
            radio.setButtonDrawable(R.drawable.launch_guide);
            radio.setPadding(10, 10, 10, 10);               // 设置单选按钮的四周间距
            rg_indicate.addView(radio);                     // 把单选按钮添加到页面底部的单选组
        }
        // 当前位置的单选按钮要高亮显示，比如是第二个引导页就高亮第二个单选按钮
        ((RadioButton) rg_indicate.getChildAt(mPosition)).setChecked(true);
        // 如果是最后一个引导页，则显示入口按钮，以便用户点击按钮进入首页
```

```
            if (mPosition == mCount - 1) {
                btn_start.setVisibility(View.VISIBLE);
                btn_start.setOnClickListener(v -> {
                    // 这里要跳转到应用主页
                });
            }
            return mView;  // 返回该碎片的视图对象
        }
    }
```

经过碎片改造后的启动引导页，其界面效果跟“7.3.3　简单的启动引导页”是一样的。尽管看不出界面上的差异，但引入碎片之后至少有以下两个好处。

（1）加快启动速度。因为动态注册的碎片一开始只会加载前两个启动页，对比原来加载所有启动页（至少4页），无疑大幅减少了加载页的数量，从而提升了启动速度。

（2）降低代码耦合。把视图操作剥离到单独的碎片代码，不与适配器代码混合在一起，方便后继的代码维护工作。

7.5　实战项目：记账本

人云：你不理财，财不理你。从工作开始，年轻人就要好好管理自己的个人收支。每年的收入减去支出，剩下的结余才是进一步发展的积累资金。记账本便是管理日常收支的好帮手，一个易用的记账本App有助于合理安排个人资金。

7.5.1　需求描述

好用的记账本必须具备两项基本功能：一项是记录新账单，另一项是查看账单列表。其中账单的记录操作要求用户输入账单的明细要素，包括账单的发生时间、账单的收支类型（收入还是支出）、账单的交易金额、账单的事由描述等，据此勾勒出的简易的账单添加界面如图7-30所示。账单列表页通常分月展示，每页显示单个月份的账单数据，还要支持在不同月份之间切换。每月的账单数据按照时间从上往下排列，每行的账单明细则需依次展示账单日期、事由描述、交易金额等信息，然后列表末尾展示当月的账单合计情况（总共收入多少、总共支出多少）。根据这些要求描绘的账单列表界面原型如图7-31所示。

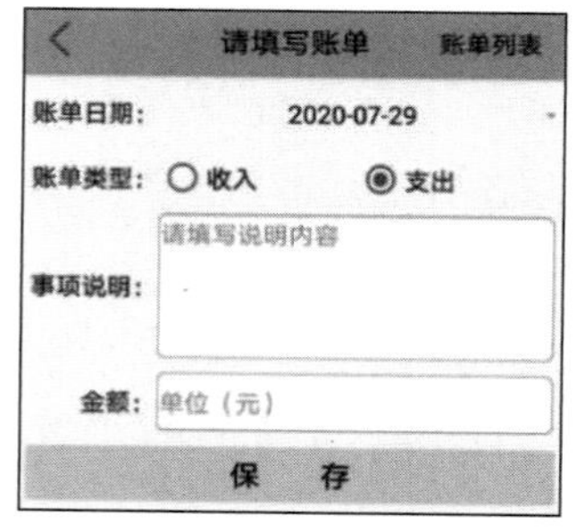

图 7-30　账单填写页面

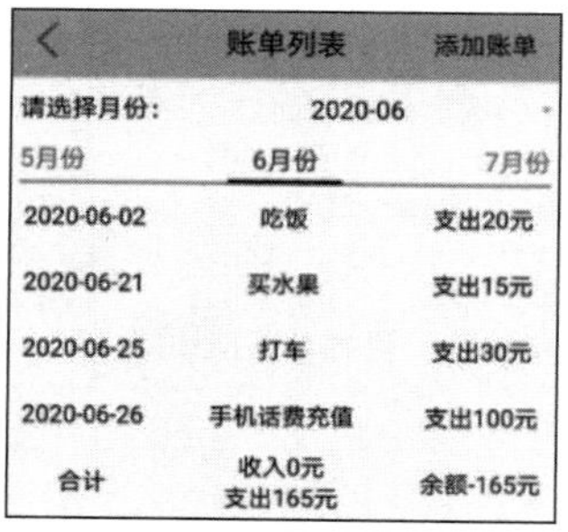

图 7-31　账单列表页面

账单的填写功能对应数据库记录的添加操作，账单的展示功能对应数据库记录的查询操作，数据库记录还有修改和删除操作，分别对应账单的编辑功能和删除功能。账单的编辑页面原型如图7-32所示，至于删除操作则由如图7-33所示的提示窗控制，点击“是”按钮表示确定删除，点击“否”按钮表示取消删除。

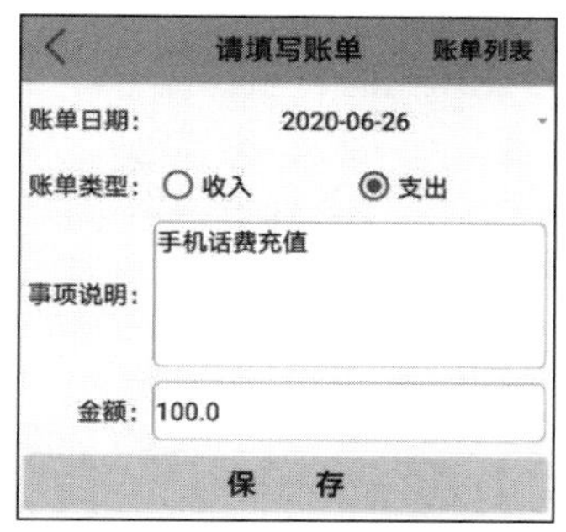

图 7-32 账单编辑页面

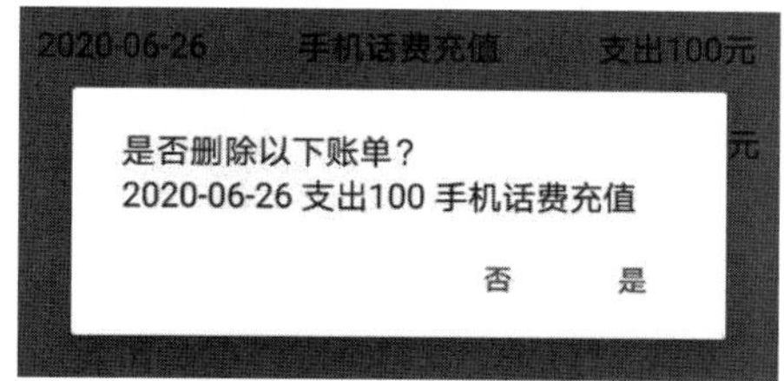

图 7-33 删除账单的提示窗

7.5.2 界面设计

除了文本视图、按钮、编辑框、单选按钮等简单控件之外，记账本还用到了下列控件以及相关的适配器：

- 翻页视图ViewPager：每页一个月份，一年12个月，支持左右滑动，用到了ViewPager。
- 翻页标签栏PagerTabStrip：每个账单页上方的月份标题来自PagerTabStrip。
- 碎片适配器FragmentPagerAdapter：把12个月份的Fragment组装到ViewPager中，用到了碎片适配器。
- 碎片Fragment：12个月份对应12个账单页，每页都是一个Fragment。
- 列表视图ListView：每月的账单明细从上往下排列，采用了ListView。
- 基本适配器BaseAdapter：每行的账单项依次展示账单日期、事由描述、交易金额等信息，需要列表视图搭档基本适配器。
- 提醒对话框AlertDialog：删除账单项的提示窗用到了AlertDialog。
- 日期选择对话框DatePickerDialog：在填写账单信息时，要通过DatePickerDialog选择账单日期。

记账本的几个页面当中，账单列表页面使用了好几种高级控件，又有翻页视图又有列表视图，以及它们各自的数据适配器，看起来颇为复杂。为方便读者理清该页面的控件联系，图7-34列出了从活动页面开始直到账单行为止的依赖嵌套关系（账单总体页面→每个月份的账单页→每月账单的明细列表→每行的账单信息）。

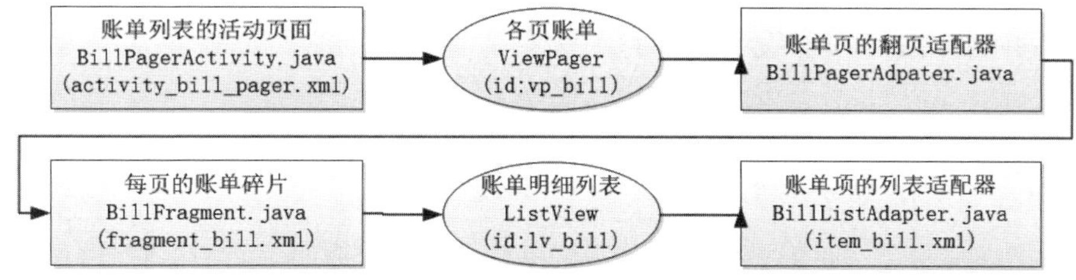

图 7-34 账单列表页面的控件嵌套关系

7.5.3 关键代码

为了方便读者顺利完成记账本的编码开发，下面罗列几处关键的代码实现逻辑。

1. 如何实现日期下拉框

在填写账单时间的时候，输入界面默认展示当天日期，用户若想修改账单时间，就要点击日期文本，此时界面弹出日期选择对话框，待用户选定具体日期，再回到主界面展示选定日期的文本。这种实现方式类似于下拉框控件Spinner，可是点击Spinner会弹出文本列表对话框，而非日期选择对话框。尽管Android未提供现成的日期下拉框，但是结合文本视图与日期选择对话框，也能实现类似Spinner的日期下拉框效果。具体步骤说明如下：

01 在账单填写页面的XML文件中添加名为tv_date的TextView，并给它指定drawableRight属性，属性值为一个向下三角形的资源图片，也就是让该控件看起来像个下拉框。包含tv_date在内的账单时间布局片段示例如下：

```
（完整代码见chapter07\src\main\res\layout\activity_bill_add.xml）
<LinearLayout
    android:layout_width="match_parent"
    android:layout_height="40dp"
    android:orientation="horizontal">
    <TextView
        android:layout_width="wrap_content"
        android:layout_height="match_parent"
        android:gravity="center|right"
        android:text="账单日期：" />
    <TextView
        android:id="@+id/tv_date"
        android:layout_width="0dp"
        android:layout_height="match_parent"
        android:layout_weight="2"
        android:drawableRight="@drawable/arrow_down"
        android:gravity="center" />
</LinearLayout>
```

02 回到该页面对应的Java代码，给文本视图tv_date注册点击监听器，一旦发现用户点击了该视图，就弹出日期选择对话框DatePickerDialog。下面是控件tv_date的点击响应代码例子：

```
（完整代码见chapter07\src\main\java\com\example\chapter07\BillAddActivity.java）
@Override
public void onClick(View v) {
    if (v.getId() == R.id.tv_date) {
        // 构建一个日期对话框，构造方法的第二个构造参数指定了日期监听器
        DatePickerDialog dialog = new DatePickerDialog(this, this,
                calendar.get(Calendar.YEAR),                    // 年份
                calendar.get(Calendar.MONTH),                   // 月份
                calendar.get(Calendar.DAY_OF_MONTH));           // 日期
        dialog.show();  // 显示日期选择对话框
    }
}
```

03 注意到在步骤2构建日期对话框时，将日期监听器设在了当前页面，于是令活动代码实现日期变更监听接口DatePickerDialog.OnDateSetListener，同时还要重写该接口的onDateSet方法，一旦发现用户选择了某个日期，就将文本视图tv_date设为该日期文本。重写后的onDateSet方法代码示例如下：

```
@Override
public void onDateSet(DatePicker view, int year, int month, int dayOfMonth) {
    calendar.set(Calendar.YEAR, year);
    calendar.set(Calendar.MONTH, month);
    calendar.set(Calendar.DAY_OF_MONTH, dayOfMonth);
    tv_date.setText(DateUtil.getDate(calendar));
}
```

2. 如何编辑与删除账单项

需求描述提到既要支持账单的编辑功能，又要支持账单的删除功能，因为账单明细位于列表视图当中，且列表视图允许同时设置列表项的点击监听器和长按监听器，所以可以考虑将列表项的点击监听器映射到账单的编辑功能，将列表项的长按监听器映射到账单的删除功能，也就是点击账单项时跳转到账单的编辑页面，长按账单项时弹出删除账单的提醒对话框。为此需要在账单的列表页实现下列两个步骤：

01 给每月账单的列表视图分别注册列表项的点击监听器和长按监听器，注册代码如下：

```
（完整代码见chapter07\src\main\java\com\example\chapter07\fragment\BillFragment.java）
// 构建一个当月账单的列表适配器
BillListAdapter listAdapter = new BillListAdapter(mContext, mBillList);
lv_bill.setAdapter(listAdapter);                          // 设置列表视图的适配器
lv_bill.setOnItemClickListener(listAdapter);              // 设置列表视图的点击监听器
lv_bill.setOnItemLongClickListener(listAdapter);          // 设置列表视图的长按监听器
```

02 由于步骤1将点击监听器和长按监听器设到了列表适配器，因此令BillListAdapter分别实现AdapterView.OnItemClickListener和AdapterView.OnItemLongClickListener，并且重写对应的点击方法onItemClick与长按方法onItemLongClick，其中onItemClick内部补充页面的跳转逻辑，而onItemLongClick内部补充提示窗的处理逻辑。重写之后的点击方法与长按方法代码如下：

```
（完整代码见chapter07\src\main\java\com\example\chapter07\adapter\BillListAdapter.java）
@Override
public void onItemClick(AdapterView<?> parent, View view, int position, long id) {
    BillInfo bill = mBillList.get(position);        // 获得当前位置的账单信息
    // 以下跳转到账单填写页面
    Intent intent = new Intent(mContext, BillAddActivity.class);
    intent.putExtra("xuhao", bill.xuhao);     // 携带账单序号，表示已存在该账单
    mContext.startActivity(intent);           // 因为已存在该账单，所以跳过去实际会编辑账单
}

@Override
public boolean onItemLongClick(AdapterView<?> parent, View view, final int position, long
id) {
    BillInfo bill = mBillList.get(position);        // 获得当前位置的账单信息
    AlertDialog.Builder builder = new AlertDialog.Builder(mContext);
    String desc = String.format("是否删除以下账单？\n%s %s%d %s", bill.date,
            bill.type==0?"收入":"支出", (int) bill.amount, bill.desc);
    builder.setMessage(desc);                       // 设置提醒对话框的消息文本
    builder.setPositiveButton("是", new DialogInterface.OnClickListener() {
        @Override
        public void onClick(DialogInterface dialog, int which) {
            deleteBill(position);                   // 删除该账单
        }
    });
    builder.setNegativeButton("否", null);
    builder.create().show();                        // 显示提醒对话框
    return true;
}
```

3. 合并账单的添加与编辑功能

上述第二点提到账单编辑页面仍然跳转到了BillAddActivity，然而该页面原本用作账单填写，若想让它同时支持账单编辑功能，则需从意图包裹中取出名为xuhao的字段，得到上个页面传来的序号数值，通过判断该字段是否为－1，再分别对应处理，后续的处理过程分成以下两个步骤：

01 若xuhao字段的值为－1，则表示不存在原账单的序号，此时应进入账单添加逻辑；若值不为－1，则表示已存在该账单序号，此时应进入账单编辑处理，也就是将数据库中查到的原账单信息展示在各输入框中，再由用户酌情修改详细的账单信息。相应的代码逻辑如下：

```
(完整代码见chapter07\src\main\java\com\example\chapter07\BillAddActivity.java)
private int xuhao;                                        // 如果序号有值，说明已存在该账单
// 获取日历实例，里面包含了当前的年月日
private Calendar calendar = Calendar.getInstance();
private BillDBHelper mBillHelper;                         // 声明一个账单数据库的帮助器对象

@Override
protected void onResume() {
    super.onResume();
    xuhao = getIntent().getIntExtra("xuhao", -1);
    mBillHelper = BillDBHelper.getInstance(this);         // 获取账单数据库的帮助器对象
    if (xuhao != -1) {                                    // 序号有值，就展示数据库里的账单详情
        List<BillInfo> bill_list = (List<BillInfo>) mBillHelper.queryById(xuhao);
        if (bill_list.size() > 0) {                       // 已存在该账单
            BillInfo bill = bill_list.get(0);             // 获取账单信息
            Date date = DateUtil.formatString(bill.date);
            calendar.set(Calendar.YEAR, date.getYear()+1900);
            calendar.set(Calendar.MONTH, date.getMonth());
            calendar.set(Calendar.DAY_OF_MONTH, date.getDate());
            if (bill.type == 0) {                         // 收入
                rb_income.setChecked(true);
            } else {                                      // 支出
                rb_expand.setChecked(true);
            }
            et_desc.setText(bill.desc);                   // 设置账单的描述文本
            et_amount.setText(""+bill.amount);            // 设置账单的交易金额
        }
    }
    tv_date.setText(DateUtil.getDate(calendar));          // 设置账单的发生时间
}
```

02 在保存账单记录时，也要先判断数据库中是否已经存在对应账单，如果有找到对应的账单记录，那么执行记录更新操作，否则执行记录添加操作。对应的数据库的操作代码示例如下：

```
(完整代码见chapter07\src\main\java\com\example\chapter07\database\BillDBHelper.java)
public void save(BillInfo bill) {
    // 根据序号寻找对应的账单记录
    List<BillInfo> bill_list = (List<BillInfo>) queryById(bill.xuhao);
    BillInfo info = null;
    if (bill_list.size() > 0) {                 // 有找到账单记录
        info = bill_list.get(0);
    }
    if (info != null) {                         // 已存在该账单信息，则更新账单
        bill.rowid = info.rowid;
        bill.create_time = info.create_time;
        bill.update_time = DateUtil.getNowDateTime("");
        update(bill);                           // 更新数据库记录
    } else {                                    // 未存在该账单信息，则添加账单
```

```
        bill.create_time = DateUtil.getNowDateTime("");
        insert(bill);                          // 添加数据库记录
    }
}
```

7.6　小　　结

本章主要介绍了App开发的高级控件相关知识，包括：下拉框的用法（下拉框控件Spinner、数组适配器ArrayAdapter、简单适配器SimpleAdapter）、列表类视图的用法（基本适配器BaseAdapter、列表视图ListView、网格视图GridView）、翻页类视图的基本用法（翻页视图ViewPager、翻页适配器PagerAdapter、翻页标签栏PagerTabStrip）、碎片的两种用法（静态注册方式、动态注册方式、碎片适配器FragmentPagerAdapter）。中间穿插了实战模块的运用，如改进后的购物车、改进后的启动引导页等。最后设计了一个实战项目“记账本”，在该项目的App编码中用到了前面介绍的大部分控件，从而加深了对所学知识的理解。

通过本章的学习，读者应该能够掌握以下4种开发技能：

（1）学会使用下拉框控件。

（2）学会使用列表视图和网格视图。

（3）学会使用翻页视图与翻页标签栏。

（4）学会通过两种注册方式分别使用碎片。

7.7　动 手 练 习

请上机实验下列3项练习：

1. 将第6章的购物车界面中的商品列表改造为列表视图，将商城界面中的商品列表改造为网格视图。

2. 联合运用翻页视图与碎片，实现App启动之时的欢迎引导页面。

3. 实践本章的记账本项目，要求实现账单的增加、删除、修改、查看功能，并支持账单的列表展示与分月浏览。

第 8 章 自定义控件

本章介绍App开发中的一些自定义控件技术，主要包括：视图是如何从无到有构建出来的、如何改造已有的控件变出新控件、如何将消息主动推送到通知栏、如何通过持续绘制实现简单动画。然后结合本章所学的知识，演示一个实战项目“广告轮播”的设计与实现。

8.1 视图的构建过程

本节介绍一个视图的构建过程，包括：如何编写视图的构造方法，4个构造方法之间有什么区别；如何测量实体的实际尺寸，包含文本、图像、线性视图的测量办法；如何利用画笔绘制视图的界面，并说明onDraw方法与dispatchDraw方法的先后执行顺序。

8.1.1 视图的构造方法

Android自带的控件往往外观欠佳，开发者常常需要修改某些属性，比如按钮控件Button就有好几个问题，其一字号太小，其二文字颜色太浅，其三字母默认大写。于是XML文件中的每个Button节点都得添加textSize、textColor、textAllCaps 3个属性，以便定制按钮的字号、文字颜色和大小写开关，就像下面这样：

```
<Button
    android:layout_width="match_parent"
    android:layout_height="wrap_content"
    android:text="Hello World"
    android:textAllCaps="false"
    android:textColor="#000000"
    android:textSize="20sp" />
```

如果只是一两个按钮控件倒还好办，倘若App的许多页面都有很多Button，为了统一按钮风格，就得给全部Button节点都加上这些属性。要是哪天产品大姐心血来潮，命令将所有按钮统统换成另一种风格，如此多的Button节点只好逐个修改过去，令人苦不堪言。为此可以考虑把按钮样式提炼出来，将统一的按钮风格定义在某个地方，每个Button节点引用统一样式便行。为此打开res/values目录下的styles.xml，在resources节点内部补充如下所示的风格配置定义：

```
<style name="CommonButton">
    <item name="android:textAllCaps">false</item>
    <item name="android:textColor">#000000</item>
```

```
    <item name="android:textSize">20sp</item>
</style>
```

接着回到XML布局文件中，给Button节点添加形如“style="@style/样式名称"”的引用说明，表示当前控件将覆盖指定的属性样式，添加样式引用后的Button节点内容如下：

```
(完整代码见chapter08\src\main\res\layout\activity_custom_button.xml)
<Button
    android:layout_width="match_parent"
    android:layout_height="wrap_content"
    android:text="这是来自style的Button"
    style="@style/CommonButton" />
```

运行测试App，打开的按钮界面如图8-1所示，对比默认的按钮控件，可见通过style引用的按钮果然变了个模样。以后若要统一更换所有按钮的样式，只需修改styles.xml中的样式配置即可。

图 8-1　通过 style 属性设置样式的按钮界面

然而样式引用仍有不足之处，因为只有Button节点添加了style属性才奏效，要是忘了添加style属性就不管用了，而且样式引用只能修改已有的属性，不能添加新属性，也不能添加新方法。若想更灵活地定制控件外观，就要通过自定义控件实现了。

自定义控件听起来很复杂的样子，其实并不高深，不管控件还是布局，它们本质上都是一个Java类，也拥有自身的构造方法。以视图基类View为例，它有4个构造方法，分别介绍如下：

（1）带1个参数的构造方法public View(Context context)，在Java代码中通过new关键字创建视图对象时，会调用这个构造方法。

（2）带2个参数的构造方法public View(Context context, AttributeSet attrs)，在XML文件中添加视图节点时，会调用这个构造方法。

（3）带3个参数的构造方法public View(Context context, AttributeSet attrs, int defStyleAttr)，在采取默认的样式属性时，会调用这个构造方法。如果defStyleAttr填0，则表示没有默认的样式。

（4）带4个参数的构造方法public View(Context context, AttributeSet attrs, int defStyleAttr, int defStyleRes)，在采取默认的样式资源时，会调用这个构造方法。如果defStyleRes填0，则表示无样式资源。

以上的4个构造方法中，前两个必须实现，否则要么不能在代码中创建视图对象，要么不能在XML文件中添加视图节点；至于后两个构造方法，则与styles.xml中的样式配置有关。先看带3个参数的构造方法，第3个参数defStyleAttr的意思是指定默认的样式属性，这个样式属性在res/values下面的attrs.xml中配置，如果values目录下没有attrs.xml就创建该文件，并填入以下的样式属性配置：

```
<resources>
    <declare-styleable name="CustomButton">
        <attr name="customButtonStyle" format="reference" />
    </declare-styleable>
</resources>
```

以上的配置内容表明了属性名称为customButtonStyle，属性格式为引用类型reference，也就是实际样式在别的地方定义，这个地方便是styles.xml中定义的样式配置。可是customButtonStyle怎样与styles.xml里的CommonButton样式关联起来呢？每当开发者创建新项目时，AndroidManifest. xml

的application节点都设置了主题属性，通常为android:theme="@style/AppTheme"，这个默认主题来自styles.xml的AppTheme，打开styles.xml发现文件开头的AppTheme配置定义如下：

```
<style name="AppTheme" parent="Theme.AppCompat.Light.DarkActionBar">
    <item name="colorPrimary">@color/colorPrimary</item>
    <item name="colorPrimaryDark">@color/colorPrimaryDark</item>
    <item name="colorAccent">@color/colorAccent</item>
    <item name="customButtonStyle">@style/CommonButton</item>
</style>
```

原来App的默认主题源自Theme.AppCompat.Light.DarkActionBar，其中的Light表示这是亮色主题，DarkActionBar表示顶部标题栏是暗色的，内部的3个color项指定了该主题采用的部分颜色。现在给AppTheme添加一项customButtonStyle，并指定该项的样式为@style/CommonButton，修改后的AppTheme配置示例如下：

```
<style name="AppTheme" parent="Theme.AppCompat.Light.DarkActionBar">
    <item name="colorPrimary">@color/colorPrimary</item>
    <item name="colorPrimaryDark">@color/colorPrimaryDark</item>
    <item name="colorAccent">@color/colorAccent</item>
    <item name="customButtonStyle">@style/CommonButton</item>
</style>
```

接着到Java代码包中编写自定义的按钮控件，控件代码如下所示，注意在defStyleAttr处填上默认的样式属性R.attr.customButtonStyle。

```
（完整代码见chapter08\src\main\java\com\example\chapter08\widget\CustomButton.java）
public class CustomButton extends Button {
    public CustomButton(Context context) {
        super(context);
    }
    public CustomButton(Context context, AttributeSet attrs) {
        this(context, attrs, R.attr.customButtonStyle);  // 设置默认的样式属性
    }
    public CustomButton(Context context, AttributeSet attrs, int defStyleAttr) {
        super(context, attrs, defStyleAttr);
    }
}
```

然后打开测试界面的XML布局文件activity_custom_button.xml，添加如下所示的自定义控件节点CustomButton：

```
（完整代码见chapter08\src\main\res\layout\activity_custom_button.xml）
<!-- 注意自定义控件需要指定该控件的完整路径 -->
<com.example.chapter08.widget.CustomButton
    android:layout_width="match_parent"
    android:layout_height="wrap_content"
    android:text="这是自定义的Button"
    android:background="#ffff00" />
```

运行测试App，此时按钮界面如图8-2所示，可见第三个按钮也就是自定义的按钮控件字号变大、文字变黑，同时按钮的默认背景不见了，文字也不居中对齐了。

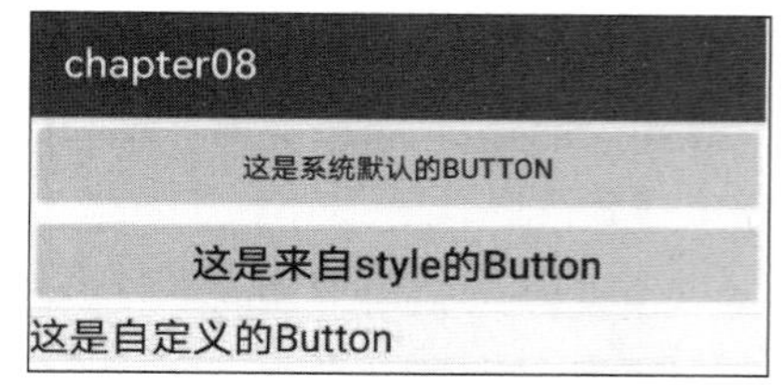

图 8-2　通过自定义控件的按钮界面

查看系统自带的按钮Button源码，发现它的构造方法是下面这样的：

```
public Button(Context context, AttributeSet attrs) {
    this(context, attrs, com.android.internal.R.attr.buttonStyle);
}
```

可见按钮控件的默认样式都写在系统内核的com.android.internal.R.attr.buttonStyle之中了，难怪Button与TextView的外观有所差异，原来是默认的样式属性造成的。

不过defStyleAttr的实现过程稍显烦琐，既要在styles.xml中配置好样式，又要在attrs.xml中添加样式属性定义，末了还得在App的当前主题中关联样式属性与样式配置。为简化操作，视图对象带4个参数的构造方法便派上用场了，第4个参数defStyleRes允许直接传入样式配置的资源名称，例如R.style.CommonButton就能直接指定当前视图的样式风格，于是defStyleAttr的3个步骤简化为defStyleRes的1个步骤，也就是只需在styles.xml中配置样式风格。此时自定义控件的代码就要将后两个构造方法改成下面这样：

```
public CustomButton(Context context, AttributeSet attrs, int defStyleAttr) {
    // 下面不使用defStyleAttr，直接使用R.style.CommonButton定义的样式
    this(context, attrs, 0, R.style.CommonButton);
}
@SuppressLint("NewApi")
public CustomButton(Context context, AttributeSet attrs, int defStyleAttr, int
defStyleRes) {
    super(context, attrs, defStyleAttr, defStyleRes);
}
```

由于styles.xml定义的样式风格允许用在多个地方，包括XML文件中的style属性、构造方法中的defStyleAttr（对应当前主题）、构造方法中的defStyleRes，如果这三处地方分别引用了不同的样式，控件又该呈现什么样的风格呢？对于不同来源的样式配置，Android给每个来源都分配了优先级，优先级越大的来源，其样式会优先展示。至于上述的三处来源，它们之间的优先级顺序为：style属性>defStyleAttr>defStyleRes，也就是说，XML文件的style属性所引用的样式资源优先级最高，而defStyleRes所引用的样式资源优先级最低。

8.1.2　视图的测量方法

构造方法只是自定义控件的第一步，自定义控件的第二步是测量尺寸，也就是重写onMeasure方法。要想把自定义的控件画到界面上，首先得知道这个控件的宽高尺寸，而控件的宽和高在XML文件中分别由layout_width属性和layout_height属性规定，它们有3种赋值方式，具体说明见表8-1。

表 8-1　宽高尺寸的 3 种赋值方式

XML 中的尺寸类型	LayoutParams 类的尺寸类型	说　明
match_parent	MATCH_PARENT	与上级视图大小一样
wrap_content	WRAP_CONTENT	按照自身尺寸进行适配
**dp	整型数	具体的尺寸数值

方式1和方式3都较简单，要么取上级视图的数值，要么取具体数值。难办的是方式2，这个尺寸究竟要如何度量，总不可能让开发者拿着尺子在屏幕上比划吧。当然，Android提供了相关度量方法，支持在不同情况下测量尺寸。需要测量的实体主要有3种，分别是文本尺寸、图形尺寸和布局尺寸，依次说明如下。

1. 文本尺寸测量

文本尺寸分为文本的宽度和高度，需根据文本大小分别计算。其中，文本宽度使用Paint类的measureText方法测量，具体代码如下：

```
(完整代码见chapter08\src\main\java\com\example\chapter08\util\MeasureUtil.java)
// 获取指定文本的宽度（其实就是长度）
public static float getTextWidth(String text, float textSize) {
    if (TextUtils.isEmpty(text)) {
        return 0;
    }
    Paint paint = new Paint();                    // 创建一个画笔对象
    paint.setTextSize(textSize);                  // 设置画笔的文本大小
    return paint.measureText(text);               // 利用画笔丈量指定文本的宽度
}
```

至于文本高度的计算用到了FontMetrics类，该类提供了5个与高度相关的属性，详细说明见表8-2。

表 8-2　FontMetrics 类的距离属性说明

FontMetrics 类的距离属性	说　　明
top	行的顶部与基线的距离
ascent	字符的顶部与基线的距离
descent	字符的底部与基线的距离
bottom	行的底部与基线的距离
leading	行间距

之所以区分这些属性，是为了计算不同规格的高度。如果要得到文本自身的高度，则高度值=descent－ascent；如果要得到文本所在行的行高，则高度值=bottom－top+leading。以计算文本高度为例，具体的计算代码如下：

```
// 获取指定文本的高度
public static float getTextHeight(String text, float textSize) {
    Paint paint = new Paint();                         // 创建一个画笔对象
    paint.setTextSize(textSize);                       // 设置画笔的文本大小
    FontMetrics fm = paint.getFontMetrics();           // 获取画笔默认字体的度量衡
    return fm.descent - fm.ascent;                     // 返回文本自身的高度
    //return fm.bottom - fm.top + fm.leading;          // 返回文本所在行的行高
}
```

下面观察文本尺寸的度量结果，当字体大小为17sp时，示例文本的宽度为119、高度为19，如图8-3所示；当字体大小为25sp时，示例文本的宽度为175、高度为29，如图8-4所示。

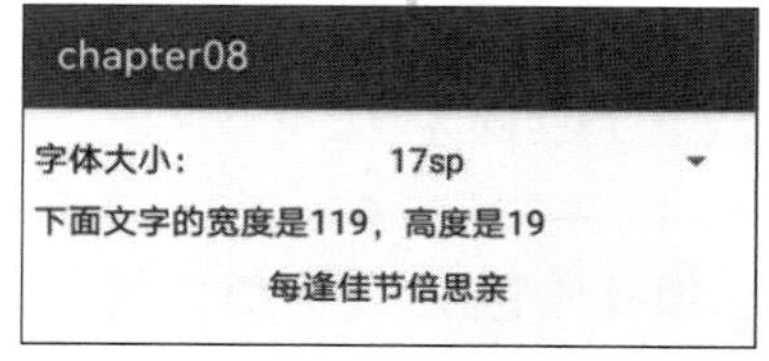

图 8-3　字体大小为 17sp 时的尺寸

图 8-4　字体大小为 25sp 时的尺寸

2. 图形尺寸测量

相对于文本尺寸，图形尺寸的计算反而简单些，因为Android提供了现成的宽、高获取方法。

如果图形是Bitmap格式，就通过getWidth方法获取位图对象的宽度，通过getHeight方法获取位图对象的高度；如果图形是Drawable格式，就通过getIntrinsicWidth方法获取图形对象的宽度，通过getIntrinsicHeight方法获取图形对象的高度。

3. 布局尺寸测量

文本尺寸测量主要用于TextView、Button等文本控件，图形尺寸测量主要用于ImageView、ImageButton等图像控件。在实际开发中，有更多场合需要测量布局视图的尺寸。由于布局视图内部可能有文本控件、图像控件，还可能有padding和margin，因此，逐个测量布局的内部控件是不现实的。幸而View类提供了一种测量整体布局的思路，对应layout_width和layout_height的3种赋值方式，Android的视图基类同样提供了3种测量模式，具体取值说明见表8-3。

表 8-3　测量模式的取值说明

MeasureSpec 类的测量模式	视图宽、高的赋值方式	说　明
AT_MOST	MATCH_PARENT	达到最大
UNSPECIFIED	WRAP_CONTENT	未指定（实际就是自适应）
EXACTLY	具体 dp 值	精确尺寸

围绕这3种测量模式衍生了相关度量方法，如ViewGroup类的getChildMeasureSpec方法（获取下级视图的测量规格）、MeasureSpec类的makeMeasureSpec方法（根据指定参数制定测量规格）、View类的measure方法（按照测量规格进行测量操作）等。以线性布局为例，详细的布局高度测量代码如下：

```
// 计算指定线性布局的实际高度
public static float getRealHeight(View child) {
    LinearLayout llayout = (LinearLayout) child;
    // 获得线性布局的布局参数
    ViewGroup.LayoutParams params = llayout.getLayoutParams();
    if (params == null) {
        params = new ViewGroup.LayoutParams(
                LayoutParams.MATCH_PARENT, LayoutParams.WRAP_CONTENT);
    }
    // 获得布局参数里面的宽度规格
    int wdSpec = ViewGroup.getChildMeasureSpec(0, 0, params.width);
    int htSpec;
    if (params.height > 0) {               // 高度大于0，说明这是明确的dp数值
        // 按照精确数值的情况计算高度规格
        htSpec = View.MeasureSpec.makeMeasureSpec(params.height, MeasureSpec.EXACTLY);
    } else {  // MATCH_PARENT=-1，WRAP_CONTENT=-2，所以二者都进入该分支
        // 按照不确定的情况计算高度规则
        htSpec = View.MeasureSpec.makeMeasureSpec(0, MeasureSpec.UNSPECIFIED);
    }
    llayout.measure(wdSpec, htSpec);     // 重新丈量线性布局的宽、高
    // 获得并返回线性布局丈量之后的高度。调用getMeasuredWidth方法可获得宽度
    return llayout.getMeasuredHeight();
}
```

现在很多App页面都提供了下拉刷新功能，这需要计算下拉刷新的头部高度，以便在下拉时判断整个页面要拉动多少距离。比如图8-5所示的下拉刷新头部，对应的XML源码路径为chapter08\src\main\res\layout\drag_drop_header.xml，其中包含图像、文字和间隔，调用getRealHeight方法计算得到的布局高度为342。

以上的几种尺寸测量办法看似复杂，其实相关的测量逻辑早已封装在View和ViewGroup之中，开发者自定义的视图一般无须重写onMeasure方法；就算重写了onMeasure方法，也可调用getMeasuredWidth方法获得测量完成的宽度，调用getMeasuredHeight方法获得测量完成的高度。

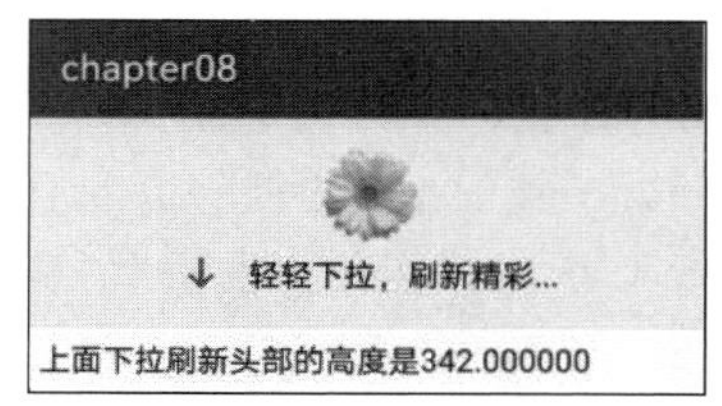

图 8-5　布局视图的高度测量结果

8.1.3　视图的绘制方法

测量完控件的宽和高，接下来就要绘制控件图案了，此时可以重写两个视图绘制方法，分别是onDraw和dispatchDraw，它们的区别主要有下列两点：

（1）onDraw既可用于普通控件，也可用于布局类视图；而dispatchDraw专门用于布局类视图，像线性布局LinearLayout、相对布局RelativeLayout都属于布局类视图。

（2）onDraw方法先执行，dispatchDraw方法后执行，这两个方法中间再执行下级视图的绘制方法。比如App界面有个线性布局A，且线性布局内部有个相对布局B，同时相对布局B内部又有个文本视图C，则它们的绘制方法执行顺序为：线性布局A的onDraw方法→相对布局B的onDraw方法→文本视图C的onDraw方法→相对布局B的dispatchDraw方法→线性布局A的dispatchDraw方法，更直观的绘图顺序参见图8-6。

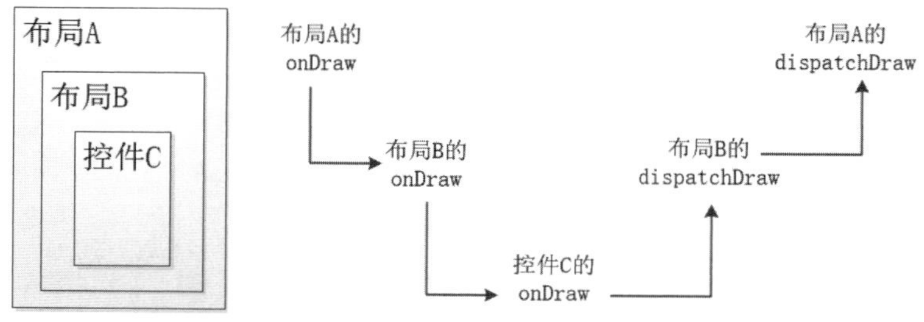

图 8-6　多个视图嵌套时的绘图次序

不管是onDraw方法还是dispatchDraw方法，它们的入参都是Canvas画布对象，在画布上绘图相当于在屏幕上绘图。绘图本身是个很大的课题，画布的用法也多种多样，单单Canvas便提供了3类方法：划定可绘制的区域、在区域内部绘制图形、画布的控制操作，分别说明如下。

1. 划定可绘制的区域

虽然视图内部的所有区域都允许绘制，但是有时候开发者只想在某个矩形区域内部画画，这时就得事先指定允许绘图的区域界限，相关方法说明如下：

- clipPath：裁剪不规则曲线区域。
- clipRect：裁剪矩形区域。
- clipRegion：裁剪一块组合区域。

2. 在区域内部绘制图形

该类方法用来绘制各种基本的几何图形，相关方法说明如下：

- drawArc：绘制扇形或弧形。第4个参数为true时画扇形，为false时画弧形。

- drawBitmap：绘制位图。
- drawCircle：绘制圆形。
- drawLine：绘制直线。
- drawOval：绘制椭圆。
- drawPath：绘制路径，即不规则曲线。
- drawPoint：绘制点。
- drawRect：绘制矩形。
- drawRoundRect：绘制圆角矩形。
- drawText：绘制文本。

3. 画布的控制操作

控制操作包括画布的旋转、缩放、平移以及存取画布状态的操作，相关方法说明如下：

- rotate：旋转画布。
- scale：缩放画布。
- translate：平移画布。
- save：保存画布状态。
- restore：恢复画布状态。

上述第二大点提到的draw***方法只是准备绘制某种几何图形，真正的细节描绘还要靠画笔工具Paint实现。Paint类定义了画笔的颜色、样式、粗细、阴影等，常用方法说明如下：

- setAntiAlias：设置是否使用抗锯齿功能。主要用于画圆圈等曲线。
- setDither：设置是否使用防抖动功能。
- setColor：设置画笔的颜色。
- setShadowLayer：设置画笔的阴影区域与颜色。
- setStyle：设置画笔的样式。Style.STROKE表示线条，Style.FILL表示填充。
- setStrokeWidth：设置画笔线条的宽度。

接下来演示如何通过画布和画笔描绘不同的几何图形，以绘制圆角矩形与绘制椭圆为例，重写后的onDraw方法示例如下：

```
(完整代码见chapter08\src\main\java\com\example\chapter08\widget\DrawRelativeLayout.java)
@Override
protected void onDraw(Canvas canvas) {
    super.onDraw(canvas);
    int width = getMeasuredWidth();                          // 获得布局的实际宽度
    int height = getMeasuredHeight();                        // 获得布局的实际高度
    if (width > 0 && height > 0) {
        if (mDrawType == 2) {                                // 绘制圆角矩形
            RectF rectF = new RectF(0, 0, width, height);
            canvas.drawRoundRect(rectF, 30, 30, mPaint);     // 在画布上绘制圆角矩形
        } else if (mDrawType == 4) {                         // 绘制椭圆
            RectF oval = new RectF(0, 0, width, height);
            canvas.drawOval(oval, mPaint);                   // 在画布上绘制椭圆
        }
    }
}
```

运行测试App，即可观察实际的绘图效果，其中调用drawRoundRect方法绘制圆角矩形的界面如图8-7所示，调用drawOval方法绘制椭圆的界面如图8-8所示。

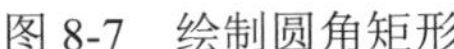
图 8-7　绘制圆角矩形

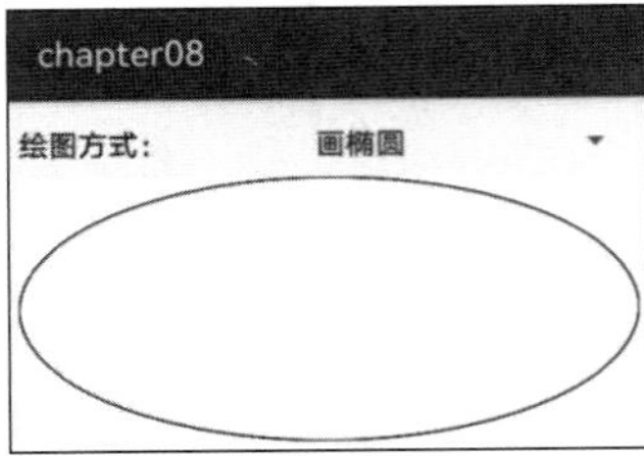

图 8-8　绘制椭圆

由于onDraw方法的调用在绘制下级视图之前，而dispatchDraw方法的调用在绘制下级视图之后，因此如果希望当前视图不被下级视图覆盖，就只能在dispatchDraw方法中绘图。下面是分别在onDraw和dispatchDraw两个方法中绘制矩形及其对角线的代码例子：

```
@Override
protected void onDraw(Canvas canvas) {
    super.onDraw(canvas);
    int width = getMeasuredWidth();                      // 获得布局的实际宽度
    int height = getMeasuredHeight();                    // 获得布局的实际高度
    if (width > 0 && height > 0) {
        if (mDrawType == 5) {                            // 绘制矩形及其对角线
            Rect rect = new Rect(0, 0, width, height);
            canvas.drawRect(rect, mPaint);               // 绘制矩形
            // 绘制左上角到右下角的线段
            canvas.drawLine(0, 0, width, height, mPaint);
            // 绘制左下角到右上角的线段
            canvas.drawLine(0, height, width, 0, mPaint);
        }
    }
}

@Override
protected void dispatchDraw(Canvas canvas) {
    super.dispatchDraw(canvas);
    int width = getMeasuredWidth();                      // 获得布局的实际宽度
    int height = getMeasuredHeight();                    // 获得布局的实际高度
    if (width > 0 && height > 0) {
        if (mDrawType == 6) {                            // 绘制矩形及其对角线
            Rect rect = new Rect(0, 0, width, height);
            canvas.drawRect(rect, mPaint);               // 绘制矩形
            // 绘制左上角到右下角的线段
            canvas.drawLine(0, 0, width, height, mPaint);
            // 绘制左下角到右上角的线段
            canvas.drawLine(0, height, width, 0, mPaint);
        }
    }
}
```

实验用的界面布局片段示例如下，主要观察对角线是否遮住内部的按钮控件：

```
(完整代码见chapter08\src\main\res\layout\activity_show_draw.xml)
<!-- 自定义的绘画视图，需要使用全路径 -->
<com.example.chapter08.widget.DrawRelativeLayout
    android:id="@+id/drl_content"
    android:layout_width="match_parent"
```

```
    android:layout_height="150dp" >
    <Button
        android:layout_width="wrap_content"
        android:layout_height="wrap_content"
        android:layout_centerInParent="true"
        android:text="我在中间" />
</com.example.chapter08.widget.DrawRelativeLayout>
```

运行测试App，发现使用onDraw绘图的界面如图8-9所示，使用dispatchDraw绘图的界面如图8-10所示。

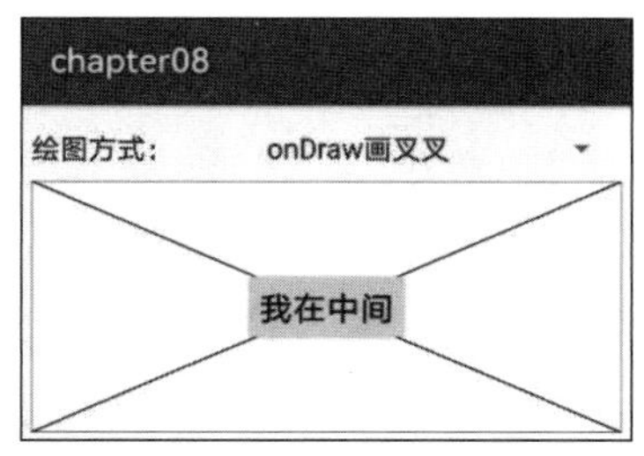

图 8-9　重写 onDraw 方法

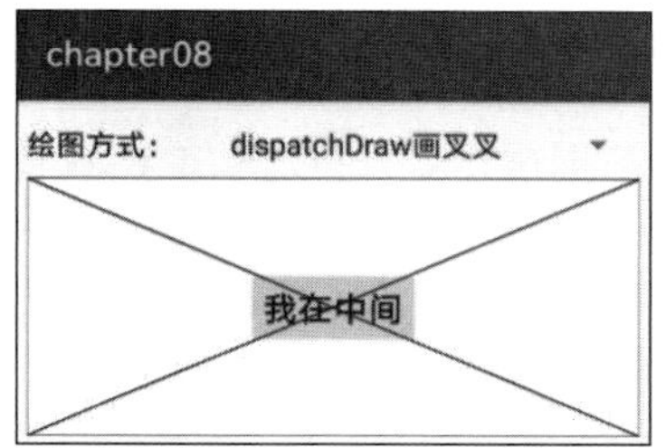

图 8-10　重写 dispatchDraw 方法

对比可见，调用onDraw方法绘制对角线时，中间的按钮遮住了对角线；调用dispatchDraw方法绘制对角线时，对角线没被按钮遮住，依然显示在视图中央。

8.2　改造已有的控件

本节介绍如何对现有控件加以改造，使之变成具备不同功能的新控件，包括：如何基于日期选择器实现月份选择器，如何给翻页标签栏添加文字样式属性，如何在滚动视图中展示完整的列表视图。

8.2.1　自定义月份选择器

虽然Android提供了许多控件，但是仍然不够用，比如系统自带日期选择器DatePicker和时间选择器TimePicker，却没有月份选择器MonthPicker，倘若希望选择某个月份，一时之间叫人不知如何是好。不过为什么支付宝的账单查询支持选择月份呢？就像图8-11所示的支付宝查询账单页面，分明可以单独选择年月。

图 8-11　支付宝的账单月份选择界面

看上去，支付宝的年月控件仿佛系统自带的日期选择器，区别在于去掉了右侧的日子列表。二者之间如此相似，这可不是偶然撞衫，而是它们本来系出一源。只要把日期选择器稍加修改，想办法隐藏右边多余的日子列，即可实现移花接木的效果。下面是将日期选择器修改之后变成月份选择器的代码例子：

```
(完整代码见chapter08\src\main\java\com\example\chapter08\widget\MonthPicker.java)
// 由日期选择器派生出月份选择器
public class MonthPicker extends DatePicker {
    public MonthPicker(Context context, AttributeSet attrs) {
```

```
        super(context, attrs);
        // 获取年月日的下拉列表项
        ViewGroup vg = ((ViewGroup) ((ViewGroup) getChildAt(0)).getChildAt(0));
        if (vg.getChildCount() == 3) {  // 拥有3个下级视图
            // 有的机型显示格式为"年月日"，此时隐藏第3个控件
            vg.getChildAt(2).setVisibility(View.GONE);
        } else if (vg.getChildCount() == 5) {  // 拥有5个下级视图
            // 有的机型显示格式为"年|月|日"，此时隐藏第4个和第5个控件（即"|日"）
            vg.getChildAt(3).setVisibility(View.GONE);
            vg.getChildAt(4).setVisibility(View.GONE);
        }
    }
}
```

由于日期选择器有日历和下拉框两种展示形式，上面的月份选择器代码只对下拉框生效，因此在布局文件中添加月份选择器之时，要特别注意添加属性“android:datePickerMode="spinner"”，表示该控件采取下拉列表显示；并添加属性“android:calendarViewShown="false"”，表示不显示日历视图。月份选择器在布局文件中的定义例子如下：

```
(完整代码见chapter08\src\main\res\layout\activity_month_picker.xml)
<!-- 自定义的月份选择器，需要使用全路径 -->
<com.example.chapter08.widget.MonthPicker
    android:id="@+id/mp_month"
    android:layout_width="match_parent"
    android:layout_height="wrap_content"
    android:calendarViewShown="false"
    android:datePickerMode="spinner" />
```

这下大功告成，重新包装后的月份选择器俨然也是日期时间控件家族的一员，不但继承了日期选择器的所有方法，而且控件界面与支付宝的几乎一样。月份选择器的界面效果如图8-12所示，果然只展示年份和月份了。

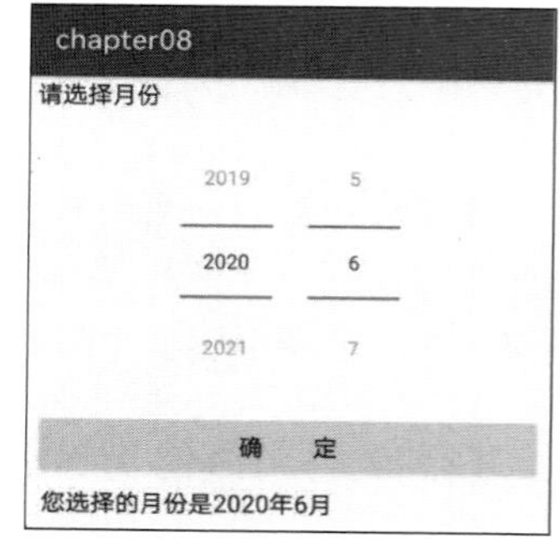

图 8-12 月份选择器的界面效果

8.2.2 给翻页标签栏添加新属性

前面介绍的月份选择器，是以日期选择器为基础，只保留年月两项同时屏蔽日子而成，这属于在现有控件上做减法。反过来，也允许在现有控件上做加法，也就是给控件增加新的属性或者新的方法。例如第7章的“7.3.2 翻页标签栏PagerTabStrip”，提到PagerTabStrip无法在XML文件中设置文本大小和文本颜色，只能在Java代码中调用setTextSize和setTextColor方法。这让人很不习惯，最好能够在XML文件中直接指定textSize和textColor属性。接下来通过自定义属性来扩展PagerTabStrip，以便在布局文件中指定文字大小和文字颜色的属性。具体步骤说明如下：

01 在res\values目录下创建attrs.xml。其中，declare-styleable的name属性值表示新控件名为CustomPagerTab，两个attr节点表示新增的两个属性分别是textColor和textSize。文件内容如下：

```
<resources>
    <declare-styleable name="CustomPagerTab">
        <attr name="textColor" format="color" />
        <attr name="textSize" format="dimension" />
    </declare-styleable>
</resources>
```

02 在Java代码的widget目录下创建CustomPagerTab.java，填入以下代码：

```
(完整代码见chapter08\src\main\java\com\example\chapter08\widget\CustomPagerTab.java)
public class CustomPagerTab extends PagerTabStrip {
    private int textColor = Color.BLACK;    // 文本颜色
    private int textSize = 15;              // 文本大小

    public CustomPagerTab(Context context) {
        super(context);
    }

    public CustomPagerTab(Context context, AttributeSet attrs) {
        super(context, attrs);
        if (attrs != null) {
            // 根据CustomPagerTab的属性定义，从XML文件中获取属性数组描述
            TypedArray attrArray = context.obtainStyledAttributes(
                    attrs, R.styleable.CustomPagerTab);
            // 根据属性描述定义，获取XML文件中的文本颜色
            textColor = attrArray.getColor(
                    R.styleable.CustomPagerTab_textColor, textColor);
            // 根据属性描述定义，获取XML文件中的文本大小
            // getDimension得到的是px值，需要转换为sp值
            textSize = Utils.px2sp(context, attrArray.getDimension(
                  R.styleable.CustomPagerTab_textSize, textSize));
            attrArray.recycle();  // 回收属性数组描述
        }
    }

    @Override
    protected void onDraw(Canvas canvas) {        // 绘制方法
        setTextColor(textColor);                  // 设置标题文字的文本颜色
        // 设置标题文字的文本大小
        setTextSize(TypedValue.COMPLEX_UNIT_SP, textSize);
        super.onDraw(canvas);
    }
}
```

03 给演示页面的XML文件根节点增加命名空间声明xmlns:app="http://schemas.android.com/apk/res-auto"，再把PagerTabStrip的节点名称改为自定义控件的全路径名称（如com.example.chapter08.widget.CustomPagerTab），同时在该节点下添加两个新属性——app:textColor与app:textSize，也就是在XML文件中指定标签文本的颜色与大小。修改后的XML文件如下：

```
(完整代码见chapter08\src\main\res\layout\activity_custom_tab.xml)
<LinearLayout xmlns:android="http://schemas.android.com/apk/res/android"
    xmlns:app="http://schemas.android.com/apk/res-auto"
    android:layout_width="match_parent"
    android:layout_height="match_parent"
    android:orientation="vertical" >
    <androidx.viewpager.widget.ViewPager
        android:id="@+id/vp_content"
        android:layout_width="match_parent"
        android:layout_height="360dp" >
        <!-- 这里使用自定义控件的全路径名称，其中textColor和textSize为自定义的属性 -->
        <com.example.chapter08.widget.CustomPagerTab
            android:id="@+id/pts_tab"
            android:layout_width="wrap_content"
            android:layout_height="wrap_content"
            app:textColor="#ff0000"
            app:textSize="17sp" />
    </androidx.viewpager.widget.ViewPager>
</LinearLayout>
```

完成以上3个步骤的修改之后，运行测试App，打开的翻页界面如图8-13所示，可见此时翻页标签栏的标题文字变为红色，字体也变大了。

注意上述自定义控件的步骤1，attrs.xml里面attr节点的name表示新属性的名称，format表示新属性的数据格式；而在步骤2中，调用getColor方法获取颜色值，调用getDimensionPixelSize方法获取文字大小，不同的数据格式需要调用不同的获取方法。有关属性格式及其获取方法的对应说明见表8-4。

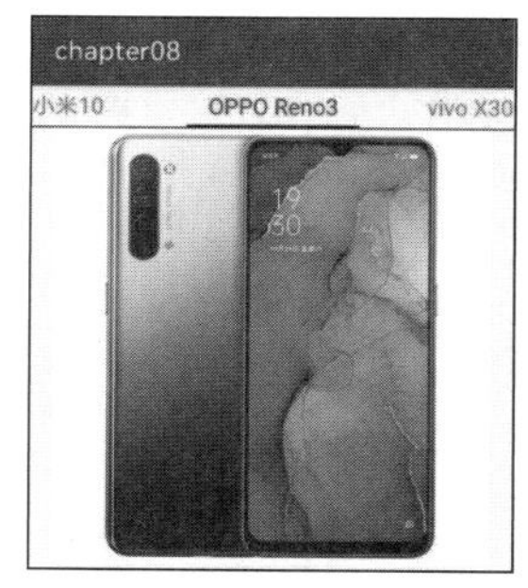

图 8-13 使用自定义属性的翻页标签栏

表 8-4 属性格式的取值说明

属性格式的名称	Java 代码的获取方法	XML 布局文件中的属性值说明
boolean	getBoolean	布尔值。取值为 true 或 false
integer	getInt	整型值
float	getFloat	浮点值
string	getString	字符串
color	getColor	颜色值。取值为开头带#的 6 位或 8 位十六进制数
dimension	getDimensionPixelSize	尺寸值。单位为 px
reference	getResourceId	参考某一资源。取值如@drawable/ic_launcher
enum	getInt	枚举值
flag	getInt	标志位

8.2.3 不滚动的列表视图

一个视图的宽和高，其实在页面布局的时候就决定了，视图节点的android:layout_width属性指定了该视图的宽度，而android:layout_height属性指定了该视图的高度。这两个属性又有3种取值方式，分别是：取值match_parent表示与上级视图一样尺寸，取值wrap_content表示按照自身内容的实际尺寸，最后一种则直接指定了具体的dp数值。在多数情况之下，系统按照这3种取值方式，完全能够自动计算正确的视图宽度和视图高度。

当然也有例外，像列表视图ListView就是个另类，尽管ListView在多数场合的高度计算不会出错，但是把它放到ScrollView之中便出现问题了。ScrollView本身叫作滚动视图，而列表视图ListView也是允许滚动的，于是一个滚动视图嵌套另一个也能滚动的视图，那么在双方的重叠区域，上下滑动的手势究竟表示要滚动哪个视图？这个滚动冲突的问题，不仅令开发者糊里糊涂，便是Android系统也得神经错乱。所以Android目前的处理对策是：如果ListView的高度被设置为wrap_content，则此时列表视图只显示一行的高度，然后整个界面只支持滚动ScrollView。

如此虽然滚动冲突的问题暂时解决，但是又带来一个新问题，好好的列表视图仅仅显示一行内容，这让出不了头的剩余列表情何以堪？按照用户正常的思维逻辑，列表视图应该显示所有行，并且列表内容要跟着整个页面一齐向上或者向下滚动。显然此时系统对ListView的默认处理方式并不符合用户习惯，只能对其改造使之满足用户的使用习惯。改造列表视图的一个可行方案，便是重写它的测量方法onMeasure，不管布局文件中设定的视图高度为何，都把列表视图的高度改为最大高度，即所有列表项高度加起来的总高度。

根据以上思路，编写一个扩展自ListView的不滚动列表视图NoScrollListView，它的实现代码如下：

```
(完整代码见chapter08\src\main\java\com\example\chapter08\widget\NoScrollListView.java)
public class NoScrollListView extends ListView {
    public NoScrollListView(Context context) {
        super(context);
    }
    public NoScrollListView(Context context, AttributeSet attrs) {
        super(context, attrs);
    }
    public NoScrollListView(Context context, AttributeSet attrs, int defStyle) {
        super(context, attrs, defStyle);
    }

    // 重写onMeasure方法，以便自行设定视图的高度
    @Override
    public void onMeasure(int widthMeasureSpec, int heightMeasureSpec) {
        // 将高度设为最大值，即所有项加起来的总高度
        int expandSpec = MeasureSpec.makeMeasureSpec(
                Integer.MAX_VALUE >> 2, MeasureSpec.AT_MOST);
        // 按照新的高度规格重新测量视图尺寸
        super.onMeasure(widthMeasureSpec, expandSpec);
    }
}
```

接下来演示改造前后的列表视图界面效果，先在测试页面的XML文件中添加ScrollView节点，再在该节点下挂ListView节点，以及自定义的NoScrollListView节点。修改后的XML文件内容如下：

```
(完整代码见chapter08\src\main\res\layout\activity_noscroll_list.xml)
<ScrollView xmlns:android="http://schemas.android.com/apk/res/android"
    android:layout_width="match_parent"
    android:layout_height="wrap_content">
    <LinearLayout
        android:layout_width="match_parent"
        android:layout_height="wrap_content"
        android:orientation="vertical">
        <TextView
            android:layout_width="match_parent"
            android:layout_height="wrap_content"
            android:text="下面是系统自带的列表视图" />
        <ListView
            android:id="@+id/lv_planet"
            android:layout_width="match_parent"
            android:layout_height="wrap_content" />
        <TextView
            android:layout_width="match_parent"
            android:layout_height="wrap_content"
            android:text="下面是自定义的列表视图" />
        <!-- 自定义的不滚动列表视图，需要使用全路径 -->
        <com.example.chapter08.widget.NoScrollListView
            android:id="@+id/nslv_planet"
            android:layout_width="match_parent"
            android:layout_height="wrap_content" />
    </LinearLayout>
</ScrollView>
```

回到该页面的活动代码，给ListView和NoScrollListView两个控件设置一模一样的行星列表，具体的Java代码如下：

```
（完整代码见chapter08\src\main\java\com\example\chapter08\NoscrollListActivity.java）
public class NoscrollListActivity extends AppCompatActivity {
    @Override
    protected void onCreate(Bundle savedInstanceState) {
        super.onCreate(savedInstanceState);
        setContentView(R.layout.activity_noscroll_list);
        PlanetListAdapter adapter1 = new PlanetListAdapter(
                this, Planet.getDefaultList());
        // 从布局文件中获取名为lv_planet的列表视图
        // lv_planet是系统自带的ListView，被ScrollView嵌套只能显示一行
        ListView lv_planet = findViewById(R.id.lv_planet);
        lv_planet.setAdapter(adapter1);              // 设置列表视图的行星适配器
        PlanetListAdapter adapter2 = new PlanetListAdapter(
                this, Planet.getDefaultList());
        // 从布局文件中获取名为nslv_planet的不滚动列表视图
        // nslv_planet是自定义控件NoScrollListView，会显示所有行
        NoScrollListView nslv_planet = findViewById(R.id.nslv_planet);
        nslv_planet.setAdapter(adapter2);              // 设置不滚动列表视图的行星适配器
    }
}
```

重新运行测试App，打开的行星列表界面如图8-14所示，可见系统自带的列表视图仅仅显示一条行星记录，而自定义的不滚动列表视图把所有行星记录都展示出来了。

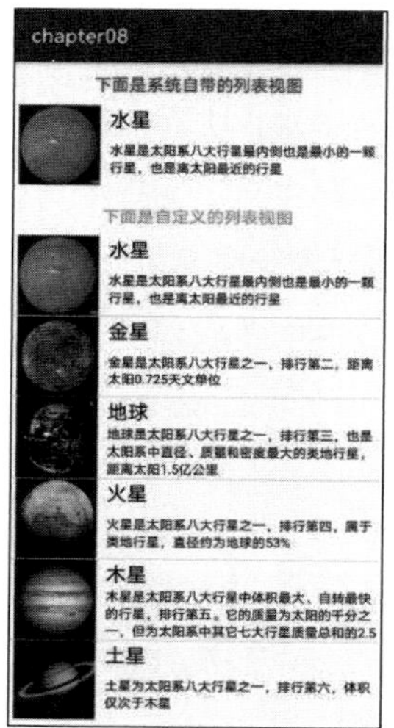

图 8-14　不滚动列表视图的界面效果

8.3　推送消息通知

本节介绍消息通知的推送过程及其具体用法，包括：通知由哪几个部分组成，如何构建并推送通知，如何区分各种通知渠道及其重要性，如何让服务呈现在前台运行，也就是利用通知管理器把服务推送到系统通知栏，以及如何使用悬浮窗技术模拟屏幕顶端的悬浮消息通知。

8.3.1　通知推送 Notification

在App的运行过程中，用户想购买哪件商品，想浏览哪条新闻，通常都由自己主动寻找并打开

对应的页面。当然用户不可避免地会漏掉部分有用的信息，例如购物车里的某件商品降价了，又如刚刚报道了某条突发新闻，这些很可能正是用户关注的信息。为了让用户及时收到此类信息，有必要由App主动向用户推送消息通知，以免错过有价值的信息。

在手机屏幕的顶端下拉会弹出通知栏，里面存放的便是App主动推送给用户的提醒消息，消息通知的组成内容由Notification类所描述。每条消息通知都有消息图标、消息标题、消息内容等基本元素，偶尔还有附加文本、进度条、计时器等额外元素，这些元素由通知建造器Notification.Builder所设定。下面是通知建造器的常用方法说明。

- setSmallIcon：设置应用名称左边的小图标。这是必要方法，否则不会显示通知消息。
- setLargeIcon：设置通知栏右边的大图标。
- setContentTitle：设置通知栏的标题文本。
- setContentText：设置通知栏的内容文本。
- setSubText：设置通知栏的附加文本，它位于应用名称右边。
- setProgress：设置进度条并显示当前进度。进度条位于标题文本与内容文本下方。
- setUsesChronometer：设置是否显示计时器，计时器位于应用名称右边，它会动态显示从通知被推送到当前的时间间隔，计时器格式为“分钟：秒钟”。
- setContentIntent：设置通知内容的延迟意图PendingIntent，点击通知时触发该意图。调用PendingIntent的getActivity方法获得延迟意图对象，触发该意图等同于跳转到getActivity设定的活动页面。
- setDeleteIntent：设置删除通知的延迟意图PendingIntent，滑掉通知时触发该意图。
- setAutoCancel：设置是否自动清除通知。若为true，则点击通知后，通知会自动消失；若为false，则点击通知后，通知不会消失。
- build：构建通知。以上参数都设置完毕后，调用该方法返回Notification对象。

注　意

Notification 仅仅描述了消息通知的组成内容，实际推送动作还需由通知管理器NotificationManager 执行。NotificationManager 是系统通知服务的管理工具，要调用getSystemService 方法，先从系统服务 NOTIFICATION_SERVICE 获取通知管理器，再调用管理器对象的消息操作方法。通知管理器的常用方法说明如下。

- notify：把指定消息推送到通知栏。
- cancel：取消指定的消息通知。调用该方法后，通知栏中的指定消息将消失。
- cancelAll：取消所有的消息通知。
- createNotificationChannel：创建指定的通知渠道。
- getNotificationChannel：获取指定编号的通知渠道。

以发送简单消息为例，它包括消息标题、消息内容、小图标、大图标等基本信息，则对应的通知推送代码示例如下：

```
(完整代码见chapter08\src\main\java\com\example\chapter08\NotifySimpleActivity.java)
// 发送简单的通知消息（包括消息标题和消息内容）
private void sendSimpleNotify(String title, String message) {
    // 发送消息之前要先创建通知渠道，创建代码见MainApplication.java
```

```
    // 创建一个跳转到活动页面的意图
    Intent clickIntent = new Intent(this, MainActivity.class);
    // 创建一个用于页面跳转的延迟意图
    PendingIntent contentIntent = PendingIntent.getActivity(this,
            R.string.app_name, clickIntent,
            PendingIntent.FLAG_UPDATE_CURRENT);
    // 创建一个通知消息的建造器
    Notification.Builder builder = new Notification.Builder(this);
    if (Build.VERSION.SDK_INT >= Build.VERSION_CODES.O) {
        // 从Android 8.0开始必须给每个通知分配对应的渠道
        builder = new Notification.Builder(this,
                getString(R.string.app_name));
    }
    builder.setContentIntent(contentIntent)          // 设置内容的点击意图
            .setAutoCancel(true)                     // 点击通知栏后是否自动清除该通知
            .setSmallIcon(R.mipmap.ic_launcher)      // 设置应用名称左边的小图标
            .setSubText("这里是副本")                 // 设置通知栏里面的附加文本
            .setLargeIcon(BitmapFactory.decodeResource(getResources(),
                    R.drawable.ic_app))              // 设置通知栏右边的大图标
            .setContentTitle(title)                  // 设置通知栏里面的标题文本
            .setContentText(message);                // 设置通知栏里面的内容文本
    Notification notify = builder.build();           // 根据通知建造器构建一个通知对象
    // 从系统服务中获取通知管理器
    NotificationManager notifyMgr = (NotificationManager)
            getSystemService(Context.NOTIFICATION_SERVICE);
    // 使用通知管理器推送通知，然后在手机的通知栏就会看到该消息
    notifyMgr.notify(R.string.app_name, notify);
}
```

运行测试App，在点击发送按钮时触发sendSimpleNotify方法，手机的通知栏马上收到推送的简单消息，如图8-15所示。根据图示的文字标记，即可得知每种消息元素的位置。

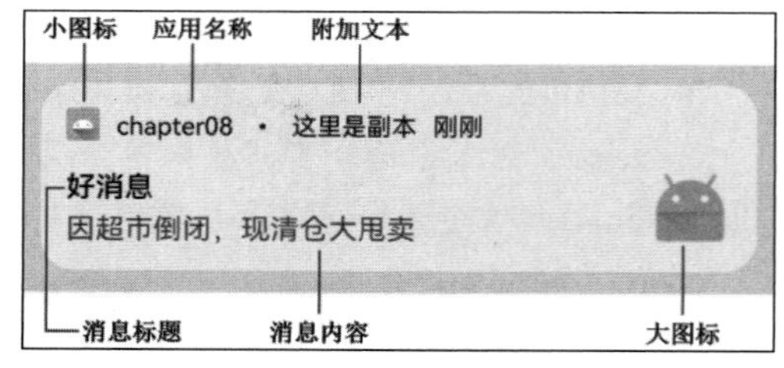

图 8-15 简单消息的通知栏效果

如果消息通知包含计时器与进度条，则需调用消息建造器的setUsesChronometer与setProgress方法，计时消息的通知推送代码示例如下：

```
(完整代码见chapter08\src\main\java\com\example\chapter08\NotifyCounterActivity.java)
// 发送计时的通知消息
private void sendCounterNotify(String title, String message) {
    // 发送消息之前要先创建通知渠道，创建代码见MainApplication.java
    // 创建一个跳转到活动页面的意图
    Intent cancelIntent = new Intent(this, MainActivity.class);
    // 创建一个用于页面跳转的延迟意图
    PendingIntent deleteIntent = PendingIntent.getActivity(this,
            R.string.app_name, cancelIntent,
            PendingIntent.FLAG_UPDATE_CURRENT);
    // 创建一个通知消息的建造器
    Notification.Builder builder = new Notification.Builder(this);
    if (Build.VERSION.SDK_INT >= Build.VERSION_CODES.O) {
        // 从Android 8.0开始必须给每个通知分配对应的渠道
        builder = new Notification.Builder(this,
                getString(R.string.app_name));
    }
    builder.setDeleteIntent(deleteIntent)            // 设置内容的清除意图
            .setSmallIcon(R.mipmap.ic_launcher)      // 设置应用名称左边的小图标
            .setLargeIcon(BitmapFactory.decodeResource(getResources(),
                    R.drawable.ic_app))              // 设置通知栏右边的大图标
```

```
            .setProgress(100, 60, false)              // 设置进度条及其具体进度
            .setUsesChronometer(true)                 // 设置是否显示计时器
            .setContentTitle(title)                   // 设置通知栏里面的标题文本
            .setContentText(message);                 // 设置通知栏里面的内容文本
    Notification notify = builder.build();            // 根据通知建造器构建一个通知对象
    // 从系统服务中获取通知管理器
    NotificationManager notifyMgr = (NotificationManager)
            getSystemService(Context.NOTIFICATION_SERVICE);
    // 使用通知管理器推送通知，然后在手机的通知栏中就会看到该消息
    notifyMgr.notify(R.string.app_name, notify);
}
```

运行测试App，在点击发送按钮时触发sendCounterNotify方法，手机通知栏马上收到推送的计时消息，如图8-16所示。根据图示的文字标记，即可得知计时器和进度条的位置。

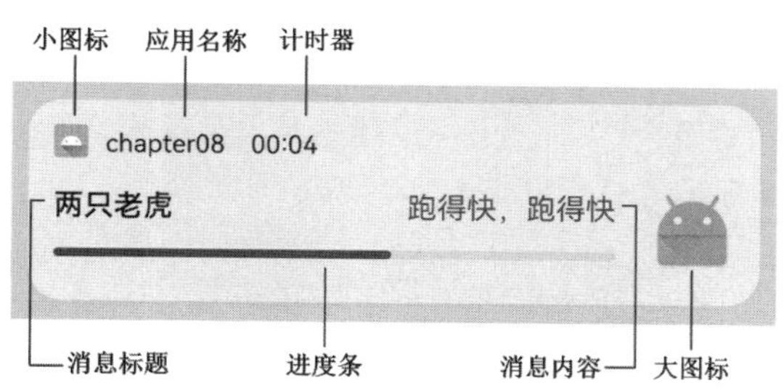

图 8-16　计时消息的通知栏效果

8.3.2　通知渠道 NotificationChannel

为了分清消息通知的轻重缓急，从Android 8.0开始新增了通知渠道，并且必须指定通知渠道才能正常推送消息。一个应用允许拥有多个通知渠道，每个渠道的重要性各不相同，有的渠道消息在通知栏被折叠成小行，有的渠道消息在通知栏展示完整的大行，有的渠道消息甚至会短暂悬浮于屏幕顶部，有的渠道消息在推送时会震动手机，有的渠道消息在推送时会发出铃声，有的渠道消息则完全静默推送，这些提示差别都有赖于通知渠道的特征设置。如果不考虑定制渠道特性，仅仅弄个默认渠道就去推送消息，那么只需以下3行代码即可创建默认的通知渠道：

```
// 从系统服务中获取通知管理器
NotificationManager notifyMgr = (NotificationManager)
        ctx.getSystemService(Context.NOTIFICATION_SERVICE);
// 创建指定编号、指定名称、指定级别的通知渠道
NotificationChannel channel = new NotificationChannel(channelId,
        channelName, NotificationManager.IMPORTANCE_DEFAULT);
notifyMgr.createNotificationChannel(channel);  // 创建指定的通知渠道
```

有了通知渠道之后，在推送消息之前使用该渠道创建对应的通知建造器，接着就能按照原方式推送消息了。使用通知渠道创建通知建造器的代码示例如下：

```
// 创建一个通知消息的建造器
Notification.Builder builder = new Notification.Builder(this);
if (Build.VERSION.SDK_INT >= Build.VERSION_CODES.O) {
    // 从Android 8.0开始必须给每个通知分配对应的渠道
    builder = new Notification.Builder(this, channelId);
}
```

当然以上代码没有指定通知渠道的具体特征，消息通知的展示情况与提示方式完全由系统默认。若要个性化定制不同渠道的详细特征，就得单独设置渠道对象的各种特征属性。下面便是NotificationChannel提供的属性设置方法说明。

- setSound：设置推送通知之时的铃声，若设为null表示静音推送。
- enableLights：推送消息时是否让呼吸灯闪烁。
- enableVibration：推送消息时是否让手机震动。

- setShowBadge：是否在应用图标的右上角展示小红点。
- setLockscreenVisibility：设置锁屏时候的可见性，可见性的取值说明见表8-5。

表 8-5 锁屏时候的通知可见性取值说明

Notification 类的通知可见性	说　明
VISIBILITY_PUBLIC	显示所有通知信息
VISIBILITY_PRIVATE	只显示通知标题不显示通知内容
VISIBILITY_SECRET	不显示任何通知信息

- setImportance：设置通知渠道的重要性，其实NotificationChannel的构造方法已经传入了重要性，所以该方法只在变更重要性时调用。重要性的取值说明见表8-6。

表 8-6 通知重要性的取值说明

NotificationManagerr 类的通知重要性	说　明
IMPORTANCE_NONE	不重要。此时不显示通知
IMPORTANCE_MIN	最小级别。此时通知栏折叠，无提示声音，无锁屏通知
IMPORTANCE_LOW	有点重要。此时通知栏展开，无提示声音，有锁屏通知
IMPORTANCE_DEFAULT	一般重要。此时通知栏展开，有提示声音，有锁屏通知
IMPORTANCE_HIGH	非常重要。此时通知栏展开，有提示声音，有锁屏通知，在屏幕顶部短暂悬浮（有的手机需要在设置页面开启横幅）
IMPORTANCE_MAX	最高级别。具体行为同 IMPORTANCE_HIGH

特别注意：每个通知渠道一经创建，就不可重复创建，即使创建也是做无用功。因此在创建渠道之前，最好先调用通知管理器的getNotificationChannel方法，判断是否存在该编号的通知渠道，只有不存在的情况才要创建通知渠道。下面是通知渠道的创建代码例子：

```
(完整代码见chapter08\src\main\java\com\example\chapter08\util\NotifyUtil.java)
// 创建通知渠道。从Android 8.0开始必须给每个通知分配对应的渠道
public static void createNotifyChannel(Context ctx, String channelId, String channelName,
int importance) {
    // 从系统服务中获取通知管理器
    NotificationManager notifyMgr = (NotificationManager)
            ctx.getSystemService(Context.NOTIFICATION_SERVICE);
    // 已经存在指定编号的通知渠道
    if (notifyMgr.getNotificationChannel(channelId) == null) {
        // 创建指定编号、指定名称、指定级别的通知渠道
        NotificationChannel channel = new NotificationChannel(channelId,
                    channelName, importance);
        channel.setSound(null, null);          // 设置推送通知时的铃声。null表示静音推送
        channel.enableLights(true);            // 通知渠道是否让呼吸灯闪烁
        channel.enableVibration(true);         // 通知渠道是否让手机震动
        channel.setShowBadge(true);            // 通知渠道是否在应用图标的右上角展示小红点
        // 设置锁屏时候的可见性，VISIBILITY_PRIVATE表明只显示通知标题不显示通知内容
        channel.setLockscreenVisibility(Notification.VISIBILITY_PRIVATE);
        channel.setImportance(importance);     // 设置通知渠道的重要性级别
        notifyMgr.createNotificationChannel(channel);           // 创建指定的通知渠道
    }
}
```

尽管通知渠道提供了多种属性设置方法，但真正常用的莫过于重要性这个特征，它的演示代码参见chapter08\src\main\java\com\example\chapter08\NotifyChannelActivity.java。在测试页面推送各

重要性的消息的外观分别如图8-17～图8-19所示，其中图8-17为IMPORTANCE_MIN最小级别时的通知栏，可见该通知被折叠了，只显示消息标题不显示消息内容；图8-18为IMPORTANCE_DEFAULT默认重要性时的通知栏，可见该通知正常显示消息标题和消息内容；图8-19为IMPORTANCE_HIGH高重要性时的顶部悬浮通知。

图 8-17　最小级别时的通知栏

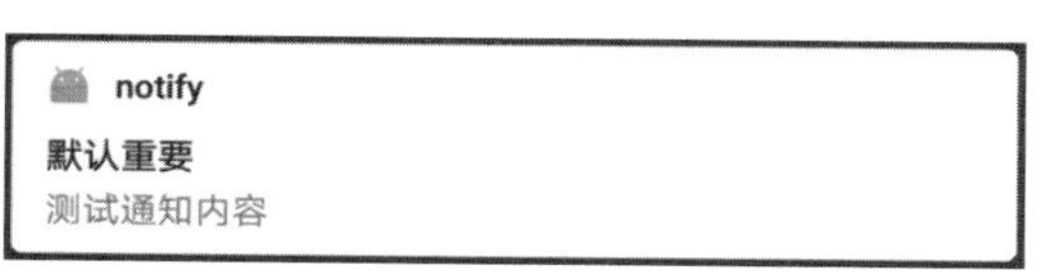

图 8-18　默认重要性时的通知栏

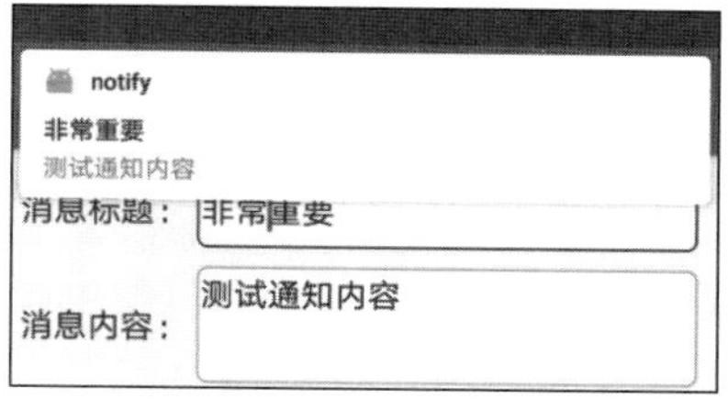

图 8-19　高重要性时的顶部悬浮通知

8.3.3　推送服务到前台

服务没有自己的布局文件，意味着无法直接在页面上展示服务信息，要想了解服务的运行情况，要么通过打印日志观察，要么通过某个页面的静态控件显示运行结果。然而活动页面有自身的生命周期，极有可能发生服务尚在运行但页面早已退出的情况，所以该方式不可靠。为此Android设计了一个让服务在前台运行的机制，也就是在手机的通知栏展示服务的画像，同时允许服务控制自己是否需要在通知栏显示，这类控制操作包括下列两个启停方法：

- startForeground：把当前服务切换到前台运行，即展示到通知栏。第一个参数表示通知的编号，第二个参数表示Notification对象。
- stopForeground：停止前台运行，即取消通知栏上的展示。参数为true时表示清除通知，参数为false时表示不清除通知。

> **注　意**
>
> 从 Android 9.0 开始，要想在服务中正常调用 startForeground 方法，还需修改AndroidManifest.xml，添加如下所示的前台服务权限配置：
>
> ```
> <!-- 允许前台服务（Android 9.0之后需要） -->
> <uses-permission android:name="android.permission.FOREGROUND_SERVICE" />
> ```

音乐播放器是前台服务的一个常见应用，即使用户离开了播放器页面，手机仍然在后台继续播放音乐，同时还能在通知栏查看播放进度。接下来模拟音乐播放器的前台服务功能。首先创建名为MusicService的音乐服务，该服务的通知推送代码示例如下：

```
(完整代码见chapter08\src\main\java\com\example\chapter08\service\MusicService.java)
// 发送前台通知
private void sendNotify(Context ctx, String song, boolean isPlaying, int progress) {
    String message = String.format("歌曲%s", isPlaying?"正在播放":"暂停播放");
    // 创建一个跳转到活动页面的意图
    Intent intent = new Intent(ctx, MainActivity.class);
    // 创建一个用于页面跳转的延迟意图
    PendingIntent clickIntent = PendingIntent.getActivity(ctx,
            R.string.app_name, intent, PendingIntent.FLAG_UPDATE_CURRENT);
    // 创建一个通知消息的建造器
```

```
    Notification.Builder builder = new Notification.Builder(ctx);
    if (Build.VERSION.SDK_INT >= Build.VERSION_CODES.O) {
        // 从Android 8.0开始必须给每个通知分配对应的渠道
        builder = new Notification.Builder(ctx, getString(R.string.app_name));
    }
    builder.setContentIntent(clickIntent)             // 设置内容的点击意图
            .setSmallIcon(R.drawable.tt_s)            // 设置应用名称左边的小图标
            // 设置通知栏右边的大图标
            .setLargeIcon(BitmapFactory.decodeResource(getResources(), R.drawable.tt))
            .setProgress(100, progress, false)        // 设置进度条与当前进度
            .setContentTitle(song)                    // 设置通知栏里面的标题文本
            .setContentText(message);                 // 设置通知栏里面的内容文本
    Notification notify = builder.build();            // 根据通知建造器构建一个通知对象
    startForeground(2, notify);                       // 把服务推送到前台的通知栏
}
```

接着通过活动页面的播放按钮控制音乐服务，不管是开始播放还是暂停播放都调用startService方法，区别在于传给服务的isPlaying参数不同（开始播放传true，暂停播放传false），再由音乐服务根据isPlaying来刷新消息通知。活动页面的播放控制代码如下：

（完整代码见chapter08\src\main\java\com\example\chapter08\ForegroundServiceActivity.java）

```
// 创建一个通往音乐服务的意图
Intent intent = new Intent(this, MusicService.class);
intent.putExtra("is_play", isPlaying);  // 是否正在播放音乐
intent.putExtra("song", et_song.getText().toString());
btn_send_service.setText(isPlaying?"暂停播放音乐":"开始播放音乐");
startService(intent);  // 启动音乐播放服务
```

运行测试App，先输入歌曲名称，活动页面如图8-20所示，点击“开始播放音乐”按钮，启动音乐服务并推送到前台，此时通知栏如图8-21所示。

图 8-20　准备播放音乐

图 8-21　正在播放的通知栏

回到活动页面，如图8-22所示，点击“暂停播放音乐”按钮，音乐服务根据收到的isPlaying更新通知栏，此时通知栏如图8-23所示。

图 8-22　准备暂停音乐

图 8-23　暂停播放的通知栏

8.3.4　仿微信的悬浮通知

每个活动页面都是一个窗口，许多窗口对象需要一个管家来打理，这个管家被称作窗口管理器（WindowManager）。在手机屏幕上新增或删除页面窗口都可以归结为WindowManager的操作，下面是该管理类的常用方法：

- getDefaultDisplay：获取默认的显示屏信息。通常可用该方法获取屏幕分辨率。

- addView：往窗口中添加视图，第二个参数为WindowManager.LayoutParams对象。
- updateViewLayout：更新指定视图的布局参数，第二个参数为WindowManager. LayoutParams对象。
- removeView：从窗口中移除指定视图。

下面是窗口布局参数WindowManager.LayoutParams的常用属性：

- alpha：窗口的透明度，取值为0.0～1.0（0.0表示全透明，1.0表示不透明）。
- gravity：内部视图的对齐方式。取值说明同View类的setGravity方法。
- x和y：分别表示窗口左上角的横坐标和纵坐标。
- width和height：分别表示窗口的宽度和高度。
- format：窗口的像素点格式。取值见PixelFormat类中的常量定义，一般取值为PixelFormat.RGBA_8888。
- type：窗口的显示类型，常用的显示类型的取值说明见表8-7。

表 8-7　窗口显示类型的取值说明

WindowManager 类的窗口显示类型	说　明
TYPE_APPLICATION_OVERLAY	悬浮窗（覆盖于应用之上）
TYPE_SYSTEM_ALERT	系统警告提示，该类型从 Android 8.0 开始被废弃
TYPE_SYSTEM_ERROR	系统错误提示
TYPE_SYSTEM_OVERLAY	页面顶层提示
TYPE_SYSTEM_DIALOG	系统对话框
TYPE_STATUS_BAR	状态栏
TYPE_TOAST	短暂提示

- flags：窗口的行为准则，对于悬浮窗来说，一般设置为FLAG_NOT_FOCUSABLE。常用的窗口标志位的取值说明见表8-8。

表 8-8　窗口标志位的取值说明

WindowManager 类的窗口标志位	说　明
FLAG_NOT_FOCUSABLE	不能抢占焦点，即不接受任何按键或按钮事件
FLAG_NOT_TOUCHABLE	不接受触摸屏事件。悬浮窗一般不设置该标志，因为一旦设置该标志就将无法拖动
FLAG_NOT_TOUCH_MODAL	当窗口允许获得焦点时（没有设置 FLAG_NOT_FOCUSALBE 标志），仍然将窗口之外的按键事件发送给后面的窗口处理，否则它将独占所有的按键事件，而不管它们是不是发生在窗口范围之内
FLAG_LAYOUT_IN_SCREEN	允许窗口占满整个屏幕
FLAG_LAYOUT_NO_LIMITS	允许窗口扩展到屏幕之外
FLAG_WATCH_OUTSIDE_TOUCH	设置了 FLAG_NOT_TOUCH_MODAL 标志后，当按键动作发生在窗口之外时，将接收到一个 MotionEvent.ACTION_OUTSIDE 事件

自定义的悬浮窗有点类似于对话框，它们都是独立于活动页面的窗口，但是悬浮窗又有一些与众不同的特性，例如：

（1）悬浮窗允许拖动，对话框不允许拖动。

（2）悬浮窗不妨碍用户触摸窗外的区域，对话框不让用户操作窗外的控件。

（3）悬浮窗独立于活动页面，当页面退出后，悬浮窗仍停留在屏幕上；对话框与活动页面是共存关系，一旦退出页面那么对话框就消失了。

基于悬浮窗的以上特性，若要实现窗口的悬浮效果，就不能仅仅调用WindowManager的addView方法，而要做一系列的自定义处理，具体步骤说明如下：

01 在AndroidManifest.xml中声明系统窗口权限，即增加下面这行权限配置：

```
<!-- 悬浮窗 -->
<uses-permission android:name="android.permission.SYSTEM_ALERT_WINDOW" />
```

02 自定义的悬浮窗控件需要设置触摸监听器，根据用户的手势动作相应调整窗口位置，以实现悬浮窗的拖动功能。

03 合理设置悬浮窗的窗口参数，主要是把窗口参数的显示类型设置为TYPE_APPLICATION_OVERLAY。另外，还要设置标志位为FLAG_NOT_FOCUSABLE。

04 在构造悬浮窗实例时，要传入应用实例Application的上下文对象，这是为了保证即使退出活动页面，也不会关闭悬浮窗。因为应用对象在App运行过程中始终存在，而活动对象只在打开页面时有效；一旦退出页面，那么活动对象的上下文就会立刻被回收（这导致依赖于该上下文的悬浮窗也一块被回收了）。

下面是一个悬浮窗控件的自定义代码片段：

```
（完整代码见video\src\main\java\com\example\video\widget\FloatWindow.java）
private Context mContext;                                    // 声明一个上下文对象
private WindowManager wm;                                    // 声明一个窗口管理器对象
private static WindowManager.LayoutParams wmParams;  // 悬浮窗的布局参数
public View mContentView;                                    // 声明一个内容视图对象
private float mScreenX, mScreenY;                            // 触摸点在屏幕上的横纵坐标
private float mLastX, mLastY;                                // 上次触摸点的横纵坐标
private float mDownX, mDownY;                                // 按下点的横纵坐标
private boolean isShowing = false;                           // 是否正在显示

public FloatWindow(Context context) {
    super(context);
    // 从系统服务中获取窗口管理器，后续将通过该管理器添加悬浮窗
    wm = (WindowManager)
                context.getSystemService(Context.WINDOW_SERVICE);
    if (wmParams == null) {
        wmParams = new WindowManager.LayoutParams();
    }
    mContext = context;
}

// 设置悬浮窗的内容布局
public void setLayout(int layoutId) {
    // 从指定资源编号的布局文件中获取内容视图对象
    mContentView = LayoutInflater.from(mContext).inflate(layoutId, null);
    // 接管悬浮窗的触摸事件，使之既可随手势拖动又可处理点击动作
    mContentView.setOnTouchListener((v, event) -> {
        mScreenX = event.getRawX();
        mScreenY = event.getRawY();
```

```
            if (event.getAction() == MotionEvent.ACTION_DOWN) {          // 手指按下
                mDownX = mScreenX;
                mDownY = mScreenY;
            } else if (event.getAction() == MotionEvent.ACTION_MOVE) { // 移动
                updateViewPosition();                                   // 更新视图的位置
            } else if (event.getAction() == MotionEvent.ACTION_UP) {    // 手指松开
                updateViewPosition();                                   // 更新视图的位置
                if (Math.abs(mScreenX-mDownX)<3 && Math.abs(mScreenY-mDownY)<3) {
                    if (mListener != null) {                          // 响应悬浮窗的点击事件
                        mListener.onFloatClick(v);
                    }
                }
            }
            mLastX = mScreenX;
            mLastY = mScreenY;
            return true;
        });
    }

    // 更新悬浮窗的视图位置
    private void updateViewPosition() {
        // 此处不能直接转为整数类型，因为小数部分会被截掉，重复多次后就会造成偏移越来越大
        wmParams.x = Math.round(wmParams.x + mScreenX - mLastX);
        wmParams.y = Math.round(wmParams.y + mScreenY - mLastY);
        wm.updateViewLayout(mContentView, wmParams);                  // 更新内容视图的布局参数
    }

    // 显示悬浮窗
    public void show(int gravity) {
        if (mContentView != null) {
            if (Build.VERSION.SDK_INT < Build.VERSION_CODES.O) {
                // 注意TYPE_SYSTEM_ALERT从Android 8.0开始被舍弃了
                wmParams.type = WindowManager.LayoutParams.TYPE_SYSTEM_ALERT;
            } else { // 从Android 8.0开始悬浮窗要使用TYPE_APPLICATION_OVERLAY
                wmParams.type =
                        WindowManager.LayoutParams.TYPE_APPLICATION_OVERLAY;
            }
            wmParams.format = PixelFormat.RGBA_8888;
            wmParams.flags = WindowManager.LayoutParams.FLAG_NOT_FOCUSABLE;
            wmParams.alpha = 1.0f;            // 1.0为完全不透明，0.0为完全透明
            wmParams.gravity = gravity;       // 指定悬浮窗的对齐方式
            wmParams.x = 0;
            wmParams.y = 0;
            // 设置悬浮窗的宽度和高度为自适应
            wmParams.width = WindowManager.LayoutParams.WRAP_CONTENT;
            wmParams.height = WindowManager.LayoutParams.WRAP_CONTENT;
            // 添加自定义的窗口布局，然后在屏幕上就能看到悬浮窗了
            wm.addView(mContentView, wmParams);
            isShowing = true;
        }
    }

    // 关闭悬浮窗
    public void close() {
        if (mContentView != null) {
            wm.removeView(mContentView);          // 移除自定义的窗口布局
            isShowing = false;
```

```
        }
    }

    private FloatClickListener mListener;        // 声明一个悬浮窗的点击监听器对象
    // 设置悬浮窗的点击监听器
    public void setOnFloatListener(FloatClickListener listener) {
        mListener = listener;
    }

    // 定义一个悬浮窗的点击监听器接口，用于触发点击动作
    public interface FloatClickListener {
        void onFloatClick(View v);
    }
```

有了悬浮窗以后，就能很方便地在手机屏幕上弹出动态小窗，例如时钟、天气、实时流量、股市指数等。还有微信的新消息通知，每当好友发了一条新消息，屏幕顶部便弹出微信的悬浮通知栏，点击这个悬浮栏会打开好友的聊天界面。这些类似的功能，都能通过悬浮窗控件实现。

悬浮窗的常见操作有打开、关闭和点击三种，前面定义的悬浮窗控件正好提供了对应的方法，比如调用show方法可以显示悬浮窗，调用close方法可以关闭悬浮窗，调用setOnFloatListener可以设置悬浮窗的点击监听器。下面是在活动页面操作悬浮窗的代码例子：

```
(完整代码见chapter08\src\main\java\com\example\chapter08\FloatNoticeActivity.java)
private static FloatWindow mFloatWindow;        // 声明一个悬浮窗对象

// 打开悬浮窗
private void openFloatWindow() {
    if (mFloatWindow == null) {
        // 创建一个新的悬浮窗
        mFloatWindow = new FloatWindow(MainApplication.getInstance());
        // 设置悬浮窗的布局内容
        mFloatWindow.setLayout(R.layout.float_notice);
        tv_content = mFloatWindow.mContentView.findViewById(R.id.tv_content);
        LinearLayout ll_float = mFloatWindow.mContentView.findViewById(R.id.ll_float);
        int margin = Utils.dip2px(this, 5);
        LinearLayout.LayoutParams params = (LinearLayout.LayoutParams)
ll_float.getLayoutParams();
        params.width = Utils.getScreenWidth(this) - 2*margin;
        // 在悬浮窗四周留白
        params.setMargins(margin, margin, margin, margin);
        ll_float.setLayoutParams(params);
        // 设置悬浮窗的点击监听器
        mFloatWindow.setOnFloatListener(v -> mFloatWindow.close());
    }
    if (mFloatWindow != null && !mFloatWindow.isShow()) {
        tv_content.setText(et_content.getText());
        mFloatWindow.show(Gravity.LEFT | Gravity.TOP);     // 显示悬浮窗
    }
}

// 关闭悬浮窗
private void closeFloatWindow() {
    if (mFloatWindow != null && mFloatWindow.isShow()) {
        mFloatWindow.close();                              // 关闭悬浮窗
    }
}
```

运行测试App，观察到仿微信悬浮窗的展示效果如图8-24和图8-25所示。其中图8-24为准备弹出悬浮窗的编辑页面，图8-25为已经弹出悬浮窗的屏幕画面。

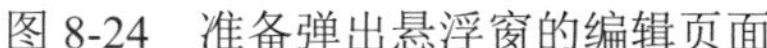
图 8-24　准备弹出悬浮窗的编辑页面

图 8-25　已经弹出悬浮窗的屏幕画面

若想实时弹出悬浮窗，需要通过服务Service来实现，此时要改造成在服务中创建并显示悬浮窗，有兴趣的读者不妨一试。

8.4　通过持续绘制实现简单动画

本节介绍如何通过持续绘制实现动画效果：首先阐述Handler的延迟机制以及简单计时器的实现，然后描述刷新视图的两种方式以及它们之间的区别，最后叙述如何结合Handler的延迟机制与视图刷新办法实现饼图动画。

8.4.1　Handler 的延迟机制

活动页面的Java代码通常是串行工作的，而且App界面很快就加载完成容不得半点迟延，不过偶尔也需要某些控件时不时地动一下，好让界面呈现动画效果显得更加活泼。这种简单动画基于视图的延迟处理机制，即间隔若干时间后刷新视图界面。在第2章的“2.4.3　跳转到另一个页面”中，当时为了演示3秒后自动跳转到另一个活动页面，便用到了Handler+Runnable组合，调用Handler对象的postDelayed方法，延迟若干时间再执行指定的Runnable任务。

Runnable接口用于声明某项任务，它定义了接下来要做的事情。简单地说，Runnable接口就是一个代码片段。编写任务代码需要实现Runnable接口，此时必须重写接口的run方法，在该方法内部存放待运行的代码逻辑。run方法无须显式调用，因为在启动Runnable实例时就会调用任务对象的run方法。

尽管视图基类View同样提供了post与postDelayed方法，但在实际开发中一般利用处理器Handler启动任务实例。Handler操作任务的常见方法说明如下：

- post：立即启动指定的任务。参数为Runnable对象。
- postDelayed：延迟若干时间后启动指定的任务。第一个参数为Runnable对象；第二个参数为延迟的时间间隔，单位为毫秒。
- postAtTime：在设定的时间点启动指定的任务。第一个参数为Runnable对象；第二个参数为任务的启动时间点，单位为毫秒。
- removeCallbacks：移除指定的任务。参数为Runnable对象。

计时器是Handler+Runnable组合的简单应用，每隔若干时间就刷新当前的计数值，使得界面上的数字持续跳跃。下面是一个简单计时器的活动代码例子：

```
（完整代码见chapter08\src\main\java\com\example\chapter08\HandlerPostActivity.java）
public class HandlerPostActivity extends AppCompatActivity implements
View.OnClickListener {
    private Button btn_count;                           // 声明一个按钮对象
    private TextView tv_result;                         // 声明一个文本视图对象

    @Override
    protected void onCreate(Bundle savedInstanceState) {
        super.onCreate(savedInstanceState);
        setContentView(R.layout.activity_handler_post);
        btn_count = findViewById(R.id.btn_count);
        tv_result = findViewById(R.id.tv_result);
        btn_count.setOnClickListener(this);             // 设置按钮的点击监听器
    }

    @Override
    public void onClick(View v) {
        if (v.getId() == R.id.btn_count) {
            if (!isStarted) {                           // 不在计数，则开始计数
                btn_count.setText("停止计数");
                mHandler.post(mCounter);                // 立即启动计数任务
            } else {                                    // 已在计数，则停止计数
                btn_count.setText("开始计数");
                mHandler.removeCallbacks(mCounter);     // 立即取消计数任务
            }
            isStarted = !isStarted;
        }
    }

    private boolean isStarted = false;                  // 是否开始计数
    private Handler mHandler = new Handler();           // 声明一个处理器对象
    private int mCount = 0;                             // 计数值
    // 定义一个计数任务
    private Runnable mCounter = new Runnable() {
        @Override
        public void run() {
            mCount++;
            tv_result.setText("当前计数值为：" + mCount);
            mHandler.postDelayed(this, 1000);           // 延迟一秒后重复计数任务
        }
    };
}
```

运行测试App，观察到计时器的计数效果如图8-26和图8-27所示。其中，图8-26表示当前正在计数；图8-27表示当前停止计数，终止的计数值为15。

图 8-26　计时器开始计数

图 8-27　计时器结束计数

8.4.2　重新绘制视图界面

控件的内容一旦发生变化，就得通知界面刷新它的外观，例如文本视图修改了文字，图像视图更换了图片等。然而，之前只听说TextView提供了setText方法，ImageView提供了setImageBitmap方法，这两个方法调用之后便能直接呈现最新的控件界面，好像并不需要刷新动作。虽然表面上看不出刷新操作，但仔细分析setText与setImageBitmap的源码，会发现它们内部都调用了invalidate方

法，该方法便用来刷新控件界面。只要调用了invalidate方法，系统就会重新执行该控件的onDraw方法和dispatchDraw方法，从而实现重新绘制界面，也就是界面刷新的功能。

除了invalidate方法，另一种postInvalidate方法也能刷新界面，它们之间的区别主要有下列两点：

（1）invalidate不是线程安全的，它只保证在主线程（UI线程）中能够正常刷新视图；而postInvalidate是线程安全的，即使在分线程中调用也能正常刷新视图。

（2）invalidate只能立即刷新视图，而post方式还提供了postInvalidateDelayed方法，允许延迟一段时间后再刷新视图。

为了演示invalidate、postInvalidate、postInvalidateDelayed这3种用法，并验证分线程内部的视图刷新情况，下面先定义一个椭圆视图OvalView，每次刷新该视图都将绘制更大角度的扇形。椭圆视图的定义代码示例如下：

```
（完整代码见chapter08\src\main\java\com\example\chapter08\widget\OvalView.java）
public class OvalView extends View {
    private Paint mPaint = new Paint();                    // 创建一个画笔对象
    private int mDrawingAngle = 0;                         // 当前绘制的角度

    public OvalView(Context context) {
        this(context, null);
    }

    public OvalView(Context context, AttributeSet attrs) {
        super(context, attrs);
        mPaint.setColor(Color.RED);                        // 设置画笔的颜色
    }

    @Override
    protected void onDraw(Canvas canvas) {
        super.onDraw(canvas);
        mDrawingAngle += 30;                               // 绘制角度增加30°
        int width = getMeasuredWidth();                    // 获得布局的实际宽度
        int height = getMeasuredHeight();                  // 获得布局的实际高度
        RectF rectf = new RectF(0, 0, width, height);      // 创建扇形的矩形边界
        // 在画布上绘制指定角度的扇形。第4个参数为true表示绘制扇形，为false表示绘制圆弧
        canvas.drawArc(rectf, 0, mDrawingAngle, true, mPaint);
    }
}
```

接着在演示用的布局文件中加入自定义的椭圆视图节点，具体的OvalView标签代码如下：

```
（完整代码见chapter08\src\main\res\layout\activity_view_invalidate.xml）
<!-- 自定义的椭圆视图，需要使用全路径 -->
<com.example.chapter08.widget.OvalView
    android:id="@+id/ov_validate"
    android:layout_width="match_parent"
    android:layout_height="150dp" />
```

然后在对应的活动代码中依据不同的选项，分别调用invalidate、postInvalidate、postInvalidateDelayed 三个方法之一，加上分线程内部的两个方法调用，总共五种刷新选项。下面是这五种选项的方法调用代码片段：

```
（完整代码见chapter08\src\main\java\com\example\chapter08\ViewInvalidateActivity.java）
public void onItemSelected(AdapterView<?> arg0, View arg1, int arg2, long arg3) {
    if (arg2 == 0) {                                   // 主线程调用invalidate
        ov_validate.invalidate();                      // 刷新视图（用于主线程）
    } else if (arg2 == 1) {                            // 主线程调用postInvalidate
        ov_validate.postInvalidate();                  // 刷新视图（主线程和分线程均可使用）
```

```
    } else if (arg2 == 2) {                                   // 延迟3秒后刷新
        ov_validate.postInvalidateDelayed(3000);              // 延迟若干时间后再刷新视图
    } else if (arg2 == 3) {                                   // 分线程调用invalidate
        // invalidate不是线程安全的，在分线程中调用invalidate在复杂场合可能出错
        new Thread(new Runnable() {
            @Override
            public void run() {
                ov_validate.invalidate();                     // 刷新视图（用于主线程）
            }
        }).start();
    } else if (arg2 == 4) {                                   // 分线程调用postInvalidate
        // postInvalidate是线程安全的，在分线程中建议调用postInvalidate方法来刷新视图
        new Thread(new Runnable() {
            @Override
            public void run() {
                ov_validate.postInvalidate();                 // 刷新视图（主线程和分线程均可使用）
            }
        }).start();
    }
}
```

运行测试App，分别选择上述选项中的4种，视图刷新后的界面效果如图8-28～图8-31所示。其中图8-28为主线程调用invalidate的刷新结果，图8-29为分线程调用invalidate的刷新结果，图8-30为主线程调用postInvalidate的刷新结果，图8-31为分线程调用postInvalidate的刷新结果。

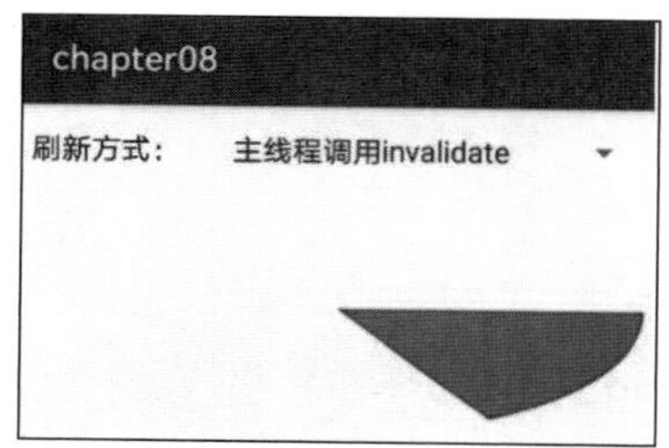

图 8-28　主线程调用 invalidate 的刷新结果

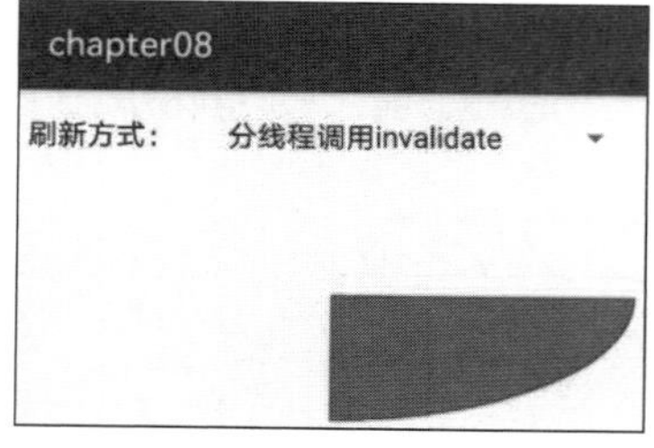

图 8-29　分线程调用 invalidate 的刷新结果

图 8-30　主线程调用 postInvalidate 的刷新结果

图 8-31　分线程调用 postInvalidate 的刷新结果

观察发现，不管是在主线程中调用刷新方法，还是在分线程中调用刷新方法，界面都能正常显示角度渐增的椭圆视图。从实验结果可知，尽管invalidate不是线程安全的方法，但它仍然能够在简单的分线程中刷新视图。不过考虑到实际的业务场景较复杂，建议还是遵循安卓的开发规范，在主线程中使用invalidate方法刷新视图，在分线程中使用postInvalidate方法刷新视图。

8.4.3 自定义饼图动画

掌握了Handler的延迟机制，加上视图对象的刷新方法，就能间隔固定时间不断渲染控件界面，

从而实现简单的动画效果。接下来通过饼图动画的实现过程，进一步加深对自定义控件技术的熟练运用。自定义饼图动画的具体实现步骤说明如下：

01 在Java代码的widget目录下创建PieAnimation.java，该类继承了视图基类View，并重写onDraw方法，在onDraw方法中使用画笔对象绘制指定角度的扇形。

02 在PieAnimation内部定义一个视图刷新任务，每次刷新操作都增大一点绘图角度，然后调用invalidate方法刷新视图界面。如果动画尚未播放完毕，就调用处理器对象的postDelayed方法，间隔几十毫秒后重新执行刷新任务。

03 给PieAnimation补充一个start方法，用于控制饼图动画的播放操作。start方法内部先初始化绘图角度，再调用处理器对象的post方法立即启动刷新任务。

按照上述3个步骤，编写自定义的饼图动画控件代码示例如下：

（完整代码见chapter08\src\main\java\com\example\chapter08\widget\PieAnimation.java）

```
public class PieAnimation extends View {
    private Paint mPaint = new Paint();           // 创建一个画笔对象
    private int mDrawingAngle = 0;                // 当前绘制的角度
    private Handler mHandler = new Handler();     // 声明一个处理器对象
    private boolean isRunning = false;            // 是否正在播放动画

    public PieAnimation(Context context) {
        this(context, null);
    }

    public PieAnimation(Context context, AttributeSet attrs) {
        super(context, attrs);
        mPaint.setColor(Color.GREEN);             // 设置画笔的颜色
    }

    // 开始播放动画
    public void start() {
        mDrawingAngle = 0;                        // 绘制角度清零
        isRunning = true;
        mHandler.post(mRefresh);                  // 立即启动绘图刷新任务
    }

    // 定义一个绘图刷新任务
    private Runnable mRefresh = new Runnable() {
        @Override
        public void run() {
            mDrawingAngle += 3;                   // 每次绘制时角度增加3°
            if (mDrawingAngle <= 270) {           // 未绘制完成，最大绘制到270°
                invalidate(); // 立即刷新视图
                mHandler.postDelayed(this, 70);   // 延迟若干时间后再次启动刷新任务
            } else {                              // 已绘制完成
                isRunning = false;
            }
        }
    };

    @Override
    protected void onDraw(Canvas canvas) {
        super.onDraw(canvas);
        if (isRunning) {                              // 正在播放饼图动画
            int width = getMeasuredWidth();           // 获得已测量的宽度
            int height = getMeasuredHeight();         // 获得已测量的高度
            // 视图的宽和高取较小的那个作为扇形的直径
            int diameter = Math.min(width, height);
            // 创建扇形的矩形边界
```

```
            RectF rectf = new RectF((width - diameter)/2,(height - diameter)/2,
                    (width + diameter) / 2, (height + diameter) / 2);
            // 在画布上绘制指定角度的图形。第4个参数为true绘制扇形，为false绘制圆弧
            canvas.drawArc(rectf, 0, mDrawingAngle, true, mPaint);
        }
    }
}
```

接着创建演示用的活动页面，在该页面的XML文件中放置新控件PieAnimation，完整的XML文件内容示例如下：

```
（完整代码见chapter08\src\main\res\layout\activity_pie_animation.xml）
<LinearLayout xmlns:android="http://schemas.android.com/apk/res/android"
    android:layout_width="match_parent"
    android:layout_height="match_parent"
    android:orientation="vertical">
    <!-- 自定义的饼图动画，需要使用全路径 -->
    <com.example.chapter08.widget.PieAnimation
        android:id="@+id/pa_circle"
        android:layout_width="match_parent"
        android:layout_height="350dp" />
</LinearLayout>
```

然后在该页面的Java代码中获取饼图控件，并调用饼图对象的start方法开始播放动画，相应的活动代码如下：

```
（完整代码见chapter08\src\main\java\com\example\chapter08\PieAnimationActivity.java）
public class PieAnimationActivity extends AppCompatActivity {
    @Override
    protected void onCreate(Bundle savedInstanceState) {
        super.onCreate(savedInstanceState);
        setContentView(R.layout.activity_pie_animation);
        // 从布局文件中获取名为pa_circle的饼图动画
        PieAnimation pa_circle = findViewById(R.id.pa_circle);
        pa_circle.start();  // 开始播放饼图动画
    }
}
```

最后运行测试App。观察到饼图动画的播放效果如图8-32和图8-33所示。其中，图8-32为饼图动画开始播放不久的画面，图8-33为饼图动画播放结束时的画面。

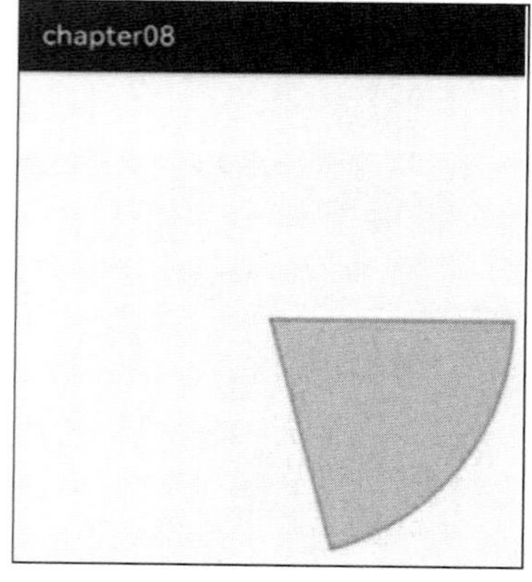

图 8-32　饼图动画播放开始

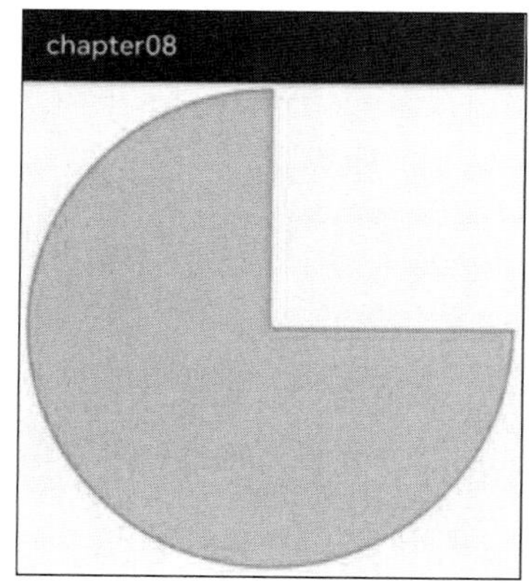

图 8-33　饼图动画播放结束

8.5　实战项目：广告轮播

电商App的首页上方，都在明显位置放了一栏广告条，并且广告条会自动轮播，着实吸引眼球。这种广告轮播的功能为推广热门事物出力甚大，早已成为电商App、视频App、新闻App的标配。本节就来探讨如何实现类似的广告轮播效果。

8.5.1　需求描述

作为App首页的常客，广告轮播特效早就为人所熟知，它的界面也司空见惯，比如图8-34～图8-37便是一组简单的轮播广告。其中图8-34为展示第一幅广告的效果，图8-35为轮播第二幅广告的效果，图8-36为轮播第四幅广告的效果，图8-37为轮播第五幅广告的效果。

由图8-34～图8-37可知，广告条除了广告图片之外，底部还有一排圆点，这些圆点被称作指示器，每当轮播到第几副广告，指示器就高亮显示第几个圆点，其余圆点显示白色，如此一来，用户便知晓当前播放到了第几个广告。

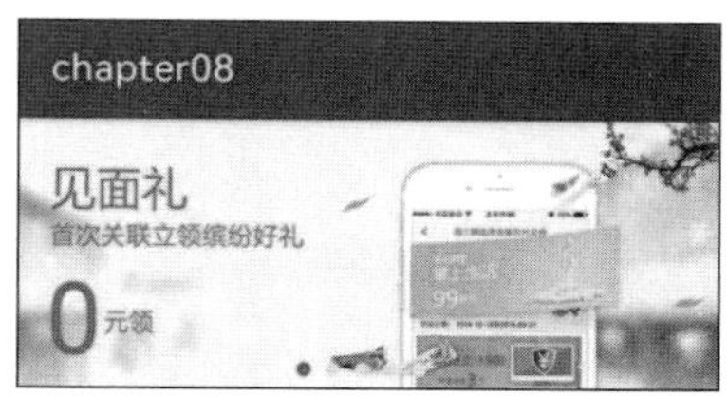

图 8-34　展示第一幅广告

图 8-35　轮播第二幅广告

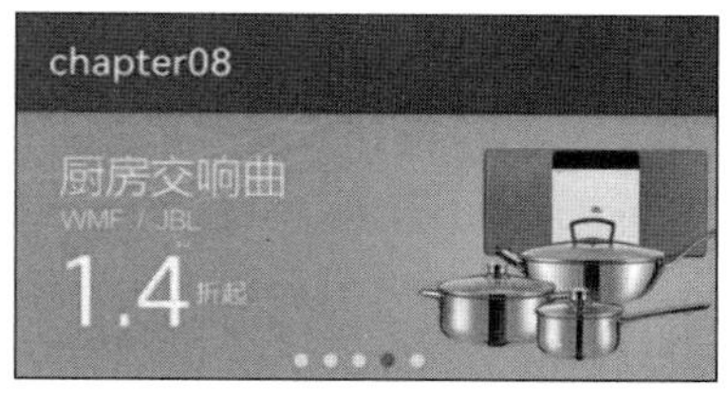

图 8-36　轮播第四幅广告

图 8-37　轮播第五幅广告

正常情况下，间隔固定时间（2～3秒），广告条从左往右依次轮播，一直轮播到最后一幅广告，其右边再无别的广告，此时广告条自动切回左边第一幅广告，从头开始新一轮的广告播放，这样才具备了广告轮播条的基础功能。

8.5.2　界面设计

依据广告轮播条的界面效果，轮播功能应当引入下列几个控件：

- 相对布局RelativeLayout：指示器圆点位于广告条的底部中央，这种靠下且居中的相对位置用到了相对布局。
- 单选组RadioGroup：指示器同一时刻只有一个圆点高亮显示，符合单选组内部只能选择唯一单选按钮的规则。

- 翻页视图ViewPager：广告轮播采取翻页方式，自然用到了翻页视图。
- 翻页适配器PagerAdapter：翻页视图需要搭配翻页适配器，对于广告来说，就是基于PagerAdapter实现一个展示图像的翻页适配器。

此外，广告条每隔两三秒就轮播下一幅广告，这种自动轮播可采用Handler+Runnable的延迟机制，即先定义一个广告滚动任务，再由Handler间隔固定时间启动广告滚动任务。

考虑到广告条并非只在App首页出现，App的其他页面也有可能使用广告轮播功能，因此有必要将广告条封装为单独的控件，以便随时随地在各页面中添加，这就需要运用自定义控件的相关技术，把广告条做成通用的自定义控件。

8.5.3 关键代码

自定义广告条感觉不那么容易实现，接下来详细阐述广告轮播的具体实现步骤，方便读者更好地理解和运用自定义控件技术。具体步骤说明如下：

1. 定义广告条的XML布局文件

首先通过XML文件描述广告条的界面布局，其外层采用相对布局，内部嵌套容纳广告图片的翻页视图，以及用作指示器的单选组，其中单选组的位置相对上级布局靠下且居中。详细的广告条布局示例如下：

```
(完整代码见chapter08\src\main\res\layout\banner_pager.xml)
<RelativeLayout xmlns:android="http://schemas.android.com/apk/res/android"
    android:layout_width="match_parent"
    android:layout_height="match_parent">
    <androidx.viewpager.widget.ViewPager
        android:id="@+id/vp_banner"
        android:layout_width="match_parent"
        android:layout_height="match_parent" />
    <RadioGroup
        android:id="@+id/rg_indicator"
        android:layout_width="wrap_content"
        android:layout_height="wrap_content"
        android:paddingBottom="2dp"
        android:orientation="horizontal"
        android:layout_alignParentBottom="true"
        android:layout_centerHorizontal="true" />
</RelativeLayout>
```

2. 编写广告条的Java定义代码

接着编写广告条的自定义控件代码，该控件由RelativeLayout派生而来，通过LayoutInflater工具从第一步定义的布局文件banner_pager.xml中获取视图对象，并调用addView方法将视图对象添加至当前控件。简要的自定义控件代码示例如下：

```
(完整代码见chapter08\src\main\java\com\example\chapter08\widget\BannerPager.java)
public class BannerPager extends RelativeLayout {
    private Context mContext;                            // 声明一个上下文对象
    private ViewPager vp_banner;                         // 声明一个翻页视图对象
    private RadioGroup rg_indicator;                     // 声明一个单选组对象

    public BannerPager(Context context) {
        this(context, null);
    }
```

```
    public BannerPager(Context context, AttributeSet attrs) {
        super(context, attrs);
        mContext = context;
        initView();                          // 初始化视图
    }

    // 初始化视图
    private void initView() {
        // 根据布局文件banner_pager.xml生成视图对象
        View view = LayoutInflater.from(mContext).inflate(R.layout.banner_pager, null);
        // 从布局文件中获取名为vp_banner的翻页视图
        vp_banner = view.findViewById(R.id.vp_banner);
        // 从布局文件中获取名为rg_indicator的单选组
        rg_indicator = view.findViewById(R.id.rg_indicator);
        addView(view);                      // 将该布局视图添加到广告轮播条
    }
}
```

3. 为广告条添加图片清单

第二步的自定义控件代码，仅仅获得广告条的布局框架，尚未指定广告图片的来源及数量。为此需要给BannerPager类添加setImage方法，通过该方法传入准备轮播的图片清单。同时，根据轮播图片的数量，也给单选组添加同等数量的单选按钮，以便指示器标记当前轮播的图片序号。setImage方法的实现代码示例如下：

```
// 声明一个图像视图列表
private List<ImageView> mViewList = new ArrayList<ImageView>();

// 设置广告图片列表
public void setImage(List<Integer> imageList) {
    int dip_15 = Utils.dip2px(mContext, 15);
    // 根据图片列表生成图像视图列表
    for (int i = 0; i < imageList.size(); i++) {
        Integer imageResId = imageList.get(i);          // 获取图片的资源编号
        ImageView iv = new ImageView(mContext);         // 创建一个图像视图对象
        iv.setLayoutParams(new LayoutParams(
                LayoutParams.MATCH_PARENT, LayoutParams.MATCH_PARENT));
        iv.setScaleType(ImageView.ScaleType.FIT_XY);
        iv.setImageResource(imageResId);                // 设置图像视图的资源图片
        mViewList.add(iv);                              // 往视图列表中添加新的图像视图
    }
    // 设置翻页视图的图像适配器
    vp_banner.setAdapter(new ImageAdapater());
    // 给翻页视图添加简单的页面变更监听器，此时只需重写onPageSelected方法
    vp_banner.addOnPageChangeListener(new SimpleOnPageChangeListener() {
        @Override
        public void onPageSelected(int position) {
            setSelectedButton(position);                    // 高亮显示该位置的指示按钮
        }
    });
    // 根据图片列表生成指示按钮列表
    for (int i = 0; i < imageList.size(); i++) {
        RadioButton radio = new RadioButton(mContext);      // 创建一个单选按钮对象
        radio.setLayoutParams(new RadioGroup.LayoutParams(dip_15, dip_15));
        // 设置单选按钮的资源图片
        radio.setButtonDrawable(R.drawable.indicator_selector);
        rg_indicator.addView(radio);                        // 往单选组中添加新的单选按钮
    }
    vp_banner.setCurrentItem(0);                            // 设置翻页视图显示第一页
    setSelectedButton(0);                                   // 默认高亮显示第一个指示按钮
```

```
}
// 设置选中单选组内部的哪个单选按钮
private void setSelectedButton(int position) {
    ((RadioButton) rg_indicator.getChildAt(position)).setChecked(true);
}
```

4. 实现广告条的自动轮播功能

给广告条添加图片清单之后，还得设置具体的轮播规则，比如轮播的方向、轮播的间隔、是否重复轮播等，这些轮播规则都在广告滚动任务中制定。另外，再给BannerPager类提供一个start方法，外部调用该方法即可启动滚动任务。广告滚动任务以及启动方法的代码例子如下：

```
private int mInterval = 2000;                           // 轮播的时间间隔，单位为毫秒
// 开始广告轮播
public void start() {
    mHandler.postDelayed(mScroll, mInterval);           // 延迟若干秒后启动滚动任务
}

private Handler mHandler = new Handler();               // 声明一个处理器对象
// 定义一个广告滚动任务
private Runnable mScroll = new Runnable() {
    @Override
    public void run() {
        int index = vp_banner.getCurrentItem() + 1;     // 获得下一张广告图的位置
        if (index >= mViewList.size()) {                // 已经到末尾了，准备重头开始
            index = 0;
        }
        vp_banner.setCurrentItem(index);                // 设置翻页视图显示第几页
        mHandler.postDelayed(this, mInterval);          // 延迟若干秒后继续启动滚动任务
    }
};
```

5. 在活动页面中使用广告条控件

前面4步总算定义好了新控件——广告条BannerPager，打开活动页面的XML文件，添加新节点BannerPager，注意自定义控件需要使用全路径。XML文件内容如下：

```
(完整代码见chapter08\src\main\res\layout\activity_banner_pager.xml)
<LinearLayout xmlns:android="http://schemas.android.com/apk/res/android"
    android:layout_width="match_parent"
    android:layout_height="match_parent"
    android:orientation="vertical">
    <!-- 自定义的广告轮播条，需要使用全路径 -->
    <com.example.chapter08.widget.BannerPager
        android:id="@+id/banner_pager"
        android:layout_width="match_parent"
        android:layout_height="wrap_content" />
</LinearLayout>
```

回到活动页面的Java代码，取出XML文件声明的广告条对象，先调用该对象的setImage方法添加图片清单，再调用start方法启动轮播操作。包含广告条的活动代码例子如下：

```
(完整代码见chapter08\src\main\java\com\example\chapter08\NoscrollListActivity.java)
public class BannerPagerActivity extends AppCompatActivity {
    private List<Integer> getImageList() {
        ArrayList<Integer> imageList = new ArrayList<Integer>();
        imageList.add(R.drawable.banner_1);
        imageList.add(R.drawable.banner_2);
        imageList.add(R.drawable.banner_3);
```

```
        imageList.add(R.drawable.banner_4);
        imageList.add(R.drawable.banner_5);
        return imageList;  // 返回默认的广告图片列表
    }

    @Override
    protected void onCreate(Bundle savedInstanceState) {
        super.onCreate(savedInstanceState);
        setContentView(R.layout.activity_banner_pager);
        tv_pager = findViewById(R.id.tv_pager);
        // 从布局文件中获取名为banner_pager的广告轮播条
        BannerPager banner = findViewById(R.id.banner_pager);
        // 获取广告轮播条的布局参数
        LayoutParams params = (LayoutParams) banner.getLayoutParams();
        params.height = (int) (Utils.getScreenWidth(this) * 250f / 640f);
        banner.setLayoutParams(params);            // 设置广告轮播条的布局参数
        banner.setImage(getImageList());           // 设置广告轮播条的广告图片列表
        banner.start();                            // 开始广告图片的轮播滚动
    }
}
```

8.6　小　　结

本章主要介绍了App开发的自定义控件相关知识，包括：视图的构建过程（视图的构造方法、视图的测量方法、视图的绘制方法）、改造已有的控件（自定义月份选择器、给翻页标签栏添加新属性、不滚动的列表视图）、推送消息通知（通知推送Notification、通知渠道NotificationChannel、推送服务到前台、仿微信的悬浮通知）、通过持续绘制实现简单动画（Handler的延迟机制、重新绘制视图界面、自定义饼图动画）。最后设计了一个实战项目“广告轮播”，在该项目的App编码中采用了本章介绍的大部分自定义控件技术，从而加深了对所学知识的理解。

通过本章的学习，读者应该能够掌握以下4种开发技能。

（1）学会实现视图的构造、测量和绘图方法。

（2）学会通过重写某个方法改造已有的控件。

（3）了解通知的应用场景，并学会正确推送消息通知。

（4）学会结合Handler的延迟机制与视图刷新办法实现简单动画。

8.7　动 手 练 习

请上机实验本章的广告轮播项目，注意运用自定义控件技术并实现简单动画。

第 9 章

组 合 控 件

本章介绍App开发常用的一些组合控件用法，主要包括：如何实现底部标签栏、如何运用顶部导航栏、如何利用循环视图实现3种增强型列表、如何使用二代翻页视图实现更炫的翻页效果。然后结合本章所学的知识，演示一个实战项目“电商首页”的设计与实现。

9.1 底部标签栏

本节介绍底部标签栏的两种实现方式：首先说明如何通过Android Studio菜单自动创建基于BottomNavigationView的导航活动，然后描述如何利用状态图形与风格样式实现自定义的标签按钮，最后阐述怎样结合RadioGroup和ViewPager制作自定义的底部标签栏。

9.1.1 利用 BottomNavigationView 实现底部标签栏

不管是微信还是 QQ，淘宝抑或京东，它们的首屏都在底部展开一排标签，每个标签对应着一个频道，从而方便用户迅速切换到对应频道。这种底部标签栏原本是苹果手机的标配，原生安卓最开始并不提供屏幕底部的快捷方式，倒是众多国产 App 纷纷山寨苹果的风格，八仙过海各显神通整出了底部标签栏。后来谷歌一看这种风格还颇受用户欢迎，于是顺势在 Android Studio 中集成了该风格的快捷标签。

如今在Android Studio上创建官方默认的首屏标签页面已经很方便了，具体步骤如下：

01 首先右击需要添加标签栏的模块，在弹出的右键菜单中依次选择 New → Activity → Bottom Navigation Activity，弹出如图9-1所示的活动创建对话框。

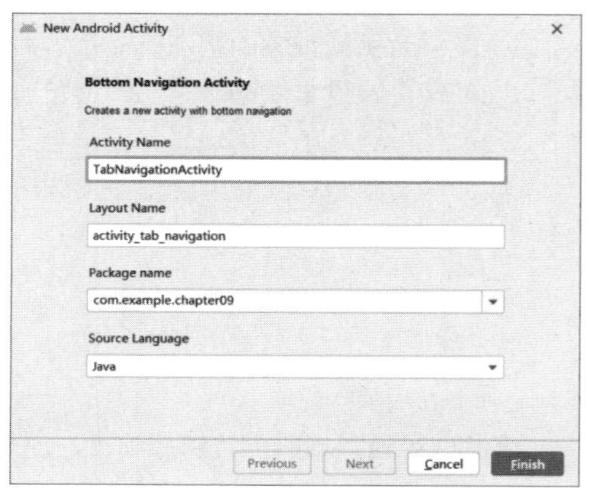

图 9-1　导航活动的创建对话框

02 在创建对话框的Activity Name一栏填写新活动的名称，再单击对话框右下角的Finish按钮，Android Studio就会自动创建该活动的Java代码及其XML文件。

03 编译运行App，进入刚创建的活动页面，其界面效果如图9-2所示。可见测试页面的底部默认提供了3个导航标签，分别是Home、Dashboard和Notifications。

注意到初始页面的Home标签从文字到图片均为高亮显示，说明当前处于Home频道。接着点击Dashboard标签，此时界面如图9-3所示，可见切换到了Dashboard频道。继续点击Notifications标签，此时界面如图9-4所示，可见切换到了Notifications频道。至此不费丝毫功夫，Android Studio已然实现了简单的标签导航功能。

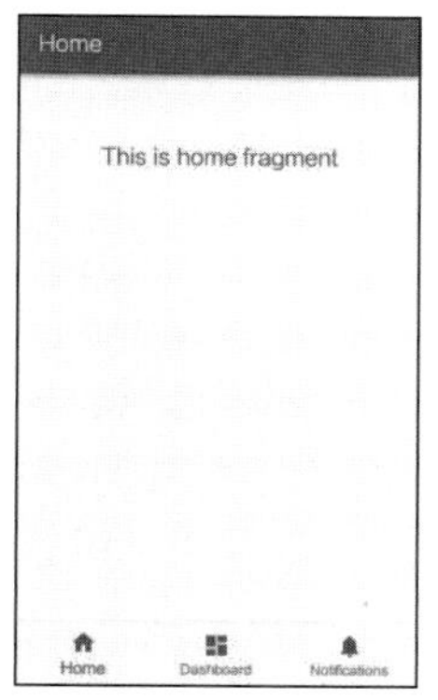

图 9-2 导航活动的默认界面

图 9-3 点击了 Dashboard 标签

图 9-4 点击了 Notifications 标签

不过为了定制页面的详细内容，开发者仍需修改相关代码，譬如将标签文字从英文改成中文，将频道上方的描述说明从英文改成中文，给频道页面添加图像视图等其他控件，等等，故而还得梳理标签栏框架的实现方式。

首先打开模块的build.gradle，在dependencies节点内部发现多了下面两行依赖库配置，表示引用了标签导航的navigation库：

```
implementation 'androidx.navigation:navigation-fragment:2.4.1'
implementation 'androidx.navigation:navigation-ui:2.4.1'
```

再来查看标签页面的XML文件，它的关键内容如下：

```
（完整代码见chapter09\src\main\res\layout\activity_tab_navigation.xml）
<com.google.android.material.bottomnavigation.BottomNavigationView
    android:id="@+id/nav_view"
    android:layout_width="0dp"
    android:layout_height="wrap_content"
    android:background="?android:attr/windowBackground"
    app:layout_constraintBottom_toBottomOf="parent"
    app:menu="@menu/bottom_nav_menu" />
<fragment
    android:id="@+id/nav_host_fragment"
    android:name="androidx.navigation.fragment.NavHostFragment"
    android:layout_width="match_parent"
    android:layout_height="match_parent"
    app:defaultNavHost="true"
    app:layout_constraintTop_toTopOf="parent"
    app:navGraph="@navigation/mobile_navigation" />
```

从上面的布局内容可知，标签页面主要包含两个组成部分：一个是位于底部的BottomNavigationView（底部导航视图），另一个是位于其上占据剩余屏幕的碎片fragment。底部导航视图又由一排标签菜单组成，具体菜单在@menu/bottom_nav_menu中定义；而碎片为各频道的主体部分，具体内容在app:navGraph="@navigation/mobile_navigation中定义。哟，原来奥妙就在这两个文件当中，赶紧打开menu目录之下的bottom_nav_menu.xml看看：

```
（完整代码见chapter09\src\main\res\menu\bottom_nav_menu.xml）
<menu xmlns:android="http://schemas.android.com/apk/res/android">
    <item
        android:id="@+id/navigation_home"
        android:icon="@drawable/ic_home_black_24dp"
        android:title="@string/title_home" />
    <item
        android:id="@+id/navigation_dashboard"
        android:icon="@drawable/ic_dashboard_black_24dp"
        android:title="@string/title_dashboard" />
    <item
        android:id="@+id/navigation_notifications"
        android:icon="@drawable/ic_notifications_black_24dp"
        android:title="@string/title_notifications" />
</menu>
```

上面的菜单定义文件以menu为根节点，内部容纳3个item节点，分别对应屏幕底部的3个标签。每个item节点都拥有id、icon、title 3个属性，其中id指定该菜单项的编号，icon指定该菜单项的图标，title指定该菜单项的文本。顺藤摸瓜查看values目录之下的strings.xml，果然找到了下面的3个标签文本定义：

```
<string name="title_home">Home</string>
<string name="title_dashboard">Dashboard</string>
<string name="title_notifications">Notifications</string>
```

搞清楚了底部标签栏的资源情况，接着打开navigation目录之下的mobile_navigation.xml，究竟里面是怎么定义各个频道的呢？

```
（完整代码见chapter09\src\main\res\navigation\mobile_navigation.xml）
<navigation xmlns:android="http://schemas.android.com/apk/res/android"
    xmlns:app="http://schemas.android.com/apk/res-auto"
    xmlns:tools="http://schemas.android.com/tools"
    android:id="@+id/mobile_navigation"
    app:startDestination="@+id/navigation_home">
    <fragment
        android:id="@+id/navigation_home"
        android:name="com.example.chapter09.ui.home.HomeFragment"
        android:label="@string/title_home"
        tools:layout="@layout/fragment_home" />
    <fragment
        android:id="@+id/navigation_dashboard"
        android:name="com.example.chapter09.ui.dashboard.DashboardFragment"
        android:label="@string/title_dashboard"
        tools:layout="@layout/fragment_dashboard" />
    <fragment
        android:id="@+id/navigation_notifications"
        android:name="com.example.chapter09.ui.notifications.NotificationsFragment"
        android:label="@string/title_notifications"
        tools:layout="@layout/fragment_notifications" />
</navigation>
```

上述的导航定义文件以navigation为根节点，内部依旧分布着3个fragment节点，显然正好对应3个频道。每个fragment节点拥有id、name、label、layout 4个属性，各属性的用途说明如下：

- id：指定当前碎片的编号。
- name：指定当前碎片的完整类名路径。
- label：指定当前碎片的标题文本。
- layout：指定当前碎片的布局文件。

这些默认的碎片代码到底有何不同，打开其中一个HomeFragment.java研究研究，它的关键代码如下：

```
(完整代码见chapter09\src\main\java\com\example\chapter09\ui\home\HomeFragment.java)
public View onCreateView(@NonNull LayoutInflater inflater, ViewGroup container,
                         Bundle savedInstanceState) {
    homeViewModel = ViewModelProviders.of(this).get(HomeViewModel.class);
    View root = inflater.inflate(R.layout.fragment_home, container, false);
    final TextView textView = root.findViewById(R.id.text_home);
    homeViewModel.getText().observe(this, new Observer<String>() {
        @Override
        public void onChanged(@Nullable String s) {
            textView.setText(s);
        }
    });
    return root;
}
```

看来频道用到的碎片代码仍然在onCreateView方法中根据XML布局文件生成页面元素，这样频道界面的修改操作就交给碎片编码了。总算理清了这种底部导航的实现方式，接下来准备修理修理默认的标签及其频道。先打开values目录之下的strings.xml，把3个标签的文字从英文改成中文，修改内容示例如下：

```
<string name="title_home">首页</string>
<string name="title_dashboard">仪表盘</string>
<string name="title_notifications">消息</string>
```

再打开3个频道的碎片代码，给文本视图填上中文描述，首页频道HomeFragment.java修改之后的代码示例如下：

```
public View onCreateView(@NonNull LayoutInflater inflater, ViewGroup container,
                         Bundle savedInstanceState) {
    View root = inflater.inflate(R.layout.fragment_home, container, false);
    final TextView textView = root.findViewById(R.id.text_home);
    textView.setText("这是首页页面");
    return root;
}
```

重新编译运行App，改过的各频道界面如图9-5～图9-7所示，其中图9-5为首页频道的页面效果，图9-6为仪表盘频道的页面效果，图9-7为消息频道的页面效果，可见3个频道的标签文本和说明描述都改成了中文。

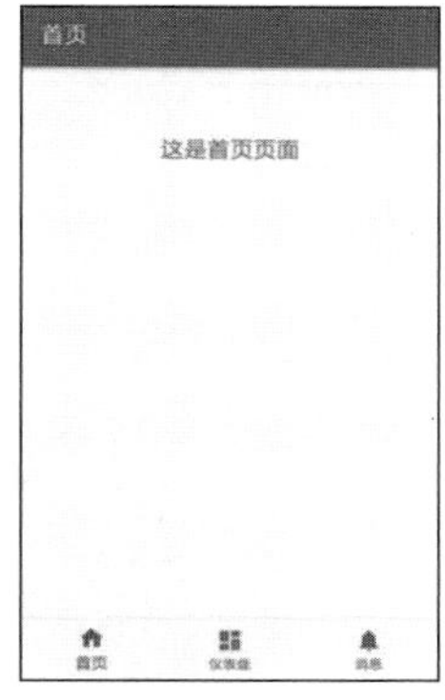

图 9-5　首页频道界面

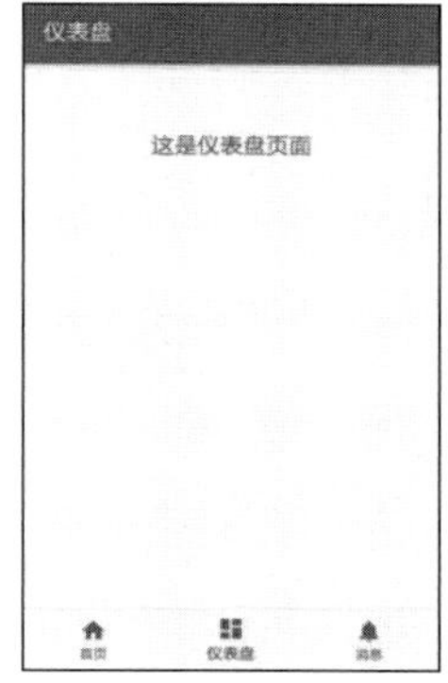

图 9-6　仪表盘频道界面

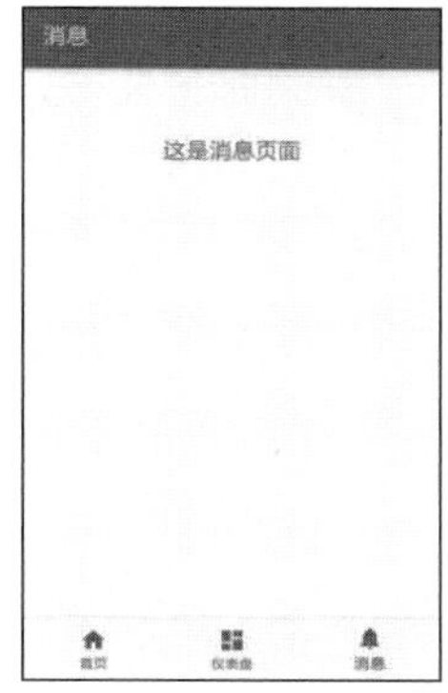

图 9-7　消息频道界面

9.1.2 自定义标签按钮

按钮控件种类繁多，有文本按钮 Button、图像按钮 ImageButton、单选按钮 RadioButton、复选框 CheckBox、开关按钮 Switch 等，支持展现的形式有文本、图像、文本+图标，如此丰富的展现形式，已经能够满足大部分需求。但总有少数场合比较特殊，一般的按钮样式满足不了，比如图 9-8 所示的微信底部标签栏，一排有 4 个标签按钮，每个按钮的图标和文字都会随着选中而高亮显示。

图 9-8 微信的底部标签栏

这样的标签栏是各大主流 App 的标配，无论是淘宝、京东，还是微信、手机 QQ，首屏底部是清一色的标签栏，而且在选中标签按钮时该标签对应的文字、图标、背景一起高亮显示。虽然上一小节使用 Android Studio 自动生成了底部标签栏，但是整个标签栏都封装进了 BottomNavigationView，看不到标签按钮的具体实现，令人不知其所以然。像这种标签按钮，Android 似乎没有对应的专门控件，如果要自定义控件，就得设计一个布局容器，里面放入一个文本控件和图像控件，然后注册选中事件的监听器，一旦监听到选中事件，就高亮显示它的文字、图标与布局背景。

自定义控件固然是一个不错的思路，不过无须如此大动干戈。早在第5章的“5.2.2 开关按钮 Switch”中，介绍了结合状态图形与复选框实现仿iOS开关按钮的例子，通过状态图形自动展示选中与未选中两种状态的图像，使得复选框在外观上就像一个新控件。标签控件也是如此，要想高亮显示背景，可以给background属性设置状态图形；要想高亮显示图标，可以给drawableTop属性设置状态图形；要想高亮显示文本，可以给textColor属性设置状态图形。既然背景、图标、文字都能通过状态图形控制是否高亮显示，接下来的事情就好办了，具体的实现步骤如下：

01 定义一个状态图形的XML描述文件，当状态为选中时展示高亮图标，其余情况展示普通图标，于是状态图形的XML内容示例如下：

```
(完整代码见chapter09\src\main\res\drawable\tab_bg_selector.xml)
<selector xmlns:android="http://schemas.android.com/apk/res/android">
    <item android:state_checked="true" android:drawable="@drawable/tab_bg_selected" />
    <item android:drawable="@drawable/tab_bg_normal" />
</selector>
```

上面定义的tab_bg_selector.xml用于控制标签背景的状态显示，控制文本状态的tab_text_selector.xml和控制图标状态的tab_first_selector.xml可如法炮制。

02 在活动页面的XML文件中添加CheckBox节点，并给该节点的background、drawableTop、textColor 3个属性分别设置对应的状态图形，修改后的XML文件内容如下：

```
(完整代码见chapter09\src\main\res\layout\activity_tab_button.xml)
<LinearLayout xmlns:android="http://schemas.android.com/apk/res/android"
    android:layout_width="match_parent"
    android:layout_height="match_parent"
    android:orientation="vertical">
    <!-- 复选框的背景、文字颜色和顶部图标都采用了状态图形，看起来像个崭新的标签控件 -->
    <CheckBox
        android:id="@+id/ck_tab"
        android:layout_width="100dp"
        android:layout_height="60dp"
        android:padding="5dp"
```

```
            android:gravity="center"
            android:button="@null"
            android:background="@drawable/tab_bg_selector"
            android:text="点我"
            android:textSize="12sp"
            android:textColor="@drawable/tab_text_selector"
            android:drawableTop="@drawable/tab_first_selector" />
        <TextView
            android:id="@+id/tv_select"
            android:layout_width="match_parent"
            android:layout_height="wrap_content"
            android:text="这里查看标签选择结果" />
    </LinearLayout>
```

03 活动页面的Java代码给复选框ck_tab设置勾选监听器，用来监听复选框的选中事件和取消选中事件，活动代码如下：

```
(完整代码见chapter09\src\main\java\com\example\chapter09\TabButtonActivity.java)
public class TabButtonActivity extends AppCompatActivity {
    @Override
    protected void onCreate(Bundle savedInstanceState) {
        super.onCreate(savedInstanceState);
        setContentView(R.layout.activity_tab_button);
        final TextView tv_select = findViewById(R.id.tv_select);
        CheckBox ck_tab = findViewById(R.id.ck_tab);
        // 给复选框设置勾选监听器
        ck_tab.setOnCheckedChangeListener((buttonView, isChecked) -> {
            if (buttonView.getId() == R.id.ck_tab) {
                String desc = String.format("标签按钮被%s了",
                                isChecked?"选中":"取消选中");
                tv_select.setText(desc);
            }
        });
    }
}
```

运行测试App，一开始的标签按钮界面如图9-9所示。首次点击标签控件，复选框变为选中状态，它的文字、图标、背景同时高亮显示，如图9-10所示；再次点击标签控件，复选框变为取消选中状态，它的文字、图标、背景同时恢复原状，如图9-11所示。

图 9-9　初始的标签按钮界面

图 9-10　首次点击的标签按钮

图 9-11　再次点击的标签按钮

是不是很神奇？接下来不妨把该控件的共同属性挑出来，因为底部标签栏通常有4、5个标签按钮，如果每个按钮节点都添加重复的属性，就太啰嗦了，所以把它们之间通用的属性挑出来，然后在values/styles.xml中定义名为TabButton的新风格，具体的风格内容如下：

```
(完整代码见chapter09\src\main\res\values\styles.xml)
<style name="TabButton">
    <item name="android:layout_width">0dp</item>
    <item name="android:layout_height">match_parent</item>
    <item name="android:layout_weight">1</item>
    <item name="android:padding">5dp</item>
```

```
    <item name="android:gravity">center</item>
    <item name="android:background">@drawable/tab_bg_selector</item>
    <item name="android:textSize">12sp</item>
    <item name="android:textColor">@drawable/tab_text_selector</item>
    <item name="android:button">@null</item>
</style>
```

然后，XML文件只要给CheckBox节点添加一行style="@style/TabButton"，即可将其变为标签按钮。直接在styles.xml中定义风格，无须另外编写自定义控件的代码，这是自定义控件的另一种途径。

回到前述活动页面的XML文件，补充以下的布局内容，表示添加一行3个标签控件，也就是3个CheckBox节点都声明了style="@style/TabButton"，同时每个CheckBox另外指定自己的标签文字和标签图标。

```
<LinearLayout
    android:layout_width="match_parent"
    android:layout_height="60dp"
    android:orientation="horizontal">
    <CheckBox
        style="@style/TabButton"
        android:checked="true"
        android:drawableTop="@drawable/tab_first_selector"
        android:text="首页" />
    <CheckBox
        style="@style/TabButton"
        android:drawableTop="@drawable/tab_second_selector"
        android:text="分类" />
    <CheckBox
        style="@style/TabButton"
        android:drawableTop="@drawable/tab_third_selector"
        android:text="购物车" />
</LinearLayout>
```

重新运行测试App，发现标签控件界面多了一排标签按钮，分别是“首页”“分类”“购物车”，如图9-12所示。

图 9-12 整合了 3 个标签按钮的标签栏

多次点击 3 个按钮，它们的外观都遵循一种样式状态，可见统一的风格定义果然奏效了。

9.1.3 结合 RadioGroup 和 ViewPager 自定义底部标签栏

尽管使用 Android Studio 很容易生成自带底部标签栏的活动页面，可是该标签栏基于BottomNavigationView，标签的样式风格不方便另行调整，况且它也不支持通过左右滑动切换标签。因此，开发者若想实现拥有更多花样的标签栏，就得自己定义专门的底部标签栏了。

话说翻页视图ViewPager搭配翻页标签栏PagerTabStrip，本来已经实现了带标签的翻页功能，不过这个标签位于翻页视图上方而非下方，而且只有标签文字没有标签图标，比起BottomNavigationView更不友好，所以用不了PagerTabStrip。鉴于标签栏每次只能选中一项标签，这种排他性与单选按钮类似，理论上采用一排单选按钮也能实现标签栏的单选功能。只是单选按钮的外观不满足要求，中用却不中看。这点小瑕疵倒也无妨，把它的样式改成上一小节介绍的标签按钮就行，也就是给RadioButton标签添加样式属性style="@style/TabButton"。然后用单选组

RadioGroup容纳这几个单选按钮，再把单选组放在页面底部，把翻页视图放在单选组上方，于是整个页面的XML文件变成下面这样：

```
(完整代码见chapter09\src\main\res\layout\activity_tab_pager.xml)
<LinearLayout xmlns:android="http://schemas.android.com/apk/res/android"
    android:layout_width="match_parent"
    android:layout_height="match_parent"
    android:orientation="vertical">
    <androidx.viewpager.widget.ViewPager
        android:id="@+id/vp_content"
        android:layout_width="match_parent"
        android:layout_height="0dp"
        android:layout_weight="1" />
    <RadioGroup
        android:id="@+id/rg_tabbar"
        android:layout_width="match_parent"
        android:layout_height="60dp"
        android:orientation="horizontal">
        <RadioButton
            android:id="@+id/rb_home"
            style="@style/TabButton"
            android:checked="true"
            android:text="首页"
            android:drawableTop="@drawable/tab_first_selector" />
        <RadioButton
            android:id="@+id/rb_class"
            style="@style/TabButton"
            android:text="分类"
            android:drawableTop="@drawable/tab_second_selector" />
        <RadioButton
            android:id="@+id/rb_cart"
            style="@style/TabButton"
            android:text="购物车"
            android:drawableTop="@drawable/tab_third_selector" />
    </RadioGroup>
</LinearLayout>
```

该页面对应的Java代码主要实现以下两个切换逻辑：

（1）左右滑动翻页视图的时候，每当页面滚动结束，就自动选择对应位置的单选按钮。

（2）点击某个单选按钮的时候，先判断当前选择的是第几个按钮，再将翻页视图翻到第几个页面。

具体到编码实现，则要给翻页视图添加页面变更监听器，并补充翻页完成的处理操作；还要给单选组注册选择监听器，并补充选中之后的处理操作。详细的活动代码如下：

```
(完整代码见chapter09\src\main\java\com\example\chapter09\TabPagerActivity.java)
public class TabPagerActivity extends AppCompatActivity {
    private ViewPager vp_content;                              // 声明一个翻页视图对象
    private RadioGroup rg_tabbar;                              // 声明一个单选组对象
    @Override
    protected void onCreate(Bundle savedInstanceState) {
        super.onCreate(savedInstanceState);
        setContentView(R.layout.activity_tab_pager);
        vp_content = findViewById(R.id.vp_content);            // 从布局文件获取翻页视图
        // 构建一个翻页适配器
        TabPagerAdapter adapter = new TabPagerAdapter(getSupportFragmentManager());
        vp_content.setAdapter(adapter);                        // 设置翻页视图的适配器
        // 给翻页视图添加页面变更监听器
```

```
        vp_content.addOnPageChangeListener(new ViewPager.SimpleOnPageChangeListener() {
            @Override
            public void onPageSelected(int position) {
                // 选中指定位置的单选按钮
                rg_tabbar.check(rg_tabbar.getChildAt(position).getId());
            }
        });
        rg_tabbar = findViewById(R.id.rg_tabbar);           // 从布局文件获取单选组
        // 设置单选组的选中监听器
        rg_tabbar.setOnCheckedChangeListener((group, checkedId) -> {
            for (int pos=0; pos<rg_tabbar.getChildCount(); pos++) {
                // 获得指定位置的单选按钮
                RadioButton tab = (RadioButton) rg_tabbar.getChildAt(pos);
                if (tab.getId() == checkedId) {             // 正是当前选中的按钮
                    vp_content.setCurrentItem(pos);         // 设置翻页视图显示第几页
                }
            }
        });
    }
}
```

由于翻页视图需要搭配翻页适配器，因此以上代码给出了一个适配器TabPagerAdapter，该适配器的代码很简单，仅仅返回3个碎片而已，下面是翻页适配器的代码例子：

```
(完整代码见chapter09\src\main\java\com\example\chapter09\adapter\TabPagerAdapter.java)
public class TabPagerAdapter extends FragmentPagerAdapter {
    // 翻页适配器的构造方法，传入碎片管理器
    public TabPagerAdapter(FragmentManager fm) {
        super(fm, BEHAVIOR_RESUME_ONLY_CURRENT_FRAGMENT);
    }
    // 获取指定位置的碎片Fragment
    @Override
    public Fragment getItem(int position) {
        if (position == 0) {
            return new TabFirstFragment();          // 返回第一个碎片
        } else if (position == 1) {
            return new TabSecondFragment();         // 返回第二个碎片
        } else if (position == 2) {
            return new TabThirdFragment();          // 返回第三个碎片
        } else {
            return null;
        }
    }
    // 获取碎片Fragment的个数
    @Override
    public int getCount() {
        return 3;
    }
}
```

若要说3个碎片TabFirstFragment、TabSecondFragment、TabThirdFragment分别干了什么，其实他仨内部都只放了一个文本视图，嫌麻烦的话可以参考前面“9.1.1 利用BottomNavigationView实现底部标签栏”修改之后的碎片代码。

至此从活动页面到适配器再到碎片全部重写了一遍，运行测试 App，打开该活动的初始界面，如图 9-13 所示，可见此时显示第一个碎片内容，下方的标签栏默认选择第一项的“首页”按钮；点击第二项的“分类”按钮，发现上方切换到了第二个碎片，如图 9-14 所示；在空白处从右向左滑动，拉出第三个碎片内容，此时标签栏自动选择了第三项的“购物车”按钮，如图 9-15 所示。

图 9-13　默认的首页界面

图 9-14　点击了“分类”标签

图 9-15　自动选择了“购物车”标签

根据上述的点击标签和滑动翻页结果，可知结合 RadioGroup 和 ViewPager 完美实现了自定义的底部标签栏。

9.2　顶部导航栏

本节介绍顶部导航栏的组成控件：首先描述工具栏Toolbar的基本用法，然后叙述溢出菜单OverflowMenu的格式及其用法，最后讲解标签布局TabLayout的相关属性和方法用途。

9.2.1　工具栏 Toolbar

主流App除了底部有一排标签栏外，通常顶部还有一排导航栏。在Android 5.0之前，这个顶部导航栏用的是ActionBar控件，但ActionBar存在不灵活、难以扩展等毛病，所以Android 5.0之后推出了Toolbar工具栏，意在取代ActionBar。

不过为了兼容之前的系统版本，ActionBar仍然保留。当然，由于Toolbar与ActionBar都占着顶部导航栏的位置，二者肯定不能共存，因此要想引入Toolbar就得先关闭ActionBar。具体的操作步骤如下：

01 在styles.xml中定义一个不包含ActionBar的风格样式，代码如下：

```
<style name="AppCompatTheme" parent="Theme.AppCompat.Light.NoActionBar" />
```

02 修改AndroidManifest.xml，给activity节点添加android:theme属性，并将属性值设为步骤1定义的风格，如android:theme="@style/AppCompatTheme"。

03 将活动页面的XML文件根节点改成LinearLayout，且为vertical（垂直方向）；然后增加一个Toolbar节点，因为Toolbar本质是一个ViewGroup，所以允许在内部添加其他控件。下面是Toolbar节点的XML例子：

```
<androidx.appcompat.widget.Toolbar
    android:id="@+id/tl_head"
    android:layout_width="match_parent"
    android:layout_height="wrap_content" />
```

04 打开活动页面的Java代码，在onCreate方法中获取布局文件中的Toolbar对象，并调用setSupportActionBar方法设置当前的Toolbar对象。对应代码如下：

```
// 从布局文件中获取名为tl_head的工具栏
Toolbar tl_head = findViewById(R.id.tl_head);
setSupportActionBar(tl_head);  // 使用tl_head替换系统自带的ActionBar
```

Toolbar之所以比ActionBar灵活，原因之一是Toolbar提供了多个属性，方便定制各种控件风格。它的常用属性及其设置方法见表9-1。

表 9-1　Toolbar 的常用属性及设置方法说明

XML 中的属性	Toolbar 类的设置方法	说　明
logo	setLogo	设置工具栏图标
title	setTitle	设置标题文字
titleTextColor	setTitleTextColor	设置标题的文字颜色
subtitle	setSubtitle	设置副标题文字。副标题在标题下方
subtitleTextColor	setSubtitleTextColor	设置副标题的文字颜色
navigationIcon	setNavigationIcon	设置左侧的箭头导航图标
无	setNavigationOnClickListener	设置导航图标的点击监听器

结合表9-1提到的设置方法，下面是给Toolbar设置风格的代码例子：

```
(完整代码见chapter09\src\main\java\com\example\chapter09\ToolbarActivity.java)
// 从布局文件中获取名为tl_head的工具栏
Toolbar tl_head = findViewById(R.id.tl_head);
tl_head.setTitle("工具栏页面");                        // 设置工具栏的标题文本
setSupportActionBar(tl_head);                         // 使用tl_head替换系统自带的ActionBar
tl_head.setTitleTextColor(Color.RED);                 // 设置工具栏的标题文字颜色
tl_head.setLogo(R.drawable.ic_app);                   // 设置工具栏的标志图片
tl_head.setSubtitle("Toolbar");                       // 设置工具栏的副标题文本
tl_head.setSubtitleTextColor(Color.YELLOW);           // 设置工具栏的副标题文字颜色
tl_head.setBackgroundResource(R.color.blue_light);     // 设置工具栏的背景
tl_head.setNavigationIcon(R.drawable.ic_back);         //设置工具栏左边的导航图标
// 给tl_head设置导航图标的点击监听器
// setNavigationOnClickListener必须放到setSupportActionBar之后，不然不起作用
tl_head.setNavigationOnClickListener(view -> {
    finish();                                          // 结束当前页面
});
```

运行测试App，观察到工具栏效果如图9-16所示，可见该工具栏包括导航箭头图标、工具栏图标、标题、副标题。

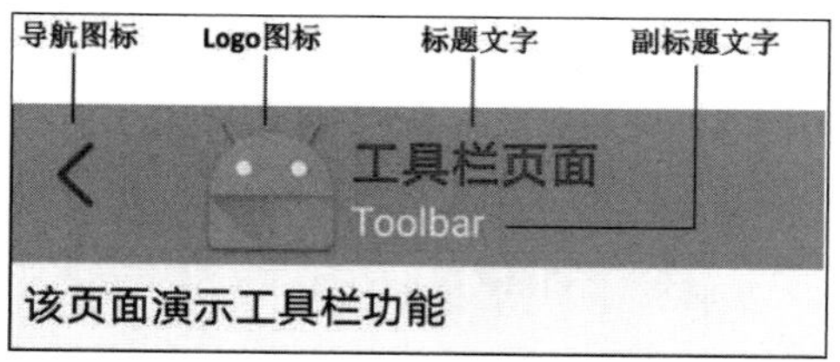

图 9-16　简单设置后的工具栏效果

9.2.2　溢出菜单 OverflowMenu

导航栏右边往往有个3点图标，点击后会在界面右上角弹出菜单。这个菜单名为溢出菜单OverflowMenu，意思是导航栏不够放、溢出来了。溢出菜单的格式同“9.1.1　利用BottomNavigationView实现底部标签栏”介绍的导航菜单，它们都在res\menu下面的XML文件中定义，不过溢出菜单多了个app:showAsAction属性，该属性用来控制菜单项在导航栏上的展示位置，位置类型的取值说明见表9-2。

表 9-2 菜单项展示位置类型的取值说明

展示位置类型	说　明
always	总是在导航栏上显示菜单图标
ifRoom	如果导航栏右侧有空间，该项就直接显示在导航栏上，不再放入溢出菜单
never	从不在导航栏上直接显示，总是放在溢出菜单列表里面
withText	如果能在导航栏上显示，除了显示图标，还要显示该菜单项的文字说明

注意，因为showAsAction是菜单的自定义属性，所以要先在菜单XML的menu根节点增加命名空间声明xmlns:app="http://schemas.android.com/apk/res-auto"，这样showAsAction指定的位置类型才会生效。下面是一个包含3个菜单项的溢出菜单XML例子：

```
(完整代码见chapter09\src\main\res\menu\menu_overflow.xml)
<menu xmlns:android="http://schemas.android.com/apk/res/android"
    xmlns:app="http://schemas.android.com/apk/res-auto" >
    <item
        android:id="@+id/menu_refresh"
        android:icon="@drawable/ic_refresh"
        app:showAsAction="ifRoom"
        android:title="刷新" />
    <item
        android:id="@+id/menu_about"
        android:icon="@drawable/ic_about"
        app:showAsAction="never"
        android:title="关于" />
    <item
        android:id="@+id/menu_quit"
        android:icon="@drawable/ic_quit"
        app:showAsAction="never"
        android:title="退出" />
</menu>
```

有了上面的菜单文件menu_overflow.xml，还得在活动代码中增加对菜单的处理逻辑。下面是在活动页面中操作溢出菜单的代码片段：

```
(完整代码见chapter09\src\main\java\com\example\chapter09\OverflowMenuActivity.java)
@Override
public boolean onCreateOptionsMenu(Menu menu) {
    // 从menu_overflow.xml中构建菜单界面布局
    getMenuInflater().inflate(R.menu.menu_overflow, menu);
    return true;
}

@Override
public boolean onOptionsItemSelected(MenuItem item) {
    int id = item.getItemId();                          // 获取菜单项的编号
    if (id == android.R.id.home) {                      // 点击了工具栏左边的返回箭头
        finish();  // 结束当前页面
    } else if (id == R.id.menu_refresh) {               // 点击了刷新图标
        tv_desc.setText("当前刷新时间: " + DateUtil. getNowTime());
    } else if (id == R.id.menu_about) {                 // 点击了关于菜单项
        Toast.makeText(this, "这个是工具栏的演示demo", Toast.LENGTH_LONG).show();
    } else if (id == R.id.menu_quit) {                  // 点击了退出菜单项
        finish();  // 结束当前页面
    }
    return super.onOptionsItemSelected(item);
}
```

运行测试App，打开添加了溢出菜单的导航栏页面，可见初始界面如图9-17所示，此时导航栏右侧有刷新按钮和3点图标；点击3点图标，弹出剩余的菜单项列表，如图9-18所示，点击某个菜单项即可触发对应的菜单事件。

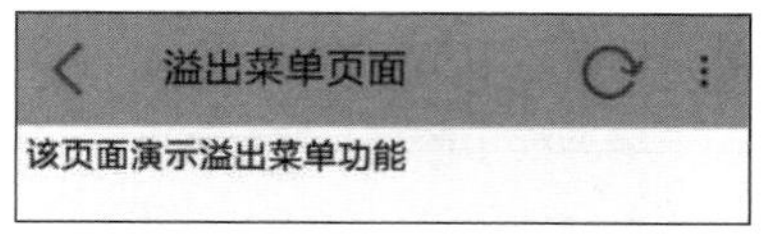

图9-17　溢出菜单初始界面

图9-18　点击3点图标弹出菜单列表

9.2.3　标签布局 TabLayout

Toolbar作为ActionBar的升级版，它不仅允许设置内部控件的样式，还允许添加其他外部控件。例如京东App的商品页面，既有图9-19所示的商品页，又有图9-20所示的详情页。可见这个导航栏拥有一排文字标签，类似于翻页视图附属的翻页标题栏PagerTabStrip，商品页和详情页之间通过点击标签进行切换。

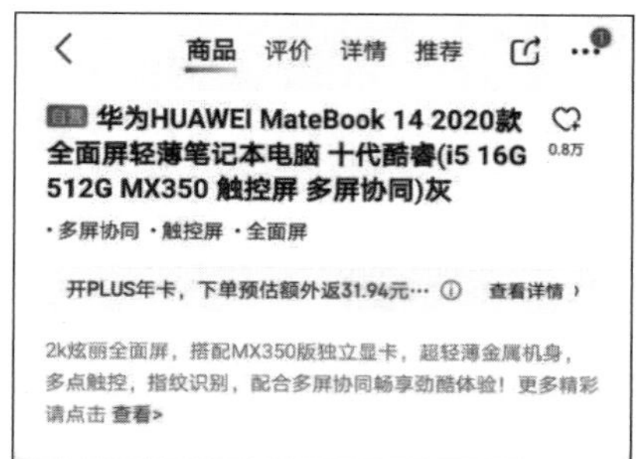

图9-19　京东的商品页面

图9-20　京东的详情页面

通过导航栏集成文字切换标签，有效提高了页面空间的利用效率，该功能用到了design库中的标签布局TabLayout。使用该控件前要先修改build.gradle，在dependencies节点中加入以下配置表示导入design库：

```
implementation 'com.google.android.material:material:1.5.0'
```

TabLayout的展现形式类似于PagerTabStrip，同样是文字标签带下划线，不同的是TabLayout允许定制更丰富的样式，它新增的样式属性主要有下列6种。

- tabBackground：指定标签的背景。
- tabIndicatorColor：指定下划线的颜色。
- tabIndicatorHeight：指定下划线的高度。
- tabTextColor：指定标签文字的颜色。
- tabTextAppearance：指定标签文字的风格。样式风格来自styles.xml中的定义。
- tabSelectedTextColor：指定选中文字的颜色。

下面是在XML文件中通过Toolbar 集成TabLayout的内容片段：

```
(完整代码见chapter09\src\main\res\layout\activity_tab_layout.xml)
<androidx.appcompat.widget.Toolbar
```

```
    android:id="@+id/tl_head"
    android:layout_width="match_parent"
    android:layout_height="50dp"
    app:navigationIcon="@drawable/ic_back">
    <!-- 注意TabLayout节点需要使用完整路径 -->
    <com.google.android.material.tabs.TabLayout
        android:id="@+id/tab_title"
        android:layout_width="wrap_content"
        android:layout_height="match_parent"
        android:layout_centerInParent="true"
        app:tabIndicatorColor="@color/red"
        app:tabIndicatorHeight="2dp"
        app:tabSelectedTextColor="@color/red"
        app:tabTextColor="@color/grey"
        app:tabTextAppearance="@style/TabText" />
</androidx.appcompat.widget.Toolbar>
```

在Java代码中，TabLayout通过以下4个方法操作文字标签。

- newTab：创建新标签。
- addTab：添加一个标签。
- getTabAt：获取指定位置的标签。
- setOnTabSelectedListener：设置标签的选中监听器。该监听器需要实现OnTabSelectedListener接口的3个方法。
    - onTabSelected：标签被选中时触发。
    - onTabUnselected：标签被取消选中时触发。
    - onTabReselected：标签被重新选中时触发。

把TabLayout与ViewPager结合起来就是一个固定的套路，二者各自通过选中监听器或者翻页监听器控制页面切换，使用时直接套框架就行。下面是两者联合使用的代码例子：

```
(完整代码见chapter09\src\main\java\com\example\chapter09\TabLayoutActivity.java)
public class TabLayoutActivity extends AppCompatActivity implements
OnTabSelectedListener {
    private ViewPager vp_content;                        // 声明一个翻页视图对象
    private TabLayout tab_title;                         // 声明一个标签布局对象
    private String[] mTitleArray = {"商品", "详情"};    // 标题文字数组

    @Override
    protected void onCreate(Bundle savedInstanceState) {
        super.onCreate(savedInstanceState);
        setContentView(R.layout.activity_tab_layout);
        // 从布局文件中获取名为tl_head的工具栏
        Toolbar tl_head = findViewById(R.id.tl_head);
        tl_head.setTitle("");                       // 设置工具栏的标题文本
        setSupportActionBar(tl_head);               // 使用tl_head替换系统自带的ActionBar
        initTabLayout();                            // 初始化标签布局
        initTabViewPager();                         // 初始化标签翻页
    }

    // 初始化标签布局
    private void initTabLayout() {
        // 从布局文件中获取名为tab_title的标签布局
        tab_title = findViewById(R.id.tab_title);
        // 给标签布局添加一个文字标签
        tab_title.addTab(tab_title.newTab().setText(mTitleArray[0]));
        // 给标签布局添加一个文字标签
        tab_title.addTab(tab_title.newTab().setText(mTitleArray[1]));
```

```
        tab_title.addOnTabSelectedListener(this);           // 给标签布局添加标签选中监听器
    }
    // 初始化标签翻页
    private void initTabViewPager() {
        // 从布局文件中获取名为vp_content的翻页视图
        vp_content = findViewById(R.id.vp_content);
        // 构建一个商品信息的翻页适配器
        GoodsPagerAdapter adapter = new GoodsPagerAdapter(
                getSupportFragmentManager(), mTitleArray);
        vp_content.setAdapter(adapter);                     // 设置翻页视图的适配器
        // 给vp_content添加页面变更监听器
        vp_content.addOnPageChangeListener(new SimpleOnPageChangeListener() {
            public void onPageSelected(int position) {
                tab_title.getTabAt(position).select();      // 选中指定位置的标签
            }
        });
    }
    // 在标签被重复选中时触发
    public void onTabReselected(Tab tab) {}
    // 在标签被选中时触发
    public void onTabSelected(Tab tab) {
        vp_content.setCurrentItem(tab.getPosition());      // 设置翻页视图显示第几页
    }
    // 在标签被取消选中时触发
    public void onTabUnselected(Tab tab) {}
}
```

运行测试App，准备观察标签布局的界面效果。先点击“商品”标签，此时页面显示商品的图片概览，如图9-21所示；再点击“详情”标签，切换到商品的详情页面，如图9-22所示。感觉不错吧，赶快动手实践一下，你也可以实现京东App的标签导航栏。

图9-21　点击了“商品”标签

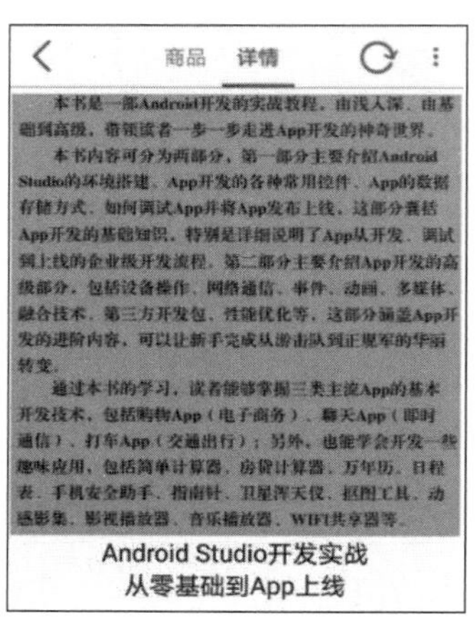

图9-22　点击了“详情”标签

9.3　增强型列表

本节介绍如何利用循环视图RecyclerView实现3种增强型列表，包括线性列表布局、普通网格布局、瀑布流网格布局等，以及如何动态更新循环视图内部的列表项数据。

9.3.1　循环视图 RecyclerView

尽管ListView和GridView分别实现了多行单列和多行多列的列表，使用也很简单，可是它们缺少变化，风格也比较呆板。为此Android推出了更灵活多变的循环视图RecyclerView，它的功能非常强大，不但足以囊括列表视图和网格视图，还能实现高度错开的瀑布流网格效果。总之，只要学会了RecyclerView，就相当于同时掌握了ListView、GridView，再加上瀑布流一共3种列表界面。

由于RecyclerView来自recyclerview库，因此在使用RecyclerView前要修改build.gradle，在dependencies节点中加入以下配置表示导入recyclerview库：

```
implementation 'androidx.recyclerview:recyclerview:1.2.0'
```

下面是RecyclerView的常用方法说明。

- setAdapter：设置列表项的循环适配器。适配器采用RecyclerView.Adapter。
- setLayoutManager：设置列表项的布局管理器。管理器一共3种，包括线性布局管理器LinearLayoutManager、网格布局管理器GridLayoutManager、瀑布流网格布局管理器StaggeredGridLayoutManager。
- addItemDecoration：添加列表项的分割线。
- setItemAnimator：设置列表项的变更动画。默认动画为DefaultItemAnimator。
- scrollToPosition：滚动到指定位置。

循环视图有专门的循环适配器RecyclerView.Adapter，在setAdapter方法之前，得先实现一个从RecyclerView.Adapter派生而来的适配器，用来定义列表项的界面布局及其控件操作。下面是实现循环适配器时有待重写的方法说明。

- getItemCount：获得列表项的数目。
- onCreateViewHolder：创建整个布局的视图持有者，可在该方法中指定列表项的布局文件。第二个参数为视图类型viewType，根据视图类型加载不同的布局，从而实现带头部的列表布局。
- onBindViewHolder：绑定列表项的视图持有者。可在该方法中操纵列表项的控件。

以上3个方法是必需的，每个自定义的循环适配器都要重写这3个方法。

- getItemViewType：返回每项的视图类型。这里的类型与onCreateViewHolder方法的viewType参数保持一致。
- getItemId：获得每个列表项的编号。

以上2个方法不是必需的，可以重写也可以不重写。

举个公众号消息列表的例子，若要通过循环适配器实现的话，需要让自定义的适配器完成下列步骤：

01 在构造方法中传入消息列表。

02 重写getItemCount方法，返回列表项的个数。

03 定义一个由RecyclerView.ViewHolder派生而来的内部类，用作列表项的视图持有者。

04 重写onCreateViewHolder方法，根据指定的布局文件生成视图对象，并返回该视图对象对应的视图持有者。

05 重写onBindViewHolder方法，从参数中的视图持有者获取各个控件实例，再操纵这些控件（设置文字、设置图片、设置点击监听器等）。

依据上述步骤编写而成的循环适配器代码示例如下：

```
(完整代码见chapter09\src\main\java\com\example\chapter09\adapter\
RecyclerLinearAdapter.java)
public class RecyclerLinearAdapter extends RecyclerView.Adapter<ViewHolder> {
    private Context mContext;                   // 声明一个上下文对象
    private List<NewsInfo> mPublicList;         // 公众号列表
    public RecyclerLinearAdapter(Context context, List<NewsInfo> publicList) {
        mContext = context;
        mPublicList = publicList;
    }

    // 获取列表项的个数
    public int getItemCount() {
        return mPublicList.size();
    }

    // 创建列表项的视图持有者
    public ViewHolder onCreateViewHolder(ViewGroup vg, int viewType) {
        // 根据布局文件item_linear.xml生成视图对象
        View v = LayoutInflater.from(mContext).inflate(R.layout.item_linear,vg, false);
        return new ItemHolder(v);
    }

    // 绑定列表项的视图持有者
    public void onBindViewHolder(ViewHolder vh, final int position) {
        ItemHolder holder = (ItemHolder) vh;
        holder.iv_pic.setImageResource(mPublicList.get(position).pic_id);
        holder.tv_title.setText(mPublicList.get(position).title);
        holder.tv_desc.setText(mPublicList.get(position).desc);
    }

    // 定义列表项的视图持有者
    public class ItemHolder extends RecyclerView.ViewHolder {
        public ImageView iv_pic;                // 声明列表项图标的图像视图
        public TextView tv_title;               // 声明列表项标题的文本视图
        public TextView tv_desc;                // 声明列表项描述的文本视图
        public ItemHolder(View v) {
            super(v);
            iv_pic = v.findViewById(R.id.iv_pic);
            tv_title = v.findViewById(R.id.tv_title);
            tv_desc = v.findViewById(R.id.tv_desc);
        }
    }
}
```

回到活动页面，由循环视图对象调用setAdapter方法设置适配器，具体的调用代码如下：

```
(完整代码见chapter09\src\main\java\com\example\chapter09\RecyclerLinearActivity.java)
// 初始化线性布局的循环视图
private void initRecyclerLinear() {
    // 从布局文件中获取名为rv_linear的循环视图
    RecyclerView rv_linear = findViewById(R.id.rv_linear);
    // 创建一个垂直方向的线性布局管理器
    LinearLayoutManager manager = new LinearLayoutManager( this, RecyclerView.VERTICAL,
                                                   false);
    rv_linear.setLayoutManager(manager);           // 设置循环视图的布局管理器
```

```
        // 构建一个公众号列表的线性适配器
        RecyclerLinearAdapter adapter = new RecyclerLinearAdapter( this,
                                        NewsInfo.getDefaultList());
        rv_linear.setAdapter(adapter);                    // 设置循环视图的线性适配器
    }
```

运行测试App，观察到公众号消息界面如图9-23所示。可见该效果仿照微信公众号的消息列表，看起来像是用ListView实现的。

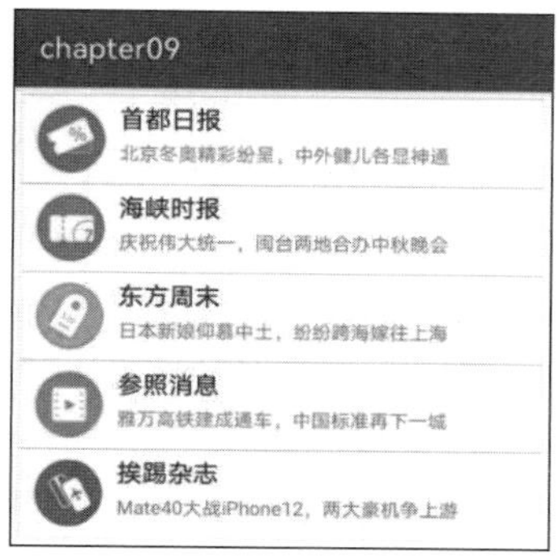

图 9-23　循环视图的简单实现

注　意

循环视图并未提供点击监听器和长按监听器，若想让列表项能够响应点击事件，则需在适配器的 onBindViewHolder 方法中给列表项的根布局注册点击监听器，代码示例如下：

```
// 列表项的点击事件需要自己实现。ll_item 为列表项的根布局
holder.ll_item.setOnClickListener(v -> {
    // 这里补充点击事件的处理代码
});
```

9.3.2　布局管理器 LayoutManager

循环视图之所以能够变身为3种列表，是因为它允许指定不同的列表布局，这正是布局管理器LayoutManager的拿手好戏。LayoutManager不但提供了3类布局管理，分别实现类似列表视图、网格视图、瀑布流网格的效果，而且可由循环视图对象随时调用setLayoutManager方法设置新布局。一旦调用了setLayoutManager方法，界面就会根据新布局刷新列表项。此特性特别适用于手机在竖屏与横屏之间的显示切换（如竖屏时展示列表，横屏时展示网格），也适用于在不同屏幕尺寸（如手机与平板）之间的显示切换（如在手机上展示列表，在平板上展示网格）。接下来分别介绍循环视图的3类布局管理器。

1. 线性布局管理器LinearLayoutManager

LinearLayoutManager可看作是线性布局LinearLayout，它在垂直方向布局时，展示效果类似于列表视图ListView；在水平方向布局时，展示效果类似于水平方向的列表视图。

下面是LinearLayoutManager的常用方法。

- 构造方法：第二个参数指定了布局方向，RecyclerView.HORIZONTAL表示水平，RecyclerView.VERTICAL表示垂直；第三个参数指定了是否从相反方向开始布局。
- setOrientation：设置布局的方向，RecyclerView.HORIZONTAL表示水平方向，RecyclerView.VERTICAL表示垂直方向。
- setReverseLayout：设置是否从相反方向开始布局，默认为false。如果设置为true，那么垂直方向将从下往上开始布局，水平方向将从右往左开始布局。

前面在介绍循环视图时，采用了最简单的线性布局管理器，虽然调用addItemDecoration方法能够添加列表项的分隔线，但是RecyclerView并未提供默认的分隔线，需要先由开发者自定义分隔线的样式，再调用addItemDecoration方法设置分隔线样式。下面是个允许设置线宽的分隔线实现代码：

```
(完整代码见chapter09\src\main\java\com\example\chapter09\widget\SpacesDecoration.java)
public class SpacesDecoration extends RecyclerView.ItemDecoration {
```

```
    private int space;                    // 空白间隔
    public SpacesDecoration(int space) {
        this.space = space;
    }
    @Override
    public void getItemOffsets(Rect outRect, View v, RecyclerView parent,
RecyclerView.State state) {
        outRect.left = space;             // 左边空白间隔
        outRect.right = space;            // 右边空白间隔
        outRect.bottom = space;           // 上方空白间隔
        outRect.top = space;              // 下方空白间隔
    }
}
```

2. 网格布局管理器GridLayoutManager

GridLayoutManager可看作是网格布局GridLayout，从展示效果来看，GridLayoutManager类似于网格视图GridView。不管是GridLayout还是GridView，抑或GridLayoutManager，都呈现多行多列的网格界面。

下面是GridLayoutManager的常用方法。

- 构造方法：第二个参数指定了网格的列数。
- setSpanCount：设置网格的列数。
- setSpanSizeLookup：设置网格项的占位规则。默认一个网格项占一列，若想某个网格项占多列，就可在此设置占位规则。

下面是在活动页面中给循环视图设置网格布局管理器的代码例子：

```
（完整代码见chapter09\src\main\java\com\example\chapter09\RecyclerGridActivity.java）
// 初始化网格布局的循环视图
private void initRecyclerGrid() {
    // 从布局文件中获取名为rv_grid的循环视图
    RecyclerView rv_grid = findViewById(R.id.rv_grid);
    // 创建一个网格布局管理器（每行5列）
    GridLayoutManager manager = new GridLayoutManager(this, 5);
    rv_grid.setLayoutManager(manager);        // 设置循环视图的布局管理器
    // 构建一个市场列表的网格适配器
    RecyclerGridAdapter adapter = new RecyclerGridAdapter( this,
                            NewsInfo.getDefaultGrid());
    rv_grid.setAdapter(adapter);              // 设置循环视图的网格适配器
}
```

运行测试App，观察到网格布局管理器的循环视图界面如图9-24所示，看起来跟GridView的展示效果没什么区别。

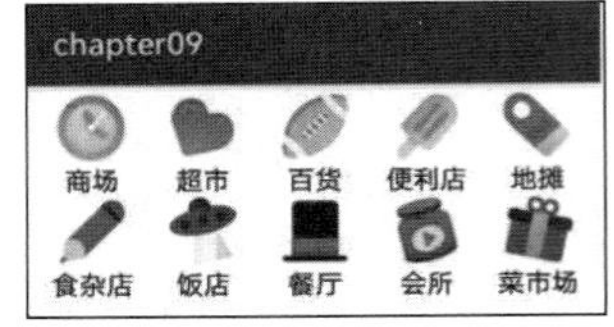

图 9-24　循环视图的网格布局

但GridLayoutManager绝非GridView可比，因为它还提供了setSpanSizeLookup方法，该方法允许一个网格占据多列，展示更加灵活。下面是使用占位规则的网格管理器代码例子：

```
（完整代码见chapter09\src\main\java\com\example\chapter09\RecyclerCombineActivity.java）
private void initRecyclerCombine() {
    // 从布局文件中获取名为rv_combine的循环视图
    RecyclerView rv_combine = findViewById(R.id.rv_combine);
    // 创建一个4列的网格布局管理器
    GridLayoutManager manager = new GridLayoutManager(this, 4);
    // 设置网格布局管理器的占位规则。以下规则为：第一项和第二项占两列，其他项占一列；
    // 如果网格的列数为4，那么第一项和第二项平分第一行，第二行开始每行有4项
```

```
    manager.setSpanSizeLookup(new GridLayoutManager.SpanSizeLookup() {
        public int getSpanSize(int position) {
            if (position == 0 || position == 1) {       // 为第一项或者第二项
                return 2;                                // 占据两列
            } else {                                     // 为其他项
                return 1;                                // 占据一列
            }
        }
    });
    rv_combine.setLayoutManager(manager);                // 设置循环视图的布局管理器
    // 构建一个猜你喜欢的网格适配器
    RecyclerCombineAdapter adapter = new RecyclerCombineAdapter(
                                    this, NewsInfo.getDefaultCombine());
    rv_combine.setAdapter(adapter);                      // 设置循环视图的网格适配器
}
```

运行测试App，观察到占位规则的界面效果如图9-25所示。可见第一行只有两个网格，而第二行有4个网格，这意味着第一行的每个网格都占据了两列位置。

图 9-25　循环视图的合并网格布局效果

3. 瀑布流网格布局管理器StaggeredGridLayoutManager

电商App在展示众多商品信息时，往往通过高矮不一的格子展示。因为不同商品的外观尺寸不一样，比如冰箱在纵向比较长，空调在横向比较长，所以若用一样规格的网格展示，必然导致有的商品图片会被压缩得很小。像这种根据不同的商品形状展示不同高度的图片，就是瀑布流网格的应用场合。自从有了瀑布流网格布局管理器StaggeredGridLayoutManager，瀑布流效果的开发过程便大大简化了，只要在循环适配器中动态设置每个网格的高度，系统就会在界面上自动排列瀑布流网格。

下面是StaggeredGridLayoutManager的常用方法。

- 构造方法：第一个参数指定了瀑布流网格每行的列数；第二个参数指定了瀑布流布局的方向，取值说明同LinearLayoutManager。
- setSpanCount：设置瀑布流网格每行的列数。
- setOrientation：设置瀑布流布局的方向。取值说明同LinearLayoutManager。
- setReverseLayout：设置是否从相反方向开始布局，默认为false。如果设置为true，那么垂直方向将从下往上开始布局，水平方向将从右往左开始布局。

下面是在活动页面中操作瀑布流网格布局管理器的代码例子：

```
(完整代码见chapter09\src\main\java\com\example\chapter09\RecyclerStaggeredActivity.java)
// 初始化瀑布流布局的循环视图
private void initRecyclerStaggered() {
    // 从布局文件中获取名为rv_staggered的循环视图
    RecyclerView rv_staggered = findViewById(R.id.rv_staggered);
    // 创建一个垂直方向的瀑布流布局管理器（每行3列）
    StaggeredGridLayoutManager manager = new StaggeredGridLayoutManager(
            3, RecyclerView.VERTICAL);
    rv_staggered.setLayoutManager(manager);        // 设置循环视图的布局管理器
    // 构建一个服装列表的瀑布流适配器
    RecyclerStagAdapter adapter = new RecyclerStagAdapter(
                                this, NewsInfo.getDefaultStag());
    rv_staggered.setAdapter(adapter);              // 设置循环视图的瀑布流适配器
}
```

运行测试App，观察到瀑布流网格布局的效果如图9-26和图9-27所示，每个网格的高度依照具体图片的高度变化而变化，使得整个页面更加生动活泼。读者可以打开淘宝App，在顶部导航栏搜索“连衣裙”，看看搜索结果页面是不是如瀑布流网格这般交错显示。

图9-26 循环视图的瀑布流效果1

图9-27 循环视图的瀑布流效果2

9.3.3 动态更新循环视图

循环视图不但支持多种布局，而且更新内部数据也很方便。原先列表视图或者网格视图若想更新列表项，只能调用setAdapter方法重新设置适配器，或者由适配器对象调用notifyDataSetChanged刷新整个列表界面，可是这两种更新方式都得重新加载全部列表项，非常低效。相比之下，循环视图允许动态更新局部记录，既能对一条列表项单独添加/修改/删除，也能更新全部列表项。这种动态更新功能用到了循环适配器对象的下列方法：

- notifyItemInserted：通知适配器在指定位置插入了新项。
- notifyItemRemoved：通知适配器在指定位置删除了原有项。
- notifyItemChanged：通知适配器在指定位置发生了数据变化。此时循环视图会刷新指定位置的列表项。
- notifyDataSetChanged：通知适配器整个列表的数据发生了变化。此时循环视图会刷新整个列表。

动态更新列表项不仅只是功能上的增强，在更新之时还能展示变更动画，这是循环视图在用户体验上的优化。自从有了变更动画，列表项的增删动作看起来更加柔和，不再像列表视图或者网格视图那么呆板了。总之，只要用上了循环视图，你一定会对它爱不释手。

以公众号消息列表的更新操作为例，往循环视图顶部添加一条消息的步骤如下：

01 在适配器的数据列表头部添加新的消息数据。

02 调用适配器对象的notifyItemInserted方法，通知适配器在指定位置插入了新项。

03 调用循环视图的scrollToPosition方法，让它滚动到指定的列表项。

下面是在活动页面中动态添加公众号消息的代码例子：

```
    (完整代码见chapter09\src\main\java\com\example\chapter09\RecyclerDynamicActivity.java)
    public class RecyclerDynamicActivity extends AppCompatActivity implements
View.OnClickListener{
```

```
    private RecyclerView rv_dynamic;                        // 声明一个循环视图对象
    private LinearDynamicAdapter mAdapter;                  // 声明一个线性适配器对象
    // 当前的公众号信息列表
    private List<NewsInfo> mPublicList = NewsInfo.getDefaultList();
    // 原始的公众号信息列表
    private List<NewsInfo> mOriginList = NewsInfo.getDefaultList();

    @Override
    protected void onCreate(Bundle savedInstanceState) {
        super.onCreate(savedInstanceState);
        setContentView(R.layout.activity_recycler_dynamic);
        findViewById(R.id.btn_recycler_add).setOnClickListener(this);
        initRecyclerDynamic();                              // 初始化动态线性布局的循环视图
    }

    // 初始化动态线性布局的循环视图
    private void initRecyclerDynamic() {
        // 从布局文件中获取名为rv_dynamic的循环视图
        rv_dynamic = findViewById(R.id.rv_dynamic);
        // 创建一个垂直方向的线性布局管理器
        LinearLayoutManager manager = new LinearLayoutManager(
                this, RecyclerView.VERTICAL, false);
        rv_dynamic.setLayoutManager(manager);          // 设置循环视图的布局管理器
        // 构建一个公众号列表的线性适配器
        mAdapter = new LinearDynamicAdapter(this, mPublicList);
        rv_dynamic.setAdapter(mAdapter);                    // 设置循环视图的线性适配器
    }

    @Override
    public void onClick(View v) {
        if (v.getId() == R.id.btn_recycler_add) {
            // 获取一个随机位置
            int position = new Random().nextInt(mOriginList.size()-1);
            NewsInfo old_item = mOriginList.get(position);
            NewsInfo new_item = new NewsInfo(
                    old_item.pic_id, old_item.title, old_item.desc);
            mPublicList.add(0, new_item);                   // 在顶部添加一条公众号消息
            mAdapter.notifyItemInserted(0);                 // 通知适配器列表在第一项插入数据
            rv_dynamic.scrollToPosition(0);                 // 让循环视图滚动到第一项所在的位置
        }
    }
}
```

运行测试App，观察到动态添加消息的界面效果如图9-28和图9-29所示。其中，图9-28为公众号消息列表的初始界面；点击“增加新聊天”按钮，在列表顶部新增一条公众号消息，注意在添加消息的时候会显示变更动画，图9-29为动画结束之后的公众号界面。

图9-28　消息的初始页面

图9-29　新增了一条消息

9.4 升级版翻页

本节介绍如何使用循环视图的扩展功能：首先引入下拉刷新布局 SwipeRefreshLayout，并说明如何通过下拉刷新动态更新循环视图；然后描述第二代翻页视图 ViewPager2 的基本用法，以及如何给 ViewPager2 搭档循环适配器；最后阐述如何给 ViewPager2 搭档专门的翻页适配器，以及如何集成标签布局。

9.4.1 下拉刷新布局 SwipeRefreshLayout

电商App在商品列表页面提供了下拉刷新功能，在屏幕顶端向下滑动即可触发页面的刷新操作，该功能用到了下拉刷新布局SwipeRefreshLayout。在使用SwipeRefreshLayout前要修改build.gradle，在dependencies节点中加入以下配置表示导入swiperefreshlayout库：

```
implementation 'androidx.swiperefreshlayout:swiperefreshlayout:1.1.0'
```

下面是SwipeRefreshLayout的常用方法说明。

- setOnRefreshListener：设置刷新监听器。需要重写监听器OnRefreshListener的onRefresh方法，该方法在下拉松开时触发。
- setRefreshing：设置刷新的状态。true表示正在刷新，false表示结束刷新。
- isRefreshing：判断是否正在刷新。
- setColorSchemeColors：设置进度圆圈的圆环颜色。

在XML文件中，SwipeRefreshLayout节点内部有且仅有一个直接子视图。如果存在多个直接子视图，那么只会展示第一个子视图，后面的子视图将不予展示。并且直接子视图必须允许滚动，包括滚动视图ScrollView、列表视图ListView、网格视图GridView、循环视图RecyclerView等。如果不是这些视图，当前界面就不支持滚动，更不支持下拉刷新。以循环视图为例，通过下拉刷新动态添加列表记录，从而省去一个控制按钮，避免按钮太多显得界面凌乱。

下面是结合SwipeRefreshLayout与RecyclerView的XML文件例子：

```
（完整代码见chapter09\src\main\res\layout\activity_swipe_recycler.xml）
<LinearLayout xmlns:android="http://schemas.android.com/apk/res/android"
    android:layout_width="match_parent"
    android:layout_height="match_parent"
    android:orientation="vertical">
    <!-- 注意SwipeRefreshLayout要使用全路径 -->
    <androidx.swiperefreshlayout.widget.SwipeRefreshLayout
        android:id="@+id/srl_dynamic"
        android:layout_width="match_parent"
        android:layout_height="wrap_content">
        <!-- 注意RecyclerView要使用全路径 -->
        <androidx.recyclerview.widget.RecyclerView
            android:id="@+id/rv_dynamic"
            android:layout_width="match_parent"
            android:layout_height="wrap_content" />
    </androidx.swiperefreshlayout.widget.SwipeRefreshLayout>
</LinearLayout>
```

与上面的XML文件对应的活动页面代码示例如下：

```
(完整代码见chapter09\src\main\java\com\example\chapter09\SwipeRecyclerActivity.java)
    public class SwipeRecyclerActivity extends AppCompatActivity implements
OnRefreshListener {
        private SwipeRefreshLayout srl_dynamic;            // 声明一个下拉刷新布局对象
        private RecyclerView rv_dynamic;                   // 声明一个循环视图对象
        private LinearDynamicAdapter mAdapter;             // 声明一个线性适配器对象
        // 当前的公众号信息列表
        private List<NewsInfo> mPublicList = NewsInfo.getDefaultList();
        // 原始的公众号信息列表
        private List<NewsInfo> mOriginList = NewsInfo.getDefaultList();

        @Override
        protected void onCreate(Bundle savedInstanceState) {
            super.onCreate(savedInstanceState);
            setContentView(R.layout.activity_swipe_recycler);
            // 从布局文件中获取名为srl_dynamic的下拉刷新布局对象
            srl_dynamic = findViewById(R.id.srl_dynamic);
            srl_dynamic.setOnRefreshListener(this);        // 设置下拉布局的下拉刷新监听器
            // 设置下拉刷新布局的进度圆圈颜色
            srl_dynamic.setColorSchemeResources(
                    R.color.red, R.color.orange, R.color.green, R.color.blue);
            initRecyclerDynamic();                         // 初始化动态线性布局的循环视图
        }

        // 初始化动态线性布局的循环视图
        private void initRecyclerDynamic() {
            // 从布局文件中获取名为rv_dynamic的循环视图
            rv_dynamic = findViewById(R.id.rv_dynamic);
            // 创建一个垂直方向的线性布局管理器
            LinearLayoutManager manager = new LinearLayoutManager(
                    this, RecyclerView.VERTICAL, false);
            rv_dynamic.setLayoutManager(manager);          // 设置循环视图的布局管理器
            // 构建一个公众号列表的线性适配器
            mAdapter = new LinearDynamicAdapter(this, mPublicList);
            rv_dynamic.setAdapter(mAdapter);               // 设置循环视图的线性适配器
        }

        // 一旦在下拉刷新布局内部往下拉动页面，就触发下拉监听器的onRefresh方法
        public void onRefresh() {
            mHandler.postDelayed(mRefresh, 2000);      // 模拟网络耗时，延迟若干秒后启动刷新任务
        }

        private Handler mHandler = new Handler();          // 声明一个处理器对象
        // 定义一个刷新任务
        private Runnable mRefresh = new Runnable() {
            public void run() {
                srl_dynamic.setRefreshing(false);          // 结束下拉刷新布局的刷新动作
                // 获取一个随机位置
                int position = new Random().nextInt(mOriginList.size()-1);
                NewsInfo old_item = mOriginList.get(position);
                NewsInfo new_item = new NewsInfo(
                        old_item.pic_id, old_item.title, old_item.desc);
                mPublicList.add(0, new_item);              // 在顶部添加一条公众号消息
                mAdapter.notifyItemInserted(0);            // 通知适配器列表在第一项插入数据
                rv_dynamic.scrollToPosition(0);            // 让循环视图滚动到第一项所在的位置
            }
        };
    }
```

运行测试App，打开公众号列表界面，在屏幕顶端下拉再松手，此时页面上方弹出转圈提示正在刷新，如图9-30所示；稍等片刻结束刷新，此时列表顶端增加了一条新消息，如图9-31所示。

图9-30　刷新中的消息列表

图9-31　刷新完成的消息列表

9.4.2　第二代翻页视图 ViewPager2

正如RecyclerView横空出世取代ListView和GridView那样，Android也推出了二代翻页视图ViewPager2，打算替换原来的翻页视图ViewPager。与ViewPager相比，ViewPager2支持更丰富的界面特效，包括但不限于下列几点：

（1）不但支持水平方向翻页，还支持垂直方向翻页。

（2）支持 RecyclerView.Adapter，也允许调用适配器对象的 notifyItem***方法，从而动态刷新某个页面项。

（3）除了展示当前页，也支持展示左、右两页的部分区域。

（4）支持在翻页过程中展示自定义的切换动画。

虽然ViewPager2增加了这么棒的功能，但它用起来很简单，掌握下面几个方法就够了：

- setAdapter：设置二代翻页视图的页面适配器。
- setOrientation：设置二代翻页视图的翻页方向。其中ORIENTATION_HORIZONTAL表示水平方向，ORIENTATION_VERTICAL表示垂直方向。
- setPageTransformer：设置二代翻页视图的页面转换器，以便展示切换动画。

接下来利用循环适配器搭档二代翻页视图，演示看看ViewPager2的界面效果。注意，因为RecyclerView与ViewPager2拥有各自的依赖库，所以需要修改模块的build.gradle，在dependencies节点内部补充以下两行依赖配置：

```
implementation 'androidx.recyclerview:recyclerview:1.1.0'
implementation 'androidx.viewpager2:viewpager2:1.0.0'
```

接着新建一个活动页面，往该页面的XML文件中添加如下所示的ViewPager2标签：

```
（完整代码见chapter09\src\main\res\layout\activity_view_pager2_recycler.xml）
<androidx.viewpager2.widget.ViewPager2
    android:id="@+id/vp2_content"
    android:layout_width="match_parent"
    android:layout_height="0dp"
    android:layout_weight="1" />
```

由于ViewPager2仍然需要适配器，因此首先编写每个页面项的布局文件，下面便是一个页面项的XML例子，页面上方是图像视图，下方是文本视图。

```
(完整代码见chapter09\src\main\res\layout\item_mobile.xml)
<!-- ViewPager2要求每页的宽高都必须是match_parent -->
<LinearLayout xmlns:android="http://schemas.android.com/apk/res/android"
    android:layout_width="match_parent"
    android:layout_height="match_parent"
    android:orientation="vertical">
    <ImageView
        android:id="@+id/iv_pic"
        android:layout_width="match_parent"
        android:layout_height="360dp"
        android:scaleType="fitCenter" />
    <TextView
        android:id="@+id/tv_desc"
        android:layout_width="match_parent"
        android:layout_height="wrap_content" />
</LinearLayout>
```

然后给上面的页面项补充对应的循环适配器代码，在适配器的构造方法中传入一个商品列表，再展示每个商品的图片与文字描述。循环适配器的代码示例如下：

```
(完整代码见chapter09\src\main\java\com\example\chapter09\adapter\MobileRecyclerAdapter.java)
public class MobileRecyclerAdapter extends RecyclerView.Adapter
<RecyclerView.ViewHolder> {
    private Context mContext;            // 声明一个上下文对象
    // 声明一个商品列表
    private List<GoodsInfo> mGoodsList = new ArrayList<GoodsInfo>();
    public MobileRecyclerAdapter(Context context, List<GoodsInfo> goodsList) {
        mContext = context;
        mGoodsList = goodsList;
    }

    // 创建列表项的视图持有者
    public RecyclerView.ViewHolder onCreateViewHolder(ViewGroup vg, int viewType) {
        // 根据布局文件item_mobile.xml生成视图对象
        View v = LayoutInflater.from(mContext).inflate(R.layout.item_mobile, vg, false);
        return new ItemHolder(v);
    }

    // 绑定列表项的视图持有者
    public void onBindViewHolder(RecyclerView.ViewHolder vh, final int position) {
        ItemHolder holder = (ItemHolder) vh;
        holder.iv_pic.setImageResource(mGoodsList.get(position).pic);
        holder.tv_desc.setText(mGoodsList.get(position).desc);
    }

    // 定义列表项的视图持有者
    public class ItemHolder extends RecyclerView.ViewHolder {
        public ImageView iv_pic;            // 声明列表项图标的图像视图
        public TextView tv_desc;            // 声明列表项描述的文本视图
        public ItemHolder(View v) {
            super(v);
            iv_pic = v.findViewById(R.id.iv_pic);
            tv_desc = v.findViewById(R.id.tv_desc);
        }
    }
}
```

回到测试页面的Java代码，把二代翻页视图的排列方向设为水平方向，并将它的适配器设置为上述的循环适配器。只要以下几行代码就搞定了：

```
（完整代码见chapter09\src\main\java\com\example\chapter09\ViewPager2RecyclerActivity.java）
// 从布局文件中获取名为vp2_content的二代翻页视图
ViewPager2 vp2_content = findViewById(R.id.vp2_content);
// 设置二代翻页视图的排列方向为水平方向
vp2_content.setOrientation(ViewPager2.ORIENTATION_HORIZONTAL);
// 构建一个商品信息列表的循环适配器
MobileRecyclerAdapter adapter = new MobileRecyclerAdapter(
                this, GoodsInfo.getDefaultList());
vp2_content.setAdapter(adapter);  // 设置二代翻页视图的适配器
```

运行测试App，观察二代翻页视图的展示效果，其中水平方向的翻页过程如图9-32所示；如果把翻页方向改为垂直方向，那么翻页之时的界面如图9-33所示。

以上的效果图看起来仅仅多了垂直翻页，稍等片刻给它加上其他特效。先在测试页面的活动代码中补充下面几行代码：

```
// ViewPager2支持展示左、右两页的部分区域
RecyclerView cv_content = (RecyclerView) vp2_content.getChildAt(0);
cv_content.setPadding(Utils.dip2px(this, 60), 0, Utils.dip2px(this, 60), 0);
cv_content.setClipToPadding(false);  // false表示不裁剪下级视图
```

重新运行测试App，此时页面效果如图9-34所示，可见除了显示当前商品之外，左、右两页也呈现了边缘区域。

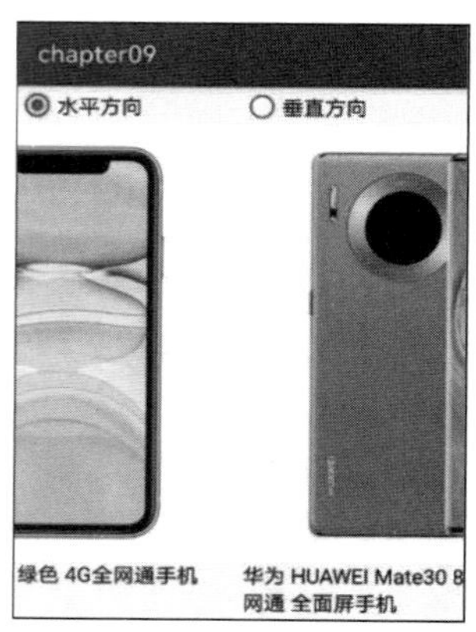

图9-32　水平方向的二代翻页视图

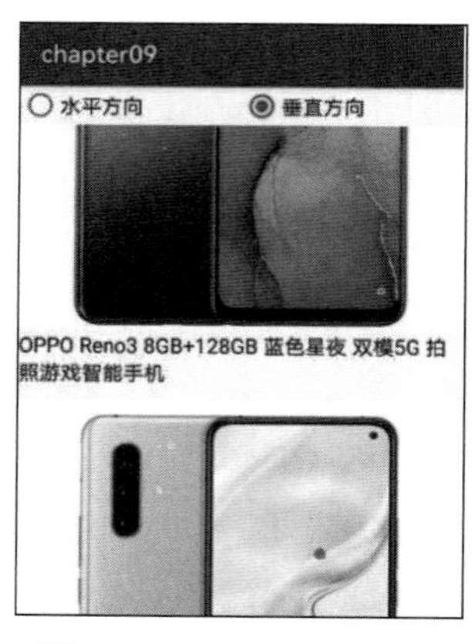

图9-33　垂直方向的二代翻页视图

图9-34　左右两边呈现边缘的二代翻页视图

撤销刚加的边缘特效代码，再给测试页面的活动代码中补充下面几行代码：

```
// ViewPager2支持在翻页时展示切换动画，通过页面转换器计算切换动画的各项参数
ViewPager2.PageTransformer animator = new ViewPager2.PageTransformer() {
    @Override
    public void transformPage(@NonNull View page, float position) {
        page.setRotation(position * 360);  // 设置页面的旋转角度
    }
};
vp2_content.setPageTransformer(animator);// 设置二代翻页视图的页面转换器
```

重新运行测试App，此时翻页过程如图9-35和图9-36所示，其中图9-35为开始翻页不久的界面效果，图9-36为翻页即将结束的界面效果，从中可见翻页时展示了旋转动画。

图9-35 开始翻页不久的二代翻页视图

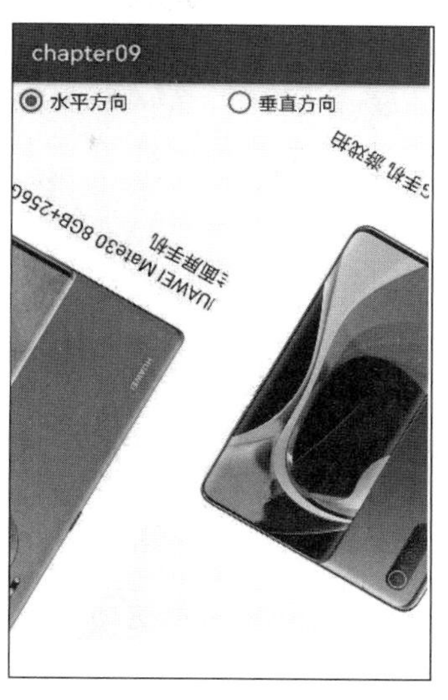

图9-36 翻页即将结束的二代翻页视图

9.4.3 给 ViewPager2 集成标签布局

ViewPager2 不仅支持循环适配器，同样支持翻页适配器，还是新的哦！原先 ViewPager 采用的翻页适配器叫作 FragmentPagerAdapter，而 ViewPager2 采用了 FragmentStateAdapter，看起来仅仅差了个“Pager”，实际上差得远了，因为新适配器 FragmentStateAdapter 继承了循环适配器 RecyclerView.Adapter。尽管它们都支持碎片 Fragment，但具体的方法就不一样了。新、旧适配器的实现方法对比见表 9-3。

表 9-3 新、旧翻页适配器的实现方法对比

旧翻页适配器的方法来自 FragmentPagerAdapter	新翻页适配器的方法来自 FragmentStateAdapter	说 明
FragmentPagerAdapter(FragmentManager fm)	FragmentStateAdapter(FragmentActivity fa)	构造方法
getCount	getItemCount	获取碎片个数
getItem	createFragment	创建指定位置的碎片
getPageTitle	无	获得指定位置的标题

比如下面是采用FragmentStateAdapter的翻页适配器代码例子：

```
(完整代码见chapter09\src\main\java\com\example\chapter09\adapter\MobilePagerAdapter.java)
public class MobilePagerAdapter extends FragmentStateAdapter {
    // 声明一个商品列表
    private List<GoodsInfo> mGoodsList = new ArrayList<GoodsInfo>();
    // 碎片页适配器的构造方法，传入碎片管理器与商品信息列表
    public MobilePagerAdapter(FragmentActivity fa, List<GoodsInfo> goodsList) {
        super(fa);
        mGoodsList = goodsList;
    }
    // 创建指定位置的碎片Fragment
    @Override
    public Fragment createFragment(int position) {
        return MobileFragment.newInstance(position,mGoodsList.get(position).pic,
```

```
                                                mGoodsList.get(position).desc);
    }
    // 获取碎片Fragment的个数
    @Override
    public int getItemCount() {
        return mGoodsList.size();
    }
}
```

新适配器集成的碎片MobileFragment代码参见chapter09\fragment\MobileFragment.java，该碎片的功能同上一小节，依旧传入商品列表，然后展示每个商品的图片与文字描述。运行测试App观察到的界面效果跟循环适配器差不多，因为展示商品信息的场景比较简单，所以循环适配器和翻页适配器看不出区别。就实际开发而言，简单的业务场景适合采用循环适配器，复杂的业务场景适合采用翻页适配器。

ViewPager 有个标签栏搭档 PagerTabStrip，然而 ViewPager2 抛弃了 PagerTabStrip，直接跟 TabLayout 搭配了。可是在“9.2.3　标签布局 TabLayout”中，为了让 ViewPager 联动 TabLayout，着实费了不少功夫。先给 ViewPager 添加页面变更监听器，一旦监听到翻页事件就切换对应的标签；再给 TabLayout 注册标签选中监听器，一旦监听到标签事件就翻到对应的页面。现在有了 ViewPager2，搭配 TabLayout 便轻松多了，只要一行代码即可绑定 ViewPager2 与 TabLayout。下面是将二者联结起来的操作步骤。

01 创建测试页面，并往页面的XML文件先后加入TabLayout标签和ViewPager2标签，具体代码如下：

```
(完整代码见chapter09\src\main\res\layout\activity_view_pager2_fragment.xml)
<LinearLayout xmlns:android="http://schemas.android.com/apk/res/android"
    android:layout_width="match_parent"
    android:layout_height="match_parent"
    android:orientation="vertical">
    <!-- 标签布局TabLayout节点需要使用完整路径 -->
    <com.google.android.material.tabs.TabLayout
        android:id="@+id/tab_title"
        android:layout_width="match_parent"
        android:layout_height="wrap_content" />
    <!-- 二代翻页视图ViewPager2节点也需要使用完整路径 -->
    <androidx.viewpager2.widget.ViewPager2
        android:id="@+id/vp2_content"
        android:layout_width="match_parent"
        android:layout_height="0dp"
        android:layout_weight="1" />
</LinearLayout>
```

02 打开该页面的Java代码，分别获取TabLayout和ViewPager2的视图对象，再利用TabLayoutMediator把标签布局跟翻页视图连为一体，完整代码示例如下：

```
(完整代码见chapter09\src\main\java\com\example\chapter09\ViewPager2FragmentActivity.java)
public class ViewPager2FragmentActivity extends AppCompatActivity {
    // 声明一个商品信息列表
    private List<GoodsInfo> mGoodsList = GoodsInfo.getDefaultList();
    @Override
    protected void onCreate(Bundle savedInstanceState) {
        super.onCreate(savedInstanceState);
        setContentView(R.layout.activity_view_pager2_fragment);
        // 从布局文件中获取名为tab_title的标签布局
        TabLayout tab_title = findViewById(R.id.tab_title);
```

```
        // 从布局文件中获取名为vp2_content的二代翻页视图
        ViewPager2 vp2_content = findViewById(R.id.vp2_content);
        // 构建一个商品信息的翻页适配器
        MobilePagerAdapter adapter = new MobilePagerAdapter(this, mGoodsList);
        vp2_content.setAdapter(adapter);                    // 设置二代翻页视图的适配器
        // 把标签布局跟翻页视图通过指定策略连为一体，二者在页面切换时一起联动
        new TabLayoutMediator(tab_title, vp2_content, new TabConfigurationStrategy() {
            @Override
            public void onConfigureTab(TabLayout.Tab tab, int position) {
                tab.setText(mGoodsList.get(position).name);     //设置每页的标签文字
            }
        }).attach();
    }
}
```

重新运行测试App，初始的演示页面如图9-37所示；接着点击上方标签栏的第二个标签，此时页面下方翻到了第二页商品，如图9-38所示。

然后手指在商品处向左滑动，此时翻到了第三页商品，同时标签栏也切换到了第三个标签，如图 9-39 所示。通过点击标签与滑动翻页的结果对比，从而验证了标签布局与翻页视图的确绑定到了一块。

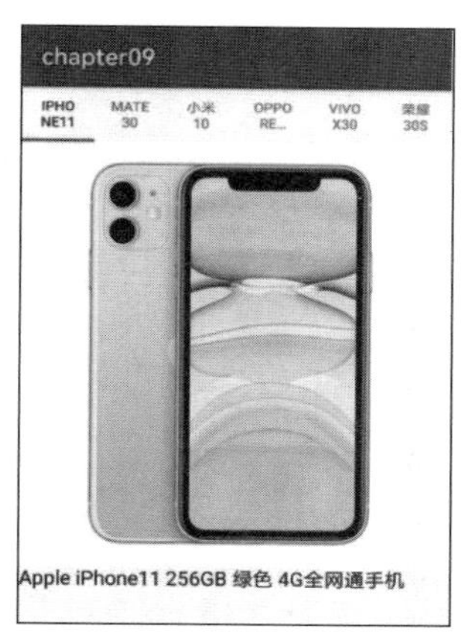

图9-37　集成标签布局的二代翻页视图

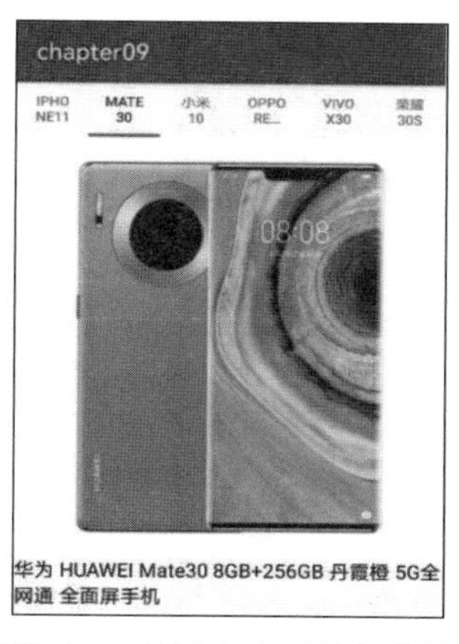

图9-38　通过点击标签切换的二代翻页视图

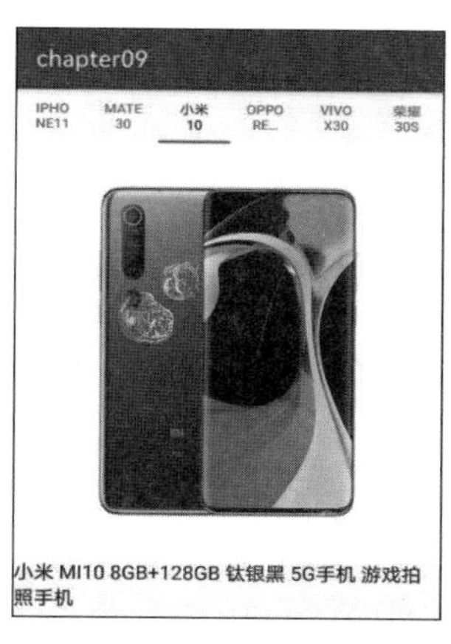

图9-39　通过滑动切换的二代翻页视图

9.5　实战项目：电商首页

各家电商App的首页都是动感十足，页面元素丰富，令人眼花缭乱，其中运用了Android的多种组合控件，可谓App界面开发的集大成之作。到目前为止，本章的知识点已经涵盖了电商首页的大部分技术，所以仿照着做个山寨的App首页也不是什么难事，接下来好好分析一下如何实现电商首页。

9.5.1　需求描述

首先看看大家熟悉的京东首页长什么模样，如图9-40所示。是不是很眼熟呢？其实该界面几乎是各电商App首页的通用模板。除了京东之外，还有淘宝、拼多多、当当、苏宁易购、美团等，这

些电商App的首页大同小异，所以只要吃透了京东首页采用的App技术，其他电商App也能依葫芦画瓢。

因为本节的实战项目只是模仿京东首页，不是完全一模一样，所以页面只要大致相似就行。图9-41和图9-42是两张山寨后的页面效果，其中图9-41为首页页面的效果图，图9-42为分类页面的效果图。两个页面均通过底部的标签栏切换，顶部又各有标题栏，其中首页上方拥有轮播着的广告条，以及布局多样的栏目列表和商品列表，至于分类页面的商品列表，则高低不一呈现瀑布流效果。

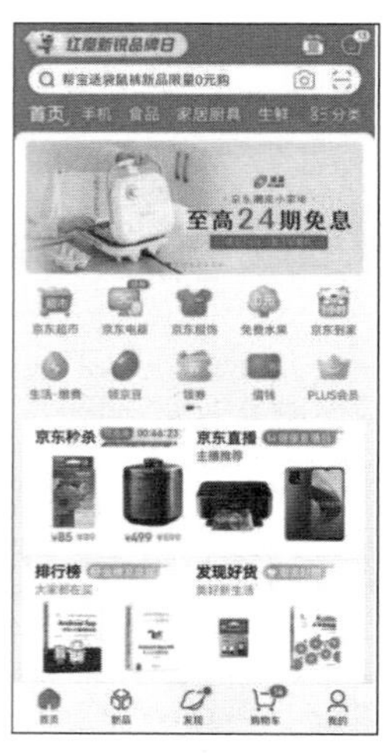

图 9-40　手机京东的 App 首页

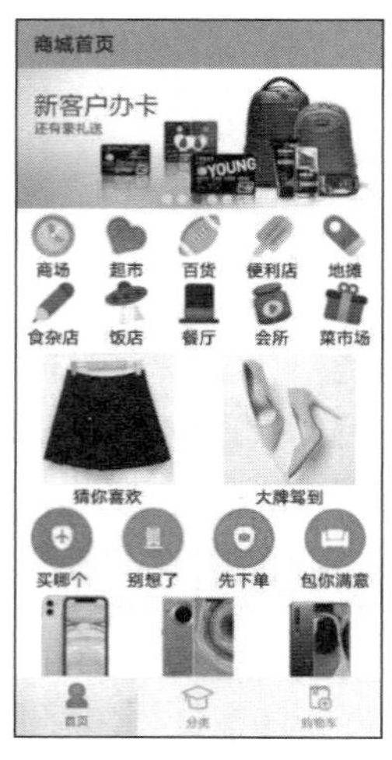

图 9-41　仿电商 App 的首页页面

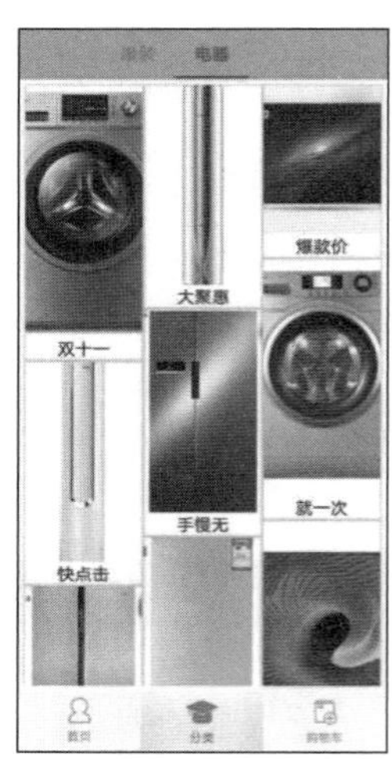

图 9-42　仿电商 App 的分类页面

9.5.2　界面设计

认真观察上一小节的两张效果图，找找看它们分别运用了本章的哪些知识点？仔细琢磨首页与分类页面，基本由本章介绍的各种组合控件拼接而成，分解起来也不难。

- 底部标签栏：界面底部的一排标签按钮，用于控制切换到哪个页面，标签栏既可基于BottomNavigationView实现，也可结合RadioGroup与ViewPager自定义实现。
- 广告条：页面上方的广告条有轮播功能，图片底部还有指示器，这个广告轮播控件参见第8章的实战项目。
- 循环视图RecyclerView的网格布局：广告条下方的两排市场图标是标准的网格布局，再下面的推荐商品是合并单元后的网格布局。
- 工具栏Toolbar：页面顶部的标题栏采用了工具栏Toolbar。
- 标签布局TabLayout：分类页面顶部的“服装”和“电器”标签用到了标签布局。
- 第二代翻页视图ViewPager2：“服装”和“电器”标签对应的两个碎片通过二代翻页视图组装起来。
- 循环视图RecyclerView的瀑布流布局：电器商品的交错展示运用了瀑布流网格布局。
- 下拉刷新布局SwipeRefreshLayout：在电器商品页，下拉手势会触发商品列表的刷新动作。

另外，这个电商首页项目还使用了前几章学过的控件，包括翻页视图ViewPager、碎片Fragment等，正好一起复习。除了首页和分类页，购物车页面的具体实现参见第6章的实战项目，有兴趣的读者可以将其整合进来，形成一个电商App的演示程序。

9.5.3 关键代码

尽管电商首页的控件技术在之前章节已经提到，可是多种控件组合起来仍需十分小心，因为复杂的界面布局时常产生意想不到的结果，下面列举了几处需要额外注意的关键代码。

1. 在ScrollView内部添加RecyclerView

由于电商首页往往很长，手机屏幕无法显示首页的全部内容，必须经常上拉页面，才能看到首页下方的商品界面，因此首页XML通常在外层加个ScrollView，在ScrollView内部再添加各种栏目布局。这些栏目布局采用的控件种类各不相同，既有自定义的广告条，又有样式丰富的循环视图。然而循环视图以列表形式展现，如果它的列表项越过了屏幕底部，那么循环视图将只显示第一行，后面部分要向上滑动才会出现。此时只有RecyclerView的列表项在滑动，而非整个ScrollView在滑动。若要解决RecyclerView与ScrollView的滑动冲突问题，得在RecyclerView外面嵌套一层RelativeLayout，举例如下：

```
（完整代码见chapter09\src\main\res\layout\fragment_department_home.xml）
<RelativeLayout
    android:layout_width="match_parent"
    android:layout_height="wrap_content"
    android:descendantFocusability="blocksDescendants">
    <androidx.recyclerview.widget.RecyclerView
       android:id="@+id/rv_combine"
        android:layout_width="match_parent"
        android:layout_height="wrap_content" />
</RelativeLayout>
```

2. 关于ViewPager+Fragment的多重嵌套

通过翻页适配器组装各碎片时，翻页适配器的构造方法需要传入FragmentManager实例，此时在外部创建适配器对象一般会传入getSupportFragmentManager()，比如下面的代码：

```
（完整代码见chapter09\src\main\java\com\example\chapter09\DepartmentStoreActivity.java）
ViewPager vp_content = findViewById(R.id.vp_content);
// 构建一个翻页适配器
DepartmentPagerAdapter adapter = new DepartmentPagerAdapter(getSupportFragmentManager());
vp_content.setAdapter(adapter);  // 设置翻页视图的适配器
```

可是一旦出现ViewPager+Fragment嵌套的情况，构造参数就不能这么传了。譬如电商首页采取RadioGroup与ViewPager组合的话，每个页面都是一个Fragment，如果其中一个页面还想引入ViewPager+Fragment，假设分类页面的TabLayout搭配ViewPager，那么下级适配器就不能再传getSupportFragmentManager()了，而要传getChildFragmentManager()，否则编译会报错，因为getSupportFragmentManager方法来自Activity，而getChildFragmentManager方法来自Fragment。下面是在Fragment内部使用翻页适配器的代码例子：

```
// 构建一个分类信息的翻页适配器
// 注意ViewPager+Fragment嵌套时要传入getChildFragmentManager
ClassPagerAdapter adapter = new ClassPagerAdapter(
                         getChildFragmentManager(), mTitleList);
vp_content.setAdapter(adapter);  // 设置翻页视图的适配器
```

为了避免ViewPager+Fragment嵌套导致的适配器构造问题，ViewPager2御用的FragmentStateAdapter在构造方法中使用FragmentActivity实例，因为它是个活动实例，不会依赖于碎片，所以无所谓是否嵌套，只要给FragmentStateAdapter传入当前页面的活动实例即可。

3. 电商首页项目的源码之间的关系

接下来简单介绍一下本章模块源码中，与电商App有关的主要代码之间的关系。

（1）DepartmentStoreActivity.java：这是电商App首页的入口代码，采用RadioGroup+ViewPager方式的底部标签栏，挂载了“首页”“分类”和“购物车”3个标签及其对应的3个碎片。

（2）DepartmentPagerAdapter.java：这是电商首页集成3个碎片页的翻页适配器代码。

（3）DepartmentHomeFragment.java：这是“首页”标签对应的碎片代码，从上到下依次分布着工具栏、广告条、市场网格列表、猜你喜欢的合并网格列表、手机网格列表，主要运用了Toolbar、BannerPager、RecyclerView等组合控件。

（4）DepartmentClassFragment.java：这是“分类”标签对应的碎片代码，该页面顶端的工具栏通过集成标签布局TabLayout，加载了服装与电器两个瀑布流列表碎片，从而形成Fragment再次嵌套Fragment的页面结构。

（5）DepartmentCartFragment.java：这是“购物车”标签对应的碎片代码，具体实现可参考第6章的实战项目“购物车”。

9.6 小　　结

本章主要介绍了App开发的组合控件的相关知识，包括：底部标签栏（利用BottomNavigationView实现底部标签栏、自定义标签按钮、结合RadioGroup和ViewPager自定义底部标签栏）、顶部导航栏（工具栏Toolbar、溢出菜单OverflowMenu、标签布局TabLayout）、增强型列表（循环视图RecyclerView、布局管理器LayoutManager、动态更新循环视图）、升级版翻页（下拉刷新布局SwipeRefreshLayout、第二代翻页视图ViewPager2、给ViewPager2集成标签栏）。最后设计了一个实战项目“电商首页”，在该项目的App编码中用到了前面介绍的大部分控件，从而加深了对所学知识的理解。

通过本章的学习，读者应该能够掌握以下4种开发技能：

（1）学会使用底部标签栏及其切换操作。

（2）学会使用顶部导航栏及其导航操作。

（3）学会使用循环视图实现3种界面布局（线性布局、网格布局、瀑布流网格布局）。

（4）学会使用第二代翻页视图及其常见搭配。

9.7 动 手 练 习

请上机实验本章的电商首页项目，要求实现底部标签栏、顶部导航栏、瀑布流布局的商品列表等界面效果，并支持通过第二代翻页视图切换标签布局。

第 10 章 打造安装包

本章介绍应用安装包的基本制作规范，主要包括：如何导出既美观又精简的APK文件、如何按照上线规范调整App的相关设置、如何对APK文件进行安全加固以防止安装包被破解。

10.1 应用打包

本节介绍 APK 安装包的打包过程，包括：如何利用 Android Studio 导出 APK 格式的安装包、如何利用 Android Studio 制作 App 的个性化图标、如何通过各种瘦身手段压缩 APK 文件的大小。

10.1.1 导出 APK 安装包

前面章节在运行App的时候，都是先由数据线连接手机和计算机，再通过Android Studio的Run菜单把App安装到手机上。这种方式只能在自己手机上调试应用，如果想在别人手机上安装应用，就得把App打包成APK文件（该文件就是App的安装包），然后把APK传给其他人安装。

下面是使用Android Studio打包APK的具体步骤说明：

01 依次选择菜单Build→Generate Signed Bundle / APK...，弹出对话框，如图10-1所示。

02 选中该窗口左下方的APK选项，再单击Next按钮，进入APK签名对话框，如图10-2所示。

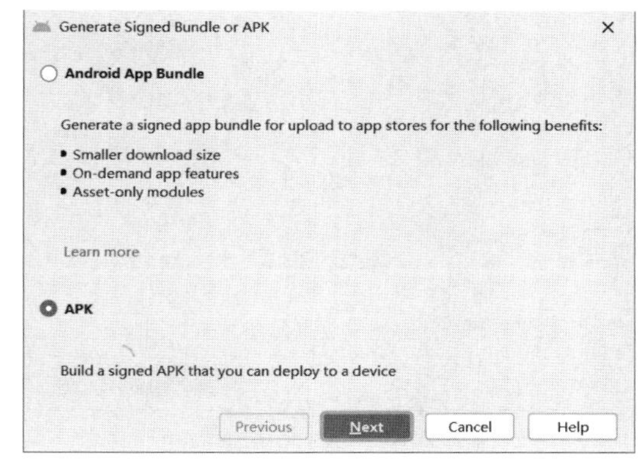

图10-1 生成安装包的对话框

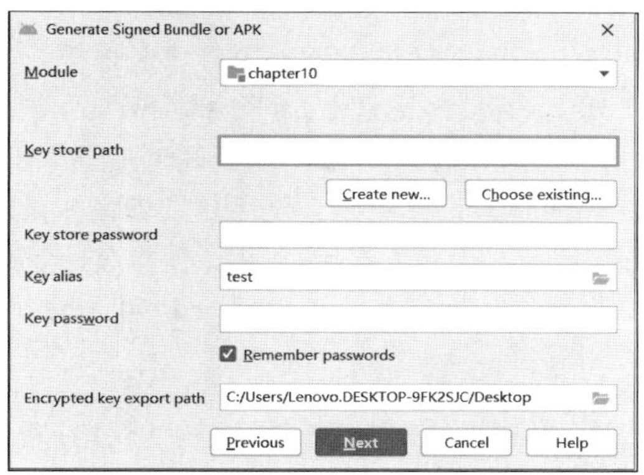

图10-2 APK签名对话框

03 在该窗口选择待打包的模块名（如chapter10），以及密钥文件的路径，如果原来有密钥文件，就单击Choose existing...按钮，在弹出的文件对话框中选择密钥文件。如果首次打包没有密钥文件，就单击Create new...按钮，弹出密钥创建对话框，如图10-3所示。

04 单击该对话框右上角的按钮，弹出文件对话框，如图10-4所示，在此可选择密钥文件的保存路径。

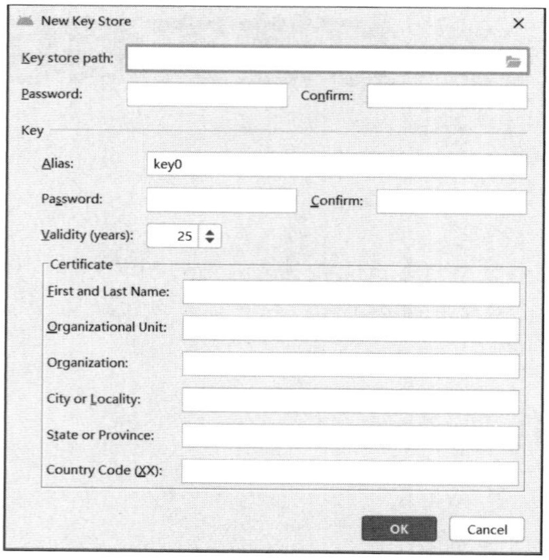

图10-3　密钥文件的创建对话框

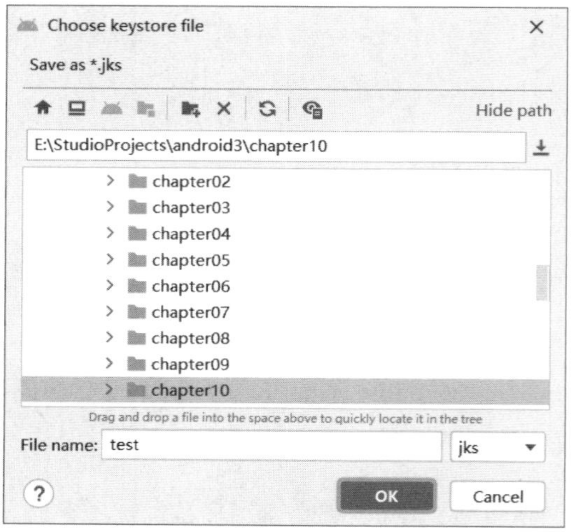

图10-4　密钥文件的文件对话框

05 在文件对话框中选择文件保存路径，并在下方的File name输入框中填写密钥文件的名称，然后单击OK按钮回到密钥创建对话框。在该对话框依次填写密码（Password）、确认密码（Confirm）、别名（Alias）、别名密码（Password）、别名的确认密码（Confirm），修改密钥文件的有效期限（Validity）。对话框下半部分的输入框只有姓名（First and Last Name）是必填的，填完后的对话框如图10-5所示。

06 单击OK按钮回到APK签名对话框，此时Android Studio自动把密码和别名都填上了，如图10-6所示。如果一开始选择已存在的密钥文件，这里就要手工输入密码和别名。

07 单击Next按钮进入下一个打包对话框，如图10-7所示。对话框上方可选择APK文件的保存路径，对话框中部可选择编译变量（Build Variants），如果是调试用，则编译变量选择debug；如果是发布用，则编译变量选择release。最后单击Finish按钮，等待Android Studio生成APK安装包。

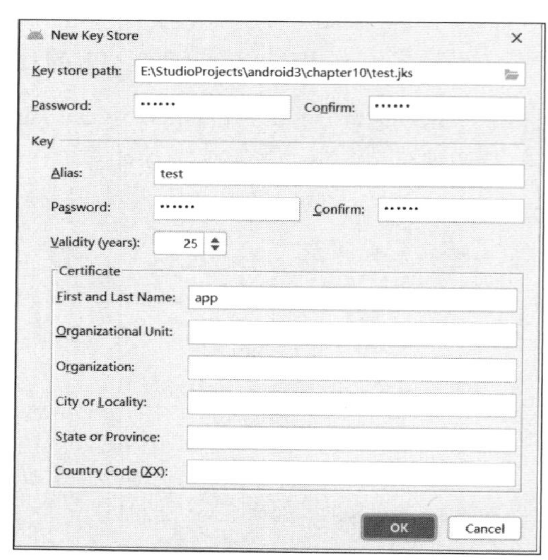

图 10-5　填写完成的密钥创建对话框

若无编译问题，片刻之后会在APK保存路径下看到release目录，打开该目录找到名为chapter10-release.apk的安装包文件。把该文件通过QQ或者微信传给其他人，对方在手机上收到APK文件，点击APK即可安装应用。

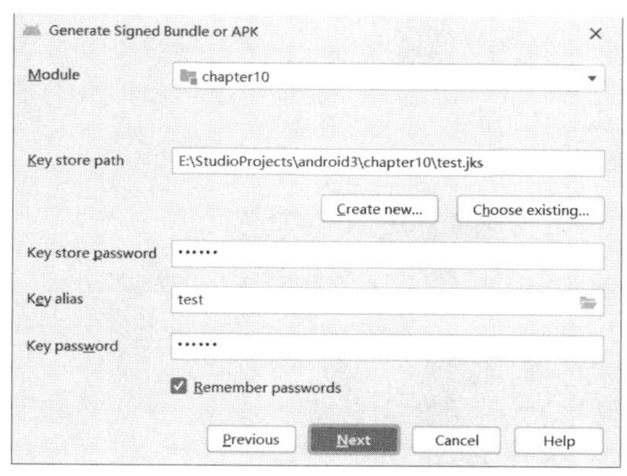

图10-6　填上签名信息的签名对话框

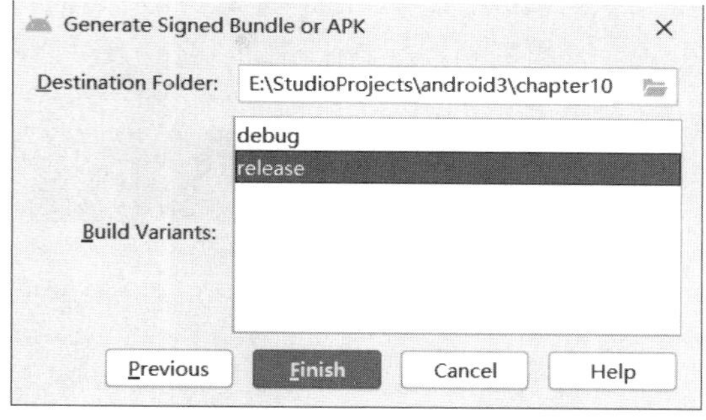

图10-7　导出APK的打包对话框

如果APK文件安装失败，则可能是以下原因导致的：

（1）App只能升级不能降级，假如安装包的版本号小于已安装App的版本号，就无法正常安装。版本号在build.gradle中的versionCode节点配置。

（2）倘若新、旧App的签名不一致，也会造成安装失败。比如该手机之前安装了debug类型的App，现在又要安装release类型的版本，就会出现签名冲突。

10.1.2　制作 App 图标

新建一个App工程，默认的应用图标都是机器人，如果要发布正规的App，肯定得更换醒目的专享图标。可是res目录下有好几种分辨率的mipmap-***目录，每种分辨率又有圆角矩形和圆形两类图标，加起来要做十几个图标，倘若每个图标都手工制作，实在要累得够呛。幸好Android Studio早早提供了专门的图标制作插件，只要简简单单几个步骤，即可自动生成所有规格的应用图标。该插件的具体使用步骤如下。

01 右击项目结构图的模块名称，在右键菜单中依次选择菜单New→Image Asset，弹出如图10-8所示的图标制作对话框。

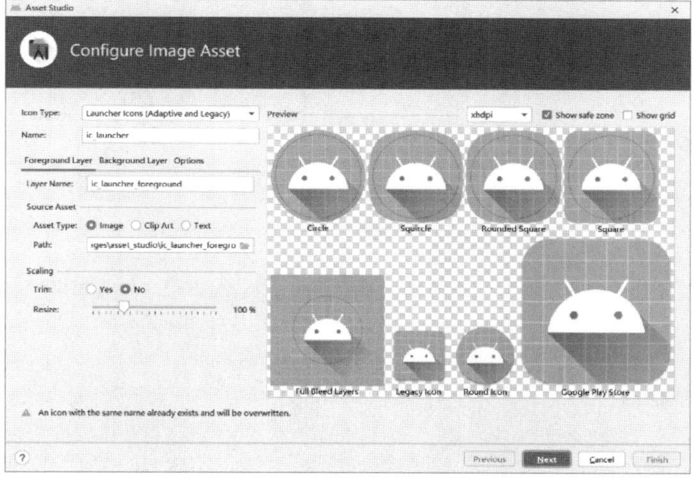

图 10-8　Android Studio 的图标制作对话框

02 图10-8所示的对话框左侧是图标的配置选项，右侧是各规格图标的展示效果。在对话框左侧中间找到Path区域，单击路径输入框右边的文件夹图标，在弹出的文件窗口中选择新图标的素材图片，再回到图标制作窗口，此时该对话框的界面如图10-9所示。

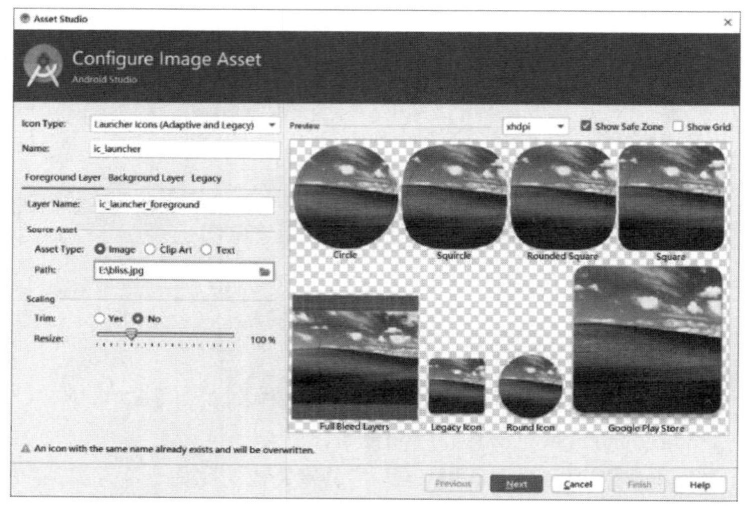

图 10-9 选择新图片后的图标制作对话框

03 由图10-9可见，对话框右侧的展示区域一下子全部换成了新的图标，完全自动加工好了。接着单击窗口下方的Next按钮，跳转到如图10-10所示的下一页对话框。

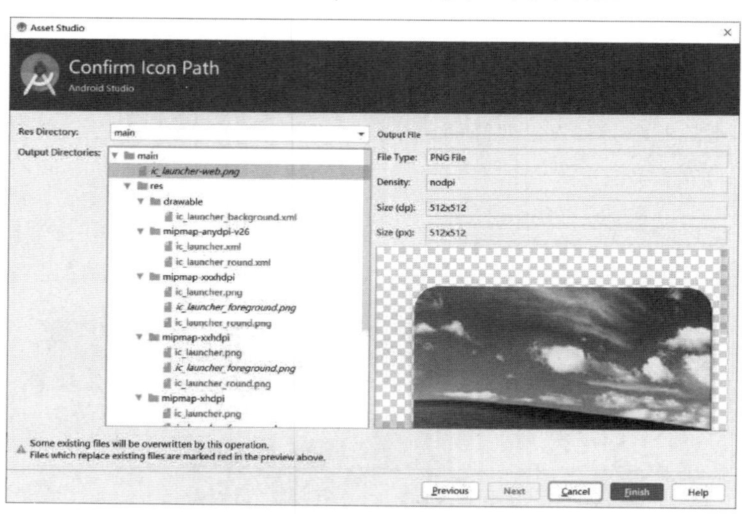

图 10-10 图标制作的下一页对话框

04 单击下一页窗口中的Finish按钮，结束图标制作操作，然后在mipmap-***目录下就能看到各种规格的新图标了。

10.1.3 给 APK 瘦身

App 不但要求功能完善，其他方面也得综合考虑，比如 APK 安装包的文件大小就是很重要的参考因素。具备同样功能的两个安装包，一个很大很占用空间，另一个较小不怎么占空间，用户的选择结果自然不言而喻。如何压缩打包后的 APK 文件大小，也就是所谓的给 APK 瘦身，这涉及很多技术手段，最常用的主要有 3 种：去除冗余功能、精简无用资源、压缩图片大小。分别介绍如下：

1. 去除冗余功能

每当开发者创建新的Android项目，打开模块的AndroidManifest.xml，看到默认的application节点是下面这样的：

```
<application
    android:allowBackup="true"
    android:icon="@mipmap/ic_launcher"
    android:label="@string/app_name"
    android:roundIcon="@mipmap/ic_launcher_round"
    android:supportsRtl="true"
    android:theme="@style/AppTheme">
```

注意application节点有两个属性allowBackup和supportsRtl，且都被设置为true，它俩到底是干什么用的呢？

首先看 allowBackup，该属性若设置为 true，则允许用户备份 APK 安装包和应用数据，以便在刷机或者数据丢失后恢复应用。这里其实隐含着高危漏洞，因为备份后的应用数据可能被人复制到其他设备，如此一来用户的隐私就会泄露出去，账号密码、聊天记录等均可遭窃。所以还是赶紧关闭这个鸡肋功能，把 allowBackup 属性值由默认的 true 改为 false。

然后看 supportsRtl，该属性名称当中的 Rtl 为“Right-to-Left”（从右到左）的缩写，像中东的阿拉伯语、希伯来文等都是从右到左书写，supportsRtl 属性值为 true 时表示支持这种从右向左的文字系统。可是常用的中文、英文等都是从左往右书写，根本用不着从右到左的倒排功能，因此若无特殊情况可把 supportsRtl 属性值由默认的 true 改为 false。

关闭备份与倒排功能之后，application节点变成了下面这样：

```
<application
    android:allowBackup="false"
    android:icon="@mipmap/ic_launcher"
    android:label="@string/app_name"
    android:roundIcon="@mipmap/ic_launcher_round"
    android:supportsRtl="false"
    android:theme="@style/AppTheme">
```

2. 精简无用资源

同样打开新项目中模块级别的build.gradle，发现buildTypes节点是下面这样的：

```
buildTypes {
    release {
        minifyEnabled false
        proguardFiles getDefaultProguardFile('proguard-android-optimize. txt'),
'proguard-rules.pro'

    }
}
```

可见有个minifyEnabled属性，默认值为false，该属性的字面意思为是否启用最小化，如果将它设置为true，则Android Studio在打包APK时会进行以下代码处理：

（1）压缩代码，移除各种无用的实体，包括类、接口、方法、属性、临时变量等。

（2）混淆代码，把类名、属性名、方法名、实例名、变量名替换为简短且无意义的名称，例如 Student 类的名称可能改为 a，方法 getName 的名称可能改为 b 等。

App的Java代码经过压缩和混淆之后，打包生成的APK文件会随之变小。除了代码之外，应用项目还包括各种资源文件，若想移除无用的资源文件（包括XML布局和图片），就要引入新属性shrinkResources，并将该属性值设置为true，这样Android Studio在打包APK时会自动移除无用的资源文件。同时开启代码压缩和资源压缩的buildTypes节点示例如下：

```
    buildTypes {
       release {
          minifyEnabled true
          shrinkResources true
          proguardFiles getDefaultProguardFile('proguard-android-optimize. txt'),
'proguard-rules.pro'
       }
    }
```

3. 压缩图片大小

由于手机屏幕的尺寸有限，原始质量的高清图片与有损压缩后的图片在视觉上没有太大差别，因此适当压缩图片质量也是减小 APK 体积的一个重要途径。App 传统的资源图片主要有 JPG 和 PNG 两种格式，对于 JPG 图片来说，利用看图软件 ACDSee 即可快速压缩图片大小，先使用 ACDSee 打开 JPG 文件，然后依次选择菜单“文件”→“另存为”，弹出如图 10-11 所示的“图像另存为”对话框。

单击“图像另存为”对话框右下角的“选项”按钮，弹出如图 10-12 所示的“JPEG 选项”对话框，把窗口上方“图像质量”区域的拖动条往左拖到 60 处，表示有损压缩保持 60%的图像质量。单击窗口下方的“确定”按钮，回到前一步骤的“图像另存为”对话框，再单击对话框右侧的“保存”按钮，完成 JPG 图片的压缩操作。

图10-11　ACDSee的“图像另存为”对话框

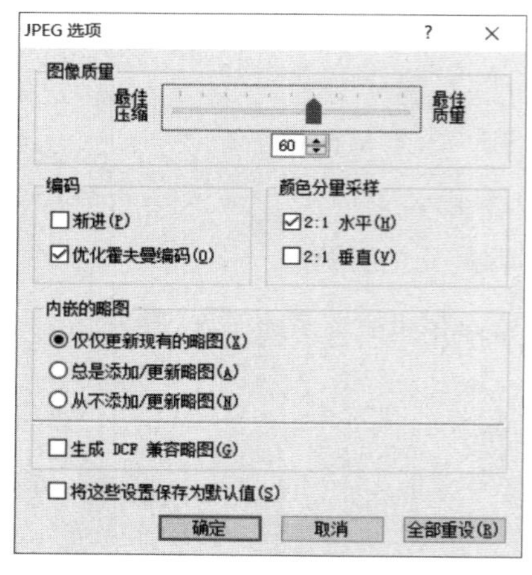

图10-12　“JPEG选项”对话框

对于 PNG 图片来说，利用 PhotoShop 即可快速压缩图片大小，先使用 PhotoShop 打开 PNG 文件，然后依次选择菜单“文件”→“存储为 Web 所用格式”，弹出如图 10-13 所示的图片转换对话框。

单击对话框右上角的“预设”下拉框，并选中最后一项“PNG-8”，再单击对话框下方的“存储”按钮，完成 PNG 图片的压缩操作。

当然，专业的图像处理软件毕竟存在操作门槛，初学者不易掌握使用技巧。此时也可借助第三方的图像压缩网站，自动完成图片文件的压缩处理，就 PNG 格式而言，常见的压缩站点包括 https://tinypng.com/和 https://compresspng.com/zh/，感兴趣的读者不妨一试。

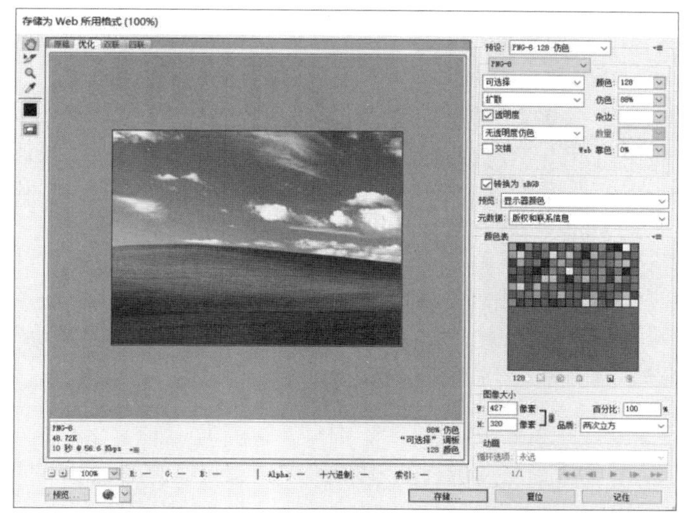

图 10-13　PhotoShop 的 PNG 图片转换对话框

10.2　规 范 处 理

本节介绍App上线前必做的准备工作，包括：如何正确设置App的版本编号和版本名称、如何把App从调试模式切换到发布模式、如何给多个渠道同时打包APK文件。

10.2.1　版本设置

每个App都有3个基础信息：第一个是App的图标，图标文件为res/mipmap-*** 目录下的ic_launcher.png；第二个是App的名称，名称文字保存在res/values/strings.xml的app_name当中；第三个是App的版本号，版本信息包括build.gradle的versionCode与versionName两个参数，其中versionCode为纯数字的版本编号，versionName为带点号的字符串，格式形如“数字.数字.数字”。

App图标和App名称都好理解，在手机桌面上也能看到App的图标和名称，那么为什么App还需要版本编号与版本名称这样的版本信息呢？这是因为App需要经常升级，但不允许App降级，也就是说，一旦安装了某个版本的App，那么之后只能安装版本更新的同名App，不能安装版本更旧的同名App。这种只能升级不能降级的判断，就依赖于每个APK文件设定的版本号versionCode，versionCode的数值越大，表示该安装包的版本越高；versionCode的数值越小，表示该安装包的版本越低。依据当前App的版本号与待安装APK的版本号，系统方能比较得知是否允许升级App。

至于版本名称versionName，则用来标识每次App升级的改动程度，按照通常的版本名称格式“数字.数字.数字”，第一个数字为大版本号，每当有页面改版或代码重构等重大升级时，大版本号要加1，后面两个数字清零；第二个数字为中版本号，每当要更新局部页面或添加新功能时，中版本号加1，第三个数字清零；第三个数字为小版本号，每当有界面微调或问题修复时，小版本号加1。

每次App升级重新导出APK的时候，versionCode与versionName都要一起更改，不能只改其中一个。并且升级后的versionCode与versionName只能比原来大，不能比原来小。如果没有按照规范修改版本号，就会产生以下问题：

（1）版本号比已安装的版本号小，在安装时系统直接提示失败，因为App只能做升级操作，不能做降级操作。

（2）在升级系统应用（手机厂商内置的应用，非普通应用）时，如果只修改versionName，没修改versionCode，重启手机后会发现更新丢失，该应用被还原到升级前的版本。这是因为：对于系统应用，Android会检查versionCode的数值，如果versionCode不大于当前已安装的版本号，本次更新就被忽略了。

除了系统要求检查应用的基础信息，App有时也需要获取自身信息，比如应用图标可从资源图片获取，应用名称可调用getString方法获取。其他像应用包名、应用版本等信息，可从编译配置工具BuildConfig获取，该类提供的几个配置属性说明如下：

- APPLICATION_ID：应用包名。
- BUILD_TYPE：编译类型。为debug表示这是调试包，为release表示这是发布包。
- VERSION_CODE：应用的版本编号。
- VERSION_NAME：应用的版本名称。

下面是获取App基础信息的代码例子：

```
(完整代码见chapter10\src\main\java\com\example\chapter10\AppVersionActivity.java)
public class AppVersionActivity extends AppCompatActivity {
    @Override
    protected void onCreate(Bundle savedInstanceState) {
        super.onCreate(savedInstanceState);
        setContentView(R.layout.activity_app_version);
        ImageView iv_icon = findViewById(R.id.iv_icon);
        // 应用图标取自ic_launcher
        iv_icon.setImageResource(R.mipmap.ic_launcher);
        TextView tv_desc = findViewById(R.id.tv_desc);
        // 应用名称取自app_name，应用包名、版本号、版本名称均来自BuildConfig
        String desc = String.format("App名称为：%s\nApp包名为：%s\n" +
                    "App版本号为：%d\nApp版本名称为：%s",
              getString(R.string.app_name), BuildConfig.APPLICATION_ID,
              BuildConfig.VERSION_CODE, BuildConfig.VERSION_NAME);
        tv_desc.setText(desc);
    }
}
```

运行测试App，看到App版本信息的获取页面如图10-14所示，可见分别展示了测试App的图标、名称、包名，以及版本编号和版本名称。

图 10-14　App 版本信息的获取页面

10.2.2　发布模式

为了编码调试方便，开发者经常在代码里添加日志，还在页面上弹出各种提示。这样固然有利于发现 bug、提高软件质量，不过调试信息过多往往容易泄露敏感信息，例如用户的账号密码、业务流程的逻辑等。从保密角度考虑，App 在上线前必须去掉多余的调试信息，也就是生成发布模式的安装包，与之相对的是开发阶段的调试模式。

建立发布模式拥有下列两点优势：

（1）保护用户的敏感账户信息不被泄露。

（2）保护业务逻辑与流程处理的交互数据不被泄露。

发布模式与调试模式的安装包很好区分，通过菜单Generate Signed Bundle / APK...导出安装包的打包对话框，在Build Variants一栏即可选择安装包类型。选中release时表示生成发布模式的安装包，如图10-15所示；选中debug时表示生成调试模式的安装包，如图10-16所示。

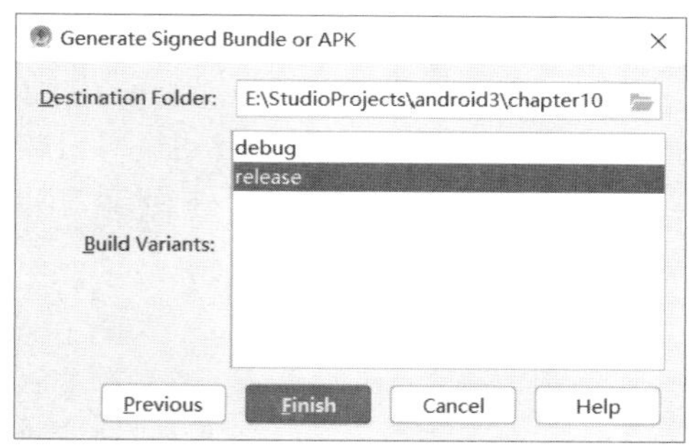

图10-15　导出APK时选择发布模式

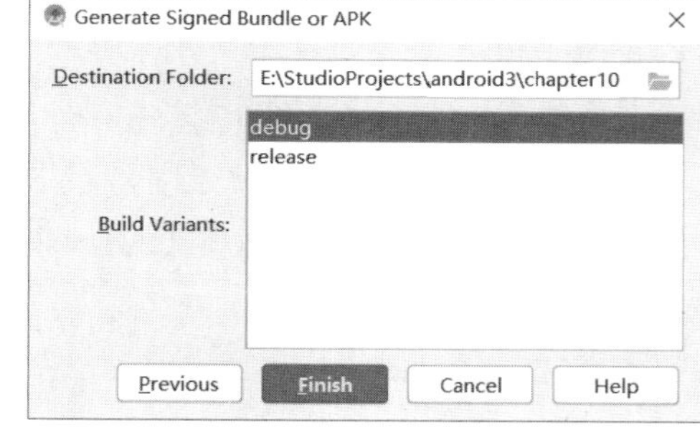

图10-16　导出APK时选择调试模式

发布模式不是直接删掉调试代码，而是通过某个开关控制是否显示调试信息，因为App后续还得修改、更新、重新发布，这个迭代过程要不断调试，从而实现并验证新功能。App代码可通过BuildConfig.DEBUG判断当前是发布模式还是调试模式，BuildConfig.DEBUG值为false表示处于发布模式，为true表示处于调试模式。于是利用BuildConfig.DEBUG能够控制是否打开日志，在开发阶段导出调试包，在上架阶段导出发布包，这样日志只会在调试包中打印，不会在发布包中打印。

控制调试信息的工具类主要有两种，分别对Log工具和Toast工具加以封装，说明如下：

1. 日志Log

Log工具用于打印调试日志。在App运行过程中，日志信息会输出到Logcat窗口。因为最终用户不关心App日志，所以除非特殊情况，发布上线的App应屏蔽所有日志信息。下面是封装了调试模式的Log工具代码：

```
(完整代码见chapter10\src\main\java\com\example\chapter10\util\LogUtil.java)
public class LogUtil {
    // 调试模式来自BuildConfig.DEBUG，false表示发布模式，true表示调试模式
    public static boolean isDebug = BuildConfig.DEBUG;

    public static void v(String tag, String msg) {
        if (isDebug) {
            Log.v(tag, msg);  // 打印冗余日志
        }
    }
    public static void d(String tag, String msg) {
        if (isDebug) {
            Log.d(tag, msg);  // 打印调试日志
        }
    }
    public static void i(String tag, String msg) {
        if (isDebug) {
            Log.i(tag, msg);  // 打印一般日志
```

```
        }
    }
    public static void w(String tag, String msg) {
        if (isDebug) {
            Log.w(tag, msg); // 打印警告日志
        }
    }
    public static void e(String tag, String msg) {
        if (isDebug) {
            Log.e(tag, msg); // 打印错误日志
        }
    }
}
```

2. 提示Toast

Toast工具在界面下方弹出小窗，给用户一两句话的提示，小窗短暂停留一会儿后消失。由于Toast窗口无交互动作，样式也基本固定，因此除了少数弹窗在发布时予以保留，其他弹窗都应在发布时屏蔽。下面是封装了调试模式的Toast工具代码：

```
（完整代码见chapter10\src\main\java\com\example\chapter10\util\ToastUtil.java）
public class ToastUtil {
    // 调试模式来自BuildConfig.DEBUG，false表示发布模式，true表示调试模式
    public static boolean isDebug = BuildConfig.DEBUG;
    // 不管发布模式还是调试模式，都弹出提示文字
    public static void show(Context ctx, String desc) {
        Toast.makeText(ctx, desc, Toast.LENGTH_SHORT).show();
    }
    // 调试模式下弹出短暂提示
    public static void showShort(Context ctx, String desc) {
        if (isDebug) {
            Toast.makeText(ctx, desc, Toast.LENGTH_SHORT).show();
        }
    }
    // 调试模式下弹出长久提示
    public static void showLong(Context ctx, String desc) {
        if (isDebug) {
            Toast.makeText(ctx, desc, Toast.LENGTH_LONG).show();
        }
    }
}
```

除此以外，AndroidManifest.xml也要区分发布模式与调试模式。应用上架之后，若无特殊情况，开发者都不希望activity和service对外部应用开放，所以要在activity和service标签下分别添加属性android:exported="false"，表示该组件不允许对外开放。

10.2.3 多渠道打包

对于很多大型App来说，针对不同渠道进行精细化运营是必不可少的，并且客观上也要求对App分渠道管理。这里所谓的渠道，指的是提供App下载的各大应用商店，尤其是各大手机厂商预装的自家应用商店，包括华为、荣耀、小米、OPPO、vivio等品牌。根据不同渠道打造对应的App安装包，带来的好处包括但不限于以下几点：

（1）各厂商的底层系统有着不同的适配要求，需要分别加以定制。

（2）有助于统计各家渠道的App下载量、用户数量以及业务交易量。

（3）有助于对各家厂商的App用户分别开展精准营销活动。

那么应该如何对App分渠道打包呢？倘若每打一个安装包，就要手工改配置手工导出APK，无疑费时费力费神。其实略施小计，通过修改build.gradle，即可实现自动化分渠道打包的功能。

以常见的友盟统计为例，按照友盟SDK的打包规定，需要在AndroidManifest.xml里面补充如下的配置信息，表示定义一个名叫UMENG_CHANNEL的元数据变量：

```
<meta-data
    android:name="UMENG_CHANNEL"
    android:value="${UMENG_CHANNEL_VALUE}" />
```

有了这个元数据UMENG_CHANNEL，App代码才能获取具体的渠道字符串，再分支处理各个渠道的统计数据。

那么UMENG_CHANNEL的字符串值又该如何传达呢？此时要修改build.gradle，在该文件中编写多渠道打包配置，具体的修改步骤说明如下：

01 给android节点添加flavorDimensions与productFlavors配置，指定风味维度和产品风味，表示开启多渠道打包功能。详细的配置信息如下：

```
(完整代码见chapter10\build.gradle)
flavorDimensions "versionCode" // 指定风味维度。多渠道打包需要
// 指定产品风味（下面一共设定了五种风味：华为、荣耀、小米、OPPO、vivo）
productFlavors {
    huawei {}
    rongyao {}
    xiaomi {}
    oppo {}
    vivo {}
}
// 遍历每种风味，分别对AndroidManifest.xml的UMENG_CHANNEL_VALUE赋值
productFlavors.all {
    flavor -> flavor.manifestPlaceholders = [UMENG_CHANNEL_VALUE: name]
}
```

02 在buildTypes下面的release节点内部补充以下的配置内容，表示给每个渠道的安装包文件分别命名。

```
// 自定义输出配置
applicationVariants.all { variant ->
    variant.outputs.all { output ->
        def outputFile = output.outputFile
        if (outputFile != null && outputFile.name.endsWith('.apk')) {
            // 输出的apk名称类似test_v1.0_huawei.apk
            def fileName = "test_v${defaultConfig.versionName}
_${variant.productFlavors[0].name}.apk"
            outputFileName = fileName
        }
    }
}
```

然后依次选择菜单Build→Generate Signed Bundle / APK...，在最后一页的打包对话框中看到多个渠道的名称列表，如图10-17所示。

选中列表的所有渠道，注意勾选下方的V1和V2两个选项，单击窗口底部的Finish按钮开始打包。稍等片刻，即可在设置的目标路径中看到打包好的各渠道安装包了，安装包文件名形如test_v1.0_huawei.apk这样。

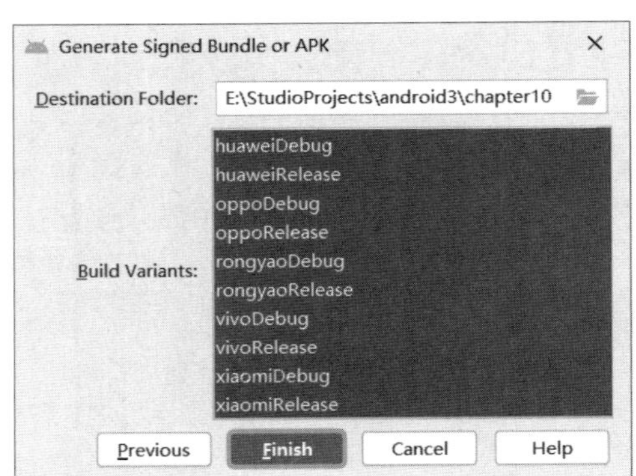

图 10-17 在 APK 打包对话框中看到多个渠道

10.3 安全加固

本节介绍如何对APK安装包进行安全加固：首先通过反编译工具成功破解App源码，从而表明对APK实施安全防护的必要性；然后说明代码混淆的开关配置，并演示代码混淆如何加大源码破译的难度；最后描述怎样利用第三方加固网站对APK进行加固，以及如何对加固包进行重签名。

10.3.1 反编译

编译是把代码编译为程序，反编译是把程序破解为代码。

谁都不想自己的劳动成果被别人窃取，何况是辛辛苦苦敲出来的App代码，然而由于Java语言的特性，Java写的程序往往很容易被破解，只要获得App的安装包，就能通过反编译工具破解出该App的完整源码。开发者绞尽脑汁上架一个App，结果这个App却被他人从界面到代码都“山寨”了，那可真是欲哭无泪。为了说明代码安全的重要性，下面详细介绍反编译的完整过程，警醒开发者防火、防盗、防破解。

首先准备反编译的3个工具，分别是apktool、dex2jar、jd-gui，注意下载它们的最新版本。下面是这3个工具的简要说明。

- apktool：对APK文件解包，主要用来解析res资源和AndroidManifest.xml。
- dex2jar：将APK包中的classes.dex转为JAR包，JAR包就是Java代码的编译文件。
- jd-gui：将JAR包反编译为Java源码。

以Windows环境为例，下面是反编译APK的具体步骤。

01 依次选择开始菜单→Windows系统→命令提示符，打开命令行窗口，进入apktool所在的目录，运行命令〝apktool.bat d -f解包后的保存目录名 待处理的APK文件名〞，等待反编译过程，如图10-18所示。

反编译完毕，即可在apktool目录下看到破解目录。apktool的用途是解析出res资源，包括AndroidManifest.xml和res/layout、res/values、res/drawable等目录下的资源文件。

02 用压缩软件（如WinRAR）打开APK文件，发现APK安装包其实是一个压缩文件，使用WinRAR打开的APK文件的目录结构如图10-19所示。

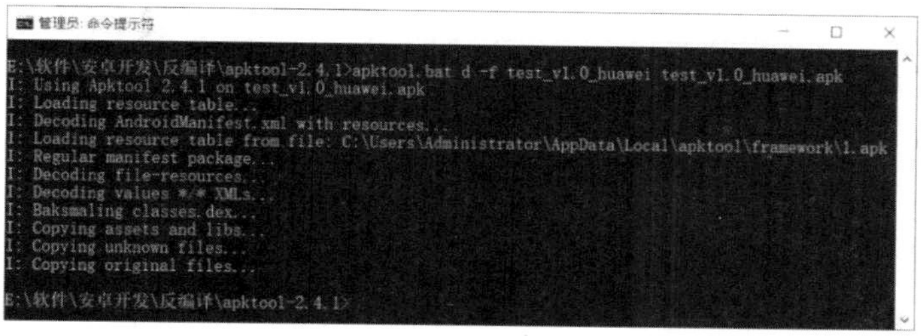

```
管理员: 命令提示符
E:\软件\安卓开发\反编译\apktool-2.4.1>apktool.bat d -f test_v1.0_huawei test_v1.0_huawei.apk
I: Using Apktool 2.4.1 on test_v1.0_huawei.apk
I: Loading resource table...
I: Decoding AndroidManifest.xml with resources...
I: Loading resource table from file: C:\Users\Administrator\AppData\Local\apktool\framework\1.apk
I: Regular manifest package...
I: Decoding file-resources...
I: Decoding values */* XMLs...
I: Baksmaling classes.dex...
I: Copying assets and libs...
I: Copying unknown files...
I: Copying original files...

E:\软件\安卓开发\反编译\apktool-2.4.1>
```

图 10-18　反编译工具 apktool 的运行截图

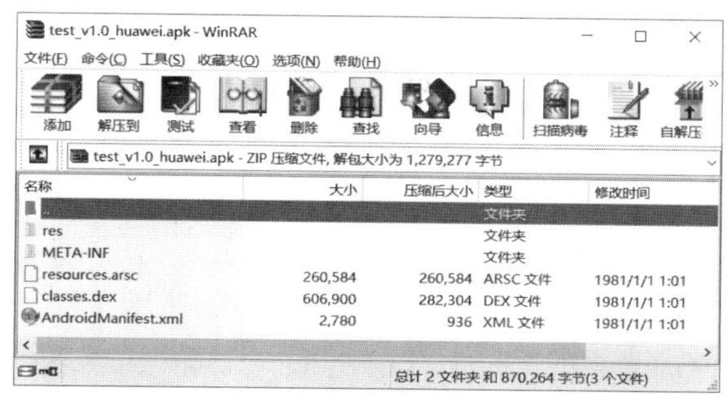

图 10-19　APK 解压后的内部目录结构

先从APK包中解压出classes.dex文件，再进入dex2jar所在的目录，运行命令〝d2j-dex2jar.bat classes.dex〞，等待转换过程，如图10-20所示。

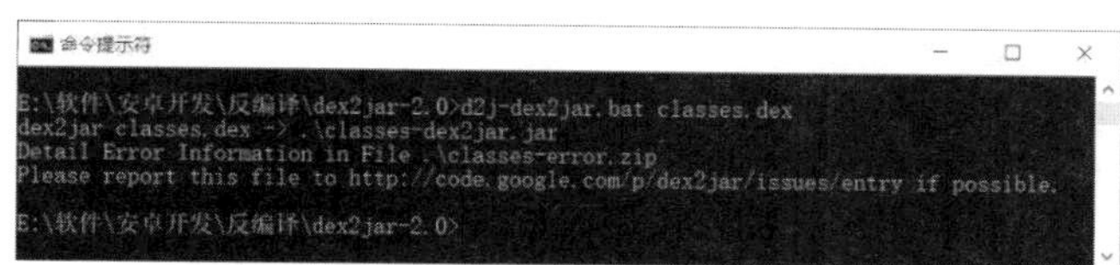

图 10-20　转换工具 dex2jar 的运行截图

转换完毕，即可在dex2jar目录下看到新文件classes_dex2jar.jar，该JAR包即为Java源码的编译文件。

03 双击打开jd-gui.exe，用鼠标把第二步生成的classes_dex2jar.jar拖到jd-gui界面中，程序就会自动将JAR包反编译为Java源码，反编译后的Java源码目录结构如图10-21所示。

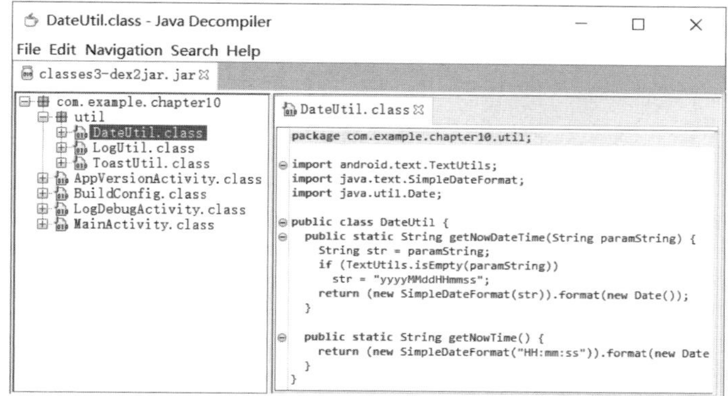

图 10-21　反编译后的 Java 源码目录结构

在jd-gui界面依次选择菜单File→Save All Sources，输入保存路径再单击保存按钮，即可在指定目录下生成ZIP文件，解压ZIP文件就能看到反编译后的全部Java代码了。

由此可见，反编译过程不但破解了Java代码，而且res目录下的资源文件也被一起破解了，所以，如果App不采取一些保护措施，整个工程源码就会暴露在大庭广众之下。

10.3.2 代码混淆

前面讲到反编译能够破解App的工程源码，因此有必要对App源码采取防护措施，代码混淆就是保护代码安全的措施之一。Android Studio已经自带了代码混淆器ProGuard，它的用途主要有下列两点：

（1）压缩APK包的大小，删除无用代码，并简化部分类名和方法名。

（2）加大破解源码的难度，部分类名和方法名被重命名使得程序逻辑变得难以理解。

代码混淆的配置文件其实一直都存在，每次在Android Studio新建一个模块，该模块的根目录下会自动生成文件proguard-rules.pro。打开build.gradle，在android→buildTypes→release节点下可以看到两行编译配置，其中便用到了proguard-rules.pro：

```
    minifyEnabled false
    proguardFiles getDefaultProguardFile('proguard-android-optimize.txt'),
'proguard-rules.pro'
```

由于Android Studio默认不做代码混淆，因此上面第一行的minifyEnabled为false，表示关闭混淆功能，要把该参数改为true才能开启混淆功能。上面第二行指定proguard-rules.pro作为本模块的混淆规则文件，该文件保存着各种详细的代码混淆规则。

对于初学者来说，采用Android Studio默认的混淆规则即可，所以无须改动proguard-rules.pro，只要把build.gradle里的minifyEnabled改为true，Android Studio就会按照默认的混淆规则对App代码进行混淆处理。注意默认规则保存在proguard-android-optimize.txt中，该文件位于SDK安装目录的tools\proguard\proguard-android-optimize.txt。

经过代码混淆后重新生成APK安装包，再用反编译工具破解APK文件，反编译后的Java源码结构如图10-22所示。

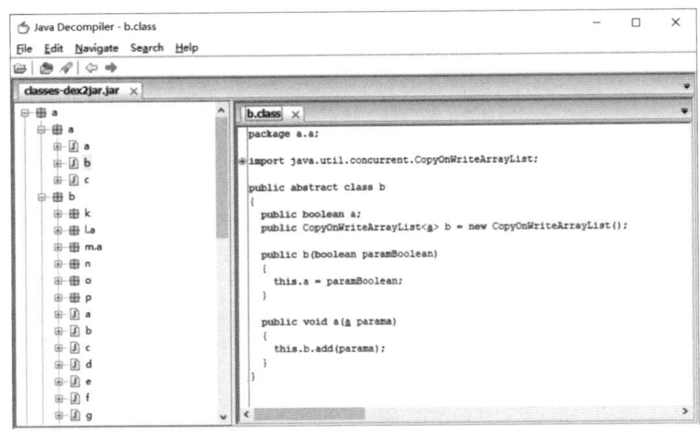

图 10-22 经过代码混淆再破解后的 Java 源码目录结构

从图中可以看到，混淆后的包名与类名都变成了a、b、c、d这样的名称，无疑加大了黑客理解源码的难度。试想当黑客面对这些天书般的a、b、c、d，还会绞尽脑汁地尝试破译吗？

10.3.3　第三方加固及重签名

App经过代码混淆后初步结束了裸奔的状态，但代码混淆只能加大源码破译的难度，并不能完全阻止被破解。除了代码破解外，App还存在其他安全风险，比如二次打包、篡改内存、漏洞暴露等情况。对于这些安全风险，Android Studio基本无能为力。因此，鉴于术业有专攻，不妨把APK文件交给专业网站进行加固处理。举个做得比较好的第三方加固例子——360加固保，其网址是http://jiagu.360.cn/。开发者要先在该网站注册新用户，然后进入“管理中心”→“应用安全”，打开的在线加固页面如图10-23所示。

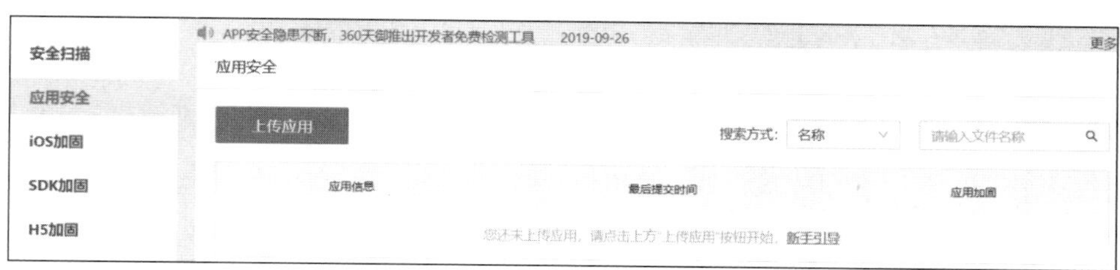

图 10-23　360 加固保的在线加固页面

单击该页面的“上传应用”按钮，在新页面中选中本地的APK文件后，点击“确定”按钮，接着页面开始加固操作，如图10-24所示。

图 10-24　正在加固的应用页面

稍等片刻，加固完成的页面如图10-25所示。

图 10-25　加固完成的应用页面

可见应用右侧的加固状态为“加固成功”，单击文字链接或右边的下载图标，把加固好的安装包下载到本地，下载后的文件名形如chapter10-release_enc.apk。然后利用反编译工具尝试破解这个加固包，会发现该安装包变得无法破译。

不过加固后的APK破坏了原来的签名，也就无法在手机上安装，此时要对该文件进行重签名，才能成为合法的APK安装包。重签名可使用专门的签名软件，比如爱加密的APKSign，先下载该软件，解压后打开APKSign.exe，它的软件界面如图10-26所示。单击界面右上角的“浏览”按钮，选择待签名的APK（如chapter10-release_enc.apk），再选择签名文件的路径，依次输入密码、别名、别名的密码、APK签名后的保存路径，输入各项信息的签名界面如图10-27所示，最后单击“开始签名”按钮开始签名操作。

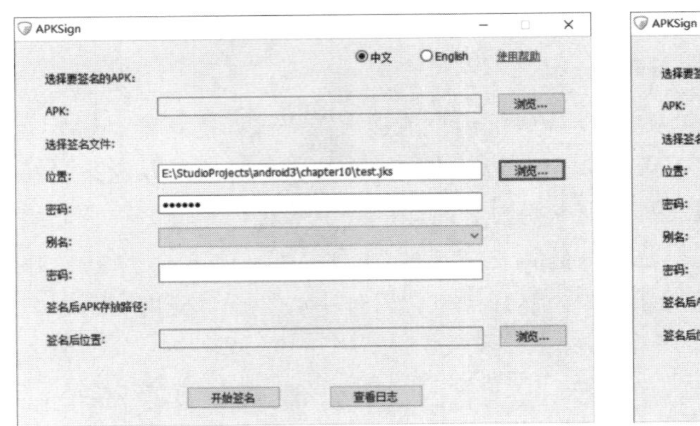

图10-26　爱加密的重签名工具界面

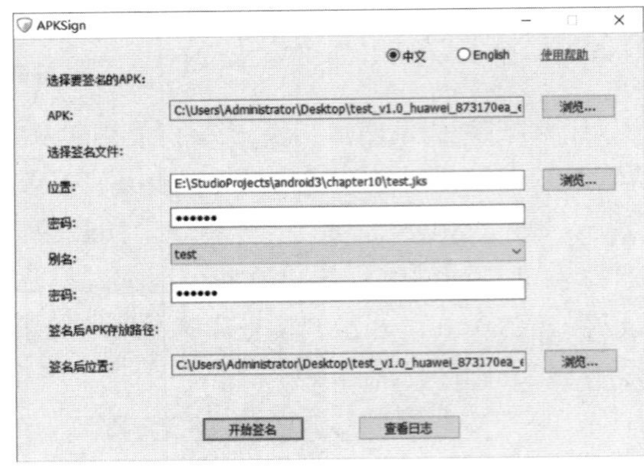

图10-27　填好信息的重签名工具界面

等待签名结束，即可在“签名后位置”一栏指定的路径下找到重签名的安装包文件chapter10-release_enc_signed.apk，该 APK 文件即可直接在手机上安装了。

10.4 小　　结

本章主要介绍了应用安装包的相关制作规范，包括：应用打包（导出 APK 安装包、制作 App 图标、给 APK 瘦身）、规范处理（版本设置、发布模式、多渠道打包）、安全加固（反编译、代码混淆、第三方加固及重签名）。经过这一系列应用制作流程，完成了 App 从开发阶段的代码到用户手机应用的华丽转变，实现 App 从开发→调试→加固→发布的完整过程。

通过本章的学习，读者应该能够掌握以下3种开发技能：

（1）学会从 App 工程导出 APK 安装包。

（2）学会把 App 工程从调试模式转为发布模式。

（3）学会对 APK 文件进行安全加固和重签名。

10.5 动手练习

请上机实验制作并导出测试应用的安装包文件，要求 App 图标醒目，APK 文件适当瘦身，采取发布模式，并且经过代码混淆、安全加固处理。

第 11 章 事件交互

本章介绍App开发常见的一些事件交互技术，主要包括：如何检测并接管按键事件，如何对触摸事件进行分发、拦截与处理，如何根据触摸行为辨别几种手势动作，如何正确避免手势冲突的意外状况。最后结合本章所学的知识演示一个实战项目“仿美图秀秀的抠图工具”的设计与实现。

11.1 按键事件

本节介绍App开发对按键事件的检测与处理，内容包括如何检测控件对象的按键事件、如何检测活动页面的物理按键、以返回键为例说明“再按一次返回键退出”的功能实现。

11.1.1 检测软键盘

手机上的输入按键一般不另外进行处理，直接由系统按照默认情况操作。有时为了改善用户体验，需要让App拦截按键事件，并进行额外处理。譬如使用编辑框有时要监控输入字符中的回车键，一旦发现用户敲了回车键，就将焦点自动移到下一个控件，而不是在编辑框中输入回车换行。拦截输入字符可通过注册文本观测器TextWatcher实现，但该监听器只适用于编辑框控件，无法用于其他控件。因此，若想让其他控件也能监听按键操作，则要另外调用控件对象的setOnKeyListener方法设置按键监听器，并实现监听器接口OnKeyListener的onKey方法。

监控按键事件之前，首先要知道每个按键的编码，这样才能根据不同的编码值进行相应的处理。按键编码的取值说明见表11-1。注意，监听器OnKeyListener只会检测控制键，不会检测文本键（字母、数字、标点等）。

表 11-1 按键编码的取值说明

按键编码	KeyEvent 类的按键名称	说　明
3	KEYCODE_HOME	首页键（未开放给普通 App）
4	KEYCODE_BACK	返回键（后退键）
24	KEYCODE_VOLUME_UP	加大音量键
25	KEYCODE_VOLUME_DOWN	减小音量键
26	KEYCODE_POWER	电源键（未开放给普通 App）
66	KEYCODE_ENTER	回车键

（续表）

按键编码	KeyEvent 类的按键名称	说　明
67	KEYCODE_DEL	删除键（退格键）
84	KEYCODE_SEARCH	搜索键
187	KEYCODE_APP_SWITCH	任务键（未开放给普通 App）

实际监控结果显示，每次按下控制键，onKey方法都会收到两次重复编码的按键事件，这是因为该方法把每次按键都分成按下与松开两个动作，所以一次按键变成了两个按键动作。解决这个问题的办法很简单，就是只监控按下动作（KeyEvent.ACTION_DOWN）的按键事件，不监控松开动作（KeyEvent.ACTION_UP）的按键事件。

下面是使用软键盘监听器的示例代码：

```
(完整代码见chapter11\src\main\java\com\example\chapter11\KeySoftActivity.java)
public class KeySoftActivity extends AppCompatActivity implements OnKeyListener {
    private TextView tv_result;                          // 声明一个文本视图对象
    private String desc = "";

    @Override
    protected void onCreate(Bundle savedInstanceState) {
        super.onCreate(savedInstanceState);
        setContentView(R.layout.activity_key_soft);
        EditText et_soft = findViewById(R.id.et_soft);
        et_soft.setOnKeyListener(this);                  // 设置编辑框的按键监听器
        tv_result = findViewById(R.id.tv_result);
    }

    // 在发生按键动作时触发
    @Override
    public boolean onKey(View v, int keyCode, KeyEvent event) {
        if (event.getAction() == KeyEvent.ACTION_DOWN) {
            desc = String.format("%s软按键编码是%d，动作是按下", desc, keyCode);
            if (keyCode == KeyEvent.KEYCODE_ENTER) {
                desc = String.format("%s，按键为回车键", desc);
            } else if (keyCode == KeyEvent.KEYCODE_DEL) {
                desc = String.format("%s，按键为删除键", desc);
            } else if (keyCode == KeyEvent.KEYCODE_SEARCH) {
                desc = String.format("%s，按键为搜索键", desc);
            } else if (keyCode == KeyEvent.KEYCODE_BACK) {
                desc = String.format("%s，按键为返回键", desc);
                // 延迟3秒后启动页面关闭任务
                new Handler(Looper.myLooper()).postDelayed(() -> finish(), 3000);
            } else if (keyCode == KeyEvent.KEYCODE_VOLUME_UP) {
                desc = String.format("%s，按键为加大音量键", desc);
            } else if (keyCode == KeyEvent.KEYCODE_VOLUME_DOWN) {
                desc = String.format("%s，按键为减小音量键", desc);
            }
            desc = desc + "\n";
            tv_result.setText(desc);
            // 返回true表示处理完了不再输入该字符
            return true;
        } else {
            // 返回false表示输入该字符
            return false;
        }
    }
}
```

上述代码的按键效果如图11-1所示。虽然按键编码表存在主页键、任务键、电源键的定义，但这3个键并不开放给普通App，普通App也不应该拦截这些按键事件。

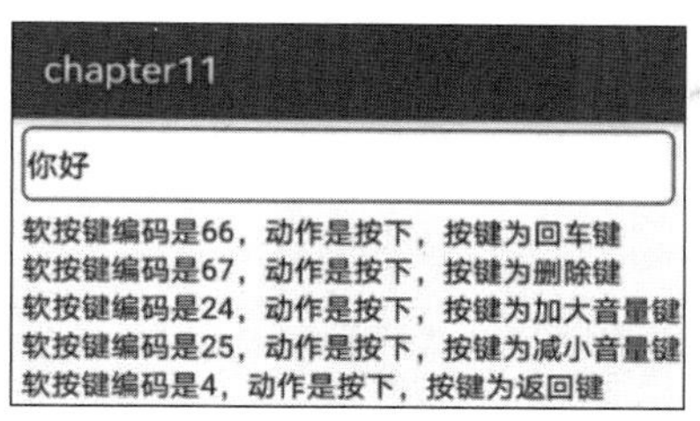

图 11-1　软键盘的检测结果

11.1.2　检测物理按键

除了给控件注册按键监听器外，还可以在活动页面上检测物理按键，即重写Activity的onKeyDown方法。onKeyDown方法与前面的onKey方法类似，同样拥有按键编码与按键事件KeyEvent两个参数。当然，这两个方法也存在不同之处，具体说明如下：

（1）onKeyDown只能在活动代码中使用，而onKey只要有可注册的控件就能使用。

（2）onKeyDown只能检测物理按键，无法检测输入法按键（如回车键、删除键等），onKey可同时检测两类按键。

（3）onKeyDown不区分按下与松开两个动作，onKey区分这两个动作。

下面是启用物理按键监听的代码片段：

```
（完整代码见chapter11\src\main\java\com\example\chapter11\KeyHardActivity.java）
// 在发生物理按键动作时触发
@Override
public boolean onKeyDown(int keyCode, KeyEvent event) {
    desc = String.format("%s物理按键的编码是%d", desc, keyCode);
    if (keyCode == KeyEvent.KEYCODE_BACK) {
        desc = String.format("%s，按键为返回键", desc);
        // 延迟3秒后启动页面关闭任务
        new Handler(Looper.myLooper()).postDelayed(() -> finish(), 3000);
    } else if (keyCode == KeyEvent.KEYCODE_VOLUME_UP) {
        desc = String.format("%s，按键为加大音量键", desc);
    } else if (keyCode == KeyEvent.KEYCODE_VOLUME_DOWN) {
        desc = String.format("%s，按键为减小音量键", desc);
    }
    desc = desc + "\n";
    tv_result.setText(desc);
    // 返回true表示不再响应系统动作，返回false表示继续响应系统动作
    return true;
}
```

物理按键的监听效果如图11-2所示，可见分别检测到了加大音量键、减小音量键、返回键。

chapter11
请按设备上的物理键开始检测
物理按键的编码是24，按键为加大音量键
物理按键的编码是25，按键为减小音量键
物理按键的编码是4，按键为返回键

图 11-2　物理按键的检测结果

对于目前的App开发来说，onKeyDown方法只能检测3个物理按键事件，即返回键、加大音量键和减小音量键，而首页键和任务键需要通过广播接收器来检测。广播监听的示例代码如下：

```
// 初始化桌面广播，用于监听按下首页键和任务键
private void initDesktopRecevier() {
    // 创建一个返回桌面的广播接收器
```

```
        mDesktopRecevier = new DesktopRecevier();
        // 创建一个意图过滤器，只接收关闭系统对话框（返回桌面）的广播
        IntentFilter intentFilter = new
                IntentFilter(Intent.ACTION_CLOSE_SYSTEM_DIALOGS);
        registerReceiver(mDesktopRecevier, intentFilter);           // 注册广播接收器
    }

    private DesktopRecevier mDesktopRecevier;              // 声明一个返回桌面的广播接收器对象
    // 定义一个返回到桌面的广播接收器
    class DesktopRecevier extends BroadcastReceiver {
        private String SYSTEM_DIALOG_REASON_KEY = "reason";            // 键名
        private String SYSTEM_DIALOG_REASON_HOME = "homekey";          // 首页键
        private String SYSTEM_DIALOG_REASON_TASK = "recentapps";       // 任务键
        // 在收到返回桌面广播时触发
        @Override
        public void onReceive(Context context, Intent intent) {
            if (intent.getAction().equals(Intent.ACTION_CLOSE_SYSTEM_DIALOGS)) {
                String reason = intent.getStringExtra(SYSTEM_DIALOG_REASON_KEY);
                if (!TextUtils.isEmpty(reason)) {
                    if (reason.equals(SYSTEM_DIALOG_REASON_HOME)) {
                        desc = String.format("%s%s\t 按键为首页键\n", desc,
                                DateUtil.getNowTime());
                        tv_result.setText(desc);
                    } else if (reason.equals(SYSTEM_DIALOG_REASON_TASK)) {
                        desc = String.format("%s%s\t 按键为任务键\n", desc,
                                DateUtil.getNowTime());
                        tv_result.setText(desc);
                    }
                }
            }
        }
    }
```

11.1.3 接管返回按键

检测物理按键最常见的应用是淘宝首页的“再按一次返回键退出”，在App首页按返回键，系统默认的做法是直接退出该App。有时用户有可能是不小心按了返回键，并非想退出该App，因此这里加一个小提示，等待用户再次按返回键才会确认退出意图，并执行退出操作。

“再按一次返回键退出”的实现代码很简单，在onKeyDown方法中拦截返回键即可，具体代码如下：

```
(完整代码见chapter11\src\main\java\com\example\chapter11\BackPressActivity.java)
private boolean needExit = false;                        // 是否需要退出App
// 在发生物理按键动作时触发
public boolean onKeyDown(int keyCode, KeyEvent event) {
    if (keyCode == KeyEvent.KEYCODE_BACK) {              // 按下返回键
        if (needExit) {
            finish();                                    // 关闭当前页面
        }
        needExit = true;
        Toast.makeText(this, "再按一次返回键退出!", Toast.LENGTH_SHORT).show();
        return true;
    } else {
        return super.onKeyDown(keyCode, event);
    }
}
```

重写活动代码的onBackPressed方法也能实现同样的效果，该方法专门响应按返回键事件，具体代码如下：

```
private boolean needExit = false;       // 是否需要退出App
// 在按下返回键时触发
@Override
public void onBackPressed() {
    if (needExit) {
        finish();                       // 关闭当前页面
        return;
    }
    needExit = true;
    Toast.makeText(this, "再按一次返回键退出！", Toast.LENGTH_SHORT).show();
}
```

该功能的界面效果如图11-3所示。这是一个提示小窗口，在淘宝首页按返回键时就能够看到。

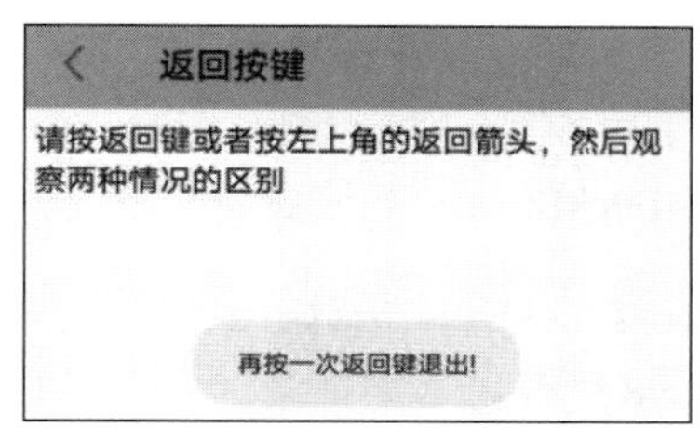

图 11-3 “再按一次返回键退出”的提示窗口

11.2 触摸事件

本节介绍App开发对屏幕触摸事件的相关处理，内容包括：手势事件的分发流程，包括3个手势方法、3类手势执行者、派发与拦截处理；手势事件的具体用法，包括单点触摸和多点触控；一个手势触摸的具体应用——手写签名功能的实现。

11.2.1 手势事件的分发流程

智能手机的一大革命性技术是把屏幕变为可触摸设备，既可用于信息输出（显示界面），又可用于信息输入（检测用户的触摸行为）。为方便开发者使用，Android已可自动识别特定的几种触摸手势，包括按钮的点击事件、长按事件、滚动视图的上下滚动事件、翻页视图的左右翻页事件等。不过对于App的高级开发来说，系统自带的几个固定手势显然无法满足丰富多变的业务需求。这就要求开发者深入了解触摸行为的流程与方法，并在合适的场合接管触摸行为，进行符合需求的事件处理。

与手势事件有关的方法主要有3个（按执行顺序排列），分别说明如下：

- dispatchTouchEvent：进行事件分发处理，返回结果表示该事件是否需要分发。默认返回true表示分发给子视图，由子视图处理该手势，不过最终是否分发成功还得看onInterceptTouchEvent方法的拦截判断结果；返回false表示不分发，此时必须实现自身的onTouchEvent方法，否则该手势将不会得到处理。

- onInterceptTouchEvent：进行事件拦截处理，返回结果表示当前容器是否需要拦截该事件。返回true表示予以拦截，该手势不会分发给子视图，此时必须实现自身的onTouchEvent方法，否则该手势将不会得到处理；默认返回false表示不拦截，该手势会分发给子视图进行后续处理。
- onTouchEvent：进行事件触摸处理，返回结果表示该事件是否处理完毕。返回true表示处理完毕，无须处理上一级视图的onTouchEvent方法，一路返回结束流程；返回false表示该手势事件尚未完成，返回继续处理上一级视图的onTouchEvent方法，然后根据上一级onTouchEvent方法的返回值判断是直接结束还是由上上一级处理。

上述手势方法的执行者有3个（按执行顺序排列），具体说明如下：

- 页面类：包括Activity及其派生类。页面类可调用dispatchTouchEvent和onTouchEvent 2个方法。
- 容器类：包括从ViewGroup类派生出的各类容器，如各种布局Layout和ListView、GridView、Spinner、ViewPager、RecyclerView、Toolbar等。容器类可调用dispatchTouchEvent、onInterceptTouchEvent和onTouchEvent 3个方法。
- 控件类：包括从View类派生的各类控件，如TextView、ImageView、Button等。控件类可调用dispatchTouchEvent和onTouchEvent 2个方法。

只有容器类才能调用onInterceptTouchEvent方法，这是因为该方法用于拦截发往下层视图的事件，而控件类已经位于底层，只能被拦截，不能拦截别人。页面类没有下层视图，所以不能调用onInterceptTouchEvent方法。三类执行者的手势处理流程如图11-4所示。

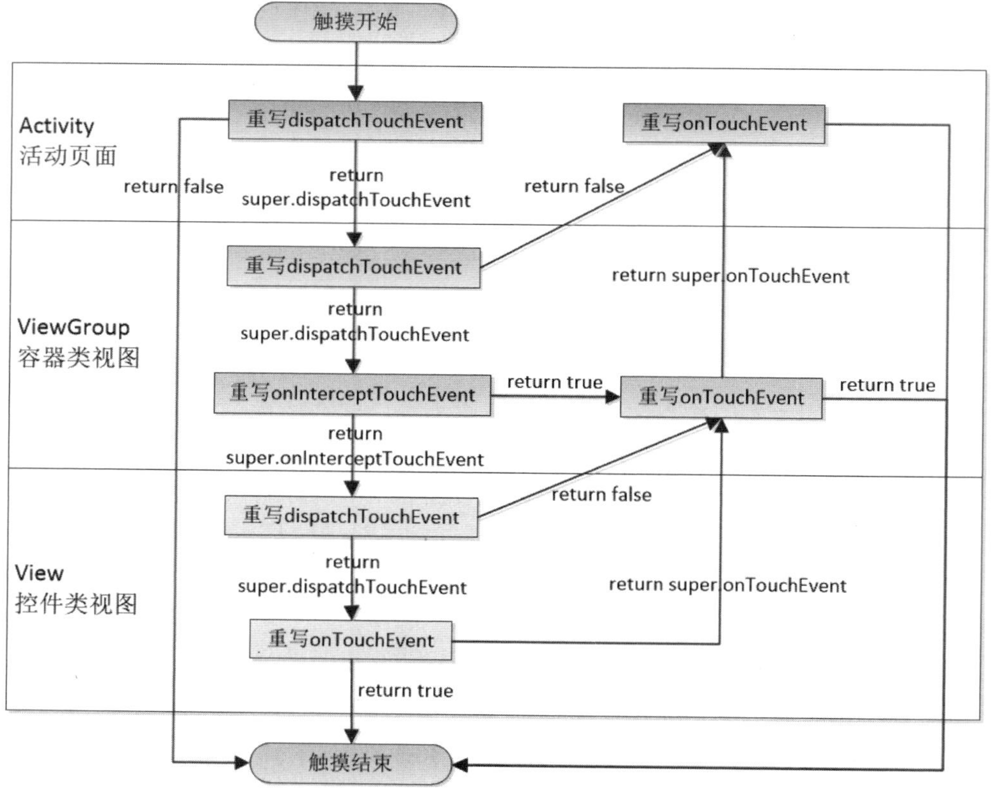

图 11-4　三类执行者的手势处理流程

以上流程图涉及3个手势方法和3类手势执行者，尤其是手势流程的排列组合千变万化，并不容易解释清楚。对于实际开发来说，真正需要处理的组合并不多，所以只要把常见的几种组合搞清楚就能应付大部分开发工作，这几种组合说明如下：

（1）页面类的手势处理。它的dispatchTouchEvent方法必须返回super.dispatchTouchEvent，如果不分发，页面上的视图就无法处理手势。至于页面类的onTouchEvent方法，基本没有什么作用，因为手势动作要由具体视图处理，页面直接处理手势没有什么意义。所以，页面类的手势处理可以不用关心，直接略过。

（2）控件类的手势处理。它的dispatchTouchEvent方法没有任何作用，因为控件下面没有子视图，无所谓分不分发。至于控件类的onTouchEvent方法，如果要进行手势处理，就需要自定义一个控件，重写自定义类中的onTouchEvent方法；如果不想自定义控件，就直接调用控件对象的setOnTouchListener方法，注册一个触摸监听器OnTouchListener，并实现该监听器的onTouch方法。所以，控件类的手势处理只需关心onTouchEvent方法。

（3）容器类的手势处理。这才是真正要深入了解的地方。容器类的dispatchTouchEvent与onInterceptTouchEvent方法都能决定是否将手势交给子视图处理。为了避免手势响应冲突，一般要重写dispatchTouchEvent或者onInterceptTouchEvent方法。这两个方法的区别可以这么理解：前者是大领导，只管派发任务，不会自己做事情；后者是小领导，尽管有拦截的权利，不过也得自己做点事情，比如处理纠纷等。容器类的onTouchEvent方法近乎摆设，因为需要拦截的在前面已经拦截了，需要处理的在子视图中已经处理了。

经过上面的详细分析，常见的手势处理方法有下面3个：

- 页面类的dispatchTouchEvent方法：控制事件的分发，决定把手势交给谁处理。
- 容器类的onInterceptTouchEvent方法：控制事件的拦截，决定是否要把手势交给子视图处理。
- 控件类的onTouchEvent方法：进行手势事件的具体处理。

为方便理解dispatchTouchEvent方法，先看下面不派发事件的自定义布局代码：

```
(完整代码见chapter11\src\main\java\com\example\chapter11\widget\NotDispatchLayout.java)
public class NotDispatchLayout extends LinearLayout {
    public NotDispatchLayout(Context context) {
        super(context);
    }

    public NotDispatchLayout(Context context, AttributeSet attrs) {
        super(context, attrs);
    }

    // 在分发触摸事件时触发
    @Override
    public boolean dispatchTouchEvent(MotionEvent ev) {
        if (mListener != null) {
            mListener.onNotDispatch();
        }
        // 一般容器默认返回true，即允许分发给子视图
        return false;
    }

    private NotDispatchListener mListener;  // 声明一个分发监听器对象
    // 设置分发监听器
    public void setNotDispatchListener(NotDispatchListener listener) {
        mListener = listener;
```

```
    }

    // 定义一个分发监听器接口
    public interface NotDispatchListener {
        void onNotDispatch();
    }
}
```

活动页面实现的onNotDispatch方法代码如下：

```
(完整代码见chapter11\src\main\java\com\example\chapter11\EventDispatchActivity.java)
// 在分发触摸事件时触发
public void onNotDispatch() {
    desc_no = String.format("%s%s 触摸动作未分发，按钮点击不了了\n"
            , desc_no, DateUtil.getNowTime());
    tv_dispatch_no.setText(desc_no);
}
```

不派发事件的处理效果如图11-5和图11-6所示。其中，图11-5的上面部分为正常布局，此时按钮可正常响应点击事件；图11-6的下面部分为不派发布局，此时按钮不会响应点击事件，取而代之的是执行不派发布局的onNotDispatch方法。

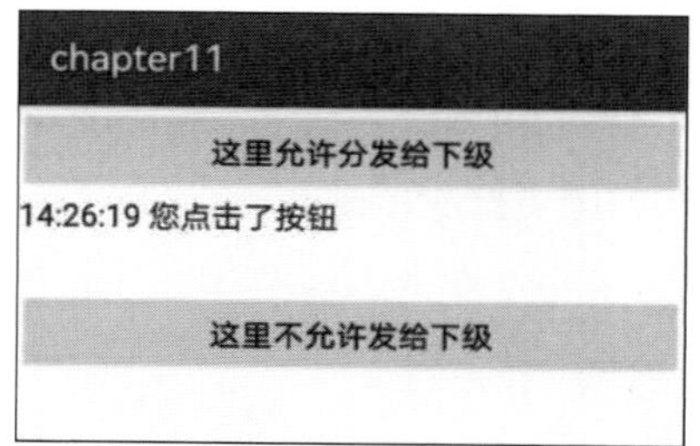

图11-5　正常布局允许分发事件

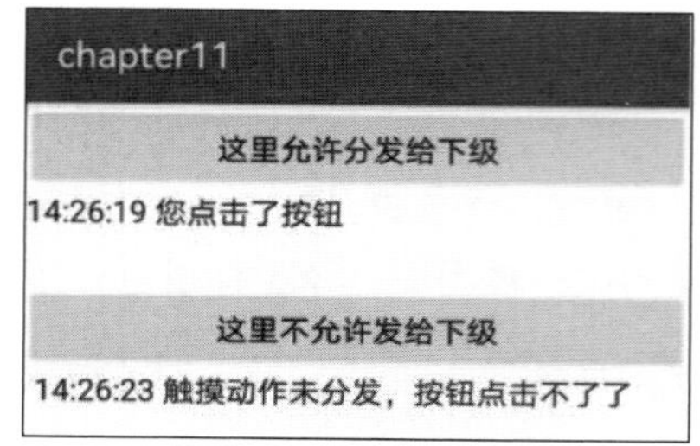

图11-6　不派发布局未分发事件

为方便理解onInterceptTouchEvent方法，再看拦截事件的自定义布局代码：

```
(完整代码见chapter11\src\main\java\com\example\chapter11\widget\InterceptLayout.java)
public class InterceptLayout extends LinearLayout {
    public InterceptLayout(Context context) {
        super(context);
    }

    public InterceptLayout(Context context, AttributeSet attrs) {
        super(context, attrs);
    }

    // 在拦截触摸事件时触发
    @Override
    public boolean onInterceptTouchEvent(MotionEvent ev) {
        if (mListener != null) {
            mListener.onIntercept();
        }
        // 一般容器默认返回false，即不拦截，但滚动视图会拦截下级视图的触摸动作
        return true;
    }

    private InterceptListener mListener;  // 声明一个拦截监听器对象
    // 设置拦截监听器
    public void setInterceptListener(InterceptListener listener) {
        mListener = listener;
    }
```

```
    // 定义一个拦截监听器接口
    public interface InterceptListener {
        void onIntercept();
    }
}
```

活动页面实现的onIntercept方法代码如下：

```
(完整代码见chapter11\src\main\java\com\example\chapter11\EventInterceptActivity.java)
// 在拦截触摸事件时触发
public void onIntercept() {
    desc_yes = String.format("%s%s 触摸动作被拦截，按钮点击不了了\n", desc_yes,
            DateUtil.getNowTime());
    tv_intercept_yes.setText(desc_yes);
}
```

拦截事件的处理效果如图11-7和图11-8所示。其中，图11-7的上面部分为正常布局，此时按钮可正常响应点击事件；图11-8的下面部分为拦截布局，此时按钮不会响应点击事件，取而代之的是执行拦截布局的onIntercept方法。

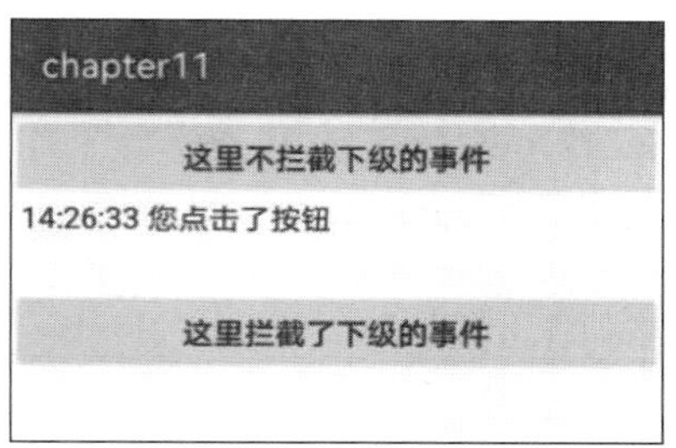

图11-7　正常布局不拦截事件

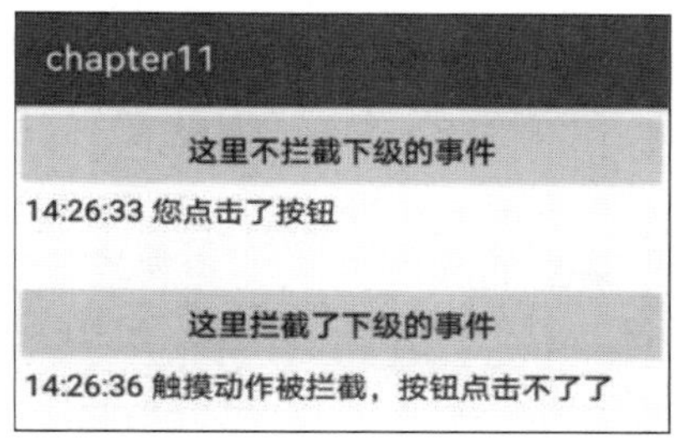

图11-8　拦截布局会拦截事件

11.2.2　接管手势事件处理

dispatchTouchEvent、onInterceptTouchEvent和onTouchEvent三个方法的参数都是手势事件MotionEvent，其中包含触摸动作的所有信息，各种手势操作都从MotionEvent中获取触摸信息并判断处理。

下面是MotionEvent的常用方法：

- getAction：获取当前的动作类型。动作类型的取值说明见表11-2。

表 11-2　动作类型的取值说明

MotionEvent 类的动作类型	说　　明
ACTION_DOWN	按下动作
ACTION_UP	提起动作
ACTION_MOVE	移动动作
ACTION_CANCEL	取消动作
ACTION_OUTSIDE	移出边界动作
ACTION_POINTER_DOWN	第二个点的按下动作，用于多点触控的判断
ACTION_POINTER_UP	第二个点的提起动作，用于多点触控的判断
ACTION_MASK	动作掩码，与原动作类型进行“与”（&）操作后获得多点触控信息

- getEventTime：获取事件时间（从开机到现在的毫秒数）。
- getX：获取在控件内部的相对横坐标。
- getY：获取在控件内部的相对纵坐标。
- getRawX：获取在屏幕上的绝对横坐标。
- getRawY：获取在屏幕上的绝对纵坐标。
- getPressure：获取触摸的压力大小。
- getPointerCount：获取触控点的数量，如果为2就表示有两个手指同时按压屏幕。如果触控点数目大于1，坐标相关方法就可以输入整数编号，表示获取第几个触控点的坐标信息。

为方便理解MotionEvent的各类触摸行为，下面来看单点触摸的示例代码：

```
(完整代码见chapter11\src\main\java\com\example\chapter11\TouchSingleActivity.java)
public class TouchSingleActivity extends AppCompatActivity {
    private TextView tv_touch;                                   // 声明一个文本视图对象

    @Override
    protected void onCreate(Bundle savedInstanceState) {
        super.onCreate(savedInstanceState);
        setContentView(R.layout.activity_touch_single);
        tv_touch = findViewById(R.id.tv_touch);
    }

    // 在发生触摸事件时触发
    @Override
    public boolean onTouchEvent(MotionEvent event) {
        // 从开机到现在的毫秒数
        int seconds = (int) (event.getEventTime() / 1000);
        String desc = String.format("动作发生时间：开机距离现在%02d:%02d:%02d",
                seconds / 3600, seconds % 3600 / 60, seconds % 60);
        desc = String.format("%s\n动作名称是：", desc);
        int action = event.getAction();  // 获得触摸事件的动作类型
        if (action == MotionEvent.ACTION_DOWN) {                 // 按下手指
            desc = String.format("%s按下", desc);
        } else if (action == MotionEvent.ACTION_MOVE) {          // 移动手指
            desc = String.format("%s移动", desc);
        } else if (action == MotionEvent.ACTION_UP) {            // 提起手指
            desc = String.format("%s提起", desc);
        } else if (action == MotionEvent.ACTION_CANCEL) {        // 取消手势
            desc = String.format("%s取消", desc);
        }
        desc = String.format("%s\n动作发生位置是：横坐标%f，纵坐标%f，压力为%f",
                desc, event.getX(), event.getY(), event.getPressure());
        tv_touch.setText(desc);
        return super.onTouchEvent(event);
    }
}
```

单点触摸的效果如图11-9～图11-11所示。其中，图11-9为手势按下时的检测结果，图11-10为手势移动时的检测结果，图11-11为手势提起时的检测结果。

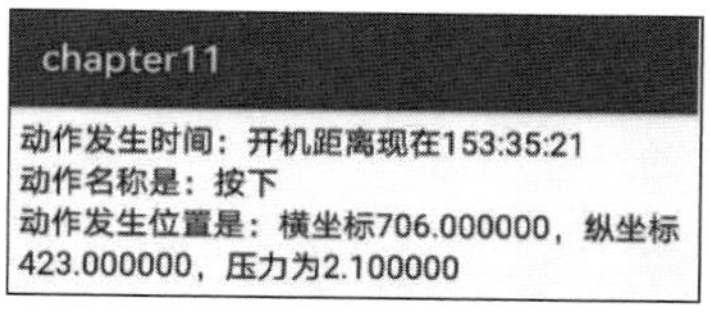

chapter11

动作发生时间：开机距离现在153:35:21
动作名称是：按下
动作发生位置是：横坐标706.000000，纵坐标423.000000，压力为2.100000

图11-9　手势按下时的检测结果

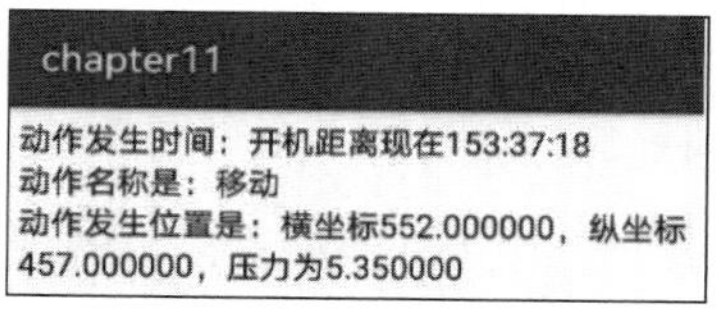

chapter11

动作发生时间：开机距离现在153:37:18
动作名称是：移动
动作发生位置是：横坐标552.000000，纵坐标457.000000，压力为5.350000

图11-10　手势移动时的检测结果

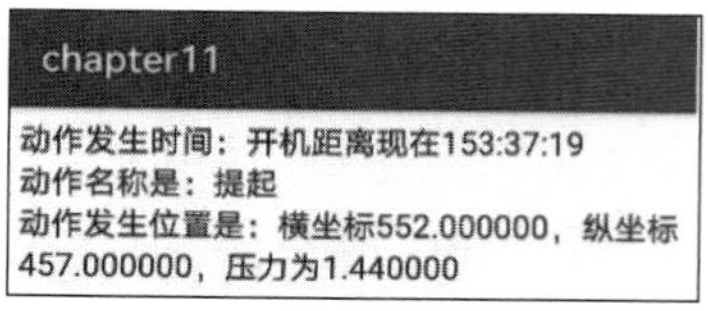

chapter11

动作发生时间：开机距离现在153:37:19
动作名称是：提起
动作发生位置是：横坐标552.000000，纵坐标457.000000，压力为1.440000

图11-11　手势提起时的检测结果

除了单点触摸，智能手机还普遍支持多点触控，即响应两个及以上手指同时按压屏幕。多点触控可用于操纵图像的缩放与旋转操作以及需要多点处理的游戏界面。

下面是处理多点触控的示例代码：

```
(完整代码见chapter11\src\main\java\com\example\chapter11\TouchMultipleActivity.java)
public class TouchMultipleActivity extends AppCompatActivity {
    private TextView tv_touch_major;           // 声明一个文本视图对象
    private TextView tv_touch_minor;           // 声明一个文本视图对象
    private boolean isMinorDown = false;       // 次要点是否按下

    @Override
    protected void onCreate(Bundle savedInstanceState) {
        super.onCreate(savedInstanceState);
        setContentView(R.layout.activity_touch_multiple);
        tv_touch_major = findViewById(R.id.tv_touch_major);
        tv_touch_minor = findViewById(R.id.tv_touch_minor);
    }

    // 在发生触摸事件时触发
    @Override
    public boolean onTouchEvent(MotionEvent event) {
        // 从开机到现在的毫秒数
        int seconds = (int) (event.getEventTime() / 1000);
        String desc_major = String.format("主要动作发生时间：开机距离现在%02d:%02d:%02d\n%s",
seconds / 3600, seconds % 3600 / 60, seconds % 60, "主要动作名称是：");
        String desc_minor = "";
        isMinorDown = (event.getPointerCount() >= 2);
        // 获得包括次要点在内的触摸行为
        int action = event.getAction() & MotionEvent.ACTION_MASK;
        if (action == MotionEvent.ACTION_DOWN) {                    // 按下手指
            desc_major = String.format("%s按下", desc_major);
        } else if (action == MotionEvent.ACTION_MOVE) {             // 移动手指
            desc_major = String.format("%s移动", desc_major);
            if (isMinorDown) {
                desc_minor = String.format("%s次要动作名称是：移动", desc_minor);
            }
        } else if (action == MotionEvent.ACTION_UP) {               // 松开手指
            desc_major = String.format("%s提起", desc_major);
        } else if (action == MotionEvent.ACTION_CANCEL) {           // 取消手势
            desc_major = String.format("%s取消", desc_major);
        } else if (action == MotionEvent.ACTION_POINTER_DOWN) {     // 次要点按下
            desc_minor = String.format("%s次要动作名称是：按下", desc_minor);
        } else if (action == MotionEvent.ACTION_POINTER_UP) {       // 次要点松开
            desc_minor = String.format("%s次要动作名称是：提起", desc_minor);
        }
        desc_major = String.format("%s\n主要动作发生位置是：横坐标%f，纵坐标%f",
                desc_major, event.getX(), event.getY());
        tv_touch_major.setText(desc_major);
        if (isMinorDown || !TextUtils.isEmpty(desc_minor)) {        // 存在次要触摸
            desc_minor = String.format("%s\n次要动作发生位置是：横坐标%f，纵坐标%f",
                    desc_minor, event.getX(1), event.getY(1));
            tv_touch_minor.setText(desc_minor);
        }
        return super.onTouchEvent(event);
    }
}
```

多点触控的效果如图11-12和图11-13所示。图11-12为两个手指一齐按下时的检测结果，图11-13为两个手指一齐提起时的检测结果。

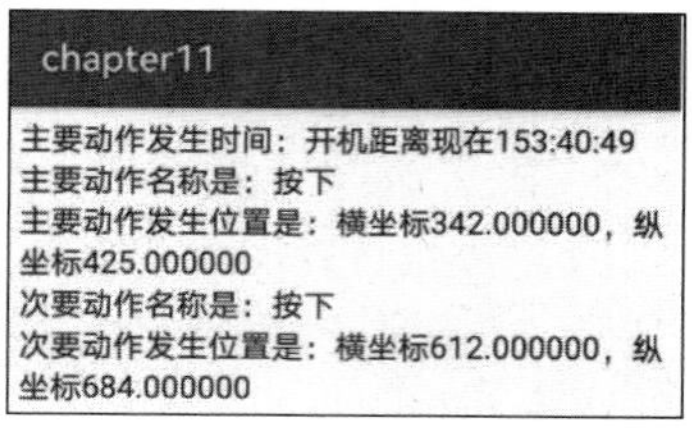

chapter11
主要动作发生时间：开机距离现在153:40:49
主要动作名称是：按下
主要动作发生位置是：横坐标342.000000，纵坐标425.000000
次要动作名称是：按下
次要动作发生位置是：横坐标612.000000，纵坐标684.000000

图11-12 两个手指一齐按下时的检测结果

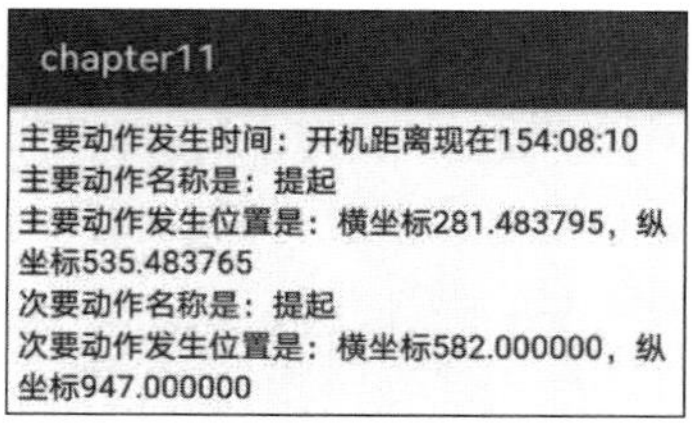

chapter11
主要动作发生时间：开机距离现在154:08:10
主要动作名称是：提起
主要动作发生位置是：横坐标281.483795，纵坐标535.483765
次要动作名称是：提起
次要动作发生位置是：横坐标582.000000，纵坐标947.000000

图11-13 两个手指一齐提起时的检测结果

11.2.3 跟踪滑动轨迹实现手写签名

为了加深对触摸事件的认识，接下来尝试实现一个手写签名控件，进一步理解手势处理的应用场合。

手写签名的原理是把手机屏幕当作画板，把用户手指当作画笔，手指在屏幕上划来划去，屏幕就会显示手指的移动轨迹，就像画笔在画板上写字一样。实现手写签名需要结合绘图的路径工具Path，具体的实现步骤说明如下：

01 按下手指时，调用Path对象的moveTo方法，将路径起点移到触摸点。

02 移动手指时，调用Path对象的quadTo方法，记录本次触摸点与上次触摸点之间的路径。

03 移动手指或者手指提起时，调用Canvas对象的drawPath方法，将本次触摸轨迹绘制在画布上。

自定义手写签名控件的示例代码如下：

```
（完整代码见chapter11\src\main\java\com\example\chapter11\widget\SignatureView.java）
private Paint mPathPaint = new Paint();                      // 声明一个画笔对象
private Path mPath = new Path();                              // 声明一个路径对象
private int mPathPaintColor = Color.BLACK;                    // 画笔颜色
private int mStrokeWidth = 3;                                 // 画笔线宽
private PathPosition mPathPos = new PathPosition();           // 路径位置
private List<PathPosition> mPathList = new ArrayList<>();     // 路径位置列表
private PointF mLastPos;                                      // 上次触摸点的横、纵坐标
// 初始化视图
private void initView() {
    mPathPaint.setStrokeWidth(mStrokeWidth);              // 设置画笔的线宽
    mPathPaint.setStyle(Paint.Style.STROKE);              // 设置画笔的类型，STROKE表示空心
    mPathPaint.setColor(mPathPaintColor);                 // 设置画笔的颜色
    setDrawingCacheEnabled(true);                         // 开启当前视图的绘图缓存
}

@Override
protected void onDraw(Canvas canvas) {
    canvas.drawPath(mPath, mPathPaint);                   // 在画布上绘制指定路径线条
}

// 在发生触摸事件时触发
@Override
public boolean onTouchEvent(MotionEvent event) {
    switch (event.getAction()) {
        case MotionEvent.ACTION_DOWN:                     // 按下手指
            mPath.moveTo(event.getX(), event.getY());     // 移动到指定坐标点
            mPathPos.prePos = new PointF(event.getX(), event.getY());
            break;
        case MotionEvent.ACTION_MOVE:                     // 移动手指
            // 连接上一个坐标点和当前坐标点
            mPath.quadTo(mLastPos.x, mLastPos.y, event.getX(), event.getY());
```

```
            mPathPos.nextPos = new PointF(event.getX(), event.getY());
            mPathList.add(mPathPos);                    // 往路径位置列表添加路径位置
            mPathPos = new PathPosition();              // 创建新的路径位置
            mPathPos.prePos = new PointF(event.getX(), event.getY());
            break;
        case MotionEvent.ACTION_UP:                     // 松开手指
            // 连接上一个坐标点和当前坐标点
            mPath.quadTo(mLastPos.x, mLastPos.y, event.getX(), event.getY());
            break;
    }
    mLastPos = new PointF(event.getX(), event.getY());
    postInvalidate();                               // 立即刷新视图（线程安全方式）
    return true;
}
```

手写签名的效果如图11-14和图11-15所示。其中，图11-14为写到一半的签名画面，图11-15为签名完成的画面。

图11-14　签名完成一半的画面

图11-15　签名完成的画面

11.3　根据触摸行为辨别手势动作

本节介绍常见手势的行为特征及其检测办法，内容包括如何通过按压时长与按压力度区分点击和长按手势、如何根据触摸起点与终点的位置识别手势滑动的方向、如何利用双指按压以及它们的滑动轨迹辨别缩放与旋转手势。

11.3.1　区分点击和长按动作

根据触摸事件可以识别按压动作的时空关系，就能进一步判断用户的手势意图。比如区分点击和长按动作，只要看按压时长是否超过500毫秒即可，没超过的表示点击动作，超过了的表示长按动作。其实，除了按压时长之外，按压力度也是一个重要的参考指标。通常，点击时按得比较轻，长按时按得相对重。依据按压时长与按压力度两项指标即可有效地辨别点击和长按动作。

接下来尝试自定义点击视图，且以按压点为圆心绘制圆圈，从而分别观察点击与长按时的圆圈大小。定义点击视图的示例代码如下：

```
(完整代码见chapter11\src\main\java\com\example\chapter11\widget\ClickView.java)
public class ClickView extends View {
    private Paint mPaint = new Paint();         // 声明一个画笔对象
    private long mLastTime;                     // 上次按下手指的系统时间
```

```
    private PointF mPos;                          // 按下手指的坐标点
    private float mPressure=0;                    // 按压的压力值
    private int dip_10;

    public ClickView(Context context) {
        this(context, null);
    }

    public ClickView(Context context, AttributeSet attrs) {
        super(context, attrs);
        dip_10 = Utils.dip2px(context, 10);
        mPaint.setColor(Color.DKGRAY);            // 设置画笔的颜色
    }

    @Override
    protected void onDraw(Canvas canvas) {
        if (mPos != null) {
            // 以按压点为圆心、压力值为半径在画布上绘制实心圆
            canvas.drawCircle(mPos.x, mPos.y, dip_10*mPressure, mPaint);
        }
    }
    // 在发生触摸事件时触发
    @Override
    public boolean onTouchEvent(MotionEvent event) {
        if (event.getAction()==MotionEvent.ACTION_DOWN
                || (event.getPressure()>mPressure)) {
            mPos = new PointF(event.getX(), event.getY());
            mPressure = event.getPressure();      // 获取本次触摸过程的最大压力值
        }
        switch (event.getAction()) {
            case MotionEvent.ACTION_DOWN:         // 按下手指
                mLastTime = event.getEventTime();
                break;
            case MotionEvent.ACTION_UP:           // 松开手指
                if (mListener != null) {          // 触发手势抬起事件
                    mListener.onLift(event.getEventTime()-mLastTime,
                                     mPressure);
                }
                break;
        }
        postInvalidate();                         // 立即刷新视图（线程安全方式）
        return true;
    }

    private LiftListener mListener;               // 声明一个手势抬起监听器
    public void setLiftListener(LiftListener listener) {
        mListener = listener;
    }

    // 定义一个手势抬起的监听器接口
    public interface LiftListener {
        void onLift(long time_interval, float pressure);
    }
}
```

然后在布局文件中添加ClickView节点，并在对应的活动页面调用setLiftListener方法设置手势抬起监听器，看看点击和长按的描圆效果究竟为何。下面是设置手势监听器的示例代码：

```
（完整代码见chapter11\src\main\java\com\example\chapter11\ClickLongActivity.java）
ClickView cv_gesture = findViewById(R.id.cv_gesture);
// 设置点击视图的手势抬起监听器
cv_gesture.setLiftListener((time_interval, pressure) -> {
    String gesture = time_interval>500 ? "长按" : "点击";
```

```
        String desc = String.format("本次按压时长为%d毫秒，属于%s动作。\n按压的压力峰值为%f",
time_interval, gesture, pressure);
        tv_desc.setText(desc);
    });
```

运行测试该App，手势按压效果如图11-16和图11-17所示。其中，图11-16为点击手势的检测结果，此时圆圈较小；图11-17为长按手势的检测结果，此时圆圈较大。

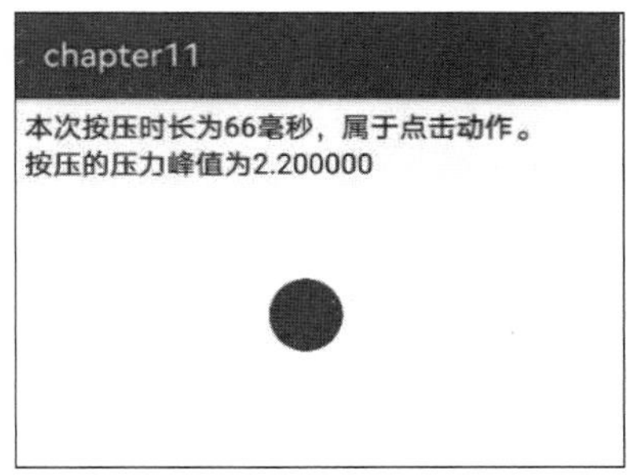

图11-16　点击手势的检测结果

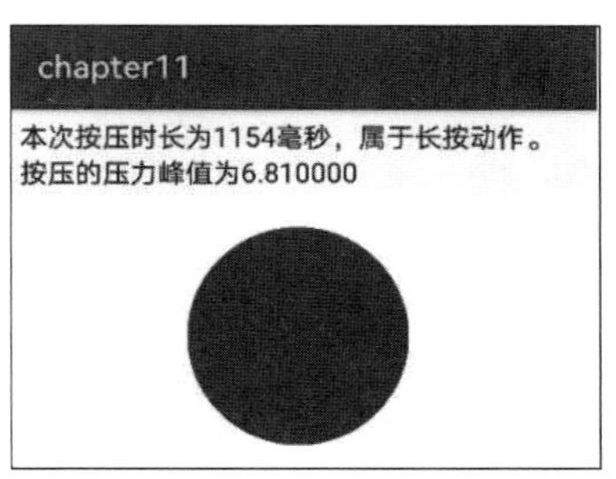

图11-17　长按手势的检测结果

11.3.2　识别手势滑动的方向

除了点击和长按，分辨手势的滑动方向也很重要，手势往左抑或往右代表着左右翻页，往上或者往下代表着上下滚动。另外，手势向下还可能表示下拉刷新，手势向上还可能表示上拉加载，总之，上、下、左、右四个方向各有不同的用途。

直观地看，手势在水平方向掠过，意味着左右滑动；手势在垂直方向掠过，意味着上下滚动。左右滑动的话，手势触摸的起点和终点在水平方向的位移必定大于垂直方向的位移；反之，上下滚动的话，它们在垂直方向的位移必定大于水平方向的位移。据此可将滑动方向的判定过程分解成以下3个步骤：

01 对于按下手指事件，把当前点标记为起点，并记录起点的横、纵坐标。

02 对于松开手指事件，把当前点标记为终点，并记录终点的横、纵坐标。

03 分别计算起点与终点的横坐标距离以及它们的纵坐标距离，根据横、纵坐标的大小关系判断本次手势的滑动方向。

于是重写自定义触摸视图的onTouchEvent方法，分别处理按下、移动、松开三种手势事件；同时重写该视图的onDraw方法，描绘起点与终点的位置，以及从起点到终点的路径线条。按照上述思路，编写单指触摸视图的代码：

```
(完整代码见chapter11\src\main\java\com\example\chapter11\widget\SingleTouchView.java)
private Path mPath = new Path();              // 声明一个路径对象
// 路径中的上次触摸点，本次按压的起点和终点
private PointF mLastPos, mBeginPos, mEndPos;

@Override
protected void onDraw(Canvas canvas) {
    canvas.drawPath(mPath, mPathPaint);       // 在画布上按指定路径绘制线条
    if (mBeginPos != null) {                  // 存在起点，则绘制起点的实心圆及其文字
        canvas.drawCircle(mBeginPos.x, mBeginPos.y, 10, mBeginPaint);
        canvas.drawText("起点", mBeginPos.x-dip_17, mBeginPos.y+dip_17, mBeginPaint);
    }
```

```
    if (mEndPos != null) {                        // 存在终点，则绘制终点的实心圆及其文字
        canvas.drawCircle(mEndPos.x, mEndPos.y, 10, mEndPaint);
        canvas.drawText("终点", mEndPos.x-dip_17, mEndPos.y+dip_17, mEndPaint);
    }
}
// 在发生触摸事件时触发
@Override
public boolean onTouchEvent(MotionEvent event) {
    switch (event.getAction()) {
        case MotionEvent.ACTION_DOWN:                         // 按下手指
            mPath.reset();
            mPath.moveTo(event.getX(), event.getY());       // 移动到指定坐标点
            mBeginPos = new PointF(event.getX(), event.getY());
            mEndPos = null;
            break;
        case MotionEvent.ACTION_MOVE:                         // 移动手指
            // 连接上一个坐标点和当前坐标点
            mPath.quadTo(mLastPos.x, mLastPos.y, event.getX(), event.getY());
            break;
        case MotionEvent.ACTION_UP:                           // 松开手指
            mEndPos = new PointF(event.getX(), event.getY());
            // 连接上一个坐标点和当前坐标点
            mPath.quadTo(mLastPos.x, mLastPos.y, event.getX(), event.getY());
            if (mListener != null) {                          // 触发手势滑动动作
                mListener.onFlipFinish(mBeginPos, mEndPos);
            }
            break;
    }
    mLastPos = new PointF(event.getX(), event.getY());
    postInvalidate();                                         // 立即刷新视图（线程安全方式）
    return true;
}

private FlipListener mListener;                               // 声明一个手势滑动监听器
public void setFlipListener(FlipListener listener) {
    mListener = listener;
}

// 定义一个手势滑动的监听器接口
public interface FlipListener {
    void onFlipFinish(PointF beginPos, PointF endPos);
}
```

然后在布局文件中添加SingleTouchView节点，并在对应的活动页面调用setFlipListener方法设置手势滑动监听器，看看手势到底往哪个方向滑动。下面是设置手势监听器的示例代码：

```
(完整代码见chapter11\src\main\java\com\example\chapter11\SlideDirectionActivity.java)
SingleTouchView stv_gesture = findViewById(R.id.stv_gesture);
// 设置单点触摸视图的手势滑动监听器
stv_gesture.setFlipListener((beginPos, endPos) -> {
    float offsetX = Math.abs(endPos.x - beginPos.x);
    float offsetY = Math.abs(endPos.y - beginPos.y);
    String gesture = "";
    if (offsetX > offsetY) {                                    // 水平方向滑动
        gesture = (endPos.x - beginPos.x > 0) ? "向右" : "向左";
    } else if (offsetX < offsetY) {                             // 垂直方向滑动
        gesture = (endPos.y - beginPos.y > 0) ? "向下" : "向上";
    } else {                                                    // 对角线滑动
        gesture = "对角线";
    }
```

```
        String desc = String.format("%s 本次手势为%s滑动", DateUtil.getNowTime(), gesture);
        tv_desc.setText(desc);
    });
```

运行测试该App，手势滑动效果如图11-18～图11-21所示。其中，图11-18为左滑手势的检测结果，图11-19为右滑手势的检测结果，图11-20为上滑手势的检测结果，图11-21为下滑手势的检测结果。

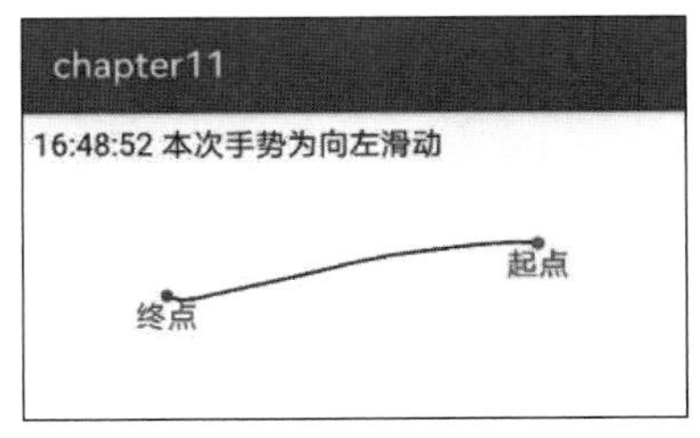

图11-18　左滑手势的检测结果

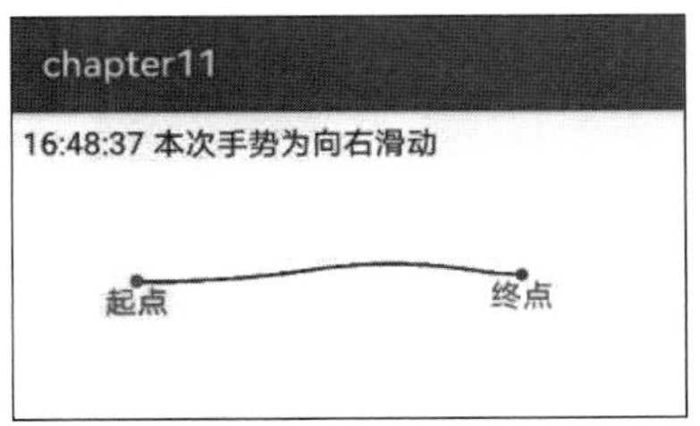

图11-19　右滑手势的检测结果

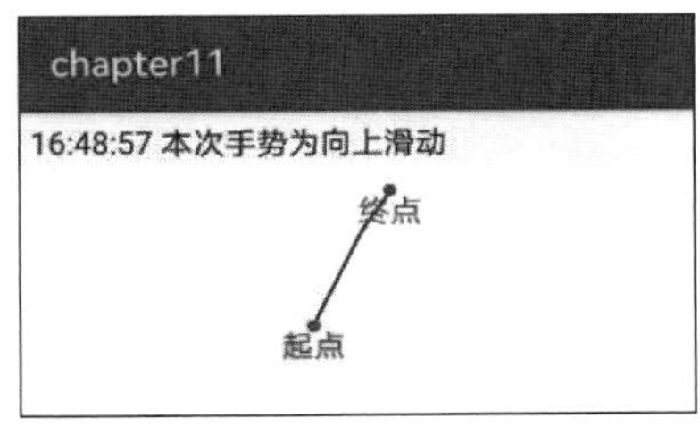

图11-20　上滑手势的检测结果

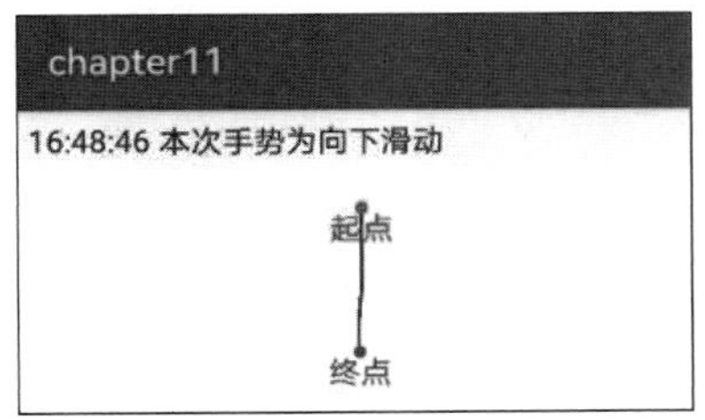

图11-21　下滑手势的检测结果

11.3.3　辨别缩放与旋转手势

一个手指的滑动只能识别手势的滑动方向，两个手指的滑动才能识别更复杂的手势动作。比如两个手指张开可表示放大操作，两个手指并拢可表示缩小操作，两个手指交错旋转表示旋转操作，而旋转方向又可细分为顺时针旋转和逆时针旋转。

那么如何辨别手势的缩放与旋转动作呢？由于两个手指各有自己的按下与松开事件，都有对应的触摸起点和终点，因此只要依次记录两个手指的起点和终点坐标，根据这四个点的位置关系就能算出手势的动作类别。至于缩放手势与旋转手势的区分，则需分别计算第一个手势起点和终点的连线，以及第二个手势起点和终点的连线，再判断两根连线是倾向于在相同方向上缩放还是倾向于绕着连线中点旋转。

按照上述思路编写双指触摸视图的关键代码：

（完整代码见chapter11\src\main\java\com\example\chapter11\widget\MultiTouchView.java）

```
private Path mFirstPath = new Path();                         // 声明主要动作的路径对象
private Path mSecondPath = new Path();                        // 声明次要动作的路径对象
// 主要动作的上次触摸点，本次按压的起点和终点
private PointF mFirstLastP, mFirstBeginP, mFirstEndP;
// 次要动作的上次触摸点，本次按压的起点和终点
private PointF mSecondLastP, mSecondBeginP, mSecondEndP;
private boolean isFinish = false;                             // 是否结束触摸

@Override
protected void onDraw(Canvas canvas) {
    canvas.drawPath(mFirstPath, mPathPaint);                  // 在画布上按指定路径绘制线条
    canvas.drawPath(mSecondPath, mPathPaint);                 // 在画布上按指定路径绘制线条
    if (isFinish) {  // 结束触摸，则绘制两个起点的连线以及两个终点的连线
```

```
            if (mFirstBeginP!=null && mSecondBeginP!=null) {   // 绘制两个起点的连线
                canvas.drawLine(mFirstBeginP.x, mFirstBeginP.y,
                        mSecondBeginP.x, mSecondBeginP.y, mBeginPaint);
            }
            if (mFirstEndP!=null && mSecondEndP!=null) {       // 绘制两个终点的连线
                canvas.drawLine(mFirstEndP.x, mFirstEndP.y,
                        mSecondEndP.x, mSecondEndP.y, mEndPaint);
            }
        }
    }

    // 在发生触摸事件时触发
    @Override
    public boolean onTouchEvent(MotionEvent event) {
        PointF firstP = new PointF(event.getX(), event.getY());
        PointF secondP = null;
        if (event.getPointerCount() >= 2) {                    // 存在多点触摸
            secondP = new PointF(event.getX(1), event.getY(1));
        }
        // 获得包括次要点在内的触摸行为
        int action = event.getAction() & MotionEvent.ACTION_MASK;
        if (action == MotionEvent.ACTION_DOWN) {               // 主要点按下
            isFinish = false;
            mFirstPath.reset();
            mSecondPath.reset();
            mFirstPath.moveTo(firstP.x, firstP.y);             // 移动到指定坐标点
            mFirstBeginP = new PointF(firstP.x, firstP.y);
            mFirstEndP = null;
        } else if (action == MotionEvent.ACTION_MOVE) {        // 移动手指
            if (!isFinish) {
                // 连接上一个坐标点和当前坐标点
                mFirstPath.quadTo(mFirstLastP.x, mFirstLastP.y, firstP.x, firstP.y);
                if (secondP != null) {
                    // 连接上一个坐标点和当前坐标点
                    mSecondPath.quadTo(mSecondLastP.x, mSecondLastP.y,
                            secondP.x, secondP.y);
                }
            }
        } else if (action == MotionEvent.ACTION_UP) {              // 主要点松开
        } else if (action == MotionEvent.ACTION_POINTER_DOWN) {    // 次要点按下
            mSecondPath.moveTo(secondP.x, secondP.y);              // 移动到指定坐标点
            mSecondBeginP = new PointF(secondP.x, secondP.y);
            mSecondEndP = null;
        } else if (action == MotionEvent.ACTION_POINTER_UP) {      // 次要点松开
            isFinish = true;
            mFirstEndP = new PointF(firstP.x, firstP.y);
            mSecondEndP = new PointF(secondP.x, secondP.y);
            if (mListener != null) {                               // 触发手势滑动动作
                mListener.onSlideFinish(mFirstBeginP, mFirstEndP, mSecondBeginP,
                        mSecondEndP);
            }
        }
        mFirstLastP = new PointF(firstP.x, firstP.y);
        if (secondP != null) {
            mSecondLastP = new PointF(secondP.x, secondP.y);
        }
        postInvalidate();                                  // 立即刷新视图（线程安全方式）
        return true;
    }

    private SlideListener mListener;                       // 声明一个手势滑动监听器
```

```
    public void setSlideListener(SlideListener listener) {
        mListener = listener;
    }

    // 定义一个手势滑动监听器接口
    public interface SlideListener {
        void onSlideFinish(PointF firstBeginP, PointF firstEndP, PointF secondBeginP, PointF secondEndP);
    }
```

然后在布局文件中添加MultiTouchView节点，并在对应的活动页面调用setSlideListener方法设置手势滑动监听器，看看是缩放手势还是旋转手势（判定算法参见图11-22）。

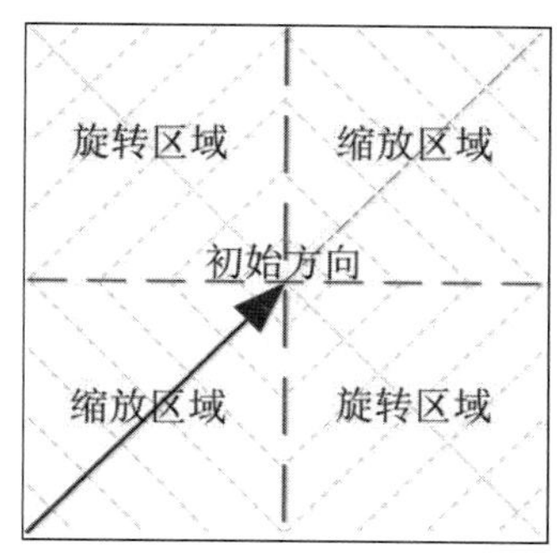

图 11-22　缩放手势与旋转手势的区域判定

假设手势的起点位于图11-22的中心位置，如果手势的终点落在图11-22的左下角或者右上角，则表示本次为缩放手势；如果手势的终点落在图11-22的左上角或者右下角，则表示本次为旋转手势。据此编写的判定算法代码如下：

```
(完整代码见chapter11\src\main\java\com\example\chapter11\ScaleRotateActivity.java)
MultiTouchView mtv_gesture = findViewById(R.id.mtv_gesture);
// 设置多点触摸视图的手势滑动监听器
mtv_gesture.setSlideListener((firstBeginP, firstEndP, secondBeginP, secondEndP) -> {
    // 上次两个触摸点之间的距离
    float preWholeDistance = PointUtil.distance(firstBeginP, secondBeginP);
    // 当前两个触摸点之间的距离
    float nowWholeDistance = PointUtil.distance(firstEndP, secondEndP);
    // 主要点在前后两次落点之间的距离
    float primaryDistance = PointUtil.distance(firstBeginP, firstEndP);
    // 次要点在前后两次落点之间的距离
    float secondaryDistance = PointUtil.distance(secondBeginP, secondEndP);
    if (Math.abs(nowWholeDistance - preWholeDistance) >
        (float) Math.sqrt(2) / 2.0f * (primaryDistance + secondaryDistance)){
        // 倾向于在原始线段的相同方向上移动，则判作缩放动作
        float scaleRatio = nowWholeDistance / preWholeDistance;
        String desc = String.format("本次手势为缩放动作，%s为%f",
                scaleRatio>=1?"放大倍数":"缩小比例", scaleRatio);
        tv_desc.setText(desc);
    } else {  // 倾向于在原始线段的垂直方向上移动，则判作旋转动作
        // 计算上次触摸事件的旋转角度
        int preDegree = PointUtil.degree(firstBeginP, secondBeginP);
        // 计算本次触摸事件的旋转角度
        int nowDegree = PointUtil.degree(firstEndP, secondEndP);
        String desc = String.format("本次手势为旋转动作，%s方向旋转了%d度",
                nowDegree>preDegree?"顺时针":"逆时针",
                Math.abs(nowDegree-preDegree));
        tv_desc.setText(desc);
    }
});
```

运行测试该App，手势滑动效果如图11-23和图11-24所示。其中，图11-23为缩放手势的检测结果，图11-24为旋转手势的检测结果。

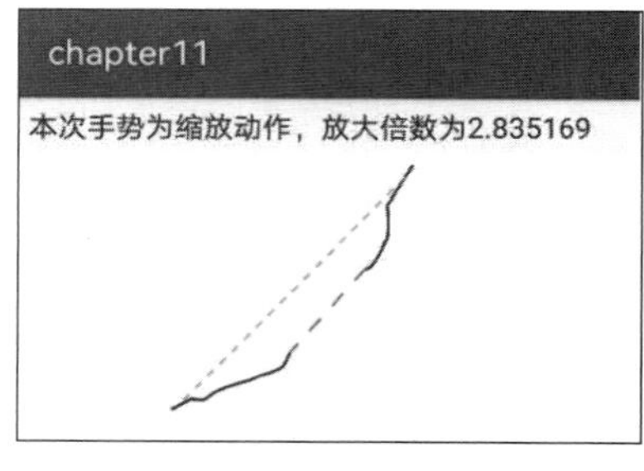

图11-23 缩放手势的检测结果

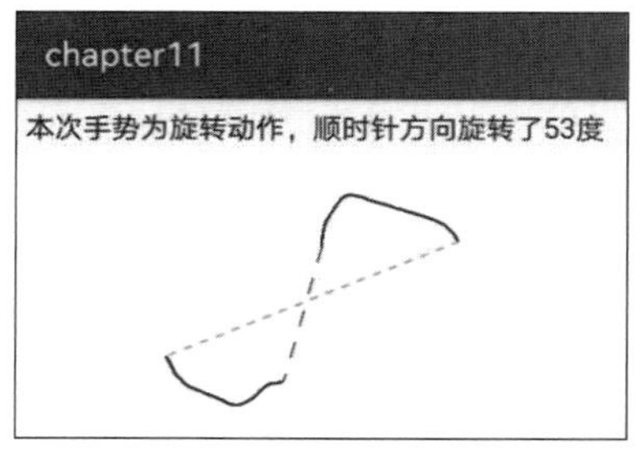

图11-24 旋转手势的检测结果

11.4 手势冲突处理

本节介绍手势冲突的三种常见处理办法，内容包括：对于上下滚动与左右滑动的冲突，既可由父视图主动判断是否拦截，又可由子视图根据情况向父视图反馈是否允许拦截；对于内部滑动与翻页滑动的冲突，可以通过限定在某块区域接管特定的手势来实现对不同手势的区分处理；对于正常下拉与下拉刷新的冲突，需要监控当前是否已经下拉到页面顶部，若未拉到页面顶部则为正常下拉，若已拉到页面顶部则为下拉刷新。

11.4.1 上下滚动与左右滑动的冲突处理

Android控件繁多，允许滚动或滑动操作的视图也不少，例如滚动视图、翻页视图等，如果开发者要自己接管手势处理，比如通过手势控制横幅（Banner）轮播，那么这个页面的滑动就存在冲突的情况，如果系统响应了A视图的滑动事件，就顾不上B视图的滑动事件。

举个例子，某电商App的首页很长，内部采用滚动视图允许上下滚动。该页面中央有一个手势控制的横幅轮播，如图11-25所示。用户在横幅上左右滑动，试图查看横幅的前后广告，结果如图11-26所示，原来翻页不成功，整个页面反而往上滚动了。

图11-25 滚动视图中的横幅轮播

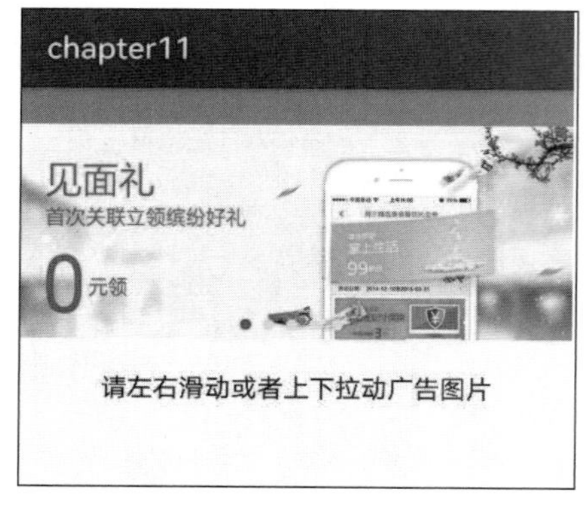

图11-26 翻页滑动导致上下滚动

即使多次重复试验，仍然会发现横幅很少跟着翻页，而是继续上下滚动。因为横幅外层被滚动视图包着，系统检测到用户手势的一撇，父视图——滚动视图自作主张地认为用户要把页面往上拉，于是页面往上滚动，完全没有考虑这一撇其实是用户想翻动横幅。滚动视图不会考虑这些，因为没有人告诉它超过多大斜率才可以上下滚动；既然没有通知，那么滚动视图只要发现手势事件前后的纵坐标发生变化就一律进行上下滚动处理。

要解决这个滑动冲突，关键在于提供某种方式通知滚动视图，告诉它什么时候可以上下滚动、什么时候不能上下滚动。这个通知方式主要有两种：一种是父视图主动向下“查询”，即由滚动视图判断滚动规则并决定是否拦截手势；另一种是子视图向上“反映”，即由子视图告诉滚动视图是否拦截手势。下面分别介绍这两种处理方式。

1. 由滚动视图判断滚动规则

11.2节提到，容器类视图可以重写onInterceptTouchEvent方法，根据条件判断结果决定是否拦截发给子视图的手势。那么可以自定义一个滚动视图，在onInterceptTouchEvent方法中判断本次手势的横坐标与纵坐标，如果纵坐标的偏移大于横坐标的偏移，此时就是垂直滚动，应拦截手势并交给自身进行上下滚动；否则表示此时为水平滚动，不应拦截手势，而是让子视图处理左右滑动事件。

下面的代码演示了自定义滚动视图拦截垂直滚动并放过水平滚动的功能。

```
(完整代码见chapter11\src\main\java\com\example\chapter11\widget\CustomScrollView.java)
public class CustomScrollView extends ScrollView {
    private float mOffsetX, mOffsetY;          // 横、纵方向上的偏移
    private PointF mLastPos;                   // 上次落点的位置
    private int mInterval;                     // 与边缘线的间距阈值

    public CustomScrollView(Context context) {
        this(context, null);
    }

    public CustomScrollView(Context context, AttributeSet attr) {
        super(context, attr);
        mInterval = Utils.dip2px(context, 3);
    }

    // 在拦截触摸事件时触发
    @Override
    public boolean onInterceptTouchEvent(MotionEvent event) {
        boolean result;
        // 其余动作，包括手指移动、手指松开等
        if (event.getAction() == MotionEvent.ACTION_DOWN) {    // 按下手指
            mOffsetX = 0.0F;
            mOffsetY = 0.0F;
            mLastPos = new PointF(event.getX(), event.getY());
            result = super.onInterceptTouchEvent(event);
        } else {
            PointF thisPos = new PointF(event.getX(), event.getY());
            mOffsetX += Math.abs(thisPos.x - mLastPos.x);       // x轴偏差
            mOffsetY += Math.abs(thisPos.y - mLastPos.y);       // y轴偏差
            mLastPos = thisPos;
            if (mOffsetX < mInterval && mOffsetY < mInterval) {
                result = false;          // false表示传给子控件，此时为点击事件
            } else if (mOffsetX < mOffsetY) {
                result = true;           // true表示不传给子控件，此时为垂直滑动
            } else {
                result = false;          // false表示传给子控件，此时为水平滑动
            }
        }
        return result;
    }
}
```

接着在布局文件中把ScrollView节点改为自定义滚动视图的完整路径名称（如com.example.event.widget.CustomScrollView），重新运行App后查看横幅轮播。手势滑动效果如图11-27所示。此时翻页成功，并且整个页面固定不动，未发生上下滚动的情况。

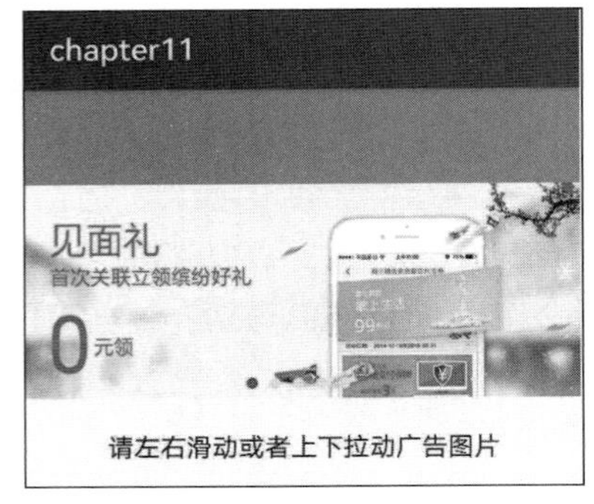

图 11-27 翻页滑动未造成上下滚动

2. 子视图告诉滚动视图能否拦截手势

在目前的案例中，滚动视图下面只有横幅一个淘气鬼，所以允许单独给它“开小灶”。在实际应用场景中，往往有多个“淘气鬼”，一个要吃苹果，另一个要吃香蕉，倘若都要滚动视图帮忙，那可真是忙都忙不过来了。不如弄个水果篮，想吃苹果的就拿苹果，想吃香蕉的就拿香蕉，如此皆大欢喜。

具体到代码的实现，需要调用requestDisallowInterceptTouchEvent方法（参数为true时表示禁止上级拦截触摸事件）。至于何时调用该方法，当然是在检测到滑动前后的横坐标偏移大于纵坐标偏移时。对于横幅采用手势监听器的情况，可重写onTouchEvent方法（在该方法中加入坐标偏移的判断），示例代码如下：

```
(完整代码见chapter11\src\main\java\com\example\chapter11\widget\BannerPager.java)
private float mOffsetX, mOffsetY;                              // 横、纵方向上的偏移
private PointF mLastPos;                                       // 上次落点的位置

@Override
public boolean onTouchEvent(MotionEvent event) {
    boolean result;
    if (event.getAction() == MotionEvent.ACTION_DOWN) {        // 按下手指
        mOffsetX = 0.0F;
        mOffsetY = 0.0F;
        mLastPos = new PointF(event.getX(), event.getY());
        result = super.onTouchEvent(event);
    } else {                                                   // 其余动作，包括移动手指、松开手指等
        PointF thisPos = new PointF(event.getX(), event.getY());
        mOffsetX += Math.abs(thisPos.x - mLastPos.x);          // x轴偏差
        mOffsetY += Math.abs(thisPos.y - mLastPos.y);          // y轴偏差
        mLastPos = thisPos;
        if (mOffsetX >= mOffsetY){ //横轴方向的偏移大于等于纵轴方向的偏移，则判定为水平方向的滚动
            // 如果外层是普通的ScrollView，则此处不允许父容器的拦截动作
            // CustomScrollActivity通过自定义滚动视图来区分水平滑动和垂直滑动
            // DisallowScrollActivity使用滚动视图，则需要下面的代码禁止父容器拦截
            getParent().requestDisallowInterceptTouchEvent(true);
            result = true;                                     // 返回true表示要继续处理
        } else {                                               // 垂直方向的滚动
            result = false;                                    // 返回false表示不处理了
        }
    }
    return result;
}
```

修改后的手势滑动效果参见图11-27。左右滑动能够正常翻页，整个页面也不容易上下滚动。

11.4.2 内部滑动与翻页滑动的冲突处理

在前面的手势冲突中，滚动视图是父视图，有时也是子视图，比如页面采用翻页视图的话，页面内的每个区域之间是左右滑动的关系，并且每个区域都可以拥有自己的滚动视图。如此一来，

在左右滑动时，滚动视图反而变成翻页视图的子视图，前面的冲突处理办法就不能奏效了，只能另想办法。

自定义一个基于ViewPager的翻页视图是一种思路，另外还可以借鉴抽屉布局DrawerLayout。该布局允许左右滑动，在滑动时会拉出侧面的抽屉面板，常用于实现侧滑菜单。抽屉布局与翻页视图在滑动方面存在区别，翻页视图在内部的任何位置均可触发滑动事件，而抽屉布局只在屏幕两侧边缘才会触发滑动事件。

举个实际应用的例子，微信的聊天窗口是上下滚动的，在主窗口的大部分区域触摸都是上下滚动窗口，若在窗口左侧边缘按下再右拉，就会看到左边拉出了消息关注页面。限定某块区域接管特定的手势，这是一种处理滑动冲突行之有效的办法。

既然提到了抽屉布局，不妨稍微了解一下它。下面是DrawerLayout的常用方法：

- setDrawerShadow：设置首页的渐变阴影图形。
- addDrawerListener：添加抽屉面板的拉出监听器，需实现DrawerListener的如下4个方法：
  - onDrawerSlide：在抽屉面板滑动时触发。
  - onDrawerOpened：在抽屉面板打开时触发。
  - onDrawerClosed：在抽屉面板关闭时触发。
  - onDrawerStateChanged：在抽屉面板的状态发生变化时触发。
- removeDrawerListener：移除抽屉面板的拉出监听器。
- closeDrawers：关闭所有抽屉面板。
- openDrawer：打开指定抽屉面板。
- closeDrawer：关闭指定抽屉面板。
- isDrawerOpen：判断指定抽屉面板是否打开。

抽屉布局不仅可以拉出左侧抽屉面板，还可以拉出右侧抽屉面板。左侧面板与右侧面板的区别在于：左侧面板在布局文件中的layout_gravity属性值为left，右侧面板在布局文件中的layout_gravity属性值为right。

下面是使用DrawerLayout的布局文件：

```
(完整代码见chapter11\src\main\res\layout\activity_drawer_layout.xml)
<androidx.drawerlayout.widget.DrawerLayout
      xmlns:android="http://schemas.android.com/apk/res/android"
    android:id="@+id/dl_layout"
    android:layout_width="match_parent"
    android:layout_height="match_parent" >

    <LinearLayout
        android:layout_width="match_parent"
        android:layout_height="match_parent"
        android:orientation="vertical" >

        <LinearLayout
            android:layout_width="match_parent"
            android:layout_height="wrap_content"
            android:orientation="horizontal" >

            <Button
                android:id="@+id/btn_drawer_left"
                android:layout_width="0dp"
                android:layout_height="wrap_content"
                android:layout_weight="1"
```

```
                android:gravity="center"
                android:text="打开左边侧滑" />

            <Button
                android:id="@+id/btn_drawer_right"
                android:layout_width="0dp"
                android:layout_height="wrap_content"
                android:layout_weight="1"
                android:gravity="center"
                android:text="打开右边侧滑" />
        </LinearLayout>

        <TextView
            android:id="@+id/tv_drawer_center"
            android:layout_width="match_parent"
            android:layout_height="0dp"
            android:layout_weight="1"
            android:gravity="top|center"
            android:paddingTop="30dp"
            android:text="这里是首页" />
    </LinearLayout>
    <!--抽屉布局左边的侧滑列表视图，layout_gravity属性设定了它的对齐方式 -->
    <ListView
        android:id="@+id/lv_drawer_left"
        android:layout_width="150dp"
        android:layout_height="match_parent"
        android:layout_gravity="left"
        android:background="#ffdd99" />

    <!--抽屉布局右边的侧滑列表视图，layout_gravity属性设定了它的对齐方式 -->
    <ListView
        android:id="@+id/lv_drawer_right"
        android:layout_width="150dp"
        android:layout_height="match_parent"
        android:layout_gravity="right"
        android:background="#99ffdd" />
</androidx.drawerlayout.widget.DrawerLayout>
```

上述布局文件对应的页面代码如下：

```
(完整代码见chapter11\src\main\java\com\example\chapter11\DrawerLayoutActivity.java)
public class DrawerLayoutActivity extends AppCompatActivity {
    private DrawerLayout dl_layout;            // 声明一个抽屉布局对象
    private Button btn_drawer_left;            // 声明一个按钮对象
    private Button btn_drawer_right;           // 声明一个按钮对象
    private TextView tv_drawer_center;         // 声明一个文本视图对象
    private ListView lv_drawer_left;           // 声明左侧菜单的列表视图对象
    private ListView lv_drawer_right;          // 声明右侧菜单的列表视图对象
    // 左侧菜单项的标题数组
    private String[] titleArray = {"首页", "新闻", "娱乐", "博客", "论坛"};
    // 右侧菜单项的标题数组
    private String[] settingArray = {"我的", "设置", "关于"};

    @Override
    protected void onCreate(Bundle savedInstanceState) {
        super.onCreate(savedInstanceState);
        setContentView(R.layout.activity_drawer_layout);
        dl_layout = findViewById(R.id.dl_layout);
        dl_layout.addDrawerListener(new SlidingListener());    // 设置侧滑监听器
        btn_drawer_left = findViewById(R.id.btn_drawer_left);
        btn_drawer_right = findViewById(R.id.btn_drawer_right);
        tv_drawer_center = findViewById(R.id.tv_drawer_center);
        btn_drawer_left.setOnClickListener(v -> {
```

```
        if (dl_layout.isDrawerOpen(lv_drawer_left)) {           // 左侧菜单已打开
            dl_layout.closeDrawer(lv_drawer_left);              // 关闭左侧抽屉
        } else {  // 左侧菜单未打开
            dl_layout.openDrawer(lv_drawer_left);               // 打开左侧抽屉
        }
    });
    btn_drawer_right.setOnClickListener(v -> {
        if (dl_layout.isDrawerOpen(lv_drawer_right)) {          // 右侧菜单已打开
            dl_layout.closeDrawer(lv_drawer_right);             // 关闭右侧抽屉
        } else {  // 右侧菜单未打开
            dl_layout.openDrawer(lv_drawer_right);              // 打开右侧抽屉
        }
    });
    initListDrawer();                                           // 初始化侧滑的菜单列表
}

// 初始化侧滑的菜单列表
private void initListDrawer() {
    // 下面初始化左侧菜单的列表视图
    lv_drawer_left = findViewById(R.id.lv_drawer_left);
    ArrayAdapter<String> left_adapter = new ArrayAdapter<>(this,
            R.layout.item_select, titleArray);
    lv_drawer_left.setAdapter(left_adapter);
    lv_drawer_left.setOnItemClickListener((parent, view, position, id) -> {
        String text = titleArray[position];
        tv_drawer_center.setText("这里是" + text + "页面");
        dl_layout.closeDrawers();                               // 关闭所有抽屉
    });
    // 下面初始化右侧菜单的列表视图
    lv_drawer_right = findViewById(R.id.lv_drawer_right);
    ArrayAdapter<String> right_adapter = new ArrayAdapter<>(this,
            R.layout.item_select, settingArray);
    lv_drawer_right.setAdapter(right_adapter);
    lv_drawer_right.setOnItemClickListener((parent, view, position, id) -> {
        String text = settingArray[position];
        tv_drawer_center.setText("这里是" + text + "页面");
        dl_layout.closeDrawers();                               // 关闭所有抽屉
    });
}

// 定义一个抽屉布局的侧滑监听器
private class SlidingListener implements DrawerListener {
    // 在拉出抽屉的过程中触发
    @Override
    public void onDrawerSlide(View drawerView, float slideOffset) {}

    // 在侧滑抽屉打开后触发
    @Override
    public void onDrawerOpened(View drawerView) {
        if (drawerView.getId() == R.id.lv_drawer_left) {
            btn_drawer_left.setText("关闭左边侧滑");
        } else {
            btn_drawer_right.setText("关闭右边侧滑");
        }
    }

    // 在侧滑抽屉关闭后触发
    @Override
    public void onDrawerClosed(View drawerView) {
        if (drawerView.getId() == R.id.lv_drawer_left) {
            btn_drawer_left.setText("打开左边侧滑");
        } else {
            btn_drawer_right.setText("打开右边侧滑");
```

```
            }
        }
        // 在侧滑状态变更时触发
        @Override
        public void onDrawerStateChanged(int paramInt) {}
    }
}
```

抽屉布局的展示效果如图11-28～图11-30所示。其中，图11-28为初始界面，图11-29为从左侧边缘拉出侧滑菜单的界面，图11-30为从右侧边缘拉出侧滑菜单的界面。

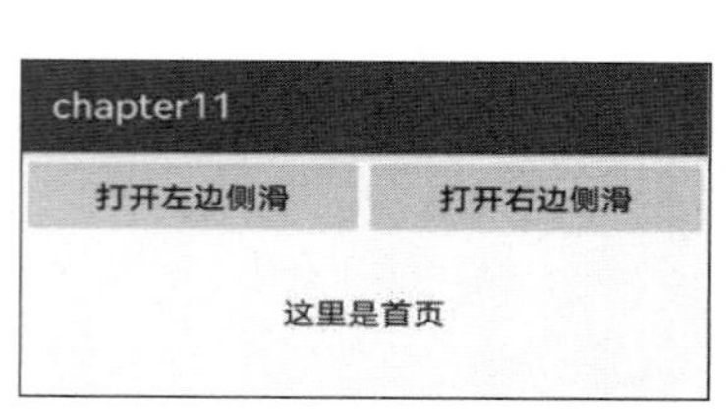

图11-28　演示抽屉布局的初始界面

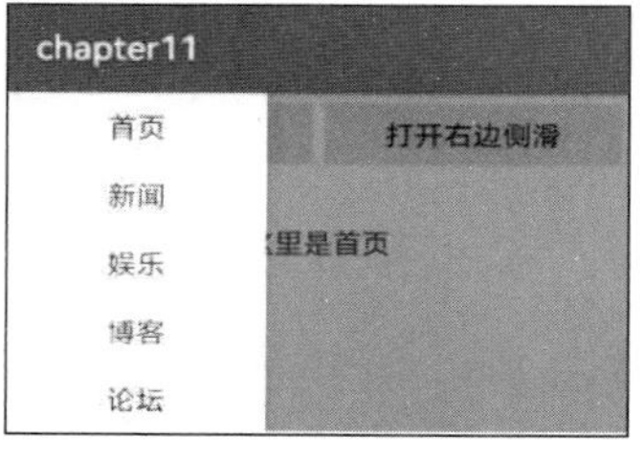

图11-29　从左侧边缘拉出侧滑菜单

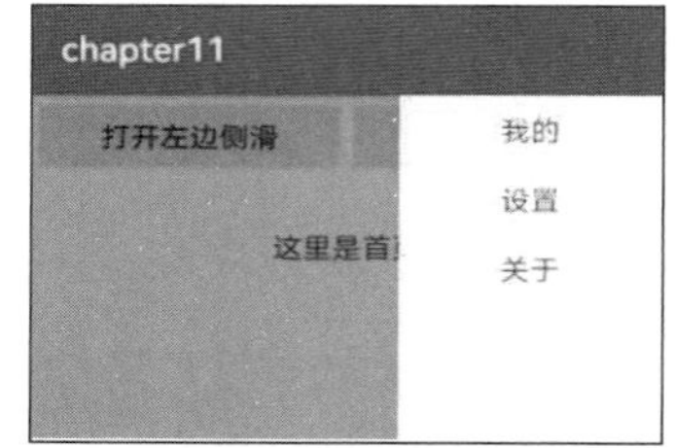

图11-30　从右侧边缘拉出侧滑菜单

11.4.3　正常下拉与下拉刷新的冲突处理

电商App的首页通常都支持下拉刷新，比如京东首页的头部轮播图一直顶到系统的状态栏，并且页面下拉到顶后，继续下拉会拉出带有“下拉刷新”字样的布局，此时松手会触发页面的刷新动作。虽然Android提供了专门的下拉刷新布局SwipeRefreshLayout，但是它没有实现页面随手势下滚的动态效果。一些第三方的开源库（如PullToRefresh、SmartRefreshLayout等）固然能让整体页面下滑，可是顶部的下拉布局很难个性化定制，状态栏、工具栏的背景色修改更是三不管。若想呈现完全仿照京东的下拉刷新特效，只能由开发者编写一个自定义的布局控件。

自定义的下拉刷新布局首先要能够区分是页面的正常下滚还是拉到头部要求刷新。二者之间的区别很简单，直观上就是判断当前页面是否拉到顶。倘若还没拉到顶，继续下拉动作属于正常的页面滚动；倘若已经拉到顶，继续下拉动作才会拉出头部提示刷新。所以此处需捕捉页面滚动到顶部的事件，相对应的是页面滚动到底部的事件。鉴于App首页基本采用滚动视图实现页面滚动功能，故而该问题就变成如何监听该视图滚到顶部或者底部。ScrollView提供了滚动行为的变化方法onScrollChanged，通过重写该方法即可判断是否到达顶部或底部。重写后的代码片段如下：

```
(完整代码见chapter11\src\main\java\com\example\chapter11\widget\PullDownScrollView.java)
// 在滚动变更时触发
@Override
protected void onScrollChanged(int l, int t, int oldl, int oldt) {
    super.onScrollChanged(l, t, oldl, oldt);
    boolean isScrolledToTop;
    boolean isScrolledToBottom;
    if (getScrollY() == 0) {                          // 下拉滚动到顶部
        isScrolledToTop = true;
        isScrolledToBottom = false;
    } else if (getScrollY() + getHeight() - getPaddingTop() - getPaddingBottom() ==
getChildAt(0).getHeight()) {                          // 上拉滚动到底部
        isScrolledToBottom = true;
        isScrolledToTop = false;
    } else {                                          // 未拉到顶部，也未拉到底部
```

```
            isScrolledToTop = false;
            isScrolledToBottom = false;
        }
        if (mScrollListener != null) {
            if (isScrolledToTop) {                      // 已经滚动到顶部
                // 触发下拉到顶部的事件
                mScrollListener.onScrolledToTop();
            } else if (isScrolledToBottom) {            // 已经滚动到底部
                // 触发上拉到底部的事件
                mScrollListener.onScrolledToBottom();
            }
        }
    }

    private ScrollListener mScrollListener;          // 声明一个滚动监听器对象
    // 设置滚动监听器
    public void setScrollListener(ScrollListener listener) {
        mScrollListener = listener;
    }

    // 定义一个滚动监听器接口，用于捕捉到达顶部和底部的事件
    public interface ScrollListener {
        void onScrolledToBottom();                  // 已经滚动到底部
        void onScrolledToTop();                     // 已经滚动到顶部
    }
```

如此改造一番，只要活动代码设置了滚动视图的滚动监听器，就能由onScrolledToTop方法判断当前页面是否拉到顶了。既然能够知晓到顶与否，同步变更状态栏和工具栏的背景色也就可行了。演示页面拉到顶部附近的两种效果如图11-31和图11-32所示。其中，图11-31为上拉页面使之整体上滑，此时状态栏的背景变灰，工具栏的背景变白；图11-32为下拉页面使之完全拉出，此时状态栏和工具栏的背景均恢复透明。

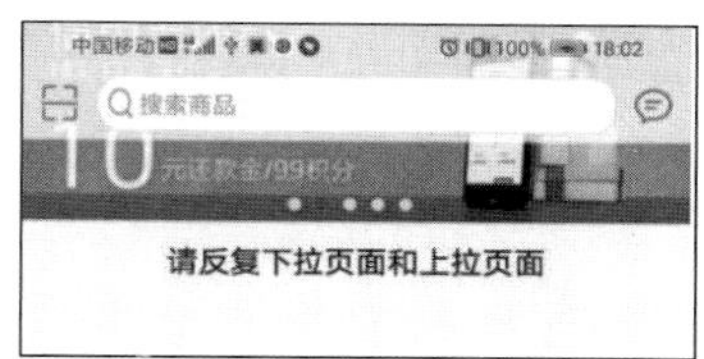

图11-31　上拉页面时的导航栏

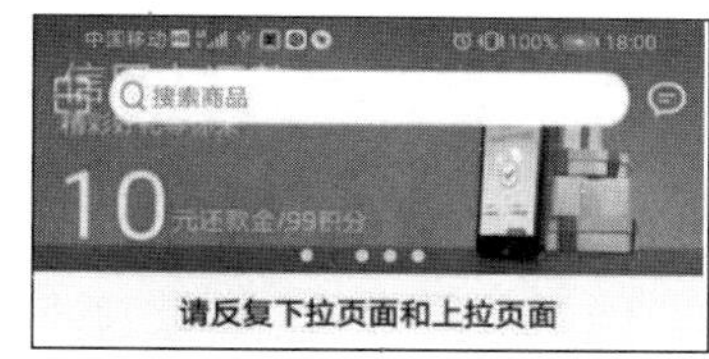

图11-32　下拉页面时的导航栏

成功监听页面是否到达顶部或底部仅仅解决了状态栏和工具栏的变色问题，页面到顶后继续下拉滚动视图要怎么处理呢？一方面是整个页面已经拉到顶了，滚动视图已经无可再拉；另一方面用户在京东首页看到的下拉头部并不属于滚动视图管辖，即使它想拉一下，也是有心无力。不管滚动视图是惊慌失措还是不知所措，恰恰说明它是真的束手无策了，为此还要一个和事佬来摆平下拉布局和滚动视图之间的纠纷。这个和事佬必须是下拉布局和滚动视图的父布局，考虑到下拉布局在上、滚动视图在下，故它俩的父布局继承线性布局比较合适。新的父视图需要完成以下3项任务：

（1）在子视图的最前面自动添加一个下拉刷新头部，保证该下拉头部位于整个页面的最上方。

（2）给前面自定义的滚动视图注册滚动监听器和触摸监听器。其中，滚动监听器用于处理到达顶部和到达底部的事件，触摸监听器用于处理下拉过程中的持续位移。

（3）重写触摸监听器接口需要实现的onTouch方法。这个是重中之重，因为该方法包含了所有的手势下拉跟踪处理，既要准确响应正常的下拉手势，也要避免误操作不属于下拉的手势，比如下面几种情况就要统筹考虑：

① 水平方向的左右滑动，不做额外处理。

② 垂直方向的向上拉动，不做额外处理。

③ 下拉的时候尚未拉到页面顶部，不做额外处理。

④ 拉到顶之后继续下拉，则在隐藏工具栏的同时让下拉头部跟着往下滑动。

⑤ 下拉刷新过程中松开手势，判断下拉滚动的距离，距离太短则直接缩回头部、不刷新页面，只有距离足够长才会刷新页面，等待刷新完毕再缩回头部。

有了新定义的下拉上层布局，搭配自定义的滚动视图就能很方便地实现高仿京东首页的下拉刷新效果了。具体实现的首页布局模板如下：

```
(完整代码见chapter11\src\main\res\layout\activity_pull_refresh.xml)
<RelativeLayout xmlns:android="http://schemas.android.com/apk/res/android"
    android:layout_width="match_parent"
    android:layout_height="match_parent"
    android:background="@color/white">

    <com.example.event.widget.PullDownRefreshLayout
        android:id="@+id/pdrl_main"
        android:layout_width="match_parent"
        android:layout_height="match_parent"
        android:orientation="vertical">

        <com.example.event.widget.PullDownScrollView
            android:id="@+id/pdsv_main"
            android:layout_width="match_parent"
            android:layout_height="wrap_content">

            <LinearLayout
                android:layout_width="match_parent"
                android:layout_height="wrap_content"
                android:orientation="vertical">

                <!-- 此处放具体页面的布局内容 -->
            </LinearLayout>
        </com.example.event.widget.PullDownScrollView>
    </com.example.event.widget.PullDownRefreshLayout>

    <!-- title_drag.xml是带搜索框的工具栏布局 -->
    <include layout="@layout/title_drag" />
</RelativeLayout>
```

以上布局模板用到的自定义控件PullDownRefreshLayout和PullDownScrollView代码量较多，这里就不贴出来了，读者可参考本书附带源码chapter11模块的相关源码。运行并测试这个App，下拉刷新的效果如图11-33和图11-34所示。其中，图11-33为正在下拉时的界面，图11-34为松开刷新时的界面。

图11-33　正在下拉时的界面

图11-34　松开刷新时的界面

11.5　实战项目：仿美图秀秀的抠图工具

所谓抠图，就是从一幅图片中抠出用户想要的某块区域。就像花店卖花，先适当修剪花束，再配上一些包装，看起来就很漂亮，不愁用户不喜欢。如何从现有图片中抠出指定区域着实是一门学问，抠大还是抠小还得调整合适的角度，全凭用户两根灵活的手指头。本节的实战项目就来谈谈如何设计并实现手机上的仿美图秀秀的抠图工具。

图 11-35　美图秀秀的加工界面

11.5.1　需求描述

随着生活水平的提高，人民群众的审美标准也水涨船高，主打图片美颜的美图秀秀大受欢迎，甚至火到了国外。美图的修图功能如此强大，离不开专业的图片加工技术，抠图便是其中重要的一项。点击美图秀秀首页的图片美化按钮，到相册中选择一张图片，就打开了图片加工界面，如图11-35所示。在界面底部左滑拉出抠图按钮并点击，再选择下方的形状按钮，此时图片中央出现一个方框（见图11-36），这个方框就是待抠的目标区域。

然后通过手指触摸挪动方框，也可两指并用缩放或者旋转方框，调整方框大小及其角度后的界面如图11-37所示。接着点击右下角的对号按钮，再点击方框左上角的3点按钮，选择弹出菜单中的“存为贴纸”选项（见图11-38），即可在贴纸功能中查看抠好的图片。

图11-36　美图秀秀的抠图方框

图11-37　调整方框大小及其角度

图11-38　把抠好的图存为贴纸

简简单单的抠图功能都做的这么人性化，难怪美图秀秀会吸引那么多用户。

11.5.2　功能分析

抠图工具通过对图像进行平移、缩放、旋转等操作把图像的某个区域抠下来。抠图工具要提供打开图片和保存图片两种操作，其中打开图片支持从手机相册选取待加工的原始图片，保存图片支持把抠出来的图像保存到存储卡。

打开原始图片后，工具界面进入抠图模式，主界面上没有任何控制按钮，抠哪块区域完全靠手势操作。需要实现的手势处理有以下5种。

- 挪动高亮区域的手势：点击高亮区域内部，再滑动手势，即可将该区域拖曳至指定位置。
- 调整高亮区域边界的手势：点击高亮区域边界，再滑动手势，即可将边界拉至指定位置。
- 挪动图片的手势：点击高亮区域外部（阴影部分），然后滑动手势，即可将整张图片拖曳至指定位置。
- 缩放图片的手势：两只手指同时按压屏幕，然后一起往中心点靠拢或彼此远离中心点，即可实现图片的缩小和放大操作。
- 旋转图片的手势：两个手指同时按压屏幕，然后围绕中心点一起顺时针或逆时针转动，即可实现图片的旋转操作。

下面是自定义的美图视图中关于缩放与旋转手势的判断代码：

```
（完整代码见chapter11\src\main\java\com\example\chapter11\widget\MeituView.java）
// 当前两个触摸点之间的距离
float nowWholeDistance = distance(event.getX(), event.getY(),
                                 event.getX(1), event.getY(1));
// 上次两个触摸点之间的距离
float preWholeDistance = distance(mLastOffsetX, mLastOffsetY,
                                  mLastOffsetXTwo, mLastOffsetYTwo);
// 主要点在前后两次落点之间的距离
float primaryDistance = distance(event.getX(), event.getY(),
                                 mLastOffsetX, mLastOffsetY);
// 次要点在前后两次落点之间的距离
float secondaryDistance = distance(event.getX(1), event.getY(1),
                                   mLastOffsetXTwo, mLastOffsetYTwo);
if (Math.abs(nowWholeDistance - preWholeDistance) >
     (float) Math.sqrt(2) / 2.0f * (primaryDistance + secondaryDistance)) {
    // 倾向于在原始线段的相同方向上移动，则判作缩放图像
    // 触发图像变更监听器的缩放图像动作
    mListener.onImageScale(nowWholeDistance / preWholeDistance);
} else {  // 倾向于在原始线段的垂直方向上移动，则判作旋转图像
    // 计算上次触摸事件的旋转角度
    int preDegree = degree(mLastOffsetX, mLastOffsetY,
                          mLastOffsetXTwo, mLastOffsetYTwo);
    // 计算本次触摸事件的旋转角度
    int nowDegree = degree(event.getX(), event.getY(),  event.getX(1), event.getY(1));
    // 触发图像变更监听器的旋转图像动作
    mListener.onImageRotate(nowDegree - preDegree);
}
```

11.5.3 效果展示

有一张杭州西湖的风景照（见图11-39），照片中山上的雷峰塔太小了，现在准备先挪动图片位置再将它放大，然后把雷峰塔抠出来。

图 11-39 杭州西湖的风景照

打开抠图App，点击右上角的3点图标，弹出读写图片文件的菜单，如图11-40所示。

选择菜单项“打开图片”，打开待加工的图片文件，初始界面如图11-41所示。接着拖动原始图片与高亮区域，并适当放大与旋转图片，使雷峰塔位于高亮区域中上部，全部手势调整结束。完成抠图的效果如图11-42所示。

抠图工具
打开图片
请点击右上角的三点图
开始抠图操作
保存图片

图11-40　读写图片文件的菜单

图11-41　抠图开始前的初始界面

图11-42　抠图完成后的效果

然后点击右上角的三点图标，选择菜单项“保存图片”，之后即可在系统相册中找到抠好的图片。抠图操作本身只是一项功能，经常与其他图像处理功能联合使用。

11.6　小　　结

本章主要介绍了App开发用到的事件交互技术，包括按键事件的检测与处理（检测软键盘、检测物理按键、接管返回按键）、触摸事件的检测与处理（手势事件的分发流程、接管手势事件处理、跟踪滑动轨迹实现手写签名）、根据触摸行为辨别手势动作（区分点击和长按动作、识别手势滑动的方向、辨别缩放与旋转手势）、手势冲突的处理方式（上下滚动与左右滑动的冲突处理、内部滑动与翻页滑动的冲突处理、正常下拉与下拉刷新的冲突处理）。最后设计了一个实战项目 “仿美图秀秀的抠图工具”，在该项目的App编码中综合运用了本章介绍的事件交互技术，包括单点触摸、多点触控等。

通过本章的学习，读者应该能够掌握以下4种开发技能：

（1）学会在合适的场合监听并处理按键事件。
（2）学会检测触摸事件并接管手势处理。
（3）学会使用主要的手势检测手段。
（4）学会避免手势冲突的情况发生。

11.7　动 手 练 习

1. 通过接管触摸事件实现手写签名控件。
2. 同样是两指触摸，在代码中区分缩放动作和旋转动作。
3. 综合运用事件交互技术实现一个抠图工具 App。

第 12 章 动画特效

本章介绍App开发中常见的动画特效技术，主要包括：如何使用帧动画实现电影播放效果，如何使用补间动画实现视图的4种基本状态变化，如何使用属性动画实现视图各种状态的动态变换效果，以及如何借助绘图层次与滚动器实现动画效果。最后结合本章所学的知识演示一个实战项目“仿手机QQ的动感影集”的设计与实现。

12.1 帧 动 画

本节介绍帧动画相关的技术实现，内容包括如何通过动画图形与宿主视图播放帧动画，播放动图的解决思路与技术方案，如何使用过渡图形实现两幅图片之间的淡入、淡出动画。注意：本章中关于图形、图片和图像术语的使用，它们的使用不是随意的。Drawable类用图形来描述，Image类对应的是图像，图片则是兼顾上面两种通用说法，源于Picture。

12.1.1 帧动画的实现

Android的动画分为三大类：帧动画、补间动画和属性动画。其中，帧动画是实现原理最简单的一种，跟现实生活中的电影胶卷类似，都是在短时间内连续播放多张图片，从而模拟动态画面的效果。

Android的帧动画由动画图形AnimationDrawable生成。下面是AnimationDrawable的常用方法：

- addFrame：添加一幅图片帧，并指定该帧的持续时间（单位为毫秒）。
- setOneShot：设置是否只播放一次，为true表示只播放一次，为false表示循环播放。
- start：开始播放。注意，设置宿主视图后才能进行播放。
- stop：停止播放。
- isRunning：判断是否正在播放。

有了动画图形，还得有一个宿主视图显示该图形，一般使用图像视图承载AnimationDrawable，即调用图像视图的setImageDrawable方法加载动画图形。

下面是利用动画图形播放帧动画的代码片段：

```
（完整代码见chapter12\src\main\java\com\example\chapter12\FrameAnimActivity.java）
// 在代码中生成帧动画并进行播放
```

```
private void showFrameAnimByCode() {
    ad_frame = new AnimationDrawable();  // 创建一个帧动画图形
    // 下面把每帧图片加入到帧动画的队列中
    ad_frame.addFrame(getDrawable(R.drawable.flow_p1), 50);
    ad_frame.addFrame(getDrawable(R.drawable.flow_p2), 50);
    ad_frame.addFrame(getDrawable(R.drawable.flow_p3), 50);
    ad_frame.addFrame(getDrawable(R.drawable.flow_p4), 50);
    ad_frame.addFrame(getDrawable(R.drawable.flow_p5), 50);
    ad_frame.addFrame(getDrawable(R.drawable.flow_p6), 50);
    ad_frame.addFrame(getDrawable(R.drawable.flow_p7), 50);
    ad_frame.addFrame(getDrawable(R.drawable.flow_p8), 50);
    // 设置帧动画是否只播放一次，为true表示只播放一次，为false表示循环播放
    ad_frame.setOneShot(false);
    // 设置图像视图的图形为帧动画
    iv_frame_anim.setImageDrawable(ad_frame);
    ad_frame.start();  // 开始播放帧动画
}
```

帧动画的播放效果如图12-1～图12-3所示。这组帧动画由8张瀑布图片构成，这里的3张画面为其中的3个瀑布帧，单看画面区别不大，连起来播放才能看到瀑布的流水动画。

图 12-1　瀑布动画帧 1

图 12-2　瀑布动画帧 2

图 12-3　瀑布动画帧 3

除了在代码中添加帧图片外，可以先在XML文件中定义帧图片的排列；然后在代码中调用图像视图的setImageResource方法，加载指定的XML图形定义文件；再调用图像视图的getDrawable方法，获得动画图形的实例，并进行后续的播放操作。

下面是定义帧图片排列的XML示例文件：

```
(完整代码见chapter12\src\main\res\drawable\frame_anim.xml)
<animation-list xmlns:android="http://schemas.android.com/apk/res/android"
android:oneshot="false" >
    <item android:drawable="@drawable/flow_p1" android:duration="50"/>
    <item android:drawable="@drawable/flow_p2" android:duration="50"/>
    <item android:drawable="@drawable/flow_p3" android:duration="50"/>
    <item android:drawable="@drawable/flow_p4" android:duration="50"/>
    <item android:drawable="@drawable/flow_p5" android:duration="50"/>
    <item android:drawable="@drawable/flow_p6" android:duration="50"/>
    <item android:drawable="@drawable/flow_p7" android:duration="50"/>
    <item android:drawable="@drawable/flow_p8" android:duration="50"/>
</animation-list>
```

根据图形定义文件播放帧动画的效果与在代码中添加帧图片是一样的，播放的示例代码如下：

```
// 从XML文件中获取帧动画并进行播放
private void showFrameAnimByXml() {
    // 设置图像视图的图像来源为帧动画的XML定义文件
    iv_frame_anim.setImageResource(R.drawable.frame_anim);
    // 从图像视图对象中获取帧动画
    ad_frame = (AnimationDrawable) iv_frame_anim.getDrawable();
    ad_frame.start();  // 开始播放帧动画
}
```

12.1.2　显示动图特效

GIF是Windows常见的图片格式，主要用来播放短小的动画。Android虽然号称支持PNG、JPG、GIF三种图片格式，但是并不支持直接播放GIF动图，如果在图像视图中加载一个GIF文件，那么只会显示GIF文件的第一帧图片。

若想在手机上显示GIF动图，则需八仙过海各显神通，具体的实现方式主要有三种：借助帧动画播放拆解后的组图，利用Movie类结合自定义控件播放动图，利用ImageDecoder结合动画图形播放动图。

1. 借助帧动画播放拆解后的组图

在代码中将GIF文件分解为一系列图片数据，并获取每帧的持续时间，然后通过动画图形动态加载每帧图片。

从GIF文件中分解帧图片有现成的开源代码（具体参见本书源码chapter12模块的com\example\chapter12\util\GifImage.java），分解得到所有帧的组图，再通过帧动画技术显示GIF动图，详细的显示GIF动图的示例代码如下：

```
(完整代码见chapter12\src\main\java\com\example\chapter12\GifActivity.java)
// 显示GIF动图
private void showGifAnimationOld(int imageId) {
    // 从资源文件中获取输入流对象
    InputStream is = getResources().openRawResource(imageId);
    GifImage gifImage = new GifImage();       // 创建一个GIF图像对象
    int code = gifImage.read(is);             // 从输入流中读取GIF数据
    if (code == GifImage.STATUS_OK) {         // 读取成功
        GifImage.GifFrame[] frameList = gifImage.getFrames();
        // 创建一个帧动画
        AnimationDrawable ad_gif = new AnimationDrawable();
        for (GifImage.GifFrame frame : frameList) {
            // 把Bitmap位图对象转换为Drawable图形格式
            BitmapDrawable drawable = new BitmapDrawable(getResources(), frame.image);
            // 给帧动画添加指定图形，以及该帧的播放延迟
            ad_gif.addFrame(drawable, frame.delay);
        }
        // 设置帧动画是否只播放一次，为true表示只播放一次，为false表示循环播放
        ad_gif.setOneShot(false);
        iv_gif.setImageDrawable(ad_gif);  // 设置图像视图的图形为帧动画
        ad_gif.start();  // 开始播放帧动画
    } else if (code == GifImage.STATUS_FORMAT_ERROR) {
        Toast.makeText(this, "该图片不是gif格式", Toast.LENGTH_LONG).show();
    } else {
        Toast.makeText(this, "gif图片读取失败:" + code, Toast.LENGTH_LONG).show();
    }
}
```

2. 利用Movie类结合自定义控件播放动图

借助原生的Movie工具，先加载动图的资源图片，再将每帧图像绘制到视图画布上，使之成为能够播放动图的自定义控件。动图视图的自定义代码如下：

```
(完整代码见chapter12\src\main\java\com\example\chapter12\widget\GifView.java)
public class GifView extends View {
    private Movie mMovie;                                   // 声明一个电影对象
    private long mBeginTime = 0;                            // 开始播放时间
    private float mScaleRatio = 1;                          // 缩放比率

    public GifView(Context context) {
        this(context, null);
    }

    public GifView(Context context, AttributeSet attrs) {
        super(context, attrs);
    }

    // 设置电影对象
    public void setMovie(Movie movie) {
        mMovie = movie;
        requestLayout();                                    // 请求重新调整视图位置
    }

    @Override
    protected void onMeasure(int widthMeasureSpec, int heightMeasureSpec) {
        super.onMeasure(widthMeasureSpec, heightMeasureSpec);
        if (mMovie != null) {
            int width = mMovie.width();                     // 获取电影动图的宽度
            int height = mMovie.height();                   // 获取电影动图的高度
            float widthRatio = 1.0f * getMeasuredWidth() / width;
            float heightRatio = 1.0f * getMeasuredHeight() / height;
            mScaleRatio = Math.min(widthRatio, heightRatio);
        }
    }

    @Override
    public void onDraw(Canvas canvas) {
        long now = SystemClock.uptimeMillis();
        if (mBeginTime == 0) {                              // 如果是第一帧，就记录起始时间
            mBeginTime = now;
        }
        if (mMovie != null) {
            // 获取电影动图的播放时长
            int duration = mMovie.duration()==0 ? 1000 : mMovie.duration();
            // 计算当前要显示第几帧图片
            int currentTime = (int) ((now - mBeginTime) % duration);
            mMovie.setTime(currentTime);                    // 设置当前帧的相对时间
            canvas.scale(mScaleRatio, mScaleRatio);         // 将画布缩放到指定比率
            mMovie.draw(canvas, 0, 0);                      // 把当前帧绘制到画布上
            postInvalidate();                               // 立即刷新视图（线程安全方式）
        }
    }
}
```

接着在布局文件中添加上面定义的GifView节点，并给活动代码添加如下加载方法，即可实现GIF动图的播放功能：

```
(完整代码见chapter12\src\main\java\com\example\chapter12\GifActivity.java)
// 通过Movie类播放动图
private void showGifMovie(int imageId) {
    // 从资源图片中解码得到电影对象
```

```
    Movie movie = Movie.decodeStream(getResources().openRawResource(imageId));
    gv_gif.setMovie(movie);  // 设置电影对象
}
```

3. 利用ImageDecoder结合动画图形播放动图

上述两种显示GIF动图的方法显然都不方便，毕竟GIF文件还是很流行的动图格式，因而Android从9.0开始增加了新的图像解码器ImageDecoder，该解码器支持直接读取GIF文件的图像数据，通过搭配具备动画特征的图形工具Animatable即可轻松实现在App中播放GIF动图。利用图像解码器加载并显示图片的步骤分为以下4步：

01 调用ImageDecoder的createSource方法，从指定地方获得数据源。
02 调用ImageDecoder的decodeDrawable方法，从数据源解码得到Drawable类型的图形信息。
03 调用图像视图的setImageDrawable方法，设置图像视图的图形对象。
04 判断解码得到的图形对象是否为Animatable类型，如果是的话，就调用start方法播放动画。

其中步骤1的createSource方法允许从多种来源读取图像信息，包括但不限于下列来源：

（1）来自存储卡的File对象。
（2）来自系统相册的Uri对象。
（3）来自资源图片的图形编号。（图片放在res/raw目录下，图形编号形如R.raw.***）
（4）从输入流获取的字节数组。

举个例子，现在准备通过ImageDecoder加载来自res/raw目录的GIF动图，则详细的演示代码如下：

```
(完整代码见chapter12\src\main\java\com\example\chapter12\GifActivity.java)
@RequiresApi(api = Build.VERSION_CODES.P)
private void showAnimateDrawable(int imageId) {
    try {
        // 利用Android 9.0新增的ImageDecoder获取图像来源
        ImageDecoder.Source source = ImageDecoder.createSource(
                                  getResources(), imageId);
        // 从数据源中解码得到图像数据
        Drawable drawable = ImageDecoder.decodeDrawable(source);
        iv_gif.setImageDrawable(drawable);          // 设置图像视图的图形
        if (drawable instanceof Animatable) {      // 如果是动图类型，就开始播放动图
            ((Animatable) iv_gif.getDrawable()).start();
        }
    } catch (Exception e) {
        e.printStackTrace();
    }
}
```

GIF文件的播放效果如图12-4和图12-5所示。图12-4为GIF动图播放开始时的画面，图12-5为GIF动图临近播放结束时的画面。

早期的Android只支持3种图像格式，分别是JPEG、PNG和GIF，由于这三种图片格式历史悠久，当时的图像压缩算法不尽完美，并且手机摄像头的分辨率越来越高，导致一张高清照片动辄几兆字节乃至十几兆字节大小，使得手机的存储空间越发吃紧，这也要求更高效的压缩算法。

目前智能手机行业仅剩安卓和iOS两大阵营，为了争夺移动互联网时代的技术高地，两大阵营的盟主纷纷推出新的图像压缩算法，安卓阵营的谷歌推出了WebP格式，而iOS阵营的苹果推出了HEIF格式。尽管WebP与HEIF出自不同的厂商，但它俩都具备了下列优异特性：

（1）支持透明背景：JPEG不支持透明背景。

（2）支持动画效果：JPEG和PNG不支持动画效果。

（3）支持有损压缩：PNG和GIF不支持有损压缩，因此它们的图片体积较大。

正因为WebP与HEIF如此优秀，所以它们在手机上愈加流行，从Android 9.0开始便支持浏览这两种格式的图片，从Android 10开始更允许将拍摄的照片保存为HEIF格式（同时需要硬件支持）。ImageDecoder正是Android 9.0推出的新型图像解码器，它不但兼容常规的JPEG和PNG图片，还适配GIF、WebP、HEIF的动图效果，可谓新老图片类型一网打尽。

从Android 12开始新增支持AVIF图像格式，它是目前为止最高效的高级图像压缩编解码器。在同等的图像质量情况之下，AVIF格式的文件大小仅为JPEG格式的三分之一。AVIF还是符合HEIF标准的图像格式，这意味着我们能够利用ImageDecoder解析AVIF图片。

使用ImageDecode解析WebP、HEIF、AVIF图片的编码步骤与解析GIF图片一致，图像解码器播放WebP动图的效果如图12-6和图12-7所示，其中图12-6为动图播放开头的界面、图12-7为动图播放结尾的界面，可见有一个足球向右边飞了过去。

图像解码器解析HEIF与AVIF文件的效果如图12-8和图12-9所示，其中图12-8为展示HEIF图片的界面，图12-9为展示AVIF图片的界面。

图12-4　GIF动画开始播放

图12-5　GIF动画即将结束

图12-6　WebP动图开始播放

图12-7　WebP动图即将结束

图12-8　展示HEIF图片的界面

图12-9　展示AVIF图片的界面

12.1.3　淡入淡出动画

帧动画采取后面一帧直接覆盖前面一帧的显示方式，这在快速轮播时没有什么问题，但是如果每帧的间隔时间比较长（比如超过0.5秒），那么两帧之间的画面切换就会很生硬，直接从前一帧变成后一帧会让人觉得很突兀。为了解决这种长间隔切换图片在视觉方面的问题，Android提供了过渡图形TransitionDrawable处理两张图片之间的渐变显示，即淡入淡出的动画效果。

过渡图形同样需要宿主视图显示该图形，即调用图像视图的setImageDrawable方法进行图形加载操作。下面是TransitionDrawable的常用方法：

- 构造方法：指定过渡图形的图形数组。该图形数组大小为2，包含前后两张图形。
- startTransition：开始过渡操作。这里需要先设置宿主视图再进行渐变显示。
- resetTransition：重置过渡操作。
- reverseTransition：倒过来执行过渡操作。

下面是使用过渡图形的代码片段：

```
（完整代码见chapter12\src\main\java\com\example\chapter12\FadeAnimActivity.java）
// 开始播放淡入淡出动画
private void showFadeAnimation() {
    // 淡入淡出动画需要先定义一个图形资源数组，用于变换图片
    Drawable[] drawableArray = {getDrawable(R.drawable.fade_begin),
                               getDrawable(R.drawable.fade_end)};
    // 创建一个用于淡入淡出动画的过渡图形
    TransitionDrawable td_fade = new TransitionDrawable(drawableArray);
    iv_fade_anim.setImageDrawable(td_fade);          // 设置过渡图形
    td_fade.setCrossFadeEnabled(true);               // 是否启用交叉淡入，启用后淡入效果更柔和
    td_fade.startTransition(3000);                   // 开始时长3秒的过渡转换
}
```

过渡图形的播放效果如图12-10和图12-11所示。其中，图12-10为开始转换不久的画面，此时仍以第一张图片为主；图12-11为转换将要结束的画面，此时已经基本过渡到第二张图片。

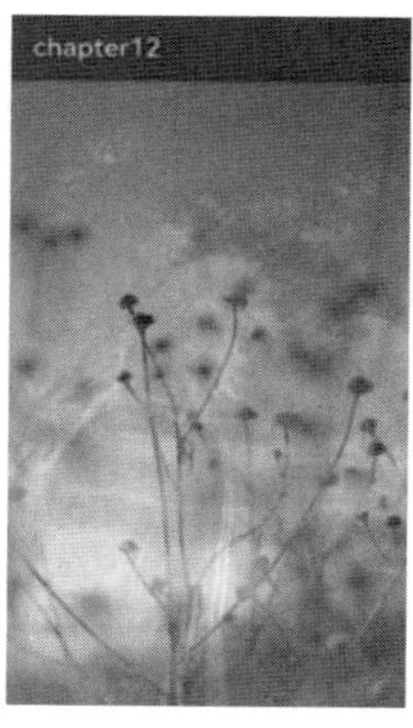

图12-10　淡入淡出动画开始播放

图12-11　淡入淡出动画即将结束

12.2 补间动画

本节介绍补间动画的原理与用法，内容包括4种补间动画及其基本用法、补间动画的原理和基于旋转动画的思想实现摇摆动画、如何通过集合动画同时展示多种动画效果。

12.2.1 补间动画的种类

在12.1.3节提到，两张图片之间的渐变效果可以使用过渡图形实现，那么一张图形内部能否运用渐变效果呢？比如展示图片的逐步缩放过程等。正好，Android提供了补间动画，它允许开发者

实现某个视图的动态变换，具体包括4种动画效果，分别是灰度动画（AlphaAnimation）、平移动画（TranslateAnimation）、缩放动画（ScaleAnimation）和旋转动画（RotateAnimation）。为什么把这4种动画称作补间动画呢？因为由开发者提供动画的起始状态值与终止状态值，然后系统按照时间推移计算中间的状态值，并自动把中间状态的视图补充到起止视图的变化过程中，自动补充中间视图的动画就被简称为“补间动画”。

4种补间动画都来自于共同的动画类Animation，因此同时拥有Animation的属性与方法。下面是Animation的常用方法：

- setFillAfter：设置是否维持结束画面。true表示动画结束后停留在结束画面，false表示动画结束后恢复到开始画面。
- setRepeatMode：设置动画的重播模式。Animation.RESTART表示从头开始，Animation.REVERSE表示倒过来播放。默认为Animation.RESTART。
- setRepeatCount：设置动画的重播次数。默认值为0，表示只播放一次；值为ValueAnimator.INFINITE时表示持续重播。
- setDuration：设置动画的持续时间，单位为毫秒。
- setInterpolator：设置动画的插值器。
- setAnimationListener：设置动画的监听器。需实现接口AnimationListener的3个方法：
  - onAnimationStart：在动画开始时触发。
  - onAnimationEnd：在动画结束时触发。
  - onAnimationRepeat：在动画重播时触发。

与帧动画一样，补间动画也需要找一个宿主视图，对宿主视图施展动画效果。不同的是，帧动画的宿主视图只能是由ImageView派生出来的视图家族（图像视图、图像按钮等），而补间动画的宿主视图可以是任意视图，只要派生自View类就行。给补间动画指定宿主视图的方式很简单，调用宿主对象的startAnimation方法即可命令宿主视图开始播放动画，调用宿主对象的clearAnimation方法即可要求宿主视图清除动画。

具体到每种补间动画又有不同的初始化方式。下面来看具体说明。

（1）初始化灰度动画：在构造方法中指定视图透明度的前后数值，取值为0.0～1.0（0表示完全不透明，1表示完全透明）。

（2）初始化平移动画：在构造方法中指定视图在平移前后左上角的坐标值。其中，第一个参数为平移前的横坐标，第二个参数为平移后的横坐标，第三个参数为平移前的纵坐标，第四个参数为平移后的纵坐标。

（3）初始化缩放动画：在构造方法中指定视图横纵坐标的前后缩放比例。缩放比例取值为0.5时表示缩小到原来的二分之一，取值为2时表示放大到原来的两倍。其中，第一个参数为缩放前的横坐标比例，第二个参数为缩放后的横坐标比例，第三个参数为缩放前的纵坐标比例，第四个参数为缩放后的纵坐标比例。

（4）初始化旋转动画：在构造方法中指定视图的旋转角度。其中，第一个参数为旋转前的角度，第二个参数为旋转后的角度，第三个参数为圆心的横坐标类型，第四个参数为圆心横坐标的数值比例，第五个参数为圆心的纵坐标类型，第六个参数为圆心纵坐标的数值比例。Animation类的坐标类型的取值说明见表12-1。

表 12-1 坐标类型的取值说明

Animation 类的坐标类型	说　明
ABSOLUTE	绝对位置
RELATIVE_TO_SELF	相对自身位置
RELATIVE_TO_PARENT	相对父视图的位置

下面是分别使用4种补间动画的示例代码：

（完整代码见chapter12\src\main\java\com\example\chapter12\TweenAnimActivity.java）

```
// 声明4个补间动画对象
private Animation alphaAnim, translateAnim, scaleAnim, rotateAnim;

// 初始化补间动画
private void initTweenAnim() {
    // 创建一个灰度动画，从完全透明变为即将不透明
    alphaAnim = new AlphaAnimation(1.0f, 0.1f);
    alphaAnim.setDuration(3000);                          // 设置动画的播放时长
    alphaAnim.setFillAfter(true);                         // 设置维持结束画面
    // 创建一个平移动画，向左平移100dp
    translateAnim = new TranslateAnimation(1.0f, Utils.dip2px(this, -100), 1.0f, 1.0f);
    translateAnim.setDuration(3000);                      // 设置动画的播放时长
    translateAnim.setFillAfter(true);                     // 设置维持结束画面
    // 创建一个缩放动画，宽度不变，高度变为原来的二分之一
    scaleAnim = new ScaleAnimation(1.0f, 1.0f, 1.0f, 0.5f);
    scaleAnim.setDuration(3000);                          // 设置动画的播放时长
    scaleAnim.setFillAfter(true);                         // 设置维持结束画面
    // 创建一个旋转动画，围绕着圆心顺时针旋转360°
    rotateAnim = new RotateAnimation(0f, 360f, Animation.RELATIVE_TO_SELF,
            0.5f, Animation.RELATIVE_TO_SELF, 0.5f);
    rotateAnim.setDuration(3000);                         // 设置动画的播放时长
    rotateAnim.setFillAfter(true);                        // 设置维持结束画面
}

// 播放指定类型的补间动画
private void playTweenAnim(int type) {
    if (type == 0) {                                            // 灰度动画
        iv_tween_anim.startAnimation(alphaAnim);                // 开始播放灰度动画
        // 给灰度动画设置动画事件监听器
        alphaAnim.setAnimationListener(TweenAnimActivity.this);
    } else if (type == 1) {                                     // 平移动画
        iv_tween_anim.startAnimation(translateAnim);            // 开始播放平移动画
        // 给平移动画设置动画事件监听器
        translateAnim.setAnimationListener(TweenAnimActivity.this);
    } else if (type == 2) {                                     // 缩放动画
        iv_tween_anim.startAnimation(scaleAnim);                // 开始播放缩放动画
        // 给缩放动画设置动画事件监听器
        scaleAnim.setAnimationListener(TweenAnimActivity.this);
    } else if (type == 3) {                                     // 旋转动画
        iv_tween_anim.startAnimation(rotateAnim);               // 开始播放旋转动画
        // 给旋转动画设置动画事件监听器
        rotateAnim.setAnimationListener(TweenAnimActivity.this);
    }
}

// 在补间动画开始播放时触发
@Override
public void onAnimationStart(Animation animation) {}

// 在补间动画结束播放时触发
```

```
@Override
public void onAnimationEnd(Animation animation) {
    if (animation.equals(alphaAnim)) {                    // 灰度动画
        // 创建一个灰度动画，从即将不透明变为完全透明
        Animation alphaAnim2 = new AlphaAnimation(0.1f, 1.0f);
        alphaAnim2.setDuration(3000);                     // 设置动画的播放时长
        alphaAnim2.setFillAfter(true);                    // 设置维持结束画面
        iv_tween_anim.startAnimation(alphaAnim2);         // 开始播放灰度动画
    } else if (animation.equals(translateAnim)) {         // 平移动画
        // 创建一个平移动画，向右平移100dp
        Animation translateAnim2 = new TranslateAnimation(
                    Utils.dip2px(this, -100), 1.0f, 1.0f, 1.0f);
        translateAnim2.setDuration(3000);                 // 设置动画的播放时长
        translateAnim2.setFillAfter(true);                // 设置维持结束画面
        iv_tween_anim.startAnimation(translateAnim2);     // 开始播放平移动画
    } else if (animation.equals(scaleAnim)) {             // 缩放动画
        // 创建一个缩放动画，宽度不变，高度变为原来的二分之一
        Animation scaleAnim2 = new ScaleAnimation(1.0f, 1.0f, 0.5f, 1.0f);
        scaleAnim2.setDuration(3000);                     // 设置动画的播放时长
        scaleAnim2.setFillAfter(true);                    // 设置维持结束画面
        iv_tween_anim.startAnimation(scaleAnim2);         // 开始播放缩放动画
    } else if (animation.equals(rotateAnim)) {            // 旋转动画
        // 创建一个旋转动画，围绕着圆心逆时针旋转360°
        Animation rotateAnim2 = new RotateAnimation(0f, -360f,
                Animation.RELATIVE_TO_SELF, 0.5f,
                Animation.RELATIVE_TO_SELF, 0.5f);
        rotateAnim2.setDuration(3000);                    // 设置动画的播放时长
        rotateAnim2.setFillAfter(true);                   // 设置维持结束画面
        iv_tween_anim.startAnimation(rotateAnim2);        // 开始播放旋转动画
    }
}

// 在补间动画重复播放时触发
@Override
public void onAnimationRepeat(Animation animation) {}
```

补间动画的播放效果如图12-12～图12-19所示。其中，图12-12和图12-13为灰度动画播放前后的画面，图12-14和图12-15为平移动画播放前后的画面，图12-16和图12-17为缩放动画播放前后的画面，图12-18和图12-19为旋转动画播放前后的画面。

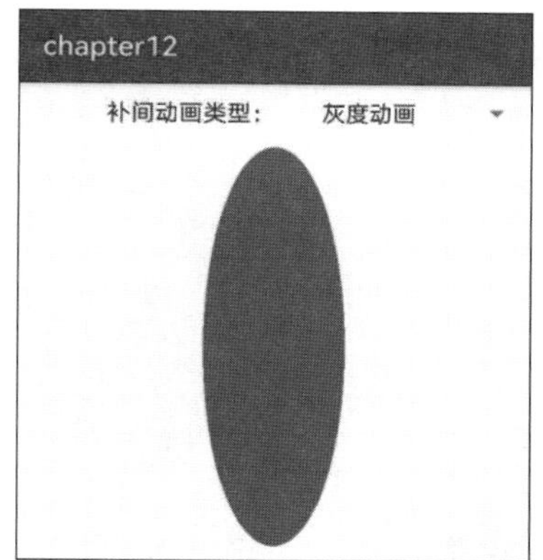

图12-12　灰度动画开始播放

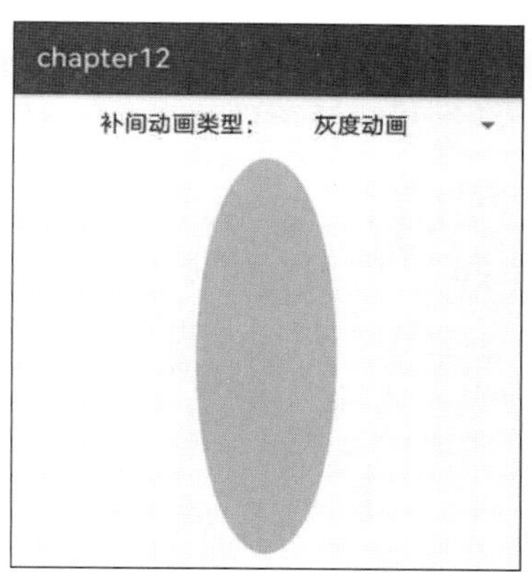

图12-13　灰度动画即将结束

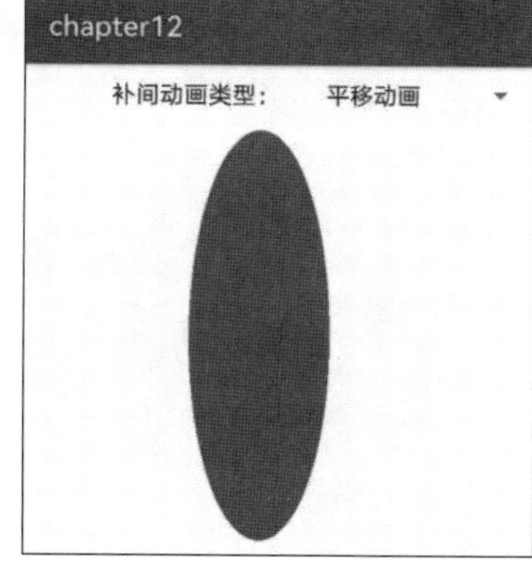

图12-14　平移动画开始播放

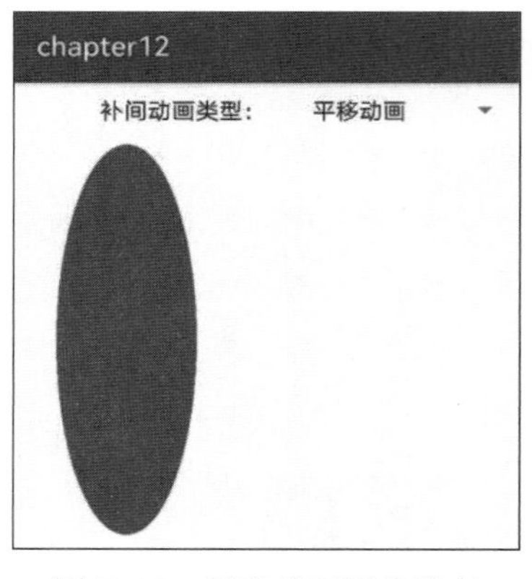

图12-15 平移动画即将结束

图12-16 缩放动画开始播放

图12-17 缩放动画即将结束

图12-18 旋转动画开始播放

图12-19 旋转动画即将结束

12.2.2 补间动画的原理

补间动画只提供了基本的动态变换，如果想要复杂的动画效果，比如像钟摆一样左摆一下再右摆一下，补间动画就无能为力了。因而有必要了解补间动画的实现原理，这样才能进行适当的改造，使其符合实际的业务需求。

以旋转动画RotateAnimation为例，接下来进一步阐述补间动画的实现原理。查看RotateAnimation的源码，发现除了一堆构造方法外剩下的代码只有如下3个方法：

```
private void initializePivotPoint() {
    if (mPivotXType == ABSOLUTE) {
        mPivotX = mPivotXValue;
    }
    if (mPivotYType == ABSOLUTE) {
        mPivotY = mPivotYValue;
    }
}

@Override
protected void applyTransformation(float interpolatedTime, Transformation t) {
    float degrees = mFromDegrees + ((mToDegrees - mFromDegrees) * interpolatedTime);
    float scale = getScaleFactor();
    if (mPivotX == 0.0f && mPivotY == 0.0f) {
        t.getMatrix().setRotate(degrees);
    } else {
        t.getMatrix().setRotate(degrees, mPivotX * scale, mPivotY * scale);
```

```
        }
    }

    @Override
    public void initialize(int width, int height, int parentWidth, int parentHeight) {
        super.initialize(width, height, parentWidth, parentHeight);
        mPivotX = resolveSize(mPivotXType, mPivotXValue, width, parentWidth);
        mPivotY = resolveSize(mPivotYType, mPivotYValue, height, parentHeight);
    }
```

两个初始化方法都在处理圆心的坐标，与动画播放有关的方法只有applyTransformation。该方法很简单，提供了两个参数：第一个参数为插值时间，即逝去的时间所占的百分比；第二个参数为转换器。方法内部根据插值时间计算当前所处的角度数值，最后使用转换器把视图旋转到该角度。

查看其他补间动画的源码，发现都与RotateAnimation的处理大同小异，对中间状态的视图变换处理不外乎以下两个步骤：

01 根据插值时间计算当前的状态值（如灰度、平移距离、缩放比率、旋转角度等）。
02 在宿主视图上使用该状态值执行变换操作。

如此看来，补间动画的关键在于利用插值时间计算状态值。现在回头看看钟摆的左右摆动，这个摆动操作其实由3段旋转动画构成。

（1）以上面的端点为圆心，钟摆以垂直向下的状态向左旋转，转到左边的某个角度停住（比如左转60°）。

（2）钟摆从左边向右边旋转，转到右边的某个角度停住（比如右转120°，与垂直方向的夹角为60°）。

（3）钟摆从右边再向左旋转，当其摆到垂直方向时完成一个周期的摇摆动作。

清楚了摇摆动画的运动过程后，接下来根据插值时间计算对应的角度，具体到代码实现上需要做以下两处调整：

（1）旋转动画初始化时只有两个度数，即起始角度和终止角度。摇摆动画需要3个参数，即中间角度（既是起始角度也是终止角度）、摆到左侧的角度和摆到右侧的角度。

（2）根据插值时间估算当前所处的角度。对于摇摆动画来说，需要做3个分支判断（对应之前3段旋转动画）。如果整个动画持续4秒，那么0～1秒为往左的旋转动画，该区间的起始角度为中间角度，终止角度为摆到左侧的角度；1～3秒为往右的旋转动画，该区间的起始角度为摆到左侧的角度，终止角度为摆到右侧的角度；3～4秒为往左的旋转动画，该区间的起始角度为摆到右侧的角度，终止角度为中间角度。

分析完毕，下面为修改后的摇摆动画代码片段：

```
(完整代码见chapter12\src\main\java\com\example\chapter12\widget\SwingAnimation.java)
// 在动画变换过程中调用
@Override
protected void applyTransformation(float interpolatedTime, Transformation t) {
    float degrees;
    float leftPos = (float) (1.0 / 4.0);      // 摆到左边端点时的时间比例
    float rightPos = (float) (3.0 / 4.0);     // 摆到右边端点时的时间比例
    if (interpolatedTime <= leftPos) {        // 从中间线往左边端点摆
        degrees = mMiddleDegrees + ((mLeftDegrees - mMiddleDegrees) * interpolatedTime
* 4);
```

```
        // 从左端点往右端点摆
        }
    else if (interpolatedTime > leftPos && interpolatedTime < rightPos) {
            degrees = mLeftDegrees + ((mRightDegrees - mLeftDegrees) * (interpolatedTime -
leftPos) * 2);
        } else {  // 从右边端点往中间线摆
            degrees = mRightDegrees + ((mMiddleDegrees-mRightDegrees) *
(interpolatedTime-rightPos)*4);
        }
        float scale = getScaleFactor();  // 获得缩放比率
        if (mPivotX == 0.0f && mPivotY == 0.0f) {
            t.getMatrix().setRotate(degrees);
        } else {
            t.getMatrix().setRotate(degrees, mPivotX * scale, mPivotY * scale);
        }
    }
```

摇摆动画的播放效果如图12-20和图12-21所示。其中，图12-20为钟摆向左摆动时的画面，图12-21为钟摆向右摆动时的画面。

图12-20　摇摆动画向左摆动

图12-21　摇摆动画向右摆动

12.2.3　集合动画

有时一个动画效果会加入多种动画技术，比如一边旋转一边缩放，这时便会用到集合动画AnimationSet把几个补间动画组装起来，实现让某视图同时呈现多种动画的效果。

因为集合动画与补间动画一样继承自Animation类，所以拥有补间动画的基本方法。集合动画不像一般补间动画那样提供构造方法，而是通过addAnimation方法把别的补间动画加入本集合动画中。

下面是使用集合动画的代码片段：

```
(完整代码见chapter12\src\main\java\com\example\chapter12\AnimSetActivity.java)
private AnimationSet setAnim;            // 声明一个集合动画对象

// 初始化集合动画
private void initAnimation() {
    // 创建一个灰度动画
    Animation alphaAnim = new AlphaAnimation(1.0f, 0.1f);
    alphaAnim.setDuration(3000);                // 设置动画的播放时长
    alphaAnim.setFillAfter(true);               // 设置维持结束画面
    // 创建一个平移动画
    Animation translateAnim = new TranslateAnimation(1.0f, -200f, 1.0f, 1.0f);
    translateAnim.setDuration(3000);            // 设置动画的播放时长
```

```
        translateAnim.setFillAfter(true);          // 设置维持结束画面
        // 创建一个缩放动画
        Animation scaleAnim = new ScaleAnimation(1.0f, 1.0f, 1.0f, 0.5f);
        scaleAnim.setDuration(3000);               // 设置动画的播放时长
        scaleAnim.setFillAfter(true);              // 设置维持结束画面
        // 创建一个旋转动画
        Animation rotateAnim = new RotateAnimation(0f, 360f,
                Animation.RELATIVE_TO_SELF, 0.5f,
                Animation.RELATIVE_TO_SELF, 0.5f);
        rotateAnim.setDuration(3000);              // 设置动画的播放时长
        rotateAnim.setFillAfter(true);             // 设置维持结束画面
        // 创建一个集合动画
        setAnim = new AnimationSet(true);
        // 下面在代码中添加集合动画
        setAnim.addAnimation(alphaAnim);           // 给集合动画添加灰度动画
        setAnim.addAnimation(translateAnim);       // 给集合动画添加平移动画
        setAnim.addAnimation(scaleAnim);           // 给集合动画添加缩放动画
        setAnim.addAnimation(rotateAnim);          // 给集合动画添加旋转动画
        setAnim.setFillAfter(true);                // 设置维持结束画面
        startAnim();                               // 开始播放集合动画
    }

    // 开始播放集合动画
    private void startAnim() {
        iv_anim set.startAnimation(setAnim);       // 开始播放动画
        setAnim.setAnimationListener(this);        // 设置动画事件监听器
    }
```

集合动画的播放效果如图12-22和图12-23所示。其中，图12-22为集合动画开始播放不久的画面，图12-23为集合动画即将播放结束的画面。

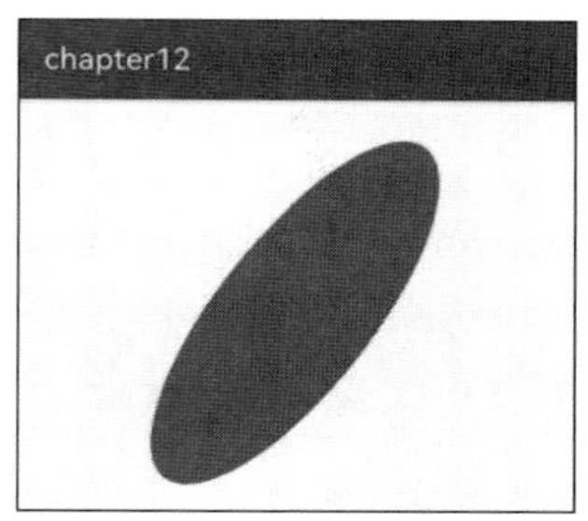

图12-22　集合动画开始播放

图12-23　集合动画即将结束

12.3 属性动画

本节介绍属性动画的应用场合与进阶用法，内容包括：为何属性动画是补间动画的升级版以及属性动画的基本用法；运用属性动画组合实现多个属性动画的同时播放与顺序播放效果；对动画技术中的插值器和估值器进行分析，并演示不同插值器的动画效果；如何利用估值器实现直播网站常见的打赏动画。

12.3.1 常规的属性动画

视图View类虽有许多状态属性，但补间动画只对其中6种属性进行操作，具体说明见表12-2。

表 12-2 补间动画的属性说明

View 类的属性名称	属性说明	属性设置方法	对应的补间动画
alpha	透明度	setAlpha	灰度动画
rotation	旋转角度	setRotation	旋转动画
scaleX	横坐标的缩放比例	setScaleX	缩放动画
scaleY	纵坐标的缩放比例	setScaleY	缩放动画
translationX	横坐标的平移距离	setTranslationX	平移动画
translationY	纵坐标的平移距离	setTranslationY	平移动画

实际上每个控件的属性远不止这6种，如果要求对视图的背景颜色做渐变处理，补间动画就无能为力了。为此，Android又引入了属性动画ObjectAnimator。属性动画突破了补间动画的局限，允许视图的所有属性都能实现渐变的动画效果，例如背景颜色、文字颜色、文字大小等。只要设定某属性的起始值与终止值、渐变的持续时间，属性动画即可实现渐变效果。

下面是ObjectAnimator的常用方法：

- ofInt：定义整型属性的属性动画。
- ofFloat：定义浮点型属性的属性动画。
- ofArgb：定义颜色属性的属性动画。
- ofObject：定义对象属性的属性动画，用于不是上述三种类型的属性，例如Rect对象。

以上4个of方法的第一个参数为宿主视图对象，第二个参数为需要变化的属性名称，第三个参数以及后面的参数为属性变化的各个状态值。注意，of方法后面的参数个数是变化的。如果第三个参数是状态A、第四个参数是状态B，属性动画就从A状态变为B状态；如果第三个参数是状态A、第四个参数是状态B、第五个参数是状态C，属性动画就先从A状态变为B状态，再从B状态变为C状态。

- setRepeatMode：设置动画的重播模式。ValueAnimator.RESTART表示从头开始，ValueAnimator.REVERSE表示倒过来播放。默认值为ValueAnimator.RESTART。
- setRepeatCount：设置动画的重播次数。默认值为0，表示只播放一次；值为ValueAnimator.INFINITE时表示持续重播。
- setDuration：设置动画的持续播放时间，单位为毫秒。
- setInterpolator：设置动画的插值器。
- setEvaluator：设置动画的估值器。
- start：开始播放动画。
- cancel：取消播放动画。
- end：结束播放动画。
- pause：暂停播放动画。
- resume：恢复播放动画。
- reverse：倒过来播放动画。
- isRunning：判断动画是否在播放。注意，暂停时，isRunning方法仍然返回true。
- isPaused：判断动画是否被暂停。
- isStarted：判断动画是否已经开始。注意，曾经播放与正在播放都算已经开始。
- addListener：添加动画监听器，需实现接口AnimatorListener的4个方法。

  - onAnimationStart：在动画开始播放时触发。
  - onAnimationEnd：在动画结束播放时触发。
  - onAnimationCancel：在动画取消播放时触发。
  - onAnimationRepeat：在动画重播时触发。
- removeListener：移除指定的动画监听器。
- removeAllListeners：移除所有动画监听器。

下面是使用属性动画分别实现透明度、平移、缩放、旋转、裁剪等变换操作的示例代码：

```
(完整代码见chapter12\src\main\java\com\example\chapter12\ObjectAnimActivity.java)
// 声明4个属性动画对象
private ObjectAnimator alphaAnim, translateAnim, scaleAnim, rotateAnim;

// 初始化属性动画
private void initObjectAnim() {
    // 构造一个在透明度上变化的属性动画
    alphaAnim = ObjectAnimator.ofFloat(iv_object_anim, "alpha", 1f, 0.1f, 1f);
    // 构造一个在横轴上平移的属性动画
    translateAnim = ObjectAnimator.ofFloat(iv_object_anim,
                    "translationX", 0f, -200f, 0f, 200f, 0f);
    // 构造一个在纵轴上缩放的属性动画
    scaleAnim = ObjectAnimator.ofFloat(iv_object_anim, "scaleY", 1f, 0.5f, 1f);
    // 构造一个围绕中心点旋转的属性动画
    rotateAnim = ObjectAnimator.ofFloat(iv_object_anim, "rotation", 0f, 360f, 0f);
}

// 播放指定类型的属性动画
private void playObjectAnim(int type) {
    ObjectAnimator anim = null;
    if (type == 0) {                // 透明度动画
        anim = alphaAnim;
    } else if (type == 1) {         // 平移动画
        anim = translateAnim;
    } else if (type == 2) {         // 缩放动画
        anim = scaleAnim;
    } else if (type == 3) {         // 旋转动画
        anim = rotateAnim;
    } else if (type == 4) {         // 裁剪动画
        int width = iv_object_anim.getWidth();
        int height = iv_object_anim.getHeight();
        // 构造一个从四周向中间裁剪的属性动画
        ObjectAnimator clipAnim = ObjectAnimator.ofObject(
                iv_object_anim, "clipBounds",
                new RectEvaluator(), new Rect(0, 0, width, height),
                new Rect(width / 3, height / 3, width / 3 * 2, height / 3 * 2),
                new Rect(0, 0, width, height));
        anim = clipAnim;
    }
    if (anim != null) {
        anim.setDuration(3000);     // 设置动画的播放时长
        anim.start();               // 开始播放属性动画
    }
}
```

在上述代码演示的属性动画中，补间动画已经实现的效果就不再给出图例了，补间动画未实现的裁剪动画效果如图12-24和图12-25所示。其中，图12-24为裁剪即将开始时的画面，图12-25为裁剪过程中的画面。

图12-24　裁剪动画即将开始

图12-25　裁剪动画正在播放

12.3.2　属性动画组合

补间动画可以通过集合动画AnimationSet组装多种动画效果，属性动画也有类似的做法，即通过属性动画组合AnimatorSet组装多种属性动画。

AnimatorSet虽然与ObjectAnimator都继承自Animator，但是两者的使用方法略有不同，主要是属性动画组合少了部分方法。下面是AnimatorSet的常用方法：

- setDuration：设置动画组合的持续时间，单位为毫秒。
- setInterpolator：设置动画组合的插值器。
- play：设置当前动画。该方法返回一个AnimatorSet.Builder对象，可对该对象调用组装方法添加新动画，从而实现动画组装功能。下面是Builder的组装方法说明。
  - with：指定该动画与当前动画一起播放。
  - before：指定该动画在当前动画之前播放。
  - after：指定该动画在当前动画之后播放。
- start：开始播放动画组合。
- pause：暂停播放动画组合。
- resume：恢复播放动画组合。
- cancel：取消播放动画组合。
- end：结束播放动画组合。
- isRunning：判断动画组合是否在播放。
- isStarted：判断动画组合是否已经开始。

下面是使用属性动画组合组装多种属性动画的示例代码：

```
(完整代码见chapter12\src\main\java\com\example\chapter12\ObjectGroupActivity.java)
private AnimatorSet animSet; // 声明一个属性动画组合对象

// 初始化属性动画
private void initObjectAnim() {
    // 构造一个在横轴上平移的属性动画
    ObjectAnimator anim1 = ObjectAnimator.ofFloat(iv_object_group, "translationX",
                            0f, 100f);
    // 构造一个在透明度上变化的属性动画
    ObjectAnimator anim2 = ObjectAnimator.ofFloat(iv_object_group, "alpha", 1f, 0.1f,
                                            1f, 0.5f, 1f);
    // 构造一个围绕中心点旋转的属性动画
```

```
    ObjectAnimator anim3 = ObjectAnimator.ofFloat(iv_object_group, "rotation", 0f,
                                                   360f);
    // 构造一个在纵轴上缩放的属性动画
    ObjectAnimator anim4 = ObjectAnimator.ofFloat(iv_object_group, "scaleY", 1f,
                                                  0.5f, 1f);
    // 构造一个在横轴上平移的属性动画
    ObjectAnimator anim5 = ObjectAnimator.ofFloat(iv_object_group, "translationX",
                                                  100f, 0f);
    animSet = new AnimatorSet();                    // 创建一个属性动画组合
    // 把指定的属性动画添加到属性动画组合
    AnimatorSet.Builder builder = animSet.play(anim2);
    // 动画播放顺序为：先执行anim1，再一起执行anim2、anim3、anim3，最后执行anim5
    builder.with(anim3).with(anim4).after(anim1).before(anim5);
    animSet.setDuration(4500);                      // 设置动画的播放时长
    animSet.start();                                // 开始播放属性动画
    animSet.addListener(this);                      // 给属性动画添加动画事件监听器
}
```

属性动画组合的演示效果如图12-26和图12-27所示。其中，图12-26为动画组合开始播放不久的画面，图12-27为动画组合播放过程中的画面。

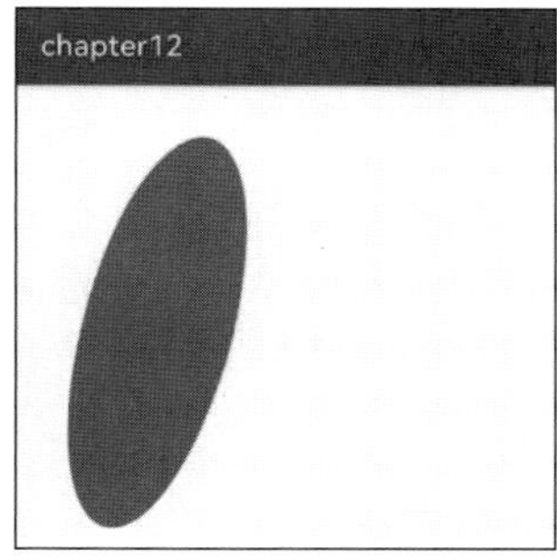

图12-26　属性动画组合开始播放

图12-27　属性动画组合正在播放

12.3.3　插值器和估值器

前面在介绍补间动画与属性动画时都提到了插值器，属性动画还提到了估值器，因为插值器和估值器是相互关联的，所以放在本小节一起介绍。

插值器用来控制属性值的变化速率，也可以理解为动画播放的速度，默认是先加速再减速（AccelerateDecelerateInterpolator）。若要给动画播放指定某种速率形式（比如匀速播放），调用setInterpolator方法设置对应的插值器实现类即可，无论是补间动画、集合动画、属性动画还是属性动画组合，都可以设置插值器。插值器实现类的说明见表12-3。

表 12-3　插值器实现类的说明

插值器的实现类	说　　明
LinearInterpolator	匀速插值器
AccelerateInterpolator	加速插值器
DecelerateInterpolator	减速插值器
AccelerateDecelerateInterpolator	落水插值器，即前半段加速、后半段减速
AnticipateInterpolator	射箭插值器，后退几步再往前冲
OvershootInterpolator	回旋插值器，冲过头再归位

（续表）

插值器的实现类	说　明
AnticipateOvershootInterpolator	射箭回旋插值器，后退几步再往前冲，冲过头再归位
BounceInterpolator	震荡插值器，类似皮球落地（落地后会弹起几次）
CycleInterpolator	钟摆插值器，以开始位置为中线而晃动（类似摇摆动画，开始位置与结束位置的距离就是摇摆的幅度）

估值器专用于属性动画，主要描述该属性的数值变化要采用什么单位，比如整数类型的渐变数值要取整，颜色的渐变数值为ARGB格式的颜色对象，矩形的渐变数值为Rect对象等。要给属性动画设置估值器，调用属性动画对象的setEvaluator方法即可。估值器实现类的说明见表12-4。

表 12-4　估值器实现类的说明

估值器的实现类	说　明
IntEvaluator	整数类型估值器
FloatEvaluator	浮点类型估值器
ArgbEvaluator	颜色估值器
RectEvaluator	矩形估值器

一般情况下，无须单独设置属性动画的估值器，使用系统默认的估值器即可。如果属性类型不是int、float、argb三种，只能通过ofObject方法构造属性动画对象，就必须指定该属性的估值器，否则系统不知道如何计算渐变属性值。为方便记忆属性动画的构造方法与估值器的关联关系，表12-5列出了两者之间的对应关系。

表 12-5　属性动画的构造方法与估值器的对应关系

属性动画的构造方法	估 值 器	对应的属性说明
ofInt	IntEvaluator	整数类型的属性
ofFloat	FloatEvaluator	大部分状态属性，如 alpha、rotation、scaleY、translationX、textSize 等
ofArgb	ArgbEvaluator	颜色，如 backgroundColor、textColor 等
ofObject	RectEvaluator	裁剪范围，如 clipBounds

下面是在属性动画中运用插值器和估值器的示例代码：

```
(完整代码见chapter12\src\main\java\com\example\chapter12\InterpolatorActivity.java)
// 声明四个属性动画对象
private ObjectAnimator animAcce, animDece, animLinear, animBounce;

// 初始化属性动画
private void initObjectAnim() {
    // 构造一个在背景色上变化的属性动画
    animAcce = ObjectAnimator.ofInt(tv_interpolator, "backgroundColor", Color.RED,
                                    Color.GRAY);
    // 给属性动画设置加速插值器
    animAcce.setInterpolator(new AccelerateInterpolator());
    // 给属性动画设置颜色估值器
    animAcce.setEvaluator(new ArgbEvaluator());
    // 构造一个围绕中心点旋转的属性动画
    animDece = ObjectAnimator.ofFloat(tv_interpolator, "rotation", 0f, 360f);
    // 给属性动画设置减速插值器
    animDece.setInterpolator(new DecelerateInterpolator());
    // 给属性动画设置浮点类型估值器
```

```
        animDece.setEvaluator(new FloatEvaluator());
        // 构造一个文字大小变化的属性动画
        animBounce = ObjectAnimator.ofFloat(tv_interpolator, "textSize", 20f, 60f);
        // 给属性动画设置震荡插值器
        animBounce.setInterpolator(new BounceInterpolator());
        // 给属性动画设置浮点类型估值器
        animBounce.setEvaluator(new FloatEvaluator());
    }

    // 根据插值器类型展示属性动画
    private void showInterpolator(int type) {
        ObjectAnimator anim = null;
        if (type == 0) {                          // 背景色+加速插值器+颜色估值器
            anim = animAcce;
        } else if (type == 1) {                   // 旋转+减速插值器+浮点类型估值器
            anim = animDece;
        } else if (type == 2) {                   // 裁剪+匀速插值器+矩形估值器
            int width = tv_interpolator.getWidth();
            int height = tv_interpolator.getHeight();
            // 构造一个从四周向中间裁剪的属性动画，同时指定矩形估值器RectEvaluator
            animLinear = ObjectAnimator.ofObject(tv_interpolator, "clipBounds",
                        new RectEvaluator(), new Rect(0, 0, width, height),
                        new Rect(width / 3, height / 3, width / 3 * 2, height / 3 * 2),
                        new Rect(0, 0, width, height));
            // 给属性动画设置匀速插值器
            animLinear.setInterpolator(new LinearInterpolator());
            anim = animLinear;
        } else if (type == 3) {                       // 文字大小+震荡插值器+浮点类型估值器
            anim = animBounce;
            // 给属性动画添加动画事件监听器，目的是在动画结束时恢复文字大小
            anim.addListener(this);
        }
        anim.setDuration(2000);                       // 设置动画的播放时长
        anim.start();                                 // 开始播放属性动画
    }

    // 在属性动画开始播放时触发
    @Override
    public void onAnimationStart(Animator animation) {}

    // 在属性动画结束播放时触发
    @Override
    public void onAnimationEnd(Animator animation) {
        if (animation.equals(animBounce)) {           // 震荡动画
            // 构造一个文字大小变化的属性动画
            ObjectAnimator anim = ObjectAnimator.ofFloat(tv_interpolator, "textSize",
                                60f, 20f);
            // 给属性动画设置震荡插值器
            anim.setInterpolator(new BounceInterpolator());
            // 给属性动画设置浮点类型估值器
            anim.setEvaluator(new FloatEvaluator());
            anim.setDuration(2000);                   // 设置动画的播放时长
            anim.start();                             // 开始播放属性动画
        }
    }

    // 在属性动画取消播放时触发
    @Override
    public void onAnimationCancel(Animator animation) {}

    // 在属性动画重复播放时触发
    @Override
    public void onAnimationRepeat(Animator animation) {}
```

插值器和估值器的演示效果如图12-28和图12-29所示。其中，图12-28为震荡插值器开始播放文字变大时的画面，图12-29为震荡器即将结束播放文字变小时的画面。此处采用的是震荡插值器，由于截图无法准确反映震荡的动画效果，因此建议读者自己运行和测试该App，这样会有更直观的感受。

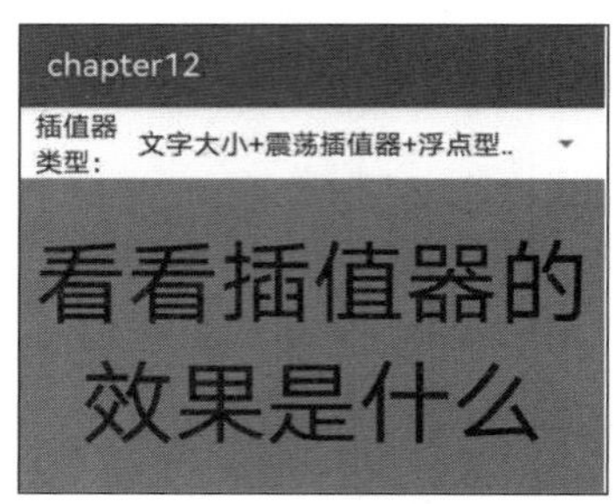

图12-28　震荡插值器开始播放

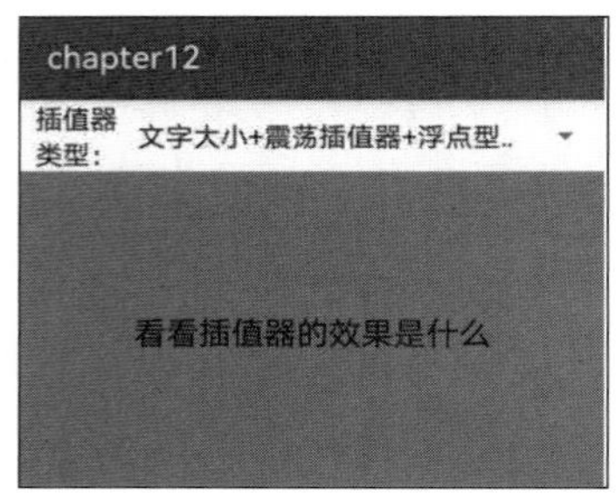

图12-29　震荡插值器即将结束

12.3.4　利用估值器实现打赏动画

贝塞尔曲线又叫贝济埃曲线，是一种用于二维图形的数学曲线。贝塞尔曲线由节点和线段构成，其中节点是可拖动的支点，而线段仿佛有弹性的牛皮筋。譬如上班族每天两点一线，一个端点是家，另一个端点是单位，那么从家到单位存在一条通勤路线，该路线弯弯曲曲在大街小巷之间延伸。这个上班路线无疑由许多条折线连接而成，既无规律也无美感，无法通过简洁的数学公式来表达。为此法国数学家贝塞尔研究出一种曲线，除了起点和终点之外，不再描绘中间的折线，而是构建一段运输小球的控制线，控制线本身在移动，然后小球随着在控制线上滑动，小球从起点运动到终点的轨迹便形成了贝塞尔曲线。

贝塞尔曲线又分为以下三类曲线：

（1）一次贝塞尔曲线

此时曲线只是一条两点之间的线段，它的函数公式为$B(t)=P_0+(P_1-P_0)t=(1-t)P_0+tP_1,t\in[0,1]$。

（2）二次贝塞尔曲线

此时除了起点和终点，曲线还存在一个控制点，它的函数公式为$B(t)=(1-t)^2P_0+2t(1-t)P_1+t^2P_2,t\in[0,1]$。

二次贝塞尔曲线的小球运动轨迹如图12-30和图12-31所示。其中，图12-30为小球运动到三分之一时的路径曲线，图12-31为小球运动到三分之二时的路径曲线。

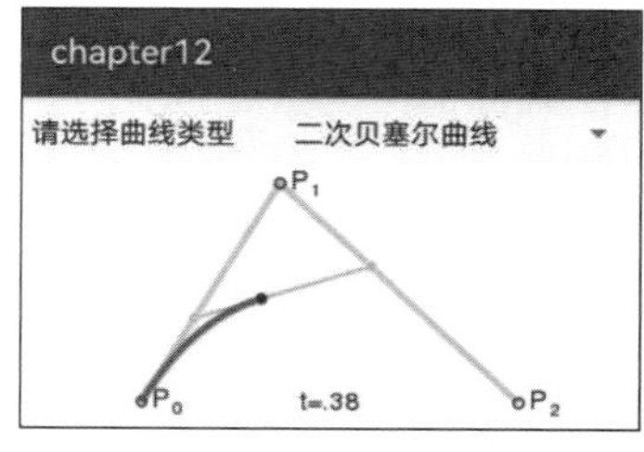

图12-30　小球运动到三分之一时的二次贝塞尔曲线

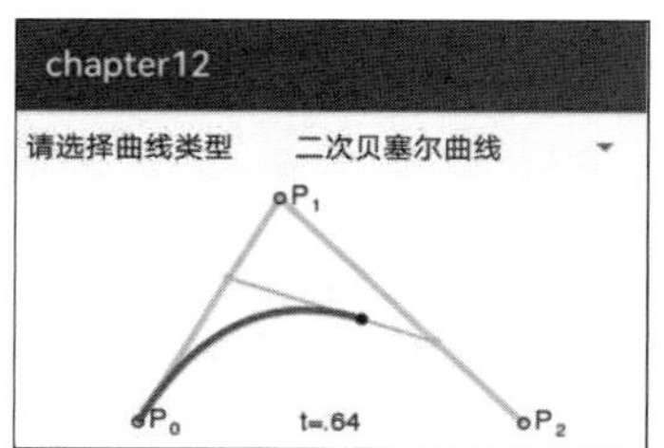

图12-31　小球运动到三分之二时的二次贝塞尔曲线

（3）三次贝塞尔曲线

此时除了起点和终点，曲线还存在两个控制点，它的函数公式为$B(t)=P_0(1-t)^3+3P_1t(1-t)^2+3P_2t^2(1-t)+P_3t^3,t\in[0,1]$。

三次贝塞尔曲线的小球运动轨迹如图12-32和图12-33所示。其中，图12-32为小球运动到三分之一时的路径曲线，图12-33为小球运动到三分之二时的路径曲线。

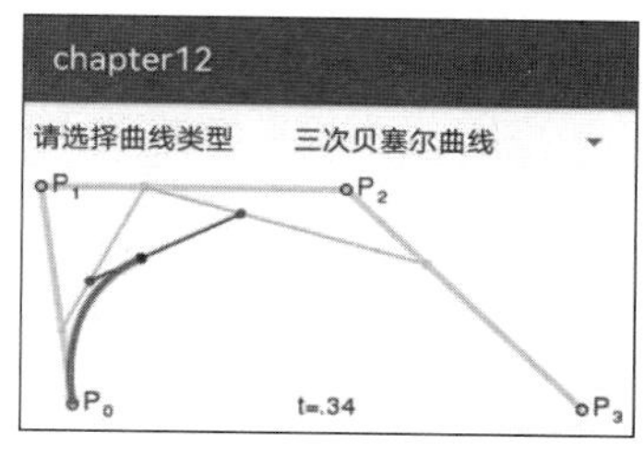

图12-32 小球运动到三分之一时的三次贝塞尔曲线

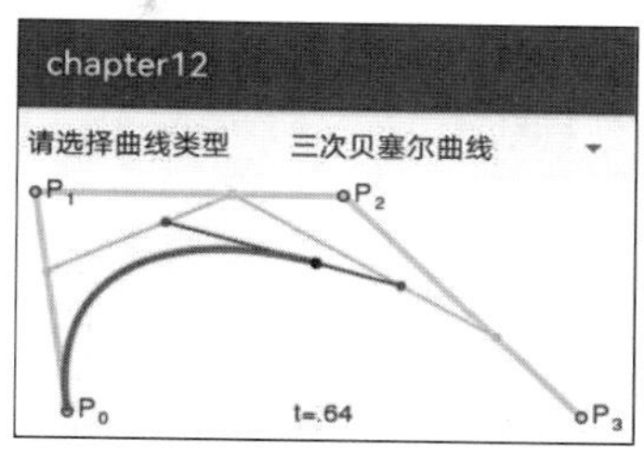

图12-33 小球运动到三分之二时的三次贝塞尔曲线

贝塞尔曲线拥有优美的平滑特性，使得它广泛应用于计算机绘图，甚至Android也自带了与之相关的操作方法。这些方法都是由路径工具Path提供的，具体说明如下：

- moveTo：把画笔移动到指定起点。
- lineTo：从当前点到目标点画一条直线。
- quadTo：指定二次贝塞尔曲线的控制点与结束点的绝对坐标，并在当前点到结束点之间绘制贝塞尔曲线。
- rQuadTo：指定二次贝塞尔曲线的控制点与结束点的相对坐标，并在当前点到结束点之间绘制贝塞尔曲线。
- cubicTo：指定三次贝塞尔曲线的两个控制点与结束点的绝对坐标，并在当前点到结束点之间绘制贝塞尔曲线。
- rCubicTo：指定三次贝塞尔曲线的两个控制点与结束点的相对坐标，并在当前点到结束点之间绘制贝塞尔曲线。

注意，quadTo与rQuadTo两个方法的区别在于：前者的坐标参数为绝对坐标，后者的坐标参数为参考当前点偏移的相对坐标。

有了上述的路径方法，开发者就无须自己实现贝塞尔曲线的算法，只要调用相关路径方法即可，于是App绘制贝塞尔曲线就简单多了。

贝塞尔曲线在App中有个常见应用，就像时兴的给主播打赏礼物，点击爱心打赏之后，礼物图标会在屏幕上走出一条优雅的漂移曲线。这个漂移曲线在前进途中左右摇摆，不拘一格款款前行。

具体到编码上，可将漂移动画的实现步骤分解为下列几项：

01 创建一个缩放动画，让礼物图标在爱心处从小变到大，呈现出礼物孵化效果。

02 创建一个属性动画，指定礼物漂移的起点和终点，并在动画过程中动态改变贝塞尔曲线的控制点。

03 定义一个添加打赏的方法，该方法先把礼物图标添加到视图上，再依次播放前两步的缩放动画和属性动画。

按照以上步骤的描述，自定义打赏视图的示例代码如下：

```
(完整代码见chapter15\src\main\java\com\example\chapter15\widget\RewardView.java)
public class RewardView extends RelativeLayout{
    private Context mContext;                              // 声明一个上下文对象
    private int mLayoutWidth, mLayoutHeight;               // 声明当前视图的宽度和高度
    private LayoutParams mLayoutParams;                    // 声明打赏礼物的布局参数
    private List<Drawable> mDrawableList = new ArrayList<>();  // 图形列表
```

```
    private int dip_35;
    private int[] mDrawableArray = new int[] {
            R.drawable.gift01, R.drawable.gift02, R.drawable.gift03,
            R.drawable.gift04, R.drawable.gift05, R.drawable.gift06};

    public RewardView(Context context, AttributeSet attrs) {
        super(context, attrs);
        mContext = context;
        for (int drawableId : mDrawableArray) {
            mDrawableList.add(mContext.getDrawable(drawableId));
        }
        dip_35 = Utils.dip2px(mContext, 35);
        mLayoutParams = new LayoutParams(dip_35, dip_35);
        // 代码设置礼物的起始布局方式，底部居中
        mLayoutParams.addRule(CENTER_HORIZONTAL, TRUE);
        mLayoutParams.addRule(ALIGN_PARENT_BOTTOM, TRUE);
    }

    @Override
    protected void onMeasure(int widthMeasureSpec, int heightMeasureSpec) {
        super.onMeasure(widthMeasureSpec, heightMeasureSpec);
        mLayoutWidth = getMeasuredWidth();                        // 获取视图的实际宽度
        mLayoutHeight = getMeasuredHeight();                      // 获取视图的实际高度
    }

    // 添加打赏礼物的视图并播放打赏动画
    public void addGiftView(){
        int pos = new Random().nextInt(mDrawableList.size());
        ImageView imageView = new ImageView(mContext);
        imageView.setImageDrawable(mDrawableList.get(pos));      // 设置图像图形
        imageView.setLayoutParams(mLayoutParams);                 // 设置图像视图的布局参数
        addView(imageView);                                       // 添加打赏礼物的图像视图
        // 创建礼物的缩放动画（补间动画方式）
        ScaleAnimation scaleAnim = new ScaleAnimation(0.2f, 1.0f, 0.2f, 1.0f,
                Animation.RELATIVE_TO_SELF, 0.5f,
                Animation.RELATIVE_TO_SELF, 1.0f);
        scaleAnim.setDuration(500);                          // 设置动画的播放时长
        imageView.startAnimation(scaleAnim);                 // 启动礼物的缩放动画
        playBezierAnimation(imageView);                      // 播放礼物的漂移动画（贝塞尔曲线方式）
    }

    // 播放礼物的漂移动画（贝塞尔曲线方式）
    private void playBezierAnimation(View giftView) {
        // 初始化一个贝塞尔计算器
        BezierEvaluator evaluator = new BezierEvaluator(getPoint(), getPoint());
        PointF beginPoint = new PointF(mLayoutWidth/2 - dip_35/2,
                                  mLayoutHeight - dip_35/2);
        float endX = (float) (Math.random()*mLayoutWidth - dip_35/2);
        float endY = (float) (Math.random()*10);
        PointF endPoint = new PointF(endX, endY);
        // 创建一个属性动画
        ValueAnimator animator = ValueAnimator.ofObject(evaluator,beginPoint, endPoint);
        // 添加属性动画的刷新监听器
        animator.addUpdateListener(animation -> {
            // 获取二次贝塞尔曲线的坐标点，用于指定打赏礼物的当前位置
            PointF point = (PointF) animation.getAnimatedValue();
            giftView.setX(point.x);               // 设置视图的横坐标
            giftView.setY(point.y);               // 设置视图的纵坐标
            giftView.setAlpha(1 - animation.getAnimatedFraction());  // 灰度
        });
        animator.setTarget(giftView);             // 设置动画的播放目标
        animator.setDuration(3000);               // 设置动画的播放时长
        animator.start();                         // 播放礼物的漂移动画
```

```
        }
        // 生成随机控制点
        private PointF getPoint() {
            PointF point = new PointF();
            point.x = (float) (Math.random()*mLayoutWidth - dip_35/2);
            point.y = (float) (Math.random()*mLayoutHeight/5);
            return point;
        }
    }
```

然后在布局文件中添加RewardView节点，并在对应的活动页面给爱心图标添加点击事件，每次点击爱心都调用addGiftView方法添加打赏礼物。这样多次点击便会涌现多个礼物，同时每个礼物图标都沿着自己的曲线蜿蜒前行，从而实现打赏漂移的动画特效。

运行测试该App，可观察到打赏效果如图12-34和图12-35所示。其中，图12-34为刚点击爱心图标时的画面，图12-35为多次点击爱心图标后的画面，可见礼物分别漂到了不同的位置。

图12-34　刚点击爱心图标时的画面

图12-35　多次点击爱心图标后的画面

12.4　遮罩动画及滚动器

本节介绍其他几种常见的动画实现手段，内容包括：遮罩动画画布的绘图层次类型及其相互之间的区别；如何利用绘图层次实现百叶窗动画和马赛克动画；滚动器动画在平滑翻书特效中的具体运用。

12.4.1　画布的绘图层次

画布Canvas上的绘图操作都是在同一个图层上进行的，这意味着如果存在重叠区域，后面绘制的图形就必然覆盖前面的图形。绘图是比较复杂的事情，不是直接覆盖这么简单，有些特殊的绘图操作往往需要做与、或、非运算，如此才能实现百变的图像特效。

Android给画布的图层显示制定了许多规则，详细的图层显示规则，即图层模式的取值说明见表12-6。表中的上层指的是后绘制的图形Src，下层指的是先绘制的图形Dst。

表 12-6　图层模式的取值说明

PorterDuff.Mode 类的图层模式	说　明
CLEAR	不显示任何图形
SRC	只显示上层图形

（续表）

PorterDuff.Mode 类的图层模式	说　明
DST	只显示下层图形
SRC_OVER	按通常情况显示，即重叠部分由上层遮盖下层
DST_OVER	重叠部分由下层遮盖上层，其余部分正常显示
SRC_IN	只显示重叠部分的上层图形
DST_IN	只显示重叠部分的下层图形
SRC_OUT	只显示上层图形的未重叠部分
DST_OUT	只显示下层图形的未重叠部分
SRC_ATOP	只显示上层图形区域，但重叠部分显示下层图形
DST_ATOP	只显示下层图形区域，但重叠部分显示上层图形
XOR	不显示重叠部分，其余部分正常显示
DARKEN	重叠部分按颜料混合方式加深，其余部分正常显示
LIGHTEN	重叠部分按光照重合方式加亮，其余部分正常显示
MULTIPLY	只显示重叠部分，且重叠部分的颜色混合加深
SCREEN	过滤重叠部分的深色，其余部分正常显示

这些图层规则的文案有点令人费解，还是看画面效果比较直观。在图12-36中，圆圈是先绘制的下层图形，正方形是后绘制的上层图形，图例展示了运用不同规则时的显示画面。

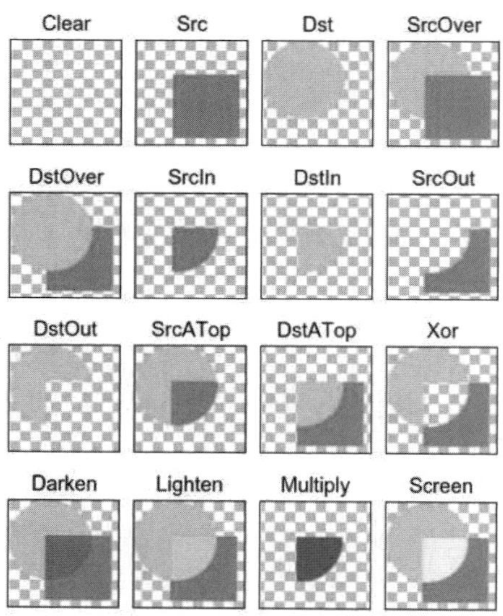

图12-36　各种图层规则的画面效果

具体到编码而言，需要在当前画布之外再准备一个遮罩画布，遮罩画布绘制上层图形，而当前画布绘制下层图形。同时指定两个画布的混合图层模式，并根据该模式在当前画布盖上遮罩画布。为此自定义演示用的图层视图示例代码如下：

```
(完整代码见chapter12\src\main\java\com\example\chapter12\widget\LayerView.java)
public class LayerView extends View {
    private Paint mUpPaint = new Paint();                  // 声明上层的画笔对象
    private Paint mDownPaint = new Paint();                // 声明下层的画笔对象
    private Paint mMaskPaint = new Paint();                // 声明遮罩的画笔对象
```

```
    private boolean onlyLine = true;                              // 是否只绘制轮廓
    private PorterDuff.Mode mMode;                                // 绘图模式

    public LayerView(Context context, AttributeSet attrs) {
        super(context, attrs);
        mUpPaint.setStrokeWidth(5);                               // 设置画笔的线宽
        mUpPaint.setColor(Color.CYAN);                            // 设置画笔的颜色
        mDownPaint.setStrokeWidth(5);                             // 设置画笔的线宽
        mDownPaint.setColor(Color.RED);                           // 设置画笔的颜色
    }

    // 设置绘图模式
    public void setMode(PorterDuff.Mode mode) {
        mMode = mode;
        onlyLine = false;
        mUpPaint.setStyle(Paint.Style.FILL);                      // 设置画笔的类型
        mDownPaint.setStyle(Paint.Style.FILL);                    // 设置画笔的类型
        postInvalidate();                                         // 立即刷新视图（线程安全方式）
    }

    // 只显示线条轮廓
    public void setOnlyLine() {
        onlyLine = true;
        mUpPaint.setStyle(Paint.Style.STROKE);                    // 设置画笔的类型
        mDownPaint.setStyle(Paint.Style.STROKE);                  // 设置画笔的类型
        postInvalidate();                                         // 立即刷新视图（线程安全方式）
    }

    @Override
    protected void onDraw(Canvas canvas) {
        int width = getMeasuredWidth();                           // 获取视图的实际宽度
        int height = getMeasuredHeight();                         // 获取视图的实际高度
        if (onlyLine) {                                           // 只绘制轮廓
            canvas.drawRect(width/3, height/3, width*9/10, height*9/10,  mUpPaint);
            canvas.drawCircle(width/3, height/3, height/3, mDownPaint);
        } else if (mMode != null) {                               // 绘制混合后的图像
            // 创建一个遮罩位图
            Bitmap mask = Bitmap.createBitmap(width, height, Bitmap.Config.ARGB_8888);
            Canvas canvasMask = new Canvas(mask);                 // 创建一个遮罩画布
            // 先绘制上层的矩形
            canvasMask.drawRect(width/3, height/3, width*9/10, height*9/10, mUpPaint);
            // 设置离屏缓存
            int saveLayer = canvas.saveLayer(0, 0, width, height, null,
                                Canvas.ALL_SAVE_FLAG);
            // 再绘制下层的圆形
            canvas.drawCircle(width/3, height/3, height/3, mDownPaint);
            // 设置混合模式
            mMaskPaint.setXfermode(new PorterDuffXfermode(mMode));
            canvas.drawBitmap(mask, 0, 0, mMaskPaint);            // 绘制源图像的遮罩
            mMaskPaint.setXfermode(null);                         // 还原混合模式
            canvas.restoreToCount(saveLayer);                     // 还原画布
        }
    }
}
```

然后在布局文件中添加LayerView节点，并在对应的活动页面调用setMode方法设置绘图模式。运行测试该App，可观察到图层覆盖效果如图12-37～图12-42所示。其中，图12-37为只显示轮廓的画面，图12-38为SRC_OVER模式的画面，图12-39为DST_OVER模式的画面，图12-40为SRC_OUT模式的画面，图12-41为DST_OUT模式的画面，图12-42为XOR模式的画面，这些画面效果都能跟表12-6对得上。

图12-37　只显示轮廓的画面

图12-38　SRC_OVER模式的画面

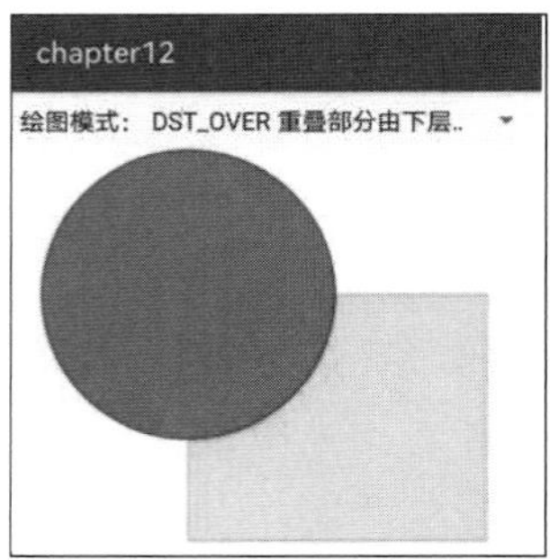

图12-39　DST_OVER模式的画面

图12-40　SRC_OUT模式的画面

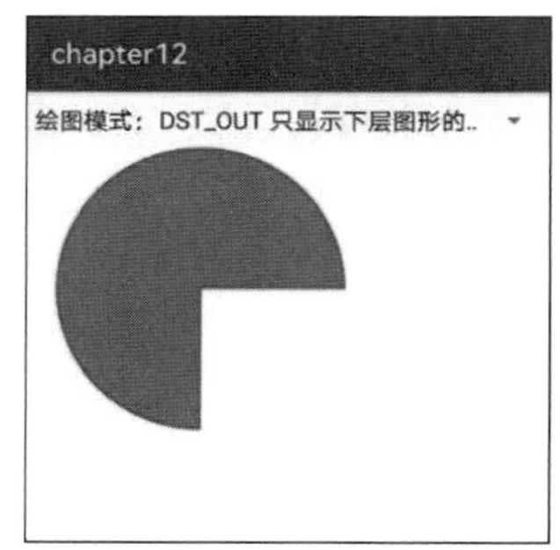

图12-41　DST_OUT模式的画面

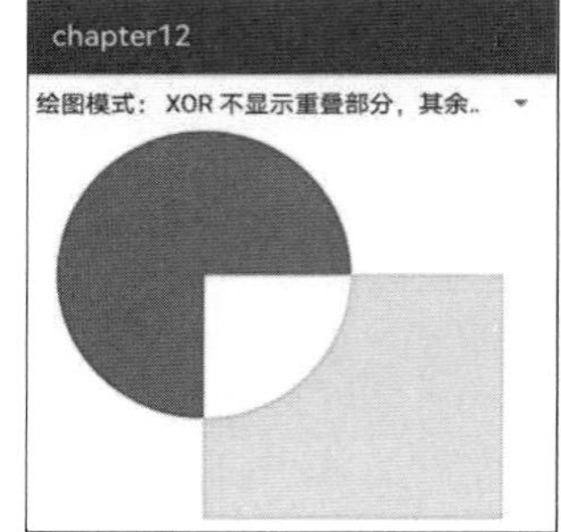

图12-42　XOR模式的画面

12.4.2　实现百叶窗动画

合理运用图层规则可以实现酷炫的动画效果，比如把图片分割成一条一条的，接着每条都逐渐展开，这便产生了百叶窗动画；把图片等分为若干小方格，然后逐次显示几个小方格，直至所有小方格都显示出来，这便形成了马赛克动画。

以百叶窗动画为例，首先定义一个百叶窗视图，并重写onDraw方法，给遮罩画布描绘若干矩形叶片，每次绘制的叶片大小由比率参数决定。按此编写的百叶窗视图定义代码如下：

```
(完整代码见chapter12\src\main\java\com\example\chapter12\widget\ShutterView.java)
public class ShutterView extends View {
    private Paint mPaint = new Paint();                          // 声明一个画笔对象
    private int mOriention = LinearLayout.HORIZONTAL;            // 动画方向
    private int mLeafCount = 10;                                 // 叶片的数量
    private PorterDuff.Mode mMode = PorterDuff.Mode.DST_IN;      // 只展示交集
    private Bitmap mBitmap;                                      // 声明一个位图对象
    private int mRatio = 0;                                      // 绘制的比率

    public ShutterView(Context context, AttributeSet attrs) {
        super(context, attrs);
    }

    // 设置百叶窗的方向
    public void setOriention(int oriention) {
        mOriention = oriention;
    }

    // 设置百叶窗的叶片数量
    public void setLeafCount(int leaf_count) {
        mLeafCount = leaf_count;
    }

    // 设置绘图模式
```

```
    public void setMode(PorterDuff.Mode mode) {
        mMode = mode;
    }

    // 设置位图对象
    public void setImageBitmap(Bitmap bitmap) {
        mBitmap = bitmap;
    }

    // 设置绘图比率
    public void setRatio(int ratio) {
        mRatio = ratio;
        postInvalidate();  // 立即刷新视图（线程安全方式）
    }

    @Override
    protected void onDraw(Canvas canvas) {
        if (mBitmap == null) {
            return;
        }
        int width = getMeasuredWidth();                          // 获取视图的实际宽度
        int height = getMeasuredHeight();                        // 获取视图的实际高度
        // 创建一个遮罩位图
        Bitmap mask = Bitmap.createBitmap(width, height, mBitmap.getConfig());
        Canvas canvasMask = new Canvas(mask);                    // 创建一个遮罩画布
        for (int i = 0; i < mLeafCount; i++) {
            if (mOrientation == LinearLayout.HORIZONTAL) {       // 水平方向
                int column_width = (int) Math.ceil(width * 1f / mLeafCount);
                int left = column_width * i;
                int right = left + column_width * mRatio / 100;
                // 在遮罩画布上绘制各矩形叶片
                canvasMask.drawRect(left, 0, right, height, mPaint);
            } else {  // 垂直方向
                int row_height = (int) Math.ceil(height * 1f / mLeafCount);
                int top = row_height * i;
                int bottom = top + row_height * mRatio / 100;
                // 在遮罩画布上绘制各矩形叶片
                canvasMask.drawRect(0, top, width, bottom, mPaint);
            }
        }
        // 设置离屏缓存
        int saveLayer = canvas.saveLayer(0, 0, width, height, null,
                                Canvas.ALL_SAVE_FLAG);
        Rect rect = new Rect(0, 0, width,
                      width * mBitmap.getHeight() / mBitmap.getWidth());
        canvas.drawBitmap(mBitmap, null, rect, mPaint);            // 绘制目标图像
        mPaint.setXfermode(new PorterDuffXfermode(mMode));         // 设置混合模式
        canvas.drawBitmap(mask, 0, 0, mPaint);                     // 再绘制源图像的遮罩
        mPaint.setXfermode(null);                                  // 还原混合模式
        canvas.restoreToCount(saveLayer);                          // 还原画布
    }
}
```

然后在布局文件中添加ShutterView节点，并在对应的活动页面调用setOriention方法设置百叶窗的方向，调用setLeafCount方法设置百叶窗的叶片数量。再利用属性动画渐进设置ratio属性，使整个百叶窗的各个叶片逐步合上，从而实现合上百叶窗的动画特效。播放百叶窗动画的示例代码如下：

```
(完整代码见chapter12\src\main\java\com\example\chapter12\ShutterActivity.java)
// 构造一个按比率逐步展开的属性动画
ObjectAnimator anim = ObjectAnimator.ofInt(sv_shutter, "ratio", 0, 100);
anim.setDuration(3000);            // 设置动画的播放时长
anim.start();                      // 开始播放属性动画
```

运行测试该App，可观察到百叶窗动画的播放效果如图12-43和图12-44所示。其中，图12-43为百叶窗动画开始播放时的画面，图12-44为百叶窗动画即将结束播放时的画面。

图12-43　百叶窗动画开始播放

图12-44　百叶窗动画即将结束

基于同样的绘制原理，可以依样画瓢实现马赛克动画，其中马赛克视图的代码片段如下：

```
（完整代码见chapter12\src\main\java\com\example\chapter12\widget\MosaicView.java）
private Paint mPaint = new Paint();                               // 声明一个画笔对象
private int mOrientation = LinearLayout.HORIZONTAL;               // 动画方向
private int mGridCount = 20;                                      // 格子的数量
private PorterDuff.Mode mMode = PorterDuff.Mode.DST_IN;           // 只展示交集
private Bitmap mBitmap;                                           // 声明一个位图对象
private int mRatio = 0;                                           // 绘制的比率
private int mOffset = 5;                                          // 偏差的比例
private float FENMU = 100;                                        // 计算比例的分母

@Override
protected void onDraw(Canvas canvas) {
    if (mBitmap == null) {
        return;
    }
    int width = getMeasuredWidth();                               // 获取视图的实际宽度
    int height = getMeasuredHeight();                             // 获取视图的实际高度
    // 创建一个遮罩位图
    Bitmap mask = Bitmap.createBitmap(width, height, mBitmap.getConfig());
    Canvas canvasMask = new Canvas(mask);                         // 创建一个遮罩画布
    if (mOrientation == LinearLayout.HORIZONTAL) {                // 水平方向
        float grid_width = height / mGridCount;
        int column_count = (int) Math.ceil(width / grid_width);
        int total_count = mGridCount * column_count;
        int draw_count = 0;
        for (int i = 0; i < column_count; i++) {
            for (int j = 0; j < mGridCount; j++) {
                int now_ratio = (int) ((mGridCount * i + j) * FENMU / total_count);
                if (now_ratio < mRatio - mOffset
                        || (now_ratio >= mRatio - mOffset && now_ratio < mRatio &&
                        ((j % 2 == 0 && i % 2 == 0) || (j % 2 == 1 && i % 2 == 1)))
                        || (now_ratio >= mRatio && now_ratio < mRatio + mOffset &&
                        ((j % 2 == 0 && i % 2 == 1) || (j % 2 == 1 && i % 2 ==
                0)))) {
                    int left = (int) (grid_width * i);
                    int top = (int) (grid_width * j);
                    // 在遮罩画布上绘制各方形格子
                    canvasMask.drawRect(left, top,
                          left + grid_width, top + grid_width, mPaint);
                    if (j < mGridCount) {
                        draw_count++;
                    }
```

```
                    if (draw_count * FENMU / total_count > mRatio) {
                        break;
                    }
                }
            }
            if (draw_count * FENMU / total_count > mRatio) {
                break;
            }
        }
    } else {  // 垂直方向
        float grid_width = width / mGridCount;
        int row_count = (int) Math.ceil(height / grid_width);
        int total_count = mGridCount * row_count;
        int draw_count = 0;
        for (int i = 0; i < row_count; i++) {
            for (int j = 0; j < mGridCount; j++) {
                int now_ratio = (int) ((mGridCount * i + j) * FENMU / total_count);
                if (now_ratio < mRatio - mOffset
                        || (now_ratio >= mRatio - mOffset && now_ratio < mRatio &&
                        ((j % 2 == 0 && i % 2 == 0) || (j % 2 == 1 && i % 2 == 1)))
                        || (now_ratio >= mRatio && now_ratio < mRatio + mOffset &&
                        ((j % 2 == 0 && i % 2 == 1) || (j % 2 == 1 && i % 2 ==
                0)))) {
                    int left = (int) (grid_width * j);
                    int top = (int) (grid_width * i);
                    // 在遮罩画布上绘制各方形格子
                    canvasMask.drawRect(left, top,
                        left + grid_width, top + grid_width, mPaint);
                    if (j < mGridCount) {
                        draw_count++;
                    }
                    if (draw_count * FENMU / total_count > mRatio) {
                        break;
                    }
                }
            }
            if (draw_count * FENMU / total_count > mRatio) {
                break;
            }
        }
    }
    // 设置离屏缓存
    int saveLayer = canvas.saveLayer(0, 0, width, height, null, Canvas.ALL_SAVE_FLAG);
    Rect rect = new Rect(0, 0, width, width * mBitmap.getHeight() / mBitmap.getWidth());
    canvas.drawBitmap(mBitmap, null, rect, mPaint);          // 绘制目标图像
    mPaint.setXfermode(new PorterDuffXfermode(mMode));       // 设置混合模式
    canvas.drawBitmap(mask, 0, 0, mPaint);                   // 再绘制源图像的遮罩
    mPaint.setXfermode(null);                                // 还原混合模式
    canvas.restoreToCount(saveLayer);                        // 还原画布
}
```

在布局文件中添加MosaicView节点，并在对应的活动页面调用setGridCount方法设置马赛克的格子数量，再利用属性动画渐进设置ratio属性，使得视图中的马赛克逐步清晰显现。下面是播放马赛克动画的示例代码：

```
// 起始值和结束值要超出一些范围，这样头尾的马赛克看起来才是连贯的
int offset = 5;
mv_mosaic.setOffset(offset);                    // 设置偏差比例
// 构造一个按比率逐步展开的属性动画
ObjectAnimator anim = ObjectAnimator.ofInt(mv_mosaic, "ratio", 0 - offset, 101 + offset);
anim.setDuration(3000);                 // 设置动画的播放时长
```

```
anim.start();                               // 开始播放属性动画
```

运行测试该App，可观察到马赛克动画的播放效果如图12-45和图12-46所示。其中，图12-45为马赛克动画开始播放时的画面，图12-46为马赛克动画即将结束播放时的画面。

图12-45 马赛克动画开始播放

图12-46 马赛克动画即将结束

12.4.3 利用滚动器实现平滑翻页

在日常生活中，平移动画较为常见，有时也被称为位移动画。左右翻页和上下滚动其实都用到了平移动画，当然对于滚动视图、列表视图、翻页视图这些常用控件，Android已实现了位移动画，无须开发者劳心劳力。如果开发者自定义新的控件，就得自己编写这部分的滚动特效。

譬如平滑翻书的动画效果，就是位移动画的一种应用。用户先通过手势拉动书页，不等拉到底就松开手指，此时App需要判断当前书页是继续向前滚动还是往后缩回去。倘若书页的拉动距离超过屏幕宽度的一半，那么无疑应当继续前滚动到底；倘若书页的拉动距离尚未达到屏幕宽度的一半，那么应当往相反方向缩回去。对于这种向前滚动抑或向后滚动的判断处理，除了利用补间动画之外，还能借助滚动器（Scroller）加以实现。

滚动器不但可以实现平滑滚动的效果，还能解决拖曳时卡顿的问题。下面是滚动器的常用方法：

- startScroll：设置开始滑动的参数，包括起始的横、纵坐标，横、纵坐标偏移量和滑动的持续时间。
- computeScrollOffset：计算滑动偏移量。返回值可判断滑动是否结束，返回false表示滑动结束，返回true表示还在滑动中。
- getCurrX：获得当前的横坐标。
- getCurrY：获得当前的纵坐标。
- getFinalX：获得最终的横坐标。
- getFinalY：获得最终的纵坐标。
- getDuration：获得滑动的持续时间。
- forceFinished：强行停止滑动。
- isFinished：判断滑动是否结束。返回false表示还未结束，返回true表示滑动结束。该方法与computeScrollOffset的区别在于：
    - computeScrollOffset 方法会在内部计算偏移量，isFinished 方法只返回是否结束的标志，而不做其他处理。
    - computeScrollOffset 方法返回 false 表示滑动结束，isFinished 方法返回 true 表示滑动结束。

仍以平滑翻书为例，在自定义的滚动布局中，需要重写onTouchEvent方法，分别记录手势按下和松开时对应的起点和终点，再计算两点在水平方向上的位移是否超过屏幕宽度的一半。超过则往前翻页，未超过则往后缩回，不管是前翻还是后缩，都得调用滚动器的startScroll方法执行滚动操作。同时重写布局的computeScroll方法，根据当前的滚动距离设置书页的偏移量，并在滚到终点时结束滚动操作。据此编写的滚动布局示例代码如下：

（完整代码见chapter12\src\main\java\com\example\chapter12\widget\ScrollLayout.java）

```
public class ScrollLayout extends LinearLayout {
    private Scroller mScroller;                    // 声明一个滚动器对象
    private PointF mOriginPos;                     // 按下手指时的起始点坐标
    private int mLastMargin = 0;                   // 上次的间距
    private ImageView iv_scene;                    // 声明一个图像视图对象
    private Bitmap mBitmap;                        // 声明一个位图对象
    private boolean isScrolling = false;           // 是否正在滚动

    public ScrollLayout(Context context, AttributeSet attrs) {
        super(context, attrs);
        // 创建一个基于线性插值器的滚动器对象
        mScroller = new Scroller(context, new LinearInterpolator());
        mBitmap = BitmapFactory.decodeResource(getResources(), R.drawable.bj06);
        LinearLayout.LayoutParams params = new LinearLayout.LayoutParams(
                LayoutParams.MATCH_PARENT, LayoutParams.WRAP_CONTENT);
        iv_scene = new ImageView(context);
        iv_scene.setLayoutParams(params);              // 设置图像视图的布局参数
        iv_scene.setImageBitmap(mBitmap);              // 设置图像视图的位图对象
        addView(iv_scene);                             // 把演示图像添加到当前视图之上
    }

    @Override
    public boolean onTouchEvent(MotionEvent event) {
        if (!mScroller.isFinished() && isScrolling) {      // 正在滚动则忽略触摸事件
            return super.onTouchEvent(event);
        }
        PointF nowPos = new PointF(event.getX(), event.getY());
        if (event.getAction() == MotionEvent.ACTION_DOWN) {          // 按下手指
            mOriginPos = new PointF(event.getX(), event.getY());
        } else if (event.getAction() == MotionEvent.ACTION_MOVE) { // 移动手指
            moveView(mOriginPos, nowPos);                  // 把视图从起点移到终点
        } else if (event.getAction() == MotionEvent.ACTION_UP) {   // 松开手指
            if (moveView(mOriginPos, nowPos)) {            // 需要继续滚动
                isScrolling = true;
                judgeScroll(mOriginPos, nowPos);           // 判断滚动方向，并发出滚动命令
            }
        }
        return true;
    }

    // 把视图从起点移到终点
    private boolean moveView(PointF lastPos, PointF thisPos) {
        int offsetX = (int) (thisPos.x-lastPos.x);
        LinearLayout.LayoutParams params =
            (LinearLayout.LayoutParams) iv_scene.getLayoutParams();
        params.leftMargin = mLastMargin + offsetX;
        params.rightMargin = -mLastMargin - offsetX;
        // 还没滚到底，继续滚动
        if (Math.abs(params.leftMargin) <iv_scene.getMeasuredWidth()) {
            iv_scene.setLayoutParams(params);          // 设置图像视图的布局参数
            iv_scene.postInvalidate();                 // 立即刷新视图（线程安全方式）
            return true;
        } else {  // 已经滚到底了，停止滚动
```

```
            return false;
        }
    }
    // 判断滚动方向，并发出滚动命令
    private void judgeScroll(PointF lastPos, PointF thisPos) {
        int offsetX = (int) (thisPos.x-lastPos.x);
        if (Math.abs(offsetX) < iv_scene.getMeasuredWidth()/2) {    // 滚回原处
            mScroller.startScroll(offsetX, 0, -offsetX, 0, 1000);
        } else if (offsetX >= iv_scene.getMeasuredWidth()/2) {      // 滚动到右边
            mScroller.startScroll(offsetX, 0,
                    iv_scene.getMeasuredWidth()-offsetX, 0, 1000);
        } else if (offsetX <= -iv_scene.getMeasuredWidth()/2) {     // 滚动到左边
            mScroller.startScroll(offsetX, 0,
                    -iv_scene.getMeasuredWidth()-offsetX, 0, 1000);
        }
    }

    // 在滚动器滑动过程中不断触发，用于计算当前的视图偏移位置
    @Override
    public void computeScroll() {
        if (mScroller.computeScrollOffset() && isScrolling) {  // 尚未滚动完毕
            LinearLayout.LayoutParams params = (LinearLayout.LayoutParams)
                            iv_scene.getLayoutParams();
            params.leftMargin = mLastMargin + mScroller.getCurrX();
            params.rightMargin = -mLastMargin - mScroller.getCurrX();
            iv_scene.setLayoutParams(params);  // 设置图像视图的布局参数
            if (mScroller.getFinalX() == mScroller.getCurrX()) {  // 滚到终点
                isScrolling = false;
                mLastMargin = params.leftMargin;
            }
        }
    }
}
```

在布局文件中添加ScrollLayout节点，运行测试该App后尝试左滑与右滑屏幕，可观察到平滑翻书效果如图12-47和图12-48所示。其中，图12-47为松开手指时的画面，此时拉动距离超过了屏幕宽度的一半；图12-48为书页滚动即将结束时的画面，图片朝同方向继续滚动。

图12-47　松开手指时的画面

图12-48　书页即将滚动结束

12.5　实战项目：仿手机 QQ 的动感影集

动画可以做得千变万化、很酷很炫，故而常用于展示具有纪念意义的组图，比如婚纱照、亲子照、艺术照等。这方面做得比较好、使用比较广泛的当数手机QQ的动感影集，只要用户添加一组图片，动

感影集便给每张图片渲染不同的动画效果，让原本静止的图片变得活泼起来，辅以各种精致的动画特效，给人一种赏心悦目的感觉。本节的实战项目就来谈谈如何设计并实现手机上的动感影集。

12.5.1　需求描述

登录手机QQ，点击左上角的头像打开个人菜单页，选择菜单项“我的相册”打开相册页面，点击相册页右上角的工具箱按钮，弹出一排工具按钮，如图12-49所示。

图12-49　手机QQ的工具箱面板

点击左边的“动感影集”按钮，先选择影集模板，再跳转到图片挑选页面，勾选若干张图片后点击右下角的“确定”按钮，即可打开动感影集的预览界面。图12-50所示是正在播放影集中一张照片的画面，镶了边框的图片从屏幕边缘滑入中央。图12-51所示是正在播放影集中另一张照片的画面，除了常规的动画效果之外，图片左上角还贴上了邮戳字样。

图12-50　动感影集正在播放

图12-51　影集照片贴上了邮戳

动感影集一边播放，一边穿插着其他动画特效，比如飞机模型飞越照片上层，如图12-52所示。播放到了影集的最后一张照片，画面又呈现云雾缭绕的动态景象，如图12-53所示。

这个动感影集不但拥有多种动画效果，而且还能给照片镶边框、盖印章、添加飞机穿越动画，当然能够实现主要的动画特效就行了。

图12-52　飞机模型飞越影集照片

图12-53　影集照片上云雾缭绕

12.5.2 功能分析

动感影集的目的是使用动画技术呈现前后照片的动态切换效果，用到的动画必须承上启下，而且要求具备一定的视觉美感。根据本章介绍的动画特效，可用于动感影集动画的技术包括但不限于下列几种：

（1）淡入淡出动画：用于前后两张照片的渐变切换。

（2）灰度动画：用于从无到有渐变显示一张照片。

（3）平移动画：用于把上层照片抽离当前视图。

（4）缩放动画：用于逐步缩小并隐没上层照片。

（5）旋转动画：用于将上层照片甩离当前视图。

（6）裁剪动画：用于把上层照片由大到小逐步裁剪完。

（7）集合动画：用于把几种补间动画效果集中到一起播放。

（8）属性动画组合：用于把几种属性动画效果集中到一起播放。

（9）其余动画：更多动画特效切换，包括百叶窗动画、马赛克动画等。

除了以上列举的动画技术，还需考虑前后动画之间的无缝衔接，像补间动画可通过监听器AnimationListener监听到播放完成事件，属性动画也可通过监听器AnimatorListener监听到播放完成事件，它们都能在前一个动画播放结束后立即启动下一个动画。但是对于淡入淡出动画来说，它属于图形类型，并非动画类型，因此无法通过动画事件的监听来判断是否已经播放完成，只能利用处理器固定延迟一段时间后开启下一个动画任务。动画技术用起来不难，关键要用好，只有用到位才能让我们的App熠熠生辉、锦上添花。

动感影集的实现过程主要包含下列三个步骤：

1. 编写动感影集刚开始的初始化代码

主要初始化各类动画用到的视图对象，同时清空界面布局并从第一个动画开始播放，初始化的示例代码如下：

```
(完整代码见chapter12\src\main\java\com\example\chapter12\YingjiActivity.java)
private ImageView view1, view4, view5, view6;              // 分别声明四个图像视图对象
private ShutterView view2;                                 // 声明一个百叶窗视图对象
private MosaicView view3;                                  // 声明一个马赛克视图对象
private ObjectAnimator anim1, anim2, anim3, anim4;         // 分别声明四个属性动画对象
private Animation translateAnim, setAnim;                  // 分别声明两个补间动画对象
private int mDuration = 5000;                              // 每个动画的播放时长

// 开始播放动感影集
private void playYingji() {
    rl_yingji.removeAllViews();                        // 移除相对布局下面的所有子视图
    initView();  // 初始化各视图
    rl_yingji.addView(view1);                          // 往相对布局中添加一个图像视图
    // 构造一个在灰度上变化的属性动画
    anim1 = ObjectAnimator.ofFloat(view1, "alpha", 0f, 1f);
    anim1.setDuration(mDuration);                      // 设置动画的播放时长
    anim1.addListener(this);                           // 给属性动画添加动画事件监听器
    anim1.start();                                     // 属性动画开始播放
}

// 初始化各视图
```

```
private void initView() {
    LayoutParams params = new LayoutParams(
            LayoutParams.MATCH_PARENT, LayoutParams.MATCH_PARENT);
    view1 = getImageView(params, mImageArray[0]);
    view1.setAlpha(0f);                              // 设置视图的灰度
    // 创建一个百叶窗视图
    view2 = new ShutterView(this);
    view2.setLayoutParams(params);
    view2.setImageBitmap(BitmapFactory.decodeResource(
                                getResources(), mImageArray[1]));
    view2.setMode(PorterDuff.Mode.DST_OUT);        // 设置百叶窗视图的绘图模式
    // 创建一个马赛克视图
    view3 = new MosaicView(this);
    view3.setLayoutParams(params);
    view3.setImageBitmap(BitmapFactory.decodeResource(
                                getResources(), mImageArray[2]));
    view3.setMode(PorterDuff.Mode.DST_OUT);        // 设置马赛克视图的绘图模式
    view3.setRatio(-5);
    view4 = getImageView(params, mImageArray[3]);
    view5 = getImageView(params, mImageArray[5]);
    view6 = getImageView(params, mImageArray[6]);
}
```

2. 编写各种动画效果之间的承上启下衔接代码

考虑到多数动画特效都能通过属性动画来实现，因而要重写动画监听器的onAnimationEnd方法，在属性动画结束时置换到下一种动画。这种操作适用于灰度动画、平移动画、缩放动画、旋转动画、裁剪动画、百叶窗动画、马赛克动画等，但不适用于淡入淡出动画。对于淡入淡出动画，只能在固定延迟动画播放时长的若干秒后，再触发下一种动画效果。

下面是处理各种动画上下衔接的示例代码：

```
// 在属性动画结束播放时触发
@Override
public void onAnimationEnd(Animator animation) {
    if (animation.equals(anim1)) {                   // 在灰度动画之后准备播放裁剪动画
        rl_yingji.addView(view2, 0);
        // 从指定资源编号的图片文件中获取位图对象
        Bitmap bitmap = BitmapFactory.decodeResource(getResources(), mImageArray[0]);
        int width = view1.getWidth();
        int height = bitmap.getHeight() * width / bitmap.getWidth();
        // 构造一个从四周向中间裁剪的属性动画
        anim2 = ObjectAnimator.ofObject(view1, "clipBounds",
                new RectEvaluator(), new Rect(0, 0, width, height),
                new Rect(width / 2, height / 2, width / 2, height / 2));
        anim2.setDuration(mDuration);                // 设置动画的播放时长
        anim2.addListener(this);                     // 给属性动画添加动画事件监听器
        anim2.start();                               // 属性动画开始播放
    } else if (animation.equals(anim2)) {            // 在裁剪动画之后准备播放百叶窗动画
        rl_yingji.removeView(view1);
        rl_yingji.addView(view3, 0);
        // 构造一个按比率逐步展开的属性动画
        anim3 = ObjectAnimator.ofInt(view2, "ratio", 0, 100);
        anim3.setDuration(mDuration);                    // 设置动画的播放时长
        anim3.addListener(this);                         // 给属性动画添加动画事件监听器
        anim3.start();  // 属性动画开始播放
    } else if (animation.equals(anim3)) {                // 在百叶窗动画之后准备播放马赛克动画
        rl_yingji.removeView(view2);
        rl_yingji.addView(view4, 0);
        int offset = 5;
```

```
            view3.setOffset(offset);                      // 设置偏差比例
            // 构造一个按比率逐步展开的属性动画
            anim4 = ObjectAnimator.ofInt(view3, "ratio", 0 - offset, 101 + offset);
            anim4.setDuration(mDuration);                 // 设置动画的播放时长
            anim4.addListener(this);                      // 给属性动画添加动画事件监听器
            anim4.start();  // 属性动画开始播放
        } else if (animation.equals(anim4)) {             // 在马赛克动画之后准备播放淡入淡出动画
            rl_yingji.removeView(view3);
            // 淡入淡出动画需要先定义一个图形资源数组，用于变换图片
            Drawable[] drawableArray = {getDrawable(mImageArray[3]),
                                        getDrawable(mImageArray[4])};
            // 创建一个用于淡入淡出动画的过渡图形
            TransitionDrawable td_fade = new TransitionDrawable(drawableArray);
            td_fade.setCrossFadeEnabled(true);                    // 是否启用交叉淡入
            view4.setImageDrawable(td_fade);                      // 设置过渡图形
            td_fade.startTransition(mDuration);                   // 开始过渡转换
            tv_anim_title.setText("正在播放淡入淡出动画");
            // 在延迟若干秒后启动平移动画的播放任务。平移动画跟在淡入淡出动画后面
            new Handler(Looper.myLooper()).postDelayed(() -> {
                rl_yingji.addView(view5, 0);
                // 创建一个平移动画
                translateAnim = new TranslateAnimation(0f, -view4.getWidth(), 0f, 0f);
                translateAnim.setDuration(mDuration);             // 设置动画的播放时长
                translateAnim.setFillAfter(true);                 // 设置维持结束画面
                view4.startAnimation(translateAnim);              // 平移动画开始播放
                translateAnim.setAnimationListener(this);         // 设置动画事件监听器
            }, mDuration);
        }
    }
```

3. 编写动感影集末尾的集合动画代码

影集末尾的集合动画融合了灰度动画、平移动画、缩放动画、旋转动画四种效果，分别构建四个动画对象，再把它们依次添加到集合动画即可。下面是构建集合动画的示例代码：

```
// 开始播放集合动画
private void startSetAnim() {
    // 创建一个灰度动画
    Animation alpha = new AlphaAnimation(1.0f, 0.1f);
    alpha.setDuration(mDuration);                           // 设置动画的播放时长
    alpha.setFillAfter(true);                               // 设置维持结束画面
    // 创建一个平移动画
    Animation translate = new TranslateAnimation(1.0f, -200f, 1.0f, 1.0f);
    translate.setDuration(mDuration);                       // 设置动画的播放时长
    translate.setFillAfter(true);                           // 设置维持结束画面
    // 创建一个缩放动画
    Animation scale = new ScaleAnimation(1.0f, 1.0f, 1.0f, 0.5f);
    scale.setDuration(mDuration);                           // 设置动画的播放时长
    scale.setFillAfter(true);                               // 设置维持结束画面
    // 创建一个旋转动画
    Animation rotate = new RotateAnimation(0f, 360f,
            Animation.RELATIVE_TO_SELF, 0.5f,
            Animation.RELATIVE_TO_SELF, 0.5f);
    rotate.setDuration(mDuration);                          // 设置动画的播放时长
    rotate.setFillAfter(true);                              // 设置维持结束画面
    // 创建一个集合动画
    setAnim = new AnimationSet(true);
    ((AnimationSet) setAnim).addAnimation(alpha);      // 给集合动画添加灰度动画
    ((AnimationSet) setAnim).addAnimation(translate);// 给集合动画添加平移动画
    ((AnimationSet) setAnim).addAnimation(scale);      // 给集合动画添加缩放动画
    ((AnimationSet) setAnim).addAnimation(rotate);     // 给集合动画添加旋转动画
```

```
        setAnim.setFillAfter(true);                    // 设置维持结束画面
        view5.startAnimation(setAnim);                 // 集合动画开始播放
        setAnim.setAnimationListener(this);            // 给集合动画设置动画事件监听器
    }
```

12.5.3　效果展示

现在让我们一起欣赏首都北京的名胜古迹，通过动感影集观看风景组图。动感影集的画面一开始从无到有，故而适合采取灰度动画渐进展示首张照片（故宫太和殿，见图12-54）。等待首张照片完全呈现后，逐步缩小它的显示区域，使得第二张照片徐徐拉开（播放天坛的裁剪动画，见图12-55）。

接下来的动画特效从百叶窗动画开始，可观察到的动感影集轮播效果如图12-56～图12-59所示。其中，图12-56展示了八达岭的百叶窗动画，图12-57展示了恭王府的马赛克动画，图12-58展示了圆明园的淡入淡出动画，图12-59展示了颐和园的平移动画。

图12-54　动感影集的灰度动画效果

图12-55　动感影集的裁剪动画效果

图12-56　动感影集的百叶窗动画效果

图12-57　动感影集的马赛克动画效果

图12-58　动感影集的淡入淡出动画效果

图12-59　动感影集的平移动画效果

影集最后来个超炫的乾坤大挪移，其效果如图12-60所示，很明显这是一个包含旋转动画在内的集合动画。等到集合动画播放完毕，展示影集的最后一张照片（国家体育场，又名“鸟巢”）。

为方便演示，动感影集不支持自行选择照片，而是在代码中固定使用了几张照片。另外，各种动画的执行顺序也是固定的，不支持定制动画顺序。读者若有兴趣，可在源码的基础上加以改造，增加选择照片与定制顺序的功能，使其更贴近真实动感影集的使用习惯。

图12-60　动感影集中的集合动画效果

12.6 小　　结

本章主要介绍了App开发用到的动画特效技术，包括帧动画的用法（帧动画的实现、显示动图特效、淡入淡出动画）、补间动画的用法（补间动画的种类、补间动画的原理、集合动画）、属性动画的用法（常规的属性动画、属性动画组合、插值器和估值器、利用估值器实现打赏动画）、遮罩动画及滚动器（画布的绘图层次、实现百叶窗动画、利用滚动器实现平滑翻页）。最后设计了一个实战项目“仿手机QQ的动感影集”，在该项目的App编码中综合运用本章介绍的动画技术，实现了照片动态转换的效果。

通过本章的学习，读者应该能够掌握以下4种开发技能：

（1）学会使用帧动画实现动态效果。

（2）学会在合适的场合使用补间动画。

（3）学会属性动画的基本用法和高级用法。

（4）学会其他几种动画的实现手段。

12.7 动 手 练 习

1. 基于补间动画技术实现摇摆动画。
2. 基于属性动画技术实现打赏动画。
3. 综合运用动画特效技术实现一个动感影集 App。

第 13 章 网络通信

本章介绍App开发常用的一些网络通信技术，主要包括：如何以官方推荐的方式使用多线程技术，如何通过okhttp实现常见的HTTP接口访问操作，如何使用Glide框架加载网络图片，如何分别运用SocketIO和WebSocket实现即时通信功能等。最后结合本章所学的知识演示一个实战项目“仿微信的私聊和群聊”的设计与实现。

13.1 多线程

本节介绍App开发对多线程的几种进阶用法，内容包括如何利用Message配合Handler完成主线程与分线程之间的简单通信，如何通过runOnUiThread方法简化分线程与处理器的通信机制，如何使用工作管理器替代IntentService实现后台任务管理。

13.1.1 分线程通过 Handler 操作界面

为了使App运行得更流畅，多线程技术被广泛应用于App开发。由于Android规定只有主线程（UI线程）才能直接操作界面，因此分线程若想修改界面就得另想办法，这要求有一种在线程之间相互通信的机制。如果是主线程向分线程传递消息，可以在分线程的构造方法中传递参数，然而分线程向主线程传递消息并无捷径，为此Android设计了一个消息工具Message，通过结合Handler与Message能够实现线程间通信。

由分线程向主线程传递消息的过程主要有4个步骤，分别说明如下。

1. 在主线程中构造一个处理器对象，并启动分线程

处理器Handler的基本用法参见第8章的“8.4.1　Handler的延迟机制”，当时提到利用Handler+Runnable组合可以实现简单动画。正巧Thread类是Runnable接口的一个具体实现，故而Handler的各种post方法同样适用于Thread对象。

于是在Android中启动分线程有两种方式：一种是直接调用线程实例的start方法，另一种是通过处理器对象的post方法启动线程实例。

2. 在分线程中构造一个Message类型的消息包

Message是线程间通信存放消息的包裹，其作用类似于Intent机制的Bundle工具。消息实例可通过Message的obtain方法获得，比如下面这行代码：

```
Message message = Message.obtain();  // 获得默认的消息对象
```

也可通过处理器对象的obtainMessage方法获得，比如下面这行代码：

```
Message message = mHandler.obtainMessage();  // 获得处理器的消息对象
```

获得消息实例之后，再给它补充详细的包裹信息，下面是Message工具的属性说明。

- what：整型数，可存放本次消息的唯一标识。
- arg1：整型数，可存放消息的处理结果。
- arg2：整型数，可存放消息的处理代码。
- obj：Object类型，可存放返回消息的数据结构。
- replyTo：Messenger（回应信使）类型，在跨进程通信中使用，在线程间通信用不着。

3. 在分线程中通过处理器对象将Message消息发出去

处理器的消息操作主要包括各种send***方法和remove***方法，下面是这些消息操作方法的使用说明。

- obtainMessage：获取当前的消息对象。
- sendMessage：立即发送指定消息。
- sendMessageDelayed：延迟一段时间后发送指定消息。
- sendMessageAtTime：在设置的时间点发送指定消息。
- sendEmptyMessage：立即发送空消息。
- sendEmptyMessageDelayed：延迟一段时间后发送空消息。
- sendEmptyMessageAtTime：在设置的时间点发送空消息。
- removeMessages：从消息队列移除指定标识的消息。
- hasMessages：判断消息队列是否存在指定标识的消息。

4. 主线程的Handler对象处理接收到的消息

主线程收到分线程发出的消息之后，需要实现处理器对象的handleMessage方法，在该方法中根据消息内容分别进行相应处理。因为handleMessage方法在主线程（UI线程）中调用，所以方法内部可以直接操作界面元素。

综合上面的4个线程通信步骤，接下来通过一个实验观察线程间通信的效果。下面便是利用多线程技术实现新闻滚动的活动代码例子，其中结合了Handler与Message。

```
(完整代码见chapter13\src\main\java\com\example\chapter13\HandlerMessageActivity.java)
public class HandlerMessageActivity extends AppCompatActivity implements
View.OnClickListener {
    private TextView tv_message;                    // 声明一个文本视图对象
    private boolean isPlaying = false;              // 是否正在播放新闻
    private int BEGIN = 0, SCROLL = 1, END = 2;     // 0为开始，1为滚动，2为结束
    private String[] mNewsArray = { "北斗导航系统正式开通，定位精度媲美GPS",
        "黑人之死引发美国各地反种族主义运动", "印度运营商禁止华为中兴反遭诺基亚催债",
        "贝鲁特发生大爆炸全球紧急救援黎巴嫩", "日本货轮触礁毛里求斯造成严重漏油污染" };

    @Override
    protected void onCreate(Bundle savedInstanceState) {
        super.onCreate(savedInstanceState);
        setContentView(R.layout.activity_handler_message);
        tv_message = findViewById(R.id.tv_message);
        findViewById(R.id.btn_start).setOnClickListener(this);
```

```
        findViewById(R.id.btn_stop).setOnClickListener(this);
    }

    @Override
    public void onClick(View v) {
        if (v.getId() == R.id.btn_start) {                // 点击了开始播放新闻的按钮
            if (!isPlaying) {                              // 如果不在播放就开始播放
                isPlaying = true;
                new PlayThread().start();                  // 创建并启动新闻播放线程
            }
        } else if (v.getId() == R.id.btn_stop) {          // 点击了结束播放新闻的按钮
            isPlaying = false;
        }
    }

    // 定义一个新闻播放线程
    private class PlayThread extends Thread {
        public void run() {
            mHandler.sendEmptyMessage(BEGIN);              // 向处理器发送播放开始的空消息
            while (isPlaying) {                            // 正在播放新闻
                try {
                    sleep(2000);                           // 睡眠两秒（2000毫秒）
                } catch (InterruptedException e) {
                    e.printStackTrace();
                }
                Message message = Message.obtain();        // 获得默认的消息对象
                message.what = SCROLL;                     // 消息类型
                message.obj = mNewsArray[new Random().nextInt(5)];        // 消息描述
                mHandler.sendMessage(message);             // 向处理器发送消息
            }
            mHandler.sendEmptyMessage(END);                // 向处理器发送播放结束的空消息
            isPlaying = false;
        }
    }

    // 创建一个处理器对象
    private Handler mHandler = new Handler() {
        // 在收到消息时触发
        public void handleMessage(Message msg) {
            String desc = tv_message.getText().toString();
            if (msg.what == BEGIN) {                       // 开始播放
                desc = String.format("%s\n%s %s", desc, DateUtil.getNowTime(),
                                     "开始播放新闻");
            } else if (msg.what == SCROLL) {               // 滚动播放
                desc = String.format("%s\n%s %s", desc, DateUtil.getNowTime(),msg.obj);
            } else if (msg.what == END) {                  // 结束播放
                desc = String.format("%s\n%s %s", desc, DateUtil.getNowTime(),
                                     "新闻播放结束");
            }
            tv_message.setText(desc);
        }
    };
}
```

运行测试App，先点击“开始播放新闻”按钮，此时分线程每隔两秒添加一条新闻，正在播放新闻的界面如图13-1所示。稍等片刻再点击“停止播放新闻”按钮，此时主线程收到分线程的END消息，在界面上提示用户“新闻播放结束”，如图13-2所示。

根据以上的新闻播放效果，可知分线程的播放开始和播放结束指令都成功送到了主线程。

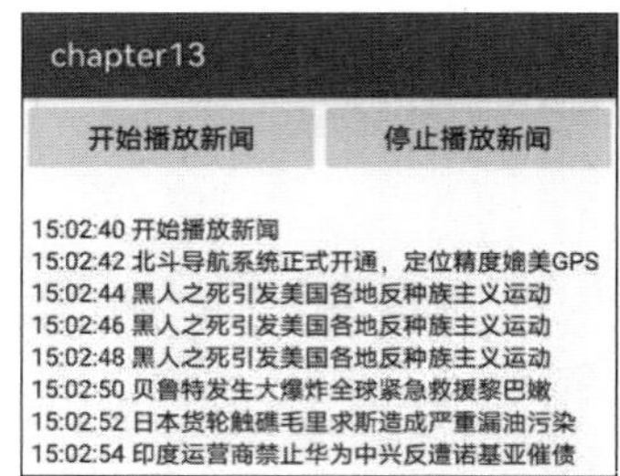

图13-1　正在播放新闻的界面

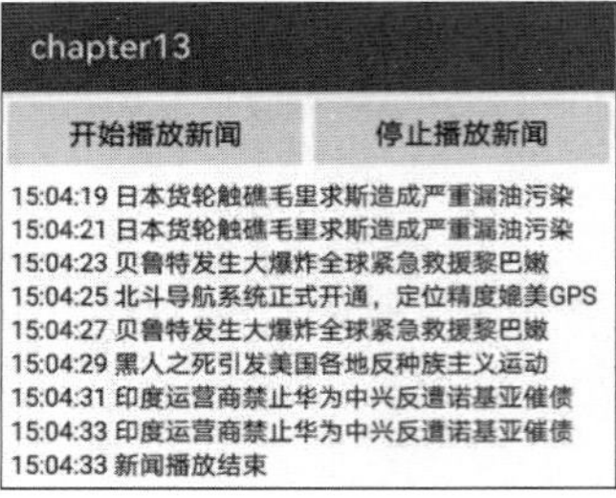

图13-2　停止播放新闻的界面

13.1.2　通过 runOnUiThread 快速操纵界面

因为Android规定分线程不能直接操纵界面，所以它设计了处理程序（Handler）工具，由处理程序负责在主线程和分线程之间传递数据。如果分线程想刷新界面，就得向处理程序发送消息，由处理程序在handleMessage方法中操作控件。举个例子，在“13.1.1　分线程通过Handler操作界面”讲到的通过分线程播报新闻便是经由处理程序操纵文本视图。分线程与处理程序交互的代码片段如下：

```
private boolean isPlaying = false;                  // 是否正在播放新闻
// 定义一个新闻播放线程
private class PlayThread extends Thread {
    @Override
    public void run() {
        mHandler.sendEmptyMessage(BEGIN);           // 向处理程序发送播放开始的空消息
        while (isPlaying) {                         // 正在播放新闻
            try {
                sleep(2000);                        // 睡眠两秒（2000毫秒）
            } catch (InterruptedException e) {
                e.printStackTrace();
            }
            Message message = Message.obtain();     // 获得默认的消息对象
            message.what = SCROLL;                  // 消息类型
            message.obj = mNewsArray[new Random().nextInt(5)]; // 消息描述
            mHandler.sendMessage(message);          // 向处理程序发送消息
        }
        mHandler.sendEmptyMessage(END);             // 向处理程序发送播放结束的空消息
        isPlaying = false;
    }
}
// 创建一个处理程序对象
private Handler mHandler = new Handler(Looper.myLooper()) {
    // 在收到消息时触发
    @Override
    public void handleMessage(Message msg) {
        String desc = tv_message.getText().toString();
        if (msg.what == BEGIN) {                            // 开始播放
            desc = String.format("%s\n%s %s", desc, DateUtil.getNowTime(),
                                 "开始播放新闻");
        } else if (msg.what == SCROLL) {                    // 滚动播放
            desc = String.format("%s\n%s %s", desc, DateUtil.getNowTime(), msg.obj);
        } else if (msg.what == END) {                       // 结束播放
            desc = String.format("%s\n%s %s", desc, DateUtil.getNowTime(),
                                 "新闻播放结束");
        }
        tv_message.setText(desc);
    }
};
```

以上代码定义了一个新闻播放线程，接着主线程启动该线程，启动代码如下：

```
new PlayThread().start();  // 创建并启动新闻播放线程
```

上述代码处理分线程与处理程序的交互甚是烦琐，既要区分消息类型，又要来回跳转。为此Android提供了一种简单的交互方式，分线程若想操纵界面控件，在线程内部调用runOnUiThread方法即可，调用代码如下：

```
// 回到主线程（UI线程）操作界面
runOnUiThread(new Runnable() {
    @Override
    public void run() {
        // 操作界面控件的代码放在这里
    }
});
```

由于Runnable属于函数式接口，因此调用代码可简化如下：

```
// 回到主线程（UI线程）操作界面
runOnUiThread(() -> {
    // 操作界面控件的代码放在这里
});
```

倘若Runnable的运行代码只有一行，那么Lambda表达式允许进一步简化，也就是省略外面的花括号，于是更精简的代码变成以下这样：

```
// 回到主线程（UI线程）操作界面
runOnUiThread(() -> /*如果只有一行代码，那么连花括号也可省掉*/ );
```

回看之前的新闻播报线程，把原来的消息发送代码统统改成runOnUiThread方法，修改后的播放代码如下：

```
（完整代码见chapter13\src\main\java\com\example\chapter13\ThreadUiActivity.java）
private boolean isPlaying = false;      // 是否正在播放新闻

// 播放新闻
private void broadcastNews() {
    String startDesc = String.format("%s\n%s %s", tv_message.getText(),
            DateUtil.getNowTime(), "开始播放新闻");
    // 回到主线程（UI线程）操作界面
    runOnUiThread(() -> tv_message.setText(startDesc));
    while (isPlaying) {                    // 正在播放新闻
        try {
            Thread.sleep(2000);            // 睡眠两秒（2000毫秒）
        } catch (InterruptedException e) {
            e.printStackTrace();
        }
        String runDesc = String.format("%s\n%s %s", tv_message.getText(),
                DateUtil.getNowTime(), mNewsArray[new Random().nextInt(5)]);
        // 回到主线程（UI线程）操作界面
        runOnUiThread(() -> tv_message.setText(runDesc);
    }
    String endDesc = String.format("%s\n%s %s", tv_message.getText(),
            DateUtil.getNowTime(), "新闻播放结束，谢谢观看");
    // 回到主线程（UI线程）操作界面
    runOnUiThread(() -> tv_message.setText(endDesc));
    isPlaying = false;
}
```

从以上代码可见，处理程序的相关代码不见了，取而代之的是一行又一行runOnUiThread方法。

主线程启动播放线程也只需下面一行代码就够了：

```
new Thread(() -> broadcastNews()).start();  // 启动新闻播放线程
```

改造完毕后运行测试该App，可观察到新闻播报效果如图13-3和图13-4所示。其中，图13-3为正在播放新闻的画面，图13-4为停止播放新闻的画面。

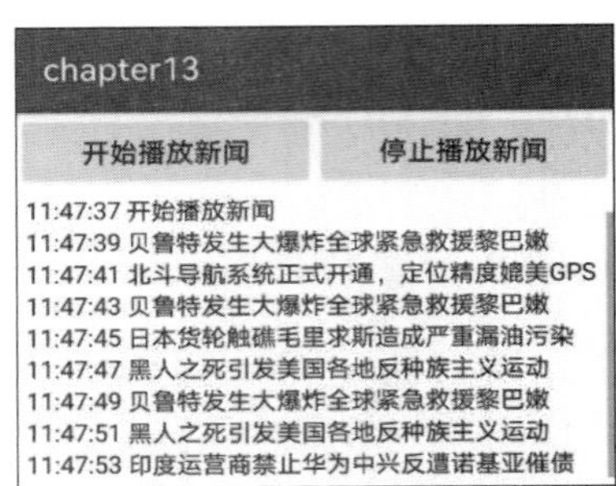

图13-3　正在播放新闻的画面

图13-4　停止播放新闻的画面

13.1.3 工作管理器 WorkManager

Android 11不光废弃了AsyncTask，还把IntentService一起废弃了，对于后台的异步服务，官方建议改为使用工作管理器WorkManager。

除了IntentService之外，Android也提供了其他后台任务工具，例如工作调度器JobScheduler、闹钟管理器AlarmManager等。当然，这些后台工具的用法各不相同，徒增开发者的学习时间而已，所以谷歌索性把它们统一起来，在Jetpack库中推出了工作管理器WorkManager。这个WorkManager的兼容性很强，对于Android 6.0或更高版本的系统，它通过JobScheduler完成后台任务；对于Android 6.0以下版本的系统（不含Android 6.0），通过AlarmManager和广播接收器组合完成后台任务。无论采取哪种方案，后台任务最终都是由线程池Executor执行的。

因为WorkManager来自Jetpack库，所以使用之前要修改build.gradle，增加下面一行依赖配置：

```
implementation 'androidx.work:work-runtime:2.7.1'
```

接着定义一个处理后台业务逻辑的工作者，该工作者继承自Worker抽象类，就像异步任务需要从IntentService派生而来那样。自定义的工作者必须实现构造方法，并重写doWork方法，其中构造方法可获得外部传来的请求数据，而doWork方法处理具体的业务逻辑。特别要注意，由于doWork方法运行于分线程，因此该方法内部不能操作界面控件。自定义工作者的示例代码如下：

```
(完整代码见chapter13\src\main\java\com\example\chapter13\work\CollectWork.java)
public class CollectWork extends Worker {
    private final static String TAG = "CollectWork";
    private Data mInputData;  // 工作者的输入数据

    public CollectWork(Context context, WorkerParameters workerParams) {
        super(context, workerParams);
        mInputData = workerParams.getInputData();
    }

    // doWork内部不能操纵界面控件
    @Override
    public Result doWork() {
        String desc = String.format("请求参数包括：姓名=%s，身高=%d，体重=%f",
                mInputData.getString("name"),
```

```
                mInputData.getInt("height", 0),
                mInputData.getDouble("weight", 0));
        Log.d(TAG, "doWork "+desc);
        // 这里填写详细的业务逻辑代码
        Data outputData = new Data.Builder()
                .putInt("resultCode", 0)
                .putString("resultDesc", "处理成功")
                .build();
        return Result.success(outputData);  // success为成功，failure为失败
    }
}
```

然后在活动页面中构建并启动工作任务，详细过程主要分为下列4个步骤：

01 构建约束条件。

该步骤说明在哪些情况下才能执行后台任务，也就是运行后台任务的前提条件，此时用到了约束工具Constraints。约束条件的构建代码如下：

```
(完整代码见chapter13\src\main\java\com\example\chapter13\WorkManagerActivity.java)
// 1. 构建约束条件
Constraints constraints = new Constraints.Builder()
        //.setRequiresBatteryNotLow(true)                   // 设备电量充足
        //.setRequiresCharging(true)                        // 设备正在充电
        .setRequiredNetworkType(NetworkType.CONNECTED)      // 已经连上网络
        .build();
```

02 构建输入数据。

该步骤把后台任务需要的参数封装到一个数据对象中，此时用到了数据工具Data，构建输入数据的示例代码如下：

```
// 2. 构建输入数据
Data inputData = new Data.Builder()
        .putString("name", "小明")
        .putInt("height", 180)
        .putDouble("weight", 80)
        .build();
```

03 构建工作请求。

该步骤把约束条件、输入数据等请求内容组装起来，此时用到了工作请求工具OneTimeWorkRequest，构建工作请求的示例代码如下：

```
// 3. 构建一次性任务的工作请求
String workTag = "OnceTag";
OneTimeWorkRequest onceRequest = new
                    OneTimeWorkRequest.Builder(CollectWork.class)
        .addTag(workTag)                        // 添加工作标签
        .setConstraints(constraints)            // 设置触发条件
        .setInputData(inputData)                // 设置参数
        .build();
UUID workId = onceRequest.getId();              // 获取工作请求的编号
```

04 执行工作请求。

该步骤生成工作管理器实例，并将步骤3的工作请求对象加入管理器的执行队列中，由管理器调度并执行请求任务，执行工作请求的示例代码如下：

```
// 4. 执行工作请求
WorkManager workManager = WorkManager.getInstance(this);
workManager.enqueue(onceRequest);          // 将工作请求加入执行队列中
```

工作管理器不止拥有enqueue方法，还有其他的调度方法，常用的几个方法分别说明如下：

- enqueue：将工作请求加入执行队列中。
- cancelWorkById：取消指定编号（步骤3 getId方法返回的workId）的工作。
- cancelAllWorkByTag：取消指定标签（步骤3设置的workTag）的所有工作。
- cancelAllWork：取消所有工作。
- getWorkInfoByIdLiveData：获取指定编号的工作信息。

鉴于后台任务是异步执行的，因此若想知晓工作任务的处理结果，就得调用getWorkInfoByIdLiveData方法，获取工作信息并实时监听它的运行情况。查询工作结果的示例代码如下：

```
// 获取指定编号的工作信息，并实时监听工作的处理结果
workManager.getWorkInfoByIdLiveData(workId).observe(this, workInfo -> {
    if (workInfo.getState() == WorkInfo.State.SUCCEEDED) {     // 工作处理成功
        Data outputData = workInfo.getOutputData();            // 获得工作信息的输出数据
        int resultCode = outputData.getInt("resultCode", 0);
        String resultDesc = outputData.getString("resultDesc");
        String desc = String.format("工作处理结果为：resultCode=%d，resultDesc=%s",
resultCode, resultDesc);
        tv_result.setText(desc);
    }
});
```

至此，工作管理器的任务操作步骤都过了一遍。有的读者可能会发现，步骤3的工作请求类的名称为OneTimeWorkRequest，读起来像是一次性工作。其实工作管理器不止支持设定一次性工作，也支持设定周期性工作，此时用到的工作请求名为PeriodicWorkRequest，构建的示例代码如下：

```
// 构建周期性任务的工作请求，周期性任务的间隔时间不能小于15分钟
String workTag = "PeriodTag";
PeriodicWorkRequest periodRequest = new PeriodicWorkRequest.Builder(
        CollectWork.class, 15, TimeUnit.MINUTES)
        .addTag(workTag)                         // 添加工作标签
        .setConstraints(constraints)             // 设置触发条件
        .setInputData(inputData)                 // 设置参数
        .build();
UUID workId = periodRequest.getId();             // 获取工作请求的编号
```

最后在活动页面中集成工作管理器，运行并测试App后点击启动按钮，执行结果如图13-5所示，成功获知了后台工作的运行情况。

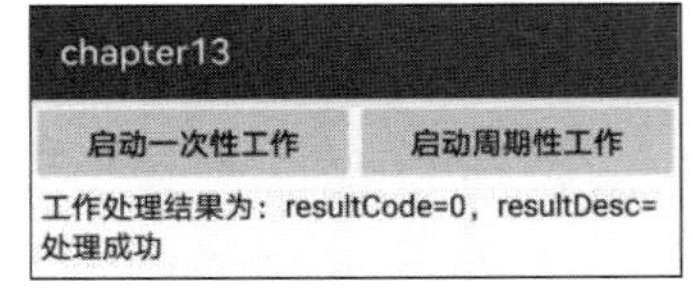

图 13-5　集成工作管理器的运行结果

13.2　HTTP 访问

本节介绍okhttp在App接口访问中的详细用法，内容包括如何利用移动数据格式JSON封装结构

信息，以及如何从JSON串解析获得结构对象；通过okhttp调用HTTP接口的三种方式（GET方式、表单格式的POST请求、JSON格式的POST请求）；如何使用okhttp下载网络文件，以及如何将本地文件上传到服务器。

13.2.1 移动数据格式 JSON

网络通信的交互数据格式有两大类，分别是JSON和XML，前者短小精悍，后者表现力丰富。对于App来说，基本采用JSON格式与服务器通信。原因很多，一个是手机流量很贵，表达同样的信息，JSON串比XML串短很多，在节省流量方面占了上风；另一个是JSON串解析得更快，也更省电，XML不但慢而且耗电。于是，JSON格式成了移动端事实上的网络数据格式标准。

先来看个购物订单的JSON串例子：

```
{
    "user_info":{
        "name":"思无邪",
        "address":"桃花岛水帘洞123号",
        "phone":"19912345678"
    },
    "goods_list":[
        {
            "goods_name":"Mate30",
            "goods_number":1,
            "goods_price":8888
        },
        {
            "goods_name":"格力中央空调",
            "goods_number":1,
            "goods_price":58000
        },
        {
            "goods_name":"红蜻蜓皮鞋",
            "goods_number":3,
            "goods_price":999
        }
    ]
}
```

从以上JSON串的内容可以梳理出它的基本格式定义，详细说明如下：

（1）整个 JSON 串由一对花括号包裹，并且内部的每个结构都以花括号包起来。

（2）参数格式类似键值对，其中键名与键值之间以冒号分隔，形如“键名:键值”。

（3）两个键值对之间以逗号分隔。

（4）键名需要用双引号引起来，键值为数字的话则无需双引号，为字符串的话仍需双引号。

（5）JSON 数组通过方括号表达，方括号内部依次罗列各个元素，具体格式形如“数组的键名:[元素 1,元素 2,元素 3]”。

针对JSON字符串，Android提供了JSON解析工具，支持对JSONObject（JSON对象）和JSONArray（JSON数组）的解析处理。

1. JSONObject

下面是JSONObject的常用方法。

- JSONObject构造函数：从指定字符串构造一个JSONObject对象。
- getJSONObject：获取指定名称的JSONObject对象。
- getString：获取指定名称的字符串。
- getInt：获取指定名称的整型数。
- getDouble：获取指定名称的双精度数。
- getBoolean：获取指定名称的布尔数。
- getJSONArray：获取指定名称的JSONArray数组对象。
- put：添加一个JSONObject对象。
- toString：把当前的JSONObject对象输出为一个JSON字符串。

2. JSONArray

下面是JSONArray的常用方法。

- length：获取JSONArray数组的长度。
- getJSONObject：获取JSONArray数组在指定位置的JSONObject对象。
- put：往JSONArray数组中添加一个JSONObject对象。

虽然Android自带的JSONObject和JSONArray能够解析JSON串，但是这种手工解析实在麻烦，费时费力还容易犯错，故而谷歌公司推出了专门的Gson支持库，方便开发者快速处理JSON串。

由于Gson是第三方库，因此首先要修改模块的build.gradle文件，往dependencies节点添加下面一行配置，表示导入指定版本的Gson库：

```
implementation "com.google.code.gson:gson:2.9.0"
```

接着在Java代码文件的头部添加如下一行导入语句，表示后面会用到Gson工具：

```
import com.google.gson.Gson;
```

完成了以上两个步骤，就能在代码中调用Gson的各种处理方法了。Gson常见的应用场合主要有下列两个：

（1）将数据对象转换为JSON字符串。此时可调用Gson工具的toJson方法，把指定的数据对象转为JSON字符串。

（2）从JSON字符串解析出数据对象。此时可调用Gson工具的fromJson方法，从JSON字符串解析得到指定类型的数据对象。

下面是通过Gson库封装与解析JSON串的活动代码例子：

```
(完整代码见chapter13\src\main\java\com\example\chapter13\JsonConvertActivity.java)
public class JsonConvertActivity extends AppCompatActivity implements
View.OnClickListener {
    private TextView tv_json;                            // 声明一个文本视图对象
    private UserInfo mUser;                              // 声明一个用户信息对象
    private String mJsonStr;                             // JSON格式的字符串

    @Override
    protected void onCreate(Bundle savedInstanceState) {
        super.onCreate(savedInstanceState);
        setContentView(R.layout.activity_json_convert);
        mUser = new UserInfo("阿四", 25, 165L, 50.0f);   // 创建用户实例
        mJsonStr = new Gson().toJson(mUser);             // 把用户实例转换为JSON字符串
```

```
        tv_json = findViewById(R.id.tv_json);
        findViewById(R.id.btn_origin_json).setOnClickListener(this);
        findViewById(R.id.btn_convert_json).setOnClickListener(this);
    }

    @Override
    public void onClick(View v) {
        if (v.getId() == R.id.btn_origin_json) {
            mJsonStr = new Gson().toJson(mUser);            // 把用户实例转换为JSON字符串
            tv_json.setText("JSON串内容如下：\n" + mJsonStr);
        } else if (v.getId() == R.id.btn_convert_json) {
            // 把JSON串转换为UserInfo类型的对象
            UserInfo newUser = new Gson().fromJson(mJsonStr, UserInfo.class);
            String desc = String.format("\n\t姓名=%s\n\t年龄=%d\n\t身高=%d\n\t体重=%f",
newUser.name, newUser.age, newUser.height, newUser.weight);
            tv_json.setText("从JSON串解析而来的用户信息如下：" + desc);
        }
    }
}
```

运行测试App，先点击“原始JSON串”按钮，把用户对象转换为JSON字符串，此时JSON界面如图13-6所示，可见包含用户信息的JSON字符串；接着点击“转换JSON串”按钮，将JSON字符串转换为用户对象，此时JSON界面如图13-7所示，可见用户对象的各字段值。

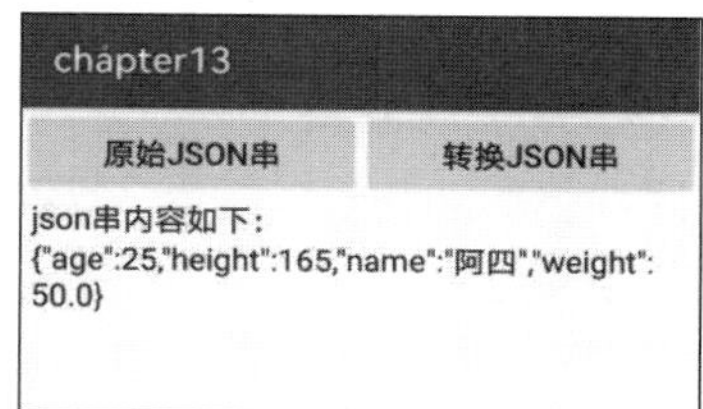

图13-6　自动解析前的JSON字符串

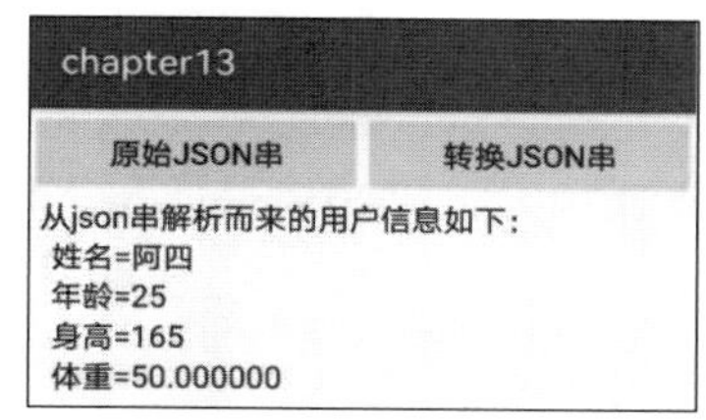

图13-7　自动解析后的用户对象各字段

13.2.2　通过 okhttp 调用 HTTP 接口

尽管使用HttpURLConnection能够实现大多数的网络访问操作，但是它的用法实在烦琐，很多细节都要开发者关注，一不留神就可能导致访问异常。于是各路网络开源框架纷纷涌现，比如声名显赫的Apache的HttpClient、Square的okhttp。Android从9.0开始正式弃用HttpClient，使得okhttp成为App开发流行的网络框架。

因为okhttp属于第三方框架，所以使用之前要修改build.gradle，增加下面一行依赖配置：

```
implementation 'com.squareup.okhttp3:okhttp:4.9.3'
```

当然访问网络之前得先申请上网权限，也就是在AndroidManifest.xml里面补充以下权限：

```
<!-- 互联网 -->
<uses-permission android:name="android.permission.INTERNET" />
```

除此之外，从Android 9开始默认只能访问以https开头的安全地址，不能直接访问以http开头的网络地址。如果应用仍想访问以http开头的普通地址，就得修改AndroidManifest.xml，给application节点添加如下属性，表示继续使用http明文地址：

```
android:usesCleartextTraffic="true"
```

okhttp的网络访问功能十分强大，单就HTTP接口调用而言，它就支持三种访问方式：GET方式的请求、表单格式的POST请求、JSON格式的POST请求，下面分别进行说明。

1. GET方式的请求

不管是GET方式还是POST方式，okhttp在访问网络时都离不开下面4个步骤：

01 使用OkHttpClient类创建一个okhttp客户端对象。创建客户端对象的示例代码如下：

```
OkHttpClient client = new OkHttpClient(); // 创建一个okhttp客户端对象
```

02 使用Request类创建一个GET或POST方式的请求结构。采取GET方式时调用get方法，采取POST方式时调用post方法。此外，需要指定本次请求的网络地址，还可添加个性化HTTP头部信息。创建请求结构的示例代码如下：

```
// 创建一个GET方式的请求结构
Request request = new Request.Builder()
        //.get()                         // 因为okhttp默认采用GET方式，所以这里可以不调用get方法
        .header("Accept-Language", "zh-CN")   // 给HTTP请求添加头部信息
        .url(URL_STOCK)                       // 指定HTTP请求的调用地址
        .build();
```

03 调用步骤1中客户端对象的newCall方法，方法参数为步骤2中的请求结构，从而创建Call类型的调用对象。创建调用对象的示例代码如下：

```
Call call = client.newCall(request); // 根据请求结构创建调用对象
```

04 调用步骤3中Call对象的enqueue方法，将本次请求加入HTTP访问的执行队列中，并编写请求失败与请求成功两种情况的处理代码。加入执行队列的示例代码如下：

```
// 加入HTTP请求队列。异步调用，并设置接口应答的回调方法
call.enqueue(new Callback() {
    @Override
    public void onFailure(Call call, IOException e) { // 请求失败
        // 这里填写请求失败时的业务逻辑
    }

    @Override
    public void onResponse(Call call, final Response response) throws IOException { //
请求成功
        // 这里填写请求成功时的业务逻辑
    }
});
```

综合上述4个步骤，接下来以查询上证指数为例，来熟悉okhttp的完整使用过程。上证指数的查询接口来自新浪网的证券板块，具体的接口调用代码如下：

```
(完整代码见chapter13\src\main\java\com\example\chapter13\OkhttpCallActivity.java)
private final static String URL_STOCK = "https://hq.sinajs.cn/list=s_sh000001";

// 发起GET方式的HTTP请求
private void doGet() {
    OkHttpClient client = new OkHttpClient();    // 创建一个okhttp客户端对象
    // 创建一个GET方式的请求结构
    Request request = new Request.Builder()
            //.get()                         // 因为okhttp默认采用GET方式，所以这里可以不调用get方法
            .header("Accept-Language", "zh-CN")   // 给HTTP请求添加头部信息
            .url(URL_STOCK)                       // 指定HTTP请求的调用地址
            .build();
    Call call = client.newCall(request);          // 根据请求结构创建调用对象
```

```
        // 加入HTTP请求队列。异步调用，并设置接口应答的回调方法
        call.enqueue(new Callback() {
            @Override
            public void onFailure(Call call, IOException e) {  // 请求失败
                // 回到主线程操作界面
                runOnUiThread(() -> tv_result.setText("调用股指接口报错："+e.getMessage()));
            }

            @Override
            public void onResponse(Call call, final Response response) throws IOException { // 请求成功
                String resp = response.body().string();
                // 回到主线程操作界面
                runOnUiThread(() -> tv_result.setText("调用股指接口返回：\n"+resp));
            }
        });
    }
```

运行测试该App，可观察到上证指数的查询结果如图13-8所示。

图 13-8　GET 方式的接口调用结果

2. 表单格式的POST请求

对于okhttp来说，POST方式与GET方式的调用过程大同小异，主要区别在于如何创建请求结构。除了通过post方法表示本次请求采取POST方式外，还要给post方法填入请求参数，比如表单格式的请求参数放在FormBody结构中，示例代码如下：

```
String username = et_username.getText().toString();
String password = et_password.getText().toString();
// 创建一个表单对象
FormBody body = new FormBody.Builder()
            .add("username", username)
            .add("password", password)
            .build();
// 创建一个POST方式的请求结构
Request request = new Request.Builder().post(body).url(URL_LOGIN).build();
```

以登录功能为例，用户在界面上输入用户名和密码，然后点击登录按钮时，App会把用户名和密码封装进FormBody结构后提交给后端服务器。采取表单格式的登录代码如下：

```
// 发起POST方式的HTTP请求（报文为表单格式）
private void postForm() {
    String username = et_username.getText().toString();
    String password = et_password.getText().toString();
    // 创建一个表单对象
    FormBody body = new FormBody.Builder()
            .add("username", username)
            .add("password", password)
            .build();
    OkHttpClient client = new OkHttpClient();                // 创建一个okhttp客户端对象
    // 创建一个POST方式的请求结构
    Request request = new
                Request.Builder().post(body).url(URL_LOGIN).build();
    Call call = client.newCall(request);                     // 根据请求结构创建调用对象
    // 加入HTTP请求队列。异步调用，并设置接口应答的回调方法
    call.enqueue(new Callback() {
        @Override
        public void onFailure(Call call, IOException e) {  // 请求失败
```

```
            // 回到主线程操作界面
            runOnUiThread(() -> tv_result.setText("调用登录接口报错："+e.getMessage()));
        }

        @Override
        public void onResponse(Call call, final Response response) throws IOException {  // 请求成功
            String resp = response.body().string();
            // 回到主线程操作界面
            runOnUiThread(() -> tv_result.setText("调用登录接口返回：\n"+resp));
        }
    });
}
```

确保服务端的登录接口正常开启（服务端程序的运行说明见本书附录E），并且手机和计算机连接同一个WiFi，再运行测试该App。打开登录页面，填入登录信息后点击“发起接口调用”按钮，接收到服务端返回的数据，如图13-9所示，可见表单格式的POST请求被正常调用。

图 13-9　表单格式的 POST 请求结果

3. JSON格式的POST请求

由于表单格式不能传递复杂的数据，因此App在与服务端交互时经常使用JSON格式。设定好JSON串的字符编码后再放入RequestBody结构中，示例代码如下：

```
// 创建一个POST方式的请求结构
RequestBody body = RequestBody.create(jsonString,
                   MediaType.parse("text/plain;charset=utf-8"));
Request request = new Request.Builder().post(body).url(URL_LOGIN).build();
```

仍以登录功能为例，App先将用户名和密码组装进JSON对象，再把JSON对象转为字符串，后续便是常规的okhttp调用过程了。采取JSON格式的登录代码示例如下：

```
// 发起POST方式的HTTP请求（报文为JSON格式）
private void postJson() {
    String username = et_username.getText().toString();
    String password = et_password.getText().toString();
    String jsonString = "";
    try {
        JSONObject jsonObject = new JSONObject();
        jsonObject.put("username", username);
        jsonObject.put("password", password);
        jsonString = jsonObject.toString();
    } catch (Exception e) {
        e.printStackTrace();
    }
    // 创建一个POST方式的请求结构
    RequestBody body = RequestBody.create(jsonString,
                       MediaType.parse("text/plain;charset=utf-8"));
    OkHttpClient client = new OkHttpClient();         // 创建一个okhttp客户端对象
    Request request = new Request.Builder().post(body).url(URL_LOGIN).build();
    Call call = client.newCall(request);              // 根据请求结构创建调用对象
    // 加入HTTP请求队列。异步调用，并设置接口应答的回调方法
    call.enqueue(new Callback() {
        @Override
        public void onFailure(Call call, IOException e) {       // 请求失败
            // 回到主线程操作界面
```

```
            runOnUiThread(() -> tv_result.setText("调用登录接口报错："+e.getMessage()));
        }

        @Override
        public void onResponse(Call call, final Response response) throws IOException {  //
请求成功
            String resp = response.body().string();
            // 回到主线程操作界面
            runOnUiThread(() -> tv_result.setText("调用登录接口返回：\n"+resp));
        }
    });
}
```

同样确保服务端的登录接口正常开启（服务端程序的运行说明见本书附录E），并且手机和计算机连接同一个WiFi，再运行测试该App。打开登录页面，填入登录信息后点击“发起接口调用”按钮，接收到服务端返回的数据，如图13-10所示，可见JSON格式的POST请求被正常调用。

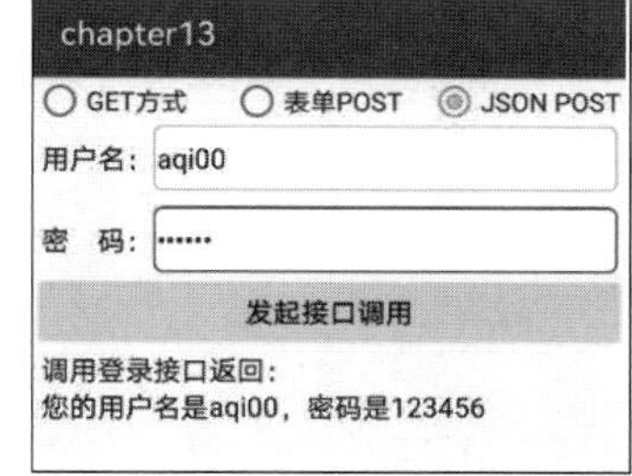

图 13-10　JSON 格式的 POST 请求结果

13.2.3　使用 okhttp 下载和上传文件

okhttp不但简化了HTTP接口的调用过程，连下载文件都变简单了。对于一般的文件下载，按照常规的GET方式调用流程，只要重写回调方法onResponse，在该方法中通过应答对象的body方法即可获得应答的数据包对象，调用数据包对象的string方法即可得到文本形式的字符串，调用数据包对象的byteStream方法即可得到InputStream类型的输入流对象，从输入流就能读出原始的二进制数据。

以下载网络图片为例，位图工具BitmapFactory刚好提供了decodeStream方法，允许直接从输入流中解码获取位图对象。此时通过okhttp下载图片的示例代码如下：

```
(完整代码见chapter13\src\main\java\com\example\chapter13\OkhttpDownloadActivity.java)
private final static String URL_IMAGE =
                                    "https://img-blog.csdnimg.cn/2018112123554364.png";

// 下载网络图片
private void downloadImage() {
    OkHttpClient client = new OkHttpClient();                  // 创建一个okhttp客户端对象
    // 创建一个GET方式的请求结构
    Request request = new Request.Builder().url(URL_IMAGE).build();
    Call call = client.newCall(request);                       // 根据请求结构创建调用对象
    // 加入HTTP请求队列。异步调用，并设置接口应答的回调方法
    call.enqueue(new Callback() {
        @Override
        public void onFailure(Call call, IOException e) { // 请求失败
            runOnUiThread(() -> tv_result.setText("下载网络图片报错："+e.getMessage()));
        }

        @Override
        public void onResponse(Call call, final Response response) {  // 成功
            InputStream is = response.body().byteStream();
            // 从返回的输入流中解码获得位图数据
            Bitmap bitmap = BitmapFactory.decodeStream(is);
            String mediaType = response.body().contentType().toString();
            long length = response.body().contentLength();
            String desc = String.format("文件类型为%s，文件大小为%d", mediaType, length);
            runOnUiThread(() -> {
                tv_result.setText("下载网络图片返回："+desc);
```

```
                iv_result.setImageBitmap(bitmap);
            });
        }
    });
}
```

回到活动代码中调用downloadImage方法，再运行并测试App，可观察到图片下载结果如图13-11所示，可见网络图片成功下载并显示了出来。

图 13-11　okhttp 下载网络图片的结果

当然，网络文件不只是图片，还有其他各式各样的文件，这些文件没有专门的解码工具，只能从输入流老老实实地读取字节数据。不过读取字节数据有个好处，就是能够根据已经读写的数据长度计算下载进度，特别在下载大文件的时候，实时展示当前的下载进度非常有用。下面是通过okhttp下载普通文件的示例代码：

```
// 下载网络文件
private void downloadFile() {
    OkHttpClient client = new OkHttpClient();                  // 创建一个okhttp客户端对象
    // 创建一个GET方式的请求结构
    Request request = new Request.Builder().url(URL_APK).build();
    Call call = client.newCall(request);                       // 根据请求结构创建调用对象
    // 加入HTTP请求队列。异步调用，并设置接口应答的回调方法
    call.enqueue(new Callback() {
        @Override
        public void onFailure(Call call, IOException e) {              // 请求失败
            runOnUiThread(() -> tv_result.setText("下载网络文件报错："+e.getMessage()));
        }

        @Override
        public void onResponse(Call call, final Response response) {   // 成功
            String mediaType = response.body().contentType().toString();
            long length = response.body().contentLength();
            String desc = String.format("文件类型为%s，文件大小为%d", mediaType, length);
            runOnUiThread(() -> tv_result.setText("下载网络文件返回："+desc));
            String path = String.format("%s/%s.apk",
                    getExternalFilesDir(Environment.DIRECTORY_DOWNLOADS),
                    DateUtil.getNowDateTime());
            // 下面从返回的输入流中读取字节数据并保存为本地文件
            try (InputStream is = response.body().byteStream();
                 FileOutputStream fos = new FileOutputStream(path)) {
                byte[] buf = new byte[100 * 1024];
                int sum=0, len=0;
                while ((len = is.read(buf)) != -1) {
                    fos.write(buf, 0, len);
                    sum += len;
                    int progress = (int) (sum * 1.0f / length * 100);
                    String detail = String.format("文件保存在%s。已下载%d%%",path, progress);
                    runOnUiThread(() -> tv_progress.setText(detail));
                }
            } catch (Exception e) {
                e.printStackTrace();
            }
        }
    });
}
```

回到活动代码调用downloadFile方法，再运行测试该App，可观察到文件下载结果如图13-12和图13-13所示。其中，图13-12为正在下载文件的画面，此时下载进度为49%；图13-13为文件下载结束的画面，此时下载进度为100%。

图13-12　正在下载文件的画面

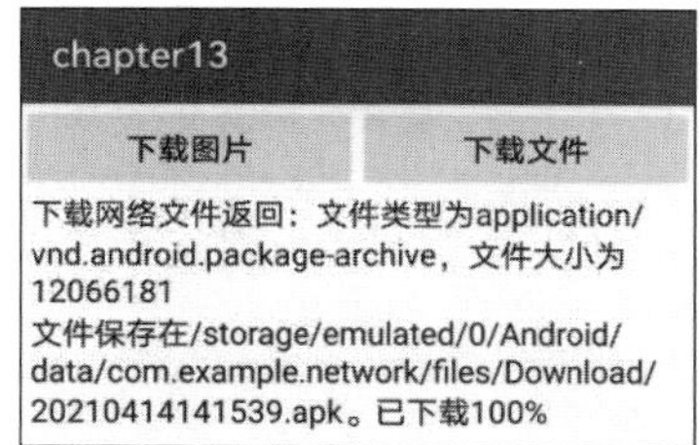

图13-13　文件下载结束的画面

okhttp不仅让下载文件变简单了，还让上传文件变得更加灵活易用。修改个人资料上传头像图片、在朋友圈发动态视频等都用到了文件上传功能，并且上传文件常常带着文字说明，比如上传头像时可能一并修改了昵称、发布视频时附加了视频描述，甚至可能同时上传多个文件等。

像这种组合上传的业务场景，倘若使用HttpURLConnection编码就难了，有了okhttp就好办多了。它引入分段结构MultipartBody及其建造器，并提供了名为addFormDataPart的两种重载方法，分别适用于文本格式与文件格式的数据。带两个参数的addFormDataPart方法，它的第一个参数是字符串的键名，第二个参数是字符串的键值，该方法用来传递文本消息。带三个参数的addFormDataPart方法，它的第一个参数是文件类型，第二个参数是文件名，第三个参数是文件体。

举个带头像进行用户注册的例子，既要把用户名和密码发送给服务端，也要把头像图片传给服务端，此时需多次调用addFormDataPart方法，并通过POST方式提交数据。虽然存在文件上传的交互操作，但整体操作流程与POST方式调用接口保持一致，唯一区别在于请求结构由MultipartBody生成。下面是上传文件之时根据MultipartBody构建请求结构的代码模板：

```
// 创建分段内容的建造器对象
MultipartBody.Builder builder = new MultipartBody.Builder();
// 往建造器对象中添加文本格式的分段数据
builder.addFormDataPart("username", username);
builder.addFormDataPart("password", password);
File file = new File(path);          // 根据文件路径创建文件对象
// 往建造器对象中添加图像格式的分段数据
builder.addFormDataPart("image", file.getName(),
                     RequestBody.create(file, MediaType.parse("image/*"))
);
RequestBody body = builder.build();      // 根据建造器生成请求结构
// 创建一个POST方式的请求结构
Request request = new Request.Builder().post(body).url(URL_REGISTER).build();
```

合理的文件上传代码要求具备容错机制，譬如判断文本内容是否为空、不能上传空文件、支持上传多个文件等。综合考虑之后，重新编写文件上传部分的示例代码如下：

```
（完整代码见chapter13\src\main\java\com\example\chapter13\OkhttpUploadActivity.java）
private List<String> mPathList = new ArrayList<>(); // 头像文件的路径列表

// 执行文件上传操作
private void uploadFile() {
    // 创建分段内容的建造器对象
    MultipartBody.Builder builder = new MultipartBody.Builder();
    String username = et_username.getText().toString();
    String password = et_password.getText().toString();
```

```
        if (!TextUtils.isEmpty(username)) {
            // 往建造器对象中添加文本格式的分段数据
            builder.addFormDataPart("username", username);
            builder.addFormDataPart("password", password);
        }
        for (String path : mPathList) {                  // 添加多个附件
            File file = new File(path);                   // 根据文件路径创建文件对象
            // 往建造器对象中添加图像格式的分段数据
            builder.addFormDataPart("image", file.getName(),
                    RequestBody.create(file, MediaType.parse("image/*"))
            );
        }
        RequestBody body = builder.build();              // 根据建造器生成请求结构
        OkHttpClient client = new OkHttpClient();        // 创建一个okhttp客户端对象
        // 创建一个POST方式的请求结构
        Request request = new
                Request.Builder().post(body).url(URL_REGISTER).build();
        Call call = client.newCall(request);             // 根据请求结构创建调用对象
        // 加入HTTP请求队列。异步调用，并设置接口应答的回调方法
        call.enqueue(new Callback() {
            @Override
            public void onFailure(Call call, IOException e) {  // 请求失败
                runOnUiThread(() -> tv_result.setText("调用注册接口报错：\n"+e.getMessage()));
            }

            @Override
            public void onResponse(Call call, final Response response) throws IOException {  //
请求成功
                String resp = response.body().string();
                runOnUiThread(() -> tv_result.setText("调用注册接口返回：\n"+resp));
            }
        });
    }
```

确保服务端的注册接口正常开启（服务端程序的运行说明见本书附录E），并且手机和计算机连接同一个WiFi，再运行测试该App。打开初始的注册界面，如图13-14所示。依次输入用户名和密码，跳转到相册选择头像图片，然后点击“注册”按钮，接收到服务端返回的数据，如图13-15所示，可见服务端正常收到了注册信息与头像图片。

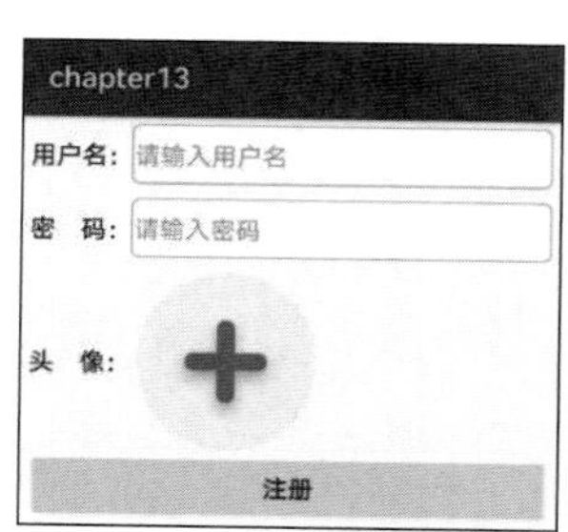

图13-14　尚未进行用户注册

图13-15　成功提交用户注册信息

13.3　图 片 加 载

本节介绍App加载网络图片的相关技术：首先描述如何利用第三方的Glide库加载网络图片；

然后阐述图片加载框架的三级缓存机制，以及如何有效地运用Glide的缓存功能；最后讲述如何使用Glide加载特殊图像（GIF动图、视频封面等）。

13.3.1　使用 Glide 加载网络图片

上一小节通过异步任务获取网络图片，尽管能够实现图片加载功能，但是编码过程仍显烦琐。如何方便而又快速地显示网络图片，一直是安卓网络编程的热门课题，前些年图片加载框架Picasso、Fresco等大行其道，以至于谷歌也按捺不住开发了自己的Glide开源库。由于Android本身就是谷歌开发的，Glide与Android系出同门，因此Glide成为事实上的官方推荐图片加载框架。不过Glide并未集成到Android的SDK当中，开发者需要另外给App工程导入Glide库，也就是修改模块的build.gradle，在dependencies节点内部添加如下一行依赖库配置：

```
implementation 'com.github.bumptech.glide:glide:4.13.0'
```

导包完成之后，即可在代码中正常使用Glide。当然Glide的用法确实简单，默认情况只要以下这行代码就够了：

```
Glide.with(活动实例).load(网址字符串).into(图像视图);
```

可见Glide的图片加载代码至少需要3个参数，说明如下：

（1）当前页面的活动实例，参数类型为 Activity。如果是在页面代码内部调用，则填写 this 表示当前活动即可。

（2）网络图片的链接地址，以 http 或者 https 打头，参数类型为字符串。

（3）准备显示网络图片的图像视图实例，参数类型为 ImageView。

假设在Activity内部调用Glide，且图片链接放在mImageUrl，演示的图像视图名为iv_network，那么实际的Glide加载代码是下面这样的：

```
(完整代码见chapter13\src\main\java\com\example\chapter13\GlideSimpleActivity.java)
Glide.with(this).load(mImageUrl).into(iv_network);
```

如果不指定图像视图的缩放类型，Glide默认采用FIT_CENTER方式显示图片，相当于在load方法和into方法中间增加调用fitCenter方法，就像如下代码这般：

```
// 显示方式为容纳居中fitCenter
Glide.with(this).load(mImageUrl).fitCenter().into(iv_network);
```

除了fitCenter方法，Glide还提供了centerCrop方法对应CENTER_CROP，提供了centerInside方法对应CENTER_INSIDE，其中增加centerCrop方法的加载代码如下：

```
// 显示方式为居中剪裁centerCrop
Glide.with(this).load(mImageUrl).centerCrop().into(iv_network);
```

增加centerInside方法的加载代码如下：

```
// 显示方式为居中入内centerInside
Glide.with(this).load(mImageUrl).centerInside().into(iv_network);
```

另外，Glide还支持圆形剪裁，也就是只显示图片中央的圆形区域，此时方法调用改成了circleCrop，具体代码示例如下：

```
// 显示方式为圆形剪裁circleCrop
```

```
Glide.with(this).load(mImageUrl).circleCrop().into(iv_network);
```

以上4种显示效果分别如图13-16～图13-19所示，其中图13-16为fitCenter方法的界面效果，图13-17为centerCrop方法的界面效果，图13-18为centerInside方法的界面效果，图13-19为circleCrop方法的界面效果。

图13-16 fitCenter方法的界面效果

图13-17 centerCrop方法的界面效果

图13-18 centerInside方法的界面效果

虽然 Glide 支持上述 4 种显示类型，但它无法设定 FIT_XY 对应的平铺方式，若想让图片平铺至充满整个图像视图，还得调用图像视图的 setScaleType 方法，将缩放类型设置为 ImageView.ScaleType.FIT_XY。

一旦把图像视图的缩放类型改为 FIT_XY，则之前的 4 种显示方式也将呈现不一样的景象，缩放类型变更后的界面分别如图 13-20～图 13-23 所示，其中图 13-20 为 fitCenter 方法的界面效果，图 13-21 为 centerCrop 方法的界面效果，图 13-22 为 centerInside 方法的界面效果，图 13-23 为 circleCrop 方法的界面效果。

图13-19 circleCrop方法的界面效果

图13-20 FIT_XY模式下fitCenter方法的界面效果

图13-21 FIT_XY模式下centerCrop方法的界面效果

图13-22 FIT_XY模式下centerInside方法的界面效果

图13-23 FIT_XY模式下circleCrop方法的界面效果

13.3.2　利用 Glide 实现图片的三级缓存

图片加载框架之所以高效，是因为它不但封装了访问网络的步骤，而且引入了三级缓存机制。具体来说，是先到内存（运存）中查找图片，有找到就直接显示内存图片，没找到的话再去磁盘（闪存）查找图片；在磁盘能找到就直接显示磁盘图片，没找到的话再去请求网络；如此便形成“内存→磁盘→网络”的三级缓存，完整的缓存流程如图 13-24 所示。

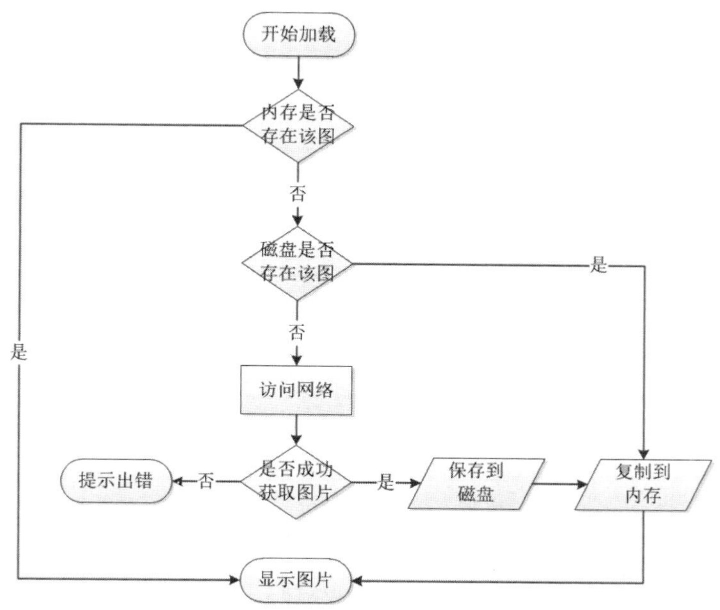

图 13-24　图片加载的三级缓存机制

对于Glide而言，默认已经开启了三级缓存机制，当然也可以根据实际情况另行调整。除此之外，Glide还提供了一些个性化的功能，方便开发者定制不同场景的需求。具体到编码上，则需想办法将个性化选项告知Glide，比如下面这段图片加载代码：

```
Glide.with(this).load(mImageUrl).into(iv_network);
```

可以拆分为以下两行代码：

```
(完整代码见chapter13\src\main\java\com\example\chapter13\GlideCacheActivity.java)
// 构建一个加载网络图片的建造器
RequestBuilder<Drawable> builder = Glide.with(this).load(mImageUrl);
builder.into(iv_network);  // 在图像视图上展示网络图片
```

原来load方法返回的是请求建造器，调用建造器对象的into方法，方能在图像视图上展示网络图片。除了into方法，建造器RequestBuilder还提供了apply方法，该方法表示启用指定的请求选项。于是添加了请求选项的完整代码示例如下：

```
// 构建一个加载网络图片的建造器
RequestBuilder<Drawable> builder = Glide.with(this).load(mImageUrl);
RequestOptions options = new RequestOptions();  // 创建Glide的请求选项
// 在图像视图上展示网络图片。apply方法表示启用指定的请求选项
builder.apply(options).into(iv_network);
```

可见请求选项为RequestOptions类型，详细的选项参数就交给它的下列方法了：

- placeholder：设置加载开始的占位图。在得到网络图片之前，会先在图像视图上展现占位图。
- error：设置发生错误的提示图。网络图片获取失败之时，会在图像视图上展现提示图。
- override：设置图片的尺寸。注意该方法有多个重载方法，倘若调用只有一个参数的方法并设置Target.SIZE_ORIGINAL，表示展示原始图片；倘若调用拥有两个参数的方法，表示先将图片缩放到指定的宽度和高度，再展示缩放后的图片。
- diskCacheStrategy：设置指定的缓存策略。各种缓存策略的取值说明见表13-1。

表 13-1 Glide 缓存策略的取值说明

DiskCacheStrategy 类的缓存策略	说　明
AUTOMATIC	自动选择缓存策略
NONE	不缓存图片
DATA	只缓存原始图片
RESOURCE	只缓存压缩后的图片
ALL	同时缓存原始图片和压缩图片

- skipMemoryCache：设置是否跳过内存缓存（但不影响硬盘缓存）。为true表示跳过，为false则表示不跳过。
- disallowHardwareConfig：关闭硬件加速，防止过大尺寸的图片加载报错。
- fitCenter：保持图片的宽高比例并居中显示，图片需要顶到某个方向的边界但不能越过边界，对应缩放类型FIT_CENTER。
- centerCrop：保持图片的宽高比例，充满整个图像视图，剪裁之后居中显示，对应缩放类型CENTER_CROP。
- centerInside：保持图片的宽高比例，在图像视图内部居中显示，图片只能拉小不能拉大，对应缩放类型CENTER_INSIDE。
- circleCrop：展示圆形剪裁后的图片。

另外，Glide允许播放加载过程的渐变动画，让图片从迷雾中逐渐变得清晰，有助于提高用户体验。这个渐变动画通过建造器的transition方法设置，调用代码示例如下：

```
// 设置时长3s的渐变动画
builder.transition(DrawableTransitionOptions.withCrossFade(3000));
```

加载网络图片的渐变效果如图13-25和图13-26所示。其中，图13-25为渐变动画开始播放的界面，图13-26为渐变动画即将结束的界面。

图13-25　渐变动画开始播放

图13-26　渐变动画即将结束

13.3.3　使用 Glide 加载特殊图像

前面"12.1.2　显示动图特效"提到，Android 从 9.0 开始增加了新的图像解码器 ImageDecoder，该解码器支持直接读取 GIF 文件的图形数据，结合图形工具 Animatable 即可在图像视图上显示 GIF 动图。虽然通过 ImageDecoder 能够在界面上播放 GIF 动画，但是一方面实现代码有些臃肿，另一方面在 Android 9.0 之后才支持，显然不太好用。现在有了 Glide，轻松加载 GIF 动图不在话下，简简单单只需下面一行代码：

```
Glide.with(this).load(R.drawable.happy).into(iv_cover);
```

使用 Glide 播放 GIF 动画的效果如图 13-27 和图 13-28 所示。其中，图 13-27 为 GIF 动图播放开始时的界面，图 13-28 为 GIF 动图临近播放结束时的界面。

图13-27　GIF动图播放开始时的界面

图13-28　GIF动图临近播放结束时的界面

除了支持 GIF 动画之外，Glide 甚至还能自动加载视频封面，也就是把某个视频文件的首帧画面渲染到图像视图上。这个功能可谓是非常实在，先展示视频封面，等用户点击后再开始播放，可以有效防止资源浪费。以加载本地视频的封面为例，首先到系统视频库中挑选某个视频，得到该视频的 Uri 对象后采用 Glide 加载，即可在图像视图上显示视频封面。视频挑选与封面加载代码示例如下：

```
    // 注册一个善后工作的活动结果启动器，获取指定类型的内容
    ActivityResultLauncher launcher = registerForActivityResult(new
ActivityResultContracts.GetContent(), uri -> {
        if (uri != null) {                                    // 视频路径非空，则加载视频封面
            Glide.with(this).load(uri).into(iv_cover);
        }
    });
    findViewById(R.id.btn_local_cover).setOnClickListener(v ->
launcher.launch("video/*"));
```

使用 Glide 加载视频封面的效果如图 13-29 和图 13-30 所示。其中，图 13-29 为挑选视频的界面，图 13-30 为加载封面的效果。

图13-29　挑选视频的界面

图13-30　加载封面的效果

Glide 不仅能加载本地视频的封面，还能加载网络视频的封面。当然，由于下载网络视频很消耗带宽，因此要事先指定视频帧所处的时间点，这样 Glide 只会加载该位置的视频画面，无须下载整个视频。指定视频帧的时间点，用到了 RequestOptions 类的 frameOf 方法，具体的请求参数构建代码如下：

```
(完整代码见chapter13\src\main\java\com\example\chapter13\GlideSpecialActivity.java)
// 获取指定时间点的请求参数
private RequestOptions getOptions(int position) {
    // 指定某个时间位置的帧，单位微秒
    RequestOptions options = RequestOptions.frameOf(position*1000*1000);
    // 获取最近的视频帧
    options.set(VideoDecoder.FRAME_OPTION, MediaMetadataRetriever.OPTION_CLOSEST);
    // 执行从视频帧到位图对象的转换操作
    options.transform(new BitmapTransformation() {
        @Override
        protected Bitmap transform(BitmapPool pool, Bitmap toTransform, int outWidth, int
outHeight) {
            return toTransform;
        }

        @Override
        public void updateDiskCacheKey(MessageDigest messageDigest) {
            try {
                messageDigest.update((getPackageName()).getBytes(
                                        StandardCharsets.UTF_8));
            } catch (Exception e) {
                e.printStackTrace();
            }
        }
    });
    return options;
}
```

接着调用Glide的apply方法设置请求参数，并加载网络视频的封面图片，详细的加载代码示例如下：

```
// 加载第10秒处的视频画面
findViewById(R.id.btn_network_one).setOnClickListener(v -> {
    // 获取指定时间点的请求参数
    RequestOptions options = getOptions(10);
    // 加载网络视频的封面图片
    Glide.with(this).load(URL_MP4).apply(options).into(iv_cover);
});
// 加载第45秒处的视频画面
findViewById(R.id.btn_network_nine).setOnClickListener(v -> {
    // 获取指定时间点的请求参数
    RequestOptions options = getOptions(45);
    // 加载网络视频的封面图片
    Glide.with(this).load(URL_MP4).apply(options).into(iv_cover);
});
```

Glide 加载网络视频封面的效果如图 13-31 和图 13-32 所示。其中，图 13-31 为加载视频第 10 秒时候的画面，图 13-32 为加载视频第 45 秒时候的画面。

图13-31　加载视频第10秒时候的画面

图13-32　加载视频第45秒时候的画面

13.4　即时通信

本节介绍App开发在即时通信方面的几种进阶用法，内容包括：如何通过SocketIO在两台设备之间传输文本消息；如何通过SocketIO在两台设备之间传输图片消息；SocketIO的局限性和WebSocket协议，以及如何利用WebSocket更方便地在设备之间传输各类消息。

13.4.1　通过 SocketIO 传输文本消息

虽然HTTP协议能够满足多数常见的接口交互，但是它属于短连接，每次调用完成就自动断开连接，并且HTTP协议区分了服务端和客户端，双方的通信过程是单向的，只有客户端可以请求服务端，服务端无法主动向客户端推送消息。基于这些特点，HTTP协议仅能用于一次性的接口访问，而不适用于点对点的即时通信功能。

即时通信技术需要满足两方面的基本条件：一方面是长连接，以便在两台设备间持续通信，避免频繁的“连接-断开”再“连接-断开”如此反复而造成资源浪费；另一方面支持双向交流，既允许A设备主动向B设备发消息，又允许B设备主动向A设备发消息。这要求在套接字Socket层面进行通信，Socket连接一旦成功连上，便默认维持连接，直到有一方主动断开。而且Socket服务端支持向客户端的套接字推送消息，从而实现双向通信功能。

可是Java的Socket编程比较烦琐，不仅要自行编写线程通信与IO处理的代码，还要自己定义数据包的内部格式以及编解码。为此，出现了第三方的Socket通信框架SocketIO，该框架提供服务端和客户端的依赖包，大大简化了Socket通信的开发工作量。

在服务端集成SocketIO，要先引入相关JAR包（服务端程序的运行说明见本书附录E），接着编写如下所示的main方法监听文本发送事件：

```
(完整代码见HttpServer\src\com\socketio\server\SocketServer.java)
public static void main(String[] args) {
    Configuration config = new Configuration();
    config.setPort(9010);                                   // 设置监听端口
    final SocketIOServer server = new SocketIOServer(config);
    // 添加连通的监听事件
    server.addConnectListener(client -> {
        System.out.println(client.getSessionId().toString()+"已连接");
    });
    // 添加连接断开的监听事件
```

```
    server.addDisconnectListener(client -> {
        System.out.println(client.getSessionId().toString()+"已断开");
    });
    // 添加文本发送的事件监听器
    server.addEventListener("send_text", String.class, (client, message, ackSender) -> {
        System.out.println(client.getSessionId().toString()+message);
        client.sendEvent("receive_text", "不开不开我不开，妈妈没回来谁来也不开。");
    });
    server.start();                           // 启动Socket服务
}
```

然后服务端执行main方法即可启动Socket服务进行监听。

在客户端集成SocketIO的话，要先修改build.gradle，增加下面一行依赖配置：

```
implementation 'io.socket:socket.io-client:1.0.1'
```

接着使用SocketIO提供的Socket工具完成消息的收发操作，Socket对象是由IO工具的socket方法获得的，它的常用方法分别说明如下：

- connect：建立Socket连接。
- connected：判断是否连上Socket。
- emit：向服务器提交指定事件的消息。
- on：开始监听服务端推送的事件消息。
- off：取消监听服务端推送的事件消息。
- disconnect：断开Socket连接。
- close：关闭Socket连接。关闭之后要重新获取新的Socket对象才能连接。

在两部手机之间Socket通信依旧区分发送方与接收方，且二者的消息收发通过Socket服务器中转。对于发送方的App来说，发消息的Socket操作流程：获取Socket对象→调用connect方法→调用emit方法往Socket服务器发送消息。对于接收方的App来说，收消息的Socket操作流程：获取Socket对象→调用connect方法→调用on方法从服务器接收消息。若想把Socket消息的收发功能集中在一个App上，让它既充当发送方又充当接收方，则整理后的App消息收发流程如图13-33所示。

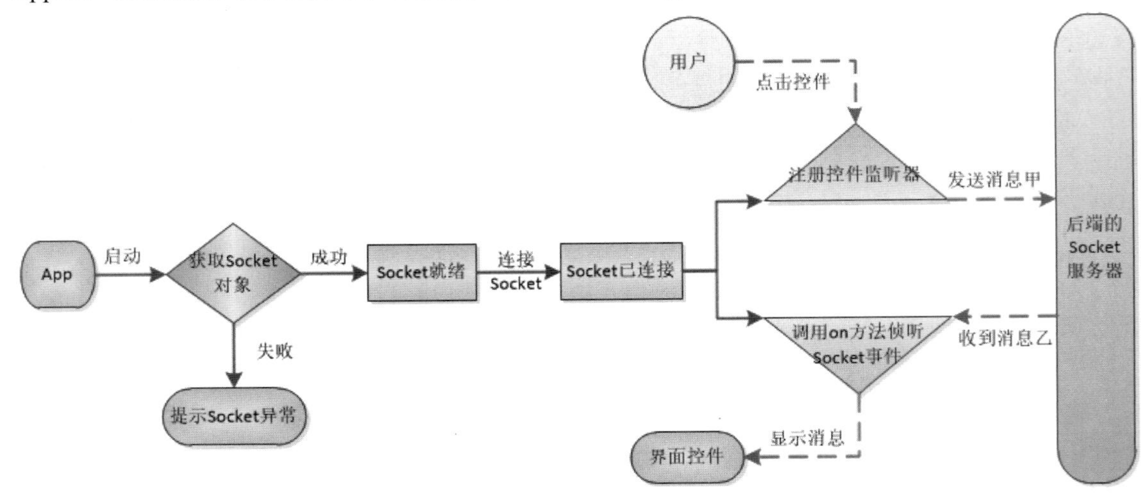

图 13-33　双向 Socket 通信的 App 消息收发流程

图13-33中的实线表示代码的调用顺序，虚线表示异步的事件触发，例如用户的点击事件以及服务器的消息推送等。根据这个收发流程编写代码逻辑，具体的实现代码如下：

（完整代码见chapter13\src\main\java\com\example\chapter13\SocketioTextActivity.java）

```
public class SocketioTextActivity extends AppCompatActivity {
    private EditText et_input;           // 声明一个编辑框对象
    private TextView tv_response;        // 声明一个文本视图对象
    private Socket mSocket;              // 声明一个套接字对象

    @Override
    protected void onCreate(Bundle savedInstanceState) {
        super.onCreate(savedInstanceState);
        setContentView(R.layout.activity_socketio_text);
        et_input = findViewById(R.id.et_input);
        tv_response = findViewById(R.id.tv_response);
        findViewById(R.id.btn_send).setOnClickListener(v -> {
            String content = et_input.getText().toString();
            if (TextUtils.isEmpty(content)) {
                Toast.makeText(this, "请输入聊天消息", Toast.LENGTH_SHORT).show();
                return;
            }
            mSocket.emit("send_text", content);    // 往Socket服务器发送文本消息
        });
        initSocket();                              // 初始化套接字
    }

    // 初始化套接字
    private void initSocket() {
        // 检查能否连上Socket服务器
        SocketUtil.checkSocketAvailable(this, NetConst.BASE_IP, NetConst.BASE_PORT);
        try {
            String uri = String.format("http://%s:%d/",
                    NetConst.BASE_IP, NetConst.BASE_PORT);
            mSocket = IO.socket(uri);              // 创建指定地址和端口的套接字实例
        } catch (URISyntaxException e) {
            throw new RuntimeException(e);
        }
        mSocket.connect();                         // 建立Socket连接
        // 等待接收传来的文本消息
        mSocket.on("receive_text", (args) -> {
            String desc = String.format("%s 收到服务端消息：%s",
                    DateUtil.getNowTime(), (String) args[0]);
            runOnUiThread(() -> tv_response.setText(desc));
        });
    }

    @Override
    protected void onDestroy() {
        super.onDestroy();
        mSocket.off("receive_text");          // 取消接收传来的文本消息
        if (mSocket.connected()) {            // 已经连上Socket服务器
            mSocket.disconnect();             // 断开Socket连接
        }
        mSocket.close();                      // 关闭Socket连接
    }
}
```

确保服务器的SocketServer正在运行（服务端程序的运行说明见本书附录E），再运行测试该App，在编辑框输入待发送的文本，此时交互界面如图13-34所示。接着点击“发送文本消息”按钮，向Socket服务器发送文本消息；随后接收到服务器推送的应答消息，应答内容展示在按钮下方，此时交互界面如图13-35所示，可见文本消息的收发流程成功走通。

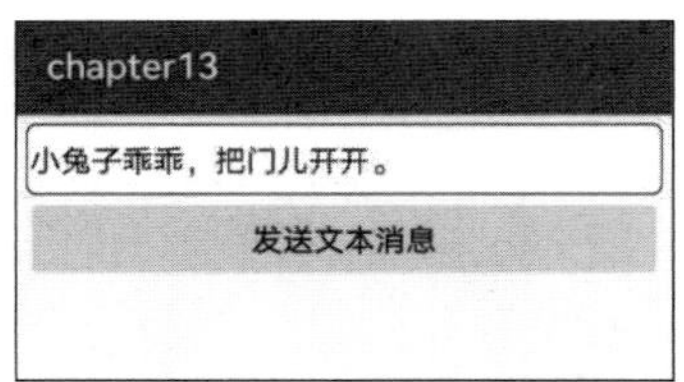

图13-34 准备发送文本的交互界面

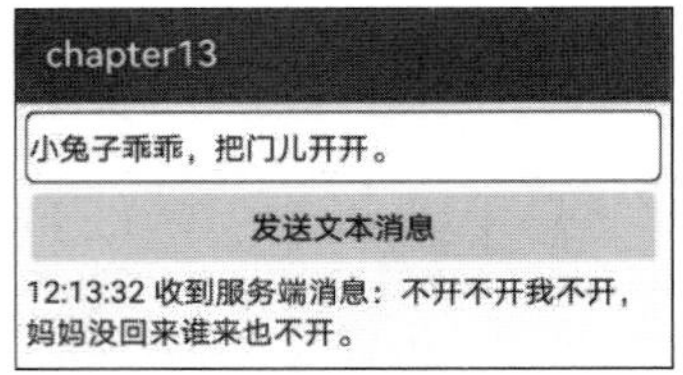

图13-35 成功发送文本的交互界面

13.4.2 通过 SocketIO 传输图片消息

上一小节借助SocketIO成功实现了文本消息的即时通信，然而文本内容只用到字符串，本来就比较简单。倘若让SocketIO实时传输图片，便不那么容易了。因为SocketIO不支持直接传输二进制数据，使得位图对象的字节数据无法作为emit方法的参数。除了字符串类型，SocketIO还支持JSONObject类型的数据，所以可以考虑利用JSON对象封装图像信息，把图像的字节数据通过BASE64编码成字符串保存起来。

鉴于JSON格式允许容纳多个字段，同时图片有可能很大，因此建议将图片拆开分段传输，每段标明本次的分段序号、分段长度以及分段数据，由接收方在收到后重新拼接成完整的图像。为此需要将原来的Socket收发过程改造一番，使之支持图片数据的即时通信，改造步骤说明如下。

01 给服务端的Socket监听程序添加以下代码，表示新增图像发送事件：

```
(完整代码见HttpServer\src\com\socketio\server\SocketServer.java)
// 添加图像发送的事件监听器
server.addEventListener("send_image", JSONObject.class, (client, json, ackSender) -> {
    client.sendEvent("receive_image", json);
});
```

02 在App模块中定义一个图像分段结构，用于存放分段名称、分段数据、分段序号、分段长度等信息，该结构的关键代码如下：

```
(完整代码见chapter13\src\main\java\com\example\chapter13\bean\ImagePart.java)
public class ImagePart {
    private String name;        // 分段名称
    private String data;        // 分段数据
    private int seq;            // 分段序号
    private int length;         // 分段长度

    public ImagePart(String name, String data, int seq, int length) {
        this.name = name;
        this.data = data;
        this.seq = seq;
        this.length = length;
    }
}
```

03 回到App的活动代码，补充实现图像的分段传输功能。先将位图数据转为字节数组，再将字节数组分段编码为BASE64字符串，再组装成JSON对象传给Socket服务器。发送图像的示例代码如下：

```
(完整代码见chapter13\src\main\java\com\example\chapter13\SocketioImageActivity.java)
private int mBlock = 50*1024;  // 每段的数据包大小
// 分段传输图片数据
private void sendImage() {
    ByteArrayOutputStream baos = new ByteArrayOutputStream();
```

```
        // 把位图数据压缩到字节数组输出流
        mBitmap.compress(Bitmap.CompressFormat.JPEG, 80, baos);
        byte[] bytes = baos.toByteArray();
        int count = bytes.length/mBlock + 1;
        // 下面把图片数据经过BASE64编码后发给Socket服务器
        for (int i=0; i<count; i++) {
            String encodeData = "";
            if (i == count-1) {                          // 是最后一段图像数据
                int remain = bytes.length % mBlock;
                byte[] temp = new byte[remain];
                System.arraycopy(bytes, i*mBlock, temp, 0, remain);
                encodeData = Base64.encodeToString(temp, Base64.DEFAULT);
            } else {                                     // 不是最后一段图像数据
                byte[] temp = new byte[mBlock];
                System.arraycopy(bytes, i*mBlock, temp, 0, mBlock);
                encodeData = Base64.encodeToString(temp, Base64.DEFAULT);
            }
            // 往Socket服务器发送本段的图片数据
            ImagePart part = new ImagePart(mFileName, encodeData, i, bytes.length);
            SocketUtil.emit(mSocket, "send_image", part);          // 向服务器提交图像数据
        }
    }
```

04 除了要实现发送方的图像发送功能，还需实现接收方的图像接收功能。先从服务器获取各段图像数据，等所有分段都接收完毕再按照分段序号依次拼接图像的字节数组，再从拼接好的字节数组解码得到位图对象。接收图像的示例代码如下：

```
private String mLastFile;                    // 上次的文件名
private int mReceiveCount;                   // 接收包的数量
private byte[] mReceiveData;                 // 收到的字节数组
// 接收对方传来的图片数据
private void receiveImage(Object... args) {
    JSONObject json = (JSONObject) args[0];
    ImagePart part = new Gson().fromJson(json.toString(), ImagePart.class);
    if (!part.getName().equals(mLastFile)) {          // 文件名不同，表示开始接收新文件
        mLastFile = part.getName();
        mReceiveCount = 0;
        mReceiveData = new byte[part.getLength()];
    }
    mReceiveCount++;
    // 把接收到的图片数据通过BASE64解码为字节数组
    byte[] temp = Base64.decode(part.getData(), Base64.DEFAULT);
    System.arraycopy(temp, 0, mReceiveData, part.getSeq()*mBlock, temp.length);
    // 所有数据包都接收完毕
    if (mReceiveCount >= part.getLength()/mBlock+1) {
        // 从字节数组中解码得到位图对象
        Bitmap bitmap = BitmapFactory.decodeByteArray(
                            mReceiveData, 0, mReceiveData.length);
        String desc = String.format("%s 收到服务端消息：%s",
                            DateUtil.getNowTime(), part.getName());
        runOnUiThread(() -> {                        // 回到主线程显示图片与说明文字
            tv_response.setText(desc);
            iv_response.setImageBitmap(bitmap);
        });
    }
}
```

在App代码中记得调用Socket对象的on方法，这样App才能正常接收服务器传来的图像数据。下面是on方法的调用代码：

```
// 等待接收传来的图片数据
mSocket.on("receive_image", (args) -> receiveImage(args));
```

完成上述几个步骤之后，确保服务器的SocketServer正在运行（服务端程序的运行说明见本书附录E），再运行测试该App，从系统相册中选择待发送的图片，此时交互界面如图13-36所示。接着点击"发送图片消息"按钮，向Socket服务器发送图片消息；随后接收到服务器推送的应答消息，应答内容显示在按钮下方（包含文本和图片），此时交互界面如图13-37所示，可见图片消息的收发流程成功完成。

图13-36 准备发送图片的交互界面

图13-37 成功发送图片的交互界面

13.4.3 利用 WebSocket 传输消息

在前面两小节中，文本与图片的即时通信都可以由SocketIO实现，看似它要一统即时通信了，可是深究起来会发现SocketIO存在很多局限，包括但不限于下列几点：

（1）SocketIO不能直接传输字节数据，只能重新编码成字符串（比如BASE64编码）后再传输，造成了额外的系统开销。

（2）SocketIO不能保证前后发送的数据被收到时仍然是同样顺序，如果业务要求实现分段数据的有序性，开发者就得自己采取某种机制确保这种有序性。

（3）SocketIO服务器只有一个main程序，不可避免地会产生性能瓶颈。倘若有许多通信请求奔涌过来，一个main程序很难应对。

为了解决上述几点问题，业界提出了一种互联网时代的Socket协议，名叫WebSocket。它支持在TCP连接上进行全双工通信，这个协议在2011年被定为互联网的标准之一，并纳入HTML5的规范体系。相对于传统的HTTP与Socket协议来说，WebSocket具备以下几点优势：

（1）实时性更强，无须轮询即可实时获得对方设备的消息推送。

（2）利用率更高，连接创建之后，基于相同的控制协议，每次交互的数据包头部较小，节省了数据处理的开销。

（3）功能更强大，WebSocket定义了二进制帧，使得传输二进制的字节数组十分容易。

（4）扩展更方便，WebSocket接口被托管在普通的Web服务之上，跟着Web服务扩容方便，有效规避了性能瓶颈。

WebSocket不仅拥有如此丰富的特性，而且用起来也特别简单。先说服务端的WebSocket编程，除了引入它的依赖包javaee-api-8.0.1.jar，就只需添加如下的服务器代码：

```
(完整代码见HttpServer\src\com\websocket\server\WebSocketServer.java)
@ServerEndpoint("/testWebSocket")
public class WebSocketServer {
    // 存放每个客户端对应的WebSocket对象
    private static CopyOnWriteArraySet<WebSocketServer> webSocketSet =
                  new CopyOnWriteArraySet<WebSocketServer>();
    private Session mSession;                    // 当前的连接会话
    // 连接成功后调用
    @OnOpen
    public void onOpen(Session session) {
        System.out.println("WebSocket连接成功");
        this.mSession = session;
        webSocketSet.add(this);
    }
    // 连接关闭后调用
    @OnClose
    public void onClose() {
        System.out.println("WebSocket连接关闭");
        webSocketSet.remove(this);
    }
    // 连接异常时调用
    @OnError
    public void onError(Throwable error) {
        System.out.println("WebSocket连接异常");
        error.printStackTrace();
    }
    // 收到客户端消息时调用
    @OnMessage
    public void onMessage(String msg) throws Exception {
        System.out.println("接收到客户端消息: " + msg);
        for(WebSocketServer item : webSocketSet){
            item.mSession.getBasicRemote().sendText("我听到消息啦"“"+msg+"”");
        }
    }
}
```

接着启动服务器的Web工程，便能通过形如ws://localhost:8080/HttpServer/testWebSocket这样的地址访问WebSocket。

再说App端的WebSocket编程，由于WebSocket协议尚未纳入JDK，因此要引入它所依赖的JAR包tyrus-standalone-client-1.17.jar。代码方面则需自定义客户端的连接任务，注意给任务类添加注解@ClientEndpoint，表示该类属于WebSocket的客户端任务。任务内部需要重写onOpen（连接成功后调用）、processMessage（收到服务端消息时调用）、processError（收到服务端错误时调用）三个方法，还得定义一个向服务端发消息的发送方法，消息内容支持文本与二进制两种格式。下面是处理客户端消息交互工作的示例代码：

```
(完整代码见chapter13\src\main\java\com\example\chapter13\task\AppClientEndpoint.java)
@ClientEndpoint
public class AppClientEndpoint {
```

```
    private Activity mAct;                        // 声明一个活动实例
    private OnRespListener mListener;             // 消息应答监听器
    private Session mSession;                     // 连接会话

    public AppClientEndpoint(Activity act, OnRespListener listener) {
        mAct = act;
        mListener = listener;
    }

    // 向服务器发送请求报文
    public void sendRequest(String req) {
        try {
            if (mSession != null) {
                RemoteEndpoint.Basic remote = mSession.getBasicRemote();
                remote.sendText(req);                   // 发送文本数据
                // remote.sendBinary(buffer);           // 发送二进制数据
            }
        } catch (Exception e) {
            e.printStackTrace();
        }
    }

    // 连接成功后调用
    @OnOpen
    public void onOpen(final Session session) {
        mSession = session;
    }

    // 收到服务端消息时调用
    @OnMessage
    public void processMessage(Session session, String message) {
        if (mListener != null) {
            mAct.runOnUiThread(() -> mListener.receiveResponse(message));
        }
    }

    // 收到服务端错误时调用
    @OnError
    public void processError(Throwable t) {
        t.printStackTrace();
    }

    // 定义一个WebSocket应答的监听器接口
    public interface OnRespListener {
        void receiveResponse(String resp);
    }
}
```

回到App的活动代码，依次执行下述步骤就能向WebSocket服务器发送消息：获取WebSocket容器→连接WebSocket服务器→调用WebSocket任务的发送方法。其中前两步涉及的初始化代码如下：

```
(完整代码见chapter13\src\main\java\com\example\chapter13\WebSocketActivity.java)
private AppClientEndpoint mAppTask;  // 声明一个WebSocket客户端任务对象

// 初始化WebSocket的客户端任务
private void initWebSocket() {
    // 创建文本传输任务，并指定消息应答监听器
    mAppTask = new AppClientEndpoint(this, resp -> {
        String desc = String.format("%s 收到服务端返回：%s",
                DateUtil.getNowTime(), resp);
        tv_response.setText(desc);
    });
    // 获取WebSocket容器
    WebSocketContainer container = ContainerProvider.getWebSocketContainer();
```

```
        try {
            URI uri = new URI(SERVER_URL);              // 创建一个URI对象
            // 连接WebSocket服务器，并关联文本传输任务获得连接会话
            Session session = container.connectToServer(mAppTask, uri);
            // 设置文本消息的最大缓存大小
            session.setMaxTextMessageBufferSize(1024 * 1024 * 10);
            // 设置二进制消息的最大缓存大小
            //session.setMaxBinaryMessageBufferSize(1024 * 1024 * 10);
        } catch (Exception e) {
            e.printStackTrace();
        }
    }
```

因为WebSocket接口仍为网络操作，所以必须在分线程中初始化WebSocket，启动初始化线程的代码如下：

```
new Thread(() -> initWebSocket()).start();                // 启动线程初始化WebSocket客户端
```

同理，发送WebSocket消息也要在分线程中操作，启动消息发送线程的代码如下：

```
new Thread(() -> mAppTask.sendRequest(content)).start();  // 启动发送文本线程
```

最后确保后端的Web服务正在运行（服务端程序的运行说明见本书附录E），再运行测试该App，在编辑框输入待发送的文本，此时交互界面如图13-38所示。接着点击“发送WEBSOCKET消息”按钮，向WebSocket服务器发送文本消息；随后接收到服务器推送的应答消息，应答内容显示在按钮下方，此时交互界面如图13-39所示，可见WebSocket的消息收发流程成功走通。

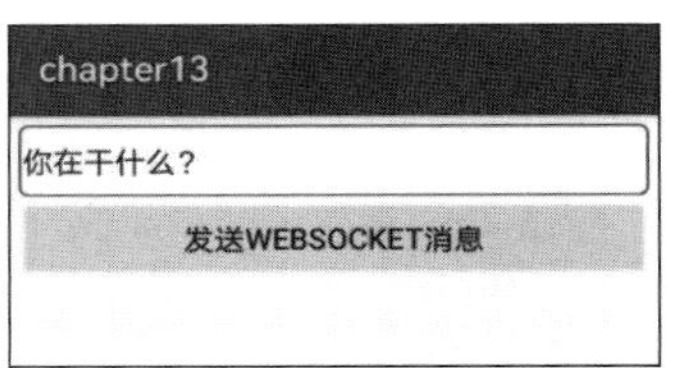

图13-38　准备发送WebSocket消息的交互界面

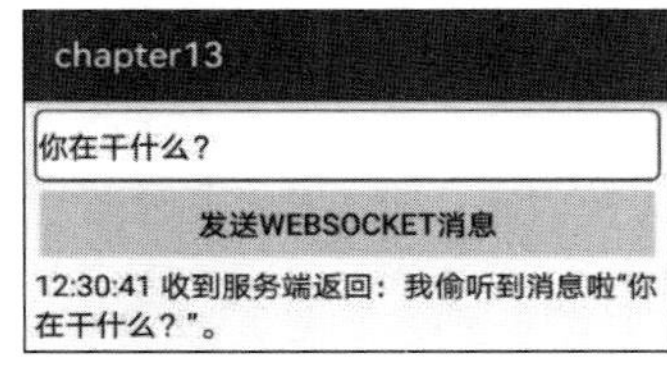

图13-39　成功发送WebSocket消息的交互界面

13.5　实战项目：仿微信的私聊和群聊

手机最开始用于通话，后来增加了短信功能，初步满足了人与人之间的沟通需求。然而短信只能发文字，于是出现了能够发图片的彩信，但不管是短信还是彩信，资费都比较贵，令人惜墨如金。后来移动公司推出飞信，它支持从计算机向手机免费发短信，因而风靡一时。到了智能手机时代，更懂用户的微信异军突起，只需耗费少数流量即可发送丰富的图文消息，由此打败了短信、彩信、飞信，成为人们最常用的社交App。本节的实战项目就来谈谈如何设计并实现手机上的即时通信App仿微信的私聊和群聊。

13.5.1　需求描述

聊天属于微信的基础功能，包括单人聊天和多人聊天，其中单人聊天简称私聊，多人聊天简称群聊。打开微信App，它的底部标签栏如图13-40所示，点击第一个“微信”标签，主界面切换到聊天列表页；点击第二个“通讯录”标签，主界面切换到通讯录列表页。

图 13-40　微信的底部标签栏

点击某个通讯录好友，准备给他发消息，此时打开私聊界面，如图13-41所示，可见聊天界面既能发送文本消息，也能发送图片消息，并且对方消息靠左对齐，我方消息靠右对齐。再切到聊天列表，进入某个群聊，如图13-42所示，发现顶部群聊名称的右侧显示总人数，并且大伙都能在群聊界面畅所欲言。

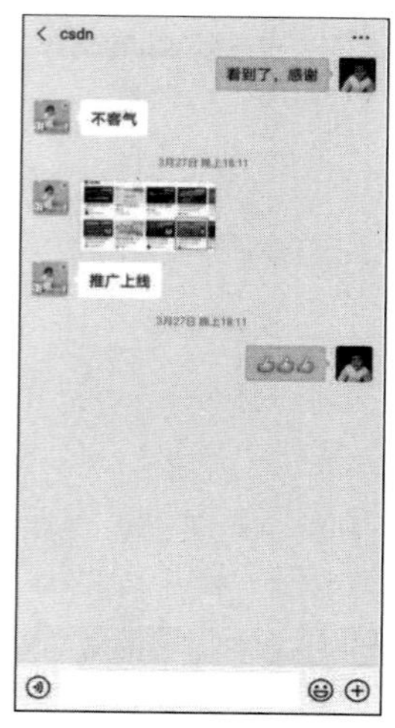

图13-41　微信的私聊界面

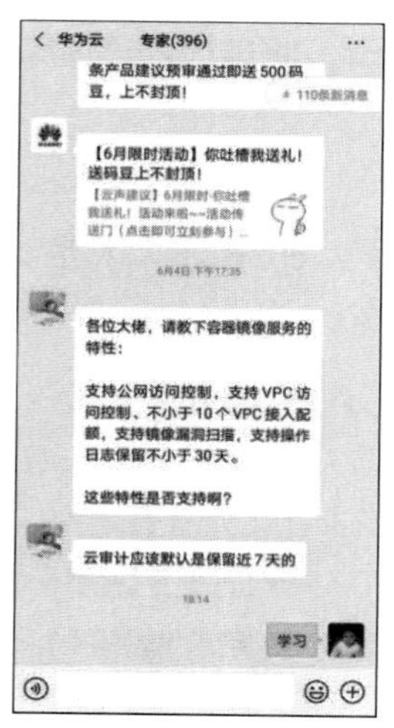

图13-42　微信的群聊界面

私聊的时候，聊天消息只发给对方；群聊的时候，该群的所有成员都会收到群消息。看似简单的聊天功能成就了微信，如今微信不仅仅是社交App，它还成为乡村振兴的扶贫工具。微信群更是被写进了当代流行音乐，请听中国梦主题歌曲《小村微信群》（许会锋作词）："左邻的网店开张生意忙不忙，右舍的果园树苗长势壮不壮。小村微信群天天聊得人气旺，邻里街坊多少打算手指尖来讲。东家的养殖项目前景广不广，西家的大棚蔬菜销路畅不畅。小村微信群人人传递着向往，乡里乡亲多少想法群里来共享。一个个小点子点燃小村希望，一个个好经验打开小村梦想。一个个新目标凝聚小村力量，一个个好故事汇成小村春光。"

13.5.2　功能分析

即时通信有两个意思：第一个是通信，也就是传输消息，至少支持包含文字与图片在内的图文消息；第二个是即时，也叫实时，发出来的消息要马上送到对方那里，一刻都不能耽搁。即时通信的特性决定了它没法采用基于短连接的HTTP协议，而必须采用基于长连接的网络协议，比如Socket、MQTT、IMPP、XMPP等，其中又以Socket最为基础。

当然，即时通信工具首先是一个工具，由于它面向最终用户，因此要求方便易用，符合人们的使用习惯才行。从用户界面到后台服务，即时通信工具主要集成了如下App技术：

（1）底部标签栏：主界面底部的一排标签按钮，用于控制切换到哪个页面，该标签栏可结合RadioGroup与ViewPager自定义实现。

（2）列表控件：无论是好友列表还是群聊列表，都从上到下依次排列，可采用列表视图ListView或者基于线性布局管理器的循环视图RecyclerView。

（3）输入对话框：在个人信息页面修改用户昵称，需要在弹窗中填入新昵称，而在对话框中输入文字信息。

（4）圆角矩形：好友列表与聊天界面中的用户头像，经过了圆角矩形裁剪，看起来更亲切更柔和。

（5）Socket通信：聊天消息实时传给对方，需要采取Socket通信与后端服务器交互，为降低编码复杂程度，客户端与服务端均需集成第三方的SocketIO库。

（6）移动数据格式JSON：传输聊天内容时，需要把图文消息封装为JSON格式，以便数据解析与结构扩展。

下面简单介绍一下随书源码chapter13模块中与微信聊天有关的主要代码之间的关系：

（1）WeLoginActivity.java：这是仿微信聊天的登录页面。

（2）WeChatActivity.java：这是登录进去后的主界面（内含三个碎片页）。

（3）FriendListFragment.java：这是好友列表的碎片页。

（4）GroupListFragment.java：这是群聊列表的碎片页。

（5）MyInfoFragment.java：这是个人信息的碎片页。

（6）FriendChatActivity.java：这是单人聊天的私聊界面。

（7）GroupChatActivity.java：这是多人聊天的群聊界面。

此外，仿微信聊天还需要与之配合的Socket服务器，其源码主要是HttpServer模块中的WeChatServer.java，它涵盖了即时通信后端的图文消息传输，包括私聊消息和群聊消息。

接下来补充说明仿微信聊天的Socket通信，因为涉及客户端与服务端的交互，所以通信流程有些复杂，主要划分为下列4个功能。

1. 服务端的Socket连接管理

Socket服务器对各个客户端的管理操作主要包括如下3类：

（1）人员上线、人员下线。人员上线时，需要把该人员保存至人员映射表（即对应表）；人员下线时，需要从人员映射表中删除该人员。

（2）人员入群、人员退群。人员入群时，需要把该人员添加至群成员映射表；人员退群时，需要从群成员映射表中删除该人员。

（3）发送文本消息、发送图片消息。对于私聊消息，只要把文本或图片转发给目标人员即可；对于群聊消息，则需把文本或图片转发给当前群的所有成员（消息发送者除外）。

按照上述管理操作的描述，首先声明几个映射对象，用于保存相关的实体数据，声明代码如下：

```
// 客户端映射表
private static Map<String, SocketIOClient> clientMap = new HashMap<>();
// 人员名字映射表
private static Map<String, String> nameMap = new HashMap<>();
// 群名称与群成员映射表
private static Map<String, Map<String, String>> groupMap = new HashMap<>();
```

接着给服务端的main方法补充以上管理操作对应的事件监听器，这些监听器的注册代码如下：

```
(完整代码见HttpServer\src\com\socketio\server\WeChatServer.java)
// 添加我已上线的监听事件
server.addEventListener("self_online", String.class, (client, name, ackSender) -> {
    String sessionId = client.getSessionId().toString();
    for (Map.Entry<String, SocketIOClient> item : clientMap.entrySet()) {
        item.getValue().sendEvent("friend_online", name);
        client.sendEvent("friend_online", nameMap.get(item.getKey()));
    }
    nameMap.put(sessionId, name);
});
// 添加我已下线的监听事件
server.addEventListener("self_offline", String.class, (client, name, ackSender) -> {
    String sessionId = client.getSessionId().toString();
    for (Map.Entry<String, SocketIOClient> item : clientMap.entrySet()) {
        if (!sessionId.equals(item.getKey())) {
            item.getValue().sendEvent("friend_offline", name);
        }
    }
    nameMap.remove(sessionId);
});
// 添加文本发送的事件监听器
server.addEventListener("send_friend_message", JSONObject.class, (client, json,
ackSender) -> {
    MessageInfo message = (MessageInfo) JSONObject.toJavaObject(
                                        json, MessageInfo.class);
    for (Map.Entry<String, String> item : nameMap.entrySet()) {
        if (message.getTo().equals(item.getValue())) {
            clientMap.get(item.getKey()).sendEvent("receive_friend_message", message);
            break;
        }
    }
});
// 添加图像发送的事件监听器
server.addEventListener("send_friend_image", JSONObject.class, (client, json,
ackSender) -> {
    ImageMessage message = (ImageMessage) JSONObject.toJavaObject(
                                    json, ImageMessage.class);
    for (Map.Entry<String, String> item : nameMap.entrySet()) {
        if (message.getTo().equals(item.getValue())) {
            clientMap.get(item.getKey()).sendEvent("receive_friend_image", message);
            break;
        }
    }
});
// 添加入群的事件监听器
server.addEventListener("join_group", JSONObject.class, (client, json, ackSender) -> {
    String sessionId = client.getSessionId().toString();
    JoinInfo info = (JoinInfo) JSONObject.toJavaObject(json, JoinInfo.class);
    if (!groupMap.containsKey(info.getGroup_name())) {
        groupMap.put(info.getGroup_name(), new HashMap<String, String>());
    }
    for (Map.Entry<String, Map<String, String>> group : groupMap.entrySet())
    {
        if (info.getGroup_name().equals(group.getKey())) {
            group.getValue().put(sessionId, info.getUser_name());
            for (Map.Entry<String, String> user :
                        group.getValue().entrySet()) {
                clientMap.get(user.getKey()).sendEvent(
                            "person_in_group", info.getUser_name());
```

```
                }
                client.sendEvent("person_count", group.getValue().size());
            }
        }
    });
    // 添加退群的事件监听器
    server.addEventListener("leave_group", JSONObject.class, (client, json, ackSender) -> {
        String sessionId = client.getSessionId().toString();
        JoinInfo info = (JoinInfo) JSONObject.toJavaObject(json, JoinInfo.class);
        for (Map.Entry<String, Map<String, String>> group : groupMap.entrySet())
        {
            if (info.getGroup_name().equals(group.getKey())) {
                group.getValue().remove(sessionId);
                for (Map.Entry<String, String> user :
                        group.getValue().entrySet()) {
                    clientMap.get(user.getKey()).sendEvent(
                            "person_out_group", info.getUser_name());
                }
            }
        }
    });
    // 添加群消息发送的事件监听器
    server.addEventListener("send_group_message", JSONObject.class, (client, json,
ackSender) -> {
        MessageInfo message = (MessageInfo) JSONObject.toJavaObject(
                json, MessageInfo.class);
        for (Map.Entry<String, Map<String, String>> group : groupMap.entrySet())
        {
            if (message.getTo().equals(group.getKey())) {
                for (Map.Entry<String, String> user :
                        group.getValue().entrySet()) {
                    if (!user.getValue().equals(message.getFrom())) {
                        clientMap.get(user.getKey()).sendEvent(
                                "receive_group_message", message);
                    }
                }
                break;
            }
        }
    });
    // 添加群图片发送的事件监听器
    server.addEventListener("send_group_image", JSONObject.class, (client, json, ackSender)
-> {
        ImageMessage message = (ImageMessage) JSONObject.toJavaObject(
                json, ImageMessage.class);
        for (Map.Entry<String, Map<String, String>> group : groupMap.entrySet())
        {
            if (message.getTo().equals(group.getKey())) {
                for (Map.Entry<String, String> user :
                        group.getValue().entrySet()) {
                    if (!user.getValue().equals(message.getFrom())) {
                        clientMap.get(user.getKey()).sendEvent(
                                "receive_group_image", message);
                    }
                }
                break;
            }
        }
    });
```

然后服务端执行main方法即可启动微信聊天的Socket服务进行监听。

2. 客户端的人员上下线

客户端的好友列表页面需要监听来自服务器的好友上下线事件，以便及时刷新在线好友列表。好友列表页的事件监听代码如下：

```
(完整代码见chapter13\src\main\java\com\example\chapter13\fragment\FriendListFragment.java)
private List<EntityInfo> mFriendList = new ArrayList<>();     // 好友列表
private EntityListAdapter mAdapter;                           // 好友列表适配器
private Socket mSocket;                                       // 声明一个套接字对象
private Handler mHandler = new Handler(Looper.myLooper());    // 声明处理程序对象

// 初始化套接字
private void initSocket() {
    mSocket = MainApplication.getInstance().getSocket();
    // 开始监听好友上线事件
    mSocket.on("friend_online", (args) -> {
        String friend_name = (String) args[0];
        if (friend_name != null) {
            // 把刚上线的好友加入好友列表
            mFriendMap.put(friend_name, new EntityInfo(friend_name, "好友"));
            mFriendList.clear();
            mFriendList.addAll(mFriendMap.values());
            mHandler.postDelayed(mRefresh, 200);
        }
    });
    // 开始监听好友下线事件
    mSocket.on("friend_offline", (args) -> {
        String friend_name = (String) args[0];
        mFriendMap.remove(friend_name);                  // 从好友列表移除已下线的好友
        mFriendList.clear();
        mFriendList.addAll(mFriendMap.values());
        mHandler.postDelayed(mRefresh, 200);
    });
    // 通知服务器"我已上线"
    mSocket.emit("self_online", MainApplication.getInstance().wechatName);
}

@Override
public void onDestroyView() {
    super.onDestroyView();
    // 通知服务器"我已下线"
    mSocket.emit("self_offline", MainApplication.getInstance().wechatName);
    mSocket.off("friend_online");                        // 取消监听好友上线事件
    mSocket.off("friend_offline");                       // 取消监听好友下线事件
}

private Runnable mRefresh = () -> doRefresh();          // 好友列表的刷新任务
// 刷新好友列表
private void doRefresh() {
    mHandler.removeCallbacks(mRefresh);                  // 防止频繁刷新造成列表视图崩溃
    tv_title.setText(String.format("好友（%d）", mFriendList.size()));
    mAdapter.notifyDataSetChanged();
}
```

3. 客户端的私聊消息收发

单人聊天的一对一消息收发比较简单，前提是明确把消息发给谁，为此定义一个消息结构，里面存放消息的来源、目的、文本内容。倘若是发送图片消息，参考前面的“13.4.2 通过SocketIO传输图片消息”即可。单人聊天的消息收发代码如下：

```
(完整代码见chapter13\src\main\java\com\example\chapter13\FriendChatActivity.java)
private String mSelfName, mFriendName;        // 自己的名称，好友名称
private Socket mSocket;                        // 声明一个套接字对象

// 初始化套接字
private void initSocket() {
    mSocket = MainApplication.getInstance().getSocket();
    // 等待接收好友消息
    mSocket.on("receive_friend_message", (args) -> {
        JSONObject json = (JSONObject) args[0];
        MessageInfo message = new Gson().fromJson(json.toString(), MessageInfo.class);
        // 往聊天窗口中添加文本消息
        runOnUiThread(() -> appendChatMsg(message.from, message.content, false));
    });
    // 等待接收好友图片
    mSocket.on("receive_friend_image", (args) -> receiveImage(args));
}

@Override
protected void onDestroy() {
    super.onDestroy();
    mSocket.off("receive_friend_message");               // 取消接收好友消息
    mSocket.off("receive_friend_image");                 // 取消接收好友图片
}

// 发送聊天消息
private void sendMessage() {
    String content = et_input.getText().toString();
    et_input.setText("");
    ViewUtil.hideOneInputMethod(this, et_input);        // 隐藏软键盘
    appendChatMsg(mSelfName, content, true);            // 往聊天窗口中添加文本消息
    // 下面向Socket服务器发送聊天消息
    MessageInfo message = new MessageInfo(mSelfName, mFriendName, content);
    SocketUtil.emit(mSocket, "send_friend_message", message);
}
```

4. 客户端的群聊管理

多人聊天的难点在于群成员管理，不过这方面的人员匹配操作都由服务端处理了，客户端只需按部就班监听入群通知、退群通知，然后及时刷新成员人数即可。至于群消息与群图片的收发，可参考单人聊天时的消息收发流程。下面是群成员管理的代码片段：

```
(完整代码见chapter13\src\main\java\com\example\chapter13\GroupChatActivity.java)
private String mSelfName, mGroupName;         // 自己的名称，群名称
private Socket mSocket;                        // 声明一个套接字对象
private int mCount = 0;                        // 群成员数量

// 初始化套接字
private void initSocket() {
    mSocket = MainApplication.getInstance().getSocket();
    // 等待接收群人数通知
    mSocket.on("person_count", (args) -> {
        int count = (Integer) args[0];
        if (count > mCount) {
            mCount = (Integer) args[0];
            runOnUiThread(() -> tv_title.setText(String.format("%s(%d)",
                                    mGroupName, mCount)));
        }
    });
    // 等待接收成员入群通知
    mSocket.on("person_in_group", (args) -> {
```

```
        runOnUiThread(() -> {
            if (!mSelfName.equals(args[0])) {
                tv_title.setText(String.format("%s(%d)", mGroupName, ++mCount));
            }
            appendHintMsg(String.format("%s 加入了群聊", args[0]));
        });
    });
    // 等待接收成员退群通知
    mSocket.on("person_out_group", (args) -> {
        runOnUiThread(() -> {
            tv_title.setText(String.format("%s(%d)", mGroupName, --mCount));
            appendHintMsg(String.format("%s 退出了群聊", args[0]));
        });
    });
    // 等待接收群消息
    mSocket.on("receive_group_message", (args) -> {
        JSONObject json = (JSONObject) args[0];
        MessageInfo message = new Gson().fromJson(json.toString(), MessageInfo.class);
        // 往聊天窗口中添加文本消息
        runOnUiThread(() -> appendChatMsg(message.from, message.content, false));
    });
    // 等待接收群图片
    mSocket.on("receive_group_image", (args) -> receiveImage(args));
    // 下面向Socket服务器发送入群通知
    JoinInfo joinInfo = new JoinInfo(mSelfName, mGroupName);
    SocketUtil.emit(mSocket, "join_group", joinInfo);
}

@Override
protected void onDestroy() {
    super.onDestroy();
    // 下面向Socket服务器发送退群通知
    JoinInfo joinInfo = new JoinInfo(mSelfName, mGroupName);
    SocketUtil.emit(mSocket, "leave_group", joinInfo);
    mSocket.off("person_count");              // 取消接收群人数通知
    mSocket.off("person_in_group");           // 取消接收成员入群通知
    mSocket.off("person_out_group");          // 取消接收成员退群通知
    mSocket.off("receive_group_message");     // 取消接收群消息
    mSocket.off("receive_group_image");       // 取消接收群图片
}
```

13.5.3 效果展示

聊天功能需要服务器配合，确保后端的Socket服务已经开启，再打开聊天App。聊天开始前先填写自己的昵称，昵称输入页如图13-43所示。登录进去后的个人信息页如图13-44所示。

图13-43 昵称输入页

图13-44 个人信息页

对于私聊场景，需要准备两部手机；对于群聊场景，至少准备三部手机，笔者这边准备了四部手机。先看私聊，两部手机分别输入昵称，再点击“登录”按钮打开好友列表页，如图13-45所示；如果点击下方的“群聊”标签，则切换到群聊列表页，如图13-46所示。

图13-45　好友列表页

图13-46　群聊列表页

私聊的两部手机分别名为浩宇和欣怡，他们各自点击对方头像，分别打开了聊天界面。然后在界面底部的编辑框输入文本消息，或者跳转到系统相册选择图片发送。俩人开始你一言我一语，中间还夹杂着图片来往，聊得可带劲了。其中，浩宇手机的聊天界面如图13-47和图13-48所示，欣怡手机的聊天界面如图13-49和图13-50所示。

群聊的四部手机分别名为梓萱、俊杰、欣怡和浩宇，他们准备讨论毕业设计的选题事项，于是各自点击Android开发技术交流群，打开了群聊界面。俊杰还没想好毕业设计要做什么App，梓萱已经选择制作音乐播放器App，欣怡向大家推荐Android开发实战图书，浩宇决定研究在线直播项目。四个好友叽叽喳喳，在群里聊得不亦乐乎，充分展现了当代大学生勤奋好学、积极向上的精神风貌。其中，梓萱的群聊界面如图13-51和图13-52所示，欣怡的群聊界面如图13-53和图13-54所示，浩宇的群聊界面如图13-55和图13-56所示，俊杰的群聊界面如图13-57和图13-58所示。

图13-47　浩宇的聊天界面1

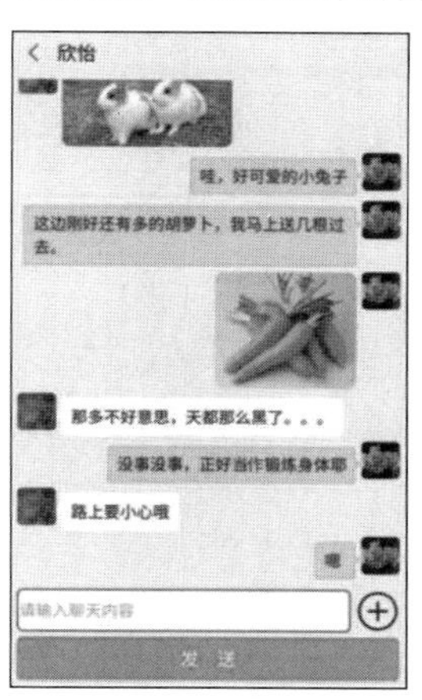

图13-48　浩宇的聊天界面2

图13-49　欣怡的聊天界面1

除了聊天功能，社区属性也是微信制胜的一大法宝，其代表作便是微信朋友圈。人们在朋友圈发布自己的图文动态，引得各路好友前来点赞，这种图文分享功能可通过HTTP服务来实现。聊天方面，竞品有QQ、陌陌；社区方面，竞品有微博、小红书；纵然微信已经坐了第一把交椅，其他竞品犹能俘获大批用户，可见此间市场容量之大。有兴趣的读者不妨自行实现社区方面的图文分享，以此完善本章的微信聊天项目。

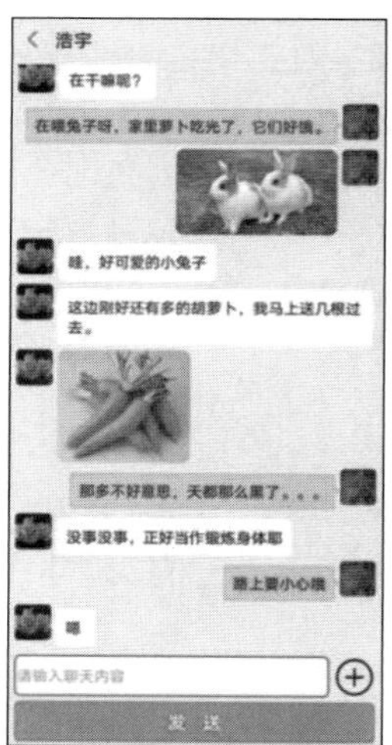

图13-50 欣怡的聊天界面2

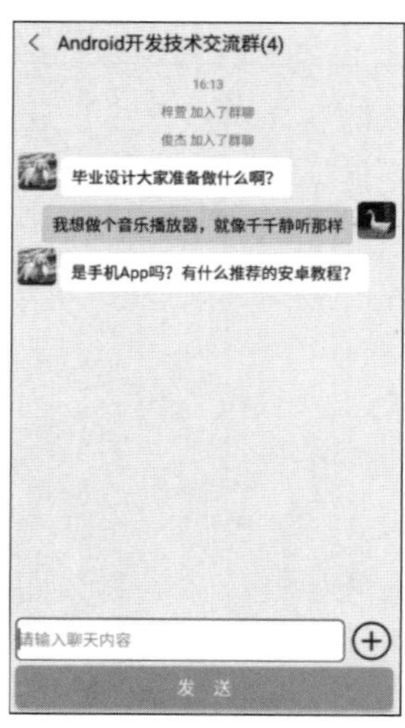

图13-51 梓萱的群聊界面1

图13-52 梓萱的群聊界面2

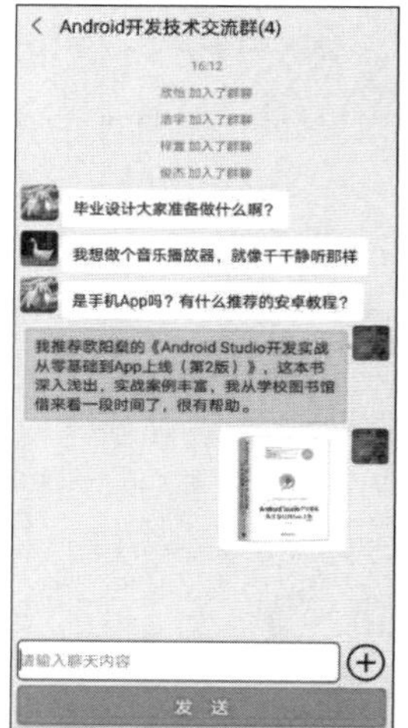

图13-53 欣怡的群聊界面1

图13-54 欣怡的群聊界面2

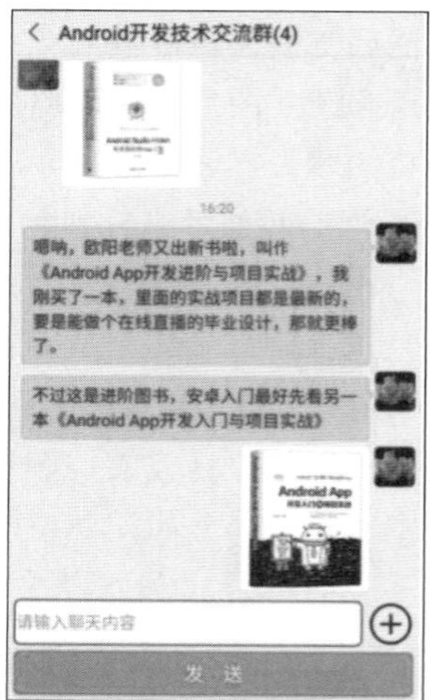

图13-55 浩宇的群聊界面1

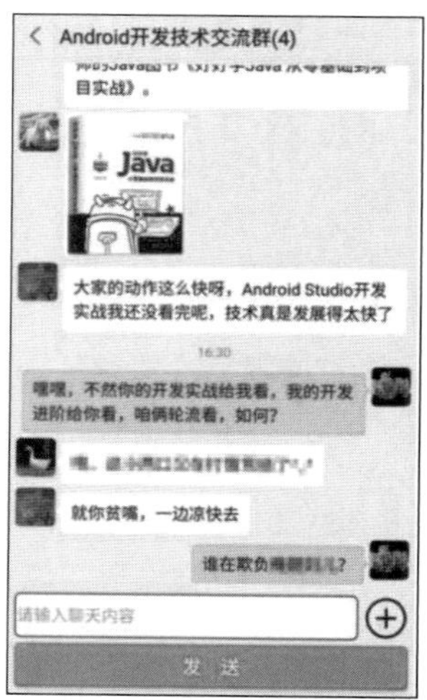

图13-56 浩宇的群聊界面2

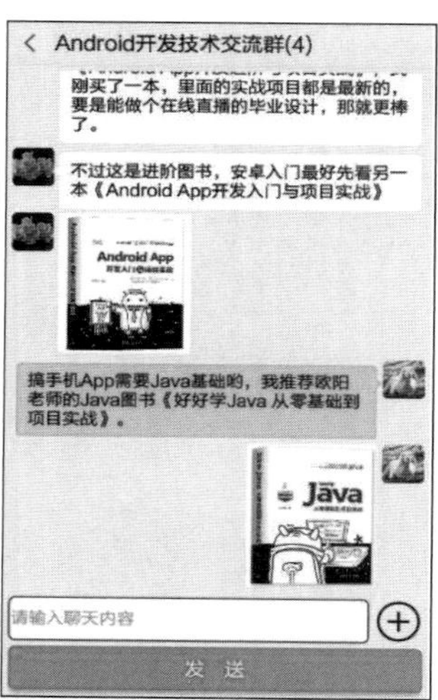

图13-57 俊杰的群聊界面1

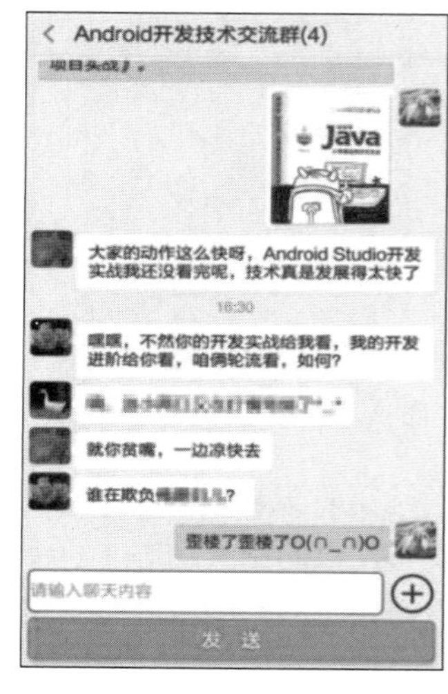

图13-58 俊杰的群聊界面2

13.6 小　结

本章主要介绍了App开发用到的网络通信技术，包括多线程（分线程通过Handler操作界面、通过runOnUiThread快速操纵界面、工作管理器WorkManager）、HTTP访问（移动数据格式JSON、通过okhttp调用HTTP接口、使用okhttp下载和上传文件）、图片加载（使用Glide加载网络图片、利用Glide实现图片的三级缓存、使用Glide加载特殊图像）、即时通信（通过SocketIO传输文本消息、通过SocketIO传输图片消息、利用WebSocket传输消息）。最后设计了一个实战项目“仿微信的私聊和群聊”，在该项目的App编码中综合运用了本章介绍的网络通信技术。

通过本章的学习，读者应该能够掌握以下4种开发技能：

（1）学会几种多线程技术的用法。

（2）学会使用okhttp访问HTTP接口。

（3）学会使用 Glide 框架加载网络图片。

（4）学会使用SocketIO和WebSocket实现Socket通信。

13.7 动 手 练 习

1. 借助 WebSocket 实现前后端的消息交互。
2. 综合运用网络通信技术实现一个社区交流 App（仿微博的图文分享）。
3. 综合运用网络通信技术实现一个即时通信 App（含私聊和群聊）。

第 14 章 多 媒 体

本章介绍App开发常用的一些多媒体处理技术，主要包括：如何录制和播放音频，如何使用传统相机拍照和录像，如何截取视频画面，如何使用增强相机拍照和录像。最后结合本章所学的知识演示一个实战项目“仿抖音的短视频分享”的设计与实现。

14.1 音 频 录 播

本节介绍 Android 对音频的录播操作，内容包括如何使用系统录音机录制音频、如何利用 MediaPlayer 播放音频、如何利用 MediaRecorder 录制音频。

14.1.1 使用系统录音机录制音频

手机有自带的系统相机，也有自带的系统录音机，录音机对应的意图动作为MediaStore.Audio.Media.RECORD_SOUND_ACTION，只要在调用startActivityForResult之前指定该动作，就会自动跳转到系统的录音机界面。下面便是前往系统录音机的跳转代码例子：

```
(完整代码见chapter14\src\main\java\com\example\chapter14\AudioRecordActivity.java)
// 下面打开系统自带的录音机
Intent intent = new Intent(MediaStore.Audio.Media.RECORD_SOUND_ACTION);
startActivityForResult(intent, RECORDER_CODE);        // 跳转到录音机页面
```

注意上面的RECORDER_CODE是自定义的一个常量值，表示录音来源，目的是在onActivityResult方法中区分唯一的请求代码。接着重写活动页面的onActivityResult方法，添加以下的回调代码获取录制好的音频：

```
@Override
protected void onActivityResult(int requestCode, int resultCode, Intent intent) {
    super.onActivityResult(requestCode, resultCode, intent);
    if (resultCode==RESULT_OK && requestCode==RECORDER_CODE){
        mAudioUri = intent.getData();                     // 获得录制好的音频Uri
        tv_audio.setText("录制完成的音频地址为："+mAudioUri.toString());
        iv_audio.setVisibility(View.VISIBLE);
    }
}
```

从以上代码可知，录制完的音频路径就在返回意图的getData当中，那么怎样验证这个路径保存的是音频呢？当然是听听该音频能否正常播放就对了。所谓好事成双，既有录音机，又有收音机，

音频自然由系统自带的收音机播放了。若想自动跳转到收音机界面，关键是把数据类型设置为音频，系统才知晓原来要打开音频，这活还是交给收音机吧。打开系统收音机的跳转代码如下：

```
// 下面打开系统自带的收音机
Intent intent = new Intent(Intent.ACTION_VIEW);
intent.setDataAndType(mAudioUri, "audio/*");        // 类型为音频
startActivity(intent);                              // 跳转到收音机页面
```

接下来通过实验来看录音与播音的完整过程，点击“打开录音机”按钮之后，跳转到如图14-1所示的录音机界面。点击录音机底部的圆形按钮开始录音，稍等几秒再次点击该按钮结束录音，此时屏幕底部弹出如图14-2所示的选择对话框。

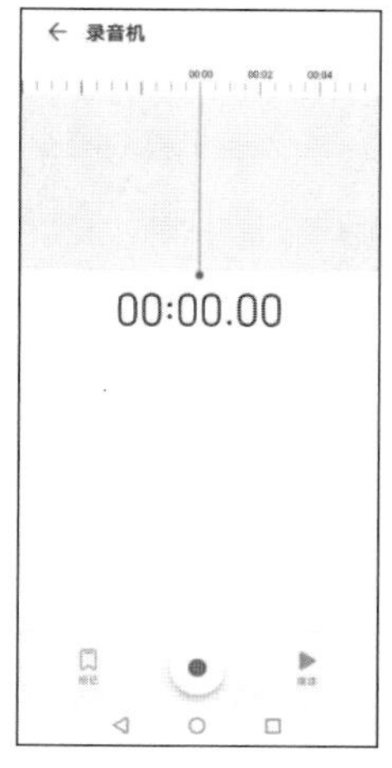

图14-1　系统录音机准备录音

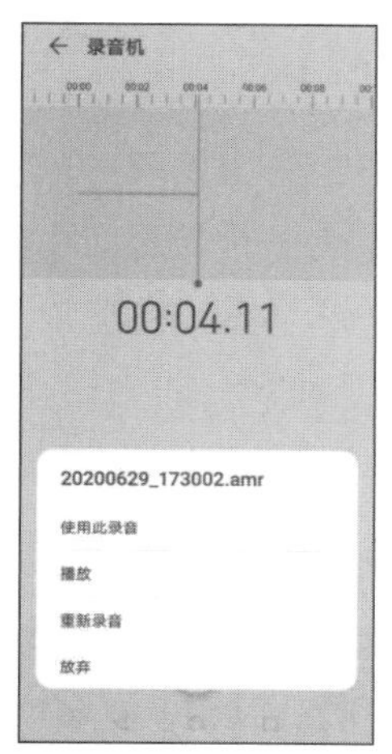

图14-2　系统录音机结束录音

点击选择对话框中的“使用此录音”选项，回到测试App 的界面，如图 14-3 所示，可见回调代码成功获得刚录制的音频路径。

点击页面上的三角播放按钮，跳转到如图 14-4 所示的收音机界面，同时收音机自动开始播放音频，播放完毕又自动返回图 14-3 所示的页面。

图14-3　返回录制的音频地址

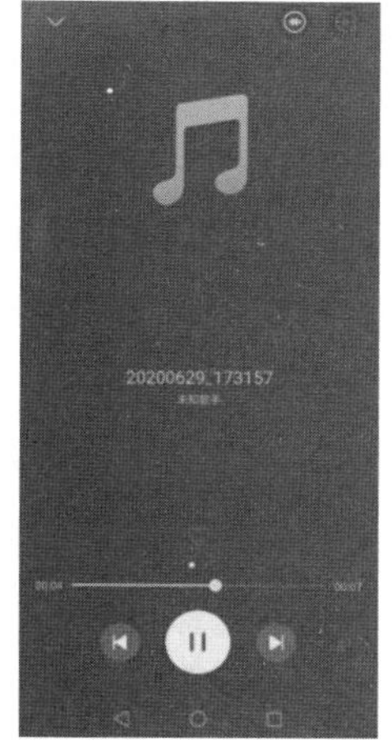

图14-4　系统收音机正在播音

14.1.2　利用 MediaPlayer 播放音频

尽管让App跳转到收音机界面就能播放音频，但是通常App都不希望用户离开自身页面，何况播音本来仅是一个小功能，完全可以一边播放音频一边操作界面。若要在App内部自己播音，使用到了媒体播放器MediaPlayer，不过在播放音频之前，得先想办法找到音频文件才行。通过内容解

析器能够从媒体库查找图片文件，同样也能从媒体库查找音频文件，只要把相关条件换成音频种类就成，例如把媒体库的Uri路径从相册换作音频库，把媒体库的查找结果从相册字段换作音频字段等。为此另外定义并声明音频类型的实体对象，声明代码如下：

```
(完整代码见chapter14\src\main\java\com\example\chapter14\AudioPlayActivity.java)
// 音频列表
private List<MediaInfo> mAudioList = new ArrayList<MediaInfo>();
// 音频库Uri
private Uri mAudioUri = MediaStore.Audio.Media.EXTERNAL_CONTENT_URI;
private String[] mAudioColumn = new String[]{                // 媒体库的字段名称数组
        MediaStore.Audio.Media._ID,                          // 编号
        MediaStore.Audio.Media.TITLE,                        // 标题
        MediaStore.Audio.Media.DURATION,                     // 播放时长
        MediaStore.Audio.Media.SIZE,                         // 文件大小
        MediaStore.Audio.Media.DATA};                        // 文件路径
private MediaPlayer mMediaPlayer = new MediaPlayer();        // 媒体播放器
```

接着通过内容解析器查询系统的音频库，把符合条件的音频记录依次添加到音频列表，下面便是从媒体库加载音频文件列表的代码例子：

```
(完整代码见chapter14\src\main\java\com\example\chapter14\AudioPlayActivity.java)
// 加载音频列表
private void loadAudioList() {
    mAudioList.clear();                                     // 清空音频列表
    // 通过内容解析器查询音频库，并返回结果集的游标。记录结果按照修改时间降序返回
    Cursor cursor = getContentResolver().query(mAudioUri, mAudioColumn,
                    null, null, "date_modified desc");
    if (cursor != null) {
        // 下面遍历结果集，并逐个添加至音频列表。简单起见只挑选前十个音频
        for (int i=0; i<10 && cursor.moveToNext(); i++) {
            MediaInfo audio = new MediaInfo();              // 创建一个音频信息对象
            audio.setId(cursor.getLong(0));                 // 设置音频编号
            audio.setTitle(cursor.getString(1));            // 设置音频标题
            audio.setDuration(cursor.getInt(2));            // 设置音频时长
            audio.setSize(cursor.getLong(3));               // 设置音频大小
            audio.setPath(cursor.getString(4));             // 设置音频路径
            mAudioList.add(audio);                          // 添加至音频列表
        }
        cursor.close();                                     // 关闭数据库游标
    }
}
```

找到若干音频文件之后，还要设法利用MediaPlayer来播音。MediaPlayer顾名思义叫作媒体播放器，它既能播放音频也能播放视频，其常用方法说明如下：

- reset：重置播放器。
- prepare：准备播放。
- start：开始播放。
- pause：暂停播放。
- stop：停止播放。
- create：创建指定Uri的播放器。
- setDataSource：设置播放数据来源的文件路径。create与setDataSource两个方法只需调用一个。
- setVolume：设置音量。两个参数分别是左声道和右声道的音量，取值为0～1。
- setAudioStreamType：设置音频流的类型。音频流类型的取值说明见表14-1。

表 14-1　音频流类型的取值说明

AudioManager 类的铃音类型	铃音名称	说　　明
STREAM_VOICE_CALL	通话音	
STREAM_SYSTEM	系统音	
STREAM_RING	铃音	来电与收到短信的铃声
STREAM_MUSIC	媒体音	音乐、视频、游戏等的声音
STREAM_ALARM	闹钟音	
STREAM_NOTIFICATION	通知音	

- setLooping：设置是否循环播放。true表示循环播放，false表示只播放一次。
- isPlaying：判断是否正在播放。
- getCurrentPosition：获取当前播放进度所在的位置。
- getDuration：获取播放时长，单位为毫秒。

MediaPlayer提供的方法虽多，基本的应用场景只有两个：一个是播放指定音频文件，另一个是在退出页面时释放媒体资源。其中播放音频的场景需要历经下列步骤：重置播放器→设置媒体文件的路径→准备播放→开始播放，对应的播放代码示例如下：

```
mMediaPlayer.reset();                                           // 重置媒体播放器
// mMediaPlayer.setVolume(0.5f, 0.5f);                          // 设置音量，可选
mMediaPlayer.setAudioStreamType(AudioManager.STREAM_MUSIC);     // 设置音频类型为音乐
try {
    mMediaPlayer.setDataSource(audio.getPath());                // 设置媒体数据的文件路径
    mMediaPlayer.prepare();                                     // 媒体播放器准备就绪
    mMediaPlayer.start();                                       // 媒体播放器开始播放
} catch (Exception e) {
    e.printStackTrace();
}
```

如果没把音频放入后台服务中播放，那么在退出活动页面之时应当主动释放媒体资源，以便提高系统运行效率。此时可以重写活动的onDestroy方法，在该方法内部补充下面的操作代码：

```
if (mMediaPlayer.isPlaying()) {          // 是否正在播放
    mMediaPlayer.stop();                 // 结束播放
}
mMediaPlayer.release();                  // 释放媒体播放器
```

当然，上述的两个场景只是两种最基础的运用，除此以外，还存在其他业务场合，包括但不限于：实时刷新当前的播放进度、将音频拖动到指定位置再播放、播放完毕之时提醒用户等，详细的演示代码参见AudioPlayActivity.java。下面的图14-5和图14-6则为使用MediaPlayer播放音频的界面效果。其中，图14-5展示了刚打开的初始界面，此时App自动查找并罗列最新的10个音频文件；然后点击其中一项音频，App便开始播放该音频，同时在下方实时显示播放进度，如图14-6所示。

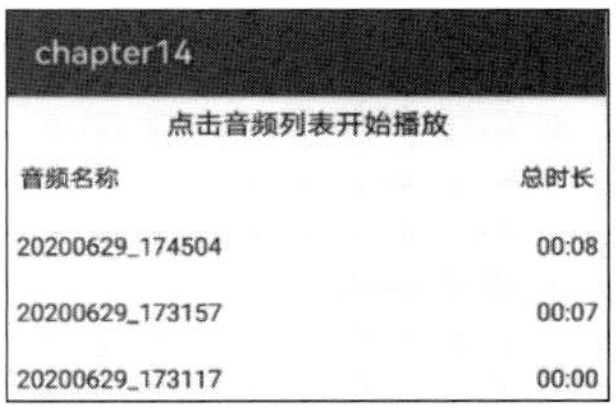

图14-5　初始的音频列表

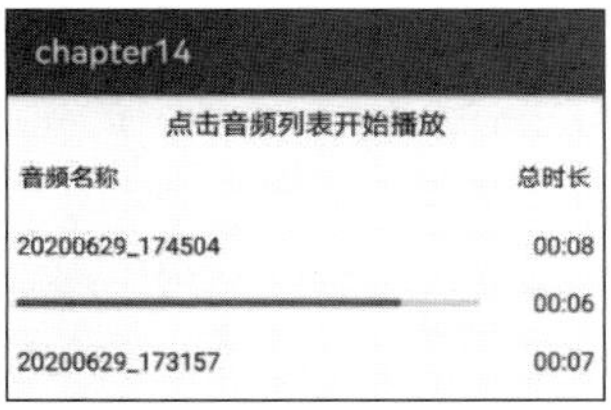

图14-6　开始播放某段音频

14.1.3 利用 MediaRecorder 录制音频

与媒体播放器相对应，Android提供了媒体录制器MediaRecorder，它既能录制音频也能录制视频。使用MediaRecorder可以在当前页面直接录音，而不必跳转到系统自带的录音机界面。MediaRecorder的常用方法说明如下：

- reset：重置录制器。
- prepare：准备录制。
- start：开始录制。
- stop：结束录制。
- release：释放录制器。
- setMaxDuration：设置可录制的最大时长，单位为毫秒（ms）。
- setMaxFileSize：设置可录制的最大文件大小，单位为字节（B）。setMaxFileSize与setMaxDuration设置其一即可。
- setOutputFile：设置输出文件的保存路径。
- setAudioSource：设置音频来源。一般使用麦克风AudioSource.MIC。
- setOutputFormat：设置媒体输出格式。媒体输出格式的取值说明见表14-2。

表 14-2 媒体输出格式的取值说明

OutputFormat 类的输出格式	格式分类	扩展名	格式说明
AMR_NB	音频	.amr	窄带格式
AMR_WB	音频	.amr	宽带格式
AAC_ADTS	音频	.aac	高级的音频传输流格式
MPEG_4	视频	.mp4	MPEG4 格式
THREE_GPP	视频	.3gp	3GP 格式

- setAudioEncoder：设置音频编码器。音频编码器的取值说明见表14-3。注意，该方法应在setOutputFormat方法之后执行，否则会抛出异常。

表 14-3 音频编码器的取值说明

AudioEncoder 类的音频编码器	说 明
AMR_NB	窄带编码
AMR_WB	宽带编码
AAC	低复杂度的高级编码
HE_AAC	高效率的高级编码
AAC_ELD	高效率的高级编码

- setAudioSamplingRate：设置音频的采样率，单位为千赫兹（kHz）。AMR_NB格式默认为8kHz，AMR_WB格式默认为16kHz。
- setAudioChannels：设置音频的声道数。1表示单声道，2表示双声道。
- setAudioEncodingBitRate：设置音频每秒录制的字节数。数值越大音频越清晰。

MediaRecorder提供的方法虽多，基本的应用场景只有两个：一个是开始录制媒体文件，另一个是停止录制媒体文件。其中录制音频的场景需要历经下列步骤：重置录制器→设置媒体文件的路径→准备录制→开始录制，对应的录制代码示例如下：

```
（完整代码见chapter14\src\main\java\com\example\chapter14\MediaRecorderActivity.java）
// 获取本次录制的媒体文件路径
mRecordFilePath = MediaUtil.getRecordFilePath(this, "RecordAudio", ".amr");
// 下面是媒体录制器的处理代码
mMediaRecorder.reset();                                              // 重置媒体录制器
mMediaRecorder.setAudioSource(MediaRecorder.AudioSource.MIC); // 设置音频源为麦克风
mMediaRecorder.setOutputFormat(mOutputFormat);                       // 设置媒体的输出格式
mMediaRecorder.setAudioEncoder(mAudioEncoder);                       // 设置媒体的音频编码器
mMediaRecorder.setMaxDuration(mDuration * 1000);                     // 设置媒体的最大录制时长
mMediaRecorder.setOutputFile(mRecordFilePath);                       // 设置媒体文件的保存路径
try {
    mMediaRecorder.prepare();                                        // 媒体录制器准备就绪
    mMediaRecorder.start();                                          // 媒体录制器开始录制
} catch (Exception e) {
    e.printStackTrace();
}
```

至于停止录制操作，直接调用stop方法即可。当然，在退出活动页面之时，还需调用release方法释放录制资源。注意到上述的录制代码引用了若干变量，包括输出格式mOutputFormat、音频编码器mAudioEncoder、最大录制时长mDuration等，这些参数决定了音频文件的音效质量和文件大小，详细的演示例子参见代码MediaRecorderActivity.java。

运行测试 App，保持默认的录制参数，点击“开始录制”按钮，正在录音的界面如图 14-7 所示；稍等片刻录音完成的界面如图 14-8 所示，此时成功保存录制好的音频文件，点击下方的三角播放按钮，就能通过 MediaPlayer 播音了。

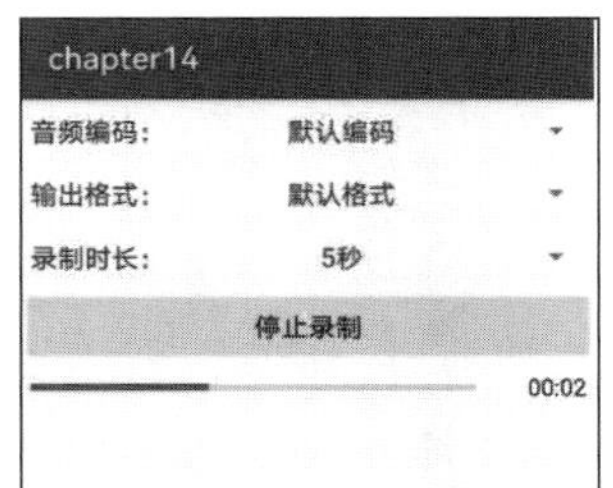

图14-7　正在录制音频

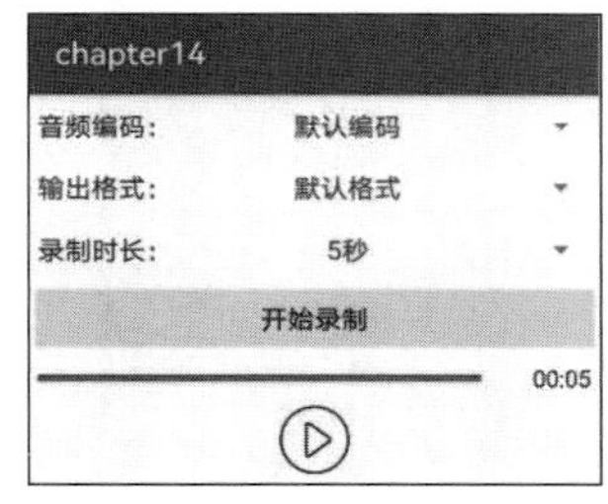

图14-8　音频录制结束

14.2　传 统 摄 制

本节介绍Android对照片和视频的传统摄制操作，内容包括如何使用系统相机拍摄照片（含缩略图和原始图两种方式）、如何使用系统摄像机录制视频、如何利用视频视图与媒体控制条播放视频、如何通过媒体检索工具截取视频画面。

14.2.1　使用系统相机拍摄照片

俗话说“眼睛是心灵的窗户”，那么摄像头便是手机的窗户了，一部手机美不美，很大程度上要看它的摄像头，因为好的摄像头才能拍摄出美丽的照片。对于手机拍照的 App 开发而言，则有两种实现方式：一种是通过 Camera 工具联合表面视图 SurfaceView 自行规划编码细节；另一种是借助系统相机自动拍照。考虑到多数场景对图片并无特殊要求，因而使用系统相机更加方便快捷。

调用系统相机的方式也有初级与高级之分，倘若仅仅想看个大概，那么一张缩略图便已足够。下面便是打开机的代码例子：

```
(完整代码见chapter14\src\main\java\com\example\chapter14\PhotoTakeActivity.java)
// 下面通过系统相机拍照只能获得缩略图
Intent photoIntent = new Intent(MediaStore.ACTION_IMAGE_CAPTURE);
startActivityForResult(photoIntent, THUMBNAIL_CODE);  // 打开系统相机
```

注意上面的THUMBNAIL_CODE是自定义的一个常量值，表示缩略图来源，目的是在onActivityResult方法中区分唯一的请求代码。接着重写活动页面的onActivityResult方法，添加以下的回调代码获取缩略图对象：

```
@Override
protected void onActivityResult(int requestCode, int resultCode, Intent intent) {
    super.onActivityResult(requestCode, resultCode, intent);
    if (resultCode==RESULT_OK && requestCode==THUMBNAIL_CODE){  // 获得缩略图
        // 缩略图放在返回意图中的data字段，将其取出转成位图对象即可
        Bundle extras = intent.getExtras();
        Bitmap bitmap = (Bitmap) extras.get("data");
        iv_photo.setImageBitmap(bitmap);                          // 设置图像视图的位图对象
    }
}
```

运行测试App，打开系统相机后拍照，此时定格的画面如图14-9所示。点击屏幕右上角的打勾图标，返回App界面如图14-10所示，果然成功显示刚才拍照的缩略图。

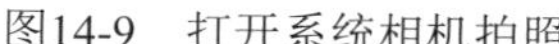

图14-9　打开系统相机拍照

图14-10　返回拍照后的缩略图

通过系统相机拍照获得缩略图就是这么简单，只是缩略图不够清晰，马马虎虎浏览一下尚可，要想看得细致入微却是不能够了。若想得到高清大图，势必采取系统相机的高级用法，为此事先声明一个图片的Uri路径对象，声明代码如下：

```
private Uri mImageUri;  // 图片的路径对象
```

接着在打开系统相机之前，传入图片的路径对象，表示拍好的图片保存在这个路径，具体的操作代码如下（注意Android 10的适配处理代码）：

```
// Android 10开始必须由系统自动分配路径，同时该方式也能自动刷新相册
ContentValues values = new ContentValues();
// 指定图片文件的名称
```

```
values.put(MediaStore.Video.Media.DISPLAY_NAME, "photo_"+DateUtil.getNowDateTime());
values.put(MediaStore.Video.Media.MIME_TYPE, "image/jpeg");  // 类型为图像
// 通过内容解析器插入一条外部内容的路径信息
mImageUri = getContentResolver().insert(
            MediaStore.Images.Media.EXTERNAL_CONTENT_URI, values);
// 下面通过系统相机拍照可以获得原始图
photoIntent.putExtra(MediaStore.EXTRA_OUTPUT, mImageUri);
startActivityForResult(photoIntent, ORIGINAL_CODE);          // 打开系统相机
```

以上的ORIGINAL_CODE依然是自定义的请求代码，表示原始图来源，然后重写活动页面的onActivityResult方法，补充下述的分支处理代码：

```
if (resultCode==RESULT_OK && requestCode==ORIGINAL_CODE) {    // 获得原始图
    // 根据指定图片的Uri，获得自动缩小后的位图对象
    Bitmap bitmap = BitmapUtil.getAutoZoomImage(this, mImageUri);
    iv_photo.setImageBitmap(bitmap);                          // 设置图像视图的位图对象
}
```

因为之前已经把图片的路径对象传给系统相机了，所以这里可以直接设置图像视图的路径对象，无须再去解析什么包裹信息。

重新运行测试 App，打开系统相机后拍照，此时定格的画面如图 14-11 所示。仍旧点击屏幕右上角的打勾图标，返回 App 界面如图 14-12 所示，果然成功展示了拍摄的高清大图。

图14-11　打开系统相机拍照

图14-12　返回拍照后的原始图

14.2.2　使用系统摄像机录制视频

与音频类似，通过系统摄像机可以很方便地录制视频，只要指定摄像动作为MediaStore.ACTION_VIDEO_CAPTURE即可。当然，也能事先设定下列的摄像参数：

- MediaStore.EXTRA_VIDEO_QUALITY：用于设定视频质量。
- MediaStore.EXTRA_SIZE_LIMIT：用于设定文件大小的上限。
- MediaStore.EXTRA_DURATION_LIMIT：用于设定视频时长的上限。

下面是跳转到系统摄像机的代码例子：

```
(完整代码见chapter14\src\main\java\com\example\chapter14\VideoRecordActivity.java)
// 下面准备跳转到系统摄像机，并获得录制完的视频文件
Intent intent = new Intent(MediaStore.ACTION_VIDEO_CAPTURE);
// 视频质量。0为低质量；1为高质量
intent.putExtra(MediaStore.EXTRA_VIDEO_QUALITY, 0);
```

```
// 大小限制，单位为字节
intent.putExtra(MediaStore.EXTRA_SIZE_LIMIT, 10485760L);
intent.putExtra(MediaStore.EXTRA_DURATION_LIMIT, 10);     // 时长限制，单位为秒
startActivityForResult(intent, RECORDER_CODE);             // 打开系统摄像机
```

注意上面的RECORDER_CODE是自定义的一个常量值，表示摄像机来源，目的是在onActivityResult方法中区分唯一的请求代码。接着重写活动页面的onActivityResult方法，添加以下的回调代码获取已录制视频的路径对象：

```
@Override
protected void onActivityResult(int requestCode, int resultCode, Intent intent) {
    super.onActivityResult(requestCode, resultCode, intent);
    // 从摄像机返回
    if (resultCode==RESULT_OK && requestCode==RECORDER_CODE){
        mVideoUri = intent.getData();                      // 获得已录制视频的路径对象
        tv_video.setText("录制完成的视频地址为："+mVideoUri.toString());
        rl_video.setVisibility(View.VISIBLE);
        // 获取视频文件的某帧图片
        Bitmap bitmap = MediaUtil.getOneFrame(this, mVideoUri);
        iv_video.setImageBitmap(bitmap);                   // 设置图像视图的位图对象
    }
}
```

视频录制完成，最好能够预览视频的摄制画面，所以上面代码调用了getOneFrame方法获取视频文件的某帧图片，查看该帧图像即可大致了解视频内容。抽取视频帧图的getOneFrame方法代码如下：

```
(完整代码见chapter14\src\main\java\com\example\chapter14\util\MediaUtil.java)
// 获取视频文件中的某帧图片
public static Bitmap getOneFrame(Context ctx, Uri uri) {
    MediaMetadataRetriever retriever = new MediaMetadataRetriever();
    retriever.setDataSource(ctx, uri);
    // 获得视频的播放时长，大于1s的取第1s处的帧图，不足1s的取第0s处的帧图
    String duration = retriever.extractMetadata(
                      MediaMetadataRetriever.METADATA_KEY_DURATION);
    int pos = (Integer.parseInt(duration)/1000)>1 ? 1 : 0;
    // 获取并返回指定时间的帧图
    return retriever.getFrameAtTime(pos * 1000, MediaMetadataRetriever.OPTION_CLOSEST);
}
```

有了视频文件的Uri之后，就能利用系统自带的播放器观看视频了。同样设置意图动作Intent.ACTION_VIEW，并指定数据类型为视频，以下几行代码即可打开视频播放器：

```
// 创建一个内容获取动作的意图（准备跳转到系统播放器）
Intent intent = new Intent(Intent.ACTION_VIEW);
intent.setDataAndType(mVideoUri, "video/*");      // 类型为视频
startActivity(intent);                            // 打开系统的视频播放器
```

运行测试App，点击“打开摄像机”按钮之后，跳转到如图14-13所示的系统摄像界面，点击界面下方中央的圆形按钮开始录像，稍等几秒再次按下该按钮，或者等待EXTRA_DURATION_LIMIT设定的时长到达，此时摄像结束的界面如图14-14所示。

点击录像界面右上角的打勾图标，回到 App 的演示界面如图 14-15 所示，发现原页面展示了已录制视频的快照图像。单击该快照图片表示期望播放视频，界面底部马上弹出如图 14-16 所示的选择窗口，选中其中一种打开方式，再点击下方的“仅此一次”按钮，就会打开指定 App 播放视频了。

图14-13　摄像机准备录像

图14-14　摄像机结束录像

图14-15　返回录制好的视频

14.2.3　利用视频视图与媒体控制条播放视频

通过专门的播放器固然能够播放视频，但要离开当前App跳转到播放器界面才行，因为视频播放不算很复杂的功能，人们更希望将视频内嵌在当前App界面，所以Android提供了名为视频视图（VideoView）的播放控件，该控件允许像图像视图那样划出一块界面展示视频，同时还支持对视频进行播放控制，为开发者定制视频操作提供了便利。

图 14-16　弹出视频播放器的选择窗口

下面是VideoView的常用方法说明。

- setVideoURI：设置视频文件的URI路径。
- setVideoPath：设置视频文件的字符串路径。
- setMediaController：设置媒体控制条的对象。
- start：开始播放视频。
- pause：暂停播放视频。
- resume：恢复播放视频。
- suspend：结束播放并释放资源。
- getDuration：获得视频的总时长，单位为毫秒。
- getCurrentPosition：获得当前的播放位置。返回值若等于总时长，表示播放到了末尾。
- isPlaying：判断视频是否正在播放。

由于 VideoView 只显示播放界面，没显示控制按钮和进度条，因此在实际开发中需要给它配备媒体控制条 MediaController。该控制条支持基本的播放控制操作，包括：显示当前的播放进度、拖动到指定位置播放、暂停播放与恢复播放、查看视频的总时长和已播放时长、对视频做快进或快退操作等。

下面是MediaController的常用方法说明。

- setMediaPlayer：设置媒体播放器的对象，也就是指定某个VideoView。
- show：显示媒体控制条。
- hide：隐藏媒体控制条。
- isShowing：判断媒体控制条是否正在显示。

将媒体控制条与视频视图集成起来的话，一般让媒体控制条固定放在视频视图的底部。此时无须在XML文件中添加MediaController节点，只需添加VideoView节点，然后在Java代码中将媒体控制条附着于视频视图即可。具体的集成步骤分为下列4步：

01 由视频视图对象调用setVideoURI方法指定视频文件。

02 创建一个媒体控制条，并由视频视图对象调用setMediaController方法关联该控制条。

03 由控制条对象调用setMediaPlayer方法，将媒体播放器设置为该视频视图。

04 调用视频视图对象的start方法，开始播放视频。

接下来实验看看如何通过视频视图播放视频。首先创建测试活动页面，在该页面的XML文件中添加VideoView节点，完整的XML内容如下：

```
(完整代码见chapter14\src\main\res\layout\activity_video_play.xml)
<LinearLayout xmlns:android="http://schemas.android.com/apk/res/android"
    android:layout_width="match_parent"
    android:layout_height="match_parent"
    android:orientation="vertical">
    <Button
        android:id="@+id/btn_choose"
        android:layout_width="match_parent"
        android:layout_height="wrap_content"
        android:text="打开相册播放视频" />
    <VideoView
        android:id="@+id/vv_content"
        android:layout_width="match_parent"
        android:layout_height="wrap_content" />
</LinearLayout>
```

然后往该页面的活动代码补充选择视频库之后的回调逻辑，也就是重写回调方法onActivityResult，在该方法内部设置视频视图的视频路径，接着关联媒体控制条，再调用视频视图的start方法播放视频。详细的活动页面代码示例如下：

```
(完整代码见chapter14\src\main\java\com\example\chapter14\VideoPlayActivity.java)
public class VideoPlayActivity extends AppCompatActivity implements
View.OnClickListener {
    private VideoView vv_content;          // 声明一个视频视图对象
    private int CHOOSE_CODE = 3;           // 只在视频库挑选图片的请求码

    @Override
    protected void onCreate(Bundle savedInstanceState) {
        super.onCreate(savedInstanceState);
        setContentView(R.layout.activity_video_play);
        // 从布局文件中获取名为vv_content的视频视图
        vv_content = findViewById(R.id.vv_content);
        findViewById(R.id.btn_choose).setOnClickListener(this);
    }

    @Override
    public void onClick(View v) {
        if (v.getId() == R.id.btn_choose) {
            // 创建一个内容获取动作的意图（准备跳转到系统视频库）
```

```
            Intent intent = new Intent(Intent.ACTION_GET_CONTENT);
            intent.setType("video/*");                          // 类型为视频
            startActivityForResult(intent, CHOOSE_CODE);        // 打开系统视频库
        }
    }

    @Override
    protected void onActivityResult(int requestCode, int resultCode, Intent intent) {
        super.onActivityResult(requestCode, resultCode, intent);
        if (resultCode == RESULT_OK && requestCode == CHOOSE_CODE) {
            if (intent.getData() != null) {                     // 从视频库回来
                // 设置视频视图的视频路径
                vv_content.setVideoURI(intent.getData());
                // 创建一个媒体控制条
                MediaController mc = new MediaController(this);
                // 给视频视图设置相关联的媒体控制条
                vv_content.setMediaController(mc);
                // 给媒体控制条设置相关联的视频视图
                mc.setMediaPlayer(vv_content);
                vv_content.start();                             // 视频视图开始播放
            }
        }
    }
}
```

运行测试App，打开的初始的视频界面如图14-17所示，此时按钮下方黑漆漆的一片都是视频视图区域；点击“打开相册播放视频”按钮从视频库选择视频回来，该界面立即开始播放选中的视频，如图14-18所示；在视频区域轻轻点击，此时视频下方弹出一排媒体控制条，如图14-19所示，可见媒体控制条上半部有快退、暂停、快进3个按钮，下半部展示了当前播放时长、播放进度条、视频总时长。

图 14-17　初始的视频界面

图 14-18　正在播放的视频界面

图 14-19　弹出媒体控制条

14.2.4　截取视频的某帧画面

不管是系统相册还是视频网站，在某个视频尚未播放的时候都会显示一张预览图片，该图片通常是视频中的某个画面。Android从视频中截取某帧画面，用到了媒体检索工具MediaMetadataRetriever，它的常见方法分别说明如下：

- setDataSource：将指定URI设置为媒体数据源。
- extractMetadata：获得视频的播放时长。
- getFrameAtIndex：获取指定索引的帧图。
- getFrameAtTime：获取指定时间的帧图，时间单位为微秒。
- release：释放媒体资源。

下面是利用MediaMetadataRetriever从视频截取某帧位图的示例代码：

```
（完整代码见chapter14\src\main\java\com\example\chapter14\util\MediaUtil.java）
// 获取视频文件中的某帧图片，pos为毫秒时间
public static Bitmap getOneFrame(Context ctx, Uri uri, int pos) {
    MediaMetadataRetriever retriever = new MediaMetadataRetriever();
    retriever.setDataSource(ctx, uri);  // 将指定URI设置为媒体数据源
    // 获取并返回指定时间的帧图，注意getFrameAtTime方法的时间单位是微秒
    return retriever.getFrameAtTime(pos * 1000);
}
```

若要从视频中截取一串时间相邻的画面，则可依据相邻时间点调用getFrameAtTime方法，依次获得每帧位图再保存到存储卡。连续截取视频画面的示例代码如下：

```
// 获取视频文件中的图片帧列表。beginPos为毫秒时间，count为待获取的帧数量
public static List<String> getFrameList(Context ctx, Uri uri, int beginPos, int count) {
    String videoPath = uri.toString();
    String videoName = videoPath.substring(videoPath.lastIndexOf("/")+1);
    if (videoName.contains(".")) {
        videoName = videoName.substring(0, videoName.lastIndexOf("."));
    }
    List<String> pathList = new ArrayList<>();
    MediaMetadataRetriever retriever = new MediaMetadataRetriever();
    retriever.setDataSource(ctx, uri);          // 将指定URI设置为媒体数据源
    // 获得视频的播放时长
    String duration = retriever.extractMetadata(
                    MediaMetadataRetriever.METADATA_KEY_DURATION);
    int dura_int = Integer.parseInt(duration)/1000;
    // 最多只取前多少帧
    for (int i=0; i<dura_int-beginPos/1000 && i<count; i++) {
        String path = String.format("%s/%s_%d.jpg",
                ctx.getExternalFilesDir(Environment.DIRECTORY_DOWNLOADS),
                videoName, i);
        if (beginPos!=0 || !new File(path).exists()) {
            // 获取指定时间的帧图，注意getFrameAtTime方法的时间单位是微秒
            Bitmap frame = retriever.getFrameAtTime(beginPos*1000 + i*1000*1000);
            int ratio = frame.getWidth()/500+1;
            Bitmap small = BitmapUtil.getScaleBitmap(frame, 1.0/ratio);
            BitmapUtil.saveImage(path, small);     // 把位图保存为图像文件
        }
        pathList.add(path);
    }
    return pathList;
}
```

运行测试该App，打开视频文件播放一阵后，点击“截取当前帧”按钮，可观察到截取结果如图14-20所示；再点击“截取后九帧”按钮，随后会跳转到各帧画面的列表页，成功截取到视频画面，如图14-21所示。

图14-20　截取当前帧的结果

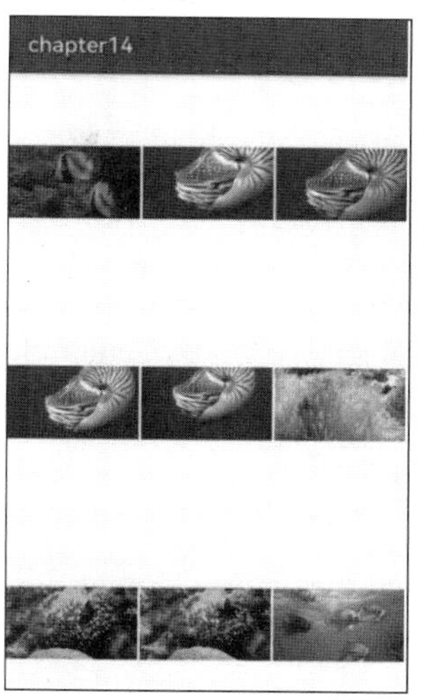

图14-21　截取后九帧的结果

14.3　增 强 摄 制

本节介绍Android对相片和视频录制与播放的高级用法，内容包括如何使用增强的CameraX库拍摄相片、如何使用增强的CameraX库录制视频、如何使用新型播放器ExoPlayer播放各类视频（网络视频和带字幕视频）。

14.3.1　使用 CameraX 拍照

Android的SDK一开始就自带了相机工具Camera，从Android 5.0开始又推出了升级版的Camera2，然而不管是初代的Camera还是二代的Camera2，编码过程都比较烦琐，对于新手而言有点艰深。为此谷歌公司在Jetpack库中集成了增强的相机库CameraX，想让相机编码（包括拍照和录像）变得更加方便。CameraX基于Camera2开发，它提供一致且易用的API接口，还解决了设备兼容性问题，从而减少了编码工作量。

不管是拍照还是录像，都要在AndroidManifest.xml中添加相机权限，还要添加存储卡访问权限，代码如下：

```
<!-- 相机 -->
<uses-permission android:name="android.permission.CAMERA" />
<!-- 存储卡读写 -->
<uses-permission android:name="android.permission.WRITE_EXTERNAL_STORAGE" />
<uses-permission android:name="android.permission.READ_EXTERNAL_STORAGE" />
```

由于CameraX来自Jetpack库，因此要修改模块的build.gradle，往dependencies节点添加以下几行配置，表示导入指定版本的Camerax库：

```
implementation 'androidx.camera:camera-core:1.0.2'
implementation 'androidx.camera:camera-camera2:1.0.2'
implementation 'androidx.camera:camera-lifecycle:1.0.2'
implementation 'androidx.camera:camera-view:1.0.0-alpha28'
```

使用CameraX拍照之前要先初始化相机，包括界面预览以及参数设定等，具体的初始化步骤说明如下：

01 准备一个预览视图对象PreviewView，并添加至当前界面。

02 获取相机提供器对象ProcessCameraProvider。

03 构建预览对象Preview，指定预览的宽高比例。

04 构建摄像头选择器对象CameraSelector，指定使用前置摄像头还是后置摄像头。

05 构建图像捕捉器对象ImageCapture，分别设置捕捉模式、旋转角度、宽高比例、闪光模式等拍照参数。

06 调用相机提供器对象的bindToLifecycle方法，把相机选择器、预览视图、图像捕捉器绑定到相机提供器。

07 调用预览视图对象的setSurfaceProvider方法，设置预览视图的表面提供器。

把上述的初始化步骤串起来，写到一个自定义的相机视图控件中，便形成了以下的CameraX初始化代码：

```
(完整代码4\src\main\java\com\example\chapter14\widget\CameraXView.java)
private Context mContext;                                // 声明一个上下文对象
private PreviewView mCameraPreview;                      // 声明一个预览视图对象
private CameraSelector mCameraSelector;                  // 声明一个摄像头选择器
private Preview mPreview;                                // 声明一个预览对象
private ProcessCameraProvider mCameraProvider;           // 声明一个相机提供器
private ImageCapture mImageCapture;                      // 声明一个图像捕捉器
private VideoCapture mVideoCapture;                      // 声明一个视频捕捉器
private ExecutorService mExecutorService;                // 声明一个线程池对象
private LifecycleOwner mOwner;                           // 声明一个生命周期拥有者
private int mCameraType = CameraSelector.LENS_FACING_BACK;    // 摄像头类型
private int mAspectRatio = AspectRatio.RATIO_16_9;            // 宽高比例
private int mFlashMode = ImageCapture.FLASH_MODE_AUTO;        // 闪光灯模式
private String mMediaDir;                                     // 媒体保存目录

public CameraXView(Context context, AttributeSet attrs) {
    super(context, attrs);
    mContext = context;
    mCameraPreview = new PreviewView(mContext);               // 创建一个预览视图
    ViewGroup.LayoutParams params = new ViewGroup.LayoutParams(
            ViewGroup.LayoutParams.MATCH_PARENT,
            ViewGroup.LayoutParams.MATCH_PARENT);
    mCameraPreview.setLayoutParams(params);
    addView(mCameraPreview);                                  // 把预览视图添加到界面上
    // 创建一个单线程线程池
    mExecutorService = Executors.newSingleThreadExecutor();
    mMediaDir = mContext.getExternalFilesDir(
                Environment.DIRECTORY_DOWNLOADS).toString();
}

// 打开相机
public void openCamera(LifecycleOwner owner, int cameraMode, OnStopListener sl) {
    mOwner = owner;
    mCameraMode = cameraMode;
    mStopListener = sl;
    mHandler.post(() -> initCamera());                    // 初始化相机
}

// 初始化相机
private void initCamera() {
    ListenableFuture future = ProcessCameraProvider.getInstance(mContext);
```

```
    future.addListener(() -> {
        try {
            mCameraProvider = (ProcessCameraProvider) future.get();
            resetCamera();                                   // 重置相机
        } catch (Exception e) {
            e.printStackTrace();
        }
    }, ContextCompat.getMainExecutor(mContext));
}

// 重置相机
private void resetCamera() {
    int rotation = mCameraPreview.getDisplay().getRotation();
    // 构建一个摄像头选择器
    mCameraSelector = new CameraSelector.Builder().
                requireLensFacing(mCameraType).build();
    // 构建一个预览对象
    mPreview = new Preview.Builder()
            .setTargetAspectRatio(mAspectRatio)    // 设置宽高比例
            .build();
    // 构建一个图像捕捉器
    mImageCapture = new ImageCapture.Builder()
            // 设置捕捉模式
            .setCaptureMode(ImageCapture.CAPTURE_MODE_MINIMIZE_LATENCY)
            .setTargetRotation(rotation)           // 设置旋转角度
            .setTargetAspectRatio(mAspectRatio)    // 设置宽高比例
            .setFlashMode(mFlashMode)              // 设置闪光模式
            .build();
    bindCamera(MODE_PHOTO);                        // 绑定摄像头
    // 设置预览视图的表面提供器
    mPreview.setSurfaceProvider(mCameraPreview.getSurfaceProvider());
}

// 绑定摄像头
private void bindCamera(int captureMode) {
    mCameraProvider.unbindAll();                   // 重新绑定前要先解绑
    try {
        if (captureMode == MODE_PHOTO) {           // 拍照
            // 把相机选择器、预览视图、图像捕捉器绑定到相机提供器的生命周期
            Camera camera = mCameraProvider.bindToLifecycle(
                    mOwner, mCameraSelector, mPreview, mImageCapture);
        }
    } catch (Exception e) {
        e.printStackTrace();
    }
}

// 关闭相机
public void closeCamera() {
    mCameraProvider.unbindAll();                   // 解绑相机提供器
    mExecutorService.shutdown();                   // 关闭线程池
}
```

初始化相机之后，即可调用图像捕捉器的takePicture方法拍摄照片了，拍照代码示例如下：

```
private String mPhotoPath;                         // 照片保存路径
// 获取照片的保存路径
public String getPhotoPath() {
    return mPhotoPath;
}

// 开始拍照
public void takePicture() {
```

```
        mPhotoPath = String.format("%s/%s.jpg", mMediaDir, DateUtil.getNowDateTime());
        ImageCapture.Metadata metadata = new ImageCapture.Metadata();
        // 构建图像捕捉器的输出选项
        ImageCapture.OutputFileOptions options = new ImageCapture.
                OutputFileOptions.Builder(new File(mPhotoPath)).setMetadata(metadata).build();
        // 执行拍照动作
        mImageCapture.takePicture(options, mExecutorService, new
ImageCapture.OnImageSavedCallback() {
            @Override
            public void onImageSaved(ImageCapture.OutputFileResults outputFileResults) {
                mStopListener.onStop("已完成拍摄，照片保存路径为"+mPhotoPath);
            }

            @Override
            public void onError(ImageCaptureException exception) {
                mStopListener.onStop("拍摄失败，错误信息为：" + exception.getMessage());
            }
        });
    }
```

然后在App代码中集成新定义的增强相机控件，先在布局文件中添加CameraXView节点，代码如下：

```
(完整代码见chapter14\src\main\res\layout\activity_camerax_photo.xml)
    <com.example.chapter14.widget.CameraXView
        android:id="@+id/cxv_preview"
        android:layout_width="match_parent"
        android:layout_height="wrap_content" />
```

再给Java代码补充CameraXView对象的初始化以及拍照动作，其中关键代码示例如下：

```
(完整代码见chapter14\src\main\java\com\example\chapter14\CameraxPhotoActivity.java)
private CameraXView cxv_preview;        // 声明一个增强相机视图对象
private View v_black;                   // 声明一个视图对象
private ImageView iv_photo;             // 声明一个图像视图对象
// 声明一个处理器对象
private final Handler mHandler = new Handler(Looper.myLooper());

// 初始化相机
private void initCamera() {
    // 打开增强相机，并指定停止拍照监听器
    cxv_preview.openCamera(this, CameraXView.MODE_PHOTO, (result) -> {
        runOnUiThread(() -> {
            iv_photo.setEnabled(true);
            Toast.makeText(this, result, Toast.LENGTH_SHORT).show();
        });
    });
}

// 处理拍照动作
private void dealPhoto() {
    iv_photo.setEnabled(false);
    v_black.setVisibility(View.VISIBLE);
    cxv_preview.takePicture();          // 拍摄照片
    mHandler.postDelayed(() -> v_black.setVisibility(View.GONE), 500);
}
```

运行测试App，点击拍照图标，观察到增强相机的拍照效果如图14-22和图14-23所示。其中图14-22为准备拍照时的预览界面，图14-23为拍照结束后的观赏界面。

图14-22　准备拍照时的预览界面

图14-23　拍照结束后的观赏界面

14.3.2　使用 CameraX 录像

要通过CameraX实现录像功能的话，初始化相机的步骤与拍照时大同小异，区别在于增加了对视频捕捉器VideoCapture的处理。需要修改的代码主要有三个地方，分别说明如下：

（1）第一个地方是在AndroidManifest.xml里补充声明录音权限，完整的权限声明配置如下：

```
<!-- 相机 -->
<uses-permission android:name="android.permission.CAMERA" />
<!-- 录音 -->
<uses-permission android:name="android.permission.RECORD_AUDIO" />
<!-- 存储卡读写 -->
<uses-permission android:name="android.permission.WRITE_EXTERNAL_STORAGE" />
<uses-permission android:name="android.permission.READ_EXTERNAL_STORAGE" />
```

（2）第二个地方是在重置相机的resetCamera方法中，构建完图像捕捉器对象后，还要构建视频捕捉器对象，并设置视频的宽高比例、视频帧率、比特率（视频每秒录制的比特数）、旋转角度等录制参数。视频捕捉器的构建代码示例如下：

```
if (mCameraMode == MODE_RECORD) {                        // 录像
    // 构建一个视频捕捉器
    mVideoCapture = new VideoCapture.Builder()
            .setTargetAspectRatio(mAspectRatio)          // 设置宽高比例
            .setVideoFrameRate(60)                       // 设置视频帧率
            .setBitRate(3 * 1024 * 1024)                 // 设置比特率
            .setTargetRotation(rotation)                 // 设置旋转角度
            .setAudioRecordSource(MediaRecorder.AudioSource.MIC)
            .build();
}
```

（3）第三个地方是在绑定摄像头的bindCamera方法中，对于录像操作来说，需要把视频捕捉器绑定到相机提供器的生命周期，而非绑定图像捕捉器。绑定视频捕捉器的代码片段示例如下：

```
if (captureMode == MODE_RECORD) {  // 录像
    // 把相机选择器、预览视图、视频捕捉器绑定到相机提供器的生命周期
    Camera camera = mCameraProvider.bindToLifecycle(
                    mOwner, mCameraSelector, mPreview, mVideoCapture);
}
```

初始化相机之后，即可调用视频捕捉器的startRecording方法开始录像，或者调用stopRecording方法停止录像。录像代码示例如下：

```
(完整代码见chapter14\src\main\java\com\example\chapter14\widget\CameraXView.java)
private String mVideoPath;                     // 视频保存路径
private int MAX_RECORD_TIME = 15;              // 最大录制时长，默认15秒
// 获取视频的保存路径
public String getVideoPath() {
    return mVideoPath;
}

// 开始录像
public void startRecord(int max_record_time) {
    MAX_RECORD_TIME = max_record_time;
    bindCamera(MODE_RECORD);  // 绑定摄像头
    mVideoPath = String.format("%s/%s.mp4", mMediaDir, DateUtil.getNowDateTime());
    VideoCapture.Metadata metadata = new VideoCapture.Metadata();
    // 构建视频捕捉器的输出选项
    VideoCapture.OutputFileOptions options = new VideoCapture.
            OutputFileOptions.Builder(new File(mVideoPath))
                  .setMetadata(metadata).build();
    // 开始录像动作
    mVideoCapture.startRecording(options, mExecutorService, new
VideoCapture.OnVideoSavedCallback() {
        @Override
        public void onVideoSaved(VideoCapture.OutputFileResults outputFileResults) {
            mHandler.post(() -> bindCamera(MODE_PHOTO));
            mStopListener.onStop("录制完成的视频路径为" + mVideoPath);
        }

        @Override
        public void onError(int videoCaptureError, String message, Throwable cause) {
            mHandler.post(() -> bindCamera(MODE_PHOTO));
            mStopListener.onStop("录制失败，错误信息为："+cause.getMessage());
        }
    });
    // 限定时长到达之后自动停止录像
    mHandler.postDelayed(() -> stopRecord(), MAX_RECORD_TIME*1000);
}

// 停止录像
public void stopRecord() {
    mVideoCapture.stopRecording();              // 视频捕捉器停止录像
}
```

当然，录像功能也要先在布局文件中添加CameraXView节点。为了方便观察当前已录制的时长，还可以在布局文件中添加计时器节点Chronometer。接着给Java代码补充CameraXView对象的初始化以及录像动作，其中关键代码示例如下：

```
(完整代码见chapter14\src\main\java\com\example\chapter14\CameraxRecordActivity.java)
private CameraXView cxv_preview;               // 声明一个增强相机视图对象
private Chronometer chr_cost;                  // 声明一个计时器对象
private ImageView iv_record;                   // 声明一个图像视图对象
private boolean isRecording = false;           // 是否正在录像

// 初始化相机
private void initCamera() {
    // 打开增强相机，并指定停止录像监听器
    cxv_preview.openCamera(this, CameraXView.MODE_RECORD, (result) -> {
        runOnUiThread(() -> {
```

```
                chr_cost.setVisibility(View.GONE);
                chr_cost.stop();                            // 停止计时
                iv_record.setImageResource(R.drawable.record_start);
                iv_record.setEnabled(true);
                isRecording = false;
                Toast.makeText(this, result, Toast.LENGTH_SHORT).show();
            });
        });
    }

    // 处理录像动作
    private void dealRecord() {
        if (!isRecording) {
            iv_record.setImageResource(R.drawable.record_stop);
            cxv_preview.startRecord(15);                    // 开始录像
            chr_cost.setVisibility(View.VISIBLE);
            // 设置计时器的基准时间
            chr_cost.setBase(SystemClock.elapsedRealtime());
            chr_cost.start();                               // 开始计时
            isRecording = !isRecording;
        } else {
            iv_record.setEnabled(false);
            cxv_preview.stopRecord();                       // 停止录像
        }
    }
```

运行测试App，打开录像界面的初始效果如图14-24所示，此时除了预览画面外，界面下方还展示录制按钮。点击录制按钮开始录像，正在录像的界面如图14-25所示，此时录制按钮换成了暂停按钮，其上方也跳动着已录制时长的数字。

图14-24　初始的录像界面

图14-25　正在录像的界面

14.3.3　新型播放器 ExoPlayer

尽管录制视频用的相机工具从经典相机Camera演进到了二代相机Camera2再到增强相机CameraX，然而播放视频仍是老控件MediaPlayer以及封装了MediaPlayer的视频视图，这个MediaPlayer用于播放本地的小视频还可以，如果用它播放网络视频就存在下列问题了：

（1）MediaPlayer不支持一边下载一边播放，必须等视频全部下载完才开始播放。

（2）MediaPlayer不支持视频直播协议，包括MPEG标准的自适应流（Dynamic Adaptive Streaming over HTTP，DASH）、苹果公司的直播流（HTTP Live Streaming，HLS）、微软公司的平滑流（Smooth Streaming）等。

（3）未加密的视频容易被盗版，如果加密了，MediaPlayer反而无法播放加密视频。

为此Android在新一代的Jetpack库中推出了新型播放器ExoPlayer，它的音视频内核依赖于原生的MediaCodec接口，不但能够播放MediaPlayer所支持的任意格式的视频，而且具备以下几点优异特性：

（1）对于网络视频，允许一边下载一边播放。

（2）支持三大视频直播协议，包括自适应流（DASH）、直播流（HLS）、平滑流（Smooth Streaming）。

（3）支持播放采取Widevine技术加密的网络视频。

（4）只要提供了对应的字幕文件（srt格式），就支持在播放视频时同步显示字幕。

（5）支持合并、串联、循环等多种播放方式。

ExoPlayer居然能够做这么多事情，简直比MediaPlayer省心多了。当然，因为ExoPlayer来自Jetpack库，所以使用之前要先修改build.gradle，添加下面一行依赖配置：

```
implementation 'com.google.android.exoplayer:exoplayer:2.17.1'
```

ExoPlayer的播放界面采用播放器视图StyledPlayerView，它的自定义属性分别说明如下：

- show_buffering：缓冲进度的显示模式，值为never时表示从不显示，值为when_playing时表示在播放时显示，值为always时表示一直显示。
- show_timeout：控制栏的消失间隔，单位为毫秒。
- use_controller：是否显示控制栏，值为true时表示显示控制栏，值为false时表示不显示控制栏。
- resize_mode：缩放模式。值为fit表示保持宽高比例缩放，值为fill表示填满播放器界面。

下面是在布局文件中添加PlayerView节点的配置：

```
(完整代码见chapter14\src\main\res\layout\activity_exo_player.xml)
<com.google.android.exoplayer2.ui.StyledPlayerView
    android:id="@+id/pv_content"
    android:layout_width="match_parent"
    android:layout_height="wrap_content"
    app:show_buffering="always"
    app:show_timeout="5000"
    app:use_controller="true"
    app:resize_mode="fit"/>
```

回到活动页面的代码，再调用播放器视图的setPlayer方法，设置已经创建好的播放器对象，然后才能让播放器进行播控操作。设置播放器的代码模板如下：

```
// 创建一个新型播放器对象
ExoPlayer player = new ExoPlayer.Builder(this).build();
StyledPlayerView pv_content = findViewById(R.id.pv_content);
pv_content.setPlayer(player);  // 设置播放器视图的播放器对象
```

以上代码把StyledPlayerView与ExoPlayer关联起来，后续的视频播放过程分成以下几个步骤：

01 创建指定视频格式的工厂对象。

02 创建指定URI地址的媒体对象MediaItem。

03 基于格式工厂和媒体对象创建媒体来源MediaSource。

04 设置播放器对象的媒体来源以及其他的播控操作。

其中步骤4的操作与ExoPlayer有关，它的常见方法分别说明如下：

- setMediaSource：设置播放器的媒体来源。
- addListener：给播放器添加事件监听器。需要重写监听器接口Player.Listener的onPlaybackStateChanged方法，根据状态参数判断事件类型（取值说明见表14-4）。

表 14-4　播放状态的取值说明

Player 类的播放状态	说　明
STATE_BUFFERING	视频正在缓冲
STATE_READY	视频准备就绪
STATE_ENDED	视频播放完毕

- prepare：播放器准备就绪。
- play：播放器开始播放。
- seekTo：拖动当前进度到指定位置。
- isPlaying：判断播放器是否正在播放。
- getCurrentPosition：获得播放器当前的播放位置。
- pause：播放器暂停播放。
- stop：播放器停止播放。
- release：释放播放器资源。

接下来把网络视频与本地视频的播放代码整合到一起，从工厂构建到开始播放的示例代码如下：

```
(完整代码见chapter14\src\main\java\com\example\chapter14\ExoPlayerActivity.java)
private ExoPlayer mPlayer;  // 声明一个新型播放器对象

// 播放视频
private void playVideo(Uri uri) {
    DataSource.Factory factory = new DefaultDataSource.Factory(this);
    // 创建指定地址的媒体对象
    MediaItem videoItem = new MediaItem.Builder().setUri(uri).build();
    // 基于工厂对象和媒体对象创建媒体来源
    MediaSource videoSource = new ProgressiveMediaSource.Factory(factory)
            .createMediaSource(videoItem);
    mPlayer.setMediaSource(videoSource);                    // 设置播放器的媒体来源
    // 给播放器添加事件监听器
    mPlayer.addListener(new Player.Listener() {
        @Override
        public void onPlaybackStateChanged(int state) {
            if (state == Player.STATE_BUFFERING) {          // 视频正在缓冲
            } else if (state == Player.STATE_READY) {       // 视频准备就绪
            } else if (state == Player.STATE_ENDED) {       // 视频播放完毕
            }
        }
    });
    mPlayer.prepare();                                      // 播放器准备就绪
    mPlayer.play();                                         // 播放器开始播放
}
```

再举个播放带字幕的视频的例子，此时除了构建视频文件的媒体来源，还需要构建字幕文件的媒体来源（字幕文件为srt格式），然后合并视频的媒体来源与字幕来源得到最终的媒体来源。包含字幕处理的播放代码如下：

```
// 播放带字幕的视频
private void playVideoWithSubtitle(Uri videoUri, Uri subtitleUri) {
    // 创建HTTP在线视频的工厂对象
    DataSource.Factory factory = new DefaultDataSource.Factory(this);
    // 创建指定地址的媒体对象
    MediaItem videoItem = new MediaItem.Builder().setUri(videoUri).build();
            // 基于工厂对象和媒体对象创建媒体来源
    MediaSource videoSource = new ProgressiveMediaSource.Factory(factory)
            .createMediaSource(videoItem);
    // 创建指定地址的字幕对象。ExoPlayer只支持srt字幕，不支持ass字幕
    MediaItem.Subtitle subtitleItem = new MediaItem.Subtitle(subtitleUri,
            MimeTypes.APPLICATION_SUBRIP, null, Format.NO_VALUE);
    // 基于工厂对象和字幕对象创建字幕来源
    MediaSource subtitleSource =
        new SingleSampleMediaSource.Factory(factory)
            .createMediaSource(subtitleItem, C.TIME_UNSET);
    // 合并媒体来源与字幕来源
    MergingMediaSource mergingSource = new MergingMediaSource(
                            videoSource, subtitleSource);
    mPlayer.setMediaSource(mergingSource);          // 设置播放器的媒体来源
    mPlayer.prepare();                              // 播放器准备就绪
    mPlayer.play();                                 // 播放器开始播放
}
```

运行测试该App，可观察到ExoPlayer的播放效果如图14-26和图14-27所示。其中，图14-26为网络视频的播放界面，图14-27为带字幕视频的播放界面。

图14-26　网络视频的播放界面

图14-27　带字幕视频的播放界面

14.4　实战项目：仿抖音的短视频分享

与传统的影视行业相比，诞生于移动互联网时代的短视频是一个全新行业，它制作方便又容易传播，一出现就成为网络热潮。各行各业的人们均可通过短视频展示自己，短小精悍的视频片段原来能够容纳如此丰富的内蕴。许多人依靠短视频获得大量关注，乃至成为谋生手段。当然，这些都离不开短视频分享平台的推动，尤其是抖音和快手，它们的使用频率甚至超过了老牌App。其中，抖音的国际版TikTok更是风靡全球，它鼓励国外年轻人勇敢表现自我，成为中国企业的出海标杆。本节的实战项目就来谈谈如何设计并实现仿抖音的短视频分享App。

14.4.1　需求描述

快手一开始聚集着大批来自三四线城市的铁哥们，形成了老铁文化；后起之秀抖音为了打开局面，屡次赞助热门综艺节目，并招揽一批能歌善舞的小姐妹为其站台，迅速在一二线城市流行开来。二者可谓各有千秋，这边快手老铁上演英雄救美（见图14-28），那边抖音小姐姐表演劲歌热舞（见图14-29），令人目不暇接。

短视频App并无固定的栏目分类，而是不断上滑观看新的短视频，用户看得久了，新视频倒也不是随机来的，而是系统后台根据用户过往的浏览记录，分析之后推荐更符合用户喜好的短视频。当然，用户录好短视频在平台上分享后，说不定也能获得大量粉丝关注。点击抖音首页下方的加号按钮，打开短视频的初始录制界面，如图14-30所示。点击界面下方的闪电按钮开始录像，正在录像的过程界面如图14-31所示。

图14-28　快手老铁英雄救美

图14-29　抖音小姐姐劲歌热舞

图14-30　短视频的初始录制界面

15秒录像结束后，录像界面变成完成界面，如图14-32所示。点击右下角的“下一步”按钮，跳转到短视频的信息编辑界面，如图14-33所示。

图14-31　正在录像的过程界面

图14-32　录像完成时的界面

图14-33　视频编辑界面

在编辑界面依次填写短视频的标题、标签、拍摄位置，再点击右上角的“选封面”按钮，打开视频封面选取界面，如图14-34所示。从视频各帧画面中选择心仪的封面，点击右上角的“保存”按钮回到编辑界面。此时填好信息也选好封面的编辑界面如图14-35所示，然后点击右下角的“发布”按钮即可将短视频分享给大家。

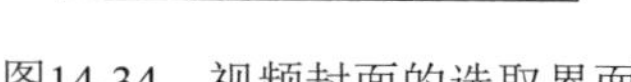

图14-34　视频封面的选取界面

图14-35　填好信息、选好封面的编辑界面

总之，短视频分享平台需要满足两种角色的使用：一种是作为内容创作者发布自己的视频，另一种是作为用户欣赏平台上的已有视频。

14.4.2　功能分析

短视频分享与传统的图文界面大相径庭，因为单个短视频就已经填满整块屏幕，势必要求采取专门的方式浏览短视频。从用户界面到后台服务，短视频分享主要集成了如下App技术：

（1）二代翻页视图：短视频App的浏览界面，通过向上滑动拉出新视频，用到了垂直方向的二代翻页视图ViewPager2。

（2）下拉刷新控件：在短视频App的首页，下拉手势会触发刷新动作，从而获取最新发布的视频，用到了下拉刷新布局SwipeRefreshLayout。

（3）新型播放器：尽管视频视图也能播放网络视频，但是网络响应偏慢，而新型播放器ExoPlayer能够快速响应，避免让用户等待太久。

（4）相机视图：录制短视频需要自定义相机视图，源自JetPack的增强相机视图CameraXView具有更好的性能。

（5）媒体检索工具：从视频中截取某帧作为视频封面，用到了媒体检索工具MediaMetadataRetriever。

（6）循环视图：备选的视频各帧画面从左往右依次排开，用到了基于水平方向线性布局管理器的循环视图RecyclerView。

（7）网络通信框架：上传视频信息与获取视频列表均需与后端交互，可采用第13章介绍的okhttp简化HTTP通信操作。

（8）移动数据格式JSON：从服务器获取视频列表，需要通过JSON结构传递列表数据。

下面简单介绍一下随书源码chapter14模块中与短视频分享有关的主要代码模块之间的关系：

（1）ShortViewActivity.java：短视频分享的浏览首页。

（2）VideoFragment.java：每个短视频的碎片页。

（3）ShortTakeActivity.java：视频录制页面。

（4）ShortEditActivity.java：视频信息的编辑页面。

（5）ShortCoverActivity.java：视频封面的挑选页面。

（6）VideoLoadTask.java：视频列表的加载任务。

此外，短视频分享还需要与之配合的HTTP服务器，其源码来自于后端的HttpServer模块，说明如下：

（1）CommitVideo.java：视频信息的上传服务。

（2）QueryVideo.java：视频列表的查询服务。

接下来对短视频分享编码中的部分疑难点进行补充说明：

（1）录像时的弧度动画。这个弧度动画不光要刷新每一时刻的圆弧进度，还要像秒表那样实时展现秒数。显示弧度动画倒是容易，展现带小数的秒表有点麻烦，此时要自定义从Animation派生而来的弧度动画，并重写applyTransformation方法，该方法的interpolatedTime参数取值范围为0.0～1.0，据此可计算当前已流逝的时间。下面是播放自定义弧度动画的示例代码：

```
(完整代码见chapter14\src\main\java\com\example\chapter14\ShortTakeActivity.java)
private int MAX_RECORD_TIME = 15;                           // 最大录制时长，默认15秒
private ArcView av_progress;                                // 声明一个圆弧视图对象
// 播放录像动画
private void startRecordAnim() {
    tv_cost.setVisibility(View.VISIBLE);
    av_progress.setVisibility(View.VISIBLE);
    // 定义一个圆弧渐进动画
    Animation animation = new Animation() {
        private String costDesc="";                         // 耗时描述
        @Override
        protected void applyTransformation(float interpolatedTime, Transformation t) {
            String cost = String.format("%.1f秒",
                    MAX_RECORD_TIME*interpolatedTime);
            if (!costDesc.equals(cost)) {                   // 秒数发生变化
                costDesc = cost;
                tv_cost.setText(costDesc);
                // 设置圆弧的角度
                av_progress.setAngle((int) (360*interpolatedTime));
            }
        }
    };
    animation.setDuration(MAX_RECORD_TIME*1000);            // 设置动画的持续时间
    tv_cost.startAnimation(animation);                      // 开始播放动画
}
```

（2）高亮选中某帧视频画面。挑选视频封面时，选中的帧画面高亮显示，其余画面变暗显示。为了实现某个列表项的高亮显示效果，可给该项四周加上红框，使之变得更醒目。同时，为了提高系统效率，每次高亮显示变更理应只影响两个列表项，被选中的列表项高亮显示，取消选中的列表项恢复原状，为此要调用两次notifyItemChanged方法，前一次调用让取消的列表项恢复原状，后一次调用让新选中的列表项高亮显示。下面是选中某帧画面时渲染列表项的示例代码：

```
(完整代码见chapter14\src\main\java\com\example\chapter14\adapter\CoverRecyclerAdapter.java)
private int mSelectedPos = 0;                        // 选中的图片编号
```

```
@Override
public void onBindViewHolder(ViewHolder vh, final int position) {
    ItemHolder holder = (ItemHolder) vh;
    // 设置图像视图的路径对象
    holder.iv_cover.setImageURI(Uri.parse(mPathList.get(position)));
    holder.rl_cover.setOnClickListener(v -> {
        mListener.onItemClick(position);
        notifyItemChanged(mSelectedPos);           // 通知该位置的列表项发生变更
        mSelectedPos = position;
        notifyItemChanged(mSelectedPos);           // 通知该位置的列表项发生变更
    });
    if (position == mSelectedPos) {                // 被选中的图片添加高亮红框
        holder.v_box.setVisibility(View.VISIBLE);
    } else {  // 未选中的图片取消高亮红框
        holder.v_box.setVisibility(View.GONE);
    }
}
```

（3）视频信息的发布操作。待发布的视频信息格式多样，既有拍摄日期、拍摄地点、视频标签、视频描述等文本内容，又有封面文件的图像数据、MP4文件的视频数据，这要求分段组装请求结构，再统一发给后端的Web服务。下面是HTTP调用的发布视频信息的示例代码：

```
(完整代码见chapter14\src\main\java\com\example\chapter14\ShortEditActivity.java)
// 弹出进度对话框
mDialog = ProgressDialog.show(this, "请稍候", "正在发布视频信息......");
String coverPath = String.format("%s/%s.jpg",
        getExternalFilesDir(Environment.DIRECTORY_DOWNLOADS).toString(),
        DateUtil.getNowDateTime());
BitmapUtil.saveImage(coverPath, mCoverBitmap);       // 把位图保存为图片文件
// 下面把视频信息（包含封面）提交给HTTP服务端
MultipartBody.Builder builder = new MultipartBody.Builder();
// 往建造器对象中添加文本格式的分段数据
builder.addFormDataPart("date", date);                 // 拍摄日期
builder.addFormDataPart("address", address);           // 拍摄地址
builder.addFormDataPart("label", label);               // 视频标签
builder.addFormDataPart("desc", desc);                 // 视频描述
// 往建造器对象中添加图像格式的分段数据
builder.addFormDataPart("cover",
        coverPath.substring(coverPath.lastIndexOf("/")),
        RequestBody.create(new File(coverPath), MediaType.parse("image/*")));
// 往建造器对象中添加视频格式的分段数据
builder.addFormDataPart("video",
        mVideoPath.substring(mVideoPath.lastIndexOf("/")),
        RequestBody.create(new File(mVideoPath),
                MediaType.parse("video/*")));
RequestBody body = builder.build();                    // 根据建造器生成请求结构
OkHttpClient client = new OkHttpClient();              // 创建一个okhttp客户端对象
// 创建一个POST方式的请求结构
Request request = new Request.Builder().post(body)
        .url(UrlConstant.HTTP_PREFIX+"commitVideo").build();
Call call = client.newCall(request);                   // 根据请求结构创建调用对象
// 加入HTTP请求队列。异步调用，并设置接口应答的回调方法
call.enqueue(new Callback() {
    @Override
    public void onFailure(Call call, IOException e) {      // 请求失败
        // 回到主线程操作界面
        runOnUiThread(() ->  {
            mDialog.dismiss();                             // 关闭进度对话框
        });
    }
```

```
        @Override
        public void onResponse(Call call, final Response response) throws IOException {  // 请求成功
            String resp = response.body().string();
            CommitResponse commitResponse = new Gson().fromJson(resp, CommitResponse.class);
            // 回到主线程操作界面
            runOnUiThread(() -> {
                mDialog.dismiss();                                    // 关闭进度对话框
                if ("0".equals(commitResponse.getCode())) {
                    finishPublish();                                  // 结束视频发布操作
                }
            });
        }
    });
```

14.4.3　效果展示

短视频分享同样需要服务器配合，确保后端的Web服务已经开启，同时为了演示效果更逼真，笔者提前准备了几条短视频测试记录。打开短视频分享App，发现首页正在播放某段短视频，如图14-36所示。点击页面下方的加号图标，跳转到视频录制的初始界面，如图14-37所示。

调整好角度后固定手机，点击界面下方的闪电按钮，App立刻开始录像，如图14-38所示。此时闪电按钮外圈的进度圆弧按顺时针方向转动，已录制时长也随之跳跃，直至到达设定的15秒时长，变成完成界面，如图14-39所示。

图14-36　正在播放的短视频首页　　图14-37　视频录制的初始界面　　图14-38　正在录制视频时的界面

点击右下角的“下一步”按钮，跳转到如图14-40所示的视频编辑页面。点击编辑页面右上角的“选封面”按钮，打开封面选取的页面，如图14-41所示。

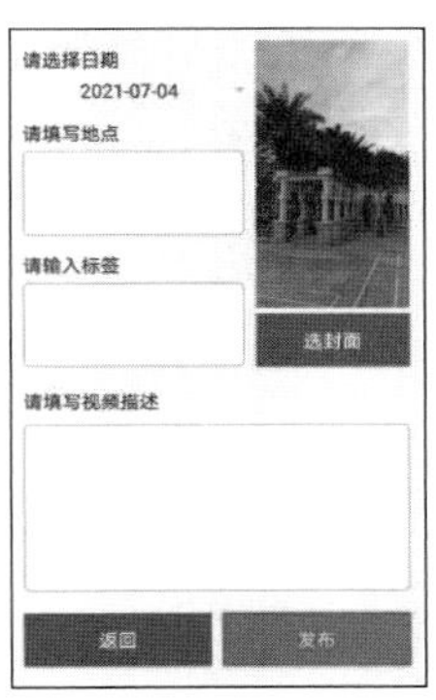

图14-39　录制完成后的界面　　图14-40　视频编辑页面　　图14-41　选取封面的页面

选好封面后点击下方的“保存”按钮，回到编辑页面，接着选择短视频的拍摄日期，并填写拍摄地点、视频标签、视频描述，填完之后的页面如图14-42所示。检查无误再点击右下角的“发布”按钮，稍等片刻即可发布成功，App自动回到首页，如图14-43所示，可见改为播放刚刚发布的短视频了，并且拍摄地点和视频描述都一并显示了出来。手指在屏幕上下拉刷新，可获取最新发布的短视频；向上滑动屏幕，可拉出下一个短视频。

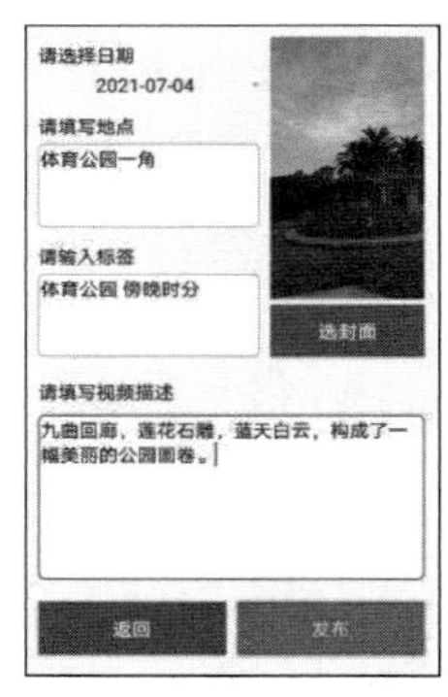

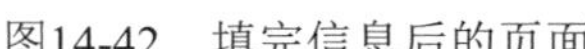
图14-42　填完信息后的页面

图14-43　发布新视频后的首页

至此，作为创作者的发布流程以及作为用户的浏览操作都得以验证。独乐乐不如众乐乐，好看的短视频多多益善，世间的美好就是要共同欣赏。

14.5　小　　结

本章主要介绍了App开发用到的多媒体处理技术，包括音频录播（使用系统录音机录制音频、利用MediaPlayer播放音频、利用MediaRecorder录制音频）、传统摄制（使用系统相机拍摄照片、使用系统摄像机录制视频、利用视频视图播放视频、截取视频的某帧画面）、增强摄制（使用CameraX拍照、使用CameraX录像、新型播放器ExoPlayer）。最后设计了一个实战项目 “仿抖音的短视频分享”，在该项目的App编码中综合运用了本章介绍的视频处理技术。

通过本章的学习，读者应该能够掌握以下4种开发技能：

（1）学会录制和播放音频。

（2）学会传统的拍照、录像与视频播放操作。

（3）学会使用CameraX库拍照和录像。

（4）学会使用ExoPlayer库播放各种视频。

14.6　动 手 练 习

1. 使用 MediaRecorder 实现一个简单的录音机。
2. 使用 CameraX 库实现一个简单的拍照 App。
3. 综合运用视频处理技术实现一个短视频分享 App。

第 15 章 手机阅读

本章介绍App开发常见的手机阅读技术，主要包括：如何使用网页视图加载本地网页与在线网页，如何以贴近现实的方式浏览PDF文件内容，如何在手机上浏览Office文档（Word、Excel、PPT等），如何基于Android系统采取JNI技术进行原生开发。最后结合本章所学的知识演示一个实战项目“笔墨飘香之电子书架”的设计与实现。

15.1 浏览网页

本节介绍手机App浏览网页的几种方式，内容包括如何打开存储卡上的本地网页文件，如何实现简单的网页浏览器来加载在线网页，如何将EPUB文档转换为网页文件以便通过网页视图浏览文档内容。

15.1.1 打开本地网页

以htm或者html为扩展名的文件，属于由HTML标签组成的网页文件，通过浏览器查看网页的源代码，就能看到它的文件内容。由于网页不是一般的文本文件，而是包含一系列HTML标签的页面描述定义，因此如果想显示网页的效果画面而非源代码，就得借助于网页视图WebView。WebView相当于Android的一个浏览器内核，它能内嵌并展示Web页面，并处理App与Web的交互操作。

因为浏览器存在许多操作，所以WebView也提供了大量方法，但不管怎么千变万化，下面几个方法都是WebView必需的基本方法。

- loadUrl：加载指定的URL，URL可以是http打头的外部网址，也可以是file打头的资产网页。
- getSettings：获取浏览器的网页设置信息。返回一个网页设置WebSettings对象。
- setWebViewClient：设置网页视图的网页浏览客户端WebViewClient，如果已调用loadUrl方法，就必须同时调用本方法。

注意到loadUrl方法既能显示互联网上的网页，也能显示App在assets目录下自带的资产网页。若想让WebView加载资产目录中的网页，则需在网页路径前加上“file:///android_asset/”，表示该网页来自于本地的assets目录。

接下来举个例子，看看如何利用WebView显示assets目录下的资产网页。首先在App界面的布局文件中添加WebView节点，代码如下：

```
（完整代码见chapter15\src\main\res\layout\activity_web_local.xml）
    <WebView
        android:id="@+id/wv_assets_web"
        android:layout_width="match_parent"
        android:layout_height="match_parent" />
```

接着在App模块的src\main路径下创建assets目录，并往该目录下放置html\index.html及其搭配的图片文件。然后回到Java代码，调用网页视图对象的loadUrl方法加载前述网页文件，详细的活动代码示例如下：

```
（完整代码见chapter15\src\main\java\com\example\chapter15\WebLocalActivity.java）
public class WebLocalActivity extends AppCompatActivity {
    private String mFilePath = "file:///android_asset/html/index.html";

    @Override
    protected void onCreate(Bundle savedInstanceState) {
        super.onCreate(savedInstanceState);
        setContentView(R.layout.activity_web_local);
        TextView tv_web_path = findViewById(R.id.tv_web_path);
        // 从布局文件中获取名叫wv_assets_web的网页视图
        WebView wv_assets_web = findViewById(R.id.wv_assets_web);
        tv_web_path.setText("下面网页来源于资产文件：" + mFilePath);
        // 命令网页视图加载指定路径的网页
        wv_assets_web.loadUrl(mFilePath);
        // 给网页视图设置默认的网页浏览客户端
        wv_assets_web.setWebViewClient(new WebViewClient());
    }
}
```

运行测试App，观察到WebView展示本地网页的效果如图15-1所示。可见页面左边是一张瀑布图片，右边是唐诗《望庐山瀑布》的文本。

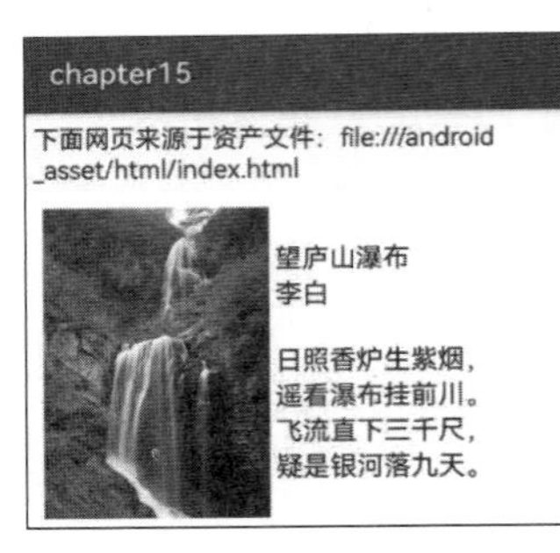

图 15-1　加载本地网页的界面

鉴于大多数网页都运用了JavaScript实现动态效果，故而调用WebView对象的getSettings方法，先获取网页视图的网页设置对象WebSettings，再调用WebSettings对象的setJavaScriptEnabled方法开启JavaScript的支持功能。

下面以全景网页为例，演示一下如何启用HTML的JavaScript功能。通过HTML显示全景图片需要一个JS框架，该框架名叫three.min.js，由于该框架采用JavaScript编写，因此要求WebView开启JavaScript。此时使用WebView加载全景网页的代码片段如下：

```
（完整代码见chapter15\src\main\java\com\example\chapter15\WebPanoramaActivity.java）
private WebView wv_panorama;  // 声明一个网页视图对象

// 加载本地的全景网页
private void loadWeb() {
    // 命令网页视图加载指定路径的网页
    wv_panorama.loadUrl("file:///android_asset/panorama/index.html");
    // 获取网页视图的网页设置
    WebSettings settings = wv_panorama.getSettings();
    // 是否支持JavaScript
    settings.setJavaScriptEnabled(true);
    // 给网页视图设置默认的网页浏览客户端
    wv_panorama.setWebViewClient(new WebViewClient());
}
```

运行测试App，观察到全景网页的初始界面如图15-2所示，然后手指在屏幕上左右移动，发现网页里的全景图片也跟着变换观测角度，如图15-3所示，说明JavaScript功能正常开启。

图15-2　全景网页的初始界面

图15-3　挪动全景网页的界面

15.1.2　网页浏览器

网页视图既可以访问本地网页，也可以访问外部网页。当然访问网络的前提是具备上网权限，为此需要修改模块的AndroidManifest.xml，添加以下的上网权限配置：

```
<!-- 上网 -->
<uses-permission android:name="android.permission.INTERNET" />
```

此外，从Android 9开始，App不能直接访问http打头的网络地址。若想去除该限制，还需给application节点添加如下属性，表示继续使用HTTP明文地址：

```
android:usesCleartextTraffic="true"
```

由于上网涉及更多的交互操作，因此除了网页视图WebView之外，Android还提供了其他几个相关类，包括包括网页设置WebSettings、网页视图客户端WebViewClient、网页交互客户端WebChromeClient和文件下载监听器DownloadListener等。下面对它们依次进行介绍。

1. 网页视图WebView

除了前一小节介绍的loadUrl、getSettings、setWebViewClient等方法，还有下列几个上网时候的常用方法。

- addJavascriptInterface：添加供JavaScript调用的App接口。
- setWebChromeClient：设置浏览器的网页交互客户端WebChromeClient。
- setDownloadListener：设置文件下载监听器DownloadListener。
- loadData：加载文本数据。第二个参数表示媒体类型，如text/html；第三个参数表示数据的编码格式，如base64表示采用BASE64编码，其余值（包括null）表示URL编码。
- canGoBack：判断页面能否返回。
- goBack：返回上一个页面。

- canGoForward：判断页面能否前进。
- goForward：前进到下一个页面。
- reload：重新加载页面。
- stopLoading：停止加载页面。

2. 网页设置WebSettings

WebSettings用于管理网页视图的加载属性，指明了什么该做、什么不该做。调用WebView对象的getSettings方法即可获得WebSettings对象。下面是WebSettings的常用设置方法。

（1）基本的加载设置

- setLoadsImagesAutomatically：设置是否自动加载图片。如果设置为false，就表示无图模式。
- setDefaultTextEncodingName：设置默认的文本编码，如UTF-8、GBK等。
- setJavaScriptEnabled：设置是否支持JavaScript。
- setJavaScriptCanOpenWindowsAutomatically：设置是否允许JavaScript自动打开新窗口，即JS的window.open方法是否适用。

（2）与网页适配有关的设置

- setSupportZoom：设置是否支持页面缩放。
- setBuiltInZoomControls：设置是否出现缩放工具。
- setUseWideViewPort：当容器超过页面大小时，是否将页面放大到塞满容器宽度的尺寸。
- setLoadWithOverviewMode：当页面超过容器大小时，是否将页面缩小到容器能够装下的尺寸。
- setLayoutAlgorithm：设置自适应屏幕的算法，一般是LayoutAlgorithm.SINGLE_COLUMN。

（3）与存储有关的设置

- setAppCacheEnabled：设置是否启用App缓存。
- setAppCachePath：设置App缓存文件的路径。
- setAllowFileAccess：设置是否允许访问文件，如允许WebView访问SD卡的文件。
- setDatabaseEnabled：设置是否启用数据库。
- setDomStorageEnabled：设置是否启用本地存储。
- setCacheMode：设置使用的缓存模式。缓存模式的取值说明见表15-1。

表15-1　缓存模式的取值说明

WebSettings 类的缓存模式	说　明
LOAD_CACHE_ELSE_NETWORK	优先使用缓存
LOAD_NO_CACHE	不使用缓存
LOAD_CACHE_ONLY	只使用缓存

3. 网页视图客户端WebViewClient

可以将WebViewClient看作网页加载监听器，用于处理与加载动作有关的事件，对WebView对象调用setWebViewClient方法即可设置客户端。WebViewClient需要重写的方法说明如下：

- onPageStarted：页面开始加载时触发。可在此弹出进度对话框ProgressFialog。
- onPageFinished：页面加载结束时触发。可在此关闭进度对话框。
- onReceivedError：收到错误信息时触发。
- onReceivedSslError：收到SSL错误时触发。
- shouldOverrideUrlLoading：发生网页跳转时触发。重写该方法的目的是判断每当点击网页中的链接时，是想在当前的网页视图里跳转还是跳转到系统自带的浏览器。

在当前的网页视图内部跳转，重写方法代码如下：

```
// 发生网页跳转时触发
public boolean shouldOverrideUrlLoading(WebView view, String url) {
    view.loadUrl(url);  // 在当前的网页视图内部跳转
    return true;
}
```

4. 网页交互客户端WebChromeClient

WebChromeClient用于处理网页与App之间的交互事件，对WebView对象调用setWebChromeClient方法即可设置客户端。WebChromeClient需要重写的方法说明如下：

- onReceivedTitle：收到页面标题时触发。
- onProgressChanged：页面加载进度发生变化时触发。可在此刷新进度对话框的进度条。
- onJsAlert：网页的JS代码调用alert方法时触发。可在此弹出自定义的提示对话框。
- onJsConfirm：网页的JS代码调用confirm方法时触发。可在此弹出自定义的确认对话框。
- onJsPrompt：网页的JS代码调用prompt方法时触发。可在此弹出自定义的提示对话框。
- onGeolocationPermissionsShowPrompt：网页请求定位权限时触发。可在此弹出一个确认对话框，提示用户是否允许网页获得定位权限。如果不想出现弹窗就允许网页获得权限，重写方法代码如下：

```
// 网页请求定位权限时触发
public void onGeolocationPermissionsShowPrompt(String origin, Callback callback) {
    callback.invoke(origin, true, false);  // 不弹窗就允许网页获得定位权限
    super.onGeolocationPermissionsShowPrompt(origin, callback);
}
```

- onShowCustomView：显示自定义的视图，点击视频的全屏播放按钮时触发。可在此补充视频的全屏播放操作。
- onHideCustomView：隐藏自定义的视图，点击视频的退出全屏按钮时触发。可在此补充视频的退出全屏操作。

5. 文件下载监听器DownloadListener

DownloadListener用于监听网页的下载事件，对WebView对象调用setDownloadListener方法即可设置下载监听器。DownloadListener只有onDownloadStart方法需要重写。

- onDownloadStart：文件开始下载时触发。可在此接管下载动作，比如设置文件下载的方式、文件的保存路径等。

了解了网页视图相关组件的具体用法后，接下来让我们实现一个简单的浏览器，进一步加深对WebView运用的理解。下面是使用WebView实现简单浏览器的示例代码：

```
（完整代码见chapter15\src\main\java\com\example\chapter15\WebBrowserActivity.java）
public class WebBrowserActivity extends AppCompatActivity implements OnClickListener {
    private EditText et_web_url;          // 声明一个用于输入网址的编辑框对象
    private WebView wv_web;               // 声明一个网页视图对象
    private ProgressDialog mDialog;       // 声明一个进度对话框对象
    private String mUrl;                  // 完整的网页地址

    protected void onCreate(Bundle savedInstanceState) {
        super.onCreate(savedInstanceState);
        setContentView(R.layout.activity_web_browser);
        et_web_url = findViewById(R.id.et_web_url);
        et_web_url.setText("xw.qq.com/");
        // 从布局文件中获取名叫wv_web的网页视图
        wv_web = findViewById(R.id.wv_web);
        findViewById(R.id.btn_web_go).setOnClickListener(this);
        findViewById(R.id.ib_back).setOnClickListener(this);
        findViewById(R.id.ib_forward).setOnClickListener(this);
        findViewById(R.id.ib_refresh).setOnClickListener(this);
        findViewById(R.id.ib_close).setOnClickListener(this);
        initWebViewSettings();            // 初始化网页视图的网页设置
    }

    // 初始化网页视图的网页设置
    private void initWebViewSettings() {
        // 获取网页视图的网页设置
        WebSettings settings = wv_web.getSettings();
        // 设置是否自动加载图片
        settings.setLoadsImagesAutomatically(true);
        // 设置默认的文本编码
        settings.setDefaultTextEncodingName("utf-8");
        // 设置是否支持JavaScript
        settings.setJavaScriptEnabled(true);
        // 设置是否允许JavaScript自动打开新窗口（window.open()）
        settings.setJavaScriptCanOpenWindowsAutomatically(false);
        // 设置是否支持缩放
        settings.setSupportZoom(true);
        // 设置是否出现缩放工具
        settings.setBuiltInZoomControls(true);
        // 当容器超过页面大小时，是否放大页面大小到容器宽度
        settings.setUseWideViewPort(true);
        // 当页面超过容器大小时，是否缩小页面大小到页面宽度
        settings.setLoadWithOverviewMode(true);
        // 设置自适应屏幕。Android 4.2.2及之前版本在自适应时可能会出现表格错乱的情况
        settings.setLayoutAlgorithm(LayoutAlgorithm.SINGLE_COLUMN);
    }

    public void onClick(View v) {
        if (v.getId() == R.id.btn_web_go) {         // 点击了“快去”按钮
            // 从系统服务中获取输入法管理器
            InputMethodManager imm = (InputMethodManager)
                    getSystemService(Context.INPUT_METHOD_SERVICE);
            // 关闭输入法软键盘
            imm.hideSoftInputFromWindow(et_web_url.getWindowToken(), 0);
            mUrl = "https://" + et_web_url.getText().toString();
            // 命令网页视图加载指定路径的网页
            wv_web.loadUrl(mUrl);
            // 给网页视图设置自定义的网页浏览客户端
            wv_web.setWebViewClient(mWebViewClient);
            // 给网页视图设置自定义的网页交互客户端
            wv_web.setWebChromeClient(mWebChrome);
        } else if (v.getId() == R.id.ib_back) {         // 点击了后退图标
            if (wv_web.canGoBack()) {                   // 如果能够后退
                wv_web.goBack();                        // 回到上一个网页
```

```
            } else {Toast.LENGTH_SHORT).show();
                Toast.makeText(this, "已经是最后一页了",
            }
        } else if (v.getId() == R.id.ib_forward) {     // 点击了前进图标
            if (wv_web.canGoForward()) {               // 如果能够前进
                wv_web.goForward();                    // 去往下一个网页
            } else {
                Toast.makeText(this, "已经是最前一页了", Toast.LENGTH_SHORT).show();
            }
        } else if (v.getId() == R.id.ib_refresh) {     // 点击了刷新图标
            wv_web.reload();                           // 命令网页视图重新加载网页
            //wv_web.stopLoading();                    // 停止加载
        } else if (v.getId() == R.id.ib_close) {       // 点击了关闭图标
            finish();                                  // 关闭当前页面
        }
    }

    // 在按下返回键时触发
    public void onBackPressed() {
        // 还能返回到上一个网页
        if (wv_web.canGoBack() && !wv_web.getUrl().equals(mUrl)) {
            wv_web.goBack();                           // 回到上一个网页
        } else {                                       // 已经是最早的网页，无路返回了
            finish();                                  // 关闭当前页面
        }
    }

    // 定义一个网页浏览客户端
    private WebViewClient mWebViewClient = new WebViewClient() {
        // 收到SSL错误时触发
        public void onReceivedSslError(WebView view, SslErrorHandler handler, SslError
error) {
            handler.proceed();
        }

        // 页面开始加载时触发
        public void onPageStarted(WebView view, String url, Bitmap favicon) {
            super.onPageStarted(view, url, favicon);
            if (mDialog == null || !mDialog.isShowing()) {
                // 下面弹出提示网页正在加载的进度对话框
                mDialog = new ProgressDialog(WebBrowserActivity.this);
                mDialog.setTitle("稍等");
                mDialog.setMessage("页面加载中……");
                mDialog.setProgressStyle(ProgressDialog.STYLE_HORIZONTAL);
                mDialog.show();                            // 显示进度对话框
            }
        }

        // 页面加载结束时触发
        public void onPageFinished(WebView view, String url) {
            super.onPageFinished(view, url);
            if (mDialog != null && mDialog.isShowing()) {
                mDialog.dismiss();                         // 关闭进度对话框
            }
        }

        // 收到错误信息时触发
        public void onReceivedError(WebView view, int errorCode, String description,
String failingUrl) {
            super.onReceivedError(view, errorCode, description, failingUrl);
            if (mDialog != null && mDialog.isShowing()) {
                mDialog.dismiss();                         // 关闭进度对话框
            }
            Toast.makeText(WebBrowserActivity.this,
```

```
                    "页面加载失败，请稍候再试", Toast.LENGTH_LONG).show();
        }
        // 发生网页跳转时触发
        public boolean shouldOverrideUrlLoading(WebView view, String url) {
            view.loadUrl(url);                          // 在当前的网页视图内部跳转
            return true;
        }
    };
    // 定义一个网页交互客户端
    private WebChromeClient mWebChrome = new WebChromeClient() {
        // 页面加载进度发生变化时触发
        public void onProgressChanged(WebView view, int progress) {
            if (mDialog != null && mDialog.isShowing()) {
                mDialog.setProgress(progress);          // 更新进度对话框的加载进度
            }
        }
        // 网页请求定位权限时触发
        public void onGeolocationPermissionsShowPrompt(String origin, Callback callback) {
            // 不弹窗就允许网页获得定位权限
            callback.invoke(origin, true, false);
            super.onGeolocationPermissionsShowPrompt(origin, callback);
        }
    };
}
```

简单浏览器的展示效果如图15-4～图15-7所示。其中，图15-4为打开浏览器的初始页面，页面上部为地址栏，下部为控制栏（从左到右依次是前进、后退、刷新、退出按钮）；在地址栏输入网址并点击“快去”按钮，浏览器显示正在加载的进度对话框，如图15-5所示；网页加载完毕后，进度对话框消失，浏览器主视图中显示该网址的Web页面，如图15-6所示；点击该页面的第一条新闻，浏览器打开该新闻的详情页面，如图15-7所示。

图15-4　浏览器的初始页面

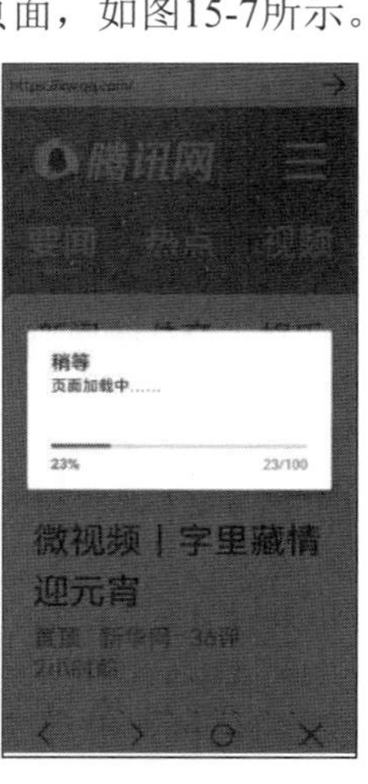

图15-5　浏览器加载网页中

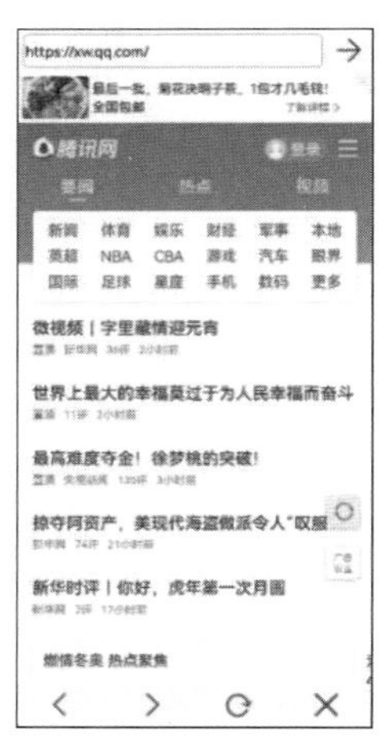

图15-6　浏览器加载网页完成

图15-7　点击进入新闻详情页

要想在前后网页中切换，可点击下方控制栏的前进或后退按钮；要想重新加载当前网页，可点击控制栏的刷新按钮；要想退出浏览器，可点击控制栏右边的退出按钮。读者若有兴趣，也可加入其他高级功能，如设置默认主页、开启无图模式、添加书签管理等内容。

除了常规的图文浏览，还经常使用浏览器观看视频，特别是要将网页上的某个视频进行全屏播放。此时不但整个屏幕都成了视频画面，连屏幕方向也由竖屏转为横屏，显然网页视图无法承担这个重任，因为WebView仅仅占据屏幕的部分区域。这时要自定义网页浏览客户端WebViewClient，并重写该接口的onShowCustomView和onHideCustomView方法，在onShowCustomView方法中补充全屏播放处理，在onHideCustomView方法中补充退出全屏处理。下面是与全屏操作有关的WebViewClient自定义代码片段：

```
(完整代码见chapter15\src\main\java\com\example\chapter15\WebVideoActivity.java)
private View mView;

// 点击网页的视频全屏按钮，会触发该方法
@Override
public void onShowCustomView(View view, CustomViewCallback customViewCallback) {
    super.onShowCustomView(view, customViewCallback);
    ViewGroup parent = (ViewGroup) wv_web.getParent();
    parent.removeView(wv_web);                          // 移除网页视图
    view.setBackgroundColor(Color.BLACK);
    parent.addView(view);                               // 添加全屏视图
    mView = view;
    showFullScreen();                                   // 显示全屏
}

// 点击网页的退出全屏按钮，会触发该方法
@Override
public void onHideCustomView() {
    super.onHideCustomView();
    if (mView != null) {
        ViewGroup parent = (ViewGroup) mView.getParent();
        parent.removeView(mView);                       // 移除全屏视图
        parent.addView(wv_web);                         // 添加网页视图
        mView = null;
        quitFullScreen();                               // 退出全屏
    }
}
```

以上代码调用了showFullScreen和quitFullScreen两个方法，其中前者实现了全屏显示与横屏转换功能，后者实现了退出全屏和恢复竖屏功能。这两个方法的实现代码示例如下：

```
// 显示全屏，同时变为横屏
private void showFullScreen(){
    getWindow().clearFlags(WindowManager.LayoutParams.FLAG_FORCE_NOT_FULLSCREEN);
    getWindow().addFlags(WindowManager.LayoutParams.FLAG_FULLSCREEN);
    // 转为横屏显示
    setRequestedOrientation(ActivityInfo.SCREEN_ORIENTATION_LANDSCAPE);
}

// 退出全屏，同时恢复竖屏
private void quitFullScreen() {
    getWindow().clearFlags(WindowManager.LayoutParams.FLAG_FULLSCREEN);
    getWindow().addFlags(WindowManager.LayoutParams.FLAG_FORCE_NOT_FULLSCREEN);
    // 转为竖屏显示
    setRequestedOrientation(ActivityInfo.SCREEN_ORIENTATION_UNSPECIFIED);
}
```

浏览器的视频播放效果如图15-8和图15-9所示。其中图15-8为全屏播放前的网页界面，点击视频右下角的全屏播放按钮，手机屏幕瞬间翻转为横屏，同时视频也扩展到全屏播放，如图15-9所示。

图15-8　全屏播放前的网页界面

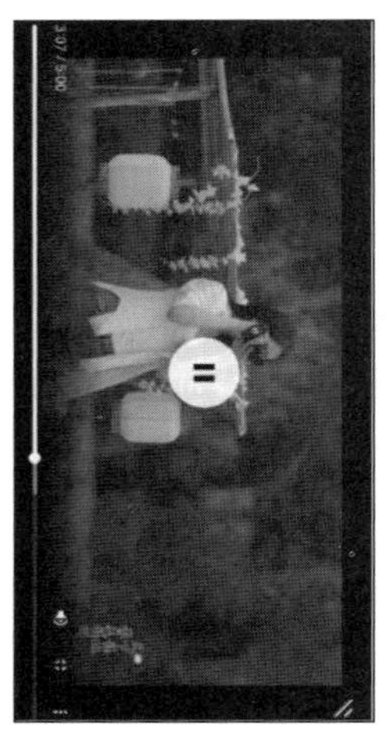

图15-9　全屏播放后的网页界面

15.1.3　浏览 EPUB 文件

不单是互联网上的网页采取HTML格式，某些电子书的文档也使用了HTML家族的格式标准，例如扩展名为epub、chm的文件等。其中EPUB（全称为Electronic Publication）格式内部采用了XHTML标准，该格式的文件内容支持自动重新编排，也就是图文内容能够根据阅读设备的特性以最适合浏览的方式显示。那么利用epub解析库将EPUB文件解析成多个网页文件，就能通过WebView浏览文件内容啦，具体的解析步骤说明如下。

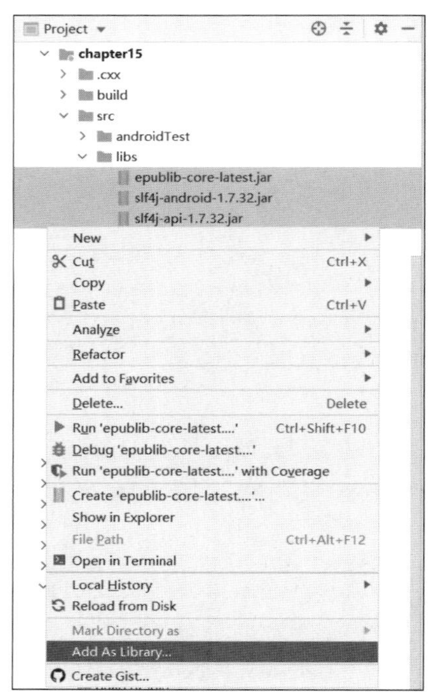

图 15-10　把 JAR 文件导入 App 模块

01 首先到epub官网http://www.siegmann.nl/epublib下载最新的epub解析库，也就是epublib-core-latest.jar，以及它的依赖库slf4j-api-1.7.32.jar和slf4j-android-1.7.32.jar，把这三个JAR文件放到App模块的src\libs目录下。再将Android Studio的左上角窗口由Android结构切换到Project结构，在模块的层次目录中选中前面的三个JAR包，右击已选中的文件并在右键菜单中选择Add As Library...，如图15-10所示，此后Android Studio会把JAR包引入App模块。

02 接着把演示需要的EPUB文件（如lunyu.epub）放到App模块的src\main\assets目录下，准备将它解析成一系列HTML文件。

03 然后在Java代码中打开EPUB文件，将其引用的所有资源文件（包括网页、图片等）都保存到存储卡上，同时获取该电子书所有页面对应的HTML路径列表，以便后续的界面展示操作。下面是解析EPUB文件的代码片段：

```
（完整代码见chapter15\src\main\java\com\example\chapter15\EpubReaderActivity.java）
private String mFileName = "lunyu.epub";
private String mDir;
```

```
// 加载EPUB文件
private void loadEpub() {
    // 创建一个EPUB阅读器对象
    EpubReader epubReader = new EpubReader();
    Book book = null;
    // 打开assets目录下的资产文件
    try (InputStream is = getAssets().open(mFileName)) {
        // 从输入流中读取书籍数据
        book = epubReader.readEpub(is);
        // 获取该书的所有资源，包括网页、图片等
        Resources resources = book.getResources();
        // 获取所有的链接地址
        Collection<String> hrefArray = resources.getAllHrefs();
        for (String href : hrefArray) {
            // 获取该链接指向的资源
            Resource res = resources.getByHref(href);
            // 把资源的字节数组保存为文件
            FileUtil.writeFile(mDir + "/" + href, res.getData());
        }
    } catch (Exception e) {
        e.printStackTrace();
    }
    List<String> htmlList = new ArrayList<>();
    // 获取该书的所有内容页，也就是所有网页
    List<Resource> contents = book.getContents();
    for (int i = 0; i < contents.size(); i++) {
        // 获取该网页的链接地址，并添加到网页列表中
        String href = String.format("%s/%s", mDir, contents.get(i).getHref());
        htmlList.add(href);
    }
    // 下面使用ViewPager展示每页的WebView内容
    EpubPagerAdapter adapter = new EpubPagerAdapter(
                            getSupportFragmentManager(), htmlList);
    vp_content.setAdapter(adapter);
    vp_content.setCurrentItem(0);
}
```

04 以上代码从EPUB文件解析得到各页面的HTML路径列表，接下来运用翻页适配器组装这些文件列表。组装EPUB页面列表的翻页适配器代码示例如下：

```
(完整代码见chapter15\src\main\java\com\example\chapter15\adapter\EpubPagerAdapter.java)
public class EpubPagerAdapter extends FragmentPagerAdapter {
    private List<String> mHtmlList; // 网页文件的路径列表

    public EpubPagerAdapter(FragmentManager fm, List<String> htmlArray) {
        super(fm, BEHAVIOR_RESUME_ONLY_CURRENT_FRAGMENT);
        mHtmlList = htmlArray;
    }

    @Override
    public int getCount() {
        return mHtmlList.size();
    }

    @Override
    public Fragment getItem(int position) {
        return HtmlFragment.newInstance(mHtmlList.get(position));
    }

    @Override
    public CharSequence getPageTitle(int position) {
        if (position == 0) {
```

```
            return "封面";
        } else {
            return "第" + position + "页";
        }
    }
}
```

05 具体到每个页面，当然还要编写碎片Fragment代码，在碎片中使用WebView显示该页面对应的HTML文件。下面是显示每个HTML页面的碎片代码例子：

```
(完整代码见chapter15\src\main\java\com\example\chapter15\fragment\HtmlFragment.java)
public class HtmlFragment extends Fragment {
    protected View mView;              // 声明一个视图对象
    protected Context mContext;        // 声明一个上下文对象
    private String mHtmlPath;          // 网页文件的本地路径

    public static HtmlFragment newInstance(String htmlPath) {
        HtmlFragment fragment = new HtmlFragment();
        Bundle bundle = new Bundle();
        bundle.putString("htmlPath", htmlPath);
        fragment.setArguments(bundle);
        return fragment;
    }

    @Override
    public View onCreateView(LayoutInflater inflater, ViewGroup container,
                             Bundle savedInstanceState) {
        mContext = getActivity();
        if (getArguments() != null) {
            mHtmlPath = getArguments().getString("htmlPath");
        }
        mView = inflater.inflate(R.layout.fragment_html, container, false);
        WebView wv_content = mView.findViewById(R.id.wv_content);
        // 命令网页视图加载指定路径的网页
        wv_content.loadUrl("file:///" + mHtmlPath);
        return mView;
    }
}
```

运行测试App，打开浏览页面后稍等片刻，App自动从assets目录加载了EPUB电子书，并且展示书籍首页，如图15-11所示。手指轻轻向左划，界面切换到了书籍的第二页，如图15-12所示，可见EPUB文件的内容被成功解析渲染了出来。

图15-11 展示EPUB文件首页

图15-12 滑到EPUB文件第二页

15.2 浏览 PDF 文件

本节介绍手机App浏览PDF文件的几种方式，内容包括如何使用Android自带的PDF渲染器将PDF文件解析为一组图片、如何通过自定义控件实现上下层叠的平滑翻书效果、如何借助贝塞尔曲线实现模拟现实的卷曲翻书动画特效。

15.2.1 PDF 文件渲染器

Android集成了PDF的渲染操作，在很大程度上方便了开发者，这个PDF文件渲染器便是PdfRenderer。渲染器允许从存储卡读取PDF文件，示例代码如下：

```
// 打开存储卡里指定路径的PDF文件
ParcelFileDescriptor pfd = ParcelFileDescriptor.open(
        new File(file_path), ParcelFileDescriptor.MODE_READ_ONLY);
```

打开PDF文件只是第一步，接下来使用PdfRenderer工具加载PDF文件，并进行相关的处理操作。下面是PdfRenderer类的常用方法：

- 构造方法：在ParcelFileDescriptor对象中构造一个PdfRenderer实例。
- getPageCount：获取PDF文件的页数。
- openPage：打开PDF文件的指定页面，返回一个PdfRenderer.Page对象。
- close：关闭PDF文件。

从上面列出的方法可以看到，PDF渲染器只提供了对整个PDF文件的管理操作，具体的页面处理（比如渲染操作）得由PdfRenderer.Page对象来完成。下面是Page类的常用方法：

- getIndex：获取该页面的页码。
- getWidth：获取该页面的宽度。
- getHeight：获取该页面的高度。
- render：渲染该页面的内容，并将渲染结果写入一个位图对象。开发者可以把位图对象保存到存储卡的图片文件中。
- close：关闭该页面。

总而言之，PDF渲染器支持把一个PDF文件转换成若干图片，开发者可以将这些图片展示在屏幕上。下面的代码片段演示如何将PDF文件解析为一组图片文件的路径列表：

```
(完整代码见chapter15\src\main\java\com\example\chapter15\util\AssetsUtil.java)
// 把PDF文件转换为图片文件的路径列表
public static List<String> convertPdfToImg(String rootDir, String fileName)
{
    List<String> pathList = new ArrayList<>();
    String imgDir = String.format("%s%s/", rootDir, MD5Util.encrypt(fileName));
    // 打开存储卡里指定路径的PDF文件，并创建PDF渲染器
    try (ParcelFileDescriptor pfd = ParcelFileDescriptor.open(
            new File(rootDir+fileName),
            ParcelFileDescriptor.MODE_READ_ONLY);
         PdfRenderer pdfRenderer = new PdfRenderer(pfd);) {
```

```
        int count = pdfRenderer.getPageCount();        // 获取PDF文件的页数
        String lastName = String.format("%s%03d.jpg", imgDir, count-1);
        File firstFile = new File(imgDir+"000.jpg");
        File lastFile = new File(lastName);
        boolean isExist = firstFile.exists() && lastFile.exists();
        for (int i = 0; i < count; i++) {
            String imgPath = String.format("%s/%03d.jpg", imgDir, i);
            pathList.add(imgPath);
            if (!isExist) {                                 // 目标图片尚不存在
                // 打开序号为i的页面
                PdfRenderer.Page page = pdfRenderer.openPage(i);
                // 创建该页面的临时位图
                Bitmap bitmap = Bitmap.createBitmap(
                        page.getWidth(), page.getHeight(),
                        Bitmap.Config.ARGB_8888);
                bitmap.eraseColor(Color.WHITE);             // 将临时位图洗白
                // 渲染该PDF页面并写入临时位图
                page.render(bitmap, null, null,
                         PdfRenderer.Page.RENDER_MODE_FOR_DISPLAY);
                BitmapUtil.saveImage(imgPath, bitmap);      // 把位图对象保存为图片文件
                page.close();                               // 关闭该PDF页面
            }
        }
    } catch (Exception e) {
        e.printStackTrace();
    }
    return pathList;
}
```

按照解析完成的图片路径调用图像视图的setImageURI方法，即可在界面上显示PDF图片。渲染完成的PDF页面效果如图15-13～图15-16所示。其中，图15-13为解析得到的第一张PDF图片，图15-14为解析得到的第二张PDF图片，图15-15为解析得到的第三张PDF图片，图15-16为解析得到的最后一张PDF图片。

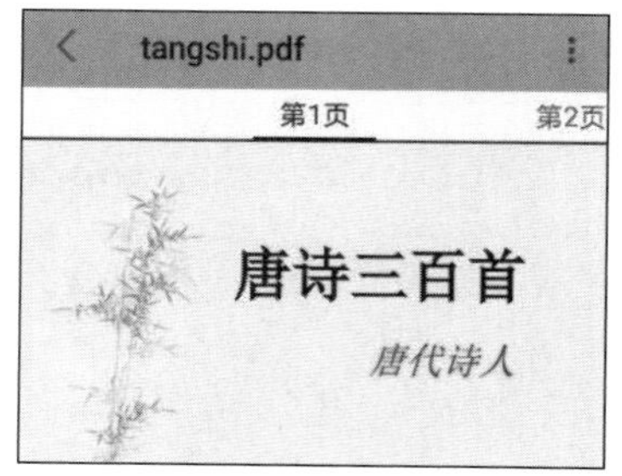

图15-13 解析得到的第一张PDF图片

图15-14 解析得到的第二张PDF图片

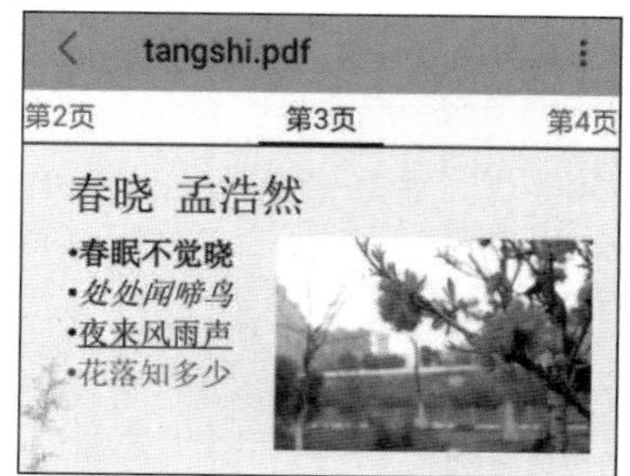

图15-15 解析得到的第三张PDF图片

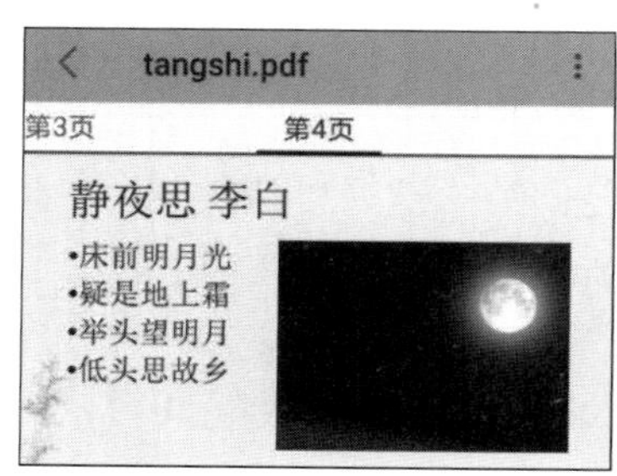

图15-16 解析得到的最后一张PDF图片

15.2.2　实现平滑翻书效果

与纸质书籍类似，手机上的电子书也有很多页，逐页浏览可采用翻页视图。然而翻页视图犹如一幅从左到右的绵长画卷，与现实生活中上下层叠的书籍并不相像。若想让手机电子书更贴近纸质书的阅读体验，就得重新设计上下翻动的视图，比如图15-17所示的平滑翻页效果，上下两页存在遮挡的情况，并且下面那页在未完全显示出来之前呈现阴影笼罩的效果。

图 15-17　平滑翻页的显示效果

从图15-17所示的效果图可以看出，此时的书页应当具备下列视图特征：

（1）能够容纳图片在内的多个控件，意味着自定义视图必须由某种布局派生而来。

（2）书页存在两种状态：未遮挡时的高亮状态，被遮挡时的阴影状态。

（3）鉴于书页允许拉动，考虑给它设置左侧间距。左侧间距为零时，该页完整显示；左侧间距为负值时，该页向左缩进。

按照上述3点要求实现的书页视图的示例代码如下：

```
（完整代码见chapter15\src\main\java\com\example\chapter15\widget\PageView.java）
public class PageView extends FrameLayout {
    private boolean isUpToTop = false;              // 是否高亮显示

    public PageView(Context context) {
        super(context);
    }

    @Override
    protected void dispatchDraw(Canvas canvas) {
        super.dispatchDraw(canvas);
        if (isUpToTop) {                      // 已经是最上面一页
            // 给画布涂上透明颜色，也就是去掉遮罩
            canvas.drawColor(Color.TRANSPARENT);
        } else {                              // 不是最上面一页
            // 给画布涂上半透明颜色，也就是加上遮罩
            canvas.drawColor(0x55000000);
        }
    }

    // 设置是否高亮显示
    public void setUp(boolean isUp) {
        isUpToTop = isUp;
        postInvalidate();                     // 立即刷新视图（线程安全方式）
    }

    // 设置视图的左侧间距
    public void setMargin(int margin) {
        // 获取空白边缘的布局参数
        MarginLayoutParams params = (MarginLayoutParams) getLayoutParams();
        params.leftMargin = margin;
        setLayoutParams(params);              // 设置视图的布局参数
        postInvalidate();                     // 立即刷新视图（线程安全方式）
    }
}
```

接着自定义滑动视图，用来容纳多个书页视图，以便模拟电子书的翻页浏览功能。滑动视图待实现的几处细节说明如下：

（1）支持传入图片路径列表，每张图片都做成书页视图，然后添加至滑动视图容器当中。

（2）重写onTouchEvent方法，根据手势的滑动距离实时设置当前书页的左侧间距。

（3）声明一个滚动器对象，并在手势松开后启动滚动器，同时重写computeScroll方法，在滚动过程中持续计算并设置当前书页的左侧间距。

（4）滚动结束后，确保上层书页视图高亮显示（没有覆盖一层阴影）。

根据上述说明实现的滑动视图的示例代码片段如下：

```
(完整代码见chapter15\src\main\java\com\example\chapter15\widget\ViewSlider.java)
private float mLastX = 0;                          // 上次按下点的横坐标
private int mPos = 0;                              // 当前书页的序号
// 上一个视图、当前视图、下一个视图
private PageView mPreView, mCurrentView, mNextView;
private int mShowPage;                             // 显示页面类型
private int mDirection;                            // 滑动方向
private Scroller mScroller;                        // 声明一个滚动器对象
private boolean isScrolling = false;               // 是否正在滚动

public ViewSlider(Context context, AttributeSet attrs) {
    super(context, attrs);
    mContext = context;
    // 创建一个基于线性插值器的滚动器对象
    mScroller = new Scroller(context, new LinearInterpolator());
}

// 在发生触摸事件时触发
@Override
public boolean onTouchEvent(MotionEvent event) {
    if (!mScroller.isFinished() && isScrolling) {     // 正在滚动则忽略触摸事件
        return super.onTouchEvent(event);
    }
    int distanceX = (int) (event.getRawX() - mLastX);
    switch (event.getAction()) {
        case MotionEvent.ACTION_DOWN:                          // 按下手指
            mLastX = event.getRawX();
            break;
        case MotionEvent.ACTION_MOVE:                          // 移动手指
            if (distanceX > 0) {                               // 拉出上一页
                if (mPos != 0) {
                    mShowPage = SHOW_PRE;
                    mPreView.setUp(true);                      // 高亮显示上一个书页
                    mPreView.setMargin(-mWidth + distanceX);   // 设置左侧间距
                    mCurrentView.setUp(false);                 // 当前书页取消高亮
                }
            } else {  // 拉出下一页
                if (mPos < mPathList.size() - 1) {
                    mShowPage = SHOW_NEXT;
                    mCurrentView.setMargin(distanceX);         // 设置当前书页的左侧间距
                }
            }
            break;
        case MotionEvent.ACTION_UP:                            // 松开手指
            if ((mPos==0 && distanceX>0) ||
                    (mPos==mPathList.size()-1 && distanceX<0)) {
                break;                         // 第一页不准往前翻页，最后一页不准往后翻页
```

```
            }
            isScrolling = true;
            if (mShowPage == SHOW_PRE) {                    // 原来在拉出上一页
                mDirection = Math.abs(distanceX) < mWidth / 2 ? DIRECTION_LEFT :
                                                 DIRECTION_RIGHT;
                int distance = mDirection==DIRECTION_LEFT
                                      ? -distanceX : mWidth-distanceX;
                mScroller.startScroll(-mWidth + distanceX, 0,
                                        distance, 0, 400);
            } else if (mShowPage == SHOW_NEXT) {            // 原来在拉出下一页
                mDirection = Math.abs(distanceX) > mWidth / 2 ? DIRECTION_LEFT :
                                                 DIRECTION_RIGHT;
                int distance = mDirection==DIRECTION_RIGHT
                                      ? -distanceX : -(mWidth+distanceX);
                mScroller.startScroll(distanceX, 0, distance, 0, 400);
            }
            break;
    }
    return true;
}

// 在滚动器滑动过程中不断触发，用于计算当前的视图偏移位置
@Override
public void computeScroll() {
    if (mScroller.computeScrollOffset()) {
        PageView view = mShowPage == SHOW_PRE ? mPreView : mCurrentView;
        view.setMargin(mScroller.getCurrX());
        if (mScroller.getFinalX() == mScroller.getCurrX()) {
            onScrollEnd(mDirection);                  // 重新规定上一页、当前页和下一页视图
            isScrolling = false;
        }
    }
}
```

滑动视图编写完成之后，在布局文件中添加ViewSlider节点，并在对应的活动页面给滑动视图设置图片路径列表，剩下的手势滑动操作就由滑动视图接管了。运行测试该App，可通过滑动手势来控制平滑翻书，滑了几下观察到的翻书效果如图15-18和图15-19所示。其中，图15-18为当前页向左滑动且即将松开手指时的画面，由于此时当前页左滑超过二分之一，因此松开后会继续向左滚动，快要滚动结束时的画面如图15-19所示，这便是滑动惯性使然。

图15-18　即将松开手指的画面

图15-19　快要滚动结束时的画面

15.2.3　实现卷曲翻书动画

上一小节介绍的平滑翻书固然实现了层叠翻页，可是该方式依旧无法模拟现实生活的翻书动作。现实当中每翻过一页，这页纸都会卷起来，再绕着装订线往前翻，并非平直地滑过去。就像图15-20所示的那样，手指捏住书页的右下角，然后轻轻地往左上方掀。

仔细观察图15-20，可以发现翻书的效果映射到平面上可以划分为三块区域，如图15-21所示。其中，A区域为正在翻的当前页，B区域为当前页的背面，C区域为露出来的下一页。关键在于如何确定这三块区域之间的界线，特别是部分界线还是曲线，无疑加大了勾勒线条的难度。

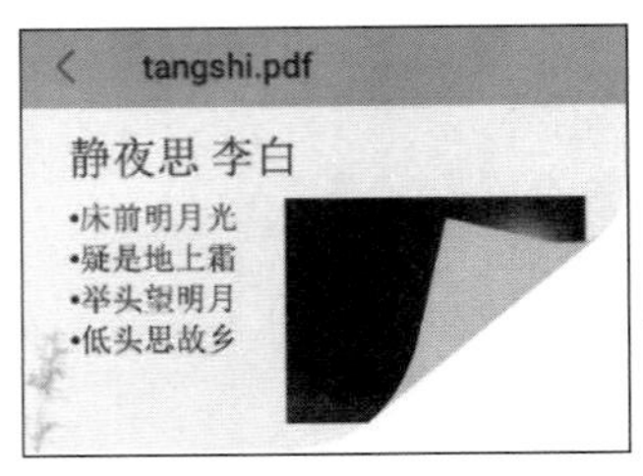

图15-20　卷曲翻页的界面效果

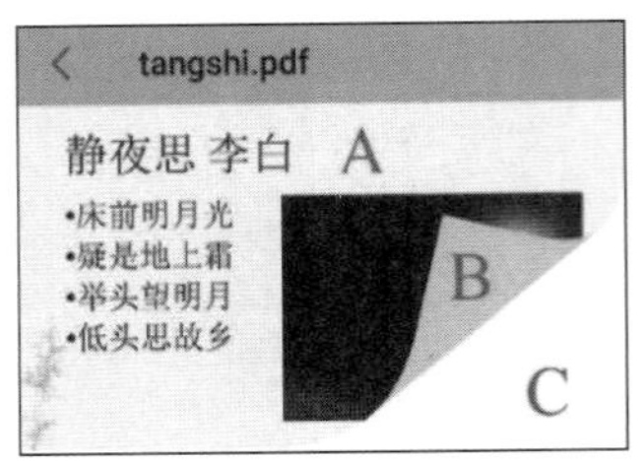

图15-21　翻书界面的三块区域

鉴于贝塞尔曲线的柔韧特性，可将其应用于翻书时的卷曲线条，为此需要把图15-21所示的区域界线划分为直线与曲线，其中直线通过首尾两个端点连接而成，曲线采取贝塞尔曲线的公式来描绘。单凭肉眼观察，先标出相关的划分点，如图15-22所示。

由图15-22可见，三块区域的界线从左往右依次描述如下：

（1）CDB三点组成一条曲线线段，其中D点位于书页背面的边缘。

（2）BA两点组成一条直线线段，其中A点原本是当前页右下角的端点。

（3）AK两点组成一条直线线段。

（4）KIJ三点组成一条曲线线段，其中I点位于书页背面的边缘。

（5）DI两点组成一条直线线段。

如此看来，区域界线总共分成两条曲线线段和三条直线线段。同时E点像是贝塞尔曲线CDB的控制点，H点像是贝塞尔曲线KIJ的控制点。那么这些坐标点的位置又是怎样计算得到的呢？

首先能确定的是F点，该点固定位于书页的右下角；其次是A点，手指在触摸翻书的时候，指尖挪到哪里，A点就跟到哪里。基于A点和F点的坐标位置，再来计算剩余坐标点的位置。为方便讲解，给出各点坐标的计算连线的画面效果，如图15-23所示。

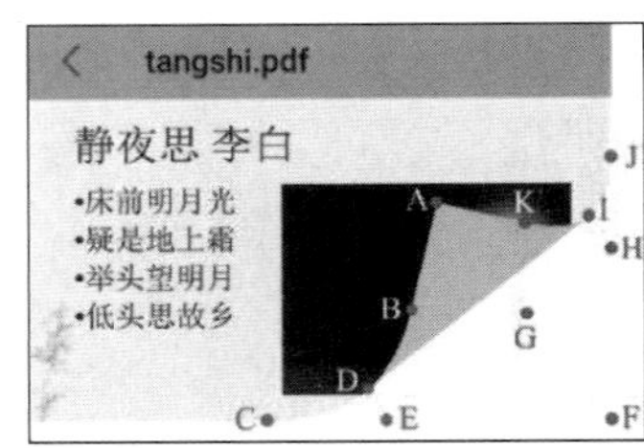

图15-22　三块区域的分界端点

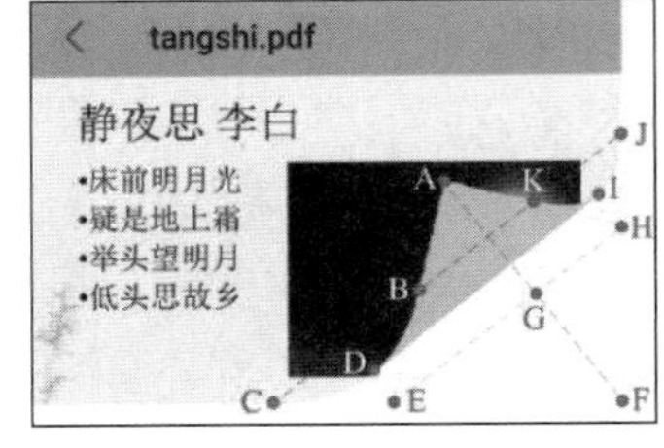

图15-23　各点坐标的计算连线

接着介绍其余点的计算方法：

（1）连接AF两点，找到线段AF的中点，该点取名为G。

（2）过G点画线段AF的垂线，该垂线分别与书页的下边缘与右边缘相交，其中垂线与书页下边缘的交点为E，垂线与书页右边缘的交点为H。

（3）把线段EF向左边延长二分之一至C点，也就是线段CE的长度为线段EF长度的一半。

（4）把线段HF向上方延长二分之一至J点，也就是线段JH的长度为线段HF长度的一半。

（5）依次画直线连接AE两点、AH两点、CJ两点，注意线段AE和线段CJ相交于B点，线段AH和线段CJ相交于K点。

（6）以C点作为起点、B点作为终点、E点作为控制点，计算贝塞尔曲线的中间位置（在D点）；以J点为起点、K点为终点、H点为控制点，计算贝塞尔曲线的中间位置（在I点）。

至此，除了A、F两点，其他坐标点都通过各种连线确定了方位。把上述的坐标算法转换成程序实现，具体的示例代码如下：

```
(完整代码见chapter15\src\main\java\com\example\chapter15\widget\CurveView.java)
private PointF a,f,g,e,h,c,j,b,k,d,i;        // 贝塞尔曲线的各个关联点坐标
// 计算各点的坐标
private void calcEachPoint(PointF a, PointF f) {
    g.x = (a.x + f.x) / 2;
    g.y = (a.y + f.y) / 2;
    e.x = g.x - (f.y - g.y) * (f.y - g.y) / (f.x - g.x);
    e.y = f.y;
    h.x = f.x;
    h.y = g.y - (f.x - g.x) * (f.x - g.x) / (f.y - g.y);
    c.x = e.x - (f.x - e.x) / 2;
    c.y = f.y;
    j.x = f.x;
    j.y = h.y - (f.y - h.y) / 2;
    b = getCrossPoint(a,e,c,j);  // 计算线段AE与CJ的交点坐标
    k = getCrossPoint(a,h,c,j);  // 计算线段AH与CJ的交点坐标
    d.x = (c.x + 2 * e.x + b.x) / 4;
    d.y = (2 * e.y + c.y + b.y) / 4;
    i.x = (j.x + 2 * h.x + k.x) / 4;
    i.y = (2 * h.y + j.y + k.y) / 4;
}
// 计算两条线段的交点坐标
private PointF getCrossPoint(PointF firstP1, PointF firstP2, PointF secondP1, PointF
secondP2) {
    float dxFirst = firstP1.x - firstP2.x, dyFirst = firstP1.y - firstP2.y;
    float dxSecond = secondP1.x - secondP2.x,
            dySecond = secondP1.y - secondP2.y;
    float gapCross = dxSecond*dyFirst - dxFirst*dySecond;
    float firstCross = firstP1.x * firstP2.y - firstP2.x * firstP1.y;
    float secondCross = secondP1.x * secondP2.y - secondP2.x * secondP1.y;
    float pointX = (dxFirst*secondCross - dxSecond*firstCross) / gapCross;
    float pointY = (dyFirst*secondCross - dySecond*firstCross) / gapCross;
    return new PointF(pointX, pointY);
}
```

算出了区域界线的重要划分点，接下来描绘当前页、书页背面、下一页就好办多了。其中，当前页的翻卷边缘由CDBAKIJ诸点之间的曲线和直线线段连接而成，书页背面的边缘则由ABDIK之间的直线和曲线线段界定，剩下的区域部分便是下一页了。唯一的难点在于：矩形的书页视图先去掉当前页部分，再去掉背面页部分，剩下的才是下一页，但下一页的边缘明显不规则，该如何绘制下一页的内容呢？

其实当前页的边缘路径可由前面计算的各点坐标连接得到，背面页的边缘路径同理可得，既然这两个页面的边缘路径都能算出，那么把整张画布的路径依次减去二者的路径，岂不就能得到下一页的边缘路径了呢？Android正好支持路径区域的加减，此时用到了路径工具的Op方法，该方法的第一个参数为参与计算的目标路径，第二个参数表示计算规则（比如是加法还是减法，具体取值说明见表15-2）。

表 15-2　路径计算规则的取值说明

路径计算规则的类型	说　明
Path.Op.DIFFERENCE	源路径减去目标路径，取剩下的部分
Path.Op.INTERSECT	取源路径与目标路径的公共部分，也就是取二者的交集
Path.Op.REVERSE_DIFFERENCE	目标路径减去源路径，取剩下的部分
Path.Op.UNION	源路径加上目标路径，也就是取二者的并集
Path.Op.XOR	源路径加上目标路径，再去掉二者的公共部分，也就是异或操作

从表15-2可知，翻书效果需要的路径规则正是Path.Op.DIFFERENCE，那么下一页画面的绘制便水到渠成了，绘制过程的具体示例代码如下：

```
(完整代码见chapter15\src\main\java\com\example\chapter15\widget\CurveView.java)
private int mViewWidth, mViewHeight;                          // 视图的宽度和高度
private Bitmap mNextBitmap;                                    // 下一页的位图

// 绘制下一页
private void drawNextView(Canvas canvas, Path currentPath) {
    canvas.save();                                             // 保存画布
    Path nextPath = getNextPath();                             // 获得下一页的轮廓路径
    nextPath.op(currentPath, Path.Op.DIFFERENCE);              // 去除当前页的部分
    nextPath.op(getBackPath(), Path.Op.DIFFERENCE);            // 去除背面页的部分
    canvas.clipPath(nextPath);                                 // 根据指定路径裁剪画布
    canvas.drawBitmap(mNextBitmap, null,
            new RectF(0, 0, mViewWidth, mViewHeight), null);
    canvas.restore();                                          // 还原画布
}

// 获得下一页的轮廓路径
private Path getNextPath() {
    Path nextPath = new Path();                            // 从左上角开始
    nextPath.lineTo(0, mViewHeight);                       // 移动到左下角
    nextPath.lineTo(mViewWidth, mViewHeight);              // 移动到右下角
    nextPath.lineTo(mViewWidth, 0);                        // 移动到右上角
    nextPath.close();                                      // 闭合区域（右上角到左上角）
    return nextPath;
}

// 获得背面页的轮廓路径
private Path getBackPath() {
    Path backPath = new Path();
    backPath.moveTo(i.x,i.y);                              // 移动到I点
    backPath.lineTo(d.x,d.y);                              // 移动到D点
    backPath.lineTo(b.x,b.y);                              // 移动到B点
    backPath.lineTo(a.x,a.y);                              // 移动到A点
    backPath.lineTo(k.x,k.y);                              // 移动到K点
    backPath.close();                                      // 闭合区域
    return backPath;
}
```

至此，翻书效果还剩下两个功能点有待实现，说明如下：

（1）在手指触摸的过程中，要实时计算各坐标点的位置，并调整书页的画面绘制。

（2）手指松开之后，要判断接下来是往前翻页，还是往后缩回去，并在前翻与后缩的过程中展示翻书动画。

关于以上两个功能点，第二点可借助滚动器（Scroller）来实现，第一点则需重写onTouchEvent方法，分别处理手指按下、移动、松开三种情况的视图变迁。下面是实现第一点功能的示例代码的片段：

```
private static final int CLICK_TOP = 1;             // 点击了上面部分
private static final int CLICK_BOTTOM = 2;          // 点击了下面部分
private int mClickType = CLICK_BOTTOM;              // 点击类型，点击了上半部分还是下半部分
private boolean needMove = false;                   // 是否需要移动
private boolean needChange = false;                 // 是否需要改变图像

@Override
public boolean onTouchEvent(MotionEvent event) {
    super.onTouchEvent(event);
    float x = event.getX();
    float y = event.getY();
    switch (event.getAction()) {
        case MotionEvent.ACTION_DOWN:                        // 按下手指
            needMove = !((x<=mViewWidth/2 && mCurrentPos==0)
                    || (x>=mViewWidth/2 && mCurrentPos==mPathList.size()));
            if (needMove) {
                if (x < mViewWidth/2) {
                    exchangeBitmap(false);                   // 改变当前显示的图像
                }
                int clickType = (y<=mViewHeight/2) ? CLICK_TOP : CLICK_BOTTOM;
                showTouchResult(x, y, clickType);            // 显示触摸结果
            }
            break;
        case MotionEvent.ACTION_MOVE:                        // 移动手指
            if (needMove) {
                showTouchResult(x, y, mClickType);           // 显示触摸结果
            }
            break;
        case MotionEvent.ACTION_UP:                          // 松开手指
            if (needMove) {
                needChange = x < mViewWidth / 2;
                if (needChange) {
                    rollFront();                             // 滚动到上一页
                } else {
                    rollBack();                              // 滚回当前页
                }
            }
            break;
    }
    return true;
}

// 显示触摸结果
private void showTouchResult(float x, float y, int clickType) {
    a = new PointF(x, y);
    mClickType = clickType;
    int fy = (mClickType == CLICK_TOP) ? 0 : mViewHeight;
    f = new PointF(mViewWidth, fy);
    calcEachPoint(a, f);                           // 计算各点的坐标
    PointF touchPoint = new PointF(x, y);
    if (calcPointCX(touchPoint, f)<0) {            // 若C点的x坐标小于0，就重测C点坐标
        calcPointA();                        // 如果C点的x坐标小于0，就根据触摸点重新测量A点的坐标
        calcEachPoint(a, f);                 // 计算各点的坐标
    }
    postInvalidate();                        // 立即刷新视图（线程安全方式）
}
```

上面的代码调用了rollFront和rollBack两个方法，其中rollFront表示滚动到上一页，rollBack表示滚回当前页。同时它们在方法末尾都得调用滚动器对象的startScroll，命令滚动器按照规定完成后续的自动滚动行为。这个自动滚动正是前述的第二点功能要求，下面是实现该点功能的示例代码的片段：

```
private Scroller mScroller;                                  // 声明一个滚动器对象

private void initView(Context context) {
    // 创建一个基于线性插值器的滚动器对象
    mScroller = new Scroller(context, new LinearInterpolator());
}

// 在滚动器滑动过程中不断触发，计算并显示视图界面
@Override
public void computeScroll() {
    if (mScroller.computeScrollOffset()) {                   // 尚未滚动完毕
        float x = mScroller.getCurrX();
        float y = mScroller.getCurrY();
        showTouchResult(x, y, mClickType);                   // 显示触摸结果
        // 已经滚到终点了
        if (mScroller.getFinalX() == x && mScroller.getFinalY() == y) {
            if (needChange) {
                exchangeBitmap(true);                        // 改变当前显示的图像
            }
            reset();  // 回到默认状态
        }
    }
}
```

完成所有的翻书功能点之后，在布局文件中添加CurveView节点，并在对应的活动页面设置该视图的布局参数及其图片列表。运行测试该App，可分别观察两种情况下的翻书效果：第一种情况尚未翻过半页（见图15-24），此时松开手指发现书页往右缩了回来，如图15-25所示；第二种情况已经翻过半页（见图15-26），此时松开手指发现书页往左翻了过去，如图15-27所示。

图 15-24　尚未翻过半页的画面

图15-25　书页回缩过程的画面

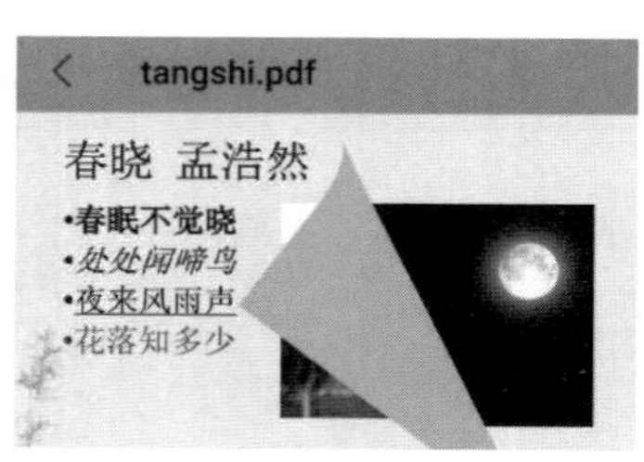

图15-26　已经翻过半页的画面

图15-27　书页前翻过程的画面

15.3　浏览 Office 文档

本节介绍手机App浏览Office文档（Word、Excel、PPT）的几种途径，内容包括如何利用开源的POI库浏览文案（Word）文档和表格（Excel）文档，如何在服务端集成POI库以便结合前后端浏

览幻灯片（PPT）文档，如何利用第三方的TBS服务浏览各种常见文档（含DOC、XLS、PPT、PDF等）。

15.3.1　利用 POI 库浏览 Word 和 Excel 文档

尽管Android系统已经十分强大，可是最新的SDK仍然不支持直接打开Office文档，包括Word、Excel、PowerPoint等，原生的Android都无法自行解析。虽然第三方开源的POI库能够解析Office文档，但POI库依赖于完整的JDK，而Android平台采用的是不完整版的JDK，它缺少AWT等关键组件，因此不能在App工程中引用POI库。不过服务端的JavaWeb就不存在这个问题了，故而可以考虑搭个Web服务器，在服务端工程中引入POI库，先由服务端程序完成Office文档的解析（Word和Excel文档解析为网页，PowerPoint文档解析为一组图片），再由客户端App在线访问解析好的网页或者图片。

解析Office文档的服务端工程参见随书源码的HttpServer模块，其中Word文档的解析入口见HttpServer\src\com\servlet\office\ParseDoc.java，Excel文档的解析入口见HttpServer\src\com\servlet\office\ParseXls.java。在IDEA上启动HTTP服务需要借助Tomcat，详细的启动说明见《好好学Java：从零基础到项目实战》一书末尾的附录A，也可参见本书源码包的“服务端工程的使用说明（IDEA版）.docx”。

接下来讲述客户端App如何访问HTTP服务，从而实现Office文档的解析功能。首先要求App具备上网权限，AndroidManifest.xml的修改说明参见前面的“15.1.2　网页浏览器”。其次，与服务端之间的文档解析交互用到了几个第三方库，包括Room、Gson、Okhttp等，为此打开模块的build.gradle，往dependencies节点添加下列配置，表示导入这几个工具库：

```
implementation 'androidx.room:room-runtime:2.4.2'
annotationProcessor 'androidx.room:room-compiler:2.4.2'
implementation 'com.google.code.gson:gson:2.9.0'
implementation 'com.squareup.okhttp3:okhttp:4.9.3'
```

再次，为了提高解析效率，App代码需要分步骤处理Word文档（Excel文档同理），各步骤说明如下：

01 检查数据库是否保存该文档信息，若有则直接使用WebView加载数据库中保存的HTML地址。

02 若无文档信息，则将该文档上传给HTTP服务器，由服务端接收并加以解析。

03 等待服务端处理完毕，使用WebView展示服务端返回的HTML页面，同时把包括HTML地址在内的文档信息保存到数据库，以待下次访问。

根据上述的处理步骤，编写的文档加载代码如下（同时支持Word文档和Excel文档）：

```
(完整代码见chapter15\src\main\java\com\example\chapter15\ReadWordActivity.java)
private String mFileName;                                // 文件名称
private WebView wv_content;                              // 声明一个网页视图对象
private ProgressDialog mDialog;                          // 声明一个进度对话框对象
private BookDao bookDao;                                 // 声明一个书籍的持久化对象
// 从数据库中加载文档
private boolean loadLocalFile() {
    BookInfo book = bookDao.queryBookByName(mFileName);  // 查询文档信息
    if (book != null) {
        runOnUiThread(() -> {                            // 回到UI线程展示PPT页面
            if (mDialog != null && mDialog.isShowing()) {
                mDialog.dismiss();                       // 关闭进度对话框
            }
```

```
            // 命令网页视图加载指定路径的网页
            wv_content.loadUrl(UrlConstant.HTTP_PREFIX + book.getPath());
        });
        return true;                                          // 找到文档
    } else {
        return false;                                         // 未找到文档
    }
}

// 从指定的文件路径导入文档
private void importDOC(Uri uri) {
    String filePath = FileUtil.getPathFromContentUri(this, uri);
    mFileName = filePath.substring(filePath.lastIndexOf("/")+1);
    if (!loadLocalFile()) {                                   // 数据库未找到该文档
        // 向服务器上传文档，异步返回文档解析结果
        OfficeUtil.uploadDocument(this, filePath, URL_PARSE, new
OfficeUtil.UploadListener() {
            @Override
            public void onFail(IOException e) {               // 解析失败
                mDialog.dismiss();                            // 关闭进度对话框
                ToastUtil.show(ReadWordActivity.this, "文档解析异常："+e.getMessage());
            }

            @Override
            public void onSucc(ParseResponse parseResponse) {  // 解析成功
                mDialog.dismiss();                            // 关闭进度对话框
                // 命令网页视图加载指定路径的网页
                wv_content.loadUrl(UrlConstant.HTTP_PREFIX + parseResponse.getHtmlPath());
                // 下面把HTML文件路径保存至数据库
                BookInfo book = new BookInfo(mFileName);
                book.setPath(parseResponse.getHtmlPath());
                bookDao.insertOneBook(book);
            }
        });
    }
}
```

运行测试App，到存储卡中挑选某个Word文档，之后App向服务器上传文件，一会儿便展示解析好的在线文档，如图15-28所示。再到存储卡中挑选某个Excel文档，稍等片刻App与服务端交互完成后显示在线表格，如图15-29所示。这样就实现了Word文档与Excel文档的在线解析了。

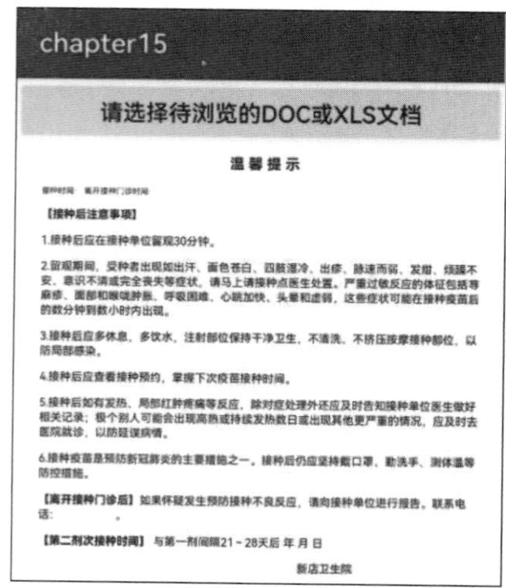

图15-28　Word文档的显示界面

chapter15

请选择待浏览的DOC或XLS文档

0	A	B
1	地区	2018年GDP（单位：万亿元）
2	广东	97278
3	江苏	92595
4	山东	76470
5	浙江	56197
6	河南	48056
7	四川	40678
8	湖北	39367
9	台湾	39001
10	湖南	36426
11	河北	36010
12	福建	35804
13	上海	32680
14	北京	30320
15	安徽	30007
16	辽宁	25315

图15-29　Excel文档的显示界面

15.3.2 结合前后端浏览 PPT 文档

手机App浏览幻灯片文档同样要借助POI库，也就是搭个Web服务器，在服务端工程中引入POI库，先由服务端程序完成PPT文档的解析，再由客户端App在线访问解析好的PPT图片。解析幻灯片文档的服务端工程参见随书源码的HttpServer模块，其中PPT文档的解析入口见HttpServer\src\com\servlet\office\ParsePpt.java。在IDEA上启动HTTP服务需要借助Tomcat，详细的启动说明见《好好学Java：从零基础到项目实战》一书末尾的附录A，也可参见本书源码包的“服务端工程的使用说明（IDEA版）.docx”。

客户端App首先要具备上网权限，AndroidManifest.xml的修改说明参见前面的“15.1.2 网页浏览器”。其次，与服务端之间的文档解析交互用到了几个第三方库，包括Room、Gson、Okhttp等，为此打开模块的build.gradle，往dependencies节点添加下列配置，表示导入这几个工具库：

```
implementation 'androidx.room:room-runtime:2.4.2'
annotationProcessor 'androidx.room:room-compiler:2.4.2'
implementation 'com.google.code.gson:gson:2.9.0'
implementation 'com.squareup.okhttp3:okhttp:4.9.3'
```

（1）检查数据库是否保存该文档信息，若有则直接加载并显示存储卡上保存的PPT图片。

（2）若无文档信息，则将该文档上传给HTTP服务器，由服务端接收并加以解析。

（3）等待服务端处理完毕，使用ViewPager展示服务端返回的图片列表，同时把该文档信息保存到数据库，并下载所有页面的PPT图片，以待下次访问。

根据上述的处理步骤，编写的文档加载代码如下：

```
(完整代码见chapter15\src\main\java\com\example\chapter15\ReadPptActivity.java)
private String mFileName;              // 文件名称
private ViewPager vp_content;          // 声明一个翻页视图对象
private ProgressDialog mDialog;        // 声明一个进度对话框对象
private BookDao bookDao;               // 声明一个书籍的持久化对象
private String mPPTDir;                // PPT保存目录
private int mSuccCount;                 // 请求成功的图片数量

// 加载本地保存的图片文件
private boolean loadLocalFile() {
    mPPTDir = getExternalFilesDir(Environment.DIRECTORY_DOWNLOADS).toString()
            + "/ppt/" + MD5Util.encrypt(mFileName);
    if (!new File(mPPTDir).exists()) {
        new File(mPPTDir).mkdirs();
    }
    BookInfo book = bookDao.queryBookByName(mFileName);   // 查询文档信息
    if (book != null) {
        List<String> pathList = new ArrayList<>();
        for (int i=0; i<book.getPageCount(); i++) {
            String imagePath = String.format("%s/%03d.jpg", mPPTDir, i);
            pathList.add(imagePath);
        }
        PdfPageAdapter adapter = new PdfPageAdapter(
                        getSupportFragmentManager(), pathList);
        runOnUiThread(() -> {                              // 回到UI线程展示PPT页面
            if (mDialog != null && mDialog.isShowing()) {
                mDialog.dismiss();                         // 关闭进度对话框
            }
            vp_content.setAdapter(adapter);
        });
        return true;                                   // 找到文档
```

```
        } else {
            return false;                                    // 未找到文档
        }
    }

    // 从指定的文件路径导入PPT文件
    private void importPPT(Uri uri) {
        String filePath = FileUtil.getPathFromContentUri(this, uri);
        mFileName = filePath.substring(filePath.lastIndexOf("/")+1);
        if (!loadLocalFile()) {                              // 本地未找到解析后的图片
            // 向服务器上传文档，异步返回文档解析结果
            OfficeUtil.uploadDocument(this, filePath, URL_PARSE, new
OfficeUtil.UploadListener() {
                @Override
                public void onFail(IOException e) {         // 解析失败
                    if (mDialog != null && mDialog.isShowing()) {
                        mDialog.dismiss();                   // 关闭进度对话框
                    }
                    ToastUtil.show(ReadPptActivity.this, "文档解析异常："+e.getMessage());
                }

                @Override
                public void onSucc(ParseResponse parseResponse) {       // 解析成功
                    showPPT(parseResponse);                  // 显示服务器返回的PPT图片
                }
            });
        }
    }

    // 显示服务器返回的PPT图片
    private void showPPT(ParseResponse parseResponse) {
        List<String> pathList = new ArrayList<>();
        for (String path : parseResponse.getPathList()) {
            pathList.add(UrlConstant.HTTP_PREFIX + path);
        }
        PdfPageAdapter adapter = new PdfPageAdapter(getSupportFragmentManager(), pathList);
        vp_content.setAdapter(adapter);
        if (mDialog != null && mDialog.isShowing()) {
            mDialog.dismiss();                               // 关闭进度对话框
        }
        // 启动线程保存服务器返回的PPT图片
        new Thread(() -> savePptImage(pathList)).start();
    }

    // 保存服务器返回的PPT图片
    private void savePptImage(List<String> pathList) {
        mSuccCount = 0;
        for (int i=0; i<pathList.size(); i++) {
            String imagePath = String.format("%s/%03d.jpg", mPPTDir, i);
            OfficeUtil.downloadImage(this, pathList.get(i), imagePath, new
OfficeUtil.DownloadListener() {
                @Override
                public void onFail(IOException e) {}

                @Override
                public void onSucc(String imagePath) {
                    mSuccCount++;
                    // 下面把PPT文件页数保存至数据库
                    if (mSuccCount == pathList.size()) {
                        BookInfo book = new BookInfo(mFileName);
                        book.setPageCount(pathList.size());
                        bookDao.insertOneBook(book);
                    }
                }
```

```
        });
    }
}
```

运行测试App，到存储卡中挑选某个幻灯片文档，之后App开始向服务器上传文件，一会儿便展示解析好的文档首页，如图15-30所示，滑动屏幕拉到幻灯片第三页，如图15-31所示，可见实现了幻灯片文档的在线解析。

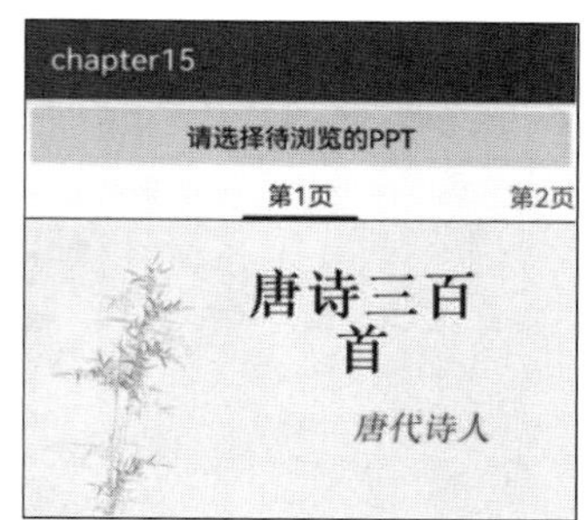

图15-30　显示幻灯片文档的第一页

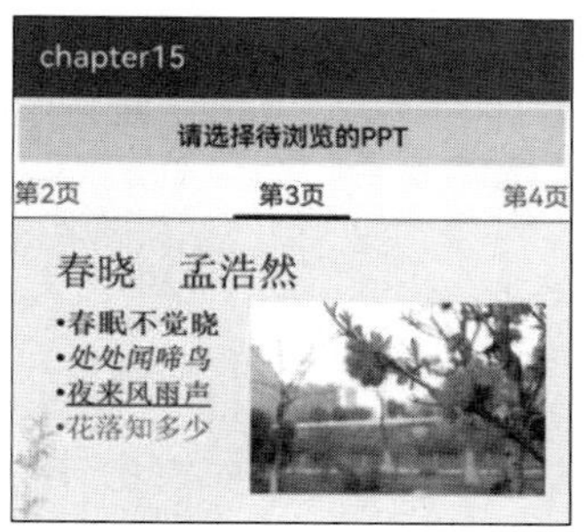

图15-31　显示幻灯片文档的第三页

15.3.3　利用 TBS 浏览各种文档

虽然使用POI库可以解析并显示Office文档，但这需要开发者自己搭个服务器，确实多有不便。倘若只是简单地浏览文档内容，完全可以利用第三方的开发包直接渲染，比如腾讯的TBS服务（全称Tencent Browser Service，即腾讯浏览服务）。通过集成TBS服务，App能够直接打开下列文件格式：DOC、DOCX、PPT、PPTX、XLS、XLSX、PDF、TXT、EPUB，可谓中小开发者的一大福音。

TBS官网的接入说明网址为https://x5.tencent.com/docs/access.html，下面也简要介绍一下如何在App中快速集成TBS服务。操作步骤如下：

01 首先打开App模块的build.gradle，往dependencies节点添加下列配置，表示导入TBS工具库：

```
implementation 'com.tencent.tbs:tbssdk:44153'
```

02 接着修改AndroidManifest.xml，补充以下的网络权限和存储卡权限配置：

```
<!-- 上网 -->
<uses-permission android:name="android.permission.INTERNET" />
<uses-permission android:name="android.permission.ACCESS_NETWORK_STATE" />
<uses-permission android:name="android.permission.ACCESS_WIFI_STATE" />
<!-- 存储卡 -->
<uses-permission android:name="android.permission.WRITE_EXTERNAL_STORAGE" />
<uses-permission android:name="android.permission.READ_EXTERNAL_STORAGE" />
```

当然不要忘了给application节点加上如下属性，表示继续使用HTTP明文地址：

```
android:usesCleartextTraffic="true"
```

还要补充下面的provider配置，以便TBS联网下载工具组件。

```
<!-- 使用TBS浏览文档需要 -->
<provider
    android:name="com.tencent.smtt.utils.FileProvider"
    android:authorities="${applicationId}.provider"
    android:exported="false"
    android:grantUriPermissions="true">
```

```
    <meta-data
        android:name="android.support.FILE_PROVIDER_PATHS"
        android:resource="@xml/x5_file_paths" />
</provider>
```

03 然后编写自定义的Application代码，例如MainApplication，同时给AndroidManifest.xml的application节点加上如下属性，表示采用自定义的Application。

```
android:name=".MainApplication"
```

这个自定义的Application用于初始化TBS内核，以及设置基础参数，初始化代码示例如下：

```
(完整代码见chapter15\src\main\java\com\example\chapter15\MainApplication.java)
private boolean isLoadTBS = false;          // 是否成功加载
// 初始化TBS组件
public void qbSdkInit() {
    if (isLoadTBS) {                         // 如果已经成功加载过，就不必重复加载了
        return;
    }
    QbSdk.setDownloadWithoutWifi(true);      //非WiFi情况下，主动下载TBS内核
    // 搜集本地TBS内核信息并上报服务器，服务器返回结果决定使用哪个内核。
    QbSdk.PreInitCallback cb = new QbSdk.PreInitCallback() {
        @Override
        public void onViewInitFinished(boolean isX5Core) {
            isLoadTBS = isX5Core;            // 为true表示内核加载成功
        }

        @Override
        public void onCoreInitFinished() {}
    };
    // TBS内核初始化
    QbSdk.initX5Environment(getApplicationContext(), cb);
    // 以下设置会将Dex文件转为Oat的过程加以优化
    HashMap<String, Object> map = new HashMap<String, Object>();
    map.put(TbsCoreSettings.TBS_SETTINGS_USE_SPEEDY_CLASSLOADER, true);
    map.put(TbsCoreSettings.TBS_SETTINGS_USE_DEXLOADER_SERVICE, true);
    QbSdk.initTbsSettings(map);                       // 初始化TBS设置
}
```

特别注意，下载TBS组件需要完整的存储卡权限，不仅要提前申请存储的访问权限，还要在运行时获得动态授权才行。这意味着：上述初始化代码的qbSdkInit方法，只有在App被授予存储卡权限后才能运作。故而只在MainApplication中调用qbSdkInit方法并不保险，还需在存储卡动态授权之后再执行一遍，确保TBS组件能够正常加载。

以上初始化步骤都完成之后，接下来就能在App中浏览常见的文档啦。TBS提供了专门的阅读器视图TbsReaderView，调用阅读器对象的openFile方法，即可在界面上渲染文档内容。下面是使用TbsReaderView浏览文档的代码例子：

```
(完整代码见chapter15\src\main\java\com\example\chapter15\TbsDocumentActivity.java)
// 在阅读器视图中浏览文档
private void openFileInner(Context context, String filePath) {
    closeReader();                                    // 关闭阅读器
    rl_document.removeAllViews();                     // 移除相对布局下的所有视图
    mReaderView = new TbsReaderView(this, (i1, o1, o2) -> {});
    RelativeLayout.LayoutParams params = new RelativeLayout.LayoutParams(
            RelativeLayout.LayoutParams.MATCH_PARENT,
            RelativeLayout.LayoutParams.MATCH_PARENT);
    mReaderView.setLayoutParams(params);
    rl_document.addView(mReaderView);                 // 在相对布局上添加阅读器视图
    String extension = filePath.substring(filePath.lastIndexOf(".")+1);
```

```
        Bundle bundle = new Bundle();
        bundle.putString("filePath", filePath);                    // 指定文件路径
        // 指定文件缓存路径
        bundle.putString("tempPath", getExternalFilesDir(
                Environment.DIRECTORY_DOWNLOADS).toString() + "/tbsfile");
        // 预加载，判断格式是否正确，其中的parseFile方法是获取文件后缀
        boolean result = mReaderView.preOpen(extension, false);
        if (result) {                                              // 文件格式正确
            mReaderView.openFile(bundle);                          // 在阅读器视图中打开文档
        } else {                                                   // 文件格式错误
            Toast.makeText(this, "不支持该类型的文档", Toast.LENGTH_SHORT).show();
        }
    }

    // 关闭阅读器
    private void closeReader() {
        if (mReaderView != null) {
            mReaderView.onStop();                                  // 阅读器视图停止工作
        }
    }
```

运行测试App，在存储卡中选择某个Word文档，回到浏览界面如图15-32所示。再到存储卡选择某个Excel文档，回到浏览界面如图15-33所示。可见利用TBS成功加载并显示了常见的Office文档。

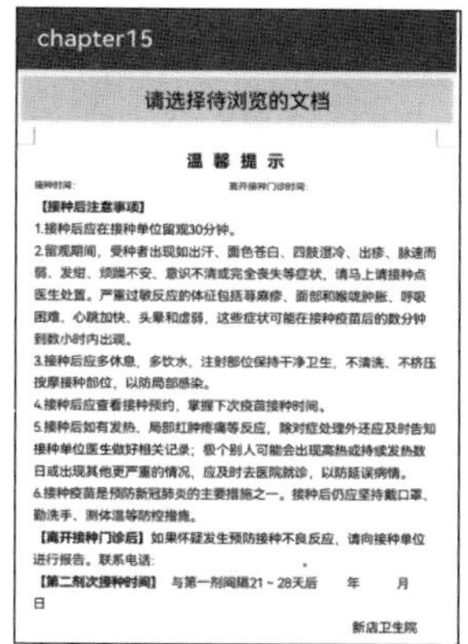

图15-32　TBS加载显示Word文档

	A	B
1	地区	2018年GDP（单位：万亿元）
2	广东	97278
3	江苏	92595
4	山东	76470
5	浙江	56197
6	河南	48056
7	四川	40678
8	湖北	39367
9	台湾	39001
10	湖南	36426
11	河北	36010
12	福建	35804
13	上海	32680
14	北京	30320
15	安徽	30007
16	辽宁	25315
17	陕西	24438
18	香港	24331
19	江西	21985

图15-33　TBS加载显示Excel文档

15.4　JNI 开发

本节介绍Android系统的原生开发过程，内容包括如何在Android Studio中搭建NDK编译环境、如何通过JNI（Java Native Interface）接口调用C/C++代码（给出JNI技术的一个实际应用“JNI实现加解密”）、如何采取CMake方式编译JNI的SO库。

15.4.1　NDK 环境搭建

Android系统的所谓原生开发指的是在App中调用C/C++代码。鉴于C/C++语言具有跨平台的特性，如果某项功能采用C/C++实现，就很容易在不同平台（如Android与iOS）之间移植，那么已有的C/C++代码库便能焕发新生。

完整的Android Studio环境包括3个开发工具，即JDK、SDK和NDK，分别简述如下：

（1）JDK是Java代码的编译器，因为App采用Java语言开发，所以Android Studio内置了JDK。

（2）SDK是Android应用的开发包，提供了Android内核的公共方法调用，故而开发App必须事先安装SDK。在安装Android Studio的最后一步会自动下载最新版本的SDK。

（3）NDK是C/C++代码的编译器，属于Android Studio的可选组件。如果App未使用JNI技术，就无须安装NDK；如果App用到JNI技术，就必须安装NDK。

只有给Android Studio配置好NDK环境，开发者才能在App中通过C/C++代码执行部分操作，然后由Java代码通过JNI接口调用C/C++代码。下面介绍NDK环境的搭建步骤。

01 到谷歌开发者网站下载最新的NDK开发包。下载完毕后，解压到本地路径，比如把NDK解压到E:\Android\android-ndk-r23b。注意，目录名称中不要有中文。

02 在系统中增加NDK的环境变量定义，如变量名为NDK_ROOT、变量值为E:\Android\android-ndk-r23b。另外，在Path变量值后面补充;%NDK_ROOT%。

03 在项目名称上右击，弹出如图15-34所示的快捷菜单，从中选择Open Module Settings选项，打开设置页面。也可依次选择菜单File→Project Structure打开设置页面。

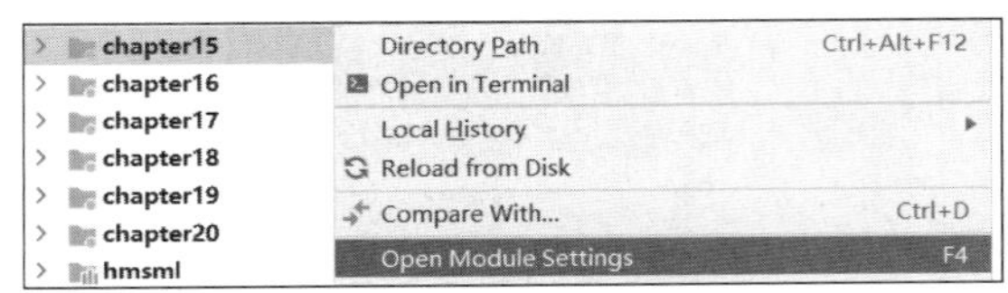

图 15-34　通过快捷菜单打开设置页面

在打开的设置页面中依次找到SDK Location→NDK Location，设置前面解压的NDK目录路径，填好了的设置页面如图15-35所示，确认无误后再单击下方的OK按钮结束设置操作。

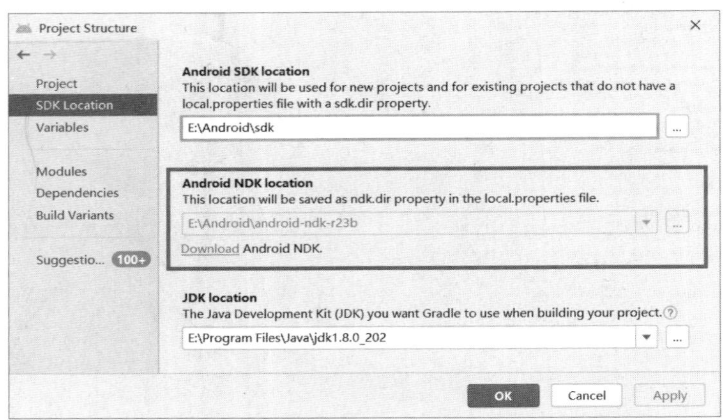

图 15-35　在项目结构页面设置 NDK 的安装路径

注　意

如果发现图 15-35 的 NDK Location 变灰导致无法修改的话，可以打开 App 工程的 local.properties，在该文件末尾补充如下一行代码设置 NDK 路径：

```
ndk.dir=E\:\\Android\\android-ndk-r23b
```

上面的三个步骤搭建好了NDK环境，接下来还要给模块添加JNI支持，步骤说明如下：

01 在模块的src/main路径下创建名为jni的目录（.h文件、.c文件、.cpp文件、.mk编译文件都放在该目录下）。jni与java、res等为同级目录，其目录结构如图15-36所示。

02 右击模块名称，在如图15-37所示的快捷菜单中选择Link C++ Project with Gradle。

名称	修改日期	类型
assets	2020/11/16 10:03	文件夹
java	2020/11/15 18:49	文件夹
jni	2021/3/29 11:31	文件夹
jniLibs	2020/11/15 18:45	文件夹
res	2020/11/16 16:11	文件夹
AndroidManifest.xml	2020/12/12 22:58	XML 文件

图15-36　jni目录在模块工程中的位置

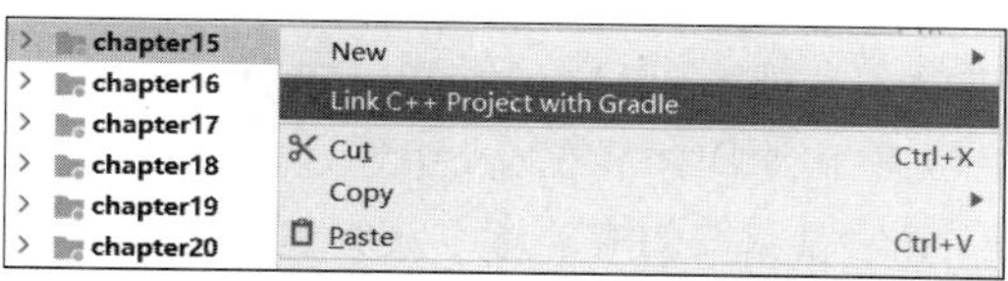

图15-37　在快捷菜单中选择C++支持

03 选中C++支持菜单后，弹出一个配置页面，如图15-38所示。在Build System下拉列表框中选择ndk-build，表示采用Android Studio内置的编译工具。在Project Path一栏中选择MK文件的路径，下方提示会把“src/main/jni/Android.mk”保存到build.gradle中。

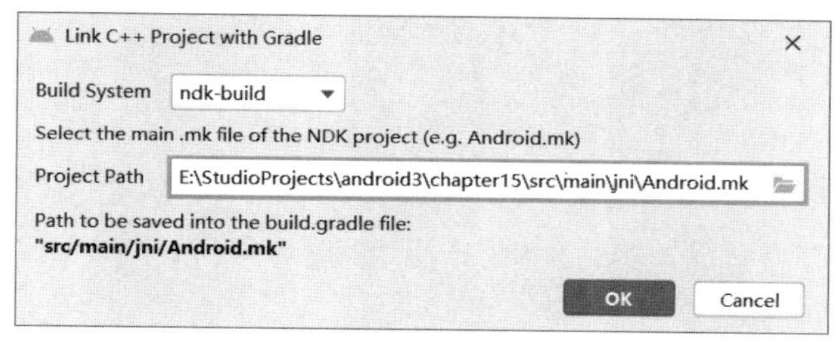

图 15-38　给模块配置 NDK 编译工具与 MK 文件

04 单击页面右下角的OK按钮，再打开该模块的编译配置文件build.gradle，发现在android节点下果然增加了externalNativeBuild节点，节点内部指定了C/C++代码的编译MK文件。

```
// 此处指定MK文件的路径
externalNativeBuild {
    ndkBuild {
        // 下面是获取指令集和加解密的MK文件
        path "src/main/jni/Android.mk"
    }
}
```

05 步骤4单击OK按钮触发了编译动作，开发者也可手动选择菜单Build→Make Module ***，执行C/C++代码的编译工作。编译通过后，可在“模块名称\build\intermediates\ndkBuild\debug\obj\local\arm64-v8a”路径下找到生成的SO库文件。

06 在src/main路径下创建SO库的保存目录，目录名称为jniLibs，并将生成的SO文件复制到该目录下。复制完SO库的目录结构如图15-39所示，可见jniLibs目录与jni目录（即图中的cpp目录）平级。

07 重新运行App或重新生成签名Apk，最后产生的App就是封装好SO库的安装包。

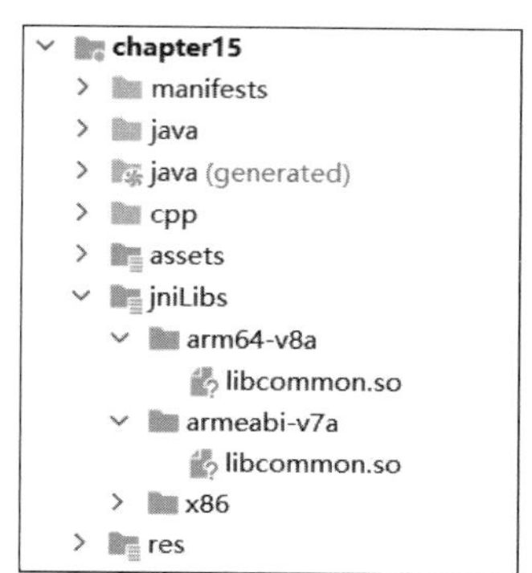

图 15-39　jniLibs 目录在模块工程中的位置

15.4.2　创建 JNI 接口

JNI提供了若干API实现Java和其他语言（主要是C/C++）的通信。虽然JNI是Java平台的标准，但是要想在Android上使用JNI，还得配合NDK。NDK提供了C/C++标准库的头文件和标准库的链接文件（主要是.a文件和.so文件），而JNI开发只是在App工程下编写C/C++代码，代码必须包含NDK提供的头文件，build.gradle和MK文件依据编译规则把标准库链接进去，编译完成形成最终的SO动态库文件，这样才能在App中通过Java代码调用JNI接口。

下面以获取CPU的指令集为例，简要介绍JNI开发的具体步骤。

01 确保NDK环境搭建完成，并且本模块已经添加了对NDK的支持。

02 在活动代码中添加JNI接口定义，并在初始化时加载JNI动态库，示例代码如下：

```
(完整代码见chapter15\src\main\java\com\example\chapter15\JniCpuActivity.java)
    // 声明cpuFromJNI是来自于JNI的原生方法
    public native String cpuFromJNI(int i1, float f1, double d1, boolean b1);

    // 在加载当前类时加载common.so，加载操作发生在页面启动之前
    static {
        System.loadLibrary("common");
    }
```

03 转到工程的jni目录下，在H文件、C文件、CPP文件中编写C/C++代码。注意，C代码中对接口名称的命名规则是"Java_包名_Activity类名_方法名"。其中，包名中的点号要替换为下画线。下面是获取CPU指令集的C示例代码：

```
(完整代码见chapter15\src\main\jni\get_cpu.cpp)
    jstring Java_com_example_chapter15_JniCpuActivity_cpuFromJNI( JNIEnv* env, jobject thiz,
jint i1, jfloat f1, jdouble d1, jboolean b1 )
    {
    #if defined(__arm__)
      #if defined(__ARM_ARCH_7A__)
        #if defined(__ARM_NEON__)
          #if defined(__ARM_PCS_VFP)
            #define ABI "armeabi-v7a/NEON (hard-float)"
          #else
            #define ABI "armeabi-v7a/NEON"
          #endif
        #else
          #if defined(__ARM_PCS_VFP)
            #define ABI "armeabi-v7a (hard-float)"
          #else
            #define ABI "armeabi-v7a"
          #endif
        #endif
      #else
       #define ABI "armeabi"
      #endif
    #elif defined(__i386__)
       #define ABI "x86"
    #elif defined(__x86_64__)
       #define ABI "x86_64"
    #elif defined(__aarch64__)
       #define ABI "arm64-v8a"
    #else
       #define ABI "unknown"
    #endif
```

```
        char desc[200] = {0};
        sprintf(desc, "%d %f %lf %u \nHello from JNI ! Compiled with %s.", i1, f1, d1, b1, 
ABI);
        return env->NewStringUTF(desc);
    }
```

04 在jni目录中创建一个MK文件单独定义编译规则，并在build.gradle中启用externalNativeBuild节点，指定MK文件的路径。

05 编译JNI代码，并把编译生成的SO库复制到jniLibs目录，再重新运行App。

以上开发步骤尚有3处需要补充说明，分别是数据类型转换、编译规则定义以及开发注意事项，详细说明如下。

1. 数据类型转换

JNI作为Java与C/C++之间的联系桥梁，需要对基本数据类型进行转换，基本数据类型的转换关系见表15-3。

表 15-3 基本数据类型的转换关系

数据类型名称	Java 的数据类型	JNI 的数据类型	C/C++的数据类型
整数	int	jint	int
浮点数	float	jfloat	float
双精度浮点数	double	jdouble	double
布尔	boolean	jboolean	unsigned char
字符串	string	jstring	const char*

其中，整数、浮点数、双精度浮点数这3种数据类型可以由C/C++直接使用，而布尔类型和字符串类型需要转换后才能由C/C++使用，具体的转换规则如下：

（1）处理布尔类型时，Java的false对应C/C++的0，Java的true对应C/C++的1。

（2）处理字符串类型时，JNI调用env->GetStringUTFChars方法将jstring类型转为const char*类型，调用env->NewStringUTF方法将const char*类型转为jstring类型。

2. 编译规则定义

Android Studio不允许在build.gradle中直接设定C/C++代码的编译规则，只支持通过外部配置文件来编译SO库，也就是需要开发者另外编写Android.mk定义编译规则。MK文件中编译规则名称的对应关系见表15-4。

表 15-4 编译规则名称的对应关系

Android.mk 的规则名称	说 明	常 用 值
LOCAL_MODULE	SO 库文件的名称	
LOCAL_SRC_FILES	需要编译的源文件	
LOCAL_CPPFLAGS	C++的编译标志	-fexceptions（支持 try...catch...）
LOCAL_LDLIBS	需要链接的库，多个库用逗号分隔	log（支持打印日志）
LOCAL_WHOLE_STATIC_LIBRARIES	要加载的静态库	android_support

下面是一个Android.mk内部编译规则的例子：

```
(完整代码见chapter15\src\main\jni\Android.mk)
LOCAL_PATH := $(call my-dir)
include $(CLEAR_VARS)

# 指定SO库文件的名称
LOCAL_MODULE    := common
# 指定需要编译的源文件列表
LOCAL_SRC_FILES := get_cpu.cpp get_encrypt.cpp get_decrypt.cpp aes.cpp
# 指定C++的编译标志
LOCAL_CPPFLAGS += -fexceptions
# 指定要加载的静态库
#LOCAL_WHOLE_STATIC_LIBRARIES += android_support
# 指定需要链接的库
LOCAL_LDLIBS    := -llog

include $(BUILD_SHARED_LIBRARY)
$(call import-module, android/support)
```

编写好Android.mk之后，再来修改build.gradle，这个编译文件需要修改三处，分别是两处externalNativeBuild和一处packagingOptions，具体的编译配置修改说明如下。

```
android {
    compileSdk 31

    defaultConfig {
        applicationId "com.example.chapter15"
        minSdk 21
        targetSdk 31
        versionCode 1
        versionName "1.0"
        // 此处说明MK文件未能指定的编译参数
        externalNativeBuild {
            ndkBuild {
                // 说明需要生成哪些处理器的SO文件
                // NDK的r17版本开始不再支持ARM5(armeabi)、MIPS、MIPS64这几种类型
                // Android 12开始必须64位应用，禁止安装32位应用，请务必添加arm64-v8a
                abiFilters "arm64-v8a", "armeabi-v7a"
                // 指定C++编译器的版本，比如下面这行用的是C++11
                //cppFlags "-std=c++11"
            }
        }
    }
    // 下面指定拾取的第一个SO库路径，编译时才不会重复链接
    packagingOptions {
        pickFirst 'lib/arm64-v8a/libcommon.so'
        pickFirst 'lib/armeabi-v7a/libcommon.so'
    }
    // 此处指定MK文件的路径
    externalNativeBuild {
        ndkBuild {
            // 下面是编译获取指令集和加解密的MK文件
            path "src/main/jni/Android.mk"
            //path file("src\\main\\jni\\Android.mk")
        }
    }
}
```

注意，从Android 12开始要求App必须为64位应用，禁止安装32位应用，因此务必给abiFilters节点添加选项arm64-v8a，表示需要生成64位的SO文件。

获取CPU指令集的运行结果，如图15-40和图15-41所示。其中，图15-40为模拟器的指令集获取结果，可见计算机模拟器使用英特尔（Intel）公司的x86指令集；图15-41为真实手机的指令集获取结果，可见手机使用安谋（ARM）公司的arm64指令集。

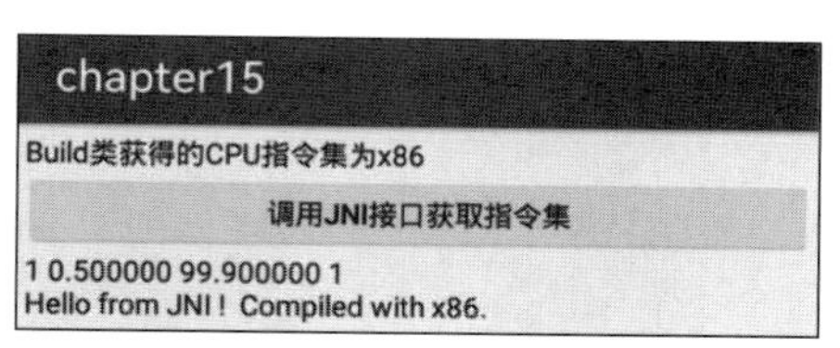

图15-40　模拟器的指令集获取结果

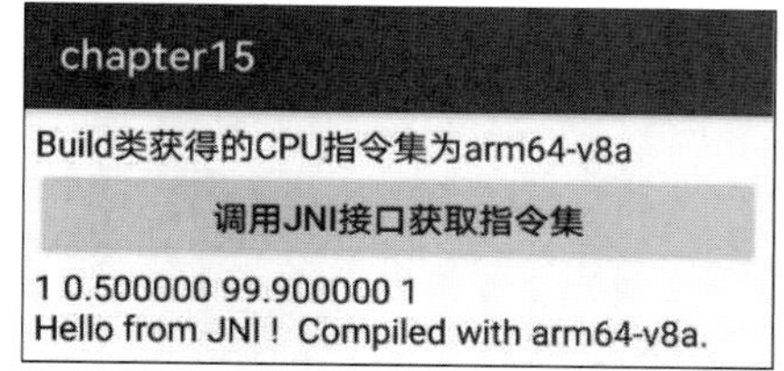

图15-41　真实手机的指令集获取结果

15.4.3　JNI 实现加解密

在实际开发中，JNI主要应用于如下业务场景：

（1）对关键业务数据进行加解密

虽然Java提供了常用的加解密方法，但是Java代码容易遭到破解，而SO库到目前为止是不可破解的，所以使用JNI进行加解密无疑更加安全。

（2）底层的网络操作与设备操作

Java作为一门高级程序设计语言，与硬件和网络操作的“隔阂”比C/C++程序设计语言大，它不像C/C++那样容易驾驭硬件和网络的底层操作。

（3）对运行效率要求较高的场合

同样的操作，C/C++的执行效率比Java高得多，因为iOS基于C/C++的变种ObjectC，而Android基于Java，所以iOS的流畅性强于Android。Android系统内置的数据库SQLite是使用Java实现的，因此性能存在瓶颈。现在移动端兴起了第三方的数据库Realm，其性能优异，渐有取代SQLite之势，而Realm的底层是用C/C++实现的。

另外，图像处理、音视频处理等需要大量运算的场合，其底层算法也都是用C/C++实现的，比方说常见的位图工厂（BitmapFactory），它可以解析各种来源的位图数据，底层都得调用JNI方法。还有嵌入式系统的开放图形库OpenGL ES、跨平台的计算机视觉库OpenCV等著名的第三方开源库，它们的底层算法统统是用C/C++实现的。

（4）跨平台的应用移植

移动设备的操作系统不是Android就是iOS，现在企业开发App一般都要做两条产品线，一条做Android，另一条做iOS，同样的功能需要两边分别实现，费时费力。如果部分业务功能采用C/C++实现，那么不但Android可以通过JNI调用，而且iOS也能直接编译运行，一份代码可同时被两个平台复用，省时又省力。

接下来准备一个实战应用，尝试使用JNI完成加解密操作。C/C++的加解密算法代码不少，本书采用的是AES算法C++的开源代码，主要的改造工作是给C++源代码配上JNI接口。

下面是JNI接口的AES加密代码：

```
（完整代码见chapter15\src\main\jni\get_encrypt.cpp）
#include <jni.h>
#include <string.h>
#include <stdio.h>
#include "aes.h"
#include <android/log.h>
#define TAG "MyMsg"  // log标签
// 定义info信息
#define LOGI(...) __android_log_print(ANDROID_LOG_INFO,TAG,__VA_ARGS__)

extern "C"

jstring Java_com_example_chapter15_JniSecretActivity_encryptFromJNI( JNIEnv* env,
jobject thiz, jstring raw, jstring key) {
      const char* str_raw;
      const char* str_key;

      str_raw = env->GetStringUTFChars(raw, 0);
      str_key = env->GetStringUTFChars(key, 0);
      LOGI("str_raw=%s, str_key=%s ", str_raw, str_key);
      char encrypt[1024] = {0};
      AES aes_en((unsigned char*)str_key);
      aes_en.Cipher((char*)str_raw, encrypt);
      LOGI("encrypt=%s", encrypt);
      return env->NewStringUTF(encrypt);
}
```

下面是JNI接口的AES解密代码：

```
（完整代码见chapter15\src\main\jni\get_decrypt.cpp）
#include <jni.h>
#include <string.h>
#include <stdio.h>
#include "aes.h"
#include <android/log.h>
#define TAG "MyMsg"       // log标签
// 定义info信息
#define LOGI(...) __android_log_print(ANDROID_LOG_INFO,TAG,__VA_ARGS__)

extern "C"

jstring Java_com_example_chapter15_JniSecretActivity_decryptFromJNI( JNIEnv* env,
jobject thiz, jstring des, jstring key) {
      const char* str_des;
      const char* str_key;
      str_des = env->GetStringUTFChars(des, 0);
      str_key = env->GetStringUTFChars(key, 0);
      LOGI("str_des=%s, str_key=%s ", str_des, str_key);
      char decrypt[1024] = {0};
      AES aes_de((unsigned char*)str_key);
      aes_de.InvCipher((char*)str_des, decrypt);
      LOGI("decrypt=%s", decrypt);
      return env->NewStringUTF(decrypt);
}
```

下面是活动页面的Java代码，通过界面控件对输入数据进行加解密：

```
（完整代码见chapter15\src\main\java\com\example\chapter15\JniSecretActivity.java）
public class JniSecretActivity extends AppCompatActivity {
    private EditText et_origin;     // 声明一个用于输入原始字符串的编辑框对象
    private TextView tv_encrypt;    // 声明一个文本视图对象
    private TextView tv_decrypt;    // 声明一个文本视图对象
```

```
    private String mKey = "123456789abcdef";     // 该算法要求密钥的长度为16位
    private String mEncrypt;                     // 要加密的字符串

    @Override
    protected void onCreate(Bundle savedInstanceState) {
        super.onCreate(savedInstanceState);
        setContentView(R.layout.activity_jni_secret);
        et_origin = findViewById(R.id.et_origin);
        tv_encrypt = findViewById(R.id.tv_encrypt);
        tv_decrypt = findViewById(R.id.tv_decrypt);
        findViewById(R.id.btn_encrypt).setOnClickListener(v -> {
            // 调用JNI的encryptFromJNI方法获得加密后的字符串
            mEncrypt = encryptFromJNI(et_origin.getText().toString(), mKey);
            tv_encrypt.setText("jni加密结果为："+mEncrypt);
        });
        findViewById(R.id.btn_decrypt).setOnClickListener(v -> {
            if (TextUtils.isEmpty(mEncrypt)) {
                Toast.makeText(this, "请先加密后再解密",
                Toast.LENGTH_SHORT).show();
                return;
            }
            // 调用JNI的decryptFromJNI方法获得解密后的字符串
            String raw = decryptFromJNI(mEncrypt, mKey);
            tv_decrypt.setText("jni解密结果为："+raw);
        });
    }

    // 声明encryptFromJNI是来自于JNI的原生方法
    public native String encryptFromJNI(String raw, String key);

    // 声明decryptFromJNI是来自于JNI的原生方法
    public native String decryptFromJNI(String des, String key);

    // 在加载当前类时加载common.so，加载操作发生在页面启动之前
    static {
        System.loadLibrary("common");
    }
}
```

JNI实现加解密的效果如图15-42和图15-43所示。其中，图15-42为输入原始字符串并调用JNI接口进行加密的结果，图15-43为对已加密的字符串进行JNI解密操作的结果。

图15-42　JNI的加密结果

图15-43　JNI的解密结果

15.4.4 采取 CMake 编译方式

虽然使用ndkBuild方式能够将C/C++代码编译成SO库，但是MK文件的配置规则比较麻烦，也不易理解。为此Android官方推荐使用另一种CMake方式编译C/C++代码，CMake不仅配置简单，而且功能更加强大。使用CMake要求Android Studio事先安装CMake插件，安装步骤如下：

01 依次选择菜单Tools→SDK Manager，打开SDK配置窗口，单击SDK Tools标签切换到工具配置页面，如图15-44所示。

02 勾选工具配置页面的CMake选项，表示要求安装CMake插件，再点击下方的OK按钮，等待Android Studio下载安装CMake，之后就能在App工程中使用CMake了。

CMake文件通常名叫CMakeLists.txt，与MK文件一样放在src\main\jni目录下，它的配置规则主要有6点，分别说明如下：

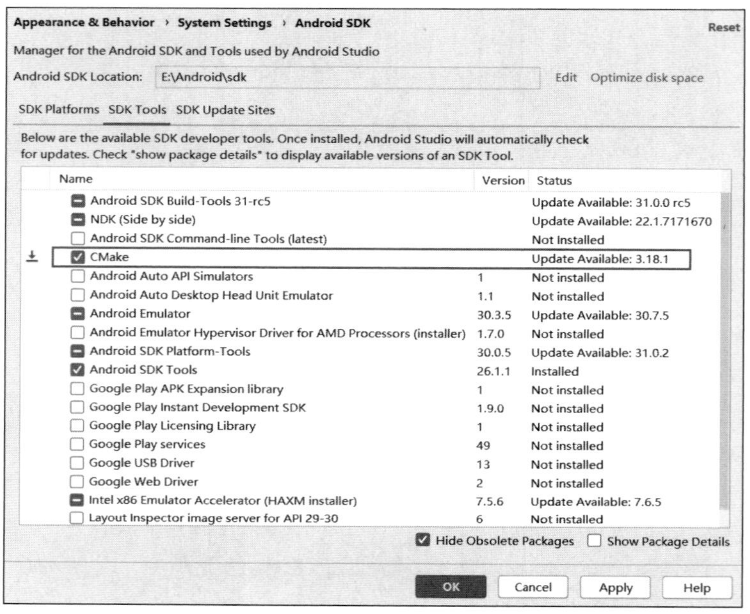

图 15-44　SDK 工具配置页面

（1）指定最低要求的 CMake 版本号

一旦指定了这个最低版本号， Android Studio就会在编译时检查CMake插件的版本是否大于等于该版本号。该步骤用到了指令cmake_minimum_required，这个指令的格式：cmake_minimum_required (VERSION 版本号)。版本设置指令示例如下（注意CMake以“#”作为注释符号）：

```
cmake_minimum_required(VERSION 3.6)  # 指定最低要求的CMake版本号
```

（2）设置环境变量的名称及其取值

设置环境变量的好处：定义环境变量及其取值之后，接下来的指令允许直接引用该变量，而不必多次输入重复的名称。该步骤用到了指令set，这个指令的格式：set(变量名 变量值)。环境变量设置指令示例如下：

```
set(target common)  # 设置环境变量的名称（target）及其取值（common）
```

（3）指定项目的名称

项目名称相当于本次JNI编译的唯一代号，最终生成的库名也包含这个项目名称。该步骤用到了指令project，该指令的格式：project(项目名称)。此时可使用第2项规则中设置的环境变量，比如“${target}”表示获取名为target的变量值。项目名称设置指令示例如下：

```
project(${target})  # 指定项目的名称
```

（4）定义文件的集合

C/C++代码分为头文件与实现文件两类，其中头文件的扩展名为h或者hpp，实现文件的扩展名为c或者cpp，故而有必要将头文件列表与实现文件列表放入各自的数据集合，方便后续引用这些文件集合。该步骤用到了指令file，这个指令的格式为file(GLOB 集合名称 以空格分隔的文件列表)。要把头文件与实现文件分别归类，可以使用如下的文件集合定义指令：

```
file(GLOB srcs *.cpp *.c)  # 把所有CPP文件和C文件都放入名称为srcs的集合中
file(GLOB hdrs *.hpp *.h)  # 把所有HPP文件和H文件都放入名称为hdrs的集合中
```

（5）设置编译类型以及待编译的源码集合

编译类型主要有两种，分别是STATIC和SHARED。其中，STATIC代表静态库，此时生成的库文件扩展名为a；SHARED代表共享库（也叫动态库），此时生成的库文件扩展名为so。该步骤用到了指令add_library，这个指令的格式：add_library(待生成的库名 编译类型 实现文件与头文件列表)。由于App直接使用的是动态库，因此一般指定编译类型为SHARED。另外，还需指定待编译的源码集合，包括头文件列表与实现文件列表，这时可使用前面第4项规则中定义的文件集合。编译类型设置指令示例如下：

```
add_library(${target} STATIC ${srcs} ${hdrs})  # 生成静态库（库文件的扩展名为a）
add_library(${target} SHARED ${srcs} ${hdrs})  # 生成动态库（库文件的扩展名为so）
```

（6）指定要链接哪些库

最终生成的SO库可能用到了其他公共库，比如日志库log，那就需要把这些公共库链接进来。该步骤用到了指令target_link_libraries，这个指令的格式：target_link_libraries(最终生成的库名 待链接的库名)。要链接日志库，可以使用如下的公共库链接指令：

```
target_link_libraries(${target} log)  # 指定要链接哪些库，log表示日志库
```

现在把上述CMake指令拼接起来，形成一份完整的CMake编译文件，假如生成的SO库名为libcommon.so，那么去掉前面的“lib”，再去掉后面的“.so”，剩下“common”便是JNI代码的项目名称。于是合并后的CMake示例文件如下：

```
(完整代码见chapter15\src\main\jni\CMakeLists.txt)
cmake_minimum_required(VERSION 3.6)        # 指定最低要求的CMake版本号

set(target common)                          # 设置环境变量的名称（target）及其取值（common）
project(${target})                          # 指定项目的名称

file(GLOB srcs *.cpp *.c)                   # 把所有CPP文件和C文件都放入名称为srcs的集合中
file(GLOB hdrs *.hpp *.h)                   # 把所有HPP文件和H文件都放入名称为hdrs的集合中

#add_library(${target} STATIC ${srcs} ${hdrs})  # 生成静态库（库文件的扩展名为a）
add_library(${target} SHARED ${srcs} ${hdrs})   # 生成动态库（库文件的扩展名为so）
target_link_libraries(${target} log)            # 指定要链接哪些库，log表示日志库
```

然后修改模块的build.gradle，将采用ndkBuild+MK文件的编译配置更改为采用CMake的编译配置：

```
    externalNativeBuild {
        // 下面使用ndkBuild方式编译
        ndkBuild {
            path file('src/main/jni/Android.mk')
        }
    }
```

```
    externalNativeBuild {
        // 下面使用CMake方式编译
        cmake {
            path file('src/main/jni/CMakeLists.txt')
        }
    }
```

接着依次选择菜单Build→Make module '***'，等待模块编译完成，即可在build\intermediates\cmake\debug\obj目录下找到各指令集的SO文件。

15.5 实战项目：笔墨飘香之电子书架

书籍是知识的源泉，更是进步的阶梯，在历史悠久的中华大地上，每个人都热爱看书。看教材可以求知，看小说可以娱乐，看专业书籍可以提升技能，故而在互联网诞生之初就流传着海量电子书籍。在智能手机时代，通过手机阅读电子书更是方便，像爱读掌阅、QQ阅读、微信读书等App大行其道，更有番茄、七猫、疯读等小说App后来居上，为移动互联网增添了几缕墨痕书香。本节的实战项目就来谈谈如何设计并实现手机上的电子书阅读App。

15.5.1 需求描述

文字的创制，使得人类的知识得以传承；造纸术和印刷术的发明，使得知识能够普及开来；智能手机的出现，推动了知识的便携化与多样化，只要小小一部手机就能在知识的海洋中遨游。那么手机App又是怎样管理电子书的呢？打开QQ阅读找到一部科幻小说《流浪地球》，如图15-45所示，点击右下角的“加书架”按钮，然后返回App首页，发现书架栏目新增了刚加的图书，如图15-46所示。

点击书架上的某部图书进入浏览界面，想要翻到下一页时，手指按住右下角往左上方拖动，翻页效果如图15-47所示；也可手指按住右上角往左下方拖动，翻页效果如图15-48所示。

图15-45 《流浪地球》的内容介绍

图15-46 添加新书后的书架界面

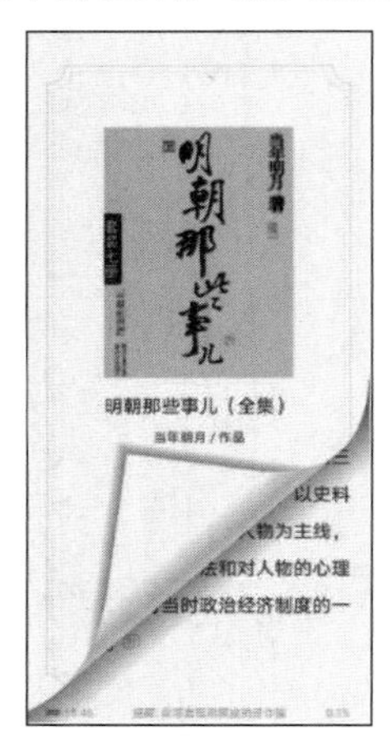

图15-47 右下角的翻页效果

图15-48 右上角的翻页效果

在手机上浏览电子书的浏览体验跟阅读纸质书差不多，翻页过程仍旧呈现纸张翻转的视觉特效，让读者看起来赏心悦目。总结一下，手机阅读无非是要具有两大功能点：其一为书架管理，主要是书籍的增删改；其二为浏览操作，主要是翻页过程的处理。

15.5.2 功能分析

表面上看电子书的内容仅仅由图文组成，解析起来似乎要比音频和视频简单，实际情况并非如此。音视频的数据流虽然格式复杂，却遵循少数几种编码标准，为此Android在系统底层早已集成了相应的编解码类库，业务层面也提供了MediaPlayer、VideoView等控件，开发者只需调用公开的方法即可。对于电子书来说，就没有这么好办了。一方面电子书格式多样，既有TXT、CHM、UMD、PDF、EPUB、DJVU等类型，又有纯文本、纯图片以及图文混排等形式；另一方面Android没有现成的控件可以统一显示这些电子书，格式各异的电子书要在手机屏幕的方寸之间展示，着实是件难事。

当然，电子书的两个问题不难解决：对于前一个问题，可将电子书统一成少数几种公共格式，以便降低编码难度；对于后一个问题，可将电子书的每个页面都转成图片文件，然后利用图像视图浏览电子书。

制定了切实可行的解决方案，接下来才能付诸编码实现。为减小实战项目的复杂度，本项目暂且支持三种格式的电子书，分别是PDF（一种与平台无关的电子文件格式）、EPUB（Electronic Publication，电子出版标准，一种电子书格式）、DJVU（主要用于图书档案和古籍的数字化）。就PDF格式而言，可利用Android自带的PDF文件渲染器把PDF文件转成图片列表；对于EPUB格式，可使用epub库将文档解析为一组网页文件，再通过网页视图浏览；至于DJVU格式，可引入第三方的电子书解码库（如Vudroid），通过JNI技术处理DJVU文件。

接下来分析电子书阅读器可能用到了哪些技术，下面罗列一些可能的技术点：

（1）网页视图：EPUB文档解析而来的网页文件，需要通过网页视图浏览。

（2）数据库框架Room：每本电子书的图书名称、作者、页数，统一保存到数据库中。

（3）PDF文件渲染器：把PDF文件解析为一组图片，用到了PdfRenderer。

（4）贝塞尔曲线：在浏览电子书的翻页过程中，需要运用贝塞尔曲线实现翻书特效。

（5）JNI接口：解析DJVU文件的开源库Vudroid，其内核是由C语言编写的，所以要使用NDK将其编译为SO文件，然后在Java代码中通过JNI接口调用。

（6）图片文件处理：不管是PdfRenderer还是Vudroid，都会把电子书提取成为一组图片，因此要实现图片文件的保存、打开以及缩放等操作。

（7）输入对话框：修改电子书的名称，需要在弹窗中填入具体文本，而需在对话框中输入文字信息，必须自定义输入对话框控件InputDialog。

下面简单介绍一下随书源码chapter15模块中与电子书架有关的主要代码模块之间的关系：

（1）EbookReaderActivity.java：电子书阅读器的书籍列表页面。

（2）PdfRenderActivity.java：PDF电子书的阅读页面（ViewPager翻页）。

（3）PdfSlideActivity.java：PDF电子书的阅读页面（平滑翻页）。

（4）PdfCurveActivity.java：PDF电子书的阅读页面（贝塞尔曲线翻页）。

（5）PdfOpenglActivity.java：PDF电子书的阅读页面（卷曲翻页）。

（6）DjvuRenderActivity.java：DJVU电子书的阅读页面（使用Vudroid库）。

（7）ImageFragment.java：这是每页电子书图片的展示碎片。

关于电子书阅读器的编码实现，除了系统原生的控件操作，还需要开发者自行编写几个功能点，主要包括下列几项：

（1）自动导入初始的几本电子书。演示用的电子书放在assets目录下，包括tangshi.pdf、android.pdf、zhugeliang.djvu、dufu.djvu、luyou.djvu。自动导入操作主要包含两方面内容：一方面是把电子书从assets目录复制到存储卡上，另一方面是往数据库中插入这几条电子书记录。导入初始电子书的示例代码如下：

```
（完整代码见chapter15\src\main\java\com\example\chapter15\EbookReaderActivity.java）
private List<BookInfo> mBookList = new ArrayList<>();     // 图书信息列表
private BookDao bookDao;                                   // 声明一个图书的持久化对象

// 把assets目录下的演示文件复制到存储卡
private void copyPdfFile() {
    // 从App实例中获取唯一的图书持久化对象
    bookDao = MainApplication.getInstance().getBookDB().bookDao();
    mBookList = bookDao.queryAllBook();                    // 获取所有图书记录
    if (mBookList!=null && mBookList.size()>0) {
        runOnUiThread(() -> initBookList());               // 初始化图书列表
        return;
    }
    List<BookInfo> bookList = new ArrayList<>();
    for (String file_name : mFileNameArray) {
        String dir = String.format("%s/%s/",
                getExternalFilesDir(Environment.DIRECTORY_DOWNLOADS),
                file_name.substring(file_name.lastIndexOf(".")+1)
        );
        String fileName = file_name.substring(file_name.lastIndexOf("/") + 1);
        // 把assets目录下的电子书复制到存储卡上
        AssetsUtil.Assets2Sd(this, fileName, dir + fileName);
        bookList.add(new BookInfo(file_name));
    }
    bookDao.insertBookList(bookList);              // 把演示用的电子书信息添加到数据库中
    runOnUiThread(() -> initBookList());           // 初始化图书列表
}
```

（2）实现文本输入对话框。系统自带的提醒对话框仅能显示固定文本，不支持用户输入文字，因此需要自定义文本输入对话框，在对话框界面上增加编辑框控件。实现文本输入对话框的示例代码如下：

```
（完整代码见chapter15\src\main\java\com\example\chapter15\widget\InputDialog.java）
public class InputDialog {
    private Dialog mDialog;                      // 声明一个对话框对象
    private View mView;                          // 声明一个视图对象
    private String mIdt;                         // 当前标识
    private int mSeq;                            // 当前序号
    private String mTitle;                       // 对话框标题
    private InputCallbacks mCallbacks;           // 回调监听器

    public InputDialog(Context context, String idt, int seq, String title, InputCallbacks 
callbacks) {
        mIdt = idt;
        mSeq = seq;
        mTitle = title;
        mCallbacks = callbacks;
        // 根据布局文件dialog_input.xml生成视图对象
        mView = LayoutInflater.from(context).inflate(R.layout.dialog_input, null);
```

```
        // 创建一个指定风格的对话框对象
        mDialog = new Dialog(context, R.style.CustomDialog);
        TextView tv_title = mView.findViewById(R.id.tv_title);
        EditText et_input = mView.findViewById(R.id.et_input);
        tv_title.setText(mTitle);
        mView.findViewById(R.id.tv_cancel).setOnClickListener(v -> dismiss());
        mView.findViewById(R.id.tv_confirm).setOnClickListener(v -> {
            dismiss();                                  // 关闭对话框
            mCallbacks.onInput(mIdt, et_input.getText().toString(), mSeq);
        });
    }
    // 显示对话框
    public void show() {
        // 设置对话框窗口的内容视图
        mDialog.getWindow().setContentView(mView);
        // 设置对话框窗口的布局参数
        mDialog.getWindow().setLayout(LayoutParams.MATCH_PARENT,
                                      LayoutParams.WRAP_CONTENT);
        mDialog.show();                                 // 显示对话框
    }
    // 关闭对话框
    public void dismiss() {
        // 如果对话框显示出来了，就关闭它
        if (mDialog != null && mDialog.isShowing()) {
            mDialog.dismiss();                          // 关闭对话框
        }
    }
    // 判断对话框是否显示
    public boolean isShowing() {
        if (mDialog != null) {
            return mDialog.isShowing();
        } else {
            return false;
        }
    }

    public interface InputCallbacks {
        void onInput(String idt, String content, int seq);
    }
}
```

（3）利用JNI集成C语言编写的Vudroid库。Vudroid是第三方的开源库，它的源码既包含Java代码也包含C代码，为此在App工程中集成Vudroid需要下列几个步骤：

01 在模块的jni目录下放置Vudroid库包括MK文件在内的所有源码，并修改build.gradle文件，在android节点内添加以下几行配置，表示支持把C代码编译为SO文件：

```
externalNativeBuild {
    ndkBuild {
        // 下面是编译vudroid专用的MK文件
        path "src/main/jni/Android_vudroid.mk"
    }
}
```

02 依次选择菜单Build→Make module 'chapter15'，将编译好的libvudroid.so复制到jniLibs目录下。

03 在工程源码中导入org.vudroid.pdfdroid包下的所有Java代码，该包内部集成了JNI接口，方便开发者直接调用电子书的解析API。

集成了Vudroid之后，还要在代码中使用该库从DJVU文件解析出每页图片，下面是利用Vudroid库读取DJVU文件的示例代码片段：

```
（完整代码见chapter15\src\main\java\com\example\chapter15\fragment\ImageFragment.java）
// 存储卡上没有该页的图片，就要到电子书中解析出该页的图片
private void readImage() {
    String dir = mPath.substring(0, mPath.lastIndexOf("/"));
    final int index = Integer.parseInt(mPath.substring(
            mPath.lastIndexOf("/") + 1, mPath.lastIndexOf(".")));
    // 解析页面的操作是异步的，解析结果在监听器中回调通知
    DjvuRenderActivity.decodeService.decodePage(dir, index,
            new DecodeService.DecodeCallback() {
        @Override
        public void decodeComplete(Bitmap bitmap) {
            // 把位图对象保存成图片，下次直接读取存储卡上的图片文件
            BitmapUtil.saveImage(mPath, bitmap);
            // 解码监听器在分线程中运行，调用runOnUiThread方法表示回到主线程操作界面
            getActivity().runOnUiThread(
                    () -> iv_content.setImageBitmap(bitmap));
        }
    }, 1, new RectF(0, 0, 1, 1));
}
```

15.5.3 效果展示

打开电子书阅读器，映入眼帘的是一排图书名称，就像家里的书架那样。对于架子上的电子书，主人可以给它们起个好听的名字，这便是每本图书的昵称。实体书架上的纸书厚薄不一，可以显示这些图书的内容多寡，电子书虽然没有厚薄之分，却也能通过页数的多少来衡量内容的翔实与否。

如此一来，电子书架的总览及管理操作如图15-49～图15-51所示。其中，图15-49展示阅读器的初始界面，列出了两种格式（PDF、DJVU）的五本图书；图15-50展示图书信息的修改对话框，支持修改电子书的名称；图15-51展示了完善图书信息之后的书架，可见不但书名改为了中文，而且还增加了页数统计。

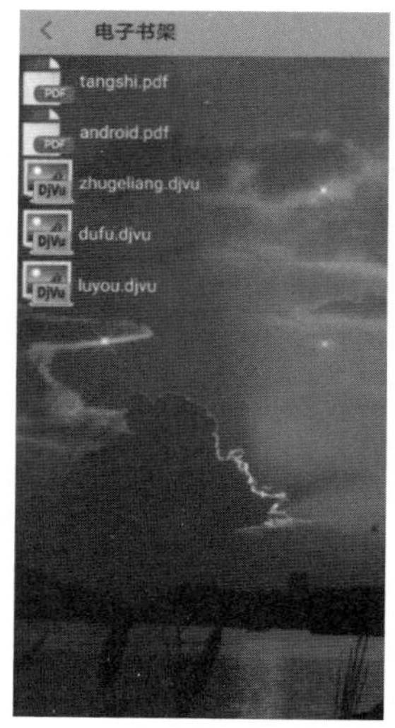

图 15-49　电子书阅读器的初始界面

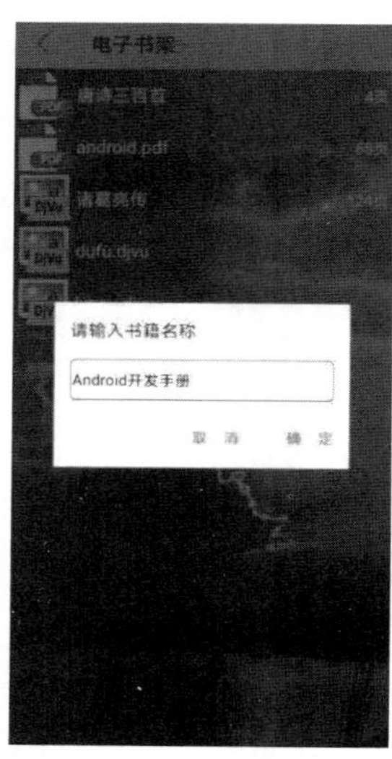

图 15-50　电子书信息的修改对话框

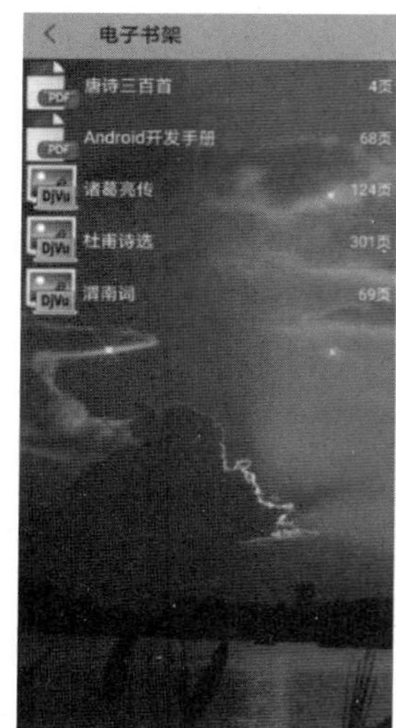

图 15-51　完善图书信息后的电子书架

在图书列表中打开一本电子书，发现DJVU文件的阅读器效果如图15-52和图15-53所示。其中，图15-52是《杜甫诗》的浏览界面，图15-53是《渭南文集》（陆游著）的浏览界面。

图15-52　DJVU文件的阅览效果1

图15-53　DJVU文件的阅览效果2

从图15-52和图15-53可见，逐页浏览使用了翻页视图，这是常规的翻页效果。若想让手机电子书更贴近纸质书的阅读体验，就得引入贝塞尔曲线重新设计卷曲翻页特效，并且在当前页与下一页的折痕两旁显示阴影，营造灯光在折痕附近被遮挡的氛围。比如图15-54所示从右上角向左下方翻页，此时折痕阴影由左上角延伸到右下角；又如图15-55所示从右下角向左上方翻页，此时折痕阴影由右上角延伸到左下角。

图15-54　从右上角向左下角翻页

图15-55　从右下角向左上角翻页

经过贝塞尔曲线处理过的翻页画面，看起来更逼真、更赏心悦目，从而达到模拟现实的阅读感受。至此，书架管理与阅读翻页这两大功能都成功实现了。

15.6 小　　结

本章主要介绍了App开发用到的手机阅读技术，包括浏览网页（打开本地网页、网页浏览器、浏览EPUB文档）、浏览PDF文件（PDF文件渲染器、实现平滑翻书效果、实现卷曲翻书动画）、浏览Office文档（利用POI库浏览Word、Excel文档，结合前后端浏览PPT文档，利用TBS浏览各种文档）、

JNI开发（NDK环境搭建、创建JNI接口、JNI实现加解密、采取CMake编译方式）。最后设计一个实战项目“笔墨飘香之电子书架”，在该项目的App编码中综合运用了本章介绍的手机阅读技术。

通过本章的学习，读者应该能够掌握以下4种开发技能：

（1）学会使用网页视图打开本地网页和在线网站。

（2）学会针对PDF文件的几种浏览方式。

（3）学会结合服务端在App上打开Office文档。

（4）学会实现JNI接口的编码、编译及其调用。

15.7 动 手 练 习

1. 实现一个简单的网页浏览器。
2. 利用 JNI 技术在 App 工程中集成 C/C++代码。
3. 综合运用手机阅读技术实现一个电子书阅读App。

第 16 章 感知定位

本章介绍App开发常用的一些感知定位技术，主要包括：各类传感器的功能及其具体应用，如何利用定位功能获取手机的位置信息，如何借助腾讯地图实现地图展示与路线规划等导航功能。最后结合本章所学的知识演示一个实战项目“仿微信的附近的人”的设计与实现。

16.1 传感器

本节介绍常见传感器的用法及其相关应用场景：首先列举Android目前支持的传感器种类，然后对常用传感器分别进行说明，包括加速度传感器的用法和摇一摇的实现、磁场传感器的用法和指南针的实现，以及计步器、感光器、陀螺仪等其他传感器的基本用法。

16.1.1 传感器的种类

传感器是一系列感应器的总称，是各种设备用来感知周围环境和运动信息的工具。因为具体的感应信息依赖于相关硬件，所以虽然Android定义了众多感应器，但是并非每部手机都能支持这么多感应器，售价在千元以下的低端手机往往只支持加速度等少数感应器。

传感器一般通过硬件监听环境信息的改变，有时会结合软件监听用户的运动信息。Android 12支持的主要传感器类型见表16-1。

表 16-1　传感器类型的取值说明

编　号	Sensor 类的传感器类型	传感器名称	说　明
1	TYPE_ACCELEROMETER	加速度	常用于摇一摇功能
2	TYPE_MAGNETIC_FIELD	磁场	
3	TYPE_ORIENTATION	方向	已弃用，取而代之的是getOrientation 方法
4	TYPE_GYROSCOPE	陀螺仪	用来感应手机的旋转和倾斜
5	TYPE_LIGHT	光线	用来感应手机正面的光线强弱
6	TYPE_PRESSURE	压力	用来感应气压
7	TYPE_TEMPERATURE	温度	已弃用，取而代之的是类型 13
8	TYPE_PROXIMITY	距离	
9	TYPE_GRAVITY	重力	

（续表）

编　　号	Sensor 类的传感器类型	传感器名称	说　　明
10	TYPE_LINEAR_ACCELERATION	线性加速度	
11	TYPE_ROTATION_VECTOR	旋转矢量	
12	TYPE_RELATIVE_HUMIDITY	相对湿度	
13	TYPE_AMBIENT_TEMPERATURE	环境温度	
14	TYPE_MAGNETIC_FIELD_UNCALIBRATED	无标定磁场	
15	TYPE_GAME_ROTATION_VECTOR	无标定旋转矢量	
16	TYPE_GYROSCOPE_UNCALIBRATED	未校准陀螺仪	
17	TYPE_SIGNIFICANT_MOTION	特殊动作	
18	TYPE_STEP_DETECTOR	步行检测	用户每走一步就触发一次事件
19	TYPE_STEP_COUNTER	步行计数	记录激活后的步伐数
20	TYPE_GEOMAGNETIC_ROTATION_VECTOR	地磁旋转矢量	
21	TYPE_HEART_RATE	心跳速率	可穿戴设备使用，如手环
22	TYPE_TILT_DETECTOR	倾斜检测	
23	TYPE_WAKE_GESTURE	唤醒手势	
24	TYPE_GLANCE_GESTURE	掠过手势	
28	TYPE_POSE_6DOF	六自由度姿态	
29	TYPE_STATIONARY_DETECT	静止检测	
30	TYPE_MOTION_DETECT	运动检测	
31	TYPE_HEART_BEAT	心跳检测	
36	TYPE_HINGE_ANGLE	铰链角度	

Android提供了传感管理器SensorManager统一管理各类传感器，其对象从系统服务SENSOR_SERVICE中获取。若要查看当前设备支持的传感器种类，可通过传感管理器对象的getSensorList方法获得，该方法返回了一个Sensor列表。遍历Sensor列表中的每个元素得到感应器对象Sensor，再调用Sensor对象的getType方法可获取该传感器的类型，调用Sensor对象的getName方法可获取该传感器的名称。查看传感器信息的示例代码如下：

```
(完整代码见chapter16\src\main\java\com\example\chapter16\SensorActivity.java)
// 显示手机自带的传感器信息
private void showSensorInfo() {
    // 从系统服务中获取传感管理器对象
    SensorManager mSensorMgr = (SensorManager)
            getSystemService(Context.SENSOR_SERVICE);
    // 获取当前设备支持的传感器列表
    List<Sensor> sensorList = mSensorMgr.getSensorList(Sensor.TYPE_ALL);
    String show_content = "当前支持的传感器包括：\n";
    for (Sensor sensor : sensorList) {
        if (sensor.getType() >= mSensorType.length) {
            continue;
        }
        mapSensor.put(sensor.getType(), sensor.getName());
    }
    for (Map.Entry<Integer, String> map : mapSensor.entrySet()) {
        int type = map.getKey();
        String name = map.getValue();
        String content = String.format("%d %s: %s\n", type,
                        mSensorType[type - 1], name);
        show_content += content;
```

```
        }
        tv_sensor.setText(show_content);
    }
```

图16-1所示为某品牌手机支持的传感器列表，其中包含了Android定义的大部分传感器。

chapter16

当前支持的传感器包括：
1 加速度：accelerometer-bmi160
2 磁场：mag-akm09918
3 方向：orientation
4 陀螺仪：gyroscope-bmi160
5 光线：als-A
8 距离：proximity-tp
9 重力：gravity
10 线性加速度：linear Acceleration
11 旋转矢量：rotation Vector
14 无标定磁场：uncalibrated Magnetic Field
15 无标定旋转矢量：game Rotation Vector
16 未校准陀螺仪：uncalibrated Gyroscope
17 特殊动作：significant Motion
19 计步器：step counter
20 地磁旋转矢量：geomagnetic Rotation Vector

图 16-1 某品牌手机上支持的传感器列表

16.1.2 摇一摇——加速度传感器

加速度传感器是最常见的感应器，大部分智能手机都内置了加速度传感器。它运用最广泛的功能是微信的摇一摇，用户通过摇晃手机寻找周围的人，类似的应用还有摇骰子、玩游戏等。

下面以摇一摇的实现过程为例演示传感器应用的开发步骤。

01 声明一个SensorManager对象，该对象从系统服务SENSOR_SERVICE中获取。

02 重写活动页面的onResume方法，在该方法中注册传感器监听事件，并指定待监听的传感器类型。例如，摇一摇功能要注册加速度传感监听器，示例代码如下：

```
@Override
protected void onResume() {
    super.onResume();
    // 给加速度传感器注册传感监听器
    mSensorMgr.registerListener(this,
            mSensorMgr.getDefaultSensor(Sensor.TYPE_ACCELEROMETER),
            SensorManager.SENSOR_DELAY_NORMAL);
}
```

03 重写活动页面的onPause方法，在该方法中注销传感监听器，示例代码如下：

```
@Override
protected void onPause() {
    super.onPause();
    mSensorMgr.unregisterListener(this);  // 注销当前活动的传感监听器
}
```

04 编写一个传感器事件监听器，该监听器继承自SensorEventListener，同时需实现onSensorChanged和onAccuracyChanged两个方法。其中，前一个方法在感应信息变化时触发，业务逻辑都在这边处理；后一个方法在精度改变时触发，一般无须处理。

下面是使用加速度传感器实现摇一摇功能的示例代码：

```
(完整代码见chapter16\src\main\java\com\example\chapter16\AccelerationActivity.java)
public class AccelerationActivity extends AppCompatActivity implements
SensorEventListener {
    private TextView tv_shake;                  // 声明一个文本视图对象
    private SensorManager mSensorMgr;           // 声明一个传感管理器对象
    private Vibrator mVibrator;                 // 声明一个震动器对象

    @Override
    protected void onCreate(Bundle savedInstanceState) {
        super.onCreate(savedInstanceState);
        setContentView(R.layout.activity_acceleration);
        tv_shake = findViewById(R.id.tv_shake);
        // 从系统服务中获取传感管理器对象
```

```
        mSensorMgr = (SensorManager)
                getSystemService(Context.SENSOR_SERVICE);
        // 从系统服务中获取震动器对象
        mVibrator = (Vibrator) getSystemService(Context.VIBRATOR_SERVICE);
    }
    @Override
    protected void onPause() {
        super.onPause();
        mSensorMgr.unregisterListener(this);  // 注销当前活动的传感监听器
    }

    @Override
    protected void onResume() {
        super.onResume();
        // 给加速度传感器注册传感监听器
        mSensorMgr.registerListener(this,
                mSensorMgr.getDefaultSensor(Sensor.TYPE_ACCELEROMETER),
                SensorManager.SENSOR_DELAY_NORMAL);
    }

    @Override
    public void onSensorChanged(SensorEvent event) {
        // 加速度变更事件
        if (event.sensor.getType() == Sensor.TYPE_ACCELEROMETER) {
            // values[0]:X轴，values[1]: Y轴，values[2]: Z轴
            float[] values = event.values;
            if ((Math.abs(values[0]) > 15 || Math.abs(values[1]) > 15
                    || Math.abs(values[2]) > 15)) {
                tv_shake.setText(DateUtil.getNowFullDateTime()
                        + " 我看到你摇一摇啦");
                mVibrator.vibrate(500);  // 系统检测到摇一摇事件后，震动手机提示用户
            }
        }
    }

    // 当传感器精度改变时回调该方法，一般无须处理
    @Override
    public void onAccuracyChanged(Sensor sensor, int accuracy) {}
}
```

这个例子很简单，一旦监测到手机的摇动幅度超过阈值，就在屏幕上打印摇一摇的结果文字，具体效果如图16-2所示。

chapter16

2021-03-06 13:27:41 我看到你摇一摇啦

图 16-2　加速度传感器实现简单摇一摇

16.1.3　指南针——磁场传感器

顾名思义，指南针只要找到朝南的方向就好了。可是在App中并非使用一个方向传感器这么简单，事实上单独的方向传感器已经被弃用，取而代之的是联合使用加速度传感器和磁场传感器，通过传感管理器的getRotationMatrix方法与getOrientation方法计算方向角度。

下面是结合加速度传感器与磁场传感器实现指南针功能的示例代码片段：

```
(完整代码见chapter16\src\main\java\com\example\chapter16\DirectionActivity.java)
private CompassView cv_sourth;          // 声明一个罗盘视图对象
private float[] mAcceValues;            // 加速度变更值的数组
private float[] mMagnValues;            // 磁场强度变更值的数组

@Override
protected void onResume() {
    super.onResume();
    int suitable = 0;
    // 获取当前设备支持的传感器列表
```

```
    List<Sensor> sensorList = mSensorMgr.getSensorList(Sensor.TYPE_ALL);
    for (Sensor sensor : sensorList) {
        if (sensor.getType() == Sensor.TYPE_ACCELEROMETER) {    // 加速度传感器
            suitable += 1;                                      // 找到加速度传感器
        } else if (sensor.getType() == Sensor.TYPE_MAGNETIC_FIELD) {
            suitable += 10;                                     // 找到磁场传感器
        }
    }
    if (suitable / 10 > 0 && suitable % 10 > 0) {
        // 给加速度传感器注册传感监听器
        mSensorMgr.registerListener(this,
                mSensorMgr.getDefaultSensor(Sensor.TYPE_ACCELEROMETER),
                SensorManager.SENSOR_DELAY_NORMAL);
        // 给磁场传感器注册传感监听器
        mSensorMgr.registerListener(this,
                mSensorMgr.getDefaultSensor(Sensor.TYPE_MAGNETIC_FIELD),
                SensorManager.SENSOR_DELAY_NORMAL);
    } else {
        cv_sourth.setVisibility(View.GONE);
        tv_direction.setText("设备不支持指南针，请检查是否存在加速度和磁场传感器");
    }
}

@Override
public void onSensorChanged(SensorEvent event) {
    if (event.sensor.getType() == Sensor.TYPE_ACCELEROMETER) {
        mAcceValues = event.values;                // 加速度变更事件
    } else if (event.sensor.getType() == Sensor.TYPE_MAGNETIC_FIELD) {
        mMagnValues = event.values;                // 磁场强度变更事件
    }
    if (mAcceValues != null && mMagnValues != null) {
        calculateOrientation();                    // 加速度和磁场强度两个都有了，才能计算磁极的方向
    }
}

// 计算指南针的方向
private void calculateOrientation() {
    float[] values = new float[3];
    float[] R = new float[9];
    SensorManager.getRotationMatrix(R, null, mAcceValues, mMagnValues);
    SensorManager.getOrientation(R, values);
    values[0] = (float) Math.toDegrees(values[0]);   // 计算手机上部与正北的夹角
    cv_sourth.setDirection((int) values[0]);          // 设置罗盘视图中的指南针方向
    if (values[0] >= -10 && values[0] < 10) {
        tv_direction.setText("手机上部方向是正北");
    } else if (values[0] >= 10 && values[0] < 80) {
        tv_direction.setText("手机上部方向是东北");
    } else if (values[0] >= 80 && values[0] <= 100) {
        tv_direction.setText("手机上部方向是正东");
    } else if (values[0] >= 100 && values[0] < 170) {
        tv_direction.setText("手机上部方向是东南");
    } else if ((values[0] >= 170 && values[0] <= 180)
            || (values[0]) >= -180 && values[0] < -170) {
        tv_direction.setText("手机上部方向是正南");
    } else if (values[0] >= -170 && values[0] < -100) {
        tv_direction.setText("手机上部方向是西南");
    } else if (values[0] >= -100 && values[0] < -80) {
        tv_direction.setText("手机上部方向是正西");
    } else if (values[0] >= -80 && values[0] < -10) {
        tv_direction.setText("手机上部方向是西北");
    }
}
```

上述代码计算得到的只是手机上部与正北方向的夹角，要想在手机上模拟指南针的效果，需自己编写一个罗盘视图，然后在罗盘上绘制正南方向的指针。罗盘视图的指南针效果如图16-3和图16-4所示。图16-3为手机上部对准正南方向的显示结果，此时指南针恰好位于朝上的方向；转动手机使上部对准正东方向，此时指南针转到屏幕右边，如图16-4所示。

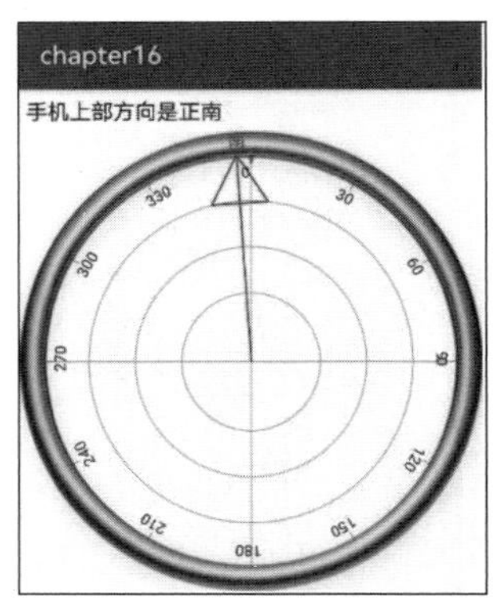

图 16-3　手机上部对准正南方向时的指南针

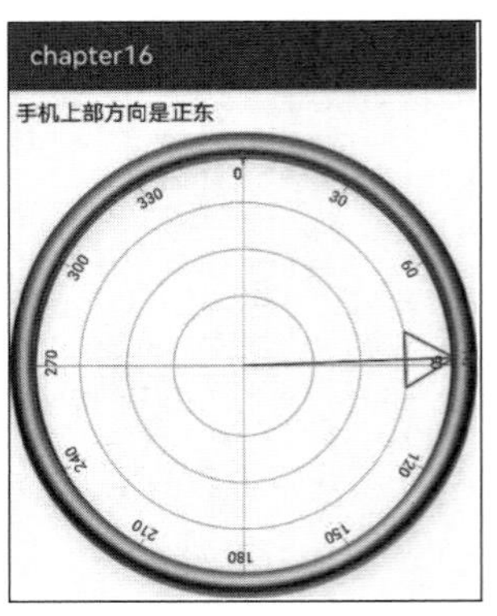

图 16-4　手机上部对准正东方向时的指南针

16.1.4　计步器、感光器和陀螺仪

其他传感器各有千秋，合理使用能够产生许多趣味应用。下面分别介绍几种应用的例子，包括计步器、感光器、陀螺仪等。

1. 计步器

计步器的原理是监测手机的前后摆动，以此模拟行人的步伐节奏。Android与计步器有关的传感器有两个：一个是步行检测器（TYPE_STEP_DETECTOR），另一个是步行计数器（TYPE_STEP_COUNTER）。其中，步行检测器的返回数值为1时表示当前监测到一个步伐；步行计数器的返回数值是累加后的数值，表示本次开机激活后的总步伐数。

从Android 10开始，使用计步器前要申请健身运动权限，也就是修改AndroidManifest.xml，补充下面的权限配置：

```
<!—Android 10之后，计步器需要健身运动权限 -->
<uses-permission android:name="android.permission.ACTIVITY_RECOGNITION" />
```

下面是使用两种计步器分别获取步伐数量的示例代码片段：

```
（完整代码见chapter16\src\main\java\com\example\chapter16\StepActivity.java）
@Override
public void onSensorChanged(SensorEvent event) {
    if (event.sensor.getType() == Sensor.TYPE_STEP_DETECTOR) {
        if (event.values[0] == 1.0f) {
            mStepDetector++;                              // 步行检测事件
        }
    } else if (event.sensor.getType() == Sensor.TYPE_STEP_COUNTER) {
        mStepCounter = (int) event.values[0];         // 计步器事件
    }
    String desc = String.format("设备检测到您当前走了%d步，总计数为%d步",
            mStepDetector, mStepCounter);
    tv_step.setText(desc);
}
```

两种计步器的计数结果如图16-5所示，可见计步器的总计数是累加值。

图 16-5 计步器的计数结果

2. 感光器

感光器也叫光线传感器，位于手机正面的顶部或底部，常常跟前置摄像头聚在一块。对于有的手机来说，一旦遮住前置摄像头，感光器监测到的光线强度立马就会降低。在实际开发中，光线传感器往往用于感应手机正面的光线强弱，从而自动调节屏幕亮度。

使用光线传感器监测光线强度的示例代码片段如下：

```
(完整代码见chapter16\src\main\java\com\example\chapter16\LightActivity.java)
@Override
public void onSensorChanged(SensorEvent event) {
    if (event.sensor.getType() == Sensor.TYPE_LIGHT) {  // 光线强度变更事件
        float light_strength = event.values[0];
        tv_light.setText(DateUtil.getNowTime() + " 当前光线强度为" + light_strength);
    }
}
```

光线传感器的感应结果如图16-6和图16-7所示。其中，图16-6为感光器未被遮挡时的显示结果，图16-7为感光器被遮挡时的显示结果，可见光线强度的数值每时每刻都在变化。

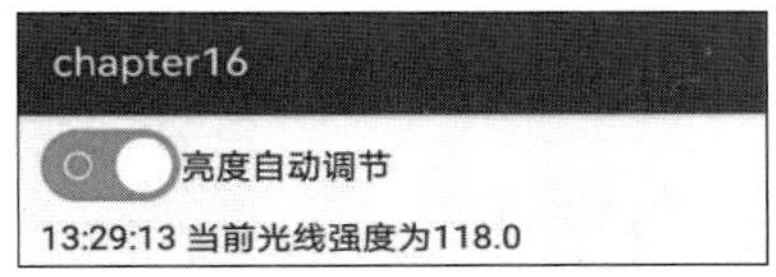

图 16-6 感光器未被遮挡时的显示结果

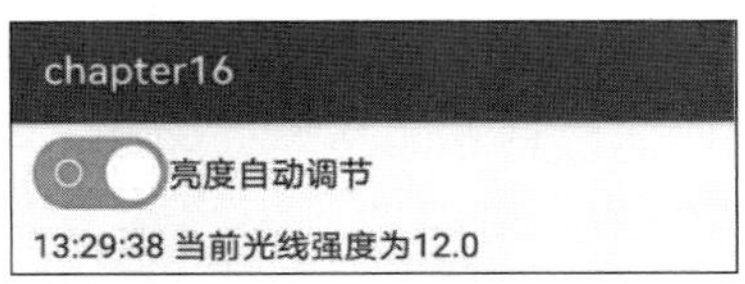

图 16-7 感光器被遮挡时的显示结果

3. 陀螺仪

陀螺仪是测量平衡的仪器，它的测量结果为当前位置与上次位置之间的倾斜角度，这个角度为三维空间的夹角，因而其数值由x、y、z三个坐标轴上的角度偏移组成。由于陀螺仪具备三维角度的动态测量功能，因此它又被称作角速度传感器。前面介绍的加速度传感器只能检测线性距离的大小，而陀螺仪能够检测旋转角度的大小，所以利用陀螺仪可以还原三维物体的转动行为。

下面是使用陀螺仪监测转动角度的示例代码片段：

```
(完整代码见chapter16\src\main\java\com\example\chapter16\GyroscopeActivity.java)
private float mTimestamp;                              // 记录上次的时间戳
private float mAngle[] = new float[3];                 // 记录x、y、z三个方向上的旋转角度

@Override
public void onSensorChanged(SensorEvent event) {
    // 陀螺仪角度变更事件
    if (event.sensor.getType() == Sensor.TYPE_GYROSCOPE) {
        if (mTimestamp != 0) {
            final float dT = (event.timestamp - mTimestamp) * NS2S;
            mAngle[0] += event.values[0] * dT;
            mAngle[1] += event.values[1] * dT;
            mAngle[2] += event.values[2] * dT;
            // x轴的旋转角度，手机平放桌上，然后绕侧边转动
            float angleX = (float) Math.toDegrees(mAngle[0]);
            // y轴的旋转角度，手机平放桌上，然后绕底边转动
            float angleY = (float) Math.toDegrees(mAngle[1]);
            // z轴的旋转角度，手机平放桌上，然后水平旋转
```

```
            float angleZ = (float) Math.toDegrees(mAngle[2]);
            String desc = String.format("%s 陀螺仪检测到当前位置为：\n" +
                                        "x轴方向的转动角度为%.6f，\n" +
                                        "y轴方向的转动角度为%.6f，\n" +
                                        "z轴方向的转动角度为%.6f。",
                    DateUtil.getNowTime(), angleX, angleY, angleZ);
            tv_gyroscope.setText(desc);
        }
        mTimestamp = event.timestamp;
    }
}
```

沿着不同方向转动手机，陀螺仪的感应结果如图16-8～图16-10所示。其中，图16-8为手机绕侧边转动的显示结果，可见此时x轴方向的旋转角度较大；图16-9为手机绕底边转动的显示结果，可见此时y轴方向的旋转角度较大；图16-10为手机绕垂直线水平旋转的显示结果，可见此时z轴方向的旋转角度较大。

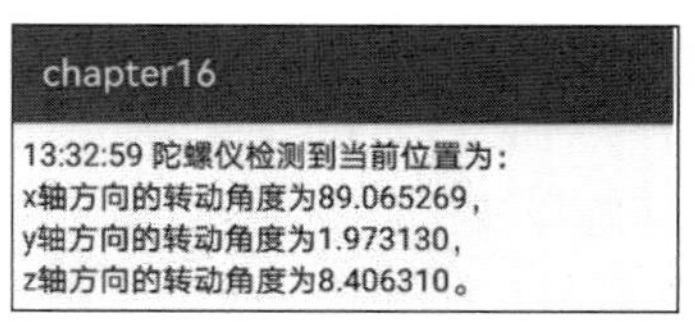

图 16-8　x 轴的角度感应

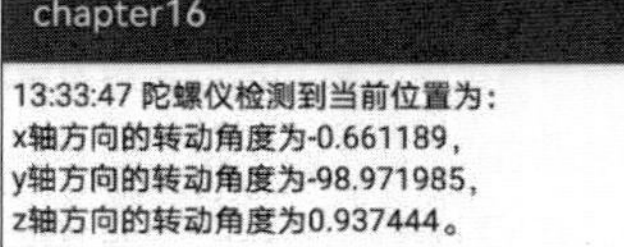

图 16-9　y 轴的角度感应

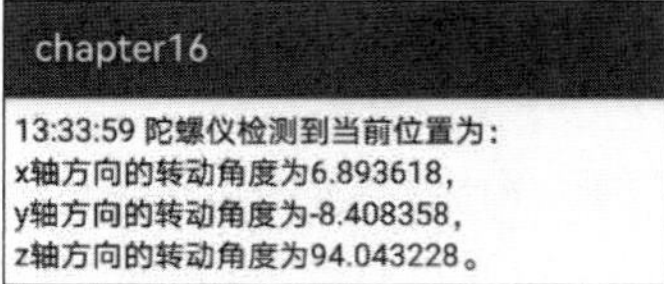

图 16-10　z 轴的角度感应

16.2 基础定位

本节介绍App对基础定位功能的用法，内容包括几种定位方式及其对应的功能开关、如何通过三种定位工具获取当前的位置信息、如何借助天地图的开放接口查询指定经纬度对应的详细地址、四大全球卫星导航系统（Global Navigation Satellite System，GNSS）的发展历程以及如何通过手机寻找天上的导航卫星。注：天地图是中国国家测绘地理信息局建设的地理信息综合服务网站。

16.2.1 开启定位功能

不管近在眼前还是远在天边，在茫茫人海中总能找到你的绿野仙踪。如此神奇的特异功能，随着科技的发展，终于由定位导航技术实现了。定位功能的使用相当广泛，许多App都需要通过定位找到用户所在的城市，然后切换到对应的城市频道。根据不同的定位方式，手机定位又分为卫星定位和网络定位两大类。

卫星定位服务由几个全球卫星导航系统提供，主要包括美国的GPS（Global Positioning System，全球定位系统）、俄罗斯的格洛纳斯（GLONASS）、中国的北斗（BeiDou Navigation Satellite System，BDS）和欧洲的伽利略（Galileo Satellite Navigation System）。卫星定位的原理是根据多颗卫星与手机芯片的通信结果得到手机与卫星的距离，然后计算手机当前所处的经度、纬度以及海拔高度，具体场景如图16-11所示。在使用卫星定位前，需要开启手机的定位功能（也叫位置功能），并且最好在室外使用，因为室内不容易收到卫星的通信信号。

网络定位有基站定位与WiFi定位两个子类。在手机上插上运营商提供的SIM卡后，这个SIM卡会搜索周围的基站信号并接入通信服务。手机基站俗称铁塔，每个铁塔都有对应的编号、位置信息、信号覆盖区域。基站定位的原理是监测SIM卡能搜索到周围有哪些基站，手机就处于这些基站信号覆盖的重叠区域，再根据每个基站的位置信息算出手机的大致方位，具体场景如图16-12所示。在使用基站定位前，需要开启手机的数据连接功能（也叫移动数据）。

WiFi定位的原理是将手机接入某个公共热点网络，比如首都机场的WiFi，提供WiFi热点的路由器有自身的MAC地址与电信宽带的网络IP地址，通过查询WiFi路由器的位置便可得知接入该WiFi的手机大致位置。在使用WiFi定位前，需要开启手机的WLAN功能。

图 16-11　卫星定位的应用场景

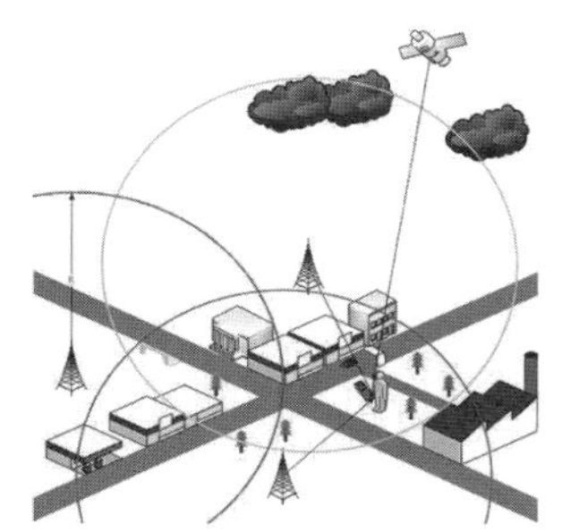

图 16-12　基站定位的应用场景

无论是基站定位还是WiFi定位，手机自身只能获取基站与WiFi路由器的信息，无法直接得到手机的位置信息。要想获得具体的方位，必须先把基站或WiFi路由器的信息传给位置服务提供商（比如高德地图或百度地图），位置服务器存储了每个基站和WiFi路由器的编号、MAC地址、实际位置，从这个庞大的网络数据库中找到具体基站或WiFi路由器的详细位置再返回给手机App。因为需要后端的网络参与计算手机的位置信息，所以基站定位和WiFi定位统称为网络定位。

无论是卫星定位还是基站、WiFi定位都要开启对应的手机功能，所以首先得获取这些功能的开关状态，然后根据需求开启或关闭对应的功能。下面是获取定位、数据连接、WLAN功能开关状态的判定代码：

```
(完整代码见chapter16\src\main\java\com\example\chapter16\util\SwitchUtil.java)
// 获取定位功能的开关状态
public static boolean getLocationStatus(Context ctx) {
    // 从系统服务中获取定位管理器
    LocationManager lm = (LocationManager)
            ctx.getSystemService(Context.LOCATION_SERVICE);
    return lm.isProviderEnabled(LocationManager.GPS_PROVIDER);
}

// 获取数据连接的开关状态
public static boolean getMobileDataStatus(Context ctx) {
    // 从系统服务中获取电话管理器
    TelephonyManager tm = (TelephonyManager)
            ctx.getSystemService(Context.TELEPHONY_SERVICE);
    boolean isOpen = false;
    try {
        String methodName = "getDataEnabled";  // 这是隐藏方法，需要通过反射调用
        Method method = tm.getClass().getMethod(methodName);
        isOpen = (Boolean) method.invoke(tm);
        Log.d(TAG, "getMobileDataStatus isOpen="+isOpen);
    } catch (Exception e) {
        e.printStackTrace();
    }
    return isOpen;
}
```

```
// 获取无线网络的开关状态
public static boolean getWlanStatus(Context ctx) {
    // 从系统服务中获取无线网络管理器
    WifiManager wm = (WifiManager)
            ctx.getSystemService(Context.WIFI_SERVICE);
    return wm.isWifiEnabled();
}
```

通过代码难以直接开关这些功能，特别是从Android 10开始，普通应用不能直接开关WLAN。如此一来，只能让App跳转到对应的系统设置界面，由用户手动开启定位、数据连接以及WLAN功能。其中，跳转并打开系统定位设置界面的示例代码如下：

```
// 跳转到系统的定位设置页面
startActivity(new Intent(Settings.ACTION_LOCATION_SOURCE_SETTINGS));
```

跳转并打开移动网络设置界面的示例代码如下：

```
// 跳转到系统的移动网络设置页面
startActivity(new Intent(Settings.ACTION_DATA_ROAMING_SETTINGS));
```

跳转并打开系统WLAN设置界面的示例代码如下：

```
// 跳转到系统的WLAN设置页面
startActivity(new Intent(Settings.ACTION_WIFI_SETTINGS));
```

操作以上功能开关之前还需在AndroidManifest.xml中补充对应的权限信息，具体的权限配置如下：

```
<!-- 定位 -->
<uses-permission android:name="android.permission.ACCESS_FINE_LOCATION" />
<uses-permission android:name="android.permission.ACCESS_COARSE_LOCATION" />
<!-- 查看网络状态 -->
<uses-permission android:name="android.permission.ACCESS_NETWORK_STATE" />
<uses-permission android:name="android.permission.ACCESS_WIFI_STATE" />
<uses-permission android:name="android.permission.CHANGE_WIFI_STATE" />
<!-- 查看手机状态 -->
<uses-permission android:name="android.permission.READ_PHONE_STATE" />
```

16.2.2 获取定位信息

开启定位相关功能只是将定位的前提条件准备好，若想获得手机当前所处的位置信息，还要依靠一系列定位工具。与定位信息有关的工具有定位条件器Criteria、定位管理器LocationManager、定位监听器LocationListener。下面分别介绍这3个工具。

1. 定位条件器Criteria

定位条件器Criteria用于设置定位的前提条件，比如精度、速度、海拔、方位等信息，它的常用参数分别说明如下：

- setAccuracy：设置定位精确度，有两个取值，其中Criteria.ACCURACY_FINE表示高精度，Criteria.ACCURACY_COARSE表示低精度。
- setSpeedAccuracy：设置速度精确度（取值说明见表16-2）。
- setAltitudeRequired：设置是否需要海拔信息，取值为true表示需要、false表示不需要。
- setBearingRequired：设置是否需要方位信息，取值为true表示需要、false表示不需要。

表 16-2　速度精确度的取值说明

Criteria 类的速度精确度	说　　明
ACCURACY_HIGH	高精度，误差小于 100 米
ACCURACY_MEDIUM	中等精度，误差在 100 米到 500 米之间
ACCURACY_LOW	低精度，误差大于 500 米

- setCostAllowed：设置是否允许运营商收费，取值为true表示允许、false表示不允许。
- setPowerRequirement：设置对电源的需求，有3个取值，其中Criteria.POWER_LOW表示低耗电，Criteria.POWER_MEDIUM表示中等耗电，Criteria.POWER_HIGH表示高耗电。

2. 定位管理器LocationManager

定位管理器LocationManager用于获取定位信息的提供者、设置监听器，并获取最近一次的位置信息。定位管理器的对象从系统服务LOCATION_SERVICE获取，它的常用方法分别说明如下：

- getBestProvider：获取最佳的定位提供者。第一个参数为定位条件器Criteria的实例，第二个参数取值为true（只要可用的）。定位提供者的取值说明见表16-3。

表 16-3　定位提供者的取值说明

定位提供者的名称	说　　明	定位相关功能的开启状态
gps	卫星定位	开启定位功能
network	网络定位	开启数据连接或 WLAN 功能
passive	无法定位	未开启定位相关功能

- isProviderEnabled：判断指定的定位提供者是否可用。
- getLastKnownLocation：获取最近一次的定位地点。
- requestLocationUpdates：设置定位监听器。其中，第一个参数为定位提供者，第二个参数为位置更新的最小间隔时间，第三个参数为位置更新的最小距离，第四个参数为定位监听器的实例。
- removeUpdates：移除定位监听器。
- addGpsStatusListener：添加定位状态的监听器。该监听器需实现GpsStatus.Listener接口的onGpsStatusChanged方法。
- removeGpsStatusListener：移除定位状态的监听器。
- registerGnssStatusCallback：注册全球导航卫星系统的状态监听器。
- unregisterGnssStatusCallback：注销全球导航卫星系统的状态监听器。

3. 定位监听器LocationListener

定位监听器LocationListener用于监听定位信息的变化事件，例如定位提供者的开关、位置信息发生变化等。该监听器要重写以下几种方法：

- onLocationChanged：在位置地点发生变化时调用，在此可获取最新的位置信息。
- onProviderDisabled：在定位提供者被用户禁用时调用。
- onProviderEnabled：在定位提供者被用户开启时调用。
- onStatusChanged：在定位提供者的状态变化时调用。定位提供者的状态取值见表16-4。

表 16-4　定位提供者的状态取值说明

LocationProvider 类的状态类型	说　明
OUT_OF_SERVICE	在服务范围外
TEMPORARILY_UNAVAILABLE	暂时不可用
AVAILABLE	可用状态

联合使用以上三种定位工具方能成功定位，当然App在定位之前需先申请相关权限，并确保手机的定位功能已经打开。另外注意，如果是在后台服务中定位，那么从Android 10开始必须增加申请新权限ACCESS_BACKGROUND_LOCATION，此时必要的权限配置如下：

```
<!-- 定位 -->
<uses-permission android:name="android.permission.ACCESS_FINE_LOCATION" />
<uses-permission android:name="android.permission.ACCESS_COARSE_LOCATION" />
<!-- 后台定位（Android 10新增权限） -->
<uses-permission
      android:name="android.permission.ACCESS_BACKGROUND_LOCATION" />
```

获取手机位置信息的示例代码如下：

```
（完整代码见chapter16\src\main\java\com\example\chapter16\LocationBeginActivity.java）
public class LocationBeginActivity extends AppCompatActivity {
   private Map<String,String> providerMap = new HashMap<>();
   private TextView tv_location;                          // 声明一个文本视图对象
   private String mLocationDesc = "";                     // 定位说明
   private LocationManager mLocationMgr;                  // 声明一个定位管理器对象
   private Handler mHandler = new Handler();              // 处理器对象
   private boolean isLocationEnable = false;              // 定位服务是否可用

   @Override
   protected void onCreate(Bundle savedInstanceState) {
      super.onCreate(savedInstanceState);
      setContentView(R.layout.activity_location_begin);
      providerMap.put("gps", "卫星定位");
      providerMap.put("network", "网络定位");
      tv_location = findViewById(R.id.tv_location);
      SwitchUtil.checkLocationIsOpen(this, "需要打开定位功能才能查看定位信息");
   }

   @Override
   protected void onResume() {
      super.onResume();
      mHandler.removeCallbacks(mRefresh);                 // 移除定位刷新任务
      initLocation();                                     // 初始化定位服务
      mHandler.postDelayed(mRefresh, 100);                // 延迟100毫秒启动定位刷新任务
   }

   // 初始化定位服务
   private void initLocation() {
      // 从系统服务中获取定位管理器
      mLocationMgr = (LocationManager)
         getSystemService(Context.LOCATION_SERVICE);
      Criteria criteria = new Criteria();                      // 创建一个定位准则对象
      criteria.setAccuracy(Criteria.ACCURACY_FINE);            // 设置定位精确度
      criteria.setAltitudeRequired(true);                      // 设置是否需要海拔信息
      criteria.setBearingRequired(true);                       // 设置是否需要方位信息
      criteria.setCostAllowed(true);                           // 设置是否允许运营商收费
      criteria.setPowerRequirement(Criteria.POWER_LOW);  // 设置对电源的需求
      // 获取定位管理器的最佳定位提供者
      String bestProvider = mLocationMgr.getBestProvider(criteria, true);
```

```
    if (mLocationMgr.isProviderEnabled(bestProvider)) {     // 定位提供者可用
        tv_location.setText("正在获取" + providerMap.get(bestProvider) + "对象");
        mLocationDesc = String.format("定位类型为%s", providerMap.get(bestProvider));
        beginLocation(bestProvider);                         // 开始定位
        isLocationEnable = true;
    } else {                                                 // 定位提供者暂不可用
        tv_location.setText(providerMap.get(bestProvider) + "不可用");
        isLocationEnable = false;
    }
}
// 设置定位结果信息
private void showLocation(Location location) {
    if (location != null) {
        String desc = String.format("%s\n定位信息如下： " +
                    "\n\t定位时间为%s，" + "\n\t经度为%f，纬度为%f，" +
                    "\n\t高度为%d米，精度为%d米。",
                mLocationDesc, DateUtil.formatDate(location.getTime()),
                location.getLongitude(), location.getLatitude(),
                Math.round(location.getAltitude()),
                Math.round(location.getAccuracy()));
        tv_location.setText(desc);
    } else {
        tv_location.setText(mLocationDesc + "\n暂未获取到定位对象");
    }
}
// 开始定位
private void beginLocation(String method) {
    // 检查当前设备是否开启定位功能
    if (ActivityCompat.checkSelfPermission(this,
                Manifest.permission.ACCESS_FINE_LOCATION) !=
                PackageManager.PERMISSION_GRANTED) {
        Toast.makeText(this, "请授予定位权限并开启定位功能", Toast.LENGTH_SHORT).show();
        return;
    }
    // 设置定位管理器的位置变更监听器
    mLocationMgr.requestLocationUpdates(method, 300, 0, mLocationListener);
    // 获取最后一次成功定位的位置信息
    Location location = mLocationMgr.getLastKnownLocation(method);
    showLocation(location);            // 显示定位结果信息
}
// 定义一个位置变更监听器
private LocationListener mLocationListener = new LocationListener() {
    @Override
    public void onLocationChanged(Location location) {
        showLocation(location);        // 显示定位结果信息
    }

    /* 这里省略其他没用到的接口方法 */
};
// 定义一个刷新任务，若无法定位则每隔一秒就尝试一次定位操作
private Runnable mRefresh = new Runnable() {
    @Override
    public void run() {
        if (!isLocationEnable) {
            initLocation();                                  // 初始化定位服务
            mHandler.postDelayed(this, 1000);
        }
    }
};
```

```
    @Override
    protected void onDestroy() {
        super.onDestroy();
        mLocationMgr.removeUpdates(mLocationListener);      // 移除位置变更监听器
    }
}
```

运行测试该App，可观察到位置信息的获取结果如图16-13所示，表明当前定位类型是卫星定位，定位结果是东经119度、北纬26度，海拔高度为76米，定位精度为17米。

chapter16

定位类型为卫星定位
定位信息如下：
定位时间为2021-03-02 12:40:35，
经度为119.265149，纬度为26.114066，
高度为76米，精度为17米。

图 16-13　某设备获取的定位信息

16.2.3 根据经纬度查找详细地址

上一小节使用定位管理器获取了手机的位置信息，包括经度、纬度、高度等，不过用户更关心具体的地址描述，而非看不懂的经纬度。现在我们利用天地图的开放接口，通过HTTP通信框架传入经纬度的数值，然后对方返回JSON格式的地址信息字符串，通过解析JSON字符串得到具体的地址描述。

因为不能在主线程中访问网络，所以要开启分线程结合okhttp实现地址的异步获取。获取地址信息的任务线程的示例代码如下：

```
(完整代码见chapter16\src\main\java\com\example\chapter16\task\GetAddressTask.java)
// 根据经纬度获取详细地址的线程
public class GetAddressTask extends Thread {
    private String mQueryUrl = "https://api.tianditu.gov.cn/geocoder?postStr=
{'lon':%f,'lat':%f,'ver':1} &type=geocode&tk=253b3bd69713d4bdfdc116255f379841";
    private Activity mAct;                              // 声明一个活动实例
    private OnAddressListener mListener;                // 声明一个获取地址的监听器对象
    private Location mLocation;                         // 声明一个定位对象

    public GetAddressTask(Activity act, Location location, OnAddressListener listener) {
        mAct = act;
        mListener = listener;
        mLocation = location;
    }

    @Override
    public void run() {
        String url = String.format(mQueryUrl, mLocation.getLongitude(),
                                mLocation.getLatitude());
        OkHttpClient client = new OkHttpClient();  // 创建一个okhttp客户端对象
        // 创建一个GET方式的请求结构
        Request request = new Request.Builder().url(url).build();
        Call call = client.newCall(request);                    // 根据请求结构创建调用对象
        // 加入HTTP请求队列。异步调用，并设置接口应答的回调方法
        call.enqueue(new Callback() {
            @Override
            public void onFailure(Call call, IOException e) {   // 请求失败
                // 回到主线程操作界面
                mAct.runOnUiThread(() -> Toast.makeText(mAct,
                        "查询详细地址出错："+e.getMessage(), Toast.LENGTH_SHORT).show());
            }

            @Override
            public void onResponse(Call call, final Response response) throws IOException
{  // 成功
                String resp = response.body().string();
                // 下面从JSON串中逐级解析formatted_address字段以获得详细地址描述
                try {
```

```
                JSONObject obj = new JSONObject(resp);
                JSONObject result = obj.getJSONObject("result");
                String address = result.getString("formatted_address");
                // 回到主线程操作界面
                mAct.runOnUiThread(
                    () -> mListener.onFindAddress(address));
            } catch (JSONException e) {
                e.printStackTrace();
            }
        }
    });
}
// 定义一个查询详细地址的监听器接口
public interface OnAddressListener {
    void onFindAddress(String address);
}
}
```

接着在原来的活动代码中创建并启动该任务线程，即可在页面上添加详细的地址信息。启动任务线程的示例代码如下：

```
(完整代码见chapter16\src\main\java\com\example\chapter16\LocationAddressActivity.java)
// 创建一个根据经纬度查询详细地址的任务
GetAddressTask task = new GetAddressTask(this, location, address -> {
    String desc = String.format("%s\n定位信息如下： " +
                "\n\t定位时间为%s，" + "\n\t经度为%f，纬度为%f，" +
                "\n\t高度为%d米，精度为%d米，" +
                "\n\t详细地址为%s。",
            mLocationDesc, DateUtil.formatDate(location.getTime()),
            location.getLongitude(), location.getLatitude(),
            Math.round(location.getAltitude()),
            Math.round(location.getAccuracy()),
            address);
    tv_location.setText(desc);
});
task.start();  // 启动地址查询任务
```

运行测试该App，可观察到地址信息的获取结果如图16-14所示。此时除了原来的经纬度数据外，还多了一个文字描述的详细地址，从省、市、区一直到具体的街道和门牌号。如此一来，定位功能的实用性就大大增强了。

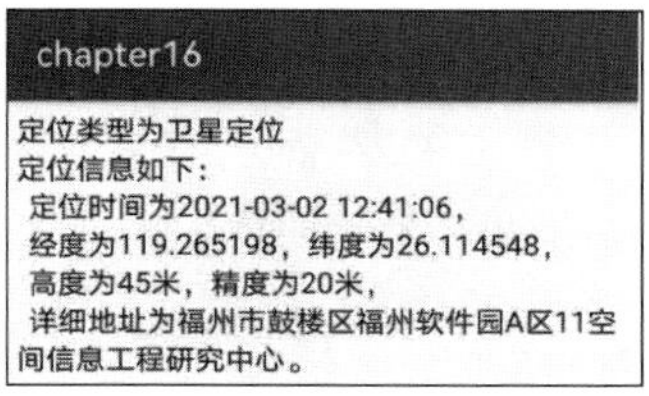

chapter16

定位类型为卫星定位
定位信息如下：
定位时间为2021-03-02 12:41:06，
经度为119.265198，纬度为26.114548，
高度为45米，精度为20米，
详细地址为福州市鼓楼区福州软件园A区11空间信息工程研究中心。

图16-14 某设备获取的详细地址

16.2.4 全球卫星导航系统

卫星导航是高科技的航天技术，同一星座的导航卫星组成一个全球卫星导航系统，目前联合国认可的全球卫星导航系统有四个，分别是美国的GPS、俄罗斯的格洛纳斯、中国的北斗和欧洲的伽利略，分别简述如下。

（1）美国的GPS：于1964年投入使用，并在1993年由包含24颗卫星的GPS系统完成组网。

（2）俄罗斯的格洛纳斯：俄语对全球卫星导航系统Global Navigation Satellite System的简称，于2007年开始运营，并在2011年完成24颗卫星的组网。

（3）中国的北斗：中国自行研制的全球卫星导航系统，是继美国GPS、俄罗斯格洛纳斯之后第3个成熟的卫星导航系统。北斗在2007年开始提供定位服务，2012年完成16颗卫星的亚太地区组网，2017年开始发射第三代导航卫星，2020年北斗三号完成全球组网，并向全球用户提供定位服务。

（4）欧洲的伽利略卫星导航系统：由欧盟研制和建立的全球卫星导航定位系统，于2013年完成4颗卫星的初步组网，至2016年年底才开始提供区域定位服务，计划于2024年发射新一代的导航卫星。

除了上述四大全球定位系统，还有几个区域定位系统，包括日本的QZSS准天顶卫星系统、印度区域导航卫星系统IRNSS等。目前，智能手机基本都内置GPS的导航芯片，千元以上的智能手机大多同时内置格洛纳斯与北斗的导航芯片。

要想获取天上的卫星信息，在Android 7.0之前得调用定位管理器对象的addGpsStatusListener方法添加定位状态监听器，但该方式只支持GPS、格洛纳斯、北斗三个卫星系统；在Android 7.0（含）之后得调用定位管理器对象的registerGnssStatusCallback方法注册导航状态监听器（除了传统的三个卫星系统，还支持伽利略卫星系统）。

对于addGpsStatusListener方法来说，它的回调监听器需实现GpsStatus.Listener接口的onGpsStatusChanged方法，如果发生了卫星状态报告事件（GPS_EVENT_SATELLITE_ STATUS），就调用定位管理器对象的getGpsStatus方法获得当前的定位状态信息GpsStatus，再调用GpsStatus对象的getSatellites方法获得本次监测到的卫星列表。卫星列表是一个GpsSatellite队列，详细的卫星信息可通过GpsSatellite对象的以下方法获得：

- getPrn：获取卫星的伪随机码，可以认为是卫星的编号。
- getAzimuth：获取卫星的方位角。
- getElevation：获取卫星的仰角。
- getSnr：获取卫星的信噪比，即信号强弱。
- hasAlmanac：判断卫星是否有年历表。
- hasEphemeris：判断卫星是否有星历表。
- usedInFix：判断卫星是否被用于近期的GPS修正计算。

在这些信息中，对确定卫星位置有用的主要有3个，分别是卫星编号（用于确定卫星的国籍）、卫星方位角（用于确定卫星的方向）和卫星仰角（用于确定卫星的远近距离）。

对于registerGnssStatusCallback方法来说，它的回调监听器需实现GnssStatus.Callback接口的onSatelliteStatusChanged方法，从参数GnssStatus对象的下列方法中获取卫星详情。

- getSatelliteCount：获取卫星的数量。
- getCn0DbHz：获取卫星的信号。
- getAzimuthDegrees：获取卫星的方位角。
- getElevationDegrees：获取卫星的仰角。
- getConstellationType：获取卫星的星座类型（对照关系见表16-5）。

表 16-5　卫星编号与定位系统的对照关系

导航卫星的星座类型	归属的定位系统
CONSTELLATION_UNKNOWN	未知
CONSTELLATION_GPS	美国的 GPS
CONSTELLATION_SBAS	美国的星基增强
CONSTELLATION_GLONASS	俄罗斯的格洛纳斯

（续表）

导航卫星的星座类型	归属的定位系统
CONSTELLATION_QZSS	日本的天顶
CONSTELLATION_BEIDOU	中国的北斗
CONSTELLATION_GALILEO	欧洲的伽利略
CONSTELLATION_IRNSS	印度的区域导航

随着现代科技的发展，人们已经不能满足于自古以来就有的日月星辰，而是要把现在的科技成果展示出来。既然导航卫星能够发现手机的位置，那么反过来手机也能发现导航卫星的方位，倘若把手机监测到的卫星标记在罗盘上，这就可以形成当代的卫星浑天仪，岂不妙哉？Android 7.0之后的系统可通过下面的监听器代码获取导航卫星信息：

```
(完整代码见chapter16\src\main\java\com\example\chapter16\SatelliteSphereActivity.java)
private Map<Integer, Satellite> mapSatellite = new HashMap<>();// 卫星对照表
private String[] mSystemArray = new String[] {"UNKNOWN", "GPS", "SBAS", "GLONASS",
                                        "QZSS", "BEIDOU", "GALILEO", "IRNSS"};
// 定义一个GNSS状态监听器
private GnssStatus.Callback mGnssStatusListener = new GnssStatus.Callback()
{
    @Override
    public void onStarted() {}
    @Override
    public void onStopped() {}
    @Override
    public void onFirstFix(int ttffMillis) {}
    // 在卫星导航系统的状态变更时触发
    @Override
    public void onSatelliteStatusChanged(GnssStatus status) {
        mapSatellite.clear();
        for (int i=0; i<status.getSatelliteCount(); i++) {
            Satellite item = new Satellite();                    // 创建一个卫星信息对象
            item.signal = status.getCn0DbHz(i);                  // 获取卫星的信号
            item.elevation = status.getElevationDegrees(i);      // 获取卫星的仰角
            item.azimuth = status.getAzimuthDegrees(i);          // 获取卫星的方位角
            item.time = DateUtil.getNowDateTime();               // 获取当前时间
            int systemType = status.getConstellationType(i);     // 获取卫星的类型
            item.name = mSystemArray[systemType];
            mapSatellite.put(i, item);
        }
        cv_satellite.setSatelliteMap(mapSatellite);              // 设置卫星浑天仪
    }
};
```

利用上述代码得到的卫星数据，从中能够获知当前设备集成了哪些卫星系统，把手机发现的定位卫星描绘到罗盘视图上，简直就是活生生的卫星浑天仪了。一部几年前生产的低端手机支持的定位卫星如图16-15所示，只集成了GPS和格洛纳斯的导航芯片；一部比较新的中端手机支持的定位卫星如图16-16所示，集成了GPS、格洛纳斯、北斗、伽利略这四大卫星系统的导航芯片。

如果一部手机只支持GPS，那么定位响应就会很慢，定位精度一般在10米左右，而且定位高度很不准确，误差相当大。一旦有北斗与格洛纳斯参与定位，即使在室内也能很快响应，精度一般能提升至5米，并且高度数值准确了许多，特别适合亚太地区的定位需求。

在图16-16所示的卫星分布中，一共找到11颗GPS卫星、7颗格洛纳斯卫星、15颗北斗卫星、8

颗伽利略卫星，快快拿出手机试试卫星浑天仪，看看在你头上的天空中有几颗定位卫星。

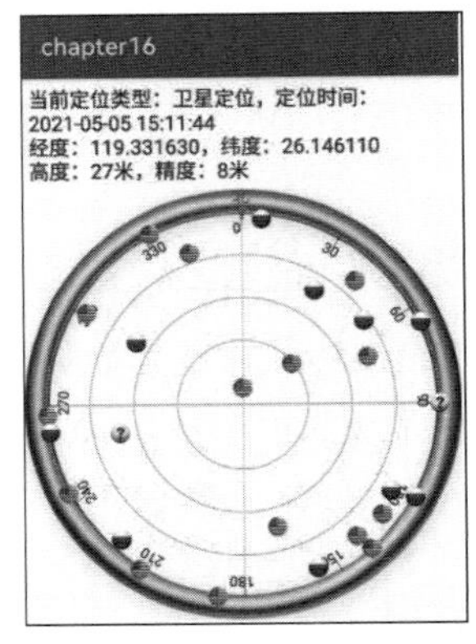

图 16-15　只支持两种导航系统的卫星浑天仪

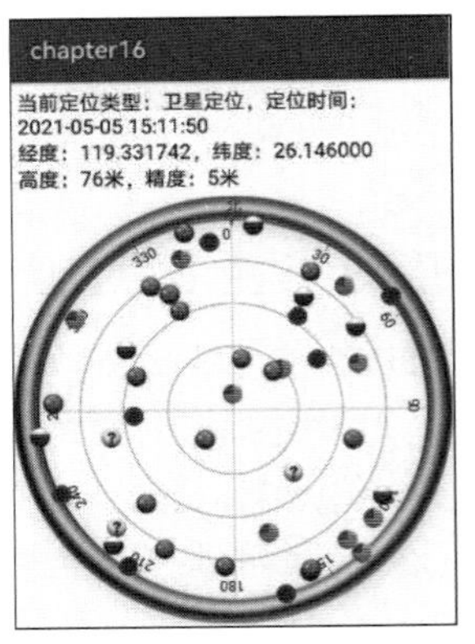

图 16-16　支持四大导航系统的卫星浑天仪

16.3　地 图 导 航

地图是人们日常生活中不可或缺的工具，手机App与地图有关的功能也很常见，比如定位自己在哪条街道什么位置、查找周边有哪些好吃好玩的地方、如何规划去某地的步行路线或行车路线等。由于地图功能与所在国家密切相关，因此Android并未内置地图功能，App需要接入第三方地图开发包才能实现相关功能，本节以腾讯地图为例描述地图导航的相关细节。

16.3.1　集成腾讯地图

国内的手机地图厂商主要有三家，分别是阿里系的高德地图、百度旗下的百度地图、腾讯旗下的腾讯地图，这三家组成地图服务提供商的第一梯队，合计市场份额达到80%左右，具体的手机地图市场份额占比如图16-17所示。

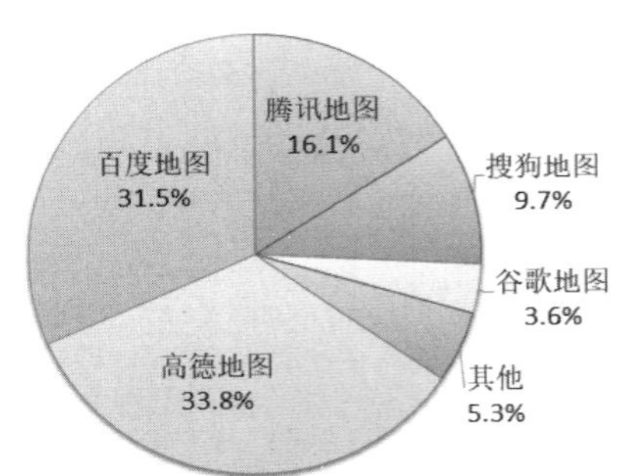

图 16-17　手机地图产品的市场份额

三家地图提供的服务各有千秋，之所以选用腾讯地图来讲解，是因为它的集成过程相对简单，无须通过App的签名鉴权。腾讯地图开放平台的网址是https://lbs.qq.com/，开发者登录该网站，单击网页右上角的控制台链接，在打开的管理页面中创建应用并绑定App包名，创建完毕会在应用管理的列表页看到如图16-18所示的应用记录。

我的应用　　+ 创建应用

默认应用　默认应用　　编辑　+ 添加Key　收起

Key名称	Key	描述	操作
位置服务-测试	64ZBZ-7CQYU-4MXVK-26HZ7-TMF7S-4XFWH	个人开发	编辑　移动

图 16-18　腾讯地图开放平台的应用记录

注意，图16-18中的Key字段是App集成腾讯地图的密钥（把它记下来，后面会用到）。

下面以简单的定位功能为例，说明App工程集成腾讯地图的详细步骤。首先打开App模块的build.gradle，补充如下的依赖配置（引入腾讯地图的相关组件）：

```
// 腾讯定位
implementation
    'com.tencent.map.geolocation:TencentLocationSdk-openplatform:7.2.8'
// 腾讯地图
implementation 'com.tencent.map:tencent-map-vector-sdk:4.3.9.9'
// 地图组件库
implementation 'com.tencent.map:sdk-utilities:1.0.6'
```

接着打开AndroidManifest.xml，添加以下权限申请配置：

```
<!-- 访问网络获取地图服务 -->
<uses-permission android:name="android.permission.INTERNET" />
<!-- 检查网络可用性 -->
<uses-permission android:name="android.permission.ACCESS_NETWORK_STATE" />
<!-- 访问WiFi状态 -->
<uses-permission android:name="android.permission.ACCESS_WIFI_STATE" />
<!-- 需要外部存储写权限用于保存地图缓存 -->
<uses-permission android:name="android.permission.WRITE_EXTERNAL_STORAGE" />
<!-- 获取 device id 辨别设备 -->
<uses-permission android:name="android.permission.READ_PHONE_STATE" />
```

因为腾讯地图会通过HTTP接口访问网络，所以要修改application节点，增加如下一行属性配置（允许Android 9.0之后访问明文网络）：

```
android:usesCleartextTraffic="true"
```

同时在application节点下面添加名为TencentMapSDK的元数据配置，其值为之前在腾讯地图开放平台上创建应用得到的Key密钥。元数据配置示例如下：

```
<meta-data android:name="TencentMapSDK"
    android:value="64ZBZ-7CQYU-4MXVK-26HZ7-TMF7S-4XFWH" />
```

然后打开活动页面的Java代码，声明一个腾讯定位管理器对象TencentLocationManager，该管理器的用法与系统自带的定位管理器的用法相同，比如requestLocationUpdates方法表示开始定位监听，removeUpdates方法表示移除定位监听。这两个方法的监听器参数来自腾讯定位监听器TencentLocationListener，该监听器借鉴了系统自带的定位监听器，定位结果同样在onLocationChanged方法中返回，状态变更同样在onStatusChanged方法中回调。不同之处在于，腾讯定位对象TencentLocation除了获取经纬度之外还能直接获得当前位置的城市、街道等地址详情。下面是使用腾讯地图集成定位功能的示例代码：

```
(完整代码见chapter16\src\main\java\com\example\chapter16\MapLocationActivity.java)
public class MapLocationActivity extends AppCompatActivity implements
TencentLocationListener {
    private TencentLocationManager mLocationManager;      // 声明腾讯定位管理器对象
    private TextView tv_location;                         // 声明一个文本视图对象

    @Override
    protected void onCreate(Bundle savedInstanceState) {
        super.onCreate(savedInstanceState);
        setContentView(R.layout.activity_map_location);
        tv_location = findViewById(R.id.tv_location);
        initLocation();                                   // 初始化定位服务
    }
```

```
    // 初始化定位服务
    private void initLocation() {
        mLocationManager = TencentLocationManager.getInstance(this);
        // 创建腾讯定位请求对象
        TencentLocationRequest request = TencentLocationRequest.create();
        request.setInterval(30000).setAllowGPS(true);
        request.setRequestLevel(
            TencentLocationRequest.REQUEST_LEVEL_ADMIN_AREA);
        // 开始定位监听
        int error = mLocationManager.requestLocationUpdates(request, this);
    }

    @Override
    public void onLocationChanged(TencentLocation location, int resultCode, String resultDesc) {
        // 定位成功
        if (resultCode == TencentLocation.ERROR_OK && location != null) {
            String desc = String.format("您当前的位置信息如下：\n定位时间：%s\n" +
                        "纬度：%f\n经度：%f\n省份：%s\n城市：%s\n" +
                        "区域：%s\n街道：%s\n门牌号：%s\n详细地址：%s",
                    DateUtil.formatDate(location.getTime()),
                    location.getLatitude(), location.getLongitude(),
                    location.getProvince(), location.getCity(),
                    location.getDistrict(), location.getStreet(),
                    location.getStreetNo(), location.getAddress());
            tv_location.setText(desc);
        }
    }

    @Override
    public void onStatusUpdate(String s, int i, String s1) {}

    @Override
    protected void onDestroy() {
        super.onDestroy();
        mLocationManager.removeUpdates(this);           // 移除定位监听
    }
}
```

运行测试该App，可观察到腾讯地图的定位结果如图16-19所示，得到了详细的位置信息。

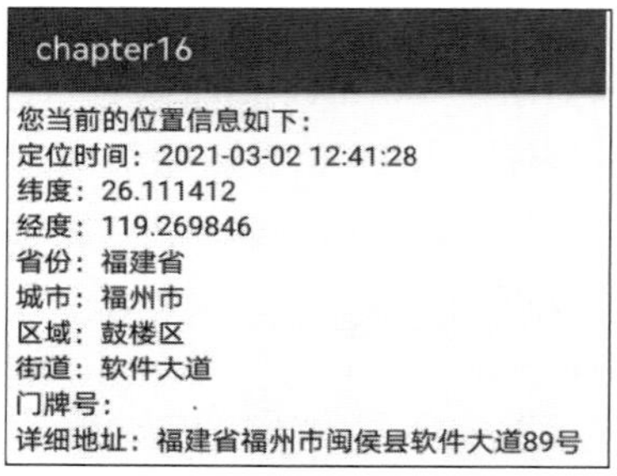

图 16-19　腾讯地图的定位结果

16.3.2　显示地图面板

上一小节介绍了腾讯地图的定位功能，成功定位之后才能切换到用户所在地的地图，这个地图的展示用到了腾讯地图的MapView控件。在布局文件中引入地图视图的话，只需添加如下的MapView节点：

```
(完整代码见chapter16\src\main\res\layout\ activity_map_basic.xml)
    <com.tencent.tencentmap.mapsdk.maps.MapView
        android:id="@+id/mapView"
        android:layout_width="match_parent"
        android:layout_height="0dp"
        android:layout_weight="1" />
```

注意，MapView控件拥有完整的生命周期，提供了onStart、onStop、onPause、onResume、onDestroy等周期方法，为此需要重写活动代码的生命周期方法，补充调用MapView控件对应的周期方法。MapView还提供了getMap方法，可获取腾讯地图对象TencentMap，再通过地图对象的下列方法操作地图：

- setMapType：设置地图类型。例如，MAP_TYPE_NORMAL表示普通地图，MAP_TYPE_SATELLITE表示卫星地图。
- setTrafficEnabled：设置是否显示交通拥堵状况。一旦开启了这个开关，就会通过不同颜色区分道路的拥堵状况，比如绿线表示畅通无阻，橙线表示通行缓慢，红线表示严重堵塞。
- moveCamera：把相机视角移动到指定地点。
- animateCamera：动态调整相机视角。
- addMarker：往地图上添加标记（含图标、文字等）。
- addPolyline：往地图上添加一组连线。
- addPolygon：往地图上添加多边形。
- clearAllOverlays：清除所有覆盖物，包括标记、连线、多边形等覆盖物。
- setOnMapClickListener：设置地图的点击监听器，类型为OnMapClickListener。点击地图会触发该监听器的onMapClick方法。
- setOnMarkerClickListener：设置地图标记的点击监听器，类型为OnMarkerClickListener。点击地图标记会触发该监听器的onMarkerClick方法。
- setOnMarkerDragListener：设置地图标记的拖动监听器，类型为OnMarkerDragListener。拖动地图标记会触发该监听器的3个方法：onMarkerDragStart、onMarkerDrag、onMarkerDragEnd。
- setOnCameraChangeListener：设置相机视角的变更监听器，类型为OnCameraChangeListener。变更相机视角会触发该监听器的onCameraChange和onCameraChangeFinished方法。

下面演示如何快速切换到用户当地的城市地图。首先通过腾讯定位管理器开始定位监听，待收到定位结果之后再构建用户位置的经纬度对象，然后调用地图对象的moveCamera方法，将相机视角移动到指定地点，从而实现地图切换功能。为了方便使用，通常还要在地图上标出用户所在的位置，比如添加圆点图标表示用户位于此处。定位监听与地图切换的示例代码如下：

```
(完整代码见chapter16\src\main\java\com\example\chapter16\MapBasicActivity.java)
private TencentLocationManager mLocationManager;      // 声明一个腾讯定位管理器对象
private MapView mMapView;                              // 声明一个地图视图对象
private TencentMap mTencentMap;                        // 声明一个腾讯地图对象
private boolean isFirstLoc = true;                     // 是否首次定位

// 初始化定位服务
private void initLocation() {
    mMapView = findViewById(R.id.mapView);
    mTencentMap = mMapView.getMap();                          // 获取腾讯地图对象
    mLocationManager = TencentLocationManager.getInstance(this);
    // 创建腾讯定位请求对象
    TencentLocationRequest request = TencentLocationRequest.create();
    request.setInterval(30000).setAllowGPS(true);
    request.setRequestLevel(
            TencentLocationRequest.REQUEST_LEVEL_ADMIN_AREA);
    mLocationManager.requestLocationUpdates(request, this);    // 开始定位监听
}

@Override
public void onLocationChanged(TencentLocation location, int resultCode, String
resultDesc) {
```

```
        if (resultCode == TencentLocation.ERROR_OK) {                  // 定位成功
            if (location != null && isFirstLoc) {                      // 首次定位
                isFirstLoc = false;
                // 创建一个经纬度对象
                LatLng latLng = new LatLng(location.getLatitude(),
                            location.getLongitude());
                CameraUpdate update = CameraUpdateFactory.newLatLngZoom(
                            latLng, 12);
                mTencentMap.moveCamera(update);                        // 把相机视角移动到指定地点
                // 从指定图片中获取位图描述
                BitmapDescriptor bitmapDesc = BitmapDescriptorFactory
                        .fromResource(R.drawable.icon_locate);
                MarkerOptions ooMarker =
                    new MarkerOptions(latLng).draggable(false)         // 不可拖动
                        .visible(true).icon(bitmapDesc).snippet("这是您的当前位置");
                mTencentMap.addMarker(ooMarker);                       // 往地图上添加标记
            }
        }
    }
```

运行测试该App，可观察到普通地图的面板如图16-20所示，卫星地图的面板如图16-21所示。

图 16-20　普通地图的面板

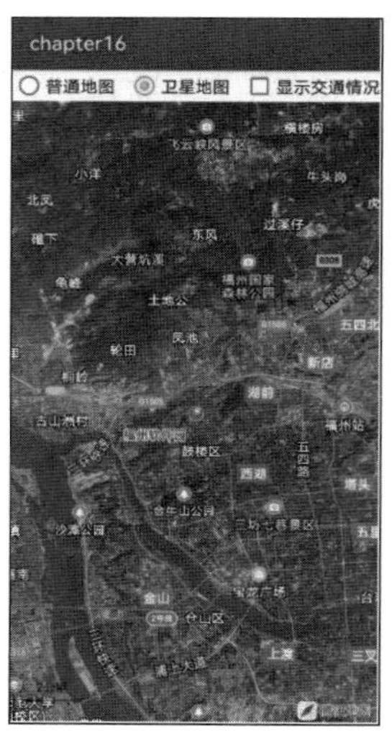

图 16-21　卫星地图的面板

16.3.3　获取地点信息

地图服务的一个重要应用是搜索指定地点，根据某个关键词找到目标场所的具体位置，然后按图索骥才知道是什么地方。地图应用中有一个常见术语POI（Point of Interest，兴趣点），一个POI可以是一栋大厦、一个商铺、一个公园等。地图提供商把这些POI及其位置信息存储到后台数据库中，用户在App中搜索地点关键词其实就是检索数据库中的POI信息。

腾讯地图用来搜索POI地点的工具是TencentSearch，通过它查询POI主要分为下列4个步骤：

01 创建一个腾讯搜索对象TencentSearch。

02 区分条件构建搜索类型，比如在指定城市搜索的话，要构建搜索类型为SearchParam.Region；在当前位置周边搜索的话，要构建搜索类型为SearchParam.Nearby。

03 按照搜索类型和关键词构建搜索参数SearchParam，并设置搜索结果的分页大小和检索页码。

04 调用腾讯搜索对象的search方法，根据搜索参数查找符合条件的地点列表。然后重写响应监听器的onSuccess方法，得到搜索结果对象SearchResultObject，再将结果返回的地点列表标注在地图界面上。

以搜索关键词“公园”为例，使用腾讯地图查找附近公园的示例代码如下：

```
(完整代码见chapter16\src\main\java\com\example\chapter16\MapSearchActivity.java)
private TencentSearch mTencentSearch;                    // 声明一个腾讯搜索对象
private int mLoadIndex = 1;                              // 搜索结果的第几页

// 初始化搜索服务
private void initSearch() {
    // 创建一个腾讯搜索对象
    mTencentSearch = new TencentSearch(this);
    findViewById(R.id.btn_search).setOnClickListener(v -> searchPoi());
    findViewById(R.id.btn_next_data).setOnClickListener(v -> {
        mLoadIndex++;
        mTencentMap.clearAllOverlays();                  // 清除所有覆盖物
        searchPoi();                                     // 搜索指定的地点列表
    });
}

// 搜索指定的地点列表
public void searchPoi() {
    String keyword = et_searchkey.getText().toString();
    String value = et_city.getText().toString();
    SearchParam searchParam = new SearchParam();
    if (mSearchMethod == SEARCH_CITY) {                           // 城市搜索
        SearchParam.Region region = new SearchParam
                .Region(value)                                    // 设置搜索城市
                .autoExtend(false);                               // 设置搜索范围不扩大
        searchParam = new SearchParam(keyword, region);           // 构建地点检索
    } else if (mSearchMethod == SEARCH_NEARBY) {                  // 周边搜索
        int radius = Integer.parseInt(value);
        SearchParam.Nearby nearby = new SearchParam
                .Nearby(mLatLng, radius).autoExtend(false); // 不扩大搜索范围
        searchParam = new SearchParam(keyword, nearby);           // 构建地点检索
    }
    searchParam.pageSize(10);                                     // 每页大小
    searchParam.pageIndex(mLoadIndex);                            // 第几页
    // 根据搜索参数查找符合条件的地点列表
    mTencentSearch.search(searchParam, new HttpResponseListener<BaseObject>() {
        @Override
        public void onFailure(int arg0, String arg2, Throwable arg3) {
            Toast.makeText(getApplicationContext(), arg2, Toast.LENGTH_LONG).show();
        }

        @Override
        public void onSuccess(int arg0, BaseObject arg1) {
            if (arg1 == null) {
                return;
            }
            SearchResultObject obj = (SearchResultObject) arg1;
            if(obj.data==null || obj.data.size()==0){
                return;
            }
            // 将地图中心坐标移动到检索到的第一个地点
            CameraUpdate update = CameraUpdateFactory.newLatLngZoom(
                                obj.data.get(0).latLng, 12);
            mTencentMap.moveCamera(update);  // 把相机视角移动到指定地点
```

```
                // 将其他检索到的地点在地图上用 marker 标出来
                for (SearchResultObject.SearchResultData data : obj.data){
                    // 往地图上添加标记
                    mTencentMap.addMarker(new MarkerOptions(data.latLng)
                            .title(data.title).snippet(data.address));
                }
            }
        });
    }
```

运行测试该App，可观察到关键词“公园”的搜索结果如图16-22和图16-23所示。其中，图16-22为在城市搜索的结果，图16-23为在周边搜索的结果。

图 16-22　在城市搜索的结果

图 16-23　在周边搜索的结果

16.3.4　规划导航路线

上一小节讲到怎样查找目标场所，可是找到以后又该如何过去呢？城市道路四通八达，连道路类型都有许多，例如步行道、单行道、主干道、高架桥、隧道等，有的不能步行，有的不能驾车，倘若冒冒失失开车过去，结果发现此路不通，岂不是要绕弯路？故而地图提供商推出了导航服务，只要给出起点和终点，并设定行进方式（步行、骑行还是驾驶等），导航服务就能在地图上描出行进路线，从而指引用户沿着该路线出发前进。

腾讯地图导航功能的使用过程主要分成下列两个步骤：

01 区分条件构建出行参数，比如准备步行的话，要构建步行参数WalkingParam，并指定起点和终点；准备驾车的话，要构建驾驶参数DrivingParam，此时除了指定起点和终点外，还需设置行车导航的精度，以及允许驾驶的道路类型。腾讯地图的道路类型取值说明见表16-6。

表 16-6　道路类型的取值说明

腾讯地图的道路类型	说　明
DEF	默认，不考虑起点的道路类型
ABOVE_BRIDGE	桥上
BELOW_BRIDGE	桥下
ON_MAIN_ROAD	主路

（续表）

腾讯地图的道路类型	说　明
ON_MAIN_ROAD_BELOW_BRIDGE	桥下主路
ON_SIDE_ROAD	辅路
ON_SIDE_ROAD_BELOW_BRIDGE	桥下辅路

02 创建一个腾讯搜索对象，再调用搜索对象的getRoutePlan方法，根据出行参数规划导航路线。然后重写响应监听器的onSuccess方法，得到导航结果对象，再将导航路线通过addPolyline方法在电子地图上连接起来。

下面是利用腾讯地图规划步行路线和行车路线的示例代码：

```
(完整代码见chapter16\src\main\java\com\example\chapter16\MapNavigationActivity.java)
private List<LatLng> mPosList = new ArrayList<>();            // 起点和终点
private List<LatLng> mRouteList = new ArrayList<>();          // 导航路线列表
// 显示导航路线
private void showRoute() {
    if (mPosList.size() >= 2) {
        mRouteList.clear();
        LatLng beginPos = mPosList.get(0);                    // 获取起点
        LatLng endPos = mPosList.get(mPosList.size()-1);      // 获取终点
        mTencentMap.clearAllOverlays();                       // 清除所有覆盖物
        showPosMarker(beginPos, R.drawable.icon_geo, "起点");  // 显示位置标记
        showPosMarker(endPos, R.drawable.icon_geo, "终点");    // 显示位置标记
        if (rg_type.getCheckedRadioButtonId() == R.id.rb_walk) {
            getWalkingRoute(beginPos, endPos);                // 规划步行导航
        } else {
            getDrivingRoute(beginPos, endPos);                // 规划行车导航
        }
    }
}
// 显示位置标记
private void showPosMarker(LatLng latLng, int imageId, String desc) {
    // 从指定图片中获取位图描述
    BitmapDescriptor bitmapDesc =
            BitmapDescriptorFactory.fromResource(imageId);
    MarkerOptions ooMarker =
            new MarkerOptions(latLng).draggable(false)        // 不可拖动
                .visible(true).icon(bitmapDesc).snippet(desc);
    mTencentMap.addMarker(ooMarker);                          // 往地图上添加标记
}
// 规划步行导航
private void getWalkingRoute(LatLng beginPos, LatLng endPos) {
    WalkingParam walkingParam = new WalkingParam();
    walkingParam.from(beginPos);     // 指定步行的起点
    walkingParam.to(endPos);         // 指定步行的终点
    // 创建一个腾讯搜索对象
    TencentSearch tencentSearch =
            new TencentSearch(getApplicationContext());
    // 根据步行参数规划导航路线
    tencentSearch.getRoutePlan(walkingParam,
            new HttpResponseListener<WalkingResultObject>() {
        @Override
        public void onSuccess(int statusCode, WalkingResultObject object) {
            for (WalkingResultObject.Route result : object.result.routes) {
                mRouteList.addAll(result.polyline);
                // 往地图上添加一组连线
```

```
                mTencentMap.addPolyline(
                        new PolylineOptions().addAll(mRouteList)
                            .color(0x880000ff).width(20));
            }
        }

        @Override
        public void onFailure(int statusCode, String responseString, Throwable throwable) {}
    });
}

// 规划行车导航
private void getDrivingRoute(LatLng beginPos, LatLng endPos) {
    // 创建导航参数
    DrivingParam drivingParam = new DrivingParam(beginPos, endPos);
    // 指定道路类型为主路
    drivingParam.roadType(DrivingParam.RoadType.ON_MAIN_ROAD);
    drivingParam.heading(90);                 // 起点位置的车头方向
    drivingParam.accuracy(5);                 // 行车导航的精度，单位米
    // 创建一个腾讯搜索对象
    TencentSearch tencentSearch = new TencentSearch(this);
    // 根据行车参数规划导航路线
    tencentSearch.getRoutePlan(drivingParam,
            new HttpResponseListener<DrivingResultObject>() {
        @Override
        public void onSuccess(int statusCode, DrivingResultObject object) {
            for (DrivingResultObject.Route route : object.result.routes){
                mRouteList.addAll(route.polyline);
                // 往地图上添加一组连线
                mTencentMap.addPolyline(
                        new PolylineOptions().addAll(mRouteList)
                            .color(0x880000ff).width(20));
            }
        }

        @Override
        public void onFailure(int statusCode, String responseString, Throwable throwable) {}
    });
}
```

运行测试该App，可观察到路线导航结果如图16-24和图16-25所示。其中，图16-24描绘了步行路线的导航结果，图16-25描绘了行车路线的导航结果。

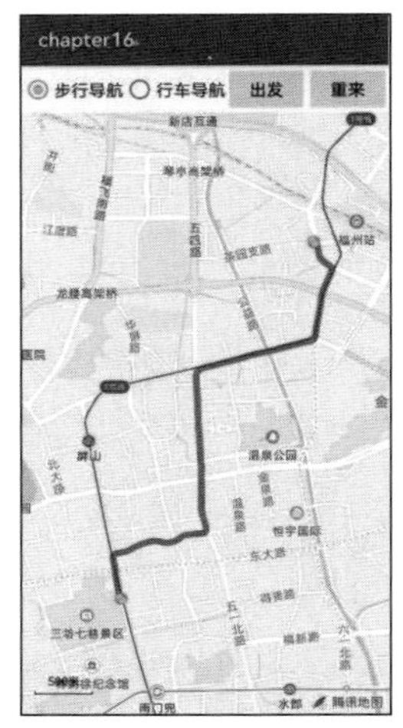

图 16-24 步行路线的导航结果

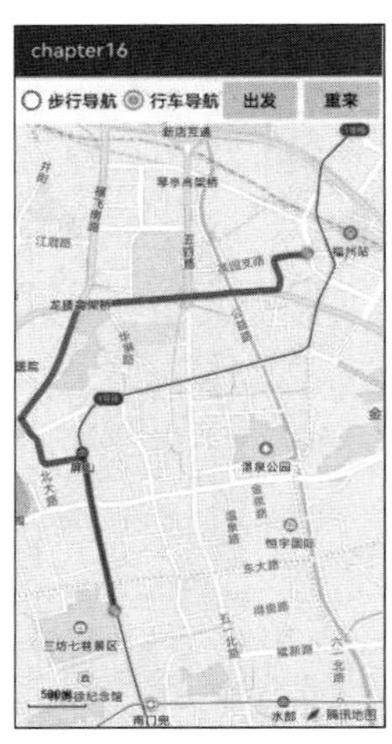

图 16-25 行车路线的导航结果

倘若用户通过打车App叫到快车，上车以后App把车辆行驶路线实时标在地图上，用户会看到小车图标沿着道路前进，还会随着行驶方向调转车头。借助于腾讯地图的行驶动画，也能模拟打车App的车辆动态出行效果，行驶动画的示例代码如下：

```
private Marker mMarker;                    // 声明一个小车标记
// 播放行驶过程动画
private void playDriveAnim() {
    if (mPosList.size() < 2) {
        return;
    }
    if (mMarker != null) {
        mMarker.remove();                  // 移除地图标记
    }
    // 从指定图片中获取位图描述
    BitmapDescriptor bitmapDesc =
            BitmapDescriptorFactory.fromResource(R.drawable.car);
    MarkerOptions ooMarker = new MarkerOptions(mRouteList.get(0))
          .anchor(0.5f, 0.5f).icon(bitmapDesc).flat(true).clockwise(false);
    mMarker = mTencentMap.addMarker(ooMarker);    // 往地图上添加标记
    LatLng[] routeArray = mRouteList.toArray(new LatLng[mRouteList.size()]);
    // 创建平移动画
    MarkerTranslateAnimator anim = new MarkerTranslateAnimator(mMarker,
                                    50*1000, routeArray, true);
    // 动态调整相机视角
    mTencentMap.animateCamera(CameraUpdateFactory.newLatLngBounds(
            LatLngBounds.builder().include(mRouteList).build(), 50));
    anim.startAnimation();                        // 开始播放动画
}
```

重新运行测试该App，选定起点和终点后生成行车路线，再点击“出发”按钮，此时只见一辆小车从路线起点出发，沿着导航路线缓缓开向终点，一路上的行驶效果如图16-26～图16-28所示。其中，图16-26为小车刚出发时的地图画面，图16-27为小车在半路上的地图画面，图16-28为小车快抵达终点的地图画面。

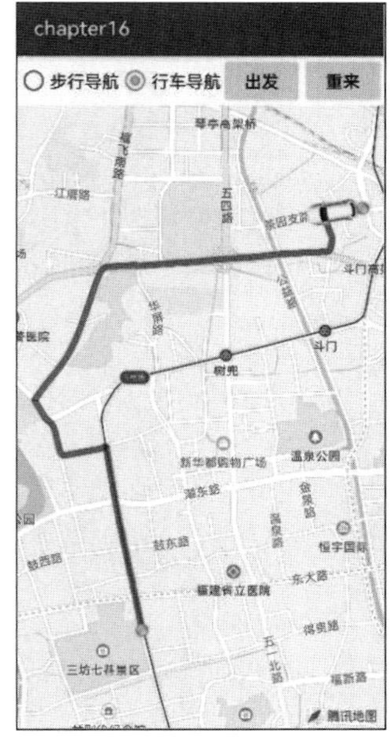

图 16-26　小车刚出发时的画面

图 16-27　小车在半路上的画面

图 16-28　小车快抵达终点的画面

16.4 实战项目：仿微信的附近的人

艺术家常说“距离产生美”，其实距离近才是优势，谁不希望自己的工作事少钱多离家近呢？不仅是工作，像租房买房、恋爱交友，大家都希望找个近点的，比如58同城、赶集网主打同城交易，微信、陌陌主打同城交友。正因为位置信息如此重要，所以手机早早支持了定位功能，并推进卫星定位、基站定位、WiFi定位等。通过分享自己的位置，人们可以迅速找到附近志同道合的朋友，从而在传统社交之外开辟了新领域——周边社交。本节的实战项目就来谈谈如何设计并实现手机上的位置分享App。

16.4.1 需求描述

虽然微信和陌陌同为社交App，但是微信传统上属于熟人社交，而陌陌专注于陌生人社交。别看微信如今是社交霸主，当初可是群雄争霸，例如小米的米聊、阿里的来往、网易的易信，都曾经喧嚣了一阵，后来才被微信逐个打败。唯有陌陌依靠周边的陌生人社交闯出一片天地，毕竟相对于熟人，陌生人也是大家感兴趣的搭讪对象。

为联系方便，陌生人社交着重于周边人群，譬如陌陌就有个栏目名叫“附近的人”，如图16-29所示。点击右上角的漏斗图标，界面下方弹出如图16-30所示的筛选对话框，支持选择性别、年龄、星座、是否会员等条件，可以让用户更精准地找到目标对象。

后来微信在“发现”频道也推出了“附近的人”，意图在陌生人社交领域攻城略地。微信的“附近的人”列表界面如图16-31所示，同样标出了周围人们的头像、距离和签名。点击右上角的3点图标，界面下方弹出如图16-32所示的筛选对话框，可以支持选择性别、主动打招呼的人。

图 16-29 陌陌“附近的人”栏目

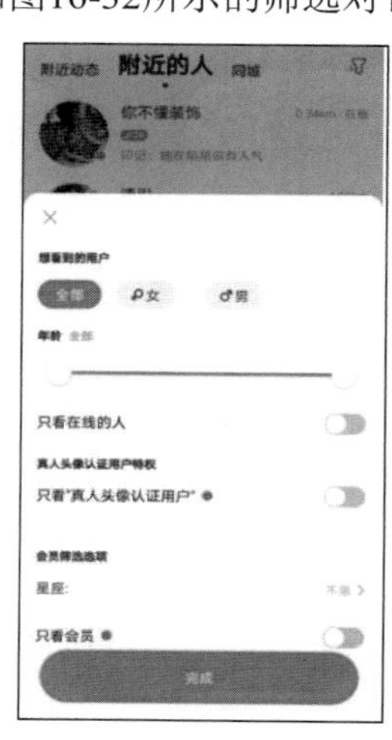

图 16-30 陌陌的筛选对话框

图 16-31 微信“附近的人”栏目

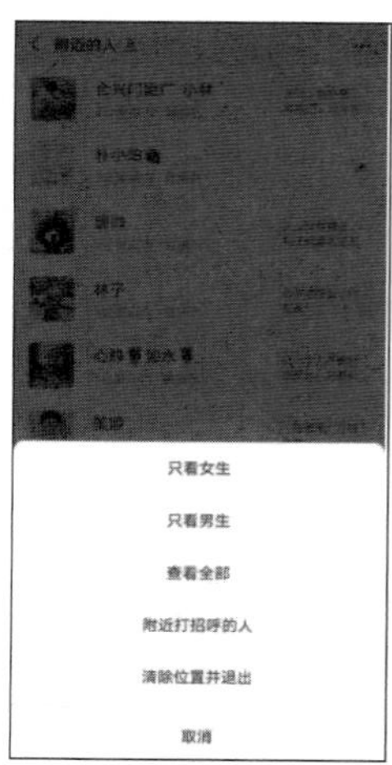

图 16-32 微信的筛选对话框

因为顾及隐私，无论陌陌还是微信都只给出周围人与用户的距离，并未点明他们的具体位置。这种情况限制了周边社交的应用场景，因为不知道对方在哪。现实生活中，除了交友聊天，还存在下列的周边互动场景：

（1）个人有闲置物品，扔了可惜，想送给有需要的乡里乡亲。

（2）家里水管或电路坏了，想临时找个附近的水电工上门修理。

（3）孩子长大了，看看周边有没有美术老师教人绘画、音乐老师陪练钢琴之类的。

考虑到以上场景均需知晓具体的位置方便上门服务，有必要给“附近的人”增加地图导航功能，不仅在地图上标出周围人群的所在地，还需提供导航服务以便用户出行，如此方能引入更多的应用场合。

16.4.2 功能分析

附近的人之所以有卖点，关键是因为网络上的你我他分享了自己的位置信息，从而方便了人与人之间的联系。从用户界面到后台服务，位置分享主要集成了如下App技术：

（1）详情对话框：人员详情既包括头像图片，也包括昵称、性别、爱好、地址等文字描述，需要自定义详情对话框控件PersonDialog。

（2）地图定位：不管是获取自己的位置，还是在地图上标注他人位置，都用到了地图服务的定位功能。

（3）地图导航：从当前位置驱车前往对方所在地，需要地图服务提供导航路线以便出行。

（4）网络通信框架：上传人员信息与获取人员列表均需与后端交互，可采用第13章介绍的okhttp简化HTTP通信操作。

（5）图片加载框架：人员头像来自Web服务，建议利用Glide框架加载网络图片，同时Glide也支持对图片进行圆形剪裁。

（6）移动数据格式JSON：从服务器获取人员列表，需要通过JSON结构传递列表数据。

下面简单介绍一下随书源码chapter16模块中与位置分享有关的主要代码模块之间的关系：

（1）ChooseLocationActivity.java：选择自身位置的地图界面。

（2）InfoEditActivity.java：个人信息的编辑页面。

（3）NearbyActivity.java：显示附近人员的地图界面。

（4）NearbyLoadTask.java：附近人员列表的加载任务。

（5）PersonDialog.java：人员详情对话框，支持打对方电话、去对方那里等功能。

此外，位置分享还需要与之配合的HTTP服务器，其源码来自于后端的HttpServer模块，说明如下：

- JoinNearby.java：参加附近人员。
- QueryNearby.java：查询附近人员。

接下来对位置分享编码中的部分疑难点进行补充说明：

（1）监听地图标记的拖动事件。在地图上确定某个地点时，多数情况监听地图点击事件就好了，但是点击动作并不十分精确，因为一个指尖按下去，触摸中心点误差两三毫米是正常的，然而屏幕上的些许误差对应实际距离的偏差可能高达数百米。为了更精准地确定某点位置，最好是缓慢地拖动它直至拖到目标位置，此时就要监听地图标记的拖动事件。

调用腾讯地图对象的setOnMarkerDragListener方法即可设置地图标记的拖动监听器，该监听器要求实现接口TencentMap.OnMarkerDragListener，待重写的接口方法如下：

- onMarkerDragStart：在开始拖动时触发。
- onMarkerDrag：在拖动过程中触发。
- onMarkerDragEnd：在结束拖动时触发。

一般而言，只需在标记拖动结束时处理位置变更操作，于是重写onMarkerDragEnd方法，在该方法中触发选定位置的地图点击事件，然后挪动相机视角、重绘地图标记等。相应的拖动事件及其后续处理的示例代码如下：

```
(完整代码见chapter16\src\main\java\com\example\chapter16\ChooseLocationActivity.java)
private LatLng mMyPos;                                  // 当前的经纬度
private String mAddress;                                // 详细地址

@Override
public void onMarkerDragEnd(Marker marker) {
    onMapClick(marker.getPosition());                   // 触发该位置的地图点击事件
}

@Override
public void onMapClick(LatLng latLng) {
    mTencentMap.clearAllOverlays();                     // 清除所有覆盖物
    mMyPos = latLng;
    // 创建一个腾讯搜索对象
    TencentSearch tencentSearch = new TencentSearch(this);
    Geo2AddressParam param = new Geo2AddressParam(mMyPos);
    // 根据经纬度查询地图上的详细地址
    tencentSearch.geo2address(param, new HttpResponseListener() {
        @Override
        public void onSuccess(int i, Object o) {
            Geo2AddressResultObject result = (Geo2AddressResultObject) o;
            String address = String.format("%s（%s）",result.result.address,
                          result.result.formatted_addresses.recommend);
            moveLocation(mMyPos, address);              // 将地图移动到当前位置
        }

        @Override
        public void onFailure(int i, String s, Throwable throwable) {}
    });
}

// 将地图移动到当前位置
private void moveLocation(LatLng latLng, String address) {
    mMyPos = latLng;
    mAddress = address;
    CameraUpdate update = CameraUpdateFactory.newLatLngZoom(latLng, mZoom);
    mTencentMap.moveCamera(update);                     // 把相机视角移动到指定地点
    // 从指定视图中获取位图描述
    BitmapDescriptor bitmapDesc = BitmapDescriptorFactory
            .fromView(getMarkerView(mAddress));
    MarkerOptions marker = new MarkerOptions(latLng).draggable(true)   // 可以拖动
            .visible(true).icon(bitmapDesc).snippet("这是您的当前位置");
    mTencentMap.addMarker(marker);                      // 往地图上添加标记
}

// 获取标记视图
private View getMarkerView(String address) {
    View view = getLayoutInflater().inflate(R.layout.marker_me, null);
    TextView tv_address = view.findViewById(R.id.tv_address);
    tv_address.setText(address);
    return view;
}
```

(2)在地图上显示人员标记。在地图上的附近人员列表中，每个人的标记都包括昵称和头像，可是头像图片来自网络，标记依赖的位图描述工具BitmapDescriptor并不支持异步渲染，只能在获得网络图片数据后才能构建人员标记。为此重写Glide框架的into方法，确保在获取头像图片的Drawable对象之后再往地图上添加完整的人员标记。异步添加人员标记的示例代码如下：

```
(完整代码见chapter16\src\main\java\com\example\chapter16\NearbyActivity.java)
// 显示附近人员的标记
private void addNearbyMarker(PersonInfo person) {
    // 因为位图描述只能在获得图片数据后生成，所以必须等待图片加载完成再添加标记
    Glide.with(this).load(UrlConstant.HTTP_PREFIX+person.getFace())
            .circleCrop().into(new CustomTarget<Drawable>() {

        @Override
        public void onResourceReady(Drawable resource, Transition<? super Drawable>
transition) {
            LatLng latLng = new LatLng(person.getLatitude(), person.getLongitude());
            // 从指定视图中获取位图描述
            BitmapDescriptor bitmapDesc = BitmapDescriptorFactory
                    .fromView(getMarkerView(person, resource));
            MarkerOptions marker =
                new MarkerOptions(latLng).draggable(false)      // 不可拖动
                    .visible(true).icon(bitmapDesc).tag(person);
            mTencentMap.addMarker(marker);                      // 往地图上添加标记
        }

        @Override
        public void onLoadCleared(Drawable placeholder) {}
    });
}
```

(3)个人信息的保存操作。待保存的个人信息格式多样，既有昵称、性别、爱好、地点、发布信息等文本内容，又有个人头像的图像数据，这要求分段组装请求结构再统一发给后端的Web服务。下面是HTTP调用的保存个人信息的示例代码：

```
(完整代码见chapter16\src\main\java\com\example\chapter16\InfoEditActivity.java)
// 弹出进度对话框
mDialog = ProgressDialog.show(this, "请稍候", "正在保存位置信息......");
// 下面把用户信息（包含头像）提交给HTTP服务端
MultipartBody.Builder builder = new MultipartBody.Builder();
// 往建造器对象上添加文本格式的分段数据
builder.addFormDataPart("name", name);                          // 昵称
builder.addFormDataPart("sex", isMale?"0":"1");                 // 性别
builder.addFormDataPart("phone", phone);                        // 手机号
builder.addFormDataPart("love", loveArray[mLoveType]);          // 爱好
builder.addFormDataPart("info", info);                          // 发布信息
builder.addFormDataPart("address", mAddress);                   // 地址
builder.addFormDataPart("latitude", mLatitude+"");              // 纬度
builder.addFormDataPart("longitude", mLongitude+"");            // 经度
// 往建造器对象上添加图像格式的分段数据
builder.addFormDataPart("image", path.substring(path.lastIndexOf("/")),
        RequestBody.create(new File(path), MediaType.parse("image/*")));
RequestBody body = builder.build();             // 根据建造器生成请求结构
OkHttpClient client = new OkHttpClient();       // 创建一个okhttp客户端对象
// 创建一个POST方式的请求结构
Request request = new Request.Builder().post(body)
        .url(UrlConstant.HTTP_PREFIX+"joinNearby").build();
Call call = client.newCall(request);            // 根据请求结构创建调用对象
// 加入HTTP请求队列。异步调用，并设置接口应答的回调方法
call.enqueue(new Callback() {
    @Override
```

```
        public void onFailure(Call call, IOException e) {      // 请求失败
            // 回到主线程操作界面
            runOnUiThread(() -> {
                mDialog.dismiss();                              // 关闭进度对话框
            });
        }

        @Override
        public void onResponse(Call call, final Response response) throws IOException {  // 请求成功
            String resp = response.body().string();
            JoinResponse joinResponse = new Gson().fromJson(resp, JoinResponse.class);
            // 回到主线程操作界面
            runOnUiThread(() -> {
                mDialog.dismiss();              // 关闭进度对话框
                if ("0".equals(joinResponse.getCode())) {
                    finishSave();               // 结束信息保存操作
                }
            });
        }
    });
```

16.4.3 效果展示

位置分享需要服务器配合，确保后端的Web服务已经开启，再打开“附近的人”App。一开始要先确定自己所在的位置，在地图上拖动定位标记至居住地，如图16-33所示。

接着点击界面下方的“下一步”按钮，跳转到个人信息编辑页面，如图16-34所示。依次填写或选择昵称、性别、手机、爱好、要发布的信息，并到系统相册中选取头像，填好的编辑页面如图16-35所示。

图 16-33 先确定自己的位置

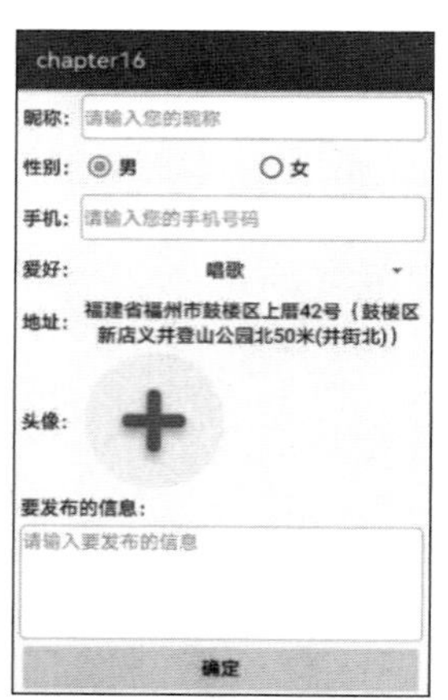

图 16-34 个人信息编辑页面

图 16-35 填好了的编辑页面

点击编辑页面下方的“确定”按钮，回到地图界面发现该地点上方多出了自己的昵称和头像，点击头像弹出详情对话框，如图16-36所示。

多准备几部手机分别选好所在位置、填好个人信息，并提交服务器，然后重新打开“附近的人”App，看到地图界面出现五个人的昵称和头像，如图16-37所示。在界面上方选择过滤条件，比如“只看男生”，地图上就只显示男生标记，如图16-38所示。

图 16-36　人员详情对话框

图 16-37　找到周围的人们

图 16-38　选择了只看男生

点击邓姐头像，弹出她的详情对话框，如图16-39所示。点击对话框右下角的“去她那里”按钮，回到主界面，发现地图标出了导航路线，如图16-40所示。

继续点击张哥头像，弹出他的详情对话框，如图16-41所示。点击对话框右下角的“去他那里”按钮，回到主界面，发现地图标出了导航路线，如图16-42所示。

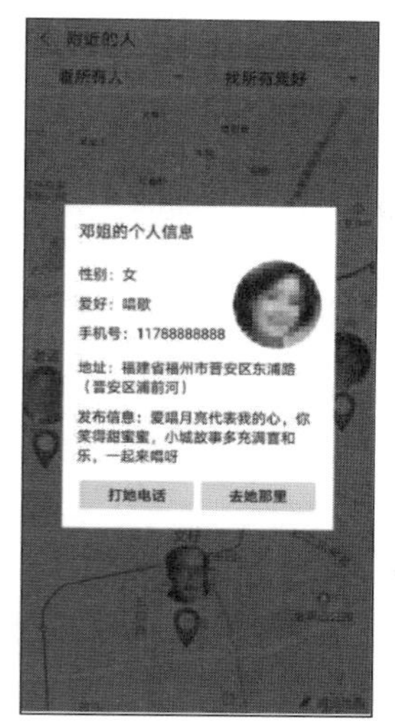

图 16-39　邓姐的详情对话框

图 16-40　去邓姐那的导航路线

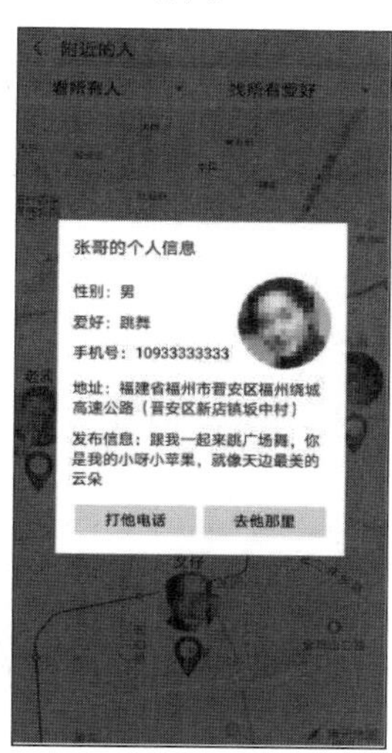

图 16-41　张哥的详情对话框

图 16-42　去张哥那的导航路线

引入地图功能之后，“附近的人”变得更加好用了，特别适合有来往需求的人。

16.5　小　　结

本章主要介绍了App开发用到的感知定位导航，包括传感器（传感器的种类，摇一摇——加速度传感器，指南针——磁场传感器，计步器、感光器和陀螺仪）、基础定位（开启定位功能、获取定位信息、根据经纬度查找详细地址、全球卫星导航系统）、地图导航（集成腾讯地图、显示地图面板、获取地点信息、规划导航路线）。最后设计了一个实战项目 “仿微信的附近的人”，在该项目的App编码中综合运用了本章介绍的定位导航技术。

通过本章的学习，读者应该能够掌握以下3种开发技能：

（1）学会几种常见传感器的简单用法。

（2）学会获取手机的基本位置信息。

（3）学会给App集成地图SDK，并实现路线导航功能。

16.6 动手练习

1. 利用加速度传感器实现一个摇骰子游戏，比如源自郑成功的博饼游戏，中奖规则如下：

（1）摇到一个红四，得到一秀，表示高中秀才。

（2）摇到两个红四，得到二举，表示高中举人。

（3）摇到三个红四，得到三红，表示高中贡士。

（4）摇到四个相同的点数（四个红四除外），得到四进，表示高中进士。

（5）摇到四个红四，得到状元，表示高中状元。

（6）摇到四个红四加两个红一，得到状元插金花，为最优秀的状元。

2. 利用定位功能获取当前的经纬度，并通过天地图接口根据经纬度获取详细地址。

3. 综合运用定位导航技术实现一个附近交友 App。

第 17 章 物 联 网

本章介绍App开发常用的一些物联网技术，主要包括：几种短距离通信技术的应用；如何利用传统蓝牙实现移动设备的配对、连接以及数据传输；如何利用低功耗蓝牙区分主从设备，并通过低功耗蓝牙实现主从设备的快速连接和数据交互。最后结合本章所学的知识演示一个实战项目“自动驾驶的智能小车”的设计与实现。

17.1 短距离通信

手机除了可以操纵自身装载的设备外，还能借助短距离通信技术来控制附近的设备，比如刷卡、遥控电器、播放蓝牙音箱等。本节就介绍常见的几种短距离通信技术：首先阐述如何获取当前WiFi信息，以及如何扫描周边可用WiFi；然后描述NFC与RFID两种标准的异同点，以及NFC近场通信在App开发中的运用；最后说明红外遥控和射频遥控各自的适用场景，以及如何利用红外信号遥控家用电器。

17.1.1 WiFi 管理器

上网方式主要有两种，即数据连接和WiFi。不过连接管理器ConnectivityManager只能笼统地判断能否上网，并不能获知WiFi连接的详细信息。在当前网络类型是WiFi时，要想得知WiFi上网的具体信息，还需另外通过无线网络管理器WifiManager获取。

WifiManager的对象从系统服务Context.WIFI_SERVICE中获取。下面是WifiManager的常用方法：

- isWifiEnabled：判断WLAN功能是否开启。
- setWifiEnabled：开启或关闭WLAN功能（从Android 11开始，该方法已经失效）。
- getWifiState：获取当前的WiFi连接状态（取值说明见表17-1）。

表 17-1 WiFi 连接状态的取值说明

WifiManager 类的连接状态	说　明
WIFI_STATE_DISABLED	已断开 WiFi
WIFI_STATE_DISABLING	正在断开 WiFi

（续表）

WifiManager 类的连接状态	说　　明
WIFI_STATE_ENABLED	已连上 WiFi
WIFI_STATE_ENABLING	正在连接 WiFi
WIFI_STATE_UNKNOWN	连接状态未知

- getConnectionInfo：获取当前WiFi的连接信息。该方法返回一个WifiInfo对象，通过该对象的各个方法可获得更具体的WiFi设备信息。信息获取方法如下：
  - getSSID：WiFi 路由器 MAC。
  - getRssi：WiFi 信号强度。
  - getLinkSpeed：连接速率。
  - getNetworkId：WiFi 的网络编号。
  - getIpAddress：手机的 IP 地址，整数，需转换为常见的 IPv4 地址。
  - getMacAddress：手机的 MAC 地址。
- startScan：开始扫描周围的WiFi信息。
- getScanResults：获取WiFi的扫描结果。
- calculateSignalLevel：根据信号强度计算信号等级。
- getConfiguredNetworks：获取已配置的网络信息。
- addNetwork：添加指定的WiFi连接。
- enableNetwork：启用指定的WiFi连接。第二个参数表示是否同时禁用其他WiFi。
- disableNetwork：禁用指定的WiFi连接。
- disconnect：断开当前的WiFi连接。

查看网络连接与室内定位需要申请相关权限，打开AndroidManifest.xml补充下列权限配置：

```
<!-- 室内WiFi定位需要以下权限 -->
<!-- 定位 -->
<uses-permission android:name="android.permission.ACCESS_FINE_LOCATION" />
<uses-permission android:name="android.permission.ACCESS_COARSE_LOCATION" />
<!-- WiFi权限 -->
<uses-permission android:name="android.permission.ACCESS_WIFI_STATE" />
<uses-permission android:name="android.permission.CHANGE_WIFI_STATE" />
<!-- 获取网络状态 -->
<uses-permission android:name="android.permission.ACCESS_NETWORK_STATE" />
<!-- 需要RTT功能 -->
<uses-feature android:name="android.hardware.wifi.rtt" />
```

接着在代码中先后获取电话管理器TelephonyManager和连接管理器ConnectivityManager，并判断当前的网络类型，如果连上了WiFi网络，就从WiFi管理器得到详细的无线网络信息。查看WiFi信息的示例代码如下：

```
(完整代码见chapter17\src\main\java\com\example\chapter17\WifiInfoActivity.java)
String desc = "";
// 从系统服务中获取电话管理器
TelephonyManager tm = (TelephonyManager) getSystemService(Context.TELEPHONY_SERVICE);
// 从系统服务中获取连接管理器
ConnectivityManager cm = (ConnectivityManager) getSystemService(
                        Context.CONNECTIVITY_SERVICE);
// 通过连接管理器获得可用的网络信息
NetworkInfo info = cm.getActiveNetworkInfo();
```

```
// 有网络连接
if (info != null && info.getState() == NetworkInfo.State.CONNECTED) {
   // WiFi网络（无线热点）
   if (info.getType() == ConnectivityManager.TYPE_WIFI) {
      // 从系统服务中获取无线网络管理器
      WifiManager wm = (WifiManager)
         getApplicationContext().getSystemService(Context.WIFI_SERVICE);
      int state = wm.getWifiState();                         // 获得无线网络的状态
      WifiInfo wifiInfo = wm.getConnectionInfo();            // 获得无线网络信息
      String SSID = wifiInfo.getSSID();                      // 获得路由器的MAC地址
      if (TextUtils.isEmpty(SSID) || SSID.contains("unknown")) {
         desc = "\n当前联网的网络类型是WiFi，但未成功连接已知的WiFi信号";
      } else {
         desc = String.format("当前联网的网络类型是WiFi，状态是%s。\nWiFi名称是：%s\n路由器
MAC是：%s\nWiFi信号强度是：%d\n连接速率是：%s\n手机的IP地址是：%s\n手机的MAC地址是：%s\n网络编号
是：%s\n",
               mWifiStateArray[state], SSID, wifiInfo.getBSSID(),
               wifiInfo.getRssi(), wifiInfo.getLinkSpeed(),
               IPv4Util.intToIp(wifiInfo.getIpAddress()),
               wifiInfo.getMacAddress(), wifiInfo.getNetworkId());
      }
   // 移动网络（数据连接）
   } else if (info.getType() == ConnectivityManager.TYPE_MOBILE) {
      int net_type = info.getSubtype();
      desc = String.format("\n当前联网的网络类型是%s %s",
            NetUtil.getNetworkTypeName(tm, net_type),
            NetUtil.getClassName(tm, net_type));
   } else {
      desc = String.format("\n当前联网的网络类型是%d", info.getType());
   }
} else {  // 无网络连接
   desc = "\n当前无上网连接";
}
```

运行测试该App，打开手机的WLAN功能，可观察到网络连接信息如图17-1所示。

chapter17

当前联网的网络类型是WiFi，状态是已连接。
WiFi名称是："ChinaNet-vk32"
路由器MAC是：84:1c:70:5a:3b:0d
WiFi信号强度是：-56
连接速率是：58
手机的IP地址是：192.168.1.5
手机的MAC地址是：02:00:00:00:00:00
网络编号是：0

图 17-1　手机的 WiFi 连接信息

扫描周边WiFi主要用到WiFi管理器的startScan和getScanResults两个方法：startScan方法表示开始扫描周围WiFi网络，getScanResults方法表示获取WiFi扫描的结果列表。getScanResults方法不能紧跟着startScan方法，因为WiFi扫描动作是异步进行的，必须等待直到收到扫描结束的广播，然后在广播接收器中获取扫描结果。

虽然扫描发现的每个WiFi路由器均允许连接，但是并非所有路由器都具备RTT功能，只有符合802.11标准才能用于室内WiFi定位。注意，扫描结果为ScanResult类型，是否符合802.11标准由其对象的is80211mcResponder方法决定，只有返回true的路由器才具备RTT功能。下面是扫描周边WiFi并判断RTT标志的广播接收器的示例代码：

```
(完整代码见chapter17\src\main\java\com\example\chapter17\WifiScanActivity.java)
// 定义一个扫描周边WiFi的广播接收器
private class WifiScanReceiver extends BroadcastReceiver {
   @Override
   public void onReceive(Context context, Intent intent) {
      // 获取WiFi扫描的结果列表
      List<ScanResult> scanList = mWifiManager.getScanResults();
      if (scanList != null) {
```

```
                // 查找符合802.11标准的WiFi路由器集合
                Map<String, ScanResult> m80211mcMap =
                        find80211mcResults(scanList);
                runOnUiThread(() -> showScanResult(scanList, m80211mcMap));
            }
        }
    }

    // 查找符合802.11标准的WiFi路由器集合
    private Map<String, ScanResult> find80211mcResults(List<ScanResult> originList) {
        Map<String, ScanResult> resultMap = new HashMap<>();
        for (ScanResult scanResult : originList) {              // 遍历扫描发现的WiFi列表
            if (scanResult.is80211mcResponder()) {              // 符合802.11标准
                resultMap.put(scanResult.BSSID, scanResult);    // BSSID表示MAC地址
            }
        }
        return resultMap;
    }

    // 显示过滤后的WiFi扫描结果
    private void showScanResult(List<ScanResult> list, Map<String, ScanResult> map) {
        tv_result.setText(String.format("找到%d个WiFi热点，其中有%d个支持RTT。",
                                        list.size(), map.size()));
        lv_scan.setAdapter(new ScanListAdapter(this, list, map));
    }
```

在使用上面的接收器之前，要先注册WiFi扫描的广播接收器，示例代码如下：

```
// 声明一个WiFi扫描接收器对象
WifiScanReceiver mWifiScanReceiver = new WifiScanReceiver();
IntentFilter filter = new IntentFilter(WifiManager.SCAN_RESULTS_AVAILABLE_ACTION);
registerReceiver(mWifiScanReceiver, filter);  // 注册WiFi扫描的广播接收器
```

运行测试该App，确保手机打开了WLAN功能，再点击“开始扫描”按钮，稍等片刻即可观察到结果列表如图17-2所示。

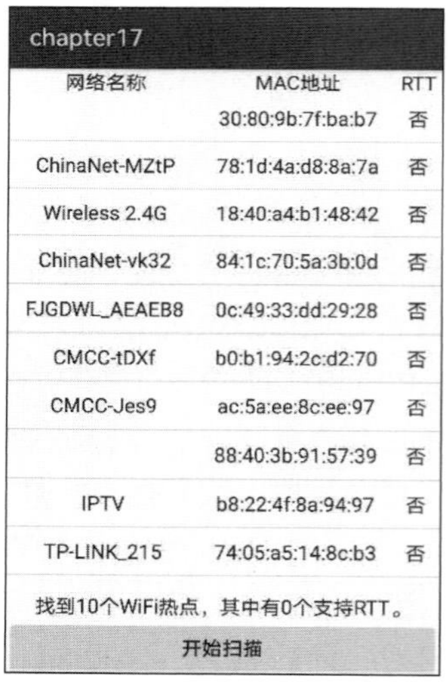

chapter17

网络名称	MAC地址	RTT
	30:80:9b:7f:ba:b7	否
ChinaNet-MZtP	78:1d:4a:d8:8a:7a	否
Wireless 2.4G	18:40:a4:b1:48:42	否
ChinaNet-vk32	84:1c:70:5a:3b:0d	否
FJGDWL_AEAEB8	0c:49:33:dd:29:28	否
CMCC-tDXf	b0:b1:94:2c:d2:70	否
CMCC-Jes9	ac:5a:ee:8c:ee:97	否
	88:40:3b:91:57:39	否
IPTV	b8:22:4f:8a:94:97	否
TP-LINK_215	74:05:a5:14:8c:b3	否

找到10个WiFi热点，其中有0个支持RTT。

开始扫描

图 17-2　手机发现的周围 WiFi

17.1.2　NFC 近场通信

NFC的全称是“Near Field Communication”，意思是近场通信、与邻近的区域通信。大众所熟知的NFC技术应用，主要是智能手机的刷卡支付功能。别看智能手机是十年前才出现的，NFC的历史可比智能手机要悠久得多，它脱胎于上世纪的RFID无线射频识别技术。

所谓RFID是“Radio Frequency Identification”的缩写，它通过无线电信号便可识别特定目标并读写数据，而无须在自身与该目标之间建立任何机械或者光学接触。像日常生活中的门禁卡、公交卡，乃至二代身份证，都是采用了RFID技术的卡片。若想读写这些RFID卡片，则需相应的读卡器，只要用户把卡片靠近，读卡器就会产生感应动作。

既然RFID已经广泛使用，那么何苦又要另外制定NFC标准呢？其实正是因为RFID用的地方太多了，导致随意性较大，反而不便于管控。所以业界重新定义了NFC规范，试图在两个方面弥补RFID的固有缺憾：

（1）RFID的信号传播距离较远，致使位于远处的设备也可能获取卡片信息，这对安全性较高的场合是不可接受的。而NFC的有效工作距离在十厘米之内，即可避免卡片信息被窃取的风险。

（2）RFID的读写操作是单向的，也就是说，只有读卡器能读写卡片，卡片不能拿读卡器怎么样。现在NFC不再沿用“读卡器－卡片”的模式，取而代之的是只有NFC设备的概念，两个NFC设备允许互相读写，既可以由设备A读写设备B，也可以由设备B读写设备A。

改进之后的NFC技术既提高了安全性，又拓宽了应用场合，同时还兼容了现有的大部分RFID卡片，因此在智能手机上运用NFC而非RFID也就不足为奇了。

带有NFC功能的手机，在实际生活中主要有三项应用：读卡器、仿真卡（把手机当卡片用）、分享内容（两部手机之间传输数据）。为了能更迅速地了解NFC技术在Android中的开发流程，下面通过相对简单的读卡器功能，来介绍如何进行手机App的NFC开发。

首先要在AndroidManifest.xml中声明NFC的操作权限，下面是配置声明的例子：

```
<!-- NFC -->
<uses-permission android:name="android.permission.NFC" />
<!-- 仅在支持NFC的设备上运行 -->
<uses-feature android:name="android.hardware.nfc" android:required="true" />
```

其次还要对活动页面声明NFC过滤器，目前Android支持NDEF_DISCOVERED、TAG_DISCOVERED、TECH_DISCOVERED这三种，最好把它们都加入到过滤器列表中，示例如下：

```
<activity android:name=".NfcActivity">
    <intent-filter>
        <action android:name="android.nfc.action.NDEF_DISCOVERED" />
    </intent-filter>
    <intent-filter>
        <action android:name="android.nfc.action.TAG_DISCOVERED" />
        <category android:name="android.intent.category.DEFAULT" />
    </intent-filter>
    <intent-filter>
        <action android:name="android.nfc.action.TECH_DISCOVERED" />
    </intent-filter>
    <meta-data
        android:name="android.nfc.action.TECH_DISCOVERED"
        android:resource="@xml/nfc_tech_filter" />
</activity>
```

其中TECH_DISCOVERED类型另外指定了过滤器的来源是@xml/nfc_tech_filter，该文件的实际路径为xml/nfc_tech_filter.xml，文件内容如下：

```
<resources>
    <!-- 可以处理所有Android支持的NFC类型 -->
    <tech-list>
        <tech>android.nfc.tech.NfcA</tech>
        <tech>android.nfc.tech.NfcB</tech>
        <tech>android.nfc.tech.NfcF</tech>
        <tech>android.nfc.tech.NfcV</tech>
        <tech>android.nfc.tech.IsoDep</tech>
        <tech>android.nfc.tech.Ndef</tech>
        <tech>android.nfc.tech.NdefFormatable</tech>
        <tech>android.nfc.tech.MifareClassic</tech>
        <tech>android.nfc.tech.MifareUltralight</tech>
    </tech-list>
</resources>
```

上面的过滤器列表乍看过去真是令人大吃一惊，这都是些什么东西？它们之间有哪些区别呢？倘若认真对这几个专业术语追根溯源，势必要一番长篇大论才能理清其中的历史脉络，因此不妨将事情简单化，将这些NFC类型看作一个大家族内部的兄弟姐妹。NFC类型虽多，常见的NfcA、NfcB、IsoDep系出ISO 14443标准（即RFID卡标准），它们仨各自用于生活中的几种场景，分别说明如下：

（1）NfcA遵循ISO 14443-3A标准，常用于门禁卡。

（2）NfcB遵循ISO 14443-3B标准，常用于二代身份证。

（3）IsoDep遵循ISO 14443-4标准，常用于公交卡。

除了以上三个常见的子标准，NFC另有其他几个子标准，这些子标准的名称及其适用场合详见表17-2。

表 17-2　NFC 各子标准的使用场景

NFC 数据格式名称	ISO 标准名称	实际应用场合
NfcA	ISO 14443-3A	门禁卡
NfcB	ISO 14443-3B	二代身份证
NfcF	JIS 6319-4	香港八达通
NfcV	ISO 15693	深圳图书馆读者证
IsoDep	ISO 14443-4	北京一卡通、深圳通、西安长安通、武汉通、广州羊城通

好不容易把AndroidManifest.xml的相关配置弄完，接着便是代码方面的处理逻辑了。NFC编码主要有3个步骤：初始化适配器、启用感应/禁用感应、接收到感应消息并对消息解码，下面分别进行介绍。

1. 初始化NFC适配器

这里的初始化动作又可分解为以下3个部分：

（1）调用NfcAdapter类的getDefaultAdapter方法，获取系统当前默认的NFC适配器。这个NfcAdapter与列表适配器的概念不一样，它其实是Android的NFC管理工具。

（2）声明一个延迟意图，告诉系统一旦接收到NFC感应，则应当启动哪个页面进行处理。

（3）定义一个NFC消息的过滤器，这个过滤器是AndroidManifest.xml所配置过滤器的子集。因为接下来要读取的卡片兼容RFID标准（ISO14443家族），所以过滤器的动作名称为NfcAdapter.ACTION_TECH_DISCOVERED，并且设置该动作包含了两项卡片标准，分别是NfcA（用于门禁卡）和IsoDep（用于公交卡）。

详细的NFC初始化代码示例如下：

```
(完整代码见chapter17\src\main\java\com\example\chapter17\NfcActivity.java)
private NfcAdapter mNfcAdapter;          // 声明一个NFC适配器对象
private void initNfc() {
    // 获取默认的NFC适配器
    mNfcAdapter = NfcAdapter.getDefaultAdapter(this);
    if (mNfcAdapter == null) {
        tv_nfc_result.setText("当前手机不支持NFC");
        return;
    } else if (!mNfcAdapter.isEnabled()) {
        tv_nfc_result.setText("请先在系统设置中启用NFC功能");
        return;
```

```
        }
        // 探测到NFC卡片后，必须以FLAG_ACTIVITY_SINGLE_TOP方式启动Activity
        // 或者在AndroidManifest.xml中设置launchMode属性为singleTop或singleTask
        // 保证无论NFC标签靠近手机多少次，Activity实例都只有一个
        Intent intent = new Intent(this, NfcActivity.class)
                .addFlags(Intent.FLAG_ACTIVITY_SINGLE_TOP);
        // 声明一个NFC卡片探测事件的相应动作
        mPendingIntent = PendingIntent.getActivity(this, 0, intent,
                PendingIntent.FLAG_UPDATE_CURRENT);
        try {
            // 定义一个过滤器（检测到NFC卡片）
            mFilters = new IntentFilter[]{new IntentFilter(
                    NfcAdapter.ACTION_TECH_DISCOVERED, "*/*")};
        } catch (Exception e) {
            e.printStackTrace();
        }
        // 读标签之前先确定标签类型
        mTechLists = new String[][]{new String[]{NfcA.class.getName()},
{IsoDep.class.getName()}};
    }
```

2. 启用NFC感应/禁用NFC感应

为了让测试App能够接收NFC的感应动作，需要重载Activity的onResume函数，在该函数中调用NFC适配器的enableForegroundDispatch方法，指定启用NFC功能时的响应动作以及过滤条件。另外也需重载onPause函数，在该函数中调用NFC适配器的disableForegroundDispatch方法，表示当前页面在暂停状态之时不再接收NFC感应消息。具体的NFC启用和禁用代码如下：

```
protected void onResume() {
    super.onResume();
    if (mNfcAdapter!=null && mNfcAdapter.isEnabled()) {
        // 为本App启用NFC感应
        mNfcAdapter.enableForegroundDispatch(this,
                mPendingIntent, mFilters, mTechLists);
    }
}

public void onPause() {
    super.onPause();
    if (mNfcAdapter!=null && mNfcAdapter.isEnabled()) {
        // 禁用本App的NFC感应
        mNfcAdapter.disableForegroundDispatch(this);
    }
}
```

3. 接收到感应消息并对消息解码

通过前面的第二步启用NFC感应之后，一旦App接收到感应消息，就会回调Activity的onNewIntent函数，因此开发者可以重写该函数来处理NFC的消息内容。以NFC技术常见的小区门禁卡为例，门禁卡采取的子标准为NfcA，对应的数据格式则为MifareClassic。于是利用MifareClassic类的相关方法即可获取卡片数据，下面是MifareClassic类的方法说明。

- get：从Tag对象中获取卡片对象的信息。该方法为静态方法。
- connect：连接卡片数据。
- close：释放卡片数据。
- getType：获取卡片的类型。TYPE_CLASSIC表示传统类型，TYPE_PLUS表示增强类型，TYPE_PRO表示专业类型。

- getSectorCount：获取卡片的扇区数量。
- getBlockCount：获取卡片的分块个数。
- getSize：获取卡片的存储空间大小，单位为字节。

使用MifareClassic工具查询卡片数据的流程很常规，先调用connect方法建立连接，然后调用各个get方法获取详细信息，最后调用close方法关闭连接。具体的门禁卡读取代码示例如下：

```
protected void onNewIntent(Intent intent) {
    super.onNewIntent(intent);
    String action = intent.getAction();                    // 获取到本次启动的action
    if (action.equals(NfcAdapter.ACTION_NDEF_DISCOVERED)  // NDEF类型
        || action.equals(NfcAdapter.ACTION_TECH_DISCOVERED)    // 其他类型
        || action.equals(NfcAdapter.ACTION_TAG_DISCOVERED)) {  // 未知类型
        // 从intent中读取NFC卡片内容
        Tag tag = intent.getParcelableExtra(NfcAdapter.EXTRA_TAG);
        // 获取NFC卡片的序列号
        byte[] ids = tag.getId();
        String card_info = String.format("卡片的序列号为: %s",
                        ByteArrayChange.ByteArrayToHexString(ids));
        String result = readGuardCard(tag);
        card_info = String.format("%s\n详细信息如下: \n%s", card_info, result);
        tv_nfc_result.setText(card_info);
    }
}

// 读取小区门禁卡信息
public String readGuardCard(Tag tag) {
    MifareClassic classic = MifareClassic.get(tag);
    String info;
    try {
        classic.connect();                          // 连接卡片数据
        int type = classic.getType();               //获取TAG的类型
        String typeDesc;
        if (type == MifareClassic.TYPE_CLASSIC) {
            typeDesc = "传统类型";
        } else if (type == MifareClassic.TYPE_PLUS) {
            typeDesc = "增强类型";
        } else if (type == MifareClassic.TYPE_PRO) {
            typeDesc = "专业类型";
        } else {
            typeDesc = "未知类型";
        }
        info = String.format("\t卡片类型: %s\n\t扇区数量: %d\n\t分块个数: %d\n\t存储空间: %d
字节", typeDesc, classic.getSectorCount(), classic.getBlockCount(), classic.getSize());
    } catch (Exception e) {
        e.printStackTrace();
        info = e.getMessage();
    } finally {                             // 无论是否发生异常，都要释放资源
        try {
            classic.close();                // 释放卡片数据
        } catch (Exception e) {
            e.printStackTrace();
            info = e.getMessage();
        }
    }
    return info;
}
```

编码完毕，找一台支持NFC的手机安装测试App，启动应用前注意开启手机的NFC功能。然后

进入App测试页面，拿一张门禁卡靠近手机背面（门禁卡不一定是卡片，也可能是钥匙扣模样），稍等片刻便会读取并显示门禁卡的基本信息，卡片信息的获取界面如图17-3所示。

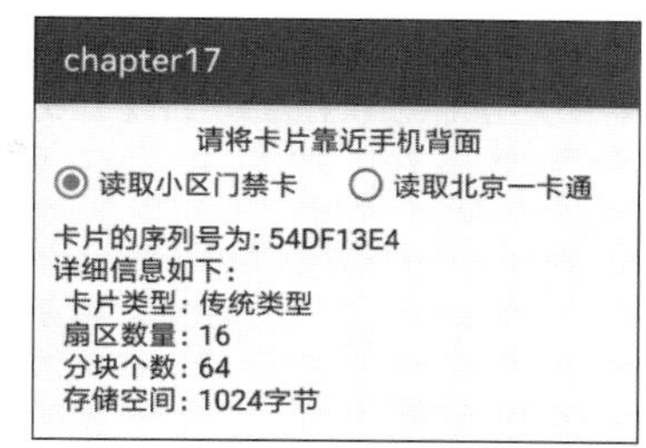

图 17-3 NFC 手机读取到的门禁卡信息

当然，NFC技术不只包括上述例子的NfcA标准，它的实际应用也不仅限于门禁卡。在市场前景更加广阔的小额支付领域，NFC技术普遍用于拿手机刷公交，那么手机充当公交卡就运用了NFC规范的另一种子标准IsoDep。对于IsoDep，Android提供了同名的数据格式，即IsoDep工具类，该类也有connect方法用于建立连接，有close方法用于关闭连接。但是公交卡内部储存的数据比较复杂，有余额、时间、刷卡明细等信息，这可不是几个get方法就能搞定的。为此IsoDep类专门提供了transceive方法，只需开发者通过该方法输入一串指令，系统就会返回字节形式的对应结果数据。

于是，如果开发者能够获得某种公交卡的指令编码，以及相应的数据格式，利用手机读取公交卡信息在技术上就行得通了。写到这里，笔者想起来自己已有好几年没去北京了，不知道公交卡还有多少钱，正巧北京一卡通的编码格式是公开的，所以接下来看看Android代码能解析出哪些信息。详细的解析代码比较冗长，这里不贴出具体代码了，有兴趣的读者可参考本书附带源码中device模块中的BusCard.java。如图17-4所示，这是一张如假包换的北京市政交通一卡通，其内部的公交余额和乘车记录均可被NFC手机读取，读出来的一卡通详细信息如图17-5所示。

图 17-4 北京市政交通一卡通

图 17-5 NFC 手机读取到的乘车信息

原来公交卡里面保存的数据很全，不但查出了还剩2角钱，而且连笔者前几年在北京的乘车记录都一清二楚。刷卡时间竟然精确到了几时几分几秒，并且乘坐的交通方式也一目了然，2块钱乘坐的是地铁，4角钱乘坐的是公交。住在北京和去过北京的小伙伴们，赶紧试试你们的一卡通能不能读得出来。

17.1.3 红外遥控

红外遥控是一种无线控制技术，它具有功耗小、成本低、易实现等诸多优点，因而被各种电子设备特别是家用电器广泛采用，像日常生活中的电视遥控器、空调遥控器等基本都采用红外遥控技术。

不过遥控器并不都是红外遥控，也可能是射频遥控。红外遥控使用近红外光线（频率只有几万赫兹）作为遥控光源，而射频遥控使用超高频电磁波（频率高达几亿赫兹）作为信号载体。在红外遥控器的顶部，有的镶嵌一个或多个小灯泡，有的是一小片黑色盖子，这个黑盖子对红外线来说可是透明的，只是人的肉眼看不穿它。在射频遥控器的顶部，有的突出一根天线，有的什么都没有（其实发射器包在盖子里面）。红外遥控器带着灯泡就像一支手电筒，红外光照到哪里，哪里的电器才会接收响应，这决定了红外遥控的3个特性：

（1）遥控器要对准电器才有反应。要是手电筒没照到这儿，那肯定是黑乎乎的。

（2）遥控器不能距离电器太远，最好是5米之内。这也好理解，手电筒离得远了，照到物体上的光线都变暗了。

（3）遥控器与电器之间不能有障碍物。你能想象手电筒发出来的灯光会穿透墙壁吗？

而射频遥控器正好与红外的特性相反，它采用超高频电磁波，所以信号是四散开的不具备方向性，并且射频信号的有效距离可以长达数10米，末了射频信号还能轻松穿透非金属的障碍物。红外遥控和射频遥控的不同特性决定了它们各自擅长的领域，红外遥控看似局限很多，其实正适用于家用电器，否则每个人隔着墙还能遥控邻居家的电器，这可怎么得了；射频遥控的强大抗干扰能力更适用于一些专业的电子设备。因为红外遥控更贴近日常生活，所以我们购买的智能手机，自然配置的是红外遥控了（有的手机可能没装红外发射器）。

听起来装了红外发射器的手机，就可以拿来当遥控器使用，只要一部手机就能遥控许多家电，这可不是什么天方夜谭，接下来看看如何在App开发中运用红外遥控技术。

首先要在App工程的AndroidManifest.xml中补充红外权限配置，具体的配置例子如下：

```
<!-- 红外遥控 -->
<uses-permission android:name="android.permission.TRANSMIT_IR" />
<!-- 仅在支持红外的设备上运行 -->
<uses-feature android:name="android.hardware.ConsumerIrManager"
android:required="true" />
```

其次在代码中初始化红外遥控的管理器，红外遥控对应的管理类名叫ConsumerIrManager，它的常用方法主要有3个，分别说明如下：

- hasIrEmitter：检查设备是否拥有红外发射器。返回true表示有，返回false表示没有。
- getCarrierFrequencies：获得可用的载波频率范围。
- transmit：发射红外信号。第一个参数为信号频率，单位赫兹（Hz），家用电器的红外频率通常使用38000Hz；第二个参数为整型数组形式的信号格式。

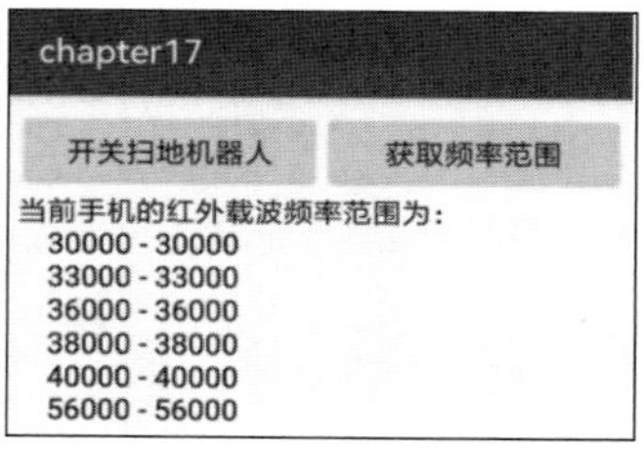

chapter17
开关扫地机器人
获取频率范围
当前手机的红外载波频率范围为：
30000 - 30000
33000 - 33000
36000 - 36000
38000 - 38000
40000 - 40000
56000 - 56000

图 17-6　小米 6 手机的可用红外频率范围

注意手机的红外载波频率比较固定，大多处于30000～56000Hz，如图17-6所示是小米6手机的可用红外频率范围。

下面是红外遥控管理器的初始化代码例子：

```
private ConsumerIrManager cim;                   // 声明一个红外遥控管理器对象
private void initInfrared() {
    // 获取系统的红外遥控服务
    cim = (ConsumerIrManager) getSystemService(Context.CONSUMER_IR_SERVICE);
    if (!cim.hasIrEmitter()) {                   // 判断当前设备是否支持红外功能
        tv_infrared.setText("当前手机不支持红外遥控");
    }
}
```

最后在准备发射遥控信号之时，调用transmit方法就把红外信号发出去了。

果真如此简单吗？当然不是，这里面的玄机全在transmit方法的信号格式参数上面。想一想，家电有很多种，每种家电又有好几个品牌，便是房间里的某个家电，遥控器上也有数排的按键。这么算下来，信号格式的各种组合都数不清了，普通开发者又不是电器厂商的内部人员，要想破解这些电器的红外信号编码，那可真是比登天还难。

手工破解固然不容易，却也并非没有办法，现在有一种红外遥控器的解码仪，可到淘宝上面购买。这个解码仪能够分析常见家电的红外遥控信号，下面两种除外：

（1）空调遥控器，空调的控制比较复杂，光温度就可能调节十几次，难以破解。

（2）灯光遥控器，灯本身发光发热，同时也会散发大量红外线，势必对外部的红外信号造成严重干扰，所以灯只能采取射频遥控器。

红外解码仪是家电维修人员的必备仪器，常用于检测遥控器能否正常工作，开发者为了让手机实现遥控功能，也要利用解码仪捕捉每个按键对应的红外信号。接下来以扫地机器人的遥控解码为例，介绍如何通过解码仪获取对应的红外遥控指令。

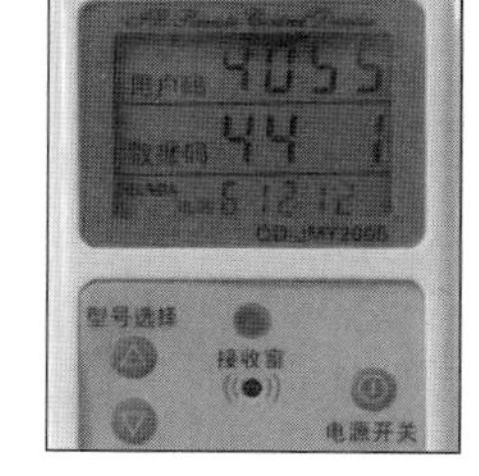

图 17-7　解码仪对遥控器指令的分析结果

先将扫地机器人的遥控器对准解码仪正面的红外接收窗口，按下遥控器上的clean键（开始扫地/停止扫地），此时解码仪的分析结果如图17-7所示。

从图17-7可见，clean键的红外信号由三部分组成，分别是用户码4055、数据码44、电路61212。其中用户码表示厂商代号，每个厂家都有自己的唯一代号；数据码表示按键的编号，不同的数据码代表不同的按键；电路表示红外信号的编码协议，每种协议都有专门的指令格式。比如说电路61212对应的是NEC6121协议，该协议的红外信号编码格式：引导码+用户码+数据码+数据反码+结束码，其中引导码和结束码都是固定的，数据反码由数据码按位取反得来，真正变化的只有用户码和数据码。

然而解码仪获得的用户码和数据码并不能直接写在代码中，因为液晶屏上的编码其实是十六进制数，需要转换为二进制数才行。例如用户码4055，对应的二进制数为0100 0000 0101 0101；数据码44，对应的二进制数为0100 0100，按位取反得到数据反码的二进制数为1011 1011。

可是前述的transmit方法，参数要传递整型数组形式的信号，并不是二进制数，这意味着二进制数还得转换成整型数组。那么整型数组里面存放的到底是些什么数据呢？这就要从数字电路中的电平说起了。电平是“电压平台”的简称，指的是电路中某一点电压的高低状态，在数字电路中常用高电平表示“1”，用低电平表示“0”。遥控器发射红外信号之时，通过“560微秒低电平+1680微秒高电平”代表“1”，通过“560微秒低电平+560微秒低电平”代表“0”。于是编写Android代码的时候，使用“560,1680”表示二进制的1，使用“560,560”表示二进制的0，此处的560和1680只是大概的数值，也可使用580、600替换560，或者使用1600、1650替换1680。

根据数字电路的电平规则，用户码4055对应的二进制数为0100 0000 0101 0101，转换成电平信号就变成了“560,560, 560,1680, 560,560, 560,560, 560,560, 560,560, 560,560, 560,560, 560,560, 560,1680, 560,560, 560,1680, 560,560, 560,1680, 560,560, 560,1680, ”，数据码44及其数据反码的电平信号以此类推。再加上NEC协议固定的引导码“9000,4500”，以及结束码“560,20000”，即可得出前面clean键的红外信号整型数组，具体的数组数值如下：

```
int[] pattern = {9000,4500,  // 开头两个数字表示引导码
    // 下面两行表示用户码
    560,560, 560,1680, 560,560, 560,560, 560,560, 560,560, 560,560, 560,560,
    560,560, 560,1680, 560,560,560,1680,560,560, 560,1680, 560,560, 560,1680,
```

```
    // 下面一行表示数据码
    560,560, 560,1680, 560,560, 560,560, 560,560, 560,1680, 560,560, 560,560,
    // 下面一行表示数据反码
    560,1680,560,560, 560,1680,560,1680,560,1680,560,560,560,1680,560,1680,
    560,20000};  // 末尾两个数字表示结束码
```

接着在App代码中代入上述的信号格式数组，即调用transmit方法传递格式参数，示例如下：

```
(完整代码见chapter17\src\main\java\com\example\chapter17\InfraredActivity.java)
// 发射指定编码格式的红外信号。普通家电的红外发射频率一般为38kHz
cim.transmit(38000, pattern);
```

运行测试App，却发现不管让手机发送多少次红外信号，扫地机器人都呆若木鸡，丝毫没有反应。这是怎么回事呢？奥秘在于NEC协议只规定了大体上的编码规则，实际的遥控器信号在整体规则内略有调整。之前提到的解码仪，既是家电售后的检测仪器，也可作为App开发者的调试工具。拿起手机对准解码仪正面的接收窗口，点击按钮发送红外信号，解码仪同步显示分析后的信号数据，分析结果如图17-8所示。

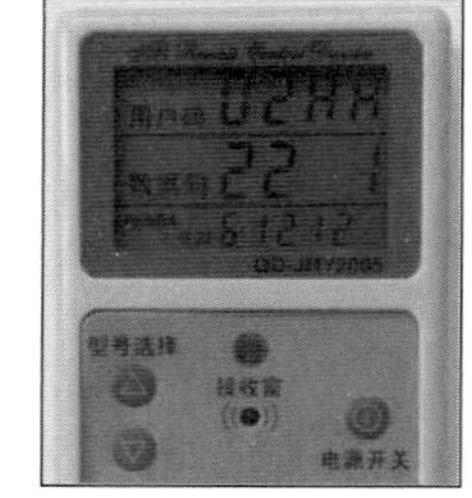

图 17-8　解码仪对手机测试指令的分析结果

由图17-8可知，此时手机发出的红外信号符合NEC6121协议，只不过用户码变成了02AA，数据码变成了22。把这两个码数翻译成二进制，则用户码02AA转为0000 0010 1010 1010，数据码22转为0010 0010。回头比较遥控器的解码数据，遥控器发出的用户码4055对应0100 0000 0101 0101，数据码44对应0100 0100。看起来手机与遥控器的信号区别，应当是每两个十六进制数先转为二进制数，然后倒过来排列，也就是所谓的逆序编码。

找到问题的症结便好办了，数学上有负负得正，编码则有逆逆得顺。既然4055逆序编码后变为02AA，那么02AA逆序编码后必为4055，于是再次构造用户码02AA以及数据码22的电平信号，更改后的红外信号数据如下：

```
int[] pattern = {9000,4500,          // 开头两个数字表示引导码
    // 下面两行表示用户码
    560,560, 560,560, 560,560, 560,560, 560,560, 560,560, 560,1680, 560,560,
    560,1680, 560,560,560,1680, 560,560,560,1680, 560,560, 560,1680, 560,560,
    // 下面一行表示数据码
    560,560, 560,560, 560,1680, 560,560, 560,560, 560,560, 560,1680, 560,560,
    // 下面一行表示数据反码
    560,1680,560,1680,560,560, 560,1680,560,1680,560,1680,560,560,560,1680,
    560,20000};                        // 末尾两个数字表示结束码
```

重新编译运行测试App，手机依旧对准解码仪，然后点击按钮发射红外信号，解码仪终于正常显示用户码4055、数据码44了。这时再将手机对准扫地机器人，点击“发射”按钮，机器人不出所料开动起来了。至此遥控器clean键的红外编码正式破解完成，其他按键乃至其他家电遥控器的红外信号编码，均可通过解码仪破译得到。

当然，以上的红外信号解析办法，仅限于编码规则广泛公开的NEC协议。对于其他格式未知的电路协议，只能借助于更专业的单片机来分析。采用红外遥控的家电种类与品牌都很多，前人已经对它们做了不少的信号破译工作，这些已知的红外信号数据详见网址http://www.remotecentral.com/cgi-bin/codes/，里面包括国外各大家电品牌的信号编码，有兴趣的读者可以参考。

17.2 传统蓝牙

本节介绍传统蓝牙技术在App开发中的详细用法，内容包括蓝牙技术的分类及其发展历程、如何发现周围的蓝牙设备并与之创建配对、如何在两部已经配对好的蓝牙手机之间建立连接并传输简单数据。

17.2.1 蓝牙技术的发展历程

蓝牙是一种短距离无线通信技术，它由爱立信公司于1994年创制，原本想替代连接电信设备的数据线，但是后来发现它也能用于移动设备之间的数据传输，所以蓝牙技术在手机上获得了长足发展。

蓝牙与前面介绍的NFC和红外都是无线技术标准，它们的实际应用场景各不相同，可谓各有千秋。NFC主要用于操作简单、即时响应的刷卡，红外主要用于需要按键控制、价格低廉的家电遥控，而蓝牙主要用于两部设备之间复杂且大量的数据传输。NFC、红外和蓝牙三者之间的详细技术参数对比参见表17-3。

表 17-3 NFC、红外和蓝牙的技术参数对比

对比项	有效距离	传输速度	连接建立时间	使用频率范围
NFC	≤0.1m	最大 53KB/s	<0.1s	13.56MHz
红外	数据传输≤1m 家电遥控≤10m	快速 500KB/s 慢速 15KB/s	0.5s	38kHz
蓝牙 2.0	≤10m	最大 375KB/s	6s	2400MHz
BLE（蓝牙 4.0 及以上版本）	≤100m	最大 3MB/s	2s	2400MHz

传统蓝牙虽然历史悠久，但是它的缺陷也很明显，包括但不限于下列几点：

（1）需要两部设备配对之后才能继续连接，而且连接速度也慢。

（2）连接之后就一直保持传输链路，很消耗电能。

（3）数据传输的有效距离不到10米，导致使用场景受限。

为解决传统蓝牙的上述痛点，蓝牙技术联盟制定了低功耗蓝牙技术，并于2012年纳入蓝牙4.0规范。低功耗蓝牙又称蓝牙低能耗（Bluetooth Low Energy，BLE），与之相对应的，蓝牙4.0之前的蓝牙技术被称作经典蓝牙，也称传统蓝牙。因为BLE采取非常快速的连接方式，所以平时处于“非连接”状态，此时链路两端仅是知晓对方，只有在必要时才开启链路，完成传输后会尽快关闭链路。BLE技术与之前版本的蓝牙标准相比，主要有三个方面的改进：更省电、连接速度更快、传输距离更远。

17.2.2 蓝牙设备配对

因为手机内部一般同时集成了2G/3G/4G/5G、WiFi和蓝牙，所以蓝牙功能已经是智能手机的标配。若想进行蓝牙方面的开发，则需在App工程的AndroidManifest.xml中补充下面的权限配置：

```
<!-- 蓝牙（Android 12之前） -->
<uses-permission android:name="android.permission.BLUETOOTH_ADMIN" />
<uses-permission android:name="android.permission.BLUETOOTH" />
```

```
<!-- 如果Android 6.0 蓝牙搜索不到设备，需要补充下面两个权限 -->
<uses-permission android:name="android.permission.ACCESS_FINE_LOCATION" />
<uses-permission android:name="android.permission.ACCESS_COARSE_LOCATION" />
```

不过以上的蓝牙权限配置仅适用于Android 11及更早版本，从Android 12开始，BLUETOOTH_ADMIN和BLUETOOTH这两个权限已经被舍弃，取而代之的是三个新权限BLUETOOTH_CONNECT，BLUETOOTH_SCAN，BLUETOOTH_ADVERTISE，分别对应蓝牙连接、蓝牙扫描、蓝牙广播三种权限。新的权限配置示例如下：

```
<!-- 蓝牙（Android 12之后） -->
<uses-permission android:name="android.permission.BLUETOOTH_CONNECT" />
<uses-permission android:name="android.permission.BLUETOOTH_SCAN" />
<uses-permission android:name="android.permission.BLUETOOTH_ADVERTISE" />
<!-- 如果Android 6.0 蓝牙搜索不到设备，需要补充下面两个权限 -->
<uses-permission android:name="android.permission.ACCESS_FINE_LOCATION" />
<uses-permission android:name="android.permission.ACCESS_COARSE_LOCATION" />
```

Android的蓝牙模块管理工具名叫BluetoothAdapter，虽然通常把BluetoothAdapter翻译为蓝牙适配器，其实它干的是管理器的活。下面是BluetoothAdapter类常用的方法：

- getDefaultAdapter：获取默认的蓝牙适配器。该方法为静态方法。
- getState：获取蓝牙的开关状态。STATE_ON表示已开启，STATE_TURNING_ON表示正在开启，STATE_OFF表示已关闭，STATE_TURNING_OFF表示正在关闭。
- enable：打开蓝牙功能。因为该方法在打开蓝牙时不会弹出提示，所以一般不这么调用。更常见的做法是弹出对话框，提示用户是否允许外部发现本设备。因为只有让外部设备发现本设备才能够进行后续的配对与连接操作。
- disable：禁用蓝牙功能。
- isEnabled：判断蓝牙功能是否启用，返回true表示已启用，返回false表示未启用。
- getBondedDevices：获取已配对的设备集合。该方法返回的是已绑定设备的历史记录，而非当前能够连接的设备。
- getRemoteDevice：根据设备地址获取远程的设备对象。
- startDiscovery：开始搜索周围的蓝牙设备。
- cancelDiscovery：取消搜索周围的蓝牙设备。
- isDiscovering：判断是否正在搜索周围的蓝牙设备。

接下来通过一个检测蓝牙设备并配对的例子介绍如何在App开发中运用蓝牙技术。不要小看这个例子，简简单单的功能要分成4个步骤：初始化、启用蓝牙、搜索蓝牙设备、与指定设备配对，详细说明如下。

1. 初始化蓝牙适配器

对于传统的蓝牙连接来说，调用getDefaultAdapter方法获取默认的蓝牙适配器即可。初始化蓝牙适配器的示例代码如下：

```
private BluetoothAdapter mBluetooth;          // 声明一个蓝牙适配器对象
// 初始化蓝牙适配器
private void initBluetooth() {
    // 获取系统默认的蓝牙适配器
    mBluetooth = BluetoothAdapter.getDefaultAdapter();
}
```

2. 启用蓝牙功能

虽然BluetoothAdapter提供了enable方法以启用蓝牙功能，但是该方法并不允许外部发现本设备，所以等于没用。在实际开发中要弹窗提示用户是否允许其他设备检测到自身。另外，从Android 8.0开始，只有在已打开蓝牙功能时才会弹出提示窗。弹窗代码如下：

```
// Android 8.0要在已打开蓝牙功能时才会弹出下面的选择窗
if (BluetoothUtil.getBlueToothStatus()) {                // 已经打开蓝牙
    // 弹出是否允许扫描蓝牙设备的选择对话框
    Intent intent = new Intent(BluetoothAdapter.ACTION_REQUEST_DISCOVERABLE);
    startActivityForResult(intent, mOpenCode);
}
```

启用蓝牙功能的选择对话框如图17-9所示。

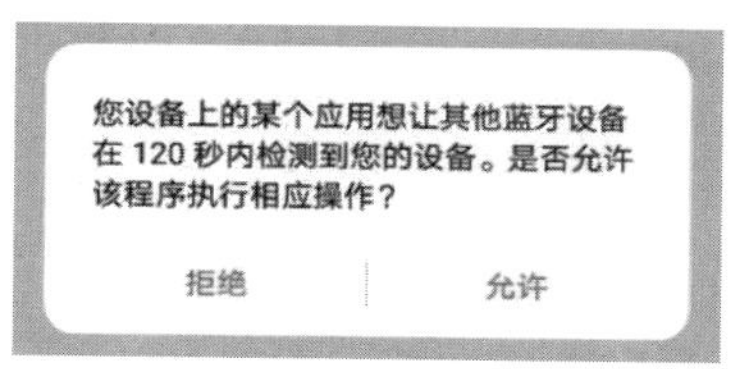

图 17-9　蓝牙权限的选择对话框

由于图17-9的提示弹窗上可选择“允许”或“拒绝”，因此在代码中要重写onActivityResult方法，在该方法中判断蓝牙功能的启用结果。下面是判断蓝牙是否启用的代码：

```
private int mOpenCode = 1;                     // 是否允许扫描蓝牙设备的选择对话框返回结果代码
@Override
protected void onActivityResult(int requestCode, int resultCode, Intent intent) {
    super.onActivityResult(requestCode, resultCode, intent);
    if (requestCode == mOpenCode) {             // 来自允许蓝牙扫描的对话框
        // 延迟50毫秒后启动蓝牙设备的刷新任务
        mHandler.postDelayed(mRefresh, 50);
        if (resultCode == RESULT_OK) {
            Toast.makeText(this, "允许本地蓝牙被附近的其他蓝牙设备发现",
                    Toast.LENGTH_SHORT).show();
        } else if (resultCode == RESULT_CANCELED) {
            Toast.makeText(this, "不允许蓝牙被附近的其他蓝牙设备发现",
                    Toast.LENGTH_SHORT).show();
        }
    }
}
```

3. 搜索周围的蓝牙设备

蓝牙功能打开之后才能调用startDiscovery方法搜索周围的蓝牙设备。不过搜索操作是一个异步的过程，startDiscovery方法并不直接返回搜索发现的设备结果，而是通过广播BluetoothDevice.ACTION_FOUND返回新发现的蓝牙设备。所以页面代码需要注册一个蓝牙搜索结果的广播接收器，在接收器中解析蓝牙设备信息，再把新设备添加到蓝牙设备列表。

下面是蓝牙搜索接收器的注册、注销以及内部逻辑处理的示例代码：

```
(完整代码见chapter17\src\main\java\com\example\chapter17\BluetoothPairActivity.java)
// 定义一个刷新任务，每隔两秒刷新扫描到的蓝牙设备
private Runnable mRefresh = new Runnable() {
    @Override
    public void run() {
```

```
            beginDiscovery();                       // 开始扫描周围的蓝牙设备
            // 延迟30秒后再次启动蓝牙设备的刷新任务
            mHandler.postDelayed(this, 30*1000);
        }
    };
    // 开始扫描周围的蓝牙设备
    private void beginDiscovery() {
        // 如果当前不是正在搜索，则开始新的搜索任务
        if (!mBluetooth.isDiscovering()) {
            initBlueDevice();                       // 初始化蓝牙设备列表
            tv_discovery.setText("正在搜索蓝牙设备");
            mBluetooth.startDiscovery();            // 开始扫描周围的蓝牙设备
        }
    }
    // 取消蓝牙设备的搜索
    private void cancelDiscovery() {
        mHandler.removeCallbacks(mRefresh);
        tv_discovery.setText("取消搜索蓝牙设备");
        // 当前正在搜索，则取消搜索任务
        if (mBluetooth.isDiscovering()) {
            mBluetooth.cancelDiscovery();           // 取消扫描周围的蓝牙设备
        }
    }

    @Override
    protected void onStart() {
        super.onStart();
        mHandler.postDelayed(mRefresh, 50);
        // 需要过滤多个动作，则调用IntentFilter对象的addAction添加新动作
        IntentFilter discoveryFilter = new IntentFilter();
        discoveryFilter.addAction(BluetoothDevice.ACTION_FOUND);
        discoveryFilter.addAction(BluetoothAdapter.ACTION_DISCOVERY_FINISHED);
        // 注册蓝牙设备搜索的广播接收器
        registerReceiver(discoveryReceiver, discoveryFilter);
    }

    @Override
    protected void onStop() {
        super.onStop();
        cancelDiscovery();                              // 取消蓝牙设备的搜索
        unregisterReceiver(discoveryReceiver);          // 注销蓝牙设备搜索的广播接收器
    }
    // 蓝牙设备的搜索结果通过广播返回
    private BroadcastReceiver discoveryReceiver = new BroadcastReceiver() {
        @Override
        public void onReceive(Context context, Intent intent) {
            String action = intent.getAction();
            // 获得已经搜索到的蓝牙设备
            if (action.equals(BluetoothDevice.ACTION_FOUND)) {  // 发现新的蓝牙设备
                BluetoothDevice device =
                    intent.getParcelableExtra(BluetoothDevice.EXTRA_DEVICE);
                // 将新发现的蓝牙设备加入设备列表
                refreshDevice(device, device.getBondState());
            }
        }
    };
```

搜索到的蓝牙设备可能会有多个，每发现一个新设备都会收到一次发现广播，这样设备列表是动态刷新的。搜索完成的蓝牙设备列表如图17-10和图17-11所示。其中，图17-10为A手机发现的蓝牙设备列表，图17-11为B手机发现的蓝牙设备列表。

chapter17
蓝牙开
正在搜索蓝牙设备
点击设备项开始配对，再点击取消配对
名称
地址
状态
小米手机
D8:63:75:DA:17:5C
未绑定

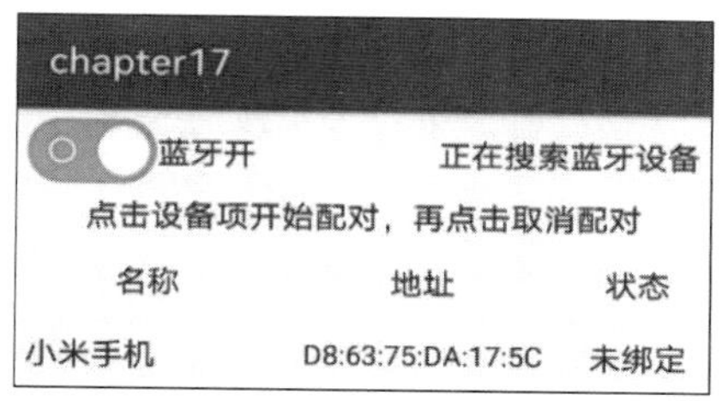

图 17-10　A 手机的蓝牙设备列表

chapter17
蓝牙开
正在搜索蓝牙设备
点击设备项开始配对，再点击取消配对
名称
地址
状态
荣耀手机
AC:E3:42:30:7B:86
未绑定

图 17-11　B 手机的蓝牙设备列表

4. 与指定的蓝牙设备配对

新发现的设备状态是"未绑定"，这意味着当前手机尚不能跟对方设备进行数据交互。只有新设备是"已绑定"状态，才能与当前手机进行数据传输。蓝牙设备的"未绑定"与"已绑定"区别在于这两台设备之间是否成功配对，而配对操作由BluetoothDevice类管理。下面是BluetoothDevice类的常用方法：

- getName：获取设备的名称。
- getAddress：获取设备的MAC地址。
- getBondState：获取设备的绑定状态。蓝牙设备绑定状态的取值说明见表17-4。

表 17-4　蓝牙设备绑定状态的取值说明

BluetoothDevice 类的绑定状态	说　明
BOND_NONE	未绑定（未配对）
BOND_BONDING	正在绑定（正在配对）
BOND_BONDED	已绑定（已配对）

- createBond：建立该设备的配对信息。该方法为隐藏方法，需要通过反射调用。
- removeBond：移除该设备的配对信息。该方法为隐藏方法，需要通过反射调用。

从上面的方法说明可以看出，搜索获得新设备后即可调用设备对象的createBond方法建立配对。配对成功与否的结果不是立即返回的，因为系统会弹出配对确认框供用户选择，如图17-12和图17-13所示。其中，图17-12是A手机上的配对弹窗，图17-13是B手机上的配对弹窗。

蓝牙配对请求
"小米手机"要与您配对。请确认此配对码已在"小米手机"上直接显示，且不是手动输入的。
014807
配对之后，向所配对设备授予通讯录和通话记录的访问权限
取消
配对

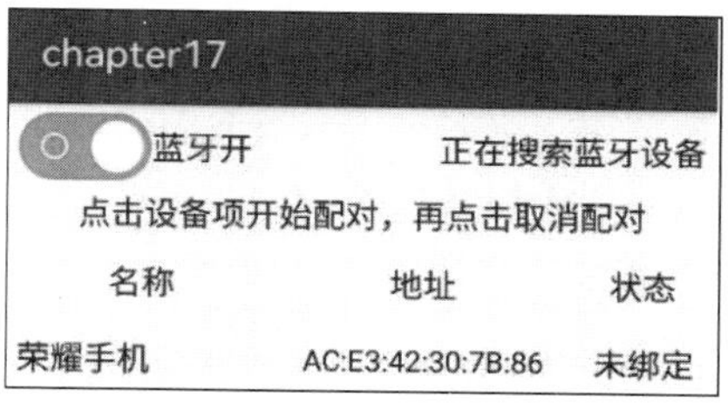

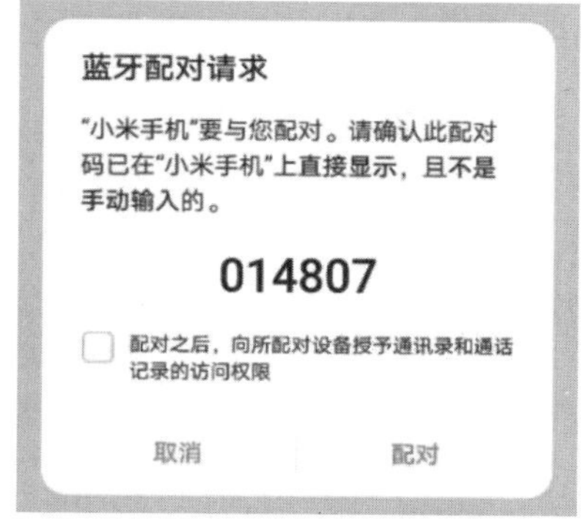

图 17-12　A 手机上的蓝牙配对弹窗

要与荣耀手机配对吗?
蓝牙配对码
014807
允许访问您的通讯录和通话记录
取消
配对

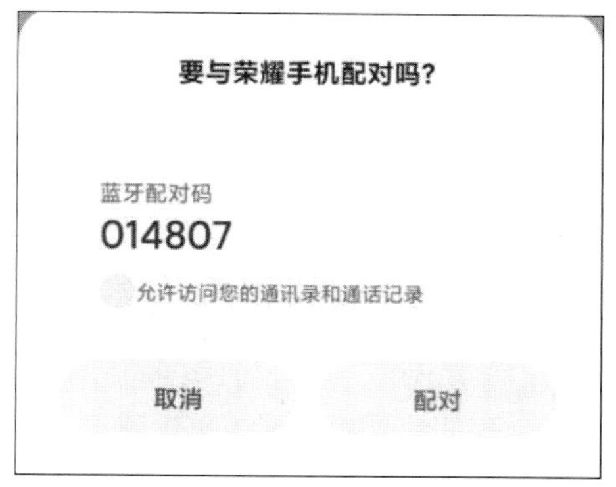

图 17-13　B 手机上的蓝牙配对弹窗

只有用户在两部手机都选择了"配对"按钮才算是双方正式搭配好了。由于配对请求需要在界面上手工确认，因此配对结果只能通过异步机制返回，此处的结果返回仍然采取广播形式，即系

统会发出广播BluetoothDevice.ACTION_BOND_STATE_CHANGED。故而前面第三步注册的广播接收器得增加过滤配对状态的变更动作，接收器内部也要补充更新蓝牙设备的配对状态。修改后的广播接收器相关代码片段如下：

```
@Override
protected void onStart() {
    super.onStart();
    // 需要过滤多个动作，则调用IntentFilter对象的addAction添加新动作
    IntentFilter discoveryFilter = new IntentFilter();
    discoveryFilter.addAction(BluetoothDevice.ACTION_FOUND);
    discoveryFilter.addAction(BluetoothDevice.ACTION_BOND_STATE_CHANGED);
    // 注册蓝牙设备搜索的广播接收器
    registerReceiver(discoveryReceiver, discoveryFilter);
}

// 蓝牙设备的搜索结果通过广播返回
private BroadcastReceiver discoveryReceiver = new BroadcastReceiver() {
    @Override
    public void onReceive(Context context, Intent intent) {
        String action = intent.getAction();
        // 获得已经搜索到的蓝牙设备
        if (action.equals(BluetoothDevice.ACTION_FOUND)) {  // 发现新的蓝牙设备
            BluetoothDevice device =
                intent.getParcelableExtra(BluetoothDevice.EXTRA_DEVICE);
            // 将发现的蓝牙设备加入设备列表
            refreshDevice(device, device.getBondState());
        } else if (action.equals(BluetoothDevice.ACTION_BOND_STATE_CHANGED))
        {  // 状态变更
            BluetoothDevice device =
                intent.getParcelableExtra(BluetoothDevice.EXTRA_DEVICE);
            if (device.getBondState() == BluetoothDevice.BOND_BONDING) {
                tv_discovery.setText("正在配对" + device.getName());
            } else if (device.getBondState() == BluetoothDevice.BOND_BONDED)
            {
                tv_discovery.setText("完成配对" + device.getName());
                mHandler.postDelayed(mRefresh, 50);
            } else if (device.getBondState() == BluetoothDevice.BOND_NONE) {
                tv_discovery.setText("取消配对" + device.getName());
                refreshDevice(device, device.getBondState());  // 刷新设备列表
            }
        }
    }
};
```

两部手机配对完毕，分别刷新自己的设备列表页面，将对方设备的配对状态改为“已绑定”，然后就可以完成对话。更新状态后的设备列表如图17-14和图17-15所示。其中，图17-14为A手机的设备列表，图17-15为B手机的设备列表。

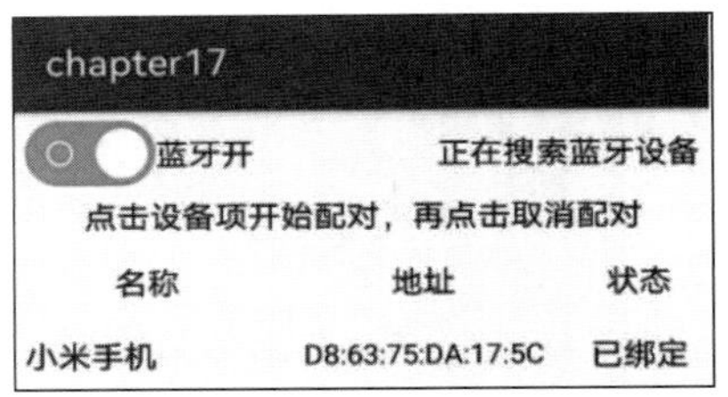

图 17-14　A 手机的设备列表

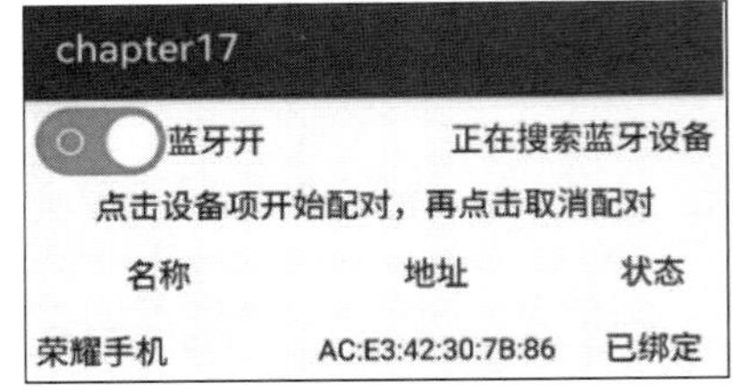

图 17-15　B 手机的设备列表

17.2.3　点对点蓝牙通信

无论WiFi还是4G/5G网络，建立网络连接后都会访问互联网资源，并不能直接访问局域网资源。比如两个人在一起，甲要把手机上的视频传给乙，通常情况是打开微信，通过微信传文件给对方。不过上传视频很耗流量，如果现场没有可用的WiFi，手机的数据流量又不足，就只能干瞪眼了。为解决这种邻近传输文件的问题，蓝牙技术应运而生。它是一种无线技术标准，可实现设备之间的短距离数据交换。

Android为蓝牙技术提供了4个工具类，分别是蓝牙适配器BuletoothAdapter、蓝牙设备BluetoothDevice、蓝牙服务端套接字BluetoothServerSocket和蓝牙客户端套接字BluetoothSocket。

（1）蓝牙适配器 BuletoothAdapter

BuletoothAdapter的常用方法在17.2.1节已经介绍了一部分。下面补充剩余的几个常见方法：

- setName：设置本机的蓝牙名称。
- getName：获取本机的蓝牙名称。
- getAddress：获取本机的蓝牙地址。
- getState：获取本地蓝牙适配器的状态。值为BluetoothAdapter.STATE_ON时表示蓝牙可用。
- listenUsingRfcommWithServiceRecord：根据名称和UUID（Universally Unique Identifier，通用唯一标识符）创建并返回BluetoothServerSocket。
- listenUsingRfcommOn：根据信道编号创建并返回BluetoothServerSocket。

（2）蓝牙设备 BluetoothDevice

BluetoothDevice用于指代某个蓝牙设备，通常表示对方设备，相对应地，BuletoothAdapter用于管理本机的蓝牙设备。下面是BluetoothDevice的常用方法说明：

- getName：获得该设备的名称。
- getAddress：获得该设备的地址。
- getBondState：获得该设备的绑定状态。
- createBond：创建配对请求。配对结果通过广播返回。
- createRfcommSocketToServiceRecord：根据UUID创建并返回一个BluetoothSocket。
- createRfcommSocket：根据信道编号创建并返回一个BluetoothSocket。

（3）蓝牙服务端套接字 BluetoothServerSocket

BluetoothServerSocket是蓝牙服务端的Socket，用来接收蓝牙客户端的Socket连接请求。下面是它的常用方法：

- accept：监听外部的蓝牙连接请求。一旦有请求接入，就返回一个BluetoothSocket对象。
- close：关闭服务端的蓝牙监听。

（4）蓝牙客户端套接字 BluetoothSocket

BluetoothSocket是蓝牙客户端的Socket，用于与对方设备进行数据通信。下面是它的常用方法：

- connect：建立蓝牙的Socket连接。
- close：关闭蓝牙的Socket连接。
- getInptuStream：获取Socket连接的输入流对象。

- getOutputStream：获取Socket连接的输出流对象。
- getRemoteDevice：获取远程设备信息，即与本设备建立Socket连接的远程蓝牙设备。

接下来演示使用蓝牙建立连接、发送消息的完整流程，有了直观印象才能进一步理解蓝牙开发的具体过程。完整流程主要分为以下4个步骤：

01 开启蓝牙功能。

准备两部手机，各自安装蓝牙演示App。首先打开演示App的蓝牙页面，一开始两部手机的蓝牙功能均为关闭状态，然后分别点击两部手机左上角的开关按钮，准备开启手机的蓝牙功能。两部手机都会弹出一个蓝牙权限的选择对话框，如图17-16所示，提醒用户是否允许其他蓝牙设备检测到本手机。

点击“允许”按钮确认开启蓝牙功能。稍等一会儿，两部手机分别检测到了对方设备，并在界面上显示对方设备名称，且状态为“未绑定”。此时A手机的检测界面如图17-17所示，B手机的检测界面如图17-18所示。

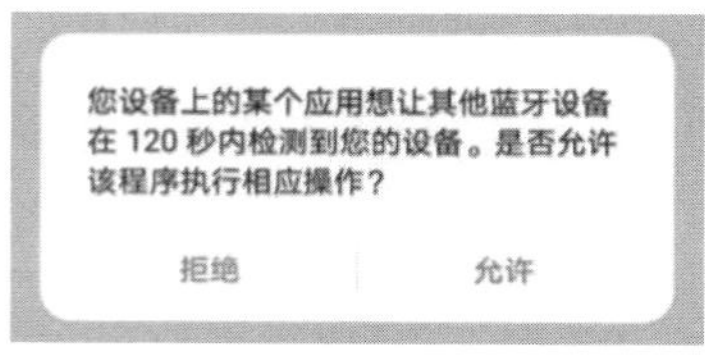

图 17-16 蓝牙权限的选择对话框

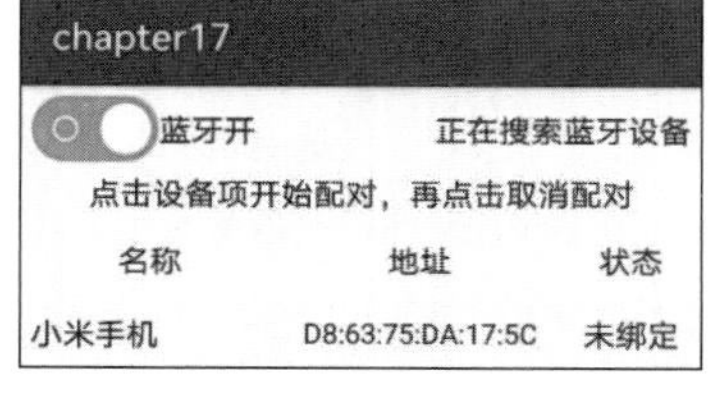

图 17-17 A 手机发现对方

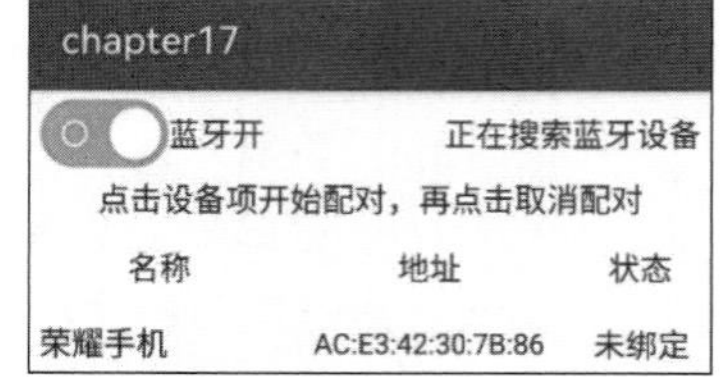

图 17-18 B 手机发现对方

02 确认配对并完成绑定。

在任意一部手机上点击对方的设备名称，表示发起配对请求。此时两部手机都会弹出一个确认对话框，提示用户是否将本机与对方设备进行配对。此时，A手机的配对弹窗如图17-19所示，B手机的配对弹窗如图17-20所示。

图 17-19 A 手机的配对弹窗

图 17-20 B 手机的配对弹窗

在两部手机上分别点击“配对”按钮，确认与对方配对。配对完成后，检测界面将设备状态改为“已绑定”。此时，A手机的检测界面如图17-21所示，B手机的检测界面如图17-22所示。

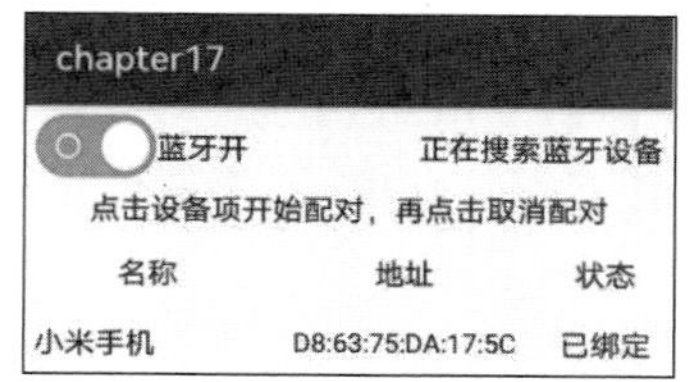

图 17-21 A 手机完成配对

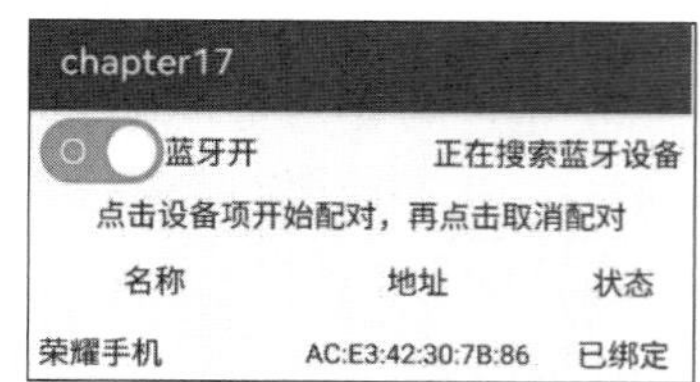

图 17-22 B 手机完成配对

03 建立蓝牙连接。

在任意一部手机上点击已绑定的设备记录，表示发起连接请求。具体而言，首先是客户端的BluetoothSocket调用connect方法，然后服务端BluetoothServerSocket的accept方法接收连接请求，于是双方成功建立连接。有的手机可能会弹窗提示“应用***想与***设备进行通信”，点击弹窗的“确定”按钮即可放行。建立蓝牙连接后，设备记录右边的状态值改为“已连接”。此时，A手机的检测界面如图17-23所示，B手机的检测界面如图17-24所示。

图 17-23　A 手机与对方建立连接

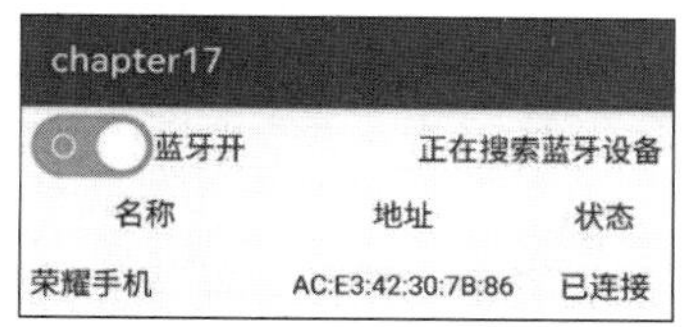

图 17-24　B 手机与对方建立连接

04 通过蓝牙发送消息。

在A手机上点击已连接的设备记录，表示想要发送消息。于是A手机弹出文字输入对话框，提示用户输入待发送的消息文本，文字输入框如图17-25所示。点击“确定”按钮发送消息，然后B手机接收到A手机发来的消息，就把该消息文本通过弹窗显示出来，B手机的消息弹窗如图17-26所示。

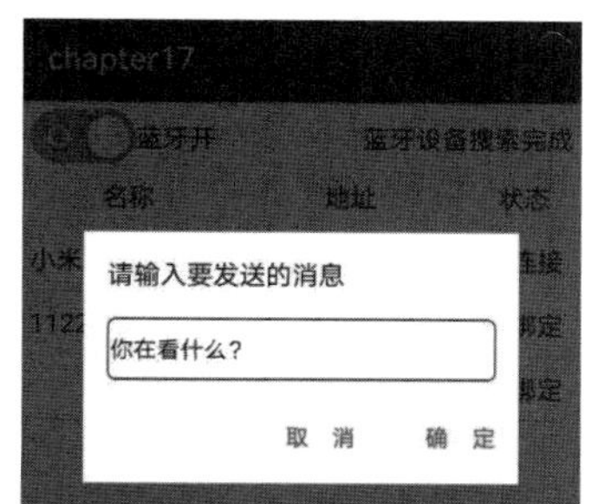

图 17-25　A 手机准备向对方发送消息

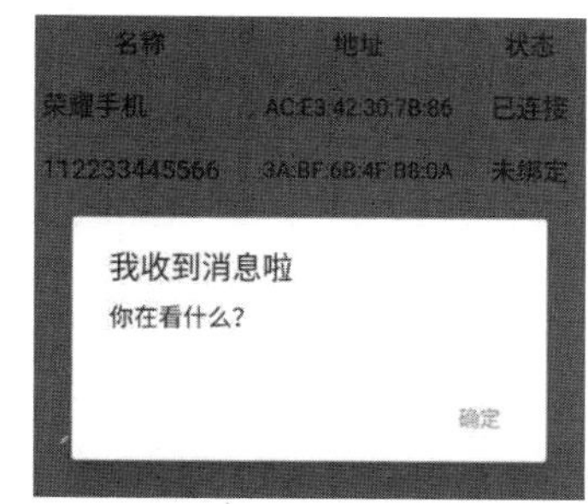

图 17-26　B 手机收到对方发来的消息

至此，一个完整的蓝牙应用过程全部呈现出来。上面的流程仅实现了简单的字符串传输，真实场景更需要文件传输。当然，使用输入输出流操作文件也不是什么难事。

在两部手机之间通过蓝牙分享数据也要先进行搜索与配对操作（见17.2.2节），然后才能开展后续的设备连接和数据传输，本小节直接进入双方设备连接和数据传输的环节。

正如网络通信中的Socket通信，蓝牙Socket同样存在服务端与客户端的概念，服务端负责监听指定端口，客户端只管往该端口发送数据。因此，作为服务端的手机要先开启蓝牙监听线程，守株待兔。下面是服务端的蓝牙手机处理监听事务的示例代码：

```
（完整代码见chapter17\src\main\java\com\example\chapter17\task\BlueAcceptTask.java）
public class BlueAcceptTask extends Thread {
    private static final String NAME_SECURE = "BluetoothChatSecure";
    private static final String NAME_INSECURE = "BluetoothChatInsecure";
    private static BluetoothServerSocket mServerSocket;   // 蓝牙服务端套接字
    private Activity mAct;                                // 声明一个活动实例
    private BlueAcceptListener mListener;                 // 声明一个蓝牙监听的监听器对象

    public BlueAcceptTask(Activity act, boolean secure, BlueAcceptListener listener) {
        mAct = act;
        mListener = listener;
```

```
        BluetoothAdapter adapter = BluetoothAdapter.getDefaultAdapter();
        // 下面提供三种监听方法，使得在不同情况下都能获得服务端的Socket对象
        try {
            if (mServerSocket != null) {
                mServerSocket.close();
            }
            if (secure) {                          // 安全连接
                mServerSocket = adapter.listenUsingRfcommWithServiceRecord(
                        NAME_SECURE, BluetoothConnector.uuid);
            } else {                               // 不安全连接
                mServerSocket =
                    adapter.listenUsingInsecureRfcommWithServiceRecord(
                        NAME_INSECURE, BluetoothConnector.uuid);
            }
        } catch (Exception e) {                    // 遇到异常则尝试第三种监听方式
            e.printStackTrace();
            mServerSocket = BluetoothUtil.listenServer(adapter);
        }
    }

    @Override
    public void run() {
        while (true) {
            try {
                // 若accept方法有返回，则表示某台设备过来打招呼了
                BluetoothSocket socket = mServerSocket.accept();
                if (socket != null) {              // 若socket非空，则表示“名花有主”了
                    mAct.runOnUiThread(() -> mListener.onBlueAccept(socket));
                    break;
                }
            } catch (Exception e) {
                e.printStackTrace();
                try {
                    Thread.sleep(1000);
                } catch (InterruptedException ex) {
                    ex.printStackTrace();
                }
            }
        }
    }

    // 定义一个蓝牙监听的监听器接口，在获得响应之后回调onBlueAccept方法
    public interface BlueAcceptListener {
        void onBlueAccept(BluetoothSocket socket);
    }
}
```

上面的服务端已经准备就绪，此刻轮到客户端磨刀霍霍了。首先客户端要与服务端建立连接并打通信道，核心是调用对方设备对象的createRfcommSocket相关方法，从而获得该设备的蓝牙Socket实例。建立蓝牙连接的示例代码如下：

```
(完整代码见chapter17\src\main\java\com\example\chapter17\task\BlueConnectTask.java)
public class BlueConnectTask extends Thread {
    private Activity mAct;                          // 声明一个活动实例
    private BlueConnectListener mListener;          // 声明一个蓝牙连接的监听器对象
    private BluetoothDevice mDevice;                // 声明一个蓝牙设备对象

    public BlueConnectTask(Activity act, BluetoothDevice device, BlueConnectListener 
listener) {
        mAct = act;
        mListener = listener;
        mDevice = device;
```

```
    }
    @Override
    public void run() {
        // 创建一个对方设备的蓝牙连接器，第一个参数为对方的蓝牙设备对象
        BluetoothConnector connector = new BluetoothConnector(mDevice, true,
                BluetoothAdapter.getDefaultAdapter(), null);
        // 蓝牙连接需要完整的权限，有些机型弹窗提示"***想进行通信"，这就不行，日志会报错：read failed,
socket might closed or timeout, read ret: -1
        try {
            // 开始连接，并返回对方设备的蓝牙套接字对象BluetoothSocket
            BluetoothSocket socket =
                    connector.connect().getUnderlyingSocket();
            mAct.runOnUiThread(() -> mListener.onBlueConnect(socket));
        } catch (Exception e) {
            e.printStackTrace();
        }
    }

    // 定义一个蓝牙连接的监听器接口，用于在成功连接之后调用onBlueConnect方法
    public interface BlueConnectListener {
        void onBlueConnect(BluetoothSocket socket);
    }
}
```

双方建立连接之后，客户端拿到了蓝牙Socket实例，于是调用getOutputStream方法获得输出流对象，然后即可进行数据交互。客户端发送信息的代码如下：

```
(完整代码见chapter17\src\main\java\com\example\chapter17\util\BluetoothUtil.java)
// 向对方设备发送信息
public static void writeOutputStream(BluetoothSocket socket, String message)
{
    try {
        OutputStream os = socket.getOutputStream();   // 获得输出流对象
        os.write(message.getBytes());                 // 往输出流写入字节形式的数据
    } catch (Exception e) {
        e.printStackTrace();
    }
}
```

服务端当然也没闲着，早在双方建立连接之时便开启了消息接收线程，随时准备倾听客户端的呼声。该线程内部调用蓝牙Socket实例的getInputStream方法获得输入流对象，接着从输入流读取数据并送给主线程处理。详细的接收线程处理代码如下：

```
(完整代码见chapter17\src\main\java\com\example\chapter17\task\BlueReceiveTask.java)
// 服务端开启的数据接收线程
public class BlueReceiveTask extends Thread {
    private Activity mAct;                        // 声明一个活动实例
    private BlueReceiveListener mListener;        // 声明一个蓝牙接收的监听器对象
    private BluetoothSocket mSocket;              // 声明一个蓝牙套接字对象

    public BlueReceiveTask(Activity act, BluetoothSocket socket, BlueReceiveListener
listener) {
        mAct = act;
        mListener = listener;
        mSocket = socket;
    }

    @Override
    public void run() {
        byte[] buffer = new byte[1024];
        int bytes;
```

```
        while (true) {
            try {
                // 从蓝牙Socket获得输入流，并从中读取输入数据
                bytes = mSocket.getInputStream().read(buffer);
                // 把字节数据转换为字符串
                String message = new String(buffer, 0, bytes);
                // 将读到的数据通过处理程序送回给UI主线程处理
                mAct.runOnUiThread(() -> mListener.onBlueReceive(message));
            } catch (Exception e) {
                e.printStackTrace();
                break;
            }
        }
    }

    // 定义一个蓝牙接收的监听器接口，在获得响应之后回调onBlueAccept方法
    public interface BlueReceiveListener {
        void onBlueReceive(String message);
    }
}
```

此时回到蓝牙主页面，得到消息接收线程传来的数据，把字节形式的数据转换为原始字符串，这样便可在另一部手机上看到发出来的消息。下面是主线程收到消息后的操作代码：

```
(完整代码见chapter17\src\main\java\com\example\chapter17\BluetoothTransActivity.java)
// 启动蓝牙消息的接收任务
private void startReceiveTask(BluetoothSocket socket) {
    tv_discovery.setText("连接成功");
    mBlueSocket = socket;
    refreshDevice(mBlueSocket.getRemoteDevice(), BlueListAdapter.CONNECTED);
    // 创建一个蓝牙消息的接收线程
    BlueReceiveTask receiveTask =
            new BlueReceiveTask(this, mBlueSocket, message -> {
        if (!TextUtils.isEmpty(message)) {
            // 弹出收到消息的提醒对话框
            AlertDialog.Builder builder = new AlertDialog.Builder(this);
            builder.setTitle("我收到消息啦").setMessage(message);
            builder.setPositiveButton("确定", null);
            builder.create().show();
        }
    });
    receiveTask.start();
}
```

17.3 低功耗蓝牙

本节介绍低功耗蓝牙技术在App开发中的详细用法，内容包括：GATT规范以及如何扫描周边的BLE设备；如何让手机发送BLE广播，使之变为BLE服务端被人发现；GATT服务端与客户端的通信流程，以及如何通过主从设备实现简单的聊天应用。

17.3.1 扫描 BLE 设备

低功耗蓝牙不同于传统蓝牙，它规定所有BLE设备遵循统一的通用属性规范（Generic Attribute Profile，GATT），基于该规范制定了BLE通信的基本守则。为了理清BLE设备之间的交互过程，有必要解释一下相关术语：

- BLE从机，又称服务端，它接受GATT指令，并根据指令调整自身行为，例如蓝牙灯泡、蓝牙锁、蓝牙小车等。
- BLE主机，又称客户端，它向服务端发送GATT指令，令其遵照指令行事，例如操控蓝牙小车的手机等。
- 特征值（characteristic），BLE通过参数来传输数据，服务端定好一个参数，然后客户端对该参数进行读、写、通知等操作，这种参数被称作特征值。
- 服务（service），一个特征值往往不够用，比如这个特征值专用于灯光亮度，那个特征值专用于灯光颜色，存在多个特征值的话可能还会对它们进行分类，分好的种类配一个UUID（Universally Unique Identifier，通用唯一识别码）就被称作服务。一个设备可拥有多个服务，每个服务也可包含多个特征值，每个特征值又存在多种属性（properties），例如长度（size）、权限（permission）、值（value）、描述符（descriptor）等。

把上述术语关联起来，形成GATT规范的内容框架，如图17-27所示。

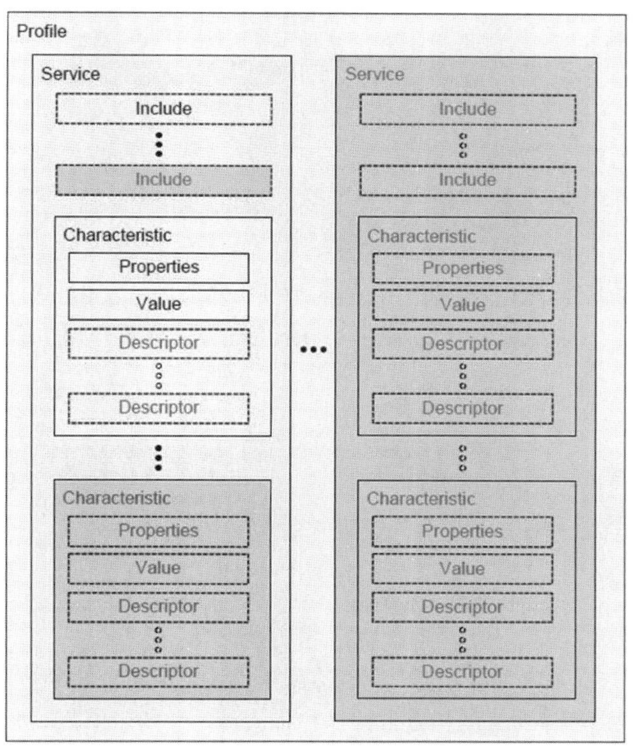

图 17-27　GATT 规范的内容框架

了解了BLE技术的基本概念，再来动手尝试App的BLE编程。由于BLE集成于蓝牙4.0，因此AndroidManifest.xml同样要声明蓝牙的相关权限，此外还要通过uses-feature声明仅在支持BLE的设备上运行，权限声明的配置如下：

```
<!-- 蓝牙 -->
<uses-permission android:name="android.permission.BLUETOOTH_ADMIN" />
<uses-permission android:name="android.permission.BLUETOOTH" />
<uses-permission android:name="android.permission.BLUETOOTH_PRIVILEGED"
   tools:ignore="ProtectedPermissions" />
```

```
<!-- 仅在支持BLE（蓝牙4.0）的设备上运行 -->
<uses-feature
    android:name="android.hardware.bluetooth_le"
    android:required="true" />
<!-- 如果Android 6.0 蓝牙搜索不到设备，就需要补充下面两个权限 -->
<uses-permission android:name="android.permission.ACCESS_FINE_LOCATION" />
<uses-permission android:name="android.permission.ACCESS_COARSE_LOCATION" />
```

现在绝大多数智能手机都支持BLE，这些手机既能充当BLE从机（服务端），又可以充当BLE主机（客户端）。把手机当作客户端使用的话，就得主动扫描周围有哪些服务端设备。当然，在扫描开始前要先初始化蓝牙适配器，初始化代码示例如下：

```
(完整代码见chapter17\src\main\java\com\example\chapter17\BleScanActivity.java)
private BluetoothAdapter mBluetoothAdapter;      // 声明一个蓝牙适配器对象
private BluetoothDevice mRemoteDevice;           // 声明一个蓝牙设备对象
private BluetoothGatt mBluetoothGatt;            // 声明一个蓝牙GATT客户端对象
// 初始化蓝牙适配器
private void initBluetooth() {
    if (!getPackageManager().hasSystemFeature(
            PackageManager.FEATURE_BLUETOOTH_LE)) {
        Toast.makeText(this, "当前设备不支持低功耗蓝牙", Toast.LENGTH_SHORT).show();
        finish();                                 // 关闭当前页面
    }
    // 获取蓝牙管理器，并从中得到蓝牙适配器
    BluetoothManager bm = (BluetoothManager)
            getSystemService(Context.BLUETOOTH_SERVICE);
    mBluetoothAdapter = bm.getAdapter();      // 获取蓝牙适配器
}
```

接着调用蓝牙适配器的getBluetoothLeScanner方法，获得BluetoothLeScanner扫描器对象。这个扫描器主要有startScan和stopScan两个方法，其中startScan方法表示开始扫描BLE设备，调用它的示例代码如下：

```
// 获取BLE设备扫描器
BluetoothLeScanner scanner = mBluetoothAdapter.getBluetoothLeScanner();
scanner.startScan(mScanCallback);        // 开始扫描BLE设备
```

stopScan方法表示停止扫描BLE设备，调用它的示例代码如下：

```
// 获取BLE设备扫描器
BluetoothLeScanner scanner = mBluetoothAdapter.getBluetoothLeScanner();
scanner.stopScan(mScanCallback);         // 停止扫描BLE设备
```

无论startScan方法还是stopScan方法，它们都需要传入回调对象的参数，如同监听器那样，一旦收到扫描结果，就触发回调对象的指定方法。扫描回调对象的示例代码如下：

```
(完整代码见chapter17\src\main\java\com\example\chapter17\BleScanActivity.java)
// 创建一个扫描回调对象
private ScanCallback mScanCallback = new ScanCallback() {
    @Override
    public void onScanResult(int callbackType, ScanResult result) {
        super.onScanResult(callbackType, result);
        }
        // 这里把找到的蓝牙设备result.getDevice()添加到设备映射表和设备列表中
    }

    @Override
    public void onBatchScanResults(List<ScanResult> results) {
        super.onBatchScanResults(results);
```

```
        }
        @Override
        public void onScanFailed(int errorCode) {
            super.onScanFailed(errorCode);
        }
    };
```

以上的扫描回调代码表明，收到扫描结果会触发onScanResult方法，其参数为ScanResult类型，调用它的getDevice方法即可获得BLE服务端的设备对象。也可调用蓝牙适配器的getRemoteDevice方法，根据对方的MAC地址得到它的设备对象。之后再调用设备对象的connectGatt方法，连接GATT服务器并获得客户端的GATT对象，示例代码如下：

```
// 根据设备地址获得远端的蓝牙设备对象
mRemoteDevice = mBluetoothAdapter.getRemoteDevice(item.address);
// 连接GATT服务器
mBluetoothGatt = mRemoteDevice.connectGatt(this, false, mGattCallback);
```

注意，connectGatt方法的第三个参数为BluetoothGattCallback类型，表示这里要传入事先定义的GATT回调对象。定义一个GATT回调对象的示例代码如下：

```
// 创建一个GATT客户端回调对象
private BluetoothGattCallback mGattCallback = new BluetoothGattCallback() {
    // 在BLE连接的状态发生变化时回调
    @Override
    public void onConnectionStateChange(BluetoothGatt gatt, int status, int newState) {
        super.onConnectionStateChange(gatt, status, newState);
        if (newState == BluetoothProfile.STATE_CONNECTED) {          // 连接成功
            gatt.discoverServices();                                 // 开始查找BLE服务
            // 这里补充连接成功的逻辑代码，比如把找到的设备显示在界面上
        } else if (newState == BluetoothProfile.STATE_DISCONNECTED) {   // 断开
            mBluetoothGatt.close();                                  // 关闭GATT客户端
        }
    }

    // 在发现BLE服务端的服务列表及其特征值时回调
    @Override
    public void onServicesDiscovered(final BluetoothGatt gatt, int status) {
        super.onServicesDiscovered(gatt, status);
        if (status == BluetoothGatt.GATT_SUCCESS) {
            List<BluetoothGattService> gattServiceList =
                      mBluetoothGatt.getServices();
            for (BluetoothGattService gattService : gattServiceList) {
                List<BluetoothGattCharacteristic> charaList =
                      gattService.getCharacteristics();
                for (BluetoothGattCharacteristic chara : charaList) {
                    int charaProp = chara.getProperties();          // 获取该特征的属性
                    // 这里通过属性值判断当前是什么类型的特征
                }
            }
        }
    }

    // 在收到BLE服务端的数据变更时回调
    @Override
    public void onCharacteristicChanged(BluetoothGatt gatt, BluetoothGattCharacteristic
chara) {
        super.onCharacteristicChanged(gatt, chara);
        // 把服务端返回的数据转成字符串
        String message = new String(chara.getValue());
    }
```

```
        // 在收到BLE服务端的数据写入时回调
        @Override
        public void onCharacteristicWrite(BluetoothGatt gatt, BluetoothGattCharacteristic chara, int status) {
            super.onCharacteristicWrite(gatt, chara, status);
            if (status == BluetoothGatt.GATT_SUCCESS) {}
        }
    };
```

虽然BluetoothGattCallback接口定义了许多方法，但是简单应用只需下列4个方法：

- onConnectionStateChange：在BLE连接的状态发生变化时回调。如果连接成功，就调用GATT对象的discoverServices方法查找BLE服务；如果连接失败，就调用GATT对象的close方法关闭连接。
- onServicesDiscovered：在发现BLE服务端的服务列表及其特征值时回调。如果执行成功，就调用GATT对象的getServices方法，获取GATT规范的服务列表，并遍历每个服务的特征值，分析服务端都提供了哪些服务与客户端交互。注意，必须事先在onConnectionStateChange中调用GATT对象的discoverServices方法，接着才会触发这里的onServicesDiscovered方法。特征值类型的取值说明见表17-5。

表 17-5 特征值类型的取值说明

BluetoothGattCharacteristic 类的特征值	说　明
PROPERTY_READ	可读
PROPERTY_WRITE	可写，且需要应答。这个写操作是双向的，相当于等待反馈的写请求
PROPERTY_WRITE_NO_RESPONSE	可写，且无须应答。这个写操作是单向的，相当于写命令
PROPERTY_NOTIFY	支持通知
PROPERTY_INDICATE	支持指示

- onCharacteristicChanged：在收到BLE服务端的数据变更时回调。该方法会收到服务端送来的消息。
- onCharacteristicWrite：在收到BLE服务端的数据写入时回调。如果执行成功，就表示服务端已经收到客户端发给它的消息。

若想在界面上显示扫描发现的设备，则可重写onConnectionStateChange方法，在连接成功的过程中将新设备添加至列表。补充界面列表的刷新代码之后，先打开手机的蓝牙功能，再运行测试该App，可观察到扫描周围的BLE设备得到的结果，如图17-28所示。

真是不看不知道，一看不得了，原来智能手表、运动手环、共享单车、电动牙刷、体重仪、打印机、监控摄像头等都采用了BLE功能。

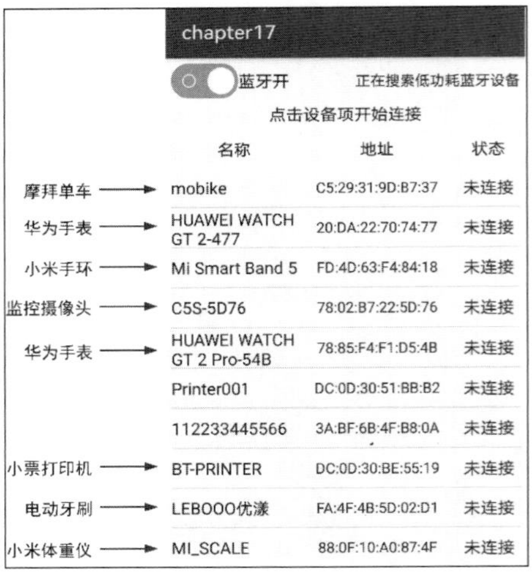

图 17-28 某商场的 BLE 扫描结果

17.3.2 发送 BLE 广播

上一小节讲到手机可以扫描发现周围的BLE设备，其实手机自身也能变成BLE设备让别人发现。不过仅仅开启蓝牙功能尚不足以使其变身，还得让手机向外发送BLE广播。在发送BLE广播之前要初始化蓝牙适配器，示例代码如下：

```
private BluetoothManager mBluetoothManager;        // 声明一个蓝牙管理器对象
private BluetoothAdapter mBluetoothAdapter;        // 声明一个蓝牙适配器对象
private BluetoothGattServer mGattServer;           // 声明一个蓝牙GATT服务器对象

// 初始化蓝牙适配器
private void initBluetooth() {
    if (!getPackageManager().hasSystemFeature(PackageManager.FEATURE_BLUETOOTH_LE)) {
        Toast.makeText(this, "当前设备不支持低功耗蓝牙", Toast.LENGTH_SHORT).show();
        finish();                                          // 关闭当前页面
    }
    // 获取蓝牙管理器，并从中得到蓝牙适配器
    mBluetoothManager =(BluetoothManager)
                        getSystemService(Context.BLUETOOTH_SERVICE);
    mBluetoothAdapter = mBluetoothManager.getAdapter();    // 获取蓝牙适配器
}
```

接着调用蓝牙适配器的getBluetoothLeAdvertiser方法，获得BluetoothLeAdvertiser广播器对象。这个广播器主要有startAdvertising和stopAdvertising两个方法。其中，startAdvertising方法表示开始发送BLE广播，调用它的示例代码如下：

```
(完整代码见chapter17\src\main\java\com\example\chapter17\BleAdvertiseActivity.java)
// 开始低功耗蓝牙广播
private void startAdvertise(String ble_name) {
    // 设置广播参数
    AdvertiseSettings settings = new AdvertiseSettings.Builder()
            .setConnectable(true)                  // 是否允许连接
            .setTimeout(0)                         // 设置超时时间
            .setTxPowerLevel(AdvertiseSettings.ADVERTISE_TX_POWER_HIGH)
            .setAdvertiseMode(AdvertiseSettings.ADVERTISE_MODE_LOW_LATENCY)
            .build();
    // 设置广播内容
    AdvertiseData advertiseData = new AdvertiseData.Builder()
            .setIncludeDeviceName(true)            // 是否把设备名称广播出去
            .setIncludeTxPowerLevel(true)          // 是否把功率电平广播出去
            .build();
    mBluetoothAdapter.setName(ble_name);           // 设置BLE服务端的名称
    // 获取BLE广播器
    BluetoothLeAdvertiser advertiser = mBluetoothAdapter.getBluetoothLeAdvertiser();
    // BLE服务端开始广播，好让别人发现自己
    advertiser.startAdvertising(settings, advertiseData,  mAdvertiseCallback);
}
```

stopAdvertising方法表示停止发送BLE广播，调用它的示例代码如下：

```
// 获取BLE广播器
BluetoothLeAdvertiser advertiser = mBluetoothAdapter.getBluetoothLeAdvertiser();
if (advertiser != null) {
    advertiser.stopAdvertising(mAdvertiseCallback);  // 停止低功耗蓝牙广播
}
```

无论是startAdvertising方法还是stopAdvertising方法，它们都需要传入回调对象的参数，如同监听器一样，一旦成功发送广播，就触发回调对象的指定方法。定义一个广播回调对象的示例代码如下：

```
// 创建一个低功耗蓝牙广播回调对象
private AdvertiseCallback mAdvertiseCallback = new AdvertiseCallback() {
    @Override
    public void onStartSuccess(AdvertiseSettings settings) {
        addService();  // 添加读写服务UUID、特征值等
        String desc = String.format("BLE服务端“%s”正在对外广播",
                    et_name.getText().toString());
        tv_hint.setText(desc);
    }

    @Override
    public void onStartFailure(int errorCode) {
        tv_hint.setText("低功耗蓝牙广播失败，错误代码为"+errorCode);
    }
};
```

以上的广播回调代码表明，成功发送广播会触发onStartSuccess方法，在该方法中要给BLE服务端添加服务及其特征值，并开启GATT服务器等待客户端连接。添加服务的示例代码如下：

```
// 添加读写服务UUID、特征值等
private void addService() {
    BluetoothGattService gattService = new BluetoothGattService(
            BleConstant.UUID_SERVER,
            BluetoothGattService.SERVICE_TYPE_PRIMARY);
    // 只读的特征值
    BluetoothGattCharacteristic charaRead = new BluetoothGattCharacteristic(
            BleConstant.UUID_CHAR_READ,
            BluetoothGattCharacteristic.PROPERTY_READ |
            BluetoothGattCharacteristic.PROPERTY_NOTIFY,
            BluetoothGattCharacteristic.PERMISSION_READ);
    // 只写的特征值
    BluetoothGattCharacteristic charaWrite =
        new BluetoothGattCharacteristic(
            BleConstant.UUID_CHAR_WRITE,
            BluetoothGattCharacteristic.PROPERTY_WRITE |
            BluetoothGattCharacteristic.PROPERTY_NOTIFY,
            BluetoothGattCharacteristic.PERMISSION_WRITE);
    gattService.addCharacteristic(charaRead);     // 将特征值添加到服务中
    gattService.addCharacteristic(charaWrite);    // 将特征值添加到服务中
    // 开启GATT服务器等待客户端连接
    mGattServer = mBluetoothManager.openGattServer(this, mGattCallback);
    mGattServer.addService(gattService);          // 向GATT服务器添加指定服务
}
```

注意，openGattServer方法的第二个参数为BluetoothGattServerCallback类型，表示这里要传入事先定义的GATT服务器回调对象。一个GATT服务器回调对象的示例代码如下：

```
// 创建一个GATT服务器回调对象
private BluetoothGattServerCallback mGattCallback =
            new BluetoothGattServerCallback() {
    // 在BLE连接的状态发生变化时回调
    @Override
    public void onConnectionStateChange(BluetoothDevice device, int status, int newState) {
        super.onConnectionStateChange(device, status, newState);
        if (newState == BluetoothProfile.STATE_CONNECTED) {
            runOnUiThread(() -> {
                String desc = String.format("%s\n已连接BLE客户端，名称为%s，MAC地址为%s",
tv_hint.getText().toString(), device.getName(), device.getAddress());
                tv_hint.setText(desc);
            });
        }
    }
```

```
        // 在收到BLE客户端写入请求时回调
        @Override
        public void onCharacteristicWriteRequest(BluetoothDevice device, int requestId,
BluetoothGattCharacteristic chara, boolean preparedWrite, boolean responseNeeded, int offset,
byte[] value) {
            super.onCharacteristicWriteRequest(device, requestId, chara, preparedWrite,
responseNeeded, offset, value);
            String message = new String(value);  // 把客户端发来的数据转成字符串
        }
    };
```

BluetoothGattServerCallback接口定义了许多方法，不过简单应用只需下列两个方法：

- onConnectionStateChange：在BLE连接的状态发生变化时回调。此时如果已经连接，就从输入参数获取客户端的设备对象，并处理后续的连接逻辑。
- onCharacteristicWriteRequest：在收到BLE客户端写入请求时回调。该方法会收到客户端发来的消息。

分别在两部手机上安装测试App，一部手机充当BLE服务端，另一部手机充当BLE客户端。在服务端手机上点击开始广播按钮，此时正在广播的服务端界面如图17-29所示；接着让客户端手机进入扫描页面，可以找到正在广播的BLE服务端，如图17-30所示。

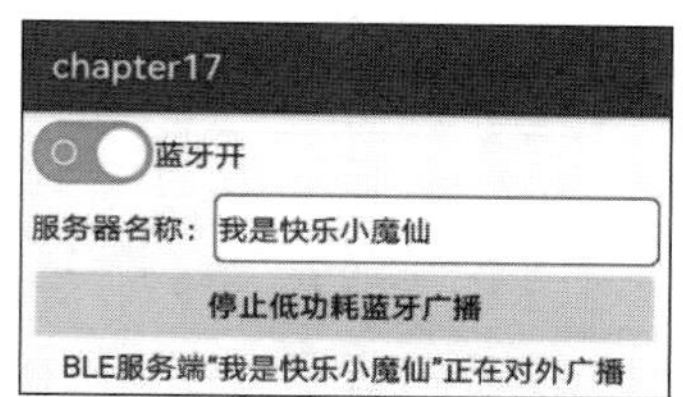

图 17-29　服务端手机正在对外广播

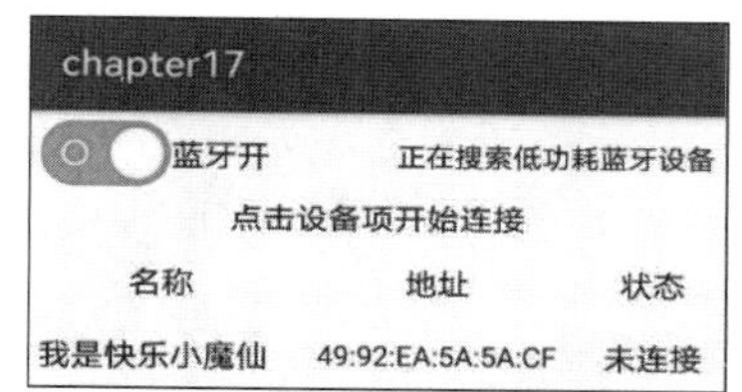

图 17-30　客户端扫描发现 BLE 服务端

17.3.3　通过主从 BLE 实现聊天应用

上一小节讲到手机通过向外发送BLE广播成为BLE服务端，进而被另一部手机在扫描BLE设备时发现，那么两部手机之间又该如何通信呢？这里涉及GATT服务端与GATT客户端的交互，首要的是BluetoothGattServer和BluetoothGatt两个类，其中前者充当GATT服务端的角色，后者充当GATT客户端的角色。为了夯实BLE技术基础，有必要熟悉一下这两个GATT工具的用法。

首先看BluetoothGattServer，它的对象是怎么得到的呢？原来调用蓝牙管理器对象的openGattServer方法会开启GATT服务器并返回BluetoothGattServer类型的服务端对象，之后可通过服务端对象进行GATT相关操作。BluetoothGattServer的常用方法如下：

- addService：向GATT服务器添加指定服务。
- sendResponse：向GATT客户端发送应答，告诉它成功收到了要写入的数据。
- notifyCharacteristicChanged：向GATT客户端发送本地特征值已更新的通知。
- close：关闭GATT服务器。

其次看BluetoothGatt，之前在17.3.1节提到，调用蓝牙设备对象的connectGatt方法会连接GATT服务器并返回BluetoothGatt类型的客户端对象，之后可通过客户端对象与服务端进行通信。BluetoothGatt的常用方法如下：

- discoverServices：开始查找GATT服务器提供的服务，查找成功会触发onServicesDiscovered方法。
- getServices：获取GATT服务器提供的服务列表。
- writeCharacteristic：往GATT服务器写入特征值。
- setCharacteristicNotification：开启或关闭特征值的通知（第二个参数为true表示开启）。开启之后才能收到服务器的特征值更新通知。
- disconnect：断开GATT连接。
- close：关闭GATT客户端。

接下来详细分析GATT服务端与客户端的通信流程，主要包括三个方面：建立GATT连接、客户端向服务端发送消息、服务端向客户端发送消息。

1. 建立GATT连接

首先需要打开服务器，然后客户端才能连上服务器。在GATT规范中，所有特征值都被封装在服务中，有了服务之后才允许读写特征值，故而GATT服务端的addService方法在先，GATT客户端的discoverServices方法在后。GATT服务端与客户端的连接过程如图17-31所示。

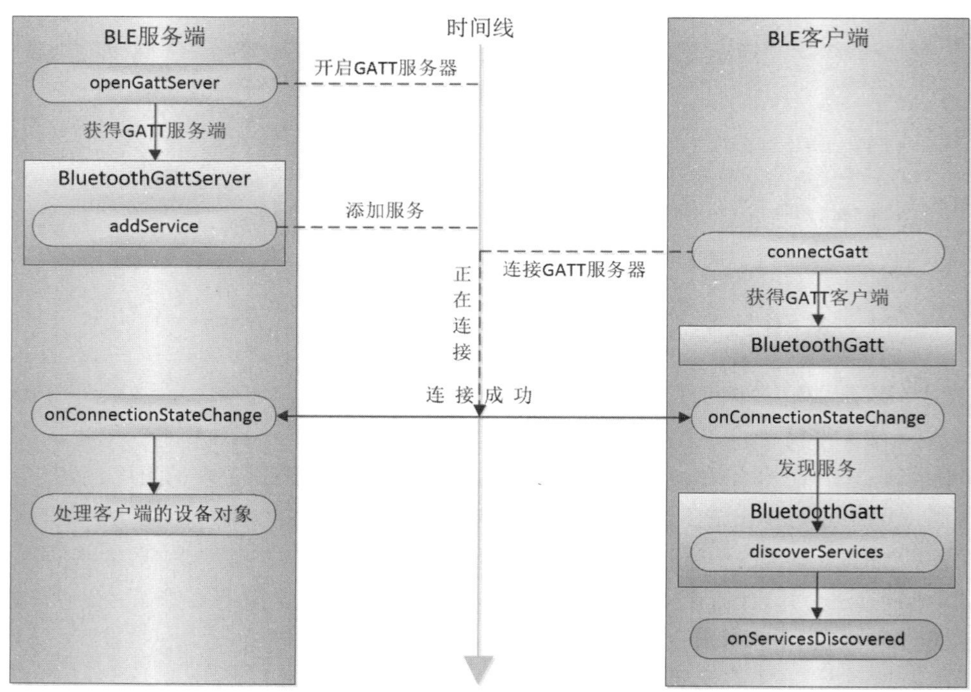

图 17-31　GATT 服务端与客户端的连接过程

2. 客户端向服务端发送消息

GATT客户端调用writeCharacteristic方法，会往GATT服务器写入特征值。服务器收到请求后，需调用GATT服务端的sendResponse方法向GATT客户端发送应答，告诉它成功收到了要写入的数据。此时客户端触发onCharacteristicWrite方法，表示收到了服务端的写入应答。客户端写入与服务端应答的交互过程如图17-32所示。

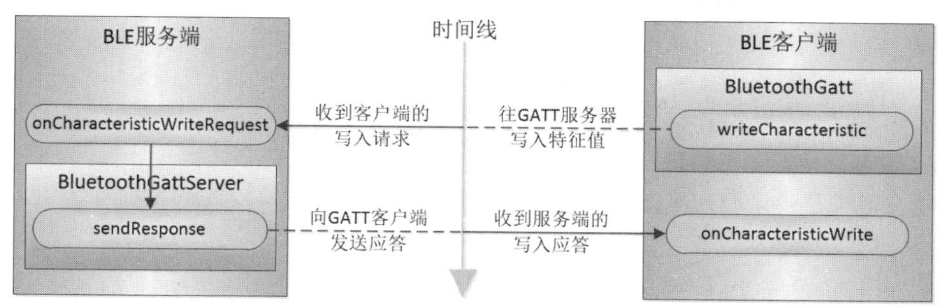

图 17-32　客户端向服务端发送消息的过程

3. 服务端向客户端发送消息

服务端向客户端发送消息，客户端理应无条件收到才是，但是GATT规范偏偏规定了通知开关，只有客户端开启了通知才会收到服务端的消息；一旦客户端关闭了通知，那么服务端干什么它都漠不关心了。GATT客户端开启了通知后，GATT服务端调用notifyCharacteristicChanged方法向客户端发送特征值变更通知，然后触发客户端的onCharacteristicChanged方法，客户端再在该方法中处理收到的消息。服务端写特征值并通知客户端的交互过程如图17-33所示。

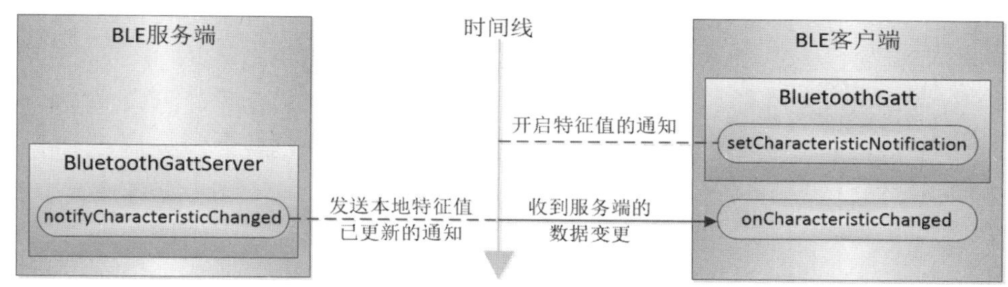

图 17-33　服务端向客户端发消息的过程

搞清楚GATT服务端与客户端的通信流程，接着书写BLE通信代码便好办多了，无非是按部就班照流程套模板而已。然而BLE的读写操作可不简单，因为GATT规范划分了好几种特征值，有只读特征值、可写特征值、通知特征值、指示特征值等，其中只读特征值只允许客户端读、不允许客户端写，可写特征值既允许客户端读也允许客户端写，不同种类的特征值分别适用不同的业务场景。

另外，GATT规范要求每次传输的消息大小不能超过20字节，若待传输的消息长度超过了20字节，就得切片后分次传输。比如GATT服务端向客户端发送消息，需要先按照20字节将消息切片再将切片后的消息列表依次发出去。GATT服务端发送消息的示例代码如下：

```
(完整代码见chapter17\src\main\java\com\example\chapter17\BleServerActivity.java)
// 发送聊天消息
private void sendMesssage() {
    String message = et_input.getText().toString();
    if (TextUtils.isEmpty(message)) {
        Toast.makeText(this, "请先输入聊天消息", Toast.LENGTH_SHORT).show();
        return;
    }
    et_input.setText("");
    List<String> msgList = ChatUtil.splitString(message, 20);        // 20字节切片
    for (String msg : msgList) {
        mReadChara.setValue(msg.getBytes());                // 设置写特征值
        // 发送本地特征值已更新的通知
```

```
            mGattServer.notifyCharacteristicChanged(mRemoteDevice, mReadChara, false);
        }
        appendChatMsg(message, true);                    // 往聊天窗口中添加聊天消息
    }
```

至于接收消息，不存在消息过长的问题，无论收到什么消息都原样接收处理。下面是GATT服务端接收客户端消息的示例代码：

```
    // 在收到BLE客户端写入请求时回调
    @Override
    public void onCharacteristicWriteRequest(BluetoothDevice device, int requestId,
BluetoothGattCharacteristic chara, boolean preparedWrite, boolean responseNeeded, int offset,
byte[] value) {
        super.onCharacteristicWriteRequest(device, requestId, chara, preparedWrite,
responseNeeded, offset, value);
        String message = new String(value);                  // 把客户端发来的数据转成字符串
        // 向GATT客户端发送应答，告诉它成功收到了要写入的数据
        mGattServer.sendResponse(device, requestId, BluetoothGatt.GATT_SUCCESS,
                                offset, chara.getValue());
        runOnUiThread(() -> appendChatMsg(message, false));   // 往聊天窗口中添加消息
    }
```

GATT客户端不仅要将消息切片，还不能一股脑地连续发送切片消息。因为服务端接收消息需要时间，如果一下子涌来多条消息，那么前面的消息会被后面的消息覆盖，导致服务端只能处理最后一条消息。正确的做法是，每次发送切片消息之前先检查上次的消息是否被服务端成功接收。只有服务端已经收到上一条消息，客户端才能发送下一条消息，否则就得继续等待直至服务端确认收到上次消息。按照以上逻辑编写GATT客户端的消息发送代码，示例如下：

```
    （完整代码见chapter17\src\main\java\com\example\chapter17\BleClientActivity.java）
    private boolean isLastSuccess = true;            // 上一条消息是否发送成功
    // 发送聊天消息
    private void sendMesssage() {
        String message = et_input.getText().toString();
        if (TextUtils.isEmpty(message)) {
            Toast.makeText(this, "请先输入聊天消息", Toast.LENGTH_SHORT).show();
            return;
        }
        et_input.setText("");
        new MessageThread(message).start();          // 启动消息发送线程
        appendChatMsg(message, true);                // 往聊天窗口中添加聊天消息
    }

    // 定义一个消息发送线程
    private class MessageThread extends Thread {
        private List<String> msgList;                // 消息列表
        public MessageThread(String message) {
            msgList = ChatUtil.splitString(message, 20);
        }

        @Override
        public void run() {
            // 获取写的特征值
            BluetoothGattCharacteristic chara =
                mBluetoothGatt.getService(BleConstant.UUID_SERVER)
                    .getCharacteristic(BleConstant.UUID_CHAR_WRITE);
            for (int i=0; i<msgList.size(); i++) {
                if (isLastSuccess) {              // 需要等到上一条回调成功之后才能发送下一条消息
                    isLastSuccess = false;
                    chara.setValue(msgList.get(i).getBytes());  // 设置写特征值
                    // 往GATT服务器写入特征值
```

```
                mBluetoothGatt.writeCharacteristic(chara);
            } else {
                i--;
            }
            try {
                sleep(300);                              // 休眠300毫秒，等待上一条的回调通知
            } catch (InterruptedException e) {
                e.printStackTrace();
            }
        }
    }
}
```

客户端上次发送的消息成功接收与否要在onCharacteristicWrite方法中校验，该方法判断如果是成功状态，则表示服务端的确收到了客户端消息，此时再更改成功与否的标志位。GATT客户端的写入回调方法的示例代码如下：

```
// 在收到BLE服务端的数据写入时回调
@Override
public void onCharacteristicWrite(BluetoothGatt gatt, BluetoothGattCharacteristic chara, int status) {
    super.onCharacteristicWrite(gatt, chara, status);
    if (status == BluetoothGatt.GATT_SUCCESS) {
        isLastSuccess = true;
    }
}
```

接收消息不存在前述的繁文缛节，直接在onCharacteristicChanged方法中处理收到的消息即可。下面是GAT客户端接收服务端消息的示例代码：

```
// 在收到BLE服务端的数据变更时回调
@Override
public void onCharacteristicChanged(BluetoothGatt gatt, BluetoothGattCharacteristic chara) {
    super.onCharacteristicChanged(gatt, chara);
    String message = new String(chara.getValue());          // 把返回的数据转成字符串
    runOnUiThread(() ->appendChatMsg(message, false));    // 往聊天窗口中添加消息
}
```

为了方便演示，这里利用BLE技术做了一个简易聊天App，两部手机分别充当BLE主机和BLE从机，然后它们借助GATT的通信机制传递消息。先在一部手机上运行测试App，输入昵称（见图17-34），接着点击“确定”按钮进入广播页面，如图17-35所示。

再在另一部手机上运行测试App，扫描发现正在广播的BLE服务端，如图17-36所示。

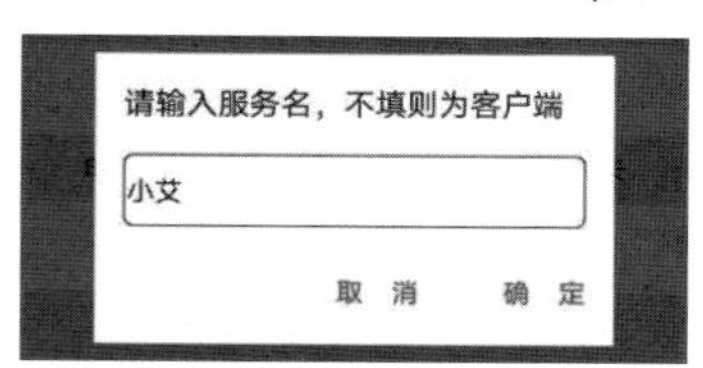

图 17-34 BLE 服务端填写昵称

图 17-35 BLE 服务端开始广播

图 17-36 BLE 客户端扫描发现 BLE 服务端

在客户端界面上点击找到的服务器名称，表示与BLE服务端建立连接，一会儿连接成功切换到聊天页面，如图17-37所示。同时BLE服务端也切换到聊天页面，如图17-38所示，说明它知晓连上了某个客户端。

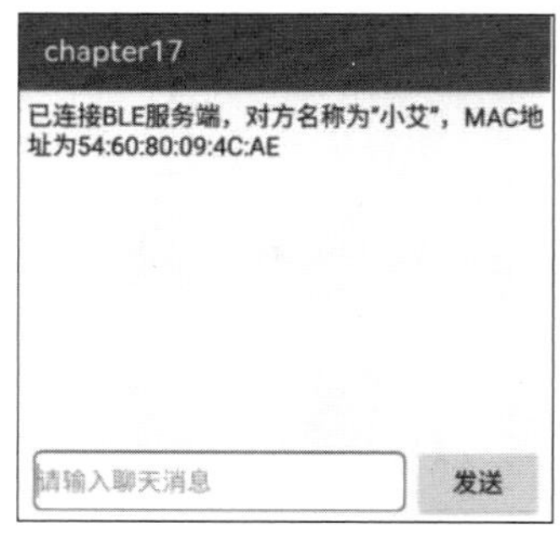

图 17-37 BLE 客户端的聊天界面 1

图 17-38 BLE 服务端的聊天界面 1

在BLE客户端上先输入几个文字，并点击“发送”按钮；接着在BLE服务端上输入几个文字，并点击“发送”按钮。此时客户端的聊天界面如图17-39所示，服务端的聊天界面如图17-40所示，可见双方的消息都成功发出去了。

然后在BLE客户端多输入一些文字，并点击“发送”按钮，如图17-41所示。由于文字长度超过20字节，必须拆分后分批发送，因此BLE服务端收到多条消息，如图17-42所示。

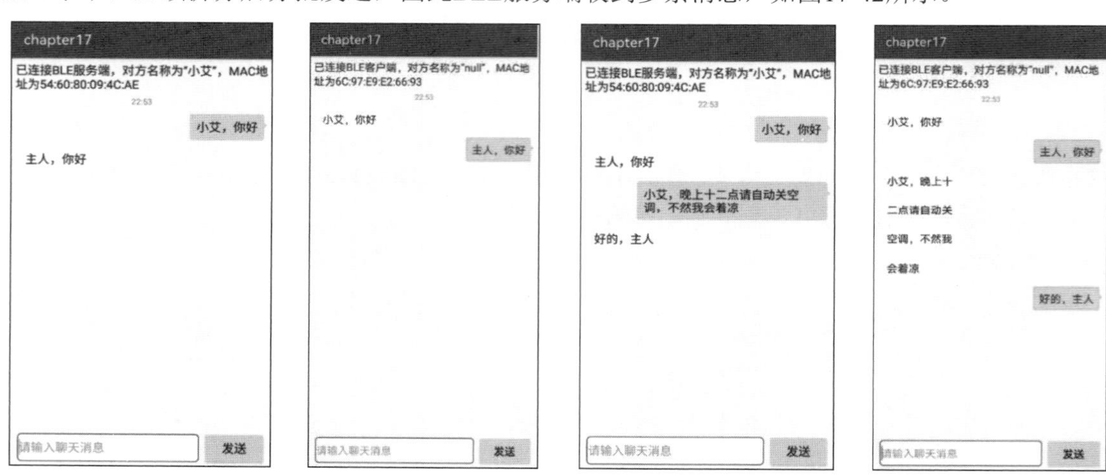

图 17-39 BLE 客户端的聊天界面 2　图 17-40 BLE 服务端的聊天界面 2　图 17-41 BLE 客户端的聊天界面 3　图 17-42 BLE 服务端的聊天界面 3

至此初步实现了BLE主从手机之间的通信，其他BLE设备的交互操作与之大抵相似。

17.4 实战项目：自动驾驶的智能小车

当今社会正在步入一个万物互联的时代，它的技术基石主要来自5G、物联网和人工智能。三者融合产生了许多新产品，其中最璀璨的当数自动驾驶的电动车。它汇聚了最新科技与工程实践的成果，引得各大巨头（华为、小米、百度、阿里、腾讯）纷纷入场造车。这些科技巨头如此热衷造车的一个重要原因是智能车与移动互联密切相关，智能电动车与传统汽油车之间犹如智能手机与功能手机的区别，这是一个具有颠覆性的革命技术。本节的实战项目就来谈谈如何设计并实现手机上的智能小车App。

17.4.1　需求描述

车由来已久，从古代依靠畜力的马车、牛车到近代以化石燃料为动力的蒸汽火车、内燃汽车，它走过了数千年的历史。在种类繁多的车家族中，最具技术含量的是在外星球上漫步的太空车，比如图17-43所示的玉兔号月球车、图17-44所示的祝融号火星车。

小小的太空车凝聚了数代航天人的心血结晶，更离不开整个国家对计算机等先进科技的大力扶持。几十年前，改革开放总设计师说过，“计算机普及要从娃娃抓起”。近些年，人工智能真的是在从娃娃开始抓起，乃至芯片、电子等教育也都从娃娃开始。如今人工智能课程走进小学，连幼儿园都开设了电子百拼，新一代的少儿都这么努力了，我们更要力争上游。不管是电动车还是太空车，都离不开智能二字，即使没有司机操纵，智能车依然照常行驶。我们可以从单片机小车（模型见图17-45）着手，逐步掌握智能小车的相关技术。

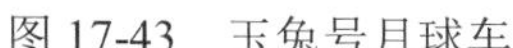

图 17-43　玉兔号月球车

图 17-44　祝融号火星车

图 17-45　单片机智能小车模型

为了实现自动行驶，小车模型必须具备下列功能：

- 自动在符合要求的道路上行驶。
- 遇到障碍物时，要能主动避让，防止碰撞。
- 服从命令听指挥，能够接收外部指令改变行驶状态。

17.4.2　功能分析

小小的蜗牛能够延续至今，靠的是数亿年进化而来的趋利避害本能。蜗牛的躯体可以分解为几个主要模块，如图17-46所示。小车也是这样，关键部件也就是那么几个。

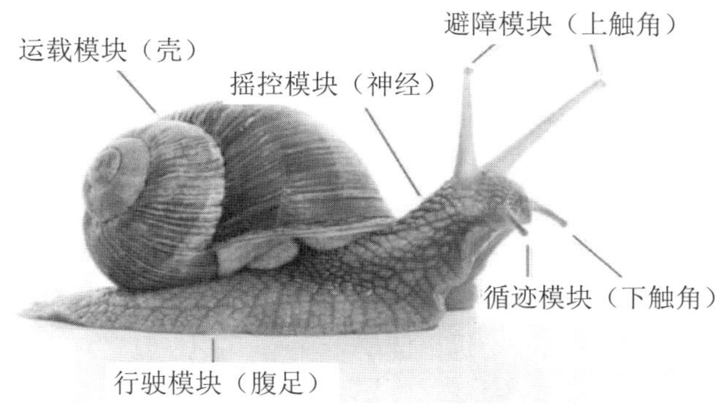

图 17-46　蜗牛躯体的模块划分

按照图17-46的划分，蜗牛躯体主要由下列五个部分（模块）组成：

- 蜗牛头部的下触角。每当蜗牛要出行时，就通过下触角左探探右探探，确认哪里比较湿润比较好走才爬过去。这对下触角对应小车的循迹模块。
- 蜗牛头部的上触角。蜗牛在爬行的时候，两根上触角伸得长长的，如果碰到了什么障碍物，不仅触角缩回来，蜗牛也会扭头避开障碍。这对上触角对应小车的避障模块。
- 蜗牛下身的腹足。依靠腹足的蠕动，蜗牛才能缓缓爬行。腹足对应小车的行驶模块，也就是车轮。
- 蜗牛上身的壳。蜗牛背着重重的壳一步一步往上爬，这个壳就是它的家，它的躯体都从壳里面伸出来。蜗牛壳对应小车的运载模块，也就是车厢。
- 蜗牛身上的中枢神经。神经指挥躯体要不要走、往哪里走，这个神经可能受外部信号影响，比如电击。按照外部影响衡量的话，中枢神经对应小车的遥控模块。

在五个模块中，与智能相关的有三个：循迹模块、避障模块、遥控模块。据此可选择符合要求的智能小车型号，笔者选择的是51单片机小车，淘宝有售。该小车具备舵机、循迹模块、避障模块、电机驱动、定向轮、万向轮、遥控模块等部件，其中避障模块可选红外避障与超声波避障两种，遥控模块可选蓝牙遥控与红外遥控两种，方便开发者组装调试。为结合手机App演示，笔者选择了“红外循迹+红外避障+蓝牙遥控”套餐组合，三种主要模块的功能说明如下：

（1）红外循迹模块

该模块通过检测小车下方的路面颜色决定行进路线，检测方案采用红外反射传感器，检查路面对红外线的反射率是否在目标阈值之内，反射距离范围为2～30mm。

车头下方固定吊着循迹模块，其传感器的二极管不断朝路面发射红外线：当红外线没有反射回来或者反射回来的强度不够大时，表示小车没在行进路线上，此时红外接收管被关断，模块的输出端为高电平，且指示灯熄灭；当反射回来的红外线强度足够大时，表示小车正在行进路线上，此时红外接收管被接通，模块的输出端为低电平，且指示灯点亮。

（2）红外避障模块

该模块与红外循迹的原理类似，通过检测小车前方是否有障碍物决定是否需要改变路线以躲避障碍。检测方案同样采用红外反射传感器，检查前方对红外线的反射率是否在目标阈值之内，反射距离范围为2～30cm。

在小车的车头部位，左边和右边各放置一个避障模块，每个模块都具备一对红外线发射与接收管。发射管向前方发射红外线，当检测方向遇到障碍物（反射面）时，红外线反射回来被接收管接收；经过比较器电路处理之后，如果发现障碍物距离过近，则亮起指示灯；同时信号输出接口反馈数字信号，由小车的控制中心决定是绕开还是停车。

（3）蓝牙遥控模块

在小车连接遥控模块之后，操纵者使用手机向小车发送蓝牙信号，小车接到蓝牙信号后，依据指令调整行驶状态。比如操纵者在手机上按下鸣笛键，小车就要发出嘀嘀的声音；操纵者点击上、下、左、右等方向键，小车就得对应前进、倒车、左拐、右拐等。

虽然智能小车的卖家提供了相关资料，但是并未提供手机App的完整源码，只给了微信小程序名称，通过小程序遥控小车，而非通过App遥控小车。怎么办呢？笔者想到了蓝牙协议分析仪，因为不管是小程序还是App，最终发出的蓝牙指令都是一样的，所以只要能抓到小程序发给小车的BLE指令，那么通过App发出相同指令就能遥控小车。在淘宝上就找到这样的蓝牙协议分析仪——NRF52832模块，它支持蓝牙5.0的协议分析，该模块可插在计算机的USB接口上，通过给Wireshark安装Sniffer插件即可抓取两部BLE设备之间的通信包。

蓝牙分析仪的相关软件安装完毕，还要注意安装它的USB驱动，如果发现分析仪插在计算机USB接口上不会闪灯，就表示系统未发现该硬件，此时要先给计算机安装驱动精灵，再把分析仪插入USB接口，等待驱动精灵发现该硬件并自动为其安装驱动后即可看见分析仪闪灯。

按照分析仪的使用说明书打开两台BLE设备并建立连接，再启动Wireshark抓包，按照17.3.3节的说明从一部手机向另一部手机发送字符串“12345”，此时在Wireshark的抓包列表中会发现一条“Send Write Request”记录，如图17-47所示。

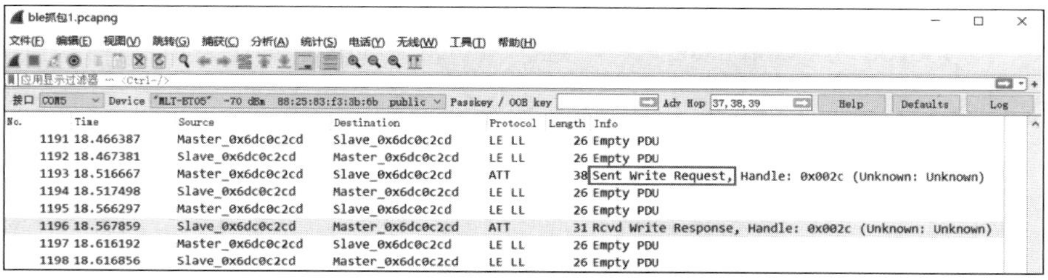

图 17-47 Wireshark 的抓包列表页

双击该记录打开抓包详情页面，如图17-48所示。其中，写入的数据为十六进制的ASCII码串“3132333435”，也就是0x31 0x32 0x33 0x34 0x35。查阅ASCII码对照表，就会发现这五个码值正对应字符串“12345”，也就是说Wireshark成功抓到了BLE指令12345。

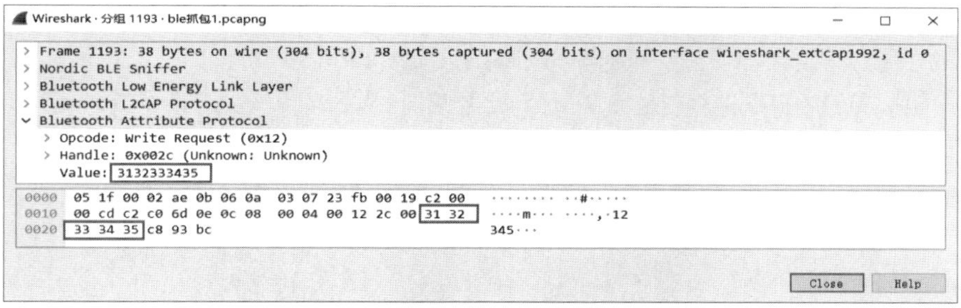

图 17-48 Wireshark 的抓包详情页

打开单片机小车的控制小程序，利用蓝牙协议分析仪抓取小程序发给小车的蓝牙指令，抓取后的指令结果说明见表17-6。

表 17-6 单片机小车的蓝牙指令说明

指 令 值	指令作用
0x08	开始鸣笛
0x09	停止鸣笛
0x51～0x150	调整左电机的功率大小，功率范围为 1～100
0x151～0x250	调整右电机的功率大小，功率范围为 1～100
0x02	前进

（续表）

指 令 值	指令作用
0x03	后退
0x04	左拐
0x05	右拐
0x01	停止上、下、左、右运动

下面简单介绍一下随书源码chapter17模块中与智能小车有关的主要代码模块之间的关系：

（1）ScanCarActivity.java：扫描并发现周围BLE设备。

（2）SmartCarActivity.java：智能小车的连接和操纵界面。

接下来对蓝牙遥控编码的疑难点进行补充说明。首先，使用Wireshark对单片机小车抓包时，发现数据包类型为Send Write Command，而非之前的Send Write Request，如图17-49所示。

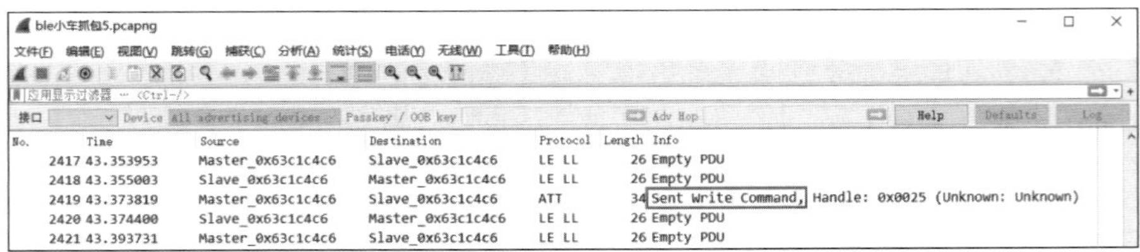

图 17-49　Wireshark 对单片机小车抓包

原来Send Write Request对应的特征值为PROPERTY_WRITE，而Send Write Command对应的特征值为PROPERTY_WRITE_NO_RESPONSE，这意味着调用writeCharacteristic方法往小车写入指令时必须向特征值PROPERTY_WRITE_NO_RESPONSE写入才行。

其次，为了方便观察小车遥控情况，每次鸣笛只发声200毫秒就停止，上、下、左、右四个方向的运动每次也只持续200毫秒就停止。注意，要开启分线程向小车发送指令。编写的单片机小车的BLE指令发送代码如下：

```
(完整代码见chapter17\src\main\java\com\example\chapter17\SmartCarActivity.java)
private boolean isRunning = false;                    // 小车是否正在工作
private UUID write_UUID_chara;                        // 写的特征编号
private UUID write_UUID_service;                      // 写的服务编号

// 向智能小车发送指令
private void sendCommand(int command) {
    if (isRunning) {
        return;
    }
    if (command>=0x02 && command<=0x05) {             // 上、下、左、右运动
        isRunning = true;
        new Thread(() -> writeCommand((byte) command)).start();
        mHandler.postDelayed(() -> {
            isRunning = false;
            sendCommand(0x01);                        // 发送停止运动的指令
        }, 200);                                      // 延迟200毫秒后停止运动
    } else if (command == 0x08) {                     // 鸣笛
        isRunning = true;
        new Thread(() -> writeCommand((byte) command)).start();
        mHandler.postDelayed(() -> {
            isRunning = false;
            sendCommand(0x09);                        // 发送停止鸣笛的指令
```

```
            }, 200);                                    // 延迟200毫秒后停止鸣笛
        } else {                                        // 调整电机功率、停止鸣笛、停止运动
            new Thread(() -> writeCommand((byte) command)).start();
        }
    }

    // 往GATT服务端的写特征值写入指令
    private void writeCommand(byte command) {
        // 获取写的特征值
        BluetoothGattCharacteristic chara =
             mBluetoothGatt.getService(write_UUID_service)
                 .getCharacteristic(write_UUID_chara);
        chara.setValue(new byte[]{command});                 // 设置写特征值
        mBluetoothGatt.writeCharacteristic(chara);           // 往GATT服务器写入特征值
    }
```

17.4.3 效果展示

依据51单片机智能小车的安装说明书将各部件组装完毕的小车效果如图17-50所示。建议选用南孚电池作为小车动力，因为其他品牌的电池电压不稳，无法切换到蓝牙模式。

将小车切换到蓝牙模式，再打开手机上的小车遥控App，扫描发现名叫MLT-BT05的BLE设备，如图17-51所示。这正是蓝牙小车发出的信号，点击设备名称进入连接界面，如图17-52所示。

图 17-50 安装好的单片机智能小车

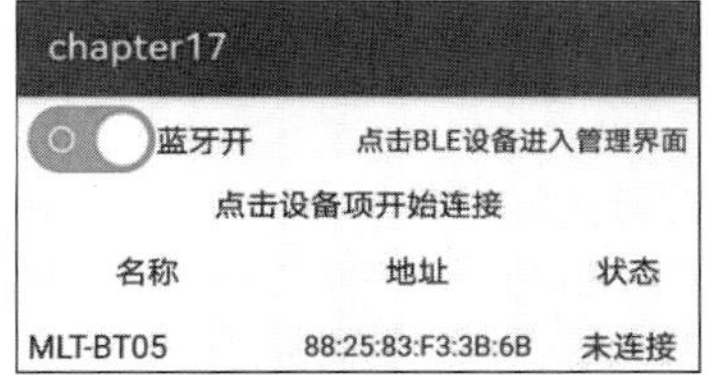

图 17-51 扫描发现蓝牙小车

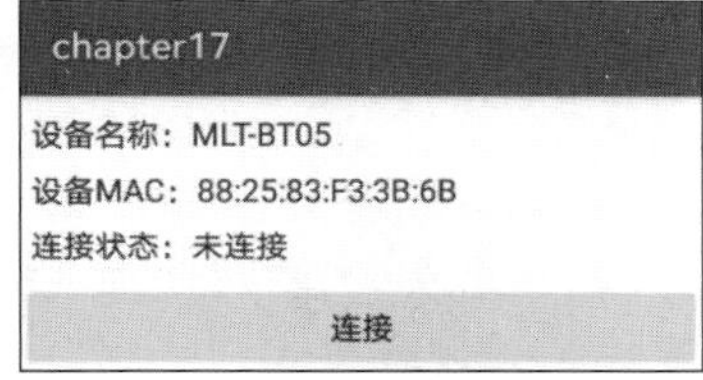

图 17-52 蓝牙连接的初始界面

点击“连接”按钮开始连接蓝牙小车，成功连上后，界面上显示出小车的操纵控件，如图17-53所示。先滑动两根拖动条，把左、右电机的马达调到最大，如图17-54所示。

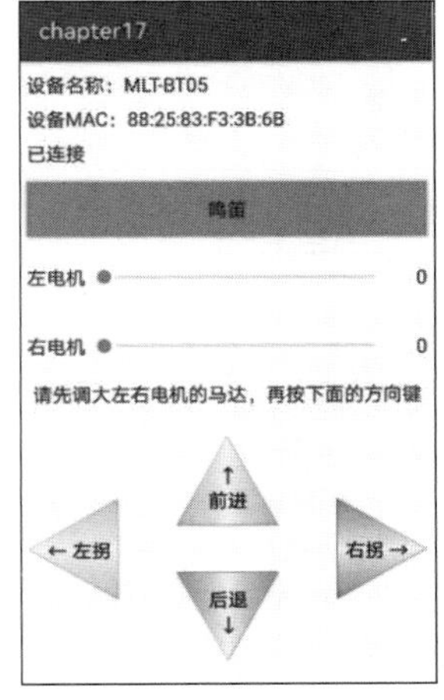

图 17-53 成功连接蓝牙小车

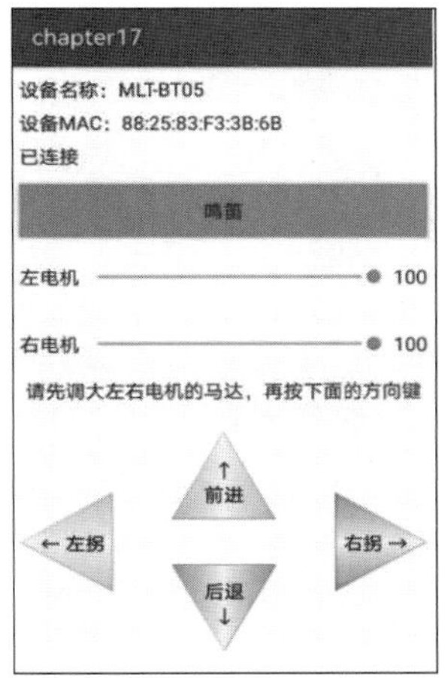

图 17-54 调大左、右电机的马达

接着点击“鸣笛”按钮，听到小车发出“滴——”的声音。点击“前进”按钮，看到小车前行了一段距离，如图17-55所示；点击“后退”按钮，看到小车倒退了一段距离，如图17-56所示。

继续点击“左拐”按钮，看到小车向左拐去，如图17-57所示；点击“右拐”按钮，看到小车向右拐去，如图17-58所示。

图 17-55　智能小车前行

图 17-56　智能小车后退

图 17-57　智能小车左拐

图 17-58　智能小车右拐

至此，智能小车的遥控功能全部实现了，尽管它跟真正的智能电动车还差十万八千里，但不积跬步无以至千里，这个单片机小车算是长征道路上的第一步。把硬件和软件结合起来，方能产生更实在的价值，比如共享单车就是通过蓝牙技术开关车锁的。

17.5　小　结

本章主要介绍了App开发用到的物联网技术，包括短距离通信（WiFi管理器、NFC进场通信、红外遥控）、传统蓝牙（蓝牙技术的发展历程、蓝牙设备配对、点对点蓝牙通信）、低功耗蓝牙（扫描BLE设备、发送BLE广播、通过主从BLE实现聊天应用）。最后设计了一个实战项目“自动驾驶的智能小车”，在该项目的App编码中综合运用了本章介绍的物联网技术。

通过本章的学习，读者应该能够掌握以下3种开发技能：

（1）学会几种短距离通信技术（WiFi管理器、NFC进场通信、红外遥控）的用法。

（2）学会使用传统蓝牙技术进行数据交互。

（3）学会使用低功耗蓝牙技术进行指令交互。

17.6　动手练习

1. 利用 NFC 技术读取带 NFC 芯片的卡片信息（门禁卡或公交卡）。
2. 使用传统蓝牙技术在两部手机之间传输数据。
3. 综合运用物联网技术实现一个智能小车 App。

第 18 章 智能语音

本章介绍App开发常用的一些语音处理技术，主要包括：如何使用系统自带的语音引擎实现语音合成功能，如何利用Pinyin4j将中文转换为拼音，如何录制原始音频，如何通过第三方语音平台（例如云知声）的开放接口在线合成语音与在线识别语音，如何基于机器学习的训练模型完成英文单词的语音指令推断。最后结合本章所学的知识演示一个实战项目“你问我答之小小机器人”的设计与实现。

18.1 原生语音处理

本节介绍Android自带的几种语音处理方式，内容包括TTS（TextToSpeech，从文本到语音）的来由和语音引擎的常用功能、如何利用系统集成的语音引擎将文字转换成语音、如何使用开源库Pinyin4j将中文转换为拼音。

18.1.1 系统自带的语音引擎

语音播报的本质是将书面文字转换成自然语言的音频流，这个转换操作被称作语音合成，又称TTS。在转换过程中，为了避免机械合成的呆板和停顿感，语音合成技术还得对语音流进行平滑处理，以确保输出的语音音律流畅、自然。

因为Android来自国外，所以它自带的语音引擎只支持英、法、德等西方语言，不支持中文。不过国产手机大都魔改了Android底层，它们在出厂前已经集成了中文的语音引擎，譬如图18-1所示的某款手机内置了度秘语音引擎、图18-2所示的某款手机内置了讯飞语音引擎。

不管是Android原生的西文引擎还是手机厂商集成的中文引擎，都支持通过系统提供的API处理语音。其中的语音合成工具是TextToSpeech，常用的方法如下：

- 构造方法：第二个参数为语音监听器OnInitListener（需重写监听器的onInit方法）。
- setLanguage：设置引擎语言，其中英语为Locale.ENGLISH、法语为Locale.FRENCH、德语为Locale.GERMAN、意大利语为Locale.ITALIAN、中文普通话为Locale.CHINA。该方法的返回参数有4个取值，具体说明见表18-1。

图 18-1　某款手机内置了度秘语音引擎

图 18-2　某款手机内置了讯飞语音引擎

表18-1　setLanguage方法的返回值说明

setLanguage 方法的返回值	说　明
LANG_COUNTRY_AVAILABLE	该国的语言可用
LANG_AVAILABLE	语言可用
LANG_MISSING_DATA	缺少数据
LANG_NOT_SUPPORTED	暂不支持

- setSpeechRate：设置语速，1.0为正常语速，0.5为慢一半的语速，2.0为快一倍的语速。
- setPitch：设置音调，1.0为正常音调，低于1.0的为低音，高于1.0的为高音。
- speak：开始朗读指定文本。
- synthesizeToFile：把指定文本的朗读语音输出到文件。
- stop：停止朗读。
- shutdown：关闭语音引擎。
- isSpeaking：判断是否正在朗读。
- getLanguage：获取当前的语言。
- getCurrentEngine：获取当前的语音引擎。
- getEngines：获取系统支持的所有语音引擎。

TextToSpeech类的方法不多，可是用起来颇费一番周折，要想实现语音播报功能，要按照以下步骤操作：

01 调用带两个参数的构造方法进行初始化。

02 调用getEngines方法获得系统支持的语音引擎列表。

03 调用带三个参数的构造方法初始化指定引擎。

04 调用setLanguage方法设置该引擎支持的语言。

05 调用speak方法开始朗读文本。

从Android11开始，文本转语音功能需要添加额外的服务声明，也就是修改App模块的AndroidManifest.xml，在manifest节点内部增加下面几行：

```
<queries>
    <intent>
```

```
            <action android:name="android.intent.action.TTS_SERVICE" />
        </intent>
    </queries>
```

这里面的关键是怎么判断每个语音引擎到底都支持哪几种语言，由于Android无法直接获取某引擎支持的语言列表，因此只能轮流调用setLanguage方法分别检查每个语言，只有返回值为TextToSpeech.LANG_COUNTRY_AVAILABLE或者TextToSpeech.LANG_AVAILABLE才表示当前引擎支持该语言。根据以上思路编码即可获得指定引擎对各种语言的支持情况，比如图18-3所示是某款手机内置的度秘引擎所支持的语言列表，图18-4所示是某款手机内置的讯飞语音引擎所支持的语言列表。

chapter18

请选择语音引擎　度秘语音引擎3.0

语言名称	状态描述
中文普通话	正常使用
英语	正常使用
法语	暂不支持
德语	暂不支持
意大利语	暂不支持

打开文本转语音设置页面

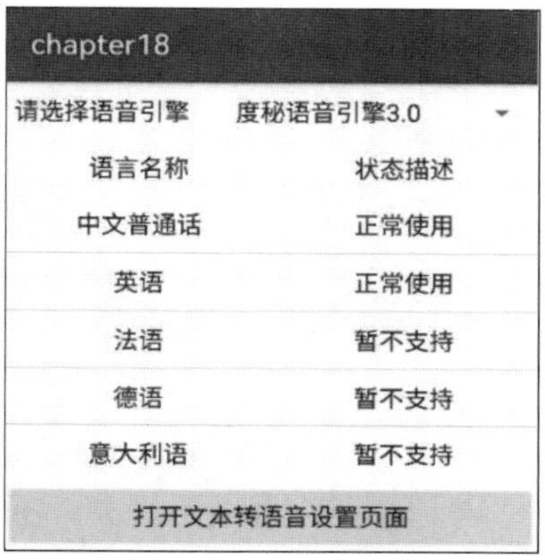

图 18-3　度秘语音引擎支持的语言列表

chapter18

请选择语音引擎　讯飞语音引擎

语言名称	状态描述
中文普通话	正常使用
英语	正常使用
法语	正常使用
德语	正常使用
意大利语	正常使用

打开文本转语音设置页面

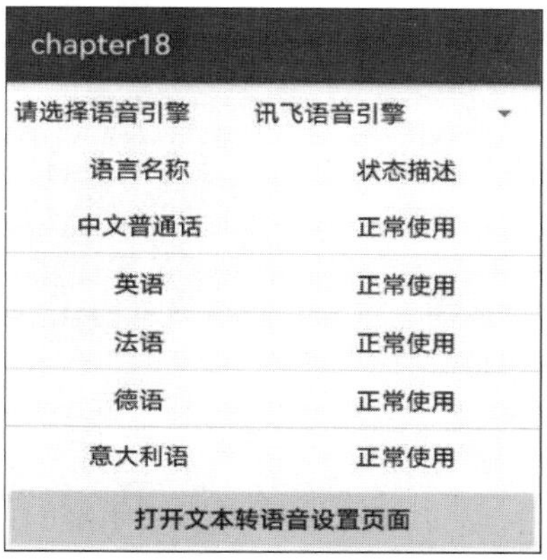

图 18-4　讯飞语音引擎支持的语言列表

18.1.2　文字转语音

既然明确了一个引擎能够支持哪些语言，接下来就可以大胆设置朗读的语言了。当然，设置好了语言，还得提供对应的文字才行，否则用英语去朗读一段中文或者用中文普通话去朗读一段英文，其结果无异于鸡同鸭讲。下面是一个语音播报页面的完整代码：

```
(完整代码见chapter18\src\main\java\com\example\chapter18\SpeechComposeActivity.java)
public class SpeechComposeActivity extends AppCompatActivity {
    private TextToSpeech mSpeech;                          // 声明一个文字转语音对象
    private EditText et_tts;                               // 声明一个编辑框对象
    private List<TextToSpeech.EngineInfo> mEngineList;     // 语音引擎列表

    @Override
    protected void onCreate(Bundle savedInstanceState) {
        super.onCreate(savedInstanceState);
        setContentView(R.layout.activity_speech_compose);
        et_tts = findViewById(R.id.et_tts);
        findViewById(R.id.btn_read).setOnClickListener(v -> {
            String content = et_tts.getText().toString();
            // 开始朗读指定文本
            int result = mSpeech.speak(content, TextToSpeech.QUEUE_FLUSH, null, null);
            String desc = String.format("朗读%s",
                    result==TextToSpeech.SUCCESS?"成功":"失败");
            Toast.makeText(this, desc, Toast.LENGTH_SHORT).show();
        });
        // 创建一个文字转语音对象，初始化结果在监听器的onInit方法中返回
        mSpeech = new TextToSpeech(this, mListener);
    }
```

```
// 创建一个文字转语音的初始化监听器实例
private TextToSpeech.OnInitListener mListener = status -> {
    if (status == TextToSpeech.SUCCESS) {               // 初始化成功
        if (mEngineList == null) {                      // 首次初始化
            mEngineList = mSpeech.getEngines();         // 获取系统支持的所有语音引擎
            initEngineSpinner();                        // 初始化语音引擎下拉框
        }
        initLanguageSpinner();                          // 初始化语言下拉框
    }
};
// 初始化语音引擎下拉框
private void initEngineSpinner() {
    String[] engineArray = new String[mEngineList.size()];
    for(int i=0; i<mEngineList.size(); i++) {
        engineArray[i] = mEngineList.get(i).label;
    }
    ArrayAdapter<String> engineAdapter = new ArrayAdapter<>(this,
            R.layout.item_select, engineArray);
    Spinner sp_engine = findViewById(R.id.sp_engine);
    sp_engine.setPrompt("请选择语音引擎");
    sp_engine.setAdapter(engineAdapter);
    sp_engine.setOnItemSelectedListener(new EngineSelectedListener());
    sp_engine.setSelection(0);
}

private class EngineSelectedListener implements OnItemSelectedListener {
    public void onItemSelected(AdapterView<?> arg0, View arg1, int arg2, long arg3) {
        recycleSpeech();                                // 回收文字转语音对象
        // 创建指定语音引擎的文字转语音对象
        mSpeech = new TextToSpeech(SpeechComposeActivity.this, mListener,
                mEngineList.get(arg2).name);
    }

    public void onNothingSelected(AdapterView<?> arg0) {}
}
// 回收文字转语音对象
private void recycleSpeech() {
    if (mSpeech != null) {
        mSpeech.stop();                                 // 停止文字转语音
        mSpeech.shutdown();                             // 关闭文字转语音
        mSpeech = null;
    }
}

private String[] mLanguageArray = {"中文普通话", "英语", "法语", "德语", "意大利语"};
private Locale[] mLocaleArray = { Locale.CHINA, Locale.ENGLISH, Locale.FRENCH,
                                  Locale.GERMAN, Locale.ITALIAN };
private String[] mValidLanguageArray;           // 当前引擎支持的语言名称数组
private Locale[] mValidLocaleArray;             // 当前引擎支持的语言类型数组
private String mTextCN = "离离原上草，一岁一枯荣。野火烧不尽，春风吹又生。";
private String mTextEN = "Hello World. Nice to meet you. This is a TTS demo.";
// 初始化语言下拉框
private void initLanguageSpinner() {
    List<Language> languageList = new ArrayList<>();
    // 下面遍历语言数组，从中挑选出当前引擎所支持的语言列表
    for (int i=0; i<mLanguageArray.length; i++) {
        // 设置朗读语言。通过检查方法的返回值，判断引擎是否支持该语言
        int result = mSpeech.setLanguage(mLocaleArray[i]);
        if (result != TextToSpeech.LANG_MISSING_DATA
                && result != TextToSpeech.LANG_NOT_SUPPORTED) {   // 语言可用
            languageList.add(new Language(mLanguageArray[i], mLocaleArray[i]));
```

```
            }
        }
        mValidLanguageArray = new String[languageList.size()];
        mValidLocaleArray = new Locale[languageList.size()];
        for(int i=0; i<languageList.size(); i++) {
            mValidLanguageArray[i] = languageList.get(i).name;
            mValidLocaleArray[i] = languageList.get(i).locale;
        }
        // 下面初始化语言下拉框
        ArrayAdapter<String> languageAdapter = new ArrayAdapter<>(this,
                R.layout.item_select, mValidLanguageArray);
        Spinner sp_language = findViewById(R.id.sp_language);
        sp_language.setPrompt("请选择朗读语言");
        sp_language.setAdapter(languageAdapter);
        sp_language.setOnItemSelectedListener(new LanguageSelectedListener());
        sp_language.setSelection(0);
    }

    private class LanguageSelectedListener implements OnItemSelectedListener
    {
        public void onItemSelected(AdapterView<?> arg0, View arg1, int arg2, long arg3) {
            if (mValidLocaleArray[arg2]==Locale.CHINA) {          // 中文
                et_tts.setText(mTextCN);
            } else {                                              // 其他语言
                et_tts.setText(mTextEN);
            }
            mSpeech.setLanguage(mValidLocaleArray[arg2]);         // 设置朗读语言
        }

        public void onNothingSelected(AdapterView<?> arg0) {}
    }
}
```

语音朗读的界面如图18-5和图18-6所示。其中，图18-5为正在朗诵英文时的界面，图18-6为正在朗诵中文时的界面。

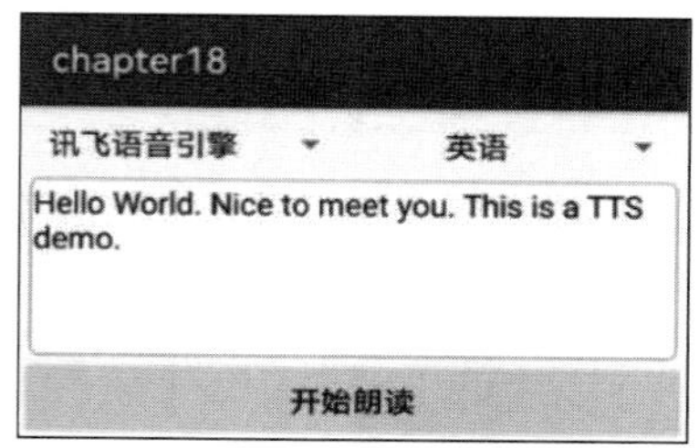

图 18-5　正在朗诵英文时的界面

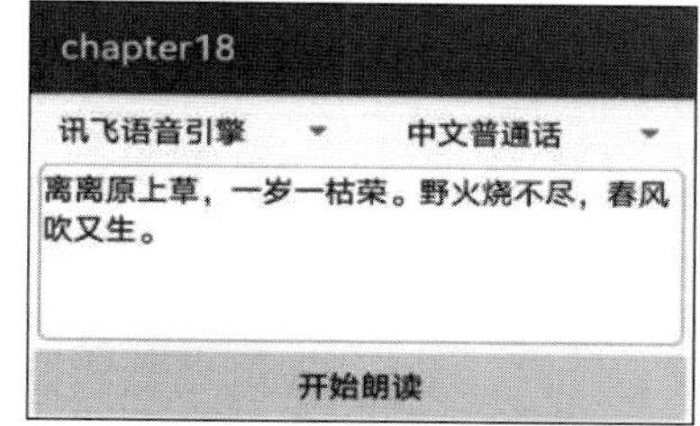

图 18-6　正在朗诵中文时的界面

18.1.3　中文转拼音

若想对一串数字排序，可以比较它们的数值大小；若想对英文单词排序，可以比较它们首字母的ASCII码大小；若想对中文词语排序，比如北京、上海、广州这些城市名称，那该采取什么样的比较规则呢？在中文文化圈中，通常有下列排序方式：

（1）根据词语首个文字的笔画多少排序，比如对一群人名排序，通常按照姓氏笔画数量从少到多排序。

（2）根据词语首个文字的拼音先后排序，把词语的第一个文字的拼音列出来，再按照拼音字母从A到Z的顺序排列，比如新华字典对收录汉字的编排。

关于以上两种排序方式，在中文互联网的长期实践中更常见的是第二种依据首字拼音排序。例如图18-7所示的12306售票网站，在选择出发地和目的地城市之时，待选择的城市列表就是按照城市名称首字的拼音排序的。

计算机只知道每个中文字符的ASCII码大小，并不知晓每个中文字符的拼音是什么，遑论多音字的取舍与否。为了解决从中文到拼音的转换问题，开源库Pinyin4j横空出世，它支持把一段中文转换为对应的拼音字母，从而将中文的比较规则变成对拉丁字母的排序。

图 18-7　12306 网站选择出发地城市

由于Pinyin4j是第三方开源库，因此在使用前要修改build.gradle，添加如下一行依赖配置：

```
implementation 'com.belerweb:pinyin4j:2.5.1'
```

接着在代码中调用转换工具PinyinHelper的toHanyuPinyinStringArray方法，即可将中文字符转换成拼音字母串。因为中文普通话拥有五种声调（阴平、阳平、上声、去声、轻声），而Pinyin4j采用数字1～5表示这些声调，所以转换时还可选择是否保留声调数字。中文声调与数字的对应关系见表18-2。

表 18-2　中文声调与数字的对应关系

声调名称	声调符号	Pinyin4j 的声调数字
阴平	ā	1
阳平	á	2
上声	ǎ	3
去声	à	4
轻声	a	5

下面的方法代码可把中文字符串转换成拼音字母串，该方法支持是否保留声调数字。

```
(完整代码见chapter18\src\main\java\com\example\chapter18\util\PinyinUtil.java)
// 把中文字符串转换为拼音字母串
public static String getHanziPinYin(String hanzi, boolean isRetainTone) {
    String result = null;
    if(null != hanzi && !"".equals(hanzi)) {
        char[] charArray = hanzi.toCharArray();
        StringBuffer sb = new StringBuffer();
        for (char ch : charArray) {
            // 逐个将中文转换成拼音
            String[] stringArray = PinyinHelper.toHanyuPinyinStringArray(ch);
            if(null != stringArray) {
                if (isRetainTone) {                    // 保留声调数字
```

```
                sb.append(stringArray[0]);
            } else {                              // 不保留声调数字，则去掉声调数字
                sb.append(stringArray[0].replaceAll("\\d", ""));
            }
        }
    }
    if(sb.length() > 0) {
        result = sb.toString();
    }
  }
  return result;
}
```

然后在活动代码中调用上面的getHanziPinYin方法，就能将一段中文即刻转换为拼音，活动代码如下：

```
(完整代码见chapter18\src\main\java\com\example\chapter18\PinyinActivity.java)
public class PinyinActivity extends AppCompatActivity {
    private EditText et_hanzi;          // 声明一个编辑框对象
    private CheckBox ck_tone;           // 声明一个复选框对象
    private TextView tv_pinyin;         // 声明一个文本视图对象

    @Override
    protected void onCreate(Bundle savedInstanceState) {
        super.onCreate(savedInstanceState);
        setContentView(R.layout.activity_pinyin);
        et_hanzi = findViewById(R.id.et_hanzi);
        ck_tone = findViewById(R.id.ck_tone);
        tv_pinyin = findViewById(R.id.tv_pinyin);
        findViewById(R.id.btn_convert).setOnClickListener(v -> showPinyin());
        ck_tone.setOnCheckedChangeListener((buttonView, isChecked) -> showPinyin());
    }

    // 显示转换后的中文拼音
    private void showPinyin() {
        String hanzi = et_hanzi.getText().toString();
        if (TextUtils.isEmpty(hanzi)) {
            Toast.makeText(this, "请先输入待转换的中文", Toast.LENGTH_SHORT).show();
            return;
        }
        // 把中文字符串转换为拼音字母串
        String pinyin = PinyinUtil.getHanziPinYin(hanzi, ck_tone.isChecked());
        tv_pinyin.setText(pinyin);
    }
}
```

运行测试该App，可观察到中文→拼音的转换结果如图18-8和图18-9所示。其中，图18-8的转换结果保留了声调数字，图18-9的转换结果去掉了声调数字。

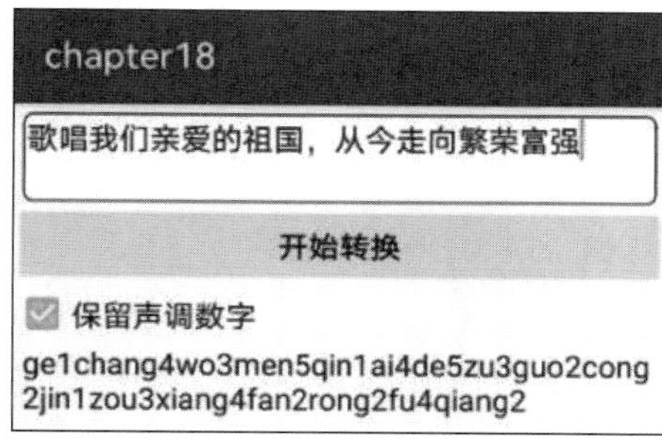

图 18-8　转换结果保留了声调数字

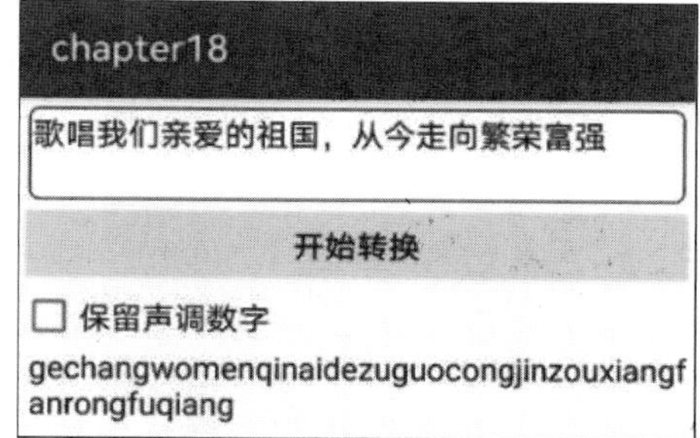

图 18-9　转换结果去掉了声调数字

18.2 在线语音处理

本节介绍第三方平台在线处理语音的几种方式，内容包括：如何使用音频录制器AudioRecord录制原始音频，以及如何使用音轨播放器AudioTrack播放原始音频；如何通过云知声接口把文字在线合成语音；如何通过云知声接口把语音在线识别为文本内容。

18.2.1 原始音频录播

语音通话功能要求实时传输，在手机这边说一句话，那边就同步听到这句话。如果使用MediaRecorder与MediaPlayer组合，那么只能整句话都录完并编码好了才能传给对方去播放，这个实效性太差。理想的做法是把原始的音频流实时传给对方，由对方接收之后自行拼接播放，此时用到了音频录制器AudioRecord与音轨播放器AudioTrack，该组合的音频格式为原始的二进制音频数据，没有文件头和文件尾，故而可以实现边录边播的实时语音对话。

MediaRecorder录制的音频格式有AMR、AAC等，MediaPlayer支持播放的音频格式除了AMR、AAC之外，还支持常见的MP3、WAV、MID、OGG等经过压缩编码的音频。AudioRecord录制的音频格式只有PCM，AudioTrack可直接播放的格式也只有PCM。PCM格式有一个缺点，就是在播放过程中不能暂停，因为音频数据是二进制流，无法直接寻址；PCM格式有一个好处，就是允许跨平台播放，比如iOS不能播放AMR音频，但能播放PCM音频。如果Android手机录制的语音需要传给iOS手机播放，就得采用PCM格式。

下面是AudioRecord的录音方法。

- getMinBufferSize：根据采样频率、声道配置、音频格式获得合适的缓冲区大小。
- 构造方法：可设置录音来源、采样频率、声道配置、音频格式与缓冲区大小。其中，录音来源一般是AudioSource.MIC，采样频率可取值8000或者16000。音频格式的取值说明见表18-3。

表 18-3 原始音频格式的取值说明

AudioFormat 类的音频格式	说　明
ENCODING_PCM_16BIT	每个采样块为 16 位（比特），推荐该格式
ENCODING_PCM_8BIT	每个采样块为 8 位（比特）
ENCODING_PCM_FLOAT	每个采样块为单精度浮点数

- startRecording：开始录音。
- read：从缓冲区中读取音频数据，此数据要保存到音频文件中。
- stop：停止录音。
- release：停止录音并释放资源。
- setNotificationMarkerPosition：设置需要通知的标记位置。
- setPositionNotificationPeriod：设置需要通知的时间周期。
- setRecordPositionUpdateListener：设置录制位置变化的监听器对象。该监听器从OnRecordPositionUpdateListener扩展而来，需要实现的两个方法说明如下：

- onMarkerReached：在标记到达时触发，对应 setNotificationMarkerPosition 方法。
- onPeriodicNotification：在周期结束时触发，对应 setPositionNotificationPeriod 方法。

下面是AudioTrack的播音方法。

- getMinBufferSize：根据采样频率、声道配置、音频格式获得合适的缓冲区大小。
- 构造方法：可设置音频类型、采样频率、声道配置、音频格式、播放模式与缓冲区大小。其中，音频类型一般是AudioManager.STREAM_MUSIC，采样频率、声道配置、音频格式与录音时保持一致，播放模式一般是AudioTrack.MODE_STREAM。
- setStereoVolume：设置立体声的音量。第一个参数是左声道音量，第二个参数是右声道音量。
- play：开始播音。
- write：把缓冲区的音频数据写入音轨。在调用该方法前要先从音频文件中读取数据写入缓冲区。
- stop：停止播音。
- release：停止播音并释放资源。
- setNotificationMarkerPosition：设置需要通知的标记位置。
- setPositionNotificationPeriod：设置需要通知的时间周期。
- setPlaybackPositionUpdateListener：设置播放位置变化的监听器对象。该监听器从OnPlaybackPositionUpdateListener扩展而来，需要实现的两个方法说明如下：
  - onMarkerReached：在标记到达时触发，对应 setNotificationMarkerPosition 方法。
  - onPeriodicNotification：在周期结束时触发，对应 setPositionNotificationPeriod 方法。

音轨录制直接读取流数据，如果没有取消录制，就会一直等待，所以适合将录制任务分配到分线程处理，避免等待行为堵塞主线程。下面是音轨录制线程的示例代码片段：

```
(完整代码见chapter18\src\main\java\com\example\chapter18\task\AudioRecordTask.java)
public void run() {
    // 开通输出流到指定的文件
    try (FileOutputStream fos = new FileOutputStream(mRecordFile);
         DataOutputStream dos = new DataOutputStream(fos)) {
        // 根据定义好的几个配置来获取合适的缓冲区大小
        int bufferSize = AudioRecord.getMinBufferSize(mFrequence, mChannel, mFormat);
        byte[] buffer = new byte[bufferSize];      // 创建缓冲区
        // 根据音频配置和缓冲区构建原始音频录制实例
        AudioRecord record = new AudioRecord(MediaRecorder.AudioSource.MIC,
                            mFrequence, mChannel, mFormat, bufferSize);
        // 设置需要通知的时间周期为1秒
        record.setPositionNotificationPeriod(1000);
        // 设置录制位置变化的监听器
        record.setRecordPositionUpdateListener(new RecordUpdateListener());
        record.startRecording();                    // 开始录制原始音频
        // 没有取消录制，则持续读取缓冲区
        while (!isCancel) {
            int readSize = record.read(buffer, 0, buffer.length);
            // 循环将缓冲区中的音频数据写入到输出流
            for (int i = 0; i < readSize; i++) {
                dos.writeByte(buffer[i]);
            }
        }
        record.stop();                              // 停止原始音频录制
    } catch (Exception e) {
```

```
        e.printStackTrace();
    }
}
```

同理，音轨播放操作也应当开启分线程处理，下面是音轨播放线程的示例代码片段：

```
(完整代码见chapter18\src\main\java\com\example\chapter18\task\AudioPlayTask.java)
public void run() {
    // 定义输入流，将音频写入AudioTrack类中，实现播放
    try (FileInputStream fis = new FileInputStream(mPlayFile);
         DataInputStream dis = new DataInputStream(fis)) {
        // 根据定义好的几个配置来获取合适的缓冲区大小
        int bufferSize = AudioTrack.getMinBufferSize(mFrequence, mChannel, mFormat);
        byte[] buffer = new byte[bufferSize];      // 创建缓冲区
        // 根据音频配置和缓冲区构建原始音频播放实例
        AudioTrack track = new AudioTrack(AudioManager.STREAM_MUSIC,mFrequence,
                    mChannel, mFormat, bufferSize, AudioTrack.MODE_STREAM);
        // 设置需要通知的时间周期为1秒
        track.setPositionNotificationPeriod(1000);
        // 设置播放位置变化的监听器
        track.setPlaybackPositionUpdateListener(new PlaybackUpdateListener());
        track.play();                               // 开始播放原始音频
        // 由于AudioTrack播放的是字节流，因此我们需要一边播放一边读取
        while (!isCancel && dis.available() > 0) {
            int i = 0;
            // 把输入流中的数据循环读取到缓冲区
            while (dis.available() > 0 && i < buffer.length) {
                buffer[i] = dis.readByte();
                i++;
            }
            // 然后将数据写入原始音频AudioTrack中
            track.write(buffer, 0, buffer.length);
        }
        track.stop();                          // 取消播放任务或者读完了就停止原始音频播放
    } catch (Exception e) {
        e.printStackTrace();
    }
}
```

音轨录播的效果如图18-10和图18-11所示。其中，图18-10为正在录制音轨时的界面，此时录音按钮下方的文字记录了当前已录制的音轨时长；图18-11为正在播放音轨时的界面，此时播音按钮下方的文字记录了当前已播放的音轨时长。

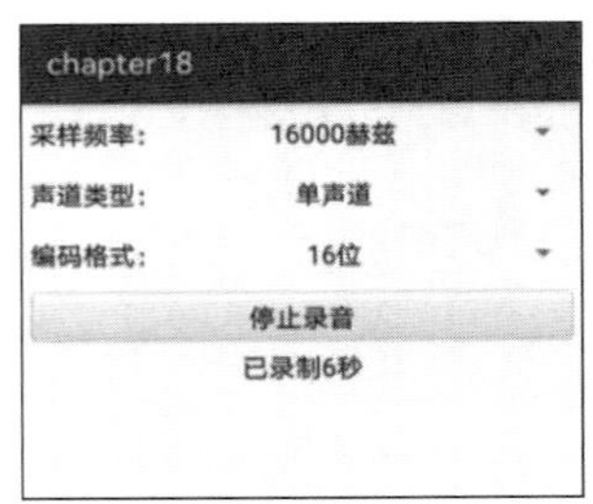

图 18-10　音轨正在录制

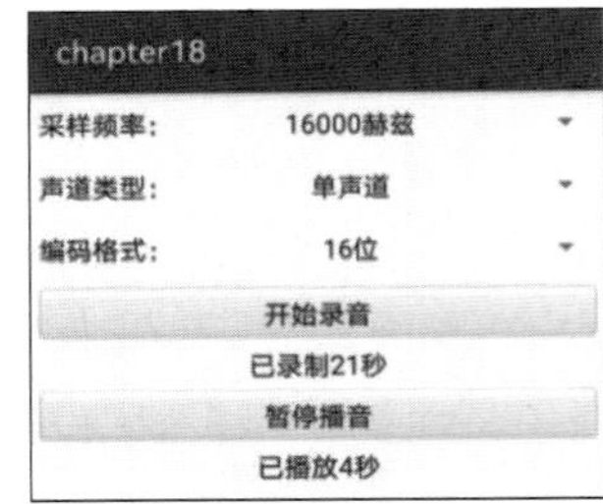

图 18-11　音轨正在播放

18.2.2　在线语音合成

虽然国产智能机大多集成了中文语音引擎，但是系统自带的语音工具无法满足商用要求，无论是TextToSpeech还是SpeechRecognizer，它们的功能都很单一，既不能指定音量、语速、音色，

也无法设置音频格式与采样率等参数，甚至不同引擎识别的文本结果格式还不一致。为了更加个性化地定制语音功能，势必要求引入第三方平台的语音引擎，依靠第三方引擎提供的开发包统一支撑语音的交互操作。

由于语音交互属于人工智能的一大热门方向，因此各路资本纷纷参与进来，使得国内的语音技术欣欣向荣。目前中文语音引擎厂商为数不少，第一梯队有讯飞、百度、腾讯三家，第二梯队有云知声、思必驰、捷通华声等，外加一众的研究所和高校团队。不过商用的语音引擎基本需要购买，部分厂商产品的集成过程也十分复杂，考虑到初学者的学习成本，笔者选定了云知声来讲解在线语音技术。该引擎不但对新手免费，而且语音处理采用公开的WebSocket接口，无须引入额外的语音SDK。

云知声的网址是https://www.unisound.com/，在网页中的“平台服务导航栏中”找到“AI开放平台”，单击打开后注册新用户，接着进入控制台创建应用，创建完毕会看到如图18-12所示的应用申请记录。

序号	应用名称	AppKey	AppSecret	创建时间
1	语音测试111	ckh4c3iqaviwpswwlssml5khb2lqv7iw7jatfaqw	********************************	2021-01-24 14:57:37

图 18-12　云知声开放平台的应用申请记录

图18-12中的AppKey和AppSecret是该应用的专属密钥和密码，记下这两个字符串，后面会用到它们。

云知声采取WebSocket接口交互，故而不管是语音合成还是语音识别，均需定义WebSocket客户端的处理任务。有关WebSocket的详细介绍参见13.4.3节，这里不再赘述。以在线语音合成为例，云知声使用JSON串封装报文，合成后的音频数据通过字节数组传回，具体的合成过程分为如下几个步骤。

1. 定义WebSocket客户端的语音合成任务

首先编写WebSocket客户端的语音合成任务代码，该任务待实现的功能点说明如下：

（1）在请求报文中填写原始文本、音频格式、采样率等合成参数，再把JSON串传给WebSocket服务器。

（2）服务器分批返回字节数组形式的音频流，客户端需要将这些音频数据依次追加到存储卡的音频文件中。

（3）在合成过程中，服务器还会数次返回JSON格式的应答报文。应答报文可能不止一个，只有报文中的end字段为true时才表示合成结束。

根据上述的语音合成功能点说明，编写对应的WebSocket客户端任务，详细的语音合成的示例代码如下：

```
（完整代码见chapter18\src\main\java\com\example\chapter18\task\TtsClientEndpoint.java）
@ClientEndpoint
public class TtsClientEndpoint {
    private Activity mAct;                      // 声明一个活动实例
    private String mFileName;                   // 语音文件名称
    private VoiceListener mListener;            // 语音监听器
    private String mText;                       // 待转换的文本
    private long mStartTime;                    // 语音合成的开始时间
```

```
    public TtsClientEndpoint(Activity act, String fileName, String text, VoiceListener
listener) {
        mAct = act;
        mFileName = fileName;
        mText = text;
        mListener = listener;
    }
    @OnOpen
    public void onOpen(Session session) {
        mStartTime = System.currentTimeMillis();
        try {
            // 组装语音合成的JSON报文
            JSONObject frame = new JSONObject();
            frame.put("format", "mp3");                     // 音频格式，支持MP3和PCM
            frame.put("sample", "16000");                   // 采样率（单位Hz）
            frame.put("vcn", "kiyo-plus");                  // 发音人，kiyo-plus为可爱女生
            frame.put("speed", 30);                         // 语速
            frame.put("volume", 50);                        // 音量
            frame.put("pitch", 50);                         // 音高
            frame.put("bright", 50);                        // 亮度
            frame.put("text", mText);                       // 需要合成的文本
            frame.put("user_id", "unisound-home");          // 用户标识
            // 发送语音合成请求
            session.getBasicRemote().sendText(frame.toString());
        } catch (Exception e) {
            e.printStackTrace();
        }
    }
    @OnMessage
    public void onMessgae(Session session, byte[] data) {
        mStartTime = System.currentTimeMillis();
        FileUtil.appendBytesToFile(mFileName, data);        // 把音频数据追加至文件
    }
    @OnMessage
    public void processMessage(Session session, String message) {
        try {
            JSONObject jsonObject = new JSONObject(message);
            boolean end = jsonObject.getBoolean("end");     // 是否结束合成
            int code = jsonObject.getInt("code");           // 处理结果
            String msg = jsonObject.getString("msg");       // 结果说明
            if (code != 0) {
                return;
            }
            mAct.runOnUiThread(() -> mListener.voiceDealEnd(end, msg, mFileName));
            if (end) {
                session.close();                            // 关闭连接会话
            }
        } catch (Exception e) {
            e.printStackTrace();
        }
    }
}
```

2. 把语音任务关联到WebSocket服务器

按照WebSocket的接口调用方式先获取WebSocket容器，再连接WebSocket服务器，并关联语音处理任务。注意，此时要拼接完整的URL访问地址，其中包含之前在云知声开放平台申请的AppKey和AppSecret。下面是启动语音处理任务的WebSocket示例代码：

```
(完整代码见chapter18\src\main\java\com\example\chapter18\util\SoundUtil.java)
// 启动语音处理任务(语音识别或者语音合成)
public static void startSoundTask(String url, Object task) {
    long time = System.currentTimeMillis();
    StringBuilder paramBuilder = new StringBuilder();
    // 填写该应用在开放平台上申请的密钥和密码
    paramBuilder.append(SoundConstant.APP_KEY).append(time).
                append(SoundConstant.APP_SECRET);
    String sign = getSHA256Digest(paramBuilder.toString());
    StringBuilder param = new StringBuilder();
    param.append("appkey=").append(SoundConstant.APP_KEY).append("&")
          .append("time=").append(time).append("&")
          .append("sign=").append(sign);
    String fullUrl = url + param.toString();
    // 获取WebSocket容器
    WebSocketContainer container =
          ContainerProvider.getWebSocketContainer();
    try {
        URI uri = new URI(fullUrl);  // 创建一个URI对象
        // 连接WebSocket服务器，并关联语音处理任务获得连接会话
        Session session = container.connectToServer(task, uri);
        // 设置文本消息的最大缓存大小
        session.setMaxTextMessageBufferSize(1024 * 1024 * 10);
        // 设置二进制消息的最大缓存大小
        session.setMaxBinaryMessageBufferSize(1024 * 1024 * 10);
    } catch (Exception e) {
        e.printStackTrace();
    }
}
```

3. 创建并启动语音合成任务

回到测试页面的活动代码，先创建WebSocket客户端的语音合成任务，再通过WebSocket容器启动语音合成任务，串联之后的在线合成语音的示例代码如下：

```
(完整代码见chapter18\src\main\java\com\example\chapter18\VoiceComposeActivity.java)
private String mComposeFilePath;                                     // 合成语音的文件路径

// 在线合成语音
private void onlineCompose(String text) {
    mComposeFilePath = String.format("%s/%s.mp3",
                        getExternalFilesDir(Environment.DIRECTORY_DOWNLOADS),
                        DateUtil.getNowDateTime());
    // 创建语音合成任务，并指定语音监听器
    TtsClientEndpoint task = new TtsClientEndpoint(this, mComposeFilePath, text, arg -> {
        if (Boolean.TRUE.equals(arg[0])) {
            Toast.makeText(this, "语音合成结束", Toast.LENGTH_SHORT).show();
            tv_result.setText("音频文件位于"+arg[2]);
            tv_option.setVisibility(View.VISIBLE);
        }
    });
    SoundUtil.startSoundTask(SoundConstant.URL_TTS, task);     // 启动语音合成任务
}
```

运行测试该App，输入一段文字后点击“开始合成语音”按钮，可观察到语音合成结果如图18-13和图18-14所示。其中，图18-13为在线合成语音之前的界面；图18-14为在线合成语音之后的界面，点击右上角的“开始播放语音”按钮就能聆听合成好的音频了。

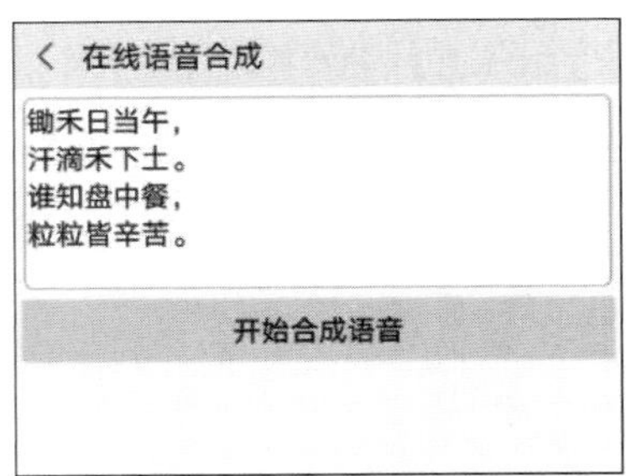

图 18-13　在线合成语音之前的界面

在线语音合成　开始播放语音
锄禾日当午，
汗滴禾下土。
谁知盘中餐，
粒粒皆辛苦。
开始合成语音
音频文件位于/storage/emulated/0/Android/data/com.example.chapter18/files/Download/20220410123801.mp3

图 18-14　在线合成语音之后的界面

18.2.3　在线语音识别

云知声的语音识别同样采用WebSocket接口，待识别的音频流支持MP3和PCM两种格式，其中有关 PCM音频的详细介绍参见第18.2.1节。对于在线语音识别来说，云知声使用JSON串封装报文，待识别的音频数据以二进制形式发给服务器，具体的识别过程分为如下几个步骤。

1. 定义WebSocket客户端的语音识别任务

首先编写WebSocket客户端的语音识别任务代码，该任务待实现的功能点说明如下：

（1）在请求报文中填写朗读领域、音频格式、采样率等识别参数，再把JSON串传给WebSocket服务器。

（2）把字节数组格式的原始音频通过sendBinary方法分批发给服务器。

（3）等到所有音频数据发送完毕，再向服务器发一个结束识别的报文，也就是type字段为end的JSON串。

（4）在识别过程中，服务器还会数次返回JSON格式的应答报文。应答报文可能不止一个，只有报文中的end字段为true时才表示识别结束。

根据上述的语音识别功能点说明编写对应的WebSocket客户端任务，语音识别的示例代码如下：

（完整代码见chapter18\src\main\java\com\example\chapter18\task\AsrClientEndpoint.java）

```
@ClientEndpoint
public class AsrClientEndpoint {
    private Activity mAct;                          // 声明一个活动实例
    private String mFileName;                       // 语音文件名称
    private VoiceListener mListener;                // 语音监听器
    private Session mSession;                       // 连接会话

    public AsrClientEndpoint(Activity act, String fileName, VoiceListener listener) {
        mAct = act;
        mFileName = fileName;
        mListener = listener;
    }

    @OnOpen
    public void onOpen(final Session session) {
        mSession = session;
        try {
            // 组装请求开始的JSON报文
            JSONObject frame = new JSONObject();
            frame.put("type", "start");
            JSONObject data = new JSONObject();
            frame.put("data", data);
```

```
        data.put("domain", "general");              // 领域：general(通用)，law(司法)
        data.put("lang", "cn");                     // 语言：cn(中文普通话)，en(英语)
        data.put("format", "mp3");                  // 音频格式，支持MP3和PCM
        data.put("sample", "16k");                  // 采样率，16k、8k
        data.put("variable", "true");               // 是否可变结果
        data.put("punctuation", "true");            // 是否开启标点
        data.put("post_proc", "true");              // 是否开启数字转换
        data.put("acoustic_setting", "near");       // 音响：near（近讲），far（远讲）
        data.put("server_vad", "false");            // 智能断句
        data.put("max_start_silence", "1000");      // 智能断句前静音
        data.put("max_end_silence", "500");         // 智能断句尾静音
        // 发送开始请求
        session.getBasicRemote().sendText(frame.toString());
    } catch (Exception e) {
        e.printStackTrace();
    }
    // 文件名非空，表示从音频文件中识别文本
    if (!TextUtils.isEmpty(mFileName)) {
        new Thread(() -> sendAudioData(session)).start();
    }
}

// 发送音频文件的语音数据
private void sendAudioData(final Session session) {
    try (InputStream is = new FileInputStream(mFileName)) {
        byte[] audioData = new byte[9600];
        int length = 0;
        while ((length = is.read(audioData)) != -1) {
            ByteBuffer buffer = ByteBuffer.wrap(audioData, 0, length);
            session.getAsyncRemote().sendBinary(buffer);
            Thread.sleep(200);                      // 模拟采集音频休眠
        }
    } catch (Exception e) {
        e.printStackTrace();
    }
    stopAsr();                                      // 停止语音识别
}

// 发送实时语音数据
public synchronized void sendRealtimeAudio(int seq, byte[] data, int length) {
    if (mSession!=null && mSession.isOpen()) {
        ByteBuffer buffer = ByteBuffer.wrap(data, 0, length);
        mSession.getAsyncRemote().sendBinary(buffer);
    }
}

// 停止语音识别
public void stopAsr() {
    try {
        // 组装请求结束的JSON报文
        JSONObject frame = new JSONObject();
        frame.put("type", "end");
        if (mSession!=null && mSession.isOpen()) {
            // 发送结束请求
            mSession.getBasicRemote().sendText(frame.toString());
        }
    } catch (Exception e) {
        e.printStackTrace();
    }
}

@OnMessage
public void processMessage(Session session, String message) {
```

```
        try {
            JSONObject jsonObject = new JSONObject(message);
            boolean end = jsonObject.getBoolean("end");     // 是否结束识别
            int code = jsonObject.getInt("code");           // 处理结果
            String msg = jsonObject.getString("msg");       // 结果说明
            if (code != 0) {
                return;
            }
            String text = jsonObject.getString("text");
            mAct.runOnUiThread(() -> mListener.voiceDealEnd(end, msg, text));
            if (end) {
                session.close();                            // 关闭连接会话
            }
        } catch (Exception e) {
            e.printStackTrace();
        }
    }
}
```

2. 定义PCM音频的实时录制线程

在线识别的音频源既可能是音频文件，也可能是实时录制的PCM音频。在实时录音的情况下，还需自定义专门的录音线程，每录制一段PCM数据就发给WebSocket服务器。下面是实时录音线程的示例代码：

```
(完整代码见chapter18\src\main\java\com\example\chapter18\task\VoiceRecognizeTask.java)
public class VoiceRecognizeTask extends Thread {
    private int mFrequence = 16000;                          // 音频的采样频率，单位赫兹
    private int mChannel = AudioFormat.CHANNEL_IN_MONO;      // 音频的声道类型
    private int mFormat = AudioFormat.ENCODING_PCM_16BIT;    // 音频的编码格式
    private boolean isCancel = false;                        // 是否取消录音
    private AsrClientEndpoint mAsrTask;                      // 语音识别任务

    public VoiceRecognizeTask(Activity act, AsrClientEndpoint asrTask) {
        mAsrTask = asrTask;
    }

    @Override
    public void run() {
        // 根据定义好的几个配置来获取合适的缓冲区大小
        int bufferSize = AudioRecord.getMinBufferSize(mFrequence, mChannel, mFormat);
        bufferSize = Math.max(bufferSize, 9600);
        byte[] buffer = new byte[bufferSize];               // 创建缓冲区
        // 根据音频配置和缓冲区构建原始音频录制实例
        AudioRecord record = new AudioRecord(MediaRecorder.AudioSource.MIC,
                mFrequence, mChannel, mFormat, bufferSize);
        // 设置需要通知的时间周期为1秒
        record.setPositionNotificationPeriod(1000);
        record.startRecording();                            // 开始录制原始音频
        int i=0;
        // 没有取消录制，则持续读取缓冲区
        while (!isCancel) {
            int bufferReadResult = record.read(buffer, 0, buffer.length);
            mAsrTask.sendRealtimeAudio(i++, buffer, bufferReadResult);
        }
        record.stop();                                      // 停止原始音频录制
    }

    // 取消实时录音
    public void cancel() {
        isCancel = true;
```

```
        mAsrTask.stopAsr();                              // 停止语音识别
    }
}
```

3. 创建并启动语音识别任务

回到测试页面的活动代码，先创建WebSocket客户端的语音识别任务，再通过WebSocket容器启动语音识别任务。串联之后的在线识别语音的示例代码如下：

```
(完整代码见chapter18\src\main\java\com\example\chapter18\VoiceRecognizeActivity.java)
private VoiceRecognizeTask mRecognizeTask;        // 声明一个原始音频识别线程对象
// 在线识别音频文件（文件路径为空的话，表示识别实时语音）
private void onlineRecognize(String filePath) {
    // 创建语音识别任务，并指定语音监听器
    AsrClientEndpoint asrTask = new AsrClientEndpoint(this, filePath,
            arg -> {
        tv_recognize_text.setText(arg[2].toString());
        if (Boolean.TRUE.equals(arg[0])) {
            Toast.makeText(this, "语音识别结束", Toast.LENGTH_SHORT).show();
        }
    });
    // 启动语音识别任务
    SoundUtil.startSoundTask(SoundConstant.URL_ASR, asrTask);
    if (TextUtils.isEmpty(filePath)) {        // 文件路径为空，表示识别实时语音
        // 创建一个原始音频识别线程
        mRecognizeTask = new VoiceRecognizeTask(this, asrTask);
        mRecognizeTask.start();                // 启动原始音频识别线程
    }
}
```

运行测试该App，点击“开始实时识别”按钮后开始说话，可观察到语音识别结果如图18-15和图18-16所示。其中，图18-15为在线识别实时语音时的界面，图18-16为在线识别音频文件（来自于本书源码chapter18模块的src\main\assets\sample\spring.pcm）时的界面。

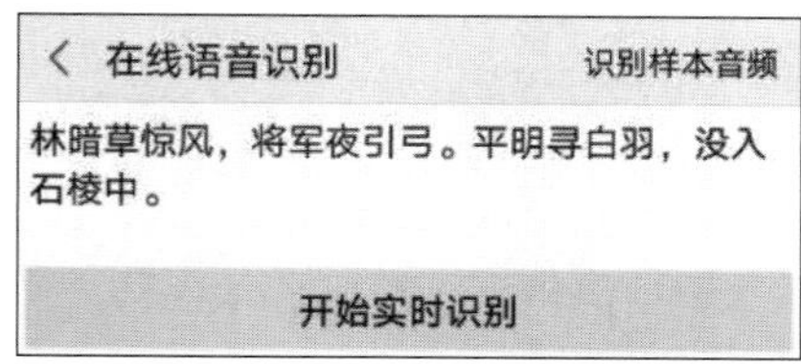

图 18-15 在线识别实时语音时的界面

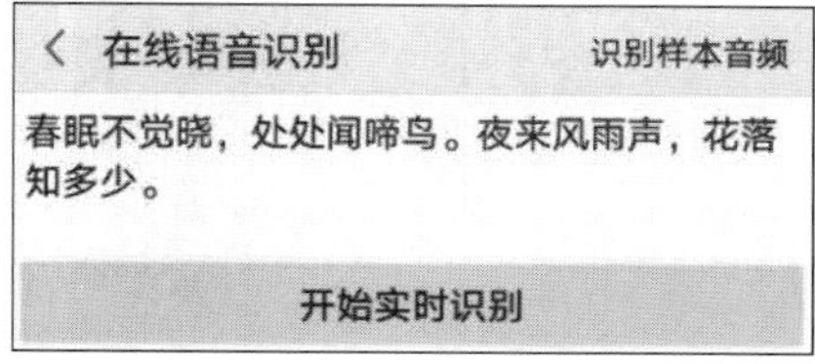

图 18-16 在线识别音频文件时的界面

18.3 基于机器学习的语音推断

本节介绍机器学习在语音领域的具体应用，内容包括：人工智能（Artificial Intelligence，AI）与机器学习（Machine Learning）的相关概念，机器学习框架TensorFlow的层次结构；TensorFlow的简化版——TensorFlow Lite，以及它在移动设备上的工作步骤；TensorFlow Lite在Android上的一个具体应用，如何从说话语音中识别英文单词指令。

18.3.1 TensorFlow 简介

人工智能是当今科技发展的热门方向，它期望了解人类智能的产生原理和成长实质，进而采用神经网络模拟人类大脑的活动过程，使得机器初步具备人类的感官，包括视觉（图像识别）、听觉（语音识别）、触觉（温度传感器）等，还能模仿人类的动作行为，包括说话（语音合成）、开车（自动驾驶）、下棋（AlphaGo）等。人工智能又是十分广泛的科学，它由不同的学科领域组成，包括机器学习、计算机视觉（Computer Vision）、自然语言处理（Natural Language Processing）等，其中机器学习分蘖出更多的研究方向，包括监督学习（Supervised Learning）、无监督学习（Unsupervised Learning）、深度学习（Deep Learning）等，人工智能与机器学习的分支结构如图18-17所示。

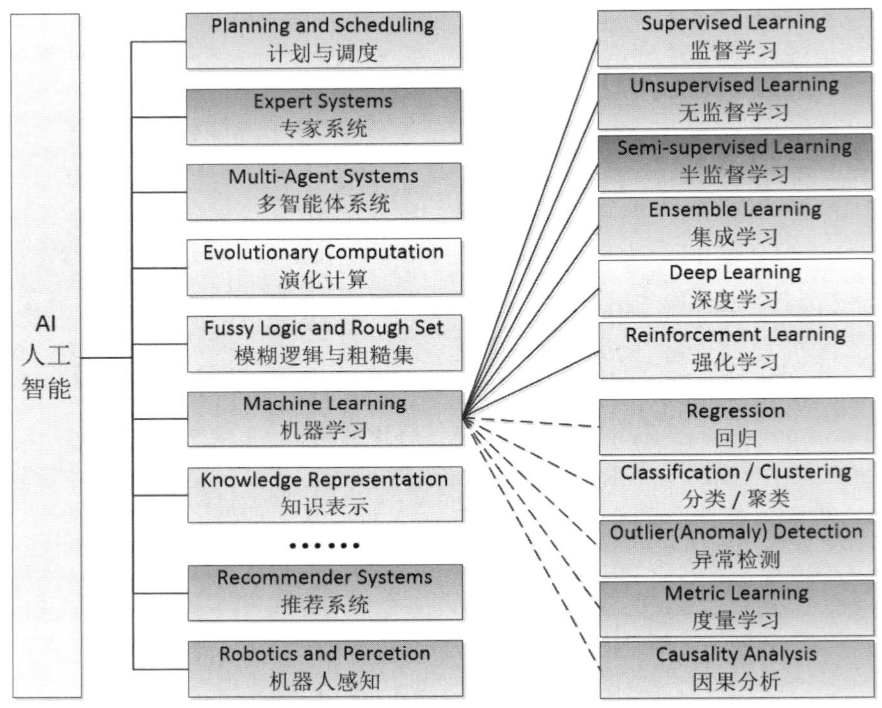

图 18-17 人工智能与机器学习的分支结构

机器学习指的是让机器拥有学习的能力，专门研究计算机怎样模拟人类的学习过程从而获取新的知识或技能，还能重新组织已有的知识结构使其不断提高自身的工作水准。TensorFlow便是机器学习在技术层面的学习框架，利用学习框架可以处理大量的原始数据，并由此快速建立对应的数学模型，通过反复的数据输入训练，这些模型得以持续改善能力，最终达到符合实际应用的标准。TensorFlow是谷歌公司推出的开源框架，并且支持Python、Java、Go、C++等多种流行语言，经过数年的磨练逐渐成为开发者入门机器学习的首选框架。

TensorFlow基于分层和模块化的设计思想，整个框架以C语言的编程接口为界，分为前端和后端两大部分，TensorFlow的框架结构如图18-18所示。

对于前端来说，TensorFlow提供了编程模型以及多语言的接口支持，例如Python、Java、C++等，通过C语言的编程接口建立前后端的连接。

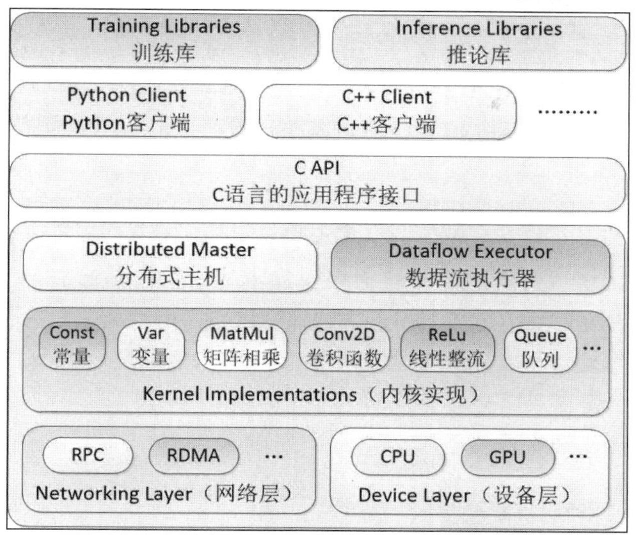

图 18-18　TensorFlow 的框架结构

对于后端来说，TensorFlow提供了运行环境，并负责计算图的执行，该部分又可分为下列4个层次：

（1）运行时，可分为分布式运行时和本地运行时，负责计算图的接收、构造、编排等。

（2）计算层，提供各op算子的内核实现，例如Conv2D、ReLu等。

（3）通信层，用来实现组件间数据通信，通信方式包括GRPC和RDMA两种。

（4）设备层，提供多种异构设备的支持，例如CPU、GPU、TPU、FPGA等。

时至今日，TensorFlow的研究成果已经在各行各业得到广泛运用，除了包含谷歌翻译在内的大量谷歌产品，还有荷兰的奶牛手环时刻关注奶牛健康、亚马逊热带雨林的警报系统监控树木的非法采伐等。

18.3.2　TensorFlow Lite

虽然TensorFlow是一款十分优秀的机器学习框架，但是它层次众多，不适合在单个设备上独立运行。为此谷歌公司推出了精简版TensorFlow，也就是TensorFlow Lite。它可在移动设备、嵌入式设备和物联网设备上运行TensorFlow模型，也支持在设备端执行机器学习推断，且时延较低。TensorFlow Lite与TensorFlow之间的关系如图18-19所示。

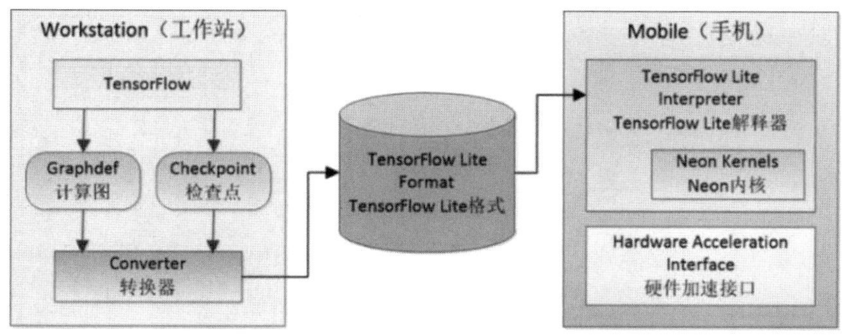

图 18-19　TensorFlow Lite 与 TensorFlow 之间的关系

TensorFlow Lite包括下列两个主要组件：

- TensorFlow Lite解释器：允许在设备端的不同硬件上运行优化过的模型。
- TensorFlow Lite转换器：将TensorFlow模型转换为解释器使用的格式，同时通过优化提高应用性能。

TensorFlow Lite允许在网络“边缘”的设备上执行机器学习任务，无须在设备与服务器之间来回发送数据。对开发者来说，在设备端执行机器学习任务有以下好处：

- 缩短延迟：数据无须往返服务器。
- 保护隐私：任何数据都不会离开设备。
- 减少连接：不需要互联网连接。
- 降低功耗：网络连接非常耗电。

使用TensorFlow Lite的工作流包括如下步骤：

01 选择模型：开发者可以使用自己的TensorFlow模型、在线查找模型，或者从谷歌仓库选择一个模型直接使用或者重新训练模型。

02 转换模型：如果开发者使用自定义模型，就需要通过TensorFlow Lite转换器将模型转换为TensorFlow Lite格式。

03 部署到设备：利用TensorFlow Lite解释器（提供多种语言的 API）在设备端运行开发者的模型。

04 优化模型：使用谷歌的模型优化工具包，缩减模型的大小并提高效率，同时最大限度地降低对准确率的影响。

TensorFlow Lite的官方网址为https://tensorflow.google.cn/lite/，上面有各类教程和应用指南。为了方便开发者集成该框架，谷歌提供了若干示例应用，探索经过预先训练的TensorFlow Lite模型，了解如何在应用中针对各种机器学习场景使用这些模型，具体应用包括图像分类、对象检测、姿势估计、语音识别、手势识别、图像分割、文本分类等，更多应用实例参见https://tensorflow.google.cn/lite/examples，详情如图18-20所示。

图 18-20　TensorFlow Lite 的示例应用详情

18.3.3 从语音中识别指令

上一小节提到TensorFlow Lite给出一些示例应用给开发者参考，本节就以其中的语音识别模块为例介绍如何在App工程中引入TensorFlow Lite模型。

谷歌官方提供的语音识别代码仓库位于https://github.com/tensorflow/examples/tree/master/lite/examples/speech_commands/android。开发者可以从该仓库下载完整源码并导入Android Studio，也可以给自己的App工程手工添加TensorFlow Lite支持。若要手工添加，首先打开App模块的build.gradle，增加如下一行依赖配置：

```
implementation 'org.tensorflow:tensorflow-lite:2.8.0'
```

接着从仓库中获取配置文件conv_actions_labels.txt和模型文件conv_actions_frozen.tflite，把这两个文件放到src\main\assets目录下。

然后在活动代码中初始化TensorFlow Lite，分别读取标签配置、加载模型文件，并根据模型对象与解释器选项创建TensorFlow Lite解释器。一切准备就绪后，即可启动录音线程与识别线程。此处的录音操作用到了PCM音频。下面是初始化TensorFlow Lite的示例代码：

```
(完整代码见chapter18\src\main\java\com\example\chapter18\VoiceInferenceActivity.java)
private List<String> labelList = new ArrayList<>();        // 指令标签列表
private RecognizeCommands recognizeCommands = null;        // 待识别的指令
// 解释器选项
private Interpreter.Options tfLiteOptions = new Interpreter.Options();
private Interpreter tfLite;                                // TensorFlow Lite的解释器
private long costTime;                                     // 每次语音识别的耗时

// 初始化TensorFlow
private void initTensorflow() {
    try (BufferedReader br = new BufferedReader(
            new InputStreamReader(getAssets().open(LABEL_FILENAME)))) {
        String line;
        while ((line = br.readLine()) != null) {
            labelList.add(line);
        }
    } catch (Exception e) {
        throw new RuntimeException("Problem reading label file!", e);
    }
    // 设置一个对象来平滑识别结果，以提高准确率
    recognizeCommands = new RecognizeCommands(
            labelList,
            AVERAGE_WINDOW_DURATION_MS,
            DETECTION_THRESHOLD,
            SUPPRESSION_MS,
            MINIMUM_COUNT,
            MINIMUM_TIME_BETWEEN_SAMPLES_MS);
    try {
        MappedByteBuffer tfLiteModel = loadModelFile(getAssets(), MODEL_FILENAME);
        tfLite = new Interpreter(tfLiteModel, tfLiteOptions);
    } catch (Exception e) {
        throw new RuntimeException(e);
    }
    tfLite.resizeInput(0, new int[]{RECORDING_LENGTH, 1});
    tfLite.resizeInput(1, new int[]{1});
    startRecord();                                  // 开始录音
    startRecognize();                               // 开始识别
}
```

这个语音识别示例App支持识别英文单词指令，包括Yes、No、Up、Down、Left、Right、On、Off、Stop、Go等，识别到的指令单词会高亮显示在App界面上。运行测试该App，对着手机大声朗诵上述英文单词，可观察到语音推断结果如图18-21和图18-22所示。其中，图18-21为念Yes之后的结果，图18-22为念Right之后的结果。TensorFlow Lite成功识别出对应的英文指令，并且将判断语音是否标准的百分比（吻合度）也同时标示出来。

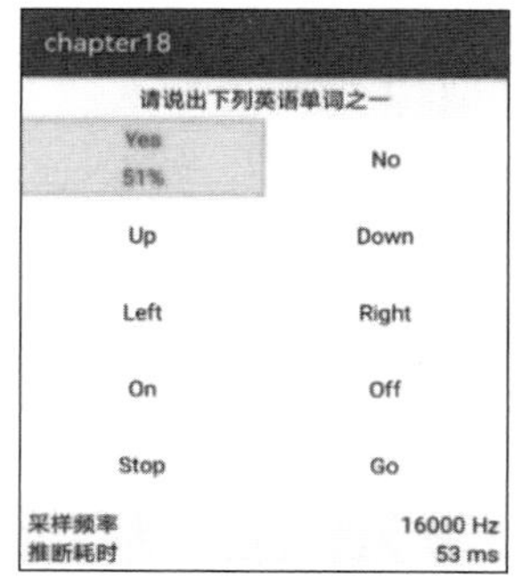

图 18-21　念 Yes 之后的结果

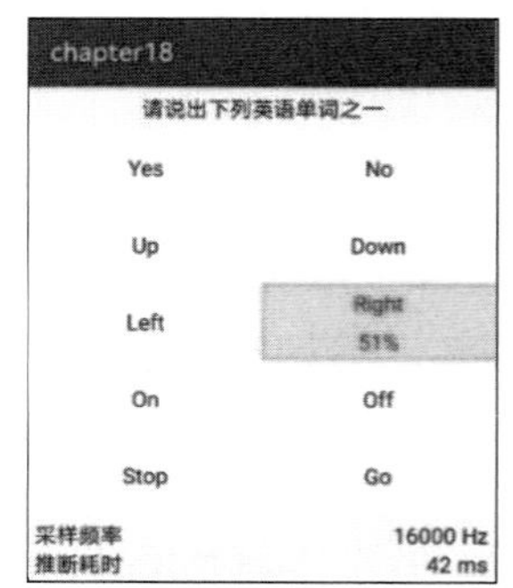

图 18-22　念 Right 之后的结果

18.4　实战项目：你问我答之小小机器人

隋炀帝杨广在登基前有一个好友柳抃，两人时常把酒颜欢。可是杨广登基后搬入皇宫，没办法大半夜把柳抃召进宫玩耍。于是他叫工匠做了个柳抃模样的木偶人，能坐能站能跪拜能趴着。杨广每次对着月亮喝酒，都命人将木偶放在一旁，然后他跟木偶觥筹交错，聊得甚是开心。这个木偶人便是人类历史上最早的人形机器人，虽然诸葛亮的木牛流马更早，但那些只是牛模马样，不如杨广的木偶人高级。人形机器人不仅外形酷似人类，还得听懂人类语言、模仿人类行为。本节的实战项目就来谈谈如何设计并实现手机上的问答机器人。

18.4.1　需求描述

得益于科技进步与人工智能的大量应用，越来越多的行业实现了自动化、无人化、智能化。尤其是问询类的服务行业，以前经常在商场中看到笑靥如花的导购员，在医院里看到笑容可掬的导诊员，现在导购员和导诊员越来越少了，取而代之的是一个个智能机器人，人们向机器人提问，机器人会彬彬有礼地回答问题。图18-23所示是一个商场中的导购机器人，图18-24所示是一个在医院里的导诊机器人。

尽管上述机器人仍旧配备了显示屏幕，但是它主要倾听人们的对话，通过分析话语中要咨询的问题再朗声播报对应的答案。换而言之，这种机器人依靠语音技术完成问询服务，连不善使用电子产品的老人和小孩都能无障碍提问。

为了实现基本的问询互动，问答机器人必须实现下列功能方可正常工作：

（1）接收人们的对话语音，并从语音中识别问题文本。

（2）对问题文本进行语义分析，判断本次提问想问什么，对应的答案又是什么。至于提问与答案的对应关系，既能由系统自动关联，也能由用户手动关联。

图 18-23　商场中的导购机器人

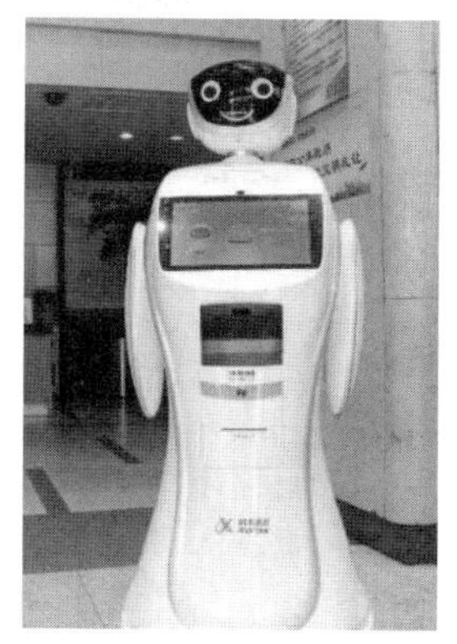
图 18-24　医院里的导诊机器人

（3）把答案文本合成为语音数据，再播放这段答案音频。

接下来让我们一起动手实践这个问答机器人。

18.4.2　功能分析

机器人较少通过控件与用户交互，主要通过语音与用户交互：用户口头向机器人提出问题，然后机器人通过语音播报答案。在一来一往的语音交互过程中，机器人集成了如下App技术：

（1）数据库框架Room：用户自定义的问答信息，包括提问与答案内容，要保存到数据库中，以便机器人到数据库读取问答详情。

（2）定位服务：机器人回答住址、籍贯、天气等问题有赖于定位服务，首先要获取当前的经纬度（参见第16章的介绍），然后根据经纬度查询详细地址，进而获得城市天气等。

（3）网络通信框架：根据经纬度查询详细地址，根据城市名称获取城市代码、城市天气等，这些操作都要访问相应的Web服务，可采用“13.2.2　通过okhttp调用HTTP接口”中的操作。

（4）原始音频录制：机器人在识别语音时，要不停地监听原始音频，再发给第三方语音平台分析处理。

（5）语音识别与语音合成：这里选用云知声作为第三方语音平台，它不但提供了语音识别与语音合成功能，而且集成比较方便。

（6）WebSocket接口：云知声采用WebSocket协议提供语音识别与语音合成的接口服务，因此客户端要调用它的WebSocket接口（参见第13.4.3节）。

（7）中文转拼音：在朗诵诗歌之前，机器人通过诗人姓名与诗歌标题确定是哪一首唐诗宋词，但语音识别的结果文本可能存在同音字，为了避免同音字造成条件匹配失败，可先将中文转换成拼音，再通过拼音判断是否匹配。这里的中文转拼音用到了开源库pinyin4j。

下面简单介绍一下随书源码chapter18模块中与机器人有关的主要代码模块之间的关系：

（1）RobotActivity.java：机器人的交互界面。机器人在此聆听用户的提问并回答问题。

（2）QuestionEditActivity.java：自定义问答的编辑页面，既支持增加新问答，也支持编辑现有问答，还能切换到问答详情的浏览页面。

（3）QuestionListActivity.java：自定义问答的列表页面。

（4）GetAddressTask.java：获取详细地址（信息来自天地图）的异步任务。

（5）GetCityCodeTask.java：获取城市代码（信息来自高德地图）的异步任务。

（6）GetWeatherTask.java：获取城市天气（信息来自高德地图）的异步任务。

接下来对机器人编码中的部分疑难点进行补充介绍，包括首次运行时加载初始问答、监听用户的提问并作答、判断用户的提问要怎么回答。

1. 首次运行时加载初始问答

刚安装完的App其实什么都不懂，为了让它首次运行就能回答问题，势必要初始化预设的问答库。因而在进入机器人界面时，App要立刻加载初始的问答列表，实现加载的示例代码如下：

```
（完整代码见chapter18\src\main\java\com\example\chapter18\RobotActivity.java）
// 系统自带的问答映射表
private Map<String, QuestionInfo> mQuestionSystemMap = new HashMap<>();
// 用户添加的问答映射表
private Map<String, QuestionInfo> mQuestionCustomMap = new HashMap<>();
private QuestionDao;                           // 声明一个问答的持久化对象

// 加载所有问答
private void loadAllQuestion() {
    // 从App实例中获取唯一的问答持久化对象
    questionDao = MainApplication.getInstance().getQuestionDB().questionDao();
    RobotConstant.initSystemQuestion(this, questionDao);      // 初始化预设的问题
    // 加载所有问答信息
    List<QuestionInfo> questionList = questionDao.queryAllQuestion();
    for (QuestionInfo item : questionList) {
        if (item.getType() == 0) {                            // 系统问答
            mQuestionSystemMap.put(item.getQuestion(), item);
        } else {                                              // 用户问答
            mQuestionCustomMap.put(item.getQuestion(), item);
        }
    }
}
```

以上代码调用了initSystemQuestion方法初始化系统设定的问题，该方法把assets目录下的问答文件导入到数据库中，后续App从数据库中获取问答列表即可。初始化的示例代码如下：

```
（完整代码见chapter18\src\main\java\com\example\chapter18\constant\RobotConstant.java）
// 初始化系统设定的问题
public static void initSystemQuestion(Context ctx, QuestionDao questionDao)
{
    String templateFile = "robot/"+TEMPLETE_FILE;
    String templatePath = String.format("%s/%s",
            ctx.getExternalFilesDir(Environment.DIRECTORY_DOWNLOADS),
            templateFile);
    if (!new File(templatePath).exists()) {
        List<QuestionInfo> systemList = new ArrayList<>();
        AssetsUtil.Assets2Sd(ctx, templateFile, templatePath);
        String content = FileUtil.openText(templatePath);
        String[] lines = content.split("\\n");
        for (String line : lines) {
            String[] items = line.split(" ");
            systemList.add(new QuestionInfo(items[0], items[1], 0));
        }
        questionDao.insertQuestionList(systemList);        // 插入多条问答信息
    }
}
```

2. 监听用户的提问并作答

监听用户的提问要另外启动原始音频识别线程，先通过麦克风获得输入的原始音频数据，再将音频数据实时发给语音平台进行识别。语音识别结果是一串文本，要求持续检查已识别的文本是否为已设定的问题，若符合问题匹配条件，则借助语音平台将答案文本合成为语音，再播报合成后的答案语音。本书范例App能够识别的问答主要有下列三类：

（1）用户自己添加的问答，可从数据库中查询得到。

（2）App事先设定的系统问题，可通过模板串匹配判断。

（3）用户要机器人背诵的唐诗宋词，诗歌数据可在首次运行时从资料文件导入数据库中。

下面是与用户进行问答互动的机器人框架代码：

```
(完整代码见chapter18\src\main\java\com\example\chapter18\RobotActivity.java)
private VoiceRecognizeTask mRecognizeTask;        // 声明一个原始音频识别线程对象
private boolean isPlaying = false;                // 是否正在播放
private long mBeginTime;                          // 语音识别的开始时间
private Timer mTimer = new Timer();               // 语音识别计时器
private TimerTask mTimerTask;                              // 计时任务

// 在线识别实时语音
private void onlineRecognize() {
    // 创建语音识别任务，并指定语音监听器
    AsrClientEndpoint asrTask = new AsrClientEndpoint(this, "",
            arg -> checkRecognize((boolean)arg[0], arg[2].toString()));
    // 启动语音识别任务
    SoundUtil.startSoundTask(SoundConstant.URL_ASR, asrTask);
    // 创建一个原始音频识别线程
    mRecognizeTask = new VoiceRecognizeTask(this, asrTask);
    mRecognizeTask.start();                                // 启动原始音频识别线程
    isPlaying = false;
    findViewById(R.id.iv_robot).setOnClickListener(v -> {
        // 启动取消识别语音的线程
        new Thread(() -> mRecognizeTask.cancel()).start();
        playVoice(RobotConstant.SAMPLE_PATHS[2]);          // 播放样本音频
    });
    mBeginTime = System.currentTimeMillis();
    mTimer = new Timer();                                  // 创建一个录音计时器
    // 创建一个录音计时任务
    mTimerTask = new TimerTask() {
        @Override
        public void run() {
            long now = System.currentTimeMillis();
            // 超过10秒则停止本次识别，重新开始识别
            if (now - mBeginTime > 10 * 1000) {
                mTimer.cancel();                           // 取消计时器
                // 启动取消识别语音的线程
                new Thread(() -> mRecognizeTask.cancel()).start();
                runOnUiThread(() -> tv_answer.setText("我的回答是: "
                        +RobotConstant.SYSTEM_ANSWERS[6]));
                playVoice(RobotConstant.SAMPLE_PATHS[6]);  // 播放样本音频
            }
        }
    };
    mTimer.schedule(mTimerTask, 0, 1000);           // 每隔一秒就检查识别语音是否超时了
}

// 检查已识别的文本是否为已设定的问题
```

```
private void checkRecognize(boolean isEnd, String text) {
    tv_question.setText("您的问题是："+text);
    for (Map.Entry<String, QuestionInfo> item :
            mQuestionCustomMap.entrySet()) {
        if (text.contains(item.getKey())) {             // 匹配用户添加的问题
            if (!isEnd) {                               // 尚未结束识别
                // 启动取消识别语音的线程
                new Thread(() -> mRecognizeTask.cancel()).start();
            } else {                                    // 已经结束识别
                answerCustomQuestion(item.getValue()); // 回答用户问题
            }
            return;
        }
    }
    for (Map.Entry<String, QuestionInfo> item :
            mQuestionSystemMap.entrySet()) {
        if (text.matches(item.getKey())) {              // 匹配系统自带的问题
            if (!isEnd) {                               // 尚未结束识别
                // 启动取消识别语音的线程
                new Thread(() -> mRecognizeTask.cancel()).start();
            } else {                                    // 已经结束识别
                answerSystemQuestion(text, item.getValue());    // 回答系统问题
            }
            return;
        }
    }
    /* 这里省略匹配诗歌问题与背诵诗歌的相关代码 */
}

// 回答系统问题
private void answerSystemQuestion(String question, QuestionInfo questionInfo) {
    mTimerTask.cancel();                                        // 取消计时任务
    String answer = questionInfo.getAnswer();
    // 启动取消识别语音的线程
    new Thread(() -> mRecognizeTask.cancel()).start();
    Object[] resultArray = RobotConstant.judgeAnswerResult(
                        question, answer, mCityInfo);
    int voiceSeq = (int) resultArray[0];
    String tempText = (String) resultArray[1];
    String answerText = TextUtils.isEmpty(tempText) ?
            RobotConstant.SYSTEM_ANSWERS[voiceSeq] : tempText;
    runOnUiThread(() -> tv_answer.setText("我的回答是："+answerText));
    String voicePath = voiceSeq==-1
                    ? "" : RobotConstant.SAMPLE_PATHS[voiceSeq];
    // 启动在线合成语音的线程
    new Thread(() -> onlineCompose(answer, voiceSeq, answerText, voicePath)).start();
}

// 回答用户问题
private void answerCustomQuestion(QuestionInfo questionInfo) {
    mTimerTask.cancel();                                        // 取消计时任务
    String answer = questionInfo.getAnswer();
    // 启动取消识别语音的线程
    new Thread(() -> mRecognizeTask.cancel()).start();
    runOnUiThread(() -> tv_answer.setText("我的回答是："+answer));
    // 启动在线合成语音的线程
    new Thread(() -> onlineCompose(""+questionInfo.getId(), -1, answer, "")).start();
}
```

3. 判断用户的提问要怎么回答

上面第二点的第二类提问通过模板串匹配系统预设的问题，再给出对应的答案文本，或者直接返回固定的客套语音，建立这种映射关系的示例代码如下：

```
(完整代码见chapter18\src\main\java\com\example\chapter18\constant\RobotConstant.java)
// 判断回答的序号和内容
public static Object[] judgeAnswerResult(String question, String answer, CityInfo cityInfo) {
    int voiceSeq = -1;
    String tempText = "";
    if (answer.contains("askWho")) {                            // 问个人
        voiceSeq = 8;
    } else if (answer.contains("askName")) {                    // 问名字
        voiceSeq = 9;
    } else if (answer.contains("askAge")) {                     // 问年龄
        voiceSeq = 10;
    } else if (answer.contains("askDate")) {                    // 问日期
        tempText = "今天是"+DateUtil.getNowDateCN();
    } else if (answer.contains("askTime")) {                    // 问时间
        tempText = "现在是"+DateUtil.getNowTimeCN();
    } else if (answer.contains("askWeek")) {                    // 问星期
        tempText = "今天是"+DateUtil.getNowWeekCN();
    } else if (answer.contains("askWhere")) {                   // 问家乡
        if (cityInfo == null) {
            voiceSeq = 5;
        } else {
            tempText = String.format("我是%s人。", cityInfo.city_name.replace("市", ""));
        }
    } else if (answer.contains("askAddress")) {                 // 问地址
        if (cityInfo == null) {
            voiceSeq = 5;
        } else {
            tempText = String.format("我住在%s。", cityInfo.address);
        }
    } else if (answer.contains("askWeather")) {                 // 问天气
        if (cityInfo == null || cityInfo.weather_info == null) {
            voiceSeq = 5;
        } else {
            tempText = String.format("今天天气是%s，吹%s风，风力%s级。",
                    cityInfo.weather_info.weather,
                    cityInfo.weather_info.winddirection,
                    cityInfo.weather_info.windpower);
        }
    } else if (answer.contains("askTemperature")) {             // 问气温
        if (cityInfo == null || cityInfo.weather_info == null) {
            voiceSeq = 5;
        } else {
            tempText = String.format("现在气温是%s度，湿度是%s%%。",
                        cityInfo.weather_info.temperature,
                        cityInfo.weather_info.humidity);
        }
    } else if (answer.contains("makeHappy")) {                  // 让它开心
        voiceSeq = 1;
    } else if (answer.contains("makeCry")) {                    // 让它哭泣
        voiceSeq = 3;
    } else if (answer.contains("makeAngry")) {                  // 让它愤怒
        voiceSeq = 4;
    } else if (answer.contains("sayGoodbye")) {                 // 与它再见
        voiceSeq = 7;
```

```
        } else if (answer.contains("plusNumber")) {            // 整数相加
            long[] operands = NumberUtil.getOperands(question, "加");
            if (operands==null || operands.length<2) {
                voiceSeq = 6;
            } else {
                tempText = String.format("%d加%d等于%d。",
                        operands[0], operands[1], operands[0]+operands[1]);
            }
        } else if (answer.contains("minusNumber")) {           // 整数相减
            long[] operands = NumberUtil.getOperands(question, "减");
            if (operands==null || operands.length<2) {
                voiceSeq = 6;
            } else {
                tempText = String.format("%d减%d等于%d。",
                        operands[0], operands[1], operands[0]-operands[1]);
            }
        } else if (answer.contains("multiplyNumber")) {        // 整数相乘
            long[] operands = NumberUtil.getOperands(question, "乘");
            if (operands==null || operands.length<2) {
                voiceSeq = 6;
            } else {
                tempText = String.format("%d乘以%d等于%d。",
                        operands[0], operands[1], operands[0]*operands[1]);
            }
        } else if (answer.contains("divideNumber")) {          // 整数相除
            long[] operands = NumberUtil.getOperands(question, "除");
            if (operands==null || operands.length<2) {
                voiceSeq = 6;
            } else if (operands[1] == 0) {                     // 除数为零
                tempText = "小朋友，除数不能为零喔。";
            } else { // 除数非零
                double quotient = 1.0*operands[0]/operands[1];
                // 去掉小数字符串末尾的0
                String result = NumberUtil.removeTailZero(
                                String.format("%.6f", quotient));
                tempText = String.format("%d除以%d等于%s。",
                                operands[0], operands[1], result);
            }
        }
        return new Object[]{voiceSeq, tempText};
    }
```

18.4.3 效果展示

在使用机器人前确保手机已经联网，并且开启了定位功能。为了方便观察语音问答的交互结果，机器人会把识别到的问题文本显示在界面上方，把合成后的答案文本显示在界面下方。打开机器人首页，马上听到甜美的欢迎致辞“您好，很高兴为您服务。有什么可以帮您的呢”，如图18-25所示。先问它“你是谁”，机器人回答“我是小小机器人呀”，如图18-26所示。

接着向机器人询问今天的天气，机器人到高德地图获取当前城市的天气，再回答天气情况，如图18-27所示。继续问机器人住在哪里，机器人说出一处地址（用户当前的所在地），如图18-28所示。

接着考考机器人的算术水平，先问它一道加法题，机器人很快说出答案，如图18-29所示。再问它一道乘法题，机器人不假思索报出乘法结果，如图18-30所示。

继续考机器人的诗词素养，先问它一首唐诗，机器人立刻背出来，如图18-31所示。再问它一首宋词，机器人也流利朗诵，如图18-32所示。

图 18-25 机器人的欢迎致辞

图 18-26 机器人的自我介绍

图 18-27 机器人回答天气情况

图 18-28 机器人回答住在哪里

图 18-29 机器人回答加法题

图 18-30 机器人回答乘法题

图 18-31 机器人背诵唐诗

图 18-32 机器人背诵宋词

除了App事先设定好的问题，用户还可自行添加新的问答，从而让机器人能够回答新问题。点击主界面右下角的“添加新的问答”按钮，打开问答添加页面，如图18-33所示。分别输入提问与答案文字，待提交的问答添加页面如图18-34所示。

点击右上角的“保存”按钮，回到主界面后点击左下角的“查看问答列表”按钮，打开问答列表页面，如图18-35所示，可见新的提问已经加到列表末尾了。点击末尾的问答项，跳转到该问答的详情页，如图18-36所示。

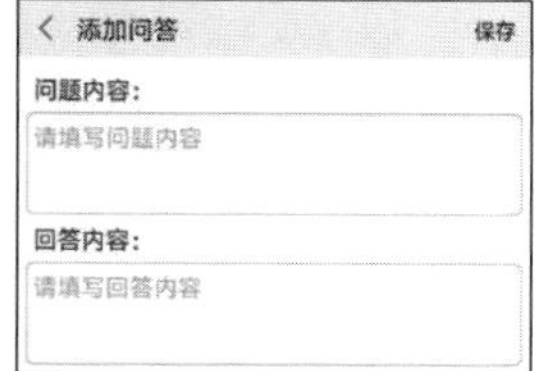

图 18-33 添加新问题的初始界面

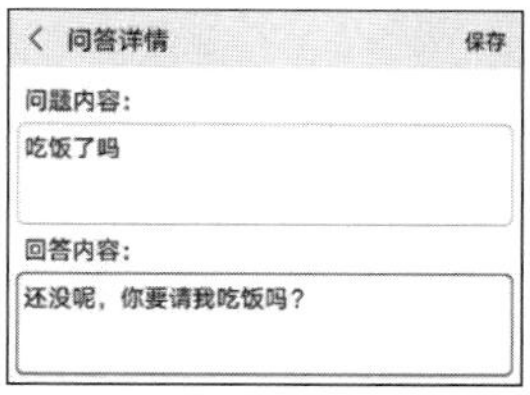

图 18-34 添加新问题的完成界面

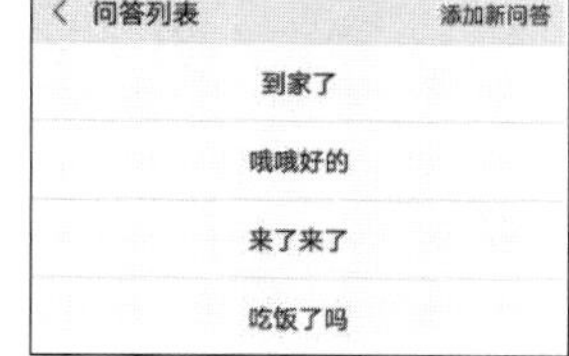

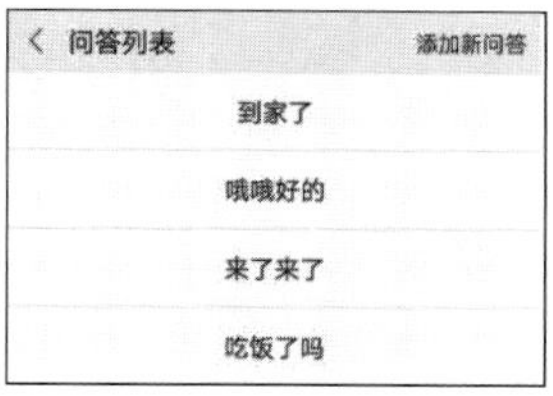

图 18-35 问答列表页

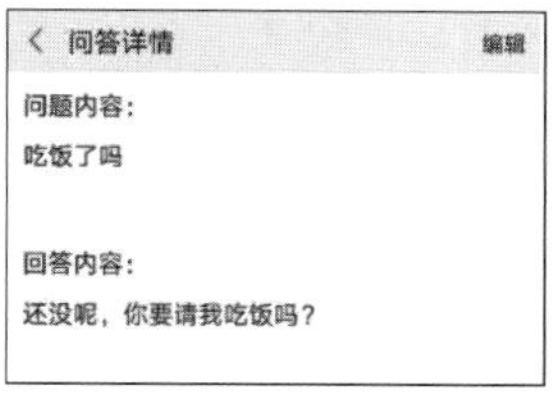

图 18-36 问答详情页

回到机器人主界面，问它“你吃饭了吗”，机器人在问答库里匹配到了这句话，于是立马回应设定好的答案“还没呢，你要请我吃饭吗？”，如图18-37所示。

现在这个机器人上知天文，下晓地理，算得了加减乘除，背得了唐诗宋词，妥妥的一个儿童好玩伴。

当然，问答机器人仅仅提供参考答案，本身并未参与生活中的实际操作。若想让机器人更加智能，则可考虑集成物联网技术，使之自动向其他机器发送控制指令，比如智能语音结合蓝牙技术催生了智能音箱产品（百度的小度音箱、小米的小爱音箱、阿里的天猫精灵等）。通过向智能音箱下达口头命令，消费者可以让它点播歌曲，还可以了解天气预报，甚至遥控智能家居设备，如拉开窗帘、开关空调、让热水器升温等，这些都是后话了。

图 18-37　机器人回答用户设定的问题

18.5　小　　结

本章主要介绍了App开发用到的语音处理技术，包括原生语音处理（系统自带的语音引擎、文字转语音、中文转拼音）、在线语音处理（原始音频录播、在线语音合成、在线语音识别）、基于机器学习的语音推断（TensorFlow简介、TensorFlow Lite、从语音中识别指令）。最后设计了一个实战项目“你问我答之小小机器人”，在该项目的App编码中综合运用了本章介绍的语音处理技术。

通过本章的学习，读者应该能够掌握以下3种开发技能：

（1）学会使用系统自带的语音引擎合成语音。

（2）学会利用第三方平台的语音接口在线处理语音。

（3）学会在App工程中集成TensorFlow Lite模型进行语音识别。

18.6　动 手 练 习

1. 利用开源库 Pinyin4j 将一段中文文本转换成拼音字母。
2. 在 App 工程中集成 TensorFlow Lite 提供的语音识别例子。
3. 综合运用语音处理技术实现一个问答机器人 App。

第 19 章 机器视觉

本章介绍App开发常用的一些机器视觉技术，主要包括：如何从条形码、二维码等简单图像识别出文字信息，如何从周围环境中识别人脸、比对人脸，如何在人脸识别基础上进行抠图、捕捉笑脸等高级应用。最后结合本章所学的知识演示一个实战项目“寻人神器之智慧天眼”的设计与实现。

19.1 简单图像识别

本节介绍几种简单图像的识别方式，内容包括：如何利用HMS（全称Huawei Mobile Service，中文名叫华为移动服务）识别出图片中的条形码和二维码信息，如何扫描识别周围环境中的文本字符，如何从图片文件上识别出文档信息等。

19.1.1 扫描二维码

开源的Android系统实际上只提供基本的系统服务，不提供常见的扩展服务，例如地图、邮箱、搜索、推送、机器学习、应用内支付等，这些扩展服务被谷歌公司打包成GMS（全称Google Mobile Service，中文名叫谷歌移动服务）套件。在海外市场，许多商用App都依赖于GMS提供的服务，要是手机缺少GMS就会导致这些App没法使用，而手机厂商预装GMS套件需要获得谷歌公司授权。2019年华为公司遭到美国制裁，导致华为手机没能获得GMS授权，致使海外市场陷入寒冬。为此，华为公司推出了自主可控的HMS套件，意图打破美国的制裁。

HMS是华为公司提供的一套App扩展服务框架，它分为两部分：一部分是面向普通用户的预装App，包括花瓣地图、花瓣邮箱、花瓣搜索、花瓣支付等；另一部分是面向开发者的HMS Core，它给开发者提供API接口，用于在App开发时集成相关服务。HMS Core是华为移动服务提供的端、云开放能力的合集，包含华为账号、应用内支付、推送服务、游戏服务、定位服务、地图服务、广告服务和机器学习服务等，它的开源代码仓库地址为https://gitee.com/hms-core，开发者可在该仓库下载对应源码学习并加以集成。

扫描二维码是HMS的一项基础服务，虽然谷歌公司也提供了zxing扫码框架，但是zxing框架的集成步骤不够简洁，而且它的识别速度偏慢，识别准确率也不高，远不如HMS的扫码服务来得好用。下面介绍如何在App工程中集成HMS的扫码服务。

首先，因为扫码属于第三方服务，所以要修改模块的build.gradle，往dependencies节点添加如下一行配置，表示导入指定版本的扫码库：

```
implementation 'com.huawei.hms:scanplus:1.3.1.300'
```

接着打开AndroidManifest.xml，补充以下的相机权限配置

```
<!-- 相机 -->
<uses-permission android:name="android.permission.CAMERA" />
```

然后在Java代码中增加用于扫码的远程视图，并指定扫码结果的回调事件，新增的代码片段如下：

```
(完整代码见chapter19\src\main\java\com\exampleer19\HmsScanActivity.java)
private RemoteView remoteView;                              // 声明一个HMS的远程视图对象
private int SCAN_FRAME_SIZE = 240;                          // 扫码框的默认尺寸

// 添加扫码的远程视图
private void addRemoteView(Bundle savedInstanceState) {
    int screenWidth = Utils.getScreenWidth(this);           // 获取屏幕宽度
    int screenHeight = Utils.getScreenHeight(this);         // 获取屏幕高度
    int scanFrameSize = (int) (SCAN_FRAME_SIZE * Utils.getScreenDensity(this));
    // 计算取景器的四周边缘。如果没有指定设置，它将位于布局的中间位置。
    Rect rect = new Rect();
    rect.left = screenWidth / 2 - scanFrameSize / 2;
    rect.right = screenWidth / 2 + scanFrameSize / 2;
    rect.top = screenHeight / 2 - scanFrameSize / 2;
    rect.bottom = screenHeight / 2 + scanFrameSize / 2;
    // 初始化远程视图实例
    remoteView = new RemoteView.Builder().setContext(this)
            .setBoundingBox(rect).setFormat(HmsScan.ALL_SCAN_TYPE).build();
    // 当光线昏暗时，展示闪光灯开关按钮，以便用户决定是否开灯
    remoteView.setOnLightVisibleCallback(visible -> {
        if (visible) {
            iv_flash.setVisibility(View.VISIBLE);
        }
    });
    // 设置扫描结果的回调事件
    remoteView.setOnResultCallback(result -> showResult(result));
    // 将自定义视图加载到活动中.
    remoteView.onCreate(savedInstanceState);
    RelativeLayout.LayoutParams params = new RelativeLayout.LayoutParams(
            RelativeLayout.LayoutParams.MATCH_PARENT,
            RelativeLayout.LayoutParams.MATCH_PARENT);
    rl_scan.addView(remoteView, params);              // 往相对布局中添加远程视图
}

// 显示扫码识别结果
private void showResult(HmsScan[] result) {
    if (result != null && result.length > 0 && result[0] != null &&
            !TextUtils.isEmpty(result[0].getOriginalValue())) {
        Intent intent = new Intent(this, ScanResultActivity.class);
        intent.putExtra(ScanUtil.RESULT, result[0]);
        startActivity(intent);                        // 跳转到扫码结果页
    }
}
```

在扫码结果页面，HMS不但支持获取结果文本，还支持获取条码的编码格式与结果类型，从而允许开发者更精准地辨别条码归属。下面是具体的扫码结果解析代码：

```
(完整代码见chapter19\src\main\java\com\example\chapter19\ScanResultActivity.java)
// 解析扫码结果
private void parserScanResult() {
    // 从意图中获取可折叠的扫码结果
```

```
        HmsScan hmsScan = getIntent().getParcelableExtra(ScanUtil.RESULT);
        try {
            String desc = String.format("扫码结果如下：\n\t\t格式为%s\n\t\t类型为%s\n\t\t内容
为%s",
                    getCodeFormat(hmsScan.getScanType()),
                    getResultType(hmsScan.getScanType(),
                    hmsScan.getScanTypeForm()),
                    hmsScan.getOriginalValue());
            tv_result.setText(desc);
        } catch (Exception e) {
            e.printStackTrace();
        }
    }

    // 获取扫码格式
    private String getCodeFormat(int scan_type) {
        String codeFormat = "未知（Unknown）";
        if (scan_type == HmsScan.QRCODE_SCAN_TYPE) {
            codeFormat = "快速响应码（QR code）";
        } else if (scan_type == HmsScan.AZTEC_SCAN_TYPE) {
            codeFormat = "阿兹特克码（AZTEC code）";
        } else if (scan_type == HmsScan.DATAMATRIX_SCAN_TYPE) {
            codeFormat = "数据矩阵码（DATAMATRIX code）";
        } else if (scan_type == HmsScan.PDF417_SCAN_TYPE) {
            codeFormat = "便携数据文件码（PDF417 code）";
        } else if (scan_type == HmsScan.CODE93_SCAN_TYPE) {
            codeFormat = "CODE93";
        } else if (scan_type == HmsScan.CODE39_SCAN_TYPE) {
            codeFormat = "CODE39";
        } else if (scan_type == HmsScan.CODE128_SCAN_TYPE) {
            codeFormat = "CODE128";
        } else if (scan_type == HmsScan.EAN13_SCAN_TYPE) {
            codeFormat = "欧洲商品编码-标准版（EAN13 code）";
        } else if (scan_type == HmsScan.EAN8_SCAN_TYPE) {
            codeFormat = "欧洲商品编码-缩短版（EAN8 code）";
        } else if (scan_type == HmsScan.ITF14_SCAN_TYPE) {
            codeFormat = "外箱条码（ITF14 code）";
        } else if (scan_type == HmsScan.UPCCODE_A_SCAN_TYPE) {
            codeFormat = "商品统一代码-通用（UPCCODE_A）";
        } else if (scan_type == HmsScan.UPCCODE_E_SCAN_TYPE) {
            codeFormat = "商品统一代码-短码（UPCCODE_E）";
        } else if (scan_type == HmsScan.CODABAR_SCAN_TYPE) {
            codeFormat = "库德巴码（CODABAR）";
        }
        return codeFormat;
    }

    // 获取结果类型
    private String getResultType(int scan_type, int scanForm) {
        String resultType = "文本（Text）";
        if (scan_type == HmsScan.QRCODE_SCAN_TYPE) {
            if (scanForm == HmsScan.PURE_TEXT_FORM) {
                resultType = "文本（Text）";
            } else if (scanForm == HmsScan.URL_FORM) {
                resultType = "网址（WebSite）";
            } // 此处省略若干格式判断
        } else if (scan_type == HmsScan.EAN13_SCAN_TYPE) {
            if (scanForm == HmsScan.ISBN_NUMBER_FORM) {
                resultType = "国际标准书号（ISBN）";
            } else if (scanForm == HmsScan.ARTICLE_NUMBER_FORM) {
                resultType = "产品（Product）";
            }
```

```
    } else if (scan_type == HmsScan.EAN8_SCAN_TYPE
            || scan_type == HmsScan.UPCCODE_A_SCAN_TYPE
            || scan_type == HmsScan.UPCCODE_E_SCAN_TYPE) {
        if (scanForm == HmsScan.ARTICLE_NUMBER_FORM) {
            resultType = "产品（Product）";
        }
    }
    return resultType;
}
```

接下来分别举个条形码例子与二维码例子，看看到底能扫出什么东西。条形码例子如图19-1所示，这是某个商品的条形码；二维码例子如图19-2所示，这是清华大学的微信公众号二维码。

运行测试App，打开的扫码界面如图19-3所示。

图 19-1　某个商品的条形码

图 19-2　清华大学的微信公众号二维码

图 19-3　测试 App 的扫码界面

把扫码框对准图19-1中的条形码图片，App识别成功并跳转到结果页面，如图19-4所示。返回之后继续扫描图19-2中的二维码图片，App识别成功并跳转到结果页面，如图19-5所示。由此验证了HMS扫码服务的准确性和高效率。

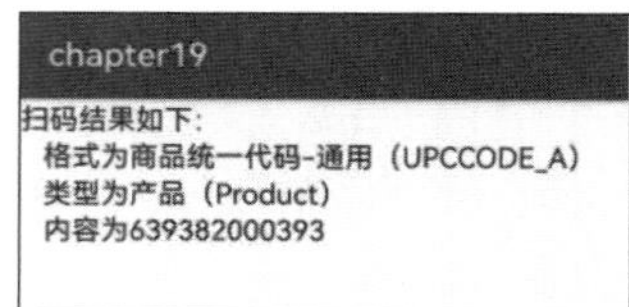

图 19-4　条形码的识别结果

图 19-5　二维码的识别结果

19.1.2　扫描识别文本

除了扫码服务，HMS Core还提供了华为账号、应用内支付、推送服务、游戏服务、定位服务、地图服务、广告服务和机器学习服务等诸多组件，其中以文本识别、图像识别、人脸检测为代表的机器学习服务尤为热门。若想在App工程中集成HMS的机器学习服务，需要先在华为开发者平台上注册账号，并按照下列步骤修改App工程。

01 使用浏览器打开华为开发者平台，网址为https://developer.huawei.com/consumer/cn/，登录账号后单击网页右上角的“管理中心”，进入管理台页面，如图19-6所示。

图 19-6　华为开发者平台的管理台页面

02 单击“上架及推广服务”的AppGallery Connect按钮，打开上架服务页面，如图19-7所示。

03 单击上架服务页面中的“我的项目”按钮，并在随后打开的项目管理页面中单击“添加项目”按钮，跳转到项目创建页面，如图19-8所示。

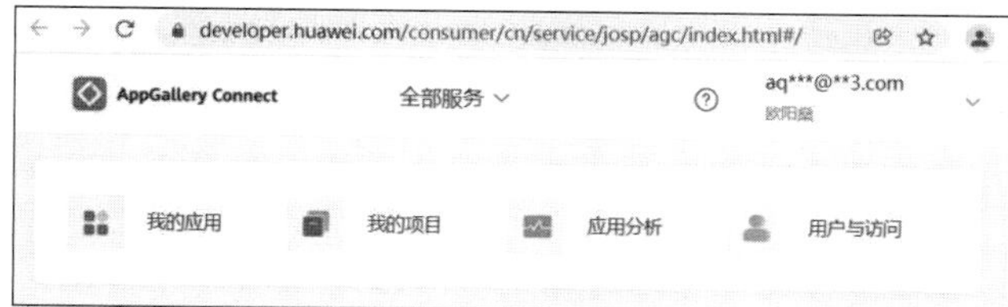

图 19-7　华为开发者平台的上架服务页面

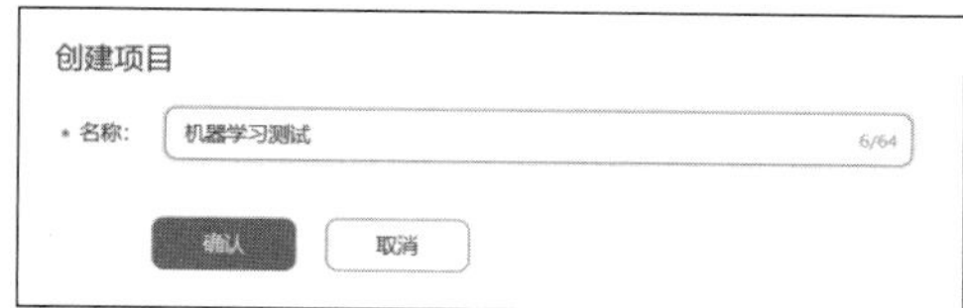

图 19-8　华为开发者平台的项目创建页面

04 输入项目名称，再单击下方的“确认”按钮，回到新项目的管理页面，如图19-9所示。

图 19-9　华为开发者平台的新项目管理页面

05 单击管理页面的“添加应用”按钮，打开如图19-10所示的应用创建页面，在该页面填写应用名称、应用包名等信息。

06 单击下方的“确认”按钮，跳转到添加完成页面，如图19-11所示。

图 19-10　华为开发者平台的应用创建页面

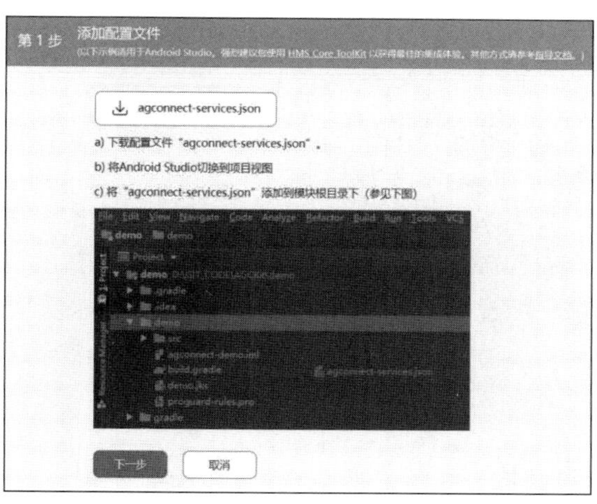

图 19-11　华为开发者平台的添加完成页面

07 在完成页面下载配置文件“agconnect-services.json”，把该文件放到App模块的根目录下。回到该项目的管理界面，点击如图19-12所示的“API管理”选项卡，切换到API管理页面，在该页面开启组件需要的服务，识别文本、人脸检测这些均需开启API管理的机器学习服务。

图 19-12　华为开发者平台的 API 管理页面

08 打开项目根目录的settings.gradle，给repositories节点添加华为仓库配置，代码如下：

```
// 以下添加华为的仓库地址，引入HMS需要
maven { url 'https://developer.huawei.com/repo/'}
```

09 打开项目级别的build.gradle，添加如下几行agconnect配置：

```
// HMS需要导入com.huawei.agconnect:agcp
// 连带需要com.android.tools.build:gradle
buildscript {
    dependencies {
        classpath "com.android.tools.build:gradle:4.2.2"
        classpath 'com.huawei.agconnect:agcp:1.5.2.300'
    }
}
```

10 打开模块级别的build.gradle，在文件开头的plugins节点内部补充如下一行配置，表示运用agconnect插件：

```
    id 'com.huawei.agconnect'
```

同时给dependencies节点添加如下一行配置，表示导入指定版本的agconnect库：

```
implementation 'com.huawei.agconnect:agconnect-core:1.5.2.300'
```

11 在Java代码中定义以下的setApiKey方法，并在App启动时调用该方法：

```
public static final String API_KEY = "client/api_key";
private void setApiKey(){  // 设置HMS的API_KEY
    AGConnectOptions options = new AGConnectOptionsBuilder().build(this);
    MLApplication.getInstance().setApiKey(options.getString(API_KEY));
}
```

至此完成了在App工程中集成HMS上架服务的过程，凡是引用HMS Core提供的服务（扫码服务除外），均需事先进行上述操作。

对于机器学习服务来说，又涉及文本识别、图像识别、人脸检测等数个子服务，每个子服务拥有各自的依赖库。就文本识别服务而言，需要修改模块的build.gradle，给dependencies节点添加如下配置，表示导入指定版本的视觉库，以及公共库工程hmsml和agconnect插件库：

```
implementation 'com.huawei.hms:ml-computer-vision-cloud:2.0.5.300'
// 本书修改后的HMS公共库工程
implementation project(":hmsml")
// agconnect插件的核心库
implementation 'com.huawei.agconnect:agconnect-core:1.5.2.300'
```

不管是文本识别，还是图像识别，抑或人脸检测，这些都用了摄像头、存储卡与网络，意味着得在AndroidManifest.xml中补充对应权限配置，代码里面也要保证运行时动态授权。

```
<!-- 相机 -->
<uses-permission android:name="android.permission.CAMERA" />
<!-- 存储卡读写 -->
```

```
<uses-permission android:name="android.permission.WRITE_EXTERNAL_STORAGE" />
<uses-permission android:name="android.permission.READ_EXTERNAL_STORAGE" />
<!-- 互联网 -->
<uses-permission android:name="android.permission.INTERNET" />
```

当然，涉及存储卡与网络授权，不要忘了给AndroidManifest.xml的application节点新增以下的属性配置：

```
android:preserveLegacyExternalStorage="true"
android:requestLegacyExternalStorage="true"
android:usesCleartextTraffic="true"
```

接着在布局文件中添加HMS服务需要的LensEnginePreview与GraphicOverlay节点，代码片段示例如下：

```
(完整代码见chapter19\src\main\res\layout\activity_recognize_text.xml)
<com.example.hmsml.text.camera.LensEnginePreview
    android:id="@+id/lep_preview"
    android:layout_width="match_parent"
    android:layout_height="wrap_content"
    android:layout_alignParentTop="true">

    <com.example.hmsml.text.views.overlay.GraphicOverlay
        android:id="@+id/go_overlay"
        android:layout_width="match_parent"
        android:layout_height="match_parent" />
</com.example.hmsml.text.camera.LensEnginePreview>
```

然后在布局对应的Java代码中创建并启动透镜引擎，并设置机器学习的框架办理器，以便HMS实时识别文本。详细的透镜引擎操作代码示例如下：

```
(完整代码见chapter19\src\main\java\com\example\chapter19\RecognizeTextActivity.java)
private Handler mHandler = new Handler();                   // 声明一个处理器对象
private boolean isInitialized = false;                      // 是否初始化
private LensEngine mLensEngine;                             // 声明一个透镜引擎对象
private LensEnginePreview lep_preview;                      // 声明一个透镜引擎视图对象
private GraphicOverlay go_overlay;                          // 声明一个图形覆盖板对象
private LocalTextTransactor mLocalTransactor;               // 声明一个本地文本办理器对象

@Override
public void onResume() {
    super.onResume();
    if (!isInitialized) {                                   // 尚未初始化
        createLensEngine();                                 // 创建透镜引擎
    }
    startLensEngine();                                      // 启动透镜引擎
}

// 创建透镜引擎
private void createLensEngine() {
    if (mLensEngine == null) {
        mLensEngine = new LensEngine(this, new CameraConfiguration(), go_overlay);
    }
    mLocalTransactor = new LocalTextTransactor(mHandler, this);
    // 给透镜引擎设置机器学习的框架办理器
    mLensEngine.setMachineLearningFrameTransactor(mLocalTransactor);
    isInitialized = true;
}

// 启动透镜引擎
private void startLensEngine() {
    if (mLensEngine != null) {
```

```
        try {                                          // 引擎视图启动透镜引擎
            lep_preview.start(mLensEngine, false);
        } catch (Exception e) {
            e.printStackTrace();
            mLensEngine.release();                     // 释放透镜引擎
            mLensEngine = null;
        }
    }
}

// 获取文本识别结果
private void takeResult() {
    String recognizeResult = mLocalTransactor.getTextResult();
    Intent intent = new Intent(this, RecognizeResultActivity.class);
    intent.putExtra(ScanUtil.RESULT, recognizeResult);
    startActivity(intent);                             // 跳转到识别结果页
}
```

运行测试App，打开文本环境的实时识别界面，如图19-13所示，点击下方的圆形识别按钮，识别成功跳转到识别结果界面，如图19-14所示，可见HMS服务成功实时识别到了文本内容。

图 19-13　实时识别文本界面

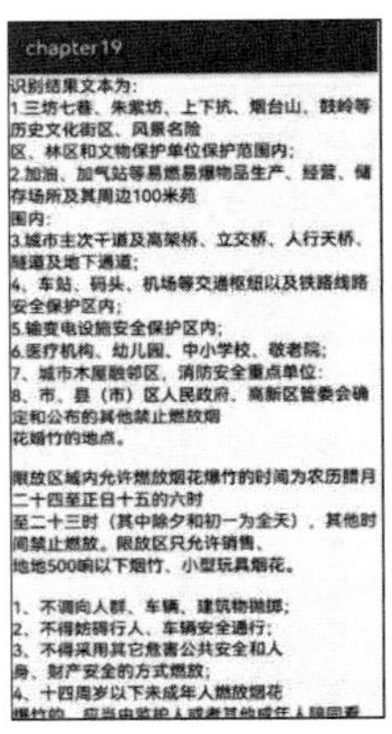

图 19-14　文本的识别结果界面

19.1.3　识别图像中的文档

上一小节识别文本用到了本地文本办理器LocalTextTransactor，这个只适用于摄像头实时识别，若想从某张图片中识别文档，则需采用远程文本办理器RemoteTextTransactor。RemoteTextTransactor主要提供下列两个方法：

- addCouldTextResultCallBack：添加识别结果的回调事件CouldInfoResultCallBack。可在回调事件中处理识别结果内容。
- process：开始分析指定位图，并从中识别文档，识别完成会触发addCouldTextResultCallBack方法设定的回调事件。

从上述方法说明可知，远程文本办理器的用法相当简单，只要提前调用addCouldTextResultCallBack方法设定回调事件，再调用process方法分析位图，即可迅速从图片中识别出文档内容。下面是使用RemoteTextTransactor识别图像文档的代码例子：

```
（完整代码见chapter19\src\main\java\com\example\chapter19\RecognizeDocActivity.java）
private ProgressDialog mDialog;                        // 声明一个进度对话框对象
private final Handler mHandler = new Handler();        // 声明一个处理器对象
```

```
    private GraphicOverlay go_overlay;                          // 声明一个图形覆盖板对象
    private RemoteTextTransactor mRemoteTransactor;             // 声明一个远程文本办理器对象

    // 初始化远程文本办理器
    private void initImageTransactor() {
        // 创建一个识别结果的回调事件对象
        CouldInfoResultCallBack resultCallBack = new CommonResultCallBack(result -> {
            if (mDialog!=null && mDialog.isShowing()) {
                mDialog.dismiss();                              // 识别结束，关闭进度对话框
            }
            tv_result.setText(result);
        });
        mRemoteTransactor = new RemoteTextTransactor(mHandler);
        // 给远程文本办理器添加识别结果的回调事件
        mRemoteTransactor.addCouldTextResultCallBack(resultCallBack);
        // 注册一个善后工作的活动结果启动器，获取指定类型的内容
        ActivityResultLauncher launcher = registerForActivityResult(new
ActivityResultContracts.GetContent(), uri -> {
            if (uri != null) {
                // 根据指定图片的uri，获得自动缩小后的位图对象
                Bitmap bitmap = BitmapUtil.getAutoZoomImage(this, uri);
                // 远程文本办理器开始分析位图并从中识别文档
                mRemoteTransactor.process(bitmap, go_overlay);
                mDialog = ProgressDialog.show(this, "请稍等", "正在努力识别文档");
                iv_origin.setImageBitmap(bitmap);
            }
        });
        findViewById(R.id.btn_choose).setOnClickListener(v -> launcher.launch("image/*"));
    }
```

运行测试App，先到系统相册中选择某张待识别的图片文件，然后返回提示“正在识别”的界面，如图19-15所示。不一会儿识别完毕的文字界面如图19-16所示，可见成功从图像中识别得到文档内容。

图 19-15　正在从图片中识别文本

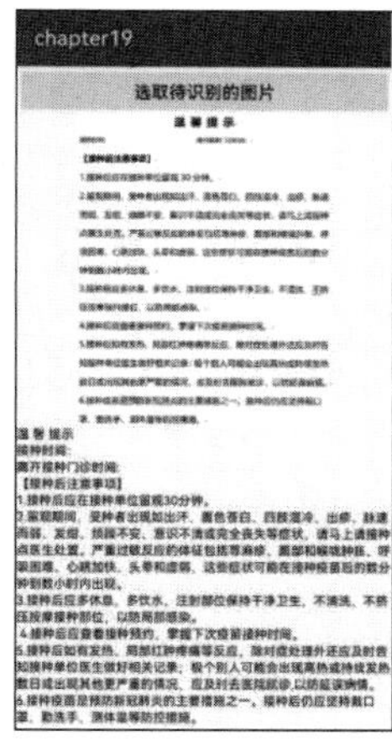

图 19-16　成功从图片中识别文本

19.2　人 脸 识 别

本节介绍利用HMS处理人脸识别的几种方式，内容包括：人脸识别的检验思路以及如何使用HMS

检测人脸区域，如何比对两张图片中的人脸相似程度，如何进行活体检测以便鉴别真人与假人等。

19.2.1　人脸检测

机器学习领域的一大应用是人脸识别相关功能，包括人脸检测、人脸比对等。以人脸实时检测为例，通过摄像头捕捉周围环境中的人脸轮廓，这是人脸识别应用的基础技术。因为只有检测到了景象当中的人脸区域，才能进一步分析人脸的具体特征。

检测人脸与检测二维码的基本思路类似，比如扫描如图19-17所示的二维码，先找到三个角落的带框方格，确定了二维码所处的正方形区域，再检查该区域内部的黑点分布，最终解析得到二维码的内容文本。人脸识别也是基于同样的检验思路，要想从一幅图像中找到人脸，不看头发不看脸颊不看嘴巴，只看两个眼眶与鼻梁。因为头发可长可短还可能戴帽子，脸颊会变胖变瘦还可能长胡子，嘴巴可张开可闭拢还可能涂口红，唯有眼眶跟鼻梁紧贴着头骨，轻易不会改变，所以人脸识别便锁定了两个眼眶与鼻梁联结起来的T型区域，如图19-18所示（该图见新浪科技：https://tech.sina.com.cn/i/2018-10-24/doc-ihmuuiyw6920945.shtml）。

图 19-17　二维码的方格识别框架

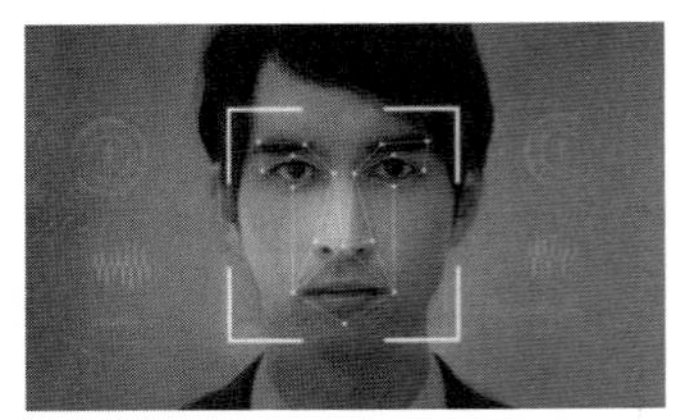

图 19-18　人脸的 T 型识别框架

对于HMS的人脸检测来说，需要修改模块的build.gradle，给dependencies节点添加如下配置，表示导入指定版本的人脸检测库（公共的agconnect插件和库工程hmsml也要导入）：

```
implementation 'com.huawei.hms:ml-computer-vision-face:2.0.5.300'
implementation
    'com.huawei.hms:ml-computer-vision-face-emotion-model:2.0.5.300'
implementation
    'com.huawei.hms:ml-computer-vision-face-feature-model:2.0.5.300'
implementation
    'com.huawei.hms:ml-computer-vision-face-shape-point-model:2.0.5.300'
```

在扫描识别人脸的时候，同扫描识别文本一样，HMS用到了透镜引擎LensEngine和透镜引擎视图LensEnginePreview。其中前者用于跟摄像头以及机器学习框架交互，而后者用于关联透镜引擎以及渲染界面。下面是LensEngine的常用方法说明：

- 构造方法：创建透镜引擎实例，并设定相机配置，以及图形覆盖板对象。
- setMachineLearningFrameTransactor：给透镜引擎设置机器学习的框架办理器。
- getCamera：获取透镜引擎使用的摄像头对象。
- release：释放透镜引擎。

下面是LensEnginePreview的常用方法说明：

- start：透镜引擎视图启动透镜引擎。
- getSurfaceTexture：获取透镜引擎视图的表面纹理。
- stop：透镜引擎视图停止工作。
- release：透镜引擎视图释放资源。

具体到人脸识别编码，则需声明一个本地人脸办理器对象LocalFaceTransactor，通过本地人脸办理器实时检测环境景象中的人脸。详细的检测代码示例如下：

```
(完整代码见chapter19\src\main\java\com\example\chapter19\FaceDetectActivity.java)
private LensEngine mLensEngine;                          // 声明一个透镜引擎对象
private LensEnginePreview lep_preview;                   // 声明一个透镜引擎视图对象
private GraphicOverlay go_overlay;                       // 声明一个图形覆盖板对象
// 默认前置摄像头
private int mCameraType = CameraConfiguration.CAMERA_FACING_BACK;
private LocalFaceTransactor mTransactor;                 // 声明一个本地人脸办理器对象

// 创建透镜引擎
private void createLensEngine() {
    CameraConfiguration configuration = new CameraConfiguration();
    configuration.setCameraFacing(mCameraType);          // 设置摄像头朝向
    if (mLensEngine == null) {
        mLensEngine = new LensEngine(this, configuration, go_overlay);
    }
    mTransactor = new LocalFaceTransactor(this);
    // 给透镜引擎设置机器学习的框架办理器
    mLensEngine.setMachineLearningFrameTransactor(mTransactor);
}

// 启动透镜引擎
private void startLensEngine() {
    if (mLensEngine != null) {
        try {                                            // 透镜引擎视图启动透镜引擎
            lep_preview.start(mLensEngine, true);
        } catch (Exception e) {
            e.printStackTrace();
            mLensEngine.release();                       // 释放透镜引擎
            mLensEngine = null;
        }
    }
}

// 保存人脸图片
private void saveFace() {
    String path = String.format("%s/%s.jpg",
            getExternalFilesDir(Environment.DIRECTORY_DOWNLOADS),
            DateUtil.getNowDateTime());
    mTransactor.saveFace(path);                      // 人脸办理器对象保存人脸
}
```

运行测试App，在屏幕上展现摄像头的预览画面，如图19-19所示，注意人脸区域被方框圈了出来，表示App已经检测到此处有张人脸。点击下方的“保存头像”按钮，即可将识别到的人脸保存为图片。

图 19-19　人脸识别的预览画面

19.2.2　人脸比对

检测到了一张人脸，就会有第二张人脸、第三张人脸等，那么呼之欲出的便是如何判断这些人脸都是谁的呢？须知每个人都有自己的模样，有的眉清目秀，有的浓眉大眼，各人的五官各具特色，如此才能通过长相分辨这是谁谁谁。对于计算机学科来说，识别人脸拥有模板匹配法、奇异值特征法、子空间分析法、主成分分析法等算法，这些算法的原理及其实现并非三言两语就能说清。所幸

HMS已经把人脸分析算法集成在了人脸比对分析器MLFaceVerificationAnalyzer中，开发者只需分别指定待比较的人脸模板，以及准备比对的目标人脸，再利用人脸比对分析器即可估算两张人脸的相似程度。

MLFaceVerificationAnalyzer主要提供了两个方法，分别是setTemplateFace和asyncAnalyseFrame。其中setTemplateFace方法用于给人脸比对分析器设置待比较的人脸模板，而asyncAnalyseFrame方法用于给人脸比对分析器创建异步分析任务，准备分析比较指定人脸。由于人脸比对是个异步过程，因此要对分析任务添加成功监听器和失败监听器：调用addOnSuccessListener方法添加成功监听器，比对成功结果将在该监听器返回；调用addOnFailureListener方法添加失败监听器，比对失败结果将在该监听器返回。

引入人脸比对功能需要修改模块的build.gradle，往dependencies节点添加如下配置，表示导入指定版本的人脸比对库（公共的agconnect插件和库工程hmsml也要导入）：

```
implementation 'com.huawei.hms:ml-computer-vision-faceverify:2.2.0.300'
implementation
      'com.huawei.hms:ml-computer-vision-faceverify-model:2.2.0.300'
```

以比对两张人脸图片为例，详细的比对过程说明如下：

01 初始化人脸比对分析器。

02 到相册中挑选一张带人脸的图片，并调用分析器对象的setTemplateFace方法设置人脸模板。

03 到相册中挑选另一张带人脸的图片，并调用分析器对象的asyncAnalyseFrame方法创建目标人脸的异步分析任务。

04 给异步分析任务先后添加成功监听器和失败监听器，并在成功监听器中输出两张人脸的相似度数值。

根据上述步骤编写人脸比对代码，示例如下：

```
(完整代码见chapter19\src\main\java\com\example\chapter19\FaceVerifyActivity.java)
private static final int FACEMAX = 3;                    // 最多识别的人脸数量
private Bitmap mFirstBitmap, mFirstBitmapCopy;           // 第一张人脸位图及其副本
private Bitmap mSecondBitmap, mSecondBitmapCopy;         // 第二张人脸位图及其副本
private MLFaceVerificationAnalyzer mAnalyzer;            // 声明一个人脸比对分析器对象
// 初始化人脸比对分析器
private void initAnalyzer() {
    MLFaceVerificationAnalyzerSetting setting =
        new MLFaceVerificationAnalyzerSetting.Factory()
            .setMaxFaceDetected(FACEMAX).create();
    mAnalyzer = MLFaceVerificationAnalyzerFactory.getInstance()
                .getFaceVerificationAnalyzer(setting);
}
// 挑选图片
private void choosePic(Uri uri, boolean isFirst) {
    if (uri == null) {
        Toast.makeText(this, "请选择一张图片", Toast.LENGTH_SHORT).show();
        return;
    }
    if (isFirst) {                                       // 第一张图片
        mFirstBitmap = loadFacePic(uri, iv_first);       // 加载人脸图片
        mFirstBitmapCopy = mFirstBitmap.copy(Bitmap.Config.ARGB_8888, true);
    } else {                                             // 第二张图片
        mSecondBitmap = loadFacePic(uri, iv_second);     // 加载人脸图片
```

```
        mSecondBitmapCopy = mSecondBitmap.copy(Bitmap.Config.ARGB_8888, true);
    }
}
// 加载人脸图片
private Bitmap loadFacePic(Uri picUri, ImageView view) {
    Bitmap pic = BitmapUtils.loadFromPath(this, BitmapUtil.getPureUri(picUri),
            ((View) view.getParent()).getWidth(),
            ((View) view.getParent()).getHeight())
            .copy(Bitmap.Config.ARGB_8888, true);
    view.setImageBitmap(pic);
    view.setVisibility(View.VISIBLE);
    return pic;
}
// 比较两张人脸图片的相似度
private void compareFace() {
    if (mFirstBitmap==null || mSecondBitmap==null) {
        Toast.makeText(this, "请先选择两张人脸图片", Toast.LENGTH_SHORT).show();
        return;
    }
    try {
        // 给人脸比对分析器设置待比较的人脸模板
        List<MLFaceTemplateResult> results =
            mAnalyzer.setTemplateFace(MLFrame.fromBitmap(mFirstBitmap));
        for (MLFaceTemplateResult template : results) {
            // 在位图上面标出人脸相框
            BitmapUtil.drawFaceFrame(template.getFaceInfo().getFaceRect(),
                    mFirstBitmapCopy);
            iv_first.setImageBitmap(mFirstBitmapCopy);
        }
        // 给人脸比对分析器创建异步分析任务，准备分析比较指定人脸
        Task<List<MLFaceVerificationResult>> task =
            mAnalyzer.asyncAnalyseFrame(MLFrame.fromBitmap(mSecondBitmap));
        // 给异步分析任务添加成功监听器和失败监听器
        task.addOnSuccessListener(compareList -> {
            List<Float> similarityList = new ArrayList<>();
            for (MLFaceVerificationResult template : compareList) {
                // 在位图上面标出人脸相框
                BitmapUtil.drawFaceFrame(template.getFaceInfo().getFaceRect(),
                        mSecondBitmapCopy);
                iv_second.setImageBitmap(mSecondBitmapCopy);
                similarityList.add(template.getSimilarity());  // 添加人脸相似度
            }
            tv_result.setText("人脸相似度为："+similarityList.toString());
        }).addOnFailureListener(e ->
                tv_result.setText("人脸比对失败："+e.toString()));
    } catch (Exception e) {
        e.printStackTrace();
        tv_result.setText("人脸比对失败："+e.getMessage());
    }
}
```

运行测试App，打开人脸比对的初始界面，如图19-20所示。然后到相册中挑选两张带人脸的图片，再点击“开始比对”按钮，App在按钮下方展示比较结果，如图19-21所示。可见两张图片中的人脸相似度为0.95，注意相似度取值范围为0～1，越靠近0表示越不相似，越靠近1表示越相似，由此可知例图的两张人脸相似程度很高。

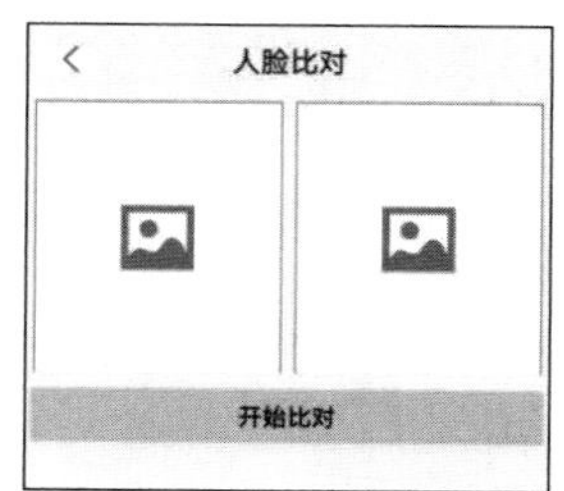

图 19-20　人脸比对的初始界面

图 19-21　人脸比对的结果界面

19.2.3　活体检测

普通的人脸检测是二维层面的，存在被伪造的可能性，倘若事先把人脸图片打印到相纸上，然后拿着镜头扫描这张相片，就会认为检测到了人脸。然而这是真的人脸吗？那不过是印着人脸图案的纸张罢了。若是把相片判作人脸，无疑削弱了人脸检测的权威性，因为只要拿着一张照片到处刷脸，就能糊弄机器招摇撞骗了。

为此催生了更可靠的活体检测方法，所谓活体指的是“活的人体”，是有血有肉能说会动的真人。活体检测是确定目标对象生理特征的一套方法，它通过眨眼、张嘴、点头、摇头等组合动作，验证用户是否为本人操作，从而有效抵御照片、换脸、面具等伪装手段。日常生活中的刷脸场景，其实就运用了活体检测技术验证是谁在刷脸，而非采用简单的人脸检测，因为一张假脸是无法通过活体检测的。

虽然活体检测的实现过程比简单的人脸检测要复杂，不过HMS已经化繁为简在其内部集成了这些过程，提供给开发者调用的API相当方便。对于活体检测来说，需要修改模块的build.gradle，给dependencies节点添加如下配置，表示导入指定版本的活体检测库（公共的agconnect插件和库工程hmsml也要导入）：

```
implementation
        'com.huawei.hms:ml-computer-vision-livenessdetection:2.2.0.300'
```

接着在代码中启动HMS自带的活体检测页面，从回调接口获取检测结果MLLivenessCaptureResult，该类的结果获取方法说明如下：

- isLive：检测对象是否为活体。true表示为活体，false表示为非活体。
- getScore：获取活体检测评分，满分为100。
- getYaw：获取侧滑角（摇头）。
- getPitch：获取倾斜角（点头、抬头）。
- getRoll：获取卷曲度。

开启活体检测及其结果判断的代码不多，只需以下几行就搞定了：

```
(完整代码见chapter19\src\main\java\com\example\chapter19\LivenessDetectActivity.java)
// 启动HMS自带的活体检测页面
private void startCaptureActivity() {
    MLLivenessCapture capture = MLLivenessCapture.getInstance();
    capture.startDetect(this, new CaptureCallback());
}

// 定义一个活体捕捉的回调对象
public static Callback mCallback = new Callback() {
    @Override
```

```
    public void onSuccess(MLLivenessCaptureResult result) {
        tv_result.setBackgroundColor(result.isLive()?Color.CYAN:Color.RED);
        String desc = String.format("活体检测结果为：%s。\n" +
                        "评分为%.2f，侧滑角为%.2f，倾斜角%.2f，卷曲度为%.2f",
                result.isLive()?"真人":"假人", result.getScore(),
                result.getYaw(), result.getPitch(), result.getRoll());
        tv_result.setText(desc);
        iv_result.setImageBitmap(result.getBitmap());
    }

    @Override
    public void onFailure(int errorCode) {
        tv_result.setText("识别出错，错误码为：" + errorCode);
    }
};
```

当然，如果不满意HMS自带的检测界面风格，也可以自定义一个检测活动页面，把活体检测视图MLLivenessDetectView嵌入到自定义页面中，就能定制专属的检测界面了。定制界面的检测代码例子如下：

```
(完整代码见chapter19\src\main\java\com\example\chapter19\LivenessCustomActivity.java)
private TextView tv_result;
private MLLivenessDetectView mLivenessView;                // 声明一个活体检测视图对象

@Override
protected void onCreate(Bundle savedInstanceState) {
    super.onCreate(savedInstanceState);
    setContentView(R.layout.activity_liveness_custom);
    tv_result = findViewById(R.id.tv_result);
    RelativeLayout rl_surface = findViewById(R.id.rl_surface);
    findViewById(R.id.iv_back).setOnClickListener(v -> finish());
    Rect rect = new Rect(0, 0, Utils.getScreenWidth(this), Utils.dip2px(this, 480));
    // 根据指定参数建造一个活体检测视图
    mLivenessView = new MLLivenessDetectView.Builder().setContext(this)
            .setOptions(MLLivenessDetectView.DETECT_MASK)
            .setFaceFrameRect(rect)                         // 设置人脸相框的矩形边界
            // 设置活体检测的回调监听器
            .setDetectCallback(new MyLivenessCallback()).build();
    rl_surface.addView(mLivenessView);                      // 把活体检测视图添加至相对布局
    mLivenessView.onCreate(savedInstanceState);              // 创建活体检测视图对象
}

// 定义一个活体检测的回调类
private class MyLivenessCallback implements OnMLLivenessDetectCallback {
    @Override
    public void onCompleted(MLLivenessCaptureResult result) {
        tv_result.setBackgroundColor(result.isLive()? Color.CYAN:Color.RED);
        String desc = String.format("活体检测结果为：%s。\n" + "评分为%.2f，
                        侧滑角为%.2f，倾斜角%.2f，卷曲度为%.2f",
                result.isLive()?"真人":"假人", result.getScore(),
                result.getYaw(), result.getPitch(), result.getRoll());
        tv_result.setText(desc);
    }

    @Override
    public void onError(int error) {
        tv_result.setText("识别出错，错误码为：" + error);
    }

    public void onInfo(int infoCode, Bundle bundle) {}

    @Override
    public void onStateChange(int state, Bundle bundle) {}
}
```

运行测试App，打开自定义的活体检测页面，当镜头面对真人时，检测结果如图19-22所示。当镜头面对假人（相片）时，检测结果如图19-23所示。可见活体检测果然能将真人与假人辨别开来。那些金融App在验证用户人脸时，要求用户点头、抬头、摇头、眨眼等，目的就是让活体检测更加准确。

图 19-22　真人的活体检测结果界面

图 19-23　假人的活体检测结果界面

19.3 人像进阶

本节介绍HMS对于人脸识别的几种进阶应用，内容包括：如何使用HMS从图片中抠出人像区域，如何在拍照时自动替换人像之外的背景区域，如何在摄影时快速自动抓拍笑脸瞬间。

19.3.1 人像抠图

人脸识别技术不光用于校验人脸的真实性，还可用于有趣的图像美化操作。比如先从一张图片中抠出人像，再把人像贴到另一张图片，从而实现移花接木的特效。HMS的抠图操作用到了图像切片分析器MLImageSegmentationAnalyzer，详细的抠图步骤说明如下：

01 初始化图像切片分析器对象，注意调用setAnalyzerType方法设置分析类型为MLImageSegmentationSetting.BODY_SEG，表示将要分析人体。

02 到相册中选择原始的人像图片，并对其创建图像分析任务，把抠出的人脸区域存入前景位图。

03 到相册中选择待贴图的背景图片，并在图像视图上依次画入背景位图与前景位图。

04 从图像视图的绘图缓存中获得贴好人脸的新位图，并保存为相册图片。

引入人像抠图功能需要修改模块的build.gradle，往dependencies节点添加如下配置，表示导入指定版本的人像抠图库（公共的agconnect插件和库工程hmsml也要导入）：

```
    implementation 'com.huawei.hms:ml-computer-vision-segmentation:2.2.0.300'
    implementation
'com.huawei.hms:ml-computer-vision-image-segmentation-body-model:2.2.0.300'
```

根据上述的抠图步骤，编写的具体的实现代码示例如下：

（完整代码见chapter19\src\main\java\com\example\chapter19\FacePickActivity.java）

```
private Bitmap mOriginBitmap, mProcessedBitmap;             // 原始位图和抠好的位图
private Bitmap mForegroundBitmap, mBackgroundBitmap;        // 前景位图和背景位图
private GraphicOverlay go_overlay;                          // 声明一个图形覆盖板对象
private MLImageSegmentationAnalyzer mAnalyzer;              // 声明一个图像切片分析器对象
// 初始化图像切片分析器
private void initAnalyzer() {
    MLImageSegmentationSetting setting =
        new MLImageSegmentationSetting.Factory()
            .setAnalyzerType(MLImageSegmentationSetting.BODY_SEG).create();
    mAnalyzer = MLAnalyzerFactory.getInstance()
                .getImageSegmentationAnalyzer(setting);
}
// 选择原始的人像图片
private void chooseOrigin(Uri uri) {
    if (uri == null) {
        Toast.makeText(this, "请选择一张人像图片", Toast.LENGTH_SHORT).show();
        return;
    }
    go_overlay.clear();                          // 清空图形覆盖板
    mOriginBitmap = BitmapUtils.loadFromPath(this, BitmapUtil.getPureUri(uri),
            ((View) iv_origin.getParent()).getWidth(),
            ((View) iv_origin.getParent()).getHeight());
    iv_origin.setImageBitmap(mOriginBitmap);
    createImageTask();                           // 创建图像分析任务
    changeBackground();                          // 变更背景画面
}
// 选择背景图片
private void chooseBackground(Uri uri) {
    if (uri == null) {
        Toast.makeText(this, "请选择一张背景图片", Toast.LENGTH_SHORT).show();
        return;
    }
    mBackgroundBitmap = BitmapUtils.loadFromPath(this, BitmapUtil.getPureUri(uri),
            ((View) iv_pick.getParent()).getWidth(),
            ((View) iv_pick.getParent()).getHeight());
    changeBackground();                          // 变更背景画面
}
// 保存替换了背景的人像图片
private void saveImage() {
    if (mProcessedBitmap == null) {
        Toast.makeText(this, "请先完成抠图操作", Toast.LENGTH_SHORT).show();
    } else {
        ImageUtils imageUtils = new ImageUtils(this);
        String filePath = imageUtils.saveToAlbum(mProcessedBitmap);
        tv_result.setText("已保存加工好的抠图人像："+filePath);
    }
}
// 变更背景画面
private void changeBackground() {
    if (mForegroundBitmap!=null && mBackgroundBitmap!=null) {
        BitmapDrawable drawable = new BitmapDrawable(getResources(),
                                mBackgroundBitmap);
        iv_pick.setDrawingCacheEnabled(true);
        iv_pick.setBackground(drawable);
        iv_pick.setImageBitmap(mForegroundBitmap);
        mProcessedBitmap = Bitmap.createBitmap(iv_pick.getDrawingCache());
        iv_pick.setDrawingCacheEnabled(false);
    }
```

```
    }
    // 创建图像分析任务
    private void createImageTask() {
        MLFrame mlFrame = new MLFrame.Creator().setBitmap(mOriginBitmap).create();
        // 给图像切片分析器创建异步分析任务，准备从图像中抠出人脸区域
        Task<MLImageSegmentation> task = mAnalyzer.asyncAnalyseFrame(mlFrame);
        // 给异步分析任务添加成功监听器和失败监听器
        task.addOnSuccessListener(results -> {
            if (results != null) {
                mForegroundBitmap = results.getForeground();
                iv_pick.setImageBitmap(mForegroundBitmap);
            } else {
                tv_result.setText("人像抠图未返回结果");
            }
        }).addOnFailureListener(e -> tv_result.setText("人像抠图失败："+e.getMessage()));
    }
```

运行测试App，打开的初始抠图界面如图19-24所示。

接着点击左侧的图像按钮，从相册中选择原始的人像图片，再返回到抠图界面，如图19-25所示，可见抠出来的人脸区域已经展示在页面右侧。然后点击右侧的图像按钮，从相册中选择待贴图的背景图片，再返回到抠图界面，如图19-26所示，可见人脸以外的空白区域已经换成了背景图片。最后点击下方的“保存抠图”按钮，即可将合成的抠图保存到相册图片中。

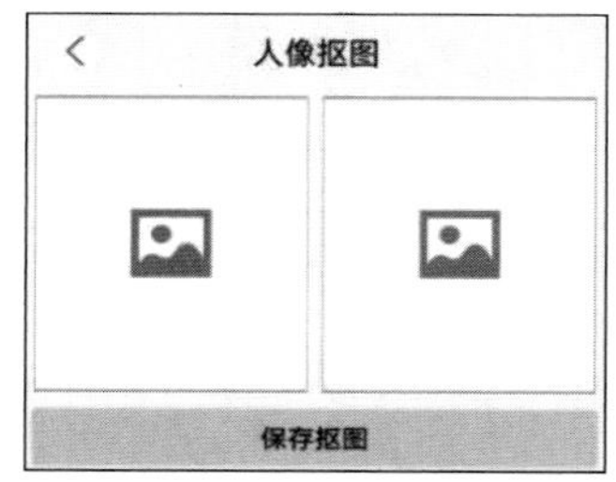

图 19-24　人像抠图的初始界面

图 19-25　单独抠出人脸区域

图 19-26　人脸区域换了背景

19.3.2　背景替换

HMS不但能从现成的图片中抠出人脸，还能通过镜头实时抠出景象中的人脸，只要事先指定待搭配的风景图片，拍摄者就能让自己的脸神游那些地方。实时替换照片背景的时候，HMS依然需要创建和启动透镜引擎，不同之处在于把机器学习框架换成了图像切片办理器ImageSegmentationTransactor，详细的拍照步骤说明如下：

01 创建透镜引擎，并将透镜引擎的机器学习框架设置为ImageSegmentationTransactor。

02 启动透镜引擎，此时摄像头会开启拍照预览。

03 到相册中选择作为拍摄背景的图片。

04 点击拍摄按钮，将自动合成的照片保存到相册中。

根据上述的拍照步骤，编写的具体的实现代码示例如下：

```
(完整代码见chapter19\src\main\java\com\example\chapter19\BgReplaceActivity.java)
private LensEngine mLensEngine;                    // 声明一个透镜引擎对象
private LensEnginePreview lep_preview;             // 声明一个透镜引擎视图对象
private GraphicOverlay go_overlay;                 // 声明一个图形覆盖板对象
// 默认前置摄像头
```

```
private int mCameraType = CameraConfiguration.CAMERA_FACING_FRONT;
private Bitmap mBackground, mProcessImage;       // 背景位图，处理后的位图
private String mImagePath;                       // 图片文件路径
// 选择背景图片
private void chooseBackground(Uri uri) {
    if (uri == null) {
        Toast.makeText(this, "请选择一张背景图片", Toast.LENGTH_SHORT).show();
        return;
    }
    mBackground = BitmapUtils.loadFromPath(this, BitmapUtil.getPureUri(uri),
            ((View) lep_preview.getParent()).getWidth(),
            ((View) lep_preview.getParent()).getHeight())
            .copy(Bitmap.Config.ARGB_8888, true);
    createLensEngine();                                  // 创建透镜引擎
}
// 创建透镜引擎
private void createLensEngine() {
    CameraConfiguration configuration = new CameraConfiguration();
    configuration.setCameraFacing(mCameraType);          // 设置摄像头朝向
    if (mLensEngine == null) {
        mLensEngine = new LensEngine(this, configuration, go_overlay);
    }
    MLImageSegmentationSetting setting =
        new MLImageSegmentationSetting.Factory()
            .setAnalyzerType(MLImageSegmentationSetting.BODY_SEG)
            .setScene(MLImageSegmentationScene.FOREGROUND_ONLY)
            .setExact(false).create();
    // 创建图像切片办理器
    ImageSegmentationTransactor transactor =
        new ImageSegmentationTransactor(
          this, setting, mBackground);
    // 设置图像切片结果的回调监听器
    transactor.setImageSegmentationResultCallBack(bitmap -> mProcessImage = bitmap);
    // 给透镜引擎设置机器学习的框架办理器
    mLensEngine.setMachineLearningFrameTransactor(transactor);
}
// 启动透镜引擎
private void startLensEngine() {
    try {  // 透镜引擎视图启动透镜引擎
        lep_preview.start(mLensEngine, true);
    } catch (Exception e) {
        e.printStackTrace();
        mLensEngine.release();                                   // 释放透镜引擎
        mLensEngine = null;
        mImagePath = null;
    }
}
// 拍摄替换了背景的照片
private void takeProcessPhoto() {
    if (mProcessImage == null) {
        Toast.makeText(this, "未能拍到照片", Toast.LENGTH_SHORT).show();
    } else {
        ImageUtils imageUtils = new ImageUtils(this);
        imageUtils.setImageUtilCallBack(path -> mImagePath = path);
        imageUtils.saveToAlbum(mProcessImage);                  // 把图片保存到相册中
        Bitmap resizedBitmap = BitmapUtil.getScaleBitmap(mProcessImage, 0.2);
        iv_look.setImageBitmap(resizedBitmap);
    }
}
```

运行测试App，初始的拍照界面如图19-27所示，可见此时预览画面只有人脸区域，人脸以外都变成默认的黑色背景。接着点击左下角的风景按钮，到相册中选择某张风景图片，再返回到拍照界面，如图19-28所示，可见预览的人脸画面已经与指定风景融为一体了。然后点击下方的拍照按钮，即可将合成人脸的观光照片保存到相册中。如此神奇的换脸操作，让你足不出户即可神游天下的名胜古迹。

图 19-27　待替换背景的拍照预览界面

图 19-28　已替换背景的拍照预览界面

19.3.3　笑脸捕捉

摄影的时候，人们都希望留下最美好的瞬间，等到按下拍照的那一刻，有时发现拍下来的照片不尽如人意，比如说错过了喊“茄子”的刹那，于是就得多喊几遍“茄子”。根源在于拍摄者与被拍摄者不是同一个人，情绪的宣泄和捕捉存在时间差，尽管这不是什么大问题，但总归不那么完美。

现在有了人工智能技术，可以让相机自行判断是否出现了笑脸，只要画面中的人物展露微笑，相机便自动快速拍照，不必非得等到拍摄者按下才拍照。换句话说，就是让手机App神仙附体，能够自动抓拍笑脸。这要求App不仅能识别人脸，还能分辨人脸的表情，至少能够辨认笑脸的模样。具体到HMS的笑脸捕捉编码上，则需引入人脸分析器MLFaceAnalyzer，以及最大尺寸的人脸办理器MLMaxSizeFaceTransactor。其中前者用来分析人脸的区域，后者用来捕捉笑脸的情况。详细的笑脸捕捉步骤说明如下：

01 创建人脸分析器，并给它设置人脸办理器（该办理器可监控包括微笑在内的人脸表情）。

02 创建透镜引擎，设定镜头类型、宽高尺寸、每秒传输帧数等参数。

03 启动透镜引擎，此时摄像头会开启拍照预览。

按照上述步骤开启预览操作之后，人脸办理器就会自动监控各种表情，表情对象保存在MLFaceEmotion中，该类的表情获取方法说明如下：

- getSmilingProbability：获取微笑的可能性，取值范围为0.0～1.0，值越大表示越有可能。
- getNeutralProbability：获取平和的可能性，取值范围为0.0～1.0，值越大表示越有可能。
- getAngryProbability：获取愤怒的可能性，取值范围为0.0～1.0，值越大表示越有可能。
- getDisgustProbability：获取厌恶的可能性，取值范围为0.0～1.0，值越大表示越有可能。
- getFearProbability：获取恐慌的可能性，取值范围为0.0～1.0，值越大表示越有可能。
- getSadProbability：获取悲伤的可能性，取值范围为0.0～1.0，值越大表示越有可能。
- getSurpriseProbability：获取惊讶的可能性，取值范围为0.0～1.0，值越大表示越有可能。

下面是通过HMS实现笑脸的代码例子：

```
(完整代码见chapter19\src\main\java\com\example\chapter19\FaceSmileActivity.java)
private MLFaceAnalyzer mAnalyzer;                    // 声明一个人脸分析器对象
private LensEngine mLensEngine;                      // 声明一个透镜引擎对象
private LensEnginePreview lep_preview;               // 声明一个透镜引擎视图对象
private GraphicOverlay go_overlay;                   // 声明一个图形覆盖板对象
private int mLensType = LensEngine.BACK_LENS;        // 默认后置摄像头
private final float mSmilingPossibility = 0.95f;     // 为笑脸的可能性
private boolean isSafeToTake = false;                // 是否能够安全拍照
// 启动透镜引擎
private void startLensEngine() {
    iv_restart.setVisibility(View.GONE);
    if (mLensEngine != null) {
        try {                                        // 透镜引擎视图启动透镜引擎
            lep_preview.start(mLensEngine, go_overlay);
            isSafeToTake = true;
        } catch (Exception e) {
            e.printStackTrace();
            mLensEngine.release();                   // 释放透镜引擎
            mLensEngine = null;
        }
    }
}
// 启动预览画面
public void startPreview() {
    createFaceAnalyzer();                            // 创建人脸分析器
    lep_preview.release();                           // 透镜引擎视图释放资源
    // 创建指定参数的透镜引擎
    mLensEngine = new LensEngine.Creator(this, mAnalyzer)
            .setLensType(mLensType)                  // 设置透镜类型
            .applyDisplayDimension(640, 480)         // 显示的宽高尺寸
            .applyFps(25.0f)                         // 每秒传输帧数
            .enableAutomaticFocus(true)              // 启用自动对焦
            .create();
    startLensEngine();                               // 启动透镜引擎
}
// 创建人脸分析器
private void createFaceAnalyzer() {
    MLFaceAnalyzerSetting setting = new MLFaceAnalyzerSetting.Factory()
        .setFeatureType(MLFaceAnalyzerSetting.TYPE_FEATURES)
        .setKeyPointType(MLFaceAnalyzerSetting.TYPE_UNSUPPORT_KEYPOINTS)
        .setMinFaceProportion(0.1f)                  // 设置人脸在景象中的最小比例
        .setTracingAllowed(true).create();
    mAnalyzer = MLAnalyzerFactory.getInstance().getFaceAnalyzer(setting);
    // 创建最大尺寸的人脸办理器，用于发现人脸后的即时处理
    MLMaxSizeFaceTransactor transactor = new MLMaxSizeFaceTransactor.Creator(mAnalyzer,
new MLResultTrailer<MLFace>() {
        @Override
        public void objectCreateCallback(int itemId, MLFace obj) {
            captureSmile(obj, true);                 // 捕捉笑脸动作
        }

        @Override
        public void objectUpdateCallback(MLAnalyzer.Result<MLFace> var1, MLFace obj) {
            captureSmile(obj, isSafeToTake);         // 捕捉笑脸动作
        }

        @Override
        public void lostCallback(MLAnalyzer.Result<MLFace> result) {
            go_overlay.clear();                      // 清空图形覆盖板
```

```
        }

        @Override
        public void completeCallback() {
            go_overlay.clear();                    // 清空图形覆盖板
        }
    }).create();
    mAnalyzer.setTransactor(transactor);           // 给人脸分析器设置人脸办理器
}

// 捕捉笑脸动作
private void captureSmile(MLFace obj, boolean isSafe) {
    go_overlay.clear();                            // 清空图形覆盖板
    if (obj == null) {
        return;
    }
    LocalFaceGraphic faceGraphic = new LocalFaceGraphic(go_overlay, obj, this);
    go_overlay.addGraphic(faceGraphic);            // 把人脸图画添加至图形覆盖板
    MLFaceEmotion emotion = obj.getEmotions();     // 获取人脸情感
    if (emotion.getSmilingProbability() > mSmilingPossibility && isSafe) {
        isSafeToTake = false;
        // 发现捕捉到笑脸，于是立即拍照并保存到相册中
        mLensEngine.photograph(null, bytes -> {
                    stopPreview();                 // 停止预览画面
                    Bitmap bitmap = BitmapFactory.decodeByteArray(
                            bytes, 0, bytes.length);
                    new ImageUtils(this).saveToAlbum(bitmap);
        });
    }
}

// 停止预览画面
private void stopPreview() {
    iv_restart.setVisibility(View.VISIBLE);
    if (mLensEngine != null) {
        mLensEngine.release();                     // 释放透镜引擎
        isSafeToTake = false;
    }
    if (mAnalyzer != null) {
        try {
            mAnalyzer.stop();                      // 人脸分析器停止工作
        } catch (Exception e) {
            e.printStackTrace();
        }
    }
}
```

运行测试App，预览画面马上开始实时捕捉笑脸，一旦发现符合要求的笑脸，App就定格在微笑瞬间，如图19-29所示，同时笑脸照片也立即保存到相册中，可见的确实现了笑脸的自动捕捉功能。

图 19-29　实时捕捉到笑脸的界面

19.4　实战项目：寻人神器之智慧天眼

人脸识别自古有之，在古时候，每当官府要捉拿某人时，便在城墙贴出通缉告示并附上那人的肖像，只是该办法依赖人们的回忆与主观判断，指认结果多有出入，算不上先进。如今利用监控摄像头结合机器学习算法大大提高了人脸识别的成功率，使得人脸识别真正应用到了日常生活中。从住宅小区的刷脸开门，到工作单位的刷脸考勤、超市里便捷的刷脸支付、各城市地铁的刷脸乘车，再到张学友演唱会上警方连续抓获逃犯，人脸识别被广泛地应用于门禁、购物、交通、公安等诸多领域。本节的实战项目就来谈谈如何设计并实现手机上的智慧天眼App。

19.4.1　需求描述

现在许多城市都安装了人脸识别的智慧天眼系统，如图19-30所示，真正做到了“天网恢恢，疏而不漏”。

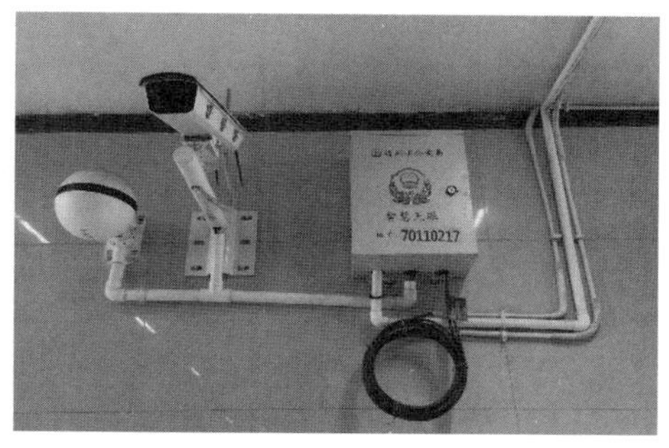

图 19-30　墙壁上的智慧天眼监控设备

特别是民航领域，早早引进了人脸识别系统，截至2018年8月，人脸识别已在国内70个机场示范应用。根据杭州萧山国际机场2018年7月的统计，人脸识别准确率超99.6%，旅客身份甄别速度提升3倍以上，系统上线一个多月就揪出5名冒用身份证的旅客。比如图19-31是机场监控室常见的人脸识别画面，当然仅仅找到几张人脸算不了什么，更厉害的是在找到人脸的同时把他或她的姓名一块标出来，就像图19-32所示的那样，监控画面在人脸旁边标上了他们的角色和姓名，例如游客、雇员、承包商等。（这两张图片见数字安全杂志：https://www.digitalsecuritymagazine.com/zh/2015/07/30/aeropuertos-internacionales-de-brasil-implantan-la-tecnologia-de-reconocimiento-facial-de-nec/）

图 19-31　监控室的人脸识别画面

图 19-32　标注姓名与角色的监控画面

不必说大城市的治安管理，也不必说各单位的出勤统计，单是日常生活中的小场景，就有一些需要人脸识别应用。例如，一家几口人出去游玩，到了人潮拥挤的地方（商场、公园、步行街等），小孩跟丢的事情时有发生。从前发现小孩不见了，父母只能到处找，要么四处问人，要么找警察帮忙。这种找人方式的效率显然太低了，人海茫茫，几个人的力量实在太渺小了。倘若利用人脸识别技术，寻找失散的小孩就方便多了，具体的操作过程包含下列几个步骤：

01 由家属提供小孩照片并上传给智慧天眼系统。

02 智慧天眼迅速从各个监控摄像头实时匹配人脸。

03 一旦发现高相似度的人脸，马上通知家属甄别画面确认是否找到。

接下来就让我们一起动手实践这个智慧天眼吧！

19.4.2 功能分析

智慧天眼较少通过控件人工操作，主要通过摄像头实时识别人脸：用户只需录入待寻人员信息，剩下的事就交给App自动匹配了。在准备寻人与寻人过程中，智慧天眼集成了如下App技术：

（1）图像裁剪：在录入待寻人员信息时要提供他的头像，并从原始图片中裁剪出头像区域（参见第11章的实战项目）。

（2）数据库框架Room：待寻人员的信息要保存到数据库中，更新人脸识别的结果也要修改数据库记录。这里为了方便实现，只做了单机版的天眼App；如果要做联网版的App，则需将人员信息提交给Web服务器。

（3）HMS的机器学习服务：智慧天眼采用ML Kit的人脸检测服务实时寻人，同时通过ML Kit的人脸比对服务判定目标人员的相似程度。

（4）定位服务：找到相似人员后，要获取并保存当前所在位置（参见第16章），以便家属前来相认。

（5）网络通信框架：根据经纬度查询详细地址（需访问天地图的Web服务，可采用第13章介绍的okhttp简化HTTP通信操作）。

下面简单介绍一下随书源码chapter19模块中与智慧天眼有关的主要代码模块之间的关系：

（1）WisdomEyeActivity.java：智慧天眼的寻人列表界面。

（2）PersonEditActivity.java：人员信息的添加界面，可在此上传待识别的人员头像。

（3）PersonCutActivity.java：人员头像的裁剪界面。

（4）PersonDetailActivity.java：待寻找人员的详情界面，也包含搜寻时候的识别结果。

（5）PersonVerifyActivity.java：实时寻人的扫描界面，不仅要在预览画面中标记人脸，还要在找到相似人员时给出提示。

接下来对智慧天眼编码中的疑难点进行补充说明（主要注意两个方面）：

（1）比较人脸的相似度属于耗时操作，所以要另外开启分线程处理。

（2）在人脸识别的时候，随着角度的调节和距离的变化，每次的相似度结果都会随之改变，此时要将结果列表按照相似度降序排列，并随时剔除相似度较低的比较结果。

下面是在实时寻人过程中动态调整人脸识别结果的示例代码：

```
(完整代码见face\src\main\java\com\example\face\PersonVerifyActivity.java)
private List<Bitmap> mSampleList = new ArrayList<>();          // 样本头像列表
private List<DetectedFace> mDetectList = new ArrayList<>();   // 检测头像列表
// 定义一个人脸识别线程，比较待检测人脸与样本人脸的相似度
private class VerifyTask extends TimerTask {
    @Override
    public void run() {
        Bitmap detect = BitmapFactory.decodeFile(mPath);
        new File(mPath).delete();
```

```
        for (Bitmap sample : mSampleList) {
            compareFace(sample, detect);                          // 比较两张人脸的相似度
        }
        mPath = String.format("%s/%s.jpg",
                getExternalFilesDir(Environment.DIRECTORY_DOWNLOADS),
                DateUtil.getNowDateTime());
        mTransactor.saveFace(mPath);                  // 人脸办理器对象保存人脸
    }
}
// 比较两张人脸的相似度
private void compareFace(Bitmap firstBitmap, Bitmap secondBitmap) {
    if (firstBitmap==null || secondBitmap==null) {
        return;
    }
    mSecondBitmapCopy = secondBitmap.copy(Bitmap.Config.ARGB_8888, true);
    try {
        // 给人脸比对分析器设置待比较的人脸模板
        List<MLFaceTemplateResult> results = mAnalyzer
                .setTemplateFace(MLFrame.fromBitmap(firstBitmap));
        // 给人脸比对分析器创建异步分析任务，准备分析比较指定人脸
        Task<List<MLFaceVerificationResult>> task = mAnalyzer
                .asyncAnalyseFrame(MLFrame.fromBitmap(secondBitmap));
        // 给异步分析任务添加成功监听器和失败监听器
        task.addOnSuccessListener(compareList -> {
            for (MLFaceVerificationResult template : compareList) {
                // 在位图上面标出人脸相框
                BitmapUtil.drawFaceFrame(template.getFaceInfo().getFaceRect(),
                                        mSecondBitmapCopy);
                // 匹配到人脸
                runOnUiThread(() -> matchFace(template.getSimilarity()));
            }
        }).addOnFailureListener(e -> Log.d(TAG, "人脸比对失败："+e.toString()));
    } catch (Exception e) {
        e.printStackTrace();
    }
    return;
}
// 匹配到人脸
private void matchFace(float similarity) {
    if (similarity >= 0.9) {
        tv_option.setVisibility(View.VISIBLE);
        addDetectFace(mSecondBitmapCopy, similarity);  // 添加到已识别人脸
    }
}
// 将待检测人脸添加到已识别人脸
private void addDetectFace(Bitmap detect, float similarity) {
    if (mDetectList.size() < 3) {
        mDetectList.add(new DetectedFace(detect, similarity));
    } else {
        DetectedFace lastDetect = mDetectList.get(mDetectList.size()-1);
        if (similarity > lastDetect.getSimilarity()) {
            mDetectList.remove(mDetectList.size()-1);
            mDetectList.add(new DetectedFace(detect, similarity));
        }
    }
    // 将已识别人脸列表按照相似度降序排列
    Collections.sort(mDetectList, (o1, o2) ->
            o2.getSimilarity().compareTo(o1.getSimilarity()));
}
```

19.4.3　效果展示

假设故事主角是小孩儿恩熙，现在恩熙在景区不小心走丢了，她的爸爸妈妈可急坏了。幸亏该景区早早安装了智慧天眼系统，恩熙父母找到保安，保安掏出手机打开智慧天眼的人员添加页面（见图19-33），按照恩熙父母提供的信息依次录入人名、描述以及头像图片（见图19-34）。

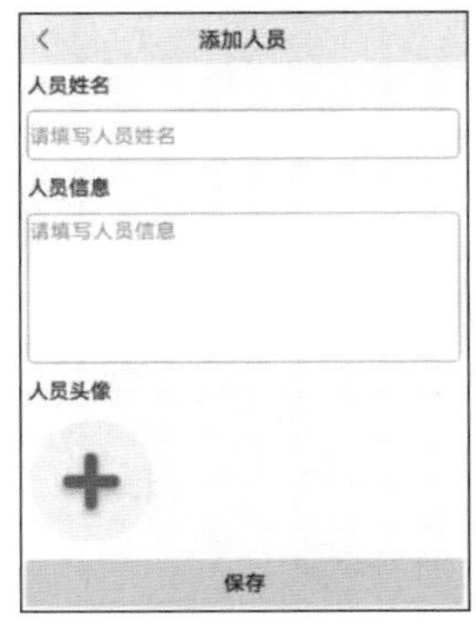

图 19-33　人员添加的初始界面

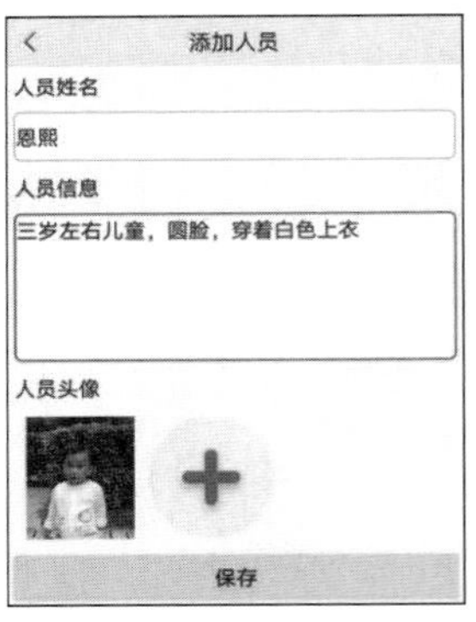

图 19-34　人员信息添加完成

点击下方的“保存”按钮，回到智慧天眼首页，发现寻人列表多了一个“恩熙”，如图19-35所示。点击恩熙的头像即可跳转到她的个人详情页，如图19-36所示。

图 19-35　寻人列表界面

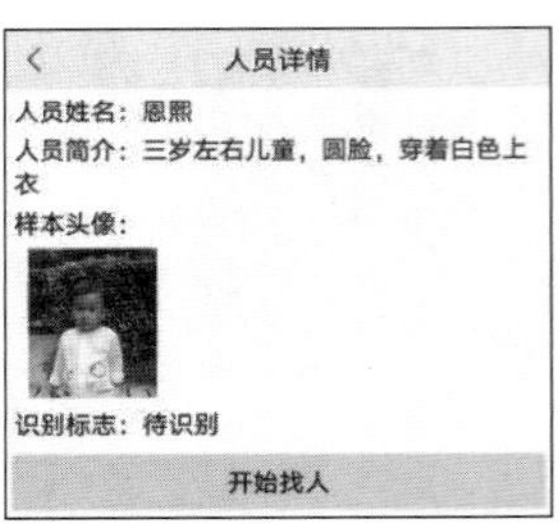

图 19-36　人员详情界面

接着赶紧通知景区工作人员开始找人，工作人员和游客还很热心，纷纷打开天眼App，点击恩熙详情页下方的“开始找人”按钮，打开摄像头的实时寻人界面，如图19-37所示。这时有人发现一个小孩儿在草坪上哭得稀里哗啦，工作人员迅速拿起手机对准小孩儿扫脸，App快速识别并判断人脸相似度，结果匹配度极高，并发出“滴滴”声，同时人脸方框也变为红色，如图19-38所示。

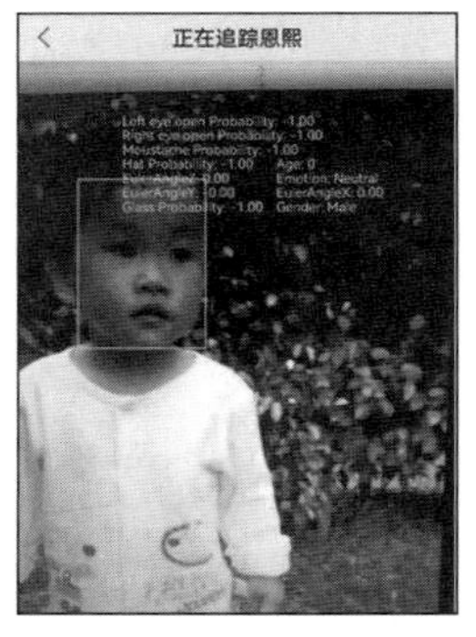

图 19-37　实时寻人界面

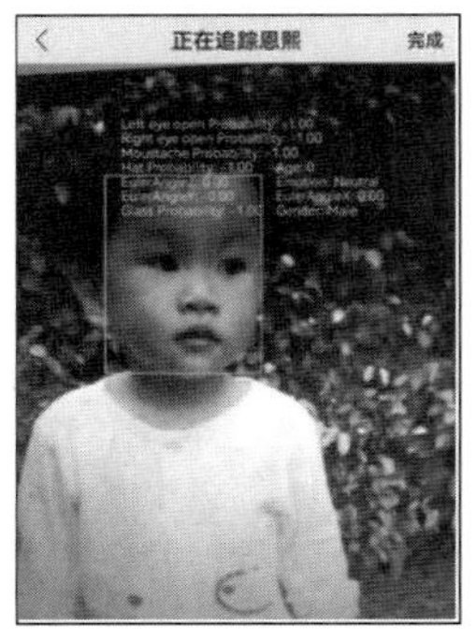

图 19-38　找到相似人员

工作人员点击右上角的“完成”按钮，回到智慧天眼首页，如图19-39所示，此时人员识别状态变为已识别。他立刻通知发布寻人启事的恩熙父母，恩熙父母在保安那里打开识别结果页（见图19-40），确认找到了宝贝女儿。

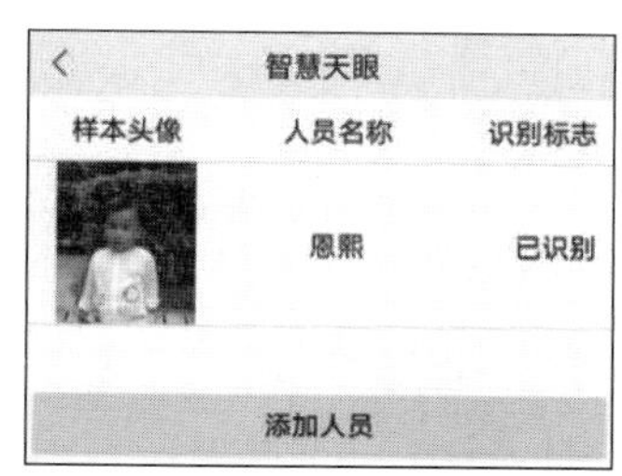

图 19-39　智慧天眼首页

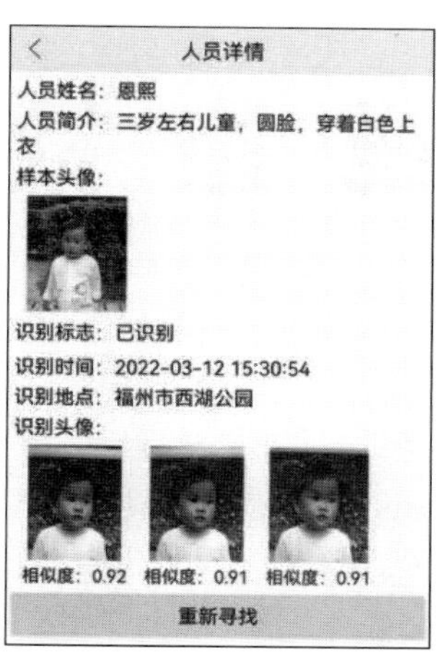

图 19-40　识别结果界面

19.5 小　　结

本章主要介绍了App开发用到的机器视觉技术，包括简单图像识别（扫描二维码、扫描识别文本、识别图像中的文档）、人脸识别（人脸检测、人脸比对、活体检测）、人像进阶（人像抠图、背景替换、笑脸捕捉）。最后设计了一个实战项目 “寻人神器之智慧天眼”，在该项目的App编码中综合运用了本章介绍的机器视觉技术。

通过本章的学习，读者应该能够掌握以下3种开发技能：

（1）学会从简单图像中识别信息（条形码、二维码、文本）。

（2）学会人脸识别的基础应用（人脸检测、人脸比对等）。

（3）学会人脸识别的高级应用（人像抠图、笑脸捕捉等）。

19.6 动 手 练 习

1. 利用 HMS 扫描识别二维码携带的文本信息。
2. 使用 HMS 实时检测周围环境中的人脸。
3. 综合运用人脸识别技术实现一个智慧天眼 App。

第 20 章 在线直播

本章介绍App开发常用的一些在线直播技术，主要包括如何搭建WebRTC（Web Real-Time Communication，网页即时通信）需要的信令服务器和穿透服务器，如何给不同角色（发起方和接收方）的App集成WebRTC。最后结合本章所学的知识演示两个实战项目“仿微信的视频通话”和“仿拼多多的直播带货”的设计与实现。

20.1 搭建WebRTC的服务端

本节介绍WebRTC框架在服务端的搭建过程：首先概述WebRTC的愿景、技术体系和应用架构，接着说明信令服务器需要处理的任务及其搭建步骤，最后讲述WebRTC的穿透流程以及穿透服务器的搭建步骤。

20.1.1 WebRTC 的系统架构

WebRTC是一个支持浏览器之间实时音视频对话的新兴技术。WebRTC在2011年开源，并于2021年被W3C（World Wide Web Consortium，万维网联盟）和IETF（Internet Engineering Task Force，互联网工程任务组）发布为正式推荐标准。WebRTC体系由应用于实时通信的编程接口和一组通信协议构成，已成为互联网流媒体通信及协作服务的基石，特别是新冠疫情催生了海量的线上教育、视频会议等在线协作需求，带动数以亿计的用户通过实时音视频技术互相联络。

WebRTC的愿景是让开发者能够基于浏览器快速开发流媒体应用，而不必要求用户下载安装任何插件（例如Flash、RealPlayer等），开发者也无须关注音视频数据的编解码过程，只要编写简单的JavaScript代码即可实现业务逻辑。为此WebRTC（内部结构的技术体系见图20-1）提供了在线多媒体交互的核心技术，囊括音视频数据采集→编码→传输→解码→渲染等一系列功能的实现过程，同时它还支持跨平台（包含Windows、Linux、Mac OS、Android等）使用。

WebRTC仅仅规定了实时音视频的技术标准，真正落实起来还需要各种物理设备密切配合，包括服务器、网络设备、终端设备等。其中，用于WebRTC的服务器主要有下列三种：

（1）网页服务器：提供浏览器观看的网页。

（2）信令服务器：用于响应设备发送的指令请求，比如请求通话、同意通话、加入房间、退出房间等。这类服务器支持的信令交互协议包括WebSocket、XMPP、SIP等。

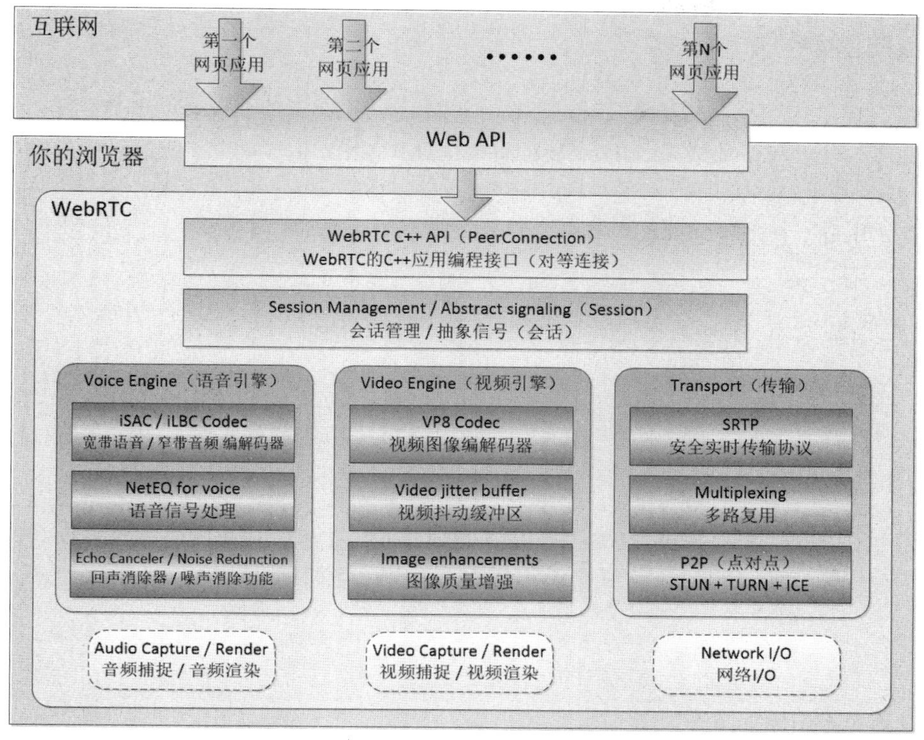

图 20-1　WebRTC 的内部结构

（3）穿透服务器：互联网是一个公共网络，为了防止接入网络的设备被恶意攻击，网络层会通过各种手段阻止非法请求，其中一个手段名叫NAT（Network Address Translation，网络地址转换）。由于NAT设备自动屏蔽了非内网主机发起的连接，导致外网发往内网的数据包被NAT设备丢弃，因此位于不同NAT设备之后的主机无法直接交换信息。该机制一方面保护了内网主机免受外部网络的攻击，另一方面也给P2P（Peer to Peer，点对点）通信设置了障碍。为了绕过NAT的限制，需要采取专门的通信协议穿透NAT，这便用到了STUN/TURN服务器。

集成了上述三种服务器的WebRTC应用架构如图20-2所示。

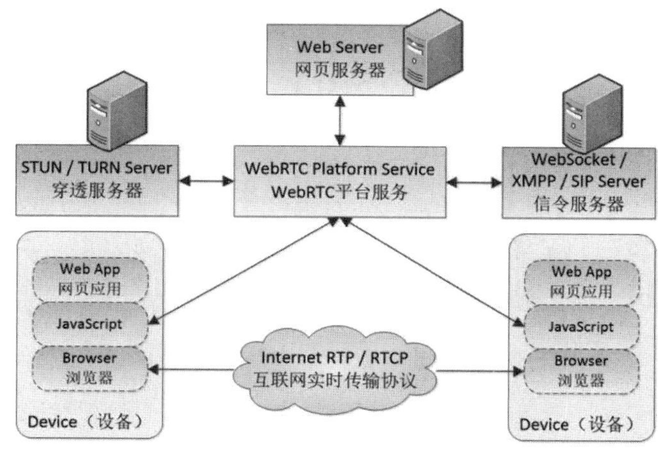

图 20-2　WebRTC 的应用架构

20.1.2　搭建信令服务器

信令包含信号与指令，也就是终端设备请求服务器做什么事情。原来WebRTC有一套规范，比如如何通过ICE（Interactive Connectivity Establishment，交互式连接建立）收集地址、怎样使用SDP（Session Description Protocol，会话描述协议）协商媒体能力等。除此之外，对于视频会议场景，还得创建会议房间、管理用户的加入与退出操作。信令服务器便是用来处理诸如此类的请求的，主要任务包括下列三类。

1. 会话控制消息

与用户行为相关的操作都算会话控制，包括用户上线、用户下线、主播创建房间、主播关闭房间、用户加入房间、用户退出房间等。

2. 交换网络信息

两台终端设备需要交换网络信息，在WebRTC中通过ICE机制创建网络连接，只有连接双方都获取了对方的网络信息才能够尝试建立P2P连接。WebRTC拥有三种类型的ICE候选者，分别说明如下：

（1）主机候选者，指的是局域网的内网IP地址及其端口。在三个候选者中它的优先级最高，WebRTC最先考虑在局域网内部建立连接。

（2）反射候选者，指的是外部的公网IP地址及其端口。它的优先级低于主机候选者，如果WebRTC无法通过主机候选者建立连接，就会尝试通过反射候选者创建连接。

（3）中继候选者，指的是中继服务器的IP地址及其端口，也就是通过服务器中转媒体数据。当前两个候选者都无法连接时，只能通过服务器中转来保障双方的正常通信了。

3. 交换媒体能力

每台终端设备硬件配置有差异，媒体能力也有所不同，包括音频的编码方式、视频的编码方式、屏幕的分辨率大小等，WebRTC采用SDP协议呈现媒体能力，信令服务器就负责给两台终端设备交换媒体能力。

落实到具体实现上，信令服务器有好几种可选的技术方案，本书选择SocketIO承载信令交互（关于SocketIO的详细说明参考13.4.1节）。对于前述信令服务器的第一类任务，具体的处理逻辑参见第13章的实战项目“仿微信的私聊和群聊”。WebRTC主要关注后面两类任务：交换网络信息和交换媒体能力。这两类事件均需明确请求的目的地，也就是说请求数据必须包含对方终端的设备标识，然后才能把WebRTC需要的相关信息送给对端。

依据以上思路，编写信令服务器操作WebRTC指令的业务逻辑。形成ICE候选和SDP媒体的事件监听器的示例代码片段如下：

```
（完整代码见HttpServer\src\com\socketio\server\VideoChatServer.java）
// 客户端映射表
private static Map<String, SocketIOClient> clientMap = new HashMap<>();
// 人员名字映射表
private static Map<String, String> nameMap = new HashMap<>();

public static void main(String[] args) {
    Configuration config = new Configuration();
    config.setPort(9012);                          // 设置监听端口
```

```
        final SocketIOServer server = new SocketIOServer(config);
        // 添加连接连通的监听事件
        server.addConnectListener(client -> {
            clientMap.put(client.getSessionId().toString(), client);
        });
        // 添加连接断开的监听事件
        server.addDisconnectListener(client -> {
            for (Map.Entry<String, SocketIOClient> item : clientMap.entrySet()) {
                if (client.getSessionId().toString().equals(item.getKey())) {
                    clientMap.remove(item.getKey());
                    break;
                }
            }
            nameMap.remove(client.getSessionId().toString());
        });
        // 添加用户上线的事件监听器
        server.addEventListener("self_online", String.class, (client, name, ackSender) -> {
            for (Map.Entry<String, SocketIOClient> item : clientMap.entrySet()) {
                if (!client.getSessionId().toString().equals(item.getKey())) {
                    item.getValue().sendEvent("friend_online", name);
                    client.sendEvent("friend_online", nameMap.get(item.getKey()));
                }
            }
            nameMap.put(client.getSessionId().toString(), name);
        });
        // 添加用户下线的事件监听器
        server.addEventListener("self_offline", String.class, (client, name, ackSender) -> {
            for (Map.Entry<String, SocketIOClient> item : clientMap.entrySet()) {
                if (!client.getSessionId().toString().equals(item.getKey())) {
                    item.getValue().sendEvent("friend_offline", name);
                }
            }
            nameMap.remove(client.getSessionId().toString());
        });
        // 添加ICE候选的事件监听器
        server.addEventListener("IceInfo", JSONObject.class, (client, json, ackSender) -> {
            String destId = json.getString("destination");
            for (Map.Entry<String, String> item : nameMap.entrySet()) {
                if (destId.equals(item.getValue())) {
                    clientMap.get(item.getKey()).sendEvent("IceInfo", json);
                    break;
                }
            }
        });
        // 添加SDP媒体的事件监听器
        server.addEventListener("SdpInfo", JSONObject.class, (client, json, ackSender) -> {
            String destId = json.getString("destination");
            for (Map.Entry<String, String> item : nameMap.entrySet()) {
                if (destId.equals(item.getValue())) {
                    clientMap.get(item.getKey()).sendEvent("SdpInfo", json);
                    break;
                }
            }
        });
        server.start();                          // 启动Socket服务
    }
```

接着执行main方法启动Socket服务监听，等待两台设备分别连接信令服务器，即可按照指令执行相应的中转操作。

20.1.3　搭建穿透服务器

实时音视频仅靠一些简单的信令是不够的，因为音视频这些媒体数据才是WebRTC主要的传输内容。虽然WebRTC会尽量通过P2P方式传输数据，但是存在NAT机制，经由互联网的P2P无法成功穿越，只能借助专门的媒体中继服务器转发媒体数据。这种服务器称作STUN（Session Traversal Utilities for NAT，NAT会话穿越工具）/TURN（Traversal Using Relays around NAT:Relay Extensions to Session Traversal Utilities for NAT，中继穿透NAT:STUN的中继扩展）服务器，也叫作穿透服务器。

TURN由STUN扩展而来，相同点是都通过修改应用层的私网地址实现NAT穿透，不同点是TURN使用双方通信的中继方式实现穿透。

两台设备究竟是怎样实时传输音视频数据的呢？要知道这并非传送几个文字那么简单，得经过一整套WebRTC的交互流程才行。WebRTC穿透流程如图20-3所示。

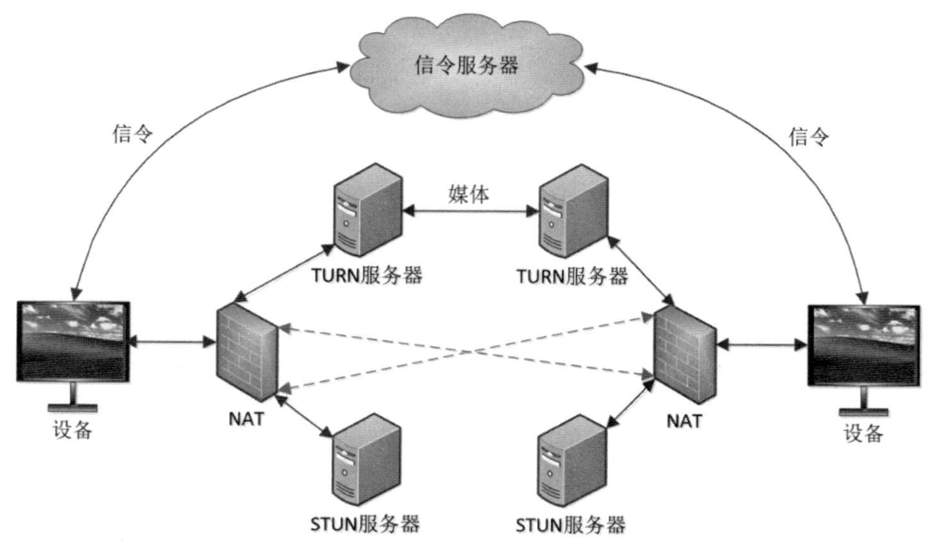

图 20-3　WebRTC 的穿透流程

有关图20-3所要表达的WebRTC流程步骤的详细说明如下：

（1）两台设备分别通过STUN协议从STUN服务器获得自己的网络信息，包括NAT结构、内网IP和端口、公网IP和端口。这里的IP和端口被称作ICE候选者。

（2）两台设备通过交换自己的网络信息，依据主机候选者、反射候选者的优先级顺序建立连接。也就是说，如果双方位于同一个NAT之下，那么它们通过内网的主机候选者即可建立连接；如果双方处于非对称型NAT之下，就要通过公网的反射候选者建立连接。

（3）如果通过反射候选者仍然无法建立连接，就需寻求TURN服务器提供的中继转发服务，也就是通过中继候选者建立连接。

（4）连接建立之后，两台设备分别通过信令服务器交换各自的媒体能力（媒体能力采用SDP协议呈现）。

（5）两台设备向目标候选者发送报文，通过SDP内容建立起加密长连接，之后才能持续不断地传输媒体数据。

目前比较流行使用coturn工具搭建STUN/TURN服务器，它的下载地址为https://github.com/coturn/coturn。下载coturn源码后，还得把它传到Linux系统上编译、安装、运行，为此需去云厂商购买一个Linux云主机。考虑到初学者仅需验证WebRTC的实时音视频功能，故可利用Windows系统模拟Linux。此时要在计算机上安装cygwin，该软件的国内镜像下载地址为http://mirrors.163.com/cygwin。结合cygwin与coturn的安装配置步骤说明如下：

01 安装cygwin时，除了Best组件之外，还要安装gcc、make、libevent-devel、libssl-devel等必需库，也就是切换到Catelog选项，然后寻找以下组件补充安装：

```
Devel→gcc-g++
Devel→make
Libs→libevent-devel
Libs→libssl1.0-devel
```

02 cygwin安装完毕，把coturn整个源码目录复制到cygwin64\home***目录下（***表示计算机用户名）。注意，要关闭所有杀毒软件，防止杀毒软件误杀了turnserver.exe；还要关闭各种防火墙（包括系统防火墙和杀毒防火墙），避免STUN服务器无法访问。

03 双击以打开cygwin64终端（桌面上的Cygwin64 Terminal图标），接着在命令行依次执行coturn的配置、编译与安装命令：

```
cd coturn
./configure
make
make install
```

04 进入/usr/local/etc目录，把turnserver.conf.default复制到turnserver.conf，也就是执行下面的命令：

```
cd /usr/local/etc
cp turnserver.conf.default turnserver.conf
```

然后打开turnserver.conf，补充以下几行服务器的参数配置：

```
# 监听端口
listening-port=3478
# 内网IP（可通过ipconfig /all查看）
listening-ip=192.168.1.5
# 外网IP
external-ip=120.36.33.151
# 用户名和密码
user=admin:123456
# 域名
realm=stun.xxx.cn
```

05 在cygwin64终端执行下面的命令以启动STUN服务器：

```
/usr/local/bin/turnserver -c /usr/local/etc/turnserver.conf
```

之后终端输出如图20-4所示的poll信息，表示STUN服务器正常启动。

06 使用Chrome浏览器打开STUN连接的测试网页（本书源码HttpServer\WebRoot\trickleice\index.html），在STUN or TURN URI一栏输入“turn:192.168.1.5”（服务器的内网IP，可在Windows命令行通过“ipconfig /all” 查询到），在TURN username一栏输入步骤4设置的用户名“admin”，在TURN password一栏输入步骤4设置的密码“123456”，再单击Add Server按钮添加服务器信息。接着单击左下角的Gather candidates按钮开始检测，发现结果列显示“rtp relay”字样，说明成功连上了STUN服务器，如图20-5所示。

```
1: turn server id=4 created
1: IO method (general relay thread): poll
1: turn server id=5 created
1: IO method (general relay thread): poll
1: turn server id=6 created
1: IO method (general relay thread): poll
1: IO method (udp listener/relay thread): poll
1: turn server id=7 created
1: turn server id=128 created
1: IO method (udp listener/relay thread): poll
1: turn server id=129 created
1: IO method (udp listener/relay thread): poll
1: turn server id=130 created
1: IO method (udp listener/relay thread): poll
1: turn server id=131 created
get TCLASS on socket: Protocol not available
1: Total UDP servers: 4
1: Total General servers: 8
1: IO method (auth thread): poll
1: IO method (auth thread): poll
1: IO method (auth thread): poll
1: IO method (auth thread): poll
1: IO method (admin thread): poll
```

图 20-4　coturn 的启动信息

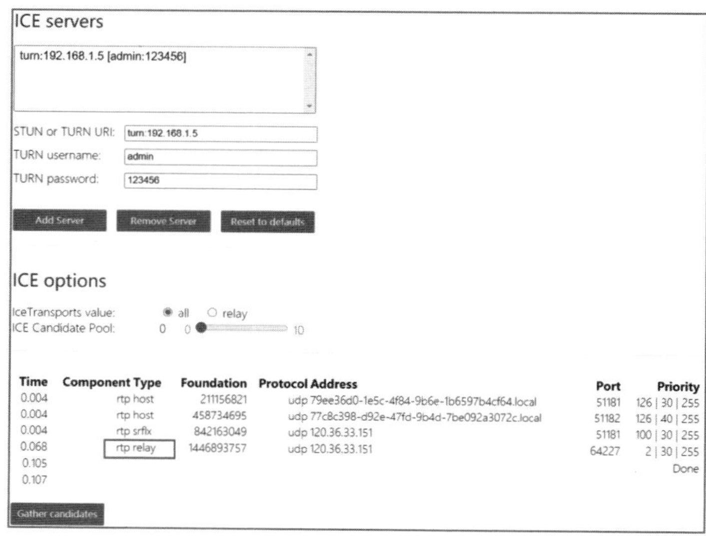

图 20-5　STUN 服务器的检测结果

至此完成了信令服务器和穿透服务器的搭建工作，后面只剩客户端的App编码了。

20.2　给App集成WebRTC

本节介绍WebRTC在客户端的集成过程，内容包括如何为App引入WebRTC开源库以及每台设备的角色区分、作为WebRTC发起方的App代码的实现步骤、作为WebRTC接收方的App代码的实现步骤。

20.2.1　引入 WebRTC 开源库

虽然WebRTC原本是为了方便网页上的实时音视频，但它同样适用于手机App，使用Android的原生代码也能接入WebRTC。具体的接入过程说明如下。

谷歌公司给App提供了专门的WebRTC开源库，另外信令服务器若采用SocketIO搭建，那么App也需集成socketio库，考虑到部分复杂信令要封装为JSON结构，因此还需引入gson库。于是修改App模块的build.gradle，添加下列三个开源库的依赖配置：

```
implementation 'org.webrtc:google-webrtc:1.0.32006'
implementation 'com.google.code.gson:gson:2.9.0'
implementation 'io.socket:socket.io-client:1.0.1'
```

因为音视频既要录音又要录像，还要实时传送媒体数据，所以App除了需申请录音和相机权限，还需申请互联网权限，为此打开AndroidManifest.xml，补充以下功能的权限申请配置：

```
<!-- 相机 -->
<uses-permission android:name="android.permission.CAMERA" />
<!-- 录音 -->
<uses-permission android:name="android.permission.RECORD_AUDIO" />
<!-- 获取网络状态 -->
<uses-permission android:name="android.permission.ACCESS_NETWORK_STATE" />
<!-- 互联网 -->
<uses-permission android:name="android.permission.INTERNET" />
```

接着在代码中配置STUN/TURN服务器信息，并将它作为ICE候选者，配置代码如下：

```
（完整代码见chapter20\src\main\java\com\example\chapter20\constant\ChatConst.java）
private final static String STUN_URL = "stun:192.168.1.5";
private final static String STUN_USERNAME = "admin";
private final static String STUN_PASSWORD = "123456";

// 获取ICE服务器列表
public static List<PeerConnection.IceServer> getIceServerList() {
    List<PeerConnection.IceServer> iceServerList = new ArrayList<>();
    iceServerList.add(PeerConnection.IceServer.builder(STUN_URL)
            .setUsername(STUN_USERNAME).setPassword(STUN_PASSWORD)
            .createIceServer());
    return iceServerList;
}
```

然后定义设备端的Peer类（每台接入WebRTC的设备都拥有自己的Peer对象，通过Peer对象完成点对点连接的相关操作），主要实现下列几项功能：

（1）根据连接工厂、媒体流和ICE服务器初始化点对点连接。

（2）实现接口PeerConnection.Observer，主要重写onIceCandidate和onAddStream两个方法。其中，前者在收到ICE候选者时回调，此时要将ICE信息发给信令服务器；后者在添加媒体流时回调，此时要给来源方添加目标方的远程媒体流。

（3）实现接口SdpObserver，主要重写onCreateSuccess方法。该方法在SDP连接创建成功时回调，此时不仅要设置本地连接的会话描述，还要把媒体能力的会话描述送给信令服务器。

综合上述几项功能描述，编写Peer类的示例代码框架：

```
（完整代码见chapter20\src\main\java\com\example\chapter20\webrtc\Peer.java）
public class Peer implements PeerConnection.Observer, SdpObserver {
    private PeerConnection mConn;                        // 声明一个点对点连接对象
    private Socket mSocket;                              // 声明一个套接字对象
    private String mSourceId;                            // 来源设备标识
    private String mDestId;                              // 目标设备标识
    private PeerStreamListener mStreamListener;          // 声明点对点媒体流传输监听器对象

    public Peer(Socket socket, String sourceId, String destId, PeerStreamListener
streamListener) {
```

```
        mSocket = socket;
        mSourceId = sourceId;
        mDestId = destId;
        mStreamListener = streamListener;
    }

    // 初始化点对点连接
    public void init(PeerConnectionFactory factory, MediaStream stream,
List<PeerConnection.IceServer> iceServers) {
        // 根据ICE服务器列表创建RTC配置对象
        PeerConnection.RTCConfiguration rtcConfig =
                    new PeerConnection.RTCConfiguration(iceServers);
        mConn = factory.createPeerConnection(rtcConfig, this); // 创建连接
        mConn.addStream(stream);                              // 给点对点连接添加来源媒体流
    }

    // 获取点对点连接
    public PeerConnection getConnection() {
        return mConn;
    }

    // 在收到ICE候选者时回调（来自接口PeerConnection.Observer）
    @Override
    public void onIceCandidate(IceCandidate iceCandidate) {
        try {
            JSONObject json = new JSONObject();
            // 与候选者相关的媒体流识别标签（代表每一路流，比如视频是0）
            json.put("id", iceCandidate.sdpMid);
            // 在SDP中的索引值 (SDP有视频流和音频流，那么视频是第1个、音频是第2个)
            json.put("label", iceCandidate.sdpMLineIndex);
            json.put("candidate", iceCandidate.sdp);  // 候选者描述信息
            json.put("source", mSourceId);            // 来源标识
            json.put("destination", mDestId);         // 目标标识
            mSocket.emit("IceInfo", json);            // 往Socket服务器发送JSON数据
        } catch (JSONException e) {
            e.printStackTrace();
        }
    }

    // 在添加媒体流时回调（来自接口PeerConnection.Observer）
    @Override
    public void onAddStream(MediaStream mediaStream) {
        // 给来源方添加目标方的远程媒体流
        mStreamListener.addRemoteStream(mSourceId, mediaStream);
    }

    // 此处省略接口PeerConnection.Observer的剩余方法

    // 在SDP连接创建成功时回调（来自接口SdpObserver）
    @Override
    public void onCreateSuccess(SessionDescription sessionDesc) {
        // 设置本地连接的会话描述
        mConn.setLocalDescription(this, sessionDesc);
        JSONObject json = new JSONObject();
        try {
            json.put("type", sessionDesc.type.canonicalForm());    // 连接类型
            json.put("description", sessionDesc.description);      // 连接描述
            json.put("source", mSourceId);                         // 来源标识
            json.put("destination", mDestId);                      // 目标标识
            mSocket.emit("SdpInfo", json);                    // 往Socket服务器发送JSON数据
        } catch (JSONException e) {
            e.printStackTrace();
        }
    }
```

```
    // 此处省略接口SdpObserver的剩余方法
    // 定义一个点对点媒体流监听器，在收到目标方响应之后将目标方的媒体流添加至本地
    public interface PeerStreamListener {
        void addRemoteStream(String userId, MediaStream remoteStream);
    }
}
```

实时音视频存在发起方和接收方，两种角色的设备端在业务逻辑上自然有所不同，但不管它们作为什么角色都必须开展以下两项工作：

（1）连接信令服务器，并等待接入ICE候选者，一旦收到对方的ICE信息，就给P2P连接添加ICE候选者。

（2）创建当前设备的Peer对象，指定谁要跟谁对话、对方同意对话之后要做什么事等，并初始化点对点连接。

对于上面的第一项工作，对应的示例代码如下：

```
(完整代码见chapter20\src\main\java\com\example\chapter20\VideoOfferActivity.java)
mSocket.connect(); // 建立Socket连接
// 等待接入ICE候选者，目的是打通媒体流传输网络
mSocket.on("IceInfo", args -> {
    try {
        JSONObject json = (JSONObject) args[0];
        IceCandidate candidate = new IceCandidate(json.getString("id"),
                json.getInt("label"), json.getString("candidate")
        );
        mPeer.getConnection().addIceCandidate(candidate); // 添加ICE候选者
    } catch (JSONException e) {
        e.printStackTrace();
    }
});
```

对于上面的第二项工作，对应的代码模板示例如下：

```
// 第四个参数表示对方接受视频通话之后如何显示对方的视频画面
mPeer = new Peer(mSocket, mContact.from, mContact.to, (userId, remoteStream)-> {
    // 此处代码有待补充
});
mPeer.init(mConnFactory, mMediaStream, mIceServers); // 初始化点对点连接
```

至此，App工程初步引入了WebRTC框架，接下来就是编写客户端的界面以及对话双方的交互逻辑。

20.2.2 实现 WebRTC 的发起方

WebRTC体系中的P2P连接看似连接的双方都是同样的端点，其实存在角色分配的差异。实时音视频有发起方与接收方之分，发起方提供自己的媒体数据，接收方接收对方的媒体数据并呈现出来。发起方是音视频信息的来源地，需要打开摄像头和麦克风，还要把媒体流送出去。接收方无须共享己方的音视频，只要考虑是否同意发起方的请求，一旦同意请求，就敞开怀抱接纳对方的媒体数据，并在屏幕上展示对方画面，同时播放对方的声音。

为了提高处理效率，WebRTC采用OpenGL ES渲染视频，具体实现的时候则通过EGL接口操纵OpenGL ES指令。WebRTC把EGL的相关操作封装在EglBase类，渲染图层则使用控件org.webrtc.SurfaceViewRenderer，为方便观看视频分享效果，发起方可在屏幕上显示正在共享的视

频画面，就像打开前置摄像头自拍那样。此时要给活动页面的布局文件添加如下所示的SurfaceViewRenderer节点：

```
(完整代码见chapter20\src\main\res\layout\activity_video_offer.xml)
    <org.webrtc.SurfaceViewRenderer
        android:id="@+id/svr_local"
        android:layout_width="match_parent"
        android:layout_height="match_parent" />
```

发起方除了要有与服务器有关的连接初始化操作，还需初始化渲染图层和初始化音视频的媒体流。在初始化渲染图层时，注意调用setMirror方法允许设置镜像，这样己方视频才可共享给其他人。在初始化音视频的媒体流时，主要完成下列三项任务：

（1）创建并初始化视频捕捉器，以便通过摄像头实时获取视频画面。

（2）创建音视频的媒体流，并给媒体流先后添加音频轨道和视频轨道。

（3）指定视频轨道中己方的渲染图层，也就是关联SurfaceViewRenderer控件。

对应上面描述的图层与媒体流的初始化，实现的示例代码如下：

```
(完整代码见chapter20\src\main\java\com\example\chapter20\VideoOfferActivity.java)
private SurfaceViewRenderer svr_local;          // 本地的表面视图渲染器（己方）
private PeerConnectionFactory mConnFactory;     // 点对点连接工厂
private EglBase mEglBase;                       // OpenGL ES 与本地设备之间的接口对象
private MediaStream mMediaStream;               // 媒体流
private VideoCapturer mVideoCapturer;           // 视频捕捉器

// 初始化渲染图层
private void initRender() {
    svr_local = findViewById(R.id.svr_local);
    mEglBase = EglBase.create();                // 创建EglBase实例
    //初始化己方的渲染图层
    svr_local.init(mEglBase.getEglBaseContext(), null);
    svr_local.setMirror(true);                  // 是否设置镜像
    svr_local.setZOrderMediaOverlay(true);      // 是否置于顶层
    // 设置缩放类型，SCALE_ASPECT_FILL表示充满视图
    svr_local.setScalingType(RendererCommon.ScalingType.SCALE_ASPECT_FIT);
    svr_local.setEnableHardwareScaler(false);   // 是否开启硬件缩放
}

// 初始化音视频的媒体流
private void initStream() {
    // 初始化点对点连接工厂
    PeerConnectionFactory.initialize(
            PeerConnectionFactory.InitializationOptions
                    .builder(getApplicationContext())
                    .createInitializationOptions());
    // 创建视频的编解码方式
    VideoEncoderFactory encoderFactory;
    VideoDecoderFactory decoderFactory;
    encoderFactory = new DefaultVideoEncoderFactory(
                    mEglBase.getEglBaseContext(), true, true);
    decoderFactory = new DefaultVideoDecoderFactory(
                    mEglBase.getEglBaseContext());
    AudioDeviceModule audioModule = JavaAudioDeviceModule.builder(this)
            .createAudioDeviceModule();
    // 创建点对点连接工厂
    PeerConnectionFactory.Options options =
            new PeerConnectionFactory.Options();
```

```
    mConnFactory = PeerConnectionFactory.builder()
            .setOptions(options)
            .setAudioDeviceModule(audioModule)
            .setVideoEncoderFactory(encoderFactory)
            .setVideoDecoderFactory(decoderFactory)
            .createPeerConnectionFactory();
    initConstraints();                    // 初始化视频通话的各项条件
    // 创建音视频的媒体流
    mMediaStream = mConnFactory.createLocalMediaStream("local_stream");
    // 创建并添加音频轨道
    AudioSource audioSource = mConnFactory.createAudioSource(mAudioConstraints);
    AudioTrack audioTrack = mConnFactory.createAudioTrack("audio_track", audioSource);
    mMediaStream.addTrack(audioTrack);
    // 创建并初始化视频捕捉器
    mVideoCapturer = createVideoCapture();
    VideoSource videoSource = mConnFactory.createVideoSource(
                    mVideoCapturer.isScreencast());
    SurfaceTextureHelper surfaceHelper = SurfaceTextureHelper.create(
                    "CaptureThread", mEglBase.getEglBaseContext());
    mVideoCapturer.initialize(surfaceHelper, this,
                    videoSource.getCapturerObserver());
    // 设置视频画质，三个参数分别表示视频宽度、视频高度、每秒传输帧数fps
    mVideoCapturer.startCapture(720, 1080, 15);
    // 创建并添加视频轨道
    VideoTrack videoTrack = mConnFactory.createVideoTrack("video_track", videoSource);
    mMediaStream.addTrack(videoTrack);
    ProxyVideoSink localSink = new ProxyVideoSink();
    localSink.setTarget(svr_local);  // 指定视频轨道中己方的渲染图层
    mMediaStream.videoTracks.get(0).addSink(localSink);
}
```

在与后端服务器的交互部分，发起方一方面要向信令服务器发送视频通话请求，另一方面要等待对方接受视频通话。一旦对方同意通话请求，马上初始化点对点连接，并为其创建供应（也就是提供音视频数据）。服务器交互的示例代码如下：

```
// 等待对方的会话连接，以便建立双方的通信链路
mSocket.on("SdpInfo", args -> {
    try {
        JSONObject json = (JSONObject) args[0];
        SessionDescription sd = new SessionDescription
                (SessionDescription.Type.fromCanonicalForm(
                        json.getString("type")),
                        json.getString("description"));
        // 设置对方的会话描述
        mPeer.getConnection().setRemoteDescription(mPeer, sd);
    } catch (JSONException e) {
        e.printStackTrace();
    }
});
SocketUtil.emit(mSocket, "self_dial_in", mContact);           // 己方发起了视频通话
// 等待对方接受视频通话
mSocket.on("other_dial_in", (args) -> {
    String other_name = (String) args[0];
    // 第四个参数表示对方接受视频通话之后如何显示对方的视频画面
    mPeer = new Peer(mSocket, mContact.from, mContact.to, (userId, remoteStream) -> {});
    mPeer.init(mConnFactory, mMediaStream, mIceServers);           // 初始化点对点连接
    mPeer.getConnection().createOffer(mPeer, mOfferConstraints);   // 创建供应
});
```

等到视频通话结束退出页面时要释放相关资源，对应的示例代码如下：

```
svr_local.release();             // 释放本地的渲染器资源（己方）
try {                            // 停止视频捕捉，也就是关闭摄像头
    mVideoCapturer.stopCapture();
} catch (Exception e) {
    e.printStackTrace();
}
```

确认后端的信令服务器与穿透服务器均已启动（启动方式详见20.1.2节和20.1.3节），再运行测试该App，点击“远程视频”按钮，在如图20-6所示的弹窗中选择“提供方”，进入提供方的预览画面（见图20-7），等待其他设备的接受应答。

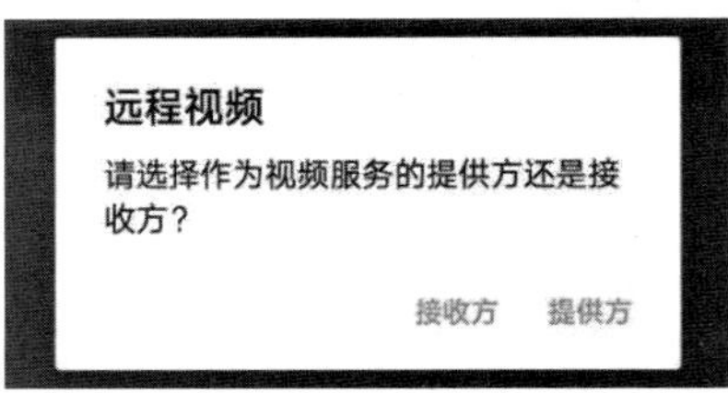

图 20-6　选择通话角色的提示弹窗

图 20-7　视频提供方的预览画面

20.2.3　实现 WebRTC 的接收方

视频通话的接收方需要在屏幕上显示对方的视频画面，故而要给活动页面的布局文件添加如下所示的SurfaceViewRenderer节点：

（完整代码见chapter20\src\main\res\layout\activity_video_recipient.xml）

```
<org.webrtc.SurfaceViewRenderer
    android:id="@+id/svr_remote"
    android:layout_width="match_parent"
    android:layout_height="match_parent" />
```

发起方的图层初始化与媒体流初始化有所不同，在初始化渲染图层时，调用setMirror方法不必设置镜像，因为己方视频无须共享给其他人。在初始化音视频的媒体流时，不需要视频捕捉器，也无须添加音视频轨道。于是接收方的图层与媒体流初始化示例代码如下：

（完整代码见chapter20\src\main\java\com\example\chapter20\VideoRecipientActivity.java）

```
private SurfaceViewRenderer svr_remote;         // 远程的表面视图渲染器（对方）
private PeerConnectionFactory mConnFactory;     // 点对点连接工厂
private EglBase mEglBase;                       // OpenGL ES 与本地设备之间的接口对象
private MediaStream mMediaStream;               // 媒体流

// 初始化渲染图层
private void initRender() {
    svr_remote = findViewById(R.id.svr_remote);
    mEglBase = EglBase.create();                // 创建EglBase实例
    // 初始化对方的渲染图层
    svr_remote.init(mEglBase.getEglBaseContext(), null);
    svr_remote.setMirror(false);                // 是否设置镜像
    svr_remote.setZOrderMediaOverlay(false);    // 是否置于顶层
    // 设置缩放类型，SCALE_ASPECT_FILL表示充满视图
    svr_remote.setScalingType(
```

```
            RendererCommon.ScalingType.SCALE_ASPECT_FILL);
    svr_remote.setEnableHardwareScaler(false);    // 是否开启硬件缩放
}
// 初始化音视频的媒体流
private void initStream() {
    // 初始化点对点连接工厂
    PeerConnectionFactory.initialize(PeerConnectionFactory.InitializationOptions
                .builder(getApplicationContext())
                .createInitializationOptions());
    // 创建视频的编解码方式
    VideoEncoderFactory encoderFactory;
    VideoDecoderFactory decoderFactory;
    encoderFactory = new DefaultVideoEncoderFactory(mEglBase.getEglBaseContext(),
                                                    true, true);
    decoderFactory = new DefaultVideoDecoderFactory(mEglBase.getEglBaseContext());
    AudioDeviceModule audioModule = JavaAudioDeviceModule.builder(this)
            .createAudioDeviceModule();
    // 创建点对点连接工厂
    PeerConnectionFactory.Options options =
            new PeerConnectionFactory.Options();
    mConnFactory = PeerConnectionFactory.builder()
            .setOptions(options)
            .setAudioDeviceModule(audioModule)
            .setVideoEncoderFactory(encoderFactory)
            .setVideoDecoderFactory(decoderFactory)
            .createPeerConnectionFactory();
    // 创建音视频的媒体流
    mMediaStream = mConnFactory.createLocalMediaStream("local_stream");
}
```

在与后端服务器的交互部分，除了向信令服务器发送同意通话指令以外，接收方与发起方的处理逻辑还有下列两处区别：

（1）接收方收到对方的会话连接后，要调用createAnswer方法创建应答，然后发起方才能传来音视频数据。

（2）接收方在创建Peer对象时，第四个参数要收下对方远程的媒体流对象，并将其设置到视频轨道中对方的渲染图层。

接收方囊括上述逻辑的服务器交互的示例代码如下：

```
// 等待对方的会话连接，以便建立双方的通信链路
mSocket.on("SdpInfo", args -> {
    try {
        JSONObject json = (JSONObject) args[0];
        SessionDescription sd = new SessionDescription
                (SessionDescription.Type.fromCanonicalForm(json.getString("type")),
                 json.getString("description"));
        // 设置对方的会话描述
        mPeer.getConnection().setRemoteDescription(mPeer, sd);
        // 接收方要创建应答
        mPeer.getConnection().createAnswer(mPeer, new MediaConstraints());
    } catch (JSONException e) {
        e.printStackTrace();
    }
});
// 第四个参数表示在对方接受视频通话之后如何显示对方的视频画面
mPeer = new Peer(mSocket, mContact.from, mContact.to, (userId, remoteStream) -> {
    ProxyVideoSink remoteSink = new ProxyVideoSink();
```

```
        remoteSink.setTarget(svr_remote);                    // 设置视频轨道中对方的渲染图层
        VideoTrack videoTrack = remoteStream.videoTracks.get(0);
        videoTrack.addSink(remoteSink);
    });
    mPeer.init(mConnFactory, mMediaStream, mIceServers);     // 初始化点对点连接
    SocketUtil.emit(mSocket, "self_dial_in", mContact);  // 己方同意了视频通话
```

视频通话结束后，接收方也需释放相关资源，示例代码如下：

```
svr_remote.release();  // 释放远程的渲染器资源（对方）
```

完成以上接收方部分的编码之后，运行测试该App，点击“远程视频”按钮，在如图20-8所示的提示弹窗中选择“接收方”，进入接收方的预览画面（见图20-9），可成功看到对方的视频画面。

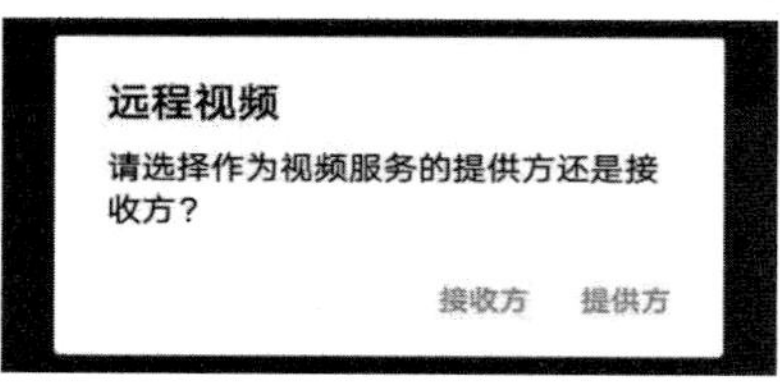

图 20-8　选择通话角色的提示弹窗

图 20-9　视频接收方的预览画面

20.3　实战项目：仿微信的视频通话

虽然手机出现许多年了，具备的功能也越来越丰富，但是最基本的通话功能几乎没有变化：从前使用固定电话的时候，通话就是听声音；如今使用最新的智能手机，通话仍旧是听声音。既然手机自带的通话功能不支持视频画面，那就只好通过App实现了。例如，微信就支持视频通话功能，通话双方可以一边对话一边从手机屏幕上看到对方，感觉就像面对面交谈那般亲切。本节的实战项目就来谈谈如何设计并实现手机上的视频通话App。

20.3.1　需求描述

打开微信的私聊界面，点击右下角的加号按钮，会弹出如图20-10所示的图标面板。点击第一排第三个的视频通话图标，弹出如图20-11所示的菜单列表。

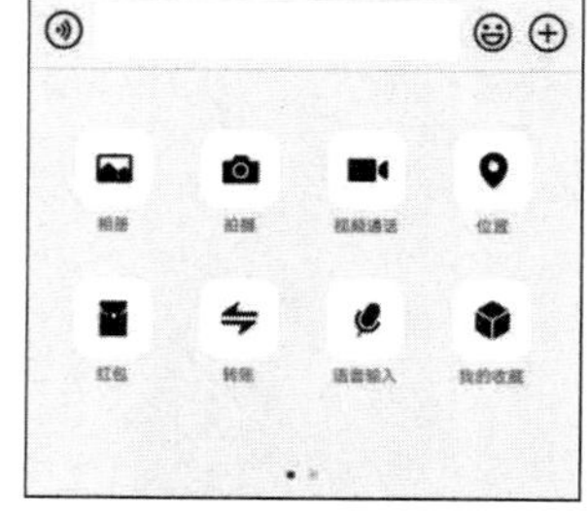

图 20-10　按加号按钮后弹出的图标面板

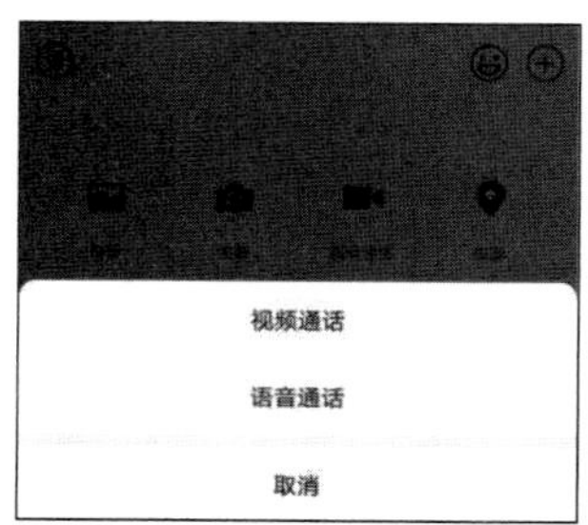

图 20-11　视频通话菜单列表

点击菜单列表的“视频通话”项，跳转到己方的等待接听界面，如图20-12所示，此时对方微信也自动打开等待通话界面，如图20-13所示。

对方点击右下角的接听图标，之后双方的微信都切到接通的视频通话界面，其中请求方的通话界面如图20-14所示，接收方的通话界面如图20-15所示。

图 20-12 己方的等待接听界面

图 20-13 对方的等待通话界面

图 20-14 请求方的通话界面

图 20-15 接收方的通话界面

不管是哪一方的通话界面都是主页面显示对方的预览画面，右上角的小窗显示自己的预览画面。现在两边既能见面又能对话，可以愉快地视频通话了。

20.3.2 功能分析

视频通话不但要实时传输语音，还要实时传输画面，这对即时性要求很高。从用户界面到后台服务，视频通话主要集成了如下App技术：

（1）模糊位图：等待接听界面的背景可使用模糊化了的对方头像，不至于太空洞。

（2）音频管理器：按下音量加减键，可以通过音频管理器调节通话音量。

（3）Socket通信：与拨号事件有关（接通、挂断等）的信令管理，需要采取Socket通信与后端服务器交互，为降低编码复杂程度，双方均需集成第13章介绍的SocketIO库。

（4）移动数据格式JSON：客户端与服务器之间传输信令，需要把信令内容封装为JSON格式，以便数据解析与结构扩展。

（5）实时音视频：两人之间的视频通话交流用到了开源库WebRTC，该库适用于一对一的视频传输。

下面简单介绍一下随书源码chapter20模块中与视频通话有关的主要代码模块之间的关系：

（1）ContactListActivity.java：联系人的列表界面。

（2）ContactVideoActivity.java：视频通话的预览界面，发起方与接收方通用。

此外，视频通话还需要与之配合的信令服务器，其源码主要是HttpServer模块中的VideoChatServer.java（涵盖了Socket通信后端的信令消息传输）。

接下来对视频通话编码中的疑难点进行补充介绍，主要是联系人列表管理和视频通话双方的交互处理两个方面。

1. 联系人列表管理

在一群联系人当中，视频通话双方的通信链路是临时建立起来的，因为甲可以选择跟乙或者丙通话，乙也可以选择跟甲或者丙通话。当然，通话的对象必须是已经上线的好友，下线的好友是无法通话的。此外，发起通话请求的人明确知道自己想跟谁通话，但对方事先并不知情，只有App弹出通话等待界面且发声提示才会知晓。

按照上述几项通话场景要求，可将联系人列表管理分解为下列三类操作：

（1）分别监听好友上线和好友下线事件，在好友上线时将他加入联系人列表，在好友下线时将他从联系人列表移除。

（2）点击某位好友的头像，确认将要与其视频通话后打开视频通话等待界面。

（3）未在视频通话时需监听好友通话事件，一旦收到某位好友的通话请求就立即跳转到等待接听界面。

依据以上操作描述编写联系人列表的管理代码，示例如下：

```
(完整代码见chapter20\src\main\java\com\example\chapter20\ContactListActivity.java)
private EntityListAdapter mAdapter;                                     // 联系人的列表适配器
private Map<String, EntityInfo> mContactMap = new HashMap<>();          // 名称映射表
private List<EntityInfo> mContactList = new ArrayList<>();              // 联系人列表
private Socket mSocket;                                                 // 声明一个套接字对象
private String mSelfName;                                               // 我的昵称

// 初始化套接字
private void initSocket() {
    mSelfName = getIntent().getStringExtra("self_name");
    mSocket = MainApplication.getInstance().getSocket();
    mSocket.connect();                                                  // 建立Socket连接
    // 开始监听好友上线事件
    mSocket.on("friend_online", (args) -> {
        String friend_name = (String) args[0];
        // 把刚上线的好友加入联系人列表
        mContactMap.put(friend_name, new EntityInfo(friend_name, "好友"));
        mContactList.clear();
        mContactList.addAll(mContactMap.values());
        runOnUiThread(() -> mAdapter.notifyDataSetChanged());
    });
    // 开始监听好友下线事件
    mSocket.on("friend_offline", (args) -> {
        String friend_name = (String) args[0];
        mContactMap.remove(friend_name);                        // 从联系人列表移除已下线的好友
        mContactList.clear();
        mContactList.addAll(mContactMap.values());
        runOnUiThread(() -> mAdapter.notifyDataSetChanged());
    });
    // 开始监听好友通话事件
    mSocket.on("friend_converse", (args) -> {
        String friend_name = (String) args[0];
        // 接收到好友的通话请求，于是跳转到视频通话页面
        Intent intent = new Intent(this, ContactVideoActivity.class);
        intent.putExtra("self_name", mSelfName);                // 我的昵称
        intent.putExtra("friend_name", friend_name);            // 好友昵称
        intent.putExtra("is_offer", false);                     // 是否为发起方
        startActivity(intent);
    });
    mSocket.emit("self_online", mSelfName);                     // 通知服务器“我已上线”
```

```
}

@Override
public void onItemClick(AdapterView<?> parent, View view, int position, long id) {
    EntityInfo friend = mContactList.get(position);
    AlertDialog.Builder builder = new AlertDialog.Builder(this);
    builder.setMessage(String.format("你是否要跟%s视频通话？", friend.name));
    builder.setPositiveButton("是", (dialog, which) -> {
        // 想与好友通话，就打开视频通话页面
        Intent intent = new Intent(this, ContactVideoActivity.class);
        intent.putExtra("self_name", mSelfName);          // 我的昵称
        intent.putExtra("friend_name", friend.name);      // 好友昵称
        intent.putExtra("is_offer", true);                // 是否为发起方
        startActivity(intent);
    });
    builder.setNegativeButton("否", null);
    builder.create().show();
}
```

2. 视频通话双方的交互处理

视频通话的发起方与接收方的通话处理有所不同，主要区别如下：

（1）发起方发起通话请求之后需监听对方的接听事件，只有对方接受请求同意接听才能调用createOffer方法为其创建音视频供应。

（2）接收方只要按下接听按钮就表示同意通话请求，那么在收到对方的媒体能力时就应该调用createAnswer方法为其创建音视频答复。

下面是视频通话界面的示例代码（包括发起方与接收方的请求交互过程）：

```
(完整代码见chapter20\src\main\java\com\example\chapter20\ContactVideoActivity.java)
private ContactInfo mContact;            // 联系信息（联系人昵称与被联系人昵称）
private Socket mSocket;                  // 声明一个套接字对象
private Peer mPeer;                      // 点对点对象
private boolean isOffer = false;         // 是否为提供方（发起方）

// 初始化信令交互的套接字
private void initSocket() {
    isOffer = bundle.getBoolean("is_offer");
    mSocket = MainApplication.getInstance().getSocket();
    // 等待接入ICE候选者，目的是打通媒体流传输网络
    mSocket.on("IceInfo", args -> {
        try {
            JSONObject json = (JSONObject) args[0];
            IceCandidate candidate = new IceCandidate(json.getString("id"),
                    json.getInt("label"), json.getString("candidate")
            );
            mPeer.getConnection().addIceCandidate(candidate);   // 添加ICE候选者
        } catch (JSONException e) {
            e.printStackTrace();
        }
    });
    // 等待对方的会话连接，以便建立双方的通信链路
    mSocket.on("SdpInfo", args -> {
        try {
            JSONObject json = (JSONObject) args[0];
            SessionDescription sd = new SessionDescription
                    (SessionDescription.Type.fromCanonicalForm(
                            json.getString("type")),
```

```
                    json.getString("description"));
            // 设置对方的会话描述
            mPeer.getConnection().setRemoteDescription(mPeer, sd);
            if (!isOffer) {             // 不是提供方，就给会话连接创建应答
                mPeer.getConnection().createAnswer(mPeer,
                        mAnswerConstraints);
            }
        } catch (JSONException e) {
            e.printStackTrace();
        }
    });
    // 第四个参数表示在对方接受视频通话之后如何显示对方的视频画面
    mPeer = new Peer(mSocket, mContact.from, mContact.to, (userId, remoteStream) -> {
        ProxyVideoSink remoteSink = new ProxyVideoSink();
        remoteSink.setTarget(svr_remote);                  // 设置视频轨道中对方的渲染图层
        VideoTrack videoTrack = remoteStream.videoTracks.get(0);
        videoTrack.addSink(remoteSink);
    });
    mPeer.init(mConnFactory, mMediaStream, mIceServers); // 初始化点对点连接
}

// 初始化视图界面
private void initView() {
    /* 这里省略初始化视图的常规操作 */
    if (isOffer) {                                        // 主动提出通话
        tv_friend.setText("邀请" + mContact.to + "来视频通话");
        // 请求与对方通话
        SocketUtil.emit(mSocket, "offer_converse", mContact);
        // 等待对方接受视频通话
        mSocket.on("other_dial_in", (args) -> {
            // 创建供应
            mPeer.getConnection().createOffer(mPeer, mOfferConstraints);
            runOnUiThread(() -> beginConversation());     // 开始视频通话
        });
    } else {  // 被动接受通话
        tv_friend.setText(mContact.to + "邀请你视频通话");
        ll_right.setOnClickListener(v -> {
            // 己方同意了视频通话
            SocketUtil.emit(mSocket, "self_dial_in", mContact);
            beginConversation();                          // 开始视频通话
        });
    }
    mSocket.on("other_hang_up", (args) -> dialOff());     // 等待对方挂断通话
    new Handler(Looper.myLooper()).post(() -> showBlurBackground());
}

// 显示等待接通时的模糊背景
private void showBlurBackground() {
    // 根据昵称获取对应的位图
    Bitmap origin = ChatUtil.getBitmapByName(this, mContact.to);
    Bitmap blur = BitmapUtil.convertBlur(origin);         // 获取模糊化的位图
    iv_wait.setImageBitmap(blur);                         // 设置图像视图的位图对象
}

// 挂断通话
private void dialOff() {
    mSocket.off("other_hang_up");                         // 取消监听对方的挂断请求
    SocketUtil.emit(mSocket, "self_hang_up", mContact);   // 发出挂断通话消息
    finish();                                             // 关闭当前页面
}
```

20.3.3 效果展示

视频通话需要服务器配合，在确保后端的Socket服务已经开启并且穿透服务器正在运行后再打开通话App。拿出两部手机，分别输入昵称，各自打开联系人列表界面，如图20-16和图20-17所示。其中，其中，图20-16为宝宝看到的联系人列表页，图20-17为爸爸看到的联系人列表页。

图 20-16 宝宝看到的联系人列表页

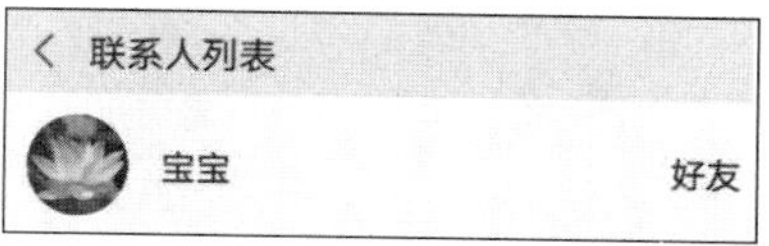

图 20-17 爸爸看到的联系人列表页

宝宝那边的App点击爸爸头像，请求跟爸爸视频通话，于是跳转到通话等待界面，如图20-18所示。爸爸这边的App收到通话请求，也自动跳转到等待接听界面，如图20-19所示。

爸爸点击界面下方的接听按钮，切换到视频通话界面，主页面亮出了宝宝，如图20-20所示。同时宝宝的手机也切换到视频通话界面，如图20-21所示。这时双方的手机已经建立了媒体传输链路。

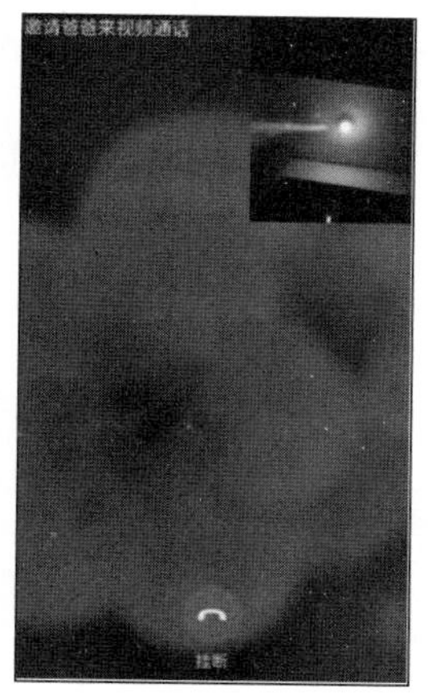
图 20-18 宝宝的通话等待界面

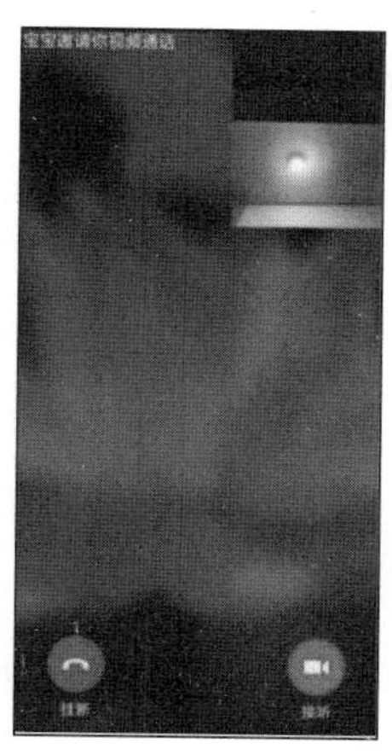
图 20-19 爸爸的等待接听界面

图 20-20 爸爸的视频通话界面

图 20-21 宝宝的视频通话界面

原来宝宝跟爸爸视频通话是为了炫耀新买的萌鼠款墨镜，逗得爸爸忍俊不禁。至此，视频通话双方的实时音视频传输经过验证。

20.4 实战项目：仿拼多多的直播带货

近年来电商业态发生了不小的改变，传统的电商平台把商品分门别类，配上精美的图文说明供消费者挑选，新潮的电商平台则请来明星网红，开启直播秀向广大粉丝推销商品，往往一场直播就能达到数千万销售额。这种新型的买卖行为被称作“直播带货”。主播们现场试用试穿试吃，还跟众多粉丝网络互动，让消费者如临其境，产生强烈的购买欲望。本节的实战项目就来谈谈如何设计并实现手机上的直播带货App。

20.4.1 需求描述

电视直播由来已久，而手机直播迟至4G网络普及后才发展起来，因为视频直播很耗流量，实时性要求也高。乘着4G/5G建设的东风，各大电商平台纷纷采用直播售货，它们的直播卖点各有侧重。例如，淘宝主打美妆直播，直播画面如图20-22所示；拼多多主打助农直播，直播画面如图20-23所示。

虽然一场直播仅有单个直播画面，但该画面提供的功能并不少，例如关注店铺、加入会员、领券、下单，还支持与主播聊天。直播不止用来卖商品，还可运用于各行各业，譬如蚂蚁森林在"守护母亲河"活动中开展种树直播（见图20-24）、今日头条在美丽乡村报道中进行山歌直播（见图20-25）等。

图 20-22 淘宝的美妆直播

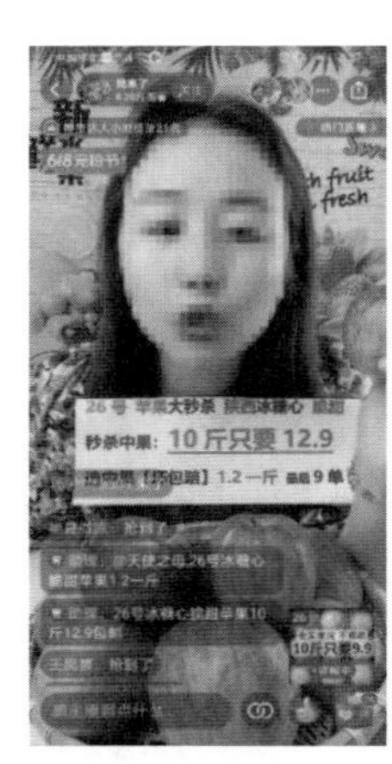

图 20-23 拼多多的助农直播

图 20-24 蚂蚁森林的种树直播

图 20-25 今日头条的山歌直播

直播内容多种多样，对于初学者来说，只要能做出其中的直播带货即可。

20.4.2 功能分析

虽然直播间只有一个界面，但是这个界面既要有充分的空间浏览直播内容又要提供足够的控件处理用户交互，而且背后的各类通信操作还不少，当真是"台上一分钟，台下十年功"。从用户界面到后台服务，直播带货主要集成了如下App技术：

（1）圆形图形：直播间左上角的房间标志，经过圆形裁剪后看起来更活泼。

（2）打赏视图：为了鼓励主播卖力表演，观众会通过打赏礼物来激励主播，会用到第12章介绍的RewardView。

（3）Socket通信：与房间、观众有关的信令管理，需要采取Socket通信与后端服务器交互。为降低编码复杂程度，客户端与服务端均需集成第13章介绍的SocketIO库。

（4）移动数据格式JSON：客户端与服务器之间传输信令时需要把信令内容封装为JSON格式，以便数据解析与结构扩展。

（5）实时音视频：主播的吆喝叫卖、载歌载舞场面要实时传到用户的手机屏幕上，用到开源库WebRTC（适用于小型在线直播和小型视频会议）。

下面简单介绍一下随书源码chapter20模块中与直播带货有关的主要代码模块之间的关系：

（1）LiveListActivity.java：直播房间的列表界面。

（2）LiveServerActivity.java：主播的预览界面，音视频数据都来自主播。

（3）LiveClientActivity.java：观众的预览界面，音视频数据都来自主播。

此外，直播带货还需要与之配合的信令服务器，其源码主要是HttpServer模块中的VideoChatServer.java（它涵盖了Socket通信后端的信令消息传输）。

接下来对直播带货编码中的疑难点进行补充介绍，主要包括服务端的房间信令管理、客户端对直播间的管理、直播间内的观众互动三个方面。

1. 服务端的房间信令管理

信令服务器对各个客户端的管理操作主要包括如下4类：

（1）观众上线、观众下线。观众上线时，需要把该观众保存至人员映射表中；观众下线时，需要从人员映射表中删除该观众。

（2）观众进入房间、观众离开房间。观众进入房间时，需要把该观众添加至房间观众映射表中；观众离开房间时，需要从房间观众映射表中删除该观众。

（3）发送房间的聊天消息。某观众发表评论消息后，服务器要把消息文本转发给当前房间的所有观众（消息发送者除外）。

（4）交换网络信息、交换媒体能力。由于只有主播的画面才要发给观众，因此只需在主播与观众之间交换网络信息和媒体能力，观众与观众之间不交换这些信息。

按照上述管理操作的描述首先声明几个映射对象，用于保存相关的实体数据，示例代码如下：

```
// 客户端映射表
private static Map<String, SocketIOClient> clientMap = new HashMap<>();
// 人员名字映射表
private static Map<String, String> nameMap = new HashMap<>();
// 房间名称与房间观众映射表
private static Map<String, RoomInfo> roomMap = new HashMap<>();
```

接着给服务端的main方法补充4类管理操作对应的事件监听器。其中，第一类监听器参见20.3.2节，第四类监听器参见20.1.2节，注册第二类和第三类监听器的示例代码如下：

```
(完整代码见HttpServer\src\com\socketio\server\VideoChatServer.java)
// 添加房间列表获取的事件监听器
server.addEventListener("get_room_list", String.class, (client, userName, ackSender) -> {
    List<RoomInfo> roomList = new ArrayList<RoomInfo>();
    roomList.addAll(roomMap.values());
    RoomSet roomSet = new RoomSet(roomList);
    client.sendEvent("return_room_list", roomSet);
});
// 添加房间创建的事件监听器
server.addEventListener("open_room", JSONObject.class, (client, json, ackSender) -> {
    RoomInfo room = (RoomInfo) JSONObject.toJavaObject(json, RoomInfo.class);
    roomMap.put(room.getRoom_name(), room);
    for (Map.Entry<String, SocketIOClient> item : clientMap.entrySet()) {
        item.getValue().sendEvent("room_have_opened", room);
    }
});
// 添加房间关闭的事件监听器
server.addEventListener("close_room", String.class, (client, roomName, ackSender) -> {
```

```
        for (Map.Entry<String, SocketIOClient> item : clientMap.entrySet()) {
            item.getValue().sendEvent("room_have_closed", roomName);
        }
        roomMap.remove(roomName);
    });
    // 添加用户加入房间的事件监听器
    server.addEventListener("join_room", JSONObject.class, (client, json, ackSender) -> {
        JoinInfo info = (JoinInfo) JSONObject.toJavaObject(json, JoinInfo.class);
        nameMap.put(client.getSessionId().toString(), info.getUser_name());
        if (!roomMap.containsKey(info.getGroup_name())) {
            roomMap.put(info.getGroup_name(), new RoomInfo(info.getUser_name(),
                        info.getGroup_name(), new HashMap<String, String>()));
        }
        for (Map.Entry<String, RoomInfo> room : roomMap.entrySet()) {
            if (info.getGroup_name().equals(room.getKey())) {
                room.getValue().getMember_map().put(
                        client.getSessionId().toString(), info.getUser_name());
                for (Map.Entry<String, String> user :
                        room.getValue().getMember_map().entrySet()) {
                    clientMap.get(user.getKey()).sendEvent("person_in_room",
                                                   info.getUser_name());
                }
                client.sendEvent("person_count", room.getValue().getMember_map().size());
            }
        }
    });
    // 添加用户退出房间的事件监听器
    server.addEventListener("leave_room", JSONObject.class, (client, json, ackSender) -> {
        JoinInfo info = (JoinInfo) JSONObject.toJavaObject(json, JoinInfo.class);
        for (Map.Entry<String, RoomInfo> room : roomMap.entrySet()) {
            if (info.getGroup_name().equals(room.getKey())) {
                room.getValue().getMember_map().remove(
                                  client.getSessionId().toString());
                for (Map.Entry<String, String> user :
                        room.getValue().getMember_map().entrySet()) {
                    clientMap.get(user.getKey()).sendEvent("person_out_room",
                                          info.getUser_name());
                }
            }
        }
    });
    // 添加发送房间消息的事件监听器
    server.addEventListener("send_room_message", JSONObject.class, (client, json,
ackSender) -> {
        MessageInfo message = (MessageInfo) JSONObject.toJavaObject( json,
                              MessageInfo.class);
        for (Map.Entry<String, RoomInfo> room : roomMap.entrySet()) {
            if (message.getTo().equals(room.getKey())) {
                for (Map.Entry<String, String> user :
                        room.getValue().getMember_map().entrySet()) {
                    if (!user.getValue().equals(message.getFrom())) {
                        clientMap.get(user.getKey()).sendEvent(
                                "receive_room_message", message);
                    }
                }
                break;
            }
        }
    });
```

2. 客户端对直播间的管理

观众侧的App需要获取直播间列表，并监听新房间开通、原房间关闭两个事件，以便实时得到最新的直播间信息。主播侧的App要支持直播间的创建操作。下面是客户端处理直播间增删改查的示例代码：

```
(完整代码见chapter20\src\main\java\com\example\chapter20\LiveListActivity.java)
private Map<String, EntityInfo> mRoomMap = new HashMap<>();   // 房间名称映射表
private List<EntityInfo> mRoomList = new ArrayList<>();       // 直播房间列表
private Socket mSocket;                                       // 声明一个套接字对象
// 初始化套接字
private void initSocket() {
    mSocket = MainApplication.getInstance().getSocket();
    mSocket.connect();                                        // 建立Socket连接
    // 等待服务器返回直播房间列表
    mSocket.on("return_room_list", (args) -> {
        JSONObject json = (JSONObject) args[0];
        RoomSet roomSet = new Gson().fromJson(json.toString(), RoomSet.class);
        if (roomSet!=null && roomSet.getRoom_list()!=null) {
            mRoomMap.clear();
            for (RoomInfo room : roomSet.getRoom_list()) {
                mRoomMap.put(room.getRoom_name(), new EntityInfo(
                        room.getRoom_name(), "主播: "+room.getAnchor_name(),
                        room));
            }
            mRoomList.clear();
            mRoomList.addAll(mRoomMap.values());
            runOnUiThread(() -> mAdapter.notifyDataSetChanged());
        }
    });
    // 等待新房间的开通事件
    mSocket.on("room_have_opened", (args) -> {
        JSONObject json = (JSONObject) args[0];
        RoomInfo room = new Gson().fromJson(json.toString(), RoomInfo.class);
        mRoomMap.put(room.getRoom_name(), new EntityInfo(
                room.getRoom_name(), "主播: "+room.getAnchor_name(),
                room));
        mRoomList.clear();
        mRoomList.addAll(mRoomMap.values());
        runOnUiThread(() -> mAdapter.notifyDataSetChanged());
    });
    // 等待原房间的关闭事件
    mSocket.on("room_have_closed", (args) -> {
        String roomName = (String) args[0];
        mRoomMap.remove(roomName);
        mRoomList.clear();
        mRoomList.addAll(mRoomMap.values());
        runOnUiThread(() -> mAdapter.notifyDataSetChanged());
    });
}

@Override
protected void onResume() {
    super.onResume();
    // 向服务器请求获取直播房间列表
    new Handler(Looper.myLooper()).postDelayed(() ->
                mSocket.emit("get_room_list", mSelfName), 500);
}

// 打开房间创建对话框
```

```
private void openCreateDialog() {
    InputDialog didialog = new InputDialog(this, "", 0,
            "请输入直播间名称", (idt, content, seq) -> {
        String roomName = content;
        RoomInfo room = new RoomInfo(mSelfName, roomName, new HashMap<>());
        SocketUtil.emit(mSocket, "open_room", room); // 发送房间开通事件
        // 主动开通房间，跳转到主播的直播页面
        Intent intent = new Intent(this, LiveServerActivity.class);
        intent.putExtra("self_name", mSelfName);
        intent.putExtra("room_name", roomName);
        startActivity(intent);
    });
    didialog.show(); // 弹出创建房间对话框
}
```

3. 直播间内的观众互动

观众进入直播间后会一边观看主播的表演一边接收直播间的事件消息。这些事件消息包括下列几类：

（1）自己加入直播间，引起直播间总人数的变化。

（2）监听其他人加入房间与退出房间的事件，并实时刷新直播间总人数。

（3）自己可以发表聊天消息，也能收到别人发表的聊天消息。

（4）监听房间的关闭事件，一旦房间被主播关闭，就会自动退出该房间。

综合上述几项事件消息，编写事件发送与监听代码，示例如下：

```
(完整代码见chapter20\src\main\java\com\example\chapter20\LiveClientActivity.java)
// 我的昵称，房间名称，主播昵称
private String mSelfName, mRoomName, mAnchorName;
private int mPersonCount = 0;       // 人员数量
private Socket mSocket;             // 声明一个套接字对象

// 初始化信令交互的套接字
private void initSocket() {
    mSocket = MainApplication.getInstance().getSocket();
    // 开始监听人员数量统计事件
    mSocket.on("person_count", (args) -> {
        int person_count = (Integer) args[0];
        if (person_count > mPersonCount) {
            mPersonCount = (Integer) args[0];
            runOnUiThread(() -> tv_count.setText(String.format(
                    "当前共%d人观看", mPersonCount)));
        }
    });
    // 开始监听房间消息接收事件
    mSocket.on("receive_room_message", (args) -> {
        JSONObject json = (JSONObject) args[0];
        MessageInfo message = new Gson().fromJson(json.toString(), MessageInfo.class);
        // 往聊天窗口中添加文本消息
        runOnUiThread(() -> appendChatMsg(message.from, message.content, false))
    });
    // 开始监听有人进入房间事件
    mSocket.on("person_in_room", (args) -> {
        runOnUiThread(() -> someoneInRoom((String) args[0]));      // 进入房间
    });
    // 开始监听有人退出房间事件
    mSocket.on("person_out_room", (args) -> {
        runOnUiThread(() -> someoneOutRoom((String) args[0]));     // 退出房间
```

```
        });
        /* 此处省略Peer创建，以及网络信息和媒体能力的监听代码 */
        // 拨号进入直播
        SocketUtil.emit(mSocket, "self_dial_in", new ContactInfo(mSelfName, mAnchorName));
        // 开始监听房间关闭事件
        mSocket.on("room_have_closed", (args) -> finish());
        // 下面通知服务器已经进入房间
        JoinInfo joinInfo = new JoinInfo(mSelfName, mRoomName);
        SocketUtil.emit(mSocket, "join_room", joinInfo);
    }

    // 发送聊天消息
    private void sendMessage() {
        String content = et_input.getText().toString();
        if (TextUtils.isEmpty(content)) {
            Toast.makeText(this, "请输入聊天消息", Toast.LENGTH_SHORT).show();
            return;
        }
        et_input.setText("");
        ViewUtil.hideOneInputMethod(this, et_input);        // 隐藏软键盘
        appendChatMsg(mSelfName, content, true);            // 往聊天窗口中添加文本消息
        // 下面往服务器发送聊天消息
        MessageInfo message = new MessageInfo(mSelfName, mRoomName, content);
        SocketUtil.emit(mSocket, "send_room_message", message);
    }
```

20.4.3 效果展示

为了演示直播带货的效果，至少要准备三部手机，其中一部给主播使用，另外两部给观众使用。另外，直播带货需要服务器配合，在确保后端的Socket服务已经开启并且穿透服务器正在运行后再去打开直播App。不管是主播还是观众都需有个昵称，那么主播在开播前要先给自己起个名字，如图20-26所示。

图 20-26 主播给自己起名

主播登录进去后发现房间列表为空，如图20-27所示。主播要先给自己建个房间，于是点击下方的“创建房间”按钮，并在弹窗中填写房间名称（见图20-28），之后点击“确定”按钮进入直播界面。

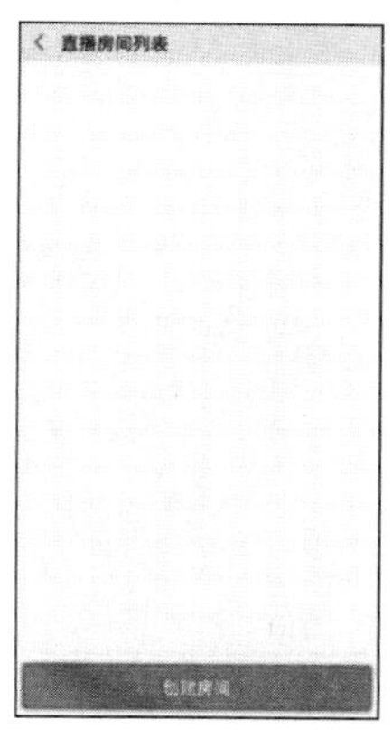

图 20-27 初始的房间列表

图 20-28 主播为创建的新房间取名

两位观众给自己取名，比如“路人甲”“好的呀”，如图20-29所示。观众登录进去会发现房间列表多了一个“福州特产”（见图20-30），显然已经有主播在推销当地特产了。

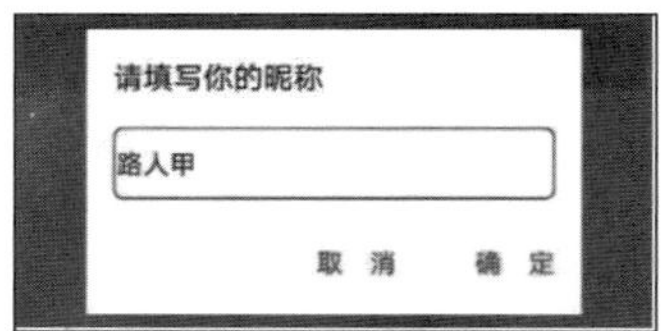

图 20-29 观众给自己取名

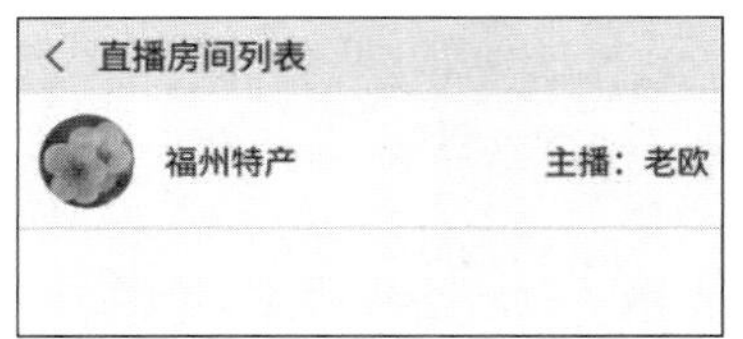

图 20-30 观众看到的直播间列表

“路人甲”与“好的呀”先后点击房间名称，进入“福州特产”的直播界面，如图20-31所示。此时，主播视角的直播界面如图20-32所示，与观众看到的画面是左右颠倒的，仿佛镜中人一般。

主播开始推介福州特色水果——福桔，先看福桔的颜色红彤彤，寓意您的事业红红火火；再看福桔的外形圆溜溜，寓意您的生意财源滚滚；剥开福桔的皮，眼见十个桔瓣紧密簇拥，既代表团结一心，又代表十全十美；掰下一片塞入口中，一股甘甜的汁水沁入心扉，恰似美好生活甜甜蜜蜜。福桔的祖辈来历不凡，从明朝开始它就是皇家贡品；福桔的名称尤为讨喜，“福”字代表福气，“桔”字代表吉利，二字合起来既能讨福气又能讨吉利。值此新春佳节之际，送礼就送福桔，吃货就吃福桔，开年好彩头，今年一定旺。

“路人甲”和“好的呀”眼见主播开口叫卖福桔（见图20-33），还现场剥了一粒桔子的皮（见图20-34）。

图 20-31 观众进入直播房间

图 20-32 主播视角的直播间

图 20-33 主播正在叫卖

接着主播大快朵颐（见图20-35），引得“路人甲”和“好的呀”口水直流，纷纷留言询问桔子甜不甜，如图20-36所示。

图 20-34 主播动手剥皮

图 20-35 主播现场试吃

图 20-36 观众发表留言

“路人甲”点击界面右下角的爱心图标，给这位认真的主播点赞打赏，随之礼物图标就纷纷漂了出来，如图20-37所示。随后“路人甲”离开直播房间，聊天区域弹出了该观众的离开提醒，如图20-38所示。

“好的呀”同样会看到主播卖力推销、主播剥开桔皮，同样会实时显示聊天消息。“路人甲”离开房间后再重新进入该房间，依然能看到主播的叫卖界面，如图20-39所示。

图 20-37　一位观众给主播打赏

图 20-38　一位观众离开直播间

图 20-39　观众重新进入直播间

至此，一个小型直播的雏形已然形成，主播开启摄像头发起直播，两位观众进入房间观看直播，还能正常聊天互动。

20.5　小　　结

本章主要介绍了App开发用到的在线直播技术，包括搭建WebRTC的服务端（WebRTC的系统架构、搭建信令服务器、搭建穿透服务器）、给App集成WebRTC（引入WebRTC开源库、实现WebRTC的发起方、实现WebRTC的接收方）。最后设计了两个实战项目，分别是“仿微信的视频通话”和“仿拼多多的直播带货”，在这两个项目的App编码中综合运用了本章介绍的在线直播技术。

通过本章的学习，读者应该能够掌握以下3种开发技能：

（1）学会搭建WebRTC的信令服务器和穿透服务器。

（2）学会给客户端的App集成WebRTC。

（3）学会利用WebRTC实现视频通话功能。

20.6　动 手 练 习

1. 搭建 WebRTC 服务端的信令服务器和穿透服务器。
2. 综合运用实时音视频技术实现一个视频通话 App。
3. 综合运用实时音视频技术实现一个直播带货 App。

附录A

移动互联网行业的新技术发展简表

移动互联网的发展日新月异，每年都会涌现出不少新技术，表A-1列出了自2010年以来诞生的主要新技术。

表 A-1　自 2010 年以来的新技术发展时间线

发生时间	新技术事件说明
2010 年 5 月	Android 2.2 正式发布
2010 年 6 月	iPhone OS 改名为 iOS
2010 年 7 月	蓝牙 4.0 发布（含 BLE）
2010 年 10 月	中国主导的 TDD 制式被确定为 4G 国际标准之一
2010 年 12 月	国密 SM3 算法发布
2011 年 1 月	俄罗斯的格洛纳斯系统正式向全球提供定位服务
2011 年 6 月	WebRTC 开源
2011 年 11 月	ARMv8 架构发布
2011 年 12 月	WebSocket 被 IETF 定为标准 RFC 6455
2012 年 6 月	全球 IPv6 网络正式启动
2012 年 8 月	OpenGL ES 3.0 正式发布
2012 年 8 月	微信公众平台正式上线
2012 年 9 月	iOS 6 正式版发布
2012 年 12 月	中国的北斗系统正式向亚太地区提供导航服务
2013 年 5 月	Android Studio 1.0 正式发布
2013 年 6 月	WiFi5 标准发布（802.11ac）
2013 年 6 月	深度学习名列当年十大突破性科学技术榜首
2013 年 10 月	移动支付国家标准发布
2014 年 3 月	Java 8 正式发布
2014 年 6 月	Swift 语言发布
2014 年 6 月	Android 5 正式发布
2014 年 10 月	HTML 5 由 W3C 完成标准制定
2015 年 4 月	React Native 开源

（续表）

发生时间	新技术事件说明
2015 年 5 月	HTTP/2 标准以 RFC 7540 正式发表
2015 年 6 月	OpenCV3.0 发布
2015 年 8 月	OpenGL ES 3.2 正式发布
2015 年 11 月	TensorFlow 开源
2016 年 2 月	Kotlin 1.0 正式发布
2016 年 4 月	Vulkan 正式发布
2016 年 6 月	蓝牙 5.0 发布
2016 年 10 月	iOS 10 正式版发布
2016 年 12 月	欧盟的伽利略系统正式提供区域定位服务
2017 年 1 月	微信小程序正式上线
2017 年 6 月	ARKit 1.0 发布
2017 年 7 月	蓝牙 mesh 技术推出
2017 年 8 月	Android 8 正式发布（ARCore 同时发布）
2018 年 6 月	第一个 5G 标准发布，实现 5G 独立组网，重点增强移动宽带业务
2018 年 9 月	Java 11 正式发布
2018 年 11 月	OpenCV 4.0 发布
2018 年 12 月	Flutter 1.0 正式发布
2019 年 4 月	方舟编译器发布
2019 年 6 月	WiFi6 标准发布（802.11ax）
2019 年 8 月	鸿蒙 1.0 正式发布
2019 年 10 月	TensorFlow 2.0 发布
2020 年 5 月	Android Studio 4.0 正式发布
2020 年 6 月	第二个 5G 标准发布，重点支持低时延高可靠业务，支持车联网、工业互联网
2020 年 7 月	北斗三号全球卫星导航系统正式开通
2020 年 8 月	Android 11 正式发布
2020 年 9 月	iOS 14 正式版发布
2021 年 1 月	WebRTC 被 W3C 和 IETF 发布为正式标准
2021 年 3 月	AMRv9 架构发布
2021 年 5 月	Kotlin 1.5 稳定版发布
2021 年 6 月	鸿蒙 2.0 正式发布
2021 年 9 月	Java 17 正式发布
2022 年	第三个 5G 标准完成系统设计，引入卫星电话、高铁不断网、无人机厘米级定位

附录B

Android 各版本的新增功能简表

本书采用的Android最低系统版本号为5.0（API代号21），然而5.0之后的各个版本又陆续增加了不少新功能，为了把这些新增功能与对应的系统版本梳理清楚，表B-1~表B-7罗列了从Android 6.0到Android 12之间系统功能增强的索引。其中，“第二版”代指《Android Studio开发实战：从零基础到App上线（第2版）》一书，“第三版”代指《Android Studio开发实战：从零基础到App上线（第3版）》一书，“开发入门”代指《Android App开发入门与项目实战》一书、“开发进阶”代指《Android App开发进阶与项目实战》一书。

表 B-1　Android 6.0 的功能变化

章节标题	系统变更的功能说明
第三版“6.3.3　运行时动态申请权限”	增加了运行时权限校验与申请
第三版“4.3.4　定时管理器 AlarmManager”	增加了定时管理器的 setAndAllowWhileIdle 方法
开发进阶“9.2.3　室内 WiFi 定位”	ScanResult 类增加 is80211mcResponder 方法
第三版“17.2.2　蓝牙设备配对”	搜索蓝牙设备时需要添加定位权限
第二版“12.4.4　仿支付宝的支付成功动画”	增加了矢量动画监听器 AnimationCallback

表 B-2　Android 7.0 的功能变化

章节标题	系统变更的功能说明
开发入门“4.3.3　给应用页面注册快捷方式”	长按 App 可弹出快捷菜单（Android 7.1 支持）
第三版“6.3.1　私有存储空间与公共存储空间”	默认不允许访问公共空间
开发入门“7.3.2　借助 FileProvider 发送彩信”	访问文件的 URI 方式改为 FileProvider
第二版“分屏——多窗口模式”	新增分屏模式
开发进阶“5.2.1　着色器小程序”	支持 OpenGL ES 3.2
开发进阶“5.3.1　下一代 OpenGL——Vulkan”	集成了 Vulkan 1.0
第三版“16.2.4　全球卫星导航系统”	定位管理器新增 registerGnssStatusCallback 方法，支持欧盟的伽利略卫星导航系统

表 B-3　Android 8.0 的功能变化

章节标题	系统变更的功能说明
开发入门“7.3.3　借助 FileProvider 安装应用”	增加了新的权限设置“安装其他应用”
第三版“4.3.3　收发静态广播”	废弃了大部分静态广播

（续表）

章节标题	系统变更的功能说明
第二版“13.4.2　画中画——特殊的多窗口”	新增画中画模式
第三版“8.3.2　通知渠道 NotificationChannel”	消息通知需要指定信道编号才能推送
第三版“8.3.4　仿微信的悬浮通知”	新增类型 TYPE_APPLICATION_OVERLAY

表 B-4　Android 9.0 的功能变化

章节标题	系统变更的功能说明
第三版“8.3.3　把服务推送到前台通知”	增加了新的权限设置“前台服务”
第三版“13.2.2　通过 okhttp 调用 HTTP 接口”	默认只能访问以 https 打头的安全地址，不能直接访问以 http 打头的网络地址
第三版“3.1.2　显示动图特效”	增加了图像解码器 ImageDecoder，并支持播放 GIF、WebP、Heif 等动图格式
第三版“13.2.2　通过 okhttp 调用 HTTP 接口”	正式弃用 HttpClient
开发进阶“9.2.3　室内 WiFi 定位”	新增 RTT 管理器 WifiRttManager

表 B-5　Android 10 的功能变化

章节标题	系统变更的功能说明
第三版“6.3.3　运行时动态申请权限”	默认开启沙箱模式（分区存储）
开发进阶“5.3.1　下一代 OpenGL—Vulkan”	集成了 Vulkan 1.1，以及基于 Vulkan 的 Angle 渲染引擎
第三版“16.2.1　开启定位功能”	普通应用不能直接开关 WLAN
第三版“16.2.2　获取定位信息”	增加了新的权限设置“后台定位”
开发进阶“9.2.1　获取照片里的位置信息”	允许从照片中获取位置信息
开发进阶“8.3.3　对屏幕画面截图”	媒体投影操作必须在前台服务中运行
第三版“16.1.4　计步器、感光器和陀螺仪”	使用计步器时新增健身运动权限

表 B-6　Android 11 的功能变化

章节标题	系统变更的功能说明
第三版“6.3.3　运行时动态申请权限”	新增 preserveLegacyExternalStorage 属性，表示暂时关闭沙箱模式（分区存储）
开发入门“15.1.1　导出 APK 安装包”	打包 APK 时必须勾选 V2 选项
开发进阶“6.1.2　利用线程池 Executor 调度异步任务”	AsyncTask 被标记为已废弃，官方建议改用线程池 Executor
第三版“13.1.3　工作管理器 WorkManager”	IntentService 被标记为已废弃，官方建议改用工作管理器 WorkManager

表 B-7　Android 12 的功能变化

章节标题	系统变更的功能说明
第三版“2.2.3　运行配置文件 AndroidManifest.xml”	指定 intent-filter 时，必须同时声明 android:exported
第三版“12.1.2　显示动图特效”	新增支持 AVIF 图像
第三版“15.4.2　创建 JNI 接口”	强制使用 64 位应用
第三版“17.2.2　蓝牙设备配对”	新增三个蓝牙权限：蓝牙连接、蓝牙扫描、蓝牙广播

附录C

Android 常用开发库说明简表

Android自带的SDK仅仅提供了基本的App操作，未能覆盖大部分的高级开发。若想让App支持更丰富多样的强大功能，就得引入各种开发库，从而实现SDK所不具备的特色服务。这些开发库既有官方推出的，也有第三方开源的，它们拥有的组件名称及其章节索引说明如表C-1所示。其中，“第二版”代指《Android Studio开发实战：从零基础到App上线（第2版）》一书，“第三版”代指《Android Studio开发实战：从零基础到App上线（第3版）》一书，“开发入门”代指《Android App开发入门与项目实战》一书、“开发进阶”代指《Android App开发进阶与项目实战》一书。

表 C-1　App 开发常用的开发库

开发库名称	组件名称	章节索引
MaterialDesign	Toolbar	第三版“9.2.1　工具栏 Toolbar”
	TabLayout	第三版“9.2.3　标签布局 TabLayout”
	CoordinatorLayout	第二版“7.5.1　协调布局 CoordinatorLayout”
	AppBarLayout	第二版“7.5.2　应用栏布局 AppBarLayout”
	CollapsingToolbarLayout	第二版“7.5.3　可折叠工具栏布局 CollapsingToolbarLayout”
	RecyclerView	第三版“9.3.1　循环视图 RecyclerView” 第三版“9.3.2　布局管理器 LayoutManager”
	SwipeRefreshLayout	第三版“9.4.1　下拉刷新布局 SwipeRefreshLayout”
	CardView	开发进阶“1.1.1　卡片视图”
	DrawerLayout	第三版“11.4.2　内部滑动与翻页滑动的冲突处理”
	Slider	开发进阶“7.1.1　拖动条和滑动条”
Jetpack	DataStore	第三版“6.1.3　更安全的数据仓库”
	MultiDex	第三版“6.4.3　避免方法数过多的问题”
	Room	第三版“6.4.4　利用 Room 简化数据库操作”
	NavigationView	第三版“9.1.1　利用 BottomNavigationView 实现底部标签栏”
	ViewPager2	第三版“9.4.2　第二代翻页视图 ViewPager2” 第三版“9.4.3　给 ViewPager2 集成标签布局”
	WorkManager	第三版“13.1.3　工作管理器 WorkManager”
	CameraX	第三版“14.3.1　使用 CameraX 拍照” 第三版“14.3.2　使用 CameraX 录像”
	ExoPlayer	第三版“14.3.3　新型播放器 ExoPlayer”

（续表）

开发库名称	组件名称	章节索引
谷歌开源	Gson	第三版“13.2.1　移动数据格式 JSON”
	Glide	第三版“13.3.1　使用 Glide 加载网络图片” 第三版“13.3.2　利用 Glide 实现图片的三级缓存” 第三版“13.3.3　使用 Glide 加载特殊图像”
	Tensorflow-Lite	第三版“18.3.3　从语音中识别指令”
	Zxing	开发进阶“12.1.2　生成二维码图片” 开发进阶“12.1.3　扫描识别二维码”
	WebRTC	第三版“20.2.1　引入 WebRTC 开源库”
华为开源	ScanKit（统一扫码服务）	第三版“19.1.1　扫描二维码”
	ML Kit（机器学习服务）	第三版“19.1.2　扫描识别文本”
第三方开源	SQLCipher	开发入门“15.2.3　给数据库加密”
	Okhttp	第三版“13.2.2　通过 okhttp 调用 HTTP 接口” 第三版“13.2.3　使用 okhttp 下载和上传文件”
	SocketIO	第三版“13.4.1　通过 SocketIO 传输文本消息” 第三版“13.4.2　通过 SocketIO 传输图片消息”
	WebSocket	第三版“13.4.3　利用 WebSocket 传输消息”
	Poi	第三版“15.3.1　利用 Poi 库浏览 Word 文档” 第三版“15.3.2　结合前后端浏览 PPT 文件”
	Pinyin4j	第三版“18.1.3　中文转拼音”
JNI 开源	Vudroid	第三版“15.5.2　功能分析”
	Vulkan	开发进阶“5.3.2　简单的 Vulkan 例子” 开发进阶“5.3.3　Vulkan 的实战应用”
	LAME	开发进阶“7.3.4　录制 MP3 音频”
	OpenCV	开发进阶“12.2.2　OpenCV 简介及其集成” 开发进阶“12.2.3　利用 OpenCV 检测人脸”

附录D

移动开发专业术语索引

本书作为一本移动开发方面的专著，不可避免地采用了大量的专业术语简称。为了让读者更准确地理解这些英文简称背后的含义，下面列举一些与App开发有关的常见术语，如表D-1所示。

表 D-1　App 开发常见的专业术语

术语简称	术语全称	中文说明
3GPP	3rd Generation Partnership Project	第三代合作伙伴项目计划
A2DP	Advanced Audio Distribution Profile	蓝牙音频传输模型协定
AAC	Advanced Audio Coding	高级音频编码，一种音频格式
ADPCM	Adaptive Differential Puls Code Modulation	自适应分脉冲编码调制
AES	Advanced Encryption Standard	高级加密标准
AI	Artificial Intelligence	人工智能
AMR	Adaptive Multi-Rate	自适应多速率，一种音频格式
APK	Android Package	安卓应用的安装包
AR	Augmented Reality	增强现实
AS	Android Studio	安卓工作室，App 工程的开发环境
AVI	Audio Video Interleaved	音频视频交错格式，一种视频格式
AVIF	AV1 Image File Format	基于 AV1 视频编码的图像文件格式
BDS	BeiDou Navigation Satellite System	北斗卫星导航系统（中国）
BLE	Bluetooth Low Energy	低功耗蓝牙，又称蓝牙低能耗
CPU	Central Processing Unit	中央处理器
DASH	Dynamic Adaptive Streaming over HTTP	HTTP 自适应流
EPUB	Electronic Publication	电子出版标准，一种电子书格式
FDD	Frequency Division Duplexing	频分双工，一种 4G 网络制式
FIFO	First Input First Output	先进先出算法
GATT	Generic Attribute Profile	通用属性规范
GIF	Graphics Interchange Format	图像互换格式，一种动图格式
GLSL	OpenGL Shader Language	OpenGL 的着色器语言
GMS	Google Mobile Service	谷歌移动服务
GPS	Global Positioning System	全球定位系统（美国）
GNSS	Global Navigation Satellite System	全球卫星导航系统（俄罗斯）
GPU	Graphics Processing Unit	图形处理器
GUI	Graphical User Interface	图形用户界面

（续表）

术语简称	术语全称	中文说明
HEIF	High Efficiency Image Format	高效率图像格式，一种图片格式
HLS	HTTP Live Streaming	HTTP 直播流
HMS	Huawei Mobile Service	华为移动服务
HTML	HyperText Markup Language	超文本标记语言
HTTP	HyperText Transfer Protocol	超文本传输协议
ICE	Interactive Connectivity Establishment	交互式连接建立
IEEE	Institute of Electrical and Electronics Engineers	电气和电子工程师协会
IETF	The Internet Engineering Task Force	互联网工程任务组
IoT	Internet of Things	物联网
IM	Instant Messaging	即时通信
IR	Infrared Radiation	红外线，红外通信
JDK	Java Development Kit	Java 开发工具包
JNI	Java Native Interface	Java 原生接口
JPEG	Joint Photographic Experts Group	联合图像专家小组，一种图片格式
JSON	JavaScript Object Notation	JavaScript 对象表示法
LRU	Least Recently Used	最近最少使用算法
MAC 地址	Media Access Control Address	媒体访问控制地址
MD5	Message-Digest Algorithm 5	消息摘要算法第 5 版
ML	Machine Learning	机器学习
MP3	Moving Picture Experts Group Audio Layer III	动态图像专家组的音频层面 3，一种音频格式
MP4	Moving Picture Experts Group 4	动态图像专家组 4，一种视频格式
MPEG	Moving Picture Experts Group	动态图像专家组，一种视频编码技术
NAT	Network Address Translation	网络地址转换
NDK	Native Development Kit	原生开发工具包
NFC	Near Field Communication	近场通信
OpenCV	Open Source Computer Vision Library	开源计算机视觉库
OpenGL	Open Graphics Library	开放图形库
OpenGL ES	OpenGL for Embedded Systems	嵌入式系统上的 OpenGL
P2P	Peer to Peer	点对点
PCM	Pulse Code Modulation	脉冲编码调制，未压缩的原始音频
PDF	Portable Document Format	便携式文档格式
PIP	Picture In Picture	画中画
PNG	Portable Network Graphics	便携式网络图形，一种图片格式
POI	Point Of Interest	兴趣点（信息点）
QR Code	Quick Response Code	二维码，又称快速响应码
RAM	Random Access Memory	随机存储器，即手机的运行内存
RFID	Radio Frequency Identification	射频识别技术
RIFF	Resource Interchange File Format	资源交换档案标准
ROM	Read-Only Memory	只读存储器，即手机的机身内存
RTT	Round-Trip-Time	往返时间
SDK	Software Development Kit	软件开发工具包

（续表）

术语简称	术语全称	中文说明
SDP	Session Description Protocol	会话描述协议
SD 卡	Secure Digital Memory Card	安全数码存储卡
SHA1	Secure Hash Algorithm 1	安全哈希算法 1
SM3 CHA	SM3 Cryptographic Hash Algorithm	SM3 密码杂凑算法（SM 就是“商用密码”的拼音首字母）
SRT	SubRip Text	文本字幕
STUN	Session Traversal Utilities for NAT	NAT 会话穿越工具
SVG	Scalable Vector Graphics	可缩放矢量图形
TBS	Tencent Browser Service	腾讯浏览服务
TDD	Time Division Duplexing	时分双工，一种 4G 网络制式
TTS	Text To Speech	从文本到语音，从文字到语音，语音合成
TURN	Traversal Using Relays around NAT	使用 NAT 周围的中继来穿透
UE	User Experience	用户体验
UI	User Interface	用户界面
URL	Uniform Resource Locator	统一资源定位符
USB	Universal Serial Bus	通用串行总线
UUID	Universally Unique Identifier	通用唯一识别码
VR	Virtual Reality	虚拟现实
W3C	World Wide Web Consortium	万维网联盟
WAV	Wave Form	波形，一种音频格式
WebRTC	Web Real-Time Communication	网页即时通信
WiFi	Wireless Fidelity	基于 IEEE 802.11b 标准的无线局域网
WLAN	Wireless Local Area Networks	无线局域网络
WSS	Web Socket Secure	安全的 WebSocket 协议
XML	eXtensible Markup Language	可扩展标记语言

附录E

本书的服务端程序说明

本书的附录源码主要为客户端的App工程代码，由于部分功能要求服务端配合，因此本书也给出了对应的服务端源码。因为本书主要介绍客户端的App开发，并非服务端方面的教程，所以正文部分对服务端例程的介绍不够系统。为了方便读者理解本书配套的服务端源码，表E-1列出服务端HttpServer工程中每个代码模块的用途。

表 E-1　服务端代码的用途说明

代码路径	用途说明
src\com\servlet\demo\Login.java	“13.2.2　通过 okhttp 调用 HTTP 接口”登录账号验证
src\com\servlet\demo\Register.java	“13.2.3　使用 okhttp 下载和上传文件”上传包含头像在内的注册信息
src\com\servlet\nearby\JoinNearby.java	“16.4　实战项目：仿微信的附近的人”提交人员信息
src\com\servlet\nearby\QueryNearby.java	“16.4　实战项目：仿微信的附近的人”查询人员列表
src\com\servlet\office\ParseDoc.java src\com\servlet\office\ParseXls.java	“15.3.1　利用 POI 库浏览 Word 和 Excel 文档”
src\com\servlet\office\ParsePpt.java	“15.3.2　结合前后端浏览 PPT 文档”
src\com\servlet\video\CommitVideo.java	“14.4　实战项目：仿抖音的短视频分享”提交视频信息
src\com\servlet\video\QueryVideo.java	“14.4　实战项目：仿抖音的短视频分享”查询视频列表
src\com\socketio\server\SocketServer.java	“13.4.1　通过 SocketIO 传输文本消息”传输文本 “13.4.2　通过 SocketIO 传输图片消息”传输图片
src\com\socketio\server\WeChatServer.java	“13.5　实战项目：仿微信的私聊和群聊”传输聊天消息
src\com\socketio\server\VideoChatServer.java	“20.3　实战项目：仿微信的视频通话”传输信令消息 “20.4　实战项目：仿拼多多的直播带货”传输信令消息
src\com\websocket\server\WebSocketServer.java	“13.4.3　利用 WebSocket 传输消息”搭建 WebSocket 服务端
sql\建表脚本.sql	“14.4　实战项目：仿抖音的短视频分享” “16.4　实战项目：仿微信的附近的人” 以上两个实战项目的后端 MySQL 表格创建脚本
WebRoot\海洋世界.mp4	“14.3.3　新型播放器 ExoPlayer”待播放的视频文件
WebRoot\海洋世界.srt	“14.3.3　新型播放器 ExoPlayer”待播放的字幕文件
WebRoot\trickle-ice\index.html	“20.1.3　搭建穿透服务器”验证后端的 STUN 服务器是否成功搭建

在服务端源码中，提供给客户端调用的方式主要有以下3种：

（1）以 http 地址访问

本书的大部分服务端程序通过http接口给客户端调用，包括：

- 第13章的okhttp登录示例程序和注册示例程序。
- 第14章实战项目的提交视频信息和获取视频列表。
- 第15章的浏览Word、Excel、PPT等Office文档。
- 第16章实战项目的提交人员信息和获取人员列表。

在IDEA上启动HTTP服务需要借助Tomcat，详细的启动说明见《好好学Java：从零基础到项目实战》一书末尾的附录A，也可参见本书源码包的“服务端工程的使用说明（IDEA版）.docx”。Tomcat启动之后，App即可通过形如“http://192.168.1.**:8080/HttpServer/login”的地址访问HTTP服务。

（2）以 ws 地址访问

本书有如下章节用到了WebSocket服务：

- 第13章的“13.4.3　利用WebSocket传输消息”。
- 第18章的“18.2.2　在线语音合成”和“18.2.3　在线语音识别”。
- 第18章的实战项目使用云知声的在线语音服务。

使用Tomcat启动Web服务后，被注解@ServerEndpoint修饰的WebSocket接口也跟着开放了，App可通过形如“ws://192.168.1.**:8080/HttpServer/testWebSocket”的地址访问WebSocket服务。WSS是WebSocket的加密版本，遵守WSS协议的接口地址以wss打头，比如云知声提供的语音合成、语音识别服务就采用WSS服务。

（3）以 Socket 方式访问

Socket接口主要用于本书的即时通信场合，包括下列章节：

- 第13章的“13.4.1　通过SocketIO传输文本消息”和“13.4.2　通过SocketIO传输图片消息”。
- 第13章的实战项目使用Socket传输聊天消息。
- 第20章的两个实战项目都使用Socket传输信令消息。

在IDEA中启动某个Socket服务时，右击源码并选择快捷菜单“Run ***”，便可开启监听指定端口的Socket进程，然后App即可访问指定IP和端口的Socket服务了。